폐기물처리
기사·산업기사 필기

시대에듀

합격에 윙크[Win-Q]하다

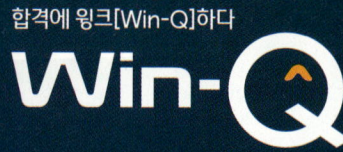

[폐기물처리기사·산업기사] 필기

Always with you

사람이 길에서 우연하게 만나거나 함께 살아가는 것만이 인연은 아니라고 생각합니다.
책을 펴내는 출판사와 그 책을 읽는 독자의 만남도 소중한 인연입니다.
시대에듀는 항상 독자의 마음을 헤아리기 위해 노력하고 있습니다.
늘 독자와 함께하겠습니다.

 자격증·공무원·금융/보험·면허증·언어/외국어·검정고시/독학사·기업체/취업
이 시대의 모든 합격! 시대에듀에서 합격하세요!
www.youtube.com ➡ 시대에듀 ➡ 구독

PREFACE 머리말

폐기물처리 분야의 전문가를 향한 첫 발걸음!

본서는 저자가 직접 최근 5년간의 폐기물처리기사·산업기사 문제를 하나하나 엑셀에서 분류하여 출제되는 문제의 유형과 출제빈도를 분석한 끝에 핵심이론 및 10년간 자주 출제된 문제를 정리하였으며, 기출문제에 실린 해설도 저자가 직접 모든 문제를 풀어보면서 출제자의 의도가 아닌, 수험자의 입장에서 풀이과정을 정리하고자 노력하였다.

기존 기사시험 수험서의 방대한 분량에서 주는 압박감을 최소화하고, 기사시험에서 요구하는 합격기준을 만족시키는 수준에서 필요로 하는 핵심적인 내용만을 간추림으로써 분량을 기존 수험서의 절반 두께로 제작한 것은 저자와 윙크(Win-Q) 시리즈 편집자가 추구하는 방향이 일치함에 따른 결과물이다.

본서는 폐기물처리와 관련된 교과서가 아닌 폐기물처리기사·산업기사 합격을 목표로 폐기물 관련 내용을 정리한 도서로서, 폐기물 관련 모든 내용을 망라한 것이 아니라, 기출문제에서 출제된 내용만을 중심으로 핵심내용을 간추린 것이다. 따라서 본서는 폐기물처리기사·산업기사 문제에서 출제되는 내용의 80% 정도를 커버하는 것을 목표로 하고 있으며, 수험생 여러분이 본서 내용의 80%를 소화한다면 합격은 무난하리라고 생각한다.

이론 및 계산문제는 충분히 연습해서 해설 없이도 혼자서 풀 수 있도록 공부하기 바라며, 공정시험기준과 관계법규와 같은 암기과목은 최소한 한 달은 반복해서 여러 번 "경 읽듯이" 암기하는 방법을 추천한다. 어느 정도 핵심이론 및 10년간 자주 출제된 문제에 대한 공부가 끝나면 과년도 문제를 해설을 보지 않고 여러 번 풀어보는 연습을 권한다. 과년도 문제를 모의고사 문제로 삼아서 여러 번 보고, 이를 통해서 틀린 문제를 되짚어 보는 방법이 가장 좋은 암기방법이라 생각된다.

본서를 통해서 수험생 여러분들이 폐기물처리기사·산업기사 시험에 합격하게 되면, 어느 정도 기사시험에 대한 공부하는 요령은 터득한 셈이므로, 수질환경이나 대기환경과 같은 다른 종목의 응시도 한결 쉬워질 것으로 예상된다.

수험생 여러분들의 건승을 기원한다.

편저자 윤석표

시험안내

폐기물처리기사

개요
문명사회로부터 배출되는 폐기물을 적절하게 처리 및 처분하지 않으면 환경을 오염시킴으로써 인간을 포함하는 생태계의 존속을 위태롭게 할 수 있다. 이에 따라 정부에서도 시대적 조류에 부응하여 폐기물처리에 대한 전문인의 양성을 위해 자격제도를 제정하였다.

진로 및 전망
❶ 정부의 환경공무원이나 폐기물처리업체 등으로 진출할 수 있다.
❷ 경제성장으로 인하여 우리나라의 생활폐기물과 사업장폐기물의 배출량은 계속 증가하고 있으나 처리현황에 있어서 매립이 대부분을 차지하고, 이밖에 소각, 재활용, 보관, 기타(파쇄, 중화 등)의 방법으로 처리하고 있어 이를 관리 및 처리하는 인력수요가 증가할 것이다.

시험일정

구분	필기원서접수 (인터넷)	필기시험	필기합격 (예정자)발표	실기원서접수	실기시험	합격자 발표일
제1회	1월 초순	2월 초순	3월 중순	3월 하순	4월 중순	6월 중순
제2회	4월 중순	5월 초순	6월 중순	6월 하순	7월 중순	9월 중순
제3회	7월 하순	8월 초순	9월 초순	9월 하순	11월 초순	12월 하순

※ 상기 시험일정은 시행처의 사정에 따라 변경될 수 있으니, www.q-net.or.kr에서 확인하시기 바랍니다.

시험요강
❶ 시행처 : 한국산업인력공단
❷ 관련 학과 : 대학이나 전문대학의 환경공학, 관련 학과
❸ 시험과목
 ㉠ 필기 : 1. 폐기물개론 2. 폐기물처리기술 3. 폐기물소각 및 열회수 4. 폐기물공정시험기준(방법) 5. 폐기물관계법규
 ㉡ 실기 : 폐기물처리 실무
❹ 검정방법
 ㉠ 필기 : 객관식 4지 택일형 과목당 20문항(과목당 30분)
 ㉡ 실기 : 필답형(3시간)
❺ 합격기준
 ㉠ 필기 : 100점을 만점으로 하여 과목당 40점 이상, 전 과목 평균 60점 이상
 ㉡ 실기 : 100점을 만점으로 하여 60점 이상

폐기물처리산업기사

개요
문명사회로부터 배출되는 폐기물을 적절하게 처리 및 처분하지 않으면 환경을 오염시킴으로써 인간을 포함하는 생태계의 존속을 위태롭게 할 수 있다. 이에 따라 정부에서도 시대적 조류에 부응하여 폐기물처리에 대한 전문인의 양성을 위해 자격제도를 제정하였다.

진로 및 전망
❶ 정부의 환경공무원이나 폐기물처리업체 등으로 진출할 수 있다.
❷ 경제성장으로 인하여 우리나라의 생활폐기물과 사업장폐기물의 배출량은 계속 증가하고 있으나 처리현황에 있어서 매립이 대부분을 차지하고, 이밖에 소각, 재활용, 보관, 기타(파쇄, 중화 등)의 방법으로 처리하고 있어 이를 관리 및 처리하는 인력수요가 증가할 것이다.

시험일정

구분	필기원서접수 (인터넷)	필기시험	필기합격 (예정자)발표	실기원서접수	실기시험	합격자 발표일
제1회	1월 초순	2월 초순	3월 중순	3월 하순	4월 중순	6월 중순
제2회	4월 중순	5월 초순	6월 중순	6월 하순	7월 중순	9월 중순
제3회	7월 하순	8월 초순	9월 초순	9월 하순	11월 초순	12월 하순

※ 상기 시험일정은 시행처의 사정에 따라 변경될 수 있으니, www.q-net.or.kr에서 확인하시기 바랍니다.

시험요강
❶ 시행처 : 한국산업인력공단
❷ 관련 학과 : 대학이나 전문대학의 환경공학, 관련 학과
❸ 훈련기관 : 사회교육원의 환경관리 과정
❹ 시험과목
  ㉠ 필기 : 1. 폐기물개론 2. 폐기물처리기술 3. 폐기물공정시험기준(방법) 4. 폐기물관계법규
  ㉡ 실기 : 폐기물처리 실무
❺ 검정방법
  ㉠ 필기 : 객관식 4지 택일형 과목당 20문항(과목당 30분)
  ㉡ 실기 : 필답형(2시간 30분)
❻ 합격기준
  ㉠ 필기 : 100점을 만점으로 하여 과목당 40점 이상, 전 과목 평균 60점 이상
  ㉡ 실기 : 100점을 만점으로 하여 60점 이상

시험안내

출제기준(기사)

필기과목명	주요항목	세부항목
폐기물개론	폐기물의 분류	• 폐기물의 종류 • 폐기물의 분류체계
	발생량 및 성상	• 폐기물의 발생량 • 폐기물의 발생 특성 • 폐기물의 물리적 조성 • 폐기물의 화학적 조성 • 폐기물 발열량
	폐기물 관리	• 수집 및 운반 • 적환장의 설계 및 운전관리 • 폐기물의 관리체계
	폐기물의 감량 및 재활용	• 감 량 • 재활용
폐기물처리기술	중간처분	• 중간처분기술
	최종처분	• 매 립
	자원화	• 물질 및 에너지회수 • 유기성 폐기물 자원화 • 회수자원의 이용
	폐기물에 의한 2차 오염 방지대책	• 2차 오염 종류 및 특성 • 2차 오염의 저감기술 • 토양 및 지하수 2차 오염
폐기물소각 및 열회수	연소	• 연소이론 • 연소계산 • 발열량 • 폐기물 종류별 연소 특성
	소각공정 및 소각로	• 소각공정 • 소각로의 종류 및 특성 • 소각로의 설계 및 운전관리 • 연소가스처리 및 오염방지 • 에너지회수 및 이용

필기과목명	주요항목	세부항목
폐기물공정 시험기준(방법)	총 칙	• 일반사항
	일반시험법	• 시료채취방법 • 시료의 조제방법 • 시료의 전처리방법 • 함량시험방법 • 용출시험방법
	기기분석법	• 자외선/가시선 분광법 • 원자흡수분광광도법 • 유도결합플라스마 원자발광분광법 • 기체크로마토그래피법 • 이온전극법 등
	항목별 시험방법	• 일반항목 • 금속류 • 유기화합물류 • 기 타
	분석용 시약제조	• 시약제조방법
폐기물 관계법규	폐기물관리법	• 총 칙 • 폐기물의 배출과 처리 • 폐기물처리업 등 • 폐기물처리업자 등에 대한 지도와 감독 등 • 보 칙 • 벌칙(부칙 포함)
	폐기물관리법 시행령	• 시행령 전문(부칙 및 별표 포함)
	폐기물관리법 시행규칙	• 시행규칙 전문(부칙 및 별표, 서식 포함)
	폐기물 관련 법	• 환경정책기본법 등 폐기물과 관련된 기타 법규 내용

시험안내

출제기준(산업기사)

필기과목명	주요항목	세부항목
폐기물개론	폐기물의 분류	• 폐기물의 종류 • 폐기물의 분류체계
	발생량 및 성상	• 폐기물의 발생량 • 폐기물의 발생 특성 • 폐기물의 물리적 조성 • 폐기물의 화학적 조성 • 폐기물 발열량
	폐기물 관리	• 수집 및 운반 • 적환장의 설계 및 운전관리 • 폐기물의 관리체계
	폐기물의 감량 및 재활용	• 감 량 • 재활용
폐기물처리기술	중간처분	• 중간처분기술
	최종처분	• 매 립
	자원화	• 물질 및 에너지회수 • 유기성 폐기물 자원화 • 회수자원의 이용
	폐기물에 의한 2차 오염 방지대책	• 2차 오염 종류 및 특성 • 2차 오염의 저감기술 • 토양 및 지하수 2차 오염
폐기물공정 시험기준(방법)	총 칙	• 일반사항
	일반시험법	• 시료채취방법 • 시료의 조제방법 • 시료의 전처리방법 • 함량시험방법 • 용출시험방법

필기과목명	주요항목	세부항목
폐기물공정 시험기준(방법)	기기분석법	• 자외선/가시선 분광법 • 원자흡수분광광도법 • 유도결합플라스마 원자발광분광법 • 기체크로마토그래피법 • 이온전극법 등
	항목별 시험방법	• 일반항목 • 금속류 • 유기화합물류 • 기 타
	분석용 시약제조	• 시약제조방법
폐기물 관계법규	폐기물관리법	• 총 칙 • 폐기물의 배출과 처리 • 폐기물처리업 등 • 폐기물처리업자 등에 대한 지도와 감독 등 • 보 칙 • 벌칙(부칙 포함)
	폐기물관리법 시행령	• 시행령 전문(부칙 및 별표 포함)
	폐기물관리법 시행규칙	• 시행규칙 전문(부칙 및 별표, 서식 포함)
	폐기물 관련 법	• 환경정책기본법 등 폐기물과 관련된 기타 법규 내용

CBT 응시 요령

Win-Q [폐기물처리기사·산업기사] 필기

전면 CBT 시행에 따른
CBT 완전 정복!

"CBT 가상 체험 서비스 제공"
한국산업인력공단
(http://www.q-net.or.kr) 참고

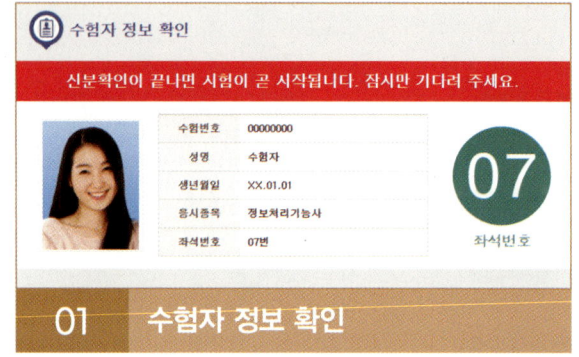

01 수험자 정보 확인

시험장 감독위원이 컴퓨터에 나온 수험자 정보와 신분증이 일치하는지를 확인하는 단계입니다. 수험번호, 성명, 생년월일, 응시종목, 좌석번호를 확인합니다.

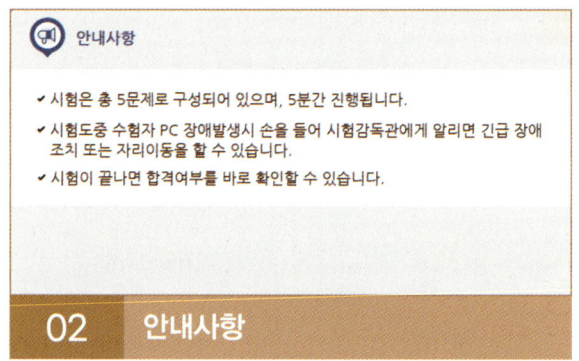

02 안내사항

시험에 관한 안내사항을 확인합니다.

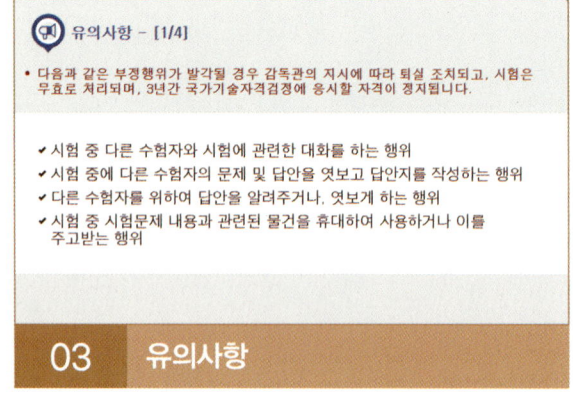

03 유의사항

부정행위에 관한 유의사항이므로 꼼꼼히 확인합니다.

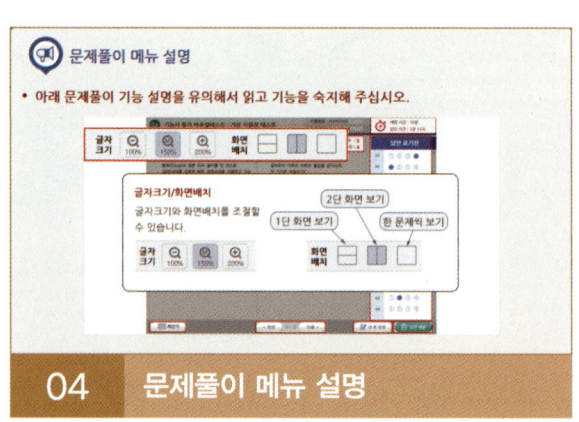

04 문제풀이 메뉴 설명

문제풀이 메뉴의 기능에 관한 설명을 유의해서 읽고 기능을 숙지해 주세요.

CBT GUIDE

합격의 공식 Formula of pass | 시대에듀 www.sdedu.co.kr

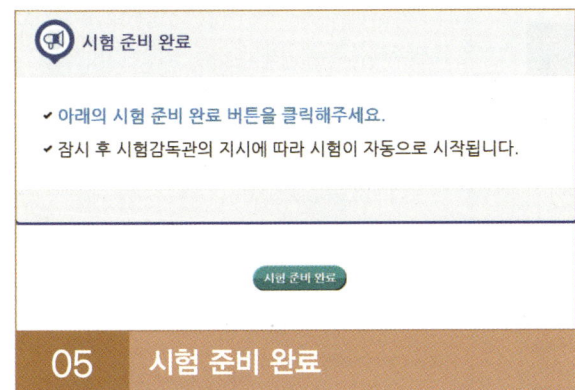

05 시험 준비 완료

시험 안내사항 및 문제풀이 연습까지 모두 마친 수험자는 시험 준비 완료 버튼을 클릭한 후 잠시 대기합니다.

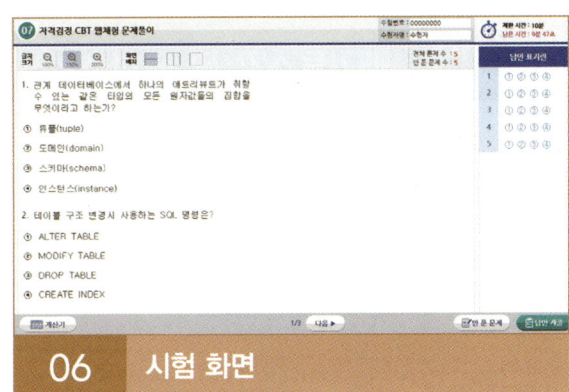

06 시험 화면

시험 화면이 뜨면 수험번호와 수험자명을 확인하고, 글자크기 및 화면배치를 조절한 후 시험을 시작합니다.

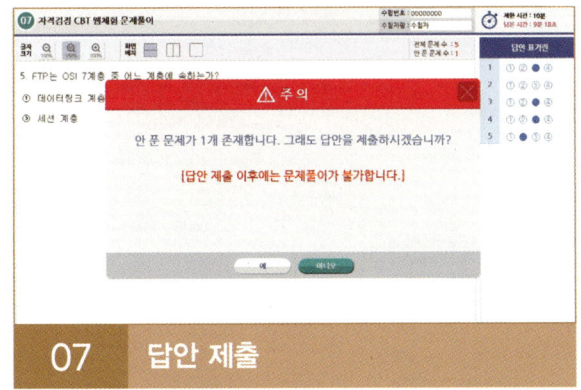

07 답안 제출

[답안 제출] 버튼을 클릭하면 답안 제출 승인 알림창이 나옵니다. 시험을 마치려면 [예] 버튼을 클릭하고 시험을 계속 진행하려면 [아니오] 버튼을 클릭하면 됩니다. 답안 제출은 실수 방지를 위해 두 번의 확인 과정을 거칩니다. [예] 버튼을 누르면 답안 제출이 완료되며 득점 및 합격여부 등을 확인할 수 있습니다.

CBT 완전 정복 TIP

내 시험에만 집중할 것
CBT 시험은 같은 고사장이라도 각기 다른 시험이 진행되고 있으니 자신의 시험에만 집중하면 됩니다.

이상이 있을 경우 조용히 손을 들 것
컴퓨터로 진행되는 시험이기 때문에 프로그램상의 문제가 있을 수 있습니다. 이때 조용히 손을 들어 감독관에게 문제점을 알리며, 큰 소리를 내는 등 다른 사람에게 피해를 주는 일이 없도록 합니다.

연습 용지를 요청할 것
응시자의 요청에 한해 연습 용지를 제공하고 있습니다. 필요시 연습 용지를 요청하며 미리 시험에 관련된 내용을 적어놓지 않도록 합니다. 연습 용지는 시험이 종료되면 회수되므로 들고 나가지 않도록 유의합니다.

답안 제출은 신중하게 할 것
답안은 제한 시간 내에 언제든 제출할 수 있지만 한 번 제출하게 되면 더 이상의 문제풀이가 불가합니다. 안 푼 문제가 있는지 또는 맞게 표기하였는지 다시 한 번 확인합니다.

구성 및 특징

핵심이론

필수적으로 학습해야 하는 중요한 이론들을 각 과목별로 분류하여 수록하였습니다.
시험과 관계없는 두꺼운 기본서의 복잡한 이론은 이제 그만! 시험에 꼭 나오는 이론을 중심으로 효과적으로 공부하십시오.

10년간 자주 출제된 문제

출제기준을 중심으로 출제 빈도가 높은 기출문제와 필수적으로 풀어보아야 할 문제를 핵심이론당 1~2문제씩 선정했습니다. 각 문제마다 핵심을 찌르는 명쾌한 해설이 수록되어 있습니다.

STRUCTURES

합격의 공식 Formula of pass | 시대에듀 www.sdedu.co.kr

과년도 기출문제

지금까지 출제된 과년도 기출문제를 수록하였습니다. 각 문제에는 자세한 해설이 추가되어 핵심이론만으로는 아쉬운 내용을 보충 학습하고 출제경향의 변화를 확인할 수 있습니다.

최근 기출복원문제

최근에 출제된 기출문제를 복원하여 가장 최신의 출제경향을 파악하고 새롭게 출제된 문제의 유형을 익혀 처음 보는 문제들도 모두 맞힐 수 있도록 하였습니다.

D-100 스터디 플래너

저자쌤이 알려주는 대로만 공부하면 합격도 문제없다!

계산문제

1. **단위환산** : MHT, 폐기물 발생량, 매립소요면적, 화상부하율, 연소실 열부하, 유기물 부하량 등의 문제는 단순한 단위환산문제이므로 단위환산을 숙달한다.

2. **기본공식 응용** : 밀도, 몰(mol), 이론공기량, 수분함량, 압축비, 부피감소율, 고형화 시 부피변화율 등 기본 개념이나 정의로부터 유도되는 공식은 기본개념을 응용한 공식을 잘 이해하도록 한다.

3. **필수암기공식** : 다음 공식은 무조건 외우고, 단위 등 적용하는 방법을 익힌다.
   - 탈수/건조에 따른 중량-함수율 공식
   - 곡률계수
   - Rosin-Rammler공식
   - Worrell식
   - 토양수분장력
   - 슬러지의 함수율과 비중 관계식
   - Rosin식
   - 공기비 산정식
   - 균등계수
   - Kick의 법칙
   - 트롬멜의 임계속도와 최적속도
   - Rietema식
   - 침출수의 점토층 통과 소요시간
   - Dulong 공식, 고위발열량-저위발열량 관계
   - 정압비율과 이론연소온도
   - 건조연소가스량 등

암기과목

1. **폐기물공정시험기준과 폐기물관계법규는** 경(성경, 불경)을 읽듯이 한달간 **매일 반복하여 소리내어 읽어서** 머리에 '**각인**' 되도록 한다(단순 암기가 아니라, 저절로 외워지도록!).

2. 과년도 암기과목 문제를 반복해서 푸는 것이 공부다. 문제의 각 문항에서 옳은 것, 틀린 것을 읽으면서 문항 자체를 외우도록 한다.

시험준비

1. 최소한 **100일 이상**은 시험 준비를 한다.
2. **요일별**로 공부하는 과목을 달리해서 과목별 진도가 유사하게 나가도록 한다.
3. 암기과목은 시험 한달 전부터 **매일 경 읽듯이** 소리내어 무조건 읽는다!
4. 기사시험은 문제은행식방식이므로 과년도가 예상문제이며, 반복학습은 암기에도 도움이 된다.

PERFECT D-100	
D-100 ~ 50일	최소 50일은 핵심이론 및 10년간 자주 출제된 문제 중심으로 내용 이해를 위주로 찬찬히 공부할 것!
D-50 ~ 20일	• 과년도 기출문제 풀이를 시작! • **가급적 해설을 보지 말고 자신이 직접 풀 것!** • 이해가 안 되는 문제의 경우 무조건 해설을 외우려고 하지 말고, 원리를 이해한 후 **자신만의 풀이방법**으로 해답을 얻을 것!
D-20 ~ 10일	• 매일 실전처럼 하루에 1회차의 과년도 기출문제 풀기(**모의고사 형식**) → 다음날은 문제풀이 해설 공부 및 부족한 부분을 복습식으로 5회차씩 과년도 기출문제 풀어보기 시행 • 모의고사 형식으로 시험시간 내에 풀어보고, 가채점하여 자신의 취득성적을 확인할 것! • 과목별로 부족한 부분을 파악하고, 평균 60점 이상을 맞을 수 있는 전략을 세울 것!
D-10 ~ 1일	**과목별로 출제유형**이 머릿속에서 체계적으로 떠오를 수 있도록 정리하고, 부족한 부분 복습!

이 책의 목차

빨리보는 간단한 키워드

PART 01 | 핵심이론

CHAPTER 01	폐기물개론	002
CHAPTER 02	폐기물처리기술	028
CHAPTER 03	폐기물소각 및 열회수	060
CHAPTER 04	폐기물공정시험기준(방법)	090
CHAPTER 05	폐기물관계법규	127

PART 02 | 과년도 + 최근 기출복원문제

CHAPTER 01	폐기물처리기사 기출복원문제	
	2019~2022년 과년도 기출문제	182
	2023년 과년도 기출복원문제	435
	2024년 최근 기출복원문제	485
CHAPTER 02	폐기물처리산업기사 기출복원문제	
	2019~2020년 과년도 기출문제	536
	2021~2023년 과년도 기출복원문제	625
	2024년 최근 기출복원문제	680

빨리보는 간단한 키워드

빨간키

#합격비법 핵심 요약집 #최다 빈출키워드 #시험장 필수 아이템

CHAPTER 01 폐기물개론

- **수분함량**

$$\frac{물\ 무게}{젖은\ 폐기물\ 무게} \times 100\%$$

- **수분함량과 중량변화 관계식**

$$\frac{V_2}{V_1} = \frac{100 - w_1}{100 - w_2}$$

- **균등계수(Uniformity Coefficient)** : $\dfrac{D_{60}}{D_{10}}$

- **곡률계수(Coefficient of Curvature)** : $\dfrac{(D_{30})^2}{D_{10} D_{60}}$

- 밀도 = $\dfrac{질량}{부피}$, 질량 = 밀도 × 부피

- **슬러지의 함수율과 비중(밀도) 관계**

  - $\dfrac{슬러지\ 무게}{슬러지\ 비중} = \dfrac{고형물\ 무게}{고형물\ 비중} + \dfrac{물\ 무게}{물\ 비중}$

  - $\dfrac{슬러지\ 무게}{슬러지\ 비중} = \dfrac{유기성\ 고형물\ 무게}{유기성\ 고형물\ 비중} + \dfrac{무기성\ 고형물\ 무게}{무기성\ 고형물\ 비중} + \dfrac{물\ 무게}{물\ 비중}$

- **건조기준 회분함량을 습량기준 회분함량으로 변환하는 식**

$$A = \frac{A'(100-w)}{100}$$

- $pH = -\log[H^+]$

- **Dulong 공식**
  - 고위발열량$(H_h) = 8,100C + 34,000\left(H - \dfrac{O}{8}\right) + 2,500S \,(kcal/kg)$
  - 저위발열량$(H_l) = 8,100C + 34,000\left(H - \dfrac{O}{8}\right) + 2,500S - 600(9H + W) \,(kcal/kg)$
  - 고체, 액체연료 저위발열량(H_l) = 고위발열량$(H_h) - 600(9H + W)(kcal/kg)$
  - 기체연료 저위발열량(H_l) = 고위발열량$(H_h) - 480 \times n\,H_2O\,(kcal/Sm^3)$

- **압축비(Compaction Ratio, CR)**

$$\frac{압축\ 전\ 부피(V_i)}{압축\ 후\ 부피(V_f)}$$

- **부피(용적)감소율(Volume Reduction, VR)**

$$\frac{감소된\ 부피(V_i - V_f)}{압축\ 전\ 부피(V_i)} \times 100$$

- **Rosin-Rammler식** : 도시폐기물의 입자크기 분포에 대한 대표적인 모델

$$y = 1 - \exp\left[\left(-\frac{x}{x_o}\right)^n\right]$$

  - x : 폐기물의 입자크기
  - y : 입자 크기가 x보다 작은 폐기물의 총 누적 무게 분율
  - x_o : 특성입자 크기, $1 - \dfrac{1}{e} = 0.632$ (즉, 중량의 63.2%가 통과할 수 있는 체 눈의 크기)
  - n : 상수

■ Kick의 법칙

$$E = C \ln \frac{L_1}{L_2}$$

- E : 폐기물 파쇄에너지
- L_1, L_2 : 파쇄 전 및 파쇄 후 입자 크기
- C : 비례상수

■ 트롬멜 스크린의 임계속도

$$\frac{1}{2\pi}\sqrt{\frac{g}{r}} \text{ (cycle/s)}$$

■ 최적속도

임계속도 × 0.45

■ Worrell식

$$E = \frac{x_1}{x_0} \cdot \frac{y_2}{y_o} \times 100 \text{(재활용 대상인 } x \text{의 회수율} \times \text{폐기 대상인 } y \text{의 기각률)}$$

■ Rietema식

$$E = \left| \frac{x_1}{x_0} - \frac{y_1}{y_0} \right| \times 100 \text{(재활용 대상인 } x \text{의 회수율} - \text{폐기 대상인 } y \text{의 회수율)}$$

CHAPTER 02 폐기물처리기술

■ 수분함량(W)

$$\frac{물\ 무게}{탈수\ Cake\ 무게} \times 100$$

수분(W)=$C-s$	슬러지 Cake
고형분(s)	$C = W + s$

위 그림에서 수분함량 $W = \dfrac{C-s}{C} \times 100\%$

■ 슬러지의 부피 = 수분이 차지하는 부피 + 고형분이 차지하는 부피

$$\frac{슬러지\ 무게}{슬러지\ 비중} = \frac{고형물\ 무게}{고형물\ 비중} + \frac{물\ 무게}{물\ 비중}$$

■ 1차 분해반응 $C = C_o e^{-kt}$ 에서의 반감기

$$t_{1/2} = \frac{\ln 2}{k}$$

■ 포도당의 혐기성 분해 반응의 화학양론식

$C_6H_{12}O_6 \rightarrow 3CH_4 + 3CO_2$

■ 고형화 시 부피변화율

$$부피변화율 = \frac{고화처리\ 후\ 폐기물\ 부피}{고화처리\ 전\ 폐기물\ 부피}$$

■ **매립소요면적**

$$\text{연간 매립면적} = \frac{\text{연간매립 폐기물 중량}}{\text{폐기물 밀도} \times \text{매립깊이}} \times (1 - \text{압축비})$$

■ **합리식에 의한 침출수 발생량 산정**

$$Q = \frac{CIA}{1,000}$$

- Q : 침출수 발생량(m^3/day)
- C : 침출계수(무차원)
- I : 강우강도(mm/day)
- A : 매립면적(m^2)

■ **침출수의 점토층 통과 소요시간 계산**

$$t = \frac{d^2 n}{K(d+h)}$$

- t : 침출수의 점토층 통과 소요시간(s)
- d : 점토층 두께(cm)
- n : 유효공극률
- K : 투수계수(cm/s)
- h : 침출수 수두(cm)

■ **토양수분장력**

$$pF = \log H$$

- H : 물기둥의 높이(cm)

■ **Darcy의 법칙**

$$v = ki = k\frac{dh}{dl}$$

CHAPTER 03 폐기물소각 및 열회수

■ 이론공기량

- 고체, 액체 연료 : $A_o(\text{Sm}^3/\text{kg}) = \dfrac{1}{0.21}\left\{\dfrac{22.4}{12}\text{C} + \dfrac{11.2}{2}\left(\text{H} - \dfrac{\text{O}}{8}\right) + \dfrac{22.4}{32}\text{S}\right\}$

- 기체 연료 : $A_o(\text{Sm}^3/\text{Sm}^3) = \dfrac{1}{0.23}\left\{\dfrac{32}{12}\text{C} + \dfrac{16}{2}\left(\text{H} - \dfrac{\text{O}}{8}\right) + \dfrac{32}{32}\text{S}\right\}$

- $C_m H_n$: $A_o(\text{Sm}^3/\text{Sm}^3) = \dfrac{1}{0.21}\left(m + \dfrac{n}{4}\right) = 4.76m + 1.19n$

- Rosin식 : $A_o = 0.85 \times \dfrac{H_l}{1,000} + 2\ [\text{Sm}^3/\text{kg}]$

■ 연소반응식

- 탄소 : $C + O_2 \rightarrow CO_2$
- 메테인 : $CH_4 + 2O_2 \rightarrow CO_2 + 2H_2O$
- 에테인 : $C_2H_6 + 3.5O_2 \rightarrow 2CO_2 + 3H_2O$
- 프로페인 : $C_3H_8 + 5O_2 \rightarrow 3CO_2 + 4H_2O$
- 뷰테인 : $C_4H_{10} + 6.5O_2 \rightarrow 4CO_2 + 5H_2O$

■ 배기가스 중 질소(N_2), 산소(O_2)의 농도를 아는 경우 공기비 산정식

$m = \dfrac{21N_2}{21N_2 - 79O_2}$

■ 건조연소가스량(Sm^3)

$(m - 0.21)A_o + x$

여기서, x는 탄화수소(C_xH_y)에서 C의 계수, y는 H의 계수

- **습윤연소가스량(Sm³)**

$$(m-0.21)A_o + \left(x+\frac{y}{2}\right)$$

여기서, x는 탄화수소(C_xH_y)에서 C의 계수, y는 H의 계수

- $(CO_2)_{max} = \dfrac{CO_2\ 발생량}{이론건조연소가스량} \times 100$

- $(CO_2)_{max} = \dfrac{CO_2\ 발생량}{이론공기량\ 중\ 질소가스량 + CO_2\ 발생량} \times 100$ (탄화수소의 경우)

- **정압비열과 이론연소 온도**

$$온도 = \frac{저위발열량}{연소가스량 \times 정압비열} + 기준온도$$

- 연소실 열부하 $\left(\dfrac{kcal/h}{m^3}\right) = \dfrac{시간당\ 폐기물\ 소각량 \times 저위발열량}{연소실\ 부피}$

- 화상부하율 $\left(\dfrac{kg/h}{m^2}\right) = \dfrac{시간당\ 폐기물\ 소각량}{화격자면적(m^2)}$

CHAPTER 04 폐기물공정시험기준(방법)

■ 온도

- 표준온도 : 0℃
- 상온 : 15~25℃
- 실온 : 1~35℃
- 찬 곳 : 0~15℃
- 냉수 : 15℃ 이하
- 온수 : 60~70℃
- 열수 : 약 100℃

■ 정의

액상폐기물	고형물 함량 5% 미만
반고상폐기물	고형물 함량 5% 이상 15% 미만
고상폐기물	고형물 함량 15% 이상

함침성 고상폐기물	종이, 목재 등 기름을 흡수하는 변압기 내부부재
비함침성 고상폐기물	금속판, 구리선 등 기름을 흡수하지 않는 평면 또는 비평면 형태의 변압기 내부부재

감압 또는 진공	15mmHg 이하
방울수	20℃에서 정제수 20방울을 적하할 때, 그 부피가 약 1mL 되는 것
항량으로 될 때까지 건조	1시간 더 건조할 때 전후 무게의 차가 g당 0.3mg 이하일 때
무게를 "정확히 단다"의 의미	무게를 0.1mg까지 다는 것

■ 용기의 종류

밀폐용기	이물질이 들어가거나 또는 내용물이 손실되지 아니하도록 내용물을 보호하는 용기
기밀용기	밖으로부터의 공기 또는 다른 가스가 침입하지 아니하도록 내용물을 보호하는 용기
밀봉용기	기체 또는 미생물이 침입하지 아니하도록 내용물을 보호하는 용기
차광용기	광선이 투과하지 않는 용기 또는 투과하지 않게 포장을 한 용기

■ 정도보증/정도관리

- 기기검출한계 : 반복 측정 분석한 결과의 표준편차에 3배한 값
- 정량한계 : 표준편차(s)에 10배한 값
- 정밀도(상대표준편차) : 정밀도(%) = $\dfrac{s}{x} \times 100$

■ 시료용기

- 노말헥산 추출물질, 유기인, 폴리클로리네이티드비페닐(PCBs) 및 휘발성 저급염소화 탄화수소류 실험을 위한 시료의 채취 시는 **갈색경질의 유리병을 사용**한다.
- **코르크 마개를 사용하여서는 안 된다.** 다만, 고무나 코르크 마개에 **파라핀지, 유지 또는 셀로판지를 씌워 사용**할 수도 있다.
- 시료용기 기재 사항 : 폐기물의 명칭, 대상 폐기물의 양, 채취장소, 채취시간 및 일기, 시료번호, 채취책임자 이름, 시료의 양, 채취방법, 기타 참고자료(보관상태 등)

■ 시료의 채취방법

- 콘크리트 고형화물 시료 채취
  대형의 고형화물로써 분쇄가 어려울 경우에는 임의의 **5개소**에서 채취하여 각각 파쇄한 후 **100g**씩 균등 양 혼합하여 채취한다.
- 연속식 연소방식의 소각재 반출 설비에서 시료채취
  - 소각재 저장조에서 채취하는 경우는 평면상에서 5등분한 후 각 등분마다 500g 이상 채취한다.
  - 야적더미에서 채취하는 경우는 2m 높이마다 각 층별로 적절한 지점에서 500g 이상 채취한다.
- 회분식 연소방식의 소각재 반출 설비에서 시료채취
  하루 동안의 운전횟수에 따라 매 **운전 시마다 2회 이상** 채취, **1회에 500g 이상** 채취한다.

■ 시료의 양과 수
- 시료의 양 : 1회에 100g 이상 채취, 소각재의 경우에는 1회에 500g 이상 채취
- 대상폐기물의 양과 시료의 최소수

대상폐기물의 양(단위 : ton)	시료의 최소수
~1 미만	6
1 이상~5 미만	10
5 이상~30 미만	14
30 이상~100 미만	20
100 이상~500 미만	30
500 이상~1,000 미만	36
1,000 이상~5,000 미만	50
5,000 이상~	60

- 폐기물이 적재되어 있는 운반차량에서 시료를 채취할 경우
  - 5ton 미만의 차량 : 평면상에서 6등분한 후 각 등분마다 시료 채취
  - 5ton 이상의 차량 : 평면상에서 9등분한 후 각 등분마다 시료 채취

■ 시료의 분할 채취방법
- 원추 4분법 : 시료를 **고깔 모양**으로 쌓은 후 **4등분**하여 줄여나감, 1회 조작으로 시료의 양이 1/2씩 줄어듦
- 교호삽법 : 원추형과 장방형을 **교대**로 만들면서 시료량을 축소시킴
- 구획법 : 20개 덩어리로 나누어 균등량을 취함

■ 용출시험방법
- 시료용액의 조제
  시료의 조제방법에 따라 조제한 시료 100g 이상을 정확히 달아 정제수에 염산을 넣어 pH를 5.8~6.3으로 맞춘 용매(mL)를 시료 : 용매 = 1 : 10(W : V)의 비로 2,000mL 삼각플라스크에 넣어 혼합한다.
- 용출조작
  - 상온, 상압에서 진탕 횟수가 매 분당 약 200회, 진탕의 폭이 4~5cm의 왕복진탕기(수평인 것)를 사용하여 6시간 연속 진탕한다.
  - 1.0μm의 유리섬유여과지로 여과 → 용출실험용 시료용액
  - 여과가 어려운 경우에는 원심분리기를 사용하여 매 분당 3,000회전 이상으로 20분 이상 원심분리한다.
- 용출시험 결과의 보정 : 함수율 85% 이상인 시료에 한하여 $\dfrac{15}{100 - 시료의\ 함수율(\%)}$를 곱한다.

■ 산분해법

종류	특징
질산 분해법	유기물 함량이 **낮은** 시료에 적용
질산-염산 분해법	유기물 함량이 비교적 높지 않고 **금속의 수산화물, 산화물, 인산염 및 황화물**을 함유하고 있는 시료에 적용
질산-황산 분해법	• **유기물 등을 많이** 함유하고 있는 **대부분의 시료**에 적용 • 칼슘, 바륨, 납 등을 다량 함유한 시료는 난용성의 황산염을 생성하여 다른 금속 성분을 흡착하므로 주의
질산-과염소산 분해법	• 유기물을 높은 비율로 함유하고 있으면서 **산화분해가 어려운 시료**들에 적용 • 과염소산을 넣을 경우 진한 질산이 공존하지 않으면 폭발할 위험이 있으므로 반드시 진한 질산을 먼저 넣어주어야 함
질산-과염소산-불화수소산 분해법	**점토질** 또는 **규산염**이 높은 비율로 함유된 시료에 적용

■ 강열감량 및 유기물 함량

- 도가니 또는 접시를 미리 600±25℃에서 **30분간 강열**
- 시료 적당량(20g 이상)을 취함(수분을 제거한 후 강열감량 실험을 한다)
- **질산암모늄용액(25%)**을 넣어 시료에 적시고 천천히 가열하여 탄화시킨 다음 600±25℃의 전기로 안에서 **3시간 강열**

■ 기름성분

- 정량한계 : 0.1% 이하
- 시료는 **24시간** 이내에 증발처리를 하여야 하나 최대한 7일을 넘기지 말아야 한다.
- 시료 적당량을 분별깔때기에 넣고 **메틸오렌지용액**(0.1W/V%)을 2~3방울 넣고 황색이 적색으로 변할 때까지 **염산(1 + 1)**을 넣어 pH 4 이하로 조절한다.

※ 노말헥산 추출물질의 함량이 5mg/L 이하로 낮은 경우 : **염화철(Ⅲ)용액** 4mL를 넣고 자석교반기로 교반하면서 **탄산나트륨용액**(20W/V%)을 넣어 pH 7~9로 조절한다. 잔류 침전 층에 **염산(1 + 1)**으로 pH를 약 1로 하여 침전을 녹이고 이 용액을 분별깔때기에 옮긴다.

※ 추출 시 에멀션을 형성하여 액층이 분리되지 않거나 노말헥산층이 탁할 경우 : 에멀션층 또는 헥산층에 약 10g의 **염화나트륨** 또는 황산암모늄을 넣어 환류냉각관(약 300mm)을 부착하고 80℃ 물중탕에서 약 10분간 가열 분해한다.

■ 수분 및 고형물
- 적용범위 : 0.1%까지 측정
- 평량병 또는 증발접시를 미리 105~110℃에서 1시간 건조
- 105~110℃의 건조기 안에서 4시간 완전 건조

■ pH 측정
- 적용범위 : pH를 0.01까지 측정
- 간섭물질
  - 유리전극은 일반적으로 용액의 색도, 탁도, 콜로이드성 물질, 산화 및 환원성 물질 그리고 염도에 의해 간섭받지 않는다.
  - pH는 온도변화에 따라 영향을 받는다.
- 조제한 pH 표준용액은 경질유리병 또는 폴리에틸렌병에 보관하며, 보통 산성 표준용액은 3개월, 염기성 표준용액은 산화칼슘(생석회) 흡수관을 부착하여 1개월 이내에 사용하며, 현재 국내외에 상품화되어 있는 표준용액을 사용할 수 있다.

표준용액	pH(0℃)
수산염 표준액	1.67
프탈산염 표준액	4.01
인산염 표준액	6.98
붕산염 표준액	9.46
탄산염 표준액	10.32
수산화칼슘 표준액	13.43

- 정밀도 : 한 종류의 pH 표준용액에 대하여 5회 되풀이하여 pH를 측정했을 때 **재현성이 ±0.05 이내**
- 고상폐기물의 pH 측정 실험절차
  시료 10g을 50mL 비커에 취한 다음 정제수 25mL를 넣어 잘 교반하여 30분 이상 방치

■ 석 면
- 적용범위

편광현미경법	1~100%
X선 회절기법	0.1~100.0%

- 시료채취
  시료의 양 : 1회에 최소한 면적단위로는 $1cm^2$, 부피단위로는 $1cm^3$, 무게단위로는 2g 이상 채취

- 석면 종류별 형태와 색상(편광현미경법 기준)

석면의 종류	형태와 색상
백석면	• 꼬인 물결 모양의 섬유 • 다발 끝은 분산 • 가열되면 무색~밝은 갈색 • 다색성 • 종횡비는 전형적으로 10 : 1 이상
갈석면	• 곧은 섬유와 섬유 다발 • 다발 끝은 빗자루 같거나 분산된 모양 • 가열하면 무색~갈색 • 약한 다색성 • 종횡비는 전형적으로 10 : 1 이상
청석면	• 곧은 섬유와 섬유 다발 • 긴 섬유는 만곡 • 다발 끝은 분산된 모양 • 특징적인 청색과 다색성 • 종횡비는 전형적으로 10 : 1 이상

■ **시안측정** : 자외선/가시선 분광법(피리딘-피라졸론법)
- 개요 : 시료를 pH 2 이하의 산성으로 조절한 후에 **에틸렌다이아민테트라아세트산이나트륨**을 넣고 가열 증류하여 시안화합물을 시안화수소로 유출시켜 수산화나트륨용액에 포집한 다음 중화하고 클로라민-T와 **피리딘-피라졸론 혼합액**을 넣어 나타나는 **청색을 620nm에서 측정하는 방법**
- 적용범위
  각 시안화합물의 종류를 구분하여 정량할 수 **없다**(정량한계 : 0.01mg/L).
- 간섭물질
  - 시안화합물을 측정할 때 방해물질들은 **증류하면 대부분 제거**된다. 그러나 다량의 지방성분, 잔류염소, 황화합물은 시안화합물을 분석할 때 간섭할 수 있다.
  - 다량의 지방성분을 함유한 시료는 아세트산 또는 수산화나트륨 용액으로 pH 6~7로 조절한 후 시료의 약 2%에 해당하는 부피의 노말헥산 또는 클로로폼을 넣어 추출한다.
  - **황화합물**이 함유된 시료는 **아세트산아연용액**(10W/V%) 2mL를 넣어 제거한다.
  - **잔류염소**가 함유된 시료는 **잔류염소 20mg당 L-아스코빈산(10W/V%) 0.6mL** 또는 이산화비소산나트륨용액(10W/V%) 0.7mL를 넣어 제거한다.

- **시안측정방법** : 이온전극법
  - 개요 : pH 12~13의 알칼리성으로 조절
  - 정량한계 : 0.5mg/L
  - 시료와 표준용액의 측정 시 온도차는 ±1℃이어야 하고, 교반속도가 일정하여야 한다.

- **원자흡수분광광도계(AAS)**
  - 구성 : 광원부, 시료원자화부, 파장선택부 및 측광부
  - 불꽃을 만들기 위한 기체 : 가연성 기체-아세틸렌, 조연성 기체-공기

- **유도결합플라스마-원자발광분광법(ICP)**
  - 적용범위 : 구리, 납, 비소, 카드뮴, 크롬, 6가크롬 등 원소의 동시 분석
  - 정량한계 : 0.002~0.01mg/L
  - 구성 : 시료도입부, 고주파전원부, 광원부, 분광부, 연산처리부 및 기록부

- **구리-자외선/가시선 분광법**
  - 개요 : 알칼리성에서 다이에틸다이티오카르바민산나트륨과 반응하여 생성하는 **황갈색**의 킬레이트 화합물을 아세트산뷰틸로 추출하여 흡광도를 **440nm**에서 측정
  - 정량범위 : 0.002~0.03mg, 정량한계 : 0.002mg

- **납-자외선/가시선 분광법**
  - 개요 : **시안화칼륨** 공존하에 알칼리성에서 **디티존**과 반응하여 생성하는 납 디티존착염을 사염화탄소로 추출하고 과잉의 디티존을 시안화칼륨용액으로 씻은 다음 납 착염의 흡광도를 **520nm**에서 측정
  - 정량범위 : 0.001~0.04mg, 정량한계 : 0.001mg

■ 비 소
- 원자흡수분광광도법(수소화물생성법)
  - 전처리한 시료 용액 중에 아연 또는 나트륨붕소수화물을 넣어 생성된 수소화비소를 원자화시켜 193.7nm에서 흡광도를 측정하고 비소를 정량하는 방법
  - 정량한계 : 0.005mg/L
- 자외선/가시선 분광법
  - 개요 : 시료 중의 비소를 3가비소로 환원시킨 다음 아연을 넣어 발생되는 비화수소를 다이에틸다이티오카르바민산은의 **피리딘용액**에 흡수시켜 이때 나타나는 **적자색**의 흡광도를 **530nm**에서 측정
  - 정량범위 : 0.002~0.01mg, 정량한계 : 0.002mg

■ 수 은
- 원자흡수분광광도법(환원기화법)
  - 수은을 **이염화주석**을 넣어 금속수은으로 환원시킨 다음 이 용액에 통기하여 발생하는 수은증기를 **253.7nm**의 파장에서 정량
  - 정량범위 : 0.0005~0.01mg/L, 정량한계 : 0.0005mg/L
  - 간섭물질
    ⓐ 시료 중 **염화물이온이 다량 함유된 경우**에는 산화조작 시 유리염소를 발생하여 253.7nm에서 흡광도를 나타낸다. 이때에는 **염산하이드록실아민용액**을 과잉으로 넣어 유리염소를 환원시키고 용기 중에 잔류하는 염소는 질소가스를 통기시켜 축출
    ⓑ **벤젠, 아세톤 등 휘발성 유기물질**도 253.7nm에서 흡광도를 나타낸다. 이때에는 **과망간산칼륨** 분해 후 헥산으로 이들 물질을 추출 분리한 다음 실험
- 자외선/가시선 분광법(디티존법)
  - 개요 : 수은을 황산 산성에서 디티존사염화탄소로 일차 추출하고 브로모화칼륨 존재하에 황산 산성에서 역추출하여 방해성분과 분리한 다음 알칼리성에서 디티존사염화탄소로 수은을 추출하여 **490nm**에서 흡광도를 측정
  - 정량범위 : 0.001~0.025mg, 정량한계 : 0.001mg

■ 카드뮴-자외선/가시선 분광법
- 개요 : **시안화칼륨**이 존재하는 알칼리성에서 디티존과 반응시켜 생성하는 카드뮴착염을 사염화탄소로 추출하고, 추출한 카드뮴착염을 **타타르산용액**으로 역추출한 다음 수산화나트륨과 시안화칼륨을 넣어 디티존과 반응하여 생성하는 **적색**의 카드뮴착염을 사염화탄소로 추출하여 그 흡광도를 **520nm**에서 측정
- 정량범위 : 0.001~0.03mg, 정량한계 : 0.001mg

- **크롬**
  - 원자흡수분광광도법
    - 아세틸렌-공기 또는 아세틸렌-일산화이질소 불꽃에 주입하여 357.9nm에서 분석
    - 정량범위 : 0.01~5mg/L, 정량한계 : 0.01mg/L
    - 간섭물질 : 공기-아세틸렌 불꽃에서는 철, 니켈 등의 공존물질에 의한 방해영향이 크므로 **황산나트륨을 1%** 정도 넣어서 측정
    - 전처리 : 염화하이드록시암모늄용액(10W/V%)을 한 방울씩 넣어 과잉의 과망간산칼륨을 분해
  - 자외선/가시선 분광법
    - 개요 : 시료 중에 총 크롬을 과망간산칼륨을 사용하여 6가크롬으로 산화시킨 다음 산성에서 **다이페닐카바자이드**와 반응하여 생성되는 **적자색** 착화합물의 흡광도를 **540nm**에서 측정
    - 정량범위 : 0.002~0.05mg, 정량한계 : 0.002mg
    - 간섭물질 : 시료 중 철이 2.5mg 이하로 공존할 경우에는 다이페닐카바자이드용액을 넣기 전에 피로인산나트륨·10수화물용액(5%) 2mL를 넣어 주면 간섭을 줄일 수 있다.

- **6가크롬**
  - 원자흡수분광광도법
    - 3가크롬을 선택적으로 침전하여 제거한 후 6가크롬을 환원 및 침전시켜 전처리 후 357.9nm에서 분석한다.
    - 정량범위 : 0.01~5mg/L, 정량한계 : 0.01mg/L
  - 자외선/가시선 분광법
    - 개요 : 6가크롬을 **다이페닐카바자이드**와 반응시켜 생성하는 **적자색**의 착화합물의 흡광도를 **540nm**에서 측정한다.
    - 정량범위 : 0.04~1.0mg/L, 정량한계 : 0.04mg/L

- **대상별 측정 파장 및 발색된 색(자외선/가시선 분광법 기준)**

항 목	구 리	수 은	납	비 소	크 롬	시 안
			카드뮴		6가크롬	
파 장	440	490	520	530	540	620
색 깔	황갈색		적 색	적자색	적자색	청 색

■ 유기인
- 개요 : 이피엔, 파라티온, 메틸디메톤, 다이아지논 및 펜토에이트의 측정방법, 질소인 검출기(NPD) 또는 불꽃광도 검출기(FPD)로 분석
- 정량한계 : 각 성분당 0.0005mg/L
- 시료채취 및 관리
  - 시료채취는 유리병을 사용하며 채취 전에 시료로서 세척하지 말아야 한다.
  - 시료채취 후 추출하기 전까지 4℃ 냉암소에서 보관하고 **7일 이내**에 추출하고 **40일 이내**에 분석한다.
- 분석기기 및 기구
  - 기체크로마토그래프 : 운반기체는 부피백분율 99.999% 이상의 헬륨(또는 질소)을 사용
  - 정제용 칼럼 : 실리카겔 칼럼, 플로리실 칼럼, 활성탄 칼럼
    ※ 헥산으로 추출할 경우 메틸디메톤의 추출률이 낮아질 수도 있다. 이때에는 헥산 대신 **다이클로로메테인과 헥산의 혼합액(15 : 85)**을 사용한다.

■ PCBs - 기체크로마토그래프
- 적용범위
  - 용출용액 : 각 PCB류의 정량한계 0.0005mg/L
  - 액상폐기물의 정량한계 : 0.05mg/L
- 간섭물질
  - 알칼리 분해를 하여도 헥산 층에 유분이 존재할 경우에는 실리카겔 칼럼으로 정제조작을 하기 전에 플로리실 칼럼을 통과시켜 유분을 분리한다.
  - 유리기구류는 세정제, 뜨거운 수돗물 그리고 정제수 순으로 닦아준 후 400℃에서 15~30분 동안 가열한 후 식혀 알루미늄박으로 덮어 깨끗한 곳에 보관하여 사용한다.
  - 전자포획검출기로 하여 PCB를 측정할 때 프탈레이트가 방해할 수 있는데 이는 플라스틱 용기를 사용하지 않음으로서 최소화 할 수 있다.
  - 실리카겔 칼럼 정제는 산, 염화페놀, 폴리클로로페녹시페놀 등의 극성화합물을 제거하기 위하여 수행하며, 사용 전에 정제하고 활성화시켜야 한다.
- 기체크로마토그래프
  - 운반기체 : 부피백분율 99.999% 이상의 질소, 유량 0.5~3mL/min
  - 검출기 : 전자포획검출기(ECD)
  - 정제칼럼 : 플로리실 칼럼, 실리카겔 칼럼
  - 농축장치 : 구데르나다니시(KD)농축기 또는 회전증발농축기
  - 질량분석기 : 이온화방식은 전자충격법을 사용, 이온화에너지 35~70eV 사용
  - 정량한계 : 1.0mg/L

- 시료채취 및 관리
  - 비함침성 고상폐기물
    시료채취용기 : 갈색 경질의 유리병을 원칙으로 함
  - 시료채취량
    ⓐ 비평면형 비함침성 폐기물 : 폐기물 종류별로 100g 이상 채취
    ⓑ 평면형 비함침성 폐기물 : 종류별로 면적이 500cm^2 이상이 되도록 채취
- 전처리
  - 추출조작에서 얻어진 농축액이 유분을 다량 함유할 경우에는 알칼리 분해를 할 수 있다.
  - 알칼리 분해를 하여도 헥산층에 유분이 존재할 경우에는 실리카겔 칼럼으로 정제하기 전에 플로리실 칼럼 정제에 따라 유분을 제거한다.

■ 휘발성 유기화합물
- 할로겐화 유기물질 기체크로마토그래피-질량분석법의 정량한계 : 10mg/kg
- 할로겐화 유기물질-기체크로마토그래피
  - 운반기체 : 부피백분율 99.999% 이상의 헬륨(또는 질소), 유량 0.5~4mL/min
  - 검출기 : 불꽃이온화검출기(FID), 전자포획검출기(ECD)
- 휘발성 저급염소화 탄화수소류-기체크로마토그래피
  - 정량한계
    ⓐ 트라이클로로에틸렌 : 0.008mg/L
    ⓑ 테트라클로로에틸렌 : 0.002mg/L
  - 간섭물질
    ⓐ 다이클로로메테인과 같이 머무름 시간이 짧은 화합물은 용매의 피크와 겹쳐 분석을 방해할 수 있다.
    ⓑ 플루오르화탄소나 다이클로로메테인과 같은 휘발성 유기물은 보관이나 운반 중에 격막(Septum)을 통해 시료 안으로 확산되어 시료를 오염시킬 수 있으므로 현장 바탕시료로서 이를 점검하여야 한다.
- 기체크로마토그래프
  - 운반기체 : 부피백분율 99.999% 이상의 헬륨(또는 질소), 유량 0.5~4mL/min
  - 검출기 : 전자포획검출기(ECD), 전해전도 검출기(HECD)

■ 감염성 미생물 검사법
- 아포균 검사법
- 세균배양 검사법
- 멸균테이프 검사법

- **투과도와 흡광도의 관계**

    - 투과도 $t = \dfrac{I_t}{I_o}$

    - 흡광도 $A = \log \dfrac{1}{t} = \log \dfrac{I_o}{I_t}$

- **자외선/가시선 분광광도계**
    - 광원부의 광원
        - 가시부와 근적외부 : 텅스텐램프
        - 자외부 : 중수소 방전관
    - 흡수셀
        - 흡수파장이 약 370nm 이상(가시선 영역)일 때 : 석영 또는 경질유리
        - 흡수파장이 약 370nm 이하(자외선 영역)일 때 : 석영흡수셀

CHAPTER 05 폐기물관계법규

폐기물관리법

제2조(정의)
- '폐기물'이란 쓰레기, 연소재, 오니, 폐유, 폐산, 폐알칼리 및 동물의 사체 등으로서 사람의 생활이나 사업활동에 필요하지 아니하게 된 물질을 말한다.
- '생활폐기물'이란 사업장폐기물 외의 폐기물을 말한다.
- '사업장폐기물'이란 대기환경보전법, 물환경보전법 또는 소음·진동관리법에 따라 배출시설을 설치·운영하는 사업장이나 그 밖에 대통령령으로 정하는 사업장에서 발생하는 폐기물을 말한다.
- '지정폐기물'이란 사업장폐기물 중 폐유·폐산 등 주변 환경을 오염시킬 수 있거나 의료폐기물 등 인체에 위해를 줄 수 있는 해로운 물질로서 대통령령으로 정하는 폐기물을 말한다.
- '의료폐기물'이란 보건·의료기관, 동물병원, 시험·검사기관 등에서 배출되는 폐기물 중 인체에 감염 등 위해를 줄 우려가 있는 폐기물과 인체 조직 등 적출물, 실험 동물의 사체 등 보건·환경보호상 특별한 관리가 필요하다고 인정되는 폐기물로서 대통령령으로 정하는 폐기물을 말한다.
- '의료폐기물 전용용기'란 의료폐기물로 인한 감염 등의 위해 방지를 위하여 의료폐기물을 넣어 수집·운반 또는 보관에 사용하는 용기를 말한다.
- '처리'란 폐기물의 수집, 운반, 보관, 재활용, 처분을 말한다.
- '처분'이란 폐기물의 소각·중화·파쇄·고형화 등의 중간처분과 매립하거나 해역으로 배출하는 등의 최종처분을 말한다.
- '재활용'이란 다음의 어느 하나에 해당하는 활동을 말한다.
  - 폐기물을 재사용·재생이용하거나 재사용·재생이용할 수 있는 상태로 만드는 활동
  - 폐기물로부터 에너지법에 따른 에너지를 회수하거나 회수할 수 있는 상태로 만들거나 폐기물을 연료로 사용하는 활동으로서 환경부령으로 정하는 활동
- '폐기물처리시설'이란 폐기물의 중간처분시설, 최종처분시설 및 재활용시설로서 대통령령으로 정하는 시설을 말한다.
- '폐기물감량화시설'이란 생산 공정에서 발생하는 폐기물의 양을 줄이고, 사업장 내 재활용을 통하여 폐기물 배출을 최소화하는 시설로서 대통령령으로 정하는 시설을 말한다.

제25조(폐기물처리업)

- 환경부장관 또는 시·도지사는 천재지변이나 그 밖의 부득이한 사유로 기간 내에 허가신청을 하지 못한 자에 대하여는 신청에 따라 총연장기간 1년(폐기물 수집·운반업의 경우에는 총 연장기간 6개월, 폐기물 최종처분업과 폐기물 종합처분업의 경우에는 총 연장기간 2년)의 범위에서 허가신청기간을 연장할 수 있다.
- 폐기물처리업의 업종 구분과 영업 내용은 다음과 같다.
  - 폐기물 수집·운반업 : 폐기물을 수집하여 재활용 또는 처분 장소로 운반하거나 폐기물을 수출하기 위하여 수집·운반하는 영업
  - 폐기물 중간처분업 : 폐기물 중간처분시설을 갖추고 폐기물을 소각 처분, 기계적 처분, 화학적 처분, 생물학적 처분, 그 밖에 환경부장관이 폐기물을 안전하게 중간처분할 수 있다고 인정하여 고시하는 방법으로 중간처분하는 영업
  - 폐기물 최종처분업 : 폐기물 최종처분시설을 갖추고 폐기물을 매립 등(해역 배출은 제외한다)의 방법으로 최종처분하는 영업
  - 폐기물 종합처분업 : 폐기물 중간처분시설 및 최종처분시설을 갖추고 폐기물의 중간처분과 최종처분을 함께 하는 영업
  - 폐기물 중간재활용업 : 폐기물 재활용시설을 갖추고 중간가공 폐기물을 만드는 영업
  - 폐기물 최종재활용업 : 폐기물 재활용시설을 갖추고 중간가공 폐기물을 제13조의2에 따른 폐기물의 재활용 원칙 및 준수사항에 따라 재활용하는 영업
  - 폐기물 종합재활용업 : 폐기물 재활용시설을 갖추고 중간재활용업과 최종재활용업을 함께 하는 영업

제26조(결격 사유)

다음의 어느 하나에 해당하는 자는 폐기물처리업의 허가를 받거나 전용용기 제조업의 등록을 할 수 없다.

① 미성년자, 피성년후견인 또는 피한정후견인

② 파산선고를 받고 복권되지 아니한 자

③ 이 법을 위반하여 금고 이상의 실형을 선고받고 그 형의 집행이 끝나거나 집행을 받지 아니하기로 확정된 후 10년이 지나지 아니한 자

④ 이 법을 위반하여 금고 이상의 형의 집행유예를 선고받고 그 집행유예 기간이 끝난 날부터 5년이 지나지 아니한 자

⑤ 이 법을 위반하여 대통령령으로 정하는 벌금형 이상을 선고받고 그 형이 확정된 날부터 5년이 지나지 아니한 자

⑥ 폐기물처리업의 허가가 취소되거나 전용용기 제조업의 등록이 취소된 자(이하 허가취소자 등)로서 그 허가 또는 등록이 취소된 날부터 10년이 지나지 아니한 자

⑦ ⑥에 해당하는 허가취소자 등과의 관계에서 자신의 영향력을 이용하여 허가취소자 등에게 업무집행을 지시하거나 허가취소자 등의 명의로 직접 업무를 집행하는 등의 사유로 허가취소자 등에게 영향을 미쳐 이익을 얻는 자 등으로서 환경부령으로 정하는 자

⑧ 임원 또는 사용인 중에 ①부터 ⑥까지 및 ⑦의 어느 하나에 해당하는 자가 있는 법인 또는 개인사업자

제46조의2(폐기물처리 신고자에 대한 과징금 처분)

시·도지사는 폐기물처리 신고자에게 처리금지를 명령하여야 하는 경우 그 처리금지가 다음의 어느 하나에 해당한다고 인정되면 대통령령으로 정하는 바에 따라 그 처리금지를 갈음하여 2천만원 이하의 과징금을 부과할 수 있다.

- 해당 처리금지로 인하여 그 폐기물처리의 이용자가 폐기물을 위탁처리하지 못하여 폐기물이 사업장 안에 적체됨으로써 이용자의 사업활동에 막대한 지장을 줄 우려가 있는 경우
- 해당 폐기물처리 신고자가 보관 중인 폐기물 또는 그 폐기물처리의 이용자가 보관 중인 폐기물의 적체에 따른 환경오염으로 인하여 인근지역 주민의 건강에 위해가 발생되거나 발생될 우려가 있는 경우
- 천재지변이나 그 밖의 부득이한 사유로 해당 폐기물처리를 계속하도록 할 필요가 있다고 인정되는 경우

제63조(벌칙)

폐기물의 재활용에 대한 승인을 받지 아니하고 폐기물을 재활용 한 자 또는 허가 또는 승인을 받거나 신고한 폐기물처리시설이 아닌 곳에 사업장폐기물을 버리거나 매립한 자는 7년 이하의 징역이나 7천만원 이하의 벌금에 처한다.

제64조(벌칙)

대행계약을 체결하지 아니하고 종량제 봉투 등을 제작·유통한 자는 5년 이하의 징역이나 5천만원 이하의 벌금에 처한다.

제65조(벌칙)

영업정지 기간에 영업을 한 자는 3년 이하의 징역이나 3천만원 이하의 벌금에 처한다.

제66조(벌칙)

2년 이하의 징역이나 2천만원 이하의 벌금에 처한다.
- 업종 구분과 영업 내용의 범위를 벗어나는 영업을 한 자
- 설치가 금지되는 폐기물 소각시설을 설치·운영한 자
- 변경승인을 받지 아니하고 승인받은 사항을 변경한 자

제68조(과태료)
- 1,000만원 이하의 과태료를 부과한다.
  - 기술관리인을 임명하지 아니하고 기술관리 대행 계약을 체결하지 아니한 자
  - 관리기준에 맞지 아니하게 폐기물처리시설을 유지·관리하거나 오염물질 및 주변지역에 미치는 영향을 측정 또는 조사하지 아니한 자
- 300만원 이하의 과태료를 부과한다.
  - 대행계약을 체결하지 아니하고 종량제 봉투 등을 판매한 자
- 100만원 이하의 과태료를 부과한다.
  - 스스로 처리할 수 없는 생활폐기물의 분리·보관에 필요한 보관시설을 설치하고, 그 생활폐기물을 종류별, 성질·상태별로 분리하여 보관하여야 하며, 특별자치시, 특별자치도, 시·군·구에서는 분리·보관에 관한 구체적인 사항을 조례로 정하여야 하나 이를 위반한 자
  - 설치승인을 받거나 설치신고를 한 후 폐기물처리시설을 설치한 자(폐기물처리업의 허가를 받은 자를 포함한다)는 그가 설치한 폐기물처리시설의 사용을 끝내거나 폐쇄하려면 환경부령으로 정하는 바에 따라 환경부장관에게 신고하여야 하나 이에 따른 신고를 하지 아니한 자

폐기물관리법 시행령

제14조(주변지역 영향 조사대상 폐기물처리시설)
- 1일 처분능력이 50ton 이상인 사업장폐기물 소각시설(같은 사업장에 여러 개의 소각시설이 있는 경우에는 각 소각시설의 1일 처분능력의 합계가 50ton 이상인 경우를 말한다)
- 매립면적 1만m^2 이상의 사업장 지정폐기물 매립시설
- 매립면적 15만m^2 이상의 사업장 일반폐기물 매립시설
- 시멘트 소성로(폐기물을 연료로 사용하는 경우로 한정한다)
- 1일 재활용능력이 50ton 이상인 사업장폐기물 소각열회수시설(같은 사업장에 여러 개의 소각열회수시설이 있는 경우에는 각 소각열회수시설의 1일 재활용능력의 합계가 50ton 이상인 경우를 말한다)

제15조(기술관리인을 두어야 할 폐기물처리시설)
- 매립시설의 경우
  - 지정폐기물을 매립하는 시설로서 면적이 3천 300m^2 이상인 시설. 다만, 최종처분시설 중 차단형 매립시설에서는 면적이 330m^2 이상이거나 매립용적이 1천m^3 이상인 시설로 한다.
  - 지정폐기물 외의 폐기물을 매립하는 시설로서 면적이 1만m^2 이상이거나 매립용적이 3만m^3 이상인 시설

- 소각시설로서 시간당 처분능력이 600kg(의료폐기물을 대상으로 하는 소각시설의 경우에는 200kg) 이상인 시설
- 압축·파쇄·분쇄 또는 절단시설로서 1일 처분능력 또는 재활용능력이 100ton 이상인 시설
- 사료화·퇴비화 또는 연료화시설로서 1일 재활용능력이 5ton 이상인 시설
- 멸균분쇄시설로서 시간당 처분능력이 100kg 이상인 시설
- 시멘트 소성로
- 용해로(폐기물에서 비철금속을 추출하는 경우로 한정한다)로서 시간당 재활용능력이 600kg 이상인 시설
- 소각열회수시설로서 시간당 재활용능력이 600kg 이상인 시설

제36조의3(한국폐기물협회의 업무 등)

- 폐기물 관련 국제교류 및 협력
- 폐기물과 관련된 업무로서 국가나 지방자치단체로부터 위탁받은 업무
- 그 밖에 정관에서 정하는 업무

[별표 1] 지정폐기물의 종류

- 유해물질 함유 폐기물(환경부령으로 정하는 물질을 함유한 것으로 한정한다)
  - 광재(철광 원석의 사용으로 인한 고로(高爐)슬래그(Slag)는 제외한다)
  - 분진(대기오염 방지시설에서 포집된 것으로 한정하되, 소각시설에서 발생되는 것은 제외한다)
  - 폐주물사 및 샌드블라스트 폐사(廢砂)
  - 폐내화물(廢耐火物) 및 재벌구이 전에 유약을 바른 도자기 조각
  - 소각재
  - 안정화 또는 고형화·고화 처리물
  - 폐촉매
  - 폐흡착제 및 폐흡수제[광물유·동물유 및 식물유{폐식용유(식용을 목적으로 식품 재료와 원료를 제조·조리·가공하거나 식용유를 유통·사용하는 과정에서 발생하는 기름을 말한다)는 제외한다}의 정제에 사용된 폐토사(廢土砂)를 포함한다]
- 폴리클로리네이티드비페닐 함유 폐기물
  - 액체상태의 것(1L당 2mg 이상 함유한 것으로 한정한다)
  - 액체상태 외의 것(용출액 1L당 0.003mg 이상 함유한 것으로 한정한다)

[별표 2] 의료폐기물의 종류
- 격리의료폐기물
- 위해의료폐기물
  - 조직물류폐기물
  - 병리계폐기물
  - 손상성폐기물(주삿바늘, 봉합바늘, 수술용 칼날, 한방침, 치과용침, 파손된 유리재질의 시험기구)
  - 생물·화학폐기물
  - 혈액오염폐기물
- 일반의료폐기물

[별표 3] 폐기물처리시설의 종류
- 중간처분시설
  - 기계적 처분시설
    ⓐ 압축시설(동력 7.5kW 이상인 시설로 한정한다)
    ⓑ 파쇄·분쇄시설(동력 15kW 이상인 시설로 한정한다)
    ⓒ 절단시설(동력 7.5kW 이상인 시설로 한정한다)
    ⓓ 용융시설(동력 7.5kW 이상인 시설로 한정한다)
    ⓔ 증발·농축시설
    ⓕ 정제시설(분리·증류·추출·여과 등의 시설을 이용하여 폐기물을 처분하는 단위시설을 포함한다)
    ⓖ 유수 분리시설
    ⓗ 탈수·건조시설
    ⓘ 멸균분쇄시설
  - 생물학적 처분시설
    ⓐ 소멸화시설(1일 처분능력 100kg 이상인 시설로 한정한다)
    ⓑ 호기성(산소가 있을 때 생육하는 성질)·혐기성(산소가 없을 때 생육하는 성질) 분해시설
- 재활용시설
  - 기계적 재활용시설
    ⓐ 압축·압출·성형·주조시설(동력 7.5kW 이상인 시설로 한정한다)
    ⓑ 파쇄·분쇄·탈피시설(동력 15kW 이상인 시설로 한정한다)
    ⓒ 절단시설(동력 7.5kW 이상인 시설로 한정한다)
    ⓓ 용융·용해시설(동력 7.5kW 이상인 시설로 한정한다)
    ⓔ 연료화시설
    ⓕ 증발·농축시설
    ⓖ 정제시설(분리·증류·추출·여과 등의 시설을 이용하여 폐기물을 재활용하는 단위시설을 포함한다)

- ⓗ 유수 분리시설
- ⓘ 탈수·건조시설
- ⓙ 세척시설(철도용 폐목재 침목을 재활용하는 경우로 한정한다)
- 화학적 재활용시설
  - ⓐ 고형화·고화시설
  - ⓑ 반응시설(중화·산화·환원·중합·축합·치환 등의 화학반응을 이용하여 폐기물을 재활용하는 단위시설을 포함한다)
  - ⓒ 응집·침전시설
- 생물학적 재활용시설
  - ⓐ 1일 재활용능력 100kg 이상인 다음의 시설
    - 가) 부숙(썩혀서 익히는 것)시설(미생물을 이용하여 유기물질을 발효하는 등의 과정을 거쳐 제품의 원료 등을 만드는 시설을 말하며, 1일 재활용능력이 100kg 이상 200kg 미만인 음식물류 폐기물 부숙시설은 제외한다)
    - 나) 사료화시설(건조에 의한 사료화시설을 포함한다)
    - 다) 퇴비화시설(건조에 의한 퇴비화시설, 지렁이분변토 생산시설 및 생석회 처리시설을 포함한다)
    - 라) 동애등에분변토 생산시설
    - 마) 부숙토(腐熟土 : 썩혀서 익힌 흙) 생산시설
  - ⓑ 호기성·혐기성 분해시설
  - ⓒ 버섯재배시설
- 시멘트 소성로
- 용해로(폐기물에서 비철금속을 추출하는 경우로 한정한다)
- 소성(시멘트 소성로는 제외한다)·탄화시설
- 골재가공시설
- 의약품 제조시설
- 소각열회수시설(시간당 재활용능력이 200kg 이상인 시설로서 에너지를 회수하기 위하여 설치하는 시설만 해당한다)
- 수은회수시설

폐기물관리법 시행규칙

제3조(에너지 회수기준 등)

폐기물관리법에서 '환경부령으로 정하는 활동'이란 다음의 어느 하나에 해당하는 활동이다.
- 가연성 고형폐기물로부터 다음의 기준에 맞게 에너지를 회수하는 활동
  - 다른 물질과 혼합하지 아니하고 해당 폐기물의 저위발열량이 kg당 3천kcal 이상일 것
  - 에너지의 회수효율(회수에너지 총량을 투입에너지 총량으로 나눈 비율을 말한다)이 75% 이상일 것
  - 회수열을 모두 열원, 전기 등의 형태로 스스로 이용하거나 다른 사람에게 공급할 것
  - 환경부장관이 정하여 고시하는 경우에는 폐기물의 30% 이상을 원료나 재료로 재활용하고 그 나머지 중에서 에너지의 회수에 이용할 것
- 에너지회수기준을 측정하는 기관
  - 한국환경공단
  - 한국기계연구원 및 한국에너지기술연구원
  - 한국산업기술시험원

제29조(폐기물처리업의 변경허가)

- 폐기물 수집·운반업
  - 수집·운반대상 폐기물의 변경
  - 영업구역의 변경
  - 주차장 소재지의 변경(지정폐기물을 대상으로 하는 수집·운반업만 해당한다)
  - 운반차량(임시차량은 제외한다)의 증차
- 폐기물 중간처분업, 폐기물 최종처분업 및 폐기물 종합처분업
  - 처분대상 폐기물의 변경
  - 폐기물 처분시설 소재지의 변경
  - 운반차량(임시차량은 제외한다)의 증차
  - 폐기물 처분시설의 신설
  - 폐기물 처분시설의 증설, 개·보수 또는 그 밖의 방법으로 허가 또는 변경허가를 받은 처분용량의 30/100 이상의 변경(허가 또는 변경허가를 받은 후 변경되는 누계를 말한다)
  - 주요 설비의 변경. 다만, 다음의 경우만 해당한다.
    ⓐ 폐기물 처분시설의 구조 변경으로 인하여 별표 9 제1호나목2)가)의 (1)·(2), 나)의 (1)·(2), 다)의 (2)·(3), 라)의 (1)·(2)의 기준이 변경되는 경우
    ⓑ 차수시설·침출수 처리시설이 변경되는 경우
    ⓒ 가스처리시설 또는 가스활용시설이 설치되거나 변경되는 경우
    ⓓ 배출시설의 변경허가 또는 변경신고의 대상이 되는 경우

- 매립시설 제방의 증·개축
- 허용보관량의 변경

제41조(폐기물처리시설의 사용신고 및 검사)
- 환경부령으로 정하는 기간(다음의 기준일 전후 각각 30일 이내의 기간. 다만, 멸균분쇄시설은 해당 항목의 기간을 말한다)
  - 소각시설, 소각열회수시설 및 열분해시설 : 최초 정기검사는 사용개시일부터 3년이 되는 날(대기환경보전법에 따른 측정기기를 설치하고 같은 법 시행령 굴뚝원격감시체계관제센터와 연결하여 정상적으로 운영되는 경우에는 사용개시일부터 5년이 되는 날), 2회 이후의 정기검사는 최종 정기검사일(검사결과서를 발급받은 날)부터 3년이 되는 날
  - 매립시설 : 최초 정기검사는 사용개시일부터 1년이 되는 날, 2회 이후의 정기검사는 최종 정기검사일부터 3년이 되는 날
  - 멸균분쇄시설 : 최초 정기검사는 사용개시일부터 3개월, 2회 이후의 정기검사는 최종 정기검사일부터 3개월
  - 음식물류 폐기물처리시설 : 최초 정기검사는 사용개시일부터 1년이 되는 날, 2회 이후의 정기검사는 최종 정기검사일부터 1년이 되는 날

제69조(폐기물처리시설의 사용종료 및 사후관리 등)
- 폐기물매립시설 설치·사용 내용
- 사후관리 추진일정
- 빗물배제계획
- 침출수 관리계획(차단형 매립시설은 제외한다)
- 지하수 수질조사계획
- 발생가스 관리계획(유기성 폐기물을 매립하는 시설만 해당한다)
- 구조물과 지반 등의 안정도 유지계획

[별표 5] 폐기물의 처리에 관한 구체적 기준 및 방법
- 사업장일반폐기물의 기준 및 방법 : 사업장일반폐기물 배출자는 그의 사업장에서 발생하는 폐기물을 보관이 시작되는 날부터 90일(중간가공 폐기물의 경우는 120일을 말한다)을 초과하여 보관하여서는 아니 된다.
- 지정폐기물(의료폐기물은 제외한다)의 종류별 처리기준 및 방법
  - 폐 유
    ⓐ 액체상태의 것은 다음의 어느 하나에 해당하는 방법으로 처분하여야 한다.
      가) 기름과 물을 분리하여 분리된 기름성분은 소각하여야 하고, 기름과 물을 분리한 후 남은 물은 물환경보전법에 따른 수질오염방지시설에서 처리하여야 한다.
      나) 증발·농축방법으로 처리한 후 그 잔재물은 소각하거나 안정화 처분하여야 한다.

다) 응집·침전방법으로 처리한 후 그 잔재물은 소각하여야 한다.

라) 분리·증류·추출·여과·열분해의 방법으로 정제 처분하여야 한다.

마) 소각하거나 안정화 처분하여야 한다.

ⓑ 고체상태의 것(타르·피치(Pitch)류는 제외한다)은 소각하거나 안정화 처분하여야 한다.

ⓒ 타르·피치류는 소각하거나 지정폐기물을 매립할 수 있는 관리형 매립시설에 매립하여야 한다.

- 지정폐기물(의료폐기물은 제외한다)의 보관창고
  - 표지의 규격 : 가로 60cm 이상×세로 40cm 이상(드럼 등 소형용기에 붙이는 경우에는 가로 15cm 이상×세로 10cm 이상)
- 지정폐기물 중 의료폐기물의 보관기간
  - 의료폐기물을 위탁처리하는 배출자는 의료폐기물의 종류별로 다음의 구분에 따른 보관기간을 초과하여 보관하여서는 아니 된다. 다만, 폐기물의 처리 위탁을 중단해야 하는 경우로서 시·도지사나 지방환경관서의 장이 기간을 정하여 인정하는 경우 또는 천재지변, 휴업, 시설의 보수, 그 밖의 부득이한 경우로서 시·도지사나 지방환경관서의 장이 인정하는 경우는 예외로 하며, 환경부장관은 감염병의 예방 및 관리에 관한 법률에 따른 감염병의 확산으로 인하여 재난 및 안전관리 기본법에 따른 재난 예보·경보가 발령되는 경우 또는 감염병의 확산 방지를 위하여 필요하다고 인정하는 경우에는 의료폐기물의 보관기간을 따로 정할 수 있다.

  ⓐ 격리의료폐기물 : 7일

  ⓑ 위해의료폐기물 중 조직물류폐기물(치아는 제외한다), 병리계폐기물, 생물·화학폐기물 및 혈액오염폐기물과 ⓕ를 제외한 일반의료폐기물 : 15일

  ⓒ 위해의료폐기물 중 손상성폐기물 : 30일

  ⓓ 위해의료폐기물 중 조직물류폐기물(치아만 해당한다) : 60일

  ⓔ 혼합 보관된 의료폐기물 : 혼합 보관된 각각의 의료폐기물의 보관기간 중 가장 짧은 기간

  ⓕ 일반의료폐기물(의료법에 따른 의료기관 중 입원실이 없는 의원, 치과의원 및 한의원에서 발생하는 것으로서 4℃ 이하로 냉장보관하는 것만 해당한다) : 30일

- 의료폐기물 전용용기 사용의 경우 : 봉투형 용기에는 그 용량의 75% 미만으로 의료폐기물을 넣어야 한다.

[별표 10] 폐기물 처분시설 또는 재활용시설의 검사기준

- 멸균분쇄시설-설치검사
  - 멸균능력의 적절성 및 멸균조건의 적절 여부(멸균검사 포함)
  - 분쇄시설의 작동상태
  - 밀폐형으로 된 자동제어에 의한 처리방식인지 여부
  - 자동기록장치의 작동상태
  - 폭발사고와 화재 등에 대비한 구조인지 여부
  - 자동투입장치와 투입량 자동계측장치의 작동상태
  - 악취방지시설·건조장치의 작동상태

- 멸균분쇄시설-정기검사
  - 멸균조건의 적절유지 여부(멸균검사 포함)
  - 분쇄시설의 작동상태
  - 자동기록장치의 작동상태
  - 폭발사고와 화재 등에 대비한 구조의 적절유지
  - 악취방지시설·건조장치·자동투입장치 등의 작동상태
- 관리형 매립시설-설치검사
  - 차수시설의 재질·두께·투수계수
  - 토목합성수지 라이너의 항목인장강도의 안전율
  - 매끄러운 고밀도폴리에틸렌라이너의 기준 적합 여부
  - 침출수 집배수층의 재질·두께·투수계수·투과능계수 및 기울기
  - 지하수배제시설의 설치내용
  - 침출수 유량조정조의 규모·방수처리내용, 유량계의 형식 및 작동상태
  - 침출수 처리시설의 처리방법 및 처리용량
  - 침출수 매립시설 환원정화설비의 설치내용
  - 침출수 이송·처리 시 종말처리시설 등의 처리능력
  - 매립가스의 소각시설이나 재활용시설의 설치계획
  - 내부진입도로의 설치내용
  - 매립시설의 상부를 덮는 형태의 시설물인 경우 그 시설물의 구조안전성
- 차단형 매립시설-정기검사
  - 소화장비 설치·관리실태
  - 축대벽의 안정성
  - 빗물·지하수 유입방지 조치
  - 사용종료매립지 밀폐상태
- 소각시설-정기검사
  - 연소상태의 적절성 유지 여부
  - 소방장비의 설치 및 관리실태
  - 보조연소장치의 작동상태
  - 배기가스온도의 적절 여부
  - 바닥재의 강열감량
  - 연소실 출구가스 온도
  - 연소실 가스체류시간
  - 설치검사 당시와 같은 설비·구조를 적정하게 유지·관리하고 있는지 여부

[별표 11] 폐기물 처분시설 또는 재활용시설의 관리기준

[침출수 배출허용기준]

구 분	생물화학적 산소요구량(mg/L)	화학적 산소요구량(mg/L)	부유물질량(mg/L)
청정지역	30	200	30
가지역	50	300	50
나지역	70	400	70

[별표 13] 폐기물처리시설 주변지역 영향조사 기준

- 조사횟수 : 각 항목당 계절을 달리하여 2회 이상 측정하되, 악취는 여름(6월부터 8월까지)에 1회 이상, 토양은 연 1회 이상 측정하여야 한다.
- 조사지점
  - 미세먼지와 다이옥신 조사지점은 해당 시설에 인접한 주거지역 중 3개소 이상 지역의 일정한 곳으로 한다.
  - 악취 조사지점은 매립시설에 가장 인접한 주거지역에서 냄새가 가장 심한 곳으로 한다.
  - 지표수 조사지점은 해당 시설에 인접하여 폐수, 침출수 등이 흘러들거나 흘러들 것으로 우려되는 지역의 상·하류 각 1개소 이상의 일정한 곳으로 한다.
  - 지하수 조사지점은 매립시설의 주변에 설치된 3개의 지하수 검사정으로 한다.
  - 토양 조사지점은 4개소 이상으로 하고, 환경부장관이 정하여 고시하는 토양정밀조사의 방법에 따라 폐기물 매립 및 재활용 지역의 시료채취 지점의 표토와 심토에서 각각 시료를 채취해야 하며, 시료채취 지점의 지형 및 하부토양의 특성을 고려하여 시료를 채취해야 한다.

[별표 14] 기술관리인의 자격기준

- 매립시설 : 폐기물처리기사, 수질환경기사, 토목기사, 일반기계기사, 건설기계설비기사, 화공기사, 토양환경기사 중 1명 이상
- 소각시설(의료폐기물을 대상으로 하는 소각시설은 제외한다), 시멘트 소성로, 용해로 및 소각열회수시설 : 폐기물처리기사, 대기환경기사, 토목기사, 일반기계기사, 건설기계설비기사, 화공기사, 전기기사, 전기공사기사, 에너지관리기사 중 1명 이상
- 의료폐기물을 대상으로 하는 시설 : 폐기물처리산업기사, 임상병리사, 위생사 중 1명 이상
- 음식물류 폐기물을 대상으로 하는 시설 : 폐기물처리산업기사, 수질환경산업기사, 화공산업기사, 토목산업기사, 대기환경산업기사, 일반기계기사, 전기기사 중 1명 이상

[별표 19] 사후관리기준 및 방법

- 침출수 관리방법 : 매립시설의 차수시설 상부에 모여 있는 침출수의 수위는 시설의 안정 등을 고려하여 2m 이하로 유지되도록 관리하여야 한다.
- 방역방법(차단형 매립시설은 제외한다)
  - 파리, 모기 등 해충을 방지하기 위한 방역계획을 수립·시행하여야 한다.
  - 방역은 매립종료 후 월 1회 이상 실시하되, 12월부터 다음 해 2월까지는 필요시에, 6월부터 9월까지는 주 1회 이상 실시하여야 한다. 다만, 매립시설 검사기관이 더 이상의 방역이 필요하지 아니하다고 판단하는 경우에는 그러하지 아니하다.

CHAPTER 01	폐기물개론	회독 CHECK 1 2 3
CHAPTER 02	폐기물처리기술	회독 CHECK 1 2 3
CHAPTER 03	폐기물소각 및 열회수	회독 CHECK 1 2 3
CHAPTER 04	폐기물공정시험기준(방법)	회독 CHECK 1 2 3
CHAPTER 05	폐기물관계법규	회독 CHECK 1 2 3

PART 01

핵심이론

#출제 포인트 분석　　#자주 출제된 문제　　#합격 보장 필수이론

CHAPTER 01 폐기물개론

제1절 폐기물의 분류

1. 폐기물의 분류체계

핵심이론 01 | 유해특성 ★

다음의 유해특성을 갖는 폐기물은 유해폐기물로 분류한다(미국 기준).
① 인화성
② 부식성
③ 반응성
④ 용출특성

10년간 자주 출제된 문제

다음 중 유해폐기물의 특성과 가장 거리가 먼 것은?
① 인화성
② 부패성
③ 반응성
④ 부식성

|해설|
유해폐기물로 분류하는 4가지 유해특성은 인화성, 부식성, 반응성, 용출특성이다.

정답 ②

제2절 발생량 및 성상

1. 폐기물의 발생량

핵심이론 01 | 폐기물 발생량의 영향인자 ★

영향인자	내용
도시의 규모	대도시 > 중소도시
생활수준	높을수록 발생량 증가
수거빈도	수거빈도가 높을수록 발생량 증가
쓰레기통 크기	클수록 발생량 증가
발생구역	상업지역, 주택지역 등 장소에 따라 발생량과 성상이 달라진다.
폐기물 재활용	재활용품의 회수 및 회수율이 높을수록 발생량 감소
관련 법규	폐기물 관련 법규는 폐기물 발생량에 중요한 영향을 미친다(예 쓰레기 종량제).

10년간 자주 출제된 문제

폐기물 발생량에 영향을 미치는 인자에 대한 설명으로 옳은 것은?
① 대도시보다 중소도시의 발생량이 더 많다.
② 쓰레기통이 클수록 발생량은 줄어든다.
③ 수거빈도가 클수록 발생량은 증가한다.
④ 생활수준이 높아지면 발생량은 줄어든다.

정답 ③

핵심이론 02 | 폐기물 발생량 예측방법(모델) ★★★

방 법	내 용
경향법	• 최저 5년 이상의 과거 폐기물 발생량 경향을 가지고 장래를 예측하는 방법 • 시간과 폐기물 발생량 간의 상관관계만을 고려함 $X = f(t)$
다중회귀모델	• 여러 가지의 폐기물 발생량 영향인자를 독립변수로 하여 폐기물 발생량을 예측하는 방법 $X = f(X_1, X_2, X_3 \cdots X_n)$ • 다중 인자의 예 : 인구, 소득수준, 자원회수량, 상품 소비량 등
동적모사모델	• 폐기물 발생량에 영향을 주는 모든 인자를 시간에 대한 함수로 나타내어 수식화하는 방법 • 시간만을 고려하는 경향법과 시간을 단순히 하나의 독립적인 인자로 고려하는 다중회귀모델과는 차이가 있음 • Dynamo 모델 등이 있음

10년간 자주 출제된 문제

2-1. 쓰레기 발생량 예측방법이 아닌 것은?
① 물질수지법
② 경향법
③ 다중회귀모델
④ 동적모사모델

2-2. 쓰레기 발생량 예측방법 중 모든 인자를 시간에 대한 함수로 나타낸 후, 시간에 대한 함수로 표현된 각 영향인자들 간의 상관관계를 수식화하는 방법은?
① 경향법
② 다중회귀모델
③ 회귀직선모델
④ 동적모사모델

2-3. 폐기물 발생량 예측방법 중 하나의 수식으로 쓰레기 발생량에 영향을 주는 각 인자들의 효과를 총괄적으로 나타내어 복잡한 시스템의 분석에 유용하게 사용할 수 있는 것은?
① 상관계수 분석모델
② 다중회귀모델
③ 동적모사모델
④ 경향법모델

|해설|

2-1
물질수지법은 폐기물 발생량 조사방법의 하나이다.

2-2
모든 인자를 시간에 대한 함수로 나타내어 수식화하는 방법은 동적모사모델이다.

2-3
여러 인자를 독립변수로 하여 하나의 함수로 수식화하는 방법은 다중회귀모델이다.

정답 2-1 ① 2-2 ④ 2-3 ②

| 핵심이론 03 | 폐기물의 발생량 조사방법 ★★ |

조사방법	내 용
적재차량 계수분석법	• 폐기물 수거차량의 대수를 조사하여 대략 부피를 산정하고, 여기에 겉보기 밀도를 곱하여 중량을 환산하는 방법 • 과거에 주로 이용하던 폐기물 발생량 조사방법
직접계근법	• 소각장이나 매립장 입구에 설치된 계근대에서 반입 전후의 무게 차이를 이용하여 직접 무게를 측정하는 방법 • 현재 대부분 이 방법을 적용하고 있음
물질수지법	• 시스템으로 유입되는 모든 물질과 유출되는 제품과 환경오염물질의 양에 대하여 물질수지를 세움으로써 폐기물 발생량을 추정하는 방법 • 산업폐기물의 발생량을 추산할 때 사용
통계조사법	• 표본을 선정하여 일정 기간 동안 조사요원이 발생하는 폐기물의 발생량과 조성을 조사하는 방법 • 전국폐기물 통계조사 시 사용

10년간 자주 출제된 문제

3-1. 다음 중에서 폐기물 발생량 조사방법이 아닌 것은?
① 적재차량 계수분석법
② 직접계근법
③ 물질수지법
④ 경향법

3-2. 생활폐기물 발생량의 조사방법 중 직접계근법에 관한 설명과 가장 거리가 먼 것은?
① 입구에서 쓰레기가 적재되어 있는 차량과 출구에서 쓰레기를 적하한 공차량을 계근하여 쓰레기량을 산출한다.
② 비교적 정확한 쓰레기 발생량을 파악할 수 있다.
③ 적재차량 계수분석에 비해 작업량이 많고 번거롭다.
④ 주로 산업폐기물 발생량을 추산하는 데 이용되며 조사범위가 정확하여야 한다.

|해설|

3-1
경향법은 폐기물 발생량 예측방법이다.

3-2
산업폐기물 발생량을 추산하는 방법으로는 물질수지법이 있다.

정답 3-1 ④ 3-2 ④

| 핵심이론 04 | 생활폐기물 발생원단위 계산 ★ |

① 생활폐기물 발생원단위로서 1인 1일 생활폐기물 발생량을 계산하는데 우리나라의 경우 대략 1kg/인·일의 값이다.

② 1인 1일 폐기물 발생량의 계산은 단순한 단위 환산으로 주어진 문제를 $\frac{kg}{인·일}$의 단위가 되도록 계산하며, 폐기물의 부피로 주어진 경우 무게로 환산하고, 폐기물 발생 주기는 '일' 단위로 환산하여 계산한다.

10년간 자주 출제된 문제

4-1. 어느 도시에서 일주일간의 쓰레기 수거상황을 조사한 결과가 다음과 같았다면 1일 쓰레기 발생량(kg/cap·d)은?(수거 대상인구 : 600,000명, 수거용적 : 13,124m³, 적재 시 밀도 : 0.5톤/m³)
① 1.1
② 1.3
③ 1.6
④ 1.9

4-2. 수거대상 인구가 2,000명인 어느 지역에서 4일 동안 발생한 쓰레기를 수거한 결과가 다음과 같다면 이 지역의 1일 1인 쓰레기 발생량은?

- 트럭수 : 6대
- 트럭의 용적 : 8m³/대
- 적재 시 쓰레기 밀도 : 200kg/m³

① 1.0kg/인·일
② 1.2kg/인·일
③ 1.4kg/인·일
④ 1.6kg/인·일

|해설|

4-1
수거된 폐기물의 무게 = 13,124m³ × 0.5톤/m³ = 6,562톤
= 6,562,000kg

수거일수 = 7일

∴ 1인 1일 발생량 = $\frac{6,562,000}{600,000 \times 7}$ = 1.56 ≒ 1.6kg/인·일

(참고 : cap. = capita = 인, per capita = 인당 = 1/인)

4-2
수거된 폐기물의 무게 = 6대 × 8m³/대 × 200kg/m³ = 9,600kg

∴ 1인 1일 발생량 = $\frac{9,600}{2,000 \times 4}$ = 1.2kg/인·일

정답 4-1 ③ 4-2 ②

2. 분뇨 및 슬러지

핵심이론 05 | 분뇨의 특징 ★

① 양적인 분과 뇨의 구성비 = 1 : 8
② 분과 뇨의 고형질 비 = 7 : 1
③ 유기물 함유도와 점도가 높아서 쉽게 고액분리되지 않는다.
④ 협잡물의 함유율이 높고 염분의 농도도 비교적 높다.
⑤ 일반적으로 1인 1일 평균 100g의 분과 800g의 뇨를 배출한다.

10년간 자주 출제된 문제

5-1. 분뇨의 특성 중 옳지 않은 것은?
① 분뇨에 포함된 협잡물의 양은 발생지역에 따라 차이가 크다.
② 고액분리가 용이하다.
③ 분과 뇨(분 : 뇨)의 고형질의 비는 7 : 1 정도이다.
④ 분뇨의 비중은 1.02 정도이며 질소화합물 함유도가 높다.

5-2. 분뇨에 대한 설명 중 틀린 것은?
① 유기물 함유도와 점도가 높아서 쉽게 고액분리되지 않는다.
② 분과 뇨의 고형질의 비는 7 : 1 정도이다.
③ 협잡물의 함유율이 높고, 염분의 농도도 비교적 높다.
④ 일반적으로 1인 1일 평균 600g의 분과 300~800g의 뇨를 배출한다.

|해설|

5-1
고액분리가 용이하지 않다.

5-2
일반적으로 1인 1일 평균 100g의 분과 800g의 뇨를 배출한다.

정답 5-1 ② 5-2 ④

3. 폐기물의 물리적 조성

핵심이론 06 | 폐기물 성상분석 ★★

① 폐기물 성상분석은 크게 현장조사와 실험실 조사로 나누어지며 다음의 순서가 일반적이다.

| 현장조사 | 겉보기 밀도 측정 → 물리적 조성 분류(각 성분별로 일정량을 채취하여 실험실 조사에서 사용) |

↓

| 실험실 조사 | 건조(수분함량 측정) → 회화(가연분 및 회분 함량 측정) ↳ 전처리(절단 및 분쇄) → 원소 분석 및 발열량 분석 |

② 3성분 = 수분 함량 + 가연분 함량 + 회분 함량 = 100%
  ㉠ 수분 함량 : 젖은 쓰레기 무게 기준으로 105℃에서 4시간 건조 후 증발된 물의 무게 비율
  ㉡ 회분 함량 : 젖은 쓰레기 무게 기준으로 600℃에서 쓰레기를 완전연소 후 남은 재의 무게 비율
  ㉢ 가연분 함량 : 100 - 수분 함량 - 회분 함량

10년간 자주 출제된 문제

6-1. 다음의 폐기물의 성상분석 절차 중 가장 먼저 이루어지는 것은?
① 절단 및 분쇄　② 건 조
③ 밀도 측정　　 ④ 전처리

6-2. 쓰레기의 성상분석 절차로 가장 옳은 것은?
① 시료 → 전처리 → 물리적 조성 → 밀도 측정 → 건조 → 분류
② 시료 → 전처리 → 건조 → 분류 → 물리적 조성 → 밀도 측정
③ 시료 → 밀도 측정 → 건조 → 분류 → 전처리 → 물리적 조성
④ 시료 → 밀도 측정 → 물리적 조성 → 건조 → 분류 → 전처리

|해설|

6-1
제시된 항목에 있어서의 성상분석 순서는 밀도 측정 → 건조 → 전처리(절단 및 분쇄)이다.

6-2
밀도 측정과 물리적 조성은 현장조사에서 이루어지고, 건조와 전처리는 실험실에서 이루어지는 작업이다.

정답 6-1 ③ 6-2 ④

핵심이론 07 | 폐기물 입도분포 – 유효입경, 균등계수, 곡률계수 ★★

① 유효입경 : 입도분포곡선에서 누적 중량의 10%가 통과하는 입자의 직경(체눈) 크기, D_{10}

② 균등계수(Uniformity Coefficient) : $\dfrac{D_{60}}{D_{10}}$

③ 곡률계수(Coefficient of Curvature) : $\dfrac{(D_{30})^2}{D_{10}D_{60}}$

여기서, D_{30}, D_{60} : 입도분포곡선에서 각각 누적 중량의 30%, 60%가 통과하는 입자의 체 눈 크기

10년간 자주 출제된 문제

7-1. 어느 쓰레기의 입도분석결과 입도 누적곡선상의 10%, 30%, 60%, 80%의 입경이 각각 0.5mm, 0.8mm, 1.5mm, 2.0mm이었다면 곡률계수는?

① 0.63　② 0.75
③ 0.85　④ 0.96

7-2. 어떤 쓰레기의 입도를 분석하였더니 입도누적곡선상의 10%, 30%, 60%, 90%의 입경이 각각 2, 6, 16, 24mm이었다면 이 쓰레기의 균등계수는?

① 2.0　② 3.0
③ 8.0　④ 13.0

|해설|
7-1
$D_{10} = 0.5$, $D_{30} = 0.8$, $D_{60} = 1.5$
$\dfrac{(D_{30})^2}{D_{10}D_{60}} = \dfrac{0.8^2}{0.5 \times 1.5} = 0.85$

7-2
$D_{10} = 2$, $D_{60} = 16$
$\dfrac{D_{60}}{D_{10}} = \dfrac{16}{2} = 8$

정답 7-1 ③　7-2 ③

핵심이론 08 | 수분함량의 정의 ★★

① 수분함량 $= \dfrac{\text{물 무게}}{\text{젖은 폐기물의 무게}} \times 100\%$

② 혼합폐기물의 경우

$= \dfrac{\sum \text{각 성분의 무게} \times \text{각 성분의 함수율}}{\text{전체 폐기물의 무게}}$

10년간 자주 출제된 문제

8-1. 어느 도시 쓰레기 시료 100kg의 습윤조건 무게 및 함수율 측정결과가 다음과 같을 때, 이 시료의 건조중량은 얼마인가?

성 분	습윤상태의 무게(kg)	함수율(%)
음식류	70	60
목재류	13	18
종이류	9	12
기 타	8	10

① 39kg　② 46kg
③ 54kg　④ 62kg

8-2. 쓰레기를 각 성분별로 함수율을 측정한 결과로부터 전체 쓰레기의 함수율은?

성 분	중량(kg)	함수율(%)
음식찌꺼기	30	70
종이류	60	6
금속류	10	3

① 약 20%　② 약 25%
③ 약 30%　④ 약 35%

8-3. 함수율이 75%인 하수슬러지 20ton과 함수율 28%인 1,000ton의 폐기물과 섞어서 함께 처리하고자 한다. 이 혼합 폐기물의 함수율은?

① 29%　② 33%
③ 37%　④ 41%

| 해설 |

8-1

음식류의 건조 무게는 함수율이 60%이므로 고형분 함량은 40%이다.
따라서
$70 \times (1-0.6) = 28 \text{kg}$
같은 방식으로 계산하면
$70 \times (1-0.6) + 13 \times (1-0.18) + 9 \times (1-0.12) + 8 \times (1-0.1)$
$= 53.78 \text{kg}$

8-2

$\dfrac{30 \times 70 + 60 \times 6 + 10 \times 3}{30 + 60 + 10} = 24.9$

8-3

혼합폐기물의 함수율 $= \dfrac{\Sigma \text{각 성분의 무게} \times \text{각 성분의 함수율}}{\text{전체 폐기물의 무게}}$

$= \dfrac{20 \times 75 + 1,000 \times 28}{20 + 1,000} = 28.9$

정답 8-1 ③ 8-2 ② 8-3 ①

핵심이론 09 | 수분함량 감소에 따른 중량 변화 관계 ★★★

폐기물의 건조, 탈수에 의해 수분함량이 감소하는 경우 이에 따른 중량(밀도가 1 부근의 슬러지인 경우 부피도 가능)의 변화는 다음 식으로 표현된다.

$$\dfrac{V_2}{V_1} = \dfrac{100 - w_1}{100 - w_2}$$

여기서, V_1, w_1 : 초기 무게와 함수율
         V_2, w_2 : 건조, 탈수 후의 무게와 함수율

★ 아래 첨자가 같은 숫자들이 대각선 방향으로 위치하며, '100 - ' 뒤에 가는 것이 함수율이다.

10년간 자주 출제된 문제

9-1. 70%의 함수율을 가진 쓰레기를 건조시킨 후 함수율이 20%가 되었다면 쓰레기 톤당 증발되는 수분의 양은?

① 615kg
② 625kg
③ 635kg
④ 645kg

9-2. 음식쓰레기 30ton이 있다. 이 쓰레기의 고형분 함량은 30%이고 소각을 위하여 수분함량이 20%가 되도록 건조시켰다. 건조 후 쓰레기의 중량은?(단, 쓰레기의 비중은 1.0)

① 5.3ton
② 7.3ton
③ 9.3ton
④ 11.3ton

| 해설 |

9-1

$w_1 = 70$, $w_2 = 20$, $V_1 = 1 \text{ton} = 1,000 \text{kg}$

$\dfrac{V_2}{V_1} = \dfrac{100 - w_1}{100 - w_2}$, $\dfrac{V_2}{1,000} = \dfrac{100 - 70}{100 - 20} = \dfrac{30}{80}$

$V_2 = 1,000 \times \dfrac{30}{80} = 375 \text{kg}$

증발된 수분의 양 $= 1,000 - 375 = 625 \text{kg}$

9-2

건조 전 쓰레기의 고형분 함량이 30%이므로, 수분함량은 70%이다.
$w_1 = 70$, $w_2 = 20$, $V_1 = 30 \text{ton}$

$\dfrac{V_2}{V_1} = \dfrac{100 - w_1}{100 - w_2}$, $\dfrac{V_2}{30} = \dfrac{100 - 70}{100 - 20} = \dfrac{30}{80}$

$V_2 = 30 \times \dfrac{30}{80} = 11.25 \text{ton}$

정답 9-1 ② 9-2 ④

핵심이론 10 | 폐기물의 밀도-가연 성분-비가연 성분 관계 ★★

① 밀도 = $\frac{질량}{부피}$, 질량 = 밀도 × 부피

② 폐기물의 구성

```
            ┌─ 고형물 ──┬─ 가연 성분
폐기물 ─────┤           └─ 비가연 성분
            └─ 수 분
```

10년간 자주 출제된 문제

10-1. 쓰레기 중 가연성분이 30%(중량기준)이다. 밀도가 620 kg/m³인 쓰레기 5m³의 가연성분의 중량은?

① 650kg
② 780kg
③ 870kg
④ 930kg

10-2. 어떤 도시에서 발생되는 쓰레기의 성분 중 비가연성이 약 72.7%(중량비)를 차지하는 것으로 조사되었다. 밀도 600 kg/m³인 쓰레기 15m³가 있을 때 이 중 가연성 물질의 양(t)은?(단, 쓰레기는 가연성 + 비가연성)

① 2.05t
② 2.21t
③ 2.46t
④ 2.82t

10-3. 밀도가 200kg/m³인 폐기물을 압축하여 밀도가 500kg/m³가 되도록 하였다면 압축된 폐기물 부피는?

① 초기부피의 25%
② 초기부피의 30%
③ 초기부피의 40%
④ 초기부피의 45%

|해설|

10-1
질량 = 밀도 × 부피이므로
620kg/m³ × 5m³ = 3,100kg
이 중 가연성분이 30%이므로 3,100 × 0.3 = 930kg

10-2
비가연성이 72.7%이므로, 가연성은 27.3%
질량 = 밀도 × 부피이므로
600kg/m³ × 15m³ = 9,000kg = 9t
가연성분이 27.3%이므로
9t × 0.273 = 2.457t

10-3
밀도가 200kg/m³인 1m³(임의로 가정한 간단한 숫자)의 폐기물 무게는 200kg
200kg의 폐기물을 밀도 500kg/m³가 되도록 한 경우
부피 = $\frac{질량}{밀도}$ = $\frac{200 \text{kg}}{500 \text{kg/m}^3}$ = 0.4m³
∴ 초기부피(1m³)의 40%가 된다.

정답 10-1 ④ 10-2 ③ 10-3 ③

핵심이론 11 | 건조/탈수 전 슬러지 케익의 부피/비중 계산 ★

① 겉보기 부피 = $\dfrac{질량}{비중}$(물의 밀도가 1톤/m³이므로, 비중 = 밀도로 취급한다)

② 비례식의 활용

수분(w)	전체 폐기물 ($w+s$)
고형분(s)	

위 그림에서 고형분 함량(S) = $\dfrac{s}{w+s} \times 100\%$

만약 고형분 함량(S)과 그 때의 고형분 중량(s)을 안다면 젖은 폐기물 중량($w+s$)은 비례 관계로부터 계산할 수 있다.

고형분 중량이 s일 때 고형분 함량은 $S\%$이고, 젖은 폐기물 중량 $w+s$일 때 전체 무게는 100%이다.

∴ $s:(w+s) = S:100 \rightarrow w+s = \dfrac{100s}{S}$

10년간 자주 출제된 문제

건조된 고형분의 비중이 1.5이며, 이 슬러지의 건조 이전 고형분 함량이 42%(무게 기준), 건조중량이 600kg이라고 한다. 건조 이전의 슬러지 부피(m³)는?

① 약 1.23
② 약 1.61
③ 약 1.83
④ 약 1.96

|해설|

건조 전 고형분 함량이 42%이고, 이때 건조 중량은 600kg이므로 건조 전 전체 슬러지 무게는
42 : 600 = 100 : x에서
$x = \dfrac{600 \times 100}{42} = 1,429$kg
건조 전 슬러지의 물의 양 = 1,429 − 600 = 829kg = 829L
= 0.829m³
∴ 건조 이전 슬러지 부피
= 물이 차지하는 부피 + 고형분이 차지하는 부피(0.6/1.5 = 0.4)
= 0.829 + 0.4 = 1.229m³

정답 ①

핵심이론 12 | 슬러지의 함수율과 비중(밀도) 관계 ★★

① 겉보기 부피 = $\dfrac{질량}{비중}$(물의 밀도가 1톤/m³이므로, 비중 = 밀도로 취급한다)

② 슬러지 부피 = 고형분이 차지하는 부피 + 수분이 차지하는 부피

$\dfrac{슬러지\ 무게}{슬러지\ 비중} = \dfrac{고형물\ 무게}{고형물\ 비중} + \dfrac{물\ 무게}{물\ 비중}$

③ 고형물 부피 = 유기성 고형분이 차지하는 부피
　　　　　　+ 무기성 고형분이 차지하는 부피
　　　　　　+ 수분이 차지하는 부피

$\dfrac{슬러지\ 무게}{슬러지\ 비중} = \dfrac{유기성\ 고형물\ 무게}{유기성\ 고형물\ 비중} +$

$\dfrac{무기성\ 고형물\ 무게}{무기성\ 고형물\ 비중} + \dfrac{물\ 무게}{물\ 비중}$

10년간 자주 출제된 문제

12-1. 함수율이 90%인 슬러지의 비중이 1.02이었다. 이 슬러지를 진공여과기로 탈수하여 함수율이 40%인 슬러지를 얻었다면 이 슬러지의 비중은?(단, 슬러지 내 고형물 비중은 일정함)

① 약 1.045
② 약 1.089
③ 약 1.133
④ 약 1.167

12-2. 슬러지 중 비중 0.86인 유기성 고형물이 6%, 비중 2.02인 무기성 고형물의 함량이 20%일 때 이 슬러지의 비중은?

① 1.02
② 1.05
③ 1.10
④ 1.16

| 해설 |

12-1

- 고형물 비중 계산

  $$\frac{슬러지\ 무게}{슬러지\ 비중} = \frac{고형물\ 무게}{고형물\ 비중} + \frac{물\ 무게}{물\ 비중}$$

  함수율이 90%이므로 고형분은 10%이며, 물의 비중은 1, 슬러지의 무게를 1로 가정하면

  $$\frac{1}{1.02} = \frac{0.1}{고형물\ 비중} + \frac{0.9}{1}$$

  $$\frac{0.1}{고형물\ 비중} = \frac{1}{1.02} - \frac{0.9}{1} = 0.08$$

  $$\therefore 고형물\ 비중 = \frac{0.1}{0.08} = 1.25$$

- 슬러지 비중 계산

  함수율이 40%인 슬러지의 비중은 고형물 무게 = 0.6, 물 무게 = 0.4이므로

  $$\frac{1}{슬러지\ 비중} = \frac{0.6}{1.25} + \frac{0.4}{1} = 0.88$$

  $$\therefore 슬러지\ 비중 = \frac{1}{0.88} = 1.136$$

12-2

$$\frac{슬러지\ 무게}{슬러지\ 비중} = \frac{유기성\ 고형물\ 무게}{유기성\ 고형물\ 비중} + \frac{무기성\ 고형물\ 무게}{무기성\ 고형물\ 비중} + \frac{물\ 무게}{물\ 비중}$$

$$\frac{1}{슬러지\ 비중} = \frac{0.06}{0.86} + \frac{0.2}{2.02} + \frac{0.74}{1} = 0.909$$

$$\therefore 슬러지\ 비중 = \frac{1}{0.909} = 1.10$$

정답 12-1 ③ 12-2 ③

| 핵심이론 13 | 건조기준 회분함량을 습량기준으로 계산하는 문제 ★

3성분 측정 시 수분함량을 측정한 후 회분함량을 측정하는 경우 회분함량 측정 시에는 수분은 없고 회분과 가연분만 있는 건조기준 회분함량을 측정하게 된다. 따라서 습량기준으로 환산하기 위해서는 수분함량을 보정해 주어야 한다.

① 건조기준 회분함량(A')

| 회분(a) |
| 가연분(v) |

$$A' = \frac{a}{a+v} = \frac{a}{100-w} \rightarrow a = A'(100-w)$$

② 습윤기준 회분함량(A)

| 수분(w) |
| 회분(a) |
| 가연분(v) |

$$A = \frac{a}{w+a+v} = \frac{a}{100} = \frac{A'(100-w)}{100}$$

10년간 자주 출제된 문제

완전히 건조시킨 폐기물 10g을 취해 회분량을 조사하니 2g이었다. 이 폐기물의 원래 함수율이 30%였다면, 이 폐기물의 습량기준 회분 중량비(%)는?

① 14
② 16
③ 18
④ 20

| 해설 |

함수율이 30%이므로 고형물 함량은 70%이다.
고형물 함량 70%의 무게가 10g이므로, 젖은 폐기물(비율 100%)의 무게(x)는 다음 비례식으로부터 구할 수 있다.

70% : 10g = 100% : x

$$x = \frac{10g \times 100\%}{70\%} = 14.29g$$

$$\therefore 습량기준\ 회분\ 함량 = \frac{2g}{14.29g} \times 100\% = 14.0\%$$

정답 ①

4. 폐기물의 화학적 조성

핵심이론 14 | pH의 정의 ★

① $pH = -\log[H^+]$
② pH는 log scale이므로 pH 1단위 차이는 수소이온농도가 10배 차이나며, 2단위는 100배 차이가 난다.
③ $pOH = 14 - pH$

10년간 자주 출제된 문제

14-1. pH가 2인 폐산용액은 pH가 4인 폐산용액에 비해 수소이온이 몇 배 더 함유되어 있는가?

① 1/2배　　② 2배
③ 100배　　④ 0.01배

14-2. pH가 8과 pH가 10인 폐알칼리액을 동일량으로 혼합하였을 경우 이 용액의 pH는?

① 8.3　　② 9.0
③ 9.7　　④ 10.0

|해설|

14-1
pH 2는 수소이온농도가 10^{-2}M, pH 4는 수소이온농도가 10^{-4}M
∴ pH 2는 pH 4보다 100배 높다.

14-2
$pH = -\log[H^+]$ 혹은 $pOH = -\log[OH^-]$
알칼리액이므로 pOH를 계산한다(보다 농도가 진한 것을 기준으로 계산한다).

$$pOH = -\log\frac{10^{-6} + 10^{-4}}{2} = 4.3$$

$pH = 14 - pOH = 14 - 4.3 = 9.7$

정답 14-1 ③　14-2 ③

핵심이론 15 | 폐기물 내 함유된 리그닌 양으로 생분해도를 평가하는 식 ★

① $BF = 0.83 - (0.028 \times LC)$
② BF : 생물분해성 분율(휘발성 고형분 함량 기준)
③ LC : 휘발성 고형분 중 리그닌 함량(건조무게 %)

10년간 자주 출제된 문제

폐기물 내 함유된 리그닌 양으로 생분해도를 평가하기 위한 관계식으로 옳은 것은?[단, BF : 생물분해성 분율(휘발성 고형분 함량 기준), LC : 휘발성 고형분 중 리그닌 함량(건조무게 %로 표시)]

① $BF = 0.83 - (0.028 \times LC)$
② $BF = 0.83 + (0.028 \times LC)$
③ $BF = 0.83/(0.028 \times LC)$
④ $BF = 0.83 \times (0.028 \times LC)$

|해설|
리그닌은 생분해가 잘 안 되는 성분이므로 리그닌 함량이 높을수록 생분해도는 낮아진다. 따라서 리그닌의 함량이 높을수록 생분해성 분율이 낮아지려면 수식에서 LC가 있는 부분의 부호는 (-)가 되어야 한다.

정답 ①

| 핵심이론 16 | 원소분석기로 동시에 자동 분석 가능한 항목 ★

① 원소분석기로 분석 가능한 항목 : C, H, N, O, S
② 별도의 장치나 기기(연소관, 환원관 및 흡수관의 충전물 교환 등)를 필요로 하지 않고 자동원소 분석기를 이용하여 동시에 분석할 수 있는 항목 : C, H, N

10년간 자주 출제된 문제

폐기물 원소분석에 있어 별도의 장치나 기기(연소관, 환원관 및 흡수관의 충전물 교환 등)를 필요로 하지 않고 자동원소 분석기를 이용하여 동시에 분석할 수 있는 항목만 열거한 것은?

① C, H, O
② C, H, N
③ C, H, S
④ C, H, Cl

정답 ②

| 핵심이론 17 | Dulong식에 의한 고위발열량·저위발열량 계산 ★★

① 고위발열량(H_h)
$$= 8,100C + 34,000\left(H - \frac{O}{8}\right) + 2,500S \,(\text{kcal/kg})$$

② 저위발열량(H_l)
$$= 8,100C + 34,000\left(H - \frac{O}{8}\right) + 2,500S$$
$$- 600(9H + W) \,(\text{kcal/kg})$$

③ 저위발열량(H_l) = 고위발열량(H_h) − 600(9H + W)

★ Dulong식은 '폐기물소각 및 열회수'에도 출제된다.

10년간 자주 출제된 문제

17-1. 다음과 같은 조성의 폐기물의 저위발열량(kcal/kg)을 Dulong식을 이용하여 계산한 값은?[조성(%) : 휘발성 고형물 = 50, 회분 = 50이며, 휘발성 고형물질의 원소분석 결과는 C = 50, H = 30, O = 10, N = 10이다](단, 탄소, 수소, 황의 연소 발열량은 각각 8,100kcal/kg, 34,000kcal/kg, 2,500kcal/kg으로 한다)

① 약 5,200kcal/kg
② 약 5,700kcal/kg
③ 약 6,100kcal/kg
④ 약 6,400kcal/kg

17-2. 수소 10.0%, 수분 0.5%인 중유의 고위발열량이 10,500 kcal/kg일 때, 저위발열량은?

① 9,685kcal/kg
② 9,793kcal/kg
③ 9,857kcal/kg
④ 9,957kcal/kg

| 해설 |

17-1

주어진 조건에서 S = 0, W = 0

Dulong식 : $8,100C + 34,000\left(H - \dfrac{O}{8}\right) + 2,500S - 600(9H + W)$

$8,100 \times 0.5 \times 0.5 + 34,000\left(0.5 \times 0.3 - \dfrac{0.5 \times 0.1}{8}\right) - 600(9 \times 0.5 \times 0.3) = 6,102.5 \text{kcal/kg}$

(C값 : 휘발성 고형물질의 분율 0.5에 휘발성 고형물질 중의 C의 분율 0.5를 곱하여 0.5 × 0.5가 된다)

17-2

저위발열량(H_l) = 고위발열량(H_h) − 600(9H + W)

$= 10,500 - 600\left(9 \times \dfrac{10}{100} + \dfrac{0.5}{100}\right) = 9,957 \text{kcal/kg}$

★ %를 분율로 바꿀 때 실수할 수 있으므로 0.5%는 $\dfrac{0.5}{100}$와 같이 계산하는 것으로 습관을 들이도록 하자!

정답 17-1 ③ 17-2 ④

핵심이론 18 | 3성분 조성비에 의한 발열량 산정식 ★

① 고위발열량(H_h) = $4,500 \times \text{VS}$ (kcal/kg)

② 저위발열량(H_l) = $4,500 \times \text{VS} - 600\text{W}$ (kcal/kg)

여기서, VS : 쓰레기 중 가연분의 조성 분율
W : 수분의 분율

10년간 자주 출제된 문제

어떤 쓰레기의 가연분의 조성비가 60%이며, 수분의 함유율이 30%라면 이 쓰레기의 저위발열량(kcal/kg)은?(단, 쓰레기 3성분의 조성비 기준의 추정식 적용)

① 약 2,250
② 약 2,340
③ 약 2,520
④ 약 2,680

| 해설 |

저위발열량(H_l) = $4,500 \times \text{VS} - 600\text{W}$ (kcal/kg)

$= 4,500 \times \dfrac{60}{100} - 600 \times \dfrac{30}{100} = 2,520$

정답 ③

제3절 폐기물관리

1. 수집 및 운반계획

핵심이론 01 | 수거노선 결정 시 유의사항 ★★★

① 생활폐기물 관리에 소요되는 총비용 중 수거 및 운반 단계가 60% 이상을 차지한다.
② 수거노선 결정 시 유의사항
  ㉠ 수거인원 및 차량형식이 같은 기존 시스템의 조건들을 서로 관련시킨다.
  ㉡ 언덕지역에서는 언덕의 꼭대기에서부터 시작하여 적재하면서 차량이 아래로 진행하도록 한다.
  ㉢ 출발점은 차고와 가깝게 하고, 수거된 마지막 컨테이너는 처분지의 가장 가까이에 위치하도록 계획한다.
  ㉣ 가능한 한 시계방향으로 수거노선을 정한다.
  ㉤ 아주 많은 양의 쓰레기가 발생되는 발생원은 하루 중 가장 먼저 수거한다.
  ㉥ 될 수 있는 한 한 번 간 길은 다시 가지 않는다.
  ㉦ 반복운행 또는 U자형 회전은 피하여 수거한다.

10년간 자주 출제된 문제

1-1. 다음의 폐기물의 관리단계 중 비용이 가장 많이 소요되는 단계는?
① 중간처리 단계
② 수거 및 운반단계
③ 중간처리된 폐기물의 수송단계
④ 최종 처리단계

1-2. 수거노선을 설정할 때의 일반적 유의사항으로 틀린 것은?
① 될 수 있는 한 한 번 간 길을 다시 가지 않는다.
② 언덕지역에서는 언덕의 꼭대기에서부터 시작하여 적재하면서 차량이 아래로 진행하도록 한다.
③ U자형 회전을 이용하여 수거한다.
④ 가능한 한 시계방향으로 수거노선을 정한다.

정답 1-1 ② 1-2 ③

핵심이론 02 | 폐기물 수거량 산정 ★★★

① 폐기물 수거량 산정은 단순한 단위 환산 문제이므로 단위 환산에 주의하도록 한다.
② 밀도 = $\dfrac{무게}{부피}$ → 무게 = 밀도 × 부피

10년간 자주 출제된 문제

2-1. 1일 1인당 폐기물 발생량이 1.6kg/인·일이다. 이 폐기물의 밀도가 0.4ton/m³이고, 차량적재 용량이 4.5m³이면 이 지역의 수거대상 인구(적재 가능 인구수)는 최대 몇 인까지 가능한가?
① 1,025인
② 1,125인
③ 1,225인
④ 1,325인

2-2. 수거대상인구가 100,000명인 지역에서 60일간 쓰레기의 수거상태를 조사한 결과 다음과 같이 조사되었다. 이 지역의 1일 1인당 쓰레기 발생량은?(단, 수거에 사용된 트럭 = 7대, 수거횟수 = 250회/대, 트럭의 용적 = 10m³/대, 수거된 쓰레기의 밀도 = 400kg/m³)
① 1.17kg/인·일
② 1.43kg/인·일
③ 2.33kg/인·일
④ 2.52kg/인·일

|해설|

2-1
차량적재 가능 중량 = 밀도 × 부피
= 0.4ton/m³ × 4.5m³
= 1.8ton
= 1,800kg
수거대상 인구를 P라 하면
$1.6 \times P = 1,800$
$P = \dfrac{1,800}{1.6} = 1,125$인

2-2
60일간 수거된 쓰레기의 중량
= 7대 × 250회 × 10m³/대 × 400kg/m³
= 7,000,000kg

1일 1인당 쓰레기 발생량 = $\dfrac{7,000,000kg}{100,000인 \times 60일}$ = 1.167kg

정답 2-1 ② 2-2 ①

핵심이론 03 | 차량 적재·적하, 운반시간을 고려한 소요 운반차량 계산 ★

① 1회 운반하는 데 걸리는 시간
   = 왕복운반시간 + 적재시간 + 적하시간

② 소요 운반 차량 대수
   $= \dfrac{1일\ 폐기물\ 발생량}{차량\ 적재량 \times 1일\ 운반횟수/대}$

③ ②에서 구한 차량 대수에 대기차량을 추가한다.

10년간 자주 출제된 문제

1일 폐기물 발생량이 2,000ton인 도시에서 5ton 덤프트럭으로 쓰레기를 투기장까지 운반하고자 한다. 이들의 하루 운전시간은 8시간, 운반거리는 2km, 왕복운반시간 25분, 적재시간 25분, 적하시간 10분이며 3대의 대기차량을 고려하면 모두 몇 대의 트럭이 필요한가?(단, 기타 사항은 고려하지 않음)

① 42대 ② 53대
③ 65대 ④ 68대

|해설|

1회 운반하는 데 걸리는 시간 = 왕복운반시간 + 적재시간 + 적하시간
   = 25 + 25 + 10 = 60분
   = 1시간

따라서 하루에 8회 운반 가능하다.

$\dfrac{2,000\text{ton/일}}{5\text{ton/대} \times 8\text{시간/일·대} \times 1\text{대/시간}} = 50$대

∴ 3대의 대기차량을 고려하면 필요한 트럭은 53대이다.

정답 ②

핵심이론 04 | 폐기물 밀도, 적재용량, 압축비, 발생량 → 주간 수거횟수 계산 문제 ★★

① 주간 폐기물 발생 중량 계산

② 발생 폐기물의 부피 환산 $\left(부피 = \dfrac{무게}{밀도}\right)$

③ 1회 수거가능 부피 계산

④ 주간 수거횟수 계산

10년간 자주 출제된 문제

발생 쓰레기 밀도 500kg/m³, 차량 적재용량 6m³, 압축비 2.0, 발생량 1.1kg/인·일, 차량적재함 이용률 85%, 차량수 3대, 수거 대상인구 15,000명, 수거인부 5명의 조건에서 차량을 동시 운행할 때, 쓰레기 수거는 일주일에 최소 몇 회 이상 하여야 하는가?

① 4 ② 6
③ 8 ④ 10

|해설|

• 주간 폐기물 발생량 = 1.1kg/인·일 × 15,000명 × 7일
   = 115,500kg

• 발생 폐기물 부피 = $\dfrac{115,500\text{kg}}{500\text{kg/m}^3} = 231\text{m}^3$

• 1회 수거가능 부피 = 6m³/대 × 3대 × 2.0 × 0.85 = 30.6m³

∴ 수거횟수 = $\dfrac{231}{30.6} = 7.55 = 8$회 이상

정답 ③

| 핵심이론 05 | MHT(Man-Hour/Ton) 계산 문제 ★★★

① MHT : 1톤의 폐기물을 수거하는 데 소요되는 수거인원과 수거기간의 곱

② MHT = $\dfrac{\text{수거인원(인)} \times \text{수거시간(시간)}}{\text{수거량(ton)}}$

★ MHT 계산은 단순한 단위 환산문제이다.

10년간 자주 출제된 문제

5-1. 연간 3,000,000ton의 쓰레기를 1,000명의 인부들이 매일 8시간 수거한다. 이때 인부의 수거능력(MHT)은?

① 1.96인·시간/ton
② 1.96인/시간·ton
③ 0.97인·시간/ton
④ 0.97인/시간·ton

5-2. 도시의 쓰레기 수거대상 인구가 648,825명이며 이 도시의 쓰레기 배출량은 1.15kg/인·일이다. 수거인부는 233명이며, 이들이 1일에 8시간을 작업한다면 이때 MHT는?

① 2.5
② 3.2
③ 3.8
④ 4.2

5-3. 어느 도시의 쓰레기 발생량이 3배로 증가하였으나 쓰레기 수거노동력(MHT)은 그대로 유지시키고자 한다. 수거시간을 50% 증가시키는 경우 수거인원은 몇 배로 증가되어야 하는가?

① 1.5배
② 2배
③ 2.5배
④ 3배

| 해설 |

5-1

MHT = $\dfrac{\text{수거인원(인)} \times \text{수거시간(시간)}}{\text{수거량(ton)}}$

= $\dfrac{1{,}000\text{명} \times 365\text{일/년} \times 8\text{시간/일}}{3{,}000{,}000\text{ton/년}}$

= 0.973

인·시간은 수거인원과 수거기간을 곱한 것이므로, ②, ④의 단위는 잘못된 것이다.

5-2

1일 폐기물 발생량 = 648,825명 × 1.15kg/인·일 = 746,149kg
　　　　　　　　 = 746ton

MHT = $\dfrac{233\text{명} \times 8\text{시간/일}}{746\text{ton/일}}$ = 2.5

5-3

MHT = $\dfrac{x\text{인} \times 1.5\text{시간}}{3 \times \text{ton}}$ = 0.5x MHT

∴ MHT을 그대로 유지하기 위해서는 수거인원(x)이 2배가 되어야 한다.

정답 5-1 ③　5-2 ①　5-3 ②

2. 수거 및 수거방법

핵심이론 06 | 폐기물 발생량에 근거한 수거횟수 계산 ★★

① 발생된 폐기물을 운반하는 데 필요한 차량의 대수 혹은 수거횟수 계산 문제는 단순한 단위 환산 문제이다.
② 문제에서 차량의 적재용량이 부피(m^3)인지 무게(ton) 단위인지 주의하여 단위에 맞게 환산한다.
  ㉠ 적재용량이 부피인 경우 : 발생 중량 계산

  → 부피로 환산 $\left(\text{부피} = \dfrac{\text{무게}}{\text{밀도}}\right)$

  → 수거횟수 계산 $\left(\dfrac{\text{폐기물 전체부피}}{\text{차량의 적재량}}\right)$

  ㉡ 적재용량이 무게인 경우 : 부피를 무게로 환산 (무게 = 부피 × 밀도)

  → 수거횟수 계산 $\left(\dfrac{\text{폐기물 전체부피}}{\text{차량의 적재량}}\right)$

10년간 자주 출제된 문제

6-1. 인구 100,000인 어느 도시의 1인 1일 쓰레기 배출량이 1.8kg이다. 쓰레기 밀도가 0.5ton/m^3이라면 적재량 15m^3의 트럭이 처리장으로 한 달 동안 운반해야 할 횟수는?(단, 한 달은 30일, 트럭은 1대 기준이다)

① 510회   ② 620회
③ 720회   ④ 840회

6-2. 쓰레기의 양이 2,000m^3이며, 그 밀도는 0.95ton/m^3이다. 적재용량 7ton의 트럭이 있다면 운반하는 데 몇 대의 트럭이 필요한가?

① 235대   ② 256대
③ 272대   ④ 286대

|해설|

6-1
한 달간 발생하는 폐기물의 양
= 100,000인 × 30일 × 1.8kg/인·일 × 10^{-3}ton/kg = 5,400ton

운반할 폐기물 부피 = $\dfrac{5,400\text{ton}}{0.5\text{ton}/m^3}$ = 10,800m^3

∴ 운반횟수 = $\dfrac{10,800}{15}$ = 720

6-2
운반할 쓰레기의 중량 = 2,000m^3 × 0.95ton/m^3 = 1,900ton

∴ 운반횟수 = $\dfrac{1,900\text{ton}}{7\text{ton}/\text{대}}$ = 271.4 → 올림하면 272대

정답 6-1 ③   6-2 ③

핵심이론 07 | 관로수송 등 새로운 폐기물 수집 시스템 ★★★

① 폐기물의 관로수송 방식의 특징
  ㉠ 관로에 진공압력(부압)을 걸어주어 관로 속의 공기를 이용하여 폐기물 발생원에서 중간집하장으로 운반하는 수거 시스템
  ㉡ 유효 흡입 거리는 2.5km 정도임
  ㉢ 신규 택지개발 지역이나 고층건물 등에 적합함
  ㉣ 초기에 설비비가 많이 들어가며, 설치 후에는 경로 변경이 곤란함
  ㉤ 대형폐기물은 투입이 곤란함

② 폐기물 관로수송 시스템의 구성
  ㉠ 투입시설 : 공기흡입구, 투입구, 슈트
  ㉡ 수송관로(재질 : 강관)
  ㉢ 집하장 : 송풍기, 원심분리기, 악취제어장치, 중앙 제어반 등

10년간 자주 출제된 문제

7-1. 관거를 이용한 공기수송에 관한 설명으로 틀린 것은?
① 공기의 동압에 의해 쓰레기를 수송한다.
② 고층주택밀집지역에 적합하다.
③ 지하 매설로 수송관에서 발생되는 소음에 대한 방지시설이 필요 없다.
④ 가압 수송은 송풍기로 쓰레기를 불어서 수송하는 것으로 진공수송보다 수송거리를 길게 할 수 있다.

7-2. 관거 수거에 대한 다음 설명 중 옳지 않은 것은?
① 현탁물 수송은 관의 마모가 크고 동력소모가 많은 것이 단점이다.
② 캡슐수송은 쓰레기를 충전한 캡슐을 수송관 내에 삽입하여 공기나 물의 흐름을 이용하여 수송하는 방식이다.
③ 공기수송은 공기의 동압에 의해 쓰레기를 수송하는 것으로서 진공수송과 가압수송이 있다.
④ 공기수송은 고층주택 밀집지역에 적합하여 소음방지시설 설치가 필요하다.

7-3. 다음 중 관거를 이용한 쓰레기의 수송에 관한 설명으로 옳지 않은 것은?
① 설치비가 높고, 가설 후에 경로변경이 곤란하다.
② 조대쓰레기는 파쇄 등의 전처리가 필요하다.
③ 쓰레기의 발생밀도가 높은 인구밀집지역에서 현실성이 있다.
④ 잘못 투입된 물건의 회수가 용이하다.

|해설|

7-1
소음에 대한 방지시설이 필요하다.

7-2
현탁물(Slurry 상태) 수송은 관의 마모가 작고, 동력소모가 적다.

7-3
투입된 물건은 회수하기가 어렵다.

정답 7-1 ③ 7-2 ① 7-3 ④

핵심이론 08 | 청소상태 평가방법 ★★

① 지역사회 효과지수(CEI ; Community Effect Index) : 가로의 청결상태를 점수화한 것이다.
② 사용자 만족도 지수(USI ; User Satisfaction Index) : 6개의 설문지 문항으로 사용자의 만족도를 평가하며, 설문의 총점은 100점이다.

10년간 자주 출제된 문제

8-1. 가로의 청결상태를 기준으로 청소상태를 평가하는 것은?
① CMP
② CEI
③ USI
④ USE

8-2. 청소상태의 평가방법에 관한 설명으로 옳지 않은 것은?
① 지역사회 효과지수는 가로 청소 상태의 문제점이 관찰되는 경우 각 25점씩 감점한다.
② 지역사회 효과지수에서 가로 청결상태의 Scale은 1~4로 정하여 각각 100, 75, 50, 25, 0점으로 한다.
③ 사용자 만족도 지수는 서비스를 받는 사람들의 만족도를 설문조사하여 계산되며 설문 문항은 6개로 구성되어 있다.
④ 지역사회 효과지수는 가로의 청소상태를 기준으로 평가한다.

|해설|

8-1
가로의 청결상태는 지역사회 효과지수(CEI)로 평가한다.
★ CEI의 C = Community

8-2
지역사회 효과지수에서 문제점이 관찰되는 경우 10점씩 감한다.

정답 8-1 ② 8-2 ①

3. 적환장

핵심이론 09 | 적환장의 필요성 ★★★

① 적환장(Transfer Station) : 중·소형의 수집차량에서 수거된 폐기물을 큰 차량으로 옮겨 싣고(통상 적환장에서 폐기물을 압축하여 차량 적재밀도를 크게 함) 장거리 수송을 할 경우 필요한 시설
② 적환장은 다음의 경우에 설치한다.
  ㉠ 처분지가 수송장소로부터 멀리 떨어져 있을 때
  ㉡ 작은 용량의 수집차량을 이용할 때
  ㉢ 불법투기와 다량의 어질러진 폐기물들이 발생할 때
  ㉣ 저밀도 거주지역이 존재할 때
  ㉤ 상업지역에서 폐기물 수집에 소형용기를 많이 사용할 때
  ㉥ 슬러지 수송이나 관로수송 방식을 사용할 때

10년간 자주 출제된 문제

9-1. 적환장에 관한 설명으로 옳지 않은 것은?
① 수거지점으로부터 처리장까지의 거리가 먼 경우에 중간에 설치한다.
② 슬러지 수송이나 공기수송방식을 사용할 때에는 설치가 어렵다.
③ 작은 용기로 수거한 쓰레기를 대형트럭에 옮겨 싣는 곳이다.
④ 저밀도 주거지역이 존재할 때 설치한다.

9-2. 적환장의 위치선정 시 고려할 점이 아닌 것은?
① 수거지역의 무게 중심에 가까운 곳
② 환경피해가 적은 외곽지역
③ 주요 간선도로에 근접한 곳
④ 설치 및 작업조작이 경제적인 곳

|해설|

9-1
슬러지 수송이나 공기수송방식을 사용할 때 설치한다.

9-2
외곽지역에 설치하면 운반비용이 증가되어 경제성과 효율성이 떨어진다.

정답 9-1 ② 9-2 ②

4. 전과정평가(LCA)

핵심이론 10 | 전과정평가(LCA) ★

① 전과정평가(Life Cycle Analysis) : 원료의 취득에서 제품의 생산, 유통, 사용 및 최종 폐기에 이르는 제품의 전체 과정상에서의 환경영향을 평가하는 방법론
② 전과정평가의 절차
  ㉠ 목적 및 범위 설정(Scoping Analysis)
  ㉡ 목록분석(Inventory Analysis) : 공정도를 작성하고, 단위공정별로 데이터를 수집하는 과정
  ㉢ 영향평가(Impact Analysis) : 분류화 → 특성화 → 정규화 → 가중치 부여
  ㉣ 개선평가 및 해석(Improvement Analysis)

10년간 자주 출제된 문제

10-1. 전과정평가(LCA)의 구성요소로 부적합한 내용은?
① 개선평가　　② 영향평가
③ 과정분석　　④ 목록분석

10-2. 전과정평가(LCA)를 구성하는 4부분 중 조사분석과정에서 확정된 자원요구 및 환경부하에 대한 영향을 평가하는 기술적, 정량적, 정성적 과정인 것은?
① Impact Analysis
② Initiation Analysis
③ Inventory Analysis
④ Improvement Analysis

|해설|
10-1
전과정평가의 4단계 : 목적 및 범위 설정 → 목록분석 → 영향평가 → 개선평가 및 해석

10-2
자원요구 및 환경부하에 대한 영향을 평가 : Impact Analysis

정답 10-1 ③　10-2 ①

제4절 폐기물의 감량 및 재활용

1. 압축공정

핵심이론 01 | 폐기물 압축 ★

① 압축은 부피감소가 주된 목적이며, 이를 통해 폐기물의 수송비용을 절감하고, 매립장의 수명을 연장시키는 효과가 있다.
② 압축에 의해 부피를 1/10까지 감소시킬 수 있다.
③ 압력 강도에 따른 분류
  ㉠ 저압력 압축기 : $700\,kN/m^2$ 이하
  ㉡ 고압력 압축기 : $700\sim35{,}000\,kN/m^2$
④ 압축기 형태에 따른 분류
  ㉠ 고정식 압축기
  ㉡ 백 압축기
  ㉢ 수직식 또는 소용돌이식 압축기
  ㉣ 회전식 압축기

10년간 자주 출제된 문제

1-1. 폐기물 압축기에 관한 설명으로 옳지 않은 것은?
① 고정압축기는 주로 공기압으로 압축시킨다.
② 고정압축기는 압축방법에 따라 수평식과 수직식 압축기로 나눌 수 있다.
③ 백(Bag) 압축기는 다종 다양하다.
④ 백(Bag) 압축기 중 회분식이란 투입량을 일정량씩 수회 분리하여 간헐적인 조작을 행하는 것을 말한다.

1-2. 쓰레기 압축기를 형태에 따라 구별한 것으로 틀린 것은?
① 소용돌이식 압축기
② 충격식 압축기
③ 고정식 압축기
④ 백(Bag) 압축기

1-3. 쓰레기 압축기에 대한 설명으로 틀린 것은?
① 고압력 압축기의 압력강도는 700~35,000kN/m² 범위이다.
② 고압력 압축기로 폐기물의 밀도를 1,600kg/m³까지 압축시킬 수 있으나 경제적 압축밀도는 1,000kg/m³ 정도이다.
③ 고정식 압축기는 주로 유압에 의해 압축시키며 압축방법에 따라 회분식과 연속식으로 구분된다.
④ 수직식 또는 소용돌이식 압축기는 기계적 작동이나 유압 또는 공기압에 의해 작동하는 압축피스톤을 갖고 있다.

|해설|
1-1
고정압축기는 유압으로 압축시킨다.
1-3
고정식 압축기는 압축방법에 따라 수평형과 수직형으로 구분된다.

정답 1-1 ① **1-2** ② **1-3** ③

핵심이론 02 | 압축비와 부피감소율 ★★★

① 압축비(CR ; Compaction Ratio) = $\dfrac{\text{압축 전 부피}(V_i)}{\text{압축 후 부피}(V_f)}$

② 부피(용적)감소율(VR ; Volume Reduction)
$= \dfrac{\text{감소된 부피}(V_i - V_f)}{\text{압축 전 부피}(V_i)} \times 100$

③ 밀도 = $\dfrac{\text{질량}}{\text{부피}}$ → 부피 = $\dfrac{\text{질량}}{\text{밀도}}$

10년간 자주 출제된 문제

2-1. 밀도가 500kg/m³인 쓰레기 5ton을 압축시켰더니 처음 부피보다 60% 줄었다. 이 경우 Compact Ratio는?
① 1.5
② 1.7
③ 2.5
④ 2.7

2-2. 폐기물의 부피감소율(Volume Reduction Rate)이 50%에서 75%로 되었을 때 폐기물의 압축비는?
① 1.25배 증가
② 1.5배 증가
③ 2.0배 증가
④ 2.5배 증가

2-3. 자연상태의 쓰레기 밀도가 200kg/m³이었던 것을 적환장에 설치된 압축기에 넣어 압축시킨 결과 900kg/m³으로 증가하였다. 이때 부피의 감소율은?
① 62%
② 78%
③ 83%
④ 92%

|해설|
2-1
압축 후 처음 부피보다 60% 줄어들었으므로 압축 후 부피는 처음 부피의 40%

∴ 압축비 = $\dfrac{\text{압축 전 부피}(V_i)}{\text{압축 후 부피}(V_f)} = \dfrac{1}{0.4} = 2.5$

2-2

- 부피감소율 50%일 때

$$50 = \frac{V_i - V_f}{V_i} \times 100 \rightarrow 50V_i = 100V_i - 100V_f$$

$$50V_i = 100V_f \rightarrow \frac{V_i}{V_f} = CR = 2$$

- 부피감소율 75%일 때

$$75 = \frac{V_i - V_f}{V_i} \times 100 \rightarrow 75V_i = 100V_i - 100V_f$$

$$25V_i = 100V_f \rightarrow \frac{V_i}{V_f} = CR = 4$$

∴ 압축비는 2배 증가한다.

2-3

- 밀도가 200kg/m³일 때 1ton의 폐기물 부피는 $\frac{1,000\text{kg}}{200\text{kg/m}^3} = 5\text{m}^3$

- 밀도가 900kg/m³일 때 1ton의 폐기물 부피는 $\frac{1,000\text{kg}}{900\text{kg/m}^3} = 1.1\text{m}^3$

∴ 부피감소율 = $\frac{\text{감소된 부피}(V_i - V_f)}{\text{압축 전 부피}(V_i)} \times 100$

$= \frac{5 - 1.1}{5} \times 100 = 78\%$

정답 2-1 ③ 2-2 ③ 2-3 ②

2. 파쇄공정

핵심이론 03 | 폐기물 파쇄의 효과 ★★

① 폐기물을 파쇄하면 일반적으로 밀도가 증가하고, 부피가 감소한다.
② 폐기물을 균질한 상태로 해준다.
③ 폐기물의 저장, 소각, 압축, 자력 선별 등의 전처리로 이용된다.
④ 표면적이 증가되어 매립 시 생분해가 촉진된다.

10년간 자주 출제된 문제

쓰레기에 대한 파쇄처리 목적과 가장 거리가 먼 것은?
① 밀도의 증가
② 입자 크기의 균질화
③ 유기물의 분리
④ 비표면적의 감소

|해설|

입자 크기가 작아지면 표면적은 증가한다.

정답 ④

핵심이론 04 | 파쇄기의 종류 ★★

① 전단파쇄기 : 목재, 플라스틱, 종이류 파쇄(전단 : 가위로 자르듯이 맞물리는 양쪽 날에 의해 잘려짐)
② 충격파쇄기 : 유리나 목질류 파쇄
　예 해머밀 : 망치로 유리병을 깨는 것을 생각하면 됨
③ 압축파쇄기 : 콘크리트, 건설폐기물 파쇄
　예 Impact Crusher : 이빨로 딱딱한 사탕을 깨부수는 것과 유사
④ 냉각파쇄기 : Dry Ice나 액체질소 등을 냉매로 하여 상온에서 깨지지 않는 것을 저온에서 충격 파쇄한다.
　예 모터류, 타이어, 피복전선, 플라스틱류
　★ 생태가 동태가 된다고 생각해 볼 것

10년간 자주 출제된 문제

4-1. 파쇄장치 중 전단식 파쇄기에 관한 설명으로 옳지 않은 것은?
① 고정칼이나 왕복칼 또는 회전칼을 이용하여 폐기물을 절단한다.
② 충격파쇄기에 비해 상대적으로 파쇄속도가 빠르다.
③ 충격파쇄기에 비해 이물질의 혼입에 대하여 약하다.
④ 파쇄물의 크기를 고르게 할 수 있다.

4-2. 파쇄기의 마모가 적고 비용이 적게 소요되는 장점이 있으나, 금속, 고무의 파쇄는 어렵고, 나무나 플라스틱류, 콘크리트 덩이, 건축폐기물의 파쇄에 이용되며, Rotary Mill식, Impact Crusher 등이 해당되는 파쇄기는?
① 충격파쇄기　　　　② 습식파쇄기
③ 왕복전단파쇄기　　④ 압축파쇄기

4-3. 파쇄기에 관한 설명으로 옳지 않은 것은?
① 전단파쇄기는 충격파쇄기에 비해 이물질의 혼입에 약하다.
② 충격파쇄기는 유리나 목질류 등을 파쇄하는 데 사용한다.
③ 전단파쇄기는 충격파쇄기에 비해 파쇄속도가 빠르다.
④ 충격파쇄기는 대개 회전식이다.

4-4. 냉각파쇄기에 관한 설명으로 틀린 것은?
① 파쇄기의 발열 및 열화를 방지한다.
② 유기물을 고순도, 고회수율로 회수가 가능하다.
③ 복합재질의 선택 파쇄는 불가능하다.
④ 투자비가 크므로 특수용도로 주로 활용된다.

|해설|

4-1, 4-3
전단파쇄기는 충격파쇄기에 비해 파쇄속도가 느리다.

4-4
냉각파쇄기는 복합재질의 선택 파쇄가 가능하다.

정답 4-1 ②　4-2 ④　4-3 ③　4-4 ③

핵심이론 05 | 특성입자크기 ★★

Rosin-Rammler식 : 도시폐기물의 입자크기 분포에 관한 대표적인 모델

$$y = 1 - \exp\left[\left(-\frac{x}{x_o}\right)^n\right]$$

여기서, x : 폐기물의 입자크기

y : 입자 크기가 x보다 작은 폐기물의 총 누적 무게 분율

x_o : 특성입자 크기, $1 - \frac{1}{e} = 0.632$(즉, 중량의 63.2%가 통과할 수 있는 체 눈의 크기)

n : 상수

10년간 자주 출제된 문제

5-1. $x_{90} = 4.6\text{cm}$로 도시폐기물을 파쇄하고자 할 때(즉, 90% 이상을 4.6cm보다 작게 파쇄하고자 할 때) Rosin-Rammler 모델에 의한 특성입자크기 x_o는?(단, $n = 1$로 가정)

① 1.7cm
② 1.9cm
③ 2.0cm
④ 2.3cm

5-2. 다음 중 'Characteristics Particle Size'에 관한 설명으로 가장 적합한 것은?

① 입자의 무게 기준으로 53.2%가 통과할 수 있는 체의 눈의 크기
② 입자의 무게 기준으로 63.2%가 통과할 수 있는 체의 눈의 크기
③ 입자의 무게 기준으로 73.2%가 통과할 수 있는 체의 눈의 크기
④ 입자의 무게 기준으로 83.2%가 통과할 수 있는 체의 눈의 크기

| 해설 |

5-1

$$y = 1 - \exp\left[\left(-\frac{x}{x_o}\right)^n\right]$$

$$0.9 = 1 - \exp\left(-\frac{4.6}{x_o}\right) \rightarrow 0.1 = \exp\left(-\frac{4.6}{x_o}\right)$$

exp를 없애기 위해서 양변에 ln를 취하면(ln 함수 ↔ exp 함수는 서로 역함수이므로 exp 함수에 ln를 취하면 exp 함수가 소거됨)

$$\ln 0.1 = \left(-\frac{4.6}{x_o}\right) \rightarrow x_o = -\frac{4.6}{\ln 0.1} = 2.0\text{cm}$$

5-2

특성입자크기는 $1 - \frac{1}{e} = 0.632$

즉, 63.2%가 통과할 수 있는 체 눈의 크기를 말한다.

정답 5-1 ③ 5-2 ②

핵심이론 06 | Kick의 법칙 ★★

Kick의 법칙 : 파쇄 시의 에너지 소모량을 예측하기 위한 모델(2차 파쇄 시 적용)

$$E = C \ln \frac{L_1}{L_2}$$

여기서, E : 폐기물 파쇄에너지
L_1, L_2 : 파쇄 전 및 파쇄 후 입자 크기
C : 비례상수

10년간 자주 출제된 문제

6-1. 최소 크기가 10cm인 폐기물을 2cm로 파쇄하고자 할 때 Kick's 법칙에 의한 소요에너지는 동일 폐기물을 4cm로 파쇄할 때 소요되는 에너지의 몇 배인가?(단, $n=1$로 가정한다)

① 약 1.8배
② 약 2.4배
③ 약 2.9배
④ 약 3.7배

6-2. 50ton/h 규모의 시설에서 평균 크기가 30.5cm인 혼합된 도시 폐기물을 최종크기 5.1cm로 파쇄하기 위해 필요한 동력은?(단, 평균 크기를 15.2cm에서 5.1cm로 파쇄하기 위한 에너지 소모율은 15kW·h/ton이며, 킥의 법칙 적용)

① 약 1,230kW
② 약 1,450kW
③ 약 1,680kW
④ 약 1,840kW

|해설|

6-1

- 10cm → 2cm의 경우, $E_1 = C \ln \frac{10}{2} = 1.61C$
- 10cm → 4cm의 경우, $E_2 = C \ln \frac{10}{4} = 0.92C$

∴ $\frac{1.61C}{0.92C} = 1.75$

6-2

- 15.2cm → 5.1cm의 경우, $15 = C \ln \frac{15.2}{5.1} = 1.092C$
 → $C = 13.74$
- 30.5cm → 5.1cm의 경우, $E = 13.74 \ln \frac{30.5}{5.1} = 24.6$

∴ 소요동력 = 24.6kW·h/ton × 50ton/h = 1,230kW

정답 6-1 ① 6-2 ①

3. 선별공정

핵심이론 07 | 선별 방법의 종류 ★★★

① 손 선별
  ㉠ 9m/min 이하의 속도로 이동하는 컨베이어 벨트의 한쪽 또는 양쪽에서 사람이 서서 선별
  ㉡ 정확도가 높고, 파쇄공정으로 유입되기 전에 폭발 가능성이 있는 위험물질을 분류할 수 있음
  ㉢ 작업효율 : 0.5ton/인·시간

② 스크린 선별
  ㉠ 회전스크린(Trommel Screen) : 도시폐기물 선별에 주로 이용
  ㉡ 진동스크린(Vibrating Screen) : 골재 선별에 주로 이용

③ 와전류 선별기(Eddy Current Separator) : 알루미늄과 같은 비철금속을 제거할 때 사용하는 방법으로 금속의 전기전도도 차이를 이용

④ 광학 선별 : 유리 선별 시 색깔별로 분리할 때 사용(빛의 투과도 차이를 이용하여 색깔을 구별하고 압축공기 분사에 의해 분리시킴)

⑤ 관성 선별 : 가벼운 것(유기물)과 무거운 것(무기물)으로 분리하며 중력이나 탄도학을 이용

⑥ 부상(Flotation) : 폐기물을 물에 넣어 밀도 차에 의해 뜨는 것을 선별하는 방법으로 유리조각, 뼈 등은 바닥에 가라앉고, 가벼운 유기물을 표면에 부상

⑦ 스토너(Stoner) : 공기를 맥동 유체로 이용. 진동 경사판에서 맥동하는 공기를 가하면(진동을 주어) 두 물질의 밀도 차에 의해 분리(예 파쇄한 폐기물에서 알루미늄 회수, 퇴비에서 유리조각 고르기)

⑧ Jig : 물속에서 물을 맥동 유체로 이용하여 무거운 것을 고르는 선별 방법

⑨ Secators : 물렁거리는 가벼운 물질로부터 딱딱한 물질을 선별하는 데 사용(예 농구 골대에 물건을 던졌을 때 탄성의 차이에 의해서 튕겨나는 정도가 차이나서 분리된다고 생각할 것)

10년간 자주 출제된 문제

7-1. 쓰레기 선별에 관한 설명으로 옳지 않은 것은?
① 관성선별은 가벼운 것(유기물)과 무거운 것(무기물)을 분리한다.
② 손 선별은 정확도가 높고 파쇄공정 유입 전 폭발 가능 위험 물질을 분류할 수 있는 장점이 있다.
③ Zigzag 공기 선별기는 칼럼의 층류를 발달시켜 선별효율을 증진시킨 것이다.
④ 진동스크린 선별은 주로 골재 분리에 많이 이용하며 체경이 막히는 문제가 발생할 수 있다.

7-2. 쓰레기 선별에 관한 설명으로 옳지 않은 것은?
① 와전류식 선별은 전자석 유도에 관한 패러데이 법칙을 기초로 한다.
② 풍력선별기에 있어 전형적인 폐기물/공기비는 2~7이다.
③ 펄스풍력선별기는 유속의 변화를 이용하는 장치이다.
④ 정전기적 선별을 이용하면 플라스틱에서 종이를 선별할 수 있다.

7-3. 물렁거리는 가벼운 물질로부터 딱딱한 물질을 선별하는 데 사용하며 경사진 컨베이어를 통해 폐기물을 주입시켜 천천히 회전하는 드럼 위에 떨어뜨려 분류하는 방법은?
① Stoners
② Secators
③ Conveyor Sorting
④ Jigs

7-4. 약간 경사진 판에 진동을 주어 무거운 것을 빨리 경사판 위로 올라가는 원리를 이용한 폐기물 선별 장치는?
① Bed Separator
② Secators
③ Stoners
④ Jigs

|해설|
7-1
Zigzag 공기 선별기는 칼럼의 난류를 높여줌으로써 선별효율을 증진시킨 것이다.

7-2
풍력선별기에 있어 전형적인 공기/폐기물 비는 2~7이다(폐기물에 비하여 불어주는 공기의 양이 많아야 할 것이다).

정답 7-1 ③ 7-2 ② 7-3 ② 7-4 ③

핵심이론 08 | 트롬멜 스크린 ★★★

① 트롬멜 스크린의 선별효율에 영향을 주는 인자
 ㉠ 체 눈의 크기
 ㉡ 폐기물의 부하와 특성
 ㉢ 직경 및 길이(길이가 길면 효율은 증진되나 동력소모가 많다)
 ㉣ 경사도(경사도가 크면 선별효율은 떨어지나 부하율은 커진다. 2~3°)
 ㉤ 회전속도

② 임계속도 : 중력과 원심력이 같아서 폐기물이 벽면에 달라붙을 때의 회전속도, $\dfrac{1}{2\pi}\sqrt{\dfrac{g}{r}}$

★ 트롬멜의 $\sqrt{반지름}$ 혹은 $\sqrt{지름}/2$ 에 반비례하며, 단위가 cycle/s이므로, rpm으로 환산해 주어야 한다(×60 필요!).

③ 최적속도 = 임계속도 × 0.45

10년간 자주 출제된 문제

8-1. 도시폐기물의 선별작업에서 사용되는 트롬멜 스크린의 선별효율에 영향을 주는 인자와 거리가 가장 먼 것은?
① 진동속도
② 폐기물 부하
③ 경사도
④ 체의 눈 크기

8-2. 트롬멜 스크린에 대한 설명으로 옳지 않은 것은?
① 원통회전속도가 어느 정도까지 증가할수록 선별효율이 증가하나 그 이상이 되면 막힘 현상이 일어난다.
② 최적속도는 [임계속도×1.45]로 나타난다.
③ 원통경사도가 크면 선별효율이 떨어진다.
④ 스크린 중에서 선별효율이 우수하며 유지관리상의 문제가 적다.

8-3. 트롬멜 스크린에 대한 설명으로 옳지 않은 것은?
① 스크린의 경사도가 크면 효율이 떨어지고 부하율도 커진다.
② 최적속도는 경험적으로 임계속도×0.45 정도이다.
③ 스크린 중 유지관리상의 문제가 적고, 선별효율이 좋다.
④ 스크린의 경사도는 대개 20~30° 정도이다.

8-4. 쓰레기 선별에 사용되는 직경이 3.2m인 트롬멜 스크린의 최적속도는?
① 11rpm
② 15rpm
③ 19rpm
④ 24rpm

|해설|

8-1
진동속도는 진동스크린과 관련 있다.

8-2
트롬멜 스크린의 최적속도는 [임계속도×0.45]이다.

8-3
트롬멜 스크린의 경사도는 2~3° 정도이다.

8-4
반경은 1.6m
임계속도 $= \frac{1}{2\pi}\sqrt{\frac{g}{r}} = \frac{1}{2\pi}\sqrt{\frac{9.8}{1.6}} = 0.394$ cycle/s = 23.6rpm
최적속도 = 임계속도 × 0.45 = 23.6 × 0.45 = 10.6rpm

정답 8-1 ① 8-2 ② 8-3 ④ 8-4 ①

핵심이론 09 | 선별효율 ★★★

① 2원 분리에서의 물질 흐름도

$x_0 + y_0$ 투입 물질 → 선별 → $x_1 + y_1$ 재활용 물질
→ $x_2 + y_2$ 폐기 물질

② Worrell 식 : $E = \frac{x_1}{x_0} \cdot \frac{y_2}{y_0} \times 100$

(재활용 대상인 x의 회수율 × 폐기 대상인 y의 기각률)

③ Rietema 식 : $E = \left|\frac{x_1}{x_0} - \frac{y_1}{y_0}\right| \times 100$

(재활용 대상인 x의 회수율 − 폐기 대상인 y의 회수율)

10년간 자주 출제된 문제

9-1. 투입량이 1ton/h이고 회수량이 600kg/h(그중 회수대상 물질은 500kg/h)이며, 제거량은 400kg/h(그중 회수대상물질은 100kg/h)일 때 선별효율은?(단, Worrell식 적용)
① 약 63
② 약 69
③ 약 74
④ 약 78

9-2. 투입량이 1.0ton/h이고, 회수량이 600kg/h(그중 회수대상물질은 550kg/h)이며 제거량은 400kg/h(그중 회수대상물질은 70kg/h)일 때 선별효율은?(단, Rietema식 적용)
① 87%
② 84%
③ 79%
④ 76%

|해설|

9-1
$x_1 + y_1 = 600$kg(이 중 $x_1 = 500$, $y_1 = 100$)
$x_2 + y_2 = 400$kg(이 중 $x_2 = 100$, $y_2 = 300$)
$x_0 = x_1 + x_2 = 600$, $y_0 = y_1 + y_2 = 400$
$\therefore E = \frac{x_1}{x_0} \cdot \frac{y_2}{y_0} \times 100 = \frac{500}{600} \cdot \frac{300}{400} \times 100 = 62.5$

9-2
$x_1 + y_1 = 600$kg(이 중 $x_1 = 550$, $y_1 = 50$)
$x_2 + y_2 = 400$kg(이 중 $x_2 = 70$, $y_2 = 330$)
$x_0 = x_1 + x_2 = 620$, $y_0 = y_1 + y_2 = 380$
$\therefore E = \left|\frac{x_1}{x_0} - \frac{y_1}{y_0}\right| \times 100 = \left|\frac{550}{620} - \frac{50}{380}\right| \times 100 = 75.6$

정답 9-1 ① 9-2 ④

CHAPTER 02 폐기물처리기술

제1절 중간 처분

1. 물리화학적 처리

핵심이론 01 슬러지 발생량 산정 ★

① 1차 슬러지 발생량(1차 침전조 발생분)

$$W_{sp}(\text{kg/일}) = f \times SS \times Q \times 10^{-3}$$

여기서, W_{sp} : 건조기준 1차 슬러지 발생량(kg/일)

f : 1차침전조에서 제거되는 SS 비

SS : 유입하수의 SS 농도(mg/L)

Q : 유량(m³/일)

② 2차 슬러지 발생량(잉여슬러지 발생분)

$$W_{ss}(\text{kg/일}) = k \times \text{BOD} \times Q \times 10^{-3}$$

여기서, W_{ss} : 건조기준 2차 슬러지 발생량(kg/일)

k : BOD가 잉여슬러지로 전환되는 비율

Q : 유량(m³/일)

③ 3차 슬러지 발생량(P의 화학적 처리에 의한 발생분)

Al^{3+} 이용 시

$$PO_4^{3-} + 2Al^{3+} + 3OH^-$$
$$\rightarrow Al(OH)_3(\downarrow) + AlPO_4(\downarrow)$$

$$W_{st}(\text{kg/일}) = f_{cp} \times (TP_i - TP_o) \times Q \times 10^{-3}$$

여기서, W_{st} : 건조기준 3차 슬러지 발생량(kg/일)

f_{cp} : 제거되는 TP에 따른 화학슬러지 생성비

TP_i, TP_o : 유입, 유출 TP(mg/L)

10년간 자주 출제된 문제

1-1. 3,785m³/일 규모의 하수처리장의 유입수의 BOD와 SS 농도가 각각 200mg/L라고 하고, 1차 침전에 의하여 SS는 50%, 이에 따라 BOD도 30% 제거된다. 후속처리인 활성슬러지공법(폭기조)에 의해 남은 BOD의 90%가 제거되며 제거된 kg BOD당 0.1kg의 슬러지가 생산된다면 1차 침전에서 발생한 슬러지와 활성슬러지공법에 의해 발생된 슬러지의 총합(kg/일)은?(단, 비중은 1.0 기준, 기타 조건은 고려 안 함)

① 약 329 ② 약 426
③ 약 517 ④ 약 644

1-2. 폐수유입량이 10,000m³/일이고 유입폐수의 SS가 400mg이라면 이것을 Alum(Al₂(SO₄)₃·18H₂O) 250mg/L로 처리할 때 1일 발생하는 침전슬러지(건조고형물 기준)의 양은?(단, 응집침전 시 유입 SS의 75%가 제거되며 생성되는 Al(OH)₃는 모두 침전하고 CaSO₄는 용존 상태로 존재, Al : 27, S : 32, Ca : 40)

[반응식]
Al₂(SO₄)₃·18H₂O + 3Ca(HCO₃)₂ →
2Al(OH)₃ + 3CaSO₄ + 6CO₂ + 18H₂O

① 약 2,200kg ② 약 2,700kg
③ 약 3,100kg ④ 약 3,600kg

1-3. 2차 처리수로부터 인을 제거하고자 한다. P의 농도 6.0mg/L로부터 1.0mg/L로 유지시키기 위해서 Alum 13mg/L(Al³⁺로서)를 주입하였다. 슬러지 생산량(농도)은?(단, AlPO₄, Al(OH)₃ 형태의 슬러지가 생성되며 Al 원자량 27, P 원자량 31이다)

① 약 30mg/L ② 약 45mg/L
③ 약 60mg/L ④ 약 75mg/L

| 해설 |

1-1

1차 슬러지 발생량 = $3,785m^3/일 \times 100mg/L \times 10^{-3}$ = 378.5kg/일(50% 제거되므로)

1차 침전 후 BOD 농도는 $200 \times (1 - 0.3) = 140mg/L$가 된다(30% 제거).

활성슬러지 발생량 = $3,785m^3/일 \times (140 \times 0.9)mg/L \times 0.1 \times 10^{-3}$
= 47.7kg/일

∴ 전체 슬러지 발생량 = 378.5 + 47.7 = 426.2kg/일

1-2

- Alum과 $Al(OH)_3$의 분자량은 각각 666, 78
  투입된 Alum의 양 = $10,000m^3/일 \times 250mg/L \times 10^{-3}$
  = 2,500kg/일

  ∴ 비례식에 의해 $666 : 2 \times 78 = 2,500 : x$

  $x = \dfrac{2 \times 78 \times 2,500}{666} = 585.6$kg/일

- $10,000m^3/일 \times (400 \times 0.75)mg/L \times 10^{-3} = 3,000$kg/일
- 585.6 + 3,000 = 3,585.6kg/일

1-3

제거하는 P 농도 수준은 5mg/L(= 6 − 1mg/L)이다.

㉠ P→$AlPO_4$ 반응식에서 비례 관계를 따지면(P, $AlPO_4$의 질량은 각각 31, 122이다)

  $31 : 122 = 5 : x$(여기서 5는 제거하고자 하는 P의 농도)

  $x = \dfrac{122 \times 5}{31} = 19.7$mg/L

㉡ Al → $Al(OH)_3$(Al, $Al(OH)_3$의 질량은 각각 27, 78이다)
  ㉠에서 P 제거에 Alum 5mg/L가 사용되었으므로(Al과 P는 같은 몰수로 사용)

  $27 : 78 = 8 : x$(여기서, 8은 남은 Alum 농도, 13 − 5 = 8mg/L)

  $x = \dfrac{78 \times 8}{27} = 23.1$mg/L

㉢ 19.7 + 23.1 = 42.8mg/L

정답 1-1 ② 1-2 ④ 1-3 ②

| 핵심이론 02 | 개량제 첨가 후 슬러지 탈수 케이크의 부피 계산 ★

고형물의 무게(s)와 수분함량(W)을 아는 경우 젖은 슬러지 케이크의 중량(C)은 수분함량의 정의로부터 구할 수 있다.

$$수분함량(W) = \dfrac{물\ 무게}{탈수\ Cake\ 무게} \times 100$$

수분(w) = $C - s$	슬러지 케이크
고형분(s)	$C = w + s$

위 그림에서 수분함량 $W = \dfrac{C - s}{C} \times 100\%$

10년간 자주 출제된 문제

고형물 농도 $80kg/m^3$의 농축 슬러지를 1시간에 $8m^3$ 탈수시키려 한다. 슬러지 중의 고형물당 소석회 첨가량을 중량기준으로 20%로 첨가했을 때 함수율 90%의 탈수 Cake가 얻어졌다. 이 탈수 Cake의 겉보기 비중을 $1,000kg/m^3$로 할 경우 발생 Cake의 부피는?

① 약 $5.5m^3/h$
② 약 $6.6m^3/h$
③ 약 $7.7m^3/h$
④ 약 $8.8m^3/h$

| 해설 |

농축슬러지 내 고형물 양 = $80kg/m^3 \times 8m^3 = 640kg$
소석회 첨가량은 중량기준 20%이므로 $640 \times 0.2 = 128kg$
∴ 고형물의 무게의 합 = 640 + 128 = 768kg
함수율 90%인 경우 탈수케이크의 무게는

$\dfrac{물\ 무게}{Cake\ 무게} \times 100 = \dfrac{C - 768}{C} \times 100 = 90$

여기서, C : 탈수 Cake의 무게
  $C - 768$: 물의 무게
  768 : 고형물의 무게

$100C = 90C + 768 \times 100$

$C = \dfrac{76,800}{10} = 7,680$kg

$\dfrac{7,680kg}{1,000kg/m^3} = 7.68m^3$

정답 ③

핵심이론 03 | 슬러지 탈수에 따른 겉보기 비중 변화 계산 ★

① 겉보기 부피 = $\dfrac{질량}{비중}$ (물의 밀도가 1ton/m³이므로, 비중 = 밀도로 취급한다)

② 슬러지의 부피 = 고형분이 차지하는 부피 + 수분이 차지하는 부피

$$\dfrac{슬러지\ 무게}{슬러지\ 비중} = \dfrac{고형물\ 무게}{고형물\ 비중} + \dfrac{물\ 무게}{물\ 비중}$$

③ 함수율이 W로 주어졌다면, 이때 고형물 함량은 $100 - W\%$이다.

10년간 자주 출제된 문제

3-1. 함수율이 90%인 슬러지의 겉보기 비중이 1.02였다. 이 슬러지를 진공여과기로 탈수하여 함수율이 50%인 슬러지를 얻었다면 이 슬러지가 갖는 겉보기 비중은?(단, 물의 비중은 1.0으로 한다)

① 1.01   ② 1.11
③ 1.21   ④ 1.31

3-2. 건조된 고형분의 비중이 1.4이며 이 슬러지 케익의 건조 이전에 고형분의 함량이 40%라면 건조 이전 슬러지 케익의 비중은?

① 1.104   ② 1.115
③ 1.129   ④ 1.138

|해설|

3-1

함수율이 90%일 때 고형분은 10%이다.

$$\dfrac{슬러지\ 무게}{슬러지\ 비중} = \dfrac{고형물\ 무게}{고형물\ 비중} + \dfrac{물\ 무게}{물\ 비중} = \dfrac{100}{1.02}$$

$$= \dfrac{10}{고형물\ 비중} + \dfrac{90}{1}$$

$8.04 = \dfrac{10}{고형물\ 비중} \rightarrow$ 고형물 비중 = 1.24

함수율 50%일 때 슬러지의 겉보기 비중은

$$\dfrac{100}{슬러지\ 비중} = \dfrac{50}{1.24} + \dfrac{50}{1} = 90.3$$

∴ 슬러지 비중 = $\dfrac{100}{90.3} = 1.11$

3-2

$$\dfrac{슬러지\ 무게}{슬러지\ 비중} = \dfrac{고형물\ 무게}{고형물\ 비중} + \dfrac{물\ 무게}{물\ 비중} = \dfrac{100}{슬러지\ 비중}$$

$$= \dfrac{40}{1.4} + \dfrac{60}{1} = 88.57$$

∴ 슬러지 비중 = $\dfrac{100}{88.57} = 1.129$

정답 3-1 ② 3-2 ③

핵심이론 04 | 탈수(건조) 전후의 슬러지 부피(중량) 변화 ★

탈수 전후에 고형분의 함량은 변하지 않으므로
① 탈수 전의 고형물 무게(s)를 구한다.
② 수분함량의 정의를 탈수 후의 수분함량에 대입하여 탈수 후의 중량(C)을 구한다.

$$수분함량 = \frac{수분의\ 중량}{슬러지\ 케이크\ 중량} \times 100$$

$$= \frac{C-s}{C} \times 100$$

③ 탈수 전과 탈수 후의 슬러지 무게를 비교한다.

10년간 자주 출제된 문제

4-1. 함수율 95%인 슬러지를 함수율 70%의 탈수 Cake로 만들었을 경우의 무게비(탈수 후/탈수 전)는?(단, 비중 1.0, 분리액으로 유출된 슬러지량은 무시)

① 1/4
② 1/5
③ 1/6
④ 1/7

4-2. 다음 중 슬러지 처리에 있어 가장 먼저 고려되어야 하는 사항은?

① 수분 제거에 의한 부피 감소
② 병원균의 제거
③ 미관 등 각종 피해를 미치는 악취 제거
④ 알칼리도 감소촉진

|해설|

4-1
함수율 95%일 때 슬러지의 양을 100으로 보면 이때 고형분 함량은 5이다. 탈수 후에도 고형분 함량은 변화가 없으므로 탈수 케이크의 무게를 C라 하면, 수분의 양은 $C-5$가 된다(5는 고형분의 무게).
수분함량의 정의를 따르면

$$\frac{C-5}{C} \times 100 = 70, \quad C = 16.7$$

슬러지의 양이 탈수 전 100에서 탈수 후 16.7로 줄어들었으므로 무게비는 $\frac{100}{16.7} = 6$, 즉 1/6로 줄어들었다.

4-2
슬러지 처리의 목적은 수분함량을 낮추어서 처분해야 하는 슬러지의 양을 줄이는 데 있다.

정답 4-1 ③ 4-2 ①

핵심이론 05 | 진공여과 탈수기 관련 ★★

① 잘 모르는 단위가 나오는 경우에도 당황하지 말고 단위를 잘 보고, 단위환산이 될 수 있도록 적절히 계산을 시도해야 한다.

★ 단위가 곧 공식임을 명심하자!

진공여과 탈수기의 여과속도(kg/m² · h)

$$= \frac{건조고형물\ 중량}{여과면적 \cdot 여과시간}$$

② 수분함량의 정의를 늘 잘 생각해야 한다.

$$수분함량 = \frac{수분의\ 중량}{슬러지\ 케이크\ 중량} \times 100$$

$$= \frac{C-s}{C} \times 100$$

10년간 자주 출제된 문제

5-1. 진공여과기로 슬러지를 탈수하여 Cake의 함수율을 85%로 할 때 여과속도는 20kg/m² · h(고형물 기준), 여과면적은 50m²의 조건에서 4시간 동안 Cake 발생량은?(단, 비중은 1.0으로 가정한다)

① 약 13.4ton
② 약 18.6ton
③ 약 22.8ton
④ 약 26.7ton

5-2. 진공여과탈수기로 투입되는 슬러지량이 120m³/h이고 슬러지 함수율 95%, 여과율(고형물 기준)이 100kg/m² · h의 조건을 가질 때 여과면적은?(단, 슬러지 비중은 1.0 기준)

① 40m²
② 50m²
③ 60m²
④ 70m²

10년간 자주 출제된 문제

5-3. 진공여과기 1대를 사용하여 슬러지를 탈수하고 있다. 다음과 같은 조건에서 건조고형물 기준의 여과속도 27kg/m² · h인 진공여과기의 1일 운전시간은?

- 폐수유입량 : 20,000m³/일
- 유입 SS 농도 : 300mg/L
- SS제거율 : 85%
- 약품첨가량 : 제거 SS량의 20%
- 여과면적 : 20m²
- 건조고형물 여과회수율 : 100%
- 제거 SS량 + 약품첨가량 = 총건조고형물량
- 비중은 1.0 기준

① 15.4h
② 13.2h
③ 11.3h
④ 9.5h

5-4. 슬러지를 건조하여 농토로 사용하기 위하여 여과기로 원래 슬러지의 함수율을 30%로 낮추고자 한다. 여과속도가 10kg/m² · h(건조고형물 기준), 여과면적 10m²의 조건에서 시간당 탈수 슬러지 발생량은?

① 약 124kg/h
② 약 132kg/h
③ 약 143kg/h
④ 약 151kg/h

|해설|

5-1

$20\text{kg/m}^2 \cdot \text{h} \times 50\text{m}^2 \times 4\text{h} = 4,000\text{kg} = 4\text{ton}$(고형물 기준)

슬러지 케이크의 함수율이 85%이므로

$$\frac{\text{수분의 중량}}{\text{슬러지 케이크 중량}} \times 100 = \frac{C-4}{C} \times 100 = 85$$

$100C - 400 = 85C$
$15C = 400$
∴ $C = 26.7$

5-2

함수율이 95%이므로, 고형물은 5%
슬러지 중 고형물 양 = $120\text{m}^3/\text{h} \times 0.05 = 6\text{ton/h}$
(슬러지 비중이 1.0이므로 $1\text{m}^3 = 1\text{ton}$)

∴ 소요 여과면적 = $\dfrac{6,000\text{kg/h}}{100\text{kg/m}^2 \cdot \text{h}} = 60\text{m}^2$

5-3

제거되는 SS 양 = $20,000\text{m}^3/$일$\times 300\text{mg/L} \times 0.85 \times 10^{-3}$
= 5,100kg/일

약품첨가량을 포함한 고형물 양 = $5,100 \times 1.2 = 6,120\text{kg}/$일
여과속도의 단위로부터

$27\text{kg/m}^2 \cdot \text{h} = \dfrac{6,120\text{kg}/일}{20\text{m}^2 \times x}$

∴ 운전시간 = $\dfrac{6,120}{27 \times 20} = 11.3\text{h}$

5-4

시간당 탈수 슬러지 발생량을 구해야 하므로 여과시간 = 1h

여과속도(kg/m² · h) = $\dfrac{\text{건조고형물 중량}}{\text{여과면적} \cdot \text{여과시간}}$에서

$10 = \dfrac{s}{10 \cdot 1}$ → 고형물 중량 $s = 100\text{kg}$

함수율을 30%로 낮춰야 하므로 $30 = \dfrac{C - 100}{C} \times 100$

$30C = 100C - 10,000$
$70C = 10,000$ → $C = 142.9\text{kg}$

정답 5-1 ④ 5-2 ③ 5-3 ③ 5-4 ③

| 핵심이론 06 | 농축전후 고형물 함량, 부피/무게 변화 ★★★ |

수분함량의 정의와 함수율 변화에 따른 중량 변화 공식을 적용한다.

$$수분함량 = \frac{수분의\ 중량}{슬러지\ 케이크\ 중량} \times 100 = \frac{C-s}{C} \times 100$$

$$\frac{V_2}{V_1} = \frac{100-W_1}{100-W_2}$$

★ 수분함량에 따른 무게/부피 변화 문제는 폐기물개론 편에서도 가장 빈번하게 나오는 문제이므로 놓치지 말고 반드시 풀어야 하는 문제이다!

10년간 자주 출제된 문제

6-1. 분뇨의 슬러지 건량은 3m³이며 함수율이 95%이다. 함수율을 80%까지 농축하면 농축조에서의 분리액은?(단, 비중은 1.0 기준)

① 40m³ ② 45m³
③ 50m³ ④ 55m³

6-2. 함수율이 98%인 잉여슬러지 100m³가 농축되어 함수율이 95%로 되었을 때 농축 잉여슬러지의 부피(m³)는?(단, 슬러지 비중은 1.0)

① 40 ② 45
③ 50 ④ 55

|해설|

6-1

- 함수율 95%일 때 슬러지의 부피

$$수분함량 = \frac{수분}{젖은\ 슬러지} \times 100$$

$$95 = \frac{S-3}{S} \times 100$$

(S는 젖은 슬러지 무게이며, 분자의 3은 고형분 무게)

$95S = 100S - 300$

$5S = 300$

$S = 60m^3$

- 함수율 80%일 때 슬러지의 부피

$\frac{V_2}{V_1} = \frac{100-W_1}{100-W_2}$ 에서 $\frac{V_2}{60} = \frac{100-95}{100-80} = 0.25$

$V_2 = 15m^3$ (함수율 80%일 때 슬러지 부피)

∴ 분리액의 양 = 60 - 15 = 45m³

6-2

$\frac{V_2}{V_1} = \frac{100-W_1}{100-W_2}$ 에서 $\frac{V_2}{100} = \frac{100-98}{100-95} = 0.4$

$V_2 = 40m^3$

정답 6-1 ② 6-2 ①

핵심이론 07 | 슬러지 개량 ★

① 슬러지 개량의 주된 목적 : 탈수성 향상
② 슬러지 개량 방법 : 화학약품처리, 열처리, 수세(세척) 등
  ㉠ 열처리 : 슬러지액을 밀폐된 상황에서 150~200℃ 정도의 온도로 반 시간~한 시간 정도 처리함으로써 슬러지 내의 콜로이드와 겔구조를 파괴하여 탈수성 개량
  ㉡ 슬러지 세척 : 혐기성 소화된 슬러지를 대상으로 실시하며 알칼리도를 낮춤

10년간 자주 출제된 문제

슬러지를 개량하는 목적으로 가장 적합한 것은?
① 슬러지의 탈수가 잘 되게 하기 위함
② 탈리액의 BOD를 감소시키기 위함
③ 슬러지 건조를 촉진하기 위함
④ 슬러지의 악취를 줄이기 위함

정답 ①

핵심이론 08 | 슬러지 내 수분의 존재 형태 ★

① 간극수, 모관결합수, 부착수, 내부수
② 탈수가 용이한 순서 : 모관결합수 > 간극모관결합수 > 쐐기형 모관결합수 > 표면부착수 > 내부수

10년간 자주 출제된 문제

8-1. 슬러지 내의 물의 형태에 관한 설명으로 옳지 않은 것은?
① 부착수 : 고형물과 직접 결합해 있지 않기 때문에 농축 등의 방법으로 용이하게 분리할 수 있다.
② 모관결합수 : 미세한 슬러지 고형물의 입자 사이에 존재하는 수분이다.
③ 모관결합수 : 모세관 현상을 일으켜서 모세관압으로 결합되어 있는 수분이다.
④ 간극수 : 큰 고형물입자 간극에 존재하는 수분으로 많은 양을 차지한다.

8-2. 다음 슬러지의 물의 형태 중 탈수성이 가장 용이한 것은?
① 모관결합수
② 표면부착수
③ 내부수
④ 입자경계수

정답 8-1 ① 8-2 ①

2. 생물학적 처리

핵심이론 09 | 혐기성 소화의 특징 ★★

① 장점
　㉠ 호기성 처리에 비해 슬러지 발생량이 적다.
　㉡ 산소공급이 불필요하므로 동력비가 적게 든다.
　㉢ 슬러지의 탈수성이 양호하다.
　㉣ 메테인가스의 회수가 가능하다.
　㉤ 병원균의 사멸이 가능하다.
　㉥ 고농도 폐수처리가 가능하다.

② 혐기성 분해 단계
　가수분해 단계 → 산 생성 단계 → 메테인 생성 단계

10년간 자주 출제된 문제

혐기성 소화와 비교할 때 호기성 소화의 특징과 가장 거리가 먼 것은?

① 동력이 많이 소요된다.
② 비교적 운전이 쉽고 상징수의 수질도 양호한 편이다.
③ 소화슬러지의 탈수성이 우수하다.
④ 소화슬러지의 발생량이 많다.

정답 ③

핵심이론 10 | 혐기성 소화조 유기물 부하율 ★

유기물 부하율의 단위는 그 자체가 공식이 된다.

유기물 부하율($kg\ VS/m^3 \cdot d$) = $\dfrac{kg\ VS/d}{m^3}$

10년간 자주 출제된 문제

용적 200m³인 혐기성 소화조가 휘발성 고형물(VS)을 70% 함유하는 슬러지 고형물을 하루 100kg 받아들인다면 이 소화조의 휘발성 고형물 부하율은?

① 0.35kg VS/m³ · d
② 0.55kg VS/m³ · d
③ 0.75kg VS/m³ · d
④ 0.95kg VS/m³ · d

|해설|

$$\frac{100kg\ VS/d \times 0.7}{200m^3} = 0.35kg\ VS/m^3 \cdot d$$

정답 ①

| 핵심이론 11 | 소화 후 슬러지량 계산 ★★

소화 후 슬러지량 계산 문제도 수분함량의 정의를 잘 알고 있으면 계산할 수 있다.

수분함량 = $\dfrac{수분의 중량}{소화슬러지 중량} \times 100 = \dfrac{S-s}{S} \times 100$

s는 고형물의 양이며, $S-s$는 소화슬러지 중 수분의 중량이 된다.

10년간 자주 출제된 문제

11-1. 함수율 96%, 고형물 중의 유기물 함유비가 75%의 생슬러지를 소화하여 유기물의 60%가 가스 및 탈리액으로 전환되고 함수율 95%의 소화슬러지가 얻어졌다. 똑같은 슬러지를 같은 조건에서 2,000m³를 소화한 경우 소화슬러지 발생량은 얼마인가?(단, 소화 전, 후의 슬러지의 비중은 1.0으로 가정)

① 520m³
② 640m³
③ 760m³
④ 880m³

11-2. 총고형물 중 유기물이 60%이고 함수율이 98%인 슬러지를 소화조에 500m³/day로 투입하여 30일 소화시켰더니 유기물의 2/3가 가스화 또는 액화하여 함수율 90%인 소화슬러지가 얻어졌다고 한다. 소화 후 슬러지량은?(단, 슬러지의 비중 1.0)

① 60m³/day
② 80m³/day
③ 100m³/day
④ 120m³/day

|해설|

11-1
함수율 96%이므로 고형물 함량은 4%
소화된 유기물 양 = 4 × 0.75 × 0.6 = 1.8%
소화 후 남은 고형물 양 = 4 − 1.8 = 2.2%
2,000m³ 슬러지를 소화한 후의 고형물 함량 = 44m³
함수율 95%인 경우 : $95 = \dfrac{V-44}{V} \times 100$
$95V = 100V - 4,400$
$5V = 4,400$
$V = 880$

11-2
함수율 98%이므로 고형물 함량은 2%
소화된 유기물 양 = 2 × 0.6 × 2/3 = 0.8%
소화 후 남은 고형물 양 = 2 − 0.8 = 1.2%
500m³ 슬러지를 소화한 후의 고형물 함량 = 6m³
함수율 90%인 경우 : $90 = \dfrac{V-6}{V} \times 100$
$90V = 100V - 600$
$10V = 600$
$V = 60$

정답 11-1 ④ 11-2 ①

| 핵심이론 12 | 혐기성 분해 시 화학양론에 의한 발생 가스량 산정 (1) ★★★

① 혐기성 분해반응의 화학양론식을 스스로 만들 수 있어야 한다.

$C_6H_{12}O_6$(Glucose, 포도당의 예)

생성될 수 있는 산물은 CH_4, CO_2 등이다. 따라서 이들의 계수를 적절하게 구해주면 된다.

$C_6H_{12}O_6 \rightarrow aCH_4 + bCO_2$

우선 H를 먼저 따진다. 좌변에 H가 12개 있는데, 우변의 CH_4에 H가 4개 있으므로 a는 3이 된다. 따라서 우변의 CO_2 앞의 계수는 C 기준으로 보았을 때 6 - 3 = 3이 된다.

이때 우변의 O의 개수가 6이 되므로 좌변과 같다.

∴ $C_6H_{12}O_6 \rightarrow 3CH_4 + 3CO_2$

② 화학양론식에서는 각 성분별로 분자량을 기준으로 하거나, 기체인 경우 1kmol에 해당하는 부피(표준상태에서 $22.4m^3$)를 기준으로 해서 비례식을 세운다.

10년간 자주 출제된 문제

12-1. $C_6H_{12}O_6$로 구성된 유기물 3kg이 혐기성 미생물에 의해 완전히 분해되었을 때 메테인의 이론적 발생량은?(단, 표준 상태 기준)

① $1.12Sm^3$
② $1.62Sm^3$
③ $2.34Sm^3$
④ $3.45Sm^3$

12-2. 글리신($C_2H_5O_2N$) 2M이 혐기성 소화에 의해 완전분해될 때 생성 가능한 이론적인 메테인가스량은?(단, 표준 상태 기준, 분해 최종 산물은 CH_4, CO_2, NH_3)

① 33.6L
② 40.4L
③ 48.4L
④ 52.4L

12-3. 고형폐기물의 매립처리 시 2kg의 $C_6H_{12}O_6$ 성분의 폐기물이 혐기성 분해를 한다면 이론적 가스 발생량은?(단, CH_4와 CO_2의 밀도는 각각 0.7167g/L 및 1.9768g/L이다)

① 1,286L
② 1,486L
③ 1,686L
④ 1,886L

12-4. $C_5H_{11}O_2N$으로 화학적 조성을 나타낼 수 있는 생분해 가능 유기물이 매립지에서 혐기성 완전 분해되어 발생하는 메테인(b)과 이산화탄소(a) 중 메테인의 부피백분율($[b/(b+a)] \times 100$, %)은?(단, N은 NH_3로 발생된다)

① 50
② 55
③ 60
④ 65

|해설|

12-1

$C_6H_{12}O_6 \rightarrow 3CH_4 + 3CO_2$

180kg : $3 \times 22.4Sm^3$

3kg : CH_4

$CH_4 = \dfrac{3 \times 3 \times 22.4}{180} = 1.12$

★ 가장 자주 나오는 문제이므로 포도당(Glucose)의 분해반응식은 반드시 외우도록 하자.

12-2

$C_2H_5O_2N + aH_2O \rightarrow bCH_4 + cCO_2 + dNH_3$ 에서

$d = 1$

C : $2 = b + c$ ·················· ㉠
H : $5 + 2a = 4b + 3$ ·················· ㉡
O : $2 + a = 2c \rightarrow a = 2c-2$ ·················· ㉢

㉢식을 ㉡식에 대입하면
$5 + 2(2c - 2) = 4b + 3 \rightarrow 4b - 4c = -2$ ·················· ㉣

㉠식과 ㉣식에서 $c = 1.25$, $b = 0.75$, $a = 0.5$

$C_2H_5O_2N + 0.5H_2O \rightarrow 0.75CH_4 + 1.25CO_2 + NH_3$

1M : $0.75 \times 22.4L = 16.8L$
2M : $2 \times 0.75 \times 22.4L = 33.6L$

12-3

$C_6H_{12}O_6 \rightarrow aCH_4 + bCO_2$ 에서

O를 먼저 따지면 $b = 3$이 된다.
따라서 $a = 3$

$C_6H_{12}O_6 \rightarrow 3CH_4 + 3CO_2$
 180kg $3 \times 22.4m^3$ $3 \times 22.4m^3$
  2kg x

$x = \dfrac{3 \times 22.4 \times 2}{180} m^3$

∴ CH_4과 CO_2가 각각 $0.7467m^3 = 746.7L$ 발생한다.
  $746.7 + 746.7 = 1,493.4L$

★ 이 문제는 요구하는 단위가 부피(L)이므로 굳이 화학양론식의 우변을 무게단위로 한 후 다시 이를 밀도로 환산할 필요가 없이, 바로 부피단위로 계산하는 것이 편리하다.

12-4

$C_5H_{11}O_2N + cH_2O \rightarrow bCH_4 + aCO_2 + dNH_3$ 에서

$d = 1$

C : $5 = b + a$ ·················· ㉠
H : $11 + 2c = 4b + 3$ ·················· ㉡
O : $2 + c = 2a \rightarrow c = 2a - 2$ ·················· ㉢

㉢식을 ㉡식에 대입하면
$11 + 2(2a - 2) = 4b + 3 \rightarrow 4a - 4b = -4$ ·················· ㉣

㉠식과 ㉣식에서
$b = 3$, $a = 2$, $c = 2$

$C_5H_{11}O_2N + 2H_2O \rightarrow 3CH_4 + 2CO_2 + NH_3$

$\dfrac{b}{b+a} \times 100 = \dfrac{3}{3+2} \times 100 = 60\%$

정답 12-1 ① 12-2 ① 12-3 ② 12-4 ③

핵심이론 13 | 혐기성 분해 시 화학양론에 의한 발생 가스량 산정 (2) ★

혐기성 분해반응의 화학양론식은 각 원소에 대하여 좌변과 우변의 계수를 각각 a, b, c, d 등 미지의 상수로 놓고 양변의 원소 개수가 같도록 연립방정식을 풀어서 구한다.

★ 기본적인 원소의 원자량은 반드시 암기해두자.
  (C = 12, N = 14, O = 16, S = 32)

10년간 자주 출제된 문제

13-1. 매립지에서 유기물의 완전분해식을 $C_{68}H_{111}O_{50}N + aH_2O \rightarrow bCH_4 + 33CO_2 + NH_3$로 가정할 때 유기물 200kg을 완전히 분해 시 소모되는 물의 양은?

① 42kg, H_2O
② 33kg, H_2O
③ 23kg, H_2O
④ 15kg, H_2O

13-2. 다음은 매립쓰레기의 혐기적 분해과정을 나타낸 반응식이다. 발생가스 중의 메테인 함유율(발생량 부피%)을 구하는 식(㉢)으로 맞는 것은?

$$C_aH_bO_cN_d + (㉠)H_2O \rightarrow (㉡)CO_2 + (㉢)CH_4 + (㉣)NH_3$$

① $\dfrac{4a+b+2c+3d}{8}$

② $\dfrac{4a-2b-2c+3d}{8}$

③ $\dfrac{4a+b-2c-3d}{8}$

④ $\dfrac{4a+2b-2c-3d}{8}$

| 해설 |

13-1

$C_{68}H_{111}O_{50}N$와 H_2O의 분자량 : 1,741, 18

C : $68 = b + 33 \rightarrow b = 35$
H : $111 + 2a = 35 \times 4 + 3 \rightarrow a = 16$

∴ 화학양론식에서
$C_{68}H_{111}O_{50}N + 16H_2O \rightarrow 35CH_4 + 33CO_2 + NH_3$
  1,741   : 16×18
   200   : x

$x = \dfrac{16 \times 18 \times 200}{1,741} = 33.08 kg\ H_2O$

13-2
C : $a = ㉡ + ㉢$ ·············· (1)식
H : $b + 2 × ㉠ = 4 × ㉢ + 3 × ㉣$ ········ (2)식
O : $c + ㉠ = 2 × ㉡$ ·············· (3)식
N : $d = ㉣ → ㉣ = d$
(3)식에서 $㉠ = 2 × ㉡ - c$ ··········· (4)식
(4)식을 (2)식에 대입
$b + 2 × (2 × ㉡ - c) = 4 × ㉢ + 3 × d$
$→ 4 × ㉡ - 4 × ㉢ = -b + 2c + 3d$ ······· (5)식
(1)식을 (5)식에 대입하면
$㉢ = \dfrac{4a + b - 2c - 3d}{8}$

★ 이 문제의 경우 계산시간이 많이 걸리므로 식 자체를 외우거나, 제일 마지막에 풀도록 하자.

정답 13-1 ② 13-2 ③

핵심이론 14 | Biofilter 소요면적 계산 ★

① 단순한 단위환산 문제이므로 제시되는 단위를 보고 적절히 계산하도록 한다.
② 유량 $Q(m^3/h)$ = 유속 $V(m/h)$ × 단면적 $A(m^2)$

10년간 자주 출제된 문제

분뇨 저장탱크 내의 악취발생 공간 체적이 40m³이고 이를 시간당 5차례씩 교환하고자 한다. 발생된 악취공기를 퇴비 여과 방식을 채택하여 투과속도 20m/h로 처리하고자 할 때 필요한 퇴비여과상의 면적은 몇 m²인가?

① 6m²
② 8m²
③ 10m²
④ 12m²

|해설|
시간당 5차례 교환하므로 처리할 가스량 = 5회/h × 40m³
                               = 200m³/h
$Q = AV$에서
$200 = A × 20$
$A = 10m^2$

정답 ③

CHAPTER 02 폐기물처리기술 ■ 39

| 핵심이론 15 | 1차 분해반응에서의 반감기 계산 ★★

① 1차 분해반응이란 $\frac{dC}{dt} = -kC$ 식과 같이 단위시간당 오염물질(C)의 분해가 C의 1승(C^1)에 비례하는 반응을 말하며, 이 미분방정식을 풀면 $C = C_o e^{-kt}$가 된다. 여기서, C_o는 초기농도, k는 분해상수이다.

② 반감기란 초기농도(C_o)의 1/2이 될 때까지 걸리는 시간을 말하므로 $\frac{1}{2}C_o = C_o e^{-kt_{1/2}}$가 된다.

양변의 C_o를 소거하고, 지수함수 e^x를 없애주기 위해 양변에 역함수인 $\ln x$를 취해주면

$\ln \frac{1}{2} = \ln(e^{-kt_{1/2}}) = -kt_{1/2}$가 되며,

반감기 $t_{1/2} = \dfrac{\ln \frac{1}{2}}{-k} = \dfrac{\ln 2}{k}$가 된다.

$\therefore t_{1/2} = \dfrac{\ln 2}{k}$

10년간 자주 출제된 문제

매립지에서 침출된 침출수의 농도가 반으로 감소하는 데 약 3.3년이 걸린다면 이 침출수의 농도가 90% 분해하는 데 걸리는 시간은?(단, 1차 반응 기준)

① 약 7년
② 약 9년
③ 약 11년
④ 약 13년

|해설|

- 반감기의 정의에서 $\frac{1}{2}C_o = C_o e^{-kt_{1/2}} \to \ln \frac{1}{2} = -3.3k$

  $k = -\dfrac{\ln \frac{1}{2}}{3.3} = 0.210$

- 90% 분해되면 C가 $0.1C$ 남아있으므로(C가 $0.9C$가 아닌 것에 주의할 것) 1차 분해반응식에 앞서 구한 $k = 0.21$과 $C = 0.1C_o$를 대입한다.

  $0.1C_o = C_o e^{-0.21 \times t}$

  C_o를 소거한 후 양변에 ln를 취하면(e를 없애기 위해서)

  $\ln 0.1 = -0.21t$

  $t = \dfrac{\ln 0.1}{-0.21} = 10.96$년

정답 ③

| 핵심이론 16 | 분뇨 희석 후 처리 시 처리효율 계산 ★

희석배수를 산정할 때는 보존성 물질인 Cl^- 농도를 이용하면 된다. 즉, 염소이온 농도는 분해되지 않으며, 단순히 희석된 정도를 나타내므로, 이를 이용하여 희석배수를 산정한다.

$$처리효율 = \frac{유입농도 - 유출농도}{유입농도} \times 100\%$$

10년간 자주 출제된 문제

BOD가 15,000mg/L, Cl^-이 800ppm인 분뇨를 희석하여 활성슬러지법으로 처리한 결과 BOD가 45mg/L, Cl^-이 40ppm이었다면 활성슬러지법의 처리효율은?(단, 희석수 중에 BOD, Cl^-은 없음)

① 92% ② 94%
③ 96% ④ 98%

|해설|
활성슬러지법으로 처리한 후 Cl^- 농도가 800ppm에서 40ppm이 되었으므로, 20배 희석되었다. 따라서 희석 후 BOD 농도는 $\frac{15,000}{20} = 750\text{ppm}$이다.

∴ BOD 처리효율 = $\frac{750-45}{750} \times 100 = 94\%$

정답 ②

---

3. 고형화 처리

| 핵심이론 17 | 고형화 처리의 종류·장단점 ★★★

① 고형화 처리의 목적
  ㉠ 폐기물의 취급 및 물리적 특성(강도 증진, 투수성 감소 등)의 향상
  ㉡ 오염물질이 이동되는 표면적의 감소
  ㉢ 폐기물 안에 있는 오염물질의 용해도 감소
  ㉣ 오염물질의 독성 감소

② 고형화 처리의 종류

종류	개요	장단점
시멘트 기초법	포틀랜드 시멘트를 고화제로 사용하며, 시멘트 내에 존재하는 CaO 성분이 중금속을 화학적으로 침전시키며, 고화체 내에 물리적으로 봉쇄된다.	• 시멘트 및 첨가제는 폐기물 부피를 증가시킨다. • 물/시멘트 비↑ → 강도↓
석회 기초법	석회 + 포졸란에 의해 시멘트와 같이 딱딱하게 굳어지는 반응을 이용하며 포졸란 물질로는 Fly Ash, Slag 등이 있다.	• 탈수가 필요 없다. • 동시에 두 가지 폐기물 처리가 가능하다. • 공정운전이 간단하고 용이하나, 최종처분물질의 양이 증가한다. • pH가 낮을 때 폐기물 성분의 용출가능성이 증가한다.
자가 시멘트법	배연탈황(FGD) 슬러지 중 일부를 생석회화한 후 여기에 소량의 물과 첨가제를 가하여 폐기물이 스스로 고형화되는 성질을 이용한다.	• 연소가스 배연탈황 시 발생된 고농도 황 함유 슬러지(FGD슬러지) 처리에 사용한다. • 혼합률(MR)이 낮다. • 탈수 등 전처리가 필요 없다. • 장치비가 크고 보조에너지가 필요하다.
열가소성 플라스틱법	아스팔트, Paraffin, 폴리에틸렌, Bitumen 등과 같이 열을 가했을 때 액체 상태로 변하는 열가소성 플라스틱을 폐기물과 혼합한 후 냉각하여 고형화한다.	• 용출손실률이 시멘트 기초법에 비하여 상당히 적다. • 높은 온도에서 분해되는 물질에는 사용할 수 없다. • 혼합률(MR)이 비교적 높다. • 고화처리된 폐기물 성분을 나중에 회수하여 재활용할 수 있다. • 화재위험성이 있다.

㉠ 혼합률(MR) = $\frac{첨가제의\ 질량}{폐기물의\ 질량}$

㉡ 혼합률이 높을수록 고화체의 부피가 증가하게 된다.

10년간 자주 출제된 문제

17-1. 고화처리 방법인 석회기초법의 장단점으로 옳지 않은 것은?

① pH가 낮을 때 폐기물 성분의 용출가능성이 증가한다.
② 탈수가 필요하다.
③ 석회가격이 싸고 널리 이용된다.
④ 두 가지 폐기물을 동시에 처리할 수 있다.

17-2. 유해폐기물의 고형화 방법 중 열가소성 플라스틱법에 관한 설명으로 옳지 않은 것은?

① 높은 온도에서 분해되는 물질에는 사용할 수 없다.
② 용출 손실률이 시멘트 기초법에 비해 상당히 높다.
③ 혼합률(MR)이 비교적 높다.
④ 고화처리된 폐기물 성분을 나중에 회수하여 재활용할 수 있다.

|해설|

17-1
고화 시 적정한 수분이 필요하므로 슬러지 내의 수분을 이용하는 경우 탈수할 필요가 없다.

17-2
플라스틱 내에 유해물질이 Coating된 상태로 보전되므로 시멘트에 비하여 용출이 덜 된다. 시멘트의 경우 자체 물성이 물에 알칼리 성분이 용해되어 나옴에 따라 시간이 지나면 고화체 내의 유해물질이 용출될 가능성이 있다.

정답 17-1 ② 17-2 ②

핵심이론 18 | 포틀랜드 시멘트의 조성 ★

포틀랜드 시멘트의 주성분

CaO(석회) > SiO_2(규산) > Fe_2O_3(산화철)

10년간 자주 출제된 문제

고형화 처리 중 시멘트 기초법에서 가장 흔히 사용되는 보통 포틀랜드 시멘트 성상의 주성분은?

① CaO, Al_2O_3
② CaO, SiO_2
③ CaO, MgO
④ CaO, Fe_2O_3

정답 ②

핵심이론 19 | 고형화 시 부피변화율 ★★

① 부피변화율 = $\dfrac{\text{고화처리 후 폐기물 부피}}{\text{고화처리 전 폐기물 부피}}$

② 부피 = $\dfrac{\text{무게}}{\text{밀도}}$

10년간 자주 출제된 문제

밀도가 1.5g/cm³인 폐기물 10kg에 고형물 재료를 5kg 첨가하여 고형화시킨 결과 밀도가 6.0g/cm³으로 증가하였다면 폐기물의 부피변화율(VCF)은?

① 0.48　　② 0.42
③ 0.38　　④ 0.32

|해설|

• 고화 전 폐기물 부피 = $\dfrac{\text{폐기물 중량}}{\text{폐기물 밀도}} = \dfrac{10{,}000\text{g}}{1.5\text{g/cm}^3} = 6{,}666.7\text{cm}^3$

• 고화 후 고화체 부피 = $\dfrac{15{,}000\text{g}}{6\text{g/cm}^3} = 2{,}500\text{cm}^3$

∴ 부피변화율 = $\dfrac{2{,}500}{6{,}666.7} = 0.375$

정답 ③

제2절 최종처분

1. 매립

핵심이론 01 | 매립공법 ★★

구 분	종 류	특 징
육상 매립	셀공법	• Cell마다 일일복토하는 방식 • 현재 가장 많이 이용되며 쓰레기 비탈면의 경사각도는 15~20%
	샌드위치공법	좁은 산간지에 적용
	압축매립공법	• Baling System으로 압축매립한 폐기물을 블록 쌓듯이 매립 • 매립할 쓰레기의 부피를 감소시켜 매립하는 것이 목적
해안매립 공법	순차투입공법	호안 측에서 쓰레기를 투입하여 순차적으로 육지화
	박층뿌림공법	• 밑면이 뚫린 바지선 등으로 쓰레기를 뿌려줌으로서 바닥 지반의 하중을 균등하게 해줌 • 매립 지반안정화 및 매립부지 조기이용 등에 유리하지만 매립효율이 떨어짐

10년간 자주 출제된 문제

다음 중 매립지 바닥이 두껍고(지하수면이 지표면으로부터 깊은 곳에 있는 경우) 또한 복토로 적합한 지역에 이용하는 방법으로 거의 단층매립에만 가능한 공법으로 가장 적합한 것은?

① 도랑굴착매립공법
② 압축매립공법
③ 샌드위치공법
④ 순차투입공법

|해설|

도랑굴착(트렌치)매립공법은 하수슬러지 등을 매립하는 공법으로 슬러지의 물컹거리는 물성 때문에 단층으로만 매립이 가능하다.

정답 ①

| 핵심이론 02 | 매립밀도를 고려한 매립지 면적/용량 산정 ★★★

① 연간 매립면적 혹은 사용 가능

② 연간 매립면적 = $\dfrac{\text{연간 매립폐기물 중량}}{\text{폐기물 밀도} \times \text{매립깊이} \times (1 - \text{압축비})}$

10년간 자주 출제된 문제

2-1. 인구가 400,000명인 어느 도시의 쓰레기 배출 원단위가 1.2kg/인·일이고, 밀도는 0.45t/m³으로 측정되었다. 이러한 쓰레기를 분쇄하여 그 용적이 2/3로 되었으며, 이 분쇄된 쓰레기를 다시 압축하면서 또다시 1/3 용적이 축소되었다. 분쇄만 하여 매립할 때와 분쇄, 압축한 후에 매립할 때에 양자 간의 연간 매립소요면적의 차이는?(단, Trench 깊이는 4m이며 기타 조건은 고려 안 함)

① 약 12,820m²
② 약 16,230m²
③ 약 21,630m²
④ 약 28,540m²

2-2. 어느 도시에 사용할 매립지의 총용량은 6,132,000m³이며, 그 도시의 쓰레기 배출양은 3kg/인·일이다. 매립지에서 압축에 의한 쓰레기 부피감소율이 30%일 경우 이 매립지를 사용할 수 있는 연수는?(단, 수거대상인구 800,000명, 발생 쓰레기 밀도 500kg/m³으로 함)

① 4   ② 5
③ 6   ④ 7

|해설|

2-1

연간 폐기물 발생량 = 400,000명 × 1.2kg/인·일 × 365일 ÷ 1,000
= 175,200t/년

㉠ 분쇄 후 소요부피 = $\dfrac{175,200 \text{t/년} \times 2/3}{0.45 \text{t/m}^3}$ = 259,555.6m³

㉡ 분쇄/압축 후 소요부피 = 259,555.6 × 2/3 = 173,037.1m³
트렌치의 깊이가 4m이므로
㉠의 매립면적 = $\dfrac{259,555.6}{4}$ = 64,888.9m²

∴ ㉠과 ㉡의 매립면적의 차이 = 64,888.9 × 1/3 = 21,630m²

2-2

- 연간 폐기물 발생량 = 800,000명 × 3kg/인·일 × 365일/년
  = 876,000,000kg/년

- 압축 후 매립 부피 = $\dfrac{876,000,000 \text{kg/년}}{500 \text{kg/m}^3} \times 0.7$ = 1,226,400m³/년

∴ 매립지 사용년수 = $\dfrac{6,132,000 \text{m}^3}{1,226,400 \text{m}^3/\text{년}}$ = 5년

정답 2-1 ③ 2-2 ②

핵심이론 03 | 매립지 내에서의 시간에 따른 분해 단계 ★

시간에 따른 매립가스(LFG)와 침출수질의 변화

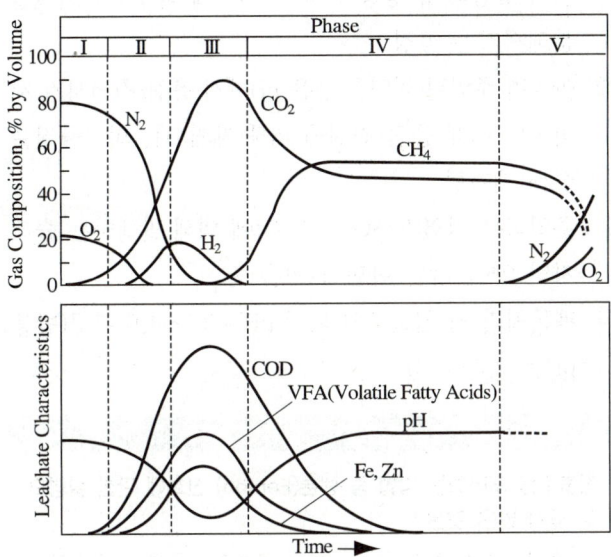

① 1단계 : 폐기물 속의 산소가 급속히 소모되는 단계
② 2단계 : 혐기성 상태이지만, 아직 CH_4 생성은 없고, CO_2가 급속히 생성되는 단계로 H_2가 생성된다.
③ 3단계 : 산 생성 단계로 CO_2 농도가 최대가 되고, CH_4이 생성되기 시작한다. 침출수의 pH가 가장 낮아지며, COD 농도가 가장 높은 시점이다.
④ 4단계 : 메테인 생성단계로 메테인 농도가 가장 높으며, 반대로 침출수 농도는 낮아진다. 보통 $CH_4 : CO_2$ 비는 60% : 40% 수준이다.

10년간 자주 출제된 문제

3-1. 혐기성 위생매립지에서 발생되는 가스의 조성을 검사한 결과, 일정 기간 동안 CH_4, CO_2의 가스 구성비(부피%)가 각각 55%, 40%로 나타나고 있다면 이때 매립지 내의 생물반응단계로 가장 적절한 것은?

① 준호기성 상태
② 임의성 상태
③ 완전 혐기성 상태
④ 혐기성 시작 상태

3-2. 일반적으로 매립지 침출수 중 중금속의 농도가 가장 높게 나타나는 시기는?

① 호기성 단계
② 산형성 단계
③ 메테인발효 단계
④ 숙성단계

|해설|

3-1
CH_4, CO_2의 가스 구성비(부피%)가 각각 55%, 40%이므로 매립지 내에서의 혐기성 분해 단계의 4단계에 해당한다.

3-2
산형성 단계에서 pH가 가장 낮으므로 중금속 농도가 높게 나타난다.

정답 3-1 ③ 3-2 ②

핵심이론 04 | 침출수 특성에 따른 침출수 처리방법 ★

구 분	항 목	조건 Ⅰ	조건 Ⅱ	조건 Ⅲ
침출수 상태	COD(mg/L)	>10,000	500~10,000	<500
	COD/TOC	2.7	2.0~2.7	2.0
	BOD/COD	0.5	0.1~0.5	0.1
	매립연한	5년 이내	5~10년	10년 이상
처리방법에 따른 처리성	생물학적 처리	좋 음	보 통	나 쁨
	화학적 응집/침전	보 통	나 쁨	나 쁨
	화학적 산화	보통/나쁨	보 통	보 통
	역삼투막(R/O)	보 통	좋 음	좋 음
	활성탄 흡착	보통/좋음	보통/좋음	좋 음
	이온 교환	나 쁨	보통/좋음	보 통

10년간 자주 출제된 문제

매립지의 침출수의 특성이 COD/TOC = 1.0, BOD/COD = 0.03이라면 효율성이 가장 양호한 처리공정은?(단, 매립연한은 15년 정도이며, COD는 400mg/L)

① 역삼투
② 화학적 침전(석회 투여)
③ 화학적 산화
④ 이온교환수지

|해설|

매립연한이 15년 이상으로 오래되고, BOD/COD = 0.03으로 낮으며, COD가 400mg/L으로 비교적 낮은 수준임을 감안할 때 생물학적 처리는 곤란하며, 처리 효율 면에서 역삼투가 가장 효과적이다.

정답 ①

핵심이론 05 | 침출수의 펜톤 처리 ★

① H_2O_2와 철염(Fe^{3+}, Fe^{2+})의 화학반응에 의해 OH 라디칼이 생성되며, 생성된 OH 라디칼에 의해 유기물질을 분해시키는 공정
② 아울러 주입된 철염은 높은 pH에서 응집/침전시켜 제거하며 이때 응집/침전에 의해 제거되는 화학물질은 함께 제거됨
③ 주입하는 철염($FeSO_4 \cdot 7H_2O$)에 의해 발생하는 슬러지의 양이 많은 단점이 있음
④ 펜톤처리 시 침출수의 최적 pH = 3.5~4.0 부근(반응 pH는 2.5~3.5)

10년간 자주 출제된 문제

침출수를 처리하는 방법 중 펜톤(Fenton) 산화에 관한 설명으로 옳지 않은 것은?

① 슬러지 생산량이 적고, COD는 증가하고 BOD는 감소하는 경향을 보인다.
② 난분해성 물질을 생분해성 물질로 변화시킨다.
③ 펜톤의 산화는 pH 3.5 정도에서 가장 효과적인 것으로 알려져 있다.
④ 펜톤 시약의 반응시간은 철염과 과산화수소수의 주입농도에 따라 변화된다.

|해설|

슬러지 생산량이 많아지고, 난분해성 물질이 분자량이 작은 생분해성 물질로 바뀜에 따라 BOD가 증가하는 경향을 보인다.

정답 ①

핵심이론 06 | 침출수 중 암모니아의 염소 처리 시 염소요구량 계산 ★

오염물질량(kg/d) = 유량(m³/d) × 농도(mg/L) × 10^{-3}

→ 농도(mg/L) = $\dfrac{\text{오염물질량(kg/d)} \times 1{,}000}{\text{유량(m}^3\text{/d)}}$

10년간 자주 출제된 문제

슬러지 매립지 침출수에 함유되어 있는 암모니아를 염소로 처리하려고 한다. 침출수 발생량은 3,780m³/d이고, 이를 처리하기 위해 7.7kg/d의 염소를 주입하고 잔류염소 농도는 0.2mg/L이었다면 염소요구량은 몇 mg/L인가?

① 약 4.31
② 약 3.83
③ 약 2.21
④ 약 1.84

| 해설 |

- 잔류염소량 = 3,780m³/d × 0.2mg/L × 10^{-3} = 0.756kg/d
- 염소요구량 = 주입량 − 잔류염소량 = 7.7 − 0.756
  = 6.944kg/d

∴ 요구 염소농도 = $\dfrac{6.944 \times 1{,}000}{3{,}780}$ = 1.84

정답 ④

핵심이론 07 | 합리식에 의한 침출수 발생량 산정 ★

① $Q = \dfrac{CIA}{1{,}000}$

여기서, Q : 침출수 발생량(m³/d)
C : 침출계수(무차원)
I : 강우강도(mm/d)
A : 매립면적(m²)

② 합리식은 식 자체가 이미 단위 환산이 된 식이므로, 각 항목이 요구하는 단위를 명확히 알고 적용만 하면 된다.

10년간 자주 출제된 문제

매립지의 총면적은 35km²이고 연간 평균 강수량이 1,100mm가 될 때 그 매립지에서 침출수로의 유출률이 0.5였다고 한다. 이때 침출수의 일 평균처리 계획 수량으로 가장 적절한 것은? (단, 강우강도 대신에 평균 강수량으로 계산)

① 약 43,000m³/d
② 약 53,000m³/d
③ 약 63,000m³/d
④ 약 73,000m³/d

| 해설 |

1km² = (1,000m)² = 10^6m²

$Q = \dfrac{CIA}{1{,}000} = \dfrac{0.5 \times \dfrac{1{,}100}{365} \times 35 \times 10^6}{1{,}000} = 52{,}740\text{m}^3/\text{d}$

정답 ②

| 핵심이론 08 | LFG 정제 및 이용 ★

① CO_2 제거공정
  ㉠ 흡수/흡착법
  ㉡ 막분리법
  ㉢ 화학적 전환법
  ㉣ 저온분리법
② LFG 발전 시의 전처리 방법(정제 방법)
  ㉠ H_2S 제거 : 습식세정, Selexol 세정, PSA 공정
  ㉡ Siloxane 제거 : 활성탄 흡착
③ 수분 제거 : 냉각 응축 후 Demister로 제거
④ Siloxane(실록산) : LFG로 발전할 때 연소과정에서 SiO_2(이산화규소)를 생성하여 엔진 연소실 등에 회백색 스케일을 형성하여 연소기관 마모 및 손상을 일으킴

10년간 자주 출제된 문제

LFG 중 CO_2 제거공정과 가장 거리가 먼 것은?
① 흡수·흡착법
② 화학적 전환법
③ 고온분리 : 고온 증류에 의해 분리
④ 막분리 : 막으로 선택적 통과 분리

정답 ③

| 핵심이론 09 | 표면차수막과 연직차수막 ★★★

① 표면차수막
  ㉠ 매립지반의 투수계수가 큰 경우에 사용한다.
  ㉡ 매립지 전체를 차수재료로 덮는 방식으로 시공한다.
  ㉢ 차수막 아래로 지하수 집배수시설을 설치한다.
  ㉣ 단위면적당 공사비는 저가이나 전체적으로 비용이 많이 든다.
  ㉤ 매립 전에는 보수, 보강 시공이 가능하나 매립 후에는 어렵다.
  ㉥ 신규로 매립지를 조성할 때 일반적으로 적용하는 차수막 설치 방법이다.
② 연직차수막
  ㉠ 지중에 수평방향의 차수층이 존재할 때 사용한다.
  ㉡ 수직 또는 경사 시공을 한다.
  ㉢ 지하수 집배수시설이 불필요하다.
  ㉣ 지하매설로서 차수성 확인이 어렵다.
  ㉤ 단위면적당 공사비는 많이 소요되나 총공사비는 적게 든다.
  ㉥ 지중이므로 보수가 어렵지만 차수막 보강시공이 가능하다.
  ㉦ 비위생매립지의 침출수에 의한 지하수 오염 방지 목적으로 시공하는 사례가 많다.

10년간 자주 출제된 문제

9-1. 매립지의 표면차수막에 관한 설명으로 옳지 않은 것은?
① 매립지 지반의 투수계수가 큰 경우에 사용한다.
② 지하수 집배수시설이 필요하다.
③ 단위면적당 공사비는 비싸지만 총공사비는 싸다.
④ 보수는 매립 전에는 용이하지만 매립 후는 어렵다.

9-2. 연직차수막과 표면차수막의 비교로 옳지 않은 것은?
① 지하수 집배수시설의 경우 연직차수막은 불필요하나 표면차수막은 필요하다.
② 연직차수막은 지하에 매설하기 때문에 차수성 확인이 어렵다.
③ 연직차수막은 차수막 단위면적당 공사비는 싸지만 총공사비는 비싸다.
④ 연직차수막은 차수막 보강시공이 가능하다.

|해설|
9-1, 9-2
표면차수막은 단위면적당 공사비는 저가이나 전체적으로 비용이 많이 든다.

정답 9-1 ③ 9-2 ③

핵심이론 10 | 매립지 차수층으로 요구되는 점토의 조건 ★

① 투수계수 : 10^{-7}cm/s 미만
② 점토 및 실트 함유량 : 20% 이상
③ 소성지수 : 10~30%
④ 액성한계 : 30% 이상
⑤ 자갈함유량 : 10% 미만
⑥ 직경이 2.5cm 이상인 입자 함유량 : 0

★ 용어 설명(외울 필요는 없으며 위의 조건을 이해하는 데 참고)
- 액성한계(LL ; Liquid Limit) : 점토의 상태가 더 이상 플라스틱과 같지 못하고 수분함량이 그 이상이 되면 액체상태로 되는 수분함량을 말한다.
- 액성한계의 시험 : 시료를 담은 접시를 1cm 높이에서 1초간 2회 비율로 25회 낙하시켰을 때 2분된 부분의 홈의 양측으로부터 흙이 흘러나와서 약 1.5cm 길이로 합류될 때의 함수비
- 소성한계(PL ; Plastic Limit) : 점토의 수분함량이 일정수준 미만이 되면 플라스틱 상태를 유지하지 못하고, 부스러지는 상태에서의 수분함량을 말한다.
- 소성한계의 시험 : 반죽된 흙을 손을 밀어 3mm의 국수(Noodle) 모양으로 만들어 부슬부슬 해질 때의 함수량이 소성한계이다.
- 소성지수(PI ; Plasticity Index) : 액성한계와 소성한계의 차이 (PI = LL − PL)

10년간 자주 출제된 문제

매립지 차수막으로서의 점토조건으로 적합하지 않은 것은?
① 액성한계 : 60% 이상
② 투수계수 : 10^{-7}cm/s 미만
③ 소성지수 : 10% 이상 30% 미만
④ 자갈함유량 : 10% 미만

|해설|
매립지 차수막으로서의 점토는 액성한계 30% 이상이어야 한다.

정답 ①

| 핵심이론 11 | 합성차수막의 종류　★★★

① HDPE(High Density Polyethylene)
  ㉠ 현재 국내에서 가장 많이 사용되고 있다.
  ㉡ 대부분의 화학물질에 대한 저항성이 크다.
  ㉢ 온도에 대한 저항성이 높다.
  ㉣ 강도가 높다.
  ㉤ 접합상태가 양호하다.
  ㉥ 유연하지 못하여 구멍 등 손상을 입을 우려가 있다.

② CR(Chloroprene Rubber, Neoprene)
  ㉠ 대부분의 화학물질에 대한 저항성이 높다.
  ㉡ 마모 및 기계적 충격에 강하다.
  ㉢ 접합이 용이하지 못하다.
  ㉣ 가격이 고가이다.

③ CSPE(Chlorosulfonated Polyethylene)
  ㉠ 미생물에 강하다.
  ㉡ 접합에 용이하다.
  ㉢ 산과 알칼리에 특히 강하다.
  ㉣ 기름, 탄화수소, 용매류에 약하다.
  ㉤ 강도가 낮다.

④ PVC(Polyvinyl Chloride)
  ㉠ 작업이 용이하다.
  ㉡ 강도가 높다.
  ㉢ 접합이 용이하다.
  ㉣ 가격이 저렴하다.
  ㉤ 자외선, 오존, 기후에 약하다.
  ㉥ 대부분의 유기화학물질(기름 등)에 약하다.

⑤ CPE(Chlorinated Polyethylene)
  ㉠ 강도가 높다.
  ㉡ 방향족 탄화수소 및 용매류(기름 종류)에 약하다.
  ㉢ 접합상태가 양호하지 못하다.

10년간 자주 출제된 문제

11-1. 매립지에 흔히 쓰이는 합성 차수막의 종류인 Neoprene(CR)에 관한 내용으로 옳지 않은 것은?
① 대부분의 화학물질에 대한 저항성이 높다.
② 마모 및 기계적 충격에 강하다.
③ 접합이 용이하다.
④ 가격이 비싸다.

11-2. 매립지에 쓰이는 합성 차수막의 재료별 장단점에 관한 설명으로 옳지 않은 것은?
① HDPE : 대부분의 화학물질에 대한 저항성이 높다.
② CPE : 방향족 탄화수소 및 기름종류에 약하다.
③ CR : 마모 및 기계적 충격에 강하다.
④ EPDM : 접합상태가 양호하다.

|해설|

11-1
CR은 접합이 용이하지 못하다.

11-2
EPDM은 접합상태가 양호하지 못하다.

정답 11-1 ③　11-2 ④

핵심이론 12 | Crystallinity(결정도)가 증가할수록 합성차수막에 나타나는 성질 ★

① 열에 대한 저항도 증가
② 화학물질에 대한 저항성 증가
③ 투수계수의 감소
④ 인장강도의 증가
⑤ 충격에 약해짐
⑥ 단단해짐

10년간 자주 출제된 문제

합성차수막의 Crystallinity가 증가하면 나타나는 성질로 가장 거리가 먼 것은?
① 화학물질에 대한 저항성이 커짐
② 충격에 약해짐
③ 열에 대한 저항성 감소
④ 투수계수가 감소됨

|해설|
열에 대한 저항성이 증가한다.

정답 ③

핵심이론 13 | 차수설비의 구성 ★

점토층과 HDPE를 함께 사용하는 경우

구 성	규 격
침출수 집배수층	• 투수계수 $\frac{1}{100}$ cm/s 이상 • 30cm 이상 모래층
HDPE	2mm 두께 이상
점토층	• 투수계수 10^{-7} cm/s 이하 • 50cm 이상

10년간 자주 출제된 문제

차수설비인 복합차수층에서 일반적으로 합성차수막 바로 상부에 위치하는 것은?
① 점토층
② 침출수 집배수층
③ 차수막지지층
④ 공기층(완충지층)

|해설|
합성차수막 위에는 침출수가 축적되지 않도록 발생한 침출수를 바로 배제하는 침출수 집배수층이 위치한다. 침출수가 쉽게 배제되도록 침출수 집배수층의 재료는 차수층보다 투수계수가 훨씬 크다.

정답 ②

| 핵심이론 14 | 침출수의 점토층 통과 소요시간 계산 ★★

① 침출수가 주어진 두께의 점토층을 통과하는 데 소요되는 시간은 Darcy의 법칙으로부터 다음과 같이 구할 수 있다.

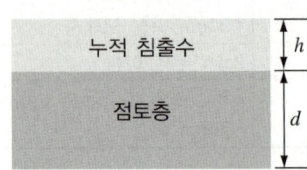

$$t = \frac{d^2 n}{K(d+h)}$$

여기서, t : 침출수의 점토층 통과 시간(s)
d : 점토층 두께(cm)
n : 유효공극률
K : 투수계수(cm/s)
h : 침출수 수두(cm)

② 소요시간은 통상 연 단위로 계산하므로 식에서 구한 값(초 단위)을 연 단위로 환산한다.

$$\text{초} \times \frac{\text{일}}{86,400\text{초}} \times \frac{\text{연}}{365\text{일}}$$

10년간 자주 출제된 문제

다음과 같은 조건인 경우 침출수가 차수층을 통과하는 시간은?

[조 건]
• 점토층 두께 : 1.0m
• 유효공극률 : 0.525
• 투수계수 : 10^{-7}cm/s
• 상부침출수 수두 : 0.4m

① 약 6년 ② 약 8년
③ 약 10년 ④ 약 12년

|해설|

$$t = \frac{d^2 n}{K(d+h)} = \frac{100^2 \times 0.525}{10^{-7} \times (100+40)} = 375,000,000\text{s} = 11.9\text{년}$$

정답 ④

제3절 자원화

1. 퇴비화

| 핵심이론 01 | 퇴비화의 특성과 영향인자 ★★

① 퇴비화의 장단점

장 점	단 점
• 폐기물 감량화	• 비료가치가 낮음
• 토양개량제로 활용 가능	• 퇴비제품의 품질 표준화가 어려움
• 소요에너지가 작음	• 부지가 많이 필요함
• 초기시설투자비가 낮음	• 부피감소가 크지 않음(50% 이하)
• 요구 기술수준이 높지 않음	• 악취 발생 가능성

② Humus의 특징
  ㉠ 악취가 없는 안정한 폐기물
  ㉡ 병원균 사멸
  ㉢ 토양개량제
  ㉣ 수분 보유력과 양이온 교환능(CEC)이 좋다.
   (CEC ; Cation Exchange Capacity, 1~150me/100g)
  ㉤ C/N 비율이 낮다(10~20).
  ㉥ 짙은 갈색(검은색)

③ 퇴비화의 영향인자
  ㉠ 온도 : 55~60℃
  ㉡ 수분 : 50~60%
  ㉢ 탄소/질소비(C/N비) : 초기 탄질비 26~35
   • 탄소는 미생물들이 생장하기 위한 에너지원
   • 질소는 생장에 필요한 단백질 합성에 주로 쓰인다.
   • C/N비가 높으면 질소 부족, 유기산이 퇴비의 pH를 낮춘다.
   • C/N비가 20보다 낮으면 질소가 암모니아로 변하여 pH를 증가시키고 악취발생
  ㉣ 공기 → 과다한 공기 : 수분 제거, 퇴비온도 저하 → 퇴비화 저하
  ㉤ pH : 5.5~8.0

ⓑ 숙성도 : 온도, CO_2 발생량, 탄질비, 식물생육 억제 정도

④ 기계식 반응조 퇴비화 공법

㉠ 퇴비화는 밀폐된 반응조 내에서 수행한다.

㉡ 일반적으로 퇴비화 원인물질의 혼합(교반)에 따라 수직형과 수평형으로 나눈다.

㉢ 수직형 퇴비화 반응조는 반응조 전체에 최적조건을 유지하기 어려워 생산된 퇴비의 질이 떨어질 수 있다.

㉣ 수평형 퇴비화 반응조는 수직형 퇴비화 반응조와 달리 공기흐름 경로를 짧게 유지할 수 있다.

10년간 자주 출제된 문제

1-1. 퇴비화에 사용되는 통기개량제의 종류별 특성으로 옳지 않은 것은?

① 볏짚 : 칼륨분이 높다.
② 톱밥 : 주성분이 분해성 유기물이기 때문에 분해가 빠르다.
③ 파쇄목편 : 폐목재 내에 퇴비화에 영향을 줄 수 있는 유해물질의 함유 가능성이 있다.
④ 왕겨(파쇄) : 발생기간이 한정되어 있기 때문에 저류 공간이 필요하다.

1-2. 유기성폐기물 처리방법 중 퇴비화의 장단점으로 옳지 않은 것은?

① 생산된 퇴비는 비료가치가 낮다.
② 퇴비제품의 품질 표준화가 어렵다.
③ 생산품인 퇴비는 토양의 이화학적 성질을 개선시키는 토양개량제로 사용할 수 있다.
④ 퇴비화 과정 중 80% 이상 부피가 크게 감소된다.

1-3. 퇴비화는 도시폐기물 중 음식찌꺼기, 낙엽 또는 하수처리장 찌꺼기와 같은 유기물을 안정한 상태의 부식질(Humus)로 변화시키는 공정이다. 다음 중 부식질의 특징으로 옳지 않은 것은?

① 병원균이 사멸되어 거의 없다.
② C/N비가 높아져 토양개량제로 사용된다.
③ 물 보유력과 양이온 교환능력이 좋다.
④ 악취가 없는 안정된 유기물이다.

|해설|

1-1
톱밥의 주성분은 셀룰로스와 리그닌으로 분해속도가 더딘 편이다.

1-2
부피 감소는 50% 이하이다.

1-3
퇴비화가 종료되면 C/N비는 10~20 정도로 낮아진다.

정답 1-1 ② 1-2 ④ 1-3 ②

핵심이론 02 | C/N비 계산 ★★

① C/N비는 건조기준으로 두 가지 물질 중의 탄소 중량의 합을 질소 중량의 합으로 나누어 계산한다.
② 조성식이 주어진 경우 탄소(C) 성분의 무게와 질소(N) 성분의 무게를 각각 구한 후 C/N비를 구한다.

10년간 자주 출제된 문제

2-1. 30ton의 음식물쓰레기를 볏짚과 혼합하여 C/N비 30으로 조정하여 퇴비화하고자 한다. 이때 볏짚의 필요량은?(단, 음식물쓰레기와 볏짚의 C/N비는 각각 20과 100이고, 다른 조건은 고려하지 않음)

① 약 4.3ton ② 약 7.3ton
③ 약 9.3ton ④ 약 11.3ton

2-2. 퇴비화 대상 유기물질의 화학식이 $C_{99}H_{148}O_{59}N$이라고 하면, 이 유기물질의 C/N비는?

① 64.9 ② 84.9
③ 104.9 ④ 124.9

2-3. 함수율 95% 분뇨의 유기탄소량이 TS의 35%, 총질소량은 TS의 10%이다. 이와 혼합할 함수율 20%인 볏짚의 유기탄소량이 TS의 80%이고 총질소량이 TS의 4%라면 분뇨와 볏짚을 무게비 1 : 1로 혼합했을 때 C/N비는?(단, 비중은 1.0, 기타 사항은 고려하지 않음)

① 약 18 ② 약 23
③ 약 27 ④ 약 31

|해설|

2-1
$$30 = \frac{30 \times 20 + x \times 100}{30 + x}$$
$900 + 30x = 600 + 100x$
$70x = 300$
$x = 4.29$

2-2
C = 99 × 12 = 1,188
N = 14
∴ C/N = $\frac{1,188}{14}$ = 84.9

2-3
분뇨의 고형분 함량 = 5%
분뇨 중의 C = 5 × 0.35 = 1.75%
분뇨 중의 N = 5 × 0.1 = 0.5%
볏짚의 고형분 함량 = 80%
볏짚 중의 C = 80 × 0.8 = 64%
볏짚 중의 N = 80 × 0.04 = 3.2%
분뇨와 볏짚을 1 : 1 비율로 혼합하면
∴ C/N비 = $\frac{1.75 + 64}{0.5 + 3.2}$ = 17.8

정답 2-1 ① 2-2 ② 2-3 ①

제4절 2차 오염 방지 대책

1. 토양오염

핵심이론 01 토양오염의 특성 ★

① 오염경로가 다양하다.
② 피해발현이 완만하다.
③ 오염영향은 국지적이다.
④ 오염의 비인지성(오염이 일어난 것을 초기에 발견하기 쉽지 않음) 및 타 환경인자와의 영향관계의 모호성
⑤ 원상복구가 어렵다.

10년간 자주 출제된 문제

토양오염의 특성에 관한 설명으로 옳지 않은 것은?
① 오염경로가 다양하다.
② 피해발현이 완만하다.
③ 오염의 인지가 용이하다.
④ 원상복구가 어렵다.

|해설|
오염이 일어난 것을 초기에 발견하기 쉽지 않다.

정답 ③

핵심이론 02 토양 층위 ★

① O층 : 유기물층
② A층 : O층 바로 밑의 층으로 광물질과 부식질이 혼합됨
③ B층 : 풍화작용이 가장 활발하게 진행되고 있는 층
④ C층 : 풍화작용을 거의 받지 않은 모재층
⑤ R층 : 단단한 모암층

즉, 토양층위는 Organic → A → B → C → Rock의 순서이다.

10년간 자주 출제된 문제

다음 중 토양 층위를 나타내는 층위 명에 해당되지 않는 것은?
① O층
② B층
③ R층
④ D층

정답 ④

| 핵심이론 03 | 토양수분장력 | ★

① 토양수분장력 : 토양입자와 물 분자 간에 작용하는 장력, 토양이 수분을 보유하는 힘
② $pF = \log H$ [H : 물기둥의 높이(cm)]
  예) $pF\ 4.0 = 10,000\text{cm}$의 물기둥의 압력(약 10기압)으로 결합되어 있는 수분을 나타낸다.
③ 토양수분의 물리학적 결합 정도
  결합수(pF 7 이상) > 흡습수(pF 4.5 이상) > 모세관수(pF 2.54~4.5) > 중력수(pF 2.54 이하)

10년간 자주 출제된 문제

3-1. 토양이 수분을 함유하는 힘을 토양수분장력(pF)이라고 부른다. pF = 4.0인 물기둥의 높이로 옳은 것은?
① $2^4 = 16\text{m}$
② $4^2 = 16\text{m}$
③ $e^4 = 54.6\text{cm}$
④ $10^4 = 10,000\text{cm}$

3-2. 다음 중 토양수분장력이 가장 낮은 토양수분은?
① 모세관수
② 중력수
③ 결합수
④ 흡습수

3-3. 토양수분의 물리학적 분류 중 수분 1,000cm의 물기둥의 압력으로 결합되어 있는 경우 다음 중 어디에 속하는가?
① 결합수
② 흡습수
③ 유효수분
④ 모세관수

|해설|
3-1
pF의 p는 물기둥 높이를 상용로그를 취했다는 의미이며, 따라서 실제 물기둥의 높이는 10^4이다.
3-2
토양수분장력이 가장 큰 것은 결합수, 가장 작은 것은 중력수이다.
3-3
물기둥의 압력 1,000cm = log1,000 = pF 3
pF 2.54~4.5의 범위는 모세관수이다.

정답 3-1 ④ 3-2 ② 3-3 ④

| 핵심이론 04 | BTEX | ★

① BTEX란 Benzene, Toluene, Ethylbenzene, Xylene의 4가지 휘발성이 높은 석유화학물질을 말한다.
② BTEX는 물보다 비중이 작고, 물에 녹지 않으므로 토양에 누출되는 경우 지하수면 위에 기름 띠를 형성하게 된다(LNAPL ; Light Non-Aqueous Phase Liquid).
※ 반면, TCE, PCE와 같은 염소계 Solvent는 물보다 무거워서 토양에 누출되는 경우 지하수면 아래로 가라앉아서 하부의 불투수층 경계에 깔려서 분포하게 된다.

10년간 자주 출제된 문제

4-1. 토양오염물질 중 LNAPL(Light Non-Aqueous Phase Liquid)은 물보다 가벼워 지하수를 만나면 지하수 표면 위에 기름층을 형성하게 된다. 다음 중 LNAPL에 해당되지 않는 물질은?
① 클로로페놀
② 에틸벤젠
③ 벤젠
④ 톨루엔

4-2. 토양오염 물질 중 BTEX에 포함되지 않는 것은?
① 벤젠
② 톨루엔
③ 에틸렌
④ 자일렌

|해설|
4-1
LNAPL은 비중이 물보다 가벼운 기름 종류를 말한다.
4-2
BTEX : Benzene, Toluene, Ethylbenzene, Xylene

Benzene Toluene
ortho-Xylene meta-Xylene para-Xylene Ethylbenzene

정답 4-1 ① 4-2 ③

핵심이론 05 | 토양오염처리기술 ★★★

기 술	주요 내용
토양증기추출법 (SVE ; Soil Vapor Extraction)	• 불포화토양층의 토양에 진공을 걸어줌으로써 토양 공기 내의 휘발성이 높은 오염물질을 추출하여 제거하는 물리화학적 기술 • Henry 상수가 0.01 이상 및 상온에서 휘발성을 갖는 유기물질 제거에 적용 • 토양층의 공기투과계수가 커야 적용 가능 • 추출한 기체는 대기오염장치를 위한 후처리가 필요 • 추출정은 오염물질의 중심 지역에 설치
Bioventing	• 불포화토양층 내에 공기를 공급함으로써 미생물의 분해를 통해 유기물질을 생물학적으로 분해처리하는 기술 • 수분함량, N, P 등의 영양물질 공급 필요 • SVE에 비해 1/10 수준의 공기를 주입(추출) • 기술 적용 시에는 대상부지에 대한 정확한 산소 소모율의 산정이 중요
토양세척법 (Soil Washing)	• 적절한 세척제를 이용하여 토양입자에 결합되어 있는 오염물질을 처리하는 방법 • 토양의 입경이 작을수록 오염물질의 분포량이 높으므로, 입자크기별로 분리하여 미세입자는 매립처분하고, 모래와 같이 입경이 큰 것은 세척 후 원위치에 성토함
Air Sparging	• 지하수층에 공기를 불어넣어 지하수에 있는 휘발성이 큰 오염물질을 휘발시켜 지하수층 위의 불포화토양층으로 보내고, 이를 SVE나 Bioventing으로 처리 • 자유대수층에 존재하는 휘발성 유기오염물질을 제거하기 위한 기술

10년간 자주 출제된 문제

5-1. 오염토의 토양증기추출법 복원기술에 대한 장단점으로 옳은 것은?
① 증기압이 낮은 오염물질의 제거효율이 높다.
② 다른 시약이 필요 없다.
③ 추출된 기체의 대기오염방지를 위한 후처리가 필요 없다.
④ 유지 및 관리비가 많이 소요된다.

5-2. 토양세척법의 처리효과가 가장 높은 토양입경 정도는?
① 슬러지　　　　② 점 토
③ 미 사　　　　④ 자 갈

|해설|

5-1
토양증기추출법은 물리적 처리법으로 다른 시약이 필요 없다. 토양공기 내에 분포하는 휘발성이 높은 오염물질을 추출하여 지상에서 처리하는 방법이다.

5-2
토양세척법은 미세입자에 흡착된 오염물질의 제거는 어려우며 입경이 클수록 세척효과가 좋다.

정답 5-1 ②　5-2 ④

핵심이론 06 | 지하수의 특성과 Darcy 법칙 ★

① 지하수의 특성
  ㉠ 자연상태에서 지하수는 연간 1~5m 정도로 매우 서서히 이동한다.
  ㉡ 대수층이 한 번 오염되면 오염물질은 대수층 내에 반영구적으로 잔존한다.
  ㉢ 지하수의 오염은 지표수에 비하여 조기 발견이 어렵고, 일단 오염되면 원상복구가 쉽지 않다.

② Darcy의 법칙
  ㉠ 지하수 흐름의 유속 공식
  ㉡ $v = ki = k\dfrac{dh}{dl}$

   여기서, v : 유속(m/s)
   k : 투수계수(m/s, 유속과 단위가 같음)
   i : 동수경사 $= \dfrac{dh}{dl}$
   h : 수두차
   l : 지하수가 이동한 거리

  ㉢ Darcy의 법칙은 층류(Plug Flow) 상태에서만 적용된다.

10년간 자주 출제된 문제

6-1. 다음 중 지하수의 특성이라고 볼 수 없는 것은?
① 무기이온 함유량이 높고, 경도가 높다.
② 광범위한 지역의 환경조건에 영향을 받는다.
③ 미생물이 거의 없고 자정속도가 느리다.
④ 유속이 느리고, 수온변화가 적다.

6-2. 지하수의 두 지점 간(거리 0.4m)의 수리수두차가 0.1m이고, 투수계수는 10^{-4}m/s일 때, 지하수의 Darcy 속도는 몇 m/s인가?(단, 공극률은 고려하지 않음)
① 2.5×10^{-5}
② 4.5×10^{-5}
③ 4.0×10^{-6}
④ 1.5×10^{-3}

|해설|

6-1
지하수는 국지적인 지역의 환경조건에 영향을 받는다.

6-2
$v = ki = k\dfrac{dh}{dl} = 10^{-4} \times \dfrac{0.1}{0.4} = 2.5 \times 10^{-5}$ m/s

정답 6-1 ② 6-2 ①

| 핵심이론 07 | 폐기물 처분시설에서의 온실가스 저감

① 청정개발체제(CDM ; Clean Development Mechanism)
온실가스 감축의무가 있는 부속서 I 국가가 비부속서 I 국가에서 온실가스 감축 사업을 할 경우 감축 실적을 부속서 I 국가의 감축목표 달성에 활용할 수 있도록 하는 제도이다. CDM 사업을 통해 부속서 I 국가는 온실가스 감축량을 얻고, 비부속서 I 국가는 부속서 I 국가로부터 투자와 기술을 제공받을 수 있다.
  ㉠ 폐기물 매립지 가스(LFG) CDM 사업
    • LFG 중의 메테인가스는 이산화탄소에 비하여 21배의 지구온난화 지수를 가짐
    • 메테인가스를 포집하여 소각하는 경우 온실가스 감축의 효과가 있으며, 아울러 전기나 열에너지 등을 생산하면 화석연료의 대체효과가 있으므로 온실가스 저감 효과가 발생함
    • 온실가스 배출저감량 = 매립가스 포집에 의한 저감량(메테인 연소) + 발전에 의한 저감량(화석연료 대체)
  ㉡ 온실가스 배출량 계산방법
    • 직접에너지의 배출량
      = 연료사용량 × 순발열량 × 배출계수
    • 간접에너지(외부공급 전력/스팀)의 배출량
      = 전력/스팀 사용량 × 배출계수

② 온실가스 배출량 산정 대상
  ㉠ 직접배출
    • 연료연소 : 고정연소, 이동연소(차량이용)
    • 폐기물 처리 과정에서의 온실가스 발생
  ㉡ 간접배출
    • 외부에서 공급된 전기사용
    • 외부에서 공급된 열(스팀)사용

③ 폐자원 및 바이오가스 에너지화 과정에서의 온실가스 배출 특성
  ㉠ 폐기물의 매립
    • 생물기원의 탄소배출은 제외함(즉, 식물의 분해에 의한 CO_2, N_2O 발생량은 고려하지 않음)
    • 폐기물 매립과정에서 발생하는 온실가스는 메테인만 고려함
    • 온실가스 배출량
      = Σ(조성별 유기탄소 누적량 × 메테인발생속도)
       - 메테인회수량
  ㉡ 고형폐기물 생물학적 처리
    • 생물기원의 탄소배출은 제외함(즉, 식물의 분해에 의한 CO_2 발생량은 고려하지 않음)
    • 메테인과 아산화질소 발생량만 고려함
    • 온실가스 배출량
      = 음식물 쓰레기 처리량 × 배출계수
       - 메테인회수량
  ㉢ 폐기물 소각
    • 바이오매스 폐기물(음식물, 목재 등)의 소각으로 인한 CO_2 배출은 생물학적 배출량이므로 배출량 산정 시 제외되어야 하며, 화석연료로 인한 폐기물(플라스틱, 합성 섬유, 폐유 등)의 소각으로 인한 CO_2만 배출량에 포함되어야 함
    • 온실가스 배출량
      = Σ(쓰레기 조성별 소각처리량 × 배출계수)

CHAPTER 03 폐기물소각 및 열회수

제1절 연소

1. 연소이론

핵심이론 01 | 연료에 따른 연소의 종류 ★

종 류	설 명
증발연소	연료 자체가 증발하여 타는 경우 휘발유와 같이 끓는점이 낮은 기름의 연소나 왁스가 액화하여 다시 기화되어 연소하는 것
분해연소	석탄, 목재 또는 고분자의 가연성 고체가 열분해하여 발생한 가연성 가스가 연소하며, 이 열로써 다시 열분해를 일으킴
표면연소	코크스나 분해연소가 끝난 석탄과 같이 자체가 연소하는 과정으로 화염은 없음
확산연소	기체연료와 같이 공기의 확산에 의한 연소
자기연소	나이트로글리세린 등과 같이 공기 중 산소를 필요로 하지 않고 분자 자신 속의 산소에 의해서 연소

10년간 자주 출제된 문제

다음 중 표면연소에 대한 설명으로 가장 적합한 것은?
① 코크스나 목탄과 같은 휘발성 성분이 거의 없는 연료의 연소형태를 말한다.
② 휘발유와 같이 끓는점이 낮은 기름의 연소와 왁스가 액화하여 다시 기화되어 연소하는 것을 말한다.
③ 기체연료와 같이 공기의 확산에 의한 연소를 말한다.
④ 나이트로글리세린 등과 같이 공기 중 산소를 필요로 하지 않고 분자 자신 속의 산소에 의해서 연소하는 것을 말한다.

정답 ①

핵심이론 02 | 연료의 특성 (1) ★★

① 액체연료의 탄수소비(C/H비)
   중유 > 경유 > 등유 > 휘발유
② 액체연료인 석유류의 특징
   ㉠ 탄수소비(C/H)가 증가하면 비열은 감소한다.
   ㉡ 비중이 커지면 일반적으로 발열량이 감소하고, 비중이 작을수록 연소성이 양호하다.
   ㉢ 잔류탄소가 많아지면 일반적으로 점도가 높아진다.
③ 고체연료와 액체연료의 특성
   ㉠ 석유계 연료는 석탄계 연료에 비하여 발열량이 높다.
   ㉡ 석유계 연료의 연소 시는 회분이 없으며 열효율이 높다.
   ㉢ 석유계 연료는 동일 중량의 석탄계 연료보다 용적이 35~50% 정도이다.
   ㉣ 석유계 연료의 연소 시는 과잉공기량이 적고 쉽게 완전연소된다.
   ㉤ 석유계 연료는 연소의 조절이 간단하고 용이하며, 운반과 적재도 간단하고 신속하다.
④ 석탄의 탄화도 증가 시 나타나는 성질
   ㉠ 연료비가 높아진다(양질의 석탄이 됨).
   ㉡ 고정탄소의 함량이 증가한다.
   ㉢ 발열량이 높아진다.
   ㉣ 휘발분이 감소한다.
   ㉤ 비열이 감소한다.
   ㉥ 착화온도가 높아진다.

10년간 자주 출제된 문제

2-1. 다음 액체연료 중 탄수소비(C/H비)가 가장 큰 것은?
① 휘발유 ② 경 유
③ 중 유 ④ 등 유

2-2. 석탄의 탄화도가 클수록 나타나는 성질로 틀린 것은?
① 착화온도가 높아진다.
② 수분 및 휘발분이 감소한다.
③ 연소속도가 작아진다.
④ 발열량이 감소한다.

2-3. 다음 중 액체연료인 석유류에 관한 설명으로 옳지 않은 것은?
① 비중이 커지면 탄화수소비(C/H)가 커진다.
② 비중이 커지면 발열량이 감소한다.
③ 점도가 작아지면 인화점이 높아진다.
④ 점도가 작아지면 유동성이 좋아져 분무화가 잘된다.

|해설|

2-1
중질 연료일수록 C/H비가 크다.
중유 > 경유 > 등유 > 휘발유

2-2
발열량이 높아진다.

2-3
점도가 높아지면 인화점이 높아진다.

정답 2-1 ③ 2-2 ④ 2-3 ③

| 핵심이론 03 | 연료의 특성 (2) | ★

기체연료의 장단점
① 적은 과잉공기비로 완전연소 가능하여 연소효율이 높다.
② 회분 및 SO_2, 매연 발생이 없다.
③ 점화, 소화가 용이하고 연소조절이 쉽다.
④ 발열량이 크다.
⑤ 저장과 이송에 따른 시설비가 크고 폭발 위험성이 있다.

10년간 자주 출제된 문제

기체연료의 장단점으로 틀린 것은?
① 연소효율이 높고 안정된 연소가 된다.
② 완전연소시 많은 과잉공기(200~300%)가 소요된다.
③ 설비비가 많이 들고 비싸다.
④ 연료의 예열이 쉽고 유황 함유량이 적어 SO_x 발생량이 적다.

|해설|

적은 과잉공기비(10~20%)로 완전연소가 가능하다.

정답 ②

핵심이론 04 | 연소 관련 용어 설명 ★★

① 착화온도(Ignition Temperature) : 가연물이 공기 속에서 가열되어 열이 축적됨으로써 외부로부터 점화되지 않아도 스스로 연소를 개시하는 온도
  ㉠ 분자구조가 간단할수록 착화온도는 높아진다.
  ㉡ 화학결합의 활성도가 클수록 착화온도는 낮아진다.
  ㉢ 화학반응성이 클수록 착화온도는 낮아진다.
  ㉣ 화학적으로 발열량이 클수록 착화온도는 낮아진다.
  ㉤ 공기 중의 산소농도 및 압력이 높을수록 착화온도는 낮아진다.
  ㉥ 비표면적이 클수록 착화온도는 낮아진다.

② 등가비(당량비, Equivalent Ratio, ϕ)

$$\phi = \frac{실제\ 연료량/공기량}{이론\ 연료량/공기량}$$

  ㉠ $\phi > 1$: 연료가 과잉으로 공급된 경우
  ㉡ $\phi < 1$: 공기가 과잉으로 공급된 경우

③ 공기비

$$공기비(m) = \frac{실제\ 공기량}{이론\ 공기량}$$

  ㉠ m이 클 경우 : 연소실 온도가 낮아짐, 배기가스에 의한 열손실, 연소장치의 부식
  ㉡ m이 작은 경우 : 불완전연소에 의한 매연발생, 폭발위험성, CO, 탄화수소 농도 증가

10년간 자주 출제된 문제

4-1. 착화온도에 관한 일반적인 설명으로 가장 거리가 먼 것은?
① 연료의 분자구조가 간단할수록 착화온도는 높다.
② 연료의 화학적 발열량이 클수록 착화온도는 낮다.
③ 연료의 화학결합 활성도가 작을수록 착화온도는 낮다.
④ 연료의 화학반응성이 클수록 착화온도는 낮다.

4-2. 연소과정에서 등가비가 1보다 큰 경우는?
① 과잉공기가 공급된 경우
② 연료가 이론적인 경우보다 적을 경우
③ 완전 연소에 알맞은 연료와 산화제가 혼합될 경우
④ 연료가 과잉으로 공급된 경우

|해설|
4-1
연료의 화학결합 활성도가 클수록 착화온도는 낮아진다.

정답 4-1 ③ 4-2 ④

핵심이론 05 | Hess의 법칙

① 화학반응에서 반응열은 그 반응의 시작과 끝 상태만으로 결정되며, 도중의 경로에는 관계하지 않는다는 법칙이다.
② 에너지보존법칙의 한 형태로서 총열량보존법칙이라고도 한다.

10년간 자주 출제된 문제

다음의 내용으로 옳은 법칙은?

> 반응열의 양은 반응이 일어나는 과정에 무관하고, 반응 전후에 있어서의 물질 및 그 상태에 의하여 결정된다.

① Graham의 법칙
② Henry의 법칙
③ Hess의 법칙
④ Le Chatelier의 법칙

정답 ③

---

2. 연소계산

핵심이론 06 | 폐기물 조성을 아는 경우 이론공기량(산소량) 계산 ★★★

① 이론산소량 산정은 화학양론식에 근거하여 산정하되, 통상 연료(고체, 액체)는 무게 기준으로 산소(기체)는 부피 기준으로 한다.
② 무게 기준인 경우 당량을 기준으로 하고, 기체의 부피인 경우 표준상태에서 1kmol에 해당하는 $22.4m^3$를 대입한다.
③ 공기량을 구하는 경우 공기 중의 산소 부피 분율을 감안하여 $\frac{1}{0.21}$을 곱해준다.

10년간 자주 출제된 문제

6-1. 주성분이 $C_{10}H_{17}O_6N$인 슬러지 폐기물을 소각처리하고자 한다. 폐기물 5kg 소각에 이론적으로 필요한 공기의 무게는? (단, 공기 중 산소량은 중량비로 23%)

① 약 21kg   ② 약 26kg
③ 약 32kg   ④ 약 38kg

6-2. 황화수소 $1Sm^3$의 이론연소공기량은?

① $7.1Sm^3$ ② $8.1Sm^3$
③ $9.1Sm^3$ ④ $10.1Sm^3$

6-3. 순수한 탄소 5kg을 이론적으로 완전연소시키는 데 필요한 산소의 양은?

① 9.6kg   ② 10.8kg
③ 11.5kg   ④ 13.3kg

6-4. 분자식 C_mH_n인 탄화수소가스 $1Sm^3$의 완전연소에 필요한 이론공기량(Sm^3)은?

① $4.76m + 1.19n$
② $5.67m + 0.73n$
③ $8.89m + 2.67n$
④ $1.867m + 5.67n$

|해설|

6-1

이 문제는 공기의 무게를 구하는 문제이므로 다음과 같이 화학양론식을 만든 후 산소의 무게를 계산한다.

$$C_{10}H_{17}O_6N + 11.25O_2 \rightarrow 10CO_2 + 8.5H_2O + \frac{1}{2}N_2$$

247kg   11.25×32kg
5kg x kg

비례식에서 $x = \dfrac{5 \times 11.25 \times 32}{247} = 7.29$ kg

∴ 필요공기량 $= \dfrac{7.29}{0.23} = 31.7$ kg

〈다른 풀이〉

$O_o = \dfrac{32}{12}C + \dfrac{16}{2}\left(H - \dfrac{O}{8}\right) + \dfrac{32}{32}S$ 식을 이용한다(식의 분자에 있는 값들은 산소의 무게와 관련된 값이다).

이때, $A_o = \dfrac{1}{0.23} O_o$

$C = \dfrac{120}{247} = 0.486$, $H = \dfrac{17}{247} = 0.069$, $O = \dfrac{96}{247} = 0.389$

$A_o = \dfrac{1}{0.23} \times \left\{\dfrac{32}{12} \times 0.486 + \dfrac{16}{2} \times \left(0.069 - \dfrac{0.389}{8}\right)\right\} = 6.34$

∴ 필요공기량 $= 6.34 \times 5 = 31.7$ kg

6-2

황화수소에 대하여 연소반응식을 만들면

$H_2S + aO_2 \rightarrow bSO_2 + cH_2O$에서 $c = 1$, $b = 1$이므로 $a = 1.5$가 된다(산소의 계수를 맨 마지막에 정해준다).

$H_2S + 1.5O_2 \rightarrow SO_2 + H_2O$
1Sm³   1.5Sm³

(∵ 황화수소가 부피단위가 나와 있으므로, 계수만 고려한 부피를 고려하면 된다)

∴ 이론연소공기량 $= \dfrac{1.5}{0.21} = 7.14$ Sm³

6-3

$C + O_2 \rightarrow CO_2$
12kg   32kg
5kg x kg

비례식에서 $12 : 32 = 5 : x$

$x = \dfrac{32 \times 5}{12} = 13.3$ kg

6-4

$C_mH_n + aO_2 \rightarrow bCO_2 + cH_2O$에서

$b = m$, $c = \dfrac{n}{2}$

이로부터 O에 대하여 정리하면 $2a = 2m + \dfrac{n}{2} \rightarrow a = m + \dfrac{n}{4}$

$C_mH_n + \left(m + \dfrac{n}{4}\right)O_2 \rightarrow mCO_2 + \dfrac{n}{2}H_2O$

이론산소량 $= m + \dfrac{n}{4}$

이론공기량 $= \dfrac{1}{0.21}\left(m + \dfrac{n}{4}\right) = 4.76m + 1.19n$

정답 6-1 ③   6-2 ①   6-3 ④   6-4 ①

| 핵심이론 07 | 연료의 원소분석 결과를 아는 경우 이론공기량(산소량) 계산 ★★★ |

① 연료의 원소분석을 통해 각 성분의 조성비를 아는 경우 아래 식을 적용한다.

$$A_o = \frac{1}{0.21}\left\{\frac{22.4}{12}C + \frac{11.2}{2}\left(H - \frac{O}{8}\right) + \frac{22.4}{32}S\right\}$$

(C, H, O, S : 연료 1kg 중에 포함된 각 원소성분의 분율)

② 위 식의 C 앞의 $\frac{22.4}{12}$는 아래의 관계에서 얻어진 것이며, 다른 것들도 동일하다.

C + O₂ → CO₂
12kg 22.4Sm³
1kg $\frac{22.4}{12}$Sm³

③ H 뒤의 $\frac{O}{8}$은 아래 식에서와 같이 연료 중의 산소는 연료 중의 수소와 H₂O 형태로 결합된 것으로 본다.

H₂ + $\frac{1}{2}$O₂ → H₂O
2kg   16kg
$\frac{1}{8}$kg   1kg

10년간 자주 출제된 문제

7-1. 어떤 연료를 분석한 결과 C 83%, H 14%, H₂O 3%였다면 건조연료 1kg의 연소에 필요한 이론공기량은?

① 7.5Sm³/kg ② 9.5Sm³/kg
③ 11.5Sm³/kg ④ 13.5Sm³/kg

7-2. 폐지 250kg을 소각하고자 한다. 이론공기량(Sm³)은?(단, 폐지의 성분은 모두 셀룰로스($C_6H_{10}O_5$)로 가정함)

① 약 990 ② 약 1,270
③ 약 1,530 ④ 약 1,720

|해설|

7-1
$$A_o = \frac{1}{0.21}\left\{\frac{22.4}{12}C + \frac{11.2}{2}\left(H - \frac{O}{8}\right) + \frac{22.4}{32}S\right\}$$
$$= \frac{1}{0.21}\left\{\frac{22.4}{12}\times 0.83 + \frac{11.2}{2}\times(0.14)\right\} = 11.11\,\text{m}^3/\text{kg}$$

문제에서 건조연료 1kg이라 하였으므로 수분함량 3%를 보정해 주어야 한다. 즉, 위의 값은 건조 기준으로 97% 고형물에 대한 이론공기량이므로 비례식에서
97 : 11.11 = 100 : x
$x = \frac{11.11 \times 100}{97} = 11.45\,\text{Sm}^3/\text{kg}$

★ 식에서 해당 성분의 값이 없는 원소는 0값이 대입되므로 해당 항을 무시한다.

7-2
$C_6H_{10}O_5$의 분자량 = 162
각 성분의 구성비 C = $\frac{6\times 12}{162} = 0.444$, H = $\frac{10}{162} = 0.062$,
O = $\frac{5\times 16}{162} = 0.494$

$$A_o = \frac{1}{0.21}\times\left\{\frac{22.4}{12}\times 0.444 + \frac{11.2}{2}\times\left(0.062 - \frac{0.494}{8}\right)\right\}$$
$$= 3.95\,\text{Sm}^3/\text{kg}$$
소요공기량 = 3.95Sm³/kg × 250kg = 987.5Sm³

정답 **7-1** ③ **7-2** ①

핵심이론 08 | 공기연료비 ★

① 연료공기비의 계산은 연료의 연소반응식을 작성한 후 문제에서 요구하는 부피기준 혹은 무게기준에 맞게 $\frac{공기}{연료}$ 비율을 계산한다.

② 연소반응식은 연료의 C와 H 값에 맞추어 우변의 CO_2와 H_2O계수를 결정한 후 마지막으로 좌변의 O_2의 계수값을 결정한다.

③ 부피기준일 때는 공기 중 산소의 분율이 21%, 무게기준인 경우 23%인 것을 기억한다.

10년간 자주 출제된 문제

8-1. 프로페인(C_3H_8)의 이론적 연소 시 부피기준 AFR(Air-Fuel-Ratio, Mols Air/Mol Fuel)은?

① 21.8
② 22.8
③ 23.8
④ 24.8

8-2. 옥테인(C_8H_{18})이 1mol을 완전연소시킬 때 공기연료비를 중량비(kg 공기/kg 연료)로 적절히 나타낸 것은?(단, 표준상태 기준)

① 8.3
② 10.5
③ 12.8
④ 15.1

|해설|

8-1

$C_3H_8 + aO_2 \rightarrow 3CO_2 + 4H_2O$에서 a는 5가 된다.

$C_3H_8 + 5O_2 \rightarrow 3CO_2 + 4H_2O$

$AFR = \frac{5/0.21}{1} = 23.8$

8-2

$C_8H_{18} + aO_2 \rightarrow 8CO_2 + 9H_2O$에서
a는 12.5가 된다.

$C_8H_{18} + 12.5O_2 \rightarrow 8CO_2 + 9H_2O$

단위가 중량 단위이므로, 공기로 환산하는 경우 산소의 무게비인 0.23을 적용한다.

$AFR = \frac{12.5 \times 32/0.23}{114} = 15.3$

정답 8-1 ③ 8-2 ④

핵심이론 09 | 배기가스 조성을 아는 경우 공기량 계산 ★★

① 과잉공기계수, 공기비 $m = \frac{A}{A_o}$

여기서, A_o : 이론공기량
A : 실제공기량

② 배기가스 중 질소(N_2), 산소(O_2)의 농도를 아는 경우 공기비 산정식

$m = \frac{21N_2}{21N_2 - 79O_2}$

10년간 자주 출제된 문제

탄소, 수소의 중량조성이 각각 86%, 14%인 액체연료를 매시 15kg 연소하는 경우 배기가스의 분석치는 CO_2 10.5%, O_2 5.5%, N_2 84%이었다. 이 경우 매시 실제 필요한 공기량은?

① 약 165Sm^3/h
② 약 225Sm^3/h
③ 약 325Sm^3/h
④ 약 415Sm^3/h

|해설|

$m = \frac{21N_2}{21N_2 - 79O_2} = \frac{21 \times 84}{21 \times 84 - 79 \times 5.5} = 1.33$

$A_o = \frac{1}{0.21}\left(\frac{22.4}{12} \times 0.86 + \frac{11.2}{2} \times 0.14\right) = 11.38 Sm^3/kg$

$A = mA_o = 1.33 \times 11.38 = 15.1 Sm^3/kg$

실제공기량 = $15.1 Sm^3/kg \times 15kg/h = 226.5 Sm^3/h$

정답 ②

핵심이론 10 | 기체 조성과 공기량이 주어진 경우 공기비 계산 ★

① 공기비 $m = \dfrac{A}{A_o}$

② 과잉공기량 $= A - A_o$

10년간 자주 출제된 문제

CH_4 75%, CO_2 5%, N_2 8%, O_2 12%로 조성된 기체연료 $1Sm^3$을 $10Sm^3$의 공기로 연소한다면 이때 공기비는?

① 1.22
② 1.32
③ 1.42
④ 1.52

|해설|

$CH_4 + 2O_2 \rightarrow CO_2 + 2H_2O$ 반응식에서
CH_4이 $0.75Sm^3$일 때, O_2는 $1.5Sm^3$가 필요하다.
∴ 필요한 산소량 $= 1.5 - 0.12 = 1.38Sm^3$(0.12는 기체연료 안에 들어있는 O_2의 양)

이론공기량 $= \dfrac{1.38}{0.21} = 6.57Sm^3$

$m = \dfrac{10}{6.57} = 1.52$

정답 ④

핵심이론 11 | Rosin식을 이용한 이론공기량 산정 ★

액체연료(보통 중유)에 있어서 이론공기량 A_o을 구하는 근사식

$A_o = 0.85 \times \dfrac{H_l}{1,000} + 2 \; (Sm^3/kg)$

10년간 자주 출제된 문제

저위발열량 10,000kcal/kg의 중유를 연소시키는 데 필요한 이론공기량은?(단, Rosin식 적용)

① $8.5Sm^3/kg$
② $10.5Sm^3/kg$
③ $12.5Sm^3/kg$
④ $14.5Sm^3/kg$

|해설|

$A_o = 0.85 \times \dfrac{H_l}{1,000} + 2 = 0.85 \times \dfrac{10,000}{1,000} + 2$
$\quad = 10.5Sm^3/kg$

정답 ②

핵심이론 12 | 완전연소 시 CO_2 발생량 계산 ★★

연소 대상 물질의 조성이 주어진 경우 동일한 C 개수를 갖는 CO_2가 생성된다고 연소 반응식을 만들고, 비례식으로 CO_2 발생량을 계산한다.

10년간 자주 출제된 문제

12-1. 페놀(C_6H_5OH) 188g을 무해화하기 위하여 완전연소시켰을 때 발생되는 CO_2의 발생량은?

① 132g
② 264g
③ 528g
④ 1,056g

12-2. 프로페인(C_3H_8) : 뷰테인(C_4H_{10})이 [40% : 60%]의 용적비로 혼합된 기체 1Sm^3이 완전연소될 때의 CO_2 발생량(Sm^3)은?

① 3.2Sm^3
② 3.4Sm^3
③ 3.6Sm^3
④ 3.8Sm^3

|해설|

12-1

이 문제에서 굳이 아래 식 좌변 O_2의 계수를 구할 필요가 없다.
$C_6H_5OH + aO_2 \rightarrow 6CO_2 + 3H_2O$에서

94g ——— 6×44g
188g ——— xg

$x = \dfrac{6 \times 44 \times 188}{94} = 528g$

12-2

$C_3H_8 \rightarrow 3CO_2$
$C_4H_{10} \rightarrow 4CO_2$
CO_2 발생량 = $0.4 \times 3 + 0.6 \times 4 = 3.6Sm^3$

정답 12-1 ③ 12-2 ③

핵심이론 13 | 습윤연소가스량 계산 ★

① 습윤연소가스량은 배기가스 중의 수증기(H_2O) 양을 포함한 연소가스량을 말한다.
② 과잉공기 공급 시 연소가스 중의 $N_2 + O_2$의 양
   $= (m - 0.21)A_o$
③ 습윤연소가스량은 연소반응식의 우변의 가스량에 연소가스 중의 $N_2 + O_2$의 양을 더해준다.

$$습윤연소가스량(Sm^3) = (m - 0.21)A_o + \left(x + \dfrac{y}{2}\right)$$

여기서, x : 탄화수소(C_xH_y)에서 C의 계수
         y : H의 계수

10년간 자주 출제된 문제

13-1. 메테인 10Sm^3를 공기과잉계수 1.2로 연소시킬 경우 습윤연소가스량은?

① 83Sm^3
② 97Sm^3
③ 113Sm^3
④ 124Sm^3

13-2. 고체 및 액체연료의 이론적인 습윤연소가스량을 산출하는 계산식이다. ㉠, ㉡의 값으로서 적당한 것은?

$$G_{ow} = 8.89C + 32.3H + 3.3S + 0.8N + (㉠)W - (㉡)O(Sm^3/kg)$$

① ㉠ 1.12, ㉡ 1.32
② ㉠ 1.24, ㉡ 2.64
③ ㉠ 2.48, ㉡ 5.28
④ ㉠ 4.96, ㉡ 10.56

|해설|

13-1

$CH_4 + 2O_2 \rightarrow CO_2 + 2H_2O$
10Sm^3 20Sm^3 10Sm^3 20Sm^3

$A_o = \dfrac{20}{0.21} = 95.2Sm^3$

습윤연소가스량 = $N_2 + O_2 + CO_2 + 2H_2O$
  = $(m - 0.21)A_o + CO_2 + 2H_2O$
  = $(1.2 - 0.21) \times 95.2 + 10 + 20$
  = $124.2Sm^3$

13-2

이론습윤연소가스량은 연소가스량($1.867C + 11.2H + 0.7S + 0.8N$)에 이론공기 공급 시 함께 들어간 질소 가스($0.79A_o$), 연료 중의 수분이 증발하여 생성된 수증기($1.24W$)의 합이다.

C → CO$_2$		2H → H$_2$O	
12kg	22.4m³	2kg	22.4m³
1kg	22.4/12m³	1kg	22.4/2m³
1kg	1.867m³	1kg	11.2m³
S → SO$_2$		2N → N$_2$	
32kg	22.4m³	28kg	22.4m³
1kg	22.4/32m³	1kg	22.4/28m³
1kg	0.7m³	1kg	0.8m³

$G_o = 1.867C + 11.2H + 0.7S + 0.8N + 0.79A_o + 1.24W$
$\quad = 1.867C + 11.2H + 0.7S + 0.8N + 1.24W$
$\quad\quad + 0.79\left[\dfrac{1}{0.21}\left\{\dfrac{22.4}{12}C + \dfrac{11.2}{2}\left(H - \dfrac{O}{8}\right) + \dfrac{22.4}{32}S\right\}\right]$
$\quad = 8.89C + 32.3H - 2.63O + 3.33S + 0.8N + 1.24W$

여기서,

이론공기량 $A_o = \dfrac{1}{0.21}\left\{\dfrac{22.4}{12}C + \dfrac{11.2}{2}\left(H - \dfrac{O}{8}\right) + \dfrac{22.4}{32}S\right\}$

정답 13-1 ④ 13-2 ②

핵심이론 14 | 이론 건조연소가스량 계산 ★

① 건조연소가스량은 배기가스 중의 수증기(H_2O) 양을 제외한 연소가스량을 말한다.

② 이론 건조연소가스량(Sm³) = $(m - 0.21)A_o + x$

여기서, x : 탄화수소(C_xH_y)에서 C의 계수

10년간 자주 출제된 문제

C_3H_8 1Sm³를 연소시킬 때 이론건조연소가스량은?

① 17.8Sm³/Sm³
② 19.8Sm³/Sm³
③ 21.8Sm³/Sm³
④ 23.8Sm³/Sm³

|해설|

$C_3H_8 + 5O_2 \rightarrow 3CO_2 + 4H_2O$
1Sm³   5Sm³

$A_o = \dfrac{5}{0.21} = 23.8\text{Sm}^3$

과잉공기계수 $m = 1$이므로 연소가스 중에 산소는 없다.
이론 건조연소가스량 = 연소 시 생성된 이산화탄소 + 이론공기 중의 질소 가스량
(건조연소가스량이므로 연소과정에서 생성된 수증기는 제외한다)
이론 건조연소가스량(Sm³) = $0.79A_o + x$
$\quad\quad\quad\quad\quad\quad\quad\quad = 0.79 \times 23.8 + 3$
$\quad\quad\quad\quad\quad\quad\quad\quad = 21.8\text{Sm}^3$

정답 ③

핵심이론 15 | $(CO_2)_{max}$ 구하는 문제 ★

① $(CO_2)_{max}$란 이론공기량으로 완전연소하는 경우 이론 건조연소가스 중 CO_2의 백분율

② $(CO_2)_{max} = \dfrac{CO_2 \text{ 발생량}}{\text{이론건조 연소가스량}} \times 100$

$= \dfrac{CO_2 \text{ 발생량}}{\text{이론공기량 중 질소가스량} + CO_2 \text{ 발생량}} \times 100$

10년간 자주 출제된 문제

15-1. 완전연소일 경우 $(CO_2)_{max}$의 값(%)은?

[단, (CO_2) : 배출가스 중 CO_2량(Sm^3/Sm^3)
  (O_2) : 배출가스 중 O_2량(Sm^3/Sm^3)
  (N_2) : 배출가스 중 N_2량(Sm^3/Sm^3)]

① $\dfrac{0.21(CO_2)}{0.21 - (O_2)} \times 100$

② $\dfrac{(O_2)}{1 - 0.21(CO_2)} \times 100$

③ $\dfrac{0.21(CO_2)}{(CO_2) + (N_2)} \times 100$

④ $\dfrac{0.21(CO_2)}{0.21(N_2) - 0.79(O_2)} \times 100$

15-2. 탄소 70%, 수소 30%로 구성된 액상폐기물을 완전 연소할 때 $(CO_2)_{max}$은?(단, 표준 상태, 이론 건조가스 기준)

① 약 9.1%
② 약 10.4%
③ 약 13.1%
④ 약 14.8%

15-3. 공기를 사용하여 C_4H_{10}을 완전 연소시킬 때 건조 연소가스 중의 $(CO_2)_{max}$(%)는?

① 12.4
② 14.1
③ 16.6
④ 18.3

해설

15-1

(CO_2)는 과잉공기에 의해 희석된 농도이므로, 과잉공기가 없을 때, 즉 $m = 1$일 때의 이론건조연소가스량으로 보정해주어야 한다. 이는 전체 가스량에서 과잉공기$\left(\dfrac{O_2}{0.21}\right)$를 빼주면 되므로 다음과 같다.

$(CO_2)_{max} = \dfrac{CO_2 \text{ 발생량}}{\text{이론건조 연소가스량}} \times 100$

$= \dfrac{(CO_2) \times 100}{1 - \dfrac{O_2}{0.21}} = \dfrac{0.21 \times CO_2}{0.21 - O_2} \times 100$

15-2

이론공기량 $= \dfrac{1}{0.21} \times \left(0.7 \times \dfrac{22.4}{12} + 0.3 \times \dfrac{11.2}{2}\right) = 14.2 m^3$

CO_2 발생량 $= 0.7 \times \dfrac{22.4}{12} = 1.3 m^3$

이론 건조가스량 = 이론공기량 중 질소 + 연소가스 중 CO_2

$(CO_2)_{max} = \dfrac{1.3}{0.79 \times 14.2 + 1.3} \times 100 = 10.4\%$

15-3

$C_4H_{10} + 6.5O_2 \rightarrow 4CO_2 + 5H_2O$

이론공기량 $= \dfrac{1}{0.21} \times 6.5 = 30.95$

CO_2 발생량 $= 4$

이론 건조가스량 = 이론공기량 중 질소 + 연소가스 중 CO_2

$(CO_2)_{max} = \dfrac{4}{0.79 \times 30.95 + 4} \times 100 = 14.1\%$

정답 15-1 ① 15-2 ② 15-3 ②

핵심이론 16 | 연료 연소 시 황 성분에 의한 배기가스 중 SO_2 농도 계산 ★★

① 배기가스 중의 SO_2 농도 = $\dfrac{SO_2 \text{ 생성량}}{\text{연소가스량}}$

② 이론 건조연소가스량(G_{od})

$$G_{od} = A_o \times 0.79 + \dfrac{22.4}{12}C + \dfrac{22.4}{32}S + \dfrac{22.4}{28}N$$

$$= (1-0.21)A_o + 1.867C + 0.7S + 0.8N$$

$$= A_o - 0.21\left\{\dfrac{1.876C + 5.6\left(H - \dfrac{O}{8}\right) + \dfrac{22.4}{32}S}{0.21}\right\}$$

$$\quad + 1.867C + 0.7S + 0.8N$$

$$= A_o - 5.6H + 0.7O + 0.8N$$

연료 중 O, N이 없는 경우 $G_{od} = A_o - 5.6H$

③ 실제 건조연소가스량(G_d)

$$G_d = A_o - 5.6H + 0.7O + 0.8N + (m-1)A_o$$

$$= mA_o - 5.6H + 0.7O + 0.8N$$

이론 건조연소가스량에 과잉공기량이 더해진다.

10년간 자주 출제된 문제

16-1. 비중이 0.9이고 황 함유량이 3%(무게기준)인 폐유를 4kL/h의 속도로 연소할 때 생성되는 SO_2의 부피(Sm^3)와 무게(kg)는 각각 얼마인가?(단, 황 성분은 전량 SO_2로 전환됨)

① $118.9Sm^3$, 259kg
② $97.9Sm^3$, 238kg
③ $75.6Sm^3$, 216kg
④ $57.8Sm^3$, 208kg

16-2. 탄소 84%, 수소 15%, 황 1%인 폐기물을 공기비 1.2로 완전 연소하였다. 건조연소가스 중의 SO_2 함량은?(단, 표준 상태 기준, 황은 모두 SO_2로 변환)

① 약 0.055%
② 약 0.155%
③ 약 0.255%
④ 약 0.355%

|해설|

16-1
- 폐유 중 황 함유량 = 4kL/h × 900kg/kL × 0.03 = 108kg/h
- SO_2의 부피

  S + O_2 → SO_2
  32kg — 22.4Sm^3
  108kg — xSm^3

  $x = \dfrac{108 \times 22.4}{32} = 75.6Sm^3$

- SO_2의 무게

  S + O_2 → SO_2
  32kg — 64kg
  108kg — xSm^3

  $x = \dfrac{108 \times 64}{32} = 216$kg

16-2
- 이론공기량 A_o

  $= \dfrac{1}{0.21}\left\{\dfrac{22.4}{12}C + \dfrac{11.2}{2}\left(H - \dfrac{O}{8}\right) + \dfrac{22.4}{32}S\right\}$

  $= \dfrac{1}{0.21}\left\{\dfrac{22.4}{12} \times 0.84 + \dfrac{11.2}{2} \times 0.15 + \dfrac{22.4}{32} \times 0.01\right\}$

  $= 11.5Sm^3/kg$

- 실제건조연소가스량(G_d) = $mA_o - 5.6H + 0.7O + 0.8N$

  $= 1.2 \times 11.5 - 5.6 \times 0.15$
  $= 12.96Sm^3/kg$

- SO_2 생성량 = 0.7S = 0.7 × 0.01 = 0.007Sm^3/kg

  S + O_2 → SO_2
  32kg — 22.4Sm^3
  1kg — $\dfrac{22.4}{32}Sm^3$

- SO_2 농도 = $\dfrac{0.007}{12.96} \times 100 = 0.054\%$

정답 16-1 ③ 16-2 ①

| 핵심이론 17 | 표준상태에서의 기체 부피 계산 ★

① 표준상태에서 기체 1kmol의 부피는 22.4m³이다.
② 기체의 무게가 주어진 경우 kmol 수로 환산한 후 22.4m³를 곱해주면 부피로 환산된다.

10년간 자주 출제된 문제

CO_2 10kg의 표준상태에서 부피는?(CO_2는 이상기체이고, 표준상태로 가정한다)

① $3.1m^3$
② $4.1m^3$
③ $5.1m^3$
④ $6.1m^3$

|해설|

$44kg : 22.4Sm^3 = 10kg : x\,m^3$

$x = \dfrac{22.4 \times 10}{44} = 5.09 Sm^3$

정답 ③

3. 발열량

| 핵심이론 18 | Dulong식 ★

① 고위발열량(H_h)

$$= 8,100C + 34,000\left(H - \dfrac{O}{8}\right) + 2,500S \text{ (kcal/kg)}$$

② 저위발열량(H_l)
  ㉠ 고체, 액체연료인 경우
    저위발열량(H_l) = 고위발열량(H_h) − 600(9H + W)
  ㉡ 기체연료인 경우
    저위발열량(H_l) = 고위발열량(H_h) − 480 × $n\,H_2O$
    (여기서, 480kcal/Sm³은
     $600 \text{kcal/kg} \times \dfrac{18 kg\,H_2O}{22.4 Sm^3\,H_2O}$ 에서 나온 값임)

10년간 자주 출제된 문제

어떤 폐기물의 원소조성 성분을 분석해보니 C : 51.9%, H : 7.62%, O : 38.15%, N : 2.0%, S : 0.33%이었다면 고위발열량 H_h은?(단, Dulong 식으로 계산)

① 약 8,800kcal/kg
② 약 7,200kcal/kg
③ 약 6,100kcal/kg
④ 약 5,200kcal/kg

|해설|

$H_h = 8,100C + 34,000\left(H - \dfrac{O}{8}\right) + 2,500S$

$= 8,100 \times 0.519 + 34,000 \times \left(0.0762 - \dfrac{0.3815}{8}\right) + 2,500 \times \dfrac{0.33}{100}$

$= 5,181.6 \text{kcal/kg}$

★ S처럼 함량이 작은 경우 %를 비율로 환산하는 것이 헷갈릴 수 있으므로 100으로 나누어주는 것이 실수할 우려가 적다.

정답 ④

핵심이론 19 | 정압비열과 이론연소 온도 ★★

① 정압비열의 단위 자체가 공식이 되므로 이를 적절히 단위환산한다.

$$정압비열 = \frac{저위발열량}{연소가스량 \times 온도}$$

$$\rightarrow 온도 = \frac{저위발열량}{연소가스량 \times 정압비열}$$

② 계산된 온도에 기준온도를 더해준다.

10년간 자주 출제된 문제

저위발열량이 8,000kcal/Sm³의 가스연료의 이론연소 온도는 몇 ℃인가?(단, 이론연소가스량은 10Sm³/Sm³, 연료연소가스의 평균 정압비열은 0.35kcal/Sm³℃, 기준온도는 실온(15℃)으로 한다. 지금 공기는 예열되지 않으며, 연소가스는 해리되지 않는 것으로 한다)

① 약 2,100℃
② 약 2,200℃
③ 약 2,300℃
④ 약 2,400℃

|해설|

$$온도 = \frac{저위발열량}{연소가스량 \times 정압비열} = \frac{8,000}{10 \times 0.35} = 2,286℃$$

기준온도를 더해주면 2,286 + 15 = 2,301℃

정답 ③

핵심이론 20 | 고위발열량과 저위발열량 ★★

① 저위발열량 = 고위발열량 - 물의 증발잠열
② 수증기의 증발잠열 : 480kcal/Sm³

★ 경우에 따라 수증기의 증발잠열이 주어지지 않는 경우가 있으므로 암기해 두자.

10년간 자주 출제된 문제

20-1. 메테인의 저위발열량이 8,540kcal/Sm³으로 계산되었다면 고위발열량의 측정치는?(단, 수증기의 증발잠열은 480kcal/Sm³)

① 9,100kcal/Sm³
② 9,200kcal/Sm³
③ 9,500kcal/Sm³
④ 9,700kcal/Sm³

20-2. 에테인(C_2H_6)의 고위발열량이 16,620kcal/Sm³이라면 저위발열량(kcal/Sm³)은?

① 14,880
② 14,980
③ 15,180
④ 15,380

|해설|

20-1
$CH_4 + 2O_2 \rightarrow CO_2 + 2H_2O$ 이므로
메테인 1몰이 연소되면 2몰의 수증기가 발생한다.
고위발열량 = 저위발열량 + 물의 증발잠열
= 8,540 + 480 × 2
= 9,500kcal/Sm³

20-2
$C_2H_6 + 3.5O_2 \rightarrow 2CO_2 + 3H_2O$로부터
저위발열량 = 고위발열량 - 물의 증발잠열
= 16,620 - 480 × 3
= 15,180kcal/Sm³

정답 20-1 ③ 20-2 ③

제2절 소각공정 및 소각로

1. 소각로의 종류 및 특성

핵심이론 01 소각로의 종류와 특성 ★★★

① 화격자(스토커식) 소각로
  ㉠ 생활폐기물 소각 시 가장 대표적인 소각 방식이다.
  ㉡ 고온 중에서 기계적으로 구동하므로, 금속부의 마모손실이 심한 편이다.

② 유동층(유동상) 소각로
  ㉠ 슬러지 소각에 활용된다.
  ㉡ 기계적 구동 부분이 적어 고장률이 낮고, 유지관리가 용이하다.
  ㉢ 연소효율이 높아 미연소분이 적고 2차 연소실이 불필요하다.
  ㉣ 유동매체의 열용량이 커서 액상, 기상, 고형폐기물의 전소 및 혼소가 가능하다.
  ㉤ 유동매체의 축열량이 높은 관계로 단기간 정지 후 가동 시 보조연료 사용 없이 정상가동이 가능하다.
  ㉥ 상으로부터 찌꺼기의 분리가 어렵다.
  ㉦ 반응시간이 빨라 소각시간이 짧다(노부하율이 높다).
  ㉧ 투입이나 유동화를 위해 전처리(파쇄)가 필요하다.
  ㉨ 가스의 온도가 낮고 과잉공기량이 낮아 NO_x 배출이 적다.

③ 로터리 킬른식 소각로(회전로)
  ㉠ 유해폐기물 소각에 이용된다.
  ㉡ 드럼이나 대형 용기를 그대로 집어넣을 수 있다.
  ㉢ 습식가스 세정시스템과 함께 사용할 수 있다.
  ㉣ 넓은 범위의 액상 및 고상 폐기물을 소각할 수 있다.
  ㉤ 용융상태의 물질에 의하여 방해받지 않는다.
  ㉥ 예열, 혼합, 파쇄 등 전처리 없이 주입이 가능하다.
  ㉦ 로에서의 공기의 유출이 크다.
  ㉧ 열효율이 낮은 편이다.

④ 다단로 방식 소각로
  ㉠ 슬러지 소각에 활용된다.
  ㉡ 내화물을 입힌 가열판, 중앙의 회전축, 일련의 평판상을 구성하는 교반팔로 구성되어 있다.
  ㉢ 천연가스, 프로페인, 오일, 폐유 등 다양한 연료를 사용할 수 있다.
  ㉣ 체류시간이 길어 휘발성이 낮은 폐기물 연소에 유리하다.
  ㉤ 다량의 수분이 증발되므로 수분함량이 높은 폐기물의 연소가 가능하다.
  ㉥ 체류시간이 길기 때문에 온도반응이 더디다.
  ㉦ 늦은 온도 반응 때문에 보조연료사용을 조절하기 어렵다.
  ㉧ 가동부(교반팔, 회전중심축)가 있으므로 유지비가 높다.
  ㉨ 분진발생량이 많다.
  ㉩ 유해폐기물의 완전분해를 위해서는 2차연소실이 필요하다.

⑤ 액체주입형 연소기
  ㉠ 광범위한 종류의 액상폐기물을 연소할 수 있다.
  ㉡ 구동장치가 없어서 고장이 적다.
  ㉢ 버너노즐을 이용하여 액체를 미립화하여야 한다.
  ㉣ 소각재의 배출설비가 없으므로 회분함량이 낮은 액상폐기물에 사용한다.
  ㉤ 고형물의 농도가 높으면 버너가 막히기 쉽다.

10년간 자주 출제된 문제

1-1. 유동층 소각로의 장단점을 설명한 것 중 틀린 것은?
① 기계적 구동 부분이 많아 고장률이 높다.
② 연소효율이 높아 미연소분이 적고 2차 연소실이 불필요하다.
③ 상으로부터 찌꺼기의 분리가 어렵다.
④ 반응시간이 빨라 소각시간이 짧다(노부하율이 높다).

1-2. 로터리 킬른식(Rotary Kiln) 소각로의 특징에 대한 설명으로 틀린 것은?
① 습식가스 세정시스템과 함께 사용할 수 있다.
② 넓은 범위의 액상 및 고상 폐기물을 소각할 수 있다.
③ 용융상태의 물질에 의하여 방해받지 않는다.
④ 예열, 혼합, 파쇄 등 전처리 후 주입한다.

|해설|

1-1
유동층 소각로는 기계적 구동 부분이 적어 유지관리가 용이하다.

1-2
전처리 없이 주입이 가능하다.

정답 1-1 ① 1-2 ④

핵심이론 02 | 연소실 내 가스와 폐기물 흐름에 따른 소각로 형식 구분 ★★

종류	형태	특징
역류식	폐기물과 연소가스의 흐름이 반대	수분이 많고 저위발열량이 낮은 폐기물에 적합
병류식	폐기물과 연소가스의 흐름이 같음	저위발열량이 높은 폐기물에 적합
교류식	역류식과 병류식의 중간 형태	-
복류식	2개의 출구를 가지고 있고 댐퍼로 개폐 조절	-

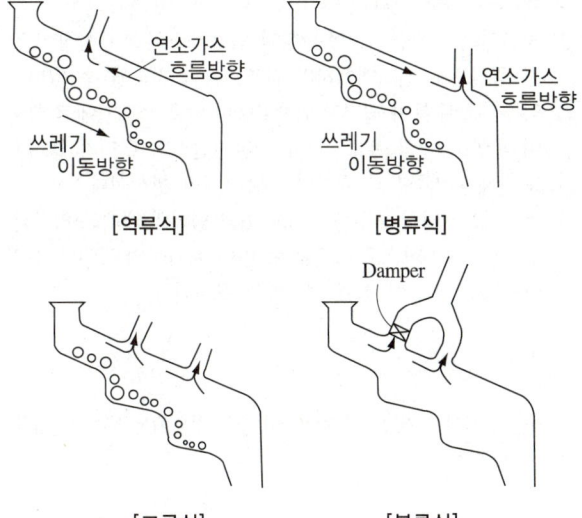

[역류식] [병류식]
[교류식] [복류식]

10년간 자주 출제된 문제

2-1. 소각로 본체의 형식 중 병류식에 관한 설명으로 옳지 않은 것은?

① 폐기물의 이송방향과 연소가스의 흐름방향이 같은 형식이다.
② 수분이 적고 저위발열량이 높은 폐기물에 적합하다.
③ 건조대에서의 건조효율이 저하될 수 있다.
④ 폐기물의 질이나 저위발열량 변동이 심한 경우에 사용한다.

2-2. 소각로 내 연소가스와 폐기물 흐름에 따른 조작방법에 대한 설명으로 옳지 않은 것은?

① 병류식은 폐기물의 이송방향과 연소가스의 흐름방향이 같은 형식으로 건조대에서의 건조효율이 저하될 수 있다.
② 역류식은 수분이 적고 저위발열량이 낮은 쓰레기에 적합하며 후연소 내의 온도저하나 불완전연소의 우려가 없다.
③ 교류식은 역류식과 병류식의 중간적인 형식이다.
④ 복류식은 2개의 출구를 가지고 있고 댐퍼의 개폐로 역류식, 병류식, 교류식으로 조절할 수 있어 폐기물의 질이나 저위발열량의 변동이 심할 경우에 사용한다.

|해설|

2-1
폐기물의 질이나 저위발열량 변동이 심한 경우에는 복류식(2회류식)을 사용한다.

2-2
역류식은 수분이 많고 저위발열량이 낮은 쓰레기에 적합하며 후연소 내의 온도저하나 불완전연소가 발생할 수 있다.

정답 2-1 ④ 2-2 ②

핵심이론 03 | 폐기물 열분해 ★★

① 열분해 : 폐기물에 산소가 없는 상태에서 외부로부터 열을 공급하면 분해와 응축과정을 거쳐 가스, 액체, 고체 상태의 연료가 생산된다.
② 저온 열분해는 500~900℃, 고온 열분해는 1,100~1,500℃ 정도이다.
③ 온도가 증가할수록 수소함량은 증가되며, CO_2 함량은 감소된다.

10년간 자주 출제된 문제

3-1. 열분해에 대한 설명으로 옳지 않은 것은?

① 열분해공정은 산소가 없는(무산소) 상태에서 발열반응을 한다.
② 열분해공정으로부터 아세트산, 아세톤, 메탄올 등과 같은 액체상 물질을 얻을 수 있다.
③ 열분해 온도가 증가할수록 발생가스 내 CO_2 구성비는 감소한다.
④ 열분해 장치는 고정상, 유동상, 부유상태 장치로 구분되어질 수 있다.

3-2. 열분해가 소각처리에 비해 갖는 장점으로 옳지 않은 것은?

① 배기가스량이 적다.
② 황 및 중금속이 회분 속에 고정되는 비율이 작다.
③ 상대적으로 저온이기 때문에 NO_x의 발생량이 적다.
④ 환원성 분위기가 유지되므로 3가크롬이 6가크롬으로 변화되기 어렵다.

|해설|

3-1
열분해공정은 산소가 없는(무산소) 상태에서 흡열반응을 한다.

3-2
황 및 중금속이 회분 속에 고정되는 비율이 크다.

정답 3-1 ① 3-2 ②

2. 소각로의 설계 및 유지관리

핵심이론 04 | 연소실 열부하와 화상부하율 ★★★

① 연소실 열부하와 화상부하율(화격자 연소율)은 단위 자체가 공식이 된다.
② 연소실 열부하로부터 연소실의 부피를 구할 수 있으며, 화상부하율로부터는 화격자 바닥 면적을 구할 수 있다.

 ⊙ 연소실 열부하 $\left(\dfrac{kcal/h}{m^3}\right)$

  $= \dfrac{\text{시간당 폐기물 소각량} \times \text{저위발열량}}{\text{연소실 부피}}$

 ⓛ 화상부하율 $\left(\dfrac{kg/h}{m^2}\right) = \dfrac{\text{시간당 폐기물 소각량}}{\text{화격자 면적}(m^2)}$

10년간 자주 출제된 문제

4-1. 다음의 조건에서 화격자 연소율($kg/m^2 \cdot h$)은?(쓰레기 소각량 : 100,000kg/d, 1일 가동시간 : 8시간, 화격자 면적 : $50m^2$)

① $185kg/m^2 \cdot h$
② $250kg/m^2 \cdot h$
③ $320kg/m^2 \cdot h$
④ $2,300kg/m^2 \cdot h$

4-2. 세로, 가로, 높이가 각각 1.0m, 1.2m, 1.5m인 연소실의 연소실 열부하량을 $6 \times 10^5 kcal/m^3 \cdot h$로 유지하기 위해서 연소실 내로 발열량 10,000kcal/kg의 중유가 1시간당 투입, 연소되는 양(kg)은?

① 108kg/h
② 128kg/h
③ 148kg/h
④ 168kg/h

|해설|

4-1

화상부하율 $\left(\dfrac{kg/h}{m^2}\right) = \dfrac{\text{시간당 폐기물 소각량}}{\text{화격자 면적}(m^2)}$

$= \dfrac{100,000kg}{d} \times \dfrac{d}{8h} \times \dfrac{1}{50m^2} = 250\,kg/m^2 \cdot h$

4-2

연소실 열부하 $\left(\dfrac{kcal/h}{m^3}\right) = \dfrac{\text{시간당 폐기물 소각량} \times \text{저위발열량}}{\text{연소실 부피}}$

$6 \times 10^5 \left(\dfrac{kcal/h}{m^3}\right) = \dfrac{x \times 10,000 kcal/kg}{1 \times 1.2 \times 1.5 m^3}$

$x = \dfrac{6 \times 10^5 \times 1.8}{10,000} = 108\,kg/h$

정답 4-1 ②   4-2 ①

핵심이론 05   고온부식과 저온부식 ★

① **고온부식** : 320℃ 온도 이상일 때 소각재 중의 금속염이 촉매로 작용하여 염화철 또는 알칼리철 황산염의 생성 및 분해에 의한 부식(600~700℃에서 부식이 가장 잘 일어남)

② 화격자에서의 고온부식 방지 대책
  ㉠ 화격자의 냉각률을 올린다.
  ㉡ 공기주입량을 늘려 화격자를 냉각시킨다.
  ㉢ 부식되는 부분에 고온공기를 주입하지 않는다.
  ㉣ 화격자의 재질을 고크롬, 저니켈강으로 한다.

③ **저온부식** : 배기가스 중의 SO_2가 노점(이슬점, 150℃) 이하가 되면 수분에 부식성 가스가 용해되어 산을 형성함에 따라 철재류를 부식시키는 현상

④ 저온부식 대책
  ㉠ 내부식성 재질 사용
  ㉡ 연소가스와의 접촉 방지
  ㉢ 가스의 재가열로 가스온도를 노점 이상으로 상승시킨다.

※ 방식(防蝕) 대책 : 부식을 방지하기 위한 대책

10년간 자주 출제된 문제

5-1. 쓰레기 소각로의 부식에서 고온부식이 가장 잘 일어나는 온도범위는?

① 200~300℃
② 400~500℃
③ 600~700℃
④ 800~900℃

5-2. 소각로 화격자에서 고온부식은 국부적으로 연소가 심한 장소에서 화격자의 온도가 상승함에 따라 발생한다. 방식대책으로 틀린 것은?

① 화격자의 냉각률을 올린다.
② 공기주입량을 줄여 화격자의 과열을 막는다.
③ 부식되는 부분에 고온공기를 주입하지 않는다.
④ 화격자의 재질을 고크롬, 저니켈강으로 한다.

|해설|

5-1
고온부식은 600~700℃에서 가장 심하고, 700℃ 이상에서는 완만한 속도로 진행된다.

5-2
공기주입량을 늘려 화격자를 냉각시킨다.

정답 5-1 ③   5-2 ②

3. 소각재 처분

핵심이론 06 | 소각재의 종류 ★

① 바닥재(Bottom Ash)
  ㉠ 소각로 하부로부터 배출되며 입자가 크고 유해물질을 함유하고 있지 않아 일반폐기물로 취급
  ㉡ 주요 구성성분은 입자가 큰 불연물질로서 돌, 쇠붙이, 유리병, 깡통
  ㉢ 깡통 등 유가성의 철편류가 함유되어 있으므로 철편류 회수시설을 설치

② 비산재(Fly Ash)
  ㉠ 폐열보일러 및 연소가스 처리설비 등에서 포집되는 재
  ㉡ 입자가 미세하고 중금속, 다이옥신 등의 유해물질을 함유할 수 있어 지정폐기물로 분류

10년간 자주 출제된 문제

도시쓰레기 소각시설에서 발생하는 소각잔재물은 바닥재 및 비산재로 구분된다. 다음 중에서 바닥재에 해당하는 것은?

① 소각재로부터 이송된 입자상 물질 및 Flue Gas 흐름으로부터 제거된 Sorbent 주입 전의 응축된 재
② 소각로 화격자의 Outburn Section에서 배출된 재
③ 유동상 소각로 내의 폐열보일러 앞부분에 위치한 Hot Cyclone에 의하여 모여지는 입자상의 재
④ Wet Scrubber System으로부터 배출되는 고체상의 재

정답 ②

핵심이론 07 | 소각재의 밀도, 중량, 체적 관계 ★★

$$밀도 = \frac{질량}{부피}$$

10년간 자주 출제된 문제

가정에서 발생되는 쓰레기를 소각시킨 후 재의 중량은 1/5이 발생되었다. 이때 100ton을 소각하여 소각재 부피가 20m³이 되었다면 소각재의 밀도는?

① 2.0ton/m³
② 1.5ton/m³
③ 1.0ton/m³
④ 0.5ton/m³

|해설|

재의 중량 = $100\text{ton} \times \frac{1}{5} = 20\text{ton}$

소각재 밀도 = $\frac{질량}{부피} = \frac{20\text{ton}}{20\text{m}^3} = 1\text{ton/m}^3$

정답 ③

| 핵심이론 08 | 소각 전후의 소각재 밀도 계산, 부피 감소율과 무게감소율 비교 ★★ |

① 밀도 = $\frac{질량}{부피}$

② 부피감소율 = $\frac{감소된 부피}{처음 부피} \times 100$

10년간 자주 출제된 문제

8-1. 밀도가 800kg/m³인 폐기물을 처리하는 소각로에서 질량감소율은 85%이고 부피감소율은 90%이었을 경우 이 소각로에 발생하는 소각재의 밀도는?

① 1,500kg/m³ ② 1,400kg/m³
③ 1,300kg/m³ ④ 1,200kg/m³

8-2. 밀도가 500kg/m³인 도시형 쓰레기 50톤을 소각한 결과 밀도가 1,500kg/m³인 소각재 15톤이 발생되었다면 소각 시 용량 감소율(%)은?

① 80 ② 85
③ 90 ④ 95

|해설|

8-1

1ton의 폐기물을 가정하면 이 폐기물의 부피는

$1,000kg \times \frac{m^3}{800kg} = 1.25 m^3$

- 질량감소율이 85%이므로 소각재 질량 = 150kg
- 부피감소율이 90%이므로 소각재 부피 = $1.25 \times 0.1 = 0.125 m^3$

∴ 소각재 밀도 = $\frac{150kg}{0.125 m^3} = 1,200 kg/m^3$

8-2

- 쓰레기 50ton의 부피
= $50ton \times \frac{1,000kg}{ton} \times \frac{m^3}{500kg} = 100 m^3$
- 소각재 15ton의 부피
= $15ton \times \frac{1,000kg}{ton} \times \frac{m^3}{1,500kg} = 10 m^3$

∴ 부피감소율 = $\frac{100-10}{100} \times 100 = 90\%$

정답 8-1 ④ 8-2 ③

4. 연소가스 처리 및 오염방지

| 핵심이론 09 | 대기오염 방지 장치 ★ |

① 여과집진기(Bag Filter) : 폐기물 소각시설에서 가장 일반적으로 많이 사용하는 집진 방식

② 전기집진기(ESP ; Electrostatic Precipitator)
  ㉠ 코로나 방전에 의해 발생하는 전기력으로 입자를 대전시켜 집진한다.
  ㉡ 집진효율이 높다.
  ㉢ 대량의 분진함유 가스의 처리가 가능하다.
  ㉣ 운전, 유지/보수 비용이 저렴하다.
  ㉤ 고온 가스 및 대량가스 처리가 가능하다.
  ㉥ 회수가치 입자 포집에 유리하고, 압력손실이 적어 소요동력이 적다.
  ㉦ 설치비용이 많이 소요되고 설치공간을 많이 차지한다.
  ㉧ 분진의 부하변동(전압변동)에 적응하기 곤란하며, 고전압으로 안전사고의 위험성이 높다.

★ 과년도 문제에서 전기집진기에 관한 문제가 가장 많이 출제되고 있다. 꼭 익혀 두자!

③ 사이클론(Cyclone)
  ㉠ 압력손실이 비교적 적다.
  ㉡ 설치비가 낮고 고온에서 운전 가능하다.
  ㉢ 비교적 압력손실은 적으나 미세입자의 집진효율은 낮다.
  ㉣ 수분함량이 높은 먼지의 집진이 어렵고, 분진량과 유량의 변화에 민감하다.

④ 세정식 집진시설(Wet Scrubber)
  ㉠ 미세분진 채취효율이 높고 2차적 분진처리가 불필요하다.
  ㉡ 좁은 공간에도 설치가 가능하다.
  ㉢ 냉한기에 세정수의 동결에 의한 대책수립이 필요하다.
  ㉣ 부식성 가스로 인한 부식 잠재성이 있다.

10년간 자주 출제된 문제

9-1. 소각로에서 발생하는 유해가스 처리시설인 사이클론에 관한 일반적 내용으로 옳지 않은 것은?

① 압력손실(80~100mmH$_2$O)이 비교적 적다.
② 고온가스의 처리가 가능하다.
③ 분진량과 유량의 변화에 민감하다.
④ 미세입자의 채집효율이 높다.

9-2. 먼지를 제어하기 위한 전기집진장치의 장점에 해당되지 않는 것은?

① 대량의 가스를 처리할 수 있다.
② 압력손실이 적고 미세한 입자까지도 제거할 수 있다.
③ 전기변동과 같은 조건변동에 적응이 용이하다.
④ 유지관리가 용이하고 유지비가 저렴하다.

|해설|

9-1
미세입자의 집진효율이 낮다.

9-2
분진의 부하변동(전압변동)에 적응하기 곤란하다.

정답 9-1 ④ 9-2 ③

핵심이론 10 | Stokes법칙과 침강속도 ★

$$v = \frac{d^2(\rho_s - \rho)}{18\mu}$$

여기서, v : 침강속도
d : 입자의 직경
ρ_s : 입자의 밀도
ρ : 공기의 밀도
μ : 공기의 점성

10년간 자주 출제된 문제

구형 입자 분진이 최초의 입경에서 1.8배로 되면, 침강속도는 몇 배로 되는가?(단, 비중은 동일하고 Stokes법칙이 적용된다)

① 6.44배
② 4.36배
③ 3.24배
④ 2.82배

|해설|

Stokes법칙

$$v = \frac{d^2(\rho_s - \rho)}{18\mu}$$

침강속도는 입경의 제곱에 비례한다.
$1.8^2 = 3.24$배

정답 ③

| 핵심이론 11 | 백필터에서 겉보기 여과속도와 여과포의 유효면적 ★

① 백필터에서 여과속도로부터 여과포의 유효면적을 구하는 문제는 단순한 단위환산 문제이다.
② 유량 = 유속 × 단면적

10년간 자주 출제된 문제

백필터를 이용하여 가스유량이 100m³/min인 함진가스를 2.0cm/s의 여과속도로 처리하고자 한다. 소요되는 여과포의 유효면적(m²)은?

① 83.3
② 94.5
③ 111.2
④ 124.3

|해설|

$$면적 = \frac{유량}{여과속도} = \frac{100\text{m}^3/\text{min}}{\frac{2\text{cm}}{\text{s}} \times \frac{\text{m}}{100\text{cm}} \times \frac{60\text{s}}{\text{min}}} = 83.3\text{m}^2$$

정답 ①

| 핵심이론 12 | 황산화물 처리 시 부산물 양 계산 ★

부산물로 일정 순도의 황산이 회수되는 경우, 회수되는 부산물의 무게는 아래의 비례관계로 계산된 순수 황산 무게를 황산의 순도로 나눈 값을 계산하여야 하는 것에 주의해야 한다.

$$S \rightarrow H_2SO_4$$
$$32\text{kg} \quad 98\text{kg}$$

10년간 자주 출제된 문제

매시간 4ton의 폐유를 소각하는 소각로에서 발생하는 황산화물을 접촉산화법으로 탈황하고 부산물로 60%의 황산을 회수한다면 회수되는 부산물량(kg/h)은?(단, 폐유 중 황 성분 3%, 탈황률 95%라 가정함)

① 약 428
② 약 482
③ 약 538
④ 약 582

|해설|

폐유 중 황 성분은 $4,000\text{kg/h} \times 0.03 \times 0.95 = 114\text{kg/h}$
$S \rightarrow H_2SO_4$에서
32kg 98kg

$$114\text{kg} \times \frac{98}{32} \times \frac{1}{0.6} = 581.9\text{kg/h}$$

★ 60%의 황산을 회수한다는 의미에 주의할 필요가 있는데, 여기서 60%의 황산이란 황산의 '순도'를 말한다. 따라서 60%의 황산의 무게에는 40%의 물 무게가 포함된다.

정답 ④

핵심이론 13 | 산성가스 중화제 소요량 산정 ★★

① 황산화물

$SO_2 + CaCO_3 \rightarrow CaSO_3 + CO_2$

반응식에서 SO_2와 $CaCO_3$는 1 : 1로 반응한다.

② 염화수소

$2HCl + Ca(OH)_2 \rightarrow CaCl_2 + 2H_2O$

10년간 자주 출제된 문제

13-1. 황 성분이 2%인 중유 300ton/h를 연소하는 열 설비에서 배기가스 중 SO_2를 $CaCO_3$로 완전 탈황하는 경우 이론상 필요한 $CaCO_3$의 양은?(단, Ca : 40, 중유 중 S는 모두 SO_2로 산화된다)

① 약 13ton/h
② 약 19ton/h
③ 약 24ton/h
④ 약 27ton/h

13-2. 폐기물 연소 후 배출되는 배기가스 중 염화수소 농도가 361ppm이고, 배기가스 부피가 2,900Sm³/h일 때, 배기가스 내 염화수소를 $Ca(OH)_2$로 처리 시 필요한 $Ca(OH)_2$량은?(단, 표준상태를 기준으로 하고, Ca 원자량 : 40, 처리반응률은 100%로 한다)

① 1.73kg/h
② 2.82kg/h
③ 3.64kg/h
④ 4.81kg/h

|해설|

13-1

$SO_2 + CaCO_3 \rightarrow CaSO_3 + CO_2$

반응식에서 SO_2와 $CaCO_3$는 1 : 1로 반응한다.

중유 중 황 성분 양 = 300 × 0.02 = 6ton/h

S : $CaCO_3$ = 32 : 100이므로

소요 $CaCO_3 = 6 \times \dfrac{100}{32} = 18.75$ton/h

13-2

$\quad 2HCl \quad + \quad Ca(OH)_2 \rightarrow CaCl_2 + 2H_2O$
$2 \times 22.4Sm^3 \qquad 74kg$

염화수소 양 = $2,900Sm^3 \times 361 \times 10^{-6} = 1.047Sm^3$

필요한 $Ca(OH)_2$량 = $1.047Sm^3 \times \dfrac{74}{2 \times 22.4} = 1.729$kg/h

정답 13-1 ② 13-2 ①

핵심이론 14 | 질소산화물 발생억제 및 처리방법 ★★

① 질소산화물 발생억제 방법
  ㉠ 저산소 연소
  ㉡ 저온도 연소
  ㉢ 연소부분의 냉각
  ㉣ 배기가스 재순환
  ㉤ 2단 연소
  ㉥ 버너 및 연소실의 구조 개선

② 질소산화물 제거방법

SNCR(Selective Non-Catalytic Reduction) 선택적 무촉매 환원법	소각설비의 연소실 내의 950~1,100℃ 범위에서 환원제로 암모니아수나 요소를 분사하여 촉매 없이 질소산화물을 환원시킨다.
SCR(Selective Catalytic Reduction) 선택적 촉매 환원법	• 연소가스 중의 NO_x를 촉매(TiO_2, V_2O_5)의 존재하에 환원제인 암모니아와 반응시켜 환원시킨다. • 적정운전범위 : 250~400℃

10년간 자주 출제된 문제

14-1. 폐기물을 소각하는 과정에서 발생하는 질소산화물(NO_x)을 연소 조절을 통해 저감시키는 방법으로 옳지 않은 것은?

① 순산소 연소
② 연소부분의 냉각
③ 2단 연소
④ 배기가스 재순환

14-2. 소각 연소가스 중 질소산화물(NO_x)을 제거하는 방법이 아닌 것은?

① 촉매(TiO_2, V_2O_5)를 이용하여 제거하는 방법
② 촉매를 이용하지 않고 암모니아수 또는 요소수를 주입하여 제거하는 방법
③ 연소용 공기의 예열온도를 높여 제거하는 방법
④ 연소가스를 소각로로 재순환시키는 방법

|해설|

14-1
순산소 연소가 아니라 저산소 연소이다.

14-2
NO_x 농도가 높은 경우 예열공기의 온도를 낮추어서 저온도 연소가 되도록 해야 한다.

정답 14-1 ① 14-2 ③

핵심이론 15 | SCR에서 소요되는 NH₃양 산정 ★

① 6NO + 4NH$_3$ → 5N$_2$ + 6H$_2$O
   6 × 22.4Sm^3 4 × 17kg

② 반응률이 주어지면 실제 공급량은 반응률의 분율로 나누어준다(100% 반응하는 것이 아니므로, 추가적으로 약품을 더 공급해주어야 한다).

10년간 자주 출제된 문제

NO 400ppm을 함유한 연소가스 300,000Sm^3/h을 암모니아를 환원제로 하는 선택적 촉매환원법으로 처리하고자 한다. NH$_3$의 반응률의 80%로 할 때 필요한 NH$_3$량(kg/h)은?(단, 표준상태, 기타 조건은 고려하지 않음)

$$6NO + 4NH_3 \rightarrow 5N_2 + 6H_2O$$

① 약 62   ② 약 69
③ 약 71   ④ 약 76

|해설|

NO 양 = 300,000Sm^3/h × 400ppm × 10^{-6} = 120Sm^3/h
6몰의 NO(6 × 22.4Sm^3)와 4몰의 NH$_3$(4 × 17kg)이 반응하므로
필요한 NH$_3$량 = 120Sm^3/h × $\frac{4 \times 17\text{kg}}{6 \times 22.4\text{Sm}^3}$ × $\frac{1}{0.8}$ = 75.89kg/h

정답 ④

핵심이론 16 | 연소가스의 농도 환산(중량 ↔ 부피) ★★

① 가스 1kmol = kg 분자량 혹은 22.4Sm^3
② 1ppm = 10^{-6}

10년간 자주 출제된 문제

16-1. 표준상태에서 CO$_2$ 농도가 0.01%일 때 mg/m^{3}의 농도는?

① 138   ② 164
③ 196   ④ 236

16-2. 소각로 배기가스 중 HCl 농도가 544ppm이면 이는 몇 mg/Sm^{3}에 해당하는가?(단, 표준상태 기준)

① 약 665   ② 약 789
③ 약 886   ④ 약 978

|해설|

16-1
CO$_2$ 1kmol = 22.4Sm^3 혹은 44kg
0.01% = 10^{-4}이므로
22.4Sm^3 : 44kg = 10^{-4}Sm^3 : x
$x = \frac{44\text{kg} \times 10^{-4}}{22.4\text{Sm}^3} \times \frac{10^6 \text{mg}}{\text{kg}} = 196.4\,\text{mg/m}^3$

16-2
HCl 1kmol = 22.4Sm^3 혹은 36.5kg
544ppm = 544 × 10^{-6}이므로
22.4Sm^3 : 36.5kg = 544 × 10^{-6}Sm^3 : x
$x = \frac{36.5\text{kg} \times 544 \times 10^{-6}}{22.4\text{Sm}^3} \times \frac{10^6 \text{mg}}{\text{kg}} = 886.43\,\text{mg/m}^3$

정답 16-1 ③   16-2 ③

핵심이론 17 | 다이옥신 저감 방안 ★

① 1차적(사전방지) 방법
다이옥신류 전구물질을 사전에 제거한다.
② 2차적(노 내, 연소과정) 방법
  ㉠ 연소온도, 일산화탄소, 산소, 유기물의 변동을 피하기 위해 균일한 조성으로 소각로에 투입한다.
  ㉡ 다이옥신이 파괴되는 온도(850℃) 이상으로 소각로를 운전한다.
  ㉢ 다이옥신의 생성이 최소가 되는 배출가스 내 산소와 일산화탄소의 농도가 되도록 연소상태를 제어한다.
  ㉣ 입자이월을 최소화한다.
③ 3차적(후처리) 방법
  ㉠ 재합성 억제(De novo 합성) : 배기가스가 연도를 따라서 배출될 때 300℃ 부근에서의 체류시간을 최소화한다.
  ㉡ 활성탄 흡착에 의한 다이옥신을 제거한다(Bag Filter에서 비산재와 함께 제거).

10년간 자주 출제된 문제

17-1. 폐기물 소각공정에서 발생하는 다이옥신류 저감방안 및 제거기술에 관한 설명으로 가장 거리가 먼 것은?
① 소각로 예열에 의한 다이옥신 완전분해 제거기술을 도입한다.
② 소각로 배출가스의 재연소에 의한 제거기술을 도입한다.
③ 다이옥신 분해 촉매에 의한 제거기술을 도입한다.
④ 활성탄에 의한 흡착기술을 도입한다.

17-2. 소각공정에서 발생하는 다이옥신에 관한 설명으로 가장 거리가 먼 것은?
① 쓰레기 중 PVC 또는 플라스틱류 등을 포함하고 있는 합성물질을 연소시킬 때 발생한다.
② 연소 시 발생하는 미연분의 양과 비산재의 양을 줄여 다이옥신을 저감할 수 있다.
③ 다이옥신류 재형성 온도구역을 설정하여 재합성을 유도함으로써 제거할 수 있다.
④ 활성탄과 백필터를 적용하여 다이옥신을 제거하는 설비가 많이 이용된다.

|해설|

17-1
소각로 내에서 생성된 다이옥신을 완전히 분해시키기 위해서는 충분한 체류시간과 연소온도(850~950℃)가 필요하다.

17-2
De novo 합성에 의해 소각로 연도에서 재합성되므로, 재합성되는 온도구역을 통과하는 시간을 최소화하여야 한다.

정답 17-1 ① 17-2 ③

핵심이론 18 | 배출가스 농도를 표준산소 농도 조건으로 환산하기 ★

① 공식유도

배출가스 중의 산소농도가 6%(E)라면 표준산소농도 12%(S)가 되도록 산소농도 21%의 공기를 추가로 희석해야 한다.

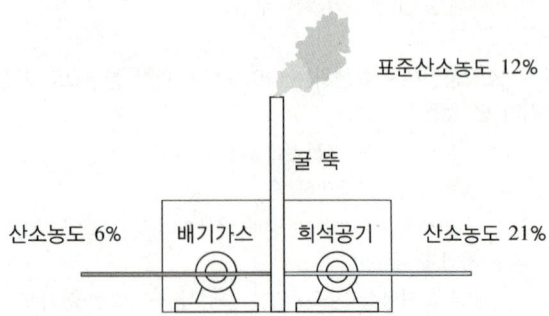

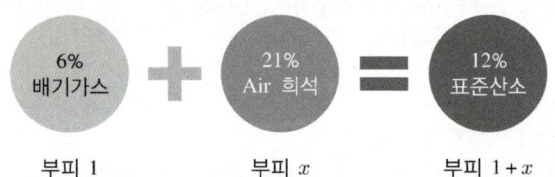

$$\frac{1\times 6 + x \times 21}{1+x} = 12$$

일반화해서 위 혼합식에 배출가스농도 6%와 표준산소농도 12% 대신에 E와 S를 대입해서 x에 대해 정리하면

$$\frac{1 \times E + x \times 21}{1+x} = S$$

$E + 21x = S + Sx$

$$x = \frac{S-E}{21-S}$$

희석 후 부피

$$1+x = \frac{(21-S)+(S-E)}{21-S} = \frac{21-E}{21-S}$$

표준산소농도에서는 희석된 만큼 측정값을 나누어주어야 하므로

보정계수 $m = \dfrac{21-S}{21-E}$

여기서, S : 표준산소농도
E : 배출가스 산소농도

※ 보정계수 m은 $S > E$인 경우 1보다 작은 값이 되고, $S < E$인 경우 1보다 큰 값이 된다.

10년간 자주 출제된 문제

소각로에서 NO_x 배출농도가 270ppm, 산소 배출농도가 12%일 때 표준산소(6%)로 환산한 NO_x 농도(ppm)는?

① 120 ② 135
③ 162 ④ 450

|해설|

- 공식유도에 의한 계산
산소농도 12%를 표준산소 6%로 환산하기 위해서는 표준산소 6%의 연소가스(부피를 1로 가정)를 산소농도 21%의 공기(부피를 x로 가정)와 희석하여 산소 배출농도 12%를 맞추고, 이때의 공기희석비율($1+x$)을 농축계수로 곱해주면 된다.

$$\frac{1\times 6 + x \times 21}{1+x} = 12$$

$$x = \frac{6}{9} = \frac{2}{3}$$

6%를 12%로 희석할 때 희석배율이 $1 + \dfrac{2}{3} ≒ 1.67$이므로 산소농도 12%의 가스를 표준산소 6%로 환산하기 위해서는 1.67(농축계수)을 곱해주면 된다.

∴ $270 \times 1.67 ≒ 451$ppm

- 공식에 의한 계산

보정계수 $m = \dfrac{21 - \text{표준산소농도}}{21 - \text{배출가스 산소농도}} = \dfrac{21-6}{21-12} = \dfrac{15}{9}$

$≒ 1.67$

∴ $1.67 \times 270 ≒ 451$ppm

정답 ④

5. 에너지 회수 설비

핵심이론 19 | 열교환기 ★★★

① 과열기(Superheater)
  ㉠ 보일러에서 발생하는 포화증기에는 다수의 수분이 함유되어 있는데, 이것을 과열하여 수분을 제거하고 과열도가 높은 증기를 얻기 위해 설치한다.
  ㉡ 과열기의 재질은 탄소강, 니켈, 몰리브덴, 바나듐 등을 함유한 특수 내열 강관을 사용한다.
  ㉢ 부착위치에 따라 방사형, 대류형, 방사/대류형으로 분류한다.
② 재열기(Reheater)
  과열기와 같은 구조로 되어있으며, 과열기의 중간 또는 뒤쪽에 배치된다.
③ 절탄기(Economizer, 석탄을 절약하는 기계)
  연도에 설치되며, 보일러 전열면을 통하여 연소가스의 여열로 보일러 급수를 예열하여 보일러의 효율을 높이는 장치이다.
④ 공기예열기
  가스여열을 이용하여 연소용 공기를 예열하여 보일러의 효율을 높이는 장치이다.
⑤ 일반적인 설치 순서
  과열기 → 재열기 → 절탄기 → 공기예열기

10년간 자주 출제된 문제

19-1. 열교환기인 과열기에 대한 설명으로 틀린 것은?
① 과열기는 그 부착 위치에 따라 전열 형태가 다르다.
② 방사형 과열기는 화실의 천정부 또는 로벽에 배치한다.
③ 일반적으로 보일러의 부하가 높아질수록 방사 과열기에 의한 과열온도가 상승한다.
④ 과열기의 재료는 탄소강과 니켈, 몰리브덴, 바나듐 등을 함유한 특수 내열 강관을 사용한다.

19-2. 일반적으로 과열기의 중간 또는 뒤쪽에 배치되어 증기 터빈 속에서 팽창하여 포화증기에 도달한 증기를 도중에서 이끌어내어 그 압력으로 다시 가열하여 터빈에 되돌려 팽창시키는 열교환기는?
① 재열기
② 절탄기
③ 공기예열기
④ 압열기

|해설|
19-1
방사형 과열기는 보일러의 부하가 높아질수록 과열온도가 저하되는 경향이 있다.

정답 19-1 ③ 19-2 ①

핵심이론 20 | 증기 터빈 형식 ★★

분류관점	터빈 형식
증기작동방식	충동 터빈, 반동 터빈, 혼합식 터빈
증기이용방식	배압 터빈, 추기배압 터빈, 복수 터빈, 추기 복수 터빈, 혼합 터빈
피구동기	• 발전용 : 직결형 터빈, 감속형 터빈 • 기계구동용 : 급수펌프 구동터빈, 압축기 구동터빈
증기유동방향	축류 터빈, 반경류 터빈
흐름수	단류 터빈, 복류 터빈

★ 비교적 자주 출제되고 있으므로 무조건 외우는 수밖에 없다.

10년간 자주 출제된 문제

20-1. 증기 터빈 형식이 축류 터빈, 반경류 터빈인 경우 분류관점으로 옳은 것은?

① 증기작동방식
② 증기이용방식
③ 피구동기
④ 증기유동방향

20-2. 증기 터빈에 대한 설명으로 옳지 않은 것은?

① 증기작동방식으로 분류하면 충동 터빈, 반동 터빈, 혼합식 터빈으로 나누어진다.
② 증기이용방식으로 분류하면 발전용 터빈, 일반용 터빈으로 나누어진다.
③ 증기유동방향으로 분류하면 축류 터빈, 반경류 터빈으로 나누어진다.
④ 흐름수로 분류하면 단류 터빈, 복류 터빈으로 나누어진다.

20-3. 증기 터빈 중에서 산업용의 약 70%를 점하는 것으로 증기를 다량으로 소비하는 산업 분야에 널리 적용되고 있으며 열효율은 90%에 가까운 평가를 기대할 수 있는 것은?(단, 증기 터빈 분류관점 : 증기이용방식 기준)

① 충동 터빈
② 배압 터빈
③ 단류 터빈
④ 케이싱 터빈

|해설|

20-3
배압 터빈 이외는 증기이용방식이 아니다.
① 충동 터빈(증기작동방식)
③ 단류 터빈(흐름수)
④ 케이싱 터빈(케이싱 수)

정답 20-1 ④ 20-2 ② 20-3 ②

핵심이론 21 | 정압비열을 이용한 온도 계산 ★★

① 열량 = 질량 × 비열 × 온도차
② 배기가스의 정압비열은 물의 비열과 마찬가지로 가스에 대한 비열이다.

10년간 자주 출제된 문제

21-1. 소각로에 열교환기를 설치, 배기가스의 열을 회수하여 급수예열에 사용할 때 급수 출구온도는 몇 ℃인가?(단, 배기가스량 : 100kg/h, 급수량 : 200kg/h, 배기가스 열교환기 유입온도 : 500℃, 출구온도 : 200℃, 급수의 입구온도 : 10℃, 배기가스 정압비열 : 0.24kcal/kg · ℃)

① 26
② 36
③ 46
④ 56

21-2. 연료를 이론산소량으로 완전연소시켰을 경우의 이론연소온도는 몇 ℃인가?(단, 발열량 5,000kcal/Sm³, 이론연소가스량 20Sm³/Sm³, 연소가스 평균 정압비열 : 0.35kcal/Sm³ · ℃, 실온 15℃이다)

① 약 670
② 약 690
③ 약 710
④ 약 730

|해설|

21-1
열량 = 질량 × 비열 × 온도차
수온상승에 기여하는 열량 = 200kg/h × 1kcal/kg × (T_o − 10)
가스의 열교환 열량 = 100kg/h × 0.24kcal/kg · ℃ × (500 − 200)℃
= 7,200kcal/h
200 × (T_o − 10) = 7,200에서
T_o = 46℃

21-2
연료 1Sm³에 대하여

이론연소온도 = $\dfrac{열량}{연소가스량 × 정압비열}$ + 실온

= $\dfrac{5,000}{20 × 0.35}$ + 15

= 729.3℃

정답 21-1 ③ 21-2 ④

6. 회수 에너지 이용

| 핵심이론 22 | 고형연료제품의 품질기준 | ★ |

고형연료제품의 품질기준 항목(SRF ; Solid Refuse Fuel)
① 발열량
    ㉠ 수입 고형연료제품 : 3,650kcal/kg 이상
    ㉡ 제조 고형연료제품 : 3,500kcal/kg 이상
② 수분 함유량 : 15wt% 이하(성형 기준)
③ 회분 함유량 : 20wt% 이하
④ 염소 함유량 : 2.0wt% 이하
⑤ 기타 : 황분, 금속성분에 대한 함량 기준이 있다.
※ 출처 : 자원의 절약과 재활용촉진에 관한 법률 시행규칙 [별표 7]

10년간 자주 출제된 문제

RDF를 대량 사용하고자 할 경우의 구비조건에 관한 설명으로 옳지 않은 것은?
① 함수율이 낮을 것
② 칼로리가 낮을 것
③ 재의 양이 적을 것
④ RDF의 조성이 균일할 것

|해설|

발열량이 높아야 한다.

정답 ②

CHAPTER 04 폐기물공정시험기준(방법)

※ CHAPTER 04는 개정으로 인하여 기준 내용이 도서와 달라질 수 있으며, 가장 최신 기준의 내용은 국가법령정보센터 (https://www.law.go.kr/)를 통해서 확인이 가능합니다.

제1절 총 칙

1. 일반사항

핵심이론 01 | 농 도 ★

① 백분율 : 용액 또는 기체 100mL 중 성분무게(g)를 표시할 때는 W/V%, 용액 또는 기체 100mL 중 성분용량(mL)을 표시할 때는 V/V%, 용액 100g 중 성분용량(mL)을 표시할 때는 V/W%, 용액 100g 중 성분무게(g)를 표시할 때는 W/W%의 기호를 쓴다. 다만, 용액의 농도를 "%"로만 표시할 때는 W/V%를 말한다.

② 백만분율(ppm ; parts per million) : mg/L, mg/kg

③ (1→10), (1→100) 또는 (1→1,000) : 1g(1mL)을 용매에 녹여 전체 양을 10mL, 100mL 또는 1,000mL로 한다.

④ 염산(1+2) : 염산 1mL와 물 2mL를 혼합하여 조제한 것

10년간 자주 출제된 문제

용액의 농도에 관한 다음 설명 중 옳지 않은 것은?

① (1→10)의 의미는 고체성분 1g을 용매에 녹여 전체량을 10g으로 하는 것임
② (1→100)의 의미는 액체성분 1mL를 용매에 녹여 전체량을 100mL로 하는 것임
③ (1→1,000)의 의미는 액체성분 1mL를 용매에 녹여 전체량을 1L로 하는 것임
④ 염산(1+2)의 의미는 염산 1mL와 물 2mL를 혼합하여 제조한 것임

|해설|
(1→10)의 의미는 고체성분 1g을 용매에 녹여 전체량을 10mL로 하는 것임

정답 ①

핵심이론 02 | 온 도 ★

① 표준온도 : 0℃
② 상온 : 15~25℃
③ 실온 : 1~35℃
④ 찬 곳 : 0~15℃
⑤ 냉수 : 15℃ 이하
⑥ 온수 : 60~70℃
⑦ 열수 : 약 100℃

10년간 자주 출제된 문제

온도의 표시방법으로 옳지 않은 것은?

① 실온은 1~25℃로 한다.
② 찬 곳은 따로 규정이 없는 한 0~15℃의 곳을 뜻한다.
③ 온수는 60~70℃를 말한다.
④ 냉수는 15℃ 이하를 말한다.

|해설|
실온은 1~35℃로 한다.

정답 ①

핵심이론 03 용어의 정의 ★★★

①
액상폐기물	고형물 함량 5% 미만
반고상폐기물	고형물 함량 5% 이상 15% 미만
고상폐기물	고형물 함량 15% 이상

②
함침성 고상폐기물	종이, 목재 등 기름을 흡수하는 변압기 내부부재
비함침성 고상폐기물	금속판, 구리선 등 기름을 흡수하지 않는 평면 또는 비평면 형태의 변압기 내부부재

③
감압 또는 진공	15mmHg 이하
방울수	20℃에서 정제수 20방울을 적하할 때, 그 부피가 약 1mL 되는 것
항량으로 될 때까지 건조	1시간 더 건조할 때 전후 무게의 차가 g당 0.3mg 이하일 때
무게를 "정확히 단다."	무게를 0.1mg까지 다는 것

④ 용기의 종류

밀폐용기	이물질이 들어가거나 또는 내용물이 손실되지 아니하도록 보호하는 용기
기밀용기	밖으로부터의 공기 또는 다른 가스가 침입하지 아니하도록 내용물을 보호하는 용기
밀봉용기	기체 또는 미생물이 침입하지 아니하도록 내용물을 보호하는 용기
차광용기	광선이 투과하지 않는 용기 또는 투과하지 않게 포장을 한 용기

10년간 자주 출제된 문제

3-1. 다음 용어의 정의에 대한 설명 중 틀린 것은?
① '약'이라 함은 기재된 양에 대하여 ±10% 이상의 차가 있어서는 안 된다.
② '감압 또는 진공'이라 함은 따로 규정이 없는 한 15mmHg 이하를 말한다.
③ '방울수'라 함은 20℃에서 정제수 20방울을 적하할 때 그 부피가 약 1mL가 되는 것을 뜻한다.
④ '정밀히 단다.'라 함은 규정된 양의 검체를 분석용 저울로 0.1mg까지 다는 것을 말한다.

3-2. '비함침성 고상폐기물'의 용어정의로 옳은 것은?
① 금속판, 구리선 등 기름을 흡수하지 않는 평면 또는 비평면 형태의 변압기 외부부재를 말한다.
② 금속판, 구리선 등 기름을 흡수하지 않는 평면 또는 비평면 형태의 변압기 내부부재를 말한다.
③ 금속판, 구리선 등 수분을 흡수하지 않는 평면 또는 비평면 형태의 변압기 외부부재를 말한다.
④ 금속판, 구리선 등 수분을 흡수하지 않는 평면 또는 비평면 형태의 변압기 내부부재를 말한다.

3-3. 다음 용기 중 취급 또는 저장하는 동안에 밖으로부터의 공기 또는 다른 가스가 침입하지 아니하도록 내용물을 보호하는 용기를 말하는 것은?
① 밀폐용기 ② 기밀용기
③ 밀봉용기 ④ 차광용기

3-4. 총칙에 관한 내용으로 옳은 것은?
① '고상폐기물'이라 함은 고형물의 함량이 5% 이상인 것을 말한다.
② '반고상폐기물'이라 함은 고형물의 함량이 10% 미만인 것을 말한다.
③ '방울수'라 함은 4℃에서 정제수 20방울을 적하할 때 그 부피가 약 1mL가 되는 것을 뜻한다.
④ '온수'는 60~70℃를 말한다.

|해설|

3-1
'정밀히 단다.'라 함은 규정된 양의 시료를 취하여 화학저울 또는 미량저울로 칭량함을 말한다.

3-3
기밀용기 : 취급 또는 저장하는 동안에 밖으로부터의 공기 또는 다른 가스가 침입하지 아니하도록 내용물을 보호하는 용기

3-4
• 고상폐기물 : 고형물의 함량이 15% 이상
• 반고상폐기물 : 고형물의 함량이 5~15%
• 방울수 : 20℃에서 정제수 20방울을 적하할 때 그 부피가 약 1mL가 되는 것

정답 3-1 ④ 3-2 ② 3-3 ② 3-4 ④

핵심이론 04 | 검정곡선 ★

① 절대검정곡선법(External Standard Method)
  ㉠ 시료의 농도와 지시값과의 상관성을 검정곡선식에 대입하여 작성하는 방법
  ㉡ 검정곡선은 직선성이 유지되는 농도범위 내에서 제조농도 3~5개를 사용

② 표준물질첨가법(Standard Addition Method)
  ㉠ 시료와 동일한 매질에 일정량의 표준물질을 첨가하여 검정곡선을 작성하는 방법
  ㉡ 매질효과가 큰 시험분석방법에서 분석 대상 시료와 동일한 매질의 표준시료를 확보하지 못한 경우에 매질효과를 보정하여 분석할 수 있는 방법

③ 상대검정곡선법(Internal Standard Calibration)
  ㉠ 검정곡선 작성용 표준용액과 시료에 동일한 양의 내부표준물질을 첨가하여 시험분석 절차, 기기 또는 시스템의 변동으로 발생하는 오차를 보정하기 위해 사용하는 방법
  ㉡ 시험 분석하려는 성분과 물리·화학적 성질은 유사하나 시료에는 없는 순수 물질을 내부표준물질로 선택

10년간 자주 출제된 문제

정도보증/정도관리를 위한 검정곡선 작성법 중 검정곡선 작성용 표준용액과 시료에 동일한 양의 내부표준물질을 첨가하여 시험분석 절차, 기기 또는 시스템의 변동으로 발생하는 오차를 보정하기 위해 사용하는 방법은?

① 상대검정곡선법
② 표준검정곡선법
③ 절대검정곡선법
④ 보정검정곡선법

정답 ①

핵심이론 05 | 검출한계/정량한계/정밀도 ★

① 기기검출한계(IDL ; Instrument Detection Limit)
  ㉠ 시험분석 대상물질을 기기가 검출할 수 있는 최소한의 농도 또는 양
  ㉡ S/N(시그널/노이즈) 비의 2~5배 농도 또는 바탕시료를 반복 측정 분석한 결과의 표준편차에 3배한 값

② 방법검출한계(MDL ; Method Detection Limit)
  ㉠ 시료와 비슷한 매질 중에서 시험분석 대상을 검출할 수 있는 최소한의 농도
  ㉡ 제시된 정량한계 부근의 농도를 포함하도록 준비한 n개의 시료를 반복 측정하여 얻은 결과의 표준편차(s)에 99% 신뢰도에서의 t-분포값을 곱한 것

③ 정량한계(LOQ ; Limit Of Quantification)
  ㉠ 시험분석 대상을 정량화할 수 있는 측정값
  ㉡ 제시된 정량한계 부근의 농도를 포함하도록 시료를 준비하고 이를 반복 측정하여 얻은 결과의 표준편차(s)에 10배한 값

④ 정밀도
  ㉠ 상대표준편차(RSD ; Relative Standard Deviation)
  ㉡ 연속적으로 n회 측정한 결과의 평균값($\overline{x}$)과 표준편차(s)로 구함

  $$정밀도(\%) = \frac{s}{\overline{x}} \times 100$$

10년간 자주 출제된 문제

5-1. 기기검출한계(IDL)에 관한 설명으로 옳은 것은?

① 시험분석 대상물질을 기기가 검출할 수 있는 최소한의 농도 또는 양으로서 바탕시료를 반복 측정 분석한 결과의 표준편차에 2배한 값을 말한다.
② 시험분석 대상물질을 기기가 검출할 수 있는 최소한의 농도 또는 양으로서 바탕시료를 반복 측정 분석한 결과의 표준편차에 3배한 값을 말한다.
③ 시험분석 대상물질을 기기가 검출할 수 있는 최소한의 농도 또는 양으로서 바탕시료를 반복 측정 분석한 결과의 표준편차에 5배한 값을 말한다.
④ 시험분석 대상물질을 기기가 검출할 수 있는 최소한의 농도 또는 양으로서 바탕시료를 반복 측정 분석한 결과의 표준편차에 10배한 값을 말한다.

5-2. 다음은 정량한계(LOQ)에 관한 내용이다. ( ) 안에 내용으로 옳은 것은?

> 정량한계란 시험분석 대상을 정량화할 수 있는 측정값으로서 제시된 정량한계 부근의 농도를 포함하도록 시료를 준비하고 이를 반복 측정하여 얻은 결과의 표준편차에 ( )한 값을 사용한다.

① 3배   ② 5배
③ 10배 ④ 15배

정답 5-1 ② 5-2 ③

제2절 일반시험법

1. 시료의 채취

핵심이론 01 │ 시료용기

① 시료용기는 시료를 변질시키거나 흡착하지 않는 것이어야 하며 기밀하고 누수나 흡습성이 없어야 한다.
② 시료용기는 무색경질의 유리병, 폴리에틸렌병 또는 폴리에틸렌백을 사용한다. 다만, 노말헥산 추출물질, 유기인, 폴리클로리네이티드비페닐(PCBs) 및 휘발성 저급염소화 탄화수소류 실험을 위한 시료의 채취 시에는 갈색경질의 유리병을 사용하여야 한다.
③ 시료 중에 다른 물질의 혼입이나 성분의 손실을 방지하기 위하여 밀봉할 수 있는 마개를 사용하며 코르크 마개를 사용하여서는 안 된다. 다만, 고무나 코르크 마개에 파라핀지, 유지 또는 셀로판지를 씌워 사용할 수도 있다.
④ 시료용기에는 폐기물의 명칭, 대상폐기물의 양, 채취장소, 채취시간 및 일기, 시료번호, 채취책임자 이름, 시료의 양, 채취방법, 기타 참고자료(보관상태 등)를 기재한다.

10년간 자주 출제된 문제

1-1. 폐기물 시료용기에 기재해야 할 사항으로 가장 거리가 먼 것은?
① 시료번호
② 채취시간 및 일기
③ 채취책임자 이름
④ 채취장비

1-2. 시료 채취를 위한 용기 사용에 관한 다음 설명으로 옳지 않은 것은?
① 시료용기는 무색경질의 유리병 또는 폴리에틸렌병, 폴리에틸렌백을 사용한다.
② 시료 중에 다른 물질의 혼입이나 성분의 손실을 방지하기 위한 밀봉마개로 코르크 마개를 사용하여야 하며, 코르크 마개에 파라핀지, 유지 또는 셀로판지를 씌워 사용해서는 안 된다.
③ 노말헥산 추출물질, 유기인, 폴리클로리네이티드비페닐(PCBs) 및 휘발성 저급염소화 탄화수소류 실험을 위한 시료의 채취 시는 갈색 경질의 유리병을 사용하여야 한다.
④ 채취용기는 시료를 변질시키거나 흡착하지 않은 것이어야 하며 기밀하고 누수나 흡습성이 없어야 한다.

| 해설 |
1-2
코르크 마개를 사용하여서는 안 된다. 다만, 고무나 코르크 마개에 파라핀지, 유지 또는 셀로판지를 씌워 사용할 수도 있다.

정답 1-1 ④ 1-2 ②

핵심이론 02 | 시료의 채취방법

① 콘크리트 고형화물 시료 채취
대형의 고형화물로써 분쇄가 어려울 경우에는 임의의 5개소에서 채취하여 각각 파쇄하여 100g씩 균등 양 혼합하여 채취

② 연속식 연소방식의 소각재 반출 설비에서 시료채취
  ㉠ 소각재 저장조에서 채취하는 경우는 저장조에 쌓여 있는 소각재를 평면상에서 5등분한 후 각 등분마다 500g 이상을 채취
  ㉡ 야적더미에서 채취하는 경우는 야적더미를 2m 높이마다 각각의 층으로 나누고 각 층별로 적절한 지점에서 500g 이상의 시료를 채취

③ 회분식 연소방식의 소각재 반출 설비에서 시료채취
하루 동안의 운전횟수에 따라 매 운전 시마다 2회 이상 채취하는 것을 원칙으로 하고, 시료의 양은 1회에 500g 이상으로 한다.

10년간 자주 출제된 문제

2-1. 다음은 콘크리트 고형화물의 시료채취에 관한 내용이다. ( ) 안에 맞는 내용은?

> 시료채취 때 분쇄가 어려운 대형 고형물인 경우에는 임의의 (㉠)개소에서 채취하여 각각 파쇄하여 (㉡)g씩 균등량 혼합 채취한다.

① ㉠ 5, ㉡ 100
② ㉠ 6, ㉡ 100
③ ㉠ 6, ㉡ 500
④ ㉠ 9, ㉡ 500

2-2. 회분식 연소방식의 소각재 반출 설비에서의 시료채취에 관한 내용으로 옳은 것은?

① 하루 동안의 운전횟수에 따라 매 운전 시마다 2회 이상 채취하는 것을 원칙으로 한다.
② 하루 동안의 운전횟수에 따라 매 운전 시마다 3회 이상 채취하는 것을 원칙으로 한다.
③ 하루 동안의 운전시간에 따라 매 운전 시마다 2회 이상 채취하는 것을 원칙으로 한다.
④ 하루 동안의 운전시간에 따라 매 운전 시마다 3회 이상 채취하는 것을 원칙으로 한다.

|해설|

2-2
소각재의 경우에는 1회에 500g 이상을 채취한다.

정답 2-1 ① 2-2 ①

핵심이론 03 | 시료의 양과 수 ★★★

① 시료의 양

  시료의 양은 1회에 100g 이상 채취한다. 다만, 소각재의 경우에는 1회에 500g 이상을 채취한다.

② 대상폐기물의 양과 시료의 최소수

대상폐기물의 양(단위 : ton)	시료의 최소수
1 미만	6
1 이상 ~ 5 미만	10
5 이상 ~ 30 미만	14
30 이상 ~ 100 미만	20
100 이상 ~ 500 미만	30
500 이상 ~ 1,000 미만	36
1,000 이상 ~ 5,000 미만	50
5,000 이상	60

③ 폐기물이 적재되어 있는 운반차량에서 시료를 채취할 경우

  ㉠ 5ton 미만의 차량 : 평면상에서 6등분한 후 각 등분마다 시료 채취
  ㉡ 5ton 이상의 차량 : 평면상에서 9등분한 후 각 등분마다 시료 채취

10년간 자주 출제된 문제

3-1. 시료 채취 시 대상폐기물의 양이 10ton인 경우 시료의 최소수는?
① 10 ② 14
③ 20 ④ 24

3-2. 대상폐기물의 양이 600ton인 경우 시료의 최소수는?
① 14 ② 20
③ 30 ④ 36

3-3. 폐기물이 적재되어 있는 5ton 미만의 차량에서 시료를 채취할 경우에 시료 채취 개수에 대하여 옳은 것은?
① 수직 및 평면상으로 9등분한 후 각 등분마다 시료를 채취한다.
② 임의의 5개소에서 100g씩 균등량 혼합하여 채취한다.
③ 평면상에서 6등분한 후 각 등분마다 시료를 채취한다.
④ 분쇄하여 균일하게 한 후 필요한 양을 임의의 5개소에서 깊이에 따라 3회에 나누어 채취한다.

3-4. 폐기물이 1ton 미만 야적되어 있는 적환장에서 최소 시료 채취 총량으로 가장 적합한 것은?
① 50g ② 100g
③ 600g ④ 1,800g

|해설|

3-1, 3-2
문제에 따라 시료 양이 각기 다르게 주어지므로 각자 나름의 방법으로 핵심이론의 표를 외워야 한다.

3-4
1ton 미만의 경우 시료의 최소수가 6이고, 각 시료당 100g을 채취하면 총량은 600g이 된다.

정답 3-1 ② 3-2 ④ 3-3 ② 3-4 ③

핵심이론 04 | 시료의 분할 채취방법 ★★

① 원추 4분법(시료를 고깔 모양으로 쌓은 후 4등분하여 줄여나간다)
  ㉠ 분쇄한 대시료를 단단하고 깨끗한 평면 위에 원추형으로 쌓아 올린다.
  ㉡ 앞의 원추를 장소를 바꾸어 다시 쌓는다.
  ㉢ 원추의 꼭지를 수직으로 눌러서 평평하게 만들고 이것을 부채꼴로 사등분한다.
  ㉣ 마주 보는 두 부분을 취하고 반은 버린다.
  ㉤ 반으로 준 시료를 앞의 조작을 반복하여 적당한 크기까지 줄인다.

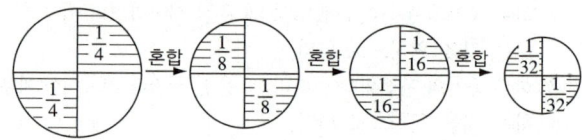

★ 1회 조작으로 1/2씩 시료의 양이 줄어든다.

② 교호삽법(원추형과 장방형을 교대로 만들면서 시료량을 축소시킴)
  ㉠ 분쇄한 대시료를 단단하고 깨끗한 평면 위에 원추형으로 쌓는다.
  ㉡ 원추를 장소를 바꾸어 다시 쌓는다.
  ㉢ 원추에서 일정한 양을 취하여 장방형으로 쌓고 계속해서 일정한 양을 취하여 그 위에 입체로 쌓는다.
  ㉣ 육면체의 측면을 돌면서 각 면에서 균등한 양을 취하여 두 개의 원추를 쌓는다.
  ㉤ 하나의 원추는 버리고 나머지 원추를 ㉡~㉤의 조작을 반복하면서 적당한 크기까지 줄인다.

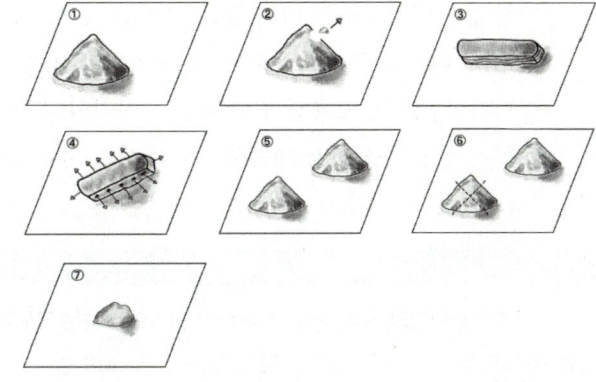

출처 : 국립환경과학원

③ 구획법(20개 덩어리로 나누어 균등량을 취한다)
  ㉠ 모아진 대시료를 네모꼴로 엷게 균일한 두께로 편다.
  ㉡ 이것을 가로 4등분 세로 5등분하여 20개의 덩어리로 나눈다.
  ㉢ 20개의 각 부분에서 균등한 양을 취한 후 혼합하여 하나의 시료로 만든다.

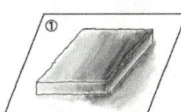 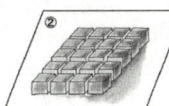 

출처 : 국립환경과학원

10년간 자주 출제된 문제

4-1. 다음은 시료의 분할채취방법인 교호삽법 작업순서에 관한 내용이다. ( ) 안에 옳은 내용은?

> 1. 분쇄한 대시료를 단단하고 깨끗한 평면 위에 원추형으로 쌓는다.
> 2. 원추를 장소를 바꾸어 다시 쌓는다.
> 3. (   )
> 4. 육면체의 측면을 교대로 돌면서 균등량씩을 취하여 두 개의 원추를 쌓는다.
> 5. 하나의 원추는 버리고 나머지 원추를 앞의 조작을 반복하면서 적당한 크기까지 줄인다.

① 원추를 눌러 평평하게 만들고 가로 4등분, 세로 5등분하여 육면체로 쌓는다.
② 원추에서 일정량을 취하여 장방형으로 쌓고 계속하여 일정량을 취하여 그 위에 입체로 쌓는다.
③ 원추의 꼭지를 수직으로 눌러서 부채꼴로 한 후 평평하게 만들고 도포하여 입체로 쌓는다.
④ 원추에서 일정량을 취하여 사등분 한 후 계속 도포하여 입체로 쌓는다.

4-2. 1,000g의 시료에 대하여 원추 4분법을 5회 조작하면 시료는 몇 g이 되는가?
① 31.3 ② 62.5
③ 93.4 ④ 124.2

|해설|

4-2

1회에 $\frac{1}{2}$씩 감소하므로 $1,000 \times \left(\frac{1}{2}\right)^5 = 31.25\,g$

정답 4-1 ② 4-2 ①

2. 시료의 준비

핵심이론 05 | 용출시험방법 ★★

① 시료용액의 조제

시료의 조제방법에 따라 조제한 시료 100g 이상을 정확히 달아 정제수에 염산을 넣어 pH를 5.8~6.3으로 맞춘 용매(mL)를 시료 : 용매 = 1 : 10(W : V)의 비로 2,000mL 삼각플라스크에 넣어 혼합한다.

② 용출조작

㉠ 상온, 상압에서 진탕횟수가 매 분당 약 200회, 진탕의 폭이 4~5cm의 왕복진탕기(수평인 것)를 사용하여 6시간 동안 연속 진탕한다.

㉡ $1.0\mu m$ 의 유리섬유여과지로 여과한다.

㉢ 여과액을 적당량 취하여 용출실험용 시료용액으로 한다.

㉣ 여과가 어려운 경우에는 원심분리기를 사용하여 매 분당 3,000회전 이상으로 20분 이상 원심분리한 다음 상등액을 적당량 취하여 용출실험용 시료용액으로 한다.

③ 휘발성 저급염소화 탄화수소류를 실험하고자 하는 시료의 용출조작

㉠ 미리 교반자(마그네틱바)를 넣어둔 마개 있는 삼각플라스크(총부피 약 550mL의 것)에 시료 약 50g을 넣고 정제수에 염산을 가하여 pH 5.8~6.3으로 한 용매(mL)를 1 : 10(W/V)의 비율로 넣은 후 빨리 마개를 닫는다. 이때 시료와 용매의 혼합액이 삼각플라스크의 총부피와 비슷하여 삼각플라스크 상부의 공간(Headspace)이 가능한 한 적게 되도록 한다.

㉡ 상온 상압하에서 자력교반기(마그네틱스터러)로 6시간 연속 교반한 다음 10~30분간 정치한다.

㉢ 상층액 약 20mL를 미리 공극 크기(Pore Size)가 $1\mu m$ 내외의 유리섬유여과지를 부착한 유리제 주사기의 외통에 조용히 취한 다음 주사기의 내통을 밀어서 공기를 먼저 배출하고 여과시켜 시료용액으로 한다.

10년간 자주 출제된 문제

5-1. 용출시험방법의 용출조작기준에 대한 설명으로 옳은 것은?

① 왕복진탕기(수평인 것)의 진탕의 폭은 3~4cm로 한다.
② 왕복진탕기(수평인 것)의 진탕횟수는 매 분당 약 100회로 한다.
③ 왕복진탕기(수평인 것)를 사용하여 6시간 동안 연속 진탕한 다음 $1.0\mu m$ 의 유리섬유여과지로 여과한다.
④ 여과가 어려운 경우 농축기를 사용하여 20분 이상 농축분리한 다음 상등액을 적당량 취하여 용출시험용 시료용액으로 한다.

5-2. 다음은 시료 용출시험방법에 관한 설명이다. ( ) 안에 알맞은 것은?

> 시료의 조제방법에 따라 조제한 시료 100g 이상을 정확히 달아 정제수에 염산을 넣어 pH를 (㉠)(으)로 맞춘 용매(mL)를 시료 : 용매 = (㉡)(W : V)의 비로 2,000mL 삼각플라스크에 넣어 혼합한다.

① ㉠ 4.5~5.5, ㉡ 1 : 5
② ㉠ 4.5~5.5, ㉡ 1 : 10
③ ㉠ 5.8~6.3, ㉡ 1 : 5
④ ㉠ 5.8~6.3, ㉡ 1 : 10

|해설|

5-1
① 왕복진탕기(수평인 것)의 진탕의 폭은 4~5cm로 한다.
② 왕복진탕기(수평인 것)의 진탕횟수는 매 분당 약 200회로 한다.
④ 여과가 어려운 경우에는 원심분리기를 사용하여 매 분당 3,000회전 이상으로 20분 이상 원심분리한 다음 상등액을 적당량 취하여 용출실험용 시료용액으로 한다.

정답 5-1 ③ 5-2 ④

핵심이론 06 | 용출시험 결과의 보정 ★★

함수율 85% 이상인 시료에 한하여

$$\frac{15}{100 - 시료의 함수율(\%)}$$ 을 곱한다.

∵ 수분함량 변화에 따른 무게 변화 공식에 의하면 $\frac{V_2}{V_1}$ = $\frac{100 - w_1}{100 - w_2}$ 에서 용출시험에 사용하는 시료 무게 (V_1)가 100g이고 수분함량이 85%라 하면 $\frac{V_2}{100}$ = $\frac{100 - 85}{100 - w_2}$ 에서 $V_2 = 100 \times \frac{15}{100 - w_2}$ 가 되어 보정계수가 적용된 것을 볼 수 있다.

즉, 증발 등에 의해 수분이 감소된 경우를 감안하여 반고상 폐기물(고형물 함량 5% 이상 15% 미만)의 경우 희석배수 개념으로 보정계수를 곱해준다.

10년간 자주 출제된 문제

6-1. 함수율 85%인 시료인 경우, 용출시험결과에 시료 중의 수분함량 보정을 위하여 곱하여야 하는 값은?

① 0.5　　② 1.0
③ 1.5　　④ 2.0

6-2. 함수율이 90%인 슬러지를 용출시험하여 납의 농도를 측정하니 0.02mg/L로 나타났다. 수분함량을 보정한 용출시험 결과치(mg/L)는?

① 0.03　　② 0.05
③ 0.07　　④ 0.09

|해설|

6-1

보정계수 = $\frac{15}{100 - 85}$ = 1

6-2

보정계수 = $\frac{15}{100 - 90}$ = 1.5

보정농도 = $0.02 \times 1.5 = 0.03\,\text{mg/L}$

정답 6-1 ②　6-2 ①

핵심이론 07 | 산분해법, 회화법, 마이크로파 산분해법 ★★★

종류	특징
질산 분해법	유기물 함량이 낮은 시료에 적용 - 약 0.7M
질산-염산 분해법	유기물 함량이 비교적 높지 않고 금속의 수산화물, 산화물, 인산염 및 황화물을 함유하고 있는 시료에 적용 - 약 0.5M
질산-황산 분해법	• 유기물 등을 많이 함유하고 있는 대부분의 시료에 적용 - 약 1.5~3.0N • 칼슘, 바륨, 납 등을 다량 함유한 시료는 난용성의 황산염을 생성하여 다른 금속성분을 흡착하므로 주의
질산-과염소산 분해법	• 유기물을 높은 비율로 함유하고 있으면서 산화분해가 어려운 시료들에 적용 - 약 0.8M • 과염소산을 넣을 경우 진한 질산이 공존하지 않으면 폭발할 위험이 있으므로 반드시 진한 질산을 먼저 넣어주어야 함
질산-과염소산-불화수소산 분해법	점토질 또는 규산염이 높은 비율로 함유된 시료에 적용 - 약 0.8M
회화법	• 목적성분이 400℃ 이상에서 휘산되지 않고 쉽게 회화될 수 있는 시료에 적용 • 시료 중에 염화암모늄, 염화마그네슘, 염화칼슘 등이 높은 비율로 함유된 경우에는 납, 철, 주석, 아연, 안티몬 등이 휘산되어 손실이 발생함 • 회화로에 옮기고 400~500℃에서 가열하여 잔류물을 회화시킴
마이크로파 산분해법	가열속도가 빠르고 재현성이 좋으며, 폐유 등 유기물이 다량 함유된 시료의 전처리에 이용된다.

10년간 자주 출제된 문제

7-1. 시료의 산분해 전처리 방법 중 유기물 등이 많이 함유하고 있는 대부분의 시료에 적용하는 것으로 가장 적합한 것은?
① 질산분해법
② 염산분해법
③ 질산-염산분해법
④ 질산-황산분해법

7-2. 시료 준비를 위한 회화법에 관한 기준으로 옳은 것은?
① 목적성분이 400℃ 이상에서 회화되지 않고 쉽게 휘산될 수 있는 시료에 적용
② 목적성분이 400℃ 이상에서 휘산되지 않고 쉽게 회화될 수 있는 시료에 적용
③ 목적성분이 600℃ 이상에서 회화되지 않고 쉽게 휘산될 수 있는 시료에 적용
④ 목적성분이 600℃ 이상에서 휘산되지 않고 쉽게 회화될 수 있는 시료에 적용

7-3. 중금속 분석의 전처리인 질산-과염소산 분해법에 있어, 진한 질산이 공존하지 않는 상태에서 과염소산을 넣을 경우 어떤 문제가 발생될 수 있는가?
① 킬레이트 형성으로 분해 효율이 저하됨
② 급격한 가열반응으로 휘산됨
③ 폭발 가능성이 있음
④ 중금속의 응집침전이 발생함

7-4. 시료의 전처리 방법 중 염화암모늄, 염화마그네슘, 염화칼슘 등이 높은 비율로 함유된 시료를 회화로에서 유기물을 분해하고자 하는 경우, 휘산되어 손실이 발생할 우려가 가장 적은 금속은?
① 납
② 철
③ 주석
④ 구리

7-5. 가열속도가 빠르고 재현성이 좋으며 폐유 등 유기물이 다량 함유된 시료의 전처리에 이용되는 방법으로 가장 적절한 것은?
① 회화에 의한 유기물 분해방법
② 질산-과염소산-불화수소산에 의한 유기물 분해방법
③ 마이크로파에 의한 유기물 분해방법
④ 질산에 의한 유기물 분해방법

정답 7-1 ④ 7-2 ② 7-3 ③ 7-4 ④ 7-5 ③

제3절 기기분석법

1. 시약 및 용액

핵심이론 01 | 시약 및 농도

★ '시약 및 용액'편 모든 내용을 암기할 수는 없으므로, 기본적인 농도의 개념을 확실히 이해하도록 하자.

① %농도 : 용액 100mL 중 성분무게(g)

② M농도 : 용액 1L 중의 mol수 $\left(\text{mol} = \dfrac{\text{시약의 질량}}{\text{시약의 분자량}}\right)$

10년간 자주 출제된 문제

1-1. 크롬 표준원액(100mg Cr/L) 1,000mL를 만들기 위하여 필요한 다이크롬산칼륨(표준시약)의 양은?(단, K : 39, Cr : 52)

① 0.213g　　② 0.283g
③ 0.353g　　④ 0.393g

1-2. 다음은 폐기물공정시험기준(방법)에 사용되는 시약의 제조에 관한 설명이다. ( ) 안에 가장 적합한 것은?

> 수산화나트륨용액(1M)은 수산화나트륨 42g을 정제수 950mL를 넣어 녹이고 새로 만든 ( )을 침전이 생기지 않을 때까지 한 방울씩 떨어뜨려 잘 섞고 마개를 하여 24시간 방치한 다음 여과하여 사용한다.

① 수산화바륨용액(포화)
② 아세트산납·3수화물용액
③ 수산화칼륨/에틸알코올용액
④ 황산용액(0.5M)

1-3. 20% 수산화나트륨(NaOH)은 몇 몰(M)인가?(단, NaOH의 분자량 40)

① 0.2M　　② 0.5M
③ 2M　　　④ 5M

1-4. 0.002N NaOH 용액의 pH는?

① 11.3　　② 11.5
③ 11.7　　④ 11.9

|해설|

1-1
$K_2Cr_2O_7$의 분자량 = $39 \times 2 + 52 \times 2 + 16 \times 7 = 294g$
$2 \times Cr : K_2Cr_2O_7 = 100 : x$에서
$x = \dfrac{100 \times 294}{2 \times 52} = 282.7mg = 0.283g$

1-3
20% 농도란 NaOH 20g이 100mL에 들어있다는 의미이다.
$\dfrac{20g}{100mL} \times \dfrac{1,000mL}{L} \times \dfrac{mol}{40g} = 5M$

1-4
$[OH^-]$가 2×10^{-3}M이므로, pOH = $-\log(2 \times 10^{-3}) = 2.7$
pH = 14 − pOH = 14 − 2.7 = 11.3

정답 1-1 ②　1-2 ①　1-3 ④　1-4 ①

2. 강열감량 및 유기물 함량

핵심이론 02 | 강열감량 및 유기물 함량

① 도가니 또는 접시를 미리 600±25℃에서 30분간 강열하고 데시케이터 안에서 식힌 후 사용하기 직전에 무게를 단다.
② 시료 적당량(20g 이상)을 취하여 도가니 또는 접시와 시료의 무게를 정확히 단다(수분을 제거한 후 강열감량 실험을 한다).
③ 질산암모늄용액(25%)을 넣어 시료에 적시고 서서히 가열하여 600±25℃의 전기로 안에서 3시간 강열하고 데시케이터 안에 넣어 식힌 후 무게를 정확히 단다.

10년간 자주 출제된 문제

2-1. 강열감량 및 유기물 함량(중량법) 측정에 대한 설명으로 옳지 않은 것은?

① 채취된 시료는 24시간 이내에 증발처리를 하여야 하나 최대한 7일을 넘기지 말아야 한다.
② 도가니 또는 접시를 실험 전 미리 600±25℃에서 2시간 강열하고 데시케이터 안에서 방랭한 다음 그 무게를 정확히 단다.
③ 용기 내의 시료에 25% 질산암모늄용액을 넣어 시료를 적시고 천천히 가열하여 탄화시킨다.
④ 유기물 함량(%) = [휘발성 고형물(%)/고형물(%)]×100 (단, 휘발성 고형물(%) = 강열감량(%) - 수분(%))

2-2. 다음은 강열감량 및 유기물 함량 분석에 관한 내용이다. ( ) 안에 옳은 것은?

> 백금제, 석영제 또는 사기제 도가니 또는 접시를 미리 600±25℃에서 30분 강열하고 황산데시케이터 안에서 방랭한 다음 그 무게를 정밀히 달고 여기에 시료 적당량 (㉠)을 취하여 도가니 또는 접시와 시료의 무게를 정밀히 단다. 여기에 (㉡)을 넣어 시료를 적시고 천천히 가열하여 탄화시킨 다음 600±25℃의 전기로 안에서 (㉢) 강열하고 황산데시케이터 안에서 방랭하고 그 무게를 정밀히 단다.

① ㉠ 10g 이상, ㉡ 15% 질산암모늄용액, ㉢ 2시간
② ㉠ 20g 이상, ㉡ 15% 질산암모늄용액, ㉢ 2시간
③ ㉠ 10g 이상, ㉡ 25% 질산암모늄용액, ㉢ 3시간
④ ㉠ 20g 이상, ㉡ 25% 질산암모늄용액, ㉢ 3시간

|해설|

2-1
도가니 또는 접시를 미리 600±25℃에서 30분간 강열한다.

정답 2-1 ② 2-2 ④

핵심이론 03 | 강열감량 및 유기물 함량 계산 ★

① 강열감량(%) = $\dfrac{(W_2 - W_3)}{(W_2 - W_1)} \times 100$

여기서, W_1 : 도가니 또는 접시의 무게
W_2 : 강열 전의 도가니 또는 접시와 시료의 무게
W_3 : 강열 후의 도가니 또는 접시와 시료의 무게

② 유기물 함량(%) = $\dfrac{\text{휘발성 고형물(\%)}}{\text{고형물(\%)}} \times 100$

③ 휘발성 고형물(%) = 강열감량(%) - 수분(%)

10년간 자주 출제된 문제

3-1. 휘발성 고형물이 15%, 고형물이 40%인 경우 강열감량(%) 및 유기물 함량(%)은 각각 얼마인가?

① 75 및 27.5
② 75 및 37.5
③ 85 및 27.5
④ 85 및 37.5

3-2. 강열감량 측정 실험에서 다음 데이터를 얻었을 때 유기물 함량(%)은?

- 접시무게(W_1) = 30.5238g
- 접시와 시료의 무게(W_2) = 58.2695g
- 항량으로 건조, 방랭 후 무게(W_3) = 57.1253g
- 강열, 방랭 후 무게(W_4) = 43.3767g

① 49.56
② 51.68
③ 63.68
④ 95.88

|해설|

3-1

강열감량(%) = 휘발성 고형물 + 수분 = 15 + 60 = 75%

유기물 함량(%) = $\dfrac{\text{휘발성 고형물(\%)}}{\text{고형물(\%)}} \times 100 = \dfrac{15}{40} \times 100$
= 37.5%

3-2

강열감량(%) = $\dfrac{(W_2 - W_4)}{(W_2 - W_1)} \times 100 = \dfrac{58.2695 - 43.3767}{58.2695 - 30.5238} \times 100$
= 53.68%

수분함량(%) = $\dfrac{(W_2 - W_3)}{(W_2 - W_1)} \times 100 = \dfrac{58.2695 - 57.1253}{58.2695 - 30.5238} \times 100$
= 4.12%

휘발성 고형물(%) = 강열감량 - 수분 = 53.68 - 4.12 = 49.56%
고형물(%) = 100 - 수분함량 = 100 - 4.12 = 95.88%
유기물 함량(%) = $\dfrac{\text{휘발성 고형물(\%)}}{\text{고형물(\%)}} \times 100 = \dfrac{49.56}{95.88} \times 100$
= 51.69%

정답 3-1 ② 3-2 ②

3. 기름성분

핵심이론 04 | 기름성분 ★★

① 폐기물 중의 비교적 휘발되지 않는 탄화수소, 탄화수소유도체, 그리스유상물질 중 노말헥산에 용해되는 성분에 적용

② 정량한계 : 0.1% 이하

③ 분석기기 및 기구
  ㉠ 80℃ 온도조절이 가능한 전기열판 또는 전기맨틀
  ㉡ 증발접시(알루미늄박으로 만든 접시, 비커 또는 증류플라스크로써 부피는 50~250mL인 것)
  ㉢ ㅏ자형 연결관 및 리비히 냉각관(증류플라스크를 사용할 경우)

④ 시료는 24시간 이내에 증발처리를 하여야 하나 최대한 7일을 넘기지 말아야 한다.

⑤ 분석절차 ★ 시험에 나오는 내용 위주로 발췌함
  ㉠ 시료 적당량을 분별깔때기에 넣고 메틸오렌지용액(0.1W/V%)을 2~3방울 넣고 황색이 적색으로 변할 때까지 염산(1 + 1)을 넣어 pH 4 이하로 조절한다.

    ※ 노말헥산 추출물질의 함량이 5mg/L 이하로 낮은 경우에는 5L 부피 시료병에 시료 4L를 채취하여 염화철(Ⅲ)용액 4mL를 넣고 자석교반기로 교반하면서 탄산나트륨용액(20W/V%)을 넣어 pH 7~9로 조절한다. 5분간 세게 교반한 다음 방치하여 침전물이 전체 액량의 약 1/10이 되도록 침강하면 상층액을 조심하여 흡인하여 버린다. 잔류 침전층에 염산(1 + 1)으로 pH를 약 1로 하여 침전을 녹이고 이 용액을 분별깔때기에 옮긴다.

  ㉡ 시료의 용기는 노말헥산 20mL씩으로 2회 씻어서 씻은 액을 분별깔때기에 합하고 마개를 하여 5분간 세게 흔들어 섞고 정치하여 노말헥산층을 분리한다.

    ※ 추출 시 에멀션을 형성하여 액층이 분리되지 않거나 노말헥산층이 탁할 경우에는 분별깔때기 안의 수층을 원래의 시료 용기에 옮기고, 에멀션층 또는 헥산층에 적당량의 염화나트륨 또는 황산암모늄을 넣어 환류냉각관(약 300mm)을 부착하고 80℃ 물중탕에서 약 10분간 가열 분해한 다음 시험기준에 따라 시험한다.

ⓒ 정제수 20mL씩으로 수회 씻어준 다음 수층을 버리고 분별깔때기의 꼭지부분에 건조여과지 또는 탈지면을 사용하여 여과하며, 여과 시 건조여과지 또는 탈지면 위에 무수황산나트륨을 3~5g을 사용하여 수분을 제거한다.

ⓓ 증발용기가 알루미늄박으로 만든 접시 또는 비커일 경우에는 용기의 표면을 깨끗이 닦고 80℃로 유지한 전기열판 또는 전기맨틀에 넣어 노말헥산을 날려 보낸다.

⑥ 노말헥산 추출물질(%) = $(a-b) \times \dfrac{100}{V}$

여기서, a : 실험 전후의 증발용기의 무게 차(g)
b : 바탕시험 전후의 증발용기의 무게 차(g)
V : 시료의 양(g)

10년간 자주 출제된 문제

4-1. 기름성분에 관한 시험(중량법)에 관한 내용 중 정량한계 기준으로 적절한 것은?

① 0.01% 이하
② 0.1% 이하
③ 200mg 이하
④ 100mg 이하

4-2. 중량법에 의한 기름성분 분석방법에 관한 설명으로 옳지 않은 것은?

① 시료를 직접 사용하거나, 시료에 적당한 응집제 또는 흡착제 등을 넣어 노말헥산 추출물질을 포집한 다음 노말헥산으로 추출한다.
② 이 시험기준의 정량한계는 0.5% 이하로 한다.
③ 폐기물 중의 비교적 휘발되지 않는 탄화수소, 탄화수소유도체, 그리스유상물질 중 노말헥산에 용해되는 성분에 적용한다.
④ 눈에 보이는 이물질이 들어있을 때에는 제거해야 한다.

4-3. 노말헥산 추출물질시험에서 다음과 같은 결과를 얻었다. 이때 노말헥산 추출물질량은 몇 mg/L인가?

[결 과]
• 건조증발용 플라스크 무게 : 52.0424g
• 추출건조 후 증발용 플라스크의 무게와 잔류물질 무게 : 52.0748g
• 시료량 : 400mL

① 81
② 93
③ 108
④ 113

|해설|
4-2
정량한계는 0.1% 이하로 한다.

4-3
$\dfrac{(52.0748-52.0424)\text{g}}{400\text{mL}} \cdot \dfrac{1,000\text{mL}}{\text{L}} \cdot \dfrac{1,000\text{mg}}{\text{g}} = 81\text{mg/L}$

정답 4-1 ② 4-2 ② 4-3 ①

4. 수분 및 고형물

핵심이론 05 | 수분 및 고형물 ★★

① 적용범위 : 0.1%까지 측정
② 분석기기 및 기구
   데시케이터는 실리카겔과 염화칼슘이 담겨 있는 데시케이터를 사용
③ 분석절차
   ㉠ 평량병 또는 증발접시를 미리 105~110℃에서 1시간 건조시킨 다음 데시케이터 안에서 식힌 후 사용하기 직전에 무게를 단다.
   ㉡ 시료 적당량을 취하여 평량병 또는 증발접시와 시료의 무게를 정확히 단다.
   ㉢ 물중탕에서 수분의 대부분을 날려 보내고 105~110℃의 건조기 안에서 4시간 이상 완전 건조시킨 다음 실리카겔이 담겨있는 데시케이터 안에 넣어 식힌 후 무게를 정확히 단다.
④ 결과보고
   ㉠ 수분(%) $= \dfrac{(W_2 - W_3)}{(W_2 - W_1)} \times 100$

   ㉡ 고형물(%) $= \dfrac{(W_3 - W_1)}{(W_2 - W_1)} \times 100$

   여기서, W_1 : 평량병 또는 증발접시의 무게
   W_2 : 건조 전의 평량병 또는 증발접시와 시료의 무게
   W_3 : 건조 후의 평량병 또는 증발접시와 시료의 무게

10년간 자주 출제된 문제

5-1. 수분 및 고형물을 중량법으로 측정할 때 사용하는 데시케이터에 관한 내용으로 옳은 것은?
① 실리카겔과 묽은 황산을 넣어 사용한다.
② 실리카겔과 염화칼슘이 담겨있는 것을 사용한다.
③ 무수황산나트륨이 담겨있는 것을 사용한다.
④ 활성탄 분말과 염화칼슘을 넣어 사용한다.

5-2. 어떤 폐기물의 수분을 측정하기 위해 실험하였더니 다음과 같은 결과를 얻었다. 수분은 몇 %인가?

[결과]
- 시료 무게 : 20g
- 증발접시 무게 : 5.425g
- 증발접시 및 시료의 건조 후 무게 : 17.425g

① 30% ② 40%
③ 50% ④ 60%

|해설|
5-2

수분(%) $= \dfrac{수분\ 무게}{폐기물\ 무게} \times 100 = \dfrac{20 + 5.425 - 17.425}{20} \times 100$
$= 40\%$

정답 5-1 ② 5-2 ②

5. 수소이온농도

핵심이론 06 | pH 측정 ★★★

① 적용범위 : pH를 0.01까지 측정
② 간섭물질
　㉠ 유리전극은 일반적으로 용액의 색도, 탁도, 콜로이드성 물질들, 산화 및 환원성 물질들 그리고 염도에 의해 간섭을 받지 않는다.
　㉡ pH 10 이상에서 나트륨에 의해 오차가 발생할 수 있는데 이는 '낮은 나트륨 오차 전극'을 사용하여 줄일 수 있다.
　㉢ 기름 층이나 작은 입자상이 전극을 피복하여 pH 측정을 방해할 수 있는데 이 피복물을 부드럽게 문질러 닦아내거나 세척제로 닦아낸 후 정제수로 세척하고 부드러운 천으로 수분을 제거하여 사용한다. 염산(1+9)용액을 사용하여 피복물을 제거할 수 있다.
　㉣ pH는 온도변화에 따라 영향을 받는다. 대부분의 pH 측정기는 자동으로 온도를 보정하나 온도별 표준액의 pH값의 표에 따라 보정할 수 있다.

표준용액	pH(0℃)
수산염 표준액	1.67
프탈산염 표준액	4.01
인산염 표준액	6.98
붕산염 표준액	9.46
탄산염 표준액	10.32
수산화칼슘 표준액	13.43

③ 조제한 pH 표준용액은 경질유리병 또는 폴리에틸렌병에 보관하며, 보통 산성 표준용액은 3개월, 염기성 표준용액은 산화칼슘(생석회) 흡수관을 부착하여 1개월 이내에 사용하며, 현재 국내외에 상품화되어 있는 표준용액을 사용할 수 있다.
④ 정밀도 : 임의의 한 종류의 pH 표준용액에 대하여 검출부를 정제수로 잘 씻은 다음 5회 되풀이하여 pH를 측정했을 때 그 재현성이 ±0.05 이내이어야 한다.

⑤ 반고상 또는 고상폐기물의 pH 측정 실험절차
시료 10g을 50mL 비커에 취한 다음 정제수 25mL를 넣어 잘 교반하여 30분 이상 방치한 후 이 현탁액을 시료용액으로 하거나 원심분리한 후 상층액을 시료용액으로 사용한다.

10년간 자주 출제된 문제

6-1. 다음은 고상폐기물의 pH(유리전극법)를 측정하기 위한 실험절차이다. (　) 안에 내용으로 옳은 것은?

> 고상폐기물 10g을 50mL 비커에 취한 다음 정제수 25mL를 넣어 잘 교반하여 (　) 이상 방치한 후 이 현탁액을 시료용액으로 하거나 원심분리한 후 상층액을 시료용액으로 사용한다.

① 10분　　　　　② 30분
③ 1시간　　　　　④ 2시간

6-2. pH 측정에 관한 설명으로 옳지 않은 것은?
① pH는 가능한 현장에서 측정하며 pH 측정기의 값을 0.1 단위까지 읽어 결과 보고한다.
② 기준전극은 은-염화은의 칼로멜 전극 등으로 구성되어 있다.
③ pH 미터의 지시부에는 비대칭 전위조절 기능 및 온도보정 기능이 있다.
④ pH 미터는 임의의 한 종류의 pH 표준용액에 대하여 검출부를 정제수로 잘 씻은 다음 5회 되풀이하여 pH를 측정하였을 때 그 재현성이 ±0.05 이내이어야 한다.

6-3. 수소이온농도를 유리전극법으로 측정할 때 적용범위 및 간섭물질에 관한 설명으로 옳지 않은 것은?
① 적용범위 : 시험기준으로 pH를 0.01까지 측정한다.
② pH 10 이상에서 나트륨에 의해 오차가 발생할 수 있는데 이는 '낮은 나트륨 오차 전극'을 사용하여 줄일 수 있다.
③ 유리전극은 일반적으로 용액의 색도, 탁도에 영향을 받지 않는다.
④ 유리전극은 산화 및 환원성 물질이나 염도에는 간섭을 받는다.

6-4. 다음의 pH 표준액 중 pH값이 가장 높은 것은?(단, 0℃ 기준)
① 붕산염 표준액　　　　② 인산염 표준액
③ 프탈산염 표준액　　　④ 수산염 표준액

10년간 자주 출제된 문제

6-5. pH 측정(유리전극법)의 내부정도관리 주기 및 목표 기준에 대한 설명으로 옳은 것은?

① 시료를 측정하기 전에 표준용액 2개 이상으로 보정한다.
② 시료를 측정하기 전에 표준용액 3개 이상으로 보정한다.
③ 정도관리 목표(정도관리 항목 : 정밀도)는 ±0.01 이내이다.
④ 정도관리 목표(정도관리 항목 : 정밀도)는 ±0.03 이내이다.

6-6. pH가 각각 10과 12인 폐액을 동일 부피로 혼합하면 pH는?

① 10.3　② 10.7
③ 11.3　④ 11.7

|해설|

6-2
pH 측정기의 값을 0.01 단위까지 읽어 결과 보고한다.

6-3
유리전극은 산화 및 환원성 물질들 그리고 염도에 의해 간섭을 받지 않는다.

6-4
'수산염'이라는 이름에서 OH^-를 떠올리지 않도록 하자. 수산염 표준액은 테트라옥살산칼륨[$KH_3(C_2O_4)_2$]을 정제수에 녹인 것으로 pH가 1.67로 가장 낮은 표준액이다.

6-5
- 시료를 측정하기 전에 표준용액 2개 이상으로 보정한다.
- 정도관리 목표(정도관리 항목 : 정밀도)는 ±0.05 이내이다.

6-6
pH 10 = pOH 4, pH 12 = pOH 2
동일한 부피를 혼합하면
$$\frac{10^{-2} + 10^{-4}}{1+1} = 0.00505$$
혼합한 폐액의 $pOH = -\log 0.00505 ≒ 2.3$
$pH = 14 - 2.3 ≒ 11.7$

정답 6-1 ② 6-2 ① 6-3 ④ 6-4 ① 6-5 ① 6-6 ④

6. 석 면

핵심이론 07 | 석 면 ★★

① 정량범위

편광현미경법	1~100%
X선 회절기법	0.1~100.0wt%

② 시료채취

㉠ 시료의 양 : 1회에 최소한 면적단위로는 $1cm^2$, 부피단위로는 $1cm^3$, 무게단위로는 2g 이상 채취

㉡ 대상시료의 크기별 최소 시료채취수

구 분	대 상	크 기	최소 시료채취수
건축 또는 시설물	천장, 벽, 바닥재의 경우	$25m^2$ 미만	1
		25~$100m^2$	3
		100~$500m^2$	5
		$500m^2$ 이상	7
	단열재의 경우	2.0m 혹은 $1.0m^2$ 미만	1
		2.0m 혹은 $1.0m^2$ 이상	3
	기타 재료의 경우	$1.0m^2$ 미만	1
		$1.0m^2$ 이상	3

③ 석면 종류별 형태와 색상(편광현미경법 기준)

석면의 종류	형태와 색상
백석면	• 꼬인 물결 모양의 섬유 • 다발의 끝은 분산 • 가열되면 무색~밝은 갈색 • 다색성 • 종횡비는 전형적으로 10 : 1 이상
갈석면	• 곧은 섬유와 섬유 다발 • 다발 끝은 빗자루 같거나 분산된 모양 • 가열하면 무색~갈색 • 약한 다색성 • 종횡비는 전형적으로 10 : 1 이상
청석면	• 곧은 섬유와 섬유 다발 • 긴 섬유는 만곡 • 다발 끝은 분산된 모양 • 특징적인 청색과 다색성 • 종횡비는 전형적으로 10 : 1 이상
직섬석	• 곧은 섬유와 섬유 다발 • 절단된 파편 존재 • 무색~밝은 갈색 • 비다색성 내지 약한 다색성 • 종횡비는 일반적으로 10 : 1 이하

석면의 종류	형태와 색상
투섬석, 녹섬석	• 곧고 흰 섬유 • 절단된 파편이 일반적이며 큰 섬유 다발 끝은 분산된 모양 • 투섬석은 무색 • 녹섬석은 녹색~약한 다색성 • 종횡비는 일반적으로 10:1 이하

10년간 자주 출제된 문제

7-1. X선 회절기법으로 석면 측정 시 X선 회절기로 판단할 수 있는 석면의 정량범위는?

① 0.1~100.0wt%
② 1.0~100.0wt%
③ 0.1~10.0wt%
④ 1.0~10.0wt%

7-2. 석면의 종류 중 백석면의 형태와 색상에 관한 내용으로 가장 거리가 먼 것은?

① 곧은 물결 모양의 섬유
② 다발의 끝은 분산
③ 다색성
④ 가열되면 무색~밝은 갈색

7-3. 편광현미경과 입체현미경으로 고체 시료 중 석면의 특성을 관찰하여 정성과 정량분석할 때 입체현미경의 배율범위로 가장 옳은 것은?

① 배율 2~4배 이상
② 배율 4~8배 이상
③ 배율 10~45배 이상
④ 배율 50~200배 이상

|해설|

7-2
백석면은 꼬인 물결 모양의 섬유이다.

정답 7-1 ① 7-2 ① 7-3 ③

7. 시안

핵심이론 08 | 시안측정방법 : 자외선/가시선 분광법 (피리딘-피라졸론법) ★★★

① 개요 : 시료를 pH 2 이하의 산성으로 조절한 후에 에틸렌다이아민테트라아세트산이나트륨을 넣고 가열 증류하여 시안화합물을 시안화수소로 유출시켜 수산화나트륨용액에 포집한 다음 중화하고 클로라민-T와 피리딘·피라졸론 혼합액을 넣어 나타나는 청색을 620nm에서 측정

② 적용범위 : 이 시험기준으로는 각 시안화합물의 종류를 구분하여 정량할 수 없다(정량한계 : 0.01mg/L).

③ 간섭물질

　㉠ 시안화합물을 측정할 때 방해물질들은 증류하면 대부분 제거된다. 그러나 다량의 지방성분, 잔류염소, 황화합물은 시안화합물을 분석할 때 간섭할 수 있다.

　㉡ 다량의 지방성분을 함유한 시료는 아세트산 또는 수산화나트륨 용액으로 pH 6~7로 조절한 후 시료의 약 2%에 해당하는 부피의 노말헥산 또는 클로로폼을 넣어 추출하여 유기층은 버리고 수층을 분리하여 사용한다.

　㉢ 황화합물이 함유된 시료는 아세트산아연용액 (10W/V%) 2mL를 넣어 제거한다. 이 용액 1mL는 황화물이온 약 14mg에 해당된다.

　㉣ 잔류염소가 함유된 시료는 잔류염소 20mg당 L-아스코빈산(10W/V%) 0.6mL 또는 이산화비소산나트륨용액(10W/V%) 0.7mL를 넣어 제거한다.

④ 분석기기 및 기구

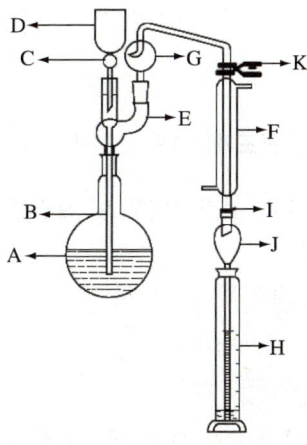

[시안 증류장치]

A : 500~1,000mL 증류플라스크
B : 연결관
C : 콕
D : 안전깔때기
E : 분리관
F : 냉각관
G : 역류방지관
H : 수집기
I : 접합부
J : 볼접합부
K : 집게

10년간 자주 출제된 문제

8-1. 시안(자외선/가시선 분광법 기준) 시험방법에 대한 설명으로 틀린 것은?

① 폐기물 중에 시안의 정량한계는 0.01mg/L이다.
② 시안화합물을 측정할 때 방해물질들은 증류하면 대부분 제거된다.
③ 잔류염소가 함유된 시료는 잔류염소 20mg당 L-아스코빈산(10W/V%) 0.6mL를 넣어 제거한다.
④ 각 시안화합물의 종류를 구분하여 정량할 수 있다.

8-2. 자외선/가시선 분광법으로 시안을 분석할 때 사용되는 시안 증류장치의 구성에 해당되지 않는 것은?

① 역류방지관
② 냉각관
③ 흡수관
④ 안전깔때기

8-3. 피리딘-피라졸론법(흡광광도법)에 의한 CN 시험방법에 대한 설명으로 틀린 것은?

① 지시약으로 페놀프탈레인·에틸알코올 용액을 넣는다.
② 다량의 유지류가 함유된 시료는 초산 또는 수산화나트륨 용액으로 pH 6~7로 조절하고 시료의 약 2%에 해당하는 노말헥산을 넣어 짧은 시간동안 흔들어 섞고 수층을 분리하여 시료로 채취한다.
③ 잔류염소가 함유된 시료는 잔류염소 20mg당 L-아스코르빈산(10W/V%) 0.6mL를 넣어 제거한다.
④ 황화합물이 함유된 시료는 아비산나트륨 용액(10W/V%) 2mL를 넣어 제거한다.

|해설|

8-1
각 시안화합물의 종류를 구분하여 정량할 수 없다.

8-3
황화합물이 함유된 시료는 아세트산아연용액(10W/V%) 2mL를 넣어 제거한다.

정답 8-1 ④ 8-2 ③ 8-3 ④

| 핵심이론 09 | 시안측정방법 : 이온전극법 ★

① 개요 : 액상 폐기물과 고상 폐기물을 pH 12~13의 알칼리성으로 조절한 후 시안 이온전극과 비교전극을 사용하여 전위를 측정하고 그 전위차로부터 시안을 정량
② 정량한계 : 0.5mg/L
③ 분석방법
  ㉠ 전처리한 시료 100mL를 200mL 비커에 옮기고 시안 이온전극과 비교전극을 담가 기포가 일어나지 않는 범위 내에서 일정한 속도로 세게 교반하여 전위가 안정될 때의 값을 측정한다.
  ㉡ 미리 작성한 검정곡선으로부터 시안의 양(mg)을 계산한다.
  ★ 시료와 표준용액의 측정 시 온도차는 ±1℃이어야 하고, 교반속도가 일정하여야 한다. 액온이 1℃ 변화할 때에 약 1mV의 전위차가 변화하게 된다.

10년간 자주 출제된 문제

이온전극법을 이용한 시안 분석방법에 관한 설명으로 가장 거리가 먼 것은?
① pH 12~13 알칼리성에서 시안 이온전극과 비교전극을 사용하여 전위를 측정한다.
② 시료와 표준용액의 측정 시 온도차는 ±0.1℃이어야 하고 교반속도는 2,000rpm 이상으로 한다.
③ 이 시험기준에 의한 폐기물 중에 시안의 정량한계는 0.5mg/L이다.
④ 자석 교반기 또는 테플론으로 피복된 자석 바를 사용한다.

|해설|
시료와 표준용액의 측정 시 온도차는 ±1℃이어야 하고 교반속도는 일정하여야 한다.

정답 ②

| 제4절 | 항목별 시험방법

1. 금속류의 측정방법

| 핵심이론 01 | 원자흡수분광광도계(AAS) ★

① 구성 : 광원부, 시료원자화부, 파장선택부 및 측광부
② 불꽃을 만들기 위한 기체
  ㉠ 가연성 기체 : 아세틸렌
  ㉡ 조연성 기체 : 공기
③ 검정곡선의 작성 및 검증
  정량범위 내의 4개 이상의 농도에 대해 검정곡선을 작성하고 얻어진 검정곡선의 결정계수(R^2)가 0.98 이상이어야 하고 허용범위를 벗어나면 재작성하도록 한다.

10년간 자주 출제된 문제

원자흡수분광분광계에서 해리하기 어려운 내화성 산화물을 만들기 쉬운 원소의 분석에 적당한 불꽃은?
① 아세틸렌-공기
② 프로페인-공기
③ 아세틸렌-일산화이질소
④ 수소-공기

|해설|
아세틸렌-일산화이질소 불꽃은 불꽃의 온도가 높기 때문에 불꽃 중에서 해리하기 어려운 내화성 산화물을 만들기 쉬운 원소의 분석에 적당하다.

정답 ③

핵심이론 02 | 유도결합플라스마-원자발광분광법 (ICP-AES) ★

① 개요 : 시료를 고주파유도코일에 의하여 형성된 아르곤 플라스마에 주입하여 6,000~8,000K에서 들뜬 원자가 바닥상태로 이동할 때 방출하는 발광선 및 발광강도를 측정하여 원소의 정성 및 정량분석한다.

② 적용범위 : 폐기물 중에 구리, 납, 비소, 카드뮴, 크롬, 6가크롬 등 원소의 동시 분석에 적용한다(정량한계 : 0.002~0.01mg/L).

③ 간섭물질
  ㉠ 광학 간섭 : 분석하는 금속원소 이외에서 발광하는 파장은 측정을 간섭한다. 어떤 원소가 동일 파장에서 발광할 때, 파장의 스펙트럼선이 넓어질 때, 이온과 원자의 재결합으로 연속 발광할 때, 분자 띠 발광 시에 발생한다.
  ㉡ 물리적 간섭 : 시료의 분무 또는 운반과정에서 물리적 특성, 즉 점도와 표면장력의 변화 등에 의해 발생한다. 특히 시료 중에 산의 농도가 10V/V% 이상으로 높거나 용존 고형물질이 1,500mg/L 이상으로 높은 반면, 검정용 표준용액의 산의 농도는 5% 이하로 낮을 때에 발생하며 이때 시료를 희석하거나 표준용액을 시료의 매질과 유사하게 하거나 표준물질 첨가법을 사용하면 간섭효과를 줄일 수 있다.
  ㉢ 화학적 간섭 : 분자 생성, 이온화 효과, 열화학 효과 등이 시료 분무와 원자화 과정에서 방해요인으로 나타난다. 이 영향은 별로 심하지 않으며 적절한 운전 조건의 선택으로 최소화할 수 있다.

④ 구성 : 시료도입부, 고주파전원부, 광원부, 분광부, 연산처리부 및 기록부

⑤ 정도보증/정도관리
  ㉠ 방법검출한계 : 표준편차 × 3.14
  ㉡ 정량한계 : 표준편차 × 10

10년간 자주 출제된 문제

2-1. 다음의 폐기물 중 금속류 중 유도결합플라스마 원자발광분광법으로 측정하지 않는 것은?
① 납
② 비소
③ 카드뮴
④ 수은

2-2. 유도결합플라스마-원자발광분광기의 일반적인 구성으로 옳은 것은?
① 광원부, 파장선택부, 시료부 및 측광부로 구성된다.
② 시료도입부, 고주파전원부, 광원부, 분광부, 연산처리부 및 기록부로 구성된다.
③ 시료도입부, 시료원자화부, 분광부, 측광부, 연산처리부로 구성된다.
④ 광원부, 분광부, 단색화부, 고주파전원부, 측광부 및 기록부로 구성된다.

정답 2-1 ④ 2-2 ②

| 핵심이론 03 | 구리 – 자외선/가시선 분광법 ★★

① 개요 : 알칼리성에서 다이에틸다이티오카르바민산나트륨과 반응하여 생성하는 황갈색의 킬레이트 화합물을 아세트산뷰틸로 추출하여 흡광도를 440nm에서 측정

② 적용범위
  ㉠ 정량범위 : 0.002~0.03mg
  ㉡ 정량한계 : 0.002mg
  ㉢ 정밀도 : ±25% 이내

③ 간섭물질
  ㉠ 시료의 전처리를 하지 않고 직접 시료를 사용하는 경우, 시료 중에 시안화합물이 함유되어 있으면 염산으로 산성 조건을 만든 후 끓여 시안화물을 완전히 분해 제거한 다음 실험한다.
  ㉡ 비스무트(Bi)가 구리의 양보다 2배 이상 존재할 경우에는 황색을 나타내어 방해한다. 이때는 시료의 흡광도를 A_1으로 하고 따로 같은 양의 시료를 취하여 시료의 시험기준 중 암모니아수(1 + 1)를 넣어 중화하기 전에 시안화칼륨용액(5W/V%) 3mL를 넣어 구리를 시안착화합로 만든 다음 중화하여 실험하고 이액의 흡광도를 A_2로 한다. 여기에서 구리에 의한 흡광도는 $A_1 - A_2$이다.
  ㉢ 흡수셀이 더러우면 측정값에 오차가 발생하므로 다음과 같이 세척하여 사용한다. 또는 시판용 세척액을 사용하여 세척한다.
    • 탄산나트륨용액(2W/V%)에 소량의 음이온 계면활성제를 가한 용액에 흡수셀을 담가 놓고 필요하면 40~50℃로 약 10분간 가열한다.
    • 흡수셀을 꺼내 정제수로 씻은 후 질산(1 + 5)에 소량의 과산화수소를 가한 용액에 약 30분간 담가 놓았다가 꺼내어 정제수로 잘 씻는다. 깨끗한 가제나 흡수지 위에 거꾸로 놓아 물기를 제거하고 실리카겔을 넣은 데시케이터 중에서 건조하여 보존한다.
    • 급히 사용하고자 할 때는 물기를 제거한 후 에틸알코올로 씻고 다시 에틸에터로 씻은 다음 드라이어로 건조해서 사용한다.

10년간 자주 출제된 문제

3-1. 자외선/가시선 분광법으로 구리를 측정할 때 간섭물질에 관한 내용으로 옳은 것은?

① 비스무트(Bi)가 구리의 양과 같거나 큰 경우에는 황색을 나타내어 방해한다.
② 비스무트(Bi)가 구리의 양보다 2배 이상 존재할 경우에는 황색을 나타내어 방해한다.
③ 비스무트(Bi)가 구리의 양과 같거나 큰 경우에는 청색을 나타내어 방해한다.
④ 비스무트(Bi)가 구리의 양보다 2배 이상 존재할 경우에는 청색을 나타내어 방해한다.

3-2. 다음은 자외선/가시선 분광법을 적용한 구리 측정방법이다. ( ) 안에 내용으로 옳은 것은?

> 시료 중에 구리이온이 알칼리성에서 다이에틸다이티오카르바민산나트륨과 반응하여 생성하는 (㉠)의 킬레이트 화합물을 아세트산뷰틸로 추출하여 흡광도를 (㉡)에서 측정하는 방법이다.

① ㉠ 적자색, ㉡ 540nm
② ㉠ 적자색, ㉡ 440nm
③ ㉠ 황갈색, ㉡ 540nm
④ ㉠ 황갈색, ㉡ 440nm

정답 3-1 ② 3-2 ④

핵심이론 04 | 납 – 자외선/가시선 분광법 ★

① 개요 : 시안화칼륨 공존하에 알칼리성에서 디티존과 반응하여 생성하는 납 디티존착염을 사염화탄소로 추출하고 과잉의 디티존을 시안화칼륨용액으로 씻은 다음 납 착염의 흡광도를 520nm에서 측정

② 적용범위
  ㉠ 정량범위 : 0.001~0.04mg
  ㉡ 정량한계 : 0.001mg
  ㉢ 정밀도 : ±25% 이내

10년간 자주 출제된 문제

4-1. 자외선/가시선 분광법으로 납을 측정할 때 전처리를 하지 않고 직접 시료를 사용하는 경우 시료 중에 시안화합물이 함유되었을 때 조치사항으로 옳은 것은?

① 염산 산성으로 하여 끓여 시안화물을 완전히 분해 제거한다.
② 사염화탄소로 추출하고 수층을 분리하여 시안화물을 완전히 제거한다.
③ 음이온 계면활성제와 소량의 활성탄을 주입하여 시안화물을 완전히 흡착 제거한다.
④ 질산(1 + 5)와 과산화수소를 가하여 시안화물을 완전히 분해 제거한다.

4-2. 다음 ( ) 안에 들어갈 내용으로 옳은 것은?

납의 자외선/가시선 분광법(흡광광도법)의 측정원리는 납 이온이 (㉠) 공존하에 알칼리성에서 디티존과 반응하여 생성하는 납 디티존 착염을 사염화탄소로 추출하고 과잉의 디티존을 (㉡) 용액으로 씻은 다음 납 착염의 흡광도를 (㉢)nm에서 측정하는 방법이다.

① ㉠ 설퍼민산암모늄, ㉡ 설퍼민산암모늄, ㉢ 520
② ㉠ 시안화칼륨, ㉡ 시안화칼륨, ㉢ 520
③ ㉠ 설퍼민산암모늄, ㉡ 설퍼민산암모늄, ㉢ 560
④ ㉠ 시안화칼륨, ㉡ 시안화칼륨, ㉢ 560

정답 4-1 ① 4-2 ②

핵심이론 05 | 비소 ★★★

① 원자흡수분광광도법(수소화물생성)
  ㉠ 전처리한 시료 용액 중에 아연 또는 나트륨붕소수화물을 넣어 생성된 수소화비소를 원자화시켜 193.7nm에서 흡광도를 측정하고 비소를 정량하는 방법이다.
  ㉡ 정량한계 : 0.005mg/L
  ㉢ 간섭물질
   • 화학물질이 공기-아세틸렌 불꽃에서 분자상태로 존재하여 낮은 흡광도를 보일 때가 있다. 이는 불꽃의 온도가 너무 낮아 원자화가 일어나지 않는 경우와 안정한 산화물질로 바뀌어 불꽃에서 원자화가 일어나지 않는 경우에 발생한다.
   • 염산 농도에 따라 전이금속에 의한 간섭 영향이 다르므로 저농도의 염산보다는 4~6N 염산을 사용하는 것이 좋다.
   • 질산 분해에 의해 생기는 환원된 산화질소와 아질산염은 수소화비소의 발생을 저하시킬 수 있다.

② 자외선/가시선 분광법
  ㉠ 개요 : 시료 중의 비소를 3가비소로 환원시킨 다음 아연을 넣어 발생되는 비화수소를 다이에틸다이티오카르바민산은의 피리딘용액에 흡수시켜 이때 나타나는 적자색의 흡광도를 530nm에서 측정
  ㉡ 적용범위
   • 정량범위 : 0.002~0.01mg
   • 정량한계 : 0.002mg
   • 정밀도 : ±25% 이내

10년간 자주 출제된 문제

5-1. 다음은 자외선/가시선 분광법에 의한 비소의 측정에 관한 내용이다. ( ) 안에 내용으로 옳은 것은?

> 시료 중의 비소를 3가비소로 환원시킨 다음 아연을 넣어 발생되는 비화수소를 다이에틸다이티오카르바민산은의 ( )에 흡수시켜 나타나는 적자색의 흡광도를 측정하는 방법이다.

① 수산화나트륨용액
② 다이페닐카바자이드용액
③ 과산화수소수용액
④ 피리딘용액

5-2. 원자흡수분광광도법에 의한 비소 측정에 관한 설명으로 틀린 것은?

① 정량한계는 0.005mg/L이다.
② 일반적으로 가연성 기체로 아세틸렌을 조연성 기체로 공기를 사용한다.
③ 아르곤-수소 불꽃에서 원자화시켜 340nm 흡광도를 측정하고 비소를 정량하는 방법이다.
④ 전처리한 시료 용액 중에 아연 또는 나트륨붕소수화물을 넣어 생성된 수소화비소를 원자화시킨다.

|해설|

5-2
193.7nm에서 흡광도를 측정한다.

정답 5-1 ④ 5-2 ③

핵심이론 06 | 수 은 ★★

① 원자흡수분광광도법(환원기화법)
  ㉠ 수은을 이염화주석을 넣어 금속수은으로 환원시킨 다음 이 용액에 통기하여 발생하는 수은증기를 253.7nm의 파장에서 정량
  ㉡ 적용범위
    • 정량범위 : 0.0005~0.01mg/L
    • 정량한계 : 0.0005mg/L
  ㉢ 간섭물질
    • 시료 중 염화물이온이 다량 함유된 경우에는 산화조작 시 유리염소를 발생하여 253.7nm에서 흡광도를 나타낸다. 이때에는 염산하이드록실아민용액을 과잉으로 넣어 유리염소를 환원시키고 용기 중에 잔류하는 염소는 질소가스를 통기시켜 축출한다.
    • 벤젠, 아세톤 등 휘발성 유기물질도 253.7nm에서 흡광도를 나타낸다. 이때에는 과망간산칼륨 분해 후 헥산으로 이들 물질을 추출 분리한 다음 실험한다.
  ㉣ 전처리 : 염화하이드록시암모늄용액(10W/V%)을 한 방울씩 넣어 과잉의 과망간산칼륨을 분해한다.

② 자외선/가시선 분광법(디티존법)
  ㉠ 개요 : 수은을 황산 산성에서 디티존사염화탄소로 일차 추출하고 브로모화칼륨 존재하에 황산 산성에서 역추출하여 방해성분과 분리한 다음 알칼리성에서 디티존사염화탄소로 수은을 추출하여 490nm에서 흡광도를 측정한다.
  ㉡ 적용범위
    • 정량범위 : 0.001~0.025mg
    • 정량한계 : 0.001mg
    • 정밀도 : ±25% 이내

10년간 자주 출제된 문제

6-1. 수은을 원자흡수분광광도법으로 측정할 때 시료 중 수은을 금속수은으로 환원시키기 위해 넣는 시약은?

① 아연분말
② 이염화주석
③ 시안화칼륨
④ 과망간산칼륨

6-2. 원자흡수분광광도법에 의한 수은 분석방법에 관한 설명으로 옳지 않은 것은?

① 수은증기를 253.7nm 파장에서 측정한다.
② 시료 중 수은을 이염화주석을 넣어 금속수은으로 환원시킨다.
③ 시료 중 염화물이온이 다량 함유된 경우에는 과망간산칼륨 분해 후 헥산으로 이들 물질을 추출 분리한 다음 실험한다.
④ 이 실험에 의한 폐기물 중 수은의 정량한계는 0.0005mg/L이다.

|해설|

6-2
시료 중 염화물이온이 다량 함유된 경우에는 염산하이드록실아민용액을 과잉으로 넣어 유리염소를 환원시키고 용기 중에 잔류하는 염소는 질소가스를 통기시켜 축출한다.

정답 6-1 ② 6-2 ③

핵심이론 07 | 카드뮴 – 자외선/가시선 분광법 ★★

① 개요 : 시안화칼륨이 존재하는 알칼리성에서 디티존과 반응시켜 생성하는 카드뮴착염을 사염화탄소로 추출하고, 추출한 카드뮴착염을 타타르산용액으로 역추출한 다음 수산화나트륨과 시안화칼륨을 넣어 디티존과 반응하여 생성하는 적색의 카드뮴착염을 사염화탄소로 추출하여 그 흡광도를 520nm에서 측정

② 적용범위
- 정량범위 : 0.001~0.03mg
- 정량한계 : 0.001mg
- 정밀도 : ±25% 이내

③ 간섭물질
시료 중 다량의 철과 망간을 함유하는 경우 디티존에 의한 카드뮴추출이 불완전하다. 이 경우에는 중화한 시료 일정량에 염산을 넣어 2N의 염산 산성으로 하여 강염기성 음이온교환수지칼럼(R~C1형, 지름 10mm, 길이 220mm)에 3mL/min의 속도로 유출시켜 카드뮴을 흡착하고 염산(1 + 9)으로 씻어 준 다음 새로운 수집기에 질산(1 + 12)을 사용하여 용출하는 카드뮴을 받는다. 이 용출용액을 가지고 시험기준에 따라 실험한다.

10년간 자주 출제된 문제

다음은 자외선/가시선 분광법을 이용한 카드뮴 측정에 관한 설명이다. ( ) 안에 알맞은 내용은?

시료 중의 카드뮴이온을 시안화칼륨이 존재하는 알칼리성에서 디티존과 반응시켜 생성하는 카드뮴착염을 사염화탄소로 추출하고 이를 (　　　　　)으로 역추출한 다음 수산화나트륨과 시안화칼륨을 넣어 디티존과 반응하여 생성하는 적색의 카드뮴착염을 사염화탄소로 추출하여 그 흡광도는 520nm에서 측정한다.

① 염화제일주석산용액
② 부틸알코올
③ 타타르산용액
④ 에틸알코올

정답 ③

핵심이론 08 | 크 롬 ★★★

① 원자흡수분광광도법
   ㉠ 아세틸렌-공기 또는 아세틸렌-일산화이질소 불꽃에 주입하여 357.9nm에서 분석한다.
   ㉡ 적용범위
   - 정량범위 : 0.01~5mg/L
   - 정량한계 : 0.01mg/L
   ㉢ 간섭물질 : 공기-아세틸렌 불꽃에서는 철, 니켈 등의 공존물질에 의한 방해영향이 크므로 황산나트륨을 1% 정도 넣어서 측정한다.

② 자외선/가시선 분광법
   ㉠ 개요 : 시료 중에 총크롬을 과망간산칼륨을 사용하여 6가크롬으로 산화시킨 다음 산성에서 다이페닐카바자이드와 반응하여 생성되는 적자색 착화합물의 흡광도를 540nm에서 측정한다.
   ㉡ 적용범위
   - 정량범위 : 0.002~0.05mg
   - 정량한계 : 0.002mg
   - 정밀도 : ±25% 이내
   ㉢ 간섭물질 : 시료 중 철이 2.5mg 이하로 공존할 경우에는 다이페닐카바자이드용액을 넣기 전에 피로인산나트륨·10수화물용액(5%) 2mL를 넣어 주면 간섭을 줄일 수 있다.

10년간 자주 출제된 문제

8-1. 크롬은 원자흡수분광광도법으로 분석할 때 공기-아세틸렌 불꽃은 철, 니켈 등의 공존물질에 의한 간섭이 크다. 이를 억제하는 방법으로 가장 옳은 것은?

① 황산나트륨을 1% 정도 넣어서 측정한다.
② 질산나트륨을 1% 정도 넣어서 측정한다.
③ 황산나트륨을 3% 정도 넣어서 측정한다.
④ 질산나트륨을 3% 정도 넣어서 측정한다.

8-2. 자외선/가시선 분광법에 의한 크롬 분석에 관한 내용으로 가장 거리가 먼 것은?

① 과망간산칼륨으로 크롬이온 전체를 6가크롬으로 산화시킨다.
② 알칼리성에서 다이페닐카바자이드와 반응하여 생성되는 적자색의 착화합물의 흡광도를 540nm에서 측정한다.
③ 시료 중 철이 2.5mg 이하로 공존할 경우에는 다이페닐카바자이드용액을 넣기 전에 피로인산나트륨·10수화물용액(5%) 2mL를 넣어 주면 간섭을 줄일 수 있다.
④ 정량범위는 0.002~0.05mg 범위이다.

|해설|

8-2
산성에서 다이페닐카바자이드와 반응하여 생성되는 적자색의 착화합물의 흡광도를 540nm에서 측정한다.

정답 8-1 ① 8-2 ②

| 핵심이론 09 | 6가크롬 | ★

① 원자흡수분광광도법
  ㉠ 3가크롬을 선택적으로 침전하여 제거한 후 6가크롬을 환원 및 침전시켜 전처리한 시료를 직접 불꽃으로 주입하여 357.9nm에서 분석
  ㉡ 적용범위
    • 정량범위 : 0.01~5mg/L
    • 정량한계 : 0.01mg/L
  ㉢ 간섭물질 : 공기-아세틸렌 불꽃에서는 철, 니켈 등의 공존물질에 의한 방해영향이 크므로 이때는 황산나트륨을 1% 정도 넣어서 측정

② 자외선/가시선 분광법
  ㉠ 개요 : 6가크롬을 다이페닐카바자이드와 반응시켜 생성하는 적자색의 착화합물의 흡광도를 540nm에서 측정
  ㉡ 적용범위
    • 정량범위 : 0.04~1.0mg/L
    • 정량한계 : 0.04mg/L
    • 정밀도 : ±25% 이내

10년간 자주 출제된 문제

9-1. 다음은 6가크롬을 자외선/가시선 분광법으로 측정 시 흡수셀 세척에 관한 내용이다. ( ) 안의 내용으로 옳은 것은?

• ( )에 소량의 음이온 계면활성제를 가한 용액에 흡수셀을 담가 놓고 필요하면 40~50℃로 약 10분간 가열한다.
• 흡수셀을 꺼내 정제수로 씻은 후 질산(1+5)에 소량의 과산화수소를 가한 용액에 약 30분간 담가 놓았다가 꺼내어 정제수로 잘 씻는다.

① 과망간산칼륨용액(2W/V%)
② 질산암모늄용액(2W/V%)
③ 질산나트륨용액(2W/V%)
④ 탄산나트륨용액(2W/V%)

9-2. 6가크롬을 원자흡수분광광도법으로 분석할 때에 관한 설명으로 옳지 않은 것은?

① 공기, 아세틸렌으로 분석 시 아세틸렌 유량이 많은 쪽이 감도가 높지만 철, 니켈의 방해가 많다.
② 정량범위는 사용하는 장치 및 측정조건 등에 따라 다르나 248.5nm에서 0.005~2.5mg/L이다.
③ 아세틸렌-산화이질소는 방해는 적으나 감도가 낮다.
④ 염이 많은 시료를 분석할 때는 시료를 묽혀 분석하거나, 메틸아이소부틸케톤 등을 사용하여 추출하여 분석한다.

9-3. 6가크롬(자외선/가시선 분광법)의 측정원리에 관한 내용으로 ( )에 알맞은 것은?

시료 중에 6가크롬을 다이페닐카바자이드와 반응시켜 생성하는 (㉠)의 착화합물의 흡광도를 (㉡)에서 측정하여 6가크롬을 정량한다.

① ㉠ 적자색, ㉡ 540nm
② ㉠ 적자색, ㉡ 460nm
③ ㉠ 황갈색, ㉡ 520nm
④ ㉠ 황갈색, ㉡ 420nm

|해설|

9-2
357.9nm에서 분석하며, 정량범위는 0.01~5mg/L이다.

정답 9-1 ④ 9-2 ② 9-3 ①

2. 유기인

핵심이론 10 | 유기인 - 기체크로마토그래피 ★★

① 개요 : 유기인화합물 중 이피엔, 파라티온, 메틸디메톤, 다이아지논 및 펜토에이트의 측정방법으로서, 유기인화합물을 기체크로마토그래프로 분리한 다음 질소인 검출기(NPD) 또는 불꽃광도 검출기(FPD)로 분석한다.

② 정량한계 : 각 성분당 0.0005mg/L

③ 시료채취 및 관리
  ㉠ 시료채취는 유리병을 사용하며 채취 전에 시료로서 세척하지 말아야 한다.
  ㉡ 모든 시료는 시료채취 후 추출하기 전까지 4℃ 냉암소에서 보관하고 7일 이내에 추출하고 40일 이내에 분석한다.

④ 분석기기 및 기구
  ㉠ 기체크로마토그래프 : 운반기체는 부피백분율 99.999% 이상의 헬륨(또는 질소)을 사용
  ㉡ 정제용 칼럼 : 실리카겔 칼럼, 플로리실 칼럼, 활성탄 칼럼

⑤ 전처리 - 추출
  ㉠ 액상 폐기물 시료 또는 용출용액 적당량을 1L 분별깔때기에 취하여 염화나트륨 5g을 넣어 녹인 다음 지시약으로 메틸오렌지용액(0.1W/V%)을 사용하고 염산(1+1)을 넣어 pH를 3~4로 조절한다.
  ㉡ 크로마토그래프용 노말헥산 50mL를 넣어 약 3분간 세게 흔들어 섞고 분리하여 수층을 다른 분별깔때기에 옮긴다. 수층에 다시 크로마토그래프용 노말헥산 25mL씩을 넣어 추출조작을 2회 이상 반복하고 헥산층을 250mL 분별깔때기에 합한다.
  ㉢ 분별깔때기와 무수황산나트륨을 소량의 크로마토그래프용 노말헥산으로 씻은 다음 위에서 사용한 여과장치로 여과하여 농축기(구데르나다니시 농축기)의 플라스크에 합한다. 농축기를 40℃ 이하

감압상태에서 작동하여 헥산층의 대부분을 증발시키고 실온에서 조심하여 공기(또는 질소)를 송기하여 잔류 헥산층을 모두 증발시킨다.

★ 헥산으로 추출할 경우 메틸디메톤의 추출률이 낮아질 수도 있다. 이때에는 헥산 대신 다이클로로메테인과 헥산의 혼합액(15 : 85)을 사용한다.

10년간 자주 출제된 문제

10-1. 기체크로마토그래피로 유기인을 측정할 때 시료관리 기준으로 옳은 것은?

① 시료채취 후 추출하기 전까지 4℃ 냉암소에서 보관하고 7일 이내에 추출하고 21일 이내에 분석한다.
② 시료채취 후 추출하기 전까지 4℃ 냉암소에서 보관하고 7일 이내에 추출하고 40일 이내에 분석한다.
③ 시료채취 후 추출하기 전까지 pH 4 이하로 보관하고 7일 이내에 추출하고 21일 이내에 분석한다.
④ 시료채취 후 추출하기 전까지 pH 4 이하로 보관하고 7일 이내에 추출하고 40일 이내에 분석한다.

10-2. 다음 중 폐기물공정시험기준(방법)에서 규정하고 있는 유기인 화합물(기체크로마토그래피법)의 측정대상 성분으로 거리가 먼 것은?

① 이피엔　　② 펜토에이트
③ 디티온　　④ 다이아지논

10-3. 유기인의 분석에 관한 내용으로 틀린 것은?

① 기체크로마토그래피를 사용할 경우 질소인 검출기 또는 불꽃광도 검출기를 사용한다.
② 기체크로마토그래피는 유기인화합물 중 이피엔, 파라티온, 메틸디메톤, 다이아지논 및 펜토에이트 분석에 적용된다.
③ 유기인 분석대상 시료채취는 유리병을 사용하며 채취 전 시료로 3회 이상 세척하여야 한다.
④ 유기인 분석대상 시료는 시료채취 후 추출하기 전까지 4℃ 냉암소에 보관하고 7일 이내 추출하며 40일 이내에 분석한다.

|해설|

10-3
채취 전에 시료로서 세척하지 말아야 한다.

정답 10-1 ② 10-2 ③ 10-3 ③

3. 폴리클로리네이티드비페닐(PCBs)

핵심이론 11 | PCBs - 기체크로마토그래피 ★★

① 적용범위
  ㉠ 용출용액 : 각 PCBs의 정량한계 0.0005mg/L
  ㉡ 액상폐기물의 정량한계 : 0.05mg/L
  ㉢ 비함침성 고상폐기물의 정량한계 : 표면채취법 $0.05\mu g/100cm^2$, 부재채취법 0.005mg/kg

② 간섭물질
  ㉠ 알칼리 분해를 하여도 헥산층에 유분이 존재할 경우에는 실리카겔 칼럼으로 정제조작을 하기 전에 플로리실 칼럼을 통과시켜 유분을 분리한다.
  ㉡ 유리기구류는 세정제, 뜨거운 수돗물 그리고 정제수 순으로 닦아준 후 400℃에서 15~30분 동안 가열한 후 식혀 알루미늄박으로 덮어 깨끗한 곳에 보관하여 사용한다.
  ㉢ 전자포획검출기로 하여 PCBs를 측정할 때 프탈레이트가 방해할 수 있는데 이는 플라스틱 용기를 사용하지 않음으로서 최소화할 수 있다.
  ㉣ 실리카겔 칼럼 정제는 산, 염화페놀, 폴리클로로페녹시페놀 등의 극성화합물을 제거하기 위하여 수행하며, 사용 전에 정제하고 활성화시켜야 한다.

③ 분석기기 및 기구
  ㉠ 기체크로마토그래프
    • 운반기체 : 부피백분율 99.999% 이상의 질소, 유량 0.5~3mL/min
    • 검출기 : 전자포획검출기(ECD ; Electron Capture Detector)
  ㉡ 정제칼럼 : 플로리실 칼럼, 실리카겔 칼럼
  ㉢ 농축장치 : 구데르나다니시(KD)농축기 또는 회전증발농축기
  ㉣ 질량분석기 : 이온화방식은 전자충격법(EI ; Electron Impact)을 사용하며 이온화에너지는 35~70eV을 사용, 정량한계 : 1.0mg/L

④ 시료채취 및 관리
  ㉠ 비함침성 고상폐기물 : 시료채취용기는 갈색 경질의 유리병을 원칙으로 한다.
  ㉡ 시료채취량
    • 비평면형 비함침성 폐기물 : 폐기물 종류별로 100g 이상씩 채취
    • 평면형 비함침성 폐기물 : 종류별로 면적이 $500cm^2$ 이상이 되도록 채취

⑤ 전처리
  ㉠ 추출조작에서 얻어진 농축액이 유분을 다량 함유할 경우에는 알칼리 분해할 수 있다.
  ㉡ 알칼리 분해를 하여도 헥산층에 유분이 존재할 경우에는 실리카겔 칼럼으로 정제하기 전에 플로리실 칼럼 정제에 따라 유분을 제거한다.

10년간 자주 출제된 문제

11-1. 기체크로마토그래피에 의한 폴리클로리네이티드비페닐(PCBs) 분석방법에 관한 설명으로 옳지 않은 것은?

① 용출용액의 경우 각 PCBs의 정량한계는 0.0005mg/L이며, 액상 폐기물의 정량한계는 0.05mg/L이다.
② 비함침성 고상폐기물의 정량한계는 시료채취방법에 따라 표면 채취법은 0.1μg/100cm²으로 하고, 부재채취법은 0.05mg/kg이다.
③ 알칼리 분해를 하여도 헥산층에 유분이 존재할 경우에는 실리카겔 칼럼으로 정제조작을 하기 전에 플로리실 칼럼을 통과시켜 유분을 분리한다.
④ 시료 중 PCBs을 헥산으로 추출하여 실리카겔 칼럼 등을 통과시켜 정제한 다음 기체크로마토그래프에 주입한다.

11-2. 기체크로마토그래피에 의한 폴리클로리네이티드비페닐(PCBs) 분석방법에 관한 설명으로 옳지 않은 것은?

① 알칼리 분해를 하여도 헥산층에 유분이 존재할 경우에는 실리카겔 칼럼으로 정제조작을 하기 전 메틸알코올과 클로로폼의 혼합액으로 추출하여 유분을 분리한다.
② 비함침성 고상폐기물의 정량한계는 시료채취방법에 따라 표면 채취법은 0.05μg/100cm²이다.
③ 유리기구류는 세정제, 뜨거운 수돗물 그리고 정제수 순으로 닦아준 후 400℃에서 15~30분 동안 가열한 후 식혀 알루미늄박으로 덮어 깨끗한 곳에 보관하여 사용한다.
④ 전자포획검출기로 하여 PCBs를 측정할 때 프탈레이트가 방해할 수 있는데 이는 플라스틱 용기를 사용하지 않음으로써 최소화할 수 있다.

|해설|

11-1
비함침성 고상폐기물의 정량한계는 시료채취방법에 따라 표면채취법은 0.05μg/100cm²으로 하고, 부재채취법은 0.005mg/kg이다.

11-2
알칼리 분해를 하여도 헥산층에 유분이 존재할 경우에는 실리카겔 칼럼으로 정제조작을 하기 전에 플로리실 칼럼을 통과시켜 유분을 분리한다.

정답 11-1 ② 11-2 ①

4. 휘발성 유기화합물

핵심이론 12 | 휘발성 유기화합물 ★★

① 할로겐화 유기물질 기체크로마토그래피-질량분석법의 정량한계 : 10mg/kg

② 할로겐화 유기물질-기체크로마토그래피
  ㉠ 운반기체 : 부피백분율 99.999% 이상의 헬륨(또는 질소), 유량 0.5~4mL/min
  ㉡ 검출기 : 불꽃이온화검출기(FID), 전자포획검출기(ECD)

③ 휘발성 저급염소화 탄화수소류-기체크로마토그래피
  ㉠ 개요 : 시료 중의 트라이클로로에틸렌(C_2HCl_3) 및 테트라클로로에틸렌(C_2Cl_4)을 헥산으로 추출하여 기체크로마토그래프로 정량
  ㉡ 정량한계 : 트라이클로로에틸렌은 0.008mg/L, 테트라클로로에틸렌은 0.002mg/L
  ㉢ 간섭물질
   • 다이클로로메테인과 같이 머무름 시간이 짧은 화합물은 용매의 피크와 겹쳐 분석을 방해할 수 있다.
   • 플루오르화탄소나 다이클로로메테인과 같은 휘발성 유기물은 보관이나 운반 중에 격막(Septum)을 통해 시료 안으로 확산되어 시료를 오염시킬 수 있으므로 현장 바탕시료로서 이를 점검하여야 한다.
  ㉣ 기체크로마토그래프
   • 운반기체 : 부피백분율 99.999% 이상의 헬륨(또는 질소), 유량 0.5~4mL/min
   • 시료도입부 온도는 150~250℃, 칼럼온도는 30~250℃
   • 검출기 : 전자포획검출기(ECD), 전해전도 검출기(HECD)

㉻ 반고상 또는 고상폐기물 시료의 전처리
- 미리 교반자(마그네틱바)를 넣어둔 마개 있는 삼각플라스크(총부피 약 550mL의 것)에 시료 약 50g을 넣고 정제수에 염산을 가하여 pH 5.8~6.3으로 한 용매(mL)를 1 : 10(W/V)의 비율로 넣은 후 빨리 마개를 닫는다.
- 상온 상압하에서 자력교반기(마그네틱스터러)로 6시간 연속 교반한 다음 10~30분간 정치한다. 상층액 약 20mL를 미리 공극크기가 $1\mu m$ 내외의 유리섬유여과지를 부착한 유리제 주사기의 외통에 조용히 취한 다음 주사기의 내통을 밀어서 공기를 먼저 배출하고 여과시켜 시료용액으로 한다.

10년간 자주 출제된 문제

12-1. 할로겐화 유기물질을 기체크로마토그래피-질량분석법으로 분석하는 경우 정량한계는?

① 각 할로겐화 유기물질에 대하여 2mg/kg이다.
② 각 할로겐화 유기물질에 대하여 5mg/kg이다.
③ 각 할로겐화 유기물질에 대하여 10mg/kg이다.
④ 각 할로겐화 유기물질에 대하여 15mg/kg이다.

12-2. 기체크로마토그래피에 의한 휘발성 저급염소화 탄화수소류 분석방법에 관한 설명으로 옳지 않은 것은?

① 시료 중의 트라이클로로에틸렌 및 테트라클로로에틸렌을 헥산으로 추출하여 기체크로마토그래프로 정량하는 방법이다.
② 이 시험기준에 의해 시료 중에 트라이클로로에틸렌(C_2HCl_3)의 정량한계는 0.008mg/L, 테트라클로로에틸렌(C_2Cl_4)의 정량한계는 0.002mg/L이다.
③ 플루오르화탄소와 같은 휘발성 유기물은 보관이나 운반 중에 격막(Septum)을 통해 시료 안으로 확산되어 시료를 오염시킬 수 있으므로 현장 바탕시료로서 이를 점검하여야 한다.
④ 다이클로로메테인과 같이 머무름 시간이 긴 화합물은 용매의 피크와 잘 분리되므로 분리효율이 좋다.

12-3. 트라이클로로에틸렌 정량을 위한 전처리 및 분석방법에 대한 설명으로 틀린 것은?

① 휘발성이 있으므로 마개 있는 시험관이나 삼각플라스크를 사용한다.
② 시료의 전처리 시 진탕기를 이용하여 6시간 연속 교반한다.
③ 시료와 용매의 혼합액이 삼각플라스크의 총부피와 비슷한 것을 사용하여 삼각플라스크 상부의 Headspace를 가능한 적게 한다.
④ 머무름시간에 해당하는 크로마토그램의 피크 면적 또는 높이를 측정하여 표준용액 농도와의 관계선을 작성한다.

|해설|

12-2
다이클로로메테인과 같이 머무름 시간이 짧은 화합물은 용매의 피크와 겹쳐 분석을 방해할 수 있다.

12-3
상온 상압하에서 자력교반기(마그네틱스터러)로 6시간 연속 교반한 다음 10~30분간 정치한다.

정답 12-1 ③ 12-2 ④ 12-3 ②

5. 의료폐기물

| 핵심이론 13 | 감염성 미생물 검사법　★★

① 아포균 검사법
  ㉠ 개요 : 감염성 폐기물을 증기멸균분쇄시설 또는 멸균분쇄시설(열관멸균분쇄시설)에서 멸균처리한 결과 특정한 저항성 미생물 포자(아포)가 사멸된 경우 병원성 미생물을 포함한 다른 종류의 미생물도 사멸된 것으로 판단하는 방법이다.
  ㉡ 적용범위 : 지표생물포자가 10^4개 이상 감소하면 멸균된 것으로 본다.
  ㉢ 지표생물포자 : 감염성 폐기물의 멸균잔류물에 대한 멸균 여부의 판정은 병원성 미생물보다 열저항성이 강하고 비병원성인 아포형성 미생물을 이용한다.

② 세균배양 검사법
  ㉠ 개요 : 감염성 폐기물을 증기·열관멸균분쇄시설의 정상운전으로 멸균처리한 다음 그 멸균잔류물의 추출물을 혐기성 및 호기성균이 동시에 생장할 수 있는 티오글리콜레이트 배지(Fluid Thioglycollate Medium)에 배양하여 미생물의 생장 여부로부터 멸균상태를 확인하는 방법이다.
  ㉡ 적용범위 : 세균배양 검사법으로 실험한 결과 세균이 검출되지 않으면 멸균된 것으로 본다.
  ㉢ 시료채취 : 가능한 한 무균적으로 하고 멸균된 용기에 넣어 1시간 이내에 실험실로 운반·실험하여야 하며, 그 이상의 시간이 소요될 경우에는 10℃ 이하로 냉장하여 6시간 이내에 실험실로 운반하고 실험실에 도착한 후 2시간 이내에 배양조작을 완료하여야 한다.

③ 멸균테이프 검사법
  ㉠ 개요 : 감염성 폐기물을 증기멸균분쇄시설에서 멸균 처리하는 과정에 특정 수준의 온도, 증기 및 압력에서 시간이 경과함에 따라 변색하는 화학약품이 도포된 멸균테이프를 부착하여 그 변색 여부로 멸균기의 고장이나 오류 등 성능상의 문제와 멸균상태를 간접적으로 확인하는 방법이다.
  ㉡ 적용범위 : 멸균테이프 제품에서 지정한 색으로 변색이 되면 멸균기의 성능과 멸균상태가 정상적인 것으로 본다.

10년간 자주 출제된 문제

13-1. 감염성 미생물 검사법과 가장 거리가 먼 것은?
① 아포균 검사법
② 최적확수 검사법
③ 세균배양 검사법
④ 멸균테이프 검사법

13-2. 다음은 세균배양 검사법으로 감염성 미생물을 측정할 때 시료채취 및 관리에 관한 내용이다. (   ) 안에 옳은 내용은?

> 시료의 채취는 가능한 한 무균적으로 하고 멸균된 용기에 넣어 1시간 이내에 실험실로 운반, 실험하여야 하며 그 이상의 시간이 소요될 경우 (   )에 실험실로 운반하고 실험실에 도착한 후 2시간 이내에 배양조작을 완료하여야 한다.

① 4℃ 이하로 냉장하여 8시간 이내
② 4℃ 이하로 냉장하여 6시간 이내
③ 10℃ 이하로 냉장하여 8시간 이내
④ 10℃ 이하로 냉장하여 6시간 이내

13-3. 아포균 검사법에 의한 감염성 미생물의 분석방법으로 틀린 것은?
① 표준 지표생물포자가 10^4개 이상 감소하면 멸균된 것으로 본다.
② 온도가 32±1℃ 또는 55±1℃ 이상 유지되는 항온배양기를 사용한다.
③ 표준 지표생물의 아포밀도는 세균현탁액 1mL에 1×10^4개 이상의 아포를 함유하여야 한다.
④ 시료의 채취는 가능한 한 무균적으로 하고 멸균된 용기에 넣어 2시간 이내에 실험실로 운반·실험하여야 하며, 그 이상의 시간이 소요될 경우에는 10℃ 이하로 냉장하여 4시간 이내에 실험실로 운반하고 실험실에 도착한 후 2시간 이내에 배양조작을 완료하여야 한다.

|해설|
13-3
1시간 이내에 실험실로 운반·실험하여야 하며, 그 이상의 시간이 소요될 경우에는 10℃ 이하로 냉장하여 6시간 이내에 실험실로 운반하고 실험실에 도착한 후 2시간 이내에 배양조작을 완료하여야 한다.

정답 13-1 ② 13-2 ④ 13-3 ④

6. 유해특성(재활용환경성평가)

핵심이론 14 | 폭발성 시험방법 ★

① 분석절차

㉠ 알루미늄 파열판이 장착되지 않은 압력변환기와 완벽하게 체결된 시험장치를 점화플러그의 말단 하부에 지지한다.

㉡ 시료 5g을 점화시스템과 접촉할 수 있도록 장치에 채운다. 일반적으로 용기에 시료 5g을 채우기 위하여 약간의 다짐할 때를 제외하고는 다짐과정은 수행하지 않는다.

※ 격렬한 연소반응이 예상되는 경우에는 시료의 양을 0.5g으로 하여 시험을 수행하며, 폭발성 폐기물로 판정될 때까지 시료의 양을 0.5g씩 점진적으로 늘려준다.
※ 만약 다짐과정을 거치더라도 시료 5g을 채울 수 없다면 최대한 시료를 채운 후 폭발시험을 수행한다. 이 경우에는 시료의 양을 정확히 파악해야 한다.

㉢ 납 와셔와 알루미늄 파열판을 정위치에 놓고 고정 플러그를 꽉 조여 준다.

㉣ 시료가 채워진 용기는 파열판이 가장 높은 곳에 있도록 하여 방폭배기장치 또는 방염천장이 구비된 폭발지지대로 이동시킨다.

㉤ 기폭장치 동력을 점화플러그의 외부 끝부분에 연결하고 시료를 점화한다.

㉥ 압력변환기에 의해 만들어진 신호는 시간/압력 데이터를 평가하고 장기적으로 기록할 수 있는 시스템으로 측정한다. 예로써, 한시적인 기록계는 차트 기록계와 연결시켜 사용한다.

㉦ 시험은 3회 반복시험을 수행한다. 게이지 압력이 690kPa에서 2,070kPa 이상으로 상승하는 시간을 기록한다. 유해특성 판별에는 가장 짧은 시간간격을 사용한다.

② 결과보고
  ㉠ 시험결과는 게이지 압력이 690kPa에서 2,070kPa 까지 상승할 때 걸리는 시간과 최대 게이지 압력의 2,070kPa에 도달 여부로 해석한다.
  ㉡ 최대 게이지 압력이 2,070kPa이거나 그 이상을 나타내는 폐기물은 폭발성 폐기물로 간주한다. 점화 실패는 폭발성이 없는 것으로 간주한다.

10년간 자주 출제된 문제

유해특성(재활용환경성평가) 중 폭발성 시험방법에 대한 설명으로 옳지 않은 것은?

① 격렬한 연소반응이 예상되는 경우에는 시료의 양을 0.5g으로 하여 시험을 수행하며, 폭발성 폐기물로 판정될 때까지 시료의 양을 0.5g씩 점진적으로 늘려준다.
② 시험결과는 게이지 압력이 690kPa에서 2,070kPa까지 상승할 때 걸리는 시간과 최대 게이지 압력 2,070kPa에 도달 여부로 해석한다.
③ 최대 연소속도는 산화제를 무게비율로서 10~90%를 포함한 혼합물질의 연소속도 중 가장 빠른 측정값을 의미한다.
④ 최대 게이지 압력이 2,070kPa이거나 그 이상을 나타내는 폐기물은 폭발성 폐기물로 간주한다.

|해설|
③은 폭발성 시험방법에 언급이 없는 내용이다.

정답 ③

---

7. 분광광도계

핵심이론 15 | 투과도와 흡광도의 관계 ★

① 비어-람베르트(Beer-Lambert) 법칙

$$I_t = I_o \cdot 10^{-\varepsilon CL}$$

여기서, I_o : 입사광의 강도
  I_t : 투과광의 강도
  C : 농도
  L : 빛의 투과거리(셀의 폭)
  ε : 비례상수로서 흡광계수

② 투과도(t)

$$t = \frac{I_t}{I_o}$$

③ 흡광도

$$A = \log\frac{1}{t} = \log\frac{I_o}{I_t}$$

$[\because I_t = I_o \cdot 10^{-\varepsilon CL} \rightarrow \frac{I_t}{I_o} = 10^{-\varepsilon CL}$

양변에 log를 취하면, $\log\frac{I_t}{I_o} = -\varepsilon CL$

log의 성질 $\left(\log\frac{A}{B} = -\log\frac{B}{A}\right)$에 의해,

$\log\frac{I_o}{I_t} = \log\frac{1}{t} = A = \varepsilon CL]$

10년간 자주 출제된 문제

15-1. 흡광광도법에서 투과도가 0.24일 경우 흡광도는?

① 0.32 ② 0.42
③ 0.52 ④ 0.62

15-2. 흡광광도계에서 광원으로부터 나오는 빛의 30%를 흡수하였다면 흡광도는?

① 0.273 ② 0.245
③ 0.155 ④ 0.124

|해설|

15-1
$$A = \log \frac{1}{t} = \log \frac{1}{0.24} = 0.62$$

15-2
빛의 30%가 흡수되었으므로 투과도 $t = 0.7$
$$A = \log \frac{1}{t} = \log \frac{1}{0.7} = 0.155$$

정답 15-1 ④ 15-2 ③

핵심이론 16 | 자외선/가시선 분광광도계 ★

① 자외선/가시선 분광광도계 광원부의 광원
   ㉠ 가시부와 근적외부 : 텅스텐램프
   ㉡ 자외부 : 중수소 방전관

② 흡수셀
   ㉠ 시료액의 흡수파장이 약 370nm 이상(가시선 영역)일 때는 석영 또는 경질유리 흡수셀을 사용하고 약 370nm 이하(자외선 영역)일 때는 석영 흡수셀을 사용한다.
   ㉡ 따로 흡수셀의 길이를 지정하지 않았을 때는 10mm셀을 사용한다.
   ㉢ 시료셀에는 실험용액을, 대조셀에는 따로 규정이 없는 한 정제수를 넣는다. 넣고자 하는 용액으로 흡수셀을 씻은 다음 셀의 약 80%까지 넣고 외면이 젖어 있을 때는 깨끗이 닦는다. 필요하면(휘발성 용매를 사용할 때와 같은 경우) 흡수셀에 마개를 하고 흡수셀에 방향성이 있을 때는 항상 방향을 일정하게 하여 사용한다.

10년간 자주 출제된 문제

16-1. 자외선/가시선 분광광도계 광원부의 광원 중 자외부의 광원으로 주로 사용되는 것은?

① 중수소 방전관
② 텅스텐램프
③ 나트륨램프
④ 중공음극램프

16-2. 자외선/가시선 분광광도계에서 사용하는 흡수셀의 준비 사항으로 가장 거리가 먼 것은?

① 흡수셀은 미리 깨끗하게 씻은 것을 사용한다.
② 흡수셀의 길이(L)를 따로 지정하지 않았을 때는 10mm셀을 사용한다.
③ 시료셀에는 실험용액을, 대조셀에는 따로 규정이 없는 한 정제수를 넣는다.
④ 시료용액의 흡수파장이 약 370nm 이하일 때는 경질유리 흡수셀을 사용한다.

16-3. 자외선/가시선 분광광도계의 광원에 관한 설명으로 ( ) 안에 알맞은 것은?

> 광원부의 광원으로 가시부와 근적외부의 광원으로는 주로 (㉠)를 사용하고 자외부의 광원으로는 주로 (㉡)을 사용한다.

① ㉠ 텅스텐램프 ㉡ 중수소 방전관
② ㉠ 중수소 방전관 ㉡ 텅스텐램프
③ ㉠ 할로겐램프 ㉡ 헬륨 방전관
④ ㉠ 헬륨 방전관 ㉡ 할로겐램프

16-4. 자외선/가시선 분광광도계의 구성으로 옳은 것은?

① 광원부 – 파장선택부 – 측광부 – 시료부
② 광원부 – 가시부 – 측광부 – 시료부
③ 광원부 – 가시부 – 시료부 – 측광부
④ 광원부 – 파장선택부 – 시료부 – 측광부

16-5. 자외선/가시선 분광광도계의 흡수셀 중에서 자외부의 파장범위를 측정할 때 사용하는 것은?

① 유 리
② 석 영
③ 플라스틱
④ 광전관

|해설|

16-1, 16-3
광원부의 광원으로 가시부와 근적외부의 광원으로는 주로 텅스텐램프를 사용하고 자외부의 광원으로는 주로 중수소 방전관을 사용한다.

16-2, 16-5
시료액의 흡수파장이 약 370nm 이하(자외선 영역)일 때는 석영 흡수셀을 사용한다.

16-4
자외선/가시선 분광광도계 : 흡광광도 분석장치는 광원부, 파장선택부, 시료부 및 측광부로 구성되고 광원부에서 측광부까지의 광학계에는 측정목적에 따라 여러 가지 형식이 있다.

정답 16-1 ① 16-2 ④ 16-3 ① 16-4 ④ 16-5 ②

CHAPTER 05 폐기물관계법규

※ CHAPTER 05는 잦은 개정으로 인하여 법령 내용이 도서와 달라질 수 있으며, 가장 최신 법령의 내용은 국가법령정보센터(https://www.law.go.kr/)를 통해서 확인이 가능합니다.

제1절 폐기물관리법

1. 총 칙

핵심이론 01 제2조(정의)

① '폐기물'이란 쓰레기, 연소재, 오니, 폐유, 폐산, 폐알칼리 및 동물의 사체 등으로서 사람의 생활이나 사업활동에 필요하지 아니하게 된 물질을 말한다.
② '생활폐기물'이란 사업장폐기물 외의 폐기물을 말한다.
③ '사업장폐기물'이란 대기환경보전법, 물환경보전법 또는 소음·진동관리법에 따라 배출시설을 설치·운영하는 사업장이나 그 밖에 대통령령으로 정하는 사업장에서 발생하는 폐기물을 말한다.
④ '지정폐기물'이란 사업장폐기물 중 폐유·폐산 등 주변 환경을 오염시킬 수 있거나 의료폐기물 등 인체에 위해를 줄 수 있는 해로운 물질로서 대통령령으로 정하는 폐기물을 말한다.
⑤ '의료폐기물'이란 보건·의료기관, 동물병원, 시험·검사기관 등에서 배출되는 폐기물 중 인체에 감염 등 위해를 줄 우려가 있는 폐기물과 인체 조직 등 적출물, 실험 동물의 사체 등 보건·환경보호상 특별한 관리가 필요하다고 인정되는 폐기물로서 대통령령으로 정하는 폐기물을 말한다.
⑥ '의료폐기물 전용용기'란 의료폐기물로 인한 감염 등의 위해 방지를 위하여 의료폐기물을 넣어 수집·운반 또는 보관에 사용하는 용기를 말한다.
⑦ '처리'란 폐기물의 수집, 운반, 보관, 재활용, 처분을 말한다.
⑧ '처분'이란 폐기물의 소각·중화·파쇄·고형화 등의 중간처분과 매립하거나 해역으로 배출하는 등의 최종처분을 말한다.
⑨ '재활용'이란 다음의 어느 하나에 해당하는 활동을 말한다.
  ㉠ 폐기물을 재사용·재생이용하거나 재사용·재생이용할 수 있는 상태로 만드는 활동
  ㉡ 폐기물로부터 에너지를 회수하거나 회수할 수 있는 상태로 만들거나 폐기물을 연료로 사용하는 활동으로서 환경부령으로 정하는 활동
⑩ '폐기물처리시설'이란 폐기물의 중간처분시설, 최종처분시설 및 재활용시설로서 대통령령으로 정하는 시설을 말한다.
⑪ '폐기물감량화시설'이란 생산 공정에서 발생하는 폐기물의 양을 줄이고, 사업장 내 재활용을 통하여 폐기물 배출을 최소화하는 시설로서 대통령령으로 정하는 시설을 말한다.

10년간 자주 출제된 문제

1-1. 법에서 사용하는 용어의 뜻으로 옳지 않은 것은?

① 폐기물처리시설 : 폐기물의 중간처분시설, 최종처분시설 및 재활용시설로서 대통령령으로 정하는 시설을 말한다.
② 폐기물감량화시설 : 생산공정에서 발생하는 폐기물의 양을 줄이고 사업장 내 재활용을 통하여 폐기물 배출을 최소화하는 시설로서 대통령령으로 정하는 시설을 말한다.
③ 처분 : 폐기물의 소각, 중화, 파쇄, 고형화 등의 중간처분과 매립하거나 해역으로 배출하는 등의 최종처분을 말한다.
④ 재활용 : 폐기물 재사용, 재생이용하거나 에너지를 회수할 수 있는 상태로 만드는 활동으로서 대통령령으로 정하는 활동을 말한다.

1-2. 폐기물관리법상 용어의 뜻으로 옳지 않은 것은?

① '폐기물감량화시설'이란 생산 공정에서 발생하는 폐기물의 양을 줄이고, 사업장 내 재활용을 통하여 폐기물 배출을 최소화하는 시설로서 대통령령으로 정하는 시설을 말한다.
② '처분'이란 폐기물의 소각·중화·파쇄·고형화 등의 중간처분과 매립하거나 해역으로 배출하는 등의 최종처분을 말한다.
③ '의료폐기물'이란 보건·의료기관, 동물병원, 시험·검사기관 등에서 배출되는 폐기물 및 인체 조직 적출물, 실험동물의 사체 등 환경보호상 관리가 필요하다고 인정되는 폐기물로서 보건복지부령으로 정하는 폐기물을 말한다.
④ '폐기물'이란 쓰레기, 연소재, 오니, 폐유, 폐산, 폐알칼리 및 동물의 사체 등으로서 사람의 생활이나 사업활동에 필요하지 아니하게 된 물질을 말한다.

|해설|

1-1
'재활용'이란 폐기물 재사용, 재생이용하거나 에너지를 회수할 수 있는 상태로 만드는 활동으로서 환경부령으로 정하는 활동을 말한다.

1-2
'의료폐기물'이란 보건·의료기관, 동물병원, 시험·검사기관 등에서 배출되는 폐기물 중 인체에 감염 등 위해를 줄 우려가 있는 폐기물과 인체 조직 등 적출물, 실험 동물의 사체 등 보건·환경보호상 특별한 관리가 필요하다고 인정되는 폐기물로서 대통령령으로 정하는 폐기물을 말한다.

정답 1-1 ④ 1-2 ③

핵심이론 02 | 제3조(적용 범위)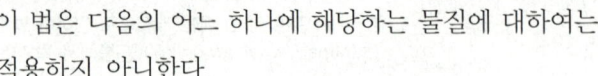

이 법은 다음의 어느 하나에 해당하는 물질에 대하여는 적용하지 아니한다.

① 원자력안전법에 따른 방사성 물질과 이로 인하여 오염된 물질
② 용기에 들어 있지 아니한 기체상태의 물질
③ 물환경보전법에 따른 수질오염 방지시설에 유입되거나 공공수역으로 배출되는 폐수
④ 가축분뇨의 관리 및 이용에 관한 법률에 따른 가축분뇨
⑤ 하수도법에 따른 하수·분뇨
⑥ 가축전염병예방법 제22조제2항, 제23조, 제33조 및 제44조가 적용되는 가축의 사체, 오염 물건, 수입금지 물건 및 검역 불합격품
⑦ 수산생물질병 관리법 제17조제2항, 제18조, 제25조제1항 각 호 및 제34조제1항이 적용되는 수산동물의 사체, 오염된 시설 또는 물건, 수입금지물건 및 검역 불합격품
⑧ 군수품관리법 제13조의2에 따라 폐기되는 탄약
⑨ 동물보호법 제69조제1항에 따른 동물장묘업의 허가를 받은 자가 설치·운영하는 동물장묘시설에서 처리되는 동물의 사체

10년간 자주 출제된 문제

폐기물관리법이 적용되지 아니하는 물질에 대한 기준으로 옳지 않은 것은?

① 용기에 들어 있지 아니한 기체상태의 물질
② 하수도법에 따라 공공수역으로 배출되는 폐수
③ 군수품관리법에 따라 폐기되는 탄약
④ 원자력안전법에 따른 방사성 물질과 이로 인하여 오염된 물질

|해설|
물환경보전법에 따른 수질오염 방지시설에 유입되거나 공공수역으로 배출되는 폐수

정답 ②

핵심이론 03 | 제3조의2(폐기물관리의 기본원칙) ★

① 사업자는 제품의 생산방식 등을 개선하여 폐기물의 발생을 최대한 억제하고, 발생한 폐기물을 스스로 재활용함으로써 폐기물의 배출을 최소화하여야 한다.
② 누구든지 폐기물을 배출하는 경우에는 주변 환경이나 주민의 건강에 위해를 끼치지 아니하도록 사전에 적절한 조치를 하여야 한다.
③ 폐기물은 그 처리과정에서 양과 유해성을 줄이도록 하는 등 환경보전과 국민건강보호에 적합하게 처리되어야 한다.
④ 폐기물로 인하여 환경오염을 일으킨 자는 오염된 환경을 복원할 책임을 지며, 오염으로 인한 피해의 구제에 드는 비용을 부담하여야 한다.
⑤ 국내에서 발생한 폐기물은 가능하면 국내에서 처리되어야 하고, 폐기물의 수입은 되도록 억제되어야 한다.
⑥ 폐기물은 소각, 매립 등의 처분을 하기보다는 우선적으로 재활용함으로써 자원생산성의 향상에 이바지하도록 하여야 한다.

10년간 자주 출제된 문제

폐기물관리의 기본원칙으로 틀린 것은?

① 누구든지 폐기물을 배출하는 경우에는 주변 환경이나 주민의 건강에 위해를 끼치지 아니하도록 사전에 적절한 조치를 하여야 한다.
② 폐기물 최종 처분 시 매립보다는 소각처분을 우선적으로 고려하여야 한다.
③ 국내에서 발생한 폐기물은 가능하면 국내에서 처리되어야 하고, 폐기물의 수입은 되도록 억제되어야 한다.
④ 폐기물은 그 처리과정에서 양과 유해성을 줄이도록 하는 등 환경보전과 국민건강보호를 적합하게 처리되어야 한다.

|해설|
폐기물은 소각, 매립 등의 처분을 하기보다는 우선적으로 재활용함으로써 자원생산성의 향상에 이바지하도록 하여야 한다.

정답 ②

---

2. 폐기물의 배출 및 처리

핵심이론 04 | 제14조(생활폐기물의 처리 등) ★

① 특별자치시장, 특별자치도지사, 시장·군수·구청장은 관할 구역에서 배출되는 생활폐기물을 처리하여야 한다. 다만, 환경부령으로 정하는 바에 따라 특별자치시장, 특별자치도지사, 시장·군수·구청장이 지정하는 지역은 제외한다.
② 특별자치시장, 특별자치도지사, 시장·군수·구청장은 생활폐기물 수집·운반을 대행하게 할 경우에는 다음의 사항을 준수하여야 한다.
  ㉠ 생활폐기물 수집·운반 대행자(법인의 대표자를 포함한다)가 생활폐기물 수집·운반 대행계약과 관련하여 다음에 해당하는 형을 선고받은 경우에는 지체 없이 대행계약을 해지하여야 한다.
   • 형법 제133조에 해당하는 죄를 저질러 벌금 이상의 형을 선고받은 경우
   • 형법 제347조, 제347조의2, 제356조 또는 제357조(제347조 및 제356조의 경우 특정경제범죄 가중처벌 등에 관한 법률에 따라 가중처벌되는 경우를 포함한다)에 해당하는 죄를 저질러 벌금 이상의 형을 선고받은 경우(벌금형의 경우에는 300만원 이상에 한정한다)
  ㉡ 생활폐기물 수집·운반 대행계약 시 생활폐기물 수집·운반 대행계약과 관련하여 ㉠에 해당하는 형을 선고받은 후 3년이 지나지 아니한 자는 계약대상에서 제외하여야 한다.

10년간 자주 출제된 문제

다음은 생활폐기물 처리 등에 관한 내용이다. ( ) 안에 옳은 내용은?

> 생활폐기물 수집, 운반 대행계약 시 생활폐기물 수집, 운반 대행계약과 관련하여 뇌물 등 비리혐의로 ( )을 선고받은 후 3년이 지나지 아니한 자는 계약대상에서 제외한다.

① 200만원 이상의 벌금형
② 300만원 이상의 벌금형
③ 500만원 이상의 벌금형
④ 700만원 이상의 벌금형

정답 ②

핵심이론 05 | 제17조(사업장폐기물배출자의 의무 등) ★

환경부령으로 정하는 지정폐기물을 배출하는 사업자는 그 지정폐기물을 처리하기 전에 다음의 서류를 환경부장관에게 제출하여 확인을 받아야 한다.

① 다음의 사항을 적은 폐기물처리계획서
  ㉠ 상호, 사업장 소재지 및 업종
  ㉡ 폐기물의 종류, 배출량 및 배출주기
  ㉢ 폐기물의 운반 및 처리 계획
  ㉣ 폐기물의 공동 처리에 관한 계획(공동 처리하는 경우만 해당한다)
  ㉤ 그 밖에 환경부령으로 정하는 사항
② 규정에 따른 폐기물분석전문기관이 작성한 폐기물분석결과서
③ 지정폐기물의 처리를 위탁하는 경우에는 수탁처리자의 수탁확인서

10년간 자주 출제된 문제

환경부령으로 정하는 지정폐기물을 배출하는 사업자가 그 지정폐기물을 처리하기 전에 환경부장관에게 제출하여야 할 서류가 아닌 것은?

① 폐기물 수집·운반 계획서
② 폐기물처리계획서
③ 환경부령으로 정하는 폐기물분석전문기관의 폐기물분석결과서
④ 지정폐기물의 처리를 위탁하는 경우에는 수탁처리자의 수탁확인서

정답 ①

3. 폐기물처리업 등

핵심이론 06 제25조(폐기물처리업) ★★

① 환경부장관 또는 시·도지사는 천재지변이나 그 밖의 부득이한 사유로 기간 내에 허가신청을 하지 못한 자에 대하여는 신청에 따라 총 연장기간 1년(②의 ㉠에 따른 폐기물 수집·운반업의 경우에는 총연장기간 6개월, ②의 ㉢에 따른 폐기물 최종처분업과 ㉣에 따른 폐기물 종합처분업의 경우에는 총연장기간 2년)의 범위에서 허가신청기간을 연장할 수 있다.

② 폐기물처리업의 업종구분과 영업내용은 다음과 같다.
  ㉠ 폐기물 수집·운반업 : 폐기물을 수집하여 재활용 또는 처분 장소로 운반하거나 폐기물을 수출하기 위하여 수집·운반하는 영업
  ㉡ 폐기물 중간처분업 : 폐기물 중간처분시설을 갖추고 폐기물을 소각처분, 기계적 처분, 화학적 처분, 생물학적 처분, 그 밖에 환경부장관이 폐기물을 안전하게 중간처분할 수 있다고 인정하여 고시하는 방법으로 중간처분하는 영업
  ㉢ 폐기물 최종처분업 : 폐기물 최종처분시설을 갖추고 폐기물을 매립 등(해역 배출은 제외한다)의 방법으로 최종처분하는 영업
  ㉣ 폐기물 종합처분업 : 폐기물 중간처분시설 및 최종처분시설을 갖추고 폐기물의 중간처분과 최종처분을 함께 하는 영업
  ㉤ 폐기물 중간재활용업 : 폐기물 재활용시설을 갖추고 중간가공 폐기물을 만드는 영업
  ㉥ 폐기물 최종재활용업 : 폐기물 재활용시설을 갖추고 중간가공 폐기물을 폐기물의 재활용 원칙 및 준수사항에 따라 재활용하는 영업
  ㉦ 폐기물 종합재활용업 : 폐기물 재활용시설을 갖추고 중간재활용업과 최종재활용업을 함께 하는 영업

10년간 자주 출제된 문제

6-1. 폐기물처리업의 업종으로 해당되지 않는 것은?
① 폐기물 종합처분업
② 폐기물 최종처분업
③ 폐기물 재활용 수집, 운반업
④ 폐기물 종합재활용업

6-2. 다음은 제출된 폐기물 처리사업계획서의 적합통보를 받은 자가 천재지변이나 그 밖의 부득이한 사유로 정해진 기간 내에 허가신청을 하지 못한 경우에 실시하는 연장기간에 대한 설명이다. ( ) 안에 기간이 옳게 나열된 것은?

환경부장관 또는 시·도지사는 신청에 따라 폐기물 수집·운반업의 경우에는 총연장기간 (㉠), 폐기물 종합처분업의 경우에는 총연장기간 (㉡)의 범위에서 허가신청기간을 연장할 수 있다.

① ㉠ : 6개월, ㉡ : 2년
② ㉠ : 1년, ㉡ : 3년
③ ㉠ : 6개월, ㉡ : 3년
④ ㉠ : 1년, ㉡ : 4년

6-3. 폐기물처리업의 업종 구분과 영업 내용으로 틀린 것은?
① 폐기물 수집·운반업 : 폐기물을 수집하여 재활용 또는 처분 장소로 운반하거나 폐기물을 수출하기 위하여 수집·운반하는 영업
② 폐기물 중간처분업 : 폐기물 중간처분시설을 갖추고 폐기물을 소각 처분, 기계적 처분, 생물학적 처분, 그 밖에 환경부장관이 폐기물을 안전하게 중간처분할 수 있다고 인정하여 고시하는 방법으로 중간처분하는 영업
③ 폐기물 종합처분업 : 폐기물처분시설을 갖추고 폐기물의 수집, 운반부터 최종처분까지 하는 영업
④ 폐기물 최종처분업 : 폐기물 최종처분시설을 갖추고 폐기물을 매립 등(해역 배출은 제외한다)의 방법으로 최종처분하는 영업

|해설|
6-3
폐기물 종합처분업 : 폐기물 중간처분시설 및 최종처분시설을 갖추고 폐기물의 중간처분과 최종처분을 함께 하는 영업

정답 6-1 ③ 6-2 ① 6-3 ③

핵심이론 07 | 제26조(결격 사유) ★

다음의 어느 하나에 해당하는 자는 폐기물처리업의 허가를 받거나 전용용기 제조업의 등록을 할 수 없다.

① 미성년자, 피성년후견인 또는 피한정후견인
② 파산선고를 받고 복권되지 아니한 자
③ 이 법을 위반하여 금고 이상의 실형을 선고받고 그 형의 집행이 끝나거나 집행을 받지 아니하기로 확정된 후 10년이 지나지 아니한 자
④ 이 법을 위반하여 금고 이상의 형의 집행유예를 선고받고 그 집행유예 기간이 끝난 날부터 5년이 지나지 아니한 자
⑤ 이 법을 위반하여 대통령령으로 정하는 벌금형 이상을 선고받고 그 형이 확정된 날부터 5년이 지나지 아니한 자
⑥ 폐기물처리업의 허가가 취소되거나 전용용기 제조업의 등록이 취소된 자(이하 허가취소자 등)로서 그 허가 또는 등록이 취소된 날부터 10년이 지나지 아니한 자
⑦ ⑥에 해당하는 허가취소자 등과의 관계에서 자신의 영향력을 이용하여 허가취소자 등에게 업무집행을 지시하거나 허가취소자 등의 명의로 직접 업무를 집행하는 등의 사유로 허가취소자 등에게 영향을 미쳐 이익을 얻는 자 등으로서 환경부령으로 정하는 자
⑧ 임원 또는 사용인 중에 ①부터 ⑦까지의 어느 하나에 해당하는 자가 있는 법인 또는 개인사업자

10년간 자주 출제된 문제

폐기물처리업의 허가를 받을 수 없는 자에 대한 기준으로 옳지 않은 것은?

① 폐기물관리법을 위반하여 징역 이상의 형의 집행유예를 선고 받은 지 2년이 지나지 아니한 자
② 폐기물처리업의 허가가 취소된 자로서 그 허가가 취소된 날부터 10년이 지나지 아니한 자
③ 파산선고를 받고 복권되지 아니한 자
④ 미성년자

|해설|

금고 이상의 형의 집행유예를 선고받고 그 집행유예 기간이 끝난 날부터 5년이 지나지 아니한 자

정답 ①

핵심이론 08 | 제28조(폐기물처리업자에 대한 과징금 처분) ★★

환경부장관이나 시·도지사는 폐기물처리업자에게 영업의 정지를 명령하려는 때 그 영업의 정지가 다음의 어느 하나에 해당한다고 인정되면 그 영업의 정지를 갈음하여 대통령령으로 정하는 매출액에 5/100를 곱한 금액을 초과하지 아니하는 범위에서 과징금을 부과할 수 있다. 다만, 그 폐기물처리업자가 매출액이 없거나 매출액을 산정하기 곤란한 경우로서 대통령령으로 정하는 경우에는 1억원을 초과하지 아니하는 범위에서 과징금을 부과할 수 있다.

① 해당 영업의 정지로 인하여 그 영업의 이용자가 폐기물을 위탁처리하지 못하여 폐기물이 사업장 안에 적체됨으로써 이용자의 사업활동에 막대한 지장을 줄 우려가 있는 경우
② 해당 폐기물처리업자가 보관 중인 폐기물이나 그 영업의 이용자가 보관 중인 폐기물의 적체에 따른 환경오염으로 인하여 인근지역 주민의 건강에 위해가 발생되거나 발생될 우려가 있는 경우
③ 천재지변이나 그 밖의 부득이한 사유로 해당 영업을 계속하도록 할 필요가 있다고 인정되는 경우

10년간 자주 출제된 문제

환경부장관이나 시·도지사가 폐기물처리업자에게 영업의 정지를 명령하고자 할 때 천재지변이나 그 밖의 부득이한 사유로 해당 영업을 계속하도록 할 필요가 있다고 인정되는 경우 영업정지에 갈음하여 부과할 수 있는 과징금의 범위 기준으로 옳은 것은?

매출액에 (　　　)을/를 곱한 금액을 초과하지 아니하는 범위

① 3/100　　② 5/100
③ 7/100　　④ 9/100

정답 ②

핵심이론 09 | 제31조(폐기물처리시설의 관리) ★

대통령령으로 정하는 폐기물처리시설을 설치·운영하는 자는 그 폐기물처리시설의 설치·운영이 주변 지역에 미치는 영향을 3년마다 조사하고, 그 결과를 환경부장관에게 제출하여야 한다.

10년간 자주 출제된 문제

대통령령으로 정하는 폐기물처리시설을 설치·운영하는 자는 그 폐기물처리시설의 설치·운영이 주변 지역에 미치는 영향을 몇 년마다 조사하고, 그 결과를 누구에게 제출하여야 하는가?

① 3년, 유역환경청장
② 3년, 환경부장관
③ 5년, 유역환경청장
④ 5년, 환경부장관

정답 ②

4. 폐기물처리업자 등에 대한 지도, 감독 등

핵심이론 10 | 제36조(장부 등의 기록과 보존) ★

장부를 갖추어 두고 폐기물의 발생·배출·처리상황 등을 기록하고, 마지막으로 기록한 날부터 3년간 보존하여야 한다.

10년간 자주 출제된 문제

폐기물처리업자가 보존하여야 하는 폐기물 수집, 운반, 처리상황 등에 관한 내용을 기록한 장부의 보존 기간(최종기재일 기준)으로 옳은 것은?

① 1년
② 2년
③ 3년
④ 4년

정답 ③

핵심이론 11 | 제41조(폐기물처리 공제조합의 설립) ★

① 폐기물 처리사업에 필요한 각종 보증과 방치폐기물의 처리이행을 보증하기 위하여 폐기물처리업자와 폐기물처리 신고자는 폐기물처리 공제조합(조합)을 설립할 수 있다.
② 조합은 법인으로 한다.
③ 조합은 주된 사무소의 소재지에서 설립등기를 함으로써 성립한다.
④ 제42조(조합의 사업) : 조합은 조합원의 방치폐기물을 처리하기 위한 공제사업을 한다.
⑤ 제43조(분담금) : 조합의 조합원은 제42조에 따른 공제사업을 하는 데에 필요한 분담금을 조합에 내야 한다.

10년간 자주 출제된 문제

폐기물처리 공제조합에 대한 내용으로 틀린 것은?

① 조합은 주된 사무소의 소재지에서 설립등기를 함으로써 성립한다.
② 조합은 법인으로 한다.
③ 조합은 영업지역 내 폐기물을 처리하기 위한 공제사업을 한다.
④ 조합의 조합원은 공제사업을 하는 데 필요한 분담금을 조합에 내야 한다.

|해설|
조합은 조합원의 방치폐기물을 처리하기 위한 공제사업을 한다.

정답 ③

5. 보 칙

| 핵심이론 12 | 제46조의2(폐기물처리 신고자에 대한 과징금 처분) ★ |

시·도지사는 폐기물처리 신고자가 제46조제7항의 어느 하나에 해당하여 처리금지를 명령하여야 하는 경우 그 처리금지가 다음의 어느 하나에 해당한다고 인정되면 대통령령으로 정하는 바에 따라 그 처리금지를 갈음하여 2천만원 이하의 과징금을 부과할 수 있다.

① 해당 처리금지로 인하여 그 폐기물처리의 이용자가 폐기물을 위탁처리하지 못하여 폐기물이 사업장 안에 적체됨으로써 이용자의 사업활동에 막대한 지장을 줄 우려가 있는 경우
② 해당 폐기물처리 신고자가 보관 중인 폐기물 또는 그 폐기물처리의 이용자가 보관 중인 폐기물의 적체에 따른 환경오염으로 인하여 인근지역 주민의 건강에 위해가 발생되거나 발생될 우려가 있는 경우
③ 천재지변이나 그 밖의 부득이한 사유로 해당 폐기물처리를 계속하도록 할 필요가 있다고 인정되는 경우

10년간 자주 출제된 문제

시·도지사가 폐기물처리 신고자에게 처리금지를 명령하여야 하는 경우 그 처리금지로 인하여 그 폐기물 처리의 이용자가 폐기물을 위탁처리하지 못하여 폐기물이 사업장 안에 적체됨으로써 이용자의 사업 활동에 막대한 지장을 줄 우려가 있는 경우에 그 처리금지를 갈음하여 부과할 수 있는 최대 과징금은?

① 1천만원
② 2천만원
③ 5천만원
④ 1억원

|해설|

시·도지사는 폐기물처리 신고자가 처리금지를 명령하여야 하는 경우 그 처리금지가 다음의 어느 하나에 해당한다고 인정되면 대통령령으로 정하는 바에 따라 그 처리금지를 갈음하여 2천만원 이하의 과징금을 부과할 수 있다.
• 해당 처리금지로 인하여 그 폐기물처리의 이용자가 폐기물을 위탁처리하지 못하여 폐기물이 사업장 안에 적체됨으로써 이용자의 사업활동에 막대한 지장을 줄 우려가 있는 경우
• 해당 폐기물처리 신고자가 보관 중인 폐기물 또는 그 폐기물처리의 이용자가 보관 중인 폐기물의 적체에 따른 환경오염으로 인하여 인근지역 주민의 건강에 위해가 발생되거나 발생될 우려가 있는 경우
• 천재지변이나 그 밖의 부득이한 사유로 해당 폐기물처리를 계속하도록 할 필요가 있다고 인정되는 경우

정답 ②

6. 벌칙

핵심이론 13 | 제63조(벌칙) ★

7년 이하의 징역이나 7천만원 이하의 벌금 : 이 경우 징역형과 벌금형은 병과할 수 있다.

① 사업장폐기물을 버린 자
② 사업장폐기물을 매립하거나 소각한 자
③ 폐기물의 재활용에 대한 승인을 받지 아니하고 폐기물을 재활용한 자

10년간 자주 출제된 문제

누구든지 특별자치시장, 특별자치도지사, 시장, 군수, 구청장이나 공원, 도로 등 시설의 관리자가 폐기물의 수집을 위하여 마련한 장소나 설비 외의 장소에 폐기물을 버려서는 아니 된다. 이를 위반하여 사업장 폐기물을 버리거나 매립한 자에 대한 벌칙 기준은?

① 7년 이하의 징역이나 7천만원 이하의 벌금(징역형과 벌금형을 병과할 수 있다)
② 5년 이하의 징역이나 3천만원 이하의 벌금
③ 3년 이하의 징역이나 2천만원 이하의 벌금
④ 2년 이하의 징역이나 1천만원 이하의 벌금

|해설|

다음의 어느 하나에 해당하는 자는 7년 이하의 징역이나 7천만원 이하의 벌금에 처한다. 이 경우 징역형과 벌금형은 병과할 수 있다.
• 사업장폐기물을 버린 자
• 사업장폐기물을 매립하거나 소각한 자
• 폐기물의 재활용에 대한 승인을 받지 아니하고 폐기물을 재활용한 자

정답 ①

핵심이론 14 | 제64조(벌칙) ★

5년 이하의 징역이나 5천만원 이하의 벌금 : 대행계약을 체결하지 아니하고 종량제 봉투 등을 제작·유통한 자

10년간 자주 출제된 문제

특별자치도지사, 시장, 군수, 구청장은 조례로 정하는 바에 따라 종량제 봉투 등의 제작, 유통, 판매를 대행하게 할 수 있다. 이에 따라 대행계약을 체결하지 아니하고 종량제 봉투 등을 제작, 유통한 자에 대한 벌칙기준은?

① 1천만원 이하의 벌금
② 2년 이하의 징역이나 1천만원 이하의 벌금
③ 3년 이하의 징역이나 2천만원 이하의 벌금
④ 5년 이하의 징역이나 5천만원 이하의 벌금

|해설|

대행계약을 체결하지 아니하고 종량제 봉투 등을 제작·유통한 자는 5년 이하의 징역이나 5천만원 이하의 벌금에 처한다.

정답 ④

| 핵심이론 15 | 제65조(벌칙) ★

3년 이하의 징역이나 3천만원 이하의 벌금
① 제13조를 위반하여 폐기물을 매립한 자
② 거짓이나 그 밖의 부정한 방법으로 재활용환경성평가서를 작성하여 환경부장관에게 제출한 자
③ 변경지정을 받지 아니하고 중요사항을 변경한 자
④ 다른 자에게 자기의 명의나 상호를 사용하여 재활용환경성평가를 하게 하거나 재활용환경성평가기관 지정서를 다른 자에게 빌려준 자
⑤ 다른 자의 명의나 상호를 사용하여 재활용환경성평가를 하거나 재활용환경성평가기관 지정서를 빌린 자
⑥ 변경허가를 받지 아니하고 폐기물처리업의 허가사항을 변경한 자
⑦ 영업정지 기간에 영업을 한 자
⑧ 승인을 받지 아니하고 폐기물처리시설을 설치한 자
⑨ 규정을 위반하여 검사를 받지 아니하거나 적합 판정을 받지 아니하고 폐기물처리시설을 사용한 자

10년간 자주 출제된 문제

15-1. 영업정지기간 중에 영업을 한 폐기물처리업자에게 부과되는 벌칙기준으로 옳은 것은?
① 6월 이하의 징역 또는 3백만원 이하의 벌금
② 1년 이하의 징역 또는 5백만원 이하의 벌금
③ 2년 이하의 징역 또는 1천만원 이하의 벌금
④ 3년 이하의 징역 또는 3천만원 이하의 벌금

15-2. 변경허가를 받지 아니하고 폐기물처리업의 허가사항을 변경한 자에 대한 벌칙기준으로 맞는 것은?
① 3년 이하의 징역 또는 3천만원 이하의 벌금
② 2년 이하의 징역 또는 2천만원 이하의 벌금
③ 1년 이하의 징역 또는 1천만원 이하의 벌금
④ 6월 이하의 징역 또는 600만원 이하의 벌금

정답 15-1 ④ 15-2 ①

| 핵심이론 16 | 제66조(벌칙) ★★

2년 이하의 징역이나 2천만원 이하의 벌금
① 제13조 또는 제13조의2를 위반하여 폐기물을 처리한 자(제13조 : 폐기물의 처리 기준 등, 제13조의2 : 폐기물의 재활용 원칙 및 준수사항)
② 업종구분과 영업내용의 범위를 벗어나는 영업을 한 자
③ 확인 또는 변경확인을 받지 아니하거나 확인·변경확인을 받은 내용과 다르게 지정폐기물을 배출·운반 또는 처리한 자
④ 설치가 금지되는 폐기물소각시설을 설치·운영한 자
⑤ 변경승인을 받지 아니하고 승인받은 사항을 변경한 자

10년간 자주 출제된 문제

16-1. 폐기물처리업의 업종구분과 영업내용의 범위를 벗어나는 영업을 한 자에 대한 벌칙기준은?

① 1년 이하의 징역이나 5백만원 이하의 벌금
② 1년 이하의 징역이나 1천만원 이하의 벌금
③ 2년 이하의 징역이나 2천만원 이하의 벌금
④ 3년 이하의 징역이나 3천만원 이하의 벌금

16-2. 다음 조항을 위반하여 설치가 금지되는 폐기물소각시설을 설치·운영한 자에 대한 벌칙기준은?

> 폐기물처리시설은 환경부령으로 정하는 기준에 맞게 설치하되, 환경부령으로 정하는 규모 미만의 폐기물소각시설을 설치·운영하여서는 아니 된다.

① 5년 이하의 징역이나 3천만원 이하의 벌금
② 3년 이하의 징역이나 2천만원 이하의 벌금
③ 2년 이하의 징역이나 2천만원 이하의 벌금
④ 1년 이하의 징역이나 5백만원 이하의 벌금

16-3. 폐기물처리시설 설치 승인을 받은 경우, 환경부령으로 정하는 중요사항을 변경하려면 변경승인을 받아야 함에도 변경승인을 받지 아니하고 승인받은 사항을 변경한 자에 대한 벌칙기준은?

① 1천만원 이하의 과태료
② 5백만원 이하의 과태료
③ 1년 이하의 징역이나 5백만원 이하의 벌금
④ 2년 이하의 징역이나 2천만원 이하의 벌금

|해설|

16-1, 16-2, 16-3
다음의 어느 하나에 해당하는 자는 2년 이하의 징역이나 2천만원 이하의 벌금에 처한다.
- 제13조 또는 제13조의2를 위반하여 폐기물을 처리한 자
- 신고를 하지 아니하거나 허위로 신고를 한 자
- 확인 또는 변경확인을 받지 아니하거나 확인·변경확인을 받은 내용과 다르게 지정폐기물을 배출·운반 또는 처리한 자
- 설치가 금지되는 폐기물 소각시설을 설치·운영한 자
- 변경승인을 받지 아니하고 승인받은 사항을 변경한 자
- 업종구분과 영업내용의 범위를 벗어나는 영업을 한 자

정답 16-1 ③ 16-2 ③ 16-3 ④

핵심이론 17 | 제68조(과태료) ★★★

① 1,000만원 이하의 과태료
　㉠ 관리기준에 맞지 아니하게 폐기물처리시설을 유지·관리하거나 오염물질 및 주변지역에 미치는 영향을 측정 또는 조사하지 아니한 자
　㉡ 기술관리인을 임명하지 아니하고 기술관리 대행계약을 체결하지 아니한 자

② 300만원 이하의 과태료
　㉠ 제17조제1항제1호에 따른 확인을 하지 아니한 자(제1호 : 사업장에서 발생하는 폐기물 중 지정폐기물로 분류될 수 있는 폐기물에 대해서는 폐기물분석전문기관에 의뢰하여 지정폐기물에 해당되는지를 미리 확인하여야 한다)
　㉡ 대행계약을 체결하지 아니하고 종량제 봉투 등을 판매한 자

③ 100만원 이하의 과태료
　㉠ 스스로 처리할 수 없는 생활폐기물의 분리·보관에 필요한 보관시설을 설치하고, 그 생활폐기물을 종류별, 성질·상태별로 분리하여 보관하여야 하며, 특별자치시, 특별자치도, 시·군·구에서는 분리·보관에 관한 구체적인 사항을 조례로 정하여야 하나 이를 위반한 자
　㉡ 설치승인을 받거나 설치신고를 한 후 폐기물처리시설을 설치한 자(폐기물처리업의 허가를 받은 자를 포함한다)는 그가 설치한 폐기물처리시설의 사용을 끝내거나 폐쇄하려면 환경부령으로 정하는 바에 따라 환경부장관에게 신고하여야 하나 이에 따른 신고를 하지 아니한 자

10년간 자주 출제된 문제

17-1. 설치승인을 받아 폐기물처리시설을 설치한 자는 그가 설치한 폐기물처리시설의 사용을 끝내거나 폐쇄하려면 환경부령으로 정하는 바에 따라 환경부장관에게 신고하여야 한다. 이를 위반하여 신고하지 않는 자에 대한 과태료 처분기준은?

① 100만원 이하의 과태료
② 200만원 이하의 과태료
③ 300만원 이하의 과태료
④ 500만원 이하의 과태료

17-2. 대통령령으로 정하는 폐기물처리시설을 설치, 운영하는 자는 그 시설의 유지관리에 관한 기술업무를 담당하게 하기 위해 기술관리인을 임명하거나 기술관리능력이 있다고 대통령령으로 정하는 자와 기술관리 대행계약을 체결하여야 한다. 이를 위반하여 기술관리인을 임명하지 아니하고 기술관리 대행 계약을 체결하지 아니한 자에 대한 과태료 처분 기준은?

① 2백만원 이하의 과태료
② 3백만원 이하의 과태료
③ 5백만원 이하의 과태료
④ 1천만원 이하의 과태료

17-3. 특별자치시장, 특별자치도지사, 시장·군수·구청장은 조례로 정하는 바에 따라 종량제 봉투 등의 제작·유통·판매를 대행하게 할 수 있다. 대행계약을 체결하지 아니하고 종량제 봉투 등을 판매한 자에 대한 벌칙기준으로 옳은 것은?

① 100만원 이하의 과태료
② 300만원 이하의 과태료
③ 500만원 이하의 과태료
④ 1,000만원 이하의 과태료

정답 17-1 ① 17-2 ④ 17-3 ②

제2절 폐기물관리법 시행령

핵심이론 01 | 제2조(사업장의 범위)

① 물환경보전법에 따라 공공폐수처리시설을 설치·운영하는 사업장
② 하수도법에 따른 공공하수처리시설을 설치·운영하는 사업장
③ 하수도법에 따른 분뇨처리시설을 설치·운영하는 사업장
④ 가축분뇨의 관리 및 이용에 관한 법률 제24조에 따른 공공처리시설
⑤ 폐기물처리시설(폐기물처리업의 허가를 받은 자가 설치하는 시설을 포함한다)을 설치·운영하는 사업장
⑥ 지정폐기물을 배출하는 사업장
⑦ 폐기물을 1일 평균 300kg 이상 배출하는 사업장
⑧ 건설산업기본법에 따른 건설공사로 폐기물을 5ton(공사를 착공할 때부터 마칠 때까지 발생되는 폐기물의 양을 말한다) 이상 배출하는 사업장
⑨ 일련의 공사(⑧에 따른 건설공사는 제외한다) 또는 작업으로 폐기물을 5ton(공사를 착공하거나 작업을 시작할 때부터 마칠 때까지 발생하는 폐기물의 양을 말한다) 이상 배출하는 사업장

10년간 자주 출제된 문제

폐기물관리법상 사업장폐기물을 발생시키는 사업장의 범위 기준으로 옳지 않은 것은?

① 폐기물을 1일 평균 200kg 이상 배출하는 사업장
② 일련의 공사로 폐기물을 5ton(공사를 착공하거나 작업을 시작할 때부터 마칠 때까지 발생하는 폐기물의 양을 말한다) 이상 배출하는 사업장
③ 공공폐수처리시설을 설치·운영하는 사업장
④ 지정폐기물을 배출하는 사업장

|해설|
폐기물을 1일 평균 300kg 이상 배출하는 사업장

정답 ①

| 핵심이론 02 | 제8조(생활폐기물의 처리대행자) ★

① 폐기물처리업자
② 폐기물처리 신고자
③ 한국환경공단
④ 전기·전자제품 재활용의무생산자 또는 전기·전자제품 판매업자(전기·전자제품 재활용의무생산자 또는 전기·전자제품 판매업자로부터 회수·재활용을 위탁받은 자를 포함한다) 중 전기·전자제품을 재활용하기 위하여 스스로 회수하는 체계를 갖춘 자
⑤ 자원의 절약과 재활용촉진에 관한 법률에 따른 재활용센터를 운영하는 자(대형폐기물을 수집·운반 및 재활용하는 것만 해당한다)
⑥ 자원의 절약과 재활용촉진에 관한 법률에 따른 재활용의무생산자 중 제품·포장재를 스스로 회수하여 재활용하는 체계를 갖춘 자(재활용의무생산자로부터 재활용을 위탁받은 자를 포함한다)
⑦ 건설폐기물 재활용촉진에 관한 법률에 따라 건설폐기물 처리업의 허가를 받은 자(공사·작업 등으로 인하여 5ton 미만으로 발생되는 생활폐기물을 같은 법 시행령에 따른 기준과 방법에 따라 재활용하기 위하여 수집·운반하거나 재활용하는 경우만 해당한다)

10년간 자주 출제된 문제

생활폐기물의 처리대행자가 아닌 대상은?

① 폐기물처리업자
② 재활용센터를 운영하는 자
③ 한국환경공단
④ 한국자원재생공사

정답 ④

★ 시행령이 계속 개정되어 과년도 문제에서 정답이었던 대상이 더 이상 처리대행자가 아닌 경우가 많으므로, 가장 최근의 시행령을 확인해야 한다.

핵심이론 03 | 제12조(과징금의 사용용도) ★

① 광역 폐기물처리시설(지정폐기물 공공처리시설을 포함한다)의 확충
② 자원의 절약과 재활용촉진에 관한 법률에 따른 공공 재활용기반시설의 확충
③ 법 제13조 또는 제13조의2를 위반하여 처리한 폐기물 중 그 폐기물을 처리한 자나 그 폐기물의 처리를 위탁한 자를 확인할 수 없는 폐기물로 인하여 예상되는 환경상 위해를 제거하기 위한 처리
④ 폐기물처리업자나 폐기물처리시설의 지도·점검에 필요한 시설·장비의 구입 및 운영

10년간 자주 출제된 문제

과징금으로 징수한 금액의 사용용도와 가장 거리가 먼 것은? (단, 재활용 사업의 정지에 따른 과징금이 아님)

① 폐기물처리업자나 폐기물처리시설의 지도·점검에 필요한 시설·장비의 구입 및 운영
② 광역 폐기물처리시설(지정폐기물 공공 처리시설을 포함한다)의 확충
③ 사용종료된 매립지의 사후관리를 위한 시설·장비의 구입 및 운영
④ 폐기물처리기준에 적합하지 아니하게 처리한 폐기물 중 그 폐기물을 처리한 자나 그 폐기물의 처리를 위탁한 자를 확인할 수 없는 폐기물로 인하여 예상되는 환경상 위해를 제거하기 위한 처리

정답 ③

핵심이론 04 | 제14조(주변지역 영향 조사대상 폐기물처리시설) ★

① 1일 처분능력이 50ton 이상인 사업장폐기물 소각시설(같은 사업장에 여러 개의 소각시설이 있는 경우에는 각 소각시설의 1일 처분능력의 합계가 50ton 이상인 경우를 말한다)
② 매립면적 1만m² 이상의 사업장 지정폐기물 매립시설
③ 매립면적 15만m² 이상의 사업장 일반폐기물 매립시설
④ 시멘트 소성로(폐기물을 연료로 사용하는 경우로 한정한다)
⑤ 1일 재활용능력이 50ton 이상인 사업장폐기물 소각열회수시설(같은 사업장에 여러 개의 소각열회수시설이 있는 경우에는 각 소각열회수시설의 1일 재활용능력의 합계가 50ton 이상인 경우를 말한다)

10년간 자주 출제된 문제

4-1. 주변지역 영향 조사대상 폐기물처리시설 기준으로 틀린 것은?(단, 폐기물처리업자가 설치, 운영)

① 시멘트 소성로(폐기물을 연료로 사용하는 경우로 한정한다)
② 매립면적 15만m² 이상의 사업장 일반폐기물 매립시설
③ 매립면적 3만m² 이상의 사업장 지정폐기물 매립시설
④ 1일 처분능력이 50ton 이상인 사업장 폐기물 소각시설(같은 사업장에 여러 개의 소각시설이 있는 경우에는 각 소각시설의 1일 처분능력의 합계가 50ton 이상인 경우를 말한다)

4-2. 주변지역 영향 조사대상 폐기물처리시설의 기준으로 옳은 것은?

① 매립면적 1만m² 이상의 사업장 일반폐기물 매립시설
② 매립면적 5만m² 이상의 사업장 일반폐기물 매립시설
③ 매립면적 10만m² 이상의 사업장 일반폐기물 매립시설
④ 매립면적 15만m² 이상의 사업장 일반폐기물 매립시설

|해설|

4-1
매립면적 1만m² 이상의 사업장 지정폐기물 매립시설

정답 4-1 ③ 4-2 ④

핵심이론 05 | 제15조(기술관리인을 두어야 할 폐기물 처리시설) ★★★

① 매립시설의 경우
  ㉠ 지정폐기물을 매립하는 시설로서 면적이 3천 300m² 이상인 시설. 다만, 최종처분시설 중 차단형 매립시설에서는 면적이 330m² 이상이거나 매립용적이 1천m³ 이상인 시설로 한다.
  ㉡ 지정폐기물 외의 폐기물을 매립하는 시설로서 면적이 1만m² 이상이거나 매립용적이 3만m³ 이상인 시설
② 소각시설로서 시간당 처분능력이 600kg(의료폐기물을 대상으로 하는 소각시설의 경우에는 200kg) 이상인 시설
③ 압축·파쇄·분쇄 또는 절단시설로서 1일 처분능력 또는 재활용능력이 100ton 이상인 시설
④ 사료화·퇴비화 또는 연료화시설로서 1일 재활용능력이 5ton 이상인 시설
⑤ 멸균분쇄시설로서 시간당 처분능력이 100kg 이상인 시설
⑥ 시멘트 소성로
⑦ 용해로(폐기물에서 비철금속을 추출하는 경우로 한정한다)로서 시간당 재활용능력이 600kg 이상인 시설
⑧ 소각열회수시설로서 시간당 재활용능력이 600kg 이상인 시설

10년간 자주 출제된 문제

5-1. 기술관리인을 두어야 할 폐기물처리시설 기준으로 옳지 않은 것은?(단, 폐기물처리업자가 운영하는 폐기물처리시설은 제외)
① 용해로(폐기물에서 비철금속을 추출하는 경우로 한정한다)로서 시간당 재활용능력이 600kg 이상인 시설
② 멸균분쇄시설로 1일 처분능력 또는 재활용능력이 5ton 이상인 시설
③ 지정폐기물 외의 폐기물을 매립하는 시설로서 면적이 1만m² 이상이거나 매립용적이 3만m³ 이상인 시설
④ 압축, 파쇄, 분쇄, 또는 절단시설로서 1일 처분능력 또는 재활용능력이 100ton 이상인 시설

5-2. 기술관리인을 두어야 할 폐기물처리시설 기준으로 옳지 않은 것은?(단, 폐기물처리업자가 운영하는 폐기물처리시설은 제외)
① 시멘트 소성로(폐기물을 연료로 사용하는 경우로 한정한다)로서 1일 재활용능력이 10ton 이상인 시설
② 용해로(폐기물에서 비철금속을 추출하는 경우로 한정한다)로서 시간당 재활용능력이 600kg 이상인 시설
③ 멸균분쇄시설로서 시간당 처분능력이 100kg 이상인 시설
④ 사료화, 퇴비화 또는 연료화 시설로서 1일 재활용능력이 5ton 이상인 시설

5-3. 다음 중 기술관리인을 두지 않아도 되는 폐기물처리시설은?
① 면적이 3,000m²인 지정폐기물 매립시설(단, 차단형 매립시설이 아님)
② 시간당 처분능력이 660kg인 소각시설
③ 면적 12,000m²의 지정폐기물 외의 폐기물을 매립하는 시설
④ 면적이 340m² 이상인 지정폐기물을 매립하는 차단형 매립시설

| 해설 |

5-1
멸균분쇄시설로서 시간당 처분능력이 100kg 이상인 시설

5-2
시멘트 소성로에는 별도의 추가적인 수치 제한 규정이 없다. 즉, '시멘트 소성로' 자체이다.

5-3
지정폐기물을 매립하는 시설로서 면적이 3,300m² 이상인 시설은 기술관리인을 두어야 한다.

정답 5-1 ② 5-2 ① 5-3 ①

핵심이론 06 | 제16조(기술관리대행자) ★

폐기물처리시설의 유지·관리에 관한 기술관리를 대행할 수 있는 자
① 한국환경공단
② 엔지니어링사업자
③ 기술사사무소
④ 그 밖에 환경부장관이 기술관리를 대행할 능력이 있다고 인정하여 고시하는 자

10년간 자주 출제된 문제

폐기물처리시설의 유지·관리에 관한 기술관리를 대행할 수 있는 자와 가장 거리가 먼 것은?
① 엔지니어링산업 진흥법에 따라 신고한 엔지니어링 사업자
② 기술사법에 따른 기술사사무소(법에 따른 자격을 가진 기술사가 개설한 사무소로 한정한다)
③ 폐기물관리 및 설치신고에 관한 법률에 따른 한국화학시험연구원
④ 한국환경공단

정답 ③

핵심이론 07 | 제18조(방치폐기물의 처리이행보증보험) ★

처리이행보증보험의 가입기간은 1년 단위로 하되, 보증기간은 보험종료일에 60일을 가산한 기간으로 해야 한다.

10년간 자주 출제된 문제

다음은 방치폐기물의 처리이행보증보험에 관한 내용이다. 괄호 안에 옳은 내용은?

> 방치폐기물의 처리이행보증보험의 가입기간은 1년 단위로 하되, 보증기간은 보험종료일에 (   )을 가산한 기간으로 해야 한다.

① 15일
② 30일
③ 60일
④ 90일

정답 ③

핵심이론 08 | 제23조(방치폐기물의 처리량과 처리기간) ★

폐기물처리 공제조합에 처리를 명할 수 있는 방치폐기물의 처리량은 다음과 같다.

① 폐기물처리업자가 방치한 폐기물의 경우 : 그 폐기물처리업자의 폐기물 허용보관량의 2배 이내
② 폐기물처리 신고자가 방치한 폐기물의 경우 : 그 폐기물처리 신고자의 폐기물 보관량의 2배 이내

10년간 자주 출제된 문제

8-1. 방치폐기물의 처리를 폐기물처리 공제조합에 명할 수 있는 방치폐기물 처리량 기준으로 옳은 것은?(단, 폐기물처리 신고자가 방치한 폐기물의 경우)

① 그 폐기물처리 신고자의 폐기물보관량의 1.5배 이내
② 그 폐기물처리 신고자의 폐기물보관량의 2배 이내
③ 그 폐기물처리 신고자의 폐기물보관량의 2.5배 이내
④ 그 폐기물처리 신고자의 폐기물보관량의 3배 이내

8-2. 방치폐기물의 처리기간에 관한 내용으로 (   )에 알맞은 것은?

> 환경부장관이나 시·도지사는 폐기물처리 공제조합에 방치폐기물의 처리를 명하려면 주변환경의 오염 우려 정도와 방치폐기물의 처리량 등을 고려하여 (㉠)의 범위에서 그 처리기간을 정해야 한다. 다만, 부득이한 사유로 처리기간 내에 방치폐기물을 처리하기 곤란하다고 환경부장관이나 시·도지사가 인정하면 (㉡)의 범위에서 한 차례만 그 기간을 연장할 수 있다.

① ㉠ 1개월, ㉡ 1개월
② ㉠ 2개월, ㉡ 1개월
③ ㉠ 3개월, ㉡ 1개월
④ ㉠ 3개월, ㉡ 2개월

정답 8-1 ② 8-2 ②

핵심이론 09 | 제30조(사후관리이행보증금의 산출기준) ★

사후관리이행보증금은 ①의 사용종료에 드는 비용과 ②의 사후관리에 드는 비용을 합산하여 산출한다.

① **사용종료(폐쇄를 포함한다)에 드는 비용** : 다음의 비용을 합산하여 산출한다. 이 경우 예치 대상 시설은 면적이 3천3백m^2 이상인 폐기물을 매립하는 시설로 한다.
  ㉠ 사용종료 검사에 드는 비용
  ㉡ 최종복토에 드는 비용

② **사후관리에 드는 비용** : 다음의 비용을 합산하여 산출한다. 다만, 최종 처리시설 중 차단형 매립시설의 경우에는 ㉠의 비용은 제외한다.
  ㉠ 침출수 처리시설의 가동과 유지·관리에 드는 비용
  ㉡ 매립시설 제방, 매립가스 처리시설, 지하수 검사정 등의 유지·관리에 드는 비용
  ㉢ 매립시설 주변의 환경오염조사에 드는 비용
  ㉣ 정기검사에 드는 비용

10년간 자주 출제된 문제

9-1. 사후관리이행보증금의 산출 항목이라 볼 수 없는 것은?
① 침출수 처리시설의 가동과 유지·관리에 드는 비용
② 매립시설 주변의 환경오염조사에 따른 보상 비용
③ 매립시설 주변의 환경오염조사에 드는 비용
④ 매립시설 제방, 매립가스 처리시설, 지하수 검사정 등의 유지·관리에 드는 비용

9-2. 사후관리이행보증금의 사전적립 대상이 되는 폐기물을 매립하는 시설의 규모기준으로 가장 적합한 것은?
① 면적 3천 300m^2 이상인 시설
② 면적 1만m^2 이상인 시설
③ 용적 3천 300m^3 이상인 시설
④ 용적 1만m^3 이상인 시설

정답 9-1 ② 9-2 ①

핵심이론 10 | 제36조의3(한국폐기물협회의 업무 등) ★

① 한국폐기물협회는 다음의 업무를 수행한다.
  ㉠ 폐기물 관련 국제교류 및 협력
  ㉡ 폐기물과 관련된 업무로서 국가나 지방자치단체로부터 위탁받은 업무
  ㉢ 그 밖에 정관에서 정하는 업무
② 협회에 총회, 이사회 및 사무국을 둔다.

※ 폐기물관리법 제58조의2(한국폐기물협회)
• 폐기물처리시설 설치·운영자, 폐기물처리업자, 폐기물과 관련된 단체 등 대통령령으로 정하는 자는 폐기물에 관한 조사·연구·기술개발·정보보급 등 폐기물 분야의 발전을 도모하기 위하여 환경부장관의 허가를 받아 한국폐기물협회를 설립할 수 있다.
• 협회는 법인으로 한다.
• 협회의 조직·운영, 그 밖에 필요한 사항은 그 설립목적을 달성하기 위하여 필요한 범위에서 대통령령으로 정한다.

10년간 자주 출제된 문제

10-1. 한국폐기물협회의 업무와 가장 거리가 먼 것은?
① 폐기물산업의 발전을 위한 지도 및 조사, 연구
② 폐기물 관련 홍보 및 교육, 연수
③ 폐기물정책개발을 위한 위탁 사업
④ 폐기물 관련 국제교류 및 협력

10-2. 한국폐기물협회에 관한 내용으로 옳지 않은 것은?
① 한국폐기물협회는 환경부장관의 허가를 받아 설립할 수 있다.
② 한국폐기물협회는 법인으로 한다.
③ 한국폐기물협회의 조직, 운영 등에 관한 사항은 환경부령으로 지정한다.
④ 한국폐기물협회에 총회, 이사회 및 사무국을 둔다.

|해설|

10-1
①, ②의 내용은 폐기물관리법 제58조의2 참조

10-2
한국폐기물협회의 조직·운영, 그 밖에 필요한 사항은 그 설립목적을 달성하기 위하여 필요한 범위에서 대통령령으로 정한다.

정답 10-1 ③ 10-2 ③

핵심이론 11 | 시행령 [별표 1] 지정폐기물의 종류 ★★

① 특정시설에서 발생되는 폐기물
  ㉠ 폐합성 고분자화합물
    • 폐합성 수지(고체상태의 것은 제외한다)
    • 폐합성 고무(고체상태의 것은 제외한다)
  ㉡ 오니류(수분함량이 95% 미만이거나 고형물함량이 5% 이상인 것으로 한정한다)
    • 폐수처리 오니(환경부령으로 정하는 물질을 함유한 것으로 환경부장관이 고시한 시설에서 발생되는 것으로 한정한다)
    • 공정 오니(환경부령으로 정하는 물질을 함유한 것으로 환경부장관이 고시한 시설에서 발생되는 것으로 한정한다)
  ㉢ 폐농약(농약의 제조·판매업소에서 발생되는 것으로 한정한다)

② 부식성 폐기물
  ㉠ 폐산(액체상태의 폐기물로서 수소이온농도지수가 2.0 이하인 것으로 한정한다)
  ㉡ 폐알칼리(액체상태의 폐기물로서 수소이온농도지수가 12.5 이상인 것으로 한정하며, 수산화칼륨 및 수산화나트륨을 포함한다)

③ 유해물질 함유 폐기물(환경부령으로 정하는 물질을 함유한 것으로 한정한다)
  ㉠ 광재(철광 원석의 사용으로 인한 고로슬래그는 제외한다)
  ㉡ 분진(대기오염 방지시설에서 포집된 것으로 한정하되, 소각시설에서 발생되는 것은 제외한다)
  ㉢ 폐주물사 및 샌드블라스트 폐사
  ㉣ 폐내화물 및 재벌구이 전에 유약을 바른 도자기 조각
  ㉤ 소각재
  ㉥ 안정화 또는 고형화·고화 처리물
  ㉦ 폐촉매
  ㉧ 폐흡착제 및 폐흡수제[광물유·동물유 및 식물유(폐식용유는 제외한다)의 정제에 사용된 폐토사를 포함한다]

④ 폐유기용제
  ㉠ 할로겐족(환경부령으로 정하는 물질 또는 이를 함유한 물질로 한정한다)
  ㉡ 그 밖의 폐유기용제(㉠ 외의 유기용제를 말한다)

⑤ 폐페인트 및 폐래커(다음의 것을 포함한다)
  ㉠ 페인트 및 래커와 유기용제가 혼합된 것으로서 페인트 및 래커 제조업, 용적 5m³ 이상 또는 동력 3마력 이상의 도장시설, 폐기물을 재활용하는 시설에서 발생되는 것
  ㉡ 페인트 보관용기에 남아 있는 페인트를 제거하기 위하여 유기용제와 혼합된 것
  ㉢ 폐페인트 용기(용기 안에 남아 있는 페인트가 건조되어 있고, 그 잔존량이 용기 바닥에서 6mm를 넘지 아니하는 것은 제외한다)

⑥ 폐유 : 기름성분을 5% 이상 함유한 것을 포함하며, 폴리클로리네이티드비페닐(PCBs) 함유 폐기물, 폐식용유와 그 잔재물, 폐흡착제 및 폐흡수제는 제외한다.

⑦ 폐석면
  ㉠ 건조고형물의 함량을 기준으로 하여 석면이 1% 이상 함유된 제품·설비(뿜칠로 사용된 것은 포함한다) 등의 해체·제거 시 발생되는 것
  ㉡ 슬레이트 등 고형화된 석면 제품 등의 연마·절단·가공 공정에서 발생된 부스러기 및 연마·절단·가공 시설의 집진기에서 모아진 분진
  ㉢ 석면의 제거작업에 사용된 바닥비닐시트(뿜칠로 사용된 석면의 해체·제거작업에 사용된 경우에는 모든 비닐시트)·방진마스크·작업복 등

⑧ 폴리클로리네이티드비페닐 함유 폐기물
  ㉠ 액체상태의 것(1L당 2mg 이상 함유한 것으로 한정한다)

ⓒ 액체상태 외의 것(용출액 1L당 0.003mg 이상 함유한 것으로 한정한다)
⑨ 폐유독물질 : 화학물질관리법의 유독물질을 폐기하는 경우로 한정하되, ①의 ⓒ의 폐농약(농약의 제조·판매업소에서 발생되는 것으로 한정한다), ②의 부식성 폐기물, ④의 폐유기용제, ⑧의 폴리클로리네이티드비페닐 함유 폐기물 및 ⑫의 수은폐기물은 제외한다.
⑩ 의료폐기물 : 환경부령으로 정하는 의료기관이나 시험·검사 기관 등에서 발생되는 것으로 한정한다.
⑪ 천연방사성제품폐기물 : 생활주변방사선 안전관리법에 따른 가공제품 중 같은 법에 따른 안전기준에 적합하지 않은 제품으로서 방사능 농도가 g당 10Bq 미만인 폐기물을 말한다. 이 경우 가공제품으로부터 천연방사성핵종(天然放射性核種)을 포함하지 않은 부분을 분리할 수 있는 때에는 그 부분을 제외한다.
⑫ 수은폐기물
　　㉠ 수은함유폐기물[수은과 그 화합물을 함유한 폐램프(폐형광등은 제외한다), 폐계측기기(온도계, 혈압계, 체온계 등), 폐전지 및 그 밖의 환경부장관이 고시하는 폐제품을 말한다]
　　ⓒ 수은구성폐기물(수은함유폐기물로부터 분리한 수은 및 그 화합물로 한정한다)
　　ⓒ 수은함유폐기물 처리잔재물(수은함유폐기물을 처리하는 과정에서 발생되는 것과 폐형광등을 재활용하는 과정에서 발생되는 것을 포함하되, 환경분야 시험·검사 등에 관한 법률에 따라 환경부장관이 고시한 폐기물 분야에 대한 환경오염공정시험기준에 따른 용출시험 결과 용출액 1L당 0.005mg 이상의 수은 및 그 화합물이 함유된 것으로 한정한다)

10년간 자주 출제된 문제

11-1. 폴리클로리네이티드비페닐 함유 폐기물의 지정폐기물 기준은?

① 액체상태 외의 것(용출액 1L당 0.01mg 이상 함유한 것으로 한정한다)
② 액체상태 외의 것(용출액 1L당 0.03mg 이상 함유한 것으로 한정한다)
③ 액체상태 외의 것(용출액 1L당 0.001mg 이상 함유한 것으로 한정한다)
④ 액체상태 외의 것(용출액 1L당 0.003mg 이상 함유한 것으로 한정한다)

11-2. 지정폐기물 중 유해물질 함유 폐기물(환경부령으로 정하는 물질을 함유한 것으로 한정한다)에 대한 기준으로 옳은 것은?

① 분진(대기오염 방지시설에서 포집된 것으로 한정하되, 소각시설에서 발생되는 것은 제외한다)
② 분진(대기오염 방지시설에서 포집된 것으로 한정하되, 소각시설에서 발생되는 것은 포함한다)
③ 분진(소각시설에서 포집된 것으로 한정하되, 대기오염 방지시설에서 발생되는 것은 제외한다)
④ 분진(소각시설과 대기오염방지시설에서 포집된 것은 제외한다)

정답 11-1 ④　11-2 ①

핵심이론 12 | 시행령 [별표 2] 의료폐기물의 종류 ★★★

① 격리의료폐기물 : 감염병의 예방 및 관리에 관한 법률의 감염병으로부터 타인을 보호하기 위하여 격리된 사람에 대한 의료행위에서 발생한 일체의 폐기물
② 위해의료폐기물
  ㉠ 조직물류폐기물 : 인체 또는 동물의 조직·장기·기관·신체의 일부, 동물의 사체, 혈액·고름 및 혈액생성물(혈청, 혈장, 혈액제제)
  ㉡ 병리계폐기물 : 시험·검사 등에 사용된 배양액, 배양용기, 보관균주, 폐시험관, 슬라이드, 커버글라스, 폐배지, 폐장갑
  ㉢ 손상성폐기물 : 주삿바늘, 봉합바늘, 수술용 칼날, 한방침, 치과용침, 파손된 유리재질의 시험기구
  ㉣ 생물·화학폐기물 : 폐백신, 폐항암제, 폐화학치료제
  ㉤ 혈액오염폐기물 : 폐혈액백, 혈액투석 시 사용된 폐기물, 그 밖에 혈액이 유출될 정도로 포함되어 있어 특별한 관리가 필요한 폐기물
③ 일반의료폐기물 : 혈액·체액·분비물·배설물이 함유되어 있는 탈지면, 붕대, 거즈, 일회용 기저귀, 생리대, 일회용 주사기, 수액세트
※ 비 고
  • 의료폐기물이 아닌 폐기물로서 의료폐기물과 혼합되거나 접촉된 폐기물은 혼합되거나 접촉된 의료폐기물과 같은 폐기물로 본다.
  • 채혈진단에 사용된 혈액이 담긴 검사튜브, 용기 등은 조직물류폐기물로 본다.
  • ③의 일회용 기저귀는 다음의 일회용 기저귀로 한정한다.
    - 감염병 환자, 감염병의사 환자 또는 병원체보유자(이하 감염병 환자 등)가 사용한 일회용 기저귀. 다만, 일회용 기저귀를 매개로 한 전염 가능성이 낮다고 판단되는 감염병으로서 환경부장관이 고시하는 감염병 관련 감염병 환자 등이 사용한 일회용 기저귀는 제외한다.
    - 혈액이 함유되어 있는 일회용 기저귀

10년간 자주 출제된 문제

12-1. 의료폐기물의 종류와 가장 거리가 먼 것은?
① 병상의료폐기물
② 격리의료폐기물
③ 위해의료폐기물
④ 일반의료폐기물

12-2. 위해의료폐기물인 손상성폐기물로 옳은 것은?
① 시험, 검사 등에 사용된 배양액
② 파손된 유리재질의 시험기구
③ 혈액투석 시 사용된 폐기물
④ 일회용 주사기

12-3. 의료폐기물(위해의료폐기물) 중 시험, 검사 등에 사용된 배양액, 배양용기, 보관균주, 폐시험관, 슬라이드, 커버슬라이드, 폐배지, 폐장갑이 해당되는 것은?
① 병리계폐기물
② 손상성폐기물
③ 위생계폐기물
④ 보건성폐기물

|해설|
12-2
손상성폐기물 : 주삿바늘, 봉합바늘, 수술용 칼날, 한방침, 치과용침, 파손된 유리재질의 시험기구

12-3
병리계폐기물 : 시험·검사 등에 사용된 배양액, 배양용기, 보관균주, 폐시험관, 슬라이드, 커버글라스, 폐배지, 폐장갑

정답 12-1 ① 12-2 ② 12-3 ①

| 핵심이론 13 | 시행령 [별표 3] 폐기물처리시설의 종류 ★★★

① 중간처분시설
  ㉠ 소각시설
    • 일반 소각시설
    • 고온 소각시설
    • 열분해 소각시설
    • 고온 용융시설
    • 열처리 조합시설(일반 소각시설에서 고온 용융시설까지의 시설 중 둘 이상의 시설이 조합된 시설)
  ㉡ 기계적 처분시설
    • 압축시설(동력 7.5kW 이상인 시설로 한정한다)
    • 파쇄・분쇄시설(동력 15kW 이상인 시설로 한정한다)
    • 절단시설(동력 7.5kW 이상인 시설로 한정한다)
    • 용융시설(동력 7.5kW 이상인 시설로 한정한다)
    • 증발・농축시설
    • 정제시설(분리・증류・추출・여과 등의 시설을 이용하여 폐기물을 처분하는 단위시설을 포함한다)
    • 유수분리시설
    • 탈수・건조시설
    • 멸균분쇄시설
  ㉢ 화학적 처분시설
    • 고형화・고화・안정화시설
    • 반응시설(중화・산화・환원・중합・축합・치환 등의 화학반응을 이용하여 폐기물을 처분하는 단위시설을 포함한다)
    • 응집・침전시설
  ㉣ 생물학적 처분시설
    • 소멸화시설(1일 처분능력 100kg 이상인 시설로 한정한다)
    • 호기성・혐기성 분해시설
  ㉤ 그 밖에 환경부장관이 폐기물을 안전하게 중간처분할 수 있다고 인정하여 고시하는 시설

② 최종 처분시설
  ㉠ 매립시설
    • 차단형 매립시설
    • 관리형 매립시설(침출수 처리시설, 가스 소각・발전・연료화시설 등 부대시설을 포함한다)
  ㉡ 그 밖에 환경부장관이 폐기물을 안전하게 최종처분할 수 있다고 인정하여 고시하는 시설

③ 재활용시설
  ㉠ 기계적 재활용시설
    • 압축・압출・성형・주조시설(동력 7.5kW 이상인 시설로 한정한다)
    • 파쇄・분쇄・탈피시설(동력 15kW 이상인 시설로 한정한다)
    • 절단시설(동력 7.5kW 이상인 시설로 한정한다)
    • 용융・용해시설(동력 7.5kW 이상인 시설로 한정한다)
    • 연료화시설
    • 증발・농축시설
    • 정제시설(분리・증류・추출・여과 등의 시설을 이용하여 폐기물을 재활용하는 단위시설을 포함한다)
    • 유수분리시설
    • 탈수・건조시설
    • 세척시설(철도용 폐목재 받침목을 재활용하는 경우로 한정한다)
  ㉡ 화학적 재활용시설
    • 고형화・고화시설
    • 반응시설(중화・산화・환원・중합・축합・치환 등의 화학반응을 이용하여 폐기물을 재활용하는 단위시설을 포함한다)
    • 응집・침전시설
    • 열분해시설(가스화시설을 포함한다)

ⓒ 생물학적 재활용시설
- 1일 재활용능력이 100kg 이상인 다음의 시설
  - 부숙(썩혀서 익히는 것)시설(미생물을 이용하여 유기물질을 발효하는 등의 과정을 거쳐 제품의 원료 등을 만드는 시설을 말하며, 1일 재활용능력이 100kg 이상 200kg 미만인 음식물류 폐기물 부숙시설은 제외한다)
  - 사료화시설(건조에 의한 사료화시설을 포함한다)
  - 퇴비화시설(건조에 의한 퇴비화시설, 지렁이 분변토 생산시설 및 생석회 처리시설을 포함한다)
  - 동애등에분변토 생산시설
  - 부숙토(腐熟土) 생산시설
- 호기성·혐기성 분해시설
- 버섯재배시설
ⓓ 시멘트 소성로
ⓔ 용해로(폐기물에서 비철금속을 추출하는 경우로 한정한다)
ⓕ 소성(시멘트 소성로는 제외한다)·탄화시설
ⓖ 골재가공시설
ⓗ 의약품 제조시설
ⓘ 소각열회수시설(시간당 재활용능력이 200kg 이상인 시설로서 에너지를 회수하기 위하여 설치하는 시설만 해당한다)
ⓙ 수은회수시설
ⓚ 그 밖에 환경부장관이 폐기물을 안전하게 재활용할 수 있다고 인정하여 고시하는 시설

10년간 자주 출제된 문제

13-1. 폐기물처리시설 종류의 구분이 틀린 것은?
① 기계적 재활용시설 : 유수 분리시설
② 화학적 재활용시설 : 연료화시설
③ 생물학적 재활용시설 : 버섯재배시설
④ 생물학적 재활용시설 : 호기성, 혐기성 분해시설

13-2. 폐기물처리시설의 종류 중 재활용시설(기계적 재활용시설)의 기준으로 옳지 않은 것은?
① 용융, 용해시설(동력 7.5kW 이상인 시설에 한함)
② 증발, 농축시설(동력 7.5kW 이상인 시설에 한함)
③ 압축, 압출, 성형, 주조시설(동력 7.5kW 이상인 시설에 한함)
④ 파쇄, 분쇄, 탈피시설(동력 15kW 이상인 시설에 한함)

13-3. 폐기물 중간처분시설 중 기계적 처분시설에 해당하는 시설과 그 동력규모 기준으로 옳지 않은 것은?
① 압축시설(동력 7.5kW 이상인 시설로 한정)
② 파쇄·분쇄시설(동력 7.5kW 이상인 시설로 한정)
③ 절단시설(동력 7.5kW 이상인 시설로 한정)
④ 용융시설(동력 7.5kW 이상인 시설로 한정)

|해설|

13-1
'연료화시설'은 기계적 재활용 시설에 속한다.
화학적 재활용시설 : 고형화·고화시설, 반응시설, 응집·침전시설, 열분해시설

13-2
'증발, 농축시설'은 별도의 한정이 없다.

13-3
파쇄·분쇄시설(동력 15kW 이상인 시설로 한정한다)

정답 13-1 ② 13-2 ② 13-3 ②

핵심이론 14 | 시행령 [별표 4] 폐기물 감량화시설의 종류 ★

① 공정 개선시설
② 폐기물 재이용시설
③ 폐기물 재활용시설
④ 그 밖의 폐기물 감량화시설

10년간 자주 출제된 문제

다음 중 폐기물 감량화시설의 종류와 가장 거리가 먼 것은?
① 폐기물 선별시설
② 폐기물 재활용시설
③ 폐기물 재이용시설
④ 공정 개선시설

정답 ①

핵심이론 15 | 시행령 [별표 4의4] 생활폐기물 수집·운반 대행자에 대한 과징금의 금액 ★

위반행위	영업정지 1개월	영업정지 3개월
법 제14조제8항제2호에 따른 평가결과가 대행실적 평가기준에 미달한 경우	2천만원	5천만원

10년간 자주 출제된 문제

생활폐기물 수집, 운반 대행자에 대한 대행실적평가 결과가 대행실적평가 기준에 미달한 경우 생활폐기물 수집, 운반 대행자에 대한 과징금액 기준은?(단, 영업정지 3개월을 갈음하여 부과할 경우)
① 1천만원
② 2천만원
③ 3천만원
④ 5천만원

정답 ④

제3절 폐기물관리법 시행규칙

핵심이론 01 | 제3조(에너지 회수기준 등) ★★

재활용이란 폐기물로부터 에너지를 회수하거나 회수할 수 있는 상태로 만들거나 폐기물을 연료로 사용하는 활동으로서 환경부령으로 정하는 활동을 말한다. 이때 "환경부령으로 정하는 활동"이란 다음의 어느 하나에 해당하는 활동을 말한다.

① 가연성 고형폐기물로부터 다음에 따른 기준에 맞게 에너지를 회수하는 활동
  ㉠ 다른 물질과 혼합하지 아니하고 해당 폐기물의 저위발열량이 kg당 3천kcal 이상일 것
  ㉡ 에너지의 회수효율(회수에너지 총량을 투입에너지 총량으로 나눈 비율을 말한다)이 75% 이상일 것
  ㉢ 회수열을 모두 열원, 전기 등의 형태로 스스로 이용하거나 다른 사람에게 공급할 것
  ㉣ 환경부장관이 정하여 고시하는 경우에는 폐기물의 30% 이상을 원료나 재료로 재활용하고 그 나머지 중에서 에너지의 회수에 이용할 것

② 에너지 회수기준을 측정하는 기관
  ㉠ 한국환경공단
  ㉡ 한국기계연구원 및 한국에너지기술연구원
  ㉢ 한국산업기술시험원

10년간 자주 출제된 문제

1-1. 에너지 회수기준으로 옳지 않은 것은?
① 다른 물질과 혼합하지 아니하고 해당 폐기물의 저위발열량이 킬로그램당 3천kcal 이상일 것
② 에너지의 회수효율(회수에너지 총량을 투입에너지 총량으로 나눈 비율을 말한다)이 70% 이상일 것
③ 회수열을 모두 열원, 전기 등의 형태로 스스로 이용하거나 다른 사람에게 공급할 것
④ 환경부장관이 정하여 고시하는 경우에는 폐기물의 30% 이상을 원료나 재료로 재활용하고 그 나머지 중에서 에너지의 회수에 이용할 것

1-2. 에너지 회수기준을 측정하는 기관으로 옳지 않은 것은?
① 한국환경공단
② 한국기계연구원
③ 한국과학기술연구원
④ 한국산업기술시험원

|해설|

1-1
에너지의 회수효율(회수에너지 총량을 투입에너지 총량으로 나눈 비율을 말한다)이 75% 이상일 것

정답 1-1 ② 1-2 ③

핵심이론 02 | 제11조(폐기물처리사업장 외의 장소에서의 폐기물보관시설 기준) ★

폐기물 재활용업자가 시·도지사로부터 승인받은 임시보관시설에 태반을 보관하는 경우. 이 경우 시·도지사는 임시보관시설을 승인할 때에 다음의 기준을 따라야 한다.
① 폐기물 재활용업자는 약사법에 따른 의약품제조업 허가를 받은 자일 것
② 태반의 배출장소와 그 태반 재활용시설이 있는 사업장의 거리가 100km 이상일 것
③ 임시보관시설에서의 태반 보관 허용량은 5ton 미만일 것
④ 임시보관시설에서의 태반 보관 기간은 태반이 임시보관시설에 도착한 날부터 5일 이내일 것

10년간 자주 출제된 문제

폐기물처리사업장 외의 장소에서의 폐기물보관시설 기준 중 폐기물재활용업자가 시·도지사로부터 승인받은 임시보관시설에 태반을 보관하는 경우 시·도지사가 해당 보관시설 승인 시 따라야 하는 기준으로 옳지 않은 것은?
① 폐기물재활용업자는 약사법에 따른 의약품 제조업 허가를 받은 자일 것
② 태반의 배출장소와 그 태반 재활용시설이 있는 사업장의 거리가 100km 이상일 것
③ 임시보관시설에서의 태반보관 허용량은 10ton 미만일 것
④ 임시보관시설에서의 태반보관기관은 태반이 임시보관시설에 도착한 날부터 5일 이내일 것

|해설|
임시보관시설에서의 태반 보관 허용량은 5ton 미만일 것

정답 ③

핵심이론 03 | 제15조(생활폐기물관리 제외지역의 지정) ★

특별자치시장, 특별자치도지사 또는 시장·군수·구청장은 법 제14조제1항 단서에 따라 생활폐기물을 처리하여야 하는 구역에서 제외할 수 있는 지역(생활폐기물관리 제외지역)을 지정하는 경우에는 다음의 어느 하나에 해당하는 지역을 대상으로 하여야 한다.
① 가구 수가 50호 미만인 지역
② 산간·오지·섬지역 등으로서 차량의 출입 등이 어려워 생활폐기물을 수집·운반하는 것이 사실상 불가능한 지역

10년간 자주 출제된 문제

생활폐기물관리 제외지역을 지정하는 주체는?
① 환경부장관
② 유역환경청장
③ 시장·군수·구청장
④ 국립환경과학원장

정답 ③

| 핵심이론 04 | 제16조(음식물류 폐기물 발생 억제 계획의 수립주기 및 평가방법 등) ★

① 음식물류 폐기물 발생 억제 계획의 수립주기는 5년으로 하되, 그 계획에는 연도별 세부 추진계획을 포함하여야 한다.
② 특별자치시장, 특별자치도지사, 시장·군수·구청장은 연도별 세부 추진계획의 성과를 다음 연도 3월 31일까지 평가하여야 한다.
③ 특별자치시장, 특별자치도지사, 시장·군수·구청장은 평가 결과를 반영하여 연도별 세부 추진계획을 조정하여야 한다.
④ 특별자치시장, 특별자치도지사, 시장·군수·구청장은 ②에 따른 평가를 공정하고 효율적으로 추진하기 위하여 다음의 위원 12명으로 구성된 평가위원회를 설치·운영하여야 한다.
  ㉠ 해당 특별자치시, 특별자치도, 시·군·구 소속 공무원 중에서 지명한 위원 4명
  ㉡ 해당 특별자치시, 특별자치도, 시·군·구 의회가 추천한 주민대표 중에서 위촉한 위원 4명
  ㉢ 환경 분야 전문가 중에서 위촉한 위원 4명
⑤ ①~④에 따른 음식물류 폐기물 발생 억제 계획의 수립주기 및 평가방법 등에 관한 세부사항은 환경부장관이 정하여 고시한다.

10년간 자주 출제된 문제

특별자치시장, 특별자치도지사, 시장·군수·구청장이 수립하는 음식물류 폐기물발생 억제 계획의 수립주기는?

① 1년
② 2년
③ 3년
④ 5년

정답 ④

| 핵심이론 05 | 제18조(사업장폐기물배출자의 신고) ★

지정폐기물 외의 사업장폐기물을 배출하는 자는 사업장폐기물배출신고서에 수탁처리능력 확인서를 첨부(그 사업장에서 발생하는 폐기물을 위탁하여 처리하는 경우에만 해당한다)하여 다음과 같이 사업장폐기물의 발생지(사업장폐기물 공동처리의 경우에는 운영기구 대표자의 사업장 소재지)를 관할하는 특별자치시장, 특별자치도지사, 시장·군수·구청장에게 신고해야 한다.

• 배출시설을 설치·운영하는 자로서 폐기물을 1일 평균 100kg 이상 배출하는 자 • 영 제2조제1호부터 제5호까지의 시설을 설치·운영하는 자로서 폐기물을 1일 평균 100kg 이상 배출하는 자 • 폐기물을 1일 평균 300kg 이상 배출하는 자	사업 개시일 또는 폐기물을 배출한 날부터 1개월 이내
• 건설공사 및 일련의 공사 또는 작업 등으로 인하여 폐기물을 5ton 이상 배출하는 자	폐기물의 배출 예정일(공사의 경우에는 착공일을 말한다)까지
• 사업장폐기물 공동처리 운영기구의 대표자	사업 개시일부터 7일 이내

10년간 자주 출제된 문제

환경부령이 정하는 사업장폐기물배출자(지정폐기물 외의 사업장폐기물을 배출하는 자) 중 폐기물을 1일 평균 300kg 이상 배출하는 자가 사업장폐기물의 발생지를 관할하는 특별자치도지사 또는 시장, 군수, 구청장에게 사업장폐기물의 종류와 발생량 등의 신고를 하여야 하는 기한 기준은?

① 사업개시일로부터 7일 이내
② 폐기물 배출예정일로부터 7일 이내
③ 공사 착공일로부터 7일 이내
④ 사업개시일 또는 폐기물을 배출한 날부터 1개월 이내

정답 ④

| 핵심이론 06 | 제18조의2(지정폐기물 처리계획의 확인) ★ |

환경부령으로 정하는 지정폐기물을 배출하는 사업자
① 오니를 월 평균 500kg 이상 배출하는 사업자
② 폐농약, 광재, 분진, 폐주물사, 폐사, 폐내화물, 도자기조각, 소각재, 안정화 또는 고형화처리물, 폐촉매, 폐흡착제, 폐흡수제, 폐유기용제 또는 폐유를 각각 월 평균 50kg 또는 합계 월 평균 130kg 이상 배출하는 사업자
③ 폐합성고분자화합물, 폐산, 폐알칼리, 폐페인트, 폐래커를 각각 월 평균 100kg 또는 합계 월 평균 200kg 이상 배출하는 사업자
④ 폐석면을 월 평균 20kg 이상 배출하는 사업자. 이 경우 축사 등 환경부장관이 정하여 고시하는 시설물을 운영하는 사업자가 5ton 미만의 슬레이트 지붕 철거·제거 작업을 전부 도급한 경우에는 수급인(하수급인은 제외한다)이 사업자를 갈음하여 지정폐기물 처리계획의 확인을 받을 수 있다.
⑤ 폴리클로리네이티드비페닐 함유 폐기물을 배출하는 사업자
⑥ 폐유독물질을 배출하는 사업자
⑦ 의료폐기물을 배출하는 사업자
⑧ 수은폐기물을 배출하는 사업자
⑨ 천연방사성제품폐기물을 배출하는 사업자

※ 폐기물관리법 제17조의2(폐기물분석전문기관의 지정)
환경부장관은 폐기물에 관한 시험·분석 업무를 전문적으로 수행하기 위하여 다음의 기관을 폐기물 시험·분석전문기관으로 지정할 수 있다.
• 한국환경공단
• 수도권매립지관리공사
• 보건환경연구원

10년간 자주 출제된 문제

6-1. 환경부령으로 정하는 폐기물 분석 전문기관과 가장 거리가 먼 것은?(단, 지정폐기물을 배출하는 사업자가 환경부장관에게 제출하는 서류 기준, 국립환경과학원장이 인정, 고시하는 기관은 고려하지 않음)
① 한국환경시험인증원
② 수도권매립지관리공사
③ 보건환경연구원
④ 한국환경공단

6-2. 지정폐기물 처리계획의 확인을 받아야 하는 환경부령으로 정하는 지정폐기물 중 오니를 배출하는 사업자에 관한 기준으로 옳은 것은?
① 오니를 일 평균 100kg 이상 배출하는 사업자
② 오니를 일 평균 500kg 이상 배출하는 사업자
③ 오니를 월 평균 100kg 이상 배출하는 사업자
④ 오니를 월 평균 500kg 이상 배출하는 사업자

6-3. 지정폐기물 처리계획서 등을 제출하여야 하는 경우의 폐기물과 양에 대한 기준이 올바르게 연결된 것은?
① 폐농약, 광재, 분진, 폐주물사 – 각각 월 평균 100kg 이상
② 고형화처리물, 폐촉매, 폐흡착제, 폐유 – 각각 월 평균 100kg 이상
③ 폐합성고분자화합물, 폐산, 폐알칼리 – 각각 월 평균 100kg 이상
④ 오니 – 월 평균 300kg 이상

정답 6-1 ① 6-2 ④ 6-3 ③

핵심이론 07 | 제28조(폐기물처리업의 허가) ★

환경부령으로 정하는 중요 사항

① 폐기물 수집·운반업
  ㉠ 대표자 또는 상호
  ㉡ 연락장소 또는 사무실 소재지(지정폐기물 수집·운반업의 경우에는 주차장 소재지를 포함한다)
  ㉢ 영업구역(생활폐기물의 수집·운반업만 해당한다)
  ㉣ 수집·운반 폐기물의 종류
  ㉤ 운반차량의 수 또는 종류

② 폐기물 중간처분업, 폐기물 최종처분업 및 폐기물 종합처분업
  ㉠ 대표자 또는 상호
  ㉡ 폐기물 처분시설 설치 예정지
  ㉢ 폐기물 처분시설의 수(증가하는 경우에만 해당한다)
  ㉣ 폐기물 처분시설의 구조 및 규모
  ㉤ 폐기물 처분시설의 처분용량(처분용량의 변경으로 다른 법령에 따른 인·허가를 받아야 하는 경우와 처분용량이 30/100 이상 증감하는 경우만 해당한다)
  ㉥ 폐기물처리업자의 허가받은 보관용량(이하 허용보관량)
  ㉦ 매립시설의 제방의 규모(증가하는 경우에만 해당한다)

③ 폐기물 중간재활용업, 폐기물 최종재활용업 및 폐기물 종합재활용업
  ㉠ 대표자 또는 상호
  ㉡ 폐기물 재활용시설의 설치 예정지
  ㉢ 폐기물 재활용시설의 수(증가하는 경우만 해당한다)
  ㉣ 폐기물 재활용시설의 구조 및 규모
  ㉤ 폐기물 재활용시설의 재활용용량(재활용용량의 변경으로 다른 법령에 따른 인·허가를 받아야 하는 경우와 재활용용량이 30/100 이상 증감하는 경우로 한정한다)
  ㉥ 허용보관량

10년간 자주 출제된 문제

다음은 폐기물처리업(수집운반 또는 처리)과 관련된 사항이다. 다음 내용에서 언급한 '환경부령으로 정하는 중요사항'으로 옳지 않은 것은?

> 폐기물처리업(수집운반 또는 처리)을 하려는 자는 환경부령으로 정하는 바에 따라 지정폐기물을 대상으로 하는 경우에는 폐기물처리 사업계획서를 환경부장관에게 제출하고 그 밖의 폐기물을 대상으로 하는 경우에는 시도지사에게 제출하여야 한다. '환경부령으로 정하는 중요사항'을 변경하려는 때에도 또한 같다.

① 연락장소 또는 사무실 소재지(지정폐기물 수집·운반업의 경우에는 주차장 소재지를 포함한다)
② 영업구역(생활폐기물의 수집·운반업만 해당한다)
③ 수집운반량(허가받은 양의 30/100 이상 증가되는 경우만 해당한다)
④ 운반차량의 수 또는 종류

|해설|
수집·운반 폐기물의 종류, 운반차량의 수 또는 종류 등이 명시되어 있고, 수집운반량은 해당되지 않는다.

정답 ③

| 핵심이론 08 | 제29조(폐기물처리업의 변경허가) ★★

① 폐기물 수집·운반업
  ㉠ 수집·운반대상 폐기물의 변경
  ㉡ 영업구역의 변경
  ㉢ 주차장 소재지의 변경(지정폐기물을 대상으로 하는 수집·운반업만 해당한다)
  ㉣ 운반차량(임시차량은 제외한다)의 증차

② 폐기물 중간처분업, 폐기물 최종처분업 및 폐기물 종합처분업
  ㉠ 처분대상 폐기물의 변경
  ㉡ 폐기물 처분시설 소재지의 변경
  ㉢ 운반차량(임시차량은 제외한다)의 증차
  ㉣ 폐기물 처분시설의 신설
  ㉤ 폐기물 처분시설의 증설, 개·보수 또는 그 밖의 방법으로 허가 또는 변경허가를 받은 처분용량의 30/100 이상의 변경(허가 또는 변경허가를 받은 후 변경되는 누계를 말한다)
  ㉥ 주요 설비의 변경. 다만, 다음의 경우만 해당한다.
    • 폐기물 처분시설의 구조 변경으로 인하여 기준이 변경되는 경우
    • 차수시설·침출수 처리시설이 변경되는 경우
    • 가스처리시설 또는 가스활용시설이 설치되거나 변경되는 경우
    • 배출시설의 변경허가 또는 변경신고의 대상이 되는 경우
  ㉦ 매립시설 제방의 증·개축
  ㉧ 허용보관량의 변경

③ 폐기물 중간재활용업, 폐기물 최종재활용업 및 폐기물 종합재활용업
  ㉠ 재활용대상 폐기물의 변경(제33조제1항6호 제외)
  ㉡ 폐기물 재활용 유형의 변경(제33조제1항7호 제외)
  ㉢ 폐기물 재활용시설 소재지의 변경
  ㉣ 운반차량(임시차량은 제외한다)의 증차
  ㉤ 폐기물 재활용시설의 신설
  ㉥ 폐기물 재활용시설의 증설, 개·보수 또는 그 밖의 방법으로 허가 또는 변경허가를 받은 재활용 용량의 30/100 이상(금속을 회수하는 최종재활용업 또는 종합재활용업의 경우에는 50/100 이상)의 변경(허가 또는 변경허가를 받은 후 변경되는 누계를 말한다)
  ㉦ 주요 설비의 변경. 다만, 다음의 경우만 해당한다.
    • 폐기물 재활용시설의 구조 변경으로 인하여 기준이 변경되는 경우
    • 배출시설의 변경허가 또는 변경신고의 대상이 되는 경우
  ㉧ 허용보관량의 변경

10년간 자주 출제된 문제

8-1. 폐기물중간재활용업, 폐기물최종재활용업 및 폐기물 종합재활용업의 변경허가를 받아야 하는 중요사항으로 옳지 않은 것은?

① 재활용대상 폐기물의 변경
② 폐기물 재활용시설의 신설
③ 재활용 용도 또는 방법의 변경
④ 운반차량 주차장 소재지 변경

8-2. 다음 중 폐기물처리업의 변경허가를 받아야 하는 중요사항으로 가장 거리가 먼 것은?

① 주차장 소재지의 변경(지정폐기물을 대상으로 하는 수집·운반업만 해당한다)
② 운반차량(임시차량은 제외한다)의 증차
③ 허가 또는 변경허가를 받은 처분용량의 20/100 이상의 변경(허가 또는 변경허가를 받은 후 변경되는 누계를 말한다)
④ 폐기물처분시설 소재지나 영업구역의 변경

|해설|

8-1
주차장 소재지의 변경은 지정폐기물을 대상으로 하는 수집·운반업만 해당한다.

8-2
폐기물 처분시설의 증설, 개·보수 또는 그 밖의 방법으로 허가 또는 변경허가를 받은 처분용량의 30/100 이상의 변경(허가 또는 변경허가를 받은 후 변경되는 누계를 말한다)

정답 8-1 ④ 8-2 ③

핵심이론 09 | 제31조(폐기물처리업자의 폐기물 보관량 및 처리기한) ★

폐기물 수집·운반업자가 임시보관장소에 폐기물을 보관하는 경우

① 의료폐기물 : 냉장 보관할 수 있는 4℃ 이하의 전용보관시설에서 보관하는 경우 5일 이내, 그 밖의 보관시설에서 보관하는 경우에는 2일 이내. 다만, 격리의료폐기물의 경우에는 보관시설과 무관하게 2일 이내로 한다.

② 의료폐기물 외의 폐기물 : 중량 450ton 이하이고 용적이 300m³ 이하, 5일 이내

10년간 자주 출제된 문제

9-1. 다음은 폐기물 수집, 운반업자가 임시 보관장소에 의료폐기물을 보관하는 경우의 폐기물 보관량 및 처리기한에 관한 내용이다. ( ) 안에 옳은 내용은?

냉장 보관할 수 있는 4℃ 이하의 전용보관시설에서 보관하는 경우 (㉠), 그 밖의 보관시설에서 보관하는 경우에는 (㉡)

① ㉠ 5일 이내, ㉡ 2일 이내
② ㉠ 7일 이내, ㉡ 2일 이내
③ ㉠ 5일 이내, ㉡ 3일 이내
④ ㉠ 7일 이내, ㉡ 3일 이내

9-2. 폐기물처리업자의 폐기물보관량 및 처리기한에 관한 내용으로 옳은 것은?(단, 폐기물 수집, 운반업자가 임시보관장소에 폐기물을 보관하는 경우, 의료폐기물 외의 폐기물 기준)

① 중량 250ton 이하이고 용적이 200m³ 이하, 5일 이내
② 중량 250ton 이하이고 용적이 300m³ 이하, 5일 이내
③ 중량 450ton 이하이고 용적이 200m³ 이하, 5일 이내
④ 중량 450ton 이하이고 용적이 300m³ 이하, 5일 이내

정답 9-1 ① 9-2 ④

| 핵심이론 10 | 제34조의7(전용용기 검사기관) ★★

① 한국환경공단
② 한국화학융합시험연구원
③ 한국건설생활환경시험연구원
④ 그 밖에 환경부장관이 전용용기에 대한 검사능력이 있다고 인정하여 고시하는 기관

10년간 자주 출제된 문제

의료폐기물은 환경부장관이 지정한 기관이나 단체가 환경부장관이 정하여 고시한 검사기준에 따라 검사한 전용용기만을 사용하여 처리하여야 한다. 다음 중 환경부장관이 지정한 기관이나 단체와 가장 거리가 먼 것은?
① 한국환경공단
② 한국산업인증시험원
③ 한국화학융합시험연구원
④ 한국건설생활환경시험연구원

정답 ②

| 핵심이론 11 | 제38조(설치신고대상 폐기물처리시설) ★

폐기물처리업의 허가를 받았거나 받으려는 자 외의 자가 다음 규모의 폐기물처리시설을 설치하려면 환경부장관의 승인을 받아야 한다.

① 일반소각시설로서 1일 처분능력이 100ton(지정폐기물의 경우에는 10ton) 미만인 시설
② 고온소각시설·열분해시설·고온용융시설 또는 열처리조합시설로서 시간당 처분능력이 100kg 미만인 시설
③ 기계적 처분시설 또는 재활용시설 중 증발·농축·정제 또는 유수분리시설로서 시간당 처분능력 또는 재활용능력이 125kg 미만인 시설
④ 기계적 처분시설 또는 재활용시설 중 압축·압출·성형·주조·파쇄·분쇄·탈피·절단·용융·용해·연료화·소성(시멘트 소성로는 제외한다) 또는 탄화시설로서 1일 처분능력 또는 재활용능력이 100ton 미만인 시설
⑤ 기계적 처분시설 또는 재활용시설 중 탈수·건조시설, 멸균분쇄시설 및 화학적 처분시설 또는 재활용시설
⑥ 생물학적 처분시설 또는 재활용시설로서 1일 처분능력 또는 재활용능력이 100ton 미만인 시설
⑦ 소각열회수시설로서 1일 재활용능력이 100ton 미만인 시설

10년간 자주 출제된 문제

설치신고대상 폐기물처리시설 기준으로 옳지 않은 것은?

① 일반소각시설로서 1일 처분능력이 100ton(지정폐기물의 경우에는 10ton) 미만인 시설
② 생물학적 처분시설 또는 재활용시설로서 1일 처분능력 또는 재활용능력이 100ton 미만인 시설
③ 기계적 처분시설 또는 재활용시설 중 증발, 농축, 정제 또는 유수분리시설로서 시간당 처분능력 또는 재활용능력이 125kg 미만인 시설
④ 고온소각시설, 열분해시설, 고온용융시설 또는 열처리 조합시설로서 시간당 처분능력이 200kg 미만인 시설

|해설|
고온소각시설·열분해시설·고온용융시설 또는 열처리조합시설로서 시간당 처분능력이 100kg 미만인 시설

정답 ④

핵심이론 12 | 제39조(폐기물처리시설의 설치승인 등) ★

폐기물처리시설을 설치하려는 자는 폐기물 처분시설 또는 재활용시설 설치승인신청서에 다음의 서류를 첨부하여 그 시설의 소재지를 관할하는 시·도지사나 지방환경관서의 장에게 제출하여야 한다.

① 처분 또는 재활용 대상 폐기물 배출업체의 제조공정도 및 폐기물배출명세서
② 폐기물의 종류, 성질·상태 및 예상 배출량명세서
③ 처분 또는 재활용 대상 폐기물의 처분 또는 재활용 계획서
④ 폐기물 처분시설 또는 재활용시설의 설치 및 장비확보 계획서
⑤ 폐기물 처분시설 또는 재활용시설의 설계도서(음식물류 폐기물을 처분 또는 재활용하는 시설인 경우에는 물질수지도를 포함한다)
⑥ 처분 또는 재활용 후에 발생하는 폐기물의 처분 또는 재활용계획서
⑦ 공동폐기물 처분시설 또는 재활용시설의 설치·운영에 드는 비용부담 등에 관한 규약
⑧ 폐기물 매립시설의 사후관리계획서
⑨ 환경부장관이 고시하는 사항을 포함한 시설설치의 환경성조사서[면적이 1만m^2 이상이거나 매립용적이 3만m^3 이상인 매립시설, 1일 처분능력이 100ton 이상(지정폐기물의 경우에는 10ton 이상)인 소각시설, 1일 재활용능력이 100ton 이상인 소각열회수시설이나 폐기물을 연료로 사용하는 시멘트 소성로의 경우만 제출한다]
⑩ 배출시설의 설치허가 신청 또는 신고 시의 첨부서류

10년간 자주 출제된 문제

12-1. 폐기물처리시설의 설치승인 신청 시 환경부장관이 고시하는 사항을 포함한 시설설치의 환경성조사서를 첨부하여야 하는 시설기준은?

① 면적 3,000m² 이상 또는 매립용적 10,000m³ 이상인 매립시설 및 1일 처분능력 100ton 이상(지정폐기물의 경우에는 10ton 이상)인 소각시설
② 면적 3,000m² 이상 또는 매립용적 10,000m³ 이상인 매립시설 및 1일 처분능력 200ton 이상(지정폐기물의 경우에는 20ton 이상)인 소각시설
③ 면적 10,000m² 이상 또는 매립용적 30,000m³ 이상인 매립시설 및 1일 처분능력 100ton 이상(지정폐기물의 경우에는 10ton 이상)인 소각시설
④ 면적 10,000m² 이상 또는 매립용적 30,000m³ 이상인 매립시설 및 1일 처분능력 200ton 이상(지정폐기물의 경우에는 20ton 이상)인 소각시설

12-2. 폐기물처리시설 설치승인신청서에 첨부하여야 하는 서류로 가장 거리가 먼 것은?

① 처분 또는 재활용 후에 발생하는 폐기물의 처분 또는 재활용 계획서
② 처분대상 폐기물 발생 저감 계획서
③ 폐기물 처분시설 또는 재활용시설의 설계도서(음식물류 폐기물을 처분 또는 재활용하는 시설인 경우에는 물질수지도를 포함한다)
④ 폐기물 처분시설 또는 재활용시설의 설치 및 장비확보 계획서

정답 12-1 ③ 12-2 ②

핵심이론 13 | 제41조(폐기물처리시설의 사용신고 및 검사) ★★★

환경부령으로 정하는 기간(다음의 기준일 전후 각각 30일 이내의 기간을 말하며 다만, 멸균분쇄시설은 ③의 기간을 말한다)

① 소각시설, 소각열회수시설 : 최초 정기검사는 사용개시일부터 3년이 되는 날(대기환경보전법에 따른 측정기기를 설치하고 같은 법 시행령의 굴뚝원격감시체계 관제센터와 연결하여 정상적으로 운영되는 경우에는 사용개시일부터 5년이 되는 날), 2회 이후의 정기검사는 최종 정기검사일부터 3년이 되는 날
② 매립시설 : 최초 정기검사는 사용개시일부터 1년이 되는 날, 2회 이후의 정기검사는 최종 정기검사일부터 3년이 되는 날
③ 멸균분쇄시설 : 최초 정기검사는 사용개시일부터 3개월, 2회 이후의 정기검사는 최종 정기검사일부터 3개월
④ 음식물류 폐기물처리시설 : 최초 정기검사는 사용개시일부터 1년이 되는 날, 2회 이후의 정기검사는 최종 정기검사일부터 1년이 되는 날
⑤ 시멘트 소성로 : 최초 정기검사는 사용개시일부터 3년이 되는 날(대기환경보전법에 따른 측정기기를 설치하고 같은 법 시행령의 굴뚝 원격감시체계 관제센터와 연결하여 정상적으로 운영되는 경우에는 사용개시일부터 5년이 되는 날), 2회 이후의 정기검사는 최종 정기검사일부터 3년이 되는 날

10년간 자주 출제된 문제

13-1. 폐기물처리시설을 설치·운영하는 자는 환경부령이 정하는 기간마다 정기검사를 받아야 한다. 음식물류 폐기물처리시설인 경우의 검사기간 기준으로 옳은 것은?

① 최초 정기검사는 사용개시일부터 1년, 2회 이후의 정기검사는 최종 정기검사일부터 2년
② 최초 정기검사는 사용개시일부터 1년, 2회 이후의 정기검사는 최종 정기검사일부터 3년
③ 최초 정기검사는 사용개시일부터 3개월, 2회 이후의 정기검사는 최종 정기검사일부터 3개월
④ 최초 정기검사는 사용개시일부터 1년, 2회 이후의 정기검사는 최종 정기검사일부터 1년

13-2. 폐기물처리시설을 설치·운영하는 자는 환경부령으로 정하는 기간마다 검사기관으로부터 정기검사를 받아야 한다. 환경부령으로 정하는 폐기물처리시설(멸균분쇄시설 기준)의 정기검사 기간 기준으로 ( ) 안에 옳은 것은?

> 최초 정기검사는 사용개시일부터 (㉠), 2회 이후의 정기검사는 최종 검사일부터 (㉡)

① ㉠ 1개월, ㉡ 3개월
② ㉠ 3개월, ㉡ 3개월
③ ㉠ 3개월, ㉡ 6개월
④ ㉠ 6개월, ㉡ 6개월

정답 13-1 ④ 13-2 ②

핵심이론 14 | 제50조(폐기물처리 담당자 등에 대한 교육) ★

① 폐기물처리 담당자 등은 최초 교육을 받은 후 3년마다 재교육을 받아야 한다.

② 교육기관

㉠ 국립환경인력개발원, 한국환경공단 또는 한국폐기물협회
  - 폐기물 처분시설 또는 재활용시설의 기술관리인이나 폐기물 처분시설 또는 재활용시설의 설치자로서 스스로 기술관리를 하는 자
  - 폐기물처리시설의 설치·운영자 또는 그가 고용한 기술담당자

㉡ 한국환경보전원 또는 한국폐기물협회
  - 사업장폐기물배출자 신고를 한 자 및 법 제17조 제5항에 따른 서류를 제출한 자 또는 그가 고용한 기술담당자
  - 폐기물처리업자(폐기물 수집·운반업자는 제외한다)가 고용한 기술요원
  - 폐기물처리시설의 설치·운영자 또는 그가 고용한 기술담당자
  - 폐기물 수집·운반업자 또는 그가 고용한 기술담당자
  - 폐기물처리 신고자 또는 그가 고용한 기술담당자

㉢ 한국환경산업기술원 : 재활용환경성평가기관의 기술인력

㉣ 국립환경인력개발원, 한국환경공단 : 폐기물분석전문기관의 기술요원

10년간 자주 출제된 문제

14-1. 폐기물처리업체에 종사하는 폐기물 처리 담당자 등은 교육기관에서 실시하는 교육을 몇 년마다 받아야 하는가?
① 1년마다
② 2년마다
③ 3년마다
④ 5년마다

14-2. 다음 중 한국환경보전원에서 교육을 받아야 할 자가 아닌 것은?
① 폐기물 처분시설의 기술관리인
② 폐기물처리 신고자
③ 폐기물수집·운반업자
④ 폐기물처리업자(폐기물수집·운반업자는 제외)가 고용한 기술요원

|해설|
14-2
폐기물 처분시설의 기술관리인은 국립환경인력개발원, 한국환경공단 또는 한국폐기물협회에서 교육을 받는다.

정답 14-1 ③ 14-2 ①

핵심이론 15 | 제51조(교육과정 등) ★

폐기물처리 담당자 등이 받아야 할 교육과정
① 사업장폐기물배출자 과정
② 폐기물처리업 기술요원 과정
③ 폐기물처리 신고자 과정
④ 폐기물 처분시설 또는 재활용시설 기술담당자 과정
⑤ 재활용환경성평가기관 기술인력 과정
⑥ 폐기물분석전문기관 기술요원 과정

10년간 자주 출제된 문제

폐기물처리 담당자 등이 받아야 할 교육과정으로 틀린 것은?
① 폐기물처리업자(폐기물 수집·운반업자는 제외한다) 과정
② 사업장폐기물배출자 과정
③ 폐기물처리업 기술요원 과정
④ 폐기물 처분시설 또는 재활용시설 기술담당자 과정

|해설|
2016년에 '재활용환경성평가기관 기술인력 과정'이 추가되었다.

정답 ①

| 핵심이론 16 | 제59조(휴업·폐업 등의 신고) ★

폐기물처리업자나 폐기물처리 신고자가 휴업·폐업 또는 재개업을 한 경우에는 휴업·폐업 또는 재개업을 한 날부터 20일 이내에 시·도지사나 지방환경관서의 장에게 제출해야 한다.

10년간 자주 출제된 문제

폐기물 처리업자가 폐업을 한 경우 폐업한 날부터 며칠 이내에 구비서류를 첨부하여 시·도지사 등에게 제출하여야 하는가?

① 5일 이내
② 7일 이내
③ 15일 이내
④ 20일 이내

정답 ④

| 핵심이론 17 | 제63조(시험·분석기관) ★

시·도지사, 시장·군수·구청장 또는 지방환경관서의 장은 관계 공무원이 사업장 등에 출입하여 검사할 때에 배출되는 폐기물이나 재활용한 제품의 성분, 유해물질 함유 여부 또는 전용용기의 적정 여부의 검사를 위한 시험분석이 필요하면 다음의 시험분석기관으로 하여금 시험분석하게 할 수 있다.

① 국립환경과학원
② 보건환경연구원
③ 유역환경청 또는 지방환경청
④ 한국환경공단
⑤ 석유 및 석유대체연료 사업법에 따른 한국석유관리원 또는 산업통상자원부장관이 지정하는 기관
⑥ 비료관리법 시행규칙에 따른 시험연구기관
⑦ 수도권매립지관리공사
⑧ 전용용기 검사기관(전용용기에 대한 시험분석으로 한정한다)
⑨ 국가표준기본법에 따른 인정기구가 시험·검사기관으로 인정한 기관(천연방사성제품폐기물 및 천연방사성제품폐기물 소각재에 대한 방사성핵종시험분석으로 한정한다)

10년간 자주 출제된 문제

시·도지사, 시장·군수·구청장 또는 지방환경관서의 장은 관계공무원이 사업장 등에 출입하여 검사할 때에 배출되는 폐기물이나 재활용한 제품의 성분, 유해물질 함유 여부의 검사를 위한 시험분석이 필요하면 시험분석기관으로 하여금 시험분석하게 할 수 있다. 다음 중 시험분석기관과 가장 거리가 먼 것은?(단, 그 밖에 환경부장관이 인정, 고시하는 기관은 고려하지 않음)

① 한국환경시험원
② 한국환경공단
③ 유역환경청 또는 지방환경청
④ 수도권매립지관리공사

정답 ①

| 핵심이론 18 | 제69조(폐기물처리시설의 사용종료 및 사후관리 등) ★

폐기물처리시설의 사용을 끝내거나 폐쇄하려는 자는 그 시설의 사용종료일 또는 폐쇄예정일 1개월(매립시설의 경우는 3개월) 이전에 사용종료·폐쇄 신고서에 다음의 서류(매립시설인 경우만 해당한다)를 첨부하여 시·도지사나 지방환경관서의 장에게 제출하여야 한다.

① 다음의 사항을 포함한 폐기물매립시설 사후관리계획서
　㉠ 폐기물매립시설 설치·사용 내용
　㉡ 사후관리 추진일정
　㉢ 빗물배제계획
　㉣ 침출수 관리계획(차단형 매립시설은 제외한다)
　㉤ 지하수 수질조사계획
　㉥ 발생가스 관리계획(유기성 폐기물을 매립하는 시설만 해당한다)
　㉦ 구조물과 지반 등의 안정도 유지계획
② 검사기관에 제출한 사용종료·폐쇄 검사 신청 서류 사본

10년간 자주 출제된 문제

18-1. 폐기물처리시설(매립시설인 경우)을 폐쇄하고자 하는 자는 해당 시설의 폐쇄예정일 몇 개월 이전에 폐쇄신고서를 제출하여야 하는가?

① 1개월　　② 2개월
③ 3개월　　④ 6개월

18-2. 폐기물처리시설(매립시설)의 사용을 끝내거나 폐쇄하려 할 때 시·도지사나 지방환경관서의 장에게 제출하는 폐기물매립시설 사후관리계획서에 포함되어야 하는 사항과 가장 거리가 먼 것은?

① 빗물배제계획
② 지하수 수질조사계획
③ 구조물과 지반 등의 안정도 유지계획
④ 침출수 관리계획(관리형 매립시설은 제외한다)

|해설|
18-2
침출수 관리계획(차단형 매립시설은 제외한다)

정답 18-1 ③　18-2 ④

| 핵심이론 19 | 제79조(토지이용계획서의 첨부서류) ★

'환경부령으로 정하는 서류'란 다음의 서류를 말한다.
① 이용하려는 토지의 도면
② 매립폐기물의 종류·양 및 복토상태를 적은 서류
③ 지적도

10년간 자주 출제된 문제

사용 종료되거나 폐쇄된 매립시설이 소재한 토지의 소유권 또는 소유권 외의 권리를 가지고 있는 자가 그 토지를 이용하기 위해 토지이용계획서를 환경부장관에게 제출할 때 첨부하여야 하는 서류와 가장 거리가 먼 것은?

① 이용하려는 토지의 도면
② 매립폐기물의 종류, 양 및 복토상태를 적은 서류
③ 토양오염분석결과표
④ 지적도

정답 ③

핵심이론 20 | 시행규칙 [별표 4의4] 폐기물처리시설의 설치·운영을 위탁받을 수 있는 자의 기준 ★

① 소각시설
  ㉠ 폐기물처리기술사 1명
  ㉡ 폐기물처리기사 또는 대기환경기사 1명
  ㉢ 일반기계기사 1명
  ㉣ 시공 분야에서 2년 이상 근무한 자 2명(폐기물 처분시설의 설치를 위탁받으려는 경우에만 해당)
  ㉤ 1일 50ton 이상의 폐기물소각시설에서 천장크레인을 1년 이상 운전한 자 1명과 천장크레인 외의 처분시설의 운전 분야에서 2년 이상 근무한 자 2명(폐기물 처분시설의 운영을 위탁받으려는 경우에만 해당한다)

② 매립시설
  ㉠ 폐기물처리기술사 1명
  ㉡ 폐기물처리기사 또는 수질환경기사 중 1명
  ㉢ 토목기사 1명
  ㉣ 매립시설(9,900㎡ 이상의 지정폐기물 또는 33,000㎡ 이상의 생활폐기물)에서 2년 이상 근무한 자 2명

③ 음식물류 폐기물 처분시설 또는 재활용시설
  ㉠ 폐기물처리기사 1명
  ㉡ 수질환경기사 또는 대기환경기사 1명
  ㉢ 기계정비산업기사 1명
  ㉣ 1일 50ton 이상의 음식물류 폐기물 처분시설 또는 재활용시설(위탁대상 시설과 같은 종류의 시설만 해당한다)의 시공 분야에서 2년 이상 근무한 자 2명(폐기물 처분시설 또는 재활용시설의 설치를 위탁받으려는 경우에만 해당한다)
  ㉤ 1일 50ton 이상의 음식물류 폐기물 처분시설 또는 재활용시설(위탁대상 시설과 같은 종류의 시설만 해당한다)의 운전 분야에서 2년 이상 근무한 자 2명(폐기물 처분시설 또는 재활용시설의 운영을 위탁받으려는 경우에만 해당한다)

10년간 자주 출제된 문제

'폐기물처리시설의 설치·운영을 위탁받을 수 있는 자의 기준' 중 폐기물처리시설이 소각시설인 경우, 보유하여야 하는 기술인력 기준에 포함되지 않는 것은?

① 폐기물처리기술사 1명
② 폐기물처리기사 또는 대기환경기사 1명
③ 토목기사 1명
④ 시공 분야에서 2년 이상 근무한 자 2명(폐기물처리시설의 설치를 위탁받으려는 경우에만 해당됨)

정답 ③

핵심이론 21 | 시행규칙 [별표 5] 폐기물의 처리에 관한 구체적 기준 및 방법 ★★★

★ 시험에 나오는 내용 위주로 발췌함

① 사업장일반폐기물의 기준 및 방법

사업장일반폐기물배출자는 그의 사업장에서 발생하는 폐기물을 보관이 시작되는 날부터 90일(중간가공폐기물의 경우는 120일을 말한다)을 초과하여 보관하여서는 아니 된다.

② 지정폐기물(의료폐기물은 제외한다)의 기준 및 방법

㉠ 보관의 경우
- 지정폐기물은 지정폐기물 외의 폐기물과 구분하여 보관하여야 한다.
- 폐유기용제는 휘발되지 아니하도록 밀폐된 용기에 보관하여야 한다.
- 폐석면은 다음과 같이 보관한다.
  - 석면의 해체·제거작업에 사용된 바닥비닐시트(뿜칠로 사용된 석면의 해체·제거작업 시 사용된 비닐시트의 경우 모든 비닐시트), 방진마스크, 작업복 등 흩날릴 우려가 있는 폐석면은 습도 조절 등의 조치 후 고밀도 내수성 재질의 포대로 2중 포장하거나 견고한 용기에 밀봉하여 흩날리지 아니하도록 보관하여야 한다.
  - 고형화되어 있어 흩날릴 우려가 없는 폐석면은 폴리에틸렌, 그 밖에 이와 유사한 재질의 포대로 포장하여 보관하여야 한다.
- 지정폐기물은 지정폐기물에 의하여 부식되거나 파손되지 아니하는 재질로 된 보관시설 또는 보관용기를 사용하여 보관하여야 한다.
- 자체 무게 및 보관하려는 폐기물의 최대량 보관 시의 적재무게에 견딜 수 있고 물이 스며들지 아니하도록 시멘트·아스팔트 등의 재료로 바닥을 포장하고 지붕과 벽면을 갖추며, 보관 중인 폐기물이 외부로 흘러나올 우려가 없는 충분한 규모의 유출방지시설이 설치되어 있는 보관창고에 보관하여야 한다.
- 지정폐기물배출자는 그의 사업장에서 발생하는 지정폐기물 중 폐산·폐알칼리·폐유·폐유기용제·폐촉매·폐흡착제·폐흡수제·폐농약, 폴리클로리네이티드비페닐 함유 폐기물, 폐수처리 오니 중 유기성 오니는 보관이 시작된 날부터 45일을 초과하여 보관하여서는 아니 되며, 그 밖의 지정폐기물은 60일을 초과하여 보관하여서는 아니 된다. 다만, 폐기물의 처리 위탁을 중단해야 하는 경우로서 시·도지사나 지방환경관서의 장이 기간을 정하여 인정하는 경우 또는 천재지변이나 그 밖의 부득이한 사유로 장기보관할 필요성이 있다고 관할 시·도지사나 지방환경관서의 장이 인정하는 경우와 1년간 배출하는 지정폐기물의 총량이 3ton(2013년 12월 31일까지는 4ton) 미만인 사업장의 경우에는 1년의 기간 내에서 보관할 수 있다.
- 폴리클로리네이티드비페닐 함유 폐기물을 보관하려는 배출자 및 처리업자는 시·도지사나 지방환경관서의 장의 승인을 받아 1년 단위로 보관기간을 연장할 수 있다.
- 지정폐기물 보관 표지판
  - 폐기물의 종류
  - 보관가능용량
  - 관리책임자
  - 보관기간
  - 취급 시 주의사항
  - 운반(처리)예정장소

㉡ 처리의 경우
- 공통기준
  지정폐기물을 시멘트로 고형화하는 경우에는 시멘트의 양이 $1m^3$당 150kg 이상이어야 한다.

- 지정폐기물의 종류별 처리기준 및 방법 – 폐유 액체상태의 것은 다음의 어느 하나에 해당하는 방법으로 처분하여야 한다.
  - 기름과 물을 분리하여 분리된 기름성분은 소각하여야 하고, 기름과 물을 분리한 후 남은 물은 수질오염방지시설에서 처리하여야 한다.
  - 증발·농축방법으로 처리한 후 그 잔재물은 소각하거나 안정화 처분하여야 한다.
  - 응집·침전방법으로 처리한 후 그 잔재물은 소각하여야 한다.
  - 분리·증류·추출·여과·열분해의 방법으로 정제 처분하여야 한다.
  - 소각하거나 안정화 처분하여야 한다.

③ 지정폐기물(의료폐기물은 제외한다)의 보관창고
표지의 규격은 가로 60cm 이상×세로 40cm 이상(드럼 등 소형용기에 붙이는 경우에는 가로 15cm 이상×세로 10cm 이상)

④ 지정폐기물 중 의료폐기물의 보관기간
의료폐기물을 위탁처리하는 배출자는 의료폐기물의 종류별로 다음의 구분에 따른 보관기간을 초과하여 보관하여서는 아니 된다. 다만, 폐기물의 처리 위탁을 중단해야 하는 경우로서 시·도지사나 지방환경관서의 장이 기간을 정하여 인정하는 경우 또는 천재지변, 휴업, 시설의 보수, 그 밖의 부득이한 경우로서 시·도지사나 지방환경관서의 장이 인정하는 경우는 예외로 하며, 환경부장관은 감염병의 예방 및 관리에 관한 법률에 따른 감염병의 확산으로 인하여 재난 및 안전관리기본법에 따른 재난 예보·경보가 발령되는 경우 또는 감염병의 확산 방지를 위하여 필요하다고 인정하는 경우에는 의료폐기물의 보관기간을 따로 정할 수 있다.
㉠ 격리의료폐기물 : 7일
㉡ 위해의료폐기물 중 조직물류폐기물(치아는 제외한다), 병리계폐기물, 생물·화학폐기물 및 혈액오염폐기물과 ㉥을 제외한 일반의료폐기물 : 15일
㉢ 위해의료폐기물 중 손상성폐기물 : 30일
㉣ 위해의료폐기물 중 조직물류폐기물(치아만 해당한다) : 60일
㉤ 혼합 보관된 의료폐기물 : 혼합 보관된 각각의 의료폐기물의 보관기간 중 가장 짧은 기간
㉥ 일반의료폐기물(의료법에 따른 의료기관 중 입원실이 없는 의원, 치과의원 및 한의원에서 발생하는 것으로서 4℃ 이하로 냉장보관하는 것만 해당한다) : 30일

⑤ 의료폐기물 전용용기 사용의 경우
봉투형 용기에는 그 용량의 75% 미만으로 의료폐기물을 넣어야 한다.

⑥ 지정폐기물 중 의료폐기물의 기준 및 방법
의료폐기물 배출자가 설치하는 처분시설별 처분능력은 다음과 같다.
㉠ 소각시설 : 시간당 처분능력 25kg 이상의 시설
㉡ 멸균분쇄시설 : 시간당 처분능력 100kg 이상의 시설

10년간 자주 출제된 문제

21-1. 폐기물의 처리에 관한 구체적 기준 및 방법에 관한 내용 중 지정폐기물인 의료폐기물의 전용용기 사용의 경우, 봉투형 용기에는 그 용량의 몇 % 미만으로 의료폐기물을 넣어야 하는가?

① 75% ② 80%
③ 85% ④ 90%

21-2. 다음 중 지정폐기물(의료폐기물은 제외한다)의 처리기준 및 방법으로 거리가 먼 것은?

① 폐합성고분자화합물의 소각이 곤란할 경우에는 최대 지름 15cm 이하의 크기로 파쇄·절단 또는 용융한 후 지정폐기물을 매립할 수 있는 관리형 매립시설에 매립할 수 있다.
② 액상의 폐알칼리는 분리·증류·추출·여과의 방법으로 정제 처분한다.
③ 고체상태의 폐유[타르·피치(Pitch)류는 제외한다]는 소각하거나 안정화처분하여야 한다.
④ 기타 폐유기용제로서 고체상태의 것은 관리형 매립시설에 매립처리하여야 한다.

21-3. 지정폐기물(의료폐기물은 제외) 보관창고에 설치해야 하는 지정폐기물의 종류, 보관가능 용량, 취급 시 주의사항 및 관리책임자 등을 기재한 표지판 표지의 규격기준으로 옳은 것은? (단, 드럼 등 소형용기에 붙이는 경우)

① 가로 10cm 이상×세로 8cm 이상
② 가로 12cm 이상×세로 10cm 이상
③ 가로 13cm 이상×세로 10cm 이상
④ 가로 15cm 이상×세로 10cm 이상

21-4. 의료폐기물을 위탁처리하는 배출자는 의료폐기물의 종류별로 보관기간을 초과하여 보관하여서는 아니 된다. 위해의료폐기물 중 손상성폐기물의 보관기간으로 옳은 것은?

① 7일 ② 15일
③ 20일 ④ 30일

|해설|

21-2
그 밖의 폐유기용제로서 고체상태의 것은 소각하여야 한다.

정답 21-1 ① 21-2 ④ 21-3 ④ 21-4 ④

핵심이론 22 시행규칙 [별표 6] 폐기물 인계·인수 사항과 폐기물처리현장정보의 입력 방법 및 절차 ★

① 폐기물 인계·인수 사항과 폐기물처리현장정보는 다음의 어느 하나에 해당하는 매체를 이용한 방법으로 전자정보처리프로그램에 입력하여야 한다.
  ㉠ 컴퓨터
  ㉡ 이동형 통신수단
  ㉢ 법 제45조제1항에 따른 전산처리기구의 ARS

② 사업장폐기물을 배출, 수집·운반, 처분 또는 재활용하는 자는 인계·인수하는 폐기물의 종류와 양 등의 내용을 전자정보처리프로그램에 입력하여야 한다.
  ㉠ 배출자는 운반자에게 폐기물을 인계하기 전에 폐기물의 종류 및 양 등을 전자정보처리프로그램에 확정 또는 예약 입력하여야 하며, 예약 입력한 경우에는 처분 또는 재활용하는 자가 폐기물을 인수한 후 2일 이내에 확정 입력하여야 한다.
  ㉡ 운반자는 배출자로부터 폐기물을 인수받은 날부터 2일 이내에 전달받은 인계번호를 확인하여 전자정보처리프로그램에 입력하여야 한다. 다만, 적재능력이 작은 차량으로 폐기물을 수집하여 적재능력이 큰 차량으로 옮겨 싣기 위하여 임시보관장소를 경유하여 운반하는 경우에는 처분 또는 재활용하는 자에게 인계한 후 2일 이내에 입력하여야 한다.
  ㉢ 처분 또는 재활용하는 자는 운반자로부터 폐기물을 인수한 때에는 인수한 날부터 2일 이내에 인계번호, 인계일자, 인수량 등을 전자정보처리프로그램에 입력하여야 한다. 다만, 수도권매립지관리공사에 반입되는 폐기물 중 수도권매립지관리공사의 설립 및 운영 등에 관한 법률에 따라 성분검사 등을 실시하는 폐기물에 대하여는 한국환경공단이 인정하는 경우에 한하여 입력기한을 30일로 연장할 수 있다.

㉣ 처분 또는 재활용하는 자는 ㉢에 따라 입력한 폐기물을 처리한 후 2일 이내에 처리량 및 처리일자 등을 전자정보처리프로그램에 입력하여야 한다. 이 경우 처리기간을 초과하여서는 아니 된다.

10년간 자주 출제된 문제

폐기물 인계·인수 사항과 폐기물처리현장정보의 입력방법 및 절차로 (   ) 안에 알맞은 것은?

사업장폐기물운반자는 배출자로부터 폐기물을 인수받은 날부터 (㉠)에 전달받은 인계번호를 확인하여 전자정보처리프로그램에 입력하여야 한다. 다만, 적재능력이 작은 차량으로 폐기물을 수집하여 적재능력이 큰 차량으로 옮겨 싣기 위하여 임시보관장소를 경유하여 운반하는 경우에는 처분 또는 재활용하는 자에게 인계한 후 (㉡)에 입력하여야 한다.

① ㉠ 1일 이내, ㉡ 1일 이내
② ㉠ 3일 이내, ㉡ 1일 이내
③ ㉠ 1일 이내, ㉡ 3일 이내
④ ㉠ 2일 이내, ㉡ 2일 이내

[정답] ④

핵심이론 23 | 시행규칙 [별표 7] 폐기물처리업의 시설·장비·기술능력의 기준 ★

① 폐기물 수집·운반업의 기준

생활폐기물 또는 사업장비(非)배출시설계 폐기물을 수집·운반하는 경우 - 장비

㉠ 밀폐형 압축·압착차량 1대(특별시·광역시는 2대 이상)

㉡ 밀폐형 차량 또는 밀폐형 덮개 설치차량 1대 이상(적재능력 합계 4.5ton 이상)

㉢ 4℃ 이하의 냉장 적재함이 설치된 차량 1대 이상(의료기관 일회용 기저귀를 수집·운반하는 경우에 한정한다)

② 폐기물 중간처분업의 기준

지정폐기물 외의 폐기물(건설폐기물은 제외한다)을 중간처분하는 경우

㉠ 소각전문의 경우
- 실험실
- 시설 및 장비
  - 소각시설 : 시간당 처분능력 2ton 이상
  - 보관시설 : 1일 처분능력의 10일분 이상 30일분 이하의 폐기물을 보관할 수 있는 규모의 시설
  - 계량시설 1식 이상
  - 배출가스의 오염물질 중 아황산가스·염화수소·질소산화물·일산화탄소 및 분진을 측정·분석할 수 있는 실험기기
  - 수집·운반차량 1대 이상(처분대상 폐기물을 스스로 수집·운반하는 경우만 해당한다)
- 기술능력 : 폐기물처리산업기사 또는 대기환경산업기사 중 1명 이상

ⓛ 기계적 처분전문의 경우
- 시설 및 장비
  - 처분시설 : 시간당 처분능력 200kg 이상
  - 보관시설 : 1일 처분능력의 10일분 이상 30일분 이하의 폐기물을 보관할 수 있는 규모의 시설
  - 계량시설 1식 이상
  - 수집·운반차량 1대 이상(처분대상 폐기물을 스스로 수집·운반하는 경우만 해당한다)
- 기술능력 : 폐기물처리산업기사·대기환경산업기사·수질환경산업기사·소음진동산업기사 또는 환경기능사 중 1명 이상

ⓒ 화학적 처분 또는 생물학적 처분전문의 경우
- 시설 및 장비
  - 처분시설 : 1일 처분능력 5ton 이상
  - 보관시설 : 1일 처분능력의 10일분 이상 30일분 이하의 폐기물을 보관할 수 있는 규모의 시설(부패와 악취발생의 방지를 위하여 수집·운반 즉시 처분하는 생물학적 처분시설을 갖춘 경우 보관시설을 설치하지 아니할 수 있다)
  - 계량시설 1식 이상
  - 수집·운반차량 1대 이상(처분대상 폐기물을 스스로 수집·운반하는 경우만 해당한다)
- 기술능력 : 폐기물처리산업기사·대기환경산업기사·수질환경산업기사 또는 공업화학산업기사 중 1명 이상

10년간 자주 출제된 문제

폐기물중간처분업의 기준에서 지정폐기물 외의 폐기물(건설폐기물을 제외한다)을 중간처분하는 경우 시설기준으로 옳지 않은 것은?

① 소각전문의 경우 소각시설 : 시간당 처분능력 2ton 이상
② 기계적 처분전문의 경우 처분시설 : 시간당 처분능력 200kg 이상
③ 화학적 처분 또는 생물학적 처분전문의 경우 처분시설 : 1일 처분능력 10ton 이상
④ 소각전문의 경우 보관시설 : 1일 처분능력의 10일분 이상 30일분 이하의 폐기물을 보관할 수 있는 규모의 시설

|해설|

화학적 처분 또는 생물학적 처분전문의 경우 처분시설 : 1일 처분능력 5ton 이상

정답 ③

| 핵심이론 24 | 시행규칙 [별표 9] 폐기물 처분시설 또는 재활용시설의 설치기준 ★

매립시설의 공통기준 : 폐기물의 흘러 나감을 방지할 수 있는 축대벽 및 둑은 매립되는 폐기물의 무게, 매립단면 및 침출수위 등을 고려하여 안전하게 설치하여야 한다. 이 경우 축대벽은 저면(底面)활동에 대한 안전율이 1.5 이상, 쓰러짐에 대한 안전율이 2.0 이상, 지지력에 대한 안전율이 3.0 이상이어야 하며, 둑은 사면(斜面)활동에 대한 안전율이 1.3 이상이어야 한다.

10년간 자주 출제된 문제

24-1. 다음은 최종처리시설 중 폐기물매립시설의 설치기준에 관한 사항이다. ( ) 안에 들어갈 숫자로 알맞은 것은?

폐기물의 흘러 나감을 방지할 수 있는 축대벽 및 둑은 매립되는 폐기물의 무게, 매립단면 및 침출수위 등을 고려하여 안전하게 설치하여야 한다. 이 경우 축대벽은 저면활동에 대한 안전율이 (㉠) 이상, 쓰러짐에 대한 안전율이 (㉡) 이상, 지지력에 대한 안전율이 (㉢) 이상이어야 한다.

① ㉠ 1.5, ㉡ 2.0, ㉢ 3.0
② ㉠ 2.0, ㉡ 1.5, ㉢ 3.0
③ ㉠ 2.0, ㉡ 3.0, ㉢ 1.5
④ ㉠ 3.0, ㉡ 2.0, ㉢ 1.5

24-2. 매립지에서 침출수량 등의 변동에 대응하기 위한 침출수 유량조정조의 설치규모 기준으로 ( ) 안에 순서대로 나열된 것은?(단, 관리형 매립시설)

최근 (㉠) 1일 강우량이 (㉡) 이상인 강우일수 중 최다빈도의 1일 강우량의 (㉢) 이상에 해당하는 침출수를 저장할 수 있는 규모

① ㉠ 7년간, ㉡ 20mm, ㉢ 10배
② ㉠ 7년간, ㉡ 10mm, ㉢ 10배
③ ㉠ 10년간, ㉡ 20mm, ㉢ 7배
④ ㉠ 10년간, ㉡ 10mm, ㉢ 7배

정답 24-1 ① 24-2 ④

| 핵심이론 25 | 시행규칙 [별표 10] 폐기물 처분시설 또는 재활용시설의 검사기준 ★★

★ 시험에 나오는 내용 위주로 발췌함

① 멸균분쇄시설 – 설치검사
  ㉠ 멸균능력의 적절성 및 멸균조건의 적절 여부(멸균검사 포함)
  ㉡ 분쇄시설의 작동상태
  ㉢ 밀폐형으로 된 자동제어에 의한 처리방식인지 여부
  ㉣ 자동기록장치의 작동상태
  ㉤ 폭발사고와 화재 등에 대비한 구조인지 여부
  ㉥ 자동투입장치와 투입량 자동계측장치의 작동상태
  ㉦ 악취방지시설·건조장치의 작동상태

② 멸균분쇄시설 – 정기검사
  ㉠ 멸균조건의 적절유지 여부(멸균검사 포함)
  ㉡ 분쇄시설의 작동상태
  ㉢ 자동기록장치의 작동상태
  ㉣ 폭발사고와 화재 등에 대비한 구조의 적절유지
  ㉤ 악취방지시설·건조장치·자동투입장치 등의 작동상태

③ 음식물류 폐기물처리시설 – 설치검사(사료화 시설)
  ㉠ 혼합시설의 적절 여부
  ㉡ 가열·건조시설의 적절 여부
  ㉢ 사료 저장시설의 적절 여부
  ㉣ 사료화 제품의 적절성

④ 매립시설 – 설치검사(관리형 매립시설)
  ㉠ 차수시설의 재질·두께·투수계수
  ㉡ 토목합성수지 라이너의 항목인장강도의 안전율
  ㉢ 매끄러운 고밀도폴리에틸렌라이너의 기준 적합 여부
  ㉣ 침출수 집배수층의 재질·두께·투수계수·투과능계수 및 기울기
  ㉤ 지하수배제시설의 설치내용
  ㉥ 침출수 유량조정조의 규모·방수처리내용, 유량계의 형식 및 작동상태

ⓢ 침출수 처리시설의 처리방법 및 처리용량
　　ⓞ 침출수 매립시설 환원정화설비의 설치내용
　　ⓩ 침출수 이송·처리 시 종말처리시설 등의 처리능력
　　ⓒ 매립가스의 소각시설이나 재활용시설의 설치계획
　　ⓚ 내부진입도로의 설치내용
　　ⓔ 매립시설의 상부를 덮는 형태의 시설물인 경우 그 시설물의 구조안정성
⑤ 매립시설 – 설치검사(차단형 매립시설)
　　㉠ 바닥과 외벽의 압축강도·두께
　　㉡ 내부막의 구획면적, 매립가능 용적, 두께, 압축강도
　　㉢ 빗물유입 방지시설 및 덮개 설치내역
⑥ 매립시설 – 정기검사(차단형 매립시설)
　　㉠ 소화장비 설치·관리실태
　　㉡ 축대벽의 안정성
　　㉢ 빗물·지하수 유입방지 조치
　　㉣ 사용종료 매립지 밀폐상태
⑦ 소각시설 – 정기검사(공통사항)
　　㉠ 연소상태의 적절성 유지 여부
　　㉡ 소방장비 설치 및 관리실태
　　㉢ 보조연소장치의 작동상태
　　㉣ 배기가스온도 적절 여부
　　㉤ 바닥재의 강열감량
　　㉥ 연소실 출구가스 온도
　　ⓢ 연소실 가스체류시간
　　ⓞ 설치검사 당시와 같은 설비·구조를 유지하고 있는지 여부

10년간 자주 출제된 문제

25-1. 폐기물 처분시설 또는 재활용시설의 검사기준에 관한 내용 중 매립시설(관리형)의 설치검사 항목으로 옳지 않은 것은?
① 차수시설의 재질, 두께, 투수계수
② 빗물유입 방지시설 및 덮개설치내역
③ 지하수배제시설 설치내용
④ 내부진입도로 설치내용

25-2. 폐기물처분시설인 멸균분쇄시설의 설치검사 항목으로 거리가 먼 것은?
① 분쇄시설의 작동상태
② 밀폐형으로 된 자동제어에 의한 처리방식인지 여부
③ 악취방지시설·건조장치의 작동상태
④ 계량, 투입시설의 설치 여부 및 작동상태

정답 25-1 ② 25-2 ④

핵심이론 26 | 시행규칙 [별표 11] 폐기물 처분시설 또는 재활용시설의 관리기준 ★★★

① 매립시설의 복토기준
  ㉠ 일일복토 : 15cm 이상
  ㉡ 중간복토 : 매립작업이 7일 이상 중단되는 때에는 노출된 매립층의 표면부분에 30cm 이상의 두께로 다져 기울기가 2% 이상
  ㉢ 음식물류, 지정폐기물로 분류되지 아니하는 유기성 오니 또는 동식물성 잔재물 등 부패성폐기물로서 부패성물질의 함량이 40% 이상인 폐기물만 매립 시 : 폐기물의 높이가 매 3m가 되기 전에 복토
  ㉣ 오니 중 유기성의 것 등 부패성 지정폐기물로서 부패성물질의 함량이 40% 이상인 지정폐기물만을 매립하는 경우 : 폐기물의 높이가 50cm 이상인 때에는 50cm마다 30cm 이상의 두께로 복토(다만, 매일 작업종료 직전에 매립되는 폐기물이 부패성 폐기물인 경우 그 폐기물의 높이에 해당하는 두께로 복토)
  ㉤ 최종복토 : 기울기가 2% 이상이 되도록 설치

구 성	규 격
식생대층	양질의 토양으로 두께 60cm 이상
배수층	• 모래, 재생골재 등을 30cm 이상 두께 • 투과능계수가 1초당 1/3만m² 이상인 토목합성수지
차단층	• 점토·점토광물혼합토 등으로 두께 45cm 이상, 투수계수가 1초당 1/1백만cm 이하 • 두께 1.5mm 이상인 합성고분자차수막 + 점토·점토광물혼합토 등으로 두께 30cm 이상, 투수계수가 1초당 1/1백만cm 이하
가스배제층	두께 30cm 이상

② 침출수 배출허용기준

구 분	생물화학적 산소요구량(mg/L)	화학적 산소요구량(mg/L)	부유물질량 (mg/L)
청정지역	30	200	30
가지역	50	300	50
나지역	70	400	70

[비 고]
화학적 산소요구량의 배출허용기준은 중크롬산칼륨법에 따라 분석한 결과를 적용한다.

③ 멸균분쇄시설
  ㉠ 다음의 성능을 유지할 수 있어야 한다.
    • 증기 멸균분쇄시설은 멸균실이 121℃ 이상, 계기압으로 1기압 이상인 상태에서 폐기물이 30분 이상 체류하여야 한다.
    • 열관 멸균분쇄시설은 100℃의 증기로 수분침투 후 나선형 열관에서 분당 4회 이상의 회전속도와 165±5℃의 고온으로 가열하여 멸균실이 100℃ 이상인 상태에서 40분 이상 체류하여야 한다.
    • 마이크로웨이브 멸균분쇄시설은 160℃의 고온증기로 수분침투 후 4개 이상의 마이크로파 발생기에서 각각 2,450MHz의 주파수와 출력 1,200W의 마이크로파를 조사하여 95℃ 이상인 상태에서 25분 이상 체류하여야 한다.
  ㉡ 가동 시마다 아포균검사·세균배양검사 또는 멸균테이프검사를 하되, 1일 3회 이하 가동하는 경우에는 1회 이상, 1일 3회를 초과하여 가동하는 경우에는 2회 이상 아포균검사나 세균배양검사를 하여야 한다.
  ㉢ 자동기록지는 연결방식으로 사용하여야 한다.
  ㉣ 폐기물은 원형이 파쇄되어 재사용할 수 없도록 분쇄하여야 한다.
  ㉤ 수분함량이 50% 이하가 되도록 건조하여야 한다.

10년간 자주 출제된 문제

26-1. 관리형 매립시설에서 발생하는 침출수의 배출허용기준으로 옳은 것은?(단, 나지역, 단위 mg/L, 중크롬산칼륨법에 의한 화학적 산소요구량 기준)

① 400
② 800
③ 600
④ 200

26-2. 다음은 관리형 매립시설의 복토기준에 관한 내용이다. ( ) 안의 내용으로 옳은 것은?

> 매립작업이 끝난 후 투수성이 낮은 흙, 고화처리물 또는 건설폐재류를 재활용한 토사 등을 사용하여 15cm 이상의 두께로 다져 일일복토를 하여야 하며, 매립작업이 (㉠) 이상 중단되는 때에는 노출된 매립층의 표면 부분에 30cm 이상의 두께로 다져 기울기가 (㉡) 이상이 되도록 중간복토를 하여야 한다.

① ㉠ 7일, ㉡ 2%
② ㉠ 7일, ㉡ 5%
③ ㉠ 10일, ㉡ 2%
④ ㉠ 10일, ㉡ 5%

26-3. 중간처리시설인 기계적 처리시설 중 멸균분쇄시설에 관한 설명으로 옳지 않은 것은?

① 증기 멸균분쇄시설은 멸균실이 100℃ 이상, 계기압으로 3기압 이상인 상태에서 폐기물이 10분 이상 체류하여야 한다.
② 폐기물은 원형이 파쇄되어 재사용할 수 없도록 분쇄하여야 한다.
③ 자동기록지는 연결방식으로 사용하여야 한다.
④ 수분함량이 50% 이하가 되도록 건조하여야 한다.

|해설|

26-3
증기 멸균분쇄시설은 멸균실이 121℃ 이상, 계기압으로 1기압 이상인 상태에서 폐기물이 30분 이상 체류하여야 한다.

정답 26-1 ① 26-2 ① 26-3 ①

핵심이론 27 | 시행규칙 [별표 12] 측정대상 오염물질의 종류 및 측정주기 ★

측정주기

① 침출수 배출량이 1일 2,000m³ 이상인 경우
 ㉠ 화학적 산소요구량 : 매일 1회 이상
 ㉡ 화학적 산소량 외의 오염물질 : 주 1회 이상
② 침출수 배출량이 1일 2,000m³ 미만인 경우 : 월 1회 이상

10년간 자주 출제된 문제

27-1. 관리형 매립시설에서 침출수 배출량이 1일 2,000m³ 이상인 경우, BOD의 측정주기 기준은?

① 매일 1회 이상
② 주 1회 이상
③ 월 2회 이상
④ 월 1회 이상

27-2. 관리형 매립시설에서 발생되는 침출수의 배출량이 1일 2,000m³ 이상인 경우 오염물질 측정주기 기준은?

① 화학적 산소요구량 : 매일 2회 이상, 화학적 산소요구량 외의 오염물질 : 주 1회 이상
② 화학적 산소요구량 : 매일 1회 이상, 화학적 산소요구량 외의 오염물질 : 주 1회 이상
③ 화학적 산소요구량 : 주 2회 이상, 화학적 산소요구량 외의 오염물질 : 월 1회 이상
④ 화학적 산소요구량 : 주 1회 이상, 화학적 산소요구량 외의 오염물질 : 월 1회 이상

정답 27-1 ② 27-2 ②

핵심이론 28 | 시행규칙 [별표 13] 폐기물처리시설 주변지역 영향조사 기준 ★★

조사방법

① 조사횟수 : 각 항목당 계절을 달리하여 2회 이상 측정하되, 악취는 여름(6월부터 8월까지)에 1회 이상, 토양은 연 1회 이상 측정해야 한다.

② 조사지점
  ㉠ 미세먼지와 다이옥신 조사지점은 해당 시설에 인접한 주거지역 중 3개소 이상 지역의 일정한 곳으로 한다.
  ㉡ 악취 조사지점은 매립시설에 가장 인접한 주거지역에서 냄새가 가장 심한 곳으로 한다.
  ㉢ 지표수 조사지점은 해당 시설에 인접하여 폐수, 침출수 등이 흘러들거나 흘러들 것으로 우려되는 지역의 상·하류 각 1개소 이상의 일정한 곳으로 한다.
  ㉣ 지하수 조사지점은 매립시설의 주변에 설치된 3개의 지하수 검사정으로 한다.
  ㉤ 토양 조사지점은 4개소 이상으로 하고, 환경부장관이 정하여 고시하는 토양정밀조사의 방법에 따라 폐기물 매립 및 재활용 지역의 시료채취 지점의 표토와 심토에서 각각 시료를 채취해야 하며, 시료채취 지점의 지형 및 하부토양의 특성을 고려하여 시료를 채취해야 한다.

10년간 자주 출제된 문제

28-1. 폐기물처리시설 주변지역 영향조사 기준 중 조사횟수에 관한 내용으로 옳은 것은?

① 각 항목당 계절을 달리하여 4회 이상 측정하되, 악취는 여름(6월부터 8월까지)에 2회 이상 측정하여야 한다.
② 각 항목당 계절을 달리하여 4회 이상 측정하되, 악취는 여름(6월부터 8월까지)에 1회 이상 측정하여야 한다.
③ 각 항목당 계절을 달리하여 2회 이상 측정하되, 악취는 여름(6월부터 8월까지)에 2회 이상 측정하여야 한다.
④ 각 항목당 계절을 달리하여 2회 이상 측정하되, 악취는 여름(6월부터 8월까지)에 1회 이상 측정하여야 한다.

28-2. 폐기물처리시설 주변지역 영향조사 기준 중 조사지점에 관한 내용으로 옳지 않은 것은?

① 미세먼지와 다이옥신 조사지점은 해당 시설에 인접한 주거지역 중 3개소 이상 지역의 일정한 곳으로 한다.
② 악취 조사지점은 해당시설에 인접한 주거지역 중 냄새가 심한 곳 3개소 이상의 일정한 곳으로 한다.
③ 지표수 조사지점은 해당 시설에 인접하여 폐수, 침출수 등이 흘러들거나 흘러들 것으로 우려되는 지역의 상, 하류 각 1개소 이상의 일정한 곳으로 한다.
④ 토양 조사지점은 4개소 이상으로 하고, 환경부장관이 정하여 고시하는 토양정밀조사의 방법에 따라 폐기물 매립 및 재활용 지역의 시료채취 지점의 표토와 심토에서 각각 시료를 채취해야 하며, 시료채취 지점의 지형 및 하부토양의 특성을 고려하여 시료를 채취해야 한다.

정답 28-1 ④ 28-2 ②

핵심이론 29 | 시행규칙 [별표 14] 기술관리인의 자격기준 ★★

매립시설	폐기물처리기사, 수질환경기사, 토목기사, 일반기계기사, 건설기계설비기사, 화공기사, 토양환경기사 중 1명 이상
소각시설(의료폐기물을 대상으로 하는 소각시설은 제외한다), 시멘트 소성로, 용해로 및 소각열회수시설	폐기물처리기사, 대기환경기사, 토목기사, 일반기계기사, 건설기계설비기사, 화공기사, 전기기사, 전기공사기사, 에너지관리기사 중 1명 이상
의료폐기물을 대상으로 하는 시설	폐기물처리산업기사, 임상병리사, 위생사 중 1명 이상
음식물류 폐기물을 대상으로 하는 시설	폐기물처리산업기사, 수질환경산업기사, 화공산업기사, 토목산업기사, 대기환경산업기사, 일반기계기사, 전기기사 중 1명 이상

10년간 자주 출제된 문제

29-1. 폐기물 처분시설 또는 재활용시설 중 의료폐기물을 대상으로 하는 시설의 기술관리인 자격기준에 해당하지 않는 자격은?

① 폐기물처리산업기사
② 수질환경산업기사
③ 임상병리사
④ 위생사

29-2. 음식물류 폐기물처리시설의 기술관리인의 자격기준으로 옳지 않은 것은?

① 화공기사
② 토목산업기사
③ 전기기사
④ 대기환경산업기사

정답 29-1 ② 29-2 ①

핵심이론 30 | 시행규칙 [별표 15] 폐기물처리시설에 대한 기술관리대행계약에 포함될 점검항목 ★

① 중간처분시설 – 유수분리시설
  ㉠ 분리수이동설비의 파손 여부
  ㉡ 회수유저장조의 부식 또는 파손 여부
  ㉢ 이물질제거망의 청소 여부
  ㉣ 폐유투입량 조절장치의 정상가동 여부
  ㉤ 정기적인 여과포의 교체 또는 세척 여부

② 최종처분시설 – 관리형 매립시설
  ㉠ 차수시설의 파손 여부
  ㉡ 침출수집수정·이송설비 등의 정기적인 청소실시 여부
  ㉢ 유량조정조의 파손 여부
  ㉣ 침출수 처리시설의 정상가동 여부
  ㉤ 방류수의 수질
  ㉥ 발생가스처리시설의 정상가동 여부

10년간 자주 출제된 문제

30-1. 폐기물최종처리시설인 관리형 매립시설에 대한 기술관리대행계약에 포함될 점검항목이 아닌 것은?

① 차수시설의 파손 여부
② 빗물차단용 덮개의 구비 여부
③ 침출수 처리시설의 정상가동 여부
④ 방류수의 수질

30-2. 폐기물처리시설(중간처분시설 : 유수분리시설)에 대한 기술관리대행계약에 포함될 점검항목과 가장 거리가 먼 것은?

① 분리수이동설비의 파손 여부
② 회수유저장조의 부식 또는 파손 여부
③ 분리시설 교반장치의 정상가동 여부
④ 이물질제거망의 청소 여부

정답 30-1 ② 30-2 ③

핵심이론 31 | 시행규칙 [별표 19] 사후관리기준 및 방법 ★★

① 사후관리 기간 : 사용종료 또는 폐쇄신고를 한 날부터 30년 이내

② 침출수 관리방법 : 매립시설의 차수시설 상부에 모여 있는 침출수의 수위는 시설의 안정 등을 고려하여 2m 이하로 유지되도록 관리하여야 한다.

③ 해수 수질 조사방법(매립지의 경계선이 해수면과 가까운 매립시설만 해당한다) : 분기 1회 이상 조사

④ 발생가스 관리방법(유기성폐기물을 매립한 폐기물매립시설만 해당한다)
  ㉠ 외기온도, 가스온도, 메테인, 이산화탄소, 암모니아, 황화수소 등의 조사항목을 매립종료 후 5년까지는 분기 1회 이상, 5년이 지난 후에는 연 1회 이상 조사하여야 한다.
  ㉡ 발생가스는 포집하여 소각처리하거나 발전·연료 등으로 재활용하여야 한다.

⑤ 구조물과 지반의 안정도 유지방법 : 매립시설 주변의 안정한 부지에 기준점을 설치하고 침하 여부를 관측하려는 지점에 측정점(매립부지면적 10,000m^2당 2개소 이상)을 설치하여 연 2회 이상 조사하고 지표면이 항상 일정한 경사도를 유지하도록 관리하여야 한다(차단형 매립시설은 제외한다).

⑥ 방역방법(차단형 매립시설은 제외한다)
  ㉠ 파리, 모기 등 해충을 방지하기 위한 방역계획을 수립·시행하여야 한다.
  ㉡ 방역은 매립종료 후 월 1회 이상 실시하되, 12월부터 다음 해 2월까지는 필요시에, 6월부터 9월까지는 주 1회 이상 실시하여야 한다. 다만, 매립시설 검사기관이 더 이상의 방역이 필요하지 아니하다고 판단하는 경우에는 그러하지 아니하다.

10년간 자주 출제된 문제

31-1. 폐기물처리시설의 사후관리기준 및 방법 중 침출수 관리방법으로 매립시설의 차수시설 상부에 모여 있는 침출수의 수위는 시설의 안정 등을 고려하여 얼마로 유지되도록 관리하여야 하는가?

① 2m 이하
② 3m 이하
③ 5m 이하
④ 7m 이하

31-2. 사후관리기준 및 방법 중 해수수질 조사방법기준에 관한 내용으로 옳은 것은?(단, 매립지의 경계선이 해수면과 가까운 매립시설임)

① 월 1회 이상 조사
② 분기 1회 이상 조사
③ 반기 1회 이상 조사
④ 년 1회 이상 조사

31-3. 다음은 매립시설의 사후관리방법 중 방역에 관한 내용이다. ( ) 안에 맞는 내용은?

> 방역은 매립종료 후 (㉠) 실시하되, 12월부터 다음 해 2월까지는 (㉡), 6월부터 9월까지는 주 1회 이상 실시하여야 한다.

① ㉠ 월 1회 이상, ㉡ 2월 1회 이상
② ㉠ 월 1회 이상, ㉡ 필요시에
③ ㉠ 분기 1회 이상, ㉡ 월 1회 이상
④ ㉠ 분기 1회 이상, ㉡ 필요시에

31-4. 폐기물의 매립이 종료된 폐기물 매립시설의 사후관리기준 및 방법(사후관리 항목 및 방법) 중 발생가스 관리방법에 관한 내용으로 ( )에 옳은 것은?(단, 유기성폐기물을 매립한 폐기물매립시설)

> 외기온도, 가스온도, 메테인, 이산화탄소, 암모니아, 황화수소 등의 조사항목을 매립종료 후 ( ) 조사하여야 한다.

① 3년까지는 분기 1회 이상, 3년이 지난 후에는 연 1회 이상
② 3년까지는 반기 1회 이상, 3년이 지난 후에는 연 1회 이상
③ 5년까지는 분기 1회 이상, 5년이 지난 후에는 연 1회 이상
④ 5년까지는 반기 1회 이상, 5년이 지난 후에는 연 1회 이상

정답 31-1 ① 31-2 ② 31-3 ② 31-4 ③

PART 02

과년도+최근 기출복원문제

#기출유형 확인　　#상세한 해설　　#최종점검 테스트

CHAPTER 01　폐기물처리기사 기출복원문제
CHAPTER 02　폐기물처리산업기사 기출복원문제

※ 기준 및 법령 관련 문제는 잦은 개정으로 인하여 내용이 도서와 달라질 수 있으며, 가장 최신 기준 및 법령의 내용은 국가법령정보센터(https://www.law.go.kr/)를 통해서 확인이 가능합니다.

2019~2022년	과년도 기출문제	회독 CHECK 1 2 3
2023년	과년도 기출복원문제	회독 CHECK 1 2 3
2024년	최근 기출복원문제	회독 CHECK 1 2 3

CHAPTER 01

폐기물처리기사 기출복원문제

2019년 제1회 과년도 기출문제

제1과목 폐기물개론

01 적환장(Transfer Station)을 설치하는 일반적인 경우와 가장 거리가 먼 것은?

① 불법 투기쓰레기들이 다량 발생할 때
② 고밀도 거주지역이 존재할 때
③ 상업지역에서 폐기물 수집에 소형 용기를 많이 사용할 때
④ 슬러지수송이나 공기수송 방식을 사용할 때

해설
적환장은 저밀도 거주지역이 존재할 때 설치한다.

02 유해폐기물 성분물질 중 As에 의한 피해 증세로 가장 거리가 먼 것은?

① 무기력증 유발
② 피부염 유발
③ Fanconi씨 증상
④ 암 및 돌연변이 유발

해설
판코니 증후군은 수분, 인산, 칼륨, 포도당, 아미노산, 탄산염 등의 물질을 재흡수하는 근위 세뇨관의 기능 부전으로 인한 질환으로, 유전적으로 발생할 수도 있고, 항생제나 독소에 반복적인 노출로 인해 후천적으로 생기기도 한다. 비소(As)와는 관계없다.

03 전과정평가(LCA)는 4부분으로 구성된다. 그중 상품, 포장, 공정, 물질, 원료 및 활동에 의해 발생하는 에너지 및 천연원료 요구량, 대기, 수질 오염물질 배출, 고형폐기물과 기타 기술적 자료구축 과정에 속하는 것은?

① Scoping Analysis
② Inventory Analysis
③ Impact Analysis
④ Improvement Analysis

해설
목록분석(Inventory Analysis) : 공정도를 작성하고, 단위공정별로 데이터를 수집하는 과정이다.

04 분뇨처리를 위한 혐기성 소화조의 운영과 통제를 위하여 사용하는 분석항목과는 직접적 관계가 없는 것은?

① 휘발성 산의 농도
② 소화가스 발생량
③ 세균수
④ 소화조 온도

정답 1 ② 2 ③ 3 ② 4 ③

05 관로를 이용한 쓰레기의 수송에 관한 설명으로 옳지 않은 것은?

① 잘못 투입된 물건은 회수하기가 어렵다.
② 가설 후에 경로 변경이 곤란하고 설치비가 높다.
③ 조대쓰레기의 파쇄 등 전처리가 필요 없다.
④ 쓰레기의 발생밀도가 높은 인구밀집지역에서 현실성이 있다.

해설
조대쓰레기 파쇄 등에는 전처리가 필요하다.

06 쓰레기 발생량 조사 방법이라 볼 수 없는 것은?

① 적재차량 계수분석법
② 물질 수지법
③ 성상 분류법
④ 직접 계근법

해설
성상 분류는 폐기물을 물리적 조성별로(종이, 플라스틱, 음식물 등) 분류하여 각각의 비율을 조사함으로써 폐기물의 처리방법을 결정하기 위해 실시한다.

07 분쇄기들 중 그 분쇄물의 크기가 큰 것에서부터 작아지는 순서로 옳게 나열한 것은?

① Jaw Crusher – Cone Crusher – Ball Mill
② Cone Crusher – Jaw Crusher – Ball Mill
③ Ball Mill – Cone Crusher – Jaw Crusher
④ Cone Crusher – Ball Mill – Jaw Crusher

해설

Jaw Crusher
어금니로 사탕을 깨는 것처럼 암석이나 건설폐재를 파쇄한다.

Cone Crusher
맷돌과 유사하게 틈새를 통과하면서 파쇄된다.

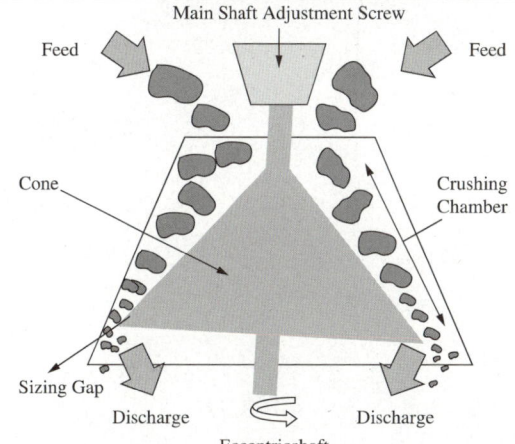

Ball Mill
볼이 회전운전하면서 낙하되는 충격으로 미세분말이 형성된다.

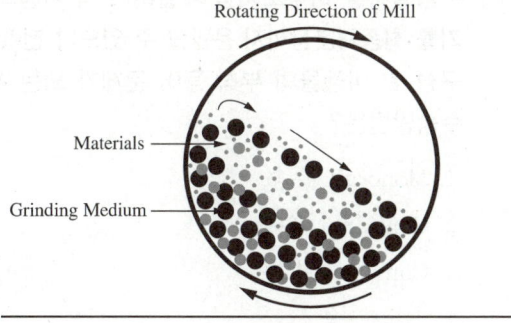

08 단열열량계를 이용하여 측정한 폐기물의 건량기준 고위발열량이 8,000kcal/kg이었을 때 폐기물의 습량기준 고위발열량(kcal/kg)과 저위발열량(kcal/kg)은?(단, 폐기물의 수분함량은 20%이고, 수분함량 외 기타 항목에 따른 수분 발생은 고려하지 않음)

① 1,600, 1,480
② 3,200, 3,080
③ 6,400, 6,280
④ 7,800, 7,680

해설
- 습량기준 고위발열량 = 8,000 × (1 − 0.2) = 6,400kcal/kg
- 습량기준 저위발열량 = 8,000 × (1 − 0.2) − 600 × 0.2
  = 6,280kcal/kg

09 수송설비를 하수도처럼 개설하여 각 가정의 쓰레기를 최종처분장까지 운반할 수 있으나 전력비, 내구성 및 미생물의 부착 등이 문제가 되는 쓰레기 수송방법은?

① Monorail 수송
② Container 수송
③ Conveyor 수송
④ 철도 수송

10 쓰레기를 체분석하여 $D_{10} = 0.01$mm, $D_{30} = 0.05$mm, $D_{60} = 0.25$mm으로 결과를 얻었을 때 곡률계수는?(단, D_{10}, D_{30}, D_{60}은 쓰레기시료의 체 중량통과 백분율이 각각 10%, 30%, 60%에 해당되는 직경임)

① 0.5
② 0.85
③ 1.0
④ 1.25

해설
곡률계수(Coefficient of Curvature)
$$\frac{(D_{30})^2}{D_{10}D_{60}} = \frac{0.05^2}{0.01 \times 0.25} = 1.0$$

11 폐기물의 발열량 분석법으로 타당하지 않은 방법은?

① 폐기물의 원소분석값을 이용
② 폐기물의 물리적 조성을 이용
③ 열량계에 의한 방법
④ 고정탄소 함유량을 이용

12 쓰레기 관리 체계에서 비용이 가장 많이 드는 단계는?

① 저 장
② 매 립
③ 퇴비화
④ 수 거

13 인력 선별에 관한 설명으로 옳지 않은 것은?

① 사람의 손을 통한 수동 선별이다.
② 컨베이어 벨트의 한쪽 또는 양쪽에서 사람이 서서 선별한다.
③ 기계적인 선별보다 작업량이 떨어질 수 있다.
④ 선별의 정확도가 낮고 폭발가능 물질 분류가 어렵다.

해설
인력 선별 시 선별의 정확도가 높고, 폭발가능 물질을 분류할 수 있다.

14 폐기물 보관을 위한 폐기물 전용 컨테이너에 관한 설명으로 옳지 않은 것은?

① 폐기물 수집 작업을 자동화와 기계화할 수 있다.
② 언제라도 폐기물을 투입할 수 있고 주변 미관을 크게 해치지 않는다.
③ 폐기물 수집차와 결합하여 운용이 가능하여 효율적이다.
④ 폐기물의 선별 보관, 분리수거가 어려운 단점이 있다.

15 폐기물처리와 관련된 설명 중 틀린 것은?

① 지역사회 효과지수(CEI)는 청소상태 평가에 사용되는 지수이다.
② 컨테이너 철도 수송은 광대한 지역에서 효율적으로 적용될 수 있는 방법이다.
③ 폐기물수거 노동력을 비교하는 지표로서는 MHT(man/h·ton)를 주로 사용한다.
④ 직접저장투하 결합방식에서 일반 부패성 폐기물은 직접 상차 투입구로 보낸다.

해설
$MHT\left(\dfrac{man \cdot h}{ton}\right)$는 1ton의 폐기물을 수거하는 데 소요되는 수거 인원과 수거기간의 곱(man·h)을 말한다.

16 쓰레기 수거노선 설정에 대한 설명으로 가장 거리가 먼 것은?

① 출발점은 차고와 가까운 곳으로 한다.
② 언덕지역의 경우 내려가면서 수거한다.
③ 발생량이 많은 곳은 하루 중 가장 나중에 수거한다.
④ 될 수 있는 한 시계방향으로 수거한다.

해설
발생량이 많은 곳은 하루 중 가장 먼저 수거한다.

정답 13 ④ 14 ④ 15 ③ 16 ③

17 함수율 95%인 폐기물 10ton을 탈수공정을 통해 함수율을 각각 85% 및 75%로 감소시킨 경우, 각각 탈수 후 남은 무게(ton)는?(단, 비중 = 1.0 기준)

① 3.33, 2.00
② 3.33, 2.50
③ 5.33, 3.00
④ 5.33, 3.50

해설

$$\frac{V_2}{V_1} = \frac{100 - w_1}{100 - w_2}$$

여기서, V_1, w_1 : 초기 무게와 함수율
V_2, w_2 : 탈수 후의 무게와 함수율

- $\frac{V_2}{10} = \frac{100-95}{100-85} = \frac{5}{15}$, $V_2 = 10 \times \frac{5}{15} ≒ 3.33$ton
- $\frac{V_2}{10} = \frac{100-95}{100-75} = \frac{5}{25}$, $V_2 = 10 \times \frac{5}{25} = 2.00$ton

19 밀도가 a인 도시쓰레기를 밀도가 $b(a < b)$인 상태로 압축시킬 경우 부피 감소(%)는?

① $100\left(1 - \frac{a}{b}\right)$
② $100\left(1 - \frac{b}{a}\right)$
③ $100\left(a - \frac{a}{b}\right)$
④ $100\left(b - \frac{b}{a}\right)$

해설

밀도 = $\frac{질량}{부피}$ 식을 이용한다.

압축 전후 질량은 일정하므로,

$a = \frac{질량}{V_a}$, $b = \frac{질량}{V_b}$ 에서 $V_a = \frac{질량}{a}$, $V_b = \frac{질량}{b}$ 이다.

∴ 부피 감소율 = $\frac{감소된 부피}{처음 부피} \times 100 = \frac{V_a - V_b}{V_a} \times 100$

$= \frac{1/a - 1/b}{1/a} \times 100$

$= \frac{b-a}{b} \times 100$

$= \left(1 - \frac{a}{b}\right) \times 100$

18 한 해 동안 폐기물 수거량이 253,000ton, 수거 인부는 1일 850명, 수거 대상인구는 250,000명이라고 할 때 1인 1일 폐기물 발생량(kg/인·day)은?

① 1.87
② 2.77
③ 3.15
④ 4.12

해설

$$\frac{253,000\text{ton/연} \times \frac{1,000\text{kg}}{\text{ton}}}{250,000\text{인} \times 365\text{일/연}} ≒ 2.77\text{kg/인·일}$$

20 폐기물의 화학적 특성분석에 사용되는 성분 항목이 아닌 것은?

① 탄소성분
② 수소성분
③ 질소성분
④ 수분성분

해설
폐기물 원소분석에서는 C, N, O, H, S 등의 원소를 분석한다.

제2과목 폐기물처리기술

21 다이옥신을 제어하는 촉매로 가장 비효과적인 것은?

① Al_2O_3
② V_2O_5
③ TiO_2
④ Pd

22 펄프공장의 폐수를 생물학적으로 처리한 결과 매일 500kg의 슬러지가 발생하였다. 함수율이 80%이면 건조 슬러지 중량(kg/일)은?(단, 비중 = 1.0 기준)

① 50
② 100
③ 200
④ 400

[해설]
$500 \times (1-0.8) = 100 \, kg/일$

23 매립방식 중 Cell방식에 대한 내용으로 가장 거리가 먼 것은?

① 일일복토 및 침출수 처리를 통해 위생적인 매립이 가능하다.
② 쓰레기의 흩날림을 방지하며, 악취 및 해충의 발생을 방지하는 효과가 있다.
③ 일일복토와 Bailing을 통한 폐기물 압축으로 매립부피를 줄일 수 있다.
④ Cell마다 독립된 매립층이 완성되므로 화재 확산 방지에 유리하다.

24 사료화 기계설비의 구비요건으로 가장 거리가 먼 것은?

① 사료화의 소요시간이 길고 우수한 품질의 사료 생산이 가능해야 한다.
② 오수 발생, 소음 등의 2차 환경오염이 없어야 한다.
③ 미생물 첨가제 등 발효제의 안정적 공급과 일정시간 미생물 활성이 유지되어야 한다.
④ 내부식성이 있고 소요부지가 작아야 한다.

[해설]
사료화에 소요되는 시간이 짧아야 한다.
※ 퇴비화는 1~2주의 시간이 소요되나, 사료화는 1일 이내에 처리가 완료된다.

25 혐기성 소화법의 특성에 관한 설명으로 틀린 것은?

① 탈수성이 호기성에 비해 양호하다.
② 부패성 유기물을 안정화시킨다.
③ 암모니아, 인산 등 영양염류의 제거율이 높다.
④ 슬러지 양을 감소시킨다.

[해설]
혐기성 소화는 주로 유기성 물질을 메테인과 이산화탄소로 분해시킨다.

정답 21 ① 22 ② 23 ③ 24 ① 25 ③

26 쓰레기의 퇴비화가 가장 빨리 형성되는 탄질비(C/N)의 범위는?(단, 기타 조건은 모두 동일)

① 25~50
② 50~80
③ 80~100
④ 100~150

27 슬러지를 처리하기 위해 하수처리장 활성슬러지 1% 농도의 폐액 100m³을 농축조에 넣었더니 5% 농도의 슬러지로 농축되었다. 농축조에 농축되어 있는 슬러지 양(m³)은?(단, 상징액의 농도는 고려하지 않으며, 비중 = 1.0)

① 35
② 30
③ 25
④ 20

해설
슬러지 농도가 1%, 5%이므로 수분함량은 각각 99%, 95%이다.
$$\frac{V_2}{V_1} = \frac{100 - w_1}{100 - w_2}, \quad \frac{V_2}{100} = \frac{100 - 99}{100 - 95} = \frac{1}{5}$$
$$\therefore V_2 = 100 \times \frac{1}{5} = 20$$

28 고농도 액상 폐기물의 혐기성 소화 공정 중 중온소화와 고온소화의 비교에 관한 내용으로 옳지 않은 것은?

① 부하능력은 고온소화가 우수하다.
② 탈수여액의 수질은 고온소화가 우수하다.
③ 병원균의 사멸은 고온소화가 유리하다.
④ 중온소화에서 미생물의 활성이 쉽다.

29 토양오염 물질 중 BTEX에 포함되지 않는 것은?

① 벤 젠
② 톨루엔
③ 에틸렌
④ 자일렌

해설
BTEX : Benzene, Toluene, Ethylbenzene, Xylene

30 토양오염복원기법 중 Bioventing에 관한 설명으로 옳지 않은 것은?

① 토양 투수성은 공기를 토양 내에 강제 순환시킬 때 매우 중요한 영향인자이다.
② 오염부지 주변의 공기 및 물의 이동에 의한 오염물질의 확산의 염려가 있다.
③ 현장 지반구조 및 오염물 분포에 따른 처리기간의 변동이 심하다.
④ 용해도가 큰 오염물질은 많은 양이 토양 수분 내에 용해상태로 존재하게 되어 처리효율이 좋아진다.

해설
용해도가 크면 오염물질이 지하수나 토양 수분 내에 존재하게 되어 Bioventing 처리에는 부적합하다.

31 1일 처리량이 100kL인 분뇨처리장에서 중온소화방식을 택하고자 한다. 소화 후 슬러지량(m^3/day)은?

- 투입 분뇨의 함수율 = 98%
- 고형물 중 유기물 함유율 = 70%, 그중 60%가 액화 및 가스화
- 소화슬러지 함수율 = 96%
- 슬러지 비중 = 1.0

① 15 ② 29
③ 44 ④ 53

해설
고형물 무게 = 100kL × 0.02 = 2kL/day
소화 후 유기물 함량 = 2kL × {0.7 × (1 − 0.6) + 0.3}
= 1.16 kL/day
소화슬러지 함수율이 96%이므로 수분함량의 정의에서
$$\frac{물\ 무게}{전체\ 무게} \times 100 = \frac{C - 1.16}{C} \times 100 = 96$$
∴ C = 29 kL/day = 29 m^3/day

32 강우량으로부터 매립지 내의 지하침투량(C)을 산정하는 식으로 옳은 것은?(단, P = 총강우량, R = 유출률, S = 폐기물의 수분저장량, E = 증발량)

① $C = P(1-R) - S - E$
② $C = P(1-R) + S - E$
③ $C = P - R + S - E$
④ $C = P - R - S - E$

해설
R을 유출량이라고 하면 ④가 되겠으나, 유출률이라고 했으므로 ①이 되어야 한다.

33 유해물질별 처리가능 기술로 가장 거리가 먼 것은?

① 납 – 응집
② 비소 – 침전
③ 수은 – 흡착
④ 시안 – 용매추출

해설
시안은 화학적인 산화방법으로 처리한다.

34 토양 층위에 해당하지 않는 것은?

① O층
② B층
③ R층
④ D층

해설
토양 층위는 Organic → A → B → C → Rock의 순서이다.

정답 31 ② 32 ① 33 ④ 34 ④

35 바이오리액터형 매립공법의 장점이 아닌 것은?

① 침출수 재순환에 의한 염분 및 암모니아성 질소 농축
② 매립지가스 회수율의 증대
③ 추가 공간확보로 인한 매립지 수명연장
④ 폐기물의 조기안정화

해설
염분 및 암모니아성 질소의 농축은 장점이 아니라 단점에 해당한다.

36 분뇨를 1차 처리한 후 BOD 농도가 4,000mg/L이었다. 이를 약 20배로 희석한 후 2차 처리를 하려 한다. 분뇨의 방류수 허용기준 이하로 처리하려면 2차 처리 공정에서 요구되는 BOD 제거 효율은? (단, 분뇨 BOD 방류수 허용기준 = 40mg/L, 기타 조건은 고려하지 않음)

① 50% 이상
② 60% 이상
③ 70% 이상
④ 80% 이상

해설
1차 처리한 분뇨를 20배 희석하면 농도가 200mg/L가 된다.
∴ 요구되는 BOD 처리효율 = $\frac{200-40}{200} \times 100 = 80\%$

37 폐기물매립지에 설치되어 있는 침출수 유량조정설비의 기능 설명으로 가장 거리가 먼 것은?

① 침출수의 수질 균등화
② 호우 시 또는 계절적 수량변동의 조정
③ 수처리설비의 전처리 기능
④ 매립지의 부등침하의 최소화

38 매립지 주위의 우수를 배수하기 위한 배수관의 결정에 관한 사항으로 틀린 것은?

① 수로의 형상은 장방형 또는 사다리꼴이 좋으며 조도계수 또한 크게 하는 것이 좋다.
② 유수단면적은 토사의 혼입으로 인한 유량증가 및 여유고를 고려하여야 한다.
③ 우수의 배수에 있어서 토수로의 경우는 평균유속이 3m/s 이하가 좋다.
④ 우수의 배수에 있어서 콘크리트수로의 경우는 평균유속이 8m/s 이하가 좋다.

해설
조도계수가 작아야 물의 흐름이 좋다.
※ Manning 공식 $v = \frac{1}{n} R^{2/3} I^{1/2}$ 에서 조도계수 n이 작을수록 관의 유속이 빨라진다.

39 안정화된 도시폐기물 매립장에서 발생되는 주요 가스성분인 메테인가스와 탄산가스에 대하여 올바르게 설명한 것은?

① 혐기성 상태가 된 매립지에서 메테인가스와 탄산가스의 무게 구성비는 50%, 50%이다.
② 탄산가스나 메테인가스 모두 공기보다 가벼워 매립지 지표면으로 상승한다.
③ 탄산가스는 침출수의 산도를 높인다.
④ 메테인가스는 악취성분을 가지고 있고, 일반적으로 유기성 토양으로 복토하면 대부분 제어될 수 있다.

해설
① 혐기성 상태가 된 매립지에서 메테인가스와 탄산가스의 부피 구성비는 55% : 45%이다.
② 탄산가스(분자량 44)는 공기보다 무겁고, 메테인가스(분자량 16)는 공기보다 가볍다.
④ 메테인가스 자체는 냄새가 없다.

40 퇴비화에 사용되는 통기개량제의 종류별 특성으로 옳지 않은 것은?

① 볏집 : 칼륨분이 높다.
② 톱밥 : 주성분이 분해성 유기물이기 때문에 분해가 빠르다.
③ 파쇄목편 : 폐목재 내 퇴비화에 영향을 줄 수 있는 유해물질의 함유 가능성이 있다.
④ 왕겨(파쇄) : 발생기간이 한정되어 있기 때문에 저류공간이 필요하다.

해설
톱밥의 주성분은 셀룰로스와 리그닌으로, 이들은 분해속도가 느리다.

제3과목 폐기물소각 및 열회수

41 가스연료의 저위발열량이 15,000kcal/Sm³, 이론연소가스량 20Sm³/Sm³, 공기온도 20℃일 때 연료의 이론연소온도(℃)는?(단, 연료연소가스의 평균 정압비열 = 0.75kcal/Sm³·℃, 공기는 예열되지 않으며 연소가스는 해리되지 않음)

① 720
② 880
③ 920
④ 1,020

해설
$$온도 = \frac{저위발열량}{연소가스량 \times 정압비열} = \frac{15,000}{20 \times 0.75} = 1,000℃$$
여기에 기준온도를 더해 주면 연료의 이론연소온도는 1,000 + 20 = 1,020℃이다.

42 소각 연소공정에서 발생하는 질소산화물(NO_x)의 발생억제에 관한 설명으로 틀린 것은?

① 이단연소법은 열적 NO_x 및 연료 NO_x의 억제에 효과가 있다.
② 저산소 운전법으로 연소실 내 연소가스 온도를 최대한 높게 하는 것이 NO_x의 억제에 효과가 있다.
③ 화염온도의 저하는 열적 NO_x의 억제에 효과가 있다.
④ 저 NO_x 버너는 열적 NO_x의 억제에 효과가 있다.

해설
연소가스 온도를 최대한 낮게 하는 것이 NO_x의 억제에 효과가 있다.

43 열효율이 65%인 유동층 소각로에서 15℃의 슬러지 2톤을 소각시켰다. 배기온도가 400℃라면 연소온도(℃)는?(단, 열효율은 배기온도 만을 고려한다)

① 955　　② 988
③ 1,015　　④ 1,115

해설

$$\eta = \frac{Q_h - Q_o}{Q_h} = 0.65$$

여기서, 시스템에서의 질량 m과 정압비열 C_p가 같다고 가정하면,

$$\eta = \frac{m \times C_p \times (T_c - 15) - m \times C_p \times (400 - 15)}{m \times C_p \times (T_c - 15)} = 0.65$$

$$\frac{T_c - 400}{T_c - 15} = 0.65$$

$0.35\,T_c = 400 - 15 \times 0.65$

∴ $T_c = 1,115$

44 1차 반응에서 1,000초 동안 반응물의 1/2이 분해되었다면 반응물이 1/10 남을 때까지 소요되는 시간(s)은?

① 3,923　　② 3,623
③ 3,323　　④ 3,023

해설

1차 분해 반응식 $C = C_o e^{-kt}$ 에서

$\frac{1}{2}C_o = C_o e^{-k \times 1,000}$ → $\ln 2 = 1,000k$이므로

분해상수 $k ≒ 0.000693$이다.

$\frac{1}{10}C_o = C_o e^{-0.000693 \times t}$ → $\ln 10 ≒ 0.000693t$

∴ $t ≒ 3,323$

45 열분해 발생 가스 중 온도가 증가할수록 함량이 증가하는 것은?(단, 열분해 온도에 따른 가스의 구성비(%) 기준)

① 메 탄
② 일산화탄소
③ 이산화탄소
④ 수 소

46 석탄의 재성분에 다량 포함되어 있고, 재의 융점이 높은 것은?

① Fe_2O_3　　② MgO
③ Al_2O_3　　④ CaO

47 유동층 소각로의 특징으로 옳지 않은 것은?

① 가스의 온도가 높고 과잉공기량이 많아 NO_x 배출이 많다.
② 투입이나 유동화를 위해 파쇄가 필요하다.
③ 연소효율이 높아 미연소분의 배출이 적다.
④ 반응시간이 빨라 소각시간이 짧다(노 부하율이 높다).

해설
유동층 소각로는 가스의 온도가 낮고 과잉공기량이 낮다. 따라서 NO_x도 적게 배출된다.

48 H₂S의 완전연소 시 이론공기량 A_o(Sm³/Sm³)은?

① 6.14　　② 7.14
③ 8.14　　④ 9.14

해설
$H_2S + 1.5O_2 \rightarrow SO_2 + H_2O$
∴ $A_o = \dfrac{1.5}{0.21} ≒ 7.14$
여기서, 0.21은 부피기준 공기 중의 산소 분율이다.

49 보일러 전열면을 통하여 연소가스의 여열로 보일러 급수를 예열하여 보일러 효율을 높이는 열교환 장치는?

① 공기 예열기　　② 절탄기
③ 과열기　　④ 재열기

50 폐기물의 건조과정에서 함수율과 표면온도의 변화에 대한 설명으로 잘못된 것은?

① 폐기물의 건조방식은 쓰레기의 허용온도, 형태, 물리적 및 화학적 성질 등에 의해 결정된다.
② 수분을 함유한 폐기물의 건조과정은 예열건조기간 → 항률건조기간 → 감률건조기간 순으로 건조가 이루어진다.
③ 항률건조기간에는 건조시간에 비례하여 수분감량과 함께 건조속도가 빨라진다.
④ 감률건조기간에는 고형물의 표면온도 상승 및 유입되는 열량감소로 건조속도가 느려진다.

해설
항률건조기간에는 슬러지의 함수율이 직선적으로 감소한다(건조속도가 일정하다).

51 화격자 연소 중 상부투입 연소에 대한 설명으로 잘못된 것은?

① 공급공기는 우선 재층을 통과한다.
② 연료와 공기의 흐름이 반대이다.
③ 하부투입 연소보다 높은 연소온도를 얻는다.
④ 착화면 이동방향과 공기 흐름방향이 반대이다.

52 착화온도에 관한 설명으로 옳지 않은 것은?

① 화학반응성이 클수록 착화온도는 낮다.
② 분자구조가 간단할수록 착화온도는 높다.
③ 화학 결합의 활성도가 클수록 착화온도는 낮다.
④ 화학적 발열량이 클수록 착화온도는 높다.

해설
화학적으로 발열량이 클수록 착화온도는 낮아진다.

정답 48 ② 49 ② 50 ③ 51 ④ 52 ④

53 소각대상물 중 함수율이 높은 폐기물을 소각 시 유의할 내용이 아닌 것은?

① 가능한 연소속도를 느리게 한다.
② 함수율이 높은 폐기물의 종류에는 주방쓰레기 및 하수슬러지 등이 있다.
③ 건조장치 설치 시 건조효율이 높은 기기를 선정한다.
④ 폐기물의 교란, 반전, 유동 등의 조작을 겸할 수 있는 기종을 선정한다.

54 소각로의 종류 중 유동층 소각로(Fluidized Bed Incinerator)를 구성하고 있는 구성인자가 아닌 것은?

① Windbox
② 역동식 화격자
③ Tuyeres
④ Freeboard층

해설
역동식 화격자는 화격자 소각로의 구성인자이다.
※ Tuyeres : 송풍구

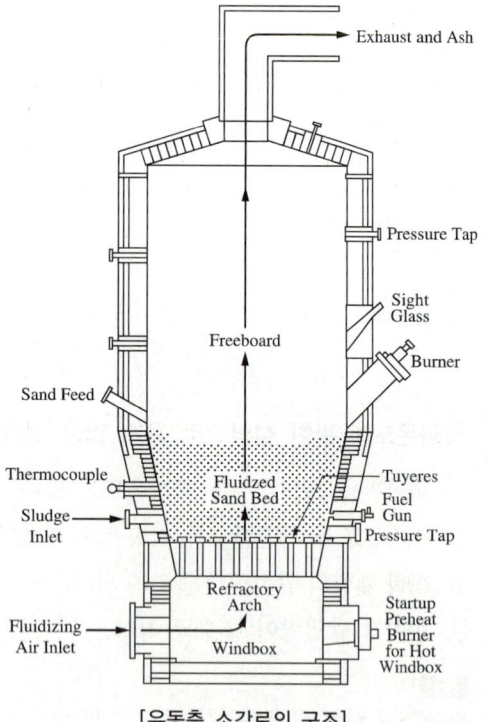

[유동층 소각로의 구조]

55 매시간 4톤의 폐유를 소각하는 소각로에서 발생하는 황산화물을 접촉산화법으로 탈황하고 부산물로 50%의 황산을 회수한다면 회수되는 부산물의 양(kg/h)은?(단, 폐유 중 황 성분 = 3%, 탈황률 = 95%)

① 약 500
② 약 600
③ 약 700
④ 약 800

해설
폐유 중 황 성분은 4,000kg/h × 0.03 × 0.95 = 114kg/h이다.
$S \to H_2SO_4$
32kg 98kg

∴ 회수되는 부산물의 양 = $114kg \times \dfrac{98}{32} \times \dfrac{1}{0.5} \fallingdotseq 698kg/h$

56 스토커식 도시폐기물 소각로에서 유기물을 완전연소시키기 위한 3T 조건으로 옳지 않은 것은?

① 혼 합
② 체류시간
③ 온 도
④ 압 력

해설
3T : Time(체류시간), Temperature(온도), Turbulence(혼합)

57 소각로에서 쓰레기의 소각과 동시에 배출되는 가스성분을 분석한 결과 N₂ 85%, O₂ 6%, CO 1%와 같은 조성일 때 소각로의 공기비는?

① 1.25　　② 1.32
③ 1.81　　④ 2.28

해설

$$m = \frac{21N_2}{21N_2 - 79(O_2 - 0.5CO)}$$
$$= \frac{21 \times 85}{21 \times 85 - 79(6 - 0.5 \times 1)}$$
$$≒ 1.32$$

58 증기 터빈을 증기 이용 방식에 따라 분류했을 때의 형식이 아닌 것은?

① 반동 터빈(Reaction Turbine)
② 복수 터빈(Condensing Turbine)
③ 혼합 터빈(Mixed Pressure Turbine)
④ 배압 터빈(Back Pressure Turbine)

해설

증기 터빈 형식

분류관점	터빈 형식
증기작동방식	충동 터빈, 반동 터빈, 혼합식 터빈
증기이용방식	배압 터빈, 추기배압 터빈, 복수 터빈, 추기복수 터빈, 혼합 터빈
피구동기	• 발전용 : 직결형 터빈, 감속형 터빈 • 기계구동용 : 급수펌프 구동터빈, 압축기 구동터빈
증기유동방향	축류 터빈, 반경류 터빈
흐름수	단류 터빈, 복류 터빈

59 메테인의 고위발열량이 9,000kcal/Sm³이라면 저위발열량(kcal/Sm³)은?

① 8,640
② 8,440
③ 8,240
④ 8,040

해설

저위발열량(H_l) = 고위발열량(H_h) − 480 × nH₂O

여기서, 480kcal/Sm³은 600kcal/kg × $\frac{18kg\ H_2O}{22.4Sm^3\ H_2O}$ 에서 나온 값이다.

메테인의 연소반응식은 CH₄ + 2O₂ → CO₂ + 2H₂O이므로 메테인 1몰이 연소되면 2몰의 수증기가 발생한다.

∴ 저위발열량 = 고위발열량 − 물의 증발잠열
　　　　＝ 9,000 − 480 × 2
　　　　＝ 8,040kcal/Sm³

60 액체주입형 연소기에 관한 설명으로 옳지 않은 것은?

① 소각재 배출설비가 있어 회분함량이 높은 액상폐기물에도 널리 사용된다.
② 구동장치가 없어서 고장이 적다.
③ 고형분의 농도가 높으면 버너가 막히기 쉽다.
④ 하방점화 방식의 경우에는 염이나 입상물질을 포함한 폐기물의 소각이 가능하다.

해설

액체주입형 연소기에는 소각재 배출설비가 없으므로 회분함량이 낮은 액상폐기물에만 사용이 가능하다.

제4과목 폐기물공정시험기준(방법)

61 이온전극법으로 분석이 가능한 것은?(단, 폐기물 공정시험기준 적용)

① 시 안
② 비 소
③ 유기인
④ 크 롬

해설
ES 06351.2 시안-이온전극법
※ 시안은 알칼리 상태에서 CN⁻이온이 되므로 이온전극법으로 분석할 수 있다.

62 용출시험방법의 용출조작을 나타낸 것으로 옳지 않은 것은?

① 혼합액을 상온, 상압에서 진탕 횟수가 매분당 약 200회 되도록 한다.
② 진폭이 7~9cm의 진탕기를 사용한다.
③ 6시간 연속 진탕한 다음 $1.0\mu m$의 유리섬유여과지로 여과한다.
④ 여과가 어려운 경우 원심분리기를 사용하여 매분당 3,000회전 이상으로 20분 이상 원심분리한다.

해설
ES 06150.e 시료의 준비
진탕의 폭이 4~5cm인 왕복진탕기(수평인 것)를 사용한다.

63 원자흡수분광광도법(AAS)을 이용하여 중금속을 분석할 때 중금속의 종류와 측정파장이 옳지 않은 것은?

① 크롬 - 357.9nm
② 6가크롬 - 253.7nm
③ 카드뮴 - 228.8nm
④ 납 - 283.3nm

해설
ES 06407.1a 6가크롬-원자흡수분광광도법
6가크롬 - 357.9nm
※ 크롬과 6가크롬은 원자흡수분광광도법에서 동일한 흡광도로 측정한다.

64 시안(CN)을 분석하기 위한 자외선/가시선 분광법에 대한 설명으로 옳지 않은 것은?

① 클로라민-T와 피리딘·피라졸론 혼합액을 넣어 나타나는 청색을 620nm에서 측정한다.
② 정량한계는 0.01mg/L이다.
③ pH 2 이하 산성에서 피리딘·피라졸론을 넣고 가열 증류한다.
④ 유출되는 시안화수소를 수산화나트륨용액으로 포집한 다음 중화한다.

해설
ES 06351.1 시안-자외선/가시선 분광법
시료를 pH 2 이하의 산성으로 조절한 후에 에틸렌다이아민테트라아세트산이나트륨을 넣고 가열 증류하여 시안화합물을 시안화수소로 유출시켜 수산화나트륨용액에 포집한 다음 중화하고 클로라민-T와 피리딘·피라졸론 혼합액을 넣어 나타나는 청색을 620nm에서 측정하는 방법이다.

정답 61 ① 62 ② 63 ② 64 ③

65 유해특성(재활용환경성평가) 중 폭발성 시험방법에 대한 설명으로 옳지 않은 것은?

① 격렬한 연소반응이 예상되는 경우에는 시료의 양을 0.5g으로 하여 시험을 수행하며, 폭발성 폐기물로 판정될 때까지 시료의 양을 0.5g씩 점진적으로 늘려준다.
② 시험결과는 게이지 압력이 690kPa에서 2,070kPa까지 상승할 때 걸리는 시간과 최대 게이지 압력 2,070kPa에 도달 여부로 해석한다.
③ 최대 연소속도는 산화제를 무게비율로서 10~90%를 포함한 혼합물질의 연소속도 중 가장 빠른 측정값을 의미한다.
④ 최대 게이지 압력이 2,070kPa이거나 그 이상을 나타내는 폐기물은 폭발성 폐기물로 간주하며, 점화 실패는 폭발성이 없는 것으로 간주한다.

[해설]
ES 06801.1b 폭발성 시험방법
③은 폭발성 시험방법에 언급이 없는 내용이다.
※ 해당 기준 개정으로 ④의 "점화 실패는 폭발성이 없는 것으로 간주한다."의 내용은 삭제되었다.

66 유리전극법에 의한 수소이온농도 측정 시 간섭물질에 관한 설명으로 옳지 않은 것은?

① pH 10 이상에서 나트륨에 의해 오차가 발생할 수 있는데 이는 '낮은 나트륨 오차 전극'을 사용하여 줄일 수 있다.
② 유리전극은 일반적으로 용액의 색도, 탁도, 염도, 콜로이드성 물질들, 산화 및 환원성 물질들 등에 의해 간섭을 많이 받는다.
③ 기름층이나 작은 입자상이 전극을 피복하여 pH 측정을 방해할 경우에는 세척제로 닦아낸 후 정제수로 세척하고 부드러운 천으로 수분을 제거하여 사용한다.
④ 피복물을 제거할 때는 염산(1 + 9) 용액을 사용할 수 있다.

[해설]
ES 06304.1 수소이온농도-유리전극법
유리전극은 일반적으로 용액의 색도, 탁도, 콜로이드성 물질들, 산화 및 환원성 물질들 그리고 염도에 의해 간섭을 받지 않는다.

67 폐기물공정시험기준에 따라 용출시험한 결과는 함수율 85% 이상인 시료에 한하여 시료의 수분함량을 보정한다. 수분함량이 90%일 때 보정계수는?

① 0.67
② 0.9
③ 1.5
④ 2.0

[해설]
ES 06150.e 시료의 준비
보정계수 = $\dfrac{15}{100-90} = 1.5$

정답 65 ③ 66 ② 67 ③

68 기체크로마토그래피로 유기인을 분석할 때 시료관리 기준으로 ( ) 안에 옳은 것은?

> 시료채취 후 추출하기 전까지 (㉠) 보관하고 7일 이내에 추출하고 (㉡) 이내에 분석한다.

① ㉠ 4℃ 냉암소에서 ㉡ 21일
② ㉠ 4℃ 냉암소에서 ㉡ 40일
③ ㉠ pH 4 이하로 ㉡ 21일
④ ㉠ pH 4 이하로 ㉡ 40일

해설
ES 06501.1b 유기인-기체크로마토그래피
모든 시료는 시료채취 후 추출하기 전까지 4℃ 냉암소에서 보관하고 7일 이내에 추출하고 40일 이내에 분석한다.

69 취급 또는 저장하는 동안에 기체 또는 미생물이 침입하지 않도록 내용물을 보호하는 용기는?

① 차광용기
② 밀봉용기
③ 기밀용기
④ 밀폐용기

해설
ES 06000.b 총칙

밀폐용기	이물질이 들어가거나 또는 내용물이 손실되지 아니하도록 보호하는 용기
기밀용기	밖으로부터의 공기 또는 다른 가스가 침입하지 아니하도록 내용물을 보호하는 용기
밀봉용기	기체 또는 미생물이 침입하지 아니하도록 내용물을 보호하는 용기
차광용기	광선이 투과하지 않는 용기 또는 투과하지 않게 포장을 한 용기

70 폐기물 내 납을 5회 분석한 결과 각각 1.5, 1.8, 2.0, 1.4, 1.6mg/L를 나타내었다. 분석에 대한 정밀도(%)는?(단, 표준편차 = 0.241)

① 약 1.66
② 약 2.41
③ 약 14.5
④ 약 16.6

해설
ES 06001 정도보증/정도관리
평균 = 1.66

$$\therefore 정밀도(\%) = \frac{s}{x} \times 100 = \frac{0.241}{1.66} \times 100 ≒ 14.5\%$$

71 중금속 분석의 전처리인 질산-과염소산 분해법에서 진한 질산이 공존하지 않는 상태에서 과염소산을 넣을 경우 발생되는 문제점은?

① 킬레이트 형성으로 분해 효율이 저하됨
② 급격한 가열반응으로 휘산됨
③ 폭발 가능성이 있음
④ 중금속의 응집침전이 발생함

해설
ES 06150.e 시료의 준비
과염소산을 넣을 경우 진한 질산이 공존하지 않으면 폭발할 위험이 있으므로 반드시 진한 질산을 먼저 넣어 주어야 하며, 어떠한 경우에도 유기물을 함유한 뜨거운 용액에 과염소산을 넣어서는 안 된다.

72 휘발성 저급염소화 탄화수소류의 기체크로마토그래피에 대한 설명으로 옳지 않은 것은?

① 검출기는 전자포획검출기 또는 전해전도검출기를 사용한다.
② 시료 중의 트라이클로로에틸렌 및 테트라클로로에틸렌 성분은 염산으로 추출한다.
③ 운반기체는 부피백분율 99.999% 이상의 헬륨(또는 질소)을 사용한다.
④ 시료도입부 온도는 150~250℃ 범위이다.

[해설]
ES 06602.1b 휘발성 저급염소화 탄화수소류-기체크로마토그래피
폐기물 중에 휘발성 저급염소화 탄화수소류를 측정하는 방법으로, 시료 중의 트라이클로로에틸렌 및 테트라클로로에틸렌을 헥산으로 추출하여 기체크로마토그래프로 정량하는 방법이다.

73 시료 채취를 위한 용기사용에 관한 설명으로 옳지 않은 것은?

① 시료 용기는 무색경질의 유리병 또는 폴리에틸렌병, 폴리에틸렌백을 사용한다.
② 시료 중에 다른 물질의 혼입이나 성분의 손실을 방지하기 위하여 밀봉할 수 있는 마개를 사용하며 코르크 마개를 사용하여서는 안 된다. 다만, 고무나 코르크 마개에 파라핀지, 유지 또는 셀로판지를 씌워 사용할 수도 있다.
③ 휘발성 저급염소화 탄화수소류 실험을 위한 시료의 채취 시에는 폴리에틸렌병을 사용하여야 한다.
④ 시료 용기는 시료를 변질시키거나 흡착하지 않는 것이어야 하며 기밀하고 누수나 흡습성이 없어야 한다.

[해설]
ES 06130.d 시료의 채취
시료 용기는 무색경질의 유리병, 폴리에틸렌병 또는 폴리에틸렌백을 사용한다. 다만, 노말헥산 추출물질, 유기인, 폴리클로리네이티드비페닐(PCBs) 및 휘발성 저급염소화 탄화수소류 실험을 위한 시료의 채취 시에는 갈색경질의 유리병을 사용하여야 한다.

74 액상폐기물에서 유기인을 추출하고자 하는 경우 가장 적합한 추출용매는?

① 아세톤　　　② 노말헥산
③ 클로로폼　　④ 아세토나이트릴

75 수산화나트륨(NaOH) 40%(무게 기준) 용액을 조제한 후 100mL를 취하여 다시 물에 녹여 2,000mL로 하였을 때 수산화나트륨의 농도(N)는?(단, Na 원자량 = 23)

① 0.1　　　② 0.5
③ 1　　　　④ 2

[해설]
$$\frac{100\text{mL} \times 40\text{g}/100\text{mL}}{2{,}000\text{mL}} \times \frac{1{,}000\text{mL}}{\text{L}} \times \frac{\text{당량}}{40\text{g}} = 0.5\text{N}$$

76 폐기물 중에 포함된 수분과 고형물을 정량하여 다음과 같은 결과를 얻었을 때 수분함량(%)과 고형물 함량(%)은?(단, 수분함량-고형물 함량 순서)

- 미리 105~110℃에서 1시간 건조시킨 증발접시의 무게(W_1) = 48.953g
- 이 증발접시에 시료를 담은 후 무게(W_2) = 68.057g
- 수욕상에서 수분을 거의 날려 보내고 105~110℃에서 4시간 건조시킨 후 무게(W_3) = 63.125g

① 25.82, 74.18　　② 74.18, 25.82
③ 34.80, 65.20　　④ 65.20, 34.80

[해설]
ES 06303.1a 수분 및 고형물-중량법
- 수분함량 = $\frac{68.057 - 63.125}{68.057 - 48.953} \times 100 ≒ 25.82\%$
- 고형물 함량 = 100 − 25.82 ≒ 74.18%

77 pH 표준용액 조제에 대한 설명으로 옳지 않은 것은?

① 염기성 표준용액은 산화칼슘(생석회) 흡수관을 부착하여 2개월 이내에 사용한다.
② 조제한 pH 표준용액은 경질유리병에 보관한다.
③ 산성 표준용액은 3개월 이내에 사용한다.
④ 조제한 pH 표준용액은 폴리에틸렌병에 보관한다.

해설
ES 06304.1 수소이온농도-유리전극법
조제한 pH 표준용액은 경질유리병 또는 폴리에틸렌병에 보관하며, 보통 산성 표준용액은 3개월, 염기성 표준용액은 산화칼슘(생석회) 흡수관을 부착하여 1개월 이내에 사용한다.
※ 현재 국내외에 상품화되어 있는 표준용액을 사용할 수 있다.

79 수질오염공정시험기준 총칙에서 규정하고 있는 사항 중 옳은 것은?

① '약'이라 함은 기재된 양에 대하여 ±5% 이상의 차이가 있어서는 안 된다.
② '감압 또는 진공'이라 함은 따로 규정이 없는 한 15mmH$_2$O 이하를 말한다.
③ 무게를 '정확히 단다'라 함은 규정된 수치의 무게를 0.1mg까지 다는 것을 말한다.
④ '정확히 취하여'라 함은 규정한 양의 검체 또는 시액을 뷰렛으로 취하는 것을 말한다.

해설
ES 06000.b 총칙
① '약'이라 함은 기재된 양에 대하여 ±10% 이상의 차이가 있어서는 안 된다.
② '감압 또는 진공'이라 함은 따로 규정이 없는 한 15mmHg 이하를 뜻한다.
④ '정확히 취하여'라 하는 것은 규정한 양의 액체를 홀피펫으로 눈금까지 취하는 것을 말한다.

78 5톤 이상의 차량에서 적재폐기물의 시료를 채취할 때 평면상에서 몇 등분하여 채취하는가?

① 3등분
② 5등분
③ 6등분
④ 9등분

해설
ES 06130.d 시료의 채취
폐기물이 적재되어 있는 운반차량에서 시료를 채취할 경우
• 5톤 미만의 차량 : 평면상에서 6등분한 후 각 등분마다 시료 채취
• 5톤 이상의 차량 : 평면상에서 9등분한 후 각 등분마다 시료 채취

80 자외선/가시선 분광법으로 비소를 측정할 때 비화수소를 발생시키기 위해 시료 중의 비소를 3가비소로 환원한 다음 넣어 주는 시약은?

① 아 연
② 이염화주석
③ 염화제일주석
④ 시안화칼륨

해설
ES 06403.3 비소-자외선/가시선 분광법
폐기물 중에 비소를 자외선/가시선 분광법으로 측정하는 방법으로 시료 중의 비소를 3가비소로 환원시킨 다음 아연을 넣어 발생되는 비화수소를 다이에틸다이티오카르바민산은의 피리딘용액에 흡수시켜 이때 나타나는 적자색의 흡광도를 530nm에서 측정하는 방법이다.

정답 77 ① 78 ④ 79 ③ 80 ①

제5과목 폐기물관계법규

81 폐기물관리법에 사용하는 용어 설명으로 잘못된 것은?

① '지정폐기물'이란 사업장폐기물 중 폐유·폐산 등 주변 환경을 오염시킬 수 있거나 유해폐기물 등 인체에 위해를 줄 수 있는 해로운 물질로서 환경부령으로 정하는 폐기물을 말한다.
② '의료폐기물'이란 보건·의료기관, 동물병원, 시험·검사기관 등에서 배출되는 폐기물 중 인체에 감염 등 위해를 줄 우려가 있는 폐기물과 인체 조직 등 적출물(摘出物), 실험 동물의 사체 등 보건·환경보호상 특별한 관리가 필요하다고 인정되는 폐기물로서 대통령령으로 정하는 폐기물을 말한다.
③ '처리'란 폐기물의 수집, 운반, 보관, 재활용, 처분을 말한다.
④ '처분'이란 폐기물의 소각·중화·파쇄·고형화 등의 중간처분과 매립하거나 해역으로 배출하는 등의 최종처분을 말한다.

해설
폐기물관리법 제2조(정의)
'지정폐기물'이란 사업장폐기물 중 폐유·폐산 등 주변 환경을 오염시킬 수 있거나 의료폐기물 등 인체에 위해를 줄 수 있는 해로운 물질로서 대통령령으로 정하는 폐기물을 말한다.

82 폐기물처리업에 대한 과징금에 관한 내용으로 ( ) 안에 옳은 내용은?

> 환경부장관이나 시·도지사는 사업장의 사업규모, 사업지역의 특수성, 위반행위의 정도 및 횟수 등을 고려하여 법의 규정에 따른 과징금 금액의 ( ) 범위에서 가중하거나 감경할 수 있다. 다만, 가중하는 경우에는 과징금의 총액이 1억원을 초과할 수 없다.

① 2분의 1
② 3분의 1
③ 4분의 1
④ 5분의 1

해설
폐기물관리법 시행령 제8조의2(과징금의 부과)
특별자치시장, 특별자치도지사, 시장·군수·구청장은 사업장의 사업규모, 사업지역의 특수성, 위반행위의 정도 및 횟수 등을 고려하여 규정에 따른 과징금 금액의 2분의 1의 범위에서 가중하거나 감경할 수 있다. 다만, 가중하는 경우에는 과징금 총액이 1억원을 초과할 수 없다(이 경우 '환경부장관이나 시·도지사'는 '특별자치시장, 특별자치도지사, 시장·군수·구청장'으로 본다).

83 폐기물 수집, 운반업의 변경허가를 받아야 할 중요 사항으로 틀린 것은?

① 수집·운반대상 폐기물의 변경
② 영업구역의 변경
③ 처분시설 소재지의 변경
④ 운반차량(임시차량은 제외한다)의 증차

해설
폐기물관리법 시행규칙 제29조(폐기물처리업의 변경허가)
폐기물 수집·운반업
- 수집·운반대상 폐기물의 변경
- 영업구역의 변경
- 주차장 소재지의 변경(지정폐기물을 대상으로 하는 수집·운반업만 해당한다)
- 운반차량(임시차량은 제외한다)의 증차

정답 81 ① 82 ① 83 ③

84 폐기물 감량화시설의 종류로 틀린 것은?

① 폐기물 자원화시설
② 폐기물 재이용시설
③ 폐기물 재활용시설
④ 공정 개선시설

해설
폐기물관리법 시행령 [별표 4] 폐기물 감량화시설의 종류

85 폐기물을 매립하는 시설 중 사후관리이행보증금의 사전적립 대상인 시설의 면적기준은?

① 3,000m² 이상
② 3,300m² 이상
③ 3,600m² 이상
④ 3,900m² 이상

해설
폐기물관리법 시행령 제33조(사후관리이행보증금의 사전적립)

86 특별자치시장, 특별자치도지사, 시장·군수·구청장이 관할 구역의 음식물류 폐기물의 발생을 최대한 줄이고 발생한 음식물류 폐기물을 적절하게 처리하기 위하여 수립하는 음식물류 폐기물 발생 억제 계획에 포함되어야 하는 사항으로 틀린 것은?

① 음식물류 폐기물 처리기술의 개발 계획
② 음식물류 폐기물의 발생 억제 목표 및 목표 달성 방안
③ 음식물류 폐기물의 발생 및 처리 현황
④ 음식물류 폐기물 처리시설의 설치 현황 및 향후 설치 계획

해설
폐기물관리법 제14조의3(음식물류 폐기물 발생 억제 계획의 수립 등)
특별자치시장, 특별자치도지사, 시장·군수·구청장은 관할 구역의 음식물류 폐기물(농산물류·수산물류·축산물류 폐기물을 포함한다)의 발생을 최대한 줄이고 발생한 음식물류 폐기물을 적정하게 처리하기 위하여 다음의 사항을 포함하는 음식물류 폐기물 발생 억제 계획을 수립·시행하고, 매년 그 추진성과를 평가하여야 한다.
- 음식물류 폐기물의 발생 및 처리 현황
- 음식물류 폐기물의 향후 발생 예상량 및 적정 처리 계획
- 음식물류 폐기물의 발생 억제 목표 및 목표 달성 방안
- 음식물류 폐기물 처리시설의 설치 현황 및 향후 설치 계획
- 음식물류 폐기물의 발생 억제 및 적정 처리를 위한 기술적·재정적 지원 방안(재원의 확보계획을 포함한다)

87 주변지역 영향 조사대상 폐기물처리시설(폐기물처리업자가 설치, 운영하는 시설)기준으로 ( ) 안에 알맞은 것은?

> 매립면적 ( )m² 이상의 사업장 일반폐기물 매립시설

① 3만　　　② 5만
③ 10만　　④ 15만

해설
폐기물관리법 시행령 제14조(주변지역 영향 조사대상 폐기물처리시설)
'대통령령으로 정하는 폐기물처리시설'이란 폐기물처리업자가 설치·운영하는 다음의 시설을 말한다.
- 1일 처분능력이 50ton 이상인 사업장폐기물 소각시설(같은 사업장에 여러 개의 소각시설이 있는 경우에는 각 소각시설의 1일 처분능력의 합계가 50ton 이상인 경우를 말한다)
- 매립면적 1만m² 이상의 사업장 지정폐기물 매립시설
- 매립면적 15만m² 이상의 사업장 일반폐기물 매립시설
- 시멘트 소성로(폐기물을 연료로 사용하는 경우로 한정한다)
- 1일 재활용능력이 50ton 이상인 사업장폐기물 소각열회수시설(같은 사업장에 여러 개의 소각열회수시설이 있는 경우에는 각 소각열회수시설의 1일 재활용능력의 합계가 50ton 이상인 경우를 말한다)

88 토지 이용의 제한기간은 폐기물매립시설의 사용이 종료되거나 그 시설이 폐쇄된 날부터 몇 년 이내로 하는가?

① 15년
② 20년
③ 25년
④ 30년

해설
폐기물관리법 시행령 제35조(토지 이용 제한 등)

89 환경부장관 또는 시·도지사가 폐기물 처리 공제조합에 방치폐기물의 처리를 명할 때에는 처리량과 처리기간에 대하여 대통령령으로 정하는 범위 안에서 할 수 있도록 명하여야 한다. 이와 같이 폐기물 처리 공제조합에 처리를 명할 수 있는 방치폐기물의 처리량에 대한 기준으로 옳은 것은?(단, 폐기물처리업자가 방치한 폐기물의 경우)

① 그 폐기물처리업자의 폐기물 허용보관량의 1.5배 이내
② 그 폐기물처리업자의 폐기물 허용보관량의 2.0배 이내
③ 그 폐기물처리업자의 폐기물 허용보관량의 2.5배 이내
④ 그 폐기물처리업자의 폐기물 허용보관량의 3.0배 이내

해설
폐기물관리법 시행령 제23조(방치폐기물의 처리량과 처리기간)
폐기물 처리 공제조합에 처리를 명할 수 있는 방치폐기물의 처리량은 다음과 같다.
- 폐기물처리업자가 방치한 폐기물의 경우 : 그 폐기물처리업자의 폐기물 허용보관량의 2배 이내
- 폐기물처리 신고자가 방치한 폐기물의 경우 : 그 폐기물처리 신고자의 폐기물 보관량의 2배 이내
※ 저자의견 : 해당 법 개정으로 내용이 변경되어 정답은 ②번이다.

90 폐기물매립시설의 사후관리계획서에 포함되어야 할 내용으로 틀린 것은?

① 토양조사계획
② 지하수 수질조사계획
③ 빗물배제계획
④ 구조물 및 지반 등의 안정도 유지계획

해설
폐기물관리법 시행규칙 제69조(폐기물처리시설의 사용종료 및 사후관리 등)
다음의 사항을 포함한 폐기물매립시설 사후관리계획서
• 폐기물매립시설 설치·사용 내용
• 사후관리 추진일정
• 빗물배제계획
• 침출수 관리계획(차단형 매립시설은 제외한다)
• 지하수 수질조사계획
• 발생가스 관리계획(유기성폐기물을 매립하는 시설만 해당한다)
• 구조물과 지반 등의 안정도 유지계획

91 3년 이하의 징역이나 3천만원 이하의 벌금에 해당하는 벌칙기준에 해당하지 않는 것은?

① 고의로 사실과 다른 내용의 폐기물분석결과서를 발급한 폐기물분석전문기관
② 승인을 받지 아니하고 폐기물처리시설을 설치한 자
③ 다른 사람에게 자기의 성명이나 상호를 사용하여 폐기물을 처리하게 하거나 그 허가증을 다른 사람에게 빌려준 자
④ 폐기물처리시설의 설치 또는 유지·관리가 기준에 맞지 아니하여 지시된 개선명령을 이행하지 아니하거나 사용중지 명령을 위반한 자

해설
폐기물관리법 제65조(벌칙)
다른 사람에게 자기의 성명이나 상호를 사용하여 폐기물을 처리하게 하거나 그 허가증을 다른 사람에게 빌려준 자 : 폐기물관리법 제66조(벌칙) 2년 이하의 징역이나 2천만원 이하의 벌금

92 영업정지 기간에 영업을 한 자에 대한 벌칙기준은?

① 1년 이하의 징역이나 1천만원 이하의 벌금
② 2년 이하의 징역이나 2천만원 이하의 벌금
③ 3년 이하의 징역이나 3천만원 이하의 벌금
④ 5년 이하의 징역이나 5천만원 이하의 벌금

해설
폐기물관리법 제65조(벌칙)

93 음식물류 폐기물 배출자는 음식물류 폐기물의 발생 억제 및 처리계획을 환경부령으로 정하는 바에 따라 특별자치시장, 특별자치도지사, 시장·군수·구청장에게 신고하여야 한다. 이를 위반하여 음식물류 폐기물의 발생 억제 및 처리 계획을 신고하지 아니한 자에 대한 과태료 부과 기준은?

① 100만원 이하
② 300만원 이하
③ 500만원 이하
④ 1,000만원 이하

해설
폐기물관리법 제68조(과태료)

94 폐기물처리시설 설치·운영자, 폐기물처리업자, 폐기물과 관련된 단체, 그 밖에 폐기물과 관련된 업무에 종사하는 자가 폐기물에 관한 조사연구·기술개발·정보보급 등 폐기물분야의 발전을 도모하기 위하여 환경부장관의 허가를 받아 설립할 수 있는 단체는?

① 한국폐기물협회
② 한국폐기물학회
③ 폐기물관리공단
④ 폐기물처리공제조합

해설
폐기물관리법 제58조의2(한국폐기물협회)

정답 90 ① 91 ③ 92 ③ 93 ① 94 ①

95 폐기물처리시설의 사후관리이행보증금은 사후관리 기간에 드는 비용을 합산하여 산출한다. 산출 시 합산되는 비용과 가장 거리가 먼 것은?(단, 차단형 매립시설은 제외)

① 지하수정 유지 및 지하수 오염처리에 드는 비용
② 매립시설 제방, 매립가스 처리시설, 지하수 검사정 등의 유지·관리에 드는 비용
③ 매립시설 주변의 환경오염조사에 드는 비용
④ 침출수 처리시설의 가동과 유지·관리에 드는 비용

해설
폐기물관리법 시행령 제30조(사후관리이행보증금의 산출기준)
사후관리에 드는 비용 : 사후관리 기간에 드는 다음의 비용을 합산하여 산출한다. 다만, 최종 처리시설 중 차단형 매립시설의 경우에는 ㉠의 비용은 제외한다.
㉠ 침출수 처리시설의 가동과 유지·관리에 드는 비용
㉡ 매립시설 제방, 매립가스 처리시설, 지하수 검사정 등의 유지·관리에 드는 비용
㉢ 매립시설 주변의 환경오염조사에 드는 비용
㉣ 정기검사에 드는 비용

96 폐기물처리 신고자의 준수사항에 관한 내용으로 ( ) 안에 알맞은 것은?

> 폐기물처리 신고자는 폐기물의 재활용을 위탁한 자와 폐기물 위탁재활용(운반)계약서를 작성하고, 그 계약서를 ( ) 보관하여야 한다.

① 1년간
② 2년간
③ 3년간
④ 5년간

해설
폐기물관리법 시행규칙 [별표 17의2] 폐기물처리 신고자의 준수사항

97 재활용 활동 중에는 폐기물(지정폐기물 제외)을 시멘트 소성로 및 환경부장관이 정하여 고시하는 시설에서 연료로 사용하는 활동이 있다. 이 시멘트 소성로 및 환경부장관이 정하여 고시하는 시설에서 연료로 사용하는 폐기물(지정폐기물 제외)이 아닌 것은?(단, 그 밖에 환경부장관이 고시하는 폐기물 제외)

① 폐타이어
② 폐 유
③ 폐섬유
④ 폐합성고무

해설
폐기물관리법 시행규칙 제3조(에너지 회수기준 등)
다음의 어느 하나에 해당하는 폐기물(지정폐기물은 제외한다)을 시멘트 소성로 및 환경부장관이 정하여 고시하는 시설에서 연료로 사용하는 활동
- 폐타이어
- 폐섬유
- 폐목재
- 폐합성수지
- 폐합성고무
- 분진[중유회, 코크스(다공질 고체 탄소 연료) 분진만 해당한다]
※ 폐유는 지정폐기물이다(폐기물관리법 제2조).

98 기술관리인을 두어야 할 폐기물처리시설 기준으로 옳은 것은?(단, 폐기물처리업자가 운영하는 폐기물처리시설은 제외)

① 시멘트 소성로로서 시간당 처분능력이 600kg 이상인 시설
② 멸균분쇄시설로서 시간당 처분능력이 600kg 이상인 시설
③ 사료화·퇴비화 또는 연료화시설로서 1일 재활용능력이 1ton 이상인 시설
④ 압축·파쇄·분쇄 또는 절단시설로서 1일 처분능력 또는 재활용능력이 100ton 이상인 시설

해설
폐기물관리법 시행령 제15조(기술관리인을 두어야 할 폐기물처리시설)
- 매립시설의 경우
  - 지정폐기물을 매립하는 시설로서 면적이 3,300m² 이상인 시설. 다만, 최종처분시설 중 차단형 매립시설에서는 면적이 330m² 이상이거나 매립용적이 1,000m³ 이상인 시설로 한다.
  - 지정폐기물 외의 폐기물을 매립하는 시설로서 면적이 10,000m² 이상이거나 매립용적이 30,000m³ 이상인 시설
- 소각시설로서 시간당 처분능력이 600kg(의료폐기물을 대상으로 하는 소각시설의 경우에는 200kg) 이상인 시설
- 압축·파쇄·분쇄 또는 절단시설로서 1일 처분능력 또는 재활용능력이 100ton 이상인 시설
- 사료화·퇴비화 또는 연료화시설로서 1일 재활용능력이 5ton 이상인 시설
- 멸균분쇄시설로서 시간당 처분능력이 100kg 이상인 시설
- 시멘트 소성로
- 용해로(폐기물에서 비철금속을 추출하는 경우로 한정한다)로서 시간당 재활용능력이 600kg 이상인 시설
- 소각열회수시설로서 시간당 재활용능력이 600kg 이상인 시설

99 폐기물처리업의 업종 구분에 따른 영업 내용으로 틀린 것은?

① 폐기물 종합처분업 : 폐기물 최종처분시설을 갖추고 폐기물을 매립 등의 방법으로 최종처분하는 영업
② 폐기물 중간재활용업 : 폐기물 재활용시설을 갖추고 중간가공 폐기물을 만드는 영업
③ 폐기물 최종재활용업 : 폐기물 재활용시설을 갖추고 중간가공 폐기물을 폐기물의 재활용 원칙 및 준수사항에 따라 재활용하는 영업
④ 폐기물 종합재활용업 : 폐기물 재활용시설을 갖추고 중간재활용업과 최종재활용업을 함께하는 영업

해설
폐기물관리법 제25조(폐기물처리업)
- 폐기물 최종처분업 : 폐기물 최종처분시설을 갖추고 폐기물을 매립 등(해역 배출은 제외한다)의 방법으로 최종처분하는 영업
- 폐기물 종합처분업 : 폐기물 중간처분시설 및 최종처분시설을 갖추고 폐기물의 중간처분과 최종처분을 함께하는 영업

100 폐기물처리시설의 사후관리이행보증금과 사전적립금의 용도로 가장 적합한 것은?

① 매립시설의 사후 주변경관조성 비용
② 폐기물처리시설 설치비용의 지원
③ 사후관리이행보증금과 매립시설의 사후관리를 위한 사전적립금의 환불
④ 매립시설에서 발생하는 침출수 처리시설 비용

해설
폐기물관리법 제53조(사후관리이행보증금의 용도 등)

2019년 제2회 과년도 기출문제

제1과목 폐기물개론

01 쓰레기발생량이 6배로 증가하였으나 쓰레기 수거 노동력(MHT)은 그대로 유지시키고자 한다. 수거시간을 50% 증가시키는 경우 수거인원을 몇 배로 증가시켜야 하는가?

① 2.0배
② 3.0배
③ 3.5배
④ 4.0배

해설

$$\text{MHT} = \frac{x인 \times 1.5시간}{6 \times ton} = 0.25x \text{MHT}$$

∴ MHT을 그대로 유지하기 위해서는 수거인원(x)이 4배가 되어야 한다.

02 MBT에 관한 설명으로 맞는 것은?

① 생물학적 처리가 가능한 유기성 폐기물이 적은 우리나라는 MBT 설치 및 운영이 적합하지 않다.
② MBT는 지정폐기물의 전처리 시스템으로서 폐기물 무해화에 효과적이다.
③ MBT는 주로 기계적 선별, 생물학적 처리 등을 통해 재활용 물질을 회수하는 시설이다.
④ MBT는 생활폐기물 소각 후 잔재물을 대상으로 재활용 물질을 회수하는 시설이다.

03 쓰레기 발생량 조사방법이 아닌 것은?

① 적재차량 계수분석법
② 직접 계근법
③ 물질수지법
④ 경향법

해설
경향법은 폐기물 발생량 예측방법이다.

04 폐기물의 수거노선 설정 시 고려해야 할 사항과 가장 거리가 먼 것은?

① 지형이 언덕인 경우는 내려가면서 수거한다.
② 발생량은 적으나 수거빈도가 동일하기를 원하는 곳은 같은 날 왕복하면서 수거한다.
③ 가능한 한 시계방향으로 수거노선을 정한다.
④ 발생량이 가장 적은 곳부터 시작하여 많은 곳으로 수거노선을 정한다.

05 폐기물 수거체계 방식 가운데 하나인 HCS(견인식 컨테이너 시스템)의 장점으로 옳지 않은 것은?

① 미관상 유리하다.
② 손작업 운반이 용이하다.
③ 시간 및 경비 절약이 가능하다.
④ 비위생의 문제를 제거할 수 있다.

정답 1 ④ 2 ③ 3 ④ 4 ④ 5 ②

06 국내에서 발생되는 사업장폐기물 및 지정폐기물의 특성에 대한 설명으로 가장 거리가 먼 것은?

① 사업장폐기물 중 가장 높은 증가율을 보이는 것은 폐유이다.
② 지정폐기물은 사업장폐기물의 한 종류이다.
③ 일반사업장폐기물 중 무기물류가 가장 많은 비중을 차지하고 있다.
④ 지정폐기물 중 그 배출량이 가장 많은 것은 폐산·폐알칼리이다.

해설
폐유는 지정폐기물의 한 종류이다.

07 쓰레기 발생량 예측방법으로 적절하지 않는 것은?

① 물질수지법   ② 경향법
③ 다중회귀모델 ④ 동적모사모델

해설
물질수지법은 폐기물의 발생량 조사방법이다.

08 고형물의 함량이 30%, 수분함량이 70%, 강열감량이 85%인 폐기물의 유기물함량(%)은?

① 40   ② 50
③ 60   ④ 65

해설
휘발성 고형물 = 강열감량 − 수분 = 85 − 70 = 15%
유기물함량(%) = $\dfrac{휘발성\ 고형물(\%)}{고형물(\%)} \times 100 = \dfrac{15}{30} \times 100 = 50\%$

09 적환장의 위치를 결정하는 사항으로 옳지 못한 것은?

① 건설과 운용이 가장 경제적인 곳
② 수거해야 할 쓰레기 발생지역의 무게중심에 가까운 곳
③ 적환장의 운용에 있어서 공중의 반대가 적고 환경적 영향이 최소인 곳
④ 쉽게 간선도로에 연결될 수 있고 2차 보조 수송 수단과는 관련이 없는 곳

10 적환장을 이용한 수집, 수송에 관한 설명으로 가장 거리가 먼 것은?

① 소형의 차량으로 폐기물을 수거하여 대형 차량에 적환 후 수송하는 시스템이다.
② 처리장이 원거리에 위치할 경우에 적환장을 설치한다.
③ 적환장은 수송차량에 싣는 방법에 따라서 직접투하식, 간접투하식으로 구별된다.
④ 적환장 설치장소는 쓰레기 발생 지역의 무게중심에 되도록 가까운 곳이 알맞다.

해설
적환장은 적재하는 방식에 따라 직접투하방식, 저장투하방식, 직접투하와 저장투하의 결합방식 등이 있다.

정답 6 ① 7 ① 8 ② 9 ④ 10 ③

11 건조된 쓰레기 성상분석 결과가 다음과 같을 때 생물분해성 분율(BF)은?(단, 휘발성 고형물량 = 80%, 휘발성 고형물 중 리그닌 함량 = 25%)

① 0.785 ② 0.823
③ 0.915 ④ 0.985

해설
BF = 0.83 − (0.028 × LC) = 0.83 − (0.028 × 0.25) = 0.823
- BF : 생물분해성 분율(휘발성 고형분 함량 기준)
- LC : 휘발성 고형분 중 리그닌 함량(건조무게 %)

12 생활 쓰레기 감량화에 대한 설명으로 가장 거리가 먼 것은?

① 가정에서의 물품 저장량을 적정 수준으로 유지한다.
② 깨끗하게 다듬은 채소의 시장 반입량을 증가시킨다.
③ 백화점의 무포장센터 설치를 증가시킨다.
④ 상품의 포장 공간 비율을 증가시킨다.

13 관거(Pipeline)를 이용한 폐기물의 수거방식에 대한 설명으로 옳지 않은 것은?

① 장거리 수송이 곤란하다.
② 전처리 공정이 필요 없다.
③ 가설 후에 경로변경이 곤란하고 설치비가 비싸다.
④ 쓰레기 발생밀도가 높은 곳에서만 사용이 가능하다.

해설
크기가 큰 폐기물은 파쇄 등의 전처리가 필요하다.

14 유해폐기물을 소각하였을 때 발생하는 물질로서 광화학스모그의 주된 원인이 되는 물질은?

① 염화수소
② 일산화탄소
③ 메 탄
④ 일산화질소

15 강열감량(열작감량)의 정의에 대한 설명으로 가장 거리가 먼 것은?

① 강열감량이 높을수록 연소효율이 좋다.
② 소각잔사의 매립처분에 있어서 중요한 의미가 있다.
③ 3성분 중에서 가연분이 타지 않고 남는 양으로 표현된다.
④ 소각로의 연소효율을 판정하는 지표 및 설계인자로 사용된다.

해설
강열감량이 높을수록 연소효율이 낮다.

정답 11 ② 12 ④ 13 ② 14 ④ 15 ①

16 철, 구리, 유리가 혼합된 폐기물로부터 3가지를 각각 따로 분리할 수 있는 방법은?

① 정전기 선별
② 전자석 선별
③ 광학 선별
④ 와전류 선별

17 퇴비화 과정의 초기단계에서 나타나는 미생물은?

① *Bacillus* sp.
② *Streptomyces* sp.
③ *Aspergillus fumigatus*
④ *Fungi*

18 하수처리장에서 발생되는 슬러지와 비교한 분뇨의 특성이 아닌 것은?

① 질소의 농도가 높음
② 다량의 유기물을 포함
③ 염분 농도가 높음
④ 고액분리가 쉬움

19 물렁거리는 가벼운 물질로부터 딱딱한 물질을 선별하는 데 사용하며 경사진 컨베이어를 통해 폐기물을 주입시켜 천천히 회전하는 드럼 위에 떨어뜨려서 분류하는 것은?

① Stoners
② Jigs
③ Secators
④ Table

20 도시쓰레기 중 비가연성 부분이 중량비로 약 60%를 차지하였다. 밀도가 450kg/m³인 쓰레기 8m³가 있을 때 가연성 물질의 양(kg)은?

① 270
② 1,440
③ 2,160
④ 3,600

해설
비가연성 부분이 60%이므로, 가연성 부분은 40%이다.
질량 = 밀도 × 부피이므로,
∴ 가연성 물질의 양 = 450kg/m³ × 8m³ × 0.4 = 1,440kg

제2과목 폐기물처리기술

21 매립지에서 침출된 침출수 농도가 반으로 감소하는 데 약 3년이 걸린다면 이 침출수 농도가 90% 분해 되는 데 걸리는 시간(년)은?(단, 일차 반응 기준)

① 6　　② 8
③ 10　　④ 12

해설

- 반감기의 정의에서 $\frac{1}{2}C_o = C_o e^{-kt_{1/2}} \rightarrow \ln\frac{1}{2} = -3k$

$$k = -\frac{\ln\frac{1}{2}}{3} ≒ 0.231$$

- 침출수 농도가 90% 분해되면 C가 $0.1C$ 남아 있으므로(C가 $0.9C$가 아닌 것에 주의할 것) 1차 분해반응식에 앞서 구한 $k = 0.231$과 $C = 0.1C_o$를 대입한다.

$$0.1C_o = C_o e^{-0.231 \times t}$$

C_o를 소거한 후 양변에 ln를 취하면(∵ e를 없애기 위해서)

$\ln 0.1 = -0.231t$

$$t = \frac{\ln 0.1}{-0.231} ≒ 10년$$

22 분뇨 슬러지를 퇴비화할 때 고려하여야 할 사항이 아닌 것은?

① 자연상태에서 생화학적으로 안정되어야 함
② 병원균, 회충란 등의 유무는 무관함
③ 악취 등의 발생이 없어야 함
④ 취급이 용이한 상태이여야 함

23 차수설비는 표면차수막과 연직차수막으로 구분되어지는데, 연직차수막에 대한 일반적인 내용으로 가장 거리가 먼 것은?

① 지중에 수평방향의 차수층이 존재하는 경우에 적용한다.
② 지하수 집배수 시설이 필요하다.
③ 지하에 매설하기 때문에 차수성 확인이 어렵다.
④ 차수막 단위면적당 공사비가 비싸지만 총공사비는 싸다.

24 유기물($C_6H_{12}O_6$) 0.1ton을 혐기성 소화할 때 생성될 수 있는 최대 메테인의 양(kg)은?

① 12.5　　② 26.7
③ 37.3　　④ 42.9

해설

$C_6H_{12}O_6 \rightarrow 3CH_4 + 3CO_2$
180kg : 3×16kg
100kg : CH_4

$$\therefore CH_4 = \frac{100 \times 3 \times 16}{180} ≒ 26.7$$

25 도시쓰레기를 위생 매립 시 고려하여야 할 사항으로 가장 거리가 먼 것은?

① 지반의 침하
② 침출수에 의한 지하수오염
③ CH_4 가스 발생
④ CO_2 가스 발생

정답　21 ③　22 ②　23 ②　24 ②　25 ④

26 분뇨를 혐기성 소화법으로 처리하는 경우, 정상적인 작동 여부를 파악할 때 꼭 필요한 조사 항목으로 가장 거리가 먼 것은?

① 분뇨의 투입량에 대한 발생 가스량
② 발생 가스 중 CH_4와 CO_2의 비
③ 슬러지 내의 유기산 농도
④ 투입 분뇨의 비중

27 내륙매립방법인 셀(Cell)공법에 관한 설명으로 옳지 않은 것은?

① 화재의 확산을 방지할 수 있다.
② 쓰레기 비탈면의 경사는 15~25%의 기울기로 하는 것이 좋다.
③ 1일 작업하는 셀 크기는 매립장 면적에 따라 결정된다.
④ 발생가스 및 매립층 내 수분의 이동이 억제된다.

해설
1일 작업하는 셀 크기는 매립처분량에 따라 결정된다.

28 슬러지 수분 결합상태 중 탈수하기 가장 어려운 형태는?

① 모관결합수
② 간극모관결합수
③ 표면부착수
④ 내부수

29 매립지에서 폐기물의 생물학적 분해과정(5단계) 중 산 형성단계(제3단계)에 대한 설명으로 가장 거리가 먼 것은?

① 호기성 미생물에 의한 분해가 활발함
② 침출수의 pH가 5 이하로 감소함
③ 침출수의 BOD와 COD는 증가함
④ 매립가스의 메테인 구성비가 증가함

30 가연성 물질의 연소 시 연소효율은 완전연소량에 비하여 실제 연소되는 양의 백분율로 표시한다. 관계식을 옳게 나타낸 것은?(단, η_0 = 연소효율(%), H_l = 저위발열량, L_c = 미연소 손실, L_i = 불완전연소 손실)

① $\eta_0(\%) = \dfrac{H_l - (L_c + L_i)}{H_l} \times 100$

② $\eta_0(\%) = \dfrac{(L_c + L_i) - H_l}{H_l} \times 100$

③ $\eta_0(\%) = \dfrac{(L_c + L_i) - H_l}{(L_c + L_i)} \times 100$

④ $\eta_0(\%) = \dfrac{H_l - (L_c + L_i)}{(L_c + L_i)} \times 100$

31 매립가스 이용을 위한 정제기술 중 흡착법(PSA)의 장점으로 가장 거리가 먼 것은?

① 다양한 가스 조성에 적용이 가능함
② 고농도 CO_2 처리에 적합함
③ 대용량의 가스처리에 유리함
④ 공정수 및 폐수 발생이 없음

해설
PSA(Pressure Swing Adsorption)
용량에 커지면 장치를 추가로 설치해야 하는 형태이므로 대용량 가스처리 시 경제성이 낮다.

32 토양이 휘발성 유기물에 의해 오염되었을 경우 가장 적합한 공정은?

① 토양세척법
② 토양증기추출법
③ 열탈착법
④ 이온교환수지법

33 유해폐기물의 고형화 방법 중 열가소성 플라스틱법에 관한 설명으로 옳지 않은 것은?

① 고온에서 분해되는 물질에는 사용할 수 없다.
② 용출손실률이 시멘트 기초법보다 낮다.
③ 혼합률(MR)이 비교적 낮다.
④ 고화처리된 폐기물성분을 나중에 회수하여 재활용할 수 있다.

해설
혼합률(MR)이 비교적 높다.

34 VS 75%를 함유하는 슬러지고형물을 1ton/day로 받아들일 경우 소화조의 부하율($kg\ VS/m^3 \cdot day$)은?(단, 슬러지의 소화용적 = 550m^3, 비중 = 1.0)

① 1.26
② 1.36
③ 1.46
④ 1.56

해설
$$\frac{1,000 kg/day \times 0.75}{550 m^3} ≒ 1.36$$

35 분진제거를 위한 집진시설에 대한 설명으로 틀린 것은?

① 중력식 집진장치는 내부 가스유속을 5~10m/s 정도로 유지하는 것이 바람직하다.
② 관성력식 집진장치는 10~100μm 이상의 분진을 50~70%까지 집진할 수 있다.
③ 여과식 집진장치는 운전비가 많이 들고 고온다습한 가스에는 부적합하다.
④ 전기식 집진장치는 집진효율이 좋으며, 고온(350℃)에서도 운전이 가능하다.

해설
중력식 집진장치의 내부 가스유속은 0.3~3m/s 정도를 유지한다.

정답 31 ③ 32 ② 33 ③ 34 ② 35 ①

36 합성차수막의 종류 중 PVC의 장점에 관한 설명으로 틀린 것은?

① 가격이 저렴하다.
② 접합이 용이하다.
③ 강도가 높다.
④ 대부분의 유기화학물질에 강하다.

해설
대부분의 유기화학물질(기름 등)에 약하다.

37 다음의 조건에서 침출수 통과 연수(년)는?(단, 점토층의 두께 = 1m, 유효공극률 = 0.40, 투수계수 = 10^{-7}cm/s, 상부침출수 수두 = 0.4m)

① 약 7
② 약 8
③ 약 9
④ 약 10

해설
$t = \dfrac{d^2 n}{K(d+h)} = \dfrac{100^2 \times 0.4}{10^{-7} \times (100+40)} ≒ 285,714,286\,s = 9$년

38 하수처리장에서 발생한 생슬러지 내 고형물은 유기물(VS) 85%, 무기물(FS) 15%로 되어 있으며, 이를 혐기소화조에서 처리하여 소화슬러지 내 고형물은 유기물(VS) 70%, 무기물(FS) 30%로 되었을 때 소화율(%)은?

① 45.8
② 48.8
③ 54.8
④ 58.8

해설
무기물의 무게는 변하지 않으므로, 소화슬러지의 무기물 함량 30%의 무게는 생슬러지 중의 무기물 함량 15이다. 따라서, 같은 비율로 소화슬러지 중의 유기물 함량은 35가 된다.
∴ $\dfrac{85-35}{85} \times 100 ≒ 58.8\%$

39 고형물 농도 10kg/m³, 함수율 98%, 유량 700m³/day인 슬러지를 고형물 농도 50kg/m³이고 함수율 95%인 슬러지로 농축시키고자 하는 경우 농축조의 소요 단면적(m²)은?(단, 침강속도 = 10m/day)

① 51
② 56
③ 60
④ 72

해설
농축 전 고형물 무게 = $10kg/m^3 \times 700m^3/day = 7,000kg/day$
농축 후에도 고형물 무게는 동일하므로
농축 후 부피는 $\dfrac{7,000kg/day}{50kg/m^3} = 140\,m^3/day$ 이다.
따라서 $700 - 140 = 560m^3/day$가 침강되어야 한다.
침강속도가 10m/day이므로,
소요 단면적은 $\dfrac{560m^3/day}{10m/day} = 56m^2$ 이다.

40 주유소에서 오염된 토양을 복원하기 위해 오염 정도 조사를 실시한 결과, 토양오염 부피는 5,000m³, BTEX는 평균 300mg/kg으로 나타났다. 이때 오염토양에 존재하는 BTEX의 총함량(kg)은?(단, 토양의 Bulk Density = 1.9g/cm³)

① 2,650
② 2,850
③ 3,050
④ 3,250

해설
$5,000\,m^3 \times 1.9g/cm^3 \times \dfrac{10^6 cm^3}{m^3} \times \dfrac{kg}{10^3 g} \times 300mg/kg \times \dfrac{kg}{10^6 mg}$
$= 2,850kg$

정답: 36 ④ 37 ③ 38 ④ 39 ② 40 ②

제3과목 폐기물소각 및 열회수

41 소각로 본체 내부는 내화벽돌로 구성되어 있다. 내부에서 차례로 두께가 114, 65, 230mm이고 또 k의 값은 0.104, 0.0595, 1.04kcal/m·h·℃이다. 내부온도 900℃, 외벽온도 40℃일 경우 단위면적당 전체 열저항(m²·h·℃/kcal)은?

① 1.42 ② 1.52
③ 2.42 ④ 2.52

해설
총괄열전달계수
$$U = \frac{1}{\frac{L_a}{K_a}+\frac{L_b}{K_b}+\frac{L_c}{K_c}} = \frac{1}{\frac{0.114}{0.104}+\frac{0.065}{0.0595}+\frac{0.230}{1.04}} \fallingdotseq 0.415$$
여기서, 내화벽돌의 두께는 mm → m로 변환하였다.
$$\therefore \frac{1}{U} = \frac{1}{0.415} \fallingdotseq 2.41\,\text{m}^2\cdot\text{h}\cdot\text{℃/kcal}$$

42 황화수소 1Sm³의 이론연소공기량(Sm³)은?

① 7.1 ② 8.1
③ 9.1 ④ 10.1

해설
황화수소에 대하여 연소반응식을 만들면
$H_2S + aO_2 \rightarrow bSO_2 + cH_2O$에서 $c=1$, $b=1$이므로 $a=1.5$가 된다
(산소의 계수를 맨 마지막에 정해준다).
$H_2S + 1.5O_2 \rightarrow SO_2 + H_2O$
1Sm³   1.5Sm³
(∵ 황화수소가 부피단위로 나와 있으므로, 계수만 고려한 부피를 고려하면 된다)
$$\therefore \text{이론연소공기량} = \frac{1.5}{0.21} \fallingdotseq 7.14\,\text{Sm}^3$$

43 오리피스 구멍에서 유량과 유압의 관계가 옳은 것은?

① 유량은 유압에 정비례한다.
② 유량은 유압의 세제곱근에 비례한다.
③ 유량은 유압의 제곱근에 비례한다.
④ 유량은 유압의 제곱에 비례한다.

해설
유체의 통과 유량
$$Q = C_q a \sqrt{\frac{2\Delta P}{\rho}}$$
여기서, a : 오리피스 면적
ΔP : 압력강하
C_q : 유량계수
ρ : 유체밀도

44 탄소 및 수소의 중량조성이 각각 80%, 20%인 액체연료를 매시간 200kg씩 연소시켜 배기가스의 조성을 분석한 결과 CO_2 12.5%, O_2 3.5%, N_2 84%였다. 이 경우 시간당 필요한 공기량(Sm³)은?

① 약 3,450 ② 약 2,950
③ 약 2,450 ④ 약 1,950

해설
$$m = \frac{21N_2}{21N_2 - 79O_2} = \frac{21\times 84}{21\times 84 - 79\times 3.5} \fallingdotseq 1.19$$
$$A_o = \frac{1}{0.21}\left(\frac{22.4}{12}\times 0.8 + \frac{11.2}{2}\times 0.2\right) \fallingdotseq 12.4\,\text{Sm}^3/\text{kg}$$
$A = mA_o = 1.19 \times 12.4 \fallingdotseq 14.8\,\text{Sm}^3/\text{kg}$
∴ 실제 공기량 = 14.8Sm³/kg × 200kg/h ≒ 2,960Sm³/h

정답 41 ③ 42 ① 43 ③ 44 ②

45 소각로 설계에 필요한 쓰레기의 발열량 분석방법이 아닌 것은?

① 단열 열량계에 의한 방법
② 원소분석에 의한 방법
③ 추정식에 의한 방법
④ 상온상태하의 수분 증발잠열에 의한 방법

46 소각공정에서 발생하는 다이옥신에 관한 설명으로 가장 거리가 먼 것은?

① 쓰레기 중 PVC 또는 플라스틱류 등을 포함하고 있는 합성물질을 연소시킬 때 발생한다.
② 연소 시 발생하는 미연분의 양과 비산재의 양을 줄여 다이옥신을 저감할 수 있다.
③ 다이옥신 재형성 온도구역을 최대화하여 재합성 양을 줄일 수 있다.
④ 활성탄과 백필터를 적용하여 다이옥신을 제거하는 설비가 많이 이용된다.

해설
다이옥신 재형성 온도구역을 최소화하여 재합성 양을 줄일 수 있다.

47 배가스 세정 흡수탑의 조건에 관한 설명으로 가장 거리가 먼 것은?

① 흡수장치에 들어가는 가스의 온도는 일정하게 높게 유지시켜 주어야 한다.
② 세정액에 중화제액 혼입에 의한 화학반응 속도를 향상시킬 필요가 있다.
③ 세정액과 가스의 접촉면적을 크게 잡고 교란에 의한 기체/액체 접촉을 높여야 한다.
④ 비교적 물에 대한 용해도가 낮은 CO, NO, H_2S 등의 흡수 평형조건은 헨리의 법칙을 따른다.

해설
가스의 온도가 높아지면 집진에 불리한 결과가 나타나므로 될수록 냉각한 후 스크러버로 이송하는 것이 좋다.

48 밀도가 600kg/m³인 도시쓰레기 100ton을 소각시킨 결과 밀도가 1,200kg/m³인 재 10ton이 남았다. 이 경우 부피 감소율과 무게 감소율에 관한 설명으로 옳은 것은?

① 부피 감소율이 무게 감소율보다 크다.
② 무게 감소율이 부피 감소율보다 크다.
③ 부피 감소율과 무게 감소율은 동일하다.
④ 주어진 조건만으로는 알 수 없다.

해설
- 소각 전 부피 $= \dfrac{100 \text{ton}}{600 \text{kg/m}^3} \times \dfrac{1{,}000 \text{kg}}{\text{ton}} \fallingdotseq 166.7 \text{m}^3$
- 소각 후 부피 $= \dfrac{10 \text{ton}}{1{,}200 \text{kg/m}^3} \times \dfrac{1{,}000 \text{kg}}{\text{ton}} \fallingdotseq 8.3 \text{m}^3$
- 부피 감소율 $= \dfrac{166.7 - 8.3}{166.7} \times 100 \fallingdotseq 95\%$
- 무게 감소율 $= \dfrac{100 - 10}{100} \times 100 = 90\%$

49 스토커식 소각로에 있어서 여러 개의 부채형 화격자를 노폭 방향으로 병렬로 조합하고, 한 조의 화격자를 형성하여 편심 캠에 의한 역주행 Grate로 되어 있는 연소장치의 종류는?

① 반전식(Traveling Back Stoker)
② 계단식(Multistepped Pushing Grate Stoker)
③ 병렬계단식(Rows Forced Feed Grate Stoker)
④ 역동식(Pushing Back Grate Stoker)

50 소각로의 연소온도에 관한 설명으로 가장 거리가 먼 것은?

① 연소온도가 너무 높아지면 NO_x 또는 SO_x가 생성된다.
② 연소온도가 낮게 되면 불완전연소로 HC 또는 CO 등이 생성된다.
③ 연소온도는 600~1,000℃ 정도이다.
④ 연소실에서 굴뚝으로 유입되는 온도는 700~800℃ 정도이다.

> **해설**
> 연소실과 굴뚝 사이에는 폐열보일러와 대기오염방지장치가 위치하며, 연소실 출구온도는 통상 850℃ 이상이고, 굴뚝의 온도는 SCR을 지나서 300℃ 전후의 온도가 된다.

51 유동층 소각로의 Bed(층)물질이 갖추어야 하는 조건으로 틀린 것은?

① 비중이 클 것
② 입도분포가 균일할 것
③ 불활성일 것
④ 열충격에 강하고 융점이 높을 것

> **해설**
> 비중이 작을 것(비중이 크면 유동화하기가 어렵다)

52 소각로로부터 폐열을 회수하는 경우의 장점에 해당되지 않는 것은?

① 열회수로 연소가스의 온도와 부피를 줄일 수 있다.
② 과잉공기량이 비교적 적게 요구된다.
③ 소각로의 연소실 크기가 비교적 크지 않다.
④ 조작이 간단하며 수증기 생산설비가 필요 없다.

> **해설**
> 폐열을 회수하기 위해서는 수증기 생산설비가 필요하다.

53 소각로의 연소효율을 증대시키는 방법이 아닌 것은?

① 적절한 연소시간
② 적절한 온도 유지
③ 적절한 공기공급과 연료비
④ 연소조건은 층류

> **해설**
> 층류가 아니라 난류를 만들어줘야 한다.

54 유동층 소각로의 특성에 대한 설명으로 옳지 않은 것은?

① 미연소분 배출이 많아 2차 연소실이 필요하다.
② 반응시간이 빨라 소각시간이 짧다.
③ 기계적 구동 부분이 상대적으로 적어 고장률이 낮다.
④ 소량의 과잉공기량으로도 연소가 가능하다.

해설
미연소분의 배출이 적고, 2차 연소실이 불필요하다.

55 다음 조건과 같은 함유성분의 폐기물을 원소처리할 때 저위발열량(kcal/kg)은?(단, 함수율 : 30%, 불활성분 : 14%, 탄소 : 20%, 수소 : 10%, 산소 : 24%, 유황 : 2%, Dulong식 기준)

① 약 2,400 ② 약 3,300
③ 약 4,200 ④ 약 4,600

해설
저위발열량
$8,100C + 34,000\left(H - \dfrac{O}{8}\right) + 2,500S - 600(9H + W)$
$= 8,100 \times 0.2 + 34,000\left(0.1 - \dfrac{0.24}{8}\right) + 2,500 \times 0.02$
$\quad - 600(9 \times 0.1 + 0.3)$
$= 3,330$

56 탄소(C) 10kg을 완전 연소시키는 데 필요한 이론적 산소량(Sm^3)은?

① 약 7.8   ② 약 12.6
③ 약 15.5 ④ 약 18.7

해설
$C + O_2 \rightarrow CO_2$
12kg : 22.4Sm^3
10kg : $x\, Sm^3$
$12 : 22.4 = 10 : x$
$\therefore x = \dfrac{22.4 \times 10}{12} \fallingdotseq 18.7\, Sm^3$

57 화격자 연소 중 상부투입 연소에 대한 설명으로 잘못된 것은?

① 공급공기는 우선 재층을 통과한다.
② 연료와 공기의 흐름이 반대이다.
③ 하부투입 연소보다 높은 연소온도를 얻는다.
④ 착화면 이동방향과 공기 흐름방향이 반대이다.

58 도시폐기물의 연속식 소각로 과잉공기비로 가장 적당한 것은?

① 0.1~1.0
② 1.5~2.5
③ 5~10
④ 25~35

해설
과잉공기비는 1보다 약간 큰 값이다.

정답 54 ① 55 ② 56 ④ 57 ④ 58 ②

59 폐기물의 연소실에 관한 설명으로 적절치 않은 것은?

① 연소실은 폐기물을 건조, 휘발, 점화시켜 연소시키는 1차 연소실과 여기서 미연소된 것을 연소시키는 2차 연소실로 구성된다.
② 연소실의 온도는 1,500~2,000℃ 정도이다.
③ 연소실의 크기는 주입폐기물의 무게(ton)당 0.4~0.6m³/day로 설계되고 있다.
④ 연소로의 모형은 직사각형, 수직원통형, 혼합형, 로터리킬른형 등이 있다.

[해설]
연소실의 연소온도는 600~1,000℃이다.

60 연소기 내에 단회로(Short-circuit)가 형성되면 불완전연소된 가스가 외부로 배출된다. 이를 방지하기 위한 대책으로 가장 적절한 것은?

① 보조버너를 가동시켜 연소온도를 증대시킨다.
② 2차 연소실에서 체류시간을 늘린다.
③ Grate의 간격을 줄인다.
④ Baffle을 설치한다.

제4과목 폐기물공정시험기준(방법)

61 수소이온농도를 유리전극법으로 측정할 때 적용범위 및 간섭물질에 관한 설명으로 옳지 않은 것은?

① 적용범위 : 시험기준으로 pH를 0.01까지 측정한다.
② pH 10 이상에서 나트륨에 의해 오차가 발생할 수 있는데 이는 '낮은 나트륨 오차 전극'을 사용하여 줄일 수 있다.
③ 유리전극은 일반적으로 용액의 색도, 탁도에 영향을 받지 않는다.
④ 유리전극은 산화 및 환원성 물질이나 염도에는 간섭을 받는다.

[해설]
ES 06304.1 수소이온농도-유리전극법
유리전극은 일반적으로 용액의 색도, 탁도, 콜로이드성 물질들, 산화 및 환원성 물질들 그리고 염도에 의해 간섭을 받지 않는다.

62 운반가스로 순도 99.99% 이상의 질소 또는 헬륨을 사용하여야 하는 기체크로마토그래피의 검출기는?

① 열전도도형 검출기
② 알칼리열이온화 검출기
③ 염광광도형 검출기
④ 전자포획형 검출기

정답 59 ② 60 ④ 61 ④ 62 ④

63 폐기물 소각시설의 소각재 시료채취에 관한 내용 중 회분식 연소 방식의 소각재 반출설비에서의 시료채취 내용으로 옳은 것은?

① 하루 동안의 운행시간에 따라 매 시간마다 2회 이상 채취하는 것을 원칙으로 한다.
② 하루 동안의 운행시간에 따라 매 시간마다 3회 이상 채취하는 것을 원칙으로 한다.
③ 하루 동안의 운전횟수에 따라 매 운전 시마다 2회 이상 채취하는 것을 원칙으로 한다.
④ 하루 동안의 운전횟수에 따라 매 운전 시마다 3회 이상 채취하는 것을 원칙으로 한다.

해설
ES 06130.d 시료의 채취

64 반고상폐기물이라 함은 고형물의 함량이 몇 %인 것을 말하는가?

① 5% 이상 10% 미만
② 5% 이상 15% 미만
③ 5% 이상 20% 미만
④ 5% 이상 25% 미만

해설
ES 06000.b 총칙

액상폐기물	고형물의 함량 5% 미만
반고상폐기물	고형물의 함량 5% 이상 15% 미만
고상폐기물	고형물의 함량 15% 이상

65 다음에 설명한 시료 축소 방법은?

㉠ 모아진 대시료를 네모꼴로 엷게 균일한 두께로 편다.
㉡ 이것을 가로 4등분, 세로 5등분하여 20개의 덩어리로 나눈다.
㉢ 20개의 각 부분에서 균등량씩을 취하여 혼합하여 하나의 시료로 한다.

① 구획법
② 등분법
③ 균등법
④ 분할법

해설
ES 06130.d 시료의 채취

66 자외선/가시선 분광광도계의 광원에 관한 설명으로 ( ) 안에 알맞은 것은?

광원부의 광원으로 가시부와 근적외부의 광원으로는 주로 (㉠)를 사용하고 자외부의 광원으로는 주로 (㉡)을 사용한다.

① ㉠ 텅스텐램프   ㉡ 중수소 방전관
② ㉠ 중수소 방전관   ㉡ 텅스텐램프
③ ㉠ 할로겐램프   ㉡ 헬륨 방전관
④ ㉠ 헬륨 방전관   ㉡ 할로겐램프

정답 63 ③ 64 ② 65 ① 66 ①

67 폐기물공정시험기준의 용어 정의로 틀린 것은?

① 시험조작 중 '즉시'란 30초 이내에 표시된 조작을 하는 것을 뜻한다.
② 감압 또는 진공이라 함은 따로 규정이 없는 한 15mmHg 이하를 말한다.
③ '항량으로 될 때까지 건조한다'라 함은 같은 조건에서 1시간 더 건조할 때 전후 무게의 차가 g당 0.1mg 이하일 때를 말한다.
④ '비함침성 고상폐기물'이라 함은 금속판, 구리선 등 기름을 흡수하지 않는 평면 또는 비평면 형태의 변압기 내부부재를 말한다.

해설
ES 06000.b 총칙
'항량으로 될 때까지 건조한다.'라 함은 같은 조건에서 1시간 더 건조할 때 전후 무게의 차가 g당 0.3mg 이하일 때를 말한다.

68 자외선/가시선 분광법으로 비소를 측정하는 방법으로 ( ) 안에 옳은 것은?

> 시료 중의 비소를 3가비소로 환원시킨 다음 ( )을 넣어 발생되는 비화수소를 다이에틸다이티오카르바민산의 피리딘용액에 흡수시켜 이때 나타나는 적자색의 흡광도를 측정한다.

① 과망간산칼륨용액
② 과산화수소수용액
③ 아이오딘
④ 아 연

해설
ES 06403.3 비소-자외선/가시선 분광법

69 수소이온농도(유리전극법) 측정을 위한 표준용액 중 가장 강한 산성을 나타내는 것은?

① 수산염 표준액
② 인산염 표준액
③ 붕산염 표준액
④ 탄산염 표준액

해설
ES 06304.1 수소이온농도-유리전극법

표준용액	pH(0°C)
수산염 표준액	1.67
프탈산염 표준액	4.01
인산염 표준액	6.98
붕산염 표준액	9.46
탄산염 표준액	10.32
수산화칼슘 표준액	13.43

70 용출액 중의 PCBs 시험방법(기체크로마토그래피법)을 설명한 것으로 틀린 것은?

① 용출액 중의 PCBs를 헥산으로 추출한다.
② 전자포획형 검출기(ECD)를 사용한다.
③ 정제는 활성탄 칼럼을 사용한다.
④ 용출용액의 정량한계는 0.0005mg/L이다.

해설
ES 06502.1b 폴리클로리네이티드비페닐(PCBs)-기체크로마토그래피
시료 중의 폴리클로리네이티드비페닐(PCBs)을 헥산으로 추출하여 실리카겔 칼럼 등을 통과시켜 정제한 다음 기체크로마토그래프에 주입하여 크로마토그램에 나타난 피크 패턴에 따라 폴리클로리네이티드비페닐(PCBs)을 확인하고 정량하는 방법이다.

71 원자흡수분광광도법에 의한 분석 시 일반적으로 일어나는 간섭과 가장 거리가 먼 것은?

① 장치나 불꽃의 성질에 기인하는 분광학적 간섭
② 시료용액의 점성이나 표면장력 등에 의한 물리적 간섭
③ 시료 중에 포함된 유기물 함량, 성분 등에 의한 유기적 간섭
④ 불꽃 중에서 원자가 이온화하거나 공존물질과 작용하여 해리하기 어려운 화합물을 생성, 기저상태 원자수가 감소되는 것과 같은 화학적 간섭

72 기름성분을 중량법으로 측정할 때 정량한계 기준은?

① 0.1% 이하
② 1.0% 이하
③ 3.0% 이하
④ 5.0% 이하

해설
ES 06302.1b 기름성분-중량법

73 폐기물 시료 20g에 고형물함량이 1.2g이었다면 다음 중 어떤 폐기물에 속하는가?(단, 폐기물의 비중 = 1.0)

① 액상폐기물
② 반액상폐기물
③ 반고상폐기물
④ 고상폐기물

해설
ES 06000.b 총칙
고형물함량 $= \frac{1.2}{20} \times 100 = 6\% \rightarrow$ 반고상폐기물
반고상폐기물 : 고형물의 함량 5% 이상 15% 미만

74 다음 중 HCl의 농도가 가장 높은 것은?(단, HCl 용액의 비중 = 1.18)

① 14W/W%
② 15W/V%
③ 155g/L
④ 1.3×10^5 ppm

해설
ES 06000.b 총칙
백분율(W/V%) : 용액 또는 기체 100mL 중 성분무게(g)를 표시
① 14W/W%
$= 14\frac{W}{W/1.18}\% = 16.5\,W/V\% = 16.5g/100mL = 165\,g/L$
② 15W/V% = 15g/100mL = 150 g/L
③ 155g/L
④ 1.3×10^5 ppm = 13W/V% = 13g/100mL = 130 g/L

75 자외선/가시선 분광법과 원자흡수분광광도법의 두 가지 시험방법으로 모두 분석할 수 있는 항목은?(단, 폐기물공정시험기준에 준함)

① 시 안
② 수 은
③ 유기인
④ 폴리클로리네이티드비페닐

해설
• ES 06404.1a 수은-환원기화-원자흡수분광광도법
• ES 06404.2 수은-자외선/가시선 분광법

정답 71 ③ 72 ① 73 ③ 74 ① 75 ②

76 시료의 용출시험방법에 관한 설명으로 ( ) 안에 옳은 것은?(단, 상온, 상압 기준)

> 용출조작은 진폭이 4~5cm인 진탕기로 (㉠)회/min로 (㉡)시간 연속 진탕한다.

① ㉠ 200, ㉡ 6 ② ㉠ 200, ㉡ 8
③ ㉠ 300, ㉡ 6 ④ ㉠ 300, ㉡ 8

해설
ES 06150.e 시료의 준비
진탕의 폭이 4~5cm인 왕복진탕기(수평인 것)를 사용하여 6시간 동안 연속 진탕한다.
※ 기준 개정으로 내용 변경

77 정도관리 요소 중 다음이 설명하고 있는 것은?

> 동일한 매질의 인증시료를 확보할 수 있는 경우에는 표준절차서에 따라 인증표준물질을 분석한 결과값과 인증값과의 상대백분율로 구한다.

① 정확도 ② 정밀도
③ 검출한계 ④ 정량한계

해설
ES 06001 정도보증/정도관리

78 pH가 각각 10과 12인 폐액을 동일 부피로 혼합하면 pH는?

① 10.3 ② 10.7
③ 11.3 ④ 11.7

해설
pH 10 = pOH 4, pH 12 = pOH 2
동일한 부피를 혼합하면
$$\frac{10^{-2} + 10^{-4}}{1+1} = 0.00505$$
혼합한 폐액의 pOH = $-\log 0.00505 ≒ 2.3$
pH = 14 − 2.3 ≒ 11.7

79 용출시험 대상의 시료용액 조제에 있어서 사용하는 용매의 pH 범위는?

① 4.8~5.3
② 5.8~6.3
③ 6.8~7.3
④ 7.8~8.3

해설
ES 06150.e 시료의 준비

80 시료 중 수분함량 및 고형물함량을 정량한 결과가 다음과 같다면 고형물함량(%)은?(단, 증발접시의 무게(W_1) = 245g, 건조 전의 증발접시와 시료의 무게(W_2) = 260g, 건조 후의 증발접시와 시료의 무게(W_3) = 250g)

① 약 21 ② 약 24
③ 약 28 ④ 약 33

해설
ES 06303.1a 수분 및 고형물-중량법
$$\frac{250-245}{260-245} \times 100 ≒ 33.3$$

정답 76 ① 77 ① 78 ④ 79 ② 80 ④

제5과목 폐기물관계법규

81 폐기물처리 담당자가 받아야 할 교육과정이 아닌 것은?

① 폐기물처리 신고자 과정
② 폐기물 재활용 신고자 과정
③ 폐기물처리업 기술요원 과정
④ 폐기물 재활용시설 기술담당자 과정

해설
폐기물관리법 시행규칙 제51조(교육과정 등)
- 사업장폐기물배출자 과정
- 폐기물처리업 기술요원 과정
- 폐기물처리 신고자 과정
- 폐기물 처분시설 또는 재활용시설 기술담당자 과정
- 재활용환경성평가기관 기술인력 과정
- 폐기물분석전문기관 기술요원 과정

82 폐기물처리업의 시설·장비·기술능력의 기준 중 폐기물 수집·운반업(지정폐기물 중 의료폐기물을 수집·운반하는 경우) 장비 기준으로 (　)에 옳은 것은?

> 적재능력 (㉠) 이상의 냉장차량(4℃ 이하인 것을 말한다) (㉡) 이상

① ㉠ 0.25톤　㉡ 5대
② ㉠ 0.25톤　㉡ 3대
③ ㉠ 0.45톤　㉡ 5대
④ ㉠ 0.45톤　㉡ 3대

해설
폐기물관리법 시행규칙 [별표 7] 폐기물처리업의 시설·장비·기술능력의 기준

83 폐기물처리시설의 설치 및 운영을 하려는 자가 처리시설별로 검사를 받아야 하는 기관 연결이 틀린 것은?

① 소각시설 : 한국산업기술시험원
② 매립시설 : 한국농어촌공사
③ 멸균분쇄시설 : 한국건설기술연구원
④ 음식물류 폐기물처리시설 : 한국산업기술시험원

해설
폐기물관리법 시행규칙 제41조(폐기물처리시설의 사용신고 및 검사)
※ 해당 법 개정으로 삭제〈2020.11.27〉

84 사업장폐기물배출자는 사업장폐기물의 종류와 발생량 등을 환경부령으로 정하는 바에 따라 신고하여야 한다. 이를 위반하여 신고를 하지 아니하거나 거짓으로 신고를 한 자에 대한 과태료 처분 기준은?

① 200만원 이하
② 300만원 이하
③ 500만원 이하
④ 1천만원 이하

해설
폐기물관리법 제68조(과태료)

정답 81 ②　82 ④　83 ③　84 ④

85 의료폐기물(위해의료폐기물) 중 시험·검사 등에 사용된 배양액, 배양용기, 보관균주, 폐시험관, 슬라이드, 커버글라스, 폐배지, 폐장갑이 해당되는 것은?

① 병리계폐기물
② 손상성폐기물
③ 위생계폐기물
④ 보건성폐기물

해설
폐기물관리법 시행령 [별표 2] 의료폐기물의 종류
위해의료폐기물
- 조직물류폐기물 : 인체 또는 동물의 조직·장기·기관·신체의 일부, 동물의 사체, 혈액·고름 및 혈액생성물(혈청, 혈장, 혈액제제)
- 병리계폐기물 : 시험·검사 등에 사용된 배양액, 배양용기, 보관균주, 폐시험관, 슬라이드, 커버글라스, 폐배지, 폐장갑
- 손상성폐기물 : 주삿바늘, 봉합바늘, 수술용 칼날, 한방침, 치과용 침, 파손된 유리재질의 시험기구
- 생물·화학폐기물 : 폐백신, 폐항암제, 폐화학치료제
- 혈액오염폐기물 : 폐혈액백, 혈액투석 시 사용된 폐기물, 그 밖에 혈액이 유출될 정도로 포함되어 있어 특별한 관리가 필요한 폐기물

86 폐기물처리 신고자와 광역 폐기물처리시설 설치·운영자의 폐기물처리기간에 대한 설명으로 ( )에 순서대로 알맞게 나열한 것은?(단, 폐기물관리법 시행규칙 기준)

'환경부령으로 정하는 기간'이란 (㉠)을 말한다. 다만, 폐기물처리 신고자가 고철을 재활용하는 경우에는 (㉡)을 말한다.

① ㉠ 10일 ㉡ 30일
② ㉠ 15일 ㉡ 30일
③ ㉠ 30일 ㉡ 60일
④ ㉠ 60일 ㉡ 90일

해설
폐기물관리법 시행규칙 제12조(폐기물처리 신고자와 광역 폐기물처리시설 설치·운영자의 폐기물처리기간)

87 폐기물처리시설 중 기계적 재활용시설이 아닌 것은?

① 연료화시설
② 탈수·건조시설
③ 응집·침전시설
④ 증발·농축시설

해설
폐기물관리법 시행령 [별표 3] 폐기물처리시설의 종류
응집·침전시설은 화학적 재활용시설이다.

88 음식물류 폐기물 발생 억제 계획의 수립주기는?

① 1년
② 2년
③ 3년
④ 5년

해설
폐기물관리법 시행규칙 제16조(음식물류 폐기물 발생 억제 계획의 수립주기 및 평가방법 등)

89 특별자치시장, 특별자치도지사, 시장·군수·구청장이 관할 구역의 음식물류 폐기물의 발생을 최대한 줄이고 발생한 음식물류 폐기물을 적절하게 처리하기 위하여 수립하는 음식물류 폐기물 발생 억제 계획에 포함되어야 하는 사항과 가장 거리가 먼 것은?

① 음식물류 폐기물 재활용 및 재이용 방안
② 음식물류 폐기물의 발생 억제 목표 및 목표 달성 방안
③ 음식물류 폐기물의 발생 및 처리 현황
④ 음식물류 폐기물 처리시설의 설치 현황 및 향후 설치 계획

해설
폐기물관리법 제14조의3(음식물류 폐기물 발생 억제 계획의 수립 등)
음식물류 폐기물 발생 억제 계획에 포함되어야 할 사항
- 음식물류 폐기물의 발생 및 처리 현황
- 음식물류 폐기물의 향후 발생 예상량 및 적정 처리 계획
- 음식물류 폐기물의 발생 억제 목표 및 목표 달성 방안
- 음식물류 폐기물 처리시설의 설치 현황 및 향후 설치 계획
- 음식물류 폐기물의 발생 억제 및 적정 처리를 위한 기술적·재정적 지원 방안(재원의 확보계획을 포함한다)

정답 85 ① 86 ③ 87 ③ 88 ④ 89 ①

90 정기적으로 주변지역에 미치는 영향을 조사하여야 할 폐기물처리시설에 해당하는 것은?

① 1일 처분능력이 30ton 이상인 사업장폐기물 소각시설
② 1일 재활용능력이 30ton 이상인 사업장폐기물 소각열회수시설
③ 매립면적이 1만m² 이상의 사업장 지정폐기물 매립시설
④ 매립면적이 10만m² 이상의 사업장 일반폐기물 매립시설

해설
폐기물관리법 시행령 제14조(주변지역 영향 조사대상 폐기물처리시설)
- 1일 처분능력이 50ton 이상인 사업장폐기물 소각시설(같은 사업장에 여러 개의 소각시설이 있는 경우에는 각 소각시설의 1일 처분능력의 합계가 50ton 이상인 경우를 말한다)
- 매립면적 1만m² 이상의 사업장 지정폐기물 매립시설
- 매립면적 15만m² 이상의 사업장 일반폐기물 매립시설
- 시멘트 소성로(폐기물을 연료로 사용하는 경우로 한정한다)
- 1일 재활용능력이 50ton 이상인 사업장폐기물 소각열회수시설(같은 사업장에 여러 개의 소각열회수시설이 있는 경우에는 각 소각열회수시설의 1일 재활용능력의 합계가 50ton 이상인 경우를 말한다)

92 폐기물 관리의 기본원칙으로 틀린 것은?

① 사업자는 제품의 생산방식 등을 개선하여 폐기물의 발생을 최대한 억제해야 한다.
② 폐기물은 우선적으로 소각, 매립 등의 처분을 한다.
③ 폐기물로 인하여 환경오염을 일으킨 자는 오염된 환경을 복원할 책임을 져야 한다.
④ 누구든지 폐기물을 배출하는 경우에는 주변 환경이나 주민의 건강에 위해를 끼치지 아니하도록 사전에 적절한 조치를 하여야 한다.

해설
폐기물관리법 제3조의2(폐기물 관리의 기본원칙)
폐기물은 소각, 매립 등의 처분을 하기 보다는 우선적으로 재활용함으로써 자원생산성의 향상에 이바지하도록 하여야 한다.

91 폐기물처리업의 변경허가를 받아야 하는 중요사항으로 틀린 것은?(단, 폐기물 중간처분업, 폐기물 최종처분업 및 폐기물 종합처분업인 경우)

① 주차장 소재지의 변경
② 운반차량(임시차량은 제외한다)의 증차
③ 처분대상 폐기물의 변경
④ 폐기물 처분시설의 신설

해설
폐기물관리법 시행규칙 제29조(폐기물처리업의 변경허가)

93 폐기물처리시설의 사용개시신고 시에 첨부하여야 하는 서류는?

① 해당 시설의 유지관리계획서
② 폐기물의 처리계획서
③ 예상배출내역서
④ 처리 후 발생되는 폐기물의 처리계획서

해설
폐기물관리법 시행규칙 제41조(폐기물처리시설의 사용신고 및 검사)

94 기술관리인을 두어야 하는 폐기물처리시설이 아닌 것은?

① 폐기물에서 비철금속을 추출하는 용해로로서 시간당 재활용능력이 600kg 이상인 시설
② 소각열회수시설로서 시간당 재활용능력이 500kg 이상인 시설
③ 압축·파쇄·분쇄 또는 절단시설로서 1일 처분능력 또는 재활용능력이 100ton 이상인 시설
④ 사료화·퇴비화 또는 연료화시설로서 1일 재활용능력이 5ton 이상인 시설

해설
폐기물관리법 시행령 제15조(기술관리인을 두어야 할 폐기물처리시설)
소각열회수시설로서 시간당 재활용능력이 600kg 이상인 시설

95 매립시설의 사후관리이행보증금의 산출기준 항목으로 틀린 것은?

① 침출수 처리시설의 가동 및 유지·관리에 드는 비용
② 매립시설 제방 등의 유실 방지에 드는 비용
③ 매립시설 주변의 환경오염조사에 드는 비용
④ 매립시설에 대한 민원 처리에 드는 비용

해설
폐기물관리법 시행령 제30조(사후관리이행보증금의 산출기준)

96 매립지의 사후관리기준 및 방법에 관한 내용 중 토양 조사 횟수 기준(토양 조사방법)으로 옳은 것은?

① 월 1회 이상 조사
② 매 분기 1회 이상 조사
③ 매 반기 1회 이상 조사
④ 연 1회 이상 조사

해설
폐기물관리법 시행규칙 [별표 19] 사후관리기준 및 방법

97 폐기물관리법에서 사용하는 용어 설명으로 틀린 것은?

① 지정폐기물이란 사업장폐기물 중 폐유·폐산 등 주변 환경을 오염시킬 수 있거나 유해폐기물 등 인체에 위해를 줄 수 있는 해로운 물질로서 환경부령으로 정하는 폐기물을 말한다.
② 의료폐기물이란 보건·의료기관, 동물병원, 시험·검사기관 등에서 배출되는 폐기물 중 인체에 감염 등 위해를 줄 우려가 있는 폐기물과 인체조직 등 적출물, 실험 동물의 사체 등 보건·환경보호상 특별한 관리가 필요하다고 인정되는 폐기물로서 대통령령으로 정하는 폐기물을 말한다.
③ 처리란 폐기물의 수집, 운반, 보관, 재활용, 처분을 말한다.
④ 처분이란 폐기물의 소각·중화·파쇄·고형화 등의 중간처분과 매립하거나 해역으로 배출하는 등의 최종처분을 말한다.

해설
폐기물관리법 제2조(정의)
'지정폐기물'이란 사업장폐기물 중 폐유·폐산 등 주변 환경을 오염시킬 수 있거나 의료폐기물 등 인체에 위해를 줄 수 있는 해로운 물질로서 대통령령으로 정하는 폐기물을 말한다.

정답 94 ② 95 ④ 96 ④ 97 ①

98 관리형 매립시설에서 발생하는 침출수의 배출허용 기준으로 옳은 것은?(단, 청정지역, 단위 mg/L, 중크롬산칼륨법에 의한 화학적 산소요구량 기준이며 ( ) 안의 수치는 처리효율을 표시함)

① 200(90%) ② 300(90%)
③ 400(90%) ④ 500(90%)

해설
폐기물관리법 시행규칙 [별표 11] 폐기물 처분시설 또는 재활용시설의 관리기준

구 분	생물화학적 산소요구량 (mg/L)	화학적 산소요구량 (mg/L)	부유물질량 (mg/L)
청정지역	30	200	30
가지역	50	300	50
나지역	70	400	70

※ 해당 법 개정으로 정답 없음〈2021.4.30〉

99 사후관리이행보증금의 사전적립에 관한 설명으로 ( ) 안에 알맞은 것은?

> 사후관리이행보증금의 사전적립 대상이 되는 폐기물을 매립하는 시설은 면적이 (㉠)인 시설로 한다. 이에 따른 매립시설의 설치자는 그 시설의 사용을 시작한 날부터 (㉡)에 환경부령으로 정하는 바에 따라 사전적립금 적립계획서를 환경부장관에게 제출하여야 한다.

① ㉠ 1만m² 이상 ㉡ 1개월 이내
② ㉠ 1만m² 이상 ㉡ 15일 이내
③ ㉠ 3,300m² 이상 ㉡ 1개월 이내
④ ㉠ 3,300m² 이상 ㉡ 15일 이내

해설
폐기물관리법 시행령 제33조(사후관리이행보증금의 사전적립)

100 지정폐기물을 배출하는 사업자가 지정폐기물을 처리하기 전에 환경부장관에게 제출하여야 하는 서류가 아닌 것은?

① 폐기물 감량화 및 재활용 계획서
② 수탁처리자의 수탁확인서
③ 폐기물 전문분석기관의 폐기물분석결과서
④ 폐기물처리계획서

해설
폐기물관리법 제17조(사업장폐기물배출자의 의무 등)

2019년 제4회 과년도 기출문제

제1과목 폐기물개론

01 종이, 천, 돌, 철, 나무조각, 구리, 알루미늄이 혼합된 폐기물 중에서 재활용 가치가 높은 구리, 알루미늄만을 따로 분리, 회수하는 데 가장 적절한 기계적 선별법은?

① 자력선별법
② 트롬멜선별법
③ 와전류선별법
④ 정전기선별법

02 폐기물의 관리정책에서 중점을 두어야 할 우선순위로 가장 적당한 것은?

① 감량화(발생원) > 처리(소각 등) > 재활용 > 최종처분
② 감량화(발생원) > 재활용 > 처리(소각 등) > 최종처분
③ 처리(소각 등) > 감량화(발생원) > 재활용 > 최종처분
④ 재활용 > 처리(소각 등) > 감량화(발생원) > 최종처분

03 폐기물에 관한 설명으로 맞는 것은?

① 음식폐기물을 분리수거하면 유기물 감소로 인해 생활폐기물의 발열량은 감소한다.
② 일반적으로 생활폐기물의 화학성분 중에 제일 많은 것 2개는 산소(O)와 수소(H)이다.
③ 소각로 설계 시 기준발열량은 고위발열량이다.
④ 폐기물의 비중은 일반적으로 겉보기 비중을 말한다.

> **해설**
> ① 음식폐기물을 분리수거하면 수분함량이 감소하므로 생활폐기물의 발열량은 증가한다.
> ② 일반적으로 생활폐기물의 화학성분 중 제일 많은 원소는 탄소와 산소이다.
> ③ 소각로 설계 시 기준발열량은 저위발열량이다.

04 폐기물저장시설과 컨베이어 설계 시 고려할 사항으로 가장 거리가 먼 것은?

① 수분함량
② 안식각
③ 입자크기
④ 화학조성

정답 1 ③ 2 ② 3 ④ 4 ④

05 $X_{90} = 3.0$cm로 도시폐기물을 파쇄하고자 한다. 90% 이상을 3.0cm보다 작게 파쇄하고자 할 때 Rosin-Rammler 모델에 의한 특성입자크기(cm)는?(단, $n = 1$)

① 1.30
② 1.42
③ 1.74
④ 1.92

해설

$$y = 1 - \exp\left[\left(-\frac{x}{x_o}\right)^n\right]$$

$$0.9 = 1 - \exp\left(-\frac{3.0}{x_o}\right) \rightarrow 0.1 = \exp\left(-\frac{3.0}{x_o}\right)$$

exp를 없애기 위해서 양변에 ln를 취하면(ln 함수 ↔ exp 함수는 서로 역함수이므로 exp 함수에 ln를 취하면 exp 함수가 소거됨)

$$\ln 0.1 = \left(-\frac{3.0}{x_o}\right) \rightarrow x_o = -\frac{3.0}{\ln 0.1} ≒ 1.30\text{cm}$$

06 폐기물의 소각 시 소각로의 설계기준이 되는 발열량은?

① 고위발열량
② 전수발열량
③ 저위발열량
④ 부분발열량

07 도시쓰레기의 특성에 대한 설명으로 옳지 않은 것은?

① 배출량은 생활수준의 향상, 생활양식, 수집형태 등에 따라 좌우된다.
② 도시쓰레기의 처리에 있어서 그 성상은 크게 문제시 되지 않는다.
③ 쓰레기의 질은 지역, 계절, 기후 등에 따라 달라진다.
④ 계절적으로 연말이나 여름철에 많은 양의 쓰레기가 배출된다.

해설
폐기물의 성상에 따라 도시쓰레기의 처리방법이 달라지게 된다.

08 폐기물의 기계적 처리 중 폐기물을 물과 섞어 잘게 부순 뒤 물과 분리하는 장치는?

① Grinder
② Hammer Mill
③ Balers
④ Pulverizer

09 납과 구리의 합금 제조 시 첨가제로 사용되며 발암성과 돌연변이성이 있으며, 장기적인 노출 시 피로와 무기력증을 유발하는 성분은?

① As
② Pb
③ 벤젠
④ 린덴

10 폐기물의 수거노선 설정 시 고려해야 할 내용으로 옳지 않은 것은?

① 언덕지역에서는 언덕의 꼭대기에서부터 시작하여 적재하면서 차량이 아래로 진행하도록 한다.
② U자 회전을 피하여 수거한다.
③ 아주 많은 양의 쓰레기가 발생되는 발생원은 하루 중 가장 나중에 수거한다.
④ 가능한 한 시계방향으로 수거노선을 정한다.

해설
아주 많은 양의 쓰레기가 발생되는 발생원은 하루 중 가장 먼저 수거한다.

11 1,000세대(세대당 평균 가족수 5인) 아파트에서 배출하는 쓰레기를 3일마다 수거하는 데 적재용량 11.0m³의 트럭 5대(1회 기준)가 소요된다. 쓰레기 단위용적당 중량이 210kg/m³이라면 1인 1일당 쓰레기 배출량(kg/인·일)은?

① 2.31　　② 1.38
③ 1.12　　④ 0.77

해설
$$\frac{11m^3 \times 5 \times 210kg/m^3}{1,000세대 \times 5인/세대 \times 3일} = 0.77 kg/인 \cdot 일$$

12 50ton/h 규모의 시설에서 평균크기가 30.5cm인 혼합된 도시폐기물을 최종크기 5.1cm로 파쇄하기 위해 필요한 동력(kW)은?(단, 평균크기를 15.2cm에서 5.1cm로 파쇄하기 위한 에너지 소모율 = 15kW·h/t, 킥의 법칙 적용)

① 약 1,033　　② 약 1,156
③ 약 1,228　　④ 약 1,345

해설
- 15.2cm → 5.1cm의 경우, $15 = C\ln\frac{15.2}{5.1} ≒ 1.09\,C$
  → $C ≒ 13.76$
- 30.5cm → 5.1cm의 경우, $E = 13.76 \ln\frac{30.5}{5.1} ≒ 24.6$
- ∴ 소요동력 = 24.6kW·h/ton × 50ton/h ≒ 1,230kW

13 완전히 건조시킨 폐기물 20g을 취해 회분량을 조사하니 5g이었다. 폐기물의 함수율이 40%이었다면, 습량기준 회분 중량비(%)는?(단, 비중 = 1.0)

① 5　　② 10
③ 15　　④ 20

해설
함수율이 40%이므로 고형물 함량은 60%이다.
고형물 함량 60%의 무게가 20g이므로, 젖은 폐기물(비율 100%)의 무게(x)는 다음 비례식으로부터 구할 수 있다.
60% : 20g = 100% : x
$x = \frac{20g \times 100\%}{60\%} = 33.3g$
∴ 습량기준 회분 함량 = $\frac{5g}{33.3g} \times 100 = 15.0\%$

14 적환장의 설치가 필요한 경우와 가장 거리가 먼 것은?

① 고밀도 거주지역이 존재할 때
② 작은 용량의 수집차량을 사용할 때
③ 슬러지수송이나 공기수송 방식을 사용할 때
④ 불법투기와 다량의 어질러진 쓰레기들이 발생할 때

15 함수율 97%인 분뇨와 함수율 30%인 쓰레기를 무게비 1:3으로 혼합하여 퇴비화하고자 할 때 함수율(%)은?(단, 분뇨와 쓰레기의 비중은 같다고 가정함)

① 약 62
② 약 57
③ 약 52
④ 약 47

해설
$\frac{1 \times 97 + 3 \times 30}{1+3} ≒ 47\%$

16 쓰레기 발생량 조사방법에 관한 설명으로 틀린 것은?

① 직접계근법 : 적재차량 계수분석에 비하여 작업량이 많고 번거롭다는 단점이 있다.
② 물질수지법 : 주로 산업폐기물 발생량 추산에 이용한다.
③ 물질수지법 : 비용이 많이 들어 특수한 경우에 사용한다.
④ 적재차량 계수분석 : 쓰레기의 밀도 또는 압축정도를 정확하게 파악할 수 있다.

17 유기물을 혐기성 및 호기성으로 분해시킬 때 공통적으로 생성되는 물질은?

① N_2와 H_2O
② NH_3와 CH_4
③ CH_4와 H_2O
④ CO_2와 H_2O

18 관거 수거에 대한 설명으로 옳지 않은 것은?

① 현탁물 수송은 관의 마모가 크고 동력소모가 많은 것이 단점이다.
② 캡슐수송은 쓰레기를 충전한 캡슐을 수송관 내에 삽입하여 공기나 물의 흐름을 이용하여 수송하는 방식이다.
③ 공기수송은 공기의 동압에 의해 쓰레기를 수송하는 것으로서 진공수송과 가압수송이 있다.
④ 공기수송은 고층주택 밀집지역에 적합하며 소음방지시설 설치가 필요하다.

해설
현탁물 수송은 관의 마모가 작고, 대체로 동력이 적게 소모된다는 장점이 있다.

19 파쇄에 따른 문제점은 크게 공해발생상의 문제와 안전상의 문제로 나눌 수 있는데 안전상의 문제에 해당하는 것은?

① 폭발
② 진동
③ 소음
④ 분진

20 청소상태를 평가하는 방법 중 서비스를 받는 사람들의 만족도를 설문조사하여 계산하는 '사용자 만족도 지수'는?

① USI
② UAI
③ CEI
④ CDI

해설
- USI(User Satisfaction Index) : 사용자 만족도 지수
- CEI(Community Effect Index) : 지역사회 효과지수

제2과목 폐기물처리기술

21 소각공정에 비해 열분해 과정의 장점이라 볼 수 없는 것은?

① 배기가스가 적다.
② 보조연료의 소비량이 적다.
③ 크롬의 산화가 억제된다.
④ NO_x의 발생량이 억제된다.

해설
열분해 공정은 흡열반응이므로, 보조연료가 필요하다.

22 다음과 같은 조건일 때 혐기성 소화조의 용량(m^3)은?(단, 유기물량의 50%가 액화 및 가스화된다고 한다. 방식은 2조식이다)

조건 : 분뇨투입량 = 1,000kL/day
투입 분뇨 함수율 = 95%
유기물 농도 = 60%
소화일수 = 30일
인발 슬러지 함수율 = 90%

① 12,350
② 17,850
③ 20,250
④ 25,500

해설
함수율이 95%이므로, 고형물 함량은 5%이다.
- 소화된 유기물의 양 = 5% × 0.6 × (1 − 0.5) = 1.5%
- 소화 후 남은 고형물의 양 = 5 − 1.5 = 3.5%
- 1,000m^3 슬러지를 소화한 후의 고형물 함량 = 5m^3

인발 슬러지 함수율이 90%이므로

수분함량 = $\dfrac{C-s}{C} \times 100$

여기서, C : 슬러지 케이크의 양, s : 고형물의 양

$90 = \dfrac{C-35}{C} \times 100$

$90C = 100C - 3,500$

$C = 350 m^3$

∴ 혐기성 소화조의 용량 $V = \left(\dfrac{Q_1 + Q_2}{2}\right) \times T$

$= \left(\dfrac{1,000 + 350}{2}\right) m^3/일 \times 30일$

$= 20,250 m^3$

여기서, Q_1 : 투입량, Q_2 : 소화슬러지의 양, T : 소화일수

23 소각로의 백연(White Plum) 방지시설의 역할로 가장 옳게 설명된 것은?

① 배출가스 중 수증기 응축을 방지하여 지역 주민의 대기오염 피해의식을 줄이기 위해
② 먼지 제거
③ 폐열 회수
④ 질소산화물 제거

24 토양 복원기술 중 압력 및 농도구배를 형성하기 위하여 추출정을 굴착하여 진공상태로 만들어 줌으로써 토양 내의 휘발성 오염물질을 휘발, 추출하는 기술은?

① Biopile
② Bioaugmentation
③ Soil Vapor Extraction
④ Thermal Decomposition

25 소각로의 부식에 대한 설명으로 틀린 것은?

① 480~700℃ 사이에서는 염화철이나 알칼리철 황산염 분해에 의한 부식이 발생된다.
② 저온부식은 100~150℃ 사이에서 부식속도가 가장 느리고, 고온부식은 600~700℃에서 가장 부식이 느리다.
③ 150~320℃에서는 부식이 잘 일어나지 않고, 고온부식은 320℃ 이상에서 소각재가 침착된 금속면에서 발생된다.
④ 320~480℃ 사이에서는 염화철이나 알칼리철 황산염 생성에 의한 부식이 발생된다.

해설
저온부식은 100~150℃ 사이에서 부식속도가 가장 빠르다.

26 함수율이 96%인 슬러지 10L에 응집제를 가하여 침전 농축시킨 결과 상층액과 침전슬러지의 용적비가 2 : 1이었다면 침전슬러지의 함수율(%)은? (단, 비중=1.0 기준, 상층액 SS, 응집제량 등 기타 사항은 고려하지 않음)

① 84 ② 88
③ 92 ④ 94

해설
침전 농축 후의 슬러지 부피는 처음의 1/3이다.
$$\frac{V_2}{V_1} = \frac{100 - w_1}{100 - w_2}$$
$$\frac{10/3}{10} = \frac{100 - 96}{100 - w_2} = \frac{4}{100 - w_2}$$
$$100 - w_2 = 4 \times 3$$
∴ 침전슬러지의 함수율 $w_2 = 100 - 12 = 88\%$

27 피부염, 피부궤양을 일으키며 흡입으로 코, 폐, 위장에 점막을 생성하고 폐암을 유발하는 중금속은?

① 비 소
② 납
③ 6가크롬
④ 구 리

28 폐기물부담금제도에 해당되지 않는 품목은?

① 500mL 이하의 살충제 용기
② 자동차 타이어
③ 껌
④ 1회용 기저귀

해설
자동차 타이어는 EPR(생산자 책임재활용제도) 품목이다.

29 매립지 가스발생량의 추정방법으로 가장 거리가 먼 것은?

① 화학양론적인 접근에 의한 폐기물 조성으로부터 추정
② BMP(Biological Methane Potential)법에 의한 메테인가스 발생량 조사법
③ 라이지미터(Lysimeter)에 의한 가스발생량 추정법
④ 매립지에 화염을 접근시켜 화력에 의해 추정하는 방법

30 퇴비화의 장단점과 가장 거리가 먼 것은?

① 병원균 사멸이 가능한 장점이 있다.
② 다양한 재료를 이용하므로 퇴비제품의 품질 표준화가 어려운 단점이 있다.
③ 퇴비화가 완성되어도 부피가 크게 감소(50% 이하)하지 않는 단점이 있다.
④ 생산된 퇴비는 비료가치가 높은 장점이 있다.

해설
생산된 퇴비는 비료가치가 낮다.

31 침출수가 점토층을 통과하는 데 소요되는 시간을 계산하는 식으로 옳은 것은?(단, t = 통과시간(year), d = 점토층두께(m), h = 침출수 수두(m), K = 투수계수(m/year), n = 유효공극률)

① $t = \dfrac{nd^2}{K(d+h)}$

② $t = \dfrac{dn}{K(d+h)}$

③ $t = \dfrac{nd^2}{K(2d+h)}$

④ $t = \dfrac{dn}{K(2h+d)}$

32 수분함량 95%(무게%)의 슬러지에 응집제를 소량 가해 농축시킨 결과 상등액과 침전슬러지의 용적비가 3 : 5이었다. 이 침전슬러지의 함수율(%)은? (단, 응집제의 주입량은 소량이므로 무시, 농축 전후 슬러지 비중 = 1)

① 94
② 92
③ 90
④ 88

해설
침전 농축 후의 슬러지 부피는 처음의 5/8이다.
$\dfrac{V_2}{V_1} = \dfrac{100 - w_1}{100 - w_2}$

$\dfrac{10 \times 5/8}{10} = \dfrac{100 - 95}{100 - w_2} = \dfrac{5}{100 - w_2}$

$100 - w_2 = 8$
침전슬러지의 함수율 $w_2 = 92\%$

정답 28 ② 29 ④ 30 ④ 31 ① 32 ②

33 매립지에서 침출된 침출수의 농도가 반으로 감소하는 데 약 3.3년이 걸린다면 이 침출수의 농도가 90% 분해되는 데 걸리는 시간(년)은?(단, 1차 반응 기준)

① 약 7　　② 약 9
③ 약 11　　④ 약 13

해설

- 반감기의 정의에서 $\frac{1}{2}C_o = C_o e^{-kt_{1/2}} \rightarrow \ln\frac{1}{2} = -3.3k$

$k = -\dfrac{\ln\frac{1}{2}}{3.3} ≒ 0.21$

- 침출수의 농도가 90% 분해되면 C가 $0.1C$ 남아 있으므로(C가 $0.9C$가 아닌 것에 주의할 것) 1차 분해반응식에 앞서 구한 $k = 0.21$과 $C = 0.1C_o$를 대입한다.

$0.1C_o = C_o e^{-0.21 \times t}$

C_o를 소거한 후 양변에 ln를 취하면(∵ e를 없애기 위해서)

$\ln 0.1 = -0.21t$

$t = \dfrac{\ln 0.1}{-0.21} ≒ 11년$

34 폐기물의 퇴비화에 관한 설명으로 옳지 않은 것은?

① C/N비가 클수록 퇴비화에 시간이 많이 요하게 된다.
② 함수율이 높을수록 미생물의 분해속도는 빠르다.
③ 공기가 과잉공급되면 열손실이 생겨 미생물의 대사열을 빼앗겨서 동화작용이 저해된다.
④ 공기공급이 부족하면 혐기성 분해에 의해 퇴비화 속도의 저하를 초래하고 악취발생의 원인이 된다.

해설

퇴비화에 적당한 수분함량은 50~60%로, 수분함량이 40% 이하가 되면 분해율이 감소하고 수분함량이 60% 이상이 되면 산소확산이 잘되지 않아 혐기성 생물작용에 의해 악취가 발생되거나 퇴비화 효율이 떨어진다.

35 함수율이 95%이고 고형물 중 유기물이 70%인 하수슬러지 300m³/day를 소화시켜 유기물의 2/3가 분해되고 함수율 90%인 소화슬러지를 얻었다. 소화슬러지의 양(m³/day)은?(단, 슬러지 비중＝1.0)

① 80　　② 90
③ 100　　④ 110

해설

함수율이 95%이므로 고형물함량은 5%이다.
$300\,\text{m}^3/\text{day} \times 0.05 \times (0.7 \times 1/3 + 0.3) = 8\,\text{m}^3/\text{day}$
소화슬러지의 함수율이 90%이므로 고형물 함량은 10%이다.
$\dfrac{8\,\text{m}^3/\text{day}}{0.1} = 80\,\text{m}^3/\text{day}$

36 매립지 바닥이 두껍고(지하수면이 지표면으로부터 깊은 곳에 있는 경우), 복토로 적합한 지역에 이용하는 방법으로 거의 단층매립만 가능한 공법은?

① 도랑굴착매립공법
② 압축매립공법
③ 샌드위치공법
④ 순차투입공법

37 폐기물 매립지에서 매립시간 경과에 따라 크게 초기조절단계, 전이단계, 산형성 단계, 메테인발효단계, 숙성단계의 총 5단계로 구분이 되는데, 4단계인 메테인발효단계에서 나타나는 현상과 가장 근접한 것은?

① 수소농도가 증가함
② 산형성 속도가 상대적으로 증가함
③ 침출수의 전도도가 증가함
④ pH가 중성값보다 약간 증가함

정답　33 ③　34 ②　35 ①　36 ①　37 ④

38 토양세척법의 처리효과가 가장 높은 토양입경 정도는?

① 슬러지 ② 점토
③ 미사 ④ 자갈

39 폐기물 매립지에서 나오는 침출수에 관한 설명으로 가장 거리가 먼 것은?

① 폐기물을 통과하면서 폐기물 내의 성분을 용해시키거나 부유 물질을 함유하기도 한다.
② 가스 발생량이 많을수록 침출수 내 유기물질 농도는 증가한다.
③ 외부에서 침투하는 물과 내부에 있는 물이 유출되어 형성된다.
④ 매립지의 침출수의 이동은 서서히 이동된다고 한다.

해설
가스 발생량이 많아지면 침출수 내 유기물질 농도는 감소한다(유기물질 중의 C 성분이 유기산 등의 형태로 침출수로 이동하는 것이 아니라 CH_4, CO_2 형태로 배출된다).

40 폐기물 매립 시 매립된 물질의 분해과정은?

① 혐기성 → 호기성 → 메테인 생성 → 산성물질 형성
② 호기성 → 혐기성 → 산성물질 형성 → 메테인 생성
③ 호기성 → 혐기성 → 메테인 생성 → 산성물질 형성
④ 혐기성 → 호기성 → 산성물질 형성 → 메테인 생성

해설
호기성단계(초기 조절단계) → 혐기성단계(전이단계) → 혐기성단계(산 형성단계) → 혐기성단계(메테인발효단계)

제3과목 폐기물소각 및 열회수

41 폐기물의 이송과 연소가스의 유동방향에 의해 소각로의 형상을 구분해 볼 때 난연성 또는 착화하기 어려운 폐기물에 적합한 방식은?

① 병류식
② 하향식
③ 향류식
④ 중간류식

해설
향류식(혹은 역류식)은 폐기물의 이동방향과 연소가스의 이동방향이 반대로 설계된 구조로 난연성 또는 착화하기 어려운 폐기물에 적합한 방식이다. 이 방식은 폐기물이 연소로에 투입되었을 때 뜨거운 연소가스에 의해 슬러지 등 수분함량이 높은 폐기물의 건조를 빠르게 하는 효과가 있다.

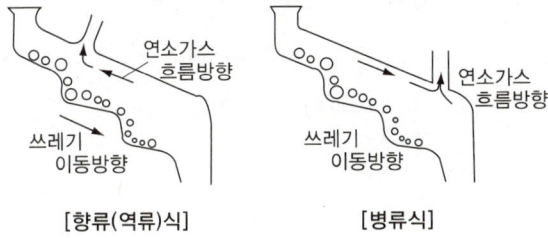

[향류(역류)식]   [병류식]

42 폐기물의 열분해 시 저온열분해의 온도 범위는?

① 100~300℃
② 500~900℃
③ 1,100~1,500℃
④ 1,300~1,900℃

43 폐기물조성이 $C_{760}H_{1980}O_{870}N_{12}S$일 때 고위발열량(kcal/kg)은?(단, Dulong 식을 이용하여 계산한다)

① 약 5,860 ② 약 4,560
③ 약 3,260 ④ 약 2,860

해설
- 분자량 $= 760 \times 12 + 1,980 \times 1 + 870 \times 16 + 14 \times 12 + 32$
  $= 25,220$
- C분율 $= \dfrac{760 \times 12}{25,220} ≒ 0.362$
- H분율 $= \dfrac{1,980}{25,220} ≒ 0.079$
- O분율 $= \dfrac{870 \times 16}{25,220} ≒ 0.552$
- S분율 $= \dfrac{32}{25,220} ≒ 0.001$

∴ 고위발열량(H_h)
$= 8,100C + 34,000\left(H - \dfrac{O}{8}\right) + 2,500S$
$= 8,100 \times 0.362 + 34,000\left(0.079 - \dfrac{0.552}{8}\right) + 2,500 \times 0.001$
$≒ 3,275 \text{kcal/kg}$

44 고체 및 액체연료의 이론적인 습윤연소가스량을 산출하는 계산식이다. ㉠, ㉡의 값으로 적당한 것은?

$$G_{ow} = 8.89C + 32.3H + 3.3S + 0.8N + (㉠)W - (㉡)O \; (Sm^3/kg)$$

① ㉠ 1.12 ㉡ 1.32
② ㉠ 1.24 ㉡ 2.64
③ ㉠ 2.48 ㉡ 5.28
④ ㉠ 4.96 ㉡ 10.56

45 폐기물의 연소 및 열분해에 관한 설명으로 잘못된 것은?

① 열분해는 무산소 또는 저산소 상태에서 유기성 폐기물을 열분해시키는 방법이다.
② 습식산화는 젖은 폐기물이나 슬러지를 고온, 고압화에서 산화시키는 방법이다.
③ Steam Reforming은 산화 시에 스팀을 주입하여 일산화탄소와 수소를 생성시키는 방법이다.
④ 가스화는 완전연소에 필요한 양보다 과잉공기 상태에서 산화시키는 방법이다.

해설
가스화는 완전연소에 필요한 이론공기량보다 공기가 부족한 상태에서 열분해시키는 방법이다.

46 연소를 위한 공기의 상태로 가장 좋은 것은?

① 연소용 공기를 직접 이용한다.
② 연소용 공기를 예열한다.
③ 연소용 공기를 냉각시켜 온도를 낮춘다.
④ 연소용 공기에 벙커의 폐수를 분사하여 습하게 하여 주입시킨다.

47 소각로에서 배출되는 비산재(Fly Ash)에 대한 설명으로 옳지 않은 것은?

① 입자크기가 바닥재보다 미세하다.
② 유해물질을 함유하고 있지 않아 일반폐기물로 취급된다.
③ 폐열보일러 및 연소가스 처리설비 등에서 포집된다.
④ 시멘트 제품 생산을 위한 보조원료로 사용 가능하다.

해설
카드뮴, 다이옥신 등 유해물질을 함유하고 있어 지정폐기물로 관리된다.

48 도시생활폐기물을 대상으로 하는 소각방법에 많이 이용되는 형식이 아닌 것은?

① Stoker Type Incinerator
② Multiple Hearth Incinerator
③ Rotary Kiln Incinerator
④ Fluidized Bed Incinerator

[해설]
다단소각로(Multiple Hearth Incinerator)는 하수슬러지를 소각하기 위해 개발된 소각방식이다.

49 연소실 내 가스와 폐기물의 흐름에 관한 설명으로 가장 거리가 먼 것은?

① 병류식은 폐기물의 발열량이 낮은 경우에 적합한 형식이다.
② 교류식은 향류식과 병류식의 중간적인 형식이다.
③ 교류식은 중간 정도의 발열량을 가지는 폐기물에 적합하다.
④ 역류식은 폐기물의 이송방향과 연소가스의 흐름이 반대로 향하는 형식이다.

[해설]
병류식은 폐기물의 발열량이 높은 경우에 적합하다.
폐기물의 발열량이 높으므로 건조할 필요가 없어 폐기물의 진행방향과 연소공기의 진행방향을 같게 하면, 연소실 하단에서 고온가스에 의해 폐기물의 강열감량을 낮게 가져갈 수 있다.

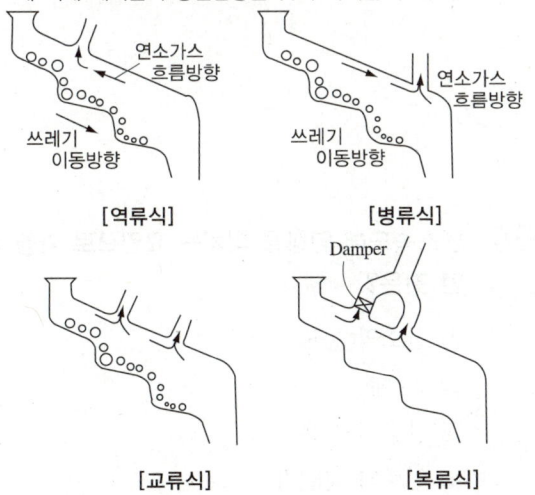

50 폐기물의 소각시설에서 발생하는 분진의 특징에 대한 설명으로 가장 거리가 먼 것은?

① 흡수성이 작고 냉각되면 고착하기 어렵다.
② 부피에 비해 비중이 작고 가볍다.
③ 입자가 큰 분진은 가스 냉각장치 등의 비교적 가스 통과속도가 느린 부분에서 침강하기 때문에 분진의 평균입경이 작다.
④ 염화수소나 황산화물로 인한 설비의 부식을 방지하기 위해 일반적으로 가스냉각장치 출구에서 250℃ 정도의 온도가 되어야 한다.

51 연소실의 부피를 결정하려고 한다. 연소실의 부하율은 3.6×10^5 kcal/m³·h이고 발열량이 1,600kcal/kg인 쓰레기를 1일 400ton 소각시킬 때 소각로의 연소실 부피(m³)는?(단, 소각로는 연속가동한다)

① 74
② 84
③ 104
④ 974

[해설]
연소실 열부하의 단위가 공식이 된다.
연소실 열부하(kcal/m³·h)
$$= \frac{\text{시간당 폐기물 소각량(kg/h)} \times \text{저위발열량(kcal/kg)}}{\text{연소실 부피(m}^3\text{)}}$$

$$\frac{3.6 \times 10^5 \text{kcal}}{\text{m}^3 \cdot \text{h}} = \frac{400\text{ton/일} \times 1,600\text{kcal/kg}}{V} \times \frac{1,000\text{kg}}{\text{ton}} \times \frac{\text{일}}{24\text{h}}$$

$$\therefore V = \frac{400 \times 1,600 \times 1,000}{3.6 \times 10^5 \times 24} ≒ 74\text{m}^3$$

52 원소분석으로부터 미지의 쓰레기 발열량은 듀롱(Dulong)식으로부터 계산될 수 있다. 계산식에서 $\left(H - \dfrac{O}{8}\right)$가 의미하는 것은?

$$H_h = 8,100C + 34,000\left(H - \dfrac{O}{8}\right) + 2,500S \ [kcal/kg]$$

① 유효수소
② 무효수소
③ 이론수소
④ 과잉수소

53 원심력식 집진장치의 장점이 아닌 것은?

① 조작이 간단하고 유지관리가 용이하다.
② 건식 포집 및 제진이 가능하다.
③ 고온가스의 처리가 가능하다.
④ 분진량과 유량의 변화에 민감하다.

해설
'분진량과 유량의 변화에 민감하다'는 단점이다.

54 다음 중 불연성분에 해당하는 것은?

① H(수소)
② O(산소)
③ N(질소)
④ S(황)

55 폐플라스틱 소각에 대한 설명으로 틀린 것은?

① 열가소성 폐플라스틱은 열분해 휘발분이 매우 많고 고정탄소는 적다.
② 열가소성 폐플라스틱은 분해 연소를 원칙으로 한다.
③ 열경화성 폐플라스틱은 일반적으로 연소성이 우수하고 점화가 용이하여 수열에 의한 팽윤 균열이 적다.
④ 열경화성 폐플라스틱의 노 형식은 전처리 파쇄 후 유동층 방식에 의한 것이 좋다.

56 연소속도에 영향을 미치는 요인으로 가장 거리가 먼 것은?

① 산소의 농도
② 촉 매
③ 반응계의 온도
④ 연료의 발열량

57 유동층 소각로에서 슬러지의 온도가 30℃, 연소온도 850℃, 배기온도 450℃일 때, 유동층 소각로의 열효율(%)은?

① 49　　　　② 51
③ 62　　　　④ 77

해설

$\dfrac{850-450}{850-30} \times 100 ≒ 49\%$

58 SO_2 100kg의 표준상태에서 부피(m³)는?(단, SO_2는 이상기체, 표준상태로 가정한다)

① 63.3　　　② 59.5
③ 44.3　　　④ 35.0

해설

SO_2의 분자량 = 64
$64 : 22.4 = 100 : x$
∴ SO_2의 부피 $x = \dfrac{22.4 \times 100}{64} = 35\,Sm^3$

59 기체연료에 관한 내용으로 옳지 않은 것은?

① 적은 과잉공기(10~20%)로 완전연소가 가능하다.
② 유황 함유량이 적어 SO_2 발생량이 적다.
③ 저질연료로 고온 얻기와 연료의 예열이 어렵다.
④ 취급 시 위험성이 크다.

60 소각로의 완전연소 조건에 고려되어야 할 사항으로 가장 거리가 먼 것은?

① 소각로 출구온도 850℃ 이상 유지
② 연소 시 CO 농도 30ppm 이하 유지
③ O_2 농도 6~12% 유지(화격자식)
④ 강열감량(미연분) 5% 이상 유지

해설

강열감량 5% 이하 유지

정답 57 ①　58 ④　59 ③　60 ④

제4과목 | 폐기물공정시험기준(방법)

61 시안을 자외선/가시선 분광법으로 측정할 때 발색된 색은?

① 적자색
② 황갈색
③ 적색
④ 청색

해설
ES 06351.1 시안-자외선/가시선 분광법
시료를 pH 2 이하의 산성으로 조절한 후에 에틸렌다이아민테트라아세트산이나트륨을 넣고 가열 증류하여 시안화합물을 시안화수소로 유출시켜 수산화나트륨용액에 포집한 다음 중화하고 클로라민-T와 피리딘·피리졸론 혼합액을 넣어 나타나는 청색을 620nm에서 측정한다.

62 Beer-Lambert 법칙에 관한 설명으로 틀린 것은?(단, A : 흡광도, ε : 흡광계수, c : 농도, L : 빛의 투과거리)

① 흡광도는 광이 통과하는 용액층의 두께에 비례한다.
② 흡광도는 광이 통과하는 용액층의 농도에 비례한다.
③ 흡광도는 용액층의 투과도에 비례한다.
④ 비어-람베르트의 법칙을 식으로 표현하면 $A = \varepsilon \times c \times l$ 이다.

해설
비어-람베르트(Beer-Lambert) 법칙
$I_t = I_o \cdot 10^{-\varepsilon CL}$
여기서, I_o : 입사광의 강도
I_t : 투과광의 강도
C : 농도
L : 빛의 투과거리(셀의 폭)
ε : 비례상수로서 흡광계수

흡광도
$A = \log \dfrac{1}{t} = \log \dfrac{I_o}{I_t}$

흡광도는 투과도(t)의 역수를 로그 취한 값에 비례한다.

63 대상폐기물의 양이 450ton인 경우, 현장 시료의 최소수는?

① 14
② 20
③ 30
④ 36

해설
ES 06130.d 시료의 채취
대상폐기물의 양과 시료의 최소수

대상폐기물의 양(단위 : ton)	시료의 최소수
1 미만	6
1 이상 ~ 5 미만	10
5 이상 ~ 30 미만	14
30 이상 ~ 100 미만	20
100 이상 ~ 500 미만	30
500 이상 ~ 1,000 미만	36
1,000 이상 ~ 5,000 미만	50
5,000 이상	60

64 액상폐기물 중 PCBs를 기체크로마토그래피로 분석 시 사용되는 시약이 아닌 것은?

① 수산화칼슘
② 무수황산나트륨
③ 실리카겔
④ 노말헥산

해설
ES 06502.1b 폴리클로리네이티드비페닐(PCBs)-기체크로마토그래피

61 ④ 62 ③ 63 ③ 64 ①

65 다음 pH 표준액 중 pH 값이 가장 높은 것은?(단, 0℃ 기준)

① 붕산염 표준액 ② 인산염 표준액
③ 프탈산염 표준액 ④ 수산염 표준액

해설
ES 06304.1 수소이온농도-유리전극법

표준용액	pH(0℃)
수산염 표준액	1.67
프탈산염 표준액	4.01
인산염 표준액	6.98
붕산염 표준액	9.46
탄산염 표준액	10.32
수산화칼슘 표준액	13.43

66 0.1N HCl 표준용액 50mL를 반응시키기 위해 0.1M Ca(OH)$_2$를 사용하였다. 이때 사용된 Ca(OH)$_2$의 소비량(mL)은?(단, HCl과 Ca(OH)$_2$의 역가는 각각 0.995와 1.005이다)

① 24.75 ② 25.00
③ 49.50 ④ 50.00

해설
Ca(OH)$_2$ 0.1M = 0.2N 가 된다(∵ 물에 해리되는 경우 2개의 OH^{-1}가 생기므로 당량은 분자량÷2가 된다).
$N_1 V_1 = N_2 V_2$
$0.1 \times 50 \times 0.995 = 0.2 \times x \times 1.005$
∴ $x ≒ 24.75$

67 기체크로마토그래프를 이용하면 물질의 정량 및 정성분석이 가능하다. 이 중 정량 및 정성 분석을 가능하게 하는 측정치는?

① 정량 - 유지시간, 정성 - 피크의 높이
② 정량 - 유지시간, 정성 - 피크의 폭
③ 정량 - 피크의 높이, 정성 - 유지시간
④ 정량 - 피크의 폭, 정성 - 유지시간

68 중금속시료(염화암모늄, 염화마그네슘, 염화칼슘 등이 다량 함유된 경우)의 전처리 시, 회화에 의한 유기물의 분해과정 중에 휘산되어 손실을 가져오는 중금속으로 거리가 가장 먼 것은?

① 크롬 ② 납
③ 철 ④ 아연

해설
ES 06150.e 시료의 준비
시료 중에 염화암모늄, 염화마그네슘, 염화칼슘 등이 높은 비율로 함유된 경우에는 납, 철, 주석, 아연, 안티몬 등이 휘산되어 손실이 발생하므로 주의하여야 한다.

69 폐기물로부터 유류 추출 시 에멀션을 형성하여 액층이 분리되지 않을 경우, 조작법으로 옳은 것은?

① 염화제이철용액 4mL를 넣고 pH를 7~9로 하여 자석교반기로 교반한다.
② 메틸오렌지를 넣고 황색이 적색이 될 때까지 (1+1)염산을 넣는다.
③ 노말헥산층에 무수황산나트륨을 넣어 수분간 방치한다.
④ 에멀션층 또는 헥산층에 적당량의 황산암모늄을 넣고 환류냉각관을 부착한 후 80℃ 물중탕에서 가열한다.

해설
ES 06302.1b 기름성분 - 중량법
추출 시 에멀션을 형성하여 액층이 분리되지 않거나 노말헥산층이 탁할 경우에는 분별깔때기 안의 수층을 원래의 시료용기에 옮긴다. 이후 에멀션층이 분리되거나 노말헥산층이 맑아질 때까지 에멀션층 또는 헥산층에 적당량의 염화나트륨 또는 황산암모늄을 넣어 환류냉각관(약 300mm)을 부착하고 80℃ 물중탕에서 약 10분간 가열 분해한 다음 시험기준에 따라 시험한다.

70 시료의 전처리 방법 중 유기물 등을 많이 함유하고 있는 대부분의 시료에 적용되는 방법은?

① 질산분해법
② 질산-염산분해법
③ 질산-황산분해법
④ 질산-과염소산분해법

해설
ES 06150.e 시료의 준비

종류	특징
질산분해법	유기물 함량이 낮은 시료에 적용 - 약 0.7M
질산-염산분해법	유기물 함량이 비교적 높지 않고 금속의 수산화물, 산화물, 인산염 및 황화물을 함유하고 있는 시료에 적용 - 약 0.5M
질산-황산분해법	• 유기물 등을 많이 함유하고 있는 대부분의 시료에 적용 - 약 1.5~3.0N • 칼슘, 바륨, 납 등을 다량 함유한 시료는 난용성의 황산염을 생성하여 다른 금속성분을 흡착하므로 주의
질산-과염소산 분해법	• 유기물을 높은 비율로 함유하고 있으면서 산 화분해가 어려운 시료들에 적용 - 약 0.8M • 과염소산을 넣을 경우 진한 질산이 공존하지 않으면 폭발할 위험이 있으므로 반드시 진한 질산을 먼저 넣어 주어야 함
질산-과염소산 -불화수소산 분해법	점토질 또는 규산염이 높은 비율로 함유된 시료에 적용 - 약 0.8M

71 원자흡수분광광도계의 구성 순서로 가장 알맞은 것은?

① 시료원자화부 - 광원부 - 단색화부 - 측광부
② 시료원자화부 - 광원부 - 측광부 - 단색화부
③ 광원부 - 시료원자화부 - 단색화부 - 측광부
④ 광원부 - 시료원자화부 - 측광부 - 단색화부

72 자외선/가시선 분광법을 적용한 시안화합물 측정에 관한 내용으로 틀린 것은?

① 시안화합물을 측정할 때 방해물질들은 증류하면 대부분 제거된다.
② 황화합물이 함유된 시료는 아세트산용액을 넣어 제거한다.
③ 잔류염소가 함유된 시료는 L-아스코빈산 용액을 넣어 제거한다.
④ 잔류염소가 함유된 시료는 이산화비소산나트륨 용액을 넣어 제거한다.

해설
ES 06351.1 시안-자외선/가시선 분광법
황화합물이 함유된 시료는 아세트산아연 용액(10W/V%) 2mL를 넣어 제거한다.

73 폐기물공정시험기준상의 규정이다. $A + B + C + D$의 합을 구한 것은?

- 방울수는 20℃에서 정제수 A방울을 적하 시, 부피가 약 1mL가 되는 것을 뜻한다.
- 항량은 건조 시 같은 조건에서 1시간 더 건조할 때 전후 무게의 차가 g당 Bmg 이하일 때다.
- 상온의 최저 온도는 C℃이다.
- ppm은 pphb의 D배이다.

① 31.3   ② 45.3
③ 58.3   ④ 68.3

해설
ES 06000.b 총칙
- 방울수 : 20℃에서 정제수 20방울을 적하할 때, 그 부피가 약 1mL 되는 것
- 항량으로 될 때까지 건조 : 1시간 더 건조할 때 전후 무게의 차가 g당 0.3mg 이하일 때
- 상온 : 15~25℃
- ppm : 백만분율, ppb : 십억분율
※ pphb는 폐기물공정시험기준에 나오지 않는다.

74 시안의 분석에 사용되는 방법으로 적당한 것은?

① 피리딘·피라졸론법
② 다이페닐카르바지드법
③ 다이에틸다이티오카르바민산법
④ 디티존법

해설
ES 06351.1 시안-자외선/가시선 분광법

75 일정량의 유기물을 질산-과염소산법으로 전처리하여 최종적으로 50mL로 하였다. 용액의 납을 분석한 결과 농도가 2.0mg/L이었다면, 유기물의 원래 농도(mg/L)는?

① 0.1　　② 1.0
③ 2.0　　④ 4.0

해설
ES 06150.e 시료의 준비
질산-과염소산분해법
액상 폐기물 시료 또는 용출 용액의 적당한 부피를 취하여 킬달 플라스크에 넣고, 여기에 진한 질산 5mL와 끓임쪽 4~5개를 넣은 다음 서서히 가열하여 액체의 부피가 약 5~10mL가 될 때까지 증발·농축한 후 공기 중에서 식힌다. 진한 질산 5mL와 과염소산 10mL를 넣고 다시 가열한 후 과염소산이 분해되어 백연이 발생하기 시작하면 가열을 중지한다. 이때 유기물의 분해가 완전히 끝나지 않아 혼합액이 맑지 않을 때에는 다시 진한 질산 5mL를 넣고 가열을 반복한다.
분해가 끝나면 공기 중에서 식히고 정제수 50mL를 넣어 서서히 끓이면서 질소산화물 및 유리염소를 완전히 제거한다. 필요하면 여과하고, 여과지를 정제수로 2~3회 씻어준 다음 여과액과 씻은 액을 합하여 정확히 100mL로 만든다.
※ 저자의견
　폐기물공정시험기준에 의하면 '시료 적당량을 취하여 100mL로 만든다'라고 하였으므로 $\dfrac{100}{시료량}$ 만큼을 농축계수로 곱해 주어야 한다.
　문제에서는 폐기물공정시험기준에서 언급한 100mL가 농축되어 50mL가 되었다고 잘못 해석해서 농축계수 2를 곱해 주어 정답을 4.0mg/L로 제시하고 있는데, 이는 오류이다(해당 문제는 사용된 시료의 양을 알 수 없으므로 정답은 없다).

76 원자흡수분광광도법으로 구리를 측정할 때 정밀도(RDS)는?(단, 정량한계는 0.008mg/L)

① ±10% 이내
② ±15% 이내
③ ±20% 이내
④ ±25% 이내

해설
ES 06400.1 금속류-원자흡수분광광도법
정밀도는 RDS가 아니라 RSD(Relative Standard Deviation)이다. 원자흡수분광광도법으로 구리를 측정하는 경우 정밀도는 상대표준편차가 ±25% 이내이다.

77 다음 설명 중 틀린 것은?

① 공정시험기준에서 사용하는 모든 기구 및 기기는 측정결과에 대한 오차가 허용되는 범위 이내인 것을 사용하여야 한다.
② 연속측정 또는 현장측정의 목적으로 사용하는 측정기기는 공정시험기준에 의한 측정치와의 정확한 보정을 행한 후 사용할 수 있다.
③ 각각의 시험은 따로 규정이 없는 한 실온에서 실시하고 조작 직후에 그 결과를 관찰한다. 단, 온도의 영향이 있는 것의 판정은 상온을 기준으로 한다.
④ 비함침성 고상폐기물이라 함은 금속판, 구리선 등 기름을 흡수하지 않는 평면 또는 비평면 형태의 변압기 내부부재를 말한다.

해설
ES 06000.b 총칙
각각의 시험은 따로 규정이 없는 한 상온에서 조작하고 조작 직후에 그 결과를 관찰한다. 단, 온도의 영향이 있는 것의 판정은 표준온도를 기준으로 한다.

정답 74 ① 75 ④ 76 ④ 77 ③

78 기체크로마토그래피법에 대한 설명으로 틀린 것은?

① 일반적으로 유기화합물에 대한 정성 및 정량분석에 이용한다.
② 일정유량으로 유지되는 운반가스는 시료도입부로부터 분리관 내를 흘러서 검출기를 통하여 외부로 방출된다.
③ 정성분석은 동일조건하에서 특정한 미지성분의 머무른 값을 비교하여야 한다.
④ 분리관은 충전물질을 채운 내경 2~7mm의 시료에 대하여 활성금속, 유리 또는 합성수지관으로 각 분석방법에 사용한다.

79 자외선/가시선 분광광도계의 흡수셀 중에서 자외부의 파장범위를 측정할 때 사용하는 것은?

① 유 리
② 석 영
③ 플라스틱
④ 광전판

80 시료 채취 시 시료용기에 기재하는 사항으로 가장 거리가 먼 것은?

① 폐기물의 명칭
② 폐기물의 성분
③ 채취 책임자 이름
④ 채취 시간 및 일기

[해설]
ES 06130.d 시료의 채취

제5과목 폐기물관계법규

81 폐기물의 수집·운반, 재활용 또는 처분을 업으로 하려는 경우와 '환경부령으로 정하는 중요 사항'을 변경하려는 때에도 폐기물 처리 사업계획서를 제출해야 한다. 폐기물 수집·운반업의 경우 '환경부령으로 정하는 중요 사항'의 변경 항목에 해당하지 않는 것은?

① 영업구역(생활폐기물의 수집·운반업만 해당한다)
② 수집·운반 폐기물의 종류
③ 운반차량의 수 또는 종류
④ 폐기물 처분시설 설치 예정지

[해설]
폐기물관리법 시행규칙 제28조(폐기물처리업의 허가)
환경부령으로 정하는 중요사항 – 폐기물 수집·운반업
- 대표자 또는 상호
- 연락장소 또는 사무실 소재지(지정폐기물 수집·운반업의 경우에는 주차장 소재지를 포함한다)
- 영업구역(생활폐기물의 수집·운반업만 해당한다)
- 수집·운반 폐기물의 종류
- 운반차량의 수 또는 종류

82 폐기물처리시설의 종류 중 재활용시설에 해당하지 않는 것은?

① 용해로(폐기물에서 비철금속을 추출하는 경우로 한정한다)
② 소성(시멘트 소성로는 제외한다)·탄화시설
③ 골재세척시설(동력 7.5kW 이상인 시설로 한정한다)
④ 의약품 제조시설

[해설]
폐기물관리법 시행령 [별표 3] 폐기물처리시설의 종류
골재세척시설은 폐기물처리시설의 종류에 포함되어 있지 않다.

78 ④ 79 ② 80 ② 81 ④ 82 ③

83 환경부령으로 정하는 폐기물처리시설의 설치를 마친 자는 환경부령으로 정하는 검사기관으로부터 검사를 받아야 한다. 이 검사 중 소각시설의 검사기관과 가장 거리가 먼 것은?

① 한국환경공단
② 한국건설기술연구원
③ 한국기계연구원
④ 한국산업기술시험원

해설
폐기물관리법 시행규칙 제41조(폐기물처리시설의 사용신고 및 검사)
※ 해당 법 개정으로 삭제(2020.11.27)

84 설치신고대상 폐기물처리시설 기준으로 ( ) 안에 옳은 것은?

> 생물학적 처분시설 또는 재활용시설로서 1일 처분능력 또는 재활용능력이 ( ) 미만인 시설

① 5ton   ② 10ton
③ 50ton ④ 100ton

해설
폐기물관리법 시행규칙 제38조(설치신고대상 폐기물처리시설)

85 폐기물처리시설 중 화학적 처분시설에 해당하지 않는 것은?

① 연료화시설
② 고형화시설
③ 응집·침전시설
④ 안정화시설

해설
폐기물관리법 시행령 [별표 3] 폐기물처리시설의 종류
연료화시설은 기계적 재활용시설이다.

86 환경상태의 조사·평가에서 국가 및 지방자치단체가 상시 조사·평가하여야 하는 내용으로 틀린 것은?

① 환경의 질의 변화
② 환경오염원 및 환경훼손 요인
③ 환경오염지역의 원상회복 실태
④ 자연환경 및 생활환경 현황

해설
환경정책기본법 제22조(환경상태의 조사·평가 등)
국가 및 지방자치단체는 다음의 사항을 상시 조사·평가하여야 한다.
• 자연환경 및 생활환경 현황
• 환경오염 및 환경훼손 실태
• 환경오염원 및 환경훼손 요인
• 기후변화 등 환경의 질 변화
• 그 밖에 국가환경종합계획 등의 수립·시행에 필요한 사항
※ 법 개정으로 ①의 내용 변경

정답 83 ② 84 ④ 85 ① 86 ③

87 환경부령으로 정하는 재활용시설과 가장 거리가 먼 것은?

① 재활용가능자원의 수집·운반·보관을 위하여 특별히 제조 또는 설치되어 사용되는 수집·운반 장비 또는 보관시설
② 재활용제품의 제조에 필요한 전처리 장치·장비·설비
③ 유기성 폐기물을 이용하여 퇴비·사료를 제조하는 퇴비화·사료화 시설 및 에너지화 시설
④ 생활폐기물 중 혼합폐기물의 소각시설

해설
자원의 절약과 재활용촉진에 관한 법률 시행규칙 제3조(재활용시설)
- 재활용가능자원의 수집·운반·보관을 위하여 특별히 제조 또는 설치되어 사용되는 수집·운반 장비 또는 보관시설
- 재활용가능자원의 효율적인 운반 또는 가공을 위한 압축시설, 파쇄시설, 용융시설 등의 중간가공시설
- 재활용제품을 제조·가공·보관하는 데 사용되는 장치·장비·시설
- 재활용제품의 제조에 필요한 전처리 장치·장비·설비
- 유기성 폐기물을 이용하여 퇴비·사료를 제조하는 퇴비화·사료화 시설 및 에너지화 시설
- 폐기물 중간재활용업, 폐기물 최종재활용업 및 폐기물 종합재활용업의 허가를 받은 자와 폐기물처리 신고자가 폐기물의 재활용에 사용하는 시설 및 장비
- 건설폐기물 중간처리업 허가를 받은 자가 건설폐기물의 재활용에 사용하는 시설 및 장비

88 환경부령으로 정하는 가연성 고형폐기물로부터 에너지를 회수하는 활동기준으로 틀린 것은?

① 다른 물질과 혼합하고 해당 폐기물의 고위발열량이 kg당 3,000kcal 이상일 것
② 에너지 회수효율(회수에너지 총량을 투입에너지 총량으로 나눈 비율을 말한다)이 75% 이상일 것
③ 회수열을 모두 열원, 전기 등의 형태로 스스로 이용하거나 다른 사람에게 공급할 것
④ 환경부장관이 정하여 고시하는 경우에는 폐기물의 30% 이상을 원료나 재료로 재활용하고 그 나머지 중에서 에너지의 회수에 이용할 것

해설
폐기물관리법 시행규칙 제3조(에너지 회수기준 등)
다른 물질과 혼합하지 아니하고 해당 폐기물의 저위발열량이 kg당 3,000kcal 이상일 것

89 시·도지사나 지방환경관서의 장이 폐기물처리시설의 개선명령을 명할 때 개선 등에 필요한 조치의 내용, 시설의 종류 등을 고려하여 정하여야 하는 기간은?(단, 연장기간은 고려하지 않음)

① 3개월
② 6개월
③ 1년
④ 1년 6개월

해설
폐기물관리법 시행규칙 제44조(폐기물처리시설의 개선기간 등)
시·도지사나 지방환경관서의 장이 폐기물처리시설의 개선 또는 사용중지를 명할 때에는 개선 등에 필요한 조치의 내용, 시설의 종류 등을 고려하여 개선명령의 경우에는 1년의 범위에서, 사용중지명령의 경우에는 6개월의 범위에서 각각 그 기간을 정하여야 한다.

87 ④ 88 ① 89 ③

90 폐기물 운반자는 배출자로부터 폐기물을 인수받은 날로부터 며칠 이내에 전자정보처리프로그램에 입력하여야 하는가?

① 1일 ② 2일
③ 3일 ④ 5일

해설
폐기물관리법 시행규칙 제58조(폐기물처리상황 등의 기록)
폐기물의 발생·배출·처리상황 등을 전자정보처리프로그램에 입력해야 하는 자는 그 사실이 발생한 날부터 10일 이내에 그 내용을 전자정보처리프로그램에 입력해야 한다.
※ 해당 법 개정으로 정답 없음(2020.5.27)

91 폐기물처리시설의 유지·관리에 관한 기술관리를 대행할 수 있는 자는?

① 한국환경공단
② 국립환경연구원
③ 시·도보건환경연구원
④ 지방환경관리청

해설
폐기물관리법 시행령 제16조(기술관리대행자)

92 생활폐기물처리에 관한 설명으로 틀린 것은?

① 시장·군수·구청장은 관할구역에서 배출되는 생활폐기물을 처리하여야 한다.
② 시장·군수·구청장은 해당 지방자치단체의 조례로 정하는 바에 따라 대통령령으로 정하는 자에게 생활폐기물 수집, 운반, 처리를 대행하게 할 수 있다.
③ 환경부장관은 지역별 수수료 차등을 방지하기 위하여 지방자치단체에 수수료 기준을 권고할 수 있다.
④ 시장·군수·구청장은 생활폐기물을 처리할 때에는 배출되는 생활폐기물의 종류, 양 등에 따라 수수료를 징수할 수 있다.

해설
폐기물관리법 제14조(생활폐기물의 처리 등)

93 폐기물처리업의 업종 구분과 영업 내용의 범위를 벗어나는 영업을 한 자에 대한 벌칙 기준은?

① 1년 이하의 징역이나 5백만원 이하의 벌금
② 1년 이하의 징역이나 1천만원 이하의 벌금
③ 2년 이하의 징역이나 2천만원 이하의 벌금
④ 3년 이하의 징역이나 3천만원 이하의 벌금

해설
폐기물관리법 제66조(벌칙)

정답 90 ② 91 ① 92 ③ 93 ③

94 폐기물매립시설의 사후관리 업무를 대행할 수 있는 자는?(단, 그 밖에 환경부장관이 사후관리를 대행할 능력이 있다고 인정하여 고시하는 자의 경우 제외)

① 유역·지방환경청
② 국립환경과학원
③ 한국환경공단
④ 시·도 보건환경연구원

해설
폐기물관리법 시행령 제25조(사후관리 대행자)

95 폐기물관리법에서 사용되는 용어의 정의로 틀린 것은?

① 의료폐기물 : 보건·의료기관, 동물병원, 시험·검사기관 등에서 배출되어 인간에게 심각한 위해를 초래하는 폐기물로 환경부령으로 정하는 폐기물을 말한다.
② 생활폐기물 : 사업장폐기물 외의 폐기물을 말한다.
③ 지정폐기물 : 사업장폐기물 중 폐유·폐산 등 주변 환경을 오염시킬 수 있거나 의료폐기물 등 인체에 위해를 줄 수 있는 해로운 물질로서 대통령령으로 정하는 폐기물을 말한다.
④ 폐기물처리시설 : 폐기물의 중간처분시설, 최종처분시설 및 재활용시설로서 대통령령으로 정하는 시설을 말한다.

해설
폐기물관리법 제2조(정의)
'의료폐기물'이란 보건·의료기관, 동물병원, 시험·검사기관 등에서 배출되는 폐기물 중 인체에 감염 등 위해를 줄 우려가 있는 폐기물과 인체 조직 등 적출물, 실험동물의 사체 등 보건·환경보호상 특별한 관리가 필요하다고 인정되는 폐기물로서 대통령령으로 정하는 폐기물을 말한다.

96 최종처분시설 중 관리형 매립시설의 관리 기준에 관한 내용으로 ( ) 안에 옳은 내용은?

> 매립시설 주변의 지하수 검사정 및 빗물·지하수배제시설의 수질검사 또는 해수수질 검사는 해당 매립시설의 사용시작 신고일 2개월 전부터 사용시작 신고일까지의 기간 중에는 (㉠), 사용시작 신고일 후부터는 (㉡) 각각 실시하여야 하며, 검사 실적을 매년 (㉢)까지 시·도지사 또는 지방환경관서의 장에게 보고하여야 한다.

① ㉠ 월 1회 이상 ㉡ 분기 1회 이상 ㉢ 1월말
② ㉠ 월 1회 이상 ㉡ 반기 1회 이상 ㉢ 12월말
③ ㉠ 월 2회 이상 ㉡ 분기 1회 이상 ㉢ 1월말
④ ㉠ 월 2회 이상 ㉡ 반기 1회 이상 ㉢ 12월말

해설
폐기물관리법 시행규칙 [별표 11] 폐기물 처분시설 또는 재활용시설의 관리기준

97 폐기물관리법에 적용되지 않는 물질의 기준으로 틀린 것은?

① 하수도법에 따른 하수
② 용기에 들어 있지 아니한 기체상태의 물질
③ 원자력법에 따른 방사성 물질과 이로 인하여 오염된 물질
④ 물환경보전법에 따른 오수·분뇨

해설
폐기물관리법 제3조(적용 범위)
물환경보전법에 따른 수질 오염 방지시설에 유입되거나 공공 수역(水域)으로 배출되는 폐수

정답 94 ③ 95 ① 96 ① 97 ④

98 위해의료폐기물의 종류 중 시험·검사 등에 사용된 배양액, 배양용기, 보관균주, 폐시험관, 슬라이드, 커버글라스, 폐배지, 폐장갑이 해당하는 폐기물 분류는?

① 생물·화학폐기물
② 손상성폐기물
③ 병리계폐기물
④ 조직물류폐기물

해설
폐기물관리법 시행령 [별표 2] 의료폐기물의 종류
위해의료폐기물
- 조직물류폐기물 : 인체 또는 동물의 조직·장기·기관·신체의 일부, 동물의 사체, 혈액·고름 및 혈액생성물(혈청, 혈장, 혈액제제)
- 병리계폐기물 : 시험·검사 등에 사용된 배양액, 배양용기, 보관균주, 폐시험관, 슬라이드, 커버글라스, 폐배지, 폐장갑
- 손상성폐기물 : 주삿바늘, 봉합바늘, 수술용 칼날, 한방침, 치과용 침, 파손된 유리재질의 시험기구
- 생물·화학폐기물 : 폐백신, 폐항암제, 폐화학치료제
- 혈액오염폐기물 : 폐혈액백, 혈액투석 시 사용된 폐기물, 그 밖에 혈액이 유출될 정도로 포함되어 있어 특별한 관리가 필요한 폐기물

99 생활폐기물배출자는 특별자치시, 특별자치도, 시·군·구의 조례로 정하는 바에 따라 스스로 처리할 수 없는 생활폐기물을 종류별, 성질·상태별로 분리하여 보관하여야 한다. 이를 위반한 자에 대한 과태료 부과 기준은?

① 100만원 이하의 과태료
② 200만원 이하의 과태료
③ 300만원 이하의 과태료
④ 500만원 이하의 과태료

해설
폐기물관리법 제68조(과태료)

100 폐기물처리시설의 종류에 따른 분류가 틀리게 짝지어진 것은?

① 용융시설(동력 7.5kW 이상인 시설로 한정한다) - 기계적 처분시설 - 중간처분시설
② 사료화시설(건조에 의한 사료화시설은 제외) - 생물학적 처분시설 - 중간처분시설
③ 관리형 매립시설(침출수 처리시설, 가스 소각·발전·연료화 시설 등 부대시설을 포함한다) - 매립시설 - 최종처분시설
④ 열분해시설(가스화시설을 포함한다) - 소각시설 - 중간처분시설

해설
폐기물관리법 시행령 [별표 3] 폐기물처리시설의 종류
사료화 시설(건조에 의한 사료화시설을 포함한다) - 생물학적 재활용시설 - 재활용시설

2020년 제1·2회 통합 과년도 기출문제

제1과목 폐기물개론

01 도시의 연간 쓰레기 발생량이 14,000,000ton이고 수거대상 인구가 8,500,000명, 가구당 인원은 5명, 수거인부는 1일당 12,460명이 작업하며 1명의 인부가 매일 8시간씩 작업할 경우 MHT는?(단, 1년은 365일)

① 1.9　② 2.1
③ 2.3　④ 2.6

해설

$$MHT = \frac{수거인원(인) \times 수거시간(hour)}{수거량(ton)}$$

$$= \frac{12,460명 \times 365일/년 \times 8시간/일}{14,000,000ton/년}$$

$$= 2.6$$

02 우리나라 쓰레기 수거형태 중 효율이 가장 나쁜 것은?

① 타종수거
② 손수레 문전수거
③ 대형쓰레기통수거
④ 컨테이너수거

03 물렁거리는 가벼운 물질로부터 딱딱한 물질을 선별하는 데 사용하며 경사진 컨베이어를 통해 폐기물을 주입시켜 천천히 회전하는 드럼 위에 떨어뜨려 분류하는 것은?

① Stoners
② Secators
③ Conveyor Sorting
④ Jigs

04 1일 1인당 1kg의 폐기물을 배출하고, 1가구당 3인이 살며, 총가구수가 2,821가구일 때 일주일간 배출된 폐기물의 양(ton)은?(단, 일주일간 7일 배출함)

① 43　② 59
③ 64　④ 76

해설

1kg/인/일 × 3인/가구 × 2,821가구 × 7일 = 59,241kg ≒ 59ton

05 폐기물의 수거 및 운반 시 적환장의 설치가 필요한 경우로 가장 거리가 먼 것은?

① 처리장이 멀리 떨어져 있을 경우
② 저밀도 거주지역이 존재할 때
③ 수거차량이 대형인 경우
④ 쓰레기 수송 비용절감이 필요한 경우

정답 1 ④　2 ②　3 ②　4 ②　5 ③

06 액주입식 소각로의 장점이 아닌 것은?
① 대기오염방지시설 이외 재처리 설비가 필요 없다.
② 구동장치가 없어 고장이 적다.
③ 운영비가 적게 소요되며 기술개발 수준이 높다.
④ 고형분이 있을 경우에도 정상 운영이 가능하다.

07 원소분석에 의한 듀롱의 발열량 계산식은?
① H_l(kcal/kg)
  = 81C + 242.5(H − O/8) + 32.5S − 9(9H + W)
② H_l(kcal/kg)
  = 81C + 242.5(H − O/8) + 22.5S − 9(6H + W)
③ H_l(kcal/kg)
  = 81C + 342.5(H − O/8) + 32.5S − 6(6H + W)
④ H_l(kcal/kg)
  = 81C + 342.5(H − O/8) + 22.5S − 6(9H + W)

08 플라스틱 폐기물을 유용하게 재이용할 때 가장 적당하지 않은 이용 방법은?
① 열분해이용법
② 접촉산화법
③ 파쇄이용법
④ 용융고화 재생이용법

09 스크린 선별에 관한 설명으로 알맞지 않은 것은?
① 일반적으로 도시폐기물 선별에 진동 스크린이 많이 사용된다.
② Post-screening의 경우 선별효율의 증진을 목적으로 한다.
③ Pre-screening의 경우 파쇄설비의 보호를 목적으로 많이 이용한다.
④ 트롬멜 스크린은 스크린 중에서 선별효율이 좋고 유지관리가 용이하다.

> **해설**
> 도시폐기물의 선별에는 트롬멜 스크린을 사용하며, 진동 스크린은 건설폐기물 선별에 많이 사용된다.

10 10일 동안의 폐기물 발생량(m³/day)이 다음 표와 같을 때 평균치(m³/day), 표준편차 및 분산계수(%)가 순서대로 옳은 것은?

1	2	3	4	5	6	7	8	9	10	계
34	48	290	61	205	170	120	75	110	90	1,203

① 120.3, 91.2, 75.8
② 120.3, 85.6, 71.2
③ 120.3, 80.1, 66.6
④ 120.3, 77.8, 64.7

> **해설**
> 분산계수 = $\dfrac{표준편차}{평균} \times 100 = \dfrac{80.1}{120.3} \times 100 ≒ 66.6\%$

정답 6 ④ 7 ① 8 ② 9 ① 10 ③

11 발열량 계산식 중 폐기물 내 산소의 반은 H_2O 형태로 나머지 반은 CO_2의 형태로 전환된다고 가정하여 나타낸 식은?

① Dulong식
② Steuer식
③ Scheure-Kestner식
④ 3성분 조성비 이용식

12 다음 중 지정폐기물이 아닌 것은?

① pH 1인 폐산
② pH 11인 폐알칼리
③ 기름성분만으로 이루어진 폐유
④ 폐석면

해설
폐알칼리는 pH 12.5 이상이어야 한다(폐기물관리법 시행령 [별표 1]).

13 집배수관을 덮는 필터재료가 주변에서 유입된 미립자에 의해 막히지 않도록 하기 위한 조건으로 옳은 것은?(단, D_{15}, D_{85}는 입경누적 곡선에서 통과한 중량의 백분율로 15%, 85%에 상당하는 입경)

① $\dfrac{D_{15}(필터재료)}{D_{85}(주변토양)} < 5$

② $\dfrac{D_{15}(필터재료)}{D_{85}(주변토양)} > 5$

③ $\dfrac{D_{15}(필터재료)}{D_{85}(주변토양)} < 2$

④ $\dfrac{D_{15}(필터재료)}{D_{85}(주변토양)} > 2$

14 전과정평가(LCA)의 평가단계 순서로 옳은 것은?

① 목적 및 범위 설정 → 목록 분석 → 개선평가 및 해석 → 영향평가
② 목적 및 범위 설정 → 목록 분석 → 영향평가 → 개선평가 및 해석
③ 목록 분석 → 목적 및 범위 설정 → 개선평가 및 해석 → 영향평가
④ 목록 분석 → 목적 및 범위 설정 → 영향평가 → 개선평가 및 해석

15 유기성 폐기물의 퇴비화에 대한 설명으로 가장 거리가 먼 것은?

① 유기성 폐기물을 재활용함으로써 폐기물을 감량화할 수 있다.
② 퇴비로 이용 시 토양의 완충능력이 증가된다.
③ 생산된 퇴비는 C/N비가 높다.
④ 초기 시설 투자비가 일반적으로 낮다.

해설
생산된 퇴비는 C/N비가 낮다.

16 함수율 40%인 폐기물 1ton을 건조시켜 함수율 15%로 만들었을 때 증발된 수분량(kg)은?

① 약 104
② 약 254
③ 약 294
④ 약 324

해설

$$\frac{V_2}{V_1} = \frac{100 - w_1}{100 - w_2}$$

여기서, V_1, w_1 : 초기 무게와 함수율
V_2, w_2 : 건조 후의 무게와 함수율

폐기물 1ton = 1,000kg이므로

$$\frac{V_2}{1,000} = \frac{100 - 40}{100 - 15} = \frac{60}{85}$$

$$V_2 = 1,000 \times \frac{60}{85} = 706 \text{kg}$$

∴ 건조된 수분량 = 1,000 − 706 ≒ 294kg

17 일반폐기물의 관리체계상 가장 먼저 분리해야 하는 폐기물은?

① 재활용물질
② 유해물질
③ 자원성물질
④ 난분해성물질

18 새로운 쓰레기 수송방법이라 할 수 없는 것은?

① Pipeline 수송
② Monorail 수송
③ Container 철도수송
④ Dust-Box 수송

19 함수율(습윤중량 기준)이 a%인 도시쓰레기를 함수율이 b%($a > b$)로 감소시켜 소각시키고자 한다면 함수율 감소 후의 중량은 처음 중량의 몇 %인가?

① $\dfrac{b}{a} \times 100$
② $\dfrac{a - b}{a} \times 100$
③ $\dfrac{100 - a}{100 - b} \times 100$
④ $\left(1 + \dfrac{b}{a}\right) \times 100$

20 폐기물의 발생원 선별 시 일반적인 고려사항으로 가장 거리가 먼 것은?

① 주민들의 협력과 참여
② 변화하고 있는 주민의 폐기물 저장 습관
③ 새로운 컨테이너, 장비, 시설을 위한 투자
④ 방류수 규제기준

정답 16 ③ 17 ② 18 ④ 19 ③ 20 ④

제2과목 폐기물처리기술

21 유기성 폐기물의 생물학적 처리 시 화학 종속영양계 미생물의 에너지원과 탄소원을 옳게 나열한 것은?

① 유기 산화 환원반응, CO_2
② 무기 산화 환원반응, CO_2
③ 유기 산화 환원반응, 유기탄소
④ 무기 산화 환원반응, 유기탄소

22 중금속의 토양오염원이 아닌 것은?

① 공장폐수
② 도시하수
③ 소각장 배연
④ 지하수

23 희석분뇨의 유량 1,000m³/day, 유입 BOD 250 mg/L, BOD 제거율 65%일 때, Lagoon의 표면적 (m²)은?(단, Lagoon의 수심 5m, 산화속도 K_1 = 0.53이다)

① 1,000
② 700
③ 500
④ 200

해설

$\dfrac{S}{S_o} = \dfrac{1}{1+k(V/Q)}$

$\dfrac{0.35}{1} = \dfrac{1}{1+0.53(5 \times A/1,000)}$

∴ 표면적 $A = \dfrac{0.35^{-1}-1}{0.53 \times 5} \times 1,000 ≒ 700.8m^2$

24 다음 중 유동층 소각로의 특징이 아닌 것은?

① 밑에서 공기를 주입하여 유동매체를 띄운 후 이를 가열시키고 상부에서 폐기물을 주입하여 소각하는 방식이다.
② 내화물을 입힌 가열판, 중앙의 회전축, 일련의 평판상으로 구성되며, 건조영역, 연소영역, 냉각영역으로 구분된다.
③ 생활폐기물은 파쇄 등의 전처리가 필히 요구된다.
④ 기계적 구동 부분이 작아 고장률이 낮다.

해설
② 다단로에 대한 설명이다.

25 매립연한이 10년 이상 경과된 침출수의 특성에 대한 설명으로 옳은 것은?

① BOD/COD : 0.1 미만, COD : 500mg/L 미만
② BOD/COD : 0.1 초과, COD : 500mg/L 초과
③ BOD/COD : 0.5 미만, COD : 10,000mg/L 초과
④ BOD/COD : 0.5 초과, COD : 10,000mg/L 미만

해설
매립연한이 오래되면 BOD 농도가 낮아지며, BOD/COD비도 낮아져 침출수의 생물학적 처리가 불리하게 된다.

정답 21 ③ 22 ④ 23 ② 24 ② 25 ①

26 폐기물 매립지의 4단계 분해과정에 대한 설명으로 옳지 않은 것은?

① 1단계 : 호기성 단계로서 며칠 또는 몇 개월 가량 지속되며, 용존산소가 쉽게 고갈된다.
② 2단계 : 혐기성 단계이며 메테인가스가 형성되지 않고 SO_4^{2-}와 NO_3^-가 환원되는 관계이다.
③ 3단계 : 혐기성 단계로 메테인가스와 수소가스 발생량이 증가되고 온도가 약 55℃ 내외로 증가 된다.
④ 4단계 : 혐기성 단계로 메테인가스와 이산화탄소 함량이 정상상태로 거의 일정하다.

> **해설**
> 산 생성 단계로 CO_2와 수소의 농도가 최대가 되고, CH_4이 생성되기 시작한다.

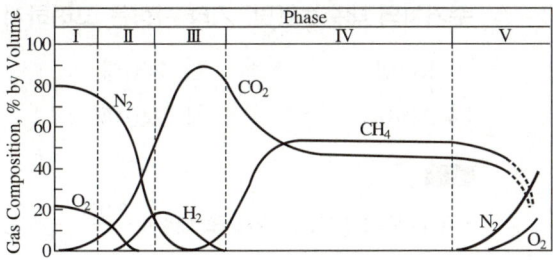

27 퇴비화에 적합한 초기 탄질(C/N)비는 30 내외이다. 탄질비가 15인 음식물쓰레기를 초기 퇴비화조건으로 조정하고자 할 때 가장 효과적인 물질은? (단, 혼합비율은 무게비율로 1 : 1이다)

① 우 분
② 슬러지
③ 낙 엽
④ 도축폐기물

> **해설**
> 탄질비가 15인 음식물쓰레기를 30으로 높이기 위해서는 탄질비가 100 이상인 셀룰로스 성분이 있는 목질계통의 물질(낙엽)을 혼합해 준다.

28 매립지에서 사용하는 열가소성(Thermoplastic) 합성차수막이 아닌 것은?

① Ethylene Propylene Diene Monomer(EPDM)
② High-Density Polyethylene(HDPE)
③ Chlorinated Polyethylene(CPE)
④ Polyvinyl Chloride(PVC)

29 유해성 폐기물을 대상으로 침전, 이온교환기술을 적용하기 가장 어려운 것은?

① As
② CN
③ Pb
④ Hg

> **해설**
> CN은 음이온 물질로서 침전이 어렵고, 통상 화학적 산화방법으로 처리한다.

30 다음은 음식물쓰레기의 혐기성소화에 있어서 메테인발효조의 효과적인 운전조건과 거리가 먼 것은?

① 온도 : 35~37℃
② pH : 7.0~7.8
③ ORP : 100mV
④ 발생가스 : CH_4 60% 이상 유지

> **해설**
> 혐기성 처리가 되기 위해서는 ORP(산화환원전위)가 (-)값이 되어야 한다.

정답 26 ③ 27 ③ 28 ① 29 ② 30 ③

31 매립지 바닥차수막으로서 양이온 교환능 10meq/100g인 점토를 비중 2로 조성하였다면, 점토차수막물질 1m³에 교환 흡수될 수 있는 Ca^{2+}이온의 질량(g)은?(단, 원자량 : Ca = 40g/mol)

① 1,000
② 2,000
③ 3,000
④ 4,000

해설
비중이 2이므로 차수막 물질의 양은 2ton = 2,000kg이며, Ca^{2+}는 2가이므로 당량은 20mg/meq이다.
∴ Ca^{2+} 이온의 질량
= 10meq/100g × 20mg/meq × g/1,000mg × 2,000kg × 1,000g/kg
= 4,000g

32 함수율 97%의 슬러지를 농축하였더니 부피가 처음 부피의 1/3로 줄어들었을 때 농축슬러지의 함수율(%)은?(단, 비중은 함수율과 관계없이 1.0으로 동일하다)

① 95
② 93
③ 91
④ 89

해설
$\dfrac{V_2}{V_1} = \dfrac{100 - w_1}{100 - w_2}$
여기서, V_1, w_1 : 초기 무게와 함수율
V_2, w_2 : 농축 후의 무게와 함수율
$\dfrac{1}{3} = \dfrac{100-97}{100-w_2} = \dfrac{3}{100-w_2}$
∴ $w_2 = 100 - 9 = 91$kg

33 호기성 퇴비화에 대한 설명으로 옳지 않은 것은?

① 생산된 퇴비의 비료가치가 높다.
② 퇴비 완성 후에 부피감소가 50% 이하로 크지 않다.
③ 퇴비화 과정을 거치면서 병원균, 기생충 등이 사멸된다.
④ 다른 폐기물처리 기술에 비해 고도의 기술수준을 요구하지 않는다.

해설
생산된 퇴비의 비료가치가 높지 않다.

34 어느 쓰레기 수거차의 적재능력은 15m³ 또는 10ton을 적재할 수 있다. 밀도가 0.6ton/m³인 폐기물 3,000m³을 동시에 수거하려 할 때, 필요한 수거차의 대수는?(단, 기타 사항은 고려하지 않음)

① 180대
② 200대
③ 220대
④ 240대

해설
• 무게 기준으로 필요한 수거차의 대수 = $\dfrac{3,000m^3 \times 0.6ton/m^3}{10ton/대}$
= 180대
• 부피 기준으로 필요한 수거차의 대수 = $\dfrac{3,000m^3}{15m^3/대}$ = 200대
∴ 필요한 수거차의 대수는 보다 많은 값인 부피 기준일 때의 200대가 필요하다.

35 혐기성소화에 의한 유기물의 분해단계를 옳게 나타낸 것은?

① 산 생성 → 가수분해 → 수소 생성 → 메테인 생성
② 산 생성 → 수소 생성 → 가수분해 → 메테인 생성
③ 가수분해 → 수소 생성 → 산 생성 → 메테인 생성
④ 가수분해 → 산 생성 → 수소 생성 → 메테인 생성

36 호기성 퇴비화공정의 설계 시 운영고려 인자에 관한 설명으로 적합하지 않은 것은?

① 교반/뒤집기 : 공기의 단회로(Channeling)현상 발생이 용이하도록 규칙적으로 교반하거나 뒤집어 준다.
② pH 조절 : 암모니아 가스에 의한 질소 손실을 줄이기 위해서 pH 8.5 이상 올라가지 않도록 주의한다.
③ 병원균의 제어 : 정상적인 퇴비화 공정에서는 병원균의 사멸이 가능하다.
④ C/N비 : C/N비가 낮은 경우는 암모니아 가스가 발생한다.

[해설]
교반은 영양물질과 미생물을 고르게 분포시키며, 뒤집기는 호기성 상태를 유지하는 데 중요한 운영인자이다. 공기의 단회로 현상은 바람직하지 않다.

37 도시가정 쓰레기의 매립 시 유출되는 침출수의 정화시설 운전에 주의할 사항이 아닌 것은?

① BOD : N : P의 비율을 조사하여 생물학적 처리의 문제점을 조사할 것
② 강우상태에 따른 매립장에서의 유출 오수량 조절 방안을 강구할 것
③ 폐수처리 시 거품의 발생과 제거에 대한 방안을 강구할 것
④ 생물학적 처리에 유해한 고농도의 유해 중금속 물질 처리를 위한 처리방안을 조사할 것

[해설]
④ 생물학적 처리에 유해한 저농도의 유해 중금속 물질 처리를 위한 처리방안을 조사할 것
만약 중금속이 고농도로 존재한다면 생물학적 처리 전에 물리화학적 처리를 통해 중금속을 제거하여야 한다.

38 폐기물 매립지에 소요되는 연직차수막과 표면차수막의 비교설명으로 옳지 않은 것은?

① 연직차수막은 지중에 수직방향의 차수층이 존재하는 경우에 적용한다.
② 표면차수막은 매립지 지반의 투수계수가 큰 경우 사용되는 방법이다.
③ 표면차수막에 비하여 연직차수막의 단위면적당 공사비는 비싸지만 총공사비는 더 싸다.
④ 연직차수막은 지하수 집배수시설이 불필요하나 표면차수막은 필요하다.

[해설]
연직차수막은 지중에 수평방향의 차수층이 존재하는 경우에 적용한다.

39 소각처리에 가장 부적합한 폐기물은?

① 폐종이 ② 폐 유
③ 폐목재 ④ PVC

[해설]
PVC를 소각하면 산성가스인 HCl이 발생하므로 소각시설의 배관 등이 부식되기 쉽다.

40 해안매립공법인 순차투입방법에 대한 설명으로 옳은 것은?

① 밑면이 뚫린 바지선을 이용하여 폐기물을 떨어뜨려 뿌려 줌으로써 바닥지반 하중을 균등하게 해 준다.
② 외주호안 등에 부가되는 수압이 증대되어 과대한 구조가 되기 쉽다.
③ 수심이 깊은 처분장은 내수를 완전히 배제한 후 순차투입방법을 택하는 경우가 많다.
④ 바닥지반이 연약한 경우 쓰레기 하중으로 연약층이 유동하거나 국부적으로 두껍게 퇴적되기도 한다.

제3과목 폐기물소각 및 열회수

41 유동층을 이용한 슬러지(Sludge)의 소각특성에 대한 다음 설명 중 틀린 것은?

① 소각로 가동 시 모래층의 온도는 약 600℃ 정도가 적당하다.
② 슬러지의 유입은 노의 하부 또는 상부에서도 유입이 가능하다.
③ 유동층에서 슬러지의 연소상태에 따라 유동매체인 모래입자들의 뭉침현상이 발생할 수도 있다.
④ 소각 시 유동매체의 손실이 생겨 보통 매 300시간 가동에 총모래부피의 약 5% 정도의 유실량을 보충해 주어야 한다.

해설
유동층 소각로의 모래층의 온도는 약 750℃ 정도가 적당하다.

42 슬러지를 유동층 소각로에서 소각시키는 경우와 다단로에서 소각시키는 경우의 차이에 대한 설명으로 옳지 않은 것은?

① 유동층 소각로에서는 주입 슬러지가 고온에 의하여 급속히 건조되어 큰 덩어리를 이루면 문제가 일어나게 된다.
② 유동층 소각로에서는 유출모래에 의하여 시스템의 보조기기들이 마모되어 문제점을 일으키기도 한다.
③ 유동층 소각로는 고온영역에서 작동되는 기기가 없기 때문에 다단로보다 유지관리가 용이하다.
④ 유동층 소각로의 연소온도가 다단로의 연소온도보다 높다.

해설
유동층 소각로의 연소온도가 다단로의 연소온도보다 낮다.

43 어떤 폐기물의 원소조성이 다음과 같을 때 연소 시 필요한 이론공기량(kg/kg)은?(단, 중량 기준, 표준상태 기준으로 계산)

• 가연성분 : 70%(C 60%, H 10%, O 25%, S 5%)
• 회분 : 30%

① 6.65
② 7.15
③ 8.35
④ 9.45

해설
중량 기준이므로
$$A_o = \frac{1}{0.23} \times \left\{ \frac{32}{12}C + \frac{16}{2}\left(H - \frac{O}{8}\right) + \frac{32}{32}S \right\}$$
$$= \frac{1}{0.23} \times \left\{ \frac{32}{12} \times 0.7 \times 0.6 + \frac{16}{2}\left(0.7 \times 0.1 - \frac{0.7 \times 0.25}{8}\right) \right.$$
$$\left. + \frac{32}{32} \times 0.7 \times 0.05 \right\}$$
$$\fallingdotseq 6.70 \text{kg/kg}$$

44 소각로의 열효율을 향상시키기 위한 대책이라 할 수 없는 것은?

① 연소잔사의 현열손실을 감소
② 전열효율의 향상을 위한 간헐운전 지향
③ 복사전열에 의한 방열손실을 최대한 감소
④ 배기가스 재순환에 의한 전열효율 향상과 최종 배출가스 온도 저감

45 다음 중 일반적으로 사용되는 열분해장치의 종류와 거리가 먼 것은?

① 고정상 열분해장치
② 다단상 열분해장치
③ 유동상 열분해장치
④ 부유상 열분해장치

46 백 필터(Bag Filter) 재질과 최고 운전온도가 옳게 연결된 것은?

① Wool – 120~180℃
② Teflon – 300~330℃
③ Glass Fiber – 280~300℃
④ Polyesters – 240~260℃

47 다음 성분의 중유의 연소에 필요한 이론공기량(Sm^3/kg)은?

탄소	수소	산소	황	단위
87	4	8	1	wt%

① 1.80
② 5.63
③ 8.57
④ 17.16

해설

$$A_o = \frac{1}{0.21} \times \left\{ \frac{22.4}{12}C + \frac{11.2}{2}\left(H - \frac{O}{8}\right) + \frac{22.4}{32}S \right\}$$

$$= \frac{1}{0.21} \times \left\{ \frac{22.4}{12} \times 0.87 + \frac{11.2}{2}\left(0.04 - \frac{0.08}{8}\right) + \frac{22.4}{32} \times 0.01 \right\}$$

$$\approx 8.57 Sm^3/kg$$

48 쓰레기를 소각 후 남은 재의 중량은 소각 전 쓰레기 중량의 1/4이다. 쓰레기 30ton을 소각하였을 때 재의 용량이 4m³라면 재의 밀도(ton/m³)는?

① 1.3
② 1.6
③ 1.9
④ 2.1

해설

$$밀도 = \frac{질량}{부피} = \frac{30ton/4}{4} = 1.875 ton/m^3$$

49 연소의 특성을 설명한 내용으로 알맞지 않은 것은?

① 수분이 많을 경우는 착화가 나쁘고 열손실을 초래한다.
② 휘발분(고분자물질)이 많을 경우는 매연 발생이 억제된다.
③ 고정탄소가 많을 경우 발열량이 높고 매연 발생이 적다.
④ 회분이 많을 경우 발열량이 낮다.

해설
휘발분이 많은 경우 이론공기량이 커져서 불완전연소되기 쉬우며, 따라서 매연이 발생될 수 있다.

50 소각 시 강열감량에 관한 내용으로 가장 거리가 먼 것은?

① 연소효율에 대응하는 미연분과 회잔사의 강열감량은 항상 일치하지 않는다.
② 강열감량이 작으면 완전연소에 가깝다.
③ 연소효율이 높은 노는 강열감량이 작다.
④ 가연분 비율이 큰 대상물은 강열감량의 저감이 쉽다.

정답 46 ③ 47 ③ 48 ③ 49 ② 50 ④

51 플라스틱을 열분해에 의하여 처리하고자 한다. 열분해온도가 적절치 못한 것은?

① PE, PP, PS : 550℃에서 완전분해
② PVC, 페놀수지, 요소수지 : 650℃에서 완전분해
③ HDPE : 400~600℃에서 완전분해
④ ABS : 350~550℃에서 완전분해

52 기체연료인 메테인(CH_4)의 고위발열량이 9,500kcal/Sm^3이라면 저위발열량(kcal/Sm^3)은?

① 8,260   ② 8,380
③ 8,420   ④ 8,540

해설
$CH_4 + 2O_2 \rightarrow CO_2 + 2H_2O$이므로
메테인 1몰이 연소되면 2몰의 수증기가 발생한다.
∴ 저위발열량 = 고위발열량 - 물의 증발잠열
= 9,500 - 480 × 2
= 8,540kcal/Sm^3

53 이론공기량(A_o)과 이론연소가스량(G_o)은 연료 종류에 따라 특유한 값을 취하며, 연료 중의 탄소분은 저위발열량에 대략 비례한다고 나타낸 식은?

① Bragg의 식
② Rosin의 식
③ Pauli의 식
④ Lewis의 식

해설
Rosin식
• 액체연료(보통 중유)에 있어서 이론공기량 A_o을 구하는 근사식이다.
• $A_o = 0.85 \times \dfrac{H_l}{1,000} + 2 \, (Sm^3/kg)$

54 폐열회수를 위한 열교환기 중 공기예열기에 관한 설명으로 옳지 않은 것은?

① 굴뚝가스 여열을 이용하여 연소용 공기를 예열하여 보일러의 효율을 높이는 장치이다.
② 연료의 착화와 연소를 양호하게 하고 연소온도를 높이는 부대효과가 있다.
③ 대표적으로 판상 공기예열기, 관형 공기예열기 및 재생식 공기예열기 등이 있다.
④ 이코노마이저와 병용 설치하는 경우에는 공기예열기를 고온측에 설치한다.

해설
이코노마이저와 병용 설치하는 경우에는 공기예열기를 저온측에 설치한다.

55 질량분율이 H : 12.0%, S : 1.4%, O : 1.6%, C : 85%, 수분 2%인 중유 1kg을 연소시킬 때 연소효율이 80%라면 저위발열량(kcal/kg)은?(단, 각 원소의 단위질량당 열량은 C : 8,100, H : 34,000, S : 2,500kcal/kg이다)

① 10,540
② 9,965
③ 8,218
④ 6,970

해설

저위발열량$(H_l) = 8,100C + 34,000\left(H - \dfrac{O}{8}\right) + 2,500S$
$\quad - 600(9H + W)(kcal/kg)$
$= 8,100 \times 0.85 + 34,000\left(0.12 - \dfrac{0.016}{8}\right)$
$\quad + 2,500 \times 0.014 - 600(9 \times 0.12 + 0.02)$
$= 10,272 kcal/kg$

연소효율이 80%이므로 $10,272 \times 0.8 ≒ 8,218 kcal/kg$

56 열분해장치의 방식 중 주입폐기물의 입자가 작아야 하고 주입량이 크지 못한 단점과 어떤 종류의 폐기물도 처리가 가능한 장점을 가지는 것으로 가장 적절한 것은?

① 부유상 방식
② 유동상 방식
③ 다단상 방식
④ 고정상 방식

57 열분해방법 중 산소 흡입 고온 열분해법의 특징에 대한 설명으로 가장 거리가 먼 것은?

① 폐플라스틱, 폐타이어 등의 열분해시설로 많이 사용된다.
② 분해온도는 높지만 공기를 공급하지 않기 때문에 질소산화물의 발생량이 적다.
③ 이동바닥로의 밑으로부터 소량의 순산소를 주입, 노 내의 폐기물 일부를 연소, 강열시켜 이때 발생되는 열을 이용해 상부의 쓰레기를 열분해한다.
④ 폐기물을 선별, 파쇄 등 전처리과정을 하지 않거나 간단히 하여도 된다.

58 연소실의 운전척도를 나타낸 것이 아닌 것은?

① 공기와 폐기물의 공급비
② 폐기물의 혼합 정도
③ 연소가스의 온도
④ Ash의 발생량

해설

Ash의 발생량은 처리대상 폐기물의 특성(무기물 함량)에 따라 결정된다.

정답 55 ③ 56 ① 57 ① 58 ④

59 어떤 소각로에서 배출되는 가스량은 8,000kg/h이고 온도는 1,000℃(1기압 기준)이다. 배기가스는 소각로 내에서 2초간 체류한다면 소각로 용적(m^3)은?(단, 표준상태에서 배기가스 밀도 = 0.2kg/m^3)

① 약 84
② 약 94
③ 약 104
④ 약 114

해설

체류시간 $t = \dfrac{용적}{가스량} = \dfrac{V}{Q}$

$\therefore V = Q \times t = \dfrac{8,000\,\text{kg/h}}{0.2\,\text{kg/m}^3} \times \dfrac{273+1,000}{273} \times 2\,\text{s} \times \dfrac{\text{h}}{3,600\,\text{s}}$

$\quad \fallingdotseq 103.6\,\text{m}^3$

60 소각로에서 소요되는 과잉공기량이 지나치게 클 경우 나타나는 현상이 아닌 것은?

① 연소실의 온도 저하
② 배기가스에 의한 열손실
③ 배기가스 온도의 상승
④ 연소효율 감소

제4과목 폐기물공정시험기준(방법)

61 폐기물의 강열감량 및 유기물 함량을 중량법으로 시험 시 시료를 탄화시키기 위해 사용하는 용액은?

① 15% 황산암모늄 용액
② 15% 질산암모늄 용액
③ 25% 황산암모늄 용액
④ 25% 질산암모늄 용액

해설

ES 06301.1d 강열감량 및 유기물 함량-중량법

62 자외선/가시선 분광광도계 광원부의 광원 중 자외부의 광원으로 주로 사용되는 것은?

① 중수소방전관
② 텅스텐램프
③ 나트륨램프
④ 중공음극램프

63 폐기물이 1ton 미만으로 야적되어 있는 적환장에서 채취하여야 할 최소 시료의 총량(g)은?(단, 소각재는 아님)

① 100
② 400
③ 600
④ 900

해설

ES 06130.d 시료의 채취

폐기물이 1ton 미만의 경우 최소 시료채취 수는 6이며, 시료의 양은 1회에 100g 이상 채취하므로 최소 시료의 총량은 600g이다.

64 고상폐기물의 pH(유리전극법)를 측정하기 위한 실험절차로 (   )에 내용으로 옳은 것은?

> 고상폐기물 10g을 50mL 비커에 취한 다음 정제수 25mL를 넣어 잘 교반하여 (   ) 이상 방치한 후 이 현탁액을 시료 용액으로 하거나 원심분리한 후 상층액을 시료 용액으로 사용한다.

① 10분 ② 30분
③ 2시간 ④ 4시간

해설
ES 06304.1 수소이온농도-유리전극법

65 0.1N NaOH 용액 10mL를 중화하는 데 어떤 농도의 HCl 용액이 100mL 소요되었다. 이 HCl 용액의 pH는?

① 1 ② 2
③ 2.5 ④ 3

해설
$N_1 V_1 = N_2 V_2$
$0.1N \times 10mL = x \times 100mL$
$x = 0.01N$
∴ $pH = -\log 0.01 = 2$

66 분석용 저울은 최소 몇 mg까지 달 수 있는 것이어야 하는가?(단, 총칙 기준)

① 1.0 ② 0.1
③ 0.01 ④ 0.001

해설
ES 06000.b 총칙

67 시료의 채취방법에 관한 내용으로 (   )에 옳은 것은?

> 콘크리트고형화물의 경우 대형의 고형화물로써 분쇄가 어려운 경우에는 임의의 (㉠)에서 채취하여 각각 파쇄하여 (㉡)씩 균등량 혼합하여 채취한다.

① ㉠ 2개소, ㉡ 100g ② ㉠ 2개소, ㉡ 500g
③ ㉠ 5개소, ㉡ 100g ④ ㉠ 5개소, ㉡ 500g

해설
ES 06130.d 시료의 채취

68 시안-이온전극법에 관한 내용으로 (   )에 옳은 내용은?

> 폐기물 중 시안을 측정하는 방법으로 액상폐기물과 고상폐기물을 (   )으로 조절한 후 시안 이온전극과 비교전극을 사용하여 전위를 측정하고 그 전위차로부터 시안을 정량하는 방법이다.

① pH 2 이하의 산성
② pH 4.5~5.3 이하의 산성
③ pH 10의 알칼리성
④ pH 12~13의 알칼리성

해설
ES 06351.2 시안-이온전극법
※ 시안은 산성에서는 HCN이 되어 공기 중으로 휘발될 수 있으므로, 알칼리 상태로 pH를 높여서 CN^{-1} 이온이 되도록 하여 이온전극으로 정량한다.

정답 64 ② 65 ② 66 ② 67 ③ 68 ④

69 폐기물에 함유된 오염물질을 분석하기 위한 용출시험방법 중 시료 용액의 조제에 관한 설명으로 ( )에 알맞은 것은?

> 조제한 시료 100g 이상을 정밀히 달아 정제수에 염산을 넣어 ( )으로 한 용매(mL)를 1 : 10(W : V)의 비율로 넣어 혼합한다.

① pH 8.8~9.3 ② pH 7.8~8.3
③ pH 6.8~7.3 ④ pH 5.8~6.3

해설
ES 06150.e 시료의 준비
시료의 조제방법에 따라 조제한 시료 100g 이상을 정확히 달아 정제수에 염산을 넣어 pH 5.8~6.3으로 맞춘 용매(mL)를 시료 : 용매 = 1 : 10(W : V)의 비로 2,000mL 삼각플라스크에 넣어 혼합한다.
※ 기준 개정으로 내용 변경

70 자외선/가시선 분광법에 의한 시안분석방법에 관한 설명으로 틀린 것은?

① 시료를 pH 10~12의 알칼리성으로 조절한 후에 질산나트륨을 넣고 가열 증류하여 시안화합물을 시안화수소로 유출하는 방법이다.
② 클로라민-T와 피리딘·피라졸론 혼합액을 넣어 나타나는 청색을 620nm에서 측정하는 방법이다.
③ 시안화합물을 측정할 때 방해물질들은 증류하면 대부분 제거되나 다량의 지방성분, 잔류염소, 황화합물은 시안화합물을 분석할 때 간섭할 수 있다.
④ 황화합물이 함유된 시료는 아세트산아연 용액 (10W/V%) 2mL를 넣어 계산한다.

해설
ES 06351.1 시안-자외선/가시선 분광법
시료를 pH 2 이하의 산성으로 조절한 후에 에틸렌다이아민테트라아세트산이나트륨을 넣고 가열 증류하여 시안화합물을 시안화수소로 유출시켜 수산화나트륨 용액에 포집한 다음 중화하고 클로라민-T와 피리딘·피라졸론 혼합액을 넣어 나타나는 청색을 620nm에서 측정한다.

71 할로겐화 유기물질(기체크로마토그래피-질량분석법) 측정 시 간섭물질에 관한 설명으로 틀린 것은?

① 추출 용매 안에 간섭물질이 발견되면 증류하거나 칼럼크로마토그래피에 의해 제거한다.
② 다이클로로메테인과 같이 머무름 시간이 긴 화합물은 용매의 피크와 겹쳐 분석을 방해할 수 있다.
③ 끓는점이 높거나 극성 유기화합물들이 함께 추출되므로 이들 중에는 분석을 간섭하는 물질이 있을 수 있다.
④ 플루오린화탄소나 다이클로로메테인과 같은 휘발성 유기물은 보관이나 운반 중에 격막을 통해 시료 안으로 확산되어 시료를 오염시킬 수 있으므로 현장 바탕시료로서 이를 점검하여야 한다.

해설
ES 06601.1 할로겐화 유기물질-기체크로마토그래피-질량분석법
다이클로로메테인과 같이 머무름 시간이 짧은 화합물은 용매의 피크와 겹쳐 분석을 방해할 수 있다.

72 원자흡수분광광도법에 의하여 크롬을 분석하는 경우 적합한 가연성 가스는?

① 공 기
② 헬 륨
③ 아세틸렌
④ 일산화이질소

정답 69 ④ 70 ① 71 ② 72 ③

73
자외선/가시선 분광법을 이용한 카드뮴 측정에 관한 설명으로 ( )에 옳은 내용은?

> 시료 중의 카드뮴이온을 시안화칼륨이 존재하는 알칼리성에서 디티존과 반응시켜 생성하는 카드뮴착염을 사염화탄소로 추출하고 이를 ( )으로 역추출한 다음 수산화나트륨과 시안화칼륨을 넣어 디티존과 반응하여 생성하는 적색의 카드뮴착염을 사염화탄소로 추출하여 그 흡광도는 520nm에서 측정한다.

① 염화제일주석산 용액
② 부틸알코올
③ 타타르산 용액
④ 에틸알코올

[해설]
ES 06405.3 카드뮴-자외선/가시선 분광법

74
원자흡수분광광도법의 분석장치를 나열한 것으로 적당하지 않은 것은?

① 광원부 – 중공음극램프, 램프점등장치
② 시료원자화부 – 버너, 가스유량 조절기
③ 파장선택부 – 분광기, 멀티패스 광학계
④ 측광부 – 검출기, 증폭기

75
유기질소화합물 및 유기인을 기체크로마토그래피로 분석할 경우 사용되는 검출기는?

① 불꽃광도검출기(FPD)
② 열전도도검출기(TCD)
③ 전자포획형검출기(ECD)
④ 불꽃이온화검출기(FID)

[해설]
ES 06501.1b 유기인-기체크로마토그래피

76
폐기물공정시험기준에서 규정하고 있는 대상 폐기물의 양과 시료의 최소 수가 잘못 연결된 것은?

① 1ton 이상~5ton 미만 : 10
② 5ton 이상~30ton 미만 : 14
③ 100ton 이상~500ton 미만 : 20
④ 500ton 이상~1,000ton 미만 : 36

[해설]
ES 06130.d 시료의 채취
대상폐기물의 양과 시료의 최소 수

대상폐기물의 양(단위 : ton)	시료의 최소 수
1 미만	6
1 이상~5 미만	10
5 이상~30 미만	14
30 이상~100 미만	20
100 이상~500 미만	30
500 이상~1,000 미만	36
1,000 이상~5,000 미만	50
5,000 이상	60

77
$K_2Cr_2O_7$을 사용하여 1,000mg/L의 Cr 표준원액 100mL를 제조하려면 필요한 $K_2Cr_2O_7$의 양(mg)은?(단, 원자량 K = 39, Cr = 52, O = 16)

① 141
② 283
③ 354
④ 565

[해설]
$K_2Cr_2O_7$의 분자량 = $39 \times 2 + 52 \times 2 + 16 \times 7 = 294g$
$2 \times Cr : K_2Cr_2O_7 = 1,000mg/L : x$
$x = \dfrac{1,000 \times 294}{2 \times 52} ≒ 2,827mg/L$
이 값은 1L를 제조할 때 필요한 양이며, 100mL 제조 시에는 1/10이 필요하므로 약 283mg이 필요하다.

정답 73 ③ 74 ③ 75 ① 76 ③ 77 ②

78 폐기물 용출조작에 관한 내용으로 ( )에 옳은 것은?

> 시료용액 조제가 끝난 혼합액을 상온, 상압에서 진탕 횟수가 매 분당 약 200회, 진폭 ( )의 진탕기를 사용하여 ( ) 연속진탕한 다음 여과하고 여과액을 적당량 취하여 용출시험용 시료용액으로 한다.

① 4~5cm, 4시간 ② 4~5cm, 6시간
③ 5~6cm, 4시간 ④ 5~6cm, 6시간

해설
ES 06150.e 시료의 준비
시료용액의 조제가 끝난 혼합액을 상온, 상압에서 진탕횟수가 매 분당 약 200회, 진탕의 폭이 4~5cm인 왕복진탕기(수평인 것)를 사용하여 6시간 동안 연속진탕한 다음 1.0μm의 유리섬유여과지로 여과하고 여과액을 적당량 취하여 용출실험용 시료용액으로 한다.
※ 기준 개정으로 내용 변경

79 폐기물 중 크롬을 자외선/가시선 분광법으로 측정하는 방법에 대한 내용으로 틀린 것은?

① 흡광도는 540nm에서 측정한다.
② 총크롬을 다이페닐카바자이드를 사용하여 6가 크롬으로 전환시킨다.
③ 흡광도의 측정값이 0.2~0.8의 범위에 들도록 실험용액의 농도를 조절한다.
④ 크롬의 정량한계는 0.002mg이다.

해설
ES 06405.3 카드뮴-자외선/가시선 분광법
시료 중에 총크롬을 과망간산칼륨을 사용하여 6가크롬으로 산화시킨 다음 산성에서 다이페닐카바자이드와 반응하여 생성되는 적자색 착화합물의 흡광도를 540nm에서 측정한다.

80 정량한계(LOQ)에 관한 설명으로 ( )에 내용으로 옳은 것은?

> 정량한계란 시험분석대상을 정량화할 수 있는 측정값으로서 제시된 정량한계 부근의 농도를 포함하도록 시료를 준비하고 이를 반복측정하여 얻은 결과의 표준편차에 ( )한 값을 사용한다.

① 3배 ② 3.3배
③ 5배 ④ 10배

해설
ES 06001 정도보증/정도관리

제5과목 폐기물관계법규

81 의료폐기물의 수집·운반 차량의 차체는 어떤 색으로 색칠하여야 하는가?

① 청색 ② 흰색
③ 황색 ④ 녹색

해설
폐기물관리법 시행규칙 [별표 5] 폐기물의 처리에 관한 구체적 기준 및 방법

82 과징금으로 징수한 금액의 사용용도로 알맞지 않은 것은?

① 불법 투기된 폐기물의 처리 비용
② 폐기물처리시설의 지도·점검에 필요한 시설·장비의 구입 및 운영
③ 폐기물처리기준에 적합하지 아니하게 처리한 폐기물 중 그 폐기물을 처리한 자 또는 그 폐기물의 처리를 위탁한 자를 확인할 수 없는 폐기물로 인하여 예상되는 환경상 위해의 제거를 위한 처리
④ 광역 폐기물처리시설의 확충

해설
폐기물관리법 시행령 제12조(과징금의 사용용도)

83 폐기물처리시설(소각시설, 소각열회수시설이나 멸균분쇄시설)의 검사를 받으려는 자가 해당 검사기관에 검사신청서와 함께 첨부하여 제출하여야 하는 서류와 가장 거리가 먼 것은?

① 설계도면
② 폐기물조성비 내용
③ 설치 및 장비확보 명세서
④ 운전 및 유지관리계획서

해설
폐기물관리법 시행규칙 제41조(폐기물처리시설의 사용신고 및 검사)

84 대통령령으로 정하는 폐기물처리시설을 설치, 운영하는 자는 그 처리시설에서 배출되는 오염물질을 측정하거나 환경부령으로 정하는 측정기관으로 하여금 측정하게 하고, 그 결과를 환경부장관에게 보고하여야 한다. 다음 중 환경부령으로 정하는 측정기관과 가장 거리가 먼 것은?

① 수도권매립지관리공사
② 보건환경연구원
③ 국립환경과학원
④ 한국환경공단

해설
폐기물관리법 시행규칙 제43조(오염물질의 측정)

85 폐기물처리업자나 폐기물처리 신고자가 휴업, 폐업 또는 재개업을 한 경우에 휴업, 폐업 또는 재개업을 한 날부터 며칠 이내에 신고서(서류 첨부)를 시·도지사나 지방환경관서의 장에게 제출하여야 하는가?

① 3일
② 10일
③ 20일
④ 30일

해설
폐기물관리법 시행규칙 제59조(휴업·폐업 등의 신고)

정답 82 ① 83 ③ 84 ③ 85 ③

86 폐기물처리시설의 유지·관리에 관한 기술관리를 대행할 수 있는 자는?

① 환경보전협회
② 환경관리인협회
③ 폐기물처리협회
④ 한국환경공단

해설
폐기물관리법 시행령 제16조(기술관리대행자)

87 기술관리인을 두어야 할 폐기물처리시설이 아닌 것은?

① 시간당 처리능력이 120kg인 감염성 폐기물 대상 소각시설
② 면적이 3,500m²인 지정폐기물 매립시설
③ 절단시설로서 1일 처리능력이 150ton인 시설
④ 연료화시설로서 1일 처리능력이 8ton인 시설

해설
폐기물관리법 시행령 제15조(기술관리인을 두어야 할 폐기물처리시설)
• 매립시설의 경우
  – 지정폐기물을 매립하는 시설로서 면적이 3,300m² 이상인 시설. 다만, 최종처분시설 중 차단형 매립시설에서는 면적이 330m² 이상이거나 매립용적이 1,000m³ 이상인 시설로 한다.
  – 지정폐기물 외의 폐기물을 매립하는 시설로서 면적이 10,000m² 이상이거나 매립용적이 30,000m³ 이상인 시설
• 소각시설로서 시간당 처분능력이 600kg(의료폐기물을 대상으로 하는 소각시설의 경우에는 200kg) 이상인 시설
• 압축·파쇄·분쇄 또는 절단시설로서 1일 처분능력 또는 재활용능력이 100ton 이상인 시설
• 사료화·퇴비화 또는 연료화시설로서 1일 재활용능력이 5ton 이상인 시설
• 멸균분쇄시설로서 시간당 처분능력이 100kg 이상인 시설
• 시멘트 소성로
• 용해로(폐기물에서 비철금속을 추출하는 경우로 한정한다)로서 시간당 재활용능력이 600kg 이상인 시설
• 소각열회수시설로서 시간당 재활용능력이 600kg 이상인 시설

88 다음 중 사업장폐기물에 해당되지 않는 것은?

① 대기환경보전법에 따라 배출시설을 설치·운영하는 사업장에서 발생하는 폐기물
② 물환경보전법에 따라 배출시설을 설치·운영하는 사업장에서 발생하는 폐기물
③ 소음·진동관리법에 따라 배출시설을 설치·운영하는 사업장에서 발생하는 폐기물
④ 환경부장관이 정하는 사업장에서 발생하는 폐기물

해설
폐기물관리법 제2조(정의)
'사업장폐기물'이란 대기환경보전법, 물환경보전법 또는 소음·진동관리법에 따라 배출시설을 설치·운영하는 사업장이나 그 밖에 대통령령으로 정하는 사업장에서 발생하는 폐기물을 말한다.

89 폐기물처리시설을 설치하고자 하는 자가 제출하여야 하는 폐기물처분시설 설치승인신청서에 첨부되는 서류로 틀린 것은?

① 처분대상 폐기물의 처분계획서
② 폐기물처분 시 소요되는 예산계획서
③ 폐기물처분시설의 설계도서
④ 처분 후에 발생하는 폐기물의 처분계획서

해설
폐기물관리법 시행규칙 제39조(폐기물처리시설의 설치 승인 등)

90 다음 용어의 정의로 틀린 것은?

① 환경용량이란 일정한 지역에서 환경오염 또는 환경훼손에 대하여 환경이 스스로 수용·정화 및 복원하여 환경의 질을 유지할 수 있는 한계를 말한다.
② 생활환경이란 인공적이지 않은 대기, 물, 토양에 관한 자연과 관련된 주변 환경을 말한다.
③ 자연환경이란 지하·지표(해양을 포함한다) 및 지상의 모든 생물과 이들을 둘러싸고 있는 비생물적인 것을 포함한 자연의 상태(생태계 및 자연경관을 포함한다)를 말한다.
④ 환경보전이란 환경오염 및 환경훼손으로부터 환경을 보호하고 오염되거나 훼손된 환경을 개선함과 동시에 쾌적한 환경의 상태를 유지·조성하기 위한 행위를 말한다.

해설
환경정책기본법 제3조(정의)
생활환경이란 대기, 물, 토양, 폐기물, 소음·진동, 악취, 일조(日照), 인공조명, 화학물질 등 사람의 일상생활과 관계되는 환경을 말한다.

91 다음 중 5년 이하의 징역이나 5천만원 이하의 벌금에 처하는 경우가 아닌 것은?

① 허가를 받지 아니하고 폐기물처리업을 한 자
② 폐쇄명령을 이행하지 아니한 자
③ 대행계약을 체결하지 아니하고 종량제 봉투 등을 제작·유통한 자
④ 영업정지 기간 중에 영업행위를 한 자

해설
④ 영업정지 기간에 영업을 한 자 : 폐기물관리법 제65조(벌칙) 3년 이하의 징역이나 3천만원 이하의 벌금

92 지정폐기물 중 부식성 폐기물(폐알칼리) 기준으로 옳은 것은?

① 액체상태의 폐기물로서 수소이온농도지수가 12.0 이상인 것으로 한정하며 수산화칼륨 및 수산화나트륨을 포함한다.
② 액체상태의 폐기물로서 수소이온농도지수가 12.0 이상인 것으로 한정하며 수산화칼륨 및 수산화나트륨을 제외한다.
③ 액체상태의 폐기물로서 수소이온농도지수가 12.5 이상인 것으로 한정하며 수산화칼륨 및 수산화나트륨을 포함한다.
④ 액체상태의 폐기물로서 수소이온농도지수가 12.5 이상인 것으로 한정하며 수산화칼륨 및 수산화나트륨을 제외한다.

해설
폐기물관리법 시행령 [별표 1] 지정폐기물의 종류

정답 90 ② 91 ④ 92 ③

93 '대통령령으로 정하는 폐기물처리시설'을 설치·운영하는 자는 그 폐기물처리시설의 설치·운영이 주변지역에 미치는 영향을 3년마다 조사하여 그 결과를 환경부장관에게 제출하여야 한다. 다음 중 대통령령으로 정하는 폐기물처리시설 기준으로 틀린 것은?

① 매립면적 10,000m^2 이상의 사업장 지정폐기물 매립시설
② 매립면적 150,000m^2 이상의 사업장 일반폐기물 매립시설
③ 시멘트 소성로(폐기물을 연료로 하는 경우로 한정한다)
④ 1일 처분능력이 10ton 이상인 사업장폐기물 소각시설

해설
폐기물관리법 시행령 제14조(주변지역 영향 조사대상 폐기물처리시설)
• 1일 처분능력이 50ton 이상인 사업장폐기물 소각시설(같은 사업장에 여러 개의 소각시설이 있는 경우에는 각 소각시설의 1일 처분능력의 합계가 50ton 이상인 경우를 말한다)
• 매립면적 10,000m^2 이상의 사업장 지정폐기물 매립시설
• 매립면적 150,000m^2 이상의 사업장 일반폐기물 매립시설
• 시멘트 소성로(폐기물을 연료로 사용하는 경우로 한정한다)
• 1일 재활용능력이 50ton 이상인 사업장폐기물 소각열회수시설(같은 사업장에 여러 개의 소각열회수시설이 있는 경우에는 각 소각열회수시설의 1일 재활용능력의 합계가 50ton 이상인 경우를 말한다)

94 폐기물 중간처분업자가 폐기물처리업의 변경허가를 받아야 할 중요사항으로 틀린 것은?

① 처분대상 폐기물의 변경
② 운반차량(임시차량은 제외한다)의 증차
③ 처분용량의 30/100 이상의 변경
④ 폐기물 재활용시설의 신설

해설
폐기물관리법 시행규칙 제29조(폐기물처리업의 변경허가)

95 폐기물 재활용을 금지하거나 제한하는 항목기준으로 옳지 않은 것은?

① 폴리클로리네이티드비페닐(PCBs)을 환경부령으로 정하는 농도 이상 함유하는 폐기물
② 폐유독물 등 인체나 환경에 미치는 위해가 매우 높을 것으로 우려되는 폐기물 중 대통령령으로 정하는 폐기물
③ 태반을 포함한 의료폐기물
④ 폐석면

해설
폐기물관리법 제13조의2(폐기물의 재활용 원칙 및 준수사항)

96 폐기물관리법에서 사용하는 용어의 정의로 틀린 것은?

① 생활폐기물이란 사업장폐기물 외의 폐기물을 말한다.
② 폐기물이란 쓰레기, 연소재, 오니, 폐유, 폐산, 폐알칼리 및 동물의 사체 등으로서 사람의 생활이나 사업활동에 필요하지 아니하게 된 물질을 말한다.
③ 지정폐기물이란 사업장폐기물 중 폐유·폐산 등 주변 환경을 오염시킬 수 있거나 의료폐기물 등 인체에 위해를 줄 수 있는 해로운 물질로서 대통령령으로 정하는 폐기물을 말한다.
④ 폐기물처리시설이란 폐기물의 최초 및 중간처리시설과 최종처리시설로서 환경부령으로 정하는 시설을 말한다.

해설
폐기물관리법 제2조(정의)
'폐기물처리시설'이란 폐기물의 중간처분시설, 최종처분시설 및 재활용시설로서 대통령령으로 정하는 시설을 말한다.

97 폐기물관리법을 적용하지 아니하는 물질에 대한 내용으로 옳지 않은 것은?

① 용기에 들어 있지 아니한 기체상의 물질
② 물환경보전법에 의한 오수·분뇨 및 가축분뇨
③ 하수도법에 따른 하수
④ 원자력안전법에 따른 방사성물질과 이로 인하여 오염된 물질

해설
폐기물관리법 제3조(적용 범위)
- 물환경보전법에 따른 수질 오염 방지시설에 유입되거나 공공 수역으로 배출되는 폐수
- 가축분뇨의 관리 및 이용에 관한 법률에 따른 가축분뇨

98 방치폐기물의 처리를 폐기물 처리 공제조합에 명할 수 있는 방치폐기물 처리량 기준으로 (   )에 옳은 것은?

> 폐기물처리 신고자가 방치한 폐기물의 경우 : 그 폐기물처리 신고자의 폐기물 보관량의 (   ) 이내

① 1.5배　　② 2배
③ 2.5배　　④ 3배

해설
폐기물관리법 시행령 제23조(방치폐기물의 처리량과 처리기간)
폐기물 처리 공제조합에 처리를 명할 수 있는 방치폐기물의 처리량은 다음과 같다.
- 폐기물처리업자가 방치한 폐기물의 경우 : 그 폐기물처리업자의 폐기물 허용보관량의 2배 이내
- 폐기물처리 신고자가 방치한 폐기물의 경우 : 그 폐기물처리 신고자의 폐기물 보관량의 2배 이내
※ 저자의견 : 해당 법 개정으로 내용이 변경되어 정답은 ②번이다.

99 국가 차원의 환경보전을 위한 종합계획인 국가환경종합계획의 수립 주기는?

① 20년
② 15년
③ 10년
④ 5년

해설
환경정책기본법 제14조(국가환경종합계획의 수립 등)

100 생활폐기물 처리대행자(대통령령이 정하는 자)에 대한 기준으로 틀린 것은?

① 폐기물처리업자
② 폐기물관리법에 따른 건설폐기물 재활용업의 허가를 받은 자
③ 자원의 절약과 재활용촉진에 관한 법률에 따른 재활용센터를 운영하는 자(같은 법에 따른 대형폐기물을 수집·운반 및 재활용하는 것만 해당한다)
④ 폐기물처리 신고자

해설
폐기물관리법 시행령 제8조(생활폐기물의 처리대행자)

정답　97 ②　98 ①　99 ①　100 ②

2020년 제3회 과년도 기출문제

제1과목 폐기물개론

01 슬러지를 처리하기 위하여 생슬러지를 분석한 결과 수분은 90%, 총고형물 중 휘발성 고형물은 70%, 휘발성 고형물의 비중은 1.1, 무기성 고형물의 비중은 2.2일 때 생슬러지의 비중은?(단, 무기성 고형물 + 휘발성 고형물 = 총고형물)

① 1.023　　② 1.032
③ 1.041　　④ 1.053

해설

$$\frac{슬러지\ 무게}{슬러지\ 비중} = \frac{유기성\ 고형물\ 무게}{유기성\ 고형물\ 비중} + \frac{무기성\ 고형물\ 무게}{무기성\ 고형물\ 비중} + \frac{물\ 무게}{물\ 비중}$$

$$\frac{1}{슬러지\ 비중} = \frac{0.1 \times 0.7}{1.1} + \frac{0.1 \times 0.3}{2.2} + \frac{0.90}{1} ≒ 0.977$$

∴ 슬러지 비중 $= \frac{1}{0.977} ≒ 1.023$

02 폐기물처리장치 중 쓰레기를 물과 섞어 잘게 부순 뒤 다시 물과 분리시키는 습식처리장치는?

① Baler
② Compactor
③ Pulverizer
④ Shredder

해설
① Baler : 압축결속기
② Compactor : 압축기
④ Shredder : 파쇄기

03 폐기물 파쇄기에 대한 설명으로 틀린 것은?

① 회전드럼식 파쇄기는 폐기물의 강도차를 이용하는 파쇄장치이며 파쇄와 분별을 동시에 수행할 수 있다.
② 일반적으로 전단파쇄기는 충격파쇄기보다 파쇄속도가 느리다.
③ 압축파쇄기는 기계의 압착력을 이용하여 파쇄하는 장치로 파쇄기의 마모가 적고 비용도 적다.
④ 해머밀 파쇄기는 고정칼, 왕복 또는 회전칼과의 교합에 의하여 폐기물을 전단하는 파쇄기이다.

해설
회전식 전단파쇄기는 고정칼, 왕복 또는 회전칼과의 교합에 의하여 폐기물을 전단한다.

04 폐기물의 관거(Pipeline)을 이용한 수송방법 중 공기를 이용한 방법이 아닌 것은?

① 진공수송　　② 가압수송
③ 슬러리수송　　④ 캡슐수송

05 고정압축기의 작동에 대한 용어로 가장 거리가 먼 것은?

① 적하(Loading)
② 카세트 용기(Cassettes Containing Bag)
③ 충전(Filling Charging)
④ 램 압축(Ram Compacts)

해설
카세트 용기는 백 압축기와 관련된 내용이다.

정답　1 ①　2 ③　3 ④　4 ③　5 ②

06 쓰레기를 압축시킨 후 용적이 45% 감소되었다면 압축비는?

① 1.4 ② 1.6
③ 1.8 ④ 2.0

해설
압축 후 용적 = 1 − 0.45 = 0.55

∴ 압축비 = $\dfrac{\text{압축 전 부피}(V_i)}{\text{압축 후 부피}(V_f)} = \dfrac{1}{0.55} ≒ 1.8$

07 4%의 고형물을 함유하는 슬러지 300m³를 탈수시켜 70%의 함수율을 갖는 케이크를 얻었다면 탈수된 케이크의 양(m³)은?(단, 슬러지의 밀도 = 1ton/m³)

① 50 ② 40
③ 30 ④ 20

해설
슬러지 내 고형물의 양은 300m³ × 0.04 = 12m³ = 12ton이고, 탈수한 케이크의 함수율이 70%이므로 고형물 함량은 30%이다. 따라서 비례식을 만들면 다음과 같다.
12ton : 30 = x : 100

∴ $x = \dfrac{12 \times 100}{30}$ = 40ton = 40m³

08 폐기물의 발생량 예측방법이 아닌 것은?

① Load-count Analysis Method
② Trend Method
③ Multiple Regression Model
④ Dynamic Simulation Model

해설
Load-count Analysis는 적재차량 계수법으로, 폐기물 발생량 조사방법이다.

09 쓰레기 발생량 예측방법 중 모든 인자를 시간에 대한 함수로 나타낸 후, 시간에 대한 함수로 표현된 각 영향 인자들 간의 상관관계를 수식화하는 방법은?

① 경향법
② 다중회귀모델
③ 회귀직선모델
④ 동적모사모델

10 쓰레기의 관리체계가 순서대로 올바르게 나열된 것은?

① 발생 – 적환 – 수집 – 처리 및 회수 – 처분
② 발생 – 적환 – 수집 – 처리 및 회수 – 수송 – 처분
③ 발생 – 수집 – 적환 – 수송 – 처리 및 회수 – 처분
④ 발생 – 수집 – 적환 – 처리 및 회수 – 수송 – 처분

11 폐기물의 성상분석의 절차로 알맞은 것은?

① 시료 → 물리적 조성 파악 → 밀도 측정 → 분류 → 원소분석
② 시료 → 밀도 측정 → 물리적 조성 파악 → 전처리 → 원소분석
③ 시료 → 전처리 → 밀도 측정 → 물리적 조성 파악 → 원소분석
④ 시료 → 분류 → 전처리 → 물리적 조성 파악 → 원소분석

해설
밀도측정과 물리적 조성파악은 현장에서 수행하며, 전처리와 원소분석은 이후 실험실에서 수행한다.

12 함수량이 30%인 쓰레기를 건조기준으로 원소성분 및 열량계로 열량을 측정한 결과가 다음과 같을 때 저위발열량(kcal/kg)은?(단, 발열량 = 3,300kcal/kg, C 65%, H 20%, S 5%)

① 1,030　② 1,040
③ 1,050　④ 1,060

해설
- 건조기준 저위발열량(H_l) = 고위발열량(H_h) − 600(9H + W)
  = 3,300 − 600(9 × 0.2)
  = 2,220kcal/kg
- 습윤기준 저위발열량 = 0.7 × 2,220 − 600 × 0.3
  = 1,374kcal/kg

※ 저자의견 : 정답 없음
건조기준 원소분석 결과를 Dulong 공식에 대입하여 고위발열량을 계산하면 8,100 × 0.65 + 34,000 × 0.2 + 2,500 × 0.05 = 12,190kcal/kg으로, 열량계로 구한 3,300kcal/kg과 차이가 많이 난다.

13 환경경영체제(ISO−14000)에 대한 설명으로 가장 거리가 먼 내용은?

① 기업이 환경문제의 개선을 위해 자발적으로 도입하는 제도이다.
② 환경사업을 기업, 영업의 최우선 과제 중의 하나로 삼는 경영체제이다.
③ 기업의 친환경성 이미지에 대한 광고효과를 위해 도입할 수 있다.
④ 전과정평가(LCA)를 이용하여 기업의 환경성과를 측정하기도 한다.

14 투입량이 1ton/h이고 회수량이 600kg/h(그중 회수대상물질은 500kg/h)이며, 제거량은 400kg/h (그중 회수대상물질은 100kg/h)일 때 선별효율(%)은?(단, Worrell식 적용)

① 약 63　② 약 69
③ 약 74　④ 약 78

해설
$x_1 + y_1 = 600$kg/h(이 중 $x_1 = 500$kg/h, $y_1 = 100$kg/h)
$x_2 + y_2 = 400$kg/h(이 중 $x_2 = 100$kg/h, $y_2 = 300$kg/h)
$x_0 = x_1 + x_2 = 600$kg/h, $y_0 = y_1 + y_2 = 400$kg/h
∴ $E = \dfrac{x_1}{x_0} \cdot \dfrac{y_2}{y_0} \times 100 = \dfrac{500}{600} \cdot \dfrac{300}{400} \times 100 = 62.5$

15 LCA의 구성요소로 가장 거리가 먼 것은?

① 자료평가
② 개선평가
③ 목록분석
④ 목적 및 범위의 설정

정답 11 ②　12 ③　13 ②　14 ①　15 ①

16 폐기물의 파쇄 목적이 잘못 기술된 것은?

① 입자 크기의 균일화
② 밀도의 증가
③ 유가물의 분리
④ 비표면적의 감소

해설
폐기물을 파쇄하면 비표면적이 증가한다.

17 쓰레기 수거효율이 가장 좋은 방식은?

① 타종식 수거 방식
② 문전수거(플라스틱 자루) 방식
③ 문전수거(재사용 가능한 쓰레기통) 방식
④ 대형 쓰레기통 이용 수거 방식

18 스크린상에서 비중이 다른 입자의 층을 통과하는 액류를 상하로 맥동시켜서 층의 팽창수축을 반복하여 무거운 입자는 하층으로 가벼운 입자는 상층으로 이동시켜 분리하는 중력분리 방법은?

① Secators
② Jigs
③ Melt Separation
④ Air Stoners

19 도시에서 폐기물 발생량이 185,000ton/년, 수거인부는 1일 550명, 인구는 250,000명이라고 할 때 1인 1일 폐기물 발생량(kg/인·day)은?(단, 1년 365일 기준)

① 2.03
② 2.35
③ 2.45
④ 2.77

해설
$$\frac{185,000 \text{ton/년}}{250,000 \text{인}} \times \frac{1년}{365일} \times \frac{1,000 \text{kg}}{\text{ton}} ≒ 2.03 \text{kg/인·day}$$

20 폐기물 수집·운반을 위한 노선 설정 시 유의할 사항으로 가장 거리가 먼 것은?

① 될 수 있는 한 반복운행을 피한다.
② 가능한 한 언덕길은 올라가면서 수거한다.
③ U자형 회전을 피해 수거한다.
④ 가능한 한 시계방향으로 수거노선을 정한다.

해설
가능한 한 언덕길은 내려가면서 수거한다.

정답 16 ④　17 ①　18 ②　19 ①　20 ②

제2과목 폐기물처리기술

21 매립지 입지선정절차 중 후보지 평가단계에서 수행해야 할 일로 가장 거리가 먼 것은?

① 경제성 분석
② 후보지 등급결정
③ 현장조사(보링조사 포함)
④ 입지선정기준에 의한 후보지 평가

22 저항성 탐사에서의 토양의 저항성(R)을 나타내는 식은?(단, I는 전류, s는 전극간격, V는 측정전압을 의미한다)

① $R = \dfrac{2\pi s V}{I}$

② $R = \dfrac{2\pi s I}{V}$

③ $R = \dfrac{s V}{2\pi I}$

④ $R = \dfrac{s I}{2\pi V}$

23 친산소성 퇴비화과정의 온도와 유기물의 분해속도에 대한 일반적인 상관관계로 옳은 것은?

① 40℃ 이하에서 가장 분해속도가 빠르다.
② 40~55℃ 정도에서 가장 분해속도가 빠르다.
③ 55~60℃ 정도에서 가장 분해속도가 빠르다.
④ 60℃ 이상에서 가장 분해속도가 빠르다.

24 침출수의 혐기성 처리에 대한 설명으로 옳지 않은 것은?

① 고농도의 침출수를 희석 없이 처리할 수 있다.
② 미생물의 낮은 증식으로 슬러지 발생량이 적다.
③ 온도, 중금속 등의 영향이 호기성 공정에 비해 크다.
④ 호기성 공정에 비해 높은 영양물질 요구량을 가진다.

> **해설**
> 슬러지 생성량이 작고, 유기물질이 메테인가스로 전환되므로 호기성 공정에 비해 낮은 영양물질 요구량을 가진다.

25 스크린 선별에 대한 설명으로 옳은 것은?

① 트롬멜 스크린의 경사도는 2~3°가 적정하다.
② 파쇄 후에 설치되는 스크린은 파쇄설비 보호가 목적이다.
③ 트롬멜 스크린의 회전속도가 증가할수록 선별효율이 증가한다.
④ 회전 스크린은 주로 골재분리에 흔히 이용되며 구멍이 막히는 문제가 자주 발생한다.

> **해설**
> ② 파쇄 후에 설치되는 스크린은 선별효율 향상이 목적이다.
> ③ 트롬멜 스크린의 회전속도가 증가할수록 선별효율이 낮아진다.
> ④ 회전 스크린은 주로 생활폐기물의 선별에 이용되며 구멍이 막히는 문제가 자주 발생한다.

26 용적이 1,000m³인 슬러지 혐기성 소화조에서 함수율 95%의 슬러지를 하루에 20m³를 소화시킨다면 이 소화조의 유기물 부하율(kg VS/m³·day)은?(단, 슬러지 고형물 중 무기물 비율은 40%이고, 슬러지의 비중은 1.0으로 가정한다)

① 0.2
② 0.4
③ 0.6
④ 0.8

해설
고형물의 양 = 0.05 × 20 = 1m³ = 1,000kg
∴ 유기물 부하율 = $\dfrac{1,000\,\text{kg/day} \times (1-0.4)}{1,000\,\text{m}^3}$ = 0.6

27 유기성 폐기물의 C/N비는 미생물의 분해 대상인 기질의 특성으로 효과적인 퇴비화를 위해 가장 직접적인 중요 인자이다. 일반적으로 초기 C/N비로 가장 적합한 것은?

① 5~15
② 25~35
③ 55~65
④ 85~100

28 3,785m³/일 규모의 하수처리장에 유입되는 BOD와 SS농도가 각각 200mg/L이다. 1차 침전에 의하여 SS는 60%가 제거되고, 이에 따라 BOD도 30% 제거된다. 후속처리인 활성슬러지공법(포기조)에 의해 남은 BOD의 90%가 제거되며, 제거된 kgBOD당 0.2kg의 슬러지가 생산된다면 1차 침전에서 발생한 슬러지와 활성슬러지공법에 의해 발생된 슬러지량의 총합(kg/일)은?(단, 비중은 1.0 기준, 기타 조건은 고려 안 함)

① 약 530
② 약 550
③ 약 570
④ 약 590

해설
- 1차 슬러지 발생량
 = 3,785m³/일 × 200mg/L × 0.6 × 10⁻³
 = 454.2kg/일
- 잉여슬러지 발생량
 = 3,785m³/일 × 200mg/L × (1 - 0.3) × 0.9 × 0.2 × 10⁻³
 ≒ 95.4kg/일
∴ 슬러지 총합 = 454.2 + 95.4 ≒ 549.6kg/일

29 매립지 차수막으로서의 점토 조건으로 적합하지 않은 것은?

① 액성한계 : 60% 이상
② 투수계수 : 10^{-7}cm/s 미만
③ 소성지수 : 10% 이상 30% 미만
④ 자갈 함유량 : 10% 미만

해설
액성한계 : 30% 이상

정답 26 ③ 27 ② 28 ② 29 ①

30 고형화 처리 중 시멘트 기초법에서 가장 흔히 사용되는 포틀랜드 시멘트 화합물 조성 중 가장 많은 부분을 차지하고 있는 것은?

① $2SiO_2 \cdot Fe_2O_3$
② $3CaO \cdot SiO_2$
③ $2CaO \cdot MgO$
④ $3CaO \cdot Fe_2O_3$

31 분뇨를 호기성 소화방식으로 일 $500m^3$ 부피를 처리하고자 한다. 1차 처리에 필요한 산기관 수는? (단, 분뇨 BOD 20,000mg/L, 1차 처리효율 60%, 소요공기량 $50m^3$/BODkg, 산기관 통풍량 $0.5m^3$/min·개)

① 347
② 417
③ 694
④ 1,157

해설

$$\frac{500m^3/일 \times 20,000mg/L \times 10^{-3} \times 0.6 \times 50m^3/kg}{0.5m^3/min \cdot 개 \times (60 \times 24min)/일} ≒ 417개$$

32 칼럼의 유입구와 유출구 사이에 수리학적 수두의 차이가 없을 때 오염물질은 무엇에 따라 다공성 매체를 이동하는가?

① 농도 경사
② 이류 이동
③ 기계적 분산
④ Darcy 플럭스

해설

유속에 의한 이류(Advection)가 없는 경우 농도차에 의한 확산이 오염물질의 주된 이동 메커니즘이 된다.

33 6가크롬을 함유한 유해폐기물의 처리방법으로 가장 적절한 것은?

① 양이온교환수지법
② 황산제1철환원법
③ 화학추출분해법
④ 전기분해법

해설

6가크롬은 3가크롬으로 환원시킨 후 화학적 방법에 의해 침전시킨다.

34 유기염소계 화학물질을 화학적 탈염소화 분해할 경우 적합한 기술이 아닌 것은?

① 화학 추출 분해법
② 알칼리 촉매 분해법
③ 초임계 수산화 분해법
④ 분별 증류촉매 수소화 탈염소법

35 매립지 기체 발생단계를 4단계로 나눌 때 매립 초기의 호기성 단계(혐기성 전단계)에 대한 설명으로 옳지 않은 것은?

① 폐기물 내 수분이 많은 경우에는 반응이 가속화 된다.
② 주요 생성기체는 CO_2이다.
③ O_2가 급격히 소모된다.
④ N_2가 급격히 발생한다.

36 매립지의 표면차수막에 관한 설명으로 옳지 않은 것은?

① 매립지 지반의 투수계수가 큰 경우에 사용한다.
② 지하수 집배수시설이 필요하다.
③ 단위면적당 공사비는 비싸나 총공사비는 싸다.
④ 보수는 매립 전에는 용이하나 매립 후는 어렵다.

해설
단위면적당 공사비는 저렴하나 총공사비는 많이 든다.

37 매립지에서 유기물의 완전 분해 식을 $C_{68}H_{111}O_{50}N + \alpha H_2O \rightarrow \beta CH_4 + 33CO_2 + NH_3$로 가정할 때 유기물 200kg을 완전 분해 시 소모되는 물의 양(kg)은?

① 16　② 21
③ 25　④ 33

해설
$C_{68}H_{111}O_{50}N + \alpha H_2O \rightarrow \beta CH_4 + 33CO_2 + NH_3$
• 유기물의 분자량 = 1,741
• O : $50 + \alpha = 33 \times 2 \rightarrow \alpha = 16$
$1,741 : 200 = 16 \times 18 : x$
$\therefore x = \dfrac{200 \times 16 \times 18}{1,741} ≒ 33kg$

38 재활용을 위한 매립가스의 회수 조건으로 거리가 먼 것은?

① 발생 기체의 50% 이상을 포집할 수 있어야 한다.
② 폐기물 1kg당 $0.37m^3$ 이상의 기체가 생성되어야 한다.
③ 폐기물 속에는 약 15~40%의 분해 가능한 물질이 포함되어 있어야 한다.
④ 생성된 기체의 발열량은 $2,200kcal/Sm^3$ 이상이어야 한다.

39 매립지의 침출수의 농도가 반으로 감소하는 데 약 3년이 걸렸다면 이 침출수의 농도가 99% 감소하는 데 걸리는 시간(년)은?(단, 1차 반응 기준)

① 10　　② 15
③ 20　　④ 25

해설

- 반감기의 정의에서 $\frac{1}{2}C_o = C_o e^{-kt_{1/2}} \rightarrow \ln\frac{1}{2} = -3k$

$$k = -\frac{\ln\frac{1}{2}}{3} \fallingdotseq 0.231$$

- 침출수 농도가 99% 분해되면 C가 $0.01C$ 남아 있으므로(C가 $0.99C$가 아닌 것에 주의할 것) 1차 분해반응식에 앞서 구한 $k = 0.231$과 $C = 0.01C_o$를 대입한다.

$0.01C_o = C_o e^{-0.231 \times t}$

C_o를 소거한 후 양변에 ln를 취하면(∵ e를 없애기 위해서)

$\ln 0.01 = -0.231t$

$t = \frac{\ln 0.01}{-0.231} \fallingdotseq 20$년

40 생활폐기물 소각시설의 폐기물 저장조에 대한 설명 중 틀린 것은?

① 500ton 이상의 폐기물 저장조의 용량은 원칙적으로 계획 1일 최대 처리량의 3배 이상의 용량(중량기준)으로 설치한다.
② 저장조의 용량산정은 실측자료가 없는 경우 우리나라 평균 밀도인 $0.22ton/m^3$을 적용한다.
③ 저장조 내에서 자연발화 등에 의한 화재에 대비하여 소화기 등 화재대비시설을 검토한다.
④ 폐기물 저장조의 설치 시 가능한 한 깊이보다 넓이를 최소화하여 오염되는 면적을 줄이도록 한다.

제3과목 폐기물소각 및 열회수

41 다단소각로에 대한 설명 중 옳지 않은 것은?

① 휘발성이 적은 폐기물 연소에 유리하다.
② 용융재를 포함한 폐기물이나 대형폐기물의 소각에는 부적당하다.
③ 타 소각로에 비해 체류시간이 길어 수분함량이 높은 폐기물의 소각이 가능하다.
④ 온도반응이 늦기 때문에 보조연료 사용량의 조절이 용이하다.

해설
온도반응이 늦기 때문에 보조연료 사용량을 조절하기가 어렵다.

42 사이클론(Cyclone) 집진장치에 대한 설명 중 틀린 것은?

① 원심력을 활용하는 집진장치이다.
② 설치면적이 작고 운전비용이 비교적 적은 편이다.
③ 온도가 높을수록 포집효율이 높다.
④ 사이클론 내부에서 먼지는 벽면과 마찰을 일으켜 운동에너지를 상실한다.

해설
사이클론의 집진효율은 입구가스 속도가 클수록 제거율이 높아진다.

정답 39 ③　40 ④　41 ④　42 ③

43 탄소 1kg을 완전연소하는 데 소요되는 이론공기량 (Sm³)은?(단, 공기는 이상기체로 가정하고, 공기의 분자량은 28.84g/mol이다)

① 1.866　　② 5.848
③ 8.889　　④ 17.544

해설
$C + O_2 \rightarrow CO_2$
12kg　22.4Sm³
1kg　　x

이론산소량 $x = \dfrac{22.4}{12}$ Sm³

∴ 이론공기량 $= \dfrac{22.4}{12} \times \dfrac{1}{0.21} ≒ 8.889$ Sm³

(여기서, 0.21 : 공기 중의 산소의 분율)

44 절대온도의 눈금은 어느 법칙에서 유도된 것인가?

① Raoult의 법칙
② Henry의 법칙
③ 에너지보존의 법칙
④ 열역학 제2법칙

45 도시쓰레기를 소각방법으로 처리할 때의 장점이 아닌 것은?

① 쓰레기의 최종 처분단계이다.
② 쓰레기의 부피를 감소시킬 수 있다.
③ 발생되는 폐열을 회수할 수 있다.
④ 병원성 생물을 분해, 제거, 사멸시킬 수 있다.

해설
쓰레기의 최종 처분단계는 매립이다.

46 소각 시 유해가스 처리방법 중 건식, 습식, 반건식의 장단점에 대한 설명으로 옳지 않은 것은?

① 유해가스 제거효율 : 건식법은 비교적 낮으나 습식법은 매우 높다.
② 백연대책 : 건식법과 반건식법은 대책이 불필요하나 습식법은 배기가스 냉각 등 백연대책이 필요하다.
③ 운전비 및 건설비 : 건식법은 낮으나 습식법은 높은 편이다.
④ 운전 및 유지관리 : 건식법은 재처리, 부식방지 등 관리가 어려우나 습식법은 폐수로 처리되어 건식법에 비해 유지관리가 용이하다.

47 물질의 연소특성에 대한 설명으로 가장 거리가 먼 것은?

① 탄소의 착화온도는 700℃이다.
② 황의 착화온도는 목재의 경우보다 높다.
③ 수소의 착화온도는 장작의 경우보다 높다.
④ 용광로가스의 착화온도는 700~800℃ 부근이다.

48 전기집진기의 집진성능에 영향을 주는 인자에 관한 설명 중 틀린 것은?

① 수분함량이 증가할수록 집진효율이 감소한다.
② 처리가스량이 증가하면 집진효율이 감소한다.
③ 먼지의 전기비저항이 $10^4 \sim 5 \times 10^{10} \, \Omega \cdot cm$ 이상에서 정상적인 집진성능을 보인다.
④ 먼지입자의 직경이 작으면 집진효율이 감소한다.

해설
수분함량이 증가할수록 전기비저항이 낮아져 먼지제거효율이 증가하지만 저온부식의 위험이 있다.

49 용적밀도가 800kg/m³인 폐기물을 처리하는 소각로에서 질량감소율과 부피감소율이 각각 90%, 95%인 경우 이 소각로에서 발생하는 소각재의 밀도(kg/m³)는?

① 1,500
② 1,600
③ 1,700
④ 1,800

해설
1ton의 폐기물을 가정하면 이 폐기물의 부피는
$1,000 \text{kg} \times \dfrac{\text{m}^3}{800 \text{kg}} = 1.25 \text{m}^3$

- 질량감소율이 90%이므로 소각재 질량 = 100kg
- 부피감소율이 95%이므로 소각재 부피
  $= 1.25 \times 0.05 = 0.0625 \text{m}^3$
- ∴ 소각재 밀도 $= \dfrac{100 \text{kg}}{0.0625 \text{m}^3} = 1,600 \text{kg/m}^3$

50 연소가스 흐름에 따라 소각로의 형식을 분류한다. 폐기물의 이송방향과 연소가스의 흐름방향이 반대로 향하고, 폐기물의 질이 나쁜 경우에 적당한 방식은?

① 향류식
② 병류식
③ 교류식
④ 2회류식

해설
폐기물의 흐름 방향과 연소 가스의 이동방향에 따른 소각로 본체의 형식 구분

종류	형태	특징
역류식	폐기물과 연소가스의 흐름이 반대	수분이 많고 저위발열량이 낮은 폐기물에 적합
병류식	폐기물과 연소가스의 흐름이 같음	저위발열량이 높은 폐기물에 적합
교류식	역류식과 병류식의 중간 형태	-
복류식	2개의 출구를 가지고 있고 댐퍼로 개폐 조절	-

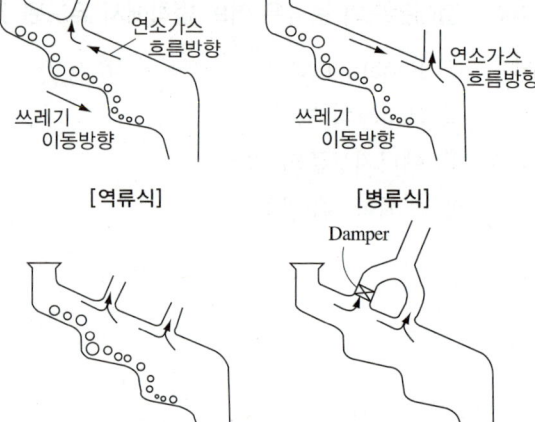

[역류식] [병류식] [교류식] [복류식]

51 다음과 같은 조건으로 연소실을 설계할 때 필요한 연소실의 크기(m^3)는?

- 연소실 열부하 : 8.2×10^4 kcal/$m^3 \cdot$ h
- 저위발열량 : 300kcal/kg
- 폐기물 : 200ton/day
- 작업시간 : 8h

① 76 ② 86
③ 92 ④ 102

해설

연소실 열부하$\left(\dfrac{kcal/h}{m^3}\right) = \dfrac{\text{시간당 폐기물 소각량} \times \text{저위발열량}}{\text{연소실 부피}}$

$8.2 \times 10^4 \left(\dfrac{kcal/h}{m^3}\right)$

$= \dfrac{200\text{ton/day} \times 1,000\text{kg/ton} \times \text{day/8h} \times 300\text{kcal/kg}}{V m^3}$

$\therefore V = \dfrac{200 \times 1,000 \div 8 \times 300}{8.2 \times 10^4} \fallingdotseq 91.5 m^3$

52 폐기물의 물리화학적 분석결과가 다음과 같을 때, 이 폐기물의 저위발열량(kcal/kg)은?(단, Dulong 식 적용)

단위 : wt%

수분	회분	가연분						소계
		C	H	O	N	Cl	S	
65	12	11.7	1.81	8.76	0.39	0.31	0.03	23
가연분의 원소조성		50.87	7.85	38.08	1.70	1.35	0.15	100

① 약 700 ② 약 950
③ 약 1,200 ④ 약 1,450

해설

Dulong식

$8,100C + 34,000\left(H - \dfrac{O}{8}\right) + 2,500S - 600(9H + W)$

$= 8,100 \times 0.117 + 34,000\left(0.0181 - \dfrac{0.0876}{8}\right) + 2,500 \times 0.0003$

$\quad - 600(9 \times 0.0181 + 0.65)$

$\fallingdotseq 703.8 kcal/kg$

53 폐기물 소각공정에서 발생하는 소각재 중 비산재(Fly Ash)의 안정화 처리기술과 가장 거리가 먼 것은?

① 산용매추출
② 이온고정화
③ 약제처리
④ 용융고화

54 소각공정과 비교하였을 때, 열분해공정이 갖는 단점이라 볼 수 없는 것은?

① 반응이 활발치 못하다.
② 환원성 분위기로 Cr^{+3}가 Cr^{+6}로 전환되지 않는다.
③ 흡열반응이므로 외부에서 열을 공급시켜야 한다.
④ 반응생성물을 연료로서 이용하기 위해서는 별도의 정제장치가 필요하다.

55 Thermal NO_x에 대한 설명 중 틀린 것은?

① 연소를 위하여 주입되는 공기에 포함된 질소와 산소의 반응에 의해 형성된다.
② Fuel NO_x와 함께 연소 시 발생하는 대표적인 질소산화물의 발생원이다.
③ 연소 전 폐기물로부터 유기질소원을 제거하는 발생원분리가 효과적인 통제방법이다.
④ 연소통제와 배출가스 처리에 의해 통제할 수 있다.

정답 51 ③ 52 ① 53 ② 54 ② 55 ③

56 황 성분이 0.8%인 폐기물을 20ton/h 성능의 소각로로 연소한다. 배출되는 배기가스 중 SO_2를 $CaCO_3$로 완전히 탈황하려 할 때, 하루에 필요한 $CaCO_3$의 양(ton/day)은?(단, 폐기물 중의 S는 모두 SO_2로 전환되며, 소각로의 1일 가동시간은 16시간, Ca 원자량은 40이다)

① 1.0
② 2.0
③ 4.0
④ 8.0

해설
$SO_2 + CaCO_3 \rightarrow CaSO_3 + CO_2$
반응식에서 SO_2와 $CaCO_3$는 1 : 1로 반응한다.
중유 중 황 성분의 양 = 20ton/h × 16h/day × 0.008 = 2.56ton/day
분자량은 S : $CaCO_3$ = 32 : 100이므로
∴ 소요 $CaCO_3$ = 2.56 × $\frac{100}{32}$ = 8ton/day

57 소각로 공사 및 운전과정에서 발생하는 악취, 소음, 배출가스 등의 발생원인별 개선방안으로 거리가 먼 것은?

① 쓰레기 반입장의 악취 : Air Curtain 설비를 설치 후 가동상태 및 효과점검 등으로 외부확산을 근본적으로 방지
② 쓰레기 저장조 및 반입장의 악취 : 흡착탈취 및 미생물분해, 탈취제살포 등으로 악취 원인물질 제거
③ 쓰레기 수거차량의 침출수 : 수거차량의 정기세차 및 소 내 차량운행 속도를 증가하여 쓰레기 침출수를 외부누출 방지
④ 소음 차단용 수림대 조성 : 소음원의 공학적 분석에 의한 소음발생 저지

해설
대부분의 소각시설 폐기물 반입시간대가 이른 새벽시간이므로 인근주민들의 민원이 많이 제기될 가능성이 있다. 그러므로 시설 내에서는 철저히 저속운행을 지키며, 공회전을 삼가고, 특히 노후 차량을 잘 정비하고, 교체하여 이로 인한 공해가 발생하지 않도록 해야 한다. 또한 수거차량에는 침출수를 분리배출할 수 있는 장치를 장착하여 도로에 침출수가 떨어지지 않도록 유의해야 한다.

58 초기 다단로 소각로(Multiple Hearth)의 설계 시 목적 소각물은?

① 하수슬러지
② 타 르
③ 입자상 물질
④ 폐 유

59 화격자에 대한 설명 중 틀린 것은?

① 노 내의 폐기물 이동을 원활하게 해 준다.
② 화격자의 폐기물 이동방향은 주로 하단부에서 상단부 방향으로 이동시킨다.
③ 화격자는 폐기물을 잘 연소하도록 교반시키는 역할을 한다.
④ 화격자는 아래에서 연소가 필요한 공기가 공급되도록 설계하기도 한다.

해설
화격자에서 폐기물은 상단부에서 하단부 방향으로 이동된다.

60 소각로에서 하루 10시간 조업에 10,000kg의 폐기물을 소각 처리한다. 소각로 내의 열부하는 30,000 kcal/m³·h이고 노 내의 체적은 15m³일 때 폐기물의 발열량(kcal/kg)은?

① 150 ② 300
③ 450 ④ 600

해설

연소실 열부하 $\left(\dfrac{kcal/h}{m^3}\right)$ = $\dfrac{\text{시간당 폐기물 소각량} \times \text{저위발열량}}{\text{연소실 부피}}$

$30,000\left(\dfrac{kcal/h}{m^3}\right) = \dfrac{10,000kg/10h \times x}{15\,m^3}$

$x = \dfrac{30,000 \times 15}{1,000} = 450\,kcal/kg$

제4과목 폐기물공정시험기준(방법)

61 다음 중 1μg/L와 동일한 농도는?(단, 액상의 비중 = 1)

① 1pph
② 1ppt
③ 1ppm
④ 1ppb

해설
ES 06000.b 총칙

62 유기물 함량이 비교적 높지 않고 금속의 수산화물, 산화물, 인산염 및 황화물을 함유하고 있는 시료에 적용되는 전처리 방법은?

① 질산-염산분해법
② 질산-황산분해법
③ 질산-과염소산분해법
④ 질산-불화수소산분해법

해설
ES 06150.e 시료의 준비

종류	특징
질산분해법	유기물 함량이 낮은 시료에 적용 – 약 0.7M
질산-염산 분해법	유기물 함량이 비교적 높지 않고 금속의 수산화물, 산화물, 인산염 및 황화물을 함유하고 있는 시료에 적용 – 약 0.5M
질산-황산 분해법	• 유기물 등을 많이 함유하고 있는 대부분의 시료에 적용 – 약 1.5~3.0N • 칼슘, 바륨, 납 등을 다량 함유한 시료는 난용성의 황산염을 생성하여 다른 금속성분을 흡착하므로 주의
질산-과염소산 분해법	• 유기물을 높은 비율로 함유하고 있으면서 산화분해가 어려운 시료들에 적용 – 약 0.8M • 과염소산을 넣을 경우 진한 질산이 공존하지 않으면 폭발할 위험이 있으므로 반드시 진한 질산을 먼저 넣어 주어야 함
질산-과염소산-불화수소산 분해법	점토질 또는 규산염이 높은 비율로 함유된 시료에 적용 – 약 0.8M
회화법	• 목적성분이 400℃ 이상에서 휘산되지 않고 쉽게 회화될 수 있는 시료에 적용 • 시료 중에 염화암모늄, 염화마그네슘, 염화칼슘 등이 높은 비율로 함유된 경우에는 납, 철, 주석, 아연, 안티몬 등이 휘산되어 손실이 발생함 • 회화로에 옮기고 400~500℃에서 가열하여 잔류물을 회화시킴
마이크로파 산분해법	가열속도가 빠르고 재현성이 좋으며, 폐유 등 유기물이 다량 함유된 시료의 전처리에 이용된다.

정답 60 ③ 61 ④ 62 ①

63 정도보증/정도관리에 적용하는 기기검출한계에 관한 내용으로 ( )에 옳은 것은?

> 바탕시료를 반복 측정 분석한 결과의 표준편차에 ( )한 값

① 2배 ② 3배
③ 5배 ④ 10배

해설
ES 06001 정도보증/정도관리

64 자외선/가시선 분광법으로 구리를 측정할 때 알칼리성에서 다이에틸다이티오카르바민산나트륨과 반응하여 생성되는 킬레이트 화합물의 색으로 옳은 것은?

① 적자색 ② 청색
③ 황갈색 ④ 적색

해설
ES 06401.3 구리-자외선/가시선 분광법
알칼리성에서 다이에틸다이티오카르바민산나트륨과 반응하여 생성하는 황갈색의 킬레이트 화합물을 아세트산뷰틸로 추출하여 흡광도를 440nm에서 측정한다.

65 환경측정의 정도보증/정도관리(QA/QC)에서 검정곡선방법으로 옳지 않은 것은?

① 절대검정곡선법
② 표준물질첨가법
③ 상대검정곡선법
④ 외부표준법

해설
ES 06001 정도보증/정도관리

66 온도에 관한 기준으로 옳지 않은 것은?

① 찬 곳은 따로 규정이 없는 한 0~15℃의 곳을 뜻한다.
② 각각의 시험은 따로 규정이 없는 한 실온에서 조작한다.
③ 온수는 60~70℃로 한다.
④ 냉수는 15℃ 이하로 한다.

해설
ES 06000.b 총칙
각각의 시험은 따로 규정이 없는 한 상온에서 조작한다.

67 환원기화법(원자흡수분광광도법)으로 수은을 측정할 때, 시료 중에 염화물이 존재할 경우에 대한 설명으로 옳지 않은 것은?

① 시료 중의 염소는 산화조작 시 유리염소를 발생시켜 253.7nm에서 흡광도를 나타낸다.
② 시료 중의 염소는 과망간산칼륨으로 분해 후 헥산으로 추출 제거한다.
③ 유리염소는 과량의 염산하이드록실아민 용액으로 환원시킨다.
④ 용액 중에 잔류하는 염소는 질소가스를 통기시켜 축출한다.

해설
ES 06404.1a 수은-환원기화-원자흡수분광광도법
• 시료 중 염화물이온이 다량 함유된 경우에는 산화조작 시 유리염소를 발생하여 253.7nm에서 흡광도를 나타낸다. 이때에는 염산하이드록실아민 용액을 과잉으로 넣어 유리염소를 환원시키고 용기 중에 잔류하는 염소는 질소가스를 통기시켜 축출한다.
• 벤젠, 아세톤 등 휘발성 유기물질도 253.7nm에서 흡광도를 나타낸다. 이때에는 과망간산칼륨 분해 후 헥산으로 이들 물질을 추출 분리한 다음 실험한다.

정답 63 ② 64 ③ 65 ④ 66 ② 67 ②

68 수은을 원자흡수분광광도법으로 정량하고자 할 때, 정량한계(mg/L)는?

① 0.0005
② 0.002
③ 0.05
④ 0.5

해설
ES 06404.1a 수은-환원기화-원자흡수분광광도법
정량한계는 0.0005mg/L이다.

69 자외선/가시선 분광법에 의한 납의 측정시료에 비스무트(Bi)가 공존하면 시안화칼륨 용액으로 수회 씻어도 무색이 되지 않는다. 이때 납과 비스무트를 분리하기 위해 추출된 사염화탄소층에 가해 주는 시약으로 적절한 것은?

① 프탈산수소칼륨 완충액
② 구리아민동 혼합액
③ 수산화나트륨 용액
④ 염산하이드록실아민 용액

해설
ES 06402.3 납-자외선/가시선 분광법
시료에 다량의 비스무트(Bi)가 공존하면 시안화칼륨 용액으로 수회 씻어도 무색이 되지 않는다. 이때에는 다음과 같이 납과 비스무트를 분리하여 실험한다. 추출하여 10~20mL로 한 사염화탄소층에 프탈산수소칼륨 완충용액(pH 3.4) 20mL씩을 2회 역추출하고 전체수층을 합하여 분별깔때기에 옮긴다.

70 시료채취에 관한 내용으로 ( )에 옳은 것은?

> 회분식 연소방식의 소각재 반출설비에서 채취하는 경우에는 하루 동안의 운전횟수에 따라 매 운전 시마다 (㉠) 이상 채취하는 것을 원칙으로 하고, 시료의 양은 1회 (㉡) 이상으로 한다.

① ㉠ 2회 ㉡ 100g
② ㉠ 4회 ㉡ 100g
③ ㉠ 2회 ㉡ 500g
④ ㉠ 4회 ㉡ 500g

해설
ES 06130.d 시료의 채취
회분식 연소방식의 소각재 반출설비에서 채취하는 경우에는 하루 동안의 운전횟수에 따라 매 운전 시마다 2회 이상 채취하는 것을 원칙으로 하고, 시료의 양은 1회에 500g 이상으로 한다.

71 함수율 85%인 시료의 경우, 용출시험결과에 시료 중의 수분함량 보정을 위하여 곱하여야 하는 값은?

① 0.5
② 1.0
③ 1.5
④ 2.0

해설
ES 06150.e 시료의 준비
항목별 시험기준 중 각 항의 규정에 따라 실험한 용출시험의 결과는 시료 중의 수분함량 보정을 위해 함수율 85% 이상인 시료에 한하여 '15/{100 − 시료의 함수율(%)}'을 곱하여 계산한 값으로 한다.
∴ 15/(100 − 85) = 1

정답 68 ① 69 ① 70 ③ 71 ②

72 청석면의 형태와 색상으로 옳지 않은 것은?(단, 편광현미경법 기준)

① 꼬인 물결 모양의 섬유
② 다발 끝은 분산된 모양
③ 긴 섬유는 만곡
④ 특징적인 청색과 다색성

해설
ES 06305.1 석면-편광현미경법
석면 종류별 형태와 색상

석면의 종류	형태와 색상
백석면	• 꼬인 물결 모양의 섬유 • 다발의 끝은 분산 • 가열되면 무색~밝은 갈색 • 다색성 • 종횡비는 전형적으로 10 : 1 이상
갈석면	• 곧은 섬유와 섬유 다발 • 다발 끝은 빗자루 같거나 분산된 모양 • 가열하면 무색~갈색 • 약한 다색성 • 종횡비는 전형적으로 10 : 1 이상
청석면	• 곧은 섬유와 섬유 다발 • 긴 섬유는 만곡 • 다발 끝은 분산된 모양 • 특징적인 청색과 다색성 • 종횡비는 전형적으로 10 : 1 이상

73 세균배양 검사법에 의한 감염성 미생물 분석 시 시료의 채취 및 보존방법에 관한 내용으로 ( )에 적절한 것은?

> 시료의 채취는 가능한 한 무균적으로 하고 멸균된 용기에 넣어 1시간 이내에 실험실로 운반·실험하여야 하며, 그 이상의 시간이 소요될 경우에는 (㉠) 이하로 냉장하여 (㉡) 이내에 실험실로 운반하여 실험실에 도착한 후 (㉢) 이내에 배양조작을 완료하여야 한다.

① ㉠ 4℃ ㉡ 6시간 ㉢ 2시간
② ㉠ 4℃ ㉡ 2시간 ㉢ 6시간
③ ㉠ 10℃ ㉡ 6시간 ㉢ 2시간
④ ㉠ 10℃ ㉡ 2시간 ㉢ 6시간

해설
ES 06701.2a 감염성 미생물-세균배양 검사법
시료의 채취는 가능한 한 무균적으로 하고 멸균된 용기에 넣어 1시간 이내에 실험실로 운반·실험하여야 하며, 그 이상의 시간이 소요될 경우에는 10℃ 이하로 냉장하여 6시간 이내에 실험실로 운반하고 실험실에 도착한 후 2시간 이내에 배양조작을 완료하여야 한다.

74 자외선/가시선 분광법으로 크롬을 측정할 때 시료 중 총크롬을 6가크롬으로 산화시키는 데 사용되는 시약은?

① 과망간산칼륨
② 이염화주석
③ 시안화칼륨
④ 다이티오황산나트륨

해설
ES 06406.3b 크롬-자외선/가시선 분광법
시료 중에 총크롬을 과망간산칼륨($KMnO_4$)을 사용하여 6가크롬으로 산화시킨다.

72 ① 73 ③ 74 ①

75 다음 시약 제조 방법 중 틀린 것은?

① 1M-NaOH 용액은 NaOH 42g을 정제수 950mL를 넣어 녹이고 새로 만든 수산화바륨용액(포화)을 침전이 생기지 않을 때까지 한 방울씩 떨어뜨려 잘 섞고 마개를 하여 24시간 방치한 다음 여과하여 사용한다.
② 1M-HCl 용액은 염산 120mL에 정제수를 넣어 1,000mL로 한다.
③ 20W/V%-KI(비소시험용) 용액은 KI 20g을 정제수에 녹여 100mL로 하며 사용할 때 조제한다.
④ 1M-H_2SO_4 용액은 황산 60mL를 정제수 1L 중에 섞으면서 천천히 넣어 식힌다.

해설
ES 06171.a 시약 및 용액
염산용액(1M) : 염산 90mL에 정제수를 넣어 1,000mL로 한다.

76 원자흡수분광광도계에 대한 설명으로 틀린 것은?

① 광원부, 시료원자화부, 파장선택부 및 측광부로 구성되어 있다.
② 일반적으로 가연성 기체로 아세틸렌을, 조연성 기체로 공기를 사용한다.
③ 단광속형과 복광속형으로 구분된다.
④ 광원으로 넓은 선폭과 낮은 휘도를 갖는 스펙트럼을 방사하는 납 음극램프를 사용한다.

해설
ES 06400.1 금속류-원자흡수분광광도법
원자흡수분광광도계에 사용하는 광원으로 좁은 선폭과 높은 휘도를 갖는 스펙트럼을 방사하는 납 속빈음극램프를 사용한다.

77 폐기물 시료에 대해 강열감량과 유기물 함량을 조사하기 위해 다음과 같은 실험을 하였다. 다음과 같은 결과를 이용한 강열감량(%)은?

- 600±25℃에서 30분간 강열하고 데시케이터 안에서 방랭 후 접시의 무게(W_1) : 48.256g
- 여기에 시료를 취한 후 접시와 시료의 무게(W_2) : 73.352g
- 여기에 25% 질산암모늄 용액을 넣어 시료를 적시고 천천히 가열하여 탄화시킨 다음 600±25℃에서 3시간 강열하고 데시케이터 안에서 방랭 후 무게(W_3) : 52.824g

① 약 74% ② 약 76%
③ 약 82% ④ 약 89%

해설
ES 06301.1d 강열감량 및 유기물 함량-중량법
$$강열감량(\%) = \frac{73.352 - 52.824}{73.352 - 48.256} \times 100 ≒ 81.8\%$$

78 기체크로마토그래피를 적용한 유기인 분석에 관한 내용으로 틀린 것은?

① 유기인 화합물 중 이피엔, 파라티온, 메틸디메톤, 다이아지논 및 펜토에이트의 측정에 이용된다.
② 유기인의 정량분석에 사용되는 검출기는 질소인 검출기 또는 불꽃광도검출기이다.
③ 정량한계는 사용하는 장치 및 측정조건에 따라 다르나 각 성분당 0.0005mg/L이다.
④ 유기인을 정량할 때 주로 사용하는 정제용 칼럼은 활성 알루미나 칼럼이다.

해설
ES 06501.1b 유기인-기체크로마토그래피
정제용 칼럼 : 실리카겔 칼럼, 플로리실 칼럼, 활성탄 칼럼

79 밀도가 0.3ton/m³인 쓰레기가 1,200m³가 발생되어 있다면 폐기물의 성상분석을 위한 최소 시료수(개)는?

① 20 ② 30
③ 36 ④ 50

해설
폐기물 발생량 = 0.3ton/m³ × 1,200m³ = 360ton이므로, 최소 시료수는 30개이다.
ES 06130.d 시료의 채취
대상폐기물의 양과 시료의 최소수

대상폐기물의 양(단위 : ton)	시료의 최소수
1 미만	6
1 이상 ~ 5 미만	10
5 이상 ~ 30 미만	14
30 이상 ~ 100 미만	20
100 이상 ~ 500 미만	30
500 이상 ~ 1,000 미만	36
1,000 이상 ~ 5,000 미만	50
5,000 이상	60

80 자외선/가시선 분광광도계에서 사용하는 흡수 셀의 준비사항으로 가장 거리가 먼 것은?

① 흡수 셀은 미리 깨끗하게 씻은 것을 사용한다.
② 흡수 셀의 길이(L)를 따로 지정하지 않았을 때는 10mm 셀을 사용한다.
③ 시료 셀에는 실험용액을, 대조 셀에는 따로 규정이 없는 한 정제수를 넣는다.
④ 시료용액의 흡수파장이 약 370nm 이하일 때는 경질유리 흡수 셀을 사용한다.

해설
시료용액의 흡수파장이 약 370nm 이상(가시선 영역)일 때는 석영 또는 경질유리 흡수 셀을 사용하고 약 370nm 이하(자외선 영역)일 때는 석영 흡수 셀을 사용한다.
※ 출처 : 수질오염공정시험기준(2008.7)

제5과목 폐기물관계법규

81 폐기물처리시설의 중간처분시설 중 화학적 처분시설에 해당되는 것은?

① 정제시설
② 연료화시설
③ 응집·침전시설
④ 소멸화시설

해설
폐기물관리법 시행령 [별표 3] 폐기물처리시설의 종류

82 환경부령으로 정하는 폐기물처리시설의 설치를 마친 자는 환경부령으로 정하는 검사기관으로부터 검사를 받아야 한다. 검사를 받으려는 자가 검사를 받기 위해 검사기관에 제출하는 검사신청서에 첨부하여야 하는 서류가 아닌 것은?(단, 음식물류 폐기물 처리시설의 경우)

① 설계도면
② 폐기물 성질, 상태, 양, 조성비 내용
③ 재활용제품의 사용 또는 공급계획서(재활용의 경우만 제출한다)
④ 운전 및 유지관리계획서(물질수지도를 포함한다)

해설
폐기물관리법 시행규칙 제41조(폐기물처리시설의 사용신고 및 검사)

83 폐기물처리업의 변경허가를 받아야 하는 중요사항에 관한 내용으로 틀린 것은?(단, 폐기물 수집·운반업 기준)

① 운반차량(임시차량 제외)의 증차
② 수집·운반대상 폐기물의 변경
③ 영업구역의 변경
④ 수집·운반시설 소재지 변경

해설
폐기물관리법 시행규칙 제29조(폐기물처리업의 변경허가)

84 폐기물의 수집·운반·보관·처리에 관한 구체적 기준 및 방법에 관한 설명으로 옳지 않은 것은?

① 사업장일반폐기물배출자는 그의 사업장에서 발생하는 폐기물을 보관이 시작되는 날부터 15일을 초과하여 보관하여서는 아니 된다.
② 지정폐기물(의료폐기물 제외) 수집·운반차량의 차체는 노란색으로 색칠하여야 한다.
③ 음식물류 폐기물 처리 시 가열에 의한 건조에 의하여 부산물의 수분함량을 25% 미만으로 감량하여야 한다.
④ 폐합성고분자화합물은 소각하여야 하지만, 소각이 곤란한 경우에는 최대 지름 15cm 이하의 크기로 파쇄·절단 또는 용융한 후 관리형 매립시설에 매립할 수 있다.

해설
폐기물관리법 시행규칙 [별표 5] 폐기물의 처리에 관한 구체적 기준 및 방법
사업장일반폐기물배출자는 그의 사업장에서 발생하는 폐기물을 보관이 시작되는 날부터 90일(중간가공 폐기물의 경우는 120일을 말한다)을 초과하여 보관하여서는 아니 된다.

85 폐기물의 광역관리를 위해 광역 폐기물처리시설의 설치·운영을 위탁할 수 있는 자에 해당되지 않는 것은?

① 해당 광역 폐기물처리시설을 발주한 지자체
② 한국환경공단
③ 수도권매립지관리공사
④ 폐기물의 광역처리를 위해 설립된 지방자치단체조합

해설
폐기물관리법 시행규칙 제5조(광역 폐기물처리시설의 설치·운영의 위탁)

86 폐기물처리시설의 사용종료 또는 폐쇄신고를 한 경우에 사후관리 기간의 기준은 사용종료 또는 폐쇄신고를 한 날부터 몇 년 이내인가?

① 10년　② 20년
③ 30년　④ 50년

해설
폐기물관리법 시행규칙 [별표 19] 사후관리기준 및 방법

정답 83 ④　84 ①　85 ①　86 ③

87 폐기물처리업에 종사하는 기술요원, 폐기물처리시설의 기술관리인, 그 밖에 대통령령으로 정하는 폐기물 처리담당자는 환경부령으로 정하는 교육기관이 실시하는 교육을 받아야 함에도 불구하고 이를 위반하여 교육을 받지 아니한 자에 대한 과태료 처분 기분은?

① 100만원 이하의 과태료 부과
② 200만원 이하의 과태료 부과
③ 300만원 이하의 과태료 부과
④ 500만원 이하의 과태료 부과

해설
폐기물관리법 제68조(과태료)

88 주변 지역 영향조사대상 폐기물처리시설 기준으로 옳은 것은?(단, 동일 사업장에 1개의 소각시설이 있는 경우)

① 1일 처리능력이 5ton 이상인 사업장폐기물 소각시설
② 1일 처리능력이 10ton 이상인 사업장폐기물 소각시설
③ 1일 처리능력이 30ton 이상인 사업장폐기물 소각시설
④ 1일 처리능력이 50ton 이상인 사업장폐기물 소각시설

해설
폐기물관리법 시행령 제14조(주변지역 영향 조사대상 폐기물처리시설)
• 1일 처분능력이 50ton 이상인 사업장폐기물 소각시설(같은 사업장에 여러 개의 소각시설이 있는 경우에는 각 소각시설의 1일 처분능력의 합계가 50ton 이상인 경우를 말한다)
• 매립면적 10,000m^2 이상의 사업장 지정폐기물 매립시설
• 매립면적 150,000m^2 이상의 사업장 일반폐기물 매립시설
• 시멘트 소성로(폐기물을 연료로 사용하는 경우로 한정한다)
• 1일 재활용능력이 50ton 이상인 사업장폐기물 소각열회수시설(같은 사업장에 여러 개의 소각열회수시설이 있는 경우에는 각 소각열회수시설의 1일 재활용능력의 합계가 50ton 이상인 경우를 말한다)

89 환경정책기본법에 따른 용어의 정의로 옳지 않은 것은?

① '환경용량'이란 일정한 지역에서 환경오염 또는 환경훼손에 대하여 환경이 스스로 수용, 정화 및 복원하여 환경의 질을 유지할 수 있는 한계를 말한다.
② '생활환경'이란 지상의 모든 생물과 이들을 둘러싸고 있는 비생물적인 것을 포함한 자연의 상태를 말한다.
③ '환경훼손'이란 야생동식물의 남획 및 그 서식지의 파괴, 생태계질서의 교란, 자연경관의 훼손, 표토의 유실 등으로 자연환경의 본래적 기능에 중대한 손상을 주는 상태를 말한다.
④ '환경보전'이란 환경오염 및 환경훼손으로부터 환경을 보호하고 오염되거나 훼손된 환경을 개선함과 동시에 쾌적한 환경상태를 유지·조성하기 위한 행위를 말한다.

해설
환경정책기본법 제3조(정의)
'생활환경'이란 대기, 물, 토양, 폐기물, 소음·진동, 악취, 일조(日照), 인공조명, 화학물질 등 사람의 일상생활과 관계되는 환경을 말한다.

90 환경부장관이나 시·도지사가 폐기물처리업자에게 영업의 정지를 명령하고자 할 때 천재지변이나 그 밖의 부득이한 사유로 해당 영업을 계속하도록 할 필요가 있다고 인정되는 경우 영업정지에 갈음하여 부과할 수 있는 과징금의 범위 기준으로 옳은 것은?

매출액에 (　　)를 곱한 금액을 초과하지 아니하는 범위

① 100분의 3　　② 100분의 5
③ 100분의 7　　④ 100분의 9

해설
폐기물관리법 제28조(폐기물처리업자에 대한 과징금 처분)

91 폐기물처리시설의 사후관리 업무를 대행할 수 있는 자로 옳은 것은?(단, 그 밖에 환경부장관이 사후관리 대행할 능력이 있다고 인정하고 고시하는 자는 고려하지 않음)

① 폐기물관리학회
② 환경보전협회
③ 한국환경공단
④ 폐기물처리협의회

[해설]
폐기물관리법 시행령 제25조(사후관리 대행자)

92 폐기물처리시설의 유지, 관리를 위해 기술관리인을 두어야 하는 폐기물처리시설의 기준으로 옳지 않은 것은?(단, 폐기물처리업자가 운영하는 폐기물처리시설은 제외한다)

① 멸균분쇄시설로서 시간당 처리능력이 100kg 이상인 시설
② 압축, 파쇄, 분쇄 또는 절단시설로서 1일 처리능력이 10ton 이상인 시설
③ 사료화, 퇴비화 또는 연료화시설로서 1일 처리능력이 5ton 이상인 시설
④ 의료폐기물을 대상으로 하는 소각시설로서 시간당 처리능력이 200kg 이상인 시설

[해설]
폐기물관리법 시행령 제15조(기술관리인을 두어야 할 폐기물처리시설)
압축·파쇄·분쇄 또는 절단시설로서 1일 처분능력 또는 재활용능력이 100ton 이상인 시설

93 폐기물관리법에서 용어의 정의로 옳지 않은 것은?

① 생활폐기물 : 사업장폐기물 외의 폐기물을 말한다.
② 사업장폐기물 : 대기환경보전법, 물환경보전법 또는 소음·진동관리법에 따라 배출시설을 설치·운영하는 사업장이나 그 밖에 대통령령으로 정하는 사업장에서 발생하는 폐기물을 말한다.
③ 폐기물처리시설 : 폐기물의 중간처분시설, 최종처분시설 및 재활용시설로서 대통령령으로 정하는 시설을 말한다.
④ 처리 : 폐기물의 수거, 운반, 중화, 파쇄, 고형화 등의 중간처분과 매립하거나 해역으로 배출하는 등의 활동을 말한다.

[해설]
폐기물관리법 제2조(정의)
'처리'란 폐기물의 수집, 운반, 보관, 재활용, 처분을 말한다.

94 폐기물처리 신고자에게 처리금지를 갈음하여 부과할 수 있는 최대 과징금은?

① 1천만원 ② 2천만원
③ 5천만원 ④ 1억원

[해설]
폐기물관리법 제46조의2(폐기물처리 신고자에 대한 과징금 처분)

95 폐기물처리업의 업종이 아닌 것은?

① 폐기물 재생처리업
② 폐기물 종합처분업
③ 폐기물 중간처분업
④ 폐기물 수집·운반업

[해설]
폐기물관리법 제25조(폐기물처리업)

정답 91 ③ 92 ② 93 ④ 94 ② 95 ①

96 사후관리이행보증금의 사전적립 대상이 되는 폐기물을 매립하는 시설의 규모기준으로 옳은 것은?

① 면적 3,300m² 이상인 시설
② 면적 10,000m² 이상인 시설
③ 용적 3,300m³ 이상인 시설
④ 용적 10,000m³ 이상인 시설

해설
폐기물관리법 시행령 제30조(사후관리이행보증금의 산출기준)

97 폐유기용제 중 할로겐족에 해당되는 물질이 아닌 것은?

① 다이클로로에테인
② 트라이클로로트라이플루오로에테인
③ 트라이클로로프로펜
④ 다이클로로다이플루오로메테인

해설
폐기물관리법 시행규칙 [별표 2] 폐유기용제 중 할로겐족에 해당되는 물질

98 폐기물처리시설을 사용종료하거나 폐쇄하고자 하는 자는 사용종료, 폐쇄신고서에 폐기물처리시설 사후관리계획서(매립시설에 한함)를 첨부하여 제출하여야 하는 폐기물매립시설 사후관리계획서에 포함되어야 할 사항으로 거리가 먼 것은?

① 지하수 수질조사계획
② 구조물 및 지반 등의 안정도유지계획
③ 빗물배제계획
④ 사후 환경영향평가 계획

해설
폐기물관리법 시행규칙 제69조(폐기물처리시설의 사용종료 및 사후관리 등)

99 폐기물관리법상의 의료폐기물의 종류가 아닌 것은?

① 격리의료폐기물
② 일반의료폐기물
③ 유사의료폐기물
④ 위해의료폐기물

해설
폐기물관리법 시행령 [별표 2] 의료폐기물의 종류

100 폐기물관리법의 적용 범위에 해당하는 물질은?

① 대기환경보전법에 의한 대기 오염 방지시설에 유입되어 포집된 물질
② 용기에 들어 있지 아니한 기체상태의 물질
③ 하수도법에 의한 하수
④ 물환경보전법에 따른 수질 오염 방지시설에 유입되거나 공공 수역으로 배출되는 폐수

해설
폐기물관리법 제3조(적용 범위)

2020년 제4회 과년도 기출문제

제1과목 폐기물개론

01 플라스틱 폐기물의 유효 이용방법으로 가장 거리가 먼 것은?

① 분해 이용법
② 미생물 이용법
③ 용융고화재생 이용법
④ 소각폐열회수 이용법

해설
플라스틱은 인공적으로 만든 유기물질이므로 미생물을 이용한 분해는 잘되지 않는다.

02 폐기물관리법에서 폐기물을 고형물 함량에 따라 액상, 반고상, 고상폐기물로 구분할 때 액상폐기물의 기준으로 옳은 것은?

① 고형물 함량이 3% 미만인 것
② 고형물 함량이 5% 미만인 것
③ 고형물 함량이 10% 미만인 것
④ 고형물 함량이 15% 미만인 것

해설

액상폐기물	고형물 함량 5% 미만
반고상폐기물	고형물 함량 5% 이상 15% 미만
고상폐기물	고형물 함량 15% 이상

03 일반적인 폐기물관리 우선순위로 가장 적합한 것은?

① 재사용 → 감량 → 물질재활용 → 에너지회수 → 최종처분
② 재사용 → 감량 → 에너지회수 → 물질재활용 → 최종처분
③ 감량 → 재사용 → 물질재활용 → 에너지회수 → 최종처분
④ 감량 → 물질재활용 → 재사용 → 에너지회수 → 최종처분

04 1년 연속 가동하는 폐기물소각시설의 저장용량을 결정하고자 한다. 폐기물 수거인부가 주 5일, 일 8시간 근무할 때 필요한 저장시설의 최소 용량은? (단, 토요일 및 일요일을 제외한 공휴일에도 폐기물 수거는 시행된다고 가정한다)

① 1일 소각용량 이하
② 1~2일 소각용량
③ 2~3일 수거용량
④ 3~4일 수거용량

05 폐기물의 화학적 특성 중 3성분에 속하지 않는 것은?

① 가연분
② 무기물질
③ 수 분
④ 회 분

정답 1 ② 2 ② 3 ③ 4 ③ 5 ②

06 쓰레기 종량제 봉투의 재질 중 LDPE의 설명으로 맞는 것은?

① 여름철에만 적합하다.
② 약간 두껍게 제작된다.
③ 잘 찢어지기 때문에 분해가 잘된다.
④ MDPE와 함께 매립지의 Liner용으로 적합하다.

해설
폐기물 매립지의 차수재로는 HDPE가 주로 사용된다.

07 소비자중심의 쓰레기발생 Mechanism 그림에서 폐기물이 발생되는 시점과 재활용이 가능한 구간을 각각 가장 적절하게 나타낸 것은?

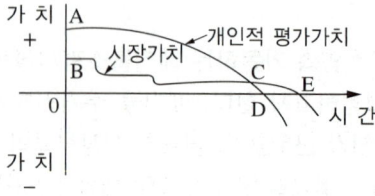

① C, DE
② D, DE
③ E, CE
④ E, DE

08 폐기물 관리차원의 3R에 해당하지 않는 것은?

① Resource
② Recycle
③ Reduction
④ Reuse

09 X_{90} = 5.75cm로 생활폐기물을 파쇄할 때, Rosin-Rammler모델에 의한 특성입자크기 X_0(cm)는? (단, $n = 1$)

① 1.0
② 1.5
③ 2.0
④ 2.5

해설
$$y = 1 - \exp\left[\left(-\frac{x}{x_o}\right)^n\right]$$
$$0.9 = 1 - \exp\left(-\frac{5.75}{x_o}\right) \rightarrow 0.1 = \exp\left(-\frac{5.75}{x_o}\right)$$
exp를 없애기 위해서 양변에 ln를 취하면(ln 함수 ↔ exp 함수는 서로 역함수이므로 exp 함수에 ln를 취하면 exp 함수가 소거됨)
$$\ln 0.1 = \left(-\frac{5.75}{x_o}\right) \rightarrow x_o = -\frac{5.75}{\ln 0.1} ≒ 2.5\text{cm}$$

10 폐기물 발생량 조사 및 예측에 대한 설명으로 틀린 것은?

① 생활폐기물 발생량은 지역규모나 지역특성에 따라 차이가 크기 때문에 주로 kg/인·일으로 표기한다.
② 사업장폐기물 발생량은 제품제조공정에 따라 다르며 원단위로 ton/종업원수, ton/면적 등이 사용된다.
③ 물질수지법은 주로 사업장폐기물의 발생량을 추산할 때 사용한다.
④ 폐기물 발생량 예측방법으로 적재차량 계수법, 직접계근법, 물질수지법이 있다.

해설
적재차량 계수법, 직접계근법, 물질수지법은 폐기물 발생량 조사방법이다.

11 단열열량계로 측정할 때 얻어지는 발열량에 대한 설명으로 옳은 것은?

① 습량기준 저위발열량
② 습량기준 고위발열량
③ 건량기준 저위발열량
④ 건량기준 고위발열량

12 투입량 1.0ton/h, 회수량 600kg/h(그중 회수대상 물질 = 550kg/h), 제거량 400kg/h(그중 회수대상 물질 = 70kg/h)일 때 선별효율(%)은?(단, Worrell 식 적용)

① 77
② 79
③ 81
④ 84

해설
$x_1 + y_1 = 600$kg(이 중 $x_1 = 550$, $y_1 = 50$)
$x_2 + y_2 = 400$kg(이 중 $x_2 = 70$, $y_2 = 330$)
$x_0 = x_1 + x_2 = 620$, $y_0 = y_1 + y_2 = 380$
$\therefore E = \dfrac{x_1}{x_0} \cdot \dfrac{y_2}{y_0} \times 100 = \dfrac{550}{620} \cdot \dfrac{330}{380} \times 100 ≒ 77$

13 도시폐기물의 수거노선 설정방법으로 가장 거리가 먼 것은?

① 언덕인 경우 위에서 내려가며 수거한다.
② 반복운행을 피한다.
③ 출발점은 차고와 가까운 곳으로 한다.
④ 가능한 한 반시계방향으로 설정한다.

14 3.5%의 고형물을 함유하는 슬러지 300m³를 탈수시켜 70%의 함수율을 갖는 케이크를 얻었다면 탈수된 케이크의 양(m³)은?(단, 슬러지의 밀도 = 1ton/m³)

① 35
② 40
③ 45
④ 50

해설
탈수 전 쓰레기의 고형분 함량이 3.5%이므로, 수분함량은 96.5%이다.
$w_1 = 96.5$, $w_2 = 70$, $V_1 = 300$ton
$\dfrac{V_2}{V_1} = \dfrac{100 - w_1}{100 - w_2}$
$\dfrac{V_2}{300} = \dfrac{100 - 96.5}{100 - 70} = \dfrac{3.5}{30}$
$\therefore V_2 = 300 \times \dfrac{3.5}{30} = 35$ton

15 플라스틱 폐기물 중 할로겐화합물이 포함된 것은?

① 멜라민수지
② 폴리염화비닐
③ 규소수지
④ 폴리아크릴로나이트릴

해설
할로겐은 주기율표상의 17족에 해당하는 물질로, 염소가 대표적인 원소이다. 폴리염화비닐(PVC)에는 염소가 포함되어 있다.

정답 11 ④ 12 ① 13 ④ 14 ① 15 ②

16 폐기물 관로수송시스템에 대한 설명으로 틀린 것은?

① 폐기물의 발생밀도가 높은 지역이 보다 효과적이다.
② 대용량 수송과 장거리 수송에 적합하다.
③ 조대폐기물은 파쇄 등의 전처리가 필요하다.
④ 자동집하시설로 투입하는 폐기물의 종류에 제한이 있다.

17 쓰레기통의 위치나 형태에 따른 MHT가 가장 낮은 것은?

① 집안고정식
② 벽면부착식
③ 문전수거식
④ 집밖이동식

해설
MHT가 낮을수록 수거효율이 높다.
※ MHT : 1톤의 폐기물을 수거하는 데 소요되는 수거인원과 수거기간의 곱

18 폐기물의 함수율은 25%이고, 건조기준으로 원소성분 및 고위발열량은 다음과 같다. 이 폐기물의 저위발열량(kcal/kg)은?(단, C = 55%, H = 18%, 고위발열량 = 2,800kcal/kg)

① 1,921 ② 2,100
③ 2,218 ④ 2,602

해설
함수율이 25%이므로, 고형물 함량은 75%이다.
저위발열량(H_l) = 고위발열량(H_h) − 600(9H + W)
= 2,800 − 600(9 × 0.75 × 0.18 + 0.25)
= 1,921kcal/kg

19 선별기의 종류 중 습식선별의 형태가 아닌 것은?

① Stoners
② Jigs
③ Flotation
④ Wet Classifiers

해설
스토너(Stoner) : 공기를 맥동 유체로 이용한다. 진동 경사판에서 맥동하는 공기를 가하여(진동을 주어) 두 물질의 밀도차에 의해 분리한다(예 파쇄한 폐기물에서 알루미늄 회수, 퇴비에서 유리조각 고르기).

20 폐기물의 성분을 조사한 결과 플라스틱의 함량이 20%(중량비)로 나타났다. 이 폐기물의 밀도가 300 kg/m³이라면 5m³ 중에 함유된 플라스틱의 양(kg)은?

① 200
② 300
③ 400
④ 500

해설
300kg/m³ × 5m³ × 0.2 = 300kg

제2과목 폐기물처리기술

21 처리용량이 50kL/day인 분뇨처리장에 가스 저장탱크를 설치하고자 한다. 가스 저류시간을 8시간, 생성가스량을 투입분뇨량의 6배로 가정한다면 가스탱크의 저장용량(m^3)은?

① 90 ② 100
③ 110 ④ 120

해설
- 50kL = 50m^3
  생성가스량 = 50m^3/일 × 6 = 300m^3/일
- 가스 저류시간 = $\dfrac{\text{반응조 용량}(V)}{\text{유량}(Q)}$

  8시간 × $\dfrac{1\text{일}}{24\text{시간}}$ = $\dfrac{V}{300m^3/\text{일}}$

  ∴ V = 8시간 × $\dfrac{1\text{일}}{24\text{시간}}$ × 300m^3/일 = 100m^3

22 유기물($C_6H_{12}O_6$)을 혐기성(피산소성) 소화시킬 때 반응에 대한 설명으로 옳지 않은 것은?

① 유기물 1kg 분해 시 메테인이 0.37Sm^3 생성된다.
② 유기물 1kg 분해 시 이산화탄소가 0.37Sm^3 생성된다.
③ 유기물 90kg 분해 시 메테인이 24kg 생성된다.
④ 유기물 90kg 분해 시 이산화탄소가 24kg 생성된다.

해설
$C_6H_{12}O_6$ → $3CH_4$ + $3CO_2$
180kg   3×22.4Sm^3 3×22.4Sm^3
1kg   0.37Sm^3 0.37Sm^3
90kg   24kg   66kg

23 1일 수거 분뇨투입량은 300kL, 수거차 용량이 3.0kL/대, 수거차 1대의 투입시간은 20분이 소요되며 분뇨처리장 작업시간은 1일 8시간으로 계획하면 분뇨투입구 수(개)는?(단, 최대 수거율을 고려하여 안전율 = 1.2배)

① 2 ② 5
③ 8 ④ 13

해설
수거차 1대의 투입시간이 20분이므로,
하루에 투입할 수 있는 대수 = $\dfrac{60\text{분/시간}}{20\text{분/대}}$ × $\dfrac{8\text{시간}}{\text{일}}$ = 24대/일

∴ $\dfrac{300\text{kL/일}}{3\text{kL/대} \times 24\text{대/일}}$ × 1.2 = 5

24 호기성 퇴비화공정의 가장 오래된 방법 중 하나로 설치비용과 운영비용은 낮으나 부지소요가 크고 유기물이 완전히 분해되는 데 3~5년이 소요되는 퇴비화 공법은?

① 뒤집기식 퇴비단 공법
② 통기식 정체퇴비단 공법
③ 플러그형 기계식 퇴비화 공법
④ 교반형 기계식 퇴비화 공법

정답 21 ② 22 ④ 23 ② 24 ①

25 매립지에서 침출된 침출수 농도가 반으로 감소하는데 약 3.5년이 걸렸다면 이 침출수 농도가 95% 분해되는 데 소요되는 시간(년)은?(단, 침출수 분해 반응은 1차 반응)

① 약 5
② 약 10
③ 약 15
④ 약 20

해설

- 반감기의 정의에서 $\frac{1}{2}C_o = C_o e^{-kt_{1/2}} \rightarrow \ln\frac{1}{2} = -3.5k$

$$k = -\frac{\ln\frac{1}{2}}{3.5} \fallingdotseq 0.198$$

- 침출수 농도가 95% 분해되면 C가 $0.05C$ 남아 있으므로(C가 $0.95C$가 아닌 것에 주의할 것) 1차 분해반응식에 앞서 구한 $k \fallingdotseq 0.198$과 $C = 0.05C_o$를 대입한다.

$0.05C_o = C_o e^{-0.198 \times t}$

C_o를 소거한 후 양변에 ln를 취하면(∵ e를 없애기 위해서)

$\ln 0.05 = -0.198t$

$t = \frac{\ln 0.05}{-0.198} \fallingdotseq 15.1$년

26 차단형 매립지에서 차수 설비에 쓰이는 재료 중 투수율이 상대적으로 높고 불투수층을 균일하게 시공하기가 어려운 단점이 있지만, 침출수 중의 오염 물질 흡착능력이 우수한 장점이 있는 차수재는?

① CSPE
② Soil Mixture
③ HDPE
④ Clay Soil

27 점토의 수분함량과 관계되는 지표로서 점토의 수분함량이 일정수준 미만이 되면 플라스틱 상태를 유지하지 못하고 부스러지는 상태에서의 수분함량을 의미하는 것은?

① 소성한계
② 액성한계
③ 소성지수
④ 극성한계

28 폐기물 매립지로 사용할 수 있는 곳은?

① 산림조성지로 부적격지
② 습지대 또는 단층지역
③ 100년 빈도의 홍수범람지역
④ 지하수위가 1.5m 미만인 곳

29 정상적으로 운전되고 있는 혐기성 소화조에서 발생되는 가스의 구성비에 대하여 알맞은 것은?

① $CH_4 > CO_2 > H_2 > O_2$
② $CH_4 > CO_2 > O_2 > H_2$
③ $CH_4 > H_2 > CO_2 > O_2$
④ $CH_4 > O_2 > CO_2 > H_2$

정답 25 ③ 26 ④ 27 ① 28 ① 29 ①

30 매립지의 4단계 분해과정 중 이산화탄소 농도가 최대이고 침출수의 pH가 가장 낮은 분해단계는?

① 1단계 : 호기성 단계
② 2단계 : 혐기성 단계
③ 3단계 : 산생성 단계
④ 4단계 : 메테인생성 단계

31 토양오염물질 중 BTEX에 포함되지 않는 것은?

① 벤젠
② 톨루엔
③ 에틸렌
④ 자일렌

해설
BTEX : Benzene, Toluene, Ethylbenzene, Xylene

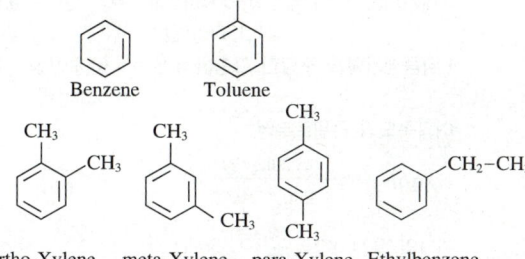

32 매립지 내의 물의 이동을 나타내는 Darcy의 법칙을 기준으로 침출수의 유출을 방지하기 위한 방법으로 옳은 것은?

① 투수계수는 감소, 수두차는 증가시킨다.
② 투수계수는 증가, 수두차는 감소시킨다.
③ 투수계수 및 수두차를 증가시킨다.
④ 투수계수 및 수두차를 감소시킨다.

해설
Darcy의 법칙
$$v = k \times i = k \times \frac{\Delta h}{\Delta l}$$
여기서, k : 투수계수
Δh : 수두차
Δl : 이동거리

33 시료의 성분분석결과 수분 10%, 회분 44%, 고정탄소 36%, 휘발분 10%이고, 원소분석 결과 휘발분 중 수소 20%, 황 10%, 산소 30%, 탄소 40%일 때 저위발열량(kcal/kg)은?(단, 각 원소의 단위질량당 열량은 C : 8,100, H : 34,000, S : 2,500kcal/kg 이다)

① 2,650
② 3,650
③ 4,650
④ 5,560

해설
저위발열량(H_l)
$= 8,100C + 34,000\left(H - \frac{O}{8}\right) + 2,500S$
$\quad - 600(9H + W)(kcal/kg)$
$= 8,100(0.36 + 0.1 \times 0.4) + 34,000\left(0.1 \times 0.2 - \frac{0.1 \times 0.3}{8}\right)$
$\quad + 2,500 \times 0.1 \times 0.1 - 600(9 \times 0.1 \times 0.2 + 0.1)(kcal/kg)$
$= 3,649.5 kcal/kg$

정답 30 ③ 31 ③ 32 ④ 33 ②

34 결정도(Crystallinity)가 증가할수록 합성차수막에 나타내는 성질이라 볼 수 없는 것은?

① 인장강도 증가
② 열에 대한 저항성 증가
③ 화학물질에 대한 저항성 증가
④ 투수계수 증가

해설
결정도(Crystallinity)가 증가할수록 합성차수막에 나타나는 성질
- 열에 대한 저항성 증가
- 화학물질에 대한 저항성 증가
- 투수계수 감소
- 인장강도 증가
- 충격에 약해짐
- 단단해짐

35 유기성의 폐기물의 생물분해성을 추정하는 식은 BF = 0.83 − 0.028LC로 나타낼 수 있다. 여기에서 LC가 의미하는 것은?

① 휘발성 고형물 함량
② 고정탄소분 중 리그닌 함량
③ 휘발성 고형분 중 리그닌 함량
④ 생물분해성 분율

36 퇴비화 과정의 영향인자에 대한 설명으로 가장 거리가 먼 것은?

① 슬러지 입도가 너무 작으면 공기유통이 나빠져 혐기성 상태가 될 수 있다.
② 슬러지를 퇴비화할 때 Bulking Agent를 혼합하는 주목적은 산소와 접촉면적을 넓히기 위한 것이다.
③ 숙성퇴비를 반송하는 것은 Seeding과 pH 조정이 목적이다.
④ C/N비가 너무 높으면 유기물의 암모니아화로 악취가 발생한다.

해설
C/N비가 너무 낮으면 유기물의 암모니아화로 악취가 발생한다.

37 진공여과기 1대를 사용하여 슬러지를 탈수하고 있다. 다음 조건에서 건조고형물 기준의 여과속도 27kg/m²·h인 진공여과기의 1일 운전시간(h)은?

- 폐수유입량 = 20,000m³/day
- 유입 SS농도 = 300mg/L
- SS 제거율 = 85%
- 약품첨가량 = 제거 SS량의 20%
- 여과면적 = 20m²
- 건조고형물 여과회수율 = 100%
- 제거 SS량 + 약품첨가량 = 총건조고형물량
- 비중은 1.0 기준

① 15.4   ② 13.2
③ 11.3   ④ 9.5

해설
- 제거되는 SS의 양 = 20,000m³/일 × 300mg/L × 0.85 × 10⁻³ = 5,100kg/일
- 약품첨가량을 포함한 고형물의 양 = 5,100kg/일 × 1.2 = 6,120kg/일

여과속도의 단위로부터

$$27kg/m^2 \cdot h = \frac{6,120kg/일}{20m^2 \times x}$$

$$\therefore 1일\ 운전시간 = \frac{6,120}{27 \times 20} ≒ 11.3h$$

38 유해 폐기물 고화처리 방법 중 대표적인 방법인 시멘트기초법에 가장 많이 쓰이는 고화제는?

① 알루미나 포틀랜드 시멘트
② 보통 포틀랜드 시멘트
③ 황산염 저항 포틀랜드 시멘트
④ 일반 조강 포틀랜드 시멘트

39 토양의 양이온치환용량(CEC)이 10meq/100g이고, 염기포화도가 70%라면, 이 토양에서 H^+이 차지하는 양(meq/100g)은?

① 3   ② 5
③ 7   ④ 10

해설
양이온치환이란 주로 H^+가 Ca^{2+}로 치환되는 것을 말한다. 포화도가 70%라면 H^+가 30% 남아 있다는 의미이다.
∴ 10 × (1 − 0.7) = 3

40 지하수의 특성으로 가장 거리가 먼 것은?

① 무기이온 함유량이 높고, 경도가 높다.
② 광범위한 지역의 환경조건에 영향을 받는다.
③ 미생물이 거의 없고 자정속도가 느리다.
④ 유속이 느리고 수온변화가 적다.

제3과목 폐기물소각 및 열회수

41 백필터를 통과한 가스의 분진농도가 $8mg/Sm^3$이고 분진의 통과율이 10%라면 백필터를 통과하기 전 가스 중의 분진농도(g/m^3)는?

① 0.08   ② 0.88
③ 0.80   ④ 8.8

해설
통과율이 10%이므로 통과 전의 농도는 $80mg/Sm^3 = 0.08g/Sm^3$이다.

42 열분해시설의 전처리단계를 옳게 나타낸 것은?

① 파쇄 → 건조 → 선별 → 2차 파쇄
② 파쇄 → 2차 파쇄 → 건조 → 선별
③ 파쇄 → 선별 → 건조 → 2차 선별
④ 선별 → 파쇄 → 건조 → 2차 선별

정답 38 ② 39 ① 40 ② 41 ① 42 ③

43 화격자(Stoker)식 소각로에서 쓰레기저장소(Pit)로부터 크레인에 의하여 소각로 안으로 쓰레기를 주입하는 방식은?

① 상부투입식
② 하부투입식
③ 강제유입식
④ 자연유하식

44 소각 시 탈취방법인 촉매연소법에 대한 설명으로 가장 거리가 먼 것은?

① 제거효율이 높다.
② 처리경비가 저렴하다.
③ 처리대상가스의 제한이 없다.
④ 저농도 유해물질에도 적합하다.

45 플라스틱 재질 중 발열량(kcal/kg)이 가장 낮은 것은?

① 폴리에틸렌(PE)
② 폴리프로필렌(PP)
③ 폴리스티렌(PS)
④ 폴리염화비닐(PVC)

46 액체연료의 연소속도에 영향을 미치는 인자로 거리가 먼 것은?

① 분무입경
② 충분한 체류시간
③ 연료의 예열온도
④ 기름방울과 공기의 혼합률

47 폐기물 소각시설로부터 생성되는 고형잔류물에 대한 설명으로 틀린 것은?

① 고형잔류물의 관리는 폐기물 소각로 설계와 운전 시에 매우 중요하다.
② 소각로 연소능력 평가는 재연소지수(ABI)를 이용하여 평가한다.
③ 가스세정기 슬러지(잔류물)는 질소산화물 세정에서 발생되는 고형잔류물이다.
④ 비산재는 전기집진기나 백필터에 의해 99% 이상 제거가 가능하다.

해설
가스세정기 슬러지는 황산화물 세정에서 발생하는 고형잔류물이다.

48 연소조건 중 온도에 대한 설명으로 옳은 것은?

① 도시폐기물의 발화온도는 260~370℃ 정도 되나 필요한 연소기의 최소 온도는 850℃이다.
② 연소온도가 너무 높아지면 질소산화물(NO_x)이나 산화물(O_x)이 억제된다.
③ 연소기로부터의 에너지 회수방법 중 스팀생산을 효과적으로 하기 위해 연소온도를 450℃로 높인다.
④ 연소온도가 높으면 연소에 필요한 소요시간이 짧아지고 어느 일정 온도 이상에서는 연소시간이 중요하지 않게 된다.

해설
① 도시폐기물의 발화온도는 260~370℃ 정도 되나 필요한 연소기의 최소 온도는 650℃ 정도이다.
② 연소온도가 너무 높아지면 질소산화물(NO_x)의 농도가 높아진다.
③ 연소기로부터 에너지를 회수하는 방법의 하나로 스팀을 생산하는 경우에는 스팀생산을 효과적으로 하기 위해 연소온도를 870℃로 높인다.

49 저위발열량이 8,000kcal/kg의 중유를 연소시키는 데 필요한 이론공기량(Sm^3/kg)은?(단, Rosin식 적용)

① 8.8
② 9.6
③ 10.5
④ 11.5

해설
Rosin식
$A_o = 0.85 \times \dfrac{H_l}{1,000} + 2 = 0.85 \times \dfrac{8,000}{1,000} + 2 = 8.8 Sm^3/kg$

50 화격자(Grate System)에 대한 설명 중 틀린 것은?

① 노 내의 폐기물 이동을 원활하게 해 준다.
② 화격자는 폐기물을 잘 연소하도록 교반시키는 역할을 한다.
③ 화격자는 아래에서 연소에 필요한 공기가 공급되도록 설계하기도 한다.
④ 화격자의 폐기물 이동방향은 주로 하단부에서 상단부 방향으로 이동시킨다.

해설
화격자의 폐기물 이동방향은 주로 상단부에서 하단부 방향으로 이동시킨다.

51 연소실의 주요재질 중 내화재로써 거리가 먼 것은?

① 캐스터블
② 오스테나이트
③ 점토질 내화벽돌
④ 고알루미나, SiC 벽돌

해설
오스테나이트 스테인리스강(Austenitic Stainless Steel)은 크롬과 니켈을 함유하는 내열성이 있는 스테인리스 스틸의 일종이다.

52 페놀 188g을 무해화하기 위하여 완전연소시켰을 때 발생되는 CO_2의 발생량(g)은?

① 132
② 264
③ 528
④ 1,056

해설
페놀 : C_6H_5OH(분자량 94)
페놀에는 탄소가 6개 있으므로 $6CO_2$(분자량 44)가 생성된다.
$94 : 6 \times 44 = 188 : x$
$\therefore x = \dfrac{6 \times 44 \times 188}{94} = 528g$

53 연소가스에 대한 설명으로 틀린 것은?
① 연소가스 – 연료가 연소하여 생성되는 고온가스
② 배출가스 – 연소가스가 피열물에 열을 전달한 후 연도로 방출되는 가스
③ 습윤연소가스 – 연소 배가스 내에 포화상태의 수증기를 포함한 가스
④ 연소 배가스의 분석 결과치 – 건조가스를 기준으로 조성비율을 나타냄

해설
습윤연소가스 : 연소 배가스 내에 불포화상태의 수증기를 포함한 가스

54 폐기물관리법령상 고온용융시설의 개별기준으로 옳은 것은?
① 잔재물의 강열감량은 5% 이하이어야 한다.
② 잔재물의 강열감량은 10% 이하이어야 한다.
③ 연소실은 연소가스가 1초 이상 체류할 수 있어야 한다.
④ 연소실은 연소가스가 2초 이상 체류할 수 있어야 한다.

해설
폐기물관리법 시행규칙 [별표 9] 폐기물 처분시설 또는 재활용시설의 설치기준
고온용융시설
- 고온용융시설의 출구온도는 1,200℃ 이상이 되어야 한다.
- 고온용융시설에서 연소가스의 체류시간은 1초 이상이어야 하고 충분하게 혼합될 수 있는 구조이어야 한다. 이 경우 체류시간은 1,200℃에서의 부피로 환산한 연소가스의 체적으로 계산한다.
- 고온용융시설에서 배출되는 잔재물의 강열감량은 1% 이하가 될 수 있는 성능을 갖추어야 한다.

55 전기집진기의 특징으로 거리가 먼 것은?
① 회수가치성이 있는 입자 포집이 가능하다.
② 압력손실이 적고 미세입자까지도 제거할 수 있다.
③ 유지관리가 용이하고 유지비가 저렴하다.
④ 전압변동과 같은 조건변동에 적응하기가 용이하다.

56 습식(액체)연소법의 설명으로 옳은 것은?
① 분무연소법과 증발연소법이 있다.
② 압력과 온도를 낮출수록 산화가 촉진된다.
③ Winkler가스 발생로서 공업화가 이루어졌다.
④ 가연성 물질의 함량에 관계없이 보조연료가 필요하다.

정답 53 ③ 54 ③ 55 ④ 56 ①

57 소각로 종류별 장점과 단점에 대한 설명이 틀린 것은?

① 회전로방식 : 설치비가 저렴하나 수분함량이 많은 폐기물은 처리할 수 없다.
② 다단로방식 : 수분함량이 높은 폐기물도 연소가 가능하나 온도반응이 더디다.
③ 고정상방식 : 화격자에 적재가 불가능한 폐기물을 소각할 수 있으나 연소효율이 나쁘다.
④ 화격자방식 : 연속적인 소각과 배출이 가능하나 체류시간이 길고 국부가열이 발생할 염려가 있다.

해설
회전로방식 : 넓은 범위의 액상, 고상폐기물을 소각할 수 있다.

58 CH_3OH 2kg을 연소시키는 데 필요한 이론공기량의 부피(Sm^3)는?

① 7 ② 8
③ 9 ④ 10

해설
$CH_3OH + 1.5O_2 \rightarrow CO_2 + 2H_2O$
32kg $1.5 \times 22.4 Sm^3$
2kg O_o

이론산소량 $O_o = \dfrac{2 \times 1.5 \times 22.4}{32} = 2.1 Sm^3$

∴ 이론공기량의 부피 $= \dfrac{2.1}{0.21} = 10 Sm^3$

59 폐기물의 소각과정에서 연소효율을 높이기 위한 방법으로 보조연료를 사용하는 경우 보조연료의 특징으로 옳은 것은?

① 매연생성도는 방향족, 나프텐계, 올레핀계, 파라핀계의 순으로 높다.
② C/H비가 클수록 비교적 비점이 높은 연료이며 매연발생이 쉽다.
③ C/H비가 클수록 휘발성이 낮고 방사율이 작다.
④ 중질유의 연료일수록 C/H비가 작다.

60 RDF(Refuse Derved Fuel)가 갖추어야 하는 조건에 관한 설명으로 옳지 않은 것은?

① 제품의 함수율이 낮아야 한다.
② RDF용 소각로 제작이 용이하도록 발열량이 높지 않아야 한다.
③ 원료 중에 비가연성 성분이나 연소 후 잔류하는 재의 양이 적어야 한다.
④ 조성 배합률이 균일하여야 하고 대기오염이 적어야 한다.

해설
RDF는 연료이므로 발열량이 높아야 한다.

제4과목 폐기물공정시험기준(방법)

61 원자흡수분광광도법에 의한 검량선 작성방법 중 분석시료의 조성은 알고 있으나 공존성분이 복잡하거나 불분명한 경우, 공존성분의 영향을 방지하기 위해 사용하는 방법은?

① 검량선법
② 표준첨가법
③ 내부표준법
④ 외부표준법

해설
ES 06001 정도보증/정도관리

62 시료채취 시 대상폐기물의 양과 최소 시료수가 옳게 짝지어진 것은?

① 1ton 미만 : 6
② 1ton 이상 5ton 미만 : 12
③ 5ton 이상 30ton 미만 : 15
④ 30ton 이상 100ton 미만 : 30

해설
ES 06130.d 시료의 채취
대상폐기물의 양과 시료의 최소수

대상폐기물의 양(단위 : ton)	시료의 최소수
1 미만	6
1 이상 ~ 5 미만	10
5 이상 ~ 30 미만	14
30 이상 ~ 100 미만	20
100 이상 ~ 500 미만	30
500 이상 ~ 1,000 미만	36
1,000 이상 ~ 5,000 미만	50
5,000 이상	60

63 노말헥산 추출물질 시험결과가 다음과 같을 때 노말헥산 추출물질량(mg/L)은?

- 건조 증발용 플라스크 무게 : 42.0424g
- 추출건조 후 증발용 플라스크 무게와 잔류물질 무게 : 42.0748g
- 시료량 : 200mL

① 152
② 162
③ 252
④ 272

해설
ES 06302.1b 기름성분-중량법

$$\frac{(42.0748-42.0424)\text{g}}{200\text{mL}} \times \frac{1,000\text{mg}}{\text{g}} \times \frac{1,000\text{mL}}{\text{L}} = 162\text{mg/L}$$

64 감염성 미생물 검사법과 가장 거리가 먼 것은?

① 아포균 검사법
② 최적확수 검사법
③ 세균배양 검사법
④ 멸균테이프 검사법

해설
- ES 06701.1a 감염성 미생물-아포균 검사법
- ES 06701.2a 감염성 미생물-세균배양 검사법
- ES 06701.3a 감염성 미생물-멸균테이프 검사법

65 정도보증/정도관리를 위한 현장 이중시료에 관한 내용으로 ( )에 알맞은 것은?

현장 이중시료는 동일 위치에서 동일한 조건으로 중복 채취한 시료로서 독립적으로 분석하여 비교한다. 현장 이중시료는 필요시 하루에 ( ) 이하의 시료를 채취할 경우에는 1개를, 그 이상의 시료를 채취할 때에는 시료 ( )당 1개를 추가로 채취한다.

① 5개
② 10개
③ 15개
④ 20개

해설
ES 06001 정도보증/정도관리

66 자외선/가시선 분광법으로 카드뮴을 정량 시 사용하는 시약과 그 용도가 잘못 짝지어진 것은?

① 발색시약 : 디티존
② 시료의 전처리 : 질산-황산
③ 추출용매 : 사염화탄소
④ 억제제 : 황화나트륨

[해설]
ES 06405.3 카드뮴-자외선/가시선 분광법

67 HCl(비중 1.18) 200mL를 1L의 메스플라스크에 넣은 후 증류수로 표선까지 채웠을 때 이 용액의 염산 농도(W/V%)는?

① 19.6 ② 20.0
③ 23.1 ④ 23.6

[해설]
$$\frac{200mL \times 1.18}{1,000mL} \times 100 = 23.6\%$$

68 유기인의 정제용 칼럼으로 적절하지 않은 것은?

① 실리카겔 칼럼
② 플로리실 칼럼
③ 활성탄 칼럼
④ 실리콘 칼럼

[해설]
ES 06501.1b 유기인-기체크로마토그래피

69 지정폐기물에 함유된 유해물질의 기준으로 옳은 것은?

① 납 = 3mg/L
② 카드뮴 = 3mg/L
③ 구리 = 0.3mg/L
④ 수은 = 0.0005mg/L

[해설]
폐기물관리법 시행규칙 [별표 1] 지정폐기물에 함유된 유해물질
• 카드뮴 : 0.3mg/L
• 구리 : 3mg/L
• 수은 : 0.005mg/L

70 자외선/가시선 분광법을 적용한 구리 측정에 관한 내용으로 옳은 것은?

① 정량한계는 0.002mg이다.
② 적갈색의 킬레이트 화합물이 생성된다.
③ 흡광도는 520nm에서 측정한다.
④ 정량범위는 0.01~0.05mg/L이다.

[해설]
ES 06401.3 구리-자외선/가시선 분광법
• 폐기물 중에 구리를 자외선/가시선 분광법으로 측정하는 방법으로 시료 중에 구리이온이 알칼리성에서 다이에틸다이티오카르바민산나트륨과 반응하여 생성하는 황갈색의 킬레이트 화합물을 아세트산뷰틸로 추출하여 흡광도를 440nm에서 측정하는 방법이다.
• 구리의 정량범위는 0.002~0.03mg이고, 정량한계는 0.002mg 이다.

정답 66 ④ 67 ④ 68 ④ 69 ① 70 ①

71 기체크로마토그래피법에서 사용하는 열전도도검출기(TCD)에서 사용되는 가스의 종류는?

① 질소
② 헬륨
③ 프로페인
④ 아세틸렌

72 폐기물공정시험기준에 적용되는 관련 용어에 관한 내용으로 틀린 것은?

① 반고상폐기물 : 고형물의 함량이 5% 이상 15% 미만인 것을 말한다.
② 비함침성 고상폐기물 : 금속판, 구리선 등 기름을 흡수하지 않는 평면 또는 비평면 형태의 변압기 내부부재를 말한다.
③ 바탕시험을 하여 보정한다 : 규정된 시료로 같은 방법으로 실험하여 측정치를 보정하는 것을 말한다.
④ 정밀히 단다 : 규정된 양의 시료를 취하여 화학저울 또는 미량저울로 칭량함을 말한다.

[해설]
ES 06000.b 총칙
'바탕시험을 하여 보정한다.'라 함은 시료에 대한 처리 및 측정을 할 때, 시료를 사용하지 않고 같은 방법으로 조작한 측정치를 빼는 것을 뜻한다.

73 기기검출한계(IDL)에 관한 설명으로 ( )에 옳은 것은?

> 시험분석 대상물질을 기기가 검출할 수 있는 최소한의 농도 또는 양으로서 바탕시료를 반복 측정 분석한 결과의 표준편차에 ( )배한 값을 말한다.

① 2　　② 3
③ 5　　④ 10

[해설]
ES 06001 정도보증/정도관리

74 강열 전의 접시와 시료의 무게 200g, 강열 후의 접시와 시료의 무게 150g, 접시 무게 100g일 때 시료의 강열감량(%)은?

① 40　　② 50
③ 60　　④ 70

[해설]
ES 06301.1d 강열감량 및 유기물 함량-중량법
$$\frac{(200-150)}{(200-100)} \times 100 = 50\%$$

75 유도결합플라스마-원자발광분광법의 장치에 포함되지 않는 것은?

① 시료주입부, 고주파전원부
② 광원부, 분광부
③ 운반가스유로, 가열오븐
④ 연산처리부

해설
운반가스유로, 가열오븐은 기체크로마토그래피의 장치이다.

76 온도에 대한 규정에서 14℃가 포함되지 않은 것은?

① 상온   ② 실온
③ 냉수   ④ 찬 곳

해설
ES 06000.b 총칙
- 표준온도 : 0℃, 상온 : 15~25℃, 실온 : 1~35℃
- 찬 곳 : 0~15℃
- 냉수 : 15℃ 이하, 온수 : 60~70℃, 열수 : 약 100℃

77 시료 준비를 위한 회화법에 관한 기준으로 ( )에 옳은 것은?

> 목적성분이 (㉠) 이상에서 (㉡)되지 않고 쉽게 (㉢)될 수 있는 시료에 적용

① ㉠ 400℃   ㉡ 회화   ㉢ 휘산
② ㉠ 400℃   ㉡ 휘산   ㉢ 회화
③ ㉠ 800℃   ㉡ 회화   ㉢ 휘산
④ ㉠ 800℃   ㉡ 휘산   ㉢ 회화

해설
ES 06150.e 시료의 준비

78 자외선/가시선 분광법에서 시료액의 흡수파장이 약 370nm 이하일 때 일반적으로 사용하는 흡수 셀은?

① 젤라틴 셀   ② 석영 셀
③ 유리 셀   ④ 플라스틱 셀

해설
시료액의 흡수파장이 약 370nm 이상(가시선 영역)일 때는 석영 또는 경질유리 흡수 셀을 사용하고 약 370nm 이하(자외선 영역)일 때는 석영 흡수 셀을 사용한다.
※ 출처 : 수질오염공정시험기준(2008.7)

정답 75 ③ 76 ① 77 ② 78 ②

79 중량법으로 기름성분을 측정할 때 시료채취 및 관리에 관한 내용으로 ( )에 옳은 것은?

> 시료는 (㉠) 이내 증발처리를 하여야 하나 최대한 (㉡)을 넘기지 말아야 한다.

① ㉠ 6시간   ㉡ 24시간
② ㉠ 8시간   ㉡ 24시간
③ ㉠ 12시간 ㉡ 7일
④ ㉠ 24시간 ㉡ 7일

해설
ES 06302.1b 기름성분-중량법

80 시료의 전처리(산분해법)방법 중 유기물 등을 많이 함유하고 있는 대부분의 시료에 적용하는 것은?

① 질산-염산분해법
② 질산-황산분해법
③ 염산-황산분해법
④ 염산-과염소산분해법

해설
ES 06150.e 시료의 준비

종류	특징
질산분해법	유기물 함량이 낮은 시료에 적용 - 약 0.7M
질산-염산 분해법	유기물 함량이 비교적 높지 않고 금속의 수산화물, 산화물, 인산염 및 황화물을 함유하고 있는 시료에 적용 - 약 0.5M
질산-황산 분해법	• 유기물 등을 많이 함유하고 있는 대부분의 시료에 적용 - 약 1.5~3.0N • 칼슘, 바륨, 납 등을 다량 함유한 시료는 난용성의 황산염을 생성하여 다른 금속성분을 흡착하므로 주의
질산-과염소산 분해법	• 유기물을 높은 비율로 함유하고 있으면서 산화분해가 어려운 시료들에 적용 - 약 0.8M • 과염소산을 넣을 경우 진한 질산이 공존하지 않으면 폭발할 위험이 있으므로 반드시 진한 질산을 먼저 넣어주어야 함
질산-과염소산 -불화수소산 분해법	점토질 또는 규산염이 높은 비율로 함유된 시료에 적용 - 약 0.8M

제5과목 폐기물관계법규

81 폐기물 처분시설 중 차단형 매립시설의 정기검사 항목이 아닌 것은?

① 소화장비 설치·관리실태
② 축대벽의 안정성
③ 사용종료매립지 밀폐상태
④ 침출수 집배수시설의 기능

해설
폐기물관리법 시행규칙 [별표 10] 폐기물 처분시설 또는 재활용시설의 검사기준
매립시설

구 분		검사항목
정기 검사	차단형 매립시설	• 소화장비 설치·관리실태 • 축대벽의 안정성 • 빗물·지하수 유입방지 조치 • 사용종료매립지 밀폐상태

※ 차단형 매립시설은 강우가 유입되지 않는 구조이므로 침출수 집배수시설은 필요 없다.

82 폐기물관리법의 적용을 받지 않는 물질에 관한 내용으로 틀린 것은?

① 대기환경보전법에 의한 대기 오염 방지시설에 유입되어 포집된 물질
② 하수도법에 의한 하수·분뇨
③ 용기에 들어 있지 아니한 기체상태의 물질
④ 원자력안전법에 따른 방사성 물질과 이로 인하여 오염된 물질

해설
폐기물관리법 제3조(적용 범위)
물환경보전법에 따른 수질 오염 방지시설에 유입되거나 공공 수역(水域)으로 배출되는 폐수
※ 대기오염방지시설에 유입되어 포집된 물질은 소각재 중 비산재로 폐기물관리법이 적용된다.

정답 79 ④ 80 ② 81 ④ 82 ①

83 폐기물처리시설의 설치·운영을 위탁받을 수 있는 자의 기준 중 음식물류 폐기물 처분시설 또는 재활용시설 설치·운영에 위탁받을 수 있는 자의 기준에 해당되지 않는 기술인력은?

① 폐기물처리기사
② 수질환경기사
③ 기계정비산업기사
④ 위생사

해설
폐기물관리법 시행규칙 [별표 4의4] 폐기물처리시설의 설치·운영을 위탁받을 수 있는 자의 기준
음식물류 폐기물 처분시설 또는 재활용시설
• 폐기물처리기사 1명
• 수질환경기사 또는 대기환경기사 1명
• 기계정비산업기사 1명
• 1일 50ton 이상의 음식물류 폐기물 처분시설 또는 재활용시설(위탁대상 시설과 같은 종류의 시설만 해당한다)의 시공분야에서 2년 이상 근무한 자 2명(폐기물 처분시설 또는 재활용시설의 설치를 위탁받으려는 경우에만 해당한다)
• 1일 50ton 이상의 음식물류 폐기물 처분시설 또는 재활용시설(위탁대상 시설과 같은 종류의 시설만 해당한다)의 운전분야에서 2년 이상 근무한 자 2명(폐기물 처분시설 또는 재활용시설의 운영을 위탁받으려는 경우에만 해당한다)

84 사업장폐기물을 배출하는 사업장 중 대통령령으로 정하는 사업장의 범위에 해당되지 않는 것은?

① 지정폐기물을 배출하는 사업장
② 폐기물을 1일 평균 300kg 이상 배출하는 사업장
③ 폐기물을 1회에 200kg 이상 배출하는 사업장
④ 일련의 공사 또는 작업으로 폐기물을 5ton(공사를 착공하거나 작업을 시작할 때부터 마칠 때까지 발생하는 폐기물의 양을 말한다) 이상 배출하는 사업장

해설
폐기물관리법 시행령 제2조(사업장의 범위)

85 관리형 매립시설에서 발생하는 침출수의 배출허용기준 중 청정지역의 부유물질량에 대한 기준으로 옳은 것은?(단, 침출수매립시설환원정화설비를 통하여 매립시설로 주입되는 침출수의 경우에는 제외한다)

① 20mg/L 이하
② 30mg/L 이하
③ 40mg/L 이하
④ 50mg/L 이하

해설
폐기물관리법 시행규칙 [별표 11] 폐기물 처분시설 또는 재활용시설의 관리기준

86 지정폐기물의 분류번호가 07-00-00과 같이 07로 시작되는 폐기물은?

① 폐유기용제
② 유해물질 함유 폐기물
③ 폐석면
④ 부식성 폐기물

해설
폐기물관리법 시행규칙 [별표 4] 폐기물의 종류별 세부분류

87 의료폐기물을 제외한 지정폐기물의 보관에 관한 기준 및 방법으로 틀린 것은?

① 지정폐기물은 지정폐기물 외의 폐기물과 구분하여 보관하여야 한다.
② 폐유기용제는 폭발의 위험이 있으므로 밀폐된 용기에 보관하지 않는다.
③ 흩날릴 우려가 있는 폐석면은 습도 조절 등의 조치 후 고밀도 내수성재질의 포대로 2중포장하거나 견고한 용기에 밀봉하여 흩날리지 아니하도록 보관하여야 한다.
④ 지정폐기물은 지정폐기물에 의하여 부식되거나 파손되지 아니하는 재질로 된 보관시설 또는 보관용기를 사용하여 보관하여야 한다.

해설
폐기물관리법 시행규칙 [별표 5] 폐기물의 처리에 관한 구체적 기준 및 방법
폐유기용제는 휘발되지 아니하도록 밀폐된 용기에 보관하여야 한다.

88 생활폐기물 수집·운반 대행자에 대한 대행실적 평가 실시 기준으로 옳은 것은?

① 분기에 1회 이상
② 반기에 1회 이상
③ 매년 1회 이상
④ 2년간 1회 이상

해설
폐기물관리법 제14조(생활폐기물의 처리 등)

89 폐기물의 처리에 관한 구체적 기준 및 방법에서 지정폐기물 중 의료폐기물의 기준 및 방법으로 옳지 않은 것은?(단, 의료폐기물 전용용기 사용의 경우)

① 한 번 사용한 전용용기는 다시 사용하여서는 아니 된다.
② 전용용기는 봉투형 용기 및 상자형 용기로 구분하되, 봉투형 용기의 재질은 합성수지류로 한다.
③ 봉투형 용기에 담은 의료폐기물의 처리를 위탁하는 경우에는 상자형 용기에 다시 담아 위탁하여야 한다.
④ 봉투형 용기에는 그 용량의 90% 미만으로 의료폐기물을 넣어야 한다.

해설
폐기물관리법 시행규칙 [별표 5] 폐기물의 처리에 관한 구체적 기준 및 방법
봉투형 용기에는 그 용량의 75% 미만으로 의료폐기물을 넣어야 한다.

90 관련법을 위반한 폐기물처리업자로부터 과징금으로 징수한 금액의 사용용도로서 적합하지 않은 것은?

① 광역 폐기물처리시설의 확충
② 폐기물처리 관리인의 교육
③ 폐기물처리시설의 지도·점검에 필요한 시설·장비의 구입 및 운영
④ 폐기물의 처리를 위탁한 자를 확인할 수 없는 폐기물로 인하여 예상되는 환경상 위해를 제거하기 위한 처리

해설
폐기물관리법 시행령 제12조(과징금의 사용용도)

91 방치폐기물의 처리를 폐기물 처리 공제조합에 명할 수 있는 방치폐기물의 처리량 기준으로 옳은 것은?(단, 폐기물처리업자가 방치한 폐기물의 경우)

① 그 폐기물처리업자의 폐기물 허용보관량의 1.2배 이내
② 그 폐기물처리업자의 폐기물 허용보관량의 1.5배 이내
③ 그 폐기물처리업자의 폐기물 허용보관량의 2배 이내
④ 그 폐기물처리업자의 폐기물 허용보관량의 3배 이내

해설
폐기물관리법 시행령 제23조(방치폐기물의 처리량과 처리기간)
폐기물 처리 공제조합에 처리를 명할 수 있는 방치폐기물의 처리량은 다음과 같다.
• 폐기물처리업자가 방치한 폐기물의 경우 : 그 폐기물처리업자의 폐기물 허용보관량의 2배 이내
• 폐기물처리 신고자가 방치한 폐기물의 경우 : 그 폐기물처리 신고자의 폐기물 보관량의 2배 이내
※ 저자의견 : 해당 법 개정으로 내용이 변경되어 정답은 ③번이다.

92 의료폐기물의 종류 중 위해의료폐기물에 해당하지 않는 것은?

① 조직물류폐기물
② 격리계폐기물
③ 생물·화학폐기물
④ 혈액오염폐기물

해설
폐기물관리법 시행령 [별표 2] 의료폐기물의 종류
위해의료폐기물 : 조직물류폐기물, 병리계폐기물, 손상성폐기물, 생물·화학폐기물, 혈액오염폐기물

93 폐기물처리업에 관한 설명으로 틀린 것은?

① 폐기물 수집·운반업 : 폐기물을 수집하여 재활용 또는 처분 장소로 운반하거나 폐기물을 수출하기 위하여 수집·운반하는 영업
② 폐기물 중간재활용업 : 폐기물 재활용시설을 갖추고 중간가공 폐기물을 만드는 영업
③ 폐기물 최종처분업 : 폐기물 최종처분시설을 갖추고 폐기물을 매립 등(해역 배출은 제외한다)의 방법으로 최종처분하는 영업
④ 폐기물 종합처분업 : 폐기물 재활용시설을 갖추고 중간재활용업과 최종재활용업을 함께하는 영업

해설
폐기물관리법 제25조(폐기물처리업)
폐기물 종합처분업 : 폐기물 중간처분시설 및 최종처분시설을 갖추고 폐기물의 중간처분과 최종처분을 함께하는 영업

정답 91 ② 92 ② 93 ④

94 폐기물관리법에서 사용하는 용어의 정의로 옳지 않은 것은?

① 생활폐기물이란 사업장폐기물 외의 폐기물을 말한다.
② 폐기물처리시설이란 폐기물의 중간처분시설과 최종처분시설 및 재활용시설로서 대통령령으로 정하는 시설을 말한다.
③ 재활용이란 생산 공정에서 발생하는 폐기물의 양을 줄이고 재사용, 재생을 통하여 폐기물 배출을 최소화하는 활동을 말한다.
④ 처분이란 폐기물의 소각·중화·파쇄·고형화 등의 중간처분과 매립하거나 해역으로 배출하는 등의 최종처분을 말한다.

해설
폐기물관리법 제2조(정의)
'재활용'이란 다음의 어느 하나에 해당하는 활동을 말한다.
- 폐기물을 재사용·재생이용하거나 재사용·재생이용할 수 있는 상태로 만드는 활동
- 폐기물로부터 에너지법에 따른 에너지를 회수하거나 회수할 수 있는 상태로 만들거나 폐기물을 연료로 사용하는 활동으로서 환경부령으로 정하는 활동

95 환경부장관이나 시·도지사가 폐기물처리업자에게 영업정지에 갈음하여 과징금을 부과할 때, 폐기물처리업자가 매출액이 없거나 매출액을 산정하기 곤란한 경우로서 대통령령으로 정하는 경우에 부과할 수 있는 과징금의 최대 액수는?

① 5,000만원
② 1억원
③ 2억원
④ 3억원

해설
폐기물관리법 제28조(폐기물처리업자에 대한 과징금 처분)

96 다음 조항을 위반하여 설치가 금지되는 폐기물소각시설을 설치, 운영한 자에 대한 벌칙기준은?

> 폐기물처리시설은 환경부령으로 정하는 기준에 맞게 설치하되, 환경부령으로 정하는 규모 미만의 폐기물 소각시설을 설치, 운영하여서는 아니 된다.

① 2년 이하의 징역이나 2천만원 이하의 벌금
② 3년 이하의 징역이나 3천만원 이하의 벌금
③ 5년 이하의 징역이나 5천만원 이하의 벌금
④ 7년 이하의 징역이나 7천만원 이하의 벌금

해설
폐기물관리법 제66조(벌칙)

97 환경부령으로 정하는 지정폐기물을 배출하는 사업자가 그 지정폐기물을 처리하기 전에 환경부장관에게 제출하여 확인 받아야 할 서류가 아닌 것은?

① 폐기물 수집·운반 계획서
② 폐기물처리계획서
③ 법에 따른 폐기물분석전문기관의 폐기물분석결과서
④ 지정폐기물의 처리를 위탁하는 경우에는 수탁처리자의 수탁확인서

해설
폐기물관리법 제17조(사업장폐기물배출자의 의무 등)

98 폐기물처리시설 주변지역 영향조사 기준 중 조사 횟수에 관한 내용으로 (   )에 알맞은 내용이 순서대로 짝지어진 것은?

> 각 항목당 계절을 달리하여 (   ) 이상 측정하되, 악취는 여름(6월부터 8월까지)에 (   ) 이상 측정해야 한다.

① 4회, 2회
② 4회, 1회
③ 2회, 2회
④ 2회, 1회

해설
폐기물관리법 시행규칙 [별표 13] 폐기물처리시설 주변지역 영향 조사 기준

99 폐기물 중간처분시설 중 기계적 처분시설에 속하는 것은?

① 증발·농축시설
② 고형화시설
③ 소멸화시설
④ 응집·침전시설

해설
폐기물관리법 시행령 [별표 3] 폐기물 처리시설의 종류
• 고형화시설, 응집·침전시설 : 화학적 처분시설
• 소멸화시설 : 생물학적 처분시설

100 주변지역 영향 조사대상 폐기물처리시설 기준으로 옳은 것은?

① 매립면적 3,300m^2 이상의 사업장 지정폐기물 매립시설
② 매립용적 1,000m^3 이상의 사업장 지정폐기물 매립시설
③ 매립면적 10,000m^2 이상의 사업장 지정폐기물 매립시설
④ 매립용적 30,000m^3 이상의 사업장 지정폐기물 매립시설

해설
폐기물관리법 시행령 제14조(주변지역 영향 조사대상 폐기물처리시설)
• 1일 처분능력이 50ton 이상인 사업장폐기물 소각시설(같은 사업장에 여러 개의 소각시설이 있는 경우에는 각 소각시설의 1일 처분능력의 합계가 50ton 이상인 경우를 말한다)
• 매립면적 1만m^2 이상의 사업장 지정폐기물 매립시설
• 매립면적 15만m^2 이상의 사업장 일반폐기물 매립시설
• 시멘트 소성로(폐기물을 연료로 사용하는 경우로 한정한다)
• 1일 재활용능력이 50ton 이상인 사업장폐기물 소각열회수시설(같은 사업장에 여러 개의 소각열회수시설이 있는 경우에는 각 소각열회수시설의 1일 재활용능력의 합계가 50ton 이상인 경우를 말한다)

정답 97 ① 98 ④ 99 ① 100 ③

2021년 제1회 과년도 기출문제

제1과목 폐기물개론

01 Eddy Current Separator는 물질 특성상 세 종류로 분리한다. 이때 구리전선과 같은 종류로 선별되는 것은?

① 은수저
② 철나사못
③ PVC
④ 희토류 자석

해설
Eddy Current Separator(와전류 선별기)는 비철금속을 선별하는 장치이다. 은(Silver)은 비철금속으로 자석에는 붙지 않으나, 전기 전도도가 높은 물질이다.

02 사업장에서 배출되는 폐기물을 감량화시키기 위한 대책으로 가장 거리가 먼 것은?

① 원료의 대체
② 공정 개선
③ 제품 내구성 증대
④ 포장 횟수의 확대 및 장려

03 압축기에 쓰레기를 넣고 압축시킨 결과 압축비가 5였을 때 부피감소율(%)은?

① 50　② 60
③ 80　④ 90

해설

압축비(CR ; Compaction Ratio) = $\dfrac{\text{압축 전 부피}(V_i)}{\text{압축 후 부피}(V_f)}$

∴ 부피(용적)감소율(VR ; Volume Reduction)

$= \dfrac{\text{감소된 부피}(V_i - V_f)}{\text{압축 전 부피}(V_i)} \times 100$

$= \left(1 - \dfrac{V_f}{V_i}\right) \times 100 = \left(1 - \dfrac{1}{CR}\right) \times 100$

$= \left(1 - \dfrac{1}{5}\right) \times 100 = 80\%$

04 적환장의 설치 적용 이유로 가장 거리가 먼 것은?

① 저밀도 거주지역이 존재할 경우
② 불법투기와 다량의 어질러진 쓰레기들이 발생할 때
③ 부패성 폐기물 다량 발생지역이 있는 경우
④ 처분지가 수집장소로부터 16km 이상 멀리 떨어져 있는 경우

해설
적환장(Transfer Station) : 중 · 소형의 수집차량에서 수거된 폐기물을 큰 차량으로 옮겨 싣고(통상 적환장에서 폐기물을 압축하여 차량 적재밀도를 크게 함) 장거리 수송을 할 경우 필요한 시설이다.

정답　1 ①　2 ④　3 ③　4 ③

05 폐기물 수거노선의 설정요령으로 적합하지 않은 것은?

① 수거지점과 수거빈도를 결정하는 데 기존 정책이나 규정을 참고한다.
② 간선도로 부근에서 시작하고 끝나도록 배치한다.
③ 반복운행을 피하도록 한다.
④ 반시계방향으로 수거노선을 설정한다.

06 습량기준 회분량이 16%인 폐기물의 건량기준 회분량(%)은?(단, 폐기물의 함수율 = 20%)

① 20　　② 18
③ 16　　④ 14

해설
함수율이 20%이므로 고형물 함량은 80%이다.
습량기준 회분량이 16%이므로,
건량기준 회분량 $A' = \dfrac{16}{80} \times 100 = 20\%$이다.

07 쓰레기에서 타는 성분의 화학적 성상분석 시 사용되는 자동원소분석기에 의해 동시 분석이 가능한 항목을 모두 나열한 것은?

① 탄소, 질소, 수소
② 탄소, 황, 수소
③ 탄소, 수소, 산소
④ 질소, 황, 산소

해설
C, H, N은 동시 분석이 가능하고, S는 별도의 가열로를 사용하여 분석한다. O는 산소가 없는 분위기에서 열분해 과정을 거친 후 최종적으로 생성된 CO_2의 양을 측정하여 분석한다.

08 폐기물 성상분석에 대한 분석절차로 옳은 것은?

① 물리적 조성 → 밀도 측정 → 건조 → 절단 및 분쇄 → 발열량 분석
② 밀도 측정 → 물리적 조성 → 건조 → 절단 및 분쇄 → 발열량 분석
③ 물리적 조성 → 밀도 측정 → 절단 및 분쇄 → 건조 → 발열량 분석
④ 밀도 측정 → 물리적 조성 → 절단 및 분쇄 → 건조 → 발열량 분석

해설
현장에서 밀도 측정 후 물리적 조성을 분석하며, 이후 시료를 밀봉하여 실험실로 가져와 건조 후 절단 및 분쇄하여 발열량을 분석한다.

09 전과정평가(LCA)를 구성하는 4단계 중 조사분석 과정에서 확정된 자원요구 및 환경부하에 대한 영향을 평가하는 기술적, 정량적, 정성적 과정인 것은?

① Impact Analysis
② Initiation Analysis
③ Inventory Analysis
④ Improvement Analysis

해설
전과정평가의 절차
- 목적 및 범위 설정(Scoping Analysis)
- 목록분석(Inventory Analysis) : 공정도를 작성하고, 단위공정 별로 데이터를 수집하는 과정
- 영향평가(Impact Analysis) : 분류화 → 특성화 → 정규화 → 가중치 부여
- 개선평가 및 해석(Improvement Analysis)

정답 5 ④　6 ①　7 ①　8 ②　9 ①

10 퇴비화 과정에서 공기의 역할 중 잘못된 것은?

① 온도를 조절한다.
② 공급량은 많을수록 퇴비화가 잘된다.
③ 수분과 CO_2 등 다른 가스들을 제거한다.
④ 미생물이 호기적 대사를 할 수 있도록 한다.

해설
공기공급량이 지나치게 많아지면 냉각작용에 의해 퇴비단의 온도가 낮아져 최적온도에 도달하지 못하게 된다.

11 쓰레기의 발열량을 구하는 식 중 Dulong식에 대한 설명으로 옳은 것은?

① 고위발열량은 저위발열량, 수소함량, 수분함량만으로 구할 수 있다.
② 원소분석에서 나온 C, H, O, N 및 수분함량으로 계산할 수 있다.
③ 목재나 쓰레기와 같은 셀룰로스의 연소에서는 발열량이 약 10% 높게 추정된다.
④ Bomb 열량계로 구한 발열량에 근사시키기 위해 Dulong의 보정식이 사용된다.

해설
① 틀린 내용은 아니나, Dulong식과 관련 없다.
② N은 발열량 산정 시 필요 없고, S가 필요하다.
③ 목재나 쓰레기와 같은 셀룰로스의 연소에서는 발열량이 낮게 추정되는 경향이 있다.

12 파이프라인을 이용하여 폐기물을 수송하는 방법에 대한 설명으로 가장 거리가 먼 것은?

① 보다 친환경적이며 장거리 수송이 용이하다.
② 잘못 투입된 물건을 회수하기가 곤란하다.
③ 쓰레기 발생 밀도가 높은 곳일수록 현실성이 높아진다.
④ 조대쓰레기는 파쇄, 압축 등의 전처리를 할 필요가 있다.

해설
파이프라인을 이용한 폐기물 수송은 장거리 수송이 곤란하다(통상 2.5km 이내).

13 트롬멜 스크린에 대한 설명으로 틀린 것은?

① 수평으로 회전하는 직경 3m 정도의 원통 형태이며 가장 널리 사용되는 스크린의 하나이다.
② 최적회전속도는 임계회전속도의 45% 정도이다.
③ 도시폐기물 처리 시 적정회전속도는 100~180 rpm이다.
④ 경사도는 대개 2~3°를 채택하고 있다.

해설
도시폐기물 처리 시 적정회전속도는 10~18rpm이다.

14 일반 폐기물의 수집운반 처리 시 고려사항으로 가장 거리가 먼 것은?

① 지역별, 계절별 발생량 및 특성 고려
② 다른 지역의 경유 시 밀폐 차량 이용
③ 해충방지를 위해서 약제 살포 금지
④ 지역여건에 맞게 기계식 상차방법 이용

정답 10 ② 11 ④ 12 ① 13 ③ 14 ③

15 도시의 쓰레기 특성을 조사하기 위하여 시료 100kg에 대한 습윤상태의 무게와 함수율을 측정한 결과가 다음 표와 같을 때 이 시료의 건조중량(kg)은?

성분	습윤상태의 무게(kg)	함수율(%)
연탄재	60	20
채소, 음식물류	10	65
종이, 목재류	10	10
고무, 가죽류	15	3
금속, 초자기류	5	2

① 70 ② 80
③ 90 ④ 100

해설
함수율
$= \dfrac{60 \times 20 + 10 \times 65 + 10 \times 10 + 15 \times 3 + 5 \times 2}{60 + 10 + 10 + 15 + 5} = 20.05\%$

∴ 시료 100kg에 대한 건조중량 = 100 × (1 - 0.2) = 80kg

16 쓰레기 수거계획 수립 시 가장 우선되어야 할 항목은?

① 수거빈도 ② 수거노선
③ 차량의 적재량 ④ 인부수

17 폐기물의 성분을 조사한 결과 플라스틱의 함량이 20%(중량비)로 나타났다. 이 폐기물의 밀도가 300kg/m³이라면 6.5m³ 중에 함유된 플라스틱의 양(kg)은?

① 300 ② 345
③ 390 ④ 415

해설
300kg/m³ × 6.5m³ × 0.2 = 390kg

18 pH가 2인 폐산용액은 pH가 4인 폐산용액에 비해 수소이온이 몇 배 더 함유되어 있는가?

① 2배 ② 5배
③ 10배 ④ 100배

해설
$\dfrac{\text{pH 2}}{\text{pH 4}} = \dfrac{10^{-2}\text{M}}{10^{-4}\text{M}} = 100$

19 폐기물 시료를 축분함에 있어 처음 무게의 $\dfrac{1}{30} \sim \dfrac{1}{35}$의 무게를 얻고자 한다면 원추4분법을 몇 회 시행하여야 하는가?

① 10회 ② 8회
③ 6회 ④ 5회

해설
폐기물 시료를 축분함에 따라 1/2씩 무게가 줄어든다.
- 4회 = 1/2⁴ = 1/16
- 5회 = 1/2⁵ = 1/32

∴ 5회 축분하면 된다.

정답 15 ② 16 ② 17 ③ 18 ④ 19 ④

20 직경이 1.0m인 트롬멜 스크린의 최적속도(rpm)는?

① 약 63 ② 약 42
③ 약 19 ④ 약 8

해설
- 반경 = 0.5m
- 임계속도 = $\dfrac{1}{2\pi}\sqrt{\dfrac{g}{r}}$

  = $\dfrac{1}{2\pi}\sqrt{\dfrac{9.8}{0.5}}$

  ≒ 0.70cycle/s
  ≒ 42rpm

∴ 최적속도 = 임계속도 × 0.45 = 42 × 0.45 ≒ 19rpm

제2과목 폐기물처리기술

21 일반적으로 매립장 침출수 생성에 가장 큰 영향을 미치는 인자는?

① 쓰레기의 함수율
② 지하수의 유입
③ 표토를 침투하는 강수
④ 쓰레기 분해과정에서 발생하는 발생수

22 매립지에 발생하는 메테인가스는 온실가스로 이산화탄소에 비하여 약 21배의 지구온난화 효과가 있는 것으로 알려져 있어 매립지에서 발생하는 메테인가스를 메테인산화세균을 이용하여 처리하고자 한다. 메테인산화세균에 의한 메테인처리와 관련한 설명 중 틀린 것은?

① 메테인산화세균은 혐기성 미생물이다.
② 메테인산화세균은 자가영양미생물이다.
③ 메테인산화세균은 주로 복토층 부근에서 많이 발견된다.
④ 메테인은 메테인산화세균에 의해 산화되며, 이산화탄소로 바뀐다.

해설
메테인산화세균은 호기성 미생물이다.

23 매립지에서의 물 수지(Water Balance)를 고려하여 침출수량을 추정하고자 한다. 강수량을 P, 폐기물 함유 수분량을 W, 증발산량을 ET, 유출(Run-off)량을 R로 표시하고, 기타 항을 무시할 때 침출수량을 나타내는 식은?

① $P - W - ET - R$
② $W + P - ET + R$
③ $ET + R + P - W$
④ $P + W - ET - R$

24 폐기물을 중간처리(소각처리)하는 과정에서 얻어지는 결과로 가장 거리가 먼 것은?

① 대체에너지화
② 폐기물 감량화
③ 유독물질 안정화
④ 대기오염 방지화

25 시멘트를 이용한 유해폐기물 고화처리 시 압축강도, 투수계수, 물/시멘트비(Water/Cement Ratio) 사이의 관계를 바르게 설명한 것은?

① 물/시멘트비는 투수계수에 영향을 주지 않는다.
② 압축강도와 투수계수 사이는 정비례한다.
③ 물/시멘트비가 낮으면 투수계수는 증가한다.
④ 물/시멘트비가 높으면 압축강도는 낮아진다.

해설
① 물/시멘트비는 투수계수에 영향을 준다.
② 압축강도와 투수계수 사이는 반비례한다.
③ 물/시멘트비가 낮으면 투수계수는 감소한다.

26 연소효율식으로 옳은 것은?(단, $\eta(\%)$: 연소효율, H_i : 저위발열량, L_c : 미연소 손실, L_i : 불완전연소 손실)

① $\eta(\%) = \dfrac{H_i + (L_c - L_i)}{H_i} \times 100$

② $\eta(\%) = \dfrac{H_i - (L_c + L_i)}{H_i} \times 100$

③ $\eta(\%) = \dfrac{(L_c + L_i) - H_i}{H_i} \times 100$

④ $\eta(\%) = \dfrac{(L_c - L_i) - H_i}{H_i} \times 100$

27 분뇨처리 최종생성물의 요구조건으로 가장 거리가 먼 것은?

① 위생적으로 안전할 것
② 생화학적으로 분해가 가능할 것
③ 최종생성물의 감량화를 기할 것
④ 공중에 혐오감을 주지 않을 것

해설
분뇨처리 최종생성물은 생화학적으로 안전해야 한다.

28 토양증기추출법(SVE)에 대한 설명으로 옳지 않은 것은?

① 생물학적 처리효율을 높여준다.
② 오염물질의 독성은 변화가 없다.
③ 총처리시간을 예측하기가 용이하다.
④ 추출된 기체는 대기오염 방지를 위해 후처리가 필요하다.

해설
토양증기추출법(Soil Vapor Extraction)은 불포화토양층의 토양에 진공을 걸어줌으로써 토양공기 내의 휘발성이 높은 오염물질을 추출하여 제거하는 물리화학적 기술이다. 불포화토양층 내 공극 중에 있는 휘발성이 큰 오염물질을 추출하면 일시적으로 농도가 낮아지지만, 시간이 지남에 따라 토양에 흡착된 오염물질이 탈착하여 농도가 높아질 수 있으므로 총처리시간을 예측하기 쉽지 않다.

29 호기성 퇴비화 공정 설계인자에 대한 설명으로 틀린 것은?

① 퇴비화에 적당한 수분함량은 50~60%로 40% 이하가 되면 분해율이 감소한다.
② 온도는 55~60℃로 유지시켜야 하며 70℃를 넘어서면 공기공급량을 증가시켜 온도를 적정하게 조절한다.
③ C/N비가 20 이하이면 질소가 암모니아로 변하여 pH를 증가시켜 악취를 유발시킨다.
④ 산소 요구량은 체적당 20~30%의 산소를 공급하는 것이 좋다.

해설
퇴비화 장치를 통과한 공기의 산소함량은 5~15%의 범위에 있어야 한다. 공기 중의 산소함량이 21%이므로 공기를 공급하는 경우 20~30%의 산소함량을 가질 수는 없다.

정답 25 ④ 26 ② 27 ② 28 ③ 29 ④

30 점토의 수분함량 지표인 소성지수, 액성한계, 소성한계의 관계로 옳은 것은?

① 소성지수 = 액성한계 − 소성한계
② 소성지수 = 액성한계 + 소성한계
③ 소성지수 = 액성한계 / 소성한계
④ 소성지수 = 소성한계 / 액성한계

해설
- 액성한계(LL ; Liquid Limit) : 점토의 상태가 더 이상 플라스틱과 같지 않고 수분함량이 그 이상 되면 액체상태로 되는 수분함량이다.
- 소성한계(PL ; Plastic Limit) : 점토의 수분함량이 일정 수준 미만이 되면 플라스틱 상태를 유지하지 못하고, 부스러지는 상태에서의 수분함량이다.
- 소성지수(PI ; Plasticity Index) : 액성한계와 소성한계의 차이(PI = LL − PL)

31 분뇨를 희석폭기방식으로 처리하려 할 때 적절한 방법으로 볼 수 없는 것은?

① BOD부하는 $1kg/m^3 \cdot d$ 이하로 한다.
② 반송슬러지량은 희석된 분뇨량의 50~60%를 표준으로 한다.
③ 폭기시간은 12시간 이상으로 한다.
④ 조의 유효수심은 3.5~5m를 표준으로 한다.

해설
반송슬러지량은 희석된 분뇨량의 20~40%를 표준으로 한다.

32 아주 적은 양의 유기성 오염물질도 지하수의 산소를 고갈시킬 수 있기 때문에 생물학적 In-Situ정화에서는 인위적으로 지하수에 산소를 공급하여야 한다. 이와 같은 산소부족을 해결할 수 있는 대안 공급물질로 가장 적절한 것은?

① 과산화수소   ② 이산화탄소
③ 에탄올   ④ 인산염

해설
과산화수소는 액상으로 지하수에 공급할 수 있으며, 산소를 발생시킨다.
$H_2O_2 \rightarrow H_2O + \frac{1}{2}O_2$

33 매립지 가스에 의한 환경영향이라 볼 수 없는 것은?

① 화재와 폭발
② VOC 용해로 인한 지하수오염
③ 충분한 산소 제공으로 인한 식물 성장
④ 매립가스 내 VOC 함유로 인한 건강위해

해설
매립지 가스에 의한 산소 결핍으로 식물 성장이 저해된다.

34 다음 물질을 같은 조건하에서 혐기성 처리를 할 때 슬러지 생산량이 가장 많은 것은?

① Lipid   ② Protein
③ Amino Acid   ④ Carbohydrate

해설
생물학적 혐기성 처리는 가수분해 단계 → 산생성 단계 → 메테인 생성 단계 등으로 구분되며, 유기물의 분해가 쉬울수록 슬러지 발생량이 많아진다. 탄수화물(Carbohydrate)이 생분해성이 가장 좋다.

35 완전히 건조된 고형분의 비중이 1.3이며, 건조 이전의 슬러지 내 고형분 함량이 42%일 때 건조 이전 슬러지 케이크의 비중은?

① 1.042
② 1.107
③ 1.132
④ 1.163

해설
건조 이전의 슬러지 내 고형물 함량이 42%이므로, 수분함량은 58%이다.

$$\frac{슬러지\ 무게}{슬러지\ 비중} = \frac{고형물\ 무게}{고형물\ 비중} + \frac{물\ 무게}{물\ 비중}$$

$$\frac{1}{x} = \frac{0.42}{1.3} + \frac{0.58}{1} ≒ 0.903$$

∴ 슬러지 케이크의 비중 $= \frac{1}{0.903} ≒ 1.107$

36 매립쓰레기의 혐기성 분해과정을 나타낸 반응식이 다음과 같을 때 발생가스 중 메테인 함유율(발생량 부피%)을 구하는 식(ⓒ)으로 옳은 것은?

$$C_aH_bO_cN_d + (\ ⓐ\ )H_2O \rightarrow (\ ⓑ\ )CO_2 + (\ ⓒ\ )CH_4 + (\ ⓓ\ )NH_3$$

① $\dfrac{(4a+b+2c+3d)}{8}$

② $\dfrac{(4a-2b-2c+3d)}{8}$

③ $\dfrac{(4a+b-2c-3d)}{8}$

④ $\dfrac{(4a+2b-2c-3d)}{8}$

해설
짧은 시험 시간 안에 직접 식을 유도할 수 없으므로, CH_4에 대한 계수식의 분자가 $4a+b-2c-3d$라고 암기하도록 한다.

37 매립지의 침출수를 혐기성 처리하고자 할 때 장점이 아닌 것은?

① 슬러지 처리 비용이 적어진다.
② 온도에 대한 영향이 거의 없다.
③ 고농도의 침출수를 희석 없이 처리할 수 있다.
④ 난분해성 물질이 함유된 침출수 처리에 효과적이다.

해설
혐기성 처리 시 온도변화에 의해 효율이 변동하며, 미생물은 온도의 변화에 예민하다.

38 대표 화학적 조성이 $C_7H_{10}O_5N_2$인 폐기물의 C/N 비는?

① 2
② 3
③ 4
④ 5

해설
$\dfrac{C}{N} = \dfrac{12 \times 7}{14 \times 2} = 3$

39 수분이 90%인 젖은 슬러지를 건조시켜 수분이 20%인 건조 슬러지로 만들고자 한다. 젖은 슬러지 kg당 생산되는 건조 슬러지의 양(kg)은?

① 0.1　　② 0.125
③ 0.25　　④ 0.5

해설
$w_1 = 90$, $w_2 = 20$
$$\frac{V_2}{V_1} = \frac{100 - w_1}{100 - w_2}$$
∴ $V_2 = 1 \times \dfrac{100-90}{100-20} = 0.125 \text{kg}$

40 다음 그래프는 쓰레기 매립지에서 발생되는 가스의 성상이 시간에 따라 변하는 과정을 보이고 있다. 곡선 (가)와 (나)에 해당하는 가스는?

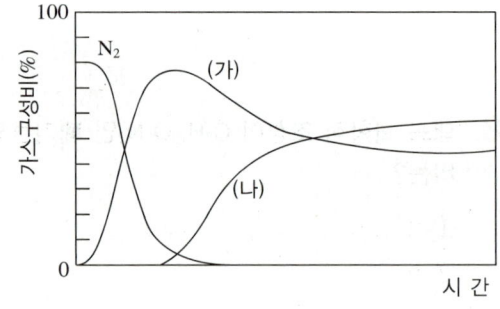

① (가) H_2, (나) CH_4
② (가) CH_4, (나) CO_2
③ (가) CO_2, (나) CH_4
④ (가) CH_4, (나) H_2

제3과목 폐기물소각 및 열회수

41 유동층 소각로의 장점으로 거리가 먼 것은?

① 가스의 온도가 낮고 과잉공기량이 적어 NO_x도 적게 배출된다.
② 노 내 온도의 자동제어와 열회수가 용이하다.
③ 노 내 내축열량이 높아 투입이나 유동화를 위한 파쇄가 필요 없다.
④ 연소효율이 높아 미연소분의 배출이 적고 2차 연소실이 불필요하다.

해설
투입이나 유동화를 위해 전처리(파쇄)가 필요하다.

42 연소실의 온도 850℃ 이상을 유지하면서 연소가스의 체류시간은 2초 이상을 유지하는 것이 좋다고 한다. 그 이유가 아닌 것은?

① 완전연소를 시키기 위해서
② 화격자의 온도를 높이기 위해서
③ 연소가스온도를 균일하게 하기 위해서
④ 다이옥신 등 유해가스를 분해하기 위해서

43 소각로에서 폐기물의 이송방향과 연소가스의 흐름방향이 같은 형식의 구조는?

① 향류식　　② 중간류식
③ 교류식　　④ 병류식

해설
- 병류식 : 폐기물과 연소가스의 흐름방향이 동일하다(병렬로 같은 방향).
- 향류(역류)식 : 폐기물과 연소가스의 흐름방향이 반대이다(마주 보는 방향).

44 폐기물별 발열량을 짝지어 놓은 것 중 틀린 것은? (단, 단위는 kcal/kg이다)

① 플라스틱 : 5,000~11,000
② 도시폐기물 : 1,000~4,000
③ 하수슬러지 : 2,000~3,500
④ 열분해생성가스 : 12,000~15,000

해설
가스화에 의한 Syngas의 발열량은 10~28MJ/Nm³ 범위이다. 가스에 대한 발열량 단위로 kcal/kg은 부적당하며, 12,000~15,000의 수치도 지나치게 높다.

45 다음의 설명에 부합하는 복토방법은?

> 굴착하기 어려운 곳에서 폐기물을 위생매립하기 위한 방법으로 구릉지 등에 폐기물을 살포시키고 다진 후에 복토하는 방법을 말하며, 복토할 흙을 타지(인근)에서 가져와 복토를 진행한다.

① 도랑매립법
② 평지매립법
③ 경사매립법
④ 개량매립법

46 배연탈황법에 대한 설명으로 가장 거리가 먼 것은?

① 활성탄흡착법에서 SO_2는 활성탄 표면에서 산화된 후 수증기와 반응하여 황산으로 고정된다.
② 수산화나트륨용액 흡수법에서는 탄산나트륨의 생성을 억제하기 위해 흡수액의 pH를 7로 조정한다.
③ 활성산화망간은 상온에서 SO_2 및 O_2와 반응하여 황산망간을 생성한다.
④ 석회석 슬러리를 이용한 흡수법은 탈황률의 유지 및 스케일 형성을 방지하기 위해 흡수액의 pH를 6으로 조정한다.

해설
활성산화망간은 135~150℃에서 배기가스와 접촉한다.

47 뷰테인 1,000kg을 기화시켜 15Nm³/h의 속도로 연소시킬 때, 뷰테인이 전부 연소되는 데 필요한 시간(h)은?(단, 뷰테인은 전량 기화된다고 가정한다)

① 13
② 17
③ 26
④ 34

해설
뷰테인(C_4H_{10}) 분자량 = 58
$$\frac{1,000\text{kg}/58(\text{kg/kmol}) \times 22.4\text{m}^3/\text{kmol}}{15\text{Nm}^3/\text{h}} \fallingdotseq 25.7\text{h}$$

48 폐열보일러에 1,200℃인 연소배가스가 10Sm³/kg·h의 속도로 공급되어 200℃로 냉각될 때 보일러 냉각수가 흡수한 열량(kcal/kg·h)은?(단, 보일러 내의 열손실은 없으며, 배가스의 평균 정압비열은 1.2kcal/Sm³·℃으로 가정한다)

① 1.2×10^4
② 1.6×10^4
③ 2.2×10^4
④ 2.6×10^4

해설
보일러 냉각수가 흡수한 열량
$= 10Sm^3/kg \cdot h \times 1.2kcal/Sm^3 \cdot ℃ \times (1,200 - 200)℃$
$= 1.2 \times 10^4 kcal/kg \cdot h$

49 폐수처리 슬러지를 연소하기 위한 전처리에 대한 설명 중 틀린 것은?

① 수분을 제거하고 고형물의 농도를 낮춘다.
② 통상적인 탈수 케이크보다 더 높은 탈수 케이크를 만드는 것이 필요하다.
③ 탈수 효율이 낮을수록 연소로에서는 더 많은 연료가 필요하게 된다.
④ 탈수가 효율적으로 수행되면 연료비가 향상되어 최대 슬러지의 처리용량을 얻을 수 있다.

해설
수분을 제거하고, 고형물의 농도를 높인다.

50 연소과정에서 발생하는 질소산화물 중 Fuel NO_x 저감 효과가 가장 높은 방법은?

① 연소실에 수증기를 주입한다.
② 이단연소에 의해 연소시킨다.
③ 연소실 내 산소 농도를 낮게 유지한다.
④ 연소용 공기의 예열온도를 낮게 유지한다.

해설
①, ③, ④는 Thermal NO_x 제거방법이다.

51 액화분무소각로(Liquid Injection Incinerator)의 특징으로 가장 거리가 먼 것은?

① 광범위한 종류의 액상폐기물 소각에 이용 가능하다.
② 구동장치가 없어 고장이 적다.
③ 소각재의 처리설비가 필요 없다.
④ 충분한 연소로 노 내 내화물의 파손이 적다.

52 연소실과 열부하에 대한 설명 중 옳은 것은?

① 열부하는 설계된 연소실 체적의 적절함을 판단하는 기준이 된다.
② 폐기물의 고위발열량을 기준으로 산정한다.
③ 열부하가 너무 작으면 미연분, 다이옥신 등이 발생한다.
④ 연소실 설계 시 회분(Batch) 연소식은 연속 연소식에 비해 열부하를 크게 하여 설계한다.

해설
② 폐기물의 저위발열량을 기준으로 산정한다.
③ 연소실 열부하가 너무 작은 경우 입열당 체적이 크기 때문에 화염이 일부에만 존재하고 저온영역이 형성될 수 있으며, 운전상황 변화에 따른 연소실 온도 유지가 어렵다.

53 에틸렌(C_2H_4)의 고위발열량이 15,280kcal/Sm^3이라면 저위발열량(kcal/Sm^3)은?

① 14,320
② 14,680
③ 14,800
④ 14,920

해설
$C_2H_4 + 3O_2 \rightarrow 2CO_2 + 2H_2O$
∴ 저위발열량(H_l) = 고위발열량(H_h) − 480 × nH_2O
= 15,280 − 480 × 2 = 14,320kcal/Sm^3

54 폐기물 열분해 시 생성되는 물질로 가장 거리가 먼 것은?

① Char/Tar
② 방향성 물질
③ 식초산
④ NO_x

해설
열분해는 산소가 없는 환원상태에서 일어나는 화학반응이므로, NO_x는 생성되지 않는다.

55 소각로나 보일러에서 열정산 시 출열(出熱) 항목에 포함되지 않는 것은?

① 축열 손실
② 방열 손실
③ 배기 손실
④ 증기 손실

56 소각로의 연소효율을 향상시키는 대책으로 틀린 것은?

① 간헐운전 시 전열효율 향상에 의한 승온시간 연장
② 열작감량을 적게 하여 완전연소화
③ 복사전열에 의한 방열손실 감소
④ 최종 배출가스 온도 저감 도모

정답 52 ① 53 ① 54 ④ 55 ④ 56 ①

57 열분해 공정에 대한 설명으로 가장 거리가 먼 것은?

① 산소가 없는 상태에서 열에 의해 유기성 물질을 분해와 응축반응을 거쳐 기체, 액체, 고체상 물질로 분리한다.
② 가스상 주요 생성물로는 수소, 메테인, 일산화탄소 그리고 대상물질 특성에 따른 가스성분들이 있다.
③ 수분함량이 높은 폐기물의 경우에 열분해 효율 저하와 에너지 소비량 증가 문제를 일으킨다.
④ 연소 가스화 공정이 높은 흡열반응인 데 비하여 열분해 공정은 외부 열원이 필요한 발열반응이다.

해설
열분해, 가스화 공정은 흡열반응이며, 연소공정은 발열반응이다.

58 저위발열량이 9,000kcal/Sm³인 가스연료의 이론연소온도(℃)는?(단, 이론연소가스량은 10Sm³/Sm³, 기준온도는 15℃, 연료연소가스의 정압비열은 0.35 kcal/Sm³·℃로 한다)

① 1,008 ② 1,293
③ 2,015 ④ 2,586

해설
이론연소온도 = $\dfrac{\text{저위발열량}}{\text{연소가스량} \times \text{정압비열}}$ + 기준온도

$= \dfrac{9,000 \text{ kcal/Sm}^3}{10 \text{Sm}^3/\text{Sm}^3 \times 0.35 \text{kcal/Sm}^3 \cdot \text{℃}} + 15\text{℃}$

$≒ 2,586\text{℃}$

59 다음 기체를 각각 1Sm³씩 연소하는 데 필요한 이론산소량이 가장 많은 것은?(단, 동일 조건임)

① C_2H_6 ② C_3H_8
③ CO ④ H_2

해설
② $C_3H_8 + 5O_2 \rightarrow 3CO_2 + 4H_2O$
① $C_2H_6 + 3.5O_2 \rightarrow 2CO_2 + 3H_2O$
③ $CO + 0.5O_2 \rightarrow CO_2$
④ $H_2 + 0.5O_2 \rightarrow H_2O$

60 주성분이 $C_{10}H_{17}O_6N$인 슬러지 폐기물을 소각처리하고자 한다. 폐기물 5kg 소각에 이론적으로 필요한 산소의 질량(kg)은?

① 21 ② 26
③ 32 ④ 38

해설
$C_{10}H_{17}O_6N + 11.25O_2 \rightarrow 10CO_2 + 8.5H_2O + \dfrac{1}{2}N_2$

247kg ─── 11.25 × 32kg
5kg ─── x

$x = \dfrac{5 \times (11.25 \times 32)}{247} ≒ 7.29\text{kg}$

※ 저자의견 : 문제에서 이론적으로 필요한 '산소'의 질량이라고 했으므로 정답은 없다. 만약 이론적으로 필요한 '공기'의 무게 라면 약 $\dfrac{7.29}{0.23} = 31.7\text{kg}$이다.

57 ④ 58 ④ 59 ② 60 전항정답

제4과목 폐기물공정시험기준(방법)

61 자외선/가시선 분광법으로 시안을 분석할 때 간섭물질을 제거하는 방법으로 옳지 않은 것은?

① 시안화합물을 측정할 때 방해물질들은 증류하면 대부분 제거된다. 그러나 다량의 지방성분, 잔류염소, 황화합물은 시안화합물을 분석할 때 간섭할 수 있다.
② 황화합물이 함유된 시료는 아세트산아연 용액(10W/V%) 2mL를 넣어 제거한다.
③ 다량의 지방성분을 함유한 시료는 아세트산 또는 수산화나트륨 용액으로 pH 6~7로 조절한 후 노말헥산 또는 클로로폼을 넣어 추출하여 수층은 버리고 유기물층을 분리하여 사용한다.
④ 잔류염소가 함유된 시료는 잔류염소 20mg당 L-아스코빈산(10W/V%) 0.6mL 또는 이산화비소산나트륨 용액(10W/V%) 0.7mL를 넣어 제거한다.

해설
ES 06351.1 시안-자외선/가시선 분광법
다량의 지방성분을 함유한 시료는 아세트산 또는 수산화나트륨 용액으로 pH 6~7로 조절한 후 시료의 약 2%에 해당하는 부피의 노말헥산 또는 클로로폼을 넣어 추출하여 유기층은 버리고 수층을 분리하여 사용한다.

62 용출시험방법에 관한 설명으로 (   )에 옳은 내용은?

> 시료의 조제방법에 따라 조제한 시료 100g 이상을 정확히 달아 정제수에 염산을 넣어 (   )(으)로 한 용매(mL)를 시료 : 용매 = 1 : 10(W : V)의 비로 2,000mL 삼각플라스크에 넣어 혼합한다.

① pH 4 이하
② pH 4.3~5.8
③ pH 5.8~6.3
④ pH 6.3~7.2

해설
ES 06150.e 시료의 준비

63 석면(X선 회절기법) 측정을 위한 분석절차 중 시료의 균일화에 관한 내용(기준)으로 (   )에 옳은 것은?

> 정성분석용 시료의 입자크기는 (   )μm 이하의 분쇄를 한다.

① 0.1
② 1.0
③ 10
④ 100

해설
ES 06305.2 석면-X선 회절기법

64 용매추출 후 기체크로마토그래피를 이용하여 휘발성 저급염소화 탄화수소류 분석 시 가장 적합한 물질은?

① Dioxin
② Polychlorinated Biphenyls
③ Trichloroethylene
④ Polyvinylchloride

해설
ES 06602.1b 휘발성 저급염소화 탄화수소류-기체크로마토그래피
트라이클로로에틸렌 및 테트라클로로에틸렌은 휘발성 저급염소화 탄화수소류이다.

정답 61 ③ 62 ③ 63 ④ 64 ③

65 pH 표준용액 조제에 관한 설명으로 옳지 않은 것은?

① 조제한 pH 표준용액은 경질유리병 또는 폴리에틸렌병에 보관한다.
② 염기성 표준용액은 산화칼슘 흡수관을 부착하여 1개월 이내에 사용한다.
③ 현재 국내외에 상품화되어 있는 표준용액을 사용할 수 있다.
④ pH 표준용액용 정제수는 묽은 염산을 주입한 후 증류하여 사용한다.

해설
ES 06304.1 수소이온농도-유리전극법

66 용출시험방법의 용출조작에 관한 내용으로 ( )에 옳은 내용은?

> 시료 용액의 조제가 끝난 혼합액을 상온, 상압에서 진탕횟수가 매 분당 약 200회, 진폭이 4~5cm의 진탕기를 사용하여 6시간 연속 진탕한 다음 1.0μm의 유리섬유 여과지로 여과하고 여과액을 적당량 취하여 용출실험용 시료 용액으로 한다. 다만, 여과가 어려운 경우 원심분리기를 사용하여 매 분당 ( ) 원심분리한 다음 상징액을 적당량 취하여 용출실험용 시료 용액으로 한다.

① 2,000회전 이상으로 20분 이상
② 2,000회전 이상으로 30분 이상
③ 3,000회전 이상으로 20분 이상
④ 3,000회전 이상으로 30분 이상

해설
ES 06150.e 시료의 준비
시료 용액의 조제가 끝난 혼합액을 상온, 상압에서 진탕 횟수가 매 분당 약 200회, 진탕의 폭이 4~5cm인 왕복진탕기(수평인 것)를 사용하여 6시간 동안 연속 진탕한 다음 1.0μm의 유리섬유여과지로 여과하고 여과액을 적당량 취하여 용출실험용 시료 용액으로 한다. 다만, 여과가 어려운 경우에는 원심분리기를 사용하여 매 분당 3,000회전 이상으로 20분 이상 원심분리한 다음 상등액을 적당량 취하여 용출실험용 시료 용액으로 한다.
※ 기준 개정으로 내용 변경

67 다음의 실험 총칙에 관한 내용 중 틀린 것은?

① 연속측정 또는 현장측정의 목적으로 사용하는 측정기기는 공정시험기준에 의한 측정치와의 정확한 보정을 행한 후 사용할 수 있다.
② 분석용 저울은 0.1mg까지 달 수 있는 것이어야 하며 분석용 저울 및 분동은 국가검정을 필한 것을 사용하여야 한다.
③ 공정시험기준에 각 항목의 분석에 사용되는 표준물질은 특급시약으로 제조하여야 한다.
④ 시험에 사용하는 시약은 따로 규정이 없는 한 1급 이상의 시약 또는 동등한 규격의 시약을 사용하여 각 시험항목별 '시약 및 표준용액'에 따라 조제하여야 한다.

해설
ES 06000.b 총칙
공정시험기준에서 각 항목의 분석에 사용되는 표준물질은 국가표준에 소급성이 인증된 인증표준물질을 사용한다.

68 단색광이 임의의 시료용액을 통과할 때 그 빛의 80%가 흡수되었다면 흡광도는?

① 약 0.5 ② 약 0.6
③ 약 0.7 ④ 약 0.8

해설
빛의 80%가 흡수되었으므로 투과도 $t = 0.20$이다.
∴ 흡광도 $A = \log \dfrac{1}{t} = \log \dfrac{1}{0.2} \fallingdotseq 0.70$

69 구리(자외선/가시선 분광법 기준) 측정에 관한 내용으로 ( )에 옳은 내용은?

> 폐기물 중에 구리를 자외선/가시선 분광법으로 측정하는 방법으로 시료 중에 구리이온이 알칼리성에서 다이에틸다이티오카르바민산나트륨과 반응하여 생성하는 황갈색의 킬레이트 화합물을 ( )(으)로 추출하여 흡광도를 440nm에서 측정하는 방법이다.

① 아세트산뷰틸 ② 사염화탄소
③ 벤 젠 ④ 노말헥산

해설
ES 06401.3 구리-자외선/가시선 분광법

70 용출시험방법의 적용에 관한 사항으로 ( )에 옳은 것은?

> ( )에 대하여 폐기물관리법에서 규정하고 있는 지정폐기물의 판정 및 지정폐기물의 중간처리 방법 또는 매립 방법을 결정하기 위한 실험에 적용한다.

① 수거폐기물
② 고상폐기물
③ 일반폐기물
④ 고상 및 반고상폐기물

해설
ES 06150.e 시료의 준비

71 시료의 조제방법으로 옳지 않은 것은?

① 돌멩이 등의 이물질을 제거하고, 입경이 5mm 이상인 것은 분쇄하여 체로 거른 후 입경이 0.5~5mm로 한다.
② 시료의 축소방법으로는 구획법, 교호삽법, 원추4분법이 있다.
③ 원추4분법을 3회 시행하면 원래 양의 1/3이 된다.
④ 시료의 분할채취방법에 따라 시료의 조성을 균일화한다.

해설
ES 06130.d 시료의 채취

원추4분법을 3회 시행하면 원래 양의 $\left(\dfrac{1}{2}\right)^3 = \dfrac{1}{8}$ 이 된다.

72 유리전극법을 이용하여 수소이온농도를 측정할 때 적용범위 기준으로 옳은 것은?

① pH를 0.01까지 측정한다.
② pH를 0.05까지 측정한다.
③ pH를 0.1까지 측정한다.
④ pH를 0.5까지 측정한다.

해설
ES 06304.1 수소이온농도-유리전극법

73 유기인화합물 및 유기질소화합물을 선택적으로 검출할 수 있는 기체크로마토그래피 검출기는?

① TCD ② FID
③ ECD ④ FPD

해설
ES 06501.1b 유기인-기체크로마토그래피

정답 69 ① 70 ④ 71 ③ 72 ① 73 ④

74 음식물 폐기물의 수분을 측정하기 위해 실험하였더니 다음과 같은 결과를 얻었을 때 수분(%)은? (단, 건조 전 시료의 무게 = 50g, 증발접시의 무게 = 7.25g, 증발접시 및 시료의 건조 후 무게 = 15.75g)

① 87　　② 83
③ 78　　④ 74

해설
ES 06303.1a 수분 및 고형물−중량법

$$수분함량 = \frac{수분\ 무게}{폐기물\ 무게} \times 100$$
$$= \frac{(50+7.25)-15.75}{50} \times 100 = 83\%$$

75 노말헥산 추출물질을 측정하기 위해 시료 30g을 사용하여 공정시험기준에 따라 실험하였다. 실험 전후의 증발용기의 무게 차는 0.0176g이고 바탕실험 전후의 증발용기의 무게 차가 0.0011g이었다면 이를 적용하여 계산된 노말헥산 추출물질(%)은?

① 0.035　　② 0.055
③ 0.075　　④ 0.095

해설
ES 06302.1b 기름성분−중량법

$$노말헥산\ 추출물질(\%) = \frac{0.0176-0.0011}{30} \times 100 = 0.055\%$$

76 다음 중 농도가 가장 낮은 것은?

① 수산화나트륨(1→10)
② 수산화나트륨(1→20)
③ 수산화나트륨(5→100)
④ 수산화나트륨(3→100)

해설
ES 06000.b 총칙
용액의 농도를 (1→10), (1→100) 또는 (1→1,000) 등으로 표시하는 것은 고체성분에 있어서는 1g, 액체성분에 있어서는 1mL를 용매에 녹여 전체 양을 10mL, 100mL 또는 1,000mL로 하는 비율을 표시한 것이다.

77 PCBs(기체크로마토그래피−질량분석법) 분석 시 PCBs 정량한계(mg/L)는?

① 0.001　　② 0.05
③ 0.1　　④ 1.0

해설
ES 06502.2b 폴리클로리네이티드비페닐(PCBs)−기체크로마토그래피−질량분석법

78 기체크로마토그래피의 장치구성의 순서로 옳은 것은?

① 운반가스 − 유량계 − 시료도입부 − 분리관 − 검출기 − 기록부
② 운반가스 − 시료도입부 − 유량계 − 분리관 − 검출기 − 기록부
③ 운반가스 − 유량계 − 시료도입부 − 광원부 − 검출기 − 기록부
④ 운반가스 − 시료도입부 − 유량계 − 광원부 − 검출기 − 기록부

해설
기체크로마토그래피는 시료도입부(Injector), 분리관(Column), 검출기(Detector)로 구성되어 있다.

79 폐기물시료의 강열감량을 측정한 결과가 다음과 같을 때 해당 시료의 강열감량(%)은?(단, 도가니의 무게(w_1) = 51.045g, 강열 전 도가니와 시료의 무게(w_2) = 92.345g, 강열 후 도가니와 시료의 무게(w_3) = 53.125g)

① 약 93   ② 약 95
③ 약 97   ④ 약 99

해설
ES 06301.1d 강열감량 및 유기물 함량-중량법

$$강열감량(\%) = \frac{92.345 - 53.125}{92.345 - 51.045} \times 100 ≒ 95\%$$

80 자외선/가시선 분광법에서 비어-람베르트의 법칙을 올바르게 나타내는 식은?(단, I_o = 입사강도, I_t = 투과강도, l = 셀의 두께, ε = 상수, C = 농도)

① $I_t = I_o 10^{-\varepsilon Cl}$
② $I_o = I_t 10^{-\varepsilon Cl}$
③ $I_t = CI_o 10^{-\varepsilon l}$
④ $I_o = lI_t 10^{-\varepsilon C}$

제5과목 폐기물관계법규

81 과징금 부과에 대한 설명으로 ( )에 알맞은 것은?

> 폐기물을 부적정 처리함으로써 얻은 부적정 처리이익의 ( ) 이하에 해당하는 금액과 폐기물의 제거 및 원상회복에 드는 비용을 과징금으로 부과할 수 있다.

① 1.5배   ② 2배
③ 2.5배   ④ 3배

해설
폐기물관리법 제48조의5(과징금)

82 폐기물 중간처분시설에 관한 설명으로 옳지 않은 것은?

① 용융시설(동력 7.5kW 이상인 시설로 한정한다)
② 압축시설(동력 7.5kW 이상인 시설로 한정한다)
③ 파쇄·분쇄시설(동력 7.5kW 이상인 시설로 한정한다)
④ 절단시설(동력 7.5kW 이상인 시설로 한정한다)

해설
폐기물관리법 시행령 [별표 3] 폐기물 처리시설의 종류
파쇄·분쇄시설(동력 15kW 이상인 시설로 한정한다)

정답 79 ② 80 ① 81 ④ 82 ③

83 폐기물처리시설 주변지역 영향조사 기준에 관한 내용으로 (   )에 알맞은 것은?

> 미세먼지 및 다이옥신 조사지점은 해당 시설에 인접한 주거지역 중 (   ) 이상 지역의 일정한 곳으로 한다.

① 2개소 ② 3개소
③ 4개소 ④ 6개소

해설
폐기물관리법 시행규칙 [별표 13] 폐기물처리시설 주변지역 영향조사 기준

84 폐기물 처분시설 또는 재활용시설의 설치기준에서 고온소각시설의 설치기준으로 옳지 않은 것은?

① 2차 연소실의 출구온도 1,100℃ 이상이어야 한다.
② 2차 연소실은 연소가스가 2초 이상 체류할 수 있고 충분하게 혼합될 수 있는 구조이어야 한다.
③ 배출되는 바닥재의 강열감량이 3% 이하가 될 수 있는 소각 성능을 갖추어야 한다.
④ 1차 연소실에 접속된 2차 연소실을 갖춘 구조이어야 한다.

해설
폐기물관리법 시행규칙 [별표 9] 폐기물 처분시설 또는 재활용시설의 설치기준 – 고온소각시설
고온소각시설에서 배출되는 바닥재의 강열감량이 5% 이하가 될 수 있는 소각 성능을 갖추어야 한다.

85 폐기물 발생 억제 지침 준수의무 대상 배출자의 업종에 해당하지 않는 것은?

① 금속가공제품 제조업(기계 및 가구 제외)
② 연료제품 제조업(핵연료 제조 제외)
③ 자동차 및 트레일러 제조업
④ 전기장비 제조업

해설
폐기물관리법 시행령 [별표 5] 폐기물 발생 억제 지침 준수의무 대상 배출자의 업종 및 규모
※ 해당 법 개정으로 삭제(2024.8.13.)

86 국가환경종합계획의 수립 주기로 옳은 것은?

① 5년 ② 10년
③ 15년 ④ 20년

해설
환경정책기본법 제14조(국가환경종합계획의 수립 등)

87 관리형 매립시설에서 발생하는 침출수에 대한 부유물질량의 배출허용기준은?(단, 물환경보전법 시행규칙의 나지역 기준)

① 50mg/L ② 70mg/L
③ 100mg/L ④ 150mg/L

해설
폐기물관리법 시행규칙 [별표 11] 폐기물 처분시설 또는 재활용시설의 관리기준
매립시설 침출수의 생물화학적 산소요구량·화학적 산소요구량·부유물질량의 배출허용기준

구 분	생물화학적 산소요구량 (mg/L)	화학적 산소요구량 (mg/L)	부유물질량 (mg/L)
청정지역	30	200	30
가지역	50	300	50
나지역	70	400	70

정답 83 ② 84 ③ 85 ② 86 ④ 87 ②

88 의료폐기물을 제외한 지정폐기물의 수집·운반에 관한 기준 및 방법으로 적합하지 않은 것은?

① 분진·폐농약·폐석면 중 알갱이 상태의 것은 흩날리지 아니하도록 폴리에틸렌이나 이와 비슷한 재질의 포대에 담아 수집·운반하여야 한다.
② 액체상태의 지정폐기물을 수집·운반하는 경우에는 흘러나올 우려가 없는 전용의 탱크·용기·파이프 또는 이와 비슷한 설비를 사용하고, 혼합이나 유동으로 생기는 위험이 없도록 하여야 한다.
③ 지정폐기물 수집·운반차량(임시로 사용하는 운반차량을 포함)은 차체를 흰색으로 도색하여야 한다.
④ 지정폐기물의 수집·운반차량 적재함의 양쪽 옆면에는 지정폐기물 수집·운반차량, 회사명 및 전화번호를 잘 알아 볼 수 있도록 붙이거나 표기하여야 한다.

해설
폐기물관리법 시행규칙 [별표 5] 폐기물의 처리에 관한 구체적 기준 및 방법
지정폐기물 수집·운반차량의 차체는 노란색으로 색칠하여야 한다. 다만, 임시로 사용하는 운반차량인 경우에는 그러하지 아니하다.

89 폐기물처리 신고를 하고 폐기물을 재활용할 수 있는 자에 관한 기준으로 ( )에 알맞은 것은?

> 유기성 오니나 음식물류 폐기물을 이용하여 지렁이 분변토를 만드는 자 중 재활용 용량이 1일 ( ) 미만인 자

① 1ton   ② 3ton
③ 5ton   ④ 10ton

해설
폐기물관리법 시행규칙 [별표 16] 폐기물처리 신고를 하고 폐기물을 재활용할 수 있는 자

90 기술관리인을 두어야 할 폐기물처리시설이 아닌 것은?

① 시간당 처분능력이 120kg인 의료폐기물 대상 소각시설
② 면적이 4,000m^2인 지정폐기물 매립시설
③ 절단시설로서 1일 처분능력이 200ton인 시설
④ 연료화시설로서 1일 처분능력이 7ton인 시설

해설
폐기물관리법 시행령 제15조(기술관리인을 두어야 할 폐기물처리시설)
• 매립시설의 경우
 – 지정폐기물을 매립하는 시설로서 면적이 3,300m^2 이상인 시설. 다만, 최종처분시설 중 차단형 매립시설에서는 면적이 330m^2 이상이거나 매립용적이 1,000m^2 이상인 시설로 한다.
 – 지정폐기물 외의 폐기물을 매립하는 시설로서 면적이 10,000m^2 이상이거나 매립용적이 30,000m^3 이상인 시설
• 소각시설로서 시간당 처분능력이 600kg(의료폐기물을 대상으로 하는 소각시설의 경우에는 200kg) 이상인 시설
• 압축·파쇄·분쇄 또는 절단시설로서 1일 처분능력 또는 재활용능력이 100ton 이상인 시설
• 사료화·퇴비화 또는 연료화시설로서 1일 재활용능력이 5ton 이상인 시설
• 멸균분쇄시설로서 시간당 처분능력이 100kg 이상인 시설
• 시멘트 소성로
• 용해로(폐기물에서 비철금속을 추출하는 경우로 한정한다)로서 시간당 재활용능력이 600kg 이상인 시설
• 소각열회수시설로서 시간당 재활용능력이 600kg 이상인 시설

정답 88 ③ 89 ③ 90 ①

91 폐기물관리법에서 사용되는 용어의 정의로 옳지 않은 것은?

① 처분이란 폐기물의 소각·중화·파쇄·고형화 등의 중간처분과 매립하거나 해역으로 배출하는 등의 최종처분을 말한다.
② 폐기물처리시설이란 생산 공정에서 발생하는 폐기물의 양을 줄이고, 사업장 내 재활용을 통하여 폐기물을 최종처분하는 시설을 말한다.
③ 폐기물이란 쓰레기, 연소재, 오니, 폐유, 폐산, 폐알칼리 및 동물의 사체 등으로서 사람의 생활이나 사업활동에 필요하지 아니하게 된 물질을 말한다.
④ 생활폐기물이란 사업장폐기물 외의 폐기물을 말한다.

해설
폐기물관리법 제2조(정의)
- 폐기물처리시설이란 폐기물의 중간처분시설, 최종처분시설 및 재활용시설로서 대통령령으로 정하는 시설을 말한다.
- 폐기물감량화시설이란 생산 공정에서 발생하는 폐기물의 양을 줄이고, 사업장 내 재활용을 통하여 폐기물 배출을 최소화하는 시설로서 대통령령으로 정하는 시설을 말한다.

92 지정폐기물의 종류 중 유해물질함유 폐기물로 옳은 것은?(단, 환경부령으로 정하는 물질을 함유한 것으로 한정한다)

① 광재(철광 원석의 사용으로 인한 고로슬래그를 포함한다)
② 폐흡착제 및 폐흡수제(광물유·동물유의 정제에 사용된 폐토사는 제외한다)
③ 분진(소각시설에서 발생되는 것으로 한정하되, 대기오염 방지시설에 포집된 것은 제외한다)
④ 폐내화물 및 재벌구이 전에 유약을 바른 도자기 조각

해설
폐기물관리법 시행령 [별표 1] 지정폐기물의 종류
- 광재(철광 원석의 사용으로 인한 고로슬래그는 제외한다)
- 폐흡착제 및 폐흡수제[광물유·동물유 및 식물유{폐식용유(식용을 목적으로 식품 재료와 원료를 제조·조리·가공하는 과정, 식용유를 유통·사용하는 과정 또는 음식물류 폐기물을 재활용하는 과정에서 발생하는 기름을 말한다)는 제외한다}의 정제에 사용된 폐토사를 포함한다]
- 분진(대기오염 방지시설에서 포집된 것으로 한정하되, 소각시설에서 발생되는 것은 제외한다)

93 위해의료폐기물 중 손상성폐기물과 거리가 먼 것은?

① 일회용 주사기
② 수술용 칼날
③ 봉합바늘
④ 한방침

해설
폐기물관리법 시행령 [별표 2] 의료폐기물의 종류
위해의료폐기물
- 손상성폐기물 : 주삿바늘, 봉합바늘, 수술용 칼날, 한방침, 치과용 침, 파손된 유리재질의 시험기구
- 일반의료폐기물 : 혈액·체액·분비물·배설물이 함유되어 있는 탈지면, 붕대, 거즈, 일회용 기저귀, 생리대, 일회용 주사기, 수액세트

94 폐기물 처분시설 또는 재활용시설 중 의료폐기물을 대상으로 하는 시설의 기술관리인 자격기준에 해당하지 않는 자격은?

① 수질환경산업기사
② 폐기물처리산업기사
③ 임상병리사
④ 위생사

해설
폐기물관리법 시행규칙 [별표 14] 기술관리인의 자격기준
의료폐기물을 대상으로 하는 시설 : 폐기물처리산업기사, 임상병리사, 위생사 중 1명 이상

95 폐기물 관리의 기본원칙과 거리가 먼 것은?

① 폐기물은 중간처리보다는 소각 및 매립의 최종처리를 우선하여 비용과 유해성을 최소화하여야 한다.
② 폐기물로 인하여 환경오염을 일으킨 자는 오염된 환경을 복원할 책임을 지며, 오염으로 인한 피해의 구제에 드는 비용을 부담하여야 한다.
③ 국내에서 발생한 폐기물은 가능하면 국내에서 처리되어야 하고, 폐기물의 수입은 되도록 억제되어야 한다.
④ 누구든지 폐기물을 배출하는 경우에는 주변 환경이나 주민의 건강에 위해를 끼치지 아니하도록 사전에 적절한 조치를 하여야 한다.

해설
폐기물관리법 제3조의2(폐기물 관리의 기본원칙)
폐기물은 소각, 매립 등의 처분을 하기보다는 우선적으로 재활용함으로써 자원생산성의 향상에 이바지하도록 하여야 한다.

96 폐기물처리업 업종 구분과 영업 내용의 범위를 벗어나는 영업을 한 자에 대한 벌칙기준은?

① 5년 이하의 징역 또는 5천만원 이하의 벌금
② 3년 이하의 징역 또는 3천만원 이하의 벌금
③ 2년 이하의 징역 또는 2천만원 이하의 벌금
④ 1천만원 이하의 과태료

해설
폐기물관리법 제66조(벌칙)

97 주변지역 영향 조사대상 폐기물처리시설에서 폐기물처리업자 설치·운영하는 사업장 지정폐기물 매립시설의 매립면적에 대한 기준으로 옳은 것은?

① 매립면적 10,000m² 이상
② 매립면적 20,000m² 이상
③ 매립면적 30,000m² 이상
④ 매립면적 50,000m² 이상

해설
폐기물관리법 시행령 제14조(주변지역 영향 조사대상 폐기물처리시설)
- 1일 처분능력이 50ton 이상인 사업장폐기물 소각시설(같은 사업장에 여러 개의 소각시설이 있는 경우에는 각 소각시설의 1일 처분능력의 합계가 50ton 이상인 경우를 말한다)
- 매립면적 10,000m² 이상의 사업장 지정폐기물 매립시설
- 매립면적 150,000m² 이상의 사업장 일반폐기물 매립시설
- 시멘트 소성로(폐기물을 연료로 사용하는 경우로 한정한다)
- 1일 재활용능력이 50ton 이상인 사업장폐기물 소각열회수시설(같은 사업장에 여러 개의 소각열회수시설이 있는 경우에는 각 소각열회수시설의 1일 재활용능력의 합계가 50ton 이상인 경우를 말한다)

98 폐기물처리업의 허가를 받을 수 없는 자에 대한 기준으로 틀린 것은?

① 폐기물처리업의 허가가 취소된 자로서 그 허가가 취소된 날부터 10년이 지나지 아니한 자
② 파산선고를 받고 복권되지 아니한 자
③ 폐기물관리법을 위반하여 금고 이상의 형의 집행유예를 선고받고 그 집행유예 기간이 끝난 날부터 5년이 지나지 아니한 자
④ 폐기물관리법 외의 법을 위반하여 금고 이상의 형을 선고받고 그 형의 집행이 끝난 날부터 2년이 지나지 아니한 자

해설
폐기물관리법 제26조(결격 사유)

99 사업장폐기물을 배출하는 사업자가 지켜야 할 사항에 대한 설명으로 옳지 않은 것은?

① 사업장에서 발생하는 폐기물 중 유해물질의 함유량에 따라 지정폐기물로 분류될 수 있는 폐기물에 대해서는 폐기물분석전문기관에 의뢰하여 지정폐기물에 해당되는지를 미리 확인하여야 한다.
② 사업장에서 발생하는 모든 폐기물을 폐기물의 처리 기준과 방법 및 폐기물의 재활용 원칙 및 준수사항에 적합하게 처리하여야 한다.
③ 생산 공정에서는 폐기물감량화시설의 설치, 기술개발 및 재활용 등의 방법으로 사업장폐기물의 발생을 최대한으로 억제하여야 한다.
④ 사업장폐기물배출자는 발생된 폐기물을 최대한 신속하게 직접 처리하여야 한다.

해설
폐기물관리법 제17조(사업장폐기물배출자의 의무 등)

100 액체상태의 것은 고온소각하거나 고온용융처리하고, 고체상태의 것은 고온소각 또는 고온용융처리하거나 차단형 매립시설에 매립하여야 하는 것은?

① 폐농약
② 폐촉매
③ 폐주물사
④ 광 재

해설
폐기물관리법 시행규칙 [별표 5] 폐기물의 처리에 관한 구체적 기준 및 방법

정답 97 ① 98 ④ 99 ④ 100 ①

2021년 제2회 과년도 기출문제

제1과목 폐기물개론

01 폐기물관리의 우선순위를 순서대로 나열한 것은?

① 에너지회수 - 감량화 - 재이용 - 재활용 - 소각 - 매립
② 재이용 - 재활용 - 감량화 - 에너지회수 - 소각 - 매립
③ 감량화 - 재이용 - 재활용 - 에너지회수 - 소각 - 매립
④ 소각 - 감량화 - 재이용 - 재활용 - 에너지회수 - 매립

02 혐기성 소화에 대한 설명으로 틀린 것은?

① 가수분해, 산생성, 메테인생성 단계로 구분된다.
② 처리속도가 느리고 고농도 처리에 적합하다.
③ 호기성 처리에 비해 동력비 및 유지관리비가 적게 든다.
④ 유기산의 농도가 높을수록 처리효율이 좋아진다.

해설
유기산의 농도는 600mg/L 이하가 좋으며, 농도가 지나치게 높으면 pH가 낮아져서 메테인생성률이 감소한다.

03 인구 1천만명인 도시를 위한 쓰레기 위생 매립지(매립용량 100,000,000m³)를 계획하였다. 매립 후 폐기물의 밀도는 500kg/m³이고 복토량은 폐기물 : 복토 부피비율로 5 : 1이며 해당 도시 일인 일일쓰레기발생량이 2kg일 경우 매립장의 수명(년)은?

① 5.7   ② 6.8
③ 8.3   ④ 14.6

해설
연간 폐기물 발생량 = 2kg/인·일 × 10,000,000인 × 365일/년
= 7.3 × 10⁹kg/년

∴ 매립장 수명 = $\dfrac{100,000,000\text{m}^3}{(7.3 \times 10^9 \text{kg/년} \div 500\text{kg/m}^3) \times \dfrac{6}{5}}$

≒ 5.7년

여기서, 분모의 $\dfrac{6}{5}$는 복토량을 고려한 부피 증가율이다.

04 폐기물 선별과정에서 회전방식에 의해 폐기물을 크기에 따라 분리하는 데 사용되는 장치는?

① Reciprocation Screen
② Air Classifier
③ Ballistic Separator
④ Trommel Screen

정답 1 ③ 2 ④ 3 ① 4 ④

05 슬러지의 수분을 결합상태에 따라 구분한 것 중에서 탈수가 가장 어려운 것은?

① 내부수
② 간극모관결합수
③ 표면부착수
④ 간극수

06 유해폐기물 성분물질 중 As에 의한 피해 증세로 가장 거리가 먼 것은?

① 무기력증 유발
② 피부염 유발
③ Fanconi씨 증상
④ 암 및 돌연변이 유발

> **해설**
> Fanconi씨 증후군은 카드뮴 중독과 관련이 있다.

07 폐기물의 수거노선 설정 시 고려해야 할 사항으로 가장 거리가 먼 것은?

① 언덕길은 내려가면서 수거한다.
② 발생량이 적으나 수거빈도가 동일하기를 원하는 곳은 같은 날 가장 먼저 수거한다.
③ 가능한 한 지형지물 및 도로 경계와 같은 장벽을 사용하여 간선도로 부근에서 시작하고 끝나도록 배치하여야 한다.
④ 가능한 한 시계방향으로 수거노선을 정하며 U자형 회전은 피하여 수거한다.

08 폐기물 발생량의 결정 방법으로 적합하지 않은 것은?

① 발생량을 직접 추정하는 방법
② 도시의 규모가 커짐을 이용하여 추정하는 방법
③ 주민의 수입 또는 매상고와 같은 이차적인 자료를 이용하여 추정하는 방법
④ 원자재 사용으로부터 추정하는 방법

09 폐기물의 관리목적 또는 폐기물의 발생량을 줄이기 위한 노력을 3R(또는 4R)이라고 줄여 말하고 있다. 이것에 해당하지 않는 것은?

① Remediation
② Recovery
③ Reduction
④ Reuse

> **해설**
> Remediation은 오염된 토양이나 지하수를 원래 상태로 복원하는 것을 말한다.

10 폐기물처리와 관련된 설명 중 틀린 것은?

① 지역사회 효과지수(CEI)는 청소상태 평가에 사용되는 지수이다.
② 컨테이너 철도 수송은 광대한 지역에서 효율적으로 적용될 수 있는 방법이다.
③ 폐기물 수거 노동력을 비교하는 지표로서는 MHT(man/h·ton)를 주로 사용한다.
④ 직접저장투하 결합방식에서 일반 부패성 폐기물은 직접 상차 투입구로 보낸다.

해설
폐기물 수거 노동력을 비교하는 지표는
MHT(Man-Hour/Ton) = $\frac{수거인원(man) \times 수거시간(hour)}{수거량(ton)}$
이다.

11 폐기물 발생량 예측방법 중 하나의 수식으로 쓰레기 발생량에 영향을 주는 각 인자들의 효과를 총괄적으로 나타내어 복잡한 시스템의 분석에 유용하게 사용할 수 있는 것은?

① 상관계수분석모델
② 다중회귀모델
③ 동적모사모델
④ 경향법모델

12 폐기물 차량 총중량이 24,725kg, 공차량 중량이 13,725kg이며, 적재함의 크기 L : 400cm, W : 250cm, H : 170cm일 때 차량 적재계수(ton/m³)는?

① 0.757
② 0.708
③ 0.687
④ 0.647

해설
$\frac{(24,725-13,725)\text{kg}}{4\text{m} \times 2.5\text{m} \times 1.7\text{m}} \times \frac{\text{ton}}{1,000\text{kg}} \fallingdotseq 0.647 \text{ton/m}^3$

13 적환장에 대한 설명으로 틀린 것은?

① 직접투하 방식은 건설비 및 운영비가 다른 방법에 비해 모두 적다.
② 저장투하 방식은 수거차의 대기시간이 직접투하 방식보다 길다.
③ 직접저장투하 결합방식은 재활용품의 회수율을 증대시킬 수 있는 방법이다.
④ 적환장의 위치는 해당지역의 발생 폐기물의 무게 중심에 가까운 곳이 유리하다.

해설
저장투하 방식은 직접투하 방식에 비해 수거차의 대기시간이 없어 빠른 시간 내에 적하를 마칠 수 있다.

14 쓰레기의 성상분석 절차로 가장 옳은 것은?

① 시료 → 전처리 → 물리적 조성 분류 → 밀도 측정 → 건조 → 분류
② 시료 → 전처리 → 건조 → 분류 → 물리적 조성 분류 → 밀도 측정
③ 시료 → 밀도 측정 → 건조 → 분류 → 전처리 → 물리적 조성 분류
④ 시료 → 밀도 측정 → 물리적 조성 분류 → 건조 → 분류 → 전처리

정답 10 ③ 11 ② 12 ④ 13 ② 14 ④

15 다음의 폐기물 파쇄에너지 산정 공식을 흔히 무슨 법칙이라 하는가?

$$E = C\ln(L_1/L_2)$$
여기서, E : 폐기물 파쇄 에너지
C : 상수
L_1 : 초기 폐기물 크기
L_2 : 최종 폐기물 크기

① 리팅거(Rittinger) 법칙
② 본드(Bond) 법칙
③ 킥(Kick) 법칙
④ 로신(Rosin) 법칙

16 고형분 20%인 폐기물 10ton을 소각하기 위해 함수율이 15%가 되도록 건조시켰다. 이 건조폐기물의 중량(ton)은?(단, 비중은 1.0 기준)

① 약 1.8 ② 약 2.4
③ 약 3.3 ④ 약 4.3

해설
고형분이 20%이므로 초기 수분함량은 80%이다.
$w_1 = 80$, $w_2 = 15$, $V_1 = 10\text{ton}$
$$\frac{V_2}{V_1} = \frac{100 - w_1}{100 - w_2}$$
$$\frac{V_2}{10} = \frac{100 - 80}{100 - 15} = \frac{20}{85}$$
$\therefore V_2 = 10 \times \frac{20}{85} \fallingdotseq 2.35\text{ton}$

17 퇴비화 과정의 초기단계에서 나타나는 미생물은?

① *Bacillus* sp.
② *Streptomyces* sp.
③ *Aspergillus fumigatus*
④ *Fungi*

18 다음 중 지정폐기물에 해당하는 폐산 용액은?

① pH가 2.0 이상인 것
② pH가 12.5 이상인 것
③ 염산농도가 0.001M 이상인 것
④ 황산농도가 0.005M 이상인 것

해설
폐산은 액체상태의 폐기물로서 pH가 2 이하인 것으로 한정한다 (폐기물관리법 시행령 [별표 1]).
④ 황산 0.005M = 0.01N이므로 pH = 2이다.
  ※ 황산(H_2SO_4)은 물에 해리되면 수소이온을 2개 낸다.
③ 염산 0.001M = 10^{-3}N이므로 pH = 3이다.

19 분뇨처리 결과를 나타낸 그래프의 ( )에 들어갈 말로 가장 알맞은 것은?(단, S_e : 유출수의 휘발성 고형물질 농도(mg/L), S_o : 유입수의 휘발성 고형물질 농도(mg/L), SRT : 고형물질의 체류시간)

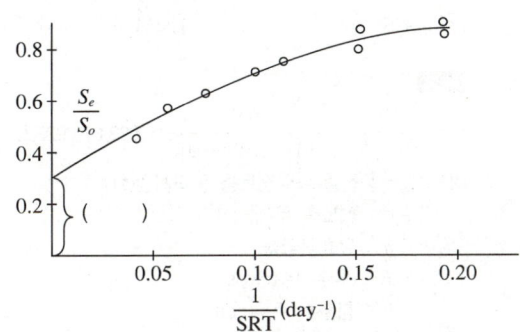

① 생물학적 분해 가능한 유기물질 분율
② 생물학적 분해 불가능한 휘발성 고형물질 분율
③ 생물학적 분해 가능한 무기물질 분율
④ 생물학적 분해 불가능한 유기물질 분율

[해설]
x축이 SRT의 역수이므로, x값이 0이면 SRT는 ∞이다. 이는 생물학적으로 분해 불가능한 휘발성 고형물질을 의미한다.

20 열분해에 영향을 미치는 운전인자가 아닌 것은?
① 운전 온도
② 가열 속도
③ 폐기물의 성질
④ 입자의 입경

제2과목 폐기물처리기술

21 매립 시 폐기물 분해과정을 시간순으로 옳게 나열한 것은?
① 호기성 분해 → 혐기성 분해 → 산성물질 생성 → 메테인 생성
② 혐기성 분해 → 호기성 분해 → 메테인 생성 → 유기산 형성
③ 호기성 분해 → 유기산 생성 → 혐기성 분해 → 메테인 생성
④ 혐기성 분해 → 호기성 분해 → 산성물질 생성 → 메테인 생성

22 활성탄흡착법으로 처리하기 가장 어려울 것으로 예상되는 것은?
① 농 약
② 알코올
③ 유기할로겐화합물(HOCs)
④ 다핵방향족탄화수소(PAHs)

[해설]
활성탄은 무극성(Nonpolar)인 물질을 잘 흡착한다. 알코올은 극성(Polar) 물질이므로 활성탄흡착법으로 처리하기 어렵다.

정답 19 ② 20 ④ 21 ① 22 ②

23 매립을 위해 쓰레기를 압축시킨 결과 용적감소율이 60%였다면 압축비는?

① 2.5 ② 5
③ 7.5 ④ 10

해설

- 압축비(CR ; Compaction Ratio) = $\dfrac{\text{압축 전 부피}(V_i)}{\text{압축 후 부피}(V_f)}$

- 부피(용적)감소율(VR ; Volume Reduction)

$= \dfrac{\text{감소된 부피}(V_i - V_f)}{\text{압축 전 부피}(V_i)} \times 100$

$VR = \left(1 - \dfrac{V_f}{V_i}\right) \times 100 = \left(1 - \dfrac{1}{CR}\right) \times 100 = 60$

$\dfrac{1}{CR} = 0.4$

$\therefore CR = \dfrac{1}{0.4} = 2.5$

24 혐기소화과정의 가수분해 단계에서 생성되는 물질과 가장 거리가 먼 것은?

① 아미노산
② 단당류
③ 글리세린
④ 알데하이드

해설
알데하이드는 산생성 단계에서 발생한다.

25 수위 40cm인 침출수가 투수계수 10^{-7}cm/s, 두께 90cm인 점토층을 통과하는 데 소요되는 시간(년)은?

① 11.7 ② 19.8
③ 28.5 ④ 64.4

해설

$t = \dfrac{d^2 n}{K(d+h)} = \dfrac{90^2}{10^{-7} \times (90+40)} ≒ 623{,}076{,}923초 = 19.8년$

여기서, t : 침출수의 점토층 통과시간(s)
d : 점토층 두께(cm)
n : 유효공극률
K : 투수계수(cm/s)
h : 침출수 수두(cm)

※ 저자의견 : 이 문제에서는 공극률에 대한 언급이 없으므로 $t = \dfrac{d^2}{K(d+h)}$ 로 계산한다. 이는 공극률이 1이라는 의미가 아니라, 점토층 통과시간 계산 시 공극률을 계산할 필요가 없다는 것이다. 출제자에 따라 점토층의 공극률을 계산식의 분자에 포함시키기도 하고, 포함시키지 않는 경우도 있으므로 두 가지 경우를 모두 기억하는 것이 좋다. 투수계수 K값 측정 시 이미 공극률 개념이 포함되어 있기 때문에 저자는 공극률을 포함시키지 않는 것이 옳다고 생각한다.

26 폐기물 매립지에서 사용하는 인공복토재의 특징이 아닌 것은?

① 독성이 없어야 한다.
② 가격이 저렴해야 한다.
③ 투수계수가 높아야 한다.
④ 악취발생량을 저감시킬 수 있어야 한다.

해설
투수계수가 적당히 낮아야 한다. 단, 투수계수가 점토처럼 너무 낮으면 복토층 사이에 있는 폐기물층으로 수분전달이 안 되어 생물학적 분해가 어려워지므로 바람직하지 않다.

27 생활폐기물인 음식물쓰레기의 처리방법으로 가장 거리가 먼 것은?

① 감량 및 소멸화
② 사료화
③ 호기성 퇴비화
④ 고형화

28 퇴비화 대상 유기물질의 화학식이 $C_{99}H_{148}O_{59}N$이라고 하면, 이 유기물질의 C/N비는?

① 64.9
② 84.9
③ 104.9
④ 124.9

해설
$\dfrac{C}{N} = \dfrac{12 \times 99}{14} ≒ 84.9$

29 유해폐기물 처리기술 중 용매추출에 대한 설명 중 가장 거리가 먼 것은?

① 액상 폐기물에서 제거하고자 하는 성분을 용매 쪽으로 흡수시키는 방법이다.
② 용매추출에 사용되는 용매는 점도가 높아야 하며 극성이 있어야 한다.
③ 용매추출의 경제성을 좌우하는 가장 큰 인자는 추출을 위해 요구되는 용매의 양이다.
④ 미생물에 의해 분해가 힘든 물질 및 활성탄을 이용하기에 농도가 너무 높은 물질 등에 적용 가능성이 크다.

해설
용매추출에 사용되는 용매는 점도가 낮아야 하며 무극성이어야 한다.

30 중유연소 시 발생한 황산화물을 탈황시키는 방법이 아닌 것은?

① 미생물에 의한 탈황
② 방사선에 의한 탈황
③ 질산염 흡수에 의한 탈황
④ 금속산화물 흡착에 의한 탈황

31 부식질(Humus)의 특징으로 틀린 것은?

① 짙은 갈색이다.
② 뛰어난 토양 개량제이다.
③ C/N비가 30~50 정도로 높다.
④ 물 보유력과 양이온 교환능력이 좋다.

해설
부식질의 C/N비는 10~20 정도로 낮다.

정답 27 ④ 28 ② 29 ② 30 ③ 31 ③

32 분뇨의 슬러지 건량은 3m³이며 함수율이 95%이다. 함수율을 80%까지 농축하면 농축조에서 분리액의 부피(m³)는?(단, 비중은 1.0이다)

① 40   ② 45
③ 50   ④ 55

해설
슬러지 건량이 3m³이고, 함수율이 95%(= 고형물 5%)이므로 습량 V_1은 5 : 100 = 3 : V_1에서 $V_1 = \dfrac{3 \times 100}{5} = 60\,m^3$이다.

$\dfrac{V_2}{V_1} = \dfrac{100 - w_1}{100 - w_2}$, $V_2 = 60 \times \dfrac{100 - 95}{100 - 80} = 60 \times \dfrac{5}{20} = 15\,m^3$

∴ 분리액 부피 = 60 − 15 = 45 m³

33 0차 반응에 대한 설명 중 옳은 것은?

① 초기농도가 높으면 반감기가 짧다.
② 반응시간이 경과함에 따라 분해반응속도가 빨라진다.
③ 초기농도의 높고 낮음에 관계없이 반감기가 일정하다.
④ 반응시간이 경과해도 분해반응속도는 변하지 않고 일정하다.

해설
0차 반응
- $\dfrac{dC}{dt} = C^0 = 1$
- 농도 $C = C_o - kt$와 같이 분해속도가 시간에 관계없이 일정하다.

34 우리나라의 매립지에서 침출수 생성에 가장 큰 영향을 주는 인자는?

① 쓰레기 분해과정에서 발생하는 발생수
② 매립쓰레기 자체 수분
③ 표토를 침투하는 강수
④ 지하수 유입

35 토양오염처리공법 중 토양증기추출법의 특징이 아닌 것은?

① 통기성이 좋은 토양을 정화하기 좋은 기술이다.
② 오염지역의 대수층이 깊을 경우 사용이 어렵다.
③ 총처리시간 예측이 용이하다.
④ 휘발성, 준휘발성 물질을 제거하는 데 탁월하다.

해설
총처리시간 예측이 어렵다. 토양공기를 추출해도 시간이 지남에 따라 토양입자에 흡착되었던 오염물질이 토양공극 내로 이동하게 되면 오염복원 기준을 달성하지 못할 수 있다.

36 함수율 95% 분뇨의 유기탄소량이 TS의 35%, 총질소량은 TS의 10%이고 이와 혼합할 함수율 20%인 볏짚의 유기탄소량이 TS의 80%이고 총질소량이 TS의 4%라면, 분뇨와 볏짚을 무게비 2 : 1로 혼합했을 때 C/N비는?(단, 비중은 1.0, 기타 사항은 고려하지 않는다)

① 16   ② 18
③ 20   ④ 22

해설
- 분뇨의 고형분 함량 = 5%
  - 분뇨 중의 C = 5 × 0.35 = 1.75%
  - 분뇨 중의 N = 5 × 0.1 = 0.5%
- 볏짚의 고형분 함량 = 80%
  - 볏짚 중의 C = 80 × 0.8 = 64%
  - 볏짚 중의 N = 80 × 0.04 = 3.2%

분뇨와 볏짚을 2 : 1 비율로 혼합하면

∴ C/N비 = $\dfrac{1.75 \times 2 + 64 \times 1}{0.5 \times 2 + 3.2 \times 1} ≒ 16.1$

37 토양 속 오염물을 직접 분해하지 않고 보다 처리하기 쉬운 형태로 전환하는 기법으로 토양의 형태나 입경의 영향을 적게 받고 탄화수소계 물질로 인한 오염토양 복원에 효과적인 기술은?

① 용매추출법
② 열탈착법
③ 토양증기추출법
④ 탈할로겐화법

38 침출수 집배수관의 종류 중 유공흄관에 관한 설명으로 옳은 것은?

① 관의 변형이 우려되는 곳에 적당하다.
② 지반의 침하에 어느 정도 적응할 수 있다.
③ 경량으로 가공이 비교적 용이하고 시공성이 좋다.
④ 소규모 처분장의 집수관으로 사용하는 경우가 많다.

해설
흄관이란 원심력을 이용해서 콘크리트를 균일하게 살포하여 만든 철근콘크리트제의 관이다.

39 사용 종료된 폐기물 매립지에 대한 안정화 평가 기준항목으로 가장 거리가 먼 것은?

① 침출수의 수질이 2년 연속 배출허용기준에 적합하고 BOD/COD_{cr}이 0.1 이하일 것
② 매립폐기물 토사성분 중의 가연물 함량이 5% 미만이거나 C/N비가 10 이하일 것
③ 매립가스 중 CH_4 농도가 5~15% 이내에 들 것
④ 매립지 내부온도가 주변 지중온도와 유사할 것

해설
매립가스 관측정에서 측정한 매립가스 중 CH_4 농도가 5% 이하일 것

40 시멘트 고형화 방법 중 연소가스 탈황 시 발생된 슬러지 처리에 주로 적용되는 것은?

① 시멘트기초법
② 석회기초법
③ 포졸란첨가법
④ 자가시멘트법

제3과목 폐기물소각 및 열회수

41 연소 배출 가스량이 5,400Sm³/h인 소각시설의 굴뚝에서 정압을 측정하였더니 20mmH₂O였다. 여유율 20%인 송풍기를 사용할 경우 필요한 소요동력(kW)은?(단, 송풍기 정압효율 80%, 전동기 효율 70%)

① 약 0.18
② 약 0.32
③ 약 0.63
④ 약 0.87

해설

소요동력 $= \dfrac{Q \times \Delta P}{102} \times \dfrac{1}{\eta_1 \times \eta_2} \times$ 여유율

$= \dfrac{5,400/3,600 \times 20}{102} \times \dfrac{1}{0.8 \times 0.7} \times 1.2 ≒ 0.63\text{kW}$

여기서, Q : 송풍량(m³/s)
ΔP : 송풍기 압력손실(mmH₂O)
※ 102kgf · m/s = 1kW

42 유동층 소각로의 장단점으로 틀린 것은?

① 가스의 온도가 높고 과잉공기량이 많다.
② 투입이나 유동화를 위해 파쇄가 필요하다.
③ 유동매체의 손실로 인한 보충이 필요하다.
④ 기계적 구동 부분이 적어 고장률이 낮다.

해설

가스의 온도가 낮고 과잉공기량이 적다.

43 다음 중 연소실의 운전척도가 아닌 것은?

① 공기연료비
② 체류시간
③ 혼합 정도
④ 연소온도

해설

체류시간은 연소실 체적에 의해 결정되므로, 운전척도가 아니라 시설설계 시 결정되는 인자이다.

44 1차 반응에서 1,000초 동안 반응물의 1/2이 분해되었다면 반응물이 1/10 남을 때까지 소요되는 시간(s)은?

① 3,923
② 3,623
③ 3,323
④ 3,023

해설

1차 분해반응에서 반감기는 $t_{1/2} = \dfrac{\ln 2}{k}$ 이므로

$k = \dfrac{\ln 2}{t_{1/2}} = \dfrac{\ln 2}{1,000} ≒ 0.000693$ 이다.

$C = C_o e^{-kt}$ 에서 $0.1 = e^{-0.000693 \times t}$ 이며

$e^x \leftrightarrow \ln x$는 서로 역함수의 관계이므로, 우변의 exp 함수를 없애주기 위해서 양변에 ln을 취한다.

∴ $t = \dfrac{\ln 0.1}{-0.000693} ≒ 3,323$초

45 폐기물 소각에 따른 문제점은 지구온난화 가스의 형성이다. 다음 배가스 성분 중 온실가스는?

① CO_2
② NO_x
③ SO_2
④ HCl

41 ③ 42 ① 43 ② 44 ③ 45 ①

46 30ton/day의 폐기물을 소각한 후 남은 재는 전체 질량의 20%이다. 남은 재의 용적이 10.3m³일 때 재의 밀도(ton/m³)는?

① 0.32
② 0.58
③ 1.45
④ 2.30

해설

$\dfrac{30\,\text{ton} \times 0.2}{10.3\,\text{m}^3} \fallingdotseq 0.58\,\text{ton/m}^3$

47 폐기물의 소각을 위해 원소분석을 한 결과, 가연성 폐기물 1kg당 C 50%, H 10%, O 16%, S 3%, 수분 10%, 나머지는 재로 구성된 것으로 나타났다. 이 폐기물을 공기비 1.1로 연소시킬 경우 발생하는 습윤연소가스량(Sm³/kg)은?

① 약 6.3
② 약 6.8
③ 약 7.7
④ 약 8.2

해설

습윤연소가스량(Sm³) = $(m - 0.21)A_o + \left(x + \dfrac{y}{2}\right)$ + 수분

여기서, x : 탄화수소(C_xH_y)에서 C의 계수
　　　　y : H의 계수

- $A_o = \dfrac{1}{0.21}\left\{\dfrac{22.4}{12}C + \dfrac{11.2}{2}\left(H - \dfrac{O}{8}\right) + \dfrac{22.4}{32}S\right\}$

　　$= \dfrac{1}{0.21}\left\{\dfrac{22.4}{12} \times 0.5 + \dfrac{11.2}{2}\left(0.1 - \dfrac{0.16}{8}\right) + \dfrac{22.4}{32} \times 0.03\right\}$

　　$\fallingdotseq 6.68\,\text{Sm}^3$

- 수분 $H_2O(l) \rightarrow H_2O(g)$
　　　　18kg　　22.4Sm³

　$= \dfrac{22.4}{18} \times 0.1 \fallingdotseq 0.124\,\text{Sm}^3$

∴ $G = (1.1 - 0.21) \times 6.68 + \left(\dfrac{22.4 \times 0.5}{12} + \dfrac{22.4 \times 0.1}{2}\right) + 0.124$

　　$\fallingdotseq 8.12\,\text{Sm}^3$

48 쓰레기의 저위발열량이 4,500kcal/kg인 쓰레기를 연소할 때 불완전연소에 의한 손실이 10%, 연소 중의 미연손실이 5%일 때 연소효율(%)은?

① 80
② 85
③ 90
④ 95

해설

$(1 - 0.1) \times (1 - 0.05) \times 100 = 85.5\%$

49 로터리 킬른식(Rotary Kiln) 소각로의 특징에 대한 설명으로 틀린 것은?

① 습식가스 세정시스템과 함께 사용할 수 있다.
② 넓은 범위의 액상 및 고상 폐기물을 소각할 수 있다.
③ 용융상태의 물질에 의하여 방해받지 않는다.
④ 예열, 혼합, 파쇄 등 전처리 후 주입한다.

해설

예열, 혼합, 파쇄 등 전처리 없이 주입 가능하다.

50 폐기물소각 시 발생되는 질소산화물 저감 및 처리방법이 아닌 것은?

① 알칼리 흡수법
② 산화 흡수법
③ 접촉 환원법
④ 다이메틸아닐린법

51 폐기물의 연소 시 연소기의 부식원인이 되는 물질이 아닌 것은?

① 염소화합물 ② PVC
③ 황화합물 ④ 분 진

해설
폐기물 중에 S, Cl 성분이 있으면 산성가스를 생성한다.

52 연소에 있어서 검댕이의 생성에 대한 설명으로 가장 거리가 먼 것은?

① A중유 < B중유 < C중유 순으로 검댕이가 발생한다.
② 공기비가 매우 적을 때 다량 발생한다.
③ 중합, 탈수소축합 등의 반응을 일으키는 탄화수소가 적을수록 검댕이는 많이 발생한다.
④ 전열면 등으로 발열속도보다 방열속도가 빨라서 화염의 온도가 저하될 때 많이 발생한다.

해설
중합 등의 반응을 일으키는 탄화수소가 많을수록 검댕이는 많이 발생한다.

53 폐기물을 열분해시킬 경우의 장점에 해당되지 않는 것은?

① 분해가스, 분해유 등 연료를 얻을 수 있다.
② 소각에 비해 저장이 가능한 에너지를 회수할 수 있다.
③ 소각에 비해 빠른 속도로 폐기물을 처리할 수 있다.
④ 신규 석탄이나 석유의 사용량을 줄일 수 있다.

해설
반응속도는 산화반응인 소각이 더 빠르다.

54 액체주입형 연소기에 관한 설명으로 가장 거리가 먼 것은?

① 구동장치가 없어서 고장이 적다.
② 하방점화 방식의 경우에는 염이나 입상물질을 포함한 폐기물의 소각도 가능하다.
③ 연소기의 가장 일반적인 형식은 수평점화식이다.
④ 버너노즐 없이 액체 미립화가 용이하며, 대량 처리에 주로 사용된다.

해설
버너노즐을 통해 액체를 미립화하여야 하며, 대량 처리가 불가능하다.

55 다단로 방식 소각로에 대한 설명으로 옳지 않은 것은?

① 신속한 온도반응으로 보조연료사용 조절이 용이하다.
② 다량의 수분이 증발되므로 수분함량이 높은 폐기물의 연소가 가능하다.
③ 물리, 화학적으로 성분이 다른 각종 폐기물을 처리할 수 있다.
④ 체류시간이 길어 휘발성이 적은 폐기물 연소에 유리하다.

해설
느린 온도반응 때문에 보조연료사용을 조절하기가 어렵다.

56 폐기물의 건조과정에서 함수율과 표면온도의 변화에 대한 설명으로 잘못된 것은?

① 폐기물의 건조방식은 쓰레기의 허용온도, 형태, 물리적 및 화학적 성질 등에 의해 결정된다.
② 수분을 함유한 폐기물의 건조과정은 예열건조기간 → 항율건조기간 → 감율건조기간의 순으로 건조가 이루어진다.
③ 항율건조기간에는 건조시간에 비례하여 수분감량과 함께 건조속도가 빨라진다.
④ 감율건조기간에는 고형물의 표면온도 상승 및 유입되는 열량감소로 건조속도가 느려진다.

해설
항율건조기간에는 슬러지의 표면증발량과 수분의 내부확산량이 동일하여 슬러지 함수율이 직선적으로 감소한다.

57 하수처리장에서 발생하는 하수 Sludge류를 효과적으로 처리하기 위한 건조방법 중에서 직접열 또는 열풍건조라고 불리는 전열방식은?

① 전도 전열방식
② 대류 전열방식
③ 방사 전열방식
④ 마이크로파 전열방식

58 폐기물의 원소조성이 C 80%, H 10%, O 10%일 때 이론공기량(kg/kg)은?

① 8.3
② 10.3
③ 12.3
④ 14.3

해설
$$A_o = \frac{1}{0.23}\left\{\frac{32}{12}C + \frac{16}{2}\left(H - \frac{O}{8}\right)\right\}$$
$$= \frac{1}{0.23}\left\{\frac{32}{12}\times 0.8 + \frac{16}{2}\left(0.1 - \frac{0.1}{8}\right)\right\} \fallingdotseq 12.3\,kg/kg$$

59 스토커식 도시폐기물 소각로에서 유기물을 완전연소시키기 위한 3T 조건으로 옳지 않은 것은?

① 혼합
② 체류시간
③ 온도
④ 압력

해설
3T : Time(체류시간), Temperature(온도), Turbulence(혼합)

60 CH_4 75%, CO_2 5%, N_2 8%, O_2 12%로 조성된 기체연료 $1Sm^3$을 $10Sm^3$의 공기로 연소할 때 공기비는?

① 1.22
② 1.32
③ 1.42
④ 1.52

해설
$CH_4 + 2O_2 \rightarrow CO_2 + 2H_2O$
$0.75m^3$ $1.5m^3$
연료 중에 $0.12m^3$의 산소가 있으므로
필요한 이론공기량 $= \frac{1}{0.21}(1.5 - 0.12) \fallingdotseq 6.57\,m^3$이다.
$A = mA_o$에서 $10 = m \times 6.57$이므로
∴ $m \fallingdotseq 1.52$

정답 56 ③ 57 ② 58 ③ 59 ④ 60 ④

제4과목 폐기물공정시험기준(방법)

61 30% 수산화나트륨(NaOH)은 몇 몰(M)인가?(단, NaOH의 분자량 40)

① 4.5　② 5.5
③ 6.5　④ 7.5

해설

$$\frac{30g}{100mL} \times \frac{1,000mL}{L} \times \frac{mol}{40g} = 7.5M$$

62 0.08N-HCl 70mL와 0.04N-NaOH 수용액 130mL를 혼합했을 때 pH는?(단, 완전해리된다고 가정)

① 2.7　② 3.6
③ 5.6　④ 11.3

해설

[H$^+$] = 0.0056mol, [OH$^-$] = 0.0052mol
두 용액을 합치면 [H$^+$] = 0.0056 − 0.0052 = 0.0004mol이 남는다.

$$\therefore pH = -\log\frac{0.0004}{0.07+0.13} \fallingdotseq 2.7$$

63 이온전극법에 관한 설명으로 ( )에 옳은 내용은?

> 이온전극은 [이온전극 | 측정용액 | 비교전극]의 측정계에서 측정대상 이온에 감응하여 ( )에 따라 이온활동도에 비례하는 전위차를 나타낸다.

① 네른스트식
② 램버트식
③ 페러데이식
④ 플래밍식

64 투사광의 강도가 10%일 때 흡광도(A_{10})와 20%일 때 흡광도(A_{20})를 비교한 설명으로 옳은 것은?

① A_{10}는 A_{20}보다 흡광도가 약 1.4배가 높다.
② A_{20}는 A_{10}보다 흡광도가 약 1.4배가 높다.
③ A_{10}는 A_{20}보다 흡광도가 약 2.0배가 높다.
④ A_{20}는 A_{10}보다 흡광도가 약 2.0배가 높다.

해설

- 투사광 10%일 때 : $A_{10} = \log\frac{1}{t} = \log\frac{1}{0.1} = 1$
- 투사광 20%일 때 : $A_{20} = \log\frac{1}{t} \fallingdotseq \log\frac{1}{0.2} = 0.699$

$$\therefore A_{10}/A_{20} = \frac{1}{0.699} \fallingdotseq 1.43$$

정답　61 ④　62 ①　63 ①　64 ①

65 수은을 원자흡수분광광도법으로 측정할 때 시료 중 수은을 금속수은으로 환원시키기 위해 넣는 시약은?

① 아연분말
② 황산나트륨
③ 시안화칼륨
④ 이염화주석

해설
ES 06404.1a 수은-환원기화-원자흡수분광광도법
이 시험기준은 폐기물 중에 수은의 측정방법으로, 시료 중 수은을 이염화주석을 넣어 금속수은으로 환원시킨 다음 이 용액에 통기하여 발생하는 수은증기를 253.7nm의 파장에서 원자흡수분광광도법에 따라 정량하는 방법이다.

66 비소(자외선/가시선 분광법) 분석 시 발생되는 비화수소를 다이에틸다이티오카르바민산은의 피리딘용액에 흡수시키면 나타나는 색은?

① 적자색
② 청색
③ 황갈색
④ 황색

해설
ES 06403.3 비소-자외선/가시선 분광법
이 시험기준은 폐기물 중에 비소를 자외선/가시선 분광법으로 측정하는 방법으로 시료 중의 비소를 3가비소로 환원시킨 다음 아연을 넣어 발생되는 비화수소를 다이에틸다이티오카르바민산은의 피리딘용액에 흡수시켜 이때 나타나는 적자색의 흡광도를 530nm에서 측정하는 방법이다.

67 비소를 자외선/가시선 분광법으로 측정할 때에 대한 내용으로 틀린 것은?

① 정량한계는 0.002mg이다.
② 적자색의 흡광도를 530nm에서 측정한다.
③ 정량범위는 0.002~0.01mg이다.
④ 시료 중의 비소에 아연을 넣어 3가비소로 환원시킨다.

해설
ES 06403.3 비소-자외선/가시선 분광법
시료 중의 비소에 이염화주석을 넣어 3가비소로 환원시킨다.

68 다량의 점토질 또는 규산염을 함유한 시료에 적용되는 시료의 전처리 방법으로 가장 옳은 것은?

① 질산-과염소산-불화수소산분해법
② 질산-염산분해법
③ 질산-과염소산분해법
④ 질산-황산분해법

해설
ES 06150.e 시료의 준비

종류	특징
질산분해법	유기물 함량이 낮은 시료에 적용 - 약 0.7M
질산-염산분해법	유기물 함량이 비교적 높지 않고 금속의 수산화물, 산화물, 인산염 및 황화물을 함유하고 있는 시료에 적용 - 약 0.5M
질산-황산분해법	• 유기물 등을 많이 함유하고 있는 대부분의 시료에 적용 - 약 1.5~3.0N • 칼슘, 바륨, 납 등을 다량 함유한 시료는 난용성의 황산염을 생성하여 다른 금속성분을 흡착하므로 주의
질산-과염소산분해법	• 유기물을 높은 비율로 함유하고 있으면서 산화분해가 어려운 시료들에 적용 - 약 0.8M • 과염소산을 넣을 경우 진한 질산이 공존하지 않으면 폭발할 위험이 있으므로 반드시 진한 질산을 먼저 넣어주어야 함
질산-과염소산-불화수소산분해법	점토질 또는 규산염이 높은 비율로 함유된 시료에 적용 - 약 0.8M

정답 65 ④ 66 ① 67 ④ 68 ①

69 총칙의 용어 설명으로 옳지 않은 것은?

① 액상폐기물이라 함은 고형물의 함량이 5% 미만인 것을 말한다.
② 방울수라 함은 20℃에서 정제수 20방울을 적하할 때, 그 부피가 약 0.1mL 되는 것을 뜻한다.
③ 시험조작 중 즉시란 30초 이내에 표시된 조작을 하는 것을 뜻한다.
④ 고상폐기물이라 함은 고형물의 함량이 15% 이상인 것을 말한다.

해설
ES 06000.b 총칙
방울수 : 20℃에서 정제수 20방울을 적하할 때, 그 부피가 약 1mL 되는 것

70 유기인의 분석에 관한 내용으로 틀린 것은?

① 기체크로마토그래피를 사용할 경우 질소인 검출기 또는 불꽃광도 검출기를 사용한다.
② 기체크로마토그래피는 유기인 화합물 중 이피엔, 파라티온, 메틸디메톤, 다이아지논 및 펜토에이트 분석에 적용한다.
③ 시료채취는 유리병을 사용하며 채취 전 시료로 3회 이상 세척하여야 한다.
④ 시료는 시료채취 후 추출하기 전까지 4℃ 냉암소에 보관하고 7일 이내에 추출하고 40일 이내에 분석한다.

해설
ES 06501.1b 유기인-기체크로마토그래피
시료채취는 유리병을 사용하며 채취 전에 시료로서 세척하지 말아야 한다.

71 ICP 원자발광분광기의 구성에 속하지 않는 것은?

① 고주파전원부
② 시료원자화부
③ 광원부
④ 분광부

해설
ES 06400.2 금속류-유도결합플라스마-원자발광분광법
유도결합플라스마-원자발광분광기는 시료도입부, 고주파전원부, 광원부, 분광부, 연산처리부 및 기록부로 구성되어 있다.

72 용출시험 대상의 시료용액 조제에 있어서 사용하는 용매의 pH 범위는?

① 4.8~5.3
② 5.8~6.3
③ 6.8~7.3
④ 7.8~8.3

해설
ES 06150.e 시료의 준비

69 ② 70 ③ 71 ② 72 ②

73 정량한계에 대한 설명으로 ( )에 옳은 것은?

> 정량한계(LOQ)란 시험분석 대상을 정량화할 수 있는 측정값으로서, 제시된 정량한계 부근의 농도를 포함하도록 시료를 준비하고 이를 반복 측정하여 얻은 결과의 표준편차에 ( )배한 값을 사용한다.

① 2
② 5
③ 10
④ 20

해설
ES 06001 정도보증/정도관리

74 다음 ( )에 들어갈 적절한 내용은?

> 기체크로마토그래피 분석에서 머무름시간을 측정할 때는 (㉠)회 측정하여 그 평균치를 구한다. 일반적으로 (㉡)분 정도에서 측정하는 피크의 머무름시간은 반복시험을 할 때 (㉢)% 오차범위 이내이어야 한다.

① ㉠ 3 ㉡ 5~30 ㉢ ±3
② ㉠ 5 ㉡ 5~30 ㉢ ±5
③ ㉠ 3 ㉡ 5~15 ㉢ ±3
④ ㉠ 5 ㉡ 5~15 ㉢ ±5

해설
※ 출처 : 수질오염공정시험기준(2008.7)

75 흡광광도 분석장치에서 근적외부의 광원으로 사용되는 것은?

① 텅스텐램프
② 중수소방전관
③ 석영저압수은관
④ 수소방전관

해설
- 가시부와 근적외부 : 텅스텐램프
- 자외부 : 중수소방전관

76 PCBs를 기체크로마토그래피로 분석할 때 실리카겔 칼럼에 무수황산나트륨을 첨가하는 이유는?

① 유분 제거
② 수분 제거
③ 미량 중금속 제거
④ 먼지 제거

해설
ES 06502.1b 폴리클로리네이티드비페닐(PCBs)-기체크로마토그래피

정답 73 ③ 74 ① 75 ① 76 ②

77 대상폐기물의 양이 5,400ton인 경우 채취해야 할 시료의 최소수는?

① 20 ② 40
③ 60 ④ 80

해설
ES 06130.d 시료의 채취

대상폐기물의 양(단위 : ton)	시료의 최소수
1 미만	6
1 이상 ~ 5 미만	10
5 이상 ~ 30 미만	14
30 이상 ~ 100 미만	20
100 이상 ~ 500 미만	30
500 이상 ~ 1,000 미만	36
1,000 이상 ~ 5,000 미만	50
5,000 이상	60

78 폐기물의 용출시험방법에 관한 사항으로 ( )에 옳은 내용은?

> 시료용액의 조제가 끝난 혼합액을 상온, 상압에서 진탕 횟수가 매 분당 약 200회, 진폭이 4~5cm의 진탕기를 사용하여 ( ) 동안 연속 진탕한다.

① 2시간 ② 4시간
③ 6시간 ④ 8시간

해설
ES 06150.e 시료의 준비
- 시료용액의 조제 : 시료의 조제 방법에 따라 조제한 100g 이상을 정확히 달아 정제수에 염산을 넣어 pH를 5.8~6.3으로 맞춘 용매(mL)를 시료 : 용매 = 1 : 10(W : V)의 비로 2,000mL 삼각플라스크에 넣어 혼합한다.
- 용출 조작
  - 시료용액의 조제가 끝난 혼합액을 상온, 상압에서 진탕횟수가 매 분당 약 200회, 진탕의 폭이 4~5cm의 왕복진탕기(수평인 것)를 사용하여 6시간 연속 진탕한다.
  - 1.0μm의 유리섬유 여과지로 여과한다.
  - 여과액을 적당량 취하여 용출실험용 시료용액으로 한다.
  - 여과가 어려운 경우에는 원심분리기를 사용하여 매 분당 3,000회전 이상으로 20분 이상 원심분리한 다음 상등액을 적당량 취하여 용출실험용 시료용액으로 한다.

79 폐기물 중에 납을 자외선/가시선 분광법으로 측정하는 방법에 관한 내용으로 틀린 것은?

① 납 착염의 흡광도를 520nm에서 측정하는 방법이다.
② 전처리를 하지 않고 직접 시료를 사용하는 경우, 시료 중에 시안화합물이 함유되어 있으면 염산 산성으로 끓여 시안화물을 완전히 분해 제거한 다음 실험한다.
③ 시료에 다량의 비스무트(Bi)가 공존하면 시안화칼륨용액으로 수회 씻어 무색으로 하여 실험한다.
④ 정량한계는 0.001mg이다.

해설
ES 06402.3 납-자외선/가시선 분광법
시료에 다량의 비스무트(Bi)가 공존하면 시안화칼륨용액으로 수회 씻어도 무색이 되지 않는다. 이때는 납과 비스무트를 분리하여 시험한다.

80 기체크로마토그래피의 검출기 중 인 또는 유황화합물을 선택적으로 검출할 수 있는 것으로 운반가스와 조연가스의 혼합부, 수소공급구, 연소노즐, 광학필터, 광전자 증배관 및 전원 등으로 구성된 것은?

① TCD(Thermal Conductivity Detector)
② FID(Flame Ionization Detector)
③ FPD(Flame Photometric Detector)
④ FTD(Flame Thermionic Detector)

정답 77 ③ 78 ③ 79 ③ 80 ③

제5과목 폐기물관계법규

81 음식물류 폐기물 발생 억제 계획의 수립주기는?

① 1년　　② 2년
③ 3년　　④ 5년

해설
폐기물관리법 시행규칙 제16조(음식물류 폐기물 발생 억제 계획의 수립주기 및 평가방법 등)

82 지정폐기물의 수집·운반·보관기준에 관한 설명으로 옳은 것은?

① 폐농약·폐촉매는 보관개시일부터 30일을 초과하여 보관하여서는 아니 된다.
② 수집·운반차량은 녹색도색을 하여야 한다.
③ 지정폐기물과 지정폐기물 외의 폐기물을 구분 없이 보관하여야 한다.
④ 폐유기용제는 휘발되지 아니하도록 밀폐된 용기에 보관하여야 한다.

해설
폐기물관리법 시행규칙 [별표 5] 폐기물의 처리에 관한 구체적 기준 및 방법
- 지정폐기물배출자는 그의 사업장에서 발생하는 지정폐기물 중 폐산·폐알칼리·폐유·폐유기용제·폐촉매·폐흡착제·폐흡수제·폐농약, 폴리클로리네이티드비페닐 함유 폐기물, 폐수처리 오니 중 유기성 오니는 보관이 시작된 날부터 45일을 초과하여 보관하여서는 아니되며, 그 밖의 지정폐기물은 60일을 초과하여 보관하여서는 아니 된다.
- 지정폐기물 수집·운반차량의 차체는 노란색으로 색칠하여야 한다.
- 지정폐기물은 지정폐기물 외의 폐기물과 구분하여 보관하여야 한다.

83 제출된 폐기물 처리사업계획서의 적합통보를 받은 자가 천재지변이나 그 밖의 부득이한 사유로 정해진 기간 내에 허가신청을 하지 못한 경우에 실시하는 연장기간에 대한 설명으로 (　)의 기간이 옳게 나열된 것은?

> 폐기물 수집·운반업의 경우에는 총 연장기간 (㉠), 폐기물 최종처분업과 폐기물 종합처분업의 경우에는 총 연장기간 (㉡)의 범위에서 허가신청기간을 연장할 수 있다.

① ㉠ 6개월　　㉡ 1년
② ㉠ 6개월　　㉡ 2년
③ ㉠ 1년　　　㉡ 2년
④ ㉠ 1년　　　㉡ 3년

해설
폐기물관리법 제25조(폐기물처리업)
환경부장관 또는 시·도지사는 천재지변이나 그 밖의 부득이한 사유로 기간 내에 허가신청을 하지 못한 자에 대하여는 신청에 따라 총 연장기간 1년(폐기물 수집·운반업의 경우에는 총 연장기간 6개월, 폐기물 최종처분업과 폐기물 종합처분업의 경우에는 총 연장기간 2년)의 범위에서 허가신청기간을 연장할 수 있다.

84 환경부장관, 시·도지사 또는 시장·군수·구청장은 관계 공무원에게 사무소나 사업장 등에 출입하여 관계 서류나 시설 또는 장비 등을 검사하게 할 수 있다. 이에 따른 보고를 하지 아니하거나 거짓 보고를 한 자에 대한 과태료 기준은?

① 100만원 이하　　② 200만원 이하
③ 300만원 이하　　④ 500만원 이하

해설
폐기물관리법 제66조(벌칙)
환경부장관, 시·도지사 또는 시장·군수·구청장은 관계 공무원에게 사무소나 사업장 등에 출입하여 관계 서류나 시설 또는 장비 등을 검사하게 할 수 있다. 이에 따른 보고를 하지 아니하거나 거짓 보고를 한 자는 2년 이하의 징역이나 2천만원 이하의 벌금에 처한다.
※ 해당 법 개정으로 정답 없음〈2019.11.26.〉

정답 81 ④　82 ④　83 ②　84 ①

85 관할 구역의 폐기물의 배출 및 처리상황을 파악하여 폐기물이 적정하게 처리될 수 있도록 폐기물처리시설을 설치·운영하여야 하는 자는?

① 유역환경청장
② 폐기물 배출자
③ 환경부장관
④ 특별자치시장, 특별자치도지사, 시장·군수·구청장

해설
폐기물관리법 제4조(국가와 지방자치단체의 책무)

86 위해의료폐기물 중 조직물류폐기물에 해당되는 것은?

① 폐혈액백
② 혈액투석 시 사용된 폐기물
③ 혈액, 고름 및 혈액생성물(혈청, 혈장, 혈액제제)
④ 폐항암제

해설
폐기물관리법 시행령 [별표 2] 의료폐기물의 종류
위해의료폐기물
• 조직물류폐기물 : 인체 또는 동물의 조직·장기·기관·신체의 일부, 동물의 사체, 혈액·고름 및 혈액생성물(혈청, 혈장, 혈액제제)
• 병리계폐기물 : 시험·검사 등에 사용된 배양액, 배양용기, 보관균주, 폐시험관, 슬라이드, 커버글라스, 폐배지, 폐장갑
• 손상성폐기물 : 주삿바늘, 봉합바늘, 수술용 칼날, 한방침, 치과용 침, 파손된 유리재질의 시험기구
• 생물·화학폐기물 : 폐백신, 폐항암제, 폐화학치료제
• 혈액오염폐기물 : 폐혈액백, 혈액투석 시 사용된 폐기물, 그 밖에 혈액이 유출될 정도로 포함되어 있어 특별한 관리가 필요한 폐기물

87 지정폐기물 중 유해물질함유 폐기물의 종류로 틀린 것은?(단, 환경부령으로 정하는 물질을 함유한 것으로 한정한다)

① 광재(철광 원석의 사용으로 인한 고로 슬래그는 제외한다)
② 분진(대기오염 방지시설에서 포집된 것으로 한정하되, 소각시설에서 발생되는 것은 제외한다)
③ 폐흡착제 및 폐흡수제(광물유, 동물유 및 식물유의 정제에 사용된 폐토사는 제외한다)
④ 폐내화물 및 재벌구이 전에 유약을 바른 도자기 조각

해설
폐기물관리법 시행령 [별표 1] 지정폐기물의 종류
폐흡착제 및 폐흡수제[광물유·동물유 및 식물유{폐식용유(식용을 목적으로 식품 재료와 원료를 제조·조리·가공하는 과정, 식용유를 유통·사용하는 과정 또는 음식물류 폐기물을 재활용하는 과정에서 발생하는 기름을 말한다)는 제외한다}의 정제에 사용된 폐토사를 포함한다]

88 사업장에서 발생하는 폐기물 중 유해물질의 함유량에 따라 지정폐기물로 분류될 수 있는 폐기물에 대해서는 폐기물분석전문기관에 의뢰하여 지정폐기물에 해당되는지를 미리 확인하여야 한다. 이를 위반하여 확인하지 아니한 자에 대한 과태료 부과기준은?

① 200만원 이하
② 300만원 이하
③ 500만원 이하
④ 1,000만원 이하

해설
폐기물관리법 제68조(과태료)

85 ④ 86 ③ 87 ③ 88 ②

89 폐기물 처분시설의 설치기준에서 재활용시설의 경우 파쇄·분쇄·절단시설이 갖추어야 할 기준으로 ( )에 맞은 것은?

> 파쇄·분쇄·절단조각의 크기는 최대 직경 ( ) 이하로 각각 파쇄·분쇄·절단할 수 있는 시설이어야 한다.

① 3cm ② 5cm
③ 10cm ④ 15cm

해설
폐기물관리법 시행규칙 [별표 9] 폐기물 처분시설 또는 재활용시설의 설치기준

90 주변지역 영향 조사대상 폐기물처리시설 중 '대통령령으로 정하는 폐기물처리시설' 기준으로 옳지 않은 것은?(단, 폐기물처리업자가 설치, 운영)

① 시멘트 소성로(폐기물을 연료로 사용하는 경우로 한정한다)
② 매립면적 30,000m² 이상의 사업장 일반폐기물 매립시설
③ 매립면적 10,000m² 이상의 사업장 지정폐기물 매립시설
④ 1일 처분능력이 50ton 이상인 사업장폐기물 소각시설(같은 사업장에 여러 개의 소각시설이 있는 경우에는 각 소각시설의 1일 처분능력의 합계가 50ton 이상인 경우를 말한다)

해설
폐기물관리법 시행령 제14조(주변지역 영향 조사대상 폐기물처리시설)
- 1일 처분능력이 50ton 이상인 사업장폐기물 소각시설(같은 사업장에 여러 개의 소각시설이 있는 경우에는 각 소각시설의 1일 처분능력의 합계가 50ton 이상인 경우를 말한다)
- 매립면적 10,000m² 이상의 사업장 지정폐기물 매립시설
- 매립면적 150,000m² 이상의 사업장 일반폐기물 매립시설
- 시멘트 소성로(폐기물을 연료로 사용하는 경우로 한정한다)
- 1일 재활용능력이 50ton 이상인 사업장폐기물 소각열회수시설(같은 사업장에 여러 개의 소각열회수시설이 있는 경우에는 각 소각열회수시설의 1일 재활용능력의 합계가 50ton 이상인 경우를 말한다)

91 폐기물관리법령상 용어의 정의로 틀린 것은?

① 폐기물 : 쓰레기, 연소재, 오니, 폐유, 폐산, 폐알칼리 및 동물의 사체 등으로서 사람의 생활이나 사업활동에 필요하지 아니하게 된 물질을 말한다.
② 폐기물처리시설 : 폐기물의 중간처분시설 및 최종처분시설 중 재활용처리시설을 제외한 환경부령으로 정하는 시설을 말한다.
③ 지정폐기물 : 사업장폐기물 중 폐유·폐산 등 주변 환경을 오염시킬 수 있거나 의료폐기물 등 인체에 위해를 줄 수 있는 해로운 물질로서 대통령령으로 정하는 폐기물을 말한다.
④ 폐기물감량화시설 : 생산 공정에서 발생하는 폐기물의 양을 줄이고, 사업장 내 재활용을 통하여 폐기물 배출을 최소화하는 시설로서 대통령령으로 정하는 시설을 말한다.

해설
폐기물관리법 제2조(정의)
폐기물처리시설이란 폐기물의 중간처분시설, 최종처분시설 및 재활용시설로서 대통령령으로 정하는 시설을 말한다.

92 폐기물 처리시설인 중간처분시설 중 기계적 처분시설의 종류로 틀린 것은?

① 절단시설(동력 7.5kW 이상인 시설로 한정한다)
② 응집·침전시설(동력 15kW 이상인 시설로 한정한다)
③ 압축시설(동력 7.5kW 이상인 시설로 한정한다)
④ 탈수·건조시설

해설
폐기물관리법 시행령 [별표 3] 폐기물 처리시설의 종류
응집·침전시설은 화학적 처분시설이다.

정답 89 ④ 90 ② 91 ② 92 ②

93 폐기물 발생 억제 지침 준수의무 대상 배출자의 규모 기준으로 옳은 것은?

① 최근 2년간 연평균 배출량을 기준으로 지정폐기물을 100ton 이상 배출하는 자
② 최근 2년간 연평균 배출량을 기준으로 지정폐기물을 200ton 이상 배출하는 자
③ 최근 3년간 연평균 배출량을 기준으로 지정폐기물을 100ton 이상 배출하는 자
④ 최근 3년간 연평균 배출량을 기준으로 지정폐기물을 200ton 이상 배출하는 자

해설
폐기물관리법 시행령 [별표 5] 폐기물 발생 억제 지침 준수의무 대상 배출자의 업종 및 규모
- 최근 3년간의 연평균 배출량을 기준으로 지정폐기물을 100ton 이상 배출하는 자
- 최근 3년간의 연평균 배출량을 기준으로 지정폐기물 외의 폐기물(건설폐기물은 제외한다)을 1,000ton 이상 배출하는 자
※ 해당 법 개정으로 삭제〈2024.8.13.〉

94 대통령령으로 정하는 폐기물처리시설을 설치, 운영하는 자는 그 시설의 유지관리에 관한 기술업무를 담당하게 하기 위해 기술관리인을 임명하거나 기술관리 능력이 있다고 대통령령으로 정하는 자와 기술관리 대행 계약을 체결하여야 한다. 이를 위반하여 기술관리인을 임명하지 아니하고 기술관리 대행 계약을 체결하지 아니한 자에 대한 과태료 처분 기준은?

① 2백만원 이하의 과태료
② 3백만원 이하의 과태료
③ 5백만원 이하의 과태료
④ 1천만원 이하의 과태료

해설
폐기물관리법 제68조(과태료)

95 대통령령으로 정하는 폐기물처리시설을 설치, 운영하는 자는 그 처리시설에서 배출되는 오염물질을 측정하거나 환경부령으로 정하는 측정기관으로 하여금 측정하게 하고 그 결과를 환경부장관에게 제출하여야 하는데 이때 '환경부령으로 정하는 측정기관'에 해당되지 않는 것은?

① 보건환경연구원
② 국립환경과학원
③ 한국환경공단
④ 수도권매립지관리공사

해설
폐기물관리법 시행규칙 제43조(오염물질의 측정)
- 보건환경연구원
- 한국환경공단
- 환경분야 시험·검사 등에 관한 법률에 따라 수질오염물질 측정대행업의 등록을 한 자
- 수도권매립지관리공사
- 폐기물분석전문기관

96 폐기물 감량화시설의 종류와 가장 거리가 먼 것은?

① 폐기물 재사용시설
② 폐기물 재활용시설
③ 폐기물 재이용시설
④ 공정 개선시설

해설
폐기물관리법 시행령 [별표 4] 폐기물 감량화시설의 종류

97 기술관리인을 두어야 할 폐기물처리시설이 아닌 것은?

① 압축·파쇄·분쇄시설로서 1일 처분능력이 50ton 이상인 시설
② 사료화·퇴비화시설로서 1일 재활용능력이 5ton 이상인 시설
③ 시멘트 소성로
④ 소각열회수시설로서 시간당 재활용능력이 600kg 이상인 시설

해설

폐기물관리법 시행령 제15조(기술관리인을 두어야 할 폐기물처리시설)

- 매립시설의 경우
  - 지정폐기물을 매립하는 시설로서 면적이 3,300m² 이상인 시설. 다만, 최종처분시설 중 차단형 매립시설에서는 면적이 330m² 이상이거나 매립용적이 1,000m³ 이상인 시설로 한다.
  - 지정폐기물 외의 폐기물을 매립하는 시설로서 면적이 10,000m² 이상이거나 매립용적이 30,000m³ 이상인 시설
- 소각시설로서 시간당 처분능력이 600kg(의료폐기물을 대상으로 하는 소각시설의 경우에는 200kg) 이상인 시설
- 압축·파쇄·분쇄 또는 절단시설로서 1일 처분능력 또는 재활용능력이 100ton 이상인 시설
- 사료화·퇴비화 또는 연료화시설로서 1일 재활용능력이 5ton 이상인 시설
- 멸균분쇄시설로서 시간당 처분능력이 100kg 이상인 시설
- 시멘트 소성로
- 용해로(폐기물에서 비철금속을 추출하는 경우로 한정한다)로서 시간당 재활용능력이 600kg 이상인 시설
- 소각열회수시설로서 시간당 재활용능력이 600kg 이상인 시설

98 관리형 매립시설에서 발생하는 침출수의 배출허용 기준(BOD – SS 순서)은?(단, 가지역, 단위 mg/L)

① 30 – 30
② 30 – 50
③ 50 – 50
④ 50 – 70

해설

폐기물관리법 시행규칙 [별표 11] 폐기물 처분시설 또는 재활용시설의 관리기준

매립시설 침출수의 생물화학적 산소요구량·화학적 산소요구량·부유물질량의 배출허용기준

구 분	생물화학적 산소요구량 (mg/L)	화학적 산소요구량 (mg/L)	부유물질량 (mg/L)
청정지역	30	200	30
가지역	50	300	50
나지역	70	400	70

정답 97 ① 98 ③

99 폐기물처리시설 설치승인신청서에 첨부하여야 하는 서류로 가장 거리가 먼 것은?

① 처분 또는 재활용 후에 발생하는 폐기물의 처분 또는 재활용 계획서
② 처분대상 폐기물 발생 저감 계획서
③ 폐기물 처분시설 또는 재활용시설의 설계도서 (음식물류 폐기물을 처분 또는 재활용하는 시설인 경우에는 물질수지도를 포함한다)
④ 폐기물 처분시설 또는 재활용시설의 설치 및 장비확보 계획서

해설
폐기물관리법 시행규칙 제39조(폐기물처리시설의 설치 승인 등)
- 처분 또는 재활용 대상 폐기물 배출업체의 제조공정도 및 폐기물 배출명세서
- 폐기물의 종류, 성질·상태 및 예상 배출량명세서
- 처분 또는 재활용 대상 폐기물의 처분 또는 재활용 계획서
- 폐기물 처분시설 또는 재활용시설의 설치 및 장비확보 계획서
- 폐기물 처분시설 또는 재활용시설의 설계도서(음식물류 폐기물을 처분 또는 재활용하는 시설인 경우에는 물질수지도를 포함한다)
- 처분 또는 재활용 후에 발생하는 폐기물의 처분 또는 재활용계획서
- 공동폐기물 처분시설 또는 재활용시설의 설치·운영에 드는 비용부담 등에 관한 규약
- 폐기물 매립시설의 사후관리계획서
- 환경부장관이 고시하는 사항을 포함한 시설설치의 환경성조사서[면적이 10,000m² 이상이거나 매립용적이 30,000m³ 이상인 매립시설, 1일 처분능력이 100ton 이상(지정폐기물의 경우에는 10ton 이상)인 소각시설, 1일 재활용능력이 100ton 이상인 소각열회수시설이나 폐기물을 연료로 사용하는 시멘트 소성로의 경우만 제출한다]
- 배출시설의 설치허가 신청 또는 신고 시의 첨부서류

100 주변지역 영향 조사대상 폐기물처리시설의 기준으로 옳은 것은?

매립면적 ( )m² 이상의 사업장 일반폐기물 매립시설

① 10,000　　② 30,000
③ 50,000　　④ 150,000

해설
폐기물관리법 시행령 제14조(주변지역 영향 조사대상 폐기물처리시설)
- 1일 처분능력이 50ton 이상인 사업장폐기물 소각시설(같은 사업장에 여러 개의 소각시설이 있는 경우에는 각 소각시설의 1일 처분능력의 합계가 50ton 이상인 경우를 말한다)
- 매립면적 10,000m² 이상의 사업장 지정폐기물 매립시설
- 매립면적 150,000m² 이상의 사업장 일반폐기물 매립시설
- 시멘트 소성로(폐기물을 연료로 사용하는 경우로 한정한다)
- 1일 재활용능력이 50ton 이상인 사업장폐기물 소각열회수시설(같은 사업장에 여러 개의 소각열회수시설이 있는 경우에는 각 소각열회수시설의 1일 재활용능력의 합계가 50ton 이상인 경우를 말한다)

2021년 제4회 과년도 기출문제

제1과목 폐기물개론

01 폐기물 1ton을 건조시켜 함수율을 50%에서 25%로 감소시켰을 때 폐기물 중량(ton)은?

① 0.42　② 0.53
③ 0.67　④ 0.75

해설

$w_1 = 50$, $w_2 = 25$

$$\frac{V_2}{V_1} = \frac{100 - w_1}{100 - w_2}$$

$$\therefore V_2 = 1 \times \frac{100-50}{100-25} = \frac{50}{75} \fallingdotseq 0.67$$

02 하수처리장에서 발생되는 슬러지와 비교한 분뇨의 특성이 아닌 것은?

① 질소의 농도가 높음
② 다량의 유기물을 포함
③ 염분의 농도가 높음
④ 고액분리가 쉬움

03 우리나라 폐기물관리법에 따른 의료폐기물 중 위해의료폐기물이 아닌 것은?

① 조직물류폐기물
② 병리계폐기물
③ 격리폐기물
④ 혈액오염폐기물

해설

폐기물관리법 시행령 [별표 2] 의료폐기물의 종류
위해의료폐기물
- 조직물류폐기물 : 인체 또는 동물의 조직·장기·기관·신체의 일부, 동물의 사체, 혈액·고름 및 혈액생성물(혈청, 혈장, 혈액제제)
- 병리계폐기물 : 시험·검사 등에 사용된 배양액, 배양용기, 보관균주, 폐시험관, 슬라이드, 커버글라스, 폐배지, 폐장갑
- 손상성폐기물 : 주삿바늘, 봉합바늘, 수술용 칼날, 한방침, 치과용 침, 파손된 유리재질의 시험기구
- 생물·화학폐기물 : 폐백신, 폐항암제, 폐화학치료제
- 혈액오염폐기물 : 폐혈액백, 혈액투석 시 사용된 폐기물, 그 밖에 혈액이 유출될 정도로 포함되어 있어 특별한 관리가 필요한 폐기물

04 쓰레기 발생량 조사방법이라 볼 수 없는 것은?

① 적재차량계수분석법
② 물질수지법
③ 성상분류법
④ 직접계근법

정답 1 ③　2 ④　3 ③　4 ③

05 인구가 300,000명인 도시에서 폐기물 발생량이 1.2kg/인·일이라고 한다. 수거된 폐기물의 밀도가 0.8kg/L, 수거차량의 적재용량이 12m³라면, 1일 2회 수거하기 위한 수거차량의 대수는?(단, 기타 조건은 고려하지 않음)

① 15대 ② 17대
③ 19대 ④ 21대

해설
폐기물 발생량 = 300,000명 × 1.2kg/명·일 = 360,000kg/일

∴ 수거차량 대수 = $\dfrac{360,000\text{kg}/(0.8\text{kg/L})}{12\text{m}^3/\text{대} \times 2\text{회}} \times \dfrac{\text{m}^3}{1,000\text{L}}$

= 18.75회

06 밀도가 400kg/m³인 쓰레기 10ton을 압축시켰더니 처음 부피보다 50%가 줄었다. 이 경우 Compaction Ratio는?

① 1.5 ② 2.0
③ 2.5 ④ 3.0

해설
압축비 = $\dfrac{\text{압축 전 부피}}{\text{압축 후 부피}} = \dfrac{1}{0.5} = 2$

07 30만명 인구규모를 갖는 도시에서 발생되는 도시쓰레기량이 연간 40만ton이고, 수거인부가 하루 500명이 동원되었을 때 MHT는?(단, 1일 작업시간 = 8시간, 연간 300일 근무)

① 3 ② 4
③ 6 ④ 7

해설
MHT = $\dfrac{\text{수거인원(man)} \times \text{수거시간(hour)}}{\text{수거량(ton)}}$

= $\dfrac{500\text{명} \times 8\text{시간/일} \times 300\text{일/년}}{400,000\text{ton/년}} = 3$

08 효과적인 수거노선 설정에 관한 설명으로 가장 거리가 먼 것은?

① 적은 양의 쓰레기가 발생하나 동일한 수거빈도를 받기를 원하는 수거지점은 가능한 한 같은 날 왕복 내에서 수거되지 않도록 한다.
② 가능한 한 지형지물 및 도로 경계와 같은 장벽을 이용하여 간선도로 부근에서 시작하고 끝나도록 배치하여야 한다.
③ U자형 회전은 피하고 많은 양의 쓰레기가 발생되는 발생원은 하루 중 가장 먼저 수거하도록 한다.
④ 가능한 한 시계방향으로 수거노선을 정한다.

09 X_{90} = 4.6cm로 도시폐기물을 파쇄하고자 할 때 Rosin-Rammler 모델에 의한 특성입자크기(X_o, cm)는?(단, n = 1로 가정)

① 1.2 ② 1.6
③ 2.0 ④ 2.3

해설
$y = 1 - \exp\left[\left(-\dfrac{x}{x_o}\right)^n\right]$

$0.9 = 1 - \exp\left(-\dfrac{4.6}{x_o}\right) \rightarrow 0.1 = \exp\left(-\dfrac{4.6}{x_o}\right)$

exp를 없애기 위해서 양변에 ln를 취하면(ln 함수 ↔ exp 함수는 서로 역함수이므로 exp 함수에 ln를 취하면 exp 함수가 소거됨)

$\ln 0.1 = \left(-\dfrac{4.6}{x_o}\right) \rightarrow x_o = -\dfrac{4.6}{\ln 0.1} ≒ 2.0\text{cm}$

10 강열감량에 대한 설명으로 가장 거리가 먼 것은?

① 강열감량이 높을수록 연소효율이 좋다.
② 소각잔사의 매립처분에 있어서 중요한 의미가 있다.
③ 3성분 중에서 가연분이 타지 않고 남는 양으로 표현된다.
④ 소각로의 연소효율을 판정하는 지표 및 설계인자로 사용된다.

해설
강열감량이 낮을수록 연소효율이 좋다.

11 폐기물의 성분을 조사한 결과 플라스틱의 함량이 10%(중량비)로 나타났다. 폐기물의 밀도가 300kg/m³이라면 폐기물 10m³ 중에 함유된 플라스틱의 양(kg)은?

① 300
② 400
③ 500
④ 600

해설
$300 \text{kg/m}^3 \times 10\text{m}^3 \times 0.1 = 300\text{kg}$

12 적환장을 설치하는 일반적인 경우와 가장 거리가 먼 것은?

① 불법 투기쓰레기들이 다량 발생할 때
② 고밀도 거주지역이 존재할 때
③ 상업지역에서 폐기물수집에 소형 용기를 많이 사용할 때
④ 슬러지수송이나 공기수송 방식을 사용할 때

해설
저밀도 거주지역이 존재할 때

13 폐기물을 파쇄하여 입도를 분석하였더니 폐기물 입도분포곡선상 통과백분율이 10%, 30%, 60%, 90%에 해당되는 입경이 각각 2mm, 4mm, 6mm, 8mm이었다. 곡률계수는?

① 0.93
② 1.13
③ 1.33
④ 1.53

해설
곡률계수(Coefficient of Curvature)
$$\frac{(D_{30})^2}{D_{10} D_{60}} = \frac{4^2}{2 \times 6} \fallingdotseq 1.33$$

14 고위발열량이 8,000kcal/kg인 폐기물 10ton과 6,000kcal/kg인 폐기물 2ton을 혼합하여 SRF를 만들었다면 SRF의 고위발열량(kcal/kg)은?

① 약 7,567
② 약 7,667
③ 약 7,767
④ 약 7,867

해설
$$\frac{8,000 \times 10 + 6,000 \times 2}{10+2} \fallingdotseq 7,667 \text{kcal/kg}$$

정답 10 ① 11 ① 12 ② 13 ③ 14 ②

15 도시 쓰레기 수거노선을 설정할 때 유의해야 할 사항으로 틀린 것은?

① 수거지점과 수거빈도를 정하는 데 있어서 기존 정책을 참고한다.
② 수거인원 및 차량 형식이 같은 기존 시스템의 조건들을 서로 관련시킨다.
③ 교통이 혼잡한 지역에서 발생되는 쓰레기는 새벽에 수거한다.
④ 쓰레기 발생량이 많은 지역은 연료 절감을 위해 하루 중 가장 늦게 수거한다.

해설
쓰레기 발생량이 많은 지역은 하루 중 가장 먼저 수거한다.

16 전과정평가(LCA)는 4부분으로 구성된다. 그중 상품, 포장, 공정, 물질, 원료 및 활동에 의해 발생하는 에너지 및 천연원료 요구량, 대기, 수질 오염물질 배출, 고형 폐기물과 기타 기술적 자료 구축과정에 속하는 것은?

① Scoping Analysis
② Inventory Analysis
③ Impact Analysis
④ Improvement Analysis

17 MBT에 관한 설명으로 맞는 것은?

① 생물학적 처리가 가능한 유기성폐기물이 적은 우리나라는 MBT 설치 및 운영이 적합하지 않다.
② MBT는 지정폐기물의 전처리 시스템으로서 폐기물 무해화에 효과적이다.
③ MBT는 주로 기계적 선별, 생물학적 처리 등을 통해 재활용 물질을 회수하는 시설이다.
④ MBT는 생활폐기물 소각 후 잔재물을 대상으로 재활용 물질을 회수하는 시설이다.

해설
MBT(Mechanical Biological Treatment) : 기계적 생물학적 처리

18 쓰레기 선별에 사용되는 직경이 5.0m인 트롬멜 스크린의 최적속도(rpm)는?

① 약 9   ② 약 11
③ 약 14   ④ 약 16

해설
- 반경 = 2.5m
- 임계속도 = $\frac{1}{2\pi}\sqrt{\frac{g}{r}}$

  $= \frac{1}{2\pi}\sqrt{\frac{9.8}{2.5}}$

  ≒ 0.315cycle/s
  ≒ 18.9rpm

∴ 최적속도 = 임계속도 × 0.45 = 18.9 × 0.45 ≒ 8.5rpm

15 ④ 16 ② 17 ③ 18 ①

19 분뇨처리를 위한 혐기성 소화조의 운영과 통제를 위하여 사용하는 분석항목으로 가장 거리가 먼 것은?

① 휘발성 산의 농도
② 소화가스 발생량
③ 세균수
④ 소화조 온도

20 쓰레기 발생량 예측방법으로 적절하지 않은 것은?

① 경향법
② 물질수지법
③ 다중회귀모델
④ 동적모사모델

해설
물질수지법은 폐기물 발생량 조사방법 중 하나이다.

제2과목 폐기물처리기술

21 매립지의 연직차수막에 관한 설명으로 옳은 것은?

① 지중에 암반이나 점성토의 불투수층이 수직으로 깊이 분포하는 경우에 설치한다.
② 지하수 집배수시설이 불필요하다.
③ 지하에 매설되므로 차수막 보강시공이 불가능하다.
④ 차수막의 단위면적당 공사비는 적게 소요되나 총공사비는 비싸다.

해설
①·③·④ 표면차수막과 관련된 설명이다.

22 토양증기추출공정에서 발생되는 2차 오염 배가스 처리를 위한 흡착방법에 대한 설명으로 옳지 않은 것은?

① 배가스의 온도가 높을수록 처리성능은 향상된다.
② 배가스 중의 수분을 전단계에서 최대한 제거해 주어야 한다.
③ 흡착제의 교체주기는 파과지점을 설계하여 정한다.
④ 흡착반응기 내 채널링 현상을 최소화하기 위하여 배가스의 선속도를 적정하게 조절한다.

해설
배가스의 온도가 높을수록 흡착이 덜 된다.

정답 19 ③ 20 ② 21 ② 22 ①

23 매립지 중간복토에 관한 설명으로 틀린 것은?

① 복토는 메테인가스가 외부로 나가는 것을 방지한다.
② 폐기물이 바람에 날리는 것을 방지한다.
③ 복토재로는 모래나 점토질을 사용하는 것이 좋다.
④ 지반의 안정과 강도를 증가시킨다.

해설
중간복토재는 투수계수가 지나치게 작거나 크지 않은 것이 좋다. 적당히 차수를 하면서도 토양 내 수분공급이 될 수 있는 것이 바람직하다.

24 휘발성 유기화합물질(VOCs)이 아닌 것은?

① 벤 젠
② 다이클로로에테인
③ 아세톤
④ 디디티

25 폐기물의 고화처리방법 중 피막형성법의 장점으로 옳은 것은?

① 화재 위험성이 없다.
② 혼합률이 높다.
③ 에너지 소비가 적다.
④ 침출성이 낮다.

26 고형물농도가 80,000ppm인 농축슬러지량 20m³/h를 탈수하기 위해 개량제(Ca(OH)₂)를 고형물당 10wt% 주입하여 함수율 85wt%인 슬러지 Cake을 얻었다면 예상 슬러지 Cake의 양(m³/h)은?(단, 비중 = 1.0 기준)

① 약 7.3
② 약 9.6
③ 약 11.7
④ 약 13.2

해설
고형물의 양 = 20m³/h × 80,000 × 10⁻⁶ × 1.1 = 1.76m³/h
함수율이 85%이므로 고형물 함량은 15%이다.
15 : 100 = 1.76 : x
∴ $x = \dfrac{100 \times 1.76}{15} ≒ 11.7 \, m^3/h$

27 친산소성 퇴비화 공정의 설계 운영고려 인자에 관한 내용으로 틀린 것은?

① 수분함량 : 퇴비화기간 동안 수분함량은 50~60% 범위에서 유지된다.
② C/N비 : 초기 C/N비는 25~50이 적당하며 C/N비가 높은 경우는 암모니아 가스가 발생한다.
③ pH 조절 : 적당한 분해작용을 위해서는 pH 7~7.5 범위를 유지하여야 한다.
④ 공기공급 : 이론적인 산소요구량은 식을 이용하여 추정이 가능하다.

해설
- C/N비가 높으면 질소가 부족하여, 유기산이 퇴비의 pH를 낮춘다.
- C/N비가 20보다 낮으면 질소가 암모니아로 변하여 pH를 증가시키고, 악취를 유발한다.

28 분뇨 슬러지를 퇴비화할 경우, 영향을 주는 요소로 가장 거리가 먼 것은?

① 수분함량
② 온 도
③ pH
④ SS 농도

29 유기물($C_6H_{12}O_6$) 0.1ton을 혐기성 소화할 때, 생성될 수 있는 최대 메테인의 양(kg)은?

① 12.5   ② 26.7
③ 37.3   ④ 42.9

[해설]
$C_6H_{12}O_6 \rightarrow 3CH_4 + 3CO_2$
180kg : 3×16kg
100kg : CH_4
∴ $CH_4 = \dfrac{3 \times 16 \times 100}{180} ≒ 26.7 kg$

30 매립지에서 침출된 침출수 농도가 반으로 감소하는 데 약 3년이 걸린다면 이 침출수 농도가 90% 분해되는 데 걸리는 시간(년)은?(단, 일차 반응 기준)

① 6   ② 8
③ 10   ④ 12

[해설]
- 반감기의 정의에서 $\dfrac{1}{2}C_o = C_o e^{-kt_{1/2}} \rightarrow \ln\dfrac{1}{2} = -3k$

$k = -\dfrac{\ln\dfrac{1}{2}}{3} ≒ 0.231$

- 침출수 농도가 90% 분해되면 C가 $0.1C$ 남아 있으므로(C가 $0.9C$가 아닌 것에 주의할 것) 1차 분해반응식에 앞서 구한 $k ≒ 0.231$과 $C = 0.1C_o$를 대입한다.

$0.1C_o = C_o e^{-0.231 \times t}$

C_o를 소거한 후 양변에 ln를 취하면(∵ e를 없애기 위해서)

$\ln 0.1 = -0.231t$

$t = \dfrac{\ln 0.1}{-0.231} ≒ 10년$

31 소각장에서 발생하는 비산재를 매립하기 위해 소각재 매립지를 설계하고자 한다. 내부 마찰각(ϕ) 30°, 부착도(c) 1kPa, 소각재의 유해성과 특성변화 때문에 안정에 필요한 안전인자(FS)는 2.0일 때, 소각재 매립지의 최대 경사각 β(°)은?

① 14.7   ② 16.1
③ 17.5   ④ 18.5

[해설]
$c=0$인 사질토(점착력=0)에서 지하수위가 활동 파괴면 아래에 있다고 가정하면

$FS = \dfrac{\tan\phi}{\tan\beta}$에서 $\tan\beta = \dfrac{\tan\phi}{FS} = \dfrac{\tan 30°}{2} ≒ 0.289$

∴ $\beta = \tan^{-1} 0.289 ≒ 16.1°$

※ 저자의견 : 문제의 정답을 유도하기 위해 위와 같이 풀이를 제시하였으나, 토질전문가의 견해에 의하면 이 문제는 일반적인 토질문제로서는 부적절하다고 한다. 문제에서 제시한 점착력(부착도) 1kPa는 0으로 간주하고 계산하였다.

[정답] 28 ④   29 ②   30 ③   31 ②

32 슬러지 수분 결합상태 중 탈수하기 가장 어려운 형태는?

① 모관결합수
② 간극모관결합수
③ 표면부착수
④ 내부수

33 쓰레기의 밀도가 750kg/m³이며 매립된 쓰레기의 총량은 30,000ton이다. 여기에서 유출되는 연간 침출수량(m³)은?(단, 침출수 발생량은 강우량의 60%, 쓰레기의 매립 높이 = 6m, 연간 강우량 = 1,300mm, 기타 조건은 고려하지 않음)

① 2,600
② 3,200
③ 4,300
④ 5,200

해설

- 매립된 부피 = $\dfrac{30,000\text{ton}}{750\text{kg/m}^3} \times \dfrac{1,000\text{kg}}{\text{ton}} = 40,000\text{m}^3$

- 매립면적 = $\dfrac{40,000\text{m}^3}{6\text{m}} \fallingdotseq 6,667\text{m}^2$

- ∴ 침출수 발생량 = $6,667\text{m}^2 \times 1,300\text{mm} \times \dfrac{\text{m}}{1,000\text{mm}} \times 0.6$
  $\fallingdotseq 5,200\text{m}^3$

34 총질소 2%인 고형 폐기물 1ton을 퇴비화했더니 총질소는 2.5%가 되고 고형 폐기물의 무게는 0.75ton이 되었다. 결과적으로 퇴비화 과정에서 소비된 질소의 양(kg)은?(단, 기타 조건은 고려하지 않음)

① 1.25
② 3.25
③ 5.25
④ 7.25

해설

- 퇴비화 전 N = 1ton × 0.02 = 0.02ton = 20kg
- 퇴비화 후 N = 0.75ton × 0.025 = 0.01875ton = 18.75kg
- ∴ 소비된 N = 20 − 18.75 = 1.25kg

35 쓰레기 발생량은 1,000ton/day, 밀도는 0.5ton/m³이며, Trench법으로 매립할 계획이다. 압축에 따른 부피감소율 40%, Trench 깊이 4.0m, 매립에 사용되는 도랑면적 점유율이 전체 부지의 60%라면 연간 필요한 전체 부지 면적(m²)은?

① 182,500
② 243,500
③ 292,500
④ 325,500

해설

연간 폐기물 발생량 = 1,000ton/일 × 365일 = 365,000ton/년

∴ 연간 필요한 부지면적 = $\dfrac{365,000\text{ton/년} \times (1-0.4)}{0.5\text{ton/m}^3 \times 4\text{m}} \times \dfrac{1}{0.6}$
= 182,500m²

36 Soil Washing 기법을 적용하기 위하여 토양의 입도분포를 조사한 결과가 다음과 같을 경우, 유효입경(mm)과 곡률계수는?(단, D_{10}, D_{30}, D_{60}는 각각 통과백분율 10%, 30%, 60%에 해당하는 입자 직경이다)

	D_{10}	D_{30}	D_{60}
입자의 크기(mm)	0.25	0.60	0.90

① 유효입경 = 0.25, 곡률계수 = 1.6
② 유효입경 = 3.60, 곡률계수 = 1.6
③ 유효입경 = 0.25, 곡률계수 = 2.6
④ 유효입경 = 3.60, 곡률계수 = 2.6

해설

- 유효입경 : 입도분포곡선에서 누적 중량의 10%가 통과하는 입자의 크기, D_{10} = 0.25

- 곡률계수 : $\dfrac{(D_{30})^2}{D_{10}D_{60}} = \dfrac{(0.60)^2}{0.25 \times 0.90} = 1.6$

37 함수율 60%인 쓰레기를 건조시켜 함수율 20%로 만들려면, 건조시켜야 할 수분량(kg/ton)은?

① 150　　② 300
③ 500　　④ 700

해설
ton당 건조시켜야 할 수분량이므로 $V_1 = 1,000\text{kg}$

$$\frac{V_2}{V_1} = \frac{100 - w_1}{100 - w_2}$$

$V_2 = V_1 \times \frac{100 - 60}{100 - 20} = 1,000 \times \frac{40}{80} = 0.5$

$V_2 = 500\text{kg}$

∴ 건조시켜야 할 수분량 = 1,000 − 500 = 500kg

38 열분해와 운전인자에 대한 설명으로 틀린 것은?

① 열분해는 무산소상태에서 일어나는 반응이며 필요한 에너지를 외부에서 공급해 주어야 한다.
② 열분해가스 중 CO, H_2, CH_4 등의 생성률은 열공급속도가 커짐에 따라 증가한다.
③ 열분해반응에서는 열공급속도가 커짐에 따라 유기성 액체와 수분, 그리고 Char의 생성량은 감소한다.
④ 산소가 일부 존재하는 조건에서 열분해가 진행되면 CO_2의 생성량이 최대가 된다.

해설
산소가 일부 존재하는 조건에서는 가스화가 진행되며, 가연성의 CO와 H_2 가스가 발생한다.

39 다음과 같은 특성을 가진 침출수의 처리에 가장 효율적인 공정은?

침출수의 특성 : COD/TOC < 2.0, BOD/COD < 0.1, 매립연한 10년 이상, COD 500 이하, 단위 mg/L

① 이온교환수지
② 활성탄
③ 화학적 침전(석회투여)
④ 화학적 산화

40 설계확률 강우강도를 계산할 때 적용되지 않는 공식은?

① Talbot형
② Sherman형
③ Japanese형
④ Manning형

해설
Manning 공식 $v = \frac{1}{n} R^{2/3} I^{1/2}$ 은 개수로에서 물의 유속을 계산하는 데 사용된다.

제3과목 폐기물소각 및 열회수

41 고형폐기물의 중량조성이 C : 72%, H : 6%, O : 8%, S : 2%, 수분 : 12%일 때 저위발열량(kcal/kg)은?(단, 단위질량당 열량 C : 8,100kcal/kg, H : 34,250kcal/kg, S : 2,250kcal/kg)

① 7,016
② 7,194
③ 7,590
④ 7,914

해설

$LHV = 8,100C + 34,250\left(H - \dfrac{O}{8}\right) + 2,250S - 600(9H+W)$

$= 8,100 \times 0.72 + 34,250\left(0.06 - \dfrac{0.08}{8}\right) + 2,250 \times 0.02$
$\quad - 600(9 \times 0.06 + 0.12)$

$= 7,193.5 \text{kcal/kg}$

42 유동층 소각로방식에 대한 설명으로 틀린 것은?

① 반응시간이 빨라 소각시간이 짧다(노 부하율이 높다).
② 기계적 구동 부분이 많아 고장률이 높다.
③ 폐기물의 투입이나 유동화를 위해 파쇄가 필요하다.
④ 가스온도가 낮고 과잉공기량이 적어 NO_x도 적게 배출한다.

해설
기계적 구동이 적어 고장률이 낮다.

43 플라스틱 폐기물의 소각 및 열분해에 대한 설명으로 옳지 않은 것은?

① 감압증류법은 황의 함량이 낮은 저유황유를 회수할 수 있다.
② 멜라민 수지를 불완전연소하면 HCN과 NH_3가 생성된다.
③ 열분해에 의해 생성된 모노머는 발화성이 크고, 생성가스의 연소성도 크다.
④ 고온열분해법에서 타르, Char 및 액체상태의 연료가 많이 생성된다.

해설
고온에서는 가스상태의 연료가 많이 생성된다.

44 일반적으로 연소과정에서 매연(검댕)의 발생이 최대로 되는 온도는?

① 300~450℃
② 400~550℃
③ 500~650℃
④ 600~750℃

45 탄화도가 클수록 석탄이 가지게 되는 성질에 관한 내용으로 틀린 것은?

① 고정탄소의 양이 증가한다.
② 휘발분이 감소한다.
③ 연소속도가 커진다.
④ 착화온도가 높아진다.

해설
연소속도가 느려진다.

46 분자식이 C_mH_n인 탄화수소가스 $1Sm^3$의 완전연소에 필요한 이론공기량(Sm^3/Sm^3)은?

① $3.76m + 1.19n$
② $4.76m + 1.19n$
③ $3.76m + 1.83n$
④ $4.76m + 1.83n$

해설

$C_mH_n + aO_2 \rightarrow bCO_2 + cH_2O$ 에서

$b = m$, $c = \dfrac{n}{2}$

이로부터 O에 대하여 정리하면 $2a = 2m + \dfrac{n}{2} \rightarrow a = m + \dfrac{n}{4}$

$C_mH_n + \left(m + \dfrac{n}{4}\right)O_2 \rightarrow mCO_2 + \dfrac{n}{2}H_2O$

이론산소량 $= m + \dfrac{n}{4}$

∴ 이론공기량 $= \dfrac{1}{0.21}\left(m + \dfrac{n}{4}\right) = 4.76m + 1.19n$

※ 저자의견 : 이 문제는 직접 풀기보다는 시간관계상 정답을 외우는 것이 좋다.

47 화씨온도 100°F는 몇 ℃인가?

① 35.2
② 37.8
③ 39.7
④ 41.3

해설

°F $= \dfrac{9}{5} \times$ ℃ $+ 32$

∴ ℃ $= \dfrac{5}{9} \times (100 - 32) ≒ 37.8$

48 다음 연소장치 중 가장 적은 공기비의 값을 요구하는 것은?

① 가스 버너
② 유류 버너
③ 미분탄 버너
④ 수동수평화격자

49 저위발열량이 $8,000kcal/Sm^3$인 가스연료의 이론연소온도(℃)는?(단, 이론연소가스량은 $10Sm^3/Sm^3$, 연료연소가스의 평균 정압비열은 $0.35kcal/Sm^3℃$, 기준온도는 실온(15℃), 지금 공기는 예열되지 않으며, 연소가스는 해리되지 않는 것으로 한다)

① 약 2,100
② 약 2,200
③ 약 2,300
④ 약 2,400

해설

이론연소온도 $= \dfrac{\text{저위발열량}}{\text{연소가스량} \times \text{정압비열}} + \text{기준온도}$

$= \dfrac{8,000}{10 \times 0.35} + 15 = 2,301℃$

50 열분해 공정에 대한 설명으로 옳지 않은 것은?

① 배기가스량이 적다.
② 환원성 분위기를 유지할 수 있어 3가크롬이 6가크롬으로 변화하지 않는다.
③ 황분, 중금속분이 회분 속에 고정되는 비율이 적다.
④ 질소산화물의 발생량이 적다.

해설

황분, 중금속분이 회분 속에 고정되는 비율이 크다.

51 열교환기 중 절탄기에 관한 설명으로 틀린 것은?

① 급수예열에 의해 보일러수와의 온도차가 감소함에 따라 보일러 드럼에 열응력이 증가한다.
② 급수온도가 낮을 경우, 굴뚝가스 온도가 저하하면 절탄기 저온부에 접하는 가스온도가 노점에 달하여 절탄기를 부식시킨다.
③ 굴뚝의 가스온도 저하로 인한 굴뚝 통풍력의 감소에 주의하여야 한다.
④ 보일러 전열면을 통하여 연소가스의 여열로 보일러 급수를 예열하여 보일러의 효율을 높이는 장치이다.

해설
급수예열에 의해 보일러수와의 온도차가 감소하므로 보일러 드럼에 발생하는 열응력이 감소한다.

52 액체 주입형 소각로의 단점이 아닌 것은?

① 대기오염 방지시설 이외에 소각재 처리설비가 필요하다.
② 완전히 연소시켜 주어야 하며 내화물의 파손을 막아주어야 한다.
③ 고농도 고형분으로 인하여 버너가 막히기 쉽다.
④ 대량 처리가 어렵다.

해설
대기오염 방지시설 이외에 소각재 처리설비가 필요 없다.

53 수분함량이 20%인 폐기물의 발열량을 단열열량계로 분석한 결과가 1,500kcal/kg이라면 저위발열량(kcal/kg)은?

① 1,320
② 1,380
③ 1,410
④ 1,500

해설
LHV = HHV − 600W = 1,500 − 600 × 0.2 = 1,380kcal/kg

54 폐기물의 저위발열량을 폐기물 3성분 조성비를 바탕으로 추정할 때 3가지 성분에 포함되지 않는 것은?

① 수 분
② 회 분
③ 가연분
④ 휘발분

55 도시폐기물 소각로 설계 시 열수지(Heat Balance) 수립에 필요한 물, 수증기 그리고 건조공기의 열용량(Specific Heat Capacity)은?(단, 단위는 Btu/lb°F이다)

① 1, 0.5, 0.26
② 1, 0.5, 0.5
③ 0.5, 0.5, 0.26
④ 0.5, 0.26, 0.26

정답 51 ① 52 ① 53 ② 54 ④ 55 ①

56 표준상태에서 배기가스 내에 존재하는 CO_2 농도가 0.01%일 때 이것은 몇 mg/m^3인가?

① 146 ② 196
③ 266 ④ 296

해설

$$CO_2\ 0.01\% \times \frac{1}{100} \times \frac{44kg}{22.4m^3} \times \frac{10^6 mg}{kg} ≒ 196\,mg/m^3$$

57 옥테인(C_8H_{18})이 완전연소할 때 AFR은?(단, kg mol_{air}/kg mol_{fuel})

① 15.1 ② 29.1
③ 32.5 ④ 59.5

해설

$C_8H_{18} + aO_2 \rightarrow 8CO_2 + 9H_2O$에서 a는 12.5가 된다.
$C_8H_{18} + 12.5O_2 \rightarrow 8CO_2 + 9H_2O$

$$AFR = \frac{12.5/0.21}{1} ≒ 59.5$$

※ 저자의견 : 문제에서 kg mol_{air}/kg mol_{fuel}는 표현이 잘못되었고, 정답에 근거하면 $kmol_{air}/kmol_{fuel}$로 표시하는 것이 타당하다.

58 유황 함량이 2%인 벙커C유 1.0ton을 연소시킬 경우 발생되는 SO_2의 양(kg)은?(단, 황성분 전량이 SO_2로 전환됨)

① 30 ② 40
③ 50 ④ 60

해설

$S \rightarrow SO_2$
32kg 64kg

$$1,000kg \times 0.02 \times \frac{64kg\ SO_2}{32kg\ S} = 40\,kg$$

59 유동상 소각로의 특징으로 옳지 않은 것은?

① 과잉공기율이 작아도 된다.
② 층 내 압력손실이 작다.
③ 층 내 온도의 제어가 용이하다.
④ 노부하율이 높다.

해설
층 내 압력손실이 크다.

60 할로겐족 함유 폐기물의 소각처리가 적합하지 않은 이유에 관한 설명으로 틀린 것은?

① 소각 시 HCl 등이 발생한다.
② 대기오염 방지시설의 부식문제를 야기한다.
③ 발열량이 다른 성분에 비해 상대적으로 낮다.
④ 연소 시 수증기의 생산량이 많다.

정답 56 ② 57 ④ 58 ② 59 ② 60 ④

제4과목 폐기물공정시험기준(방법)

61 자외선/가시선 분광법으로 크롬을 정량할 때 $KMnO_4$를 사용하는 목적은?

① 시료 중의 총크롬을 6가크롬으로 하기 위해서다.
② 시료 중의 총크롬을 3가크롬으로 하기 위해서다.
③ 시료 중의 총크롬을 이온화하기 위해서다.
④ 다이페닐카바자이드와 반응을 최적화하기 위해서다.

[해설]
ES 06406.3b 크롬-자외선/가시선 분광법
시료 중에 총크롬을 과망간산칼륨($KMnO_4$)을 사용하여 6가크롬으로 산화시킨다.

62 용액의 농도를 %로만 표현하였을 경우를 옳게 나타낸 것은?(단, W : 무게, V : 부피)

① V/V%
② W/W%
③ V/W%
④ W/V%

[해설]
ES 06000.b 총칙

63 시료의 전처리 방법으로 많은 시료를 동시에 처리하기 위하여 회화에 의한 유기물 분해방법을 이용하고자 하며, 시료 중에는 염화칼슘이 다량 함유되어 있는 것으로 조사되었다. 다음 보기 중 회화에 의한 유기물 분해방법이 적용 가능한 중금속은?

① 납(Pb)
② 철(Fe)
③ 안티몬(Sb)
④ 크롬(Cr)

[해설]
ES 06150.e 시료의 준비
시료 중에 염화암모늄, 염화마그네슘, 염화칼슘 등이 높은 비율로 함유된 경우에는 납, 철, 주석, 아연, 안티몬 등이 휘산되어 손실이 발생하므로 주의하여야 한다.

64 원자흡수분광광도법에 의하여 비소를 측정하는 방법에 대한 설명으로 거리가 먼 것은?

① 정량한계는 0.005mg/L이다.
② 운반 가스로 아르곤 가스(순도 99.99% 이상)를 사용한다.
③ 아르곤-수소불꽃에서 원자화시켜 253.7nm에서 흡광도를 측정한다.
④ 전처리한 시료 용액 중에 아연 또는 나트륨붕소수화물을 넣어 생성된 수소화비소를 원자화시킨다.

[해설]
ES 06403.1a 비소-수소화물생성-원자흡수분광광도법
원자흡수분광광도계에 불꽃을 만들기 위해 가연성 가스와 조연성 가스를 사용하는데, 일반적으로 가연성 기체로 아세틸렌을, 조연성 기체로 공기를 사용한다. 193.7nm에서 흡광도를 측정한다.

정답 61 ① 62 ④ 63 ④ 64 ③

65 감염성 미생물의 분석방법으로 가장 거리가 먼 것은?

① 아포균 검사법
② 열멸균 검사법
③ 세균배양 검사법
④ 멸균테이프 검사법

해설
- ES 06701.1a 감염성 미생물-아포균 검사법
- ES 06701.2a 감염성 미생물-세균배양 검사법
- ES 06701.3a 감염성 미생물-멸균테이프 검사법

66 기체크로마토그래피에 관한 일반적인 사항으로 옳지 않은 것은?

① 충전물로서 적당한 담체에 고정상 액체를 함침시킨 것을 사용할 경우 기체-액체 크로마토그래피법이라 한다.
② 무기화합물에 대한 정성 및 정량분석에 이용된다.
③ 운반기체는 시료도입부로부터 분리관 내를 흘러서 검출기를 통하여 외부로 방출된다.
④ 시료도입부, 분리관 검출기 등은 필요한 온도를 유지해 주어야 한다.

해설
유기화합물에 대한 정성 및 정량분석에 이용된다.

67 중량법에 의한 기름성분 분석방법에 관한 설명으로 옳지 않은 것은?

① 시료를 직접 사용하거나, 시료에 적당한 응집제 또는 흡착제 등을 넣어 노말헥산 추출물질을 포집한 다음 노말헥산으로 추출한다.
② 시험기준의 정량한계는 0.1% 이하로 한다.
③ 폐기물 중의 휘발성이 높은 탄화수소, 탄화수소 유도체, 그리스유상물질 중 노말헥산에 용해되는 성분에 적용한다.
④ 눈에 보이는 이물질이 들어 있을 때에는 제거해야 한다.

해설
ES 06302.1b 기름성분-중량법
폐기물 중의 비교적 휘발되지 않는 탄화수소, 탄화수소유도체, 그리스유상물질 중 노말헥산에 용해되는 성분에 적용한다.

68 석면의 종류 중 백석면의 형태와 색상에 관한 내용으로 가장 거리가 먼 것은?

① 곧은 물결 모양의 섬유
② 다발의 끝은 분산
③ 다색성
④ 가열되면 무색~밝은 갈색

해설
ES 06305.1 석면-편광현미경법

석면의 종류	형태와 색상
백석면	• 꼬인 물결 모양의 섬유 • 다발의 끝은 분산 • 가열되면 무색~밝은 갈색 • 다색성 • 종횡비는 전형적으로 10 : 1 이상

정답 65 ② 66 ② 67 ③ 68 ①

69 기체크로마토그래피에 의한 휘발성 저급염소화 탄화수소류 분석방법에 관한 설명과 가장 거리가 먼 것은?

① 끓는점이 낮거나 비극성 유기화합물들이 함께 추출되어 간섭현상이 일어난다.
② 시료 중에 트라이클로로에틸렌(C_2HCl_3)의 정량한계는 0.008mg/L, 테트라클로로에틸렌(C_2Cl_4)의 정량한계는 0.002mg/L이다.
③ 다이클로로메테인과 같은 휘발성 유기물은 보관이나 운반 중에 격막(Septum)을 통해 시료 안으로 확산되어 시료를 오염시킬 수 있으므로 현장바탕시료로서 이를 점검하여야 한다.
④ 다이클로로메테인과 같이 머무름 시간이 짧은 화합물은 용매의 피크와 겹쳐 분석을 방해할 수 있다.

해설
ES 06602.1b 휘발성 저급염소화 탄화수소류-기체크로마토그래피
- 추출 용매에는 분석성분의 머무름 시간에서 피크가 나타나는 간섭물질이 있을 수 있다. 추출 용매 안에 간섭물질이 발견되면 증류하거나 칼럼크로마토그래피에 의해 제거한다.
- 이 실험으로 끓는점이 높거나 극성 유기화합물들이 함께 추출되므로 이들 중에는 분석을 간섭하는 물질이 있을 수 있다.

70 시안의 자외선/가시선 분광법에 관한 내용으로 ( )에 옳은 내용은?

> 클로라민 T와 피리딘·피라졸론 혼합액을 넣어 나타나는 ( )에서 측정한다.

① 적색을 460nm
② 황갈색을 560nm
③ 적자색을 520nm
④ 청색을 620nm

해설
ES 06351.1 시안-자외선/가시선 분광법
폐기물 중에 시안화합물을 측정하는 방법으로, 시료를 pH 2 이하의 산성으로 조절한 후에 에틸렌다이아민테트라아세트산이나트륨을 넣고 가열 증류하여 시안화합물을 시안화수소로 유출시켜 수산화나트륨용액에 포집한 다음 중화하고 클로라민-T와 피리딘·피라졸론 혼합액을 넣어 나타나는 청색을 620nm에서 측정하는 방법이다.

71 원자흡수분광도법에서 일어나는 분광학적 간섭에 해당하는 것은?

① 불꽃 중에서 원자가 이온화하는 경우
② 시료용액의 점성이나 표면장력 등에 의하여 일어나는 경우
③ 분석에 사용하는 스펙트럼선이 다른 인접선과 완전히 분리되지 않는 경우
④ 공존물질과 작용하여 해리하기 어려운 화합물이 생성되어 흡광에 관계하는 기저상태의 원자수가 감소하는 경우

해설
※ 출처 : 수질오염공정시험기준(2008. 7)

72 폐기물 시료의 용출시험방법에 대한 설명으로 틀린 것은?

① 지정폐기물의 판정이나 매립방법을 결정하기 위한 시험에 적용한다.
② 시료 100g 이상을 정확히 달아 정제수에 염산을 넣어 pH를 4.5~5.3으로 맞춘 용매와 1 : 5의 비율로 혼합한다.
③ 진탕여과한 액을 검액으로 사용하나 여과가 어려운 경우 원심분리기를 이용한다.
④ 용출시험 결과는 수분함량 보정을 위해 함수율 85% 이상인 시료에 한하여 [15 / (100 − 시료의 함수율(%))]을 곱하여 계산된 값으로 한다.

해설
ES 06150.e 시료의 준비
시료 100g 이상을 정확히 달아 정제수에 염산을 넣어 pH를 5.8~6.3으로 맞춘 용매(mL)를 시료 : 용매 = 1 : 10(W : V)의 비로 2,000mL 삼각 플라스크에 넣어 혼합한다.

정답 69 ① 70 ④ 71 ③ 72 ②

73 수소이온농도(pH) 시험방법에 관한 설명으로 틀린 것은?(단, 유리전극법 기준)

① pH를 0.1까지 측정한다.
② 기준전극은 은-염화은의 칼로멜 전극 등으로 구성된 전극으로 pH측정기에서 측정전위값의 기준이 된다.
③ 유리전극은 일반적으로 용액의 색도, 탁도, 콜로이드성 물질들, 산화 및 환원성 물질들 그리고 염도에 의해 간섭을 받지 않는다.
④ pH는 온도변화에 영향을 받는다.

해설
ES 06304.1 수소이온농도-유리전극법
pH를 0.01까지 측정한다.

74 대상폐기물의 양이 1,100ton인 경우 현장시료의 최소 수(개)는?

① 40　　② 50
③ 60　　④ 80

해설
ES 06130.d 시료의 채취

대상폐기물의 양(단위 : ton)	시료의 최소수
1 미만	6
1 이상 ~ 5 미만	10
5 이상 ~ 30 미만	14
30 이상 ~ 100 미만	20
100 이상 ~ 500 미만	30
500 이상 ~ 1,000 미만	36
1,000 이상 ~ 5,000 미만	50
5,000 이상	60

75 폐기물 소각시설의 소각재 시료채취에 관한 내용 중 회분식 연소 방식의 소각재 반출설비에서의 시료채취 내용으로 옳은 것은?

① 하루 동안의 운행시간에 따라 매 시간마다 2회 이상 채취하는 것을 원칙으로 한다.
② 하루 동안의 운행시간에 따라 매 시간마다 3회 이상 채취하는 것을 원칙으로 한다.
③ 하루 동안의 운전횟수에 따라 매 운전 시마다 2회 이상 채취하는 것을 원칙으로 한다.
④ 하루 동안의 운전횟수에 따라 매 운전 시마다 3회 이상 채취하는 것을 원칙으로 한다.

해설
ES 06130.d 시료의 채취

76 시안(CN)을 분석하기 위한 자외선/가시선 분광법에 대한 설명으로 옳지 않은 것은?

① 시안화합물을 측정할 때 방해물질들은 증류하면 대부분 제거된다.
② 정량한계는 0.01mg/L이다.
③ pH 2 이하 산성에서 피리딘·피라졸론을 넣고 가열 증류한다.
④ 유출되는 시안화수소를 수산화나트륨용액으로 포집한 다음 중화한다.

해설
ES 06351.1 시안-자외선/가시선 분광법
폐기물 중에 시안화합물을 측정하는 방법으로, 시료를 pH 2 이하의 산성으로 조절한 후에 에틸렌다이아민테트라아세트산이나트륨을 넣고 가열 증류하여 시안화합물을 시안화수소로 유출시켜 수산화나트륨용액에 포집한 다음 중화하고 클로라민-T와 피리딘·피라졸론 혼합액을 넣어 나타나는 청색을 620nm에서 측정하는 방법이다.

정답 73 ① 74 ② 75 ③ 76 ③

77 총칙에서 규정하고 있는 내용으로 틀린 것은?

① '항량으로 될 때까지 건조한다' 함은 같은 조건에서 10시간 더 건조할 때 전후 무게의 차가 g당 0.1mg 이하일 때를 말한다.
② '방울수'라 함은 20℃에서 정제수 20방울을 적하할 때, 그 부피가 약 1mL 되는 것을 뜻한다.
③ '감압 또는 진공'이라 함은 따로 규정이 없는 한 15mmHg 이하를 뜻한다.
④ 무게를 '정확히 단다'라 함은 규정된 수치의 무게를 0.1mg까지 다는 것을 말한다.

해설
ES 06000.b 총칙
'항량으로 될 때까지 건조한다.'라 함은 같은 조건에서 1시간 더 건조할 때 전후 무게의 차가 g당 0.3mg 이하일 때를 말한다.

78 시료의 조제방법에 관한 설명으로 틀린 것은?

① 시료의 축소방법에는 구획법, 교호삽법, 원추4분법이 있다.
② 소각 잔재, 슬러지 또는 입자상 물질 중 입경이 5mm 이상인 것은 분쇄하여 체로 걸러서 입경이 0.5~5mm로 한다.
③ 시료의 축소방법 중 구획법은 대시료를 네모꼴로 엷게 균일한 두께로 편 후, 가로 4등분, 세로 5등분하여 20개의 덩어리로 나누어 20개의 각 부분에서 균등량씩 취해 혼합하여 하나의 시료로 한다.
④ 축소라 함은 폐기물에서 시료를 채취할 경우 혹은 조제된 시료의 양이 많은 경우에 모은 시료의 평균적 성질을 유지하면서 양을 감소시켜 측정용 시료를 만드는 것을 말한다.

해설
ES 06130.d 시료의 채취
소각 잔재, 슬러지 또는 입자상 물질은 그대로 작은 돌멩이 등의 이물질을 제거하고, 이외의 폐기물 중 입경이 5mm 미만인 것은 그대로, 입경이 5mm 이상인 것은 분쇄하여 체로 거른 후 입경이 0.5~5mm로 한다.

79 폐기물 시료 20g에 고형물 함량이 1.2g이었다면 다음 중 어떤 폐기물에 속하는가?(단, 폐기물의 비중 = 1.0)

① 액상폐기물
② 반액상폐기물
③ 반고상폐기물
④ 고상폐기물

해설
ES 06000.b 총칙

고형물 함량 $= \dfrac{1.2}{20} \times 100 = 6\%$

액상폐기물	고형물 함량 5% 미만
반고상폐기물	고형물 함량 5% 이상 15% 미만
고상폐기물	고형물 함량 15% 이상

80 PCB 측정 시 시료의 전처리 조작으로 유분의 제거를 위하여 알칼리 분해를 실시하는 과정에서 알칼리제로 사용하는 것은?

① 산화칼슘
② 수산화칼륨
③ 수산화나트륨
④ 수산화칼슘

해설
ES 06502.1b 폴리클로리네이티드비페닐(PCBs)-기체크로마토그래피
전기절연유와 같은 유분이 많은 폐유 시료의 경우 가능한 한도 내에서 소량의 채취가 필요하므로 약 0.1~1mL(또는 g) 정도의 시료를 200mL 분해 플라스크에 취한 다음 수산화칼륨/에틸알코올용액(1M) 50mL를 첨가하여 환류냉각기를 부착하고 수욕상에서 1시간 정도 알칼리 분해를 시킨다.

정답 77 ① 78 ② 79 ③ 80 ②

제5과목 폐기물관계법규

81 폐기물처리시설을 설치·운영하는 자는 환경부령이 정하는 기간마다 정기검사를 받아야 한다. 음식물류 폐기물 처리시설인 경우의 검사기간 기준으로 ( )에 옳은 것은?

> 최초 정기검사는 사용개시일부터 (㉠)이 되는 날, 2회 이후의 정기검사는 최종 정기검사일부터 (㉡)이 되는 날

① ㉠ 3년　㉡ 3년
② ㉠ 1년　㉡ 3년
③ ㉠ 3개월　㉡ 3개월
④ ㉠ 1년　㉡ 1년

해설
폐기물관리법 시행규칙 제41조(폐기물처리시설의 사용신고 및 검사)

82 에너지 회수기준으로 알맞지 않은 것은?

① 다른 물질과 혼합하지 아니하고 해당 폐기물의 저위발열량이 kg당 3,000kcal 이상일 것
② 환경부장관이 정하여 고시하는 경우에는 폐기물의 30% 이상을 원료나 재료로 재활용하고 그 나머지 중에서 에너지의 회수에 이용할 것
③ 회수열을 50% 이상 열원으로 스스로 이용하거나 다른 사람에게 공급할 것
④ 에너지의 회수효율(회수에너지 총량을 투입에너지 총량으로 나눈 비율을 말한다)이 75% 이상으로 할 것

해설
폐기물관리법 시행규칙 제3조(에너지 회수기준 등)
회수열을 모두 열원, 전기 등의 형태로 스스로 이용하거나 다른 사람에게 공급할 것

83 음식물류 폐기물을 대상으로 하는 폐기물 처분시설의 기술관리인의 자격으로 틀린 것은?

① 일반기계산업기사
② 전기기사
③ 토목산업기사
④ 대기환경산업기사

해설
폐기물관리법 시행규칙 [별표 14] 기술관리인의 자격기준

매립시설	폐기물처리기사, 수질환경기사, 토목기사, 일반기계기사, 건설기계설비기사, 화공기사, 토양환경기사 중 1명 이상
소각시설(의료폐기물을 대상으로 하는 소각시설은 제외한다), 시멘트 소성로, 용해로 및 소각열회수시설	폐기물처리기사, 대기환경기사, 토목기사, 일반기계기사, 건설기계설비기사, 화공기사, 전기기사, 전기공사기사, 에너지관리기사 중 1명 이상
의료폐기물을 대상으로 하는 시설	폐기물처리산업기사, 임상병리사, 위생사 중 1명 이상
음식물류 폐기물을 대상으로 하는 시설	폐기물처리산업기사, 수질환경산업기사, 화공산업기사, 토목산업기사, 대기환경산업기사, 일반기계기사, 전기기사 중 1명 이상

84 폐기물처리시설을 설치·운영하는 자가 폐기물처리시설의 유지·관리에 관한 기술관리대행을 체결할 경우 대행하게 할 수 있는 자로서 옳지 않은 것은?

① 한국환경공단
② 엔지니어링산업 진흥법에 따라 신고한 엔지니어링사업자
③ 기술사법에 따른 기술사사무소
④ 국립환경과학원

해설
폐기물관리법 시행령 제16조(기술관리대행자)

정답 81 ④ 82 ③ 83 ① 84 ④

85 기술관리인을 두어야 할 폐기물처리시설은?(단, 폐기물처리업자가 운영하는 폐기물처리시설 제외)

① 사료화·퇴비화시설로서 1일 처리능력이 1ton인 시설
② 최종처분시설 중 차단형 매립시설에 있어서는 면적이 200㎡인 매립시설
③ 지정폐기물 외의 폐기물을 매립하는 시설로서 매립용적이 20,000㎥인 시설
④ 연료화시설로서 1일 재활용능력이 10ton인 시설

해설
폐기물관리법 시행령 제15조(기술관리인을 두어야 할 폐기물처리시설)
- 매립시설의 경우
  - 지정폐기물을 매립하는 시설로서 면적이 3,300㎡ 이상인 시설. 다만, 최종처분시설 중 차단형 매립시설에서는 면적이 330㎡ 이상이거나 매립용적이 1,000㎥ 이상인 시설로 한다.
  - 지정폐기물 외의 폐기물을 매립하는 시설로서 면적이 10,000㎡ 이상이거나 매립용적이 30,000㎥ 이상인 시설
- 소각시설로서 시간당 처분능력이 600kg(의료폐기물을 대상으로 하는 소각시설의 경우에는 200kg) 이상인 시설
- 압축·파쇄·분쇄 또는 절단시설로서 1일 처분능력 또는 재활용능력이 100ton 이상인 시설
- 사료화·퇴비화 또는 연료화시설로서 1일 재활용능력이 5ton 이상인 시설
- 멸균분쇄시설로서 시간당 처분능력이 100kg 이상인 시설
- 시멘트 소성로
- 용해로(폐기물에서 비철금속을 추출하는 경우로 한정한다)로서 시간당 재활용능력이 600kg 이상인 시설
- 소각열회수시설로서 시간당 재활용능력이 600kg 이상인 시설

86 주변지역 영향 조사대상 폐기물 처리시설의 기준으로 옳은 것은?

① 1일처리 능력이 100ton 이상인 사업장 폐기물 소각시설
② 매립면적 3,300㎡ 이상의 사업장 지정폐기물 매립시설
③ 매립용적 3만㎥ 이상의 사업장 지정폐기물 매립시설
④ 매립면적 15만㎡ 이상의 사업장 일반폐기물 매립시설

해설
폐기물관리법 시행령 제14조(주변지역 영향 조사대상 폐기물처리시설)
- 1일 처분능력이 50ton 이상인 사업장폐기물 소각시설(같은 사업장에 여러 개의 소각시설이 있는 경우에는 각 소각시설의 1일 처분능력의 합계가 50ton 이상인 경우를 말한다)
- 매립면적 1만㎡ 이상의 사업장 지정폐기물 매립시설
- 매립면적 15만㎡ 이상의 사업장 일반폐기물 매립시설
- 시멘트 소성로(폐기물을 연료로 사용하는 경우로 한정한다)
- 1일 재활용능력이 50ton 이상인 사업장폐기물 소각열회수시설(같은 사업장에 여러 개의 소각열회수시설이 있는 경우에는 각 소각열회수시설의 1일 재활용능력의 합계가 50ton 이상인 경우를 말한다)

87 의료폐기물 중 일반의료폐기물이 아닌 것은?

① 일회용 주사기
② 수액세트
③ 혈액·체액·분비물·배설물이 함유되어 있는 탈지면
④ 파손된 유리재질의 시험기구

해설
폐기물관리법 시행령 [별표 2] 의료폐기물의 종류
손상성폐기물 : 주삿바늘, 봉합바늘, 수술용 칼날, 한방침, 치과용 침, 파손된 유리재질의 시험기구

88 폐기물처리시설의 폐쇄명령을 이행하지 아니한 자에 대한 벌칙기준은?

① 1년 이하의 징역 또는 1천만원 이하의 벌금
② 2년 이하의 징역 또는 2천만원 이하의 벌금
③ 3년 이하의 징역 또는 3천만원 이하의 벌금
④ 5년 이하의 징역 또는 5천만원 이하의 벌금

해설
폐기물관리법 제64조(벌칙)

89 관리형 매립시설 침출수 중 COD의 청정지역 배출 허용기준으로 적합한 것은?(단, 청정지역은 물환경보전법 시행규칙의 지역 구분에 따른다)

① 200mg/L
② 400mg/L
③ 600mg/L
④ 800mg/L

해설
폐기물관리법 시행규칙 [별표 11] 폐기물 처분시설 또는 재활용시설의 관리기준
매립시설 침출수의 생물화학적 산소요구량·화학적 산소요구량·부유물질량의 배출허용기준

구 분	생물화학적 산소요구량 (mg/L)	화학적 산소요구량 (mg/L)	부유물질량 (mg/L)
청정지역	30	200	30
가지역	50	300	50
나지역	70	400	70

90 폐기물처리사업 계획의 적합통보를 받은 자 중 소각시설의 설치가 필요한 경우에는 환경부장관이 요구하는 시설·장비·기술능력을 갖추어 허가를 받아야 한다. 허가신청서에 추가서류를 첨부하여 적합통보를 받은 날부터 언제까지 시·도지사에게 제출하여야 하는가?

① 6개월 이내 ② 1년 이내
③ 2년 이내   ④ 3년 이내

해설
폐기물관리법 제25조(폐기물처리업)

91 폐기물처리업자, 폐기물처리시설을 설치·운영하는 자 등은 환경부령이 정하는 바에 따라 장부를 갖추어 두고, 폐기물의 발생·배출·처리상황 등을 기록하여 최종 기재한 날부터 얼마 동안 보존하여야 하는가?

① 6개월 ② 1년
③ 3년   ④ 5년

해설
폐기물관리법 제36조(장부 등의 기록과 보존)

92 사업장일반폐기물배출자가 그의 사업장에서 발생하는 폐기물을 보관할 수 있는 기간 기준은?(단, 중간가공 폐기물의 경우는 제외)

① 보관이 시작된 날로부터 45일
② 보관이 시작된 날로부터 90일
③ 보관이 시작된 날로부터 120일
④ 보관이 시작된 날로부터 180일

해설
폐기물관리법 시행규칙 [별표 5] 폐기물의 처리에 관한 구체적 기준 및 방법

정답 88 ④ 89 ① 90 ④ 91 ③ 92 ②

93 폐기물 관리의 기본원칙으로 틀린 것은?

① 폐기물은 소각, 매립 등의 처분을 하기보다는 우선적으로 재활용함으로써 자원생산성의 향상에 이바지하도록 하여야 한다.
② 국내에서 발생한 폐기물은 가능하면 국내에서 처리되어야 하고, 폐기물은 수입할 수 없다.
③ 누구든지 폐기물을 배출하는 경우에는 주변 환경이나 주민의 건강에 위해를 끼치지 아니하도록 사전에 적절한 조치를 하여야 한다.
④ 사업자는 제품의 생산방식 등을 개선하여 폐기물의 발생을 최대한 억제하고, 발생한 폐기물을 스스로 재활용함으로써 폐기물의 배출을 최소화하여야 한다.

해설
폐기물관리법 제3조의2(폐기물 관리의 기본원칙)
국내에서 발생한 폐기물은 가능하면 국내에서 처리되어야 하고, 폐기물의 수입은 되도록 억제되어야 한다.

94 사업장폐기물배출자는 배출기간이 2개 연도 이상에 걸치는 경우에는 매 연도의 폐기물 처리실적을 언제까지 보고하여야 하는가?

① 당해 12월 말까지
② 다음 연도 1월 말까지
③ 다음 연도 2월 말까지
④ 다음 연도 3월 말까지

해설
폐기물관리법 시행규칙 제60조(보고서의 제출)

95 폐기물처리시설을 설치·운영하는 자는 오염물질의 측정결과를 매 분기가 끝나는 달의 다음 달 며칠까지 시·도지사나 지방환경관서의 장에게 보고하여야 하는가?

① 5일   ② 10일
③ 15일 ④ 20일

해설
폐기물관리법 시행규칙 제43조(오염물질의 측정)

96 100만원 이하의 과태료가 부과되는 경우에 해당되는 것은?

① 폐기물처리 가격의 최저액보다 낮은 가격으로 폐기물처리를 위탁한 자
② 폐기물운반자가 규정에 의한 서류를 지니지 아니하거나 내보이지 아니한 자
③ 장부를 기록 또는 보존하지 아니하거나 거짓으로 기록한 자
④ 처리이행보증보험의 계약을 갱신하지 아니하거나 처리이행보증금의 증액 조정을 신청하지 아니한 자

해설
폐기물관리법 제68조(과태료)

정답 93 ② 94 ③ 95 ② 96 ③

97 폐기물처리시설인 재활용시설 중 기계적 재활용시설과 가장 거리가 먼 것은?

① 연료화시설
② 골재가공시설
③ 증발·농축시설
④ 유수분리시설

해설
폐기물관리법 시행령 [별표 3] 폐기물처리시설의 종류
골재가공시설은 그 자체로 별도 분류된다.

98 폐기물 발생량 억제 지침 준수의무 대상 배출자의 규모에 대한 기준으로 옳은 것은?

① 최근 3년간 연평균 배출량을 기준으로 지정폐기물을 100ton 이상 배출하는 자
② 최근 3년간 연평균 배출량을 기준으로 지정폐기물을 200ton 이상 배출하는 자
③ 최근 3년간 연평균 배출량을 기준으로 지정폐기물 외의 폐기물을 250ton 이상 배출하는 자
④ 최근 3년간 연평균 배출량을 기준으로 지정폐기물 외의 폐기물을 500ton 이상 배출하는 자

해설
폐기물관리법 시행령 [별표 5] 폐기물 발생 억제 지침 준수의무 대상 배출자의 업종 및 규모
• 최근 3년간의 연평균 배출량을 기준으로 지정폐기물을 100ton 이상 배출하는 자
• 최근 3년간의 연평균 배출량을 기준으로 지정폐기물 외의 폐기물(건설폐기물은 제외한다)을 1,000ton 이상 배출하는 자
※ 해당 법 개정으로 삭제〈2024.8.13.〉

99 폐기물처리업자(폐기물 재활용업자)의 준수사항에 관한 내용으로 ( )에 알맞은 것은?

> 유기성 오니를 화력발전소에서 연료로 사용하기 위하여 가공하는 자는 유기성 오니 연료의 저위발열량, 수분 함유량, 회분 함유량, 황분 함유량, 길이 및 금속성분을 ( ) 측정하여 그 결과를 시·도지사에게 제출하여야 한다.

① 매 월 1회 이상
② 매 2월 1회 이상
③ 매 분기당 1회 이상
④ 매 반기당 1회 이상

해설
폐기물관리법 시행규칙 [별표 8] 폐기물처리업자의 준수사항

100 사업장폐기물을 공동으로 처리할 수 있는 사업자(둘 이상의 사업장폐기물배출자)에 해당하지 않는 자는?

① 여객자동차 운수사업법에 따라 여객자동차 운송사업을 하는 자
② 공중위생관리법에 따라 세탁업을 하는 자
③ 출판문화산업 진흥법 관련 규정의 출판사를 경영하는 자
④ 의료폐기물을 배출하는 자

해설
폐기물관리법 시행규칙 제21조(사업장폐기물의 공동처리 등)

정답 97 ② 98 ① 99 ③ 100 ③

2022년 제1회 과년도 기출문제

제1과목 폐기물개론

01 폐기물에 관한 설명으로 ( )에 가장 적절한 개념은?

> 폐기물을 재질이나 물리화학적 특성의 변화를 가져오는 가공처리를 통하여 다른 용도로 사용될 수 있는 상태로 만드는 것을 ( )(이)라 한다.

① 재활용(Recycling)
② 재사용(Reuse)
③ 재이용(Reutilization)
④ 재회수(Recovery)

02 물렁거리는 가벼운 물질로부터 딱딱한 물질을 선별하는 데 사용하는 선별 분류법으로 경사진 컨베이어를 통해 폐기물을 주입시켜 천천히 회전하는 드럼 위에 떨어뜨려서 분류하는 것은?

① Jigs
② Table
③ Secators
④ Stoners

03 국내에서 발생되는 사업장폐기물 및 지정폐기물의 특성에 대한 설명으로 가장 거리가 먼 것은?

① 사업장폐기물 중 가장 높은 증가율을 보이는 것은 폐유이다.
② 지정폐기물은 사업장폐기물의 한 종류이다.
③ 일반사업장폐기물 중 무기물류가 가장 많은 비중을 차지하고 있다.
④ 지정폐기물 중 그 배출량이 가장 많은 것은 폐산·폐알칼리이다.

해설
폐유는 지정폐기물의 한 종류이다.

04 인력 선별에 관한 설명으로 옳지 않은 것은?

① 사람의 손을 통한 수동 선별이다.
② 컨베이어 벨트의 한쪽 또는 양쪽에서 사람이 서서 선별한다.
③ 기계적인 선별보다 작업량이 떨어질 수 있다.
④ 선별의 정확도가 낮고 폭발가능 물질 분류가 어렵다.

해설
인력 선별 시 선별의 정확도가 높고, 폭발가능 물질을 분류할 수 있다.

정답 1① 2③ 3① 4④

05 쓰레기의 양이 2,000m³이며, 밀도는 0.95ton/m³이다. 적재용량 20ton의 트럭이 있다면 운반하는 데 몇 대의 트럭이 필요한가?

① 48대 ② 50대
③ 95대 ④ 100대

해설
운반할 쓰레기의 중량 = 2,000m³ × 0.95ton/m³ = 1,900ton

∴ 운반횟수 = $\frac{1,900\text{ton}}{20\text{ton/대}}$ = 95대

06 함수율 95%의 슬러지를 함수율 80%인 슬러지로 만들려면 슬러지 1ton당 증발시켜야 하는 수분의 양(kg)은?(단, 비중은 1.0 기준)

① 750 ② 650
③ 550 ④ 450

해설
$w_1 = 95$, $w_2 = 80$, $V_1 = 1,000$kg

$\frac{V_2}{V_1} = \frac{100 - w_1}{100 - w_2}$

$\frac{V_2}{1,000} = \frac{100 - 95}{100 - 80} = \frac{5}{20} = 0.25$

$V_2 = 250$kg

∴ 증발시켜야 하는 수분의 양 = 1,000 − 250 = 750kg

07 분뇨를 혐기성 소화공법으로 처리할 때 발생하는 CH₄ 가스의 부피는 분뇨투입량의 약 8배라고 한다. 분뇨를 500kL/day씩 처리하는 소화시설에서 발생하는 CH₄ 가스를 24시간 균등연소시킬 때 시간당 발열량(kcal/h)은?(단, CH₄ 가스의 발열량 = 약 5,500kcal/m³)

① 9.2×10^5 ② 5.5×10^6
③ 2.5×10^7 ④ 1.5×10^8

해설
1kL = 1m³이므로 CH₄ 발생량 = 500m³/day × 8 = 4,000m³/day

∴ $\frac{4,000\text{m}^3/\text{day} \times 5,500\text{kcal/m}^3}{24\text{h/day}}$ = 9.2×10^5kcal/h

08 폐기물의 밀도가 0.45ton/m³인 것을 압축기로 압축하여 0.75ton/m³로 하였을 때 부피감소율(%)은?

① 36 ② 40
③ 44 ④ 48

해설
• 밀도가 0.45ton/m³인 폐기물 1ton의 부피
 = $\frac{1\text{ton}}{0.45\text{ton/m}^3}$ = 2.22m³

• 밀도가 0.75ton/m³인 폐기물 1ton의 부피
 = $\frac{1\text{ton}}{0.75\text{ton/m}^3}$ = 1.33m³

∴ 부피감소율 = $\frac{\text{감소된 부피}(V_i - V_f)}{\text{압축 전 부피}(V_i)} \times 100$

= $\frac{2.22 - 1.33}{2.22} \times 100 = 40\%$

09 쓰레기 수거노선 설정에 대한 설명으로 가장 거리가 먼 것은?

① 출발점은 차고와 가까운 곳으로 한다.
② 언덕지역의 경우 내려가면서 수거한다.
③ 발생량이 많은 곳은 하루 중 가장 나중에 수거한다.
④ 될 수 있는 한 시계방향으로 수거한다.

해설
발생량이 많은 곳은 하루 중 가장 먼저 수거한다.

정답 5 ③ 6 ① 7 ① 8 ② 9 ③

10 생활폐기물 중 포장폐기물 감량화에 대한 설명으로 옳은 것은?

① 포장지의 무료 제공
② 상품의 포장공간 비율 감소화
③ 백화점 자체 봉투 사용 장려
④ 백화점에서 구매 직후 상품 겉포장 벗기는 행위 금지

11 폐기물의 운송기술에 대한 설명으로 틀린 것은?

① 파이프라인 수송은 폐기물의 발생 빈도가 높은 곳에서는 현실성이 있다.
② 모노레일 수송은 가설이 곤란하고 설치비가 고가이다.
③ 컨베이어 수송은 넓은 지역에서 사용되고 사용 후 세정에 많은 물을 사용해야 한다.
④ 파이프라인 수송은 장거리 이송이 곤란하고 투입구를 이용한 범죄나 사고의 위험이 있다.

> **해설**
> 컨테이너철도 수송은 광대한 지역에서 적용할 수 있는 방법이며, 컨테이너의 세정에 많은 물이 요구되어 폐수처리의 문제가 발생한다.

12 폐기물 연소 시 저위발열량과 고위발열량의 차이를 결정짓는 물질은?

① 물
② 탄소
③ 소각재의 양
④ 유기물 총량

> **해설**
> **저위발열량**
> • 고위발열량에서 물의 증발잠열에 해당하는 열량을 빼준 값이다.
> • 저위발열량 = 고위발열량 − 600 × (9H + W)

13 적환장을 이용한 수집, 수송에 관한 설명으로 가장 거리가 먼 것은?

① 소형의 차량으로 폐기물을 수거하여 대형 차량에 적환 후 수송하는 시스템이다.
② 처리장이 원거리에 위치할 경우 적환장을 설치한다.
③ 적환장은 수송차량에 싣는 방법에 따라서 직접투하식, 간접투하식으로 구별된다.
④ 적환장 설치장소는 쓰레기 발생 지역의 무게중심에 되도록 가까운 곳이 알맞다.

> **해설**
> 적환장은 적재하는 방식에 따라 직접투하방식, 저장투하방식, 직접투하와 저장투하의 결합방식 등이 있다.

14 발열량에 대한 설명으로 옳지 않은 것은?

① 우리나라 소각로의 설계 시 이용하는 열량은 저위발열량이다.
② 수분을 50% 이상 함유하는 쓰레기는 삼성분 조성비를 바탕으로 발열량을 측정하여야 오차가 작다.
③ 폐기물의 가연분, 수분, 회분의 조성비로 저위발열량을 추정할 수 있다.
④ Dulong 공식에 의한 발열량 계산은 화학적 원소 분석을 기초로 한다.

> **해설**
> 삼성분 조성비로 발열량을 측정하는 것은 근사적인 방법으로, 정확한 발열량을 측정할 수 없다.

15 쓰레기 발생량 조사방법이 아닌 것은?

① 적재차량 계수분석법
② 직접계근법
③ 물질수지법
④ 경향법

해설
경향법은 폐기물 발생량 예측방법이다.

16 폐기물 수거방법 중 수거효율이 가장 높은 방법은?

① 대형 쓰레기통 수거
② 문전식 수거
③ 타종식 수거
④ 적환식 수거

해설
타종식 수거는 환경미화원이 폐기물을 수거할 때 소리나는 종을 치거나, 차량의 스피커로 청소수거차량이 왔다는 것을 알려서 쓰레기 배출자가 직접 폐기물을 들고 나와 청소수거차량에 싣는 수거방식으로 현재 사용하지 않는 방법이다.

17 폐기물 발생량 조사방법에 관한 설명으로 틀린 것은?

① 물질수지법은 일반적인 생활폐기물 발생량을 추산할 때 주로 이용한다.
② 적재차량 계수분석법은 일정기간 동안 특정지역의 폐기물 수거, 운반차량의 대수를 조사하여 이 결과에 밀도를 이용하여 질량으로 환산하는 방법이다.
③ 직접계근법은 비교적 정확한 폐기물 발생량을 파악할 수 있다.
④ 직접계근법은 적재차량 계수분석에 비하여 작업량이 많고 번거롭다는 단점이 있다.

해설
물질수지법은 산업폐기물의 발생량을 추산할 때 사용한다.

18 퇴비화 과정의 초기단계에서 나타나는 미생물은?

① *Bacillus* sp.
② *Streptomyces* sp.
③ *Aspergillus fumigatus*
④ *Fungi*

정답 15 ④ 16 ③ 17 ① 18 ④

19 폐기물의 운송을 돕기 위하여 압축할 때, 부피감소율(Volume Reduction)이 45%이었다. 압축비(Compaction Ratio)는?

① 1.42
② 1.82
③ 2.32
④ 2.62

해설
부피감소율이 45%이므로
$$45 = \frac{V_i - V_f}{V_i} \times 100$$
$$45 V_i = 100 V_i - 100 V_f$$
$$55 V_i = 100 V_f$$
$$\therefore \frac{V_i}{V_f} = CR = 1.82$$

20 도시쓰레기 중 비가연성 부분이 중량비로 약 40% 차지하였다. 밀도가 350kg/m³인 쓰레기 8m³가 있을 때 가연성 물질의 양(ton)은?

① 2.8   ② 1.92
③ 1.68   ④ 1.12

해설
비가연성 부분이 40%이므로, 가연성 부분은 60%이다.
질량 = 밀도 × 부피이므로,
∴ 가연성 물질의 양 = 350kg/m³ × 8m³ × 0.6 = 1,680kg
= 1.68ton

제2과목 폐기물처리기술

21 폐기물을 수평으로 고르게 깔고 압축하면서 폐기물층과 복토층을 교대로 쌓는 공법은?

① Cell 공법
② 압축매립 공법
③ 샌드위치 공법
④ 도랑형 매립 공법

해설
샌드위치 공법

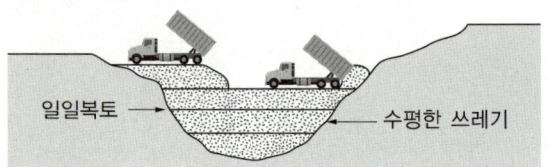

22 호기성 퇴비화 4단계에 따른 온도변화로 가장 알맞은 것은?

① 고온단계 - 중온단계 - 냉각단계 - 숙성단계
② 중온단계 - 고온단계 - 냉각단계 - 숙성단계
③ 냉각단계 - 중온단계 - 고온단계 - 숙성단계
④ 숙성단계 - 냉각단계 - 중온단계 - 고온단계

23 유해폐기물의 고형화 처리 중 무기적 고형화에 비하여 유기적 고형화의 특징에 대한 설명으로 틀린 것은?

① 수밀성이 크고, 처리비용이 고가이다.
② 미생물, 자외선에 대한 안정성이 강하다.
③ 방사성 폐기물처리에 많이 적용한다.
④ 최종 고화체의 체적 증가가 다양하다.

해설
유기적 고형화는 유기물을 이용하므로 미생물, 자외선에 대한 안정성이 약하다.

24 유해폐기물을 고화처리하는 방법 중 유기중합체법에 대한 설명이다. 단점으로 옳지 않은 것은?

① 고형성분만 처리 가능하다.
② 최종처리 시 2차 용기에 넣어 매립하여야 한다.
③ 중합에 사용되는 촉매 중 부식성이 있고, 특별한 혼합장치와 용기라이너가 필요하다.
④ 혼합률(MR)이 높고 고온 공정이다.

[해설]
혼합률(MR)이 낮고 저온 공정이다.

25 지하수 중 에틸벤젠을 탈기(Air Stripping) 충전탑으로 제거하고자 한다. 지하수량(Q_w) 5L/s, 공기공급량(Q_a) 100L/s일 때, 에틸벤젠의 무차원 헨리 상수값이 0.3이라면 탈기계수(Stripping Factor) 값은?

① 20
② 10
③ 6
④ 3

[해설]
헨리의 법칙(Henry's Law)
$P = H \times C$
여기서, P : 기체의 분압
H : Henry 상수
C : 용액의 농도

농도 $= \dfrac{질량}{부피} \times 100$이고, $H = \dfrac{P}{C}$이므로

$0.3 = \dfrac{M_a/100}{M_{GW}/5}$

∴ 탈기계수 $= \dfrac{M_a}{M_{GW}} = \dfrac{0.3 \times 100}{5} = 6$

26 SRF를 소각로에서 사용 시 문제점에 관한 설명으로 가장 거리가 먼 것은?

① 시설비가 고가이고, 숙련된 기술이 필요하다.
② 연료공급의 신뢰성 문제가 있을 수 있다.
③ Cl 함량 및 연소먼지 문제는 거의 없지만, 유황 함량이 많아 SO_x 발생이 상대적으로 많은 편이다.
④ Cl 함량이 높을 경우 소각시설의 부식발생으로 수명단축의 우려가 있다.

[해설]
황 함량이 적어 SO_x 발생은 문제가 거의 없지만, Cl 함량과 미세먼지 발생이 문제가 될 수 있다.

27 유기오염물질의 지하이동 모델링에 포함되는 주요 인자가 아닌 것은?

① 유기오염물질의 분배계수
② 토양의 수리전도도
③ 생물학적 분해속도
④ 토양 pH

[해설]
토양의 pH는 중금속과 같은 무기오염물질의 이동에 영향을 주는 주요 인자이다.

28 매립가스를 유용하게 활용하기 위해 CH_4와 CO_2를 분리하여야 한다. 다음 중 분리방법으로 적합하지 않은 것은?

① 물리적 흡착에 의한 분리
② 막분리에 의한 분리
③ 화학적 흡착에 의한 분리
④ 생물학적 분해에 의한 분리

정답 24 ④ 25 ③ 26 ③ 27 ④ 28 ④

29 함수율 95%인 슬러지를 함수율 70%의 탈수 Cake로 만들었을 경우의 무게비(탈수 후/탈수 전)는? (단, 비중 1.0, 분리액과 함께 유출된 슬러지량은 무시)

① $\frac{1}{4}$ ② $\frac{1}{5}$
③ $\frac{1}{6}$ ④ $\frac{1}{7}$

해설

$$\frac{V_2}{V_1} = \frac{100-w_1}{100-w_2} = \frac{100-95}{100-70} = \frac{5}{30} = \frac{1}{6}$$

30 위생매립방법에 대한 설명으로 가장 거리가 먼 것은?

① 도랑식 매립법은 도랑을 약 2.5~7m 정도의 깊이로 파고 폐기물을 묻은 후에 다지고 흙을 덮은 방법이다.
② 평지 매립법은 매립의 가장 보편적인 형태로 폐기물을 다진 후에 흙을 덮는 방법이다.
③ 경사식 매립법은 어느 경사면에 폐기물을 쌓은 후에 다지고 그 위에 흙을 덮는 방법이다.
④ 도랑식 매립법은 매립 후 흙이 부족하며 지면이 높아진다.

해설

도랑식 매립법(Trench Method)은 도랑을 판 후 생긴 공간에 폐기물을 매립하고, 복토는 인접한 도랑을 파서 얻은 흙을 이용하는 매립방식이다.

31 매립구조에 따라 분류하였을 때 매립종료 1년 후 침출수의 BOD가 가장 낮게 유지되는 매립방법은?(단, 매립조건, 환경 등은 모두 같다고 가정함)

① 혐기성 위생매립
② 개량형 혐기성 위생매립
③ 준호기성 매립
④ 호기성 매립

해설

호기성 매립은 매립지 내부에 공기를 강제로 불어넣어 매립지를 호기성 환경으로 유지하는 방식으로, 유기성 물질의 분해가 빠르므로 침출수의 BOD가 낮게 유지된다.

32 생활폐기물 자원화를 위한 처리시설 중 선별시설의 설치지침이 틀린 것은?

① 선별라인은 반입형태, 반입량, 작업효율 등을 고려하여 계열화할 수 있다.
② 입도선별, 비중선별, 금속선별 등 필요에 따라 적정하게 조합하여 설치하되, 고형연료의 품질 제고를 위하여 PVC 등을 선별할 수 있다.
③ 선별된 물질이 후속공정에 연속적으로 이송될 수 있도록 저류시설을 설치하여야 한다.
④ 선별시설은 계절적 변화 등에 관계없이 고형연료 제품 제조 시 목표품질을 달성할 수 있는 적합한 선별시설을 계획하여야 한다.

해설

공공 재활용기반시설 설치·운영지침(환경부훈령 제1581호)
저류설비는 선별 및 처리된 재활용 가능자원을 반출 또는 보관설비로 이송하기 전에 일시적으로 보관하는 설비를 말한다.

29 ③ 30 ④ 31 ④ 32 ③

33 폐기물 매립으로 인하여 발생될 수 있는 피해내용에 대한 설명으로 틀린 것은?

① 육상매립으로 인한 유역의 변화로 우수의 수로가 영향을 받기 쉽다.
② 매립지에서 대량 발생되는 파리의 방제에 살충제를 사용하면 점차 저항성이 생겨 약제를 변경해야 한다.
③ 쓰레기의 호기성 분해로 생긴 메테인가스 등에 자연 착화하기 쉽다.
④ 쓰레기 부패로 악취가 발생하여 주변 지역에 악영향을 준다.

해설
쓰레기의 혐기성 분해로 생긴 메테인가스 등에 자연 착화하기 쉽다.

34 차수설비의 기능과 관계가 없는 사항은?

① 매립지 내의 오수 및 주변 지하수의 유입방지
② 매립지 주위의 배수공에 의해 우수 및 지하수 유입 방지
③ 우수로 인해 매립지 내의 바닥 이하로의 침수 방지
④ 배수공에 의해 침출수 집수 및 매립지 밖으로의 배수

35 폐기물을 매립 시 덮개 흙으로 덮어야 하는 이유로 가장 거리가 먼 것은?

① 쥐나 파리의 서식처를 없애기 위해
② CO_2 가스가 외부로 나가는 것을 방지하기 위해
③ 폐기물이 바람에 의해 날리는 것을 방지하기 위해
④ 미관상 보기에 좋지 않아서

36 음식물쓰레기 처리방법으로 가장 부적합한 방법은?

① 매 립
② 바이오가스 생산처리
③ 퇴비화
④ 사료화

해설
음식물쓰레기를 매립하면 BOD가 높은 침출수가 다량 발생하고 악취, 해충(파리 등)의 서식 등의 문제가 발생하므로, 직접 매립은 부적합한 방법이다.

37 슬러지를 건조하여 농토로 사용하기 위하여 여과기로 원래 슬러지의 함수율을 40%로 낮추고자 한다. 여과속도가 10kg/m²·h(건조고형물 기준), 여과면적 10m²의 조건에서 시간당 탈수 슬러지 발생량은(kg/h)?

① 약 186
② 약 167
③ 약 154
④ 약 143

해설
시간당 탈수 슬러지 발생량을 구해야 하므로
• 여과시간 = 1h
• 여과속도(kg/m²·h) = $\dfrac{\text{건조고형물 중량}}{\text{여과면적·여과시간}}$

$$10 = \dfrac{s}{10 \cdot 1}$$

건조고형물 중량 $s = 100$kg
∴ 함수율을 40%로 낮춰야 하므로

$$40 = \dfrac{C - 100}{C} \times 100$$

$40C = 100C - 10,000$
$60C = 10,000$
$C = 166.7$kg

정답 33 ③ 34 ③ 35 ② 36 ① 37 ②

38 1일 처리량이 100kL인 분뇨처리장에서 분뇨를 중온소화방식으로 처리하고자 한다. 소화 후 슬러지량(m³/day)은?

- 투입 분뇨의 함수율 = 98%
- 고형물 중 유기물 함유율 = 70%, 그중 60%가 액화 및 가스화
- 소화슬러지 함수율 = 96%
- 슬러지 비중 = 1.0

① 15 ② 29
③ 44 ④ 53

해설
투입 분뇨의 함수율이 98%이므로 고형물 함량은 2%이다.
- 소화된 유기물의 양 = 2 × 0.7 × 0.6 = 0.84%
- 소화 후 남은 고형물의 양 = 2 − 0.84 = 1.16%
- 100m³ 슬러지를 소화한 후의 고형물 함량 = 1.16m³
소화슬러지 함수율이 96%이므로
$96 = \frac{V - 1.16}{V} \times 100$
$96V = 100V - 116$
$4V = 116$
∴ $V = 29$

39 용매추출처리에 이용 가능성이 높은 유해폐기물과 가장 거리가 먼 것은?

① 미생물에 의해 분해가 힘든 물질
② 활성탄을 이용하기에는 농도가 너무 높은 물질
③ 낮은 휘발성으로 인해 스트리핑하기가 곤란한 물질
④ 물에 대한 용해도가 높아 회수성이 낮은 물질

해설
용매추출처리는 물에 대한 용해도가 낮은 물질(비극성 물질)에 적용한다.

40 BOD가 15,000mg/L, Cl⁻이 800ppm인 분뇨를 희석하여 활성슬러지법으로 처리한 결과 BOD가 45mg/L, Cl⁻이 40ppm이었다면 활성슬러지법의 처리효율(%)은?(단, 희석수 중에 BOD, Cl⁻은 없음)

① 92 ② 94
③ 96 ④ 98

해설
활성슬러지법으로 처리한 후 Cl⁻ 농도가 800ppm에서 40ppm이 되었으므로, 20배 희석되었다. 따라서 희석 후 BOD 농도는 $\frac{15,000}{20} = 750$ppm이다.
∴ BOD 처리효율 = $\frac{750 - 45}{750} \times 100 = 94\%$

제3과목 폐기물소각 및 열회수

41 소각로 설계에서 중요하게 활용되고 있는 발열량을 추정하는 방법에 대한 설명으로 옳지 않은 것은?

① 폐기물의 입자분포에 의한 방법
② 단열열량계에 의한 방법
③ 물리적 조성에 의한 방법
④ 원소분석에 의한 방법

42 폐기물 처리시설 내 소요전력을 생산하는 데 가장 많이 사용하는 터빈은?

① 충동 터빈
② 배압 터빈
③ 반동 터빈
④ 복수 터빈

43 고체연료의 중량조성비가 다음과 같다면 이 연료의 저위발열량(kcal/kg)은?(단, C = 78%, H = 6%, O = 4%, S = 1%, 수분 = 5%, Dulong식 적용)

① 7,259　　② 7,459
③ 7,659　　④ 7,859

해설

$$H_l = 8{,}100C + 34{,}000\left(H - \frac{O}{8}\right) + 2{,}500S - 600(9H + W)$$
$$= 8{,}100 \times 0.78 + 34{,}000 \times \left(0.06 - \frac{0.04}{8}\right) + 2{,}500 \times 0.01$$
$$\quad - 600 \times (9 \times 0.06 + 0.05)$$
$$= 7{,}859 \, \text{kcal/kg}$$

44 액체주입형 연소기에 관한 설명으로 틀린 것은?

① 구동장치가 없어서 고장이 적다.
② 대기오염방지시설과 소각재의 처리설비가 필요하다.
③ 연소기의 가장 일반적인 형식은 수평점화식이다.
④ 버너 노즐을 통하여 액체를 미립화하여야 하며 대량 처리가 어렵다.

해설
액체주입형 연소기에는 소각재의 배출설비가 없다.

45 기체연료 중 천연가스(LNG)의 주성분은?

① H_2
② CO
③ CO_2
④ CH_4

46 폐기물의 자원화 기술 용어가 아닌 것은?

① Landfill
② Composting
③ Gasification & Pyrolysis
④ SRF

해설
① Landfill : 매립지
② Composting : 퇴비화
③ Gasification & Pyrolysis : 가스화, 열분해
④ SRF : 고형연료제품

47 다음 설명에서 맞지 않는 것은?

① 1kcal은 표준기압에서 순수한 물 1kg을 1℃ (14.5~15.5℃) 올리는데 필요한 열량이다.
② 단위질량의 물질을 1℃ 상승하는 데 필요한 열량은 비열이다.
③ 포화증기온도 이상으로 가열한 증기를 과열증기라 한다.
④ 고체에서 기체가 될 때에 취하는 열을 증발열이라 한다.

해설
고체에서 기체가 될 때에 취하는 열은 승화열이다.

정답 43 ④　44 ②　45 ④　46 ①　47 ④

48 유동상식 소각로의 장단점에 대한 설명으로 틀린 것은?

① 반응시간이 빨라 소각시간이 짧다(노 부하율이 높다).
② 연소효율이 높아 미연소분 배출이 적고 2차 연소실이 불필요하다.
③ 기계적 구동 부분이 많아 고장률이 높다.
④ 상(床)으로부터 찌꺼기의 분리가 어려우며 운전비 특히 동력비가 높다.

해설
기계적 구동 부분이 적어 고장률이 낮다.

49 소각 조건의 3T에 해당하는 것은?

① 온도, 연소량, 혼합
② 온도, 연소량, 압력
③ 온도, 압력, 혼합
④ 온도, 연소시간, 혼합

해설
3T : Time, Temperature, Turbulence

50 회전식(Rotary) 소각로에 대한 설명으로 옳지 않은 것은?

① 일반적으로 열효율이 상대적으로 높다.
② 킬른은 1,600℃에 달하는 온도에서도 작동될 수 있다.
③ 높은 설치비와 보수비가 요구된다.
④ 다양한 액상 및 고형폐기물을 독립적으로 조합하지 않고서도 소각시킬 수 있다.

해설
회전식 소각로는 비교적 열효율이 낮은 편이다.

51 소각로의 쓰레기 이동방식에 따라 구분한 화격자 종류 중 화격자를 무한궤도식으로 설치한 구조로 되어 있고 건조, 연소, 후연소의 각 스토커 사이에 높이 차이를 두어 낙하시킴으로써 쓰레기층을 뒤집으며 내구성이 좋은 구조로 되어 있는 것은?

① 낙하식 스토커
② 역동식 스토커
③ 계단식 스토커
④ 이상식 스토커

해설
이상식 스토커(Traveling Grate) = 이동식 화격자

52 소각로의 연소효율을 증대시키는 방법으로 가장 거리가 먼 것은?

① 적절한 연소시간 유지
② 적절한 온도 유지
③ 적절한 공기공급과 연료비 설정
④ 층류상태 유지

해설
소각로의 연소효율을 증대시키려면 난류상태를 만들어서 혼합이 잘 되도록 해야 한다.

53 폐기물 50ton/day를 소각로에서 1일 24시간 연속 가동하여 소각처리할 때 화상면적(m^2)은?(단, 화상부하 = 150kg/m^2·h)

① 약 14
② 약 18
③ 약 22
④ 약 26

해설

화상부하율 = $\dfrac{\text{시간당 소각량(kg/h)}}{\text{화격자 면적}(m^2)}$

$150kg/m^2 \cdot h = \dfrac{50ton/day \times \dfrac{day}{24h} \times \dfrac{1,000kg}{ton}}{A}$

∴ $A = \dfrac{50ton/day \times \dfrac{day}{24h} \times \dfrac{1,000kg}{ton}}{150kg/m^2 \cdot h} = 13.9m^2$

54 쓰레기 투입방식에 따라 소각로를 분류할 수 있다. 해당되지 않는 것은?

① 상부투입방식
② 중간투입방식
③ 하부투입방식
④ 십자투입방식

55 폐기물 소각설비의 주요 공정 중 폐기물 반입 및 공급설비에 해당되지 않는 것은?

① 폐열보일러
② 폐기물 계량장치
③ 폐기물 투입문
④ 폐기물 크레인

56 소각로에서 쓰레기의 소각과 동시에 배출되는 가스성분을 분석한 결과, N_2 = 82%, O_2 = 5%였을 때 소각로의 공기과잉계수(m)는?(단, 완전연소라고 가정)

① 1.3
② 2.3
③ 2.8
④ 3.5

해설

공기과잉계수(m) = $\dfrac{21N_2}{21N_2 - 79O_2} = \dfrac{21 \times 82}{21 \times 82 - 79 \times 5} = 1.3$

정답 52 ④ 53 ① 54 ② 55 ① 56 ①

57 구성성분이 O 20%, H 6%, C 30%, 회분 14%, 수분 30%인 폐기물을 소각했을 때 고위발열량(kcal/kg)은?(단, Dulong식 기준)

① 약 2,420
② 약 2,700
③ 약 3,130
④ 약 3,620

해설

$$H_h = 8,100C + 34,000\left(H - \frac{O}{8}\right) + 2,500S$$
$$= 8,100 \times 0.3 + 34,000 \times \left(0.06 - \frac{0.2}{8}\right)$$
$$= 3,620\,\text{kcal/kg}$$

58 열효율이 65%인 유동층 소각로에서 15℃의 슬러지 2ton을 소각시켰다. 배기온도가 400℃라면 연소온도(℃)는?(단, 열효율은 배기온도만을 고려한다)

① 955
② 988
③ 1,015
④ 1,115

해설

열효율 = $\dfrac{x - 400}{x - 15} \times 100 = 65$

$100x - 40,000 = 65x - 975$

$35x = 39,025$

∴ $x = 1,115$

59 고형폐기물의 소각처리 시 여분의 공기(Excess Air)는 이론적인 산화에 필요한 양에 최소 몇 % 정도 더 넣어주어야 하는가?

① 5
② 10
③ 20
④ 60

60 중유보일러의 경우, 적정공기비($m = 1.1 \sim 1.3$)일 때 CO_2 농도의 범위(%)는?

① 10~8%
② 12~10%
③ 16~12%
④ 20~16%

제4과목 폐기물공정시험기준(방법)

61 유도결합플라스마-원자발광분광법을 사용한 금속류 측정에 관한 내용으로 틀린 것은?

① 대부분의 간섭물질은 산 분해에 의해 제거된다.
② 유도결합플라스마-원자발광분광기는 시료도입부, 고주파전원부, 광원부, 분광부, 연산처리부 및 기록부로 구성된다.
③ 시료 중에 칼슘과 마그네슘의 농도가 높고 측정값이 규제값의 90% 이상일 때는 희석 측정하여야 한다.
④ 유도결합플라스마-원자발광분광기의 분광부는 검출 및 측정에 따라 연속주사형 단원소측정장치와 다원소동시측정장치로 구분된다.

해설

ES 06400.2 금속류-유도결합플라스마-원자발광분광법

시료 중에 칼슘과 마그네슘의 농도 합이 500mg/L 이상이고 측정값이 규제값의 90% 이상일 때 표준물질첨가법에 의해 측정하는 것이 좋다.

62 자외선/가시선 분광법에 의하여 폐기물 내 크롬을 분석하기 위한 실험방법에 관한 설명으로 옳은 것은?

① 발색 시 수산화나트륨의 최적 농도는 0.5N이다. 만일 수산화나트륨의 양이 부족하면 5mL을 넣어 시험한다.
② 시료 중에 철이 5mg 이상으로 공존할 경우에는 다이페닐카바자이드용액을 넣기 전에 10% 피로인산나트륨·10수화물용액 5mL를 넣는다.
③ 적자색의 착화합물을 흡광도 540nm에서 측정한다.
④ 총크롬을 과망간산나트륨을 사용하여 6가크롬으로 산화시킨 다음 알칼리성에서 다이페닐카바자이드와 반응시킨다.

해설
ES 06406.3b 크롬-자외선/가시선 분광법
① 발색 시 황산의 최적 농도는 0.1M이다. 시료의 전처리에서 다량의 황산을 사용하였을 경우에는 시료에 무수황산나트륨 20mg을 넣고 가열하여 황산의 백연을 발생시켜 황산을 제거한 다음 황산(1+9) 3mL를 넣고 실험한다.
② 시료 중 철이 2.5mg 이하로 공존할 경우에는 다이페닐카바자이드용액을 넣기 전에 피로인산나트륨·10수화물용액(5%) 2mL를 넣어 주면 영향이 없다.
④ 총크롬을 과망간산칼륨을 사용하여 6가크롬으로 산화시킨 다음 산성에서 다이페닐카바자이드와 반응시킨다.

63 시료의 전처리방법 중 질산-황산에 의한 유기물 분해에 해당되는 항목들로 짝지어진 것은?

㉠ 시료를 서서히 가열하여 액체의 부피가 약 15mL가 될 때까지 증발·농축한 후 공기 중에서 식힌다.
㉡ 용액의 산 농도는 약 0.8N이다.
㉢ 염산(1+1) 10mL와 물 15mL를 넣고 약 15분간 가열하여 잔류물을 녹인다.
㉣ 분해가 끝나면 공기 중에서 식히고 정제수 50mL를 넣어 끓기 직전까지 서서히 가열하여 침전된 용해성염들을 녹인다.
㉤ 유기물 등을 많이 함유하고 있는 대부분의 시료에 적용된다.

① ㉡, ㉢, ㉣
② ㉢, ㉣, ㉤
③ ㉠, ㉣, ㉤
④ ㉠, ㉢, ㉤

해설
ES 06150.e 시료의 준비
용액의 산 농도는 약 1.5~3.0N이다.

64 폐기물 중의 유기물 함량(%)을 식으로 나타낸 것은?(단, W_1 = 도가니 또는 접시의 무게, W_2 = 강열 전의 도가니 또는 접시와 시료의 무게, W_3 = 강열 후의 도가니 또는 접시와 시료의 무게)

① $\dfrac{(W_2 - W_3)}{(W_3 - W_2)} \times 100$

② $\dfrac{(W_2 - W_1)}{(W_3 - W_1)} \times 100$

③ $\dfrac{(W_3 - W_2)}{(W_2 - W_1)} \times 100$

④ $\dfrac{(W_2 - W_3)}{(W_2 - W_1)} \times 100$

해설
ES 06301.1d 강열감량 및 유기물 함량-중량법

정답 62 ③ 63 ③ 64 ④

65 기체크로마토그래피법에 대한 설명으로 옳지 않은 것은?

① 일정 유량으로 유지되는 운반가스는 시료도입부로부터 분리관 내를 흘러서 검출기를 통하여 외부로 방출된다.
② 할로겐화합물을 다량 함유하는 경우에는 분자흡수나 광산란에 의하여 오차가 발생하므로 추출법으로 분리하여 실험한다.
③ 유기인 분석 시 추출용매 안에 함유하고 있는 불순물이 분석을 방해할 수 있으므로 바탕시료나 시약바탕시료를 분석하여 확인할 수 있다.
④ 장치의 기본구성은 압력조절밸브, 유량조절기, 압력계, 유량계, 시료도입부, 분리관, 검출기 등으로 되어 있다.

해설
② 원자흡수분광광도법에 대한 설명이다(ES 06400.1 금속류-원자흡수분광광도법)
③ ES 06501.1b 유기인-기체크로마토그래피

66 5ton 이상의 차량에서 적재폐기물의 시료를 채취할 때 평면상에서 몇 등분하여 채취하는가?

① 3등분
② 5등분
③ 6등분
④ 9등분

해설
ES 06130.d 시료의 채취
• 5ton 미만의 차량 : 6등분
• 5ton 이상의 차량 : 9등분

67 이온전극법을 적용하여 분석하는 항목은?(단, 폐기물공정시험기준에 의함)

① 시 안
② 수 은
③ 유기은
④ 비 소

해설
ES 06351.2 시안-이온전극법
이 시험기준은 폐기물 중 시안을 측정하는 방법으로 액상폐기물과 고상폐기물을 pH 12~13의 알칼리성으로 조절한 후 시안 이온전극과 비교전극을 사용하여 전위를 측정하고 그전위차로부터 시안을 정량하는 방법이다.

68 유도결합플라스마발광광도법(ICP)에 대한 설명 중 틀린 것은?

① 시료 중의 원소가 여기되는 데 필요한 온도는 6,000~8,000K이다.
② ICP 분석장치에서 에어로졸 상태로 분무된 시료는 가장 안쪽의 관을 통하여 도넛 모양의 플라스마 중심부에 도달한다.
③ 시료측정에 따른 정량분석은 검량선법, 내부표준법, 표준첨가법을 사용한다.
④ 플라스마는 그 자체가 광원으로 이용되기 때문에 매우 좁은 농도범위의 시료를 측정하는 데 주로 사용된다.

해설
매우 넓은 농도범위에서 시료를 측정할 수 있다.
※ 출처 : 수질오염공정시험기준(2008.7)

69 원자흡수분광광도계 장치의 구성으로 옳은 것은?

① 광원부 - 파장선택부 - 측광부 - 시료부
② 광원부 - 시료원자화부 - 파장선택부 - 측광부
③ 광원부 - 가시부 - 측광부 - 시료부
④ 광원부 - 가시부 - 시료부 - 측광부

해설
ES 06400.1 금속류-원자흡수분광광도법

70 유리전극법에 의한 수소이온농도 측정 시 간섭물질에 관한 설명으로 옳지 않은 것은?

① pH 10 이상에서 나트륨에 의해 오차가 발생할 수 있는데 이는 '낮은 나트륨 오차 전극'을 사용하여 줄일 수 있다.
② 유리전극은 일반적으로 용액의 색도, 탁도, 염도, 콜로이드성 물질들, 산화 및 환원성 물질들 등에 의해 간섭을 많이 받는다.
③ 기름층이나 작은 입자상이 전극을 피복하여 pH 측정을 방해할 경우에는 세척제로 닦아낸 후 정제수로 세척하고 부드러운 천으로 수분을 제거하여 사용한다.
④ 피복물을 제거할 때는 염산(1 + 9) 용액을 사용할 수 있다.

해설
ES 06304.1 수소이온농도-유리전극법
유리전극은 일반적으로 용액의 색도, 탁도, 콜로이드성 물질들, 산화 및 환원성 물질들 그리고 염도에 의해 간섭을 받지 않는다.

71 2N 황산 10L를 제조하려면 3M 황산 얼마가 필요한가?

① 9.99L
② 6.66L
③ 5.56L
④ 3.33L

해설
황산 1M은 2N이므로 황산 3M은 6N이며, 2N을 만들려면 1/3 만큼 희석해야 한다. 따라서 10L/3 = 3.33L가 필요하다.

72 강도 I_o의 단색광이 발색용액을 통과할 때 그 빛의 30%가 흡수되었다면 흡광도는?

① 0.155
② 0.181
③ 0.216
④ 0.283

해설
빛의 30%가 흡수되었으므로 투과도 t = 0.7이다.
∴ $A = \log \dfrac{1}{t} = \log \dfrac{1}{0.7} = 0.155$

73 폐기물의 시료채취 방법에 관한 설명으로 가장 거리가 먼 것은?

① 시료의 채취는 일반적으로 폐기물이 생성되는 단위 공정별로 구분하여 채취하여야 한다.
② 폐기물소각시설의 연속식 연소방식 소각재 반출설비에서 채취할 때 소각재가 운반차량에 적재되어 있는 경우에는 적재차량에서 채취하는 것을 원칙으로 한다.
③ 폐기물소각시설의 연속식 연소방식 소각재 반출설비에서 채취하는 경우, 비산재 저장조에서는 부설된 크레인을 이용하여 채취한다.
④ PCBs 및 휘발성 저급 염소화 탄화수소류 실험을 위한 시료의 채취 시는 무색경질의 유리병을 사용한다.

해설
ES 06130.d 시료의 채취
연속식 연소방식의 소각재 반출설비에서 채취하는 경우 바닥재 저장조에서는 부설된 크레인을 이용하여 채취하고, 비산재 저장조에서는 낙하구 밑에서 채취한다.
※ 저자의견 : 현행 공정시험기준에 따르면 ④번의 내용 중 '무색경질'은 '갈색경질'로 수정되어야 한다. 무색경질은 갈색경질과 다르지만 색깔보다는 유리병이라는 재질이 더 중요하며, 가장 거리가 먼 것을 고르는 문제이므로 ③번이 정답 처리된 것으로 보인다.

정답 70 ② 71 ④ 72 ① 73 ③

74 유해특성(재활용환경성평가) 중 폭발성 시험방법에 대한 설명으로 옳지 않은 것은?

① 격렬한 연소반응이 예상되는 경우에는 시료의 양을 0.5g으로 하여 시험을 수행하며, 폭발성 폐기물로 판정될 때까지 시료의 양을 0.5g씩 점진적으로 늘려준다.
② 시험결과는 게이지 압력이 690kPa에서 2,070kPa까지 상승할 때 걸리는 시간과 최대 게이지 압력 2,070kPa에 도달 여부로 해석한다.
③ 최대 연소속도는 산화제를 무게비율로서 10~90%를 포함한 혼합물질의 연소속도 중 가장 빠른 측정값을 의미한다.
④ 최대 게이지 압력이 2,070kPa이거나 그 이상을 나타내는 폐기물은 폭발성 폐기물로 간주하며, 점화 실패는 폭발성이 없는 것으로 간주한다.

해설
ES 06801.1b 폭발성 시험방법
③은 폭발성 시험방법에 언급이 없는 내용이다.
※ 해당 기준 개정으로 ④의 "점화 실패는 폭발성이 없는 것으로 간주한다."의 내용은 삭제되었다.

75 유기물 함량이 비교적 높지 않고 금속의 수산화물, 산화물, 인산염 및 황화물을 함유한 시료에 적용하는 산분해법은?

① 질산분해법
② 질산-황산분해법
③ 질산-염산분해법
④ 질산-과염소산분해법

해설
ES 06150.e 시료의 준비

종류	특징
질산분해법	유기물 함량이 낮은 시료에 적용 - 약 0.7M
질산-염산분해법	유기물 함량이 비교적 높지 않고 금속의 수산화물, 산화물, 인산염 및 황화물을 함유하고 있는 시료에 적용 - 약 0.5M
질산-황산분해법	• 유기물 등을 많이 함유하고 있는 대부분의 시료에 적용 - 약 1.5~3.0N • 칼슘, 바륨, 납 등을 다량 함유한 시료는 난용성의 황산염을 생성하여 다른 금속성분을 흡착하므로 주의
질산-과염소산 분해법	• 유기물을 높은 비율로 함유하고 있으면서 산화분해가 어려운 시료들에 적용 - 약 0.8M • 과염소산을 넣을 경우 진한 질산이 공존하지 않으면 폭발할 위험이 있으므로 반드시 진한 질산을 먼저 넣어 주어야 함
질산-과염소산-불화수소산 분해법	점토질 또는 규산염이 높은 비율로 함유된 시료에 적용 - 약 0.8M
회화법	• 목적성분이 400℃ 이상에서 휘산되지 않고 쉽게 회화될 수 있는 시료에 적용 • 시료 중에 염화암모늄, 염화마그네슘, 염화칼슘 등이 높은 비율로 함유된 경우에는 납, 철, 주석, 아연, 안티몬 등이 휘산되어 손실이 발생함 • 회화로에 옮기고 400~500℃에서 가열하여 잔류물을 회화시킴
마이크로파 산분해법	가열속도가 빠르고 재현성이 좋으며, 폐유 등 유기물이 다량 함유된 시료의 전처리에 이용된다.

76 폐기물공정시험기준에서 규정하고 있는 온도에 대한 설명으로 틀린 것은?

① 실온 1~35℃ ② 온수 60~70℃
③ 열수 약 100℃ ④ 냉수 4℃ 이하

해설
ES 06000.b 총칙
냉수 : 15℃ 이하

77 pH 측정(유리전극법)의 내부정도관리 주기 및 목표기준에 대한 설명으로 옳은 것은?

① 시료를 측정하기 전에 표준용액 2개 이상으로 보정한다.
② 시료를 측정하기 전에 표준용액 3개 이상으로 보정한다.
③ 정도관리 목표(정도관리 항목 : 정밀도)는 ±0.01 이내이다.
④ 정도관리 목표(정도관리 항목 : 정밀도)는 ±0.03 이내이다.

해설
ES 06304.1 수소이온농도-유리전극법
정도관리 목표(정도관리 항목 : 정밀도)는 ±0.05 이내이다.

78 폴리클로리네이티드비페닐(PCBs)의 기체크로마토그래피법 분석에 대한 설명으로 옳지 않은 것은?

① 운반기체는 부피백분율 99.999% 이상의 아세틸렌을 사용한다.
② 고순도의 시약이나 용매를 사용하여 방해물질을 최소화하여야 한다.
③ 정제 칼럼으로는 플로리실 칼럼과 실리카겔 칼럼을 사용한다.
④ 농축장치로 구데르나다니시(KD)농축기 또는 회전증발농축기를 사용한다.

해설
ES 06502.1b 폴리클로리네이티드비페닐(PCBs)-기체크로마토그래피
운반기체는 부피백분율 99.999% 이상의 질소를 사용한다.

79 '항량으로 될 때까지 건조한다'라 함은 같은 조건에서 1시간 더 건조할 때 전후 무게의 차가 g당 몇 mg 이하일 때를 말하는가?

① 0.01mg
② 0.03mg
③ 0.1mg
④ 0.3mg

해설
ES 06000.b 총칙

정답 76 ④ 77 ① 78 ① 79 ④

80 원자흡수분광광도법에 의한 구리(Cu) 시험방법으로 옳은 것은?

① 정량범위는 440nm에서 0.2~4mg/L 범위 정도이다.
② 정밀도는 측정값의 상대표준편차(RSD)로 산출하며 측정한 결과 ±25% 이내이어야 한다.
③ 검정곡선의 결정계수(R^2)는 0.999 이상이어야 한다.
④ 표준편차율은 표준물질의 농도에 대한 측정 평균값의 상대백분율로서 나타내며 5~15% 범위이다.

해설
ES 06400.1 금속류–원자흡수분광광도법
① 정량범위는 324.7nm에서 0.008~4mg/L 범위 정도이다.
③ 검정곡선의 결정계수(R^2)는 0.98 이상이어야 한다.
④ 정확도는 75~125%이다(상대표준편차 = 정밀도).

제5과목 폐기물관계법규

81 의료폐기물을 배출, 수집·운반, 재활용 또는 처분하는 자는 환경부령이 정하는 바에 따라 전자정보처리프로그램에 입력을 하여야 한다. 이때 이용되는 인식방법으로 옳은 것은?

① 바코드인식방법
② 블루투스인식방법
③ 유선주파수인식방법
④ 무선주파수인식방법

해설
폐기물관리법 제18조(사업장폐기물의 처리)

82 폐기물처리업자의 영업정지처분에 따라 당해 영업의 이용자 등에게 심한 불편을 주는 경우 과징금을 부과할 수 있도록 하고 있다. 관련 내용 중 틀린 것은?

① 환경부령이 정하는 바에 따라 그 영업의 정지에 갈음하여 3억원 이하의 과징금을 부과할 수 있다.
② 사업장의 사업규모, 사업지역의 특수성, 위반행위의 정도 및 횟수 등을 참작하여 과징금의 금액의 2분의 1 범위 안에서 가중 또는 감경할 수 있다.
③ 영업의 정지를 갈음하여 대통령령으로 정하는 매출액에 100분의 5을 곱한 금액을 초과하지 아니하는 범위에서 과징금을 부과할 수 있다.
④ 과징금을 납부하지 아니한 때에는 국세체납처분 또는 지방세체납처분의 예에 따라 과징금을 징수한다.

해설
폐기물관리법 제28조(폐기물처리업자에 대한 과징금 처분)
환경부장관이나 시·도지사는 폐기물처리업자에게 영업의 정지를 명령하려는 때 그 영업의 정지가 다음의 어느 하나에 해당한다고 인정되면 그 영업의 정지를 갈음하여 대통령령으로 정하는 매출액에 100분의 5를 곱한 금액을 초과하지 아니하는 범위에서 과징금을 부과할 수 있다. 다만, 그 폐기물처리업자가 매출액이 없거나 매출액을 산정하기 곤란한 경우로서 대통령령으로 정하는 경우에는 1억원을 초과하지 아니하는 범위에서 과징금을 부과할 수 있다.
- 해당 영업의 정지로 인하여 그 영업의 이용자가 폐기물을 위탁처리하지 못하여 폐기물이 사업장 안에 적체(積滯)됨으로써 이용자의 사업활동에 막대한 지장을 줄 우려가 있는 경우
- 해당 폐기물처리업자가 보관 중인 폐기물이나 그 영업의 이용자가 보관 중인 폐기물의 적체에 따른 환경오염으로 인하여 인근지역 주민의 건강에 위해가 발생되거나 발생될 우려가 있는 경우
- 천재지변이나 그 밖의 부득이한 사유로 해당 영업을 계속하도록 할 필요가 있다고 인정되는 경우

정답 80 ② 81 ④ 82 ①

83 폐기물처리시설의 설치를 마친 자가 폐기물처리시설 검사기관으로 검사를 받아야 하는 시설이 아닌 것은?

① 소각시설 ② 파쇄시설
③ 매립시설 ④ 소각열회수시설

해설
폐기물관리법 시행규칙 제41조(폐기물처리시설의 사용신고 및 검사)

84 폐기물 처리시설의 종류 중 재활용시설(기계적 재활용시설)의 기준으로 틀린 것은?

① 용융시설(동력 7.5kW 이상인 시설로 한정)
② 응집·침전시설(동력 7.5kW 이상인 시설로 한정)
③ 압축시설(동력 7.5kW 이상인 시설로 한정)
④ 파쇄·분쇄시설(동력 15kW 이상인 시설로 한정)

해설
폐기물관리법 시행령 [별표 3] 폐기물 처리시설의 종류
응집·침전시설은 화학적 재활용시설이다(동력에 대한 규정은 없음).

85 폐기물 관리의 기본원칙으로 틀린 것은?

① 사업자는 제품의 생산방식 등을 개선하여 폐기물의 발생을 최대한 억제해야 한다.
② 폐기물은 우선적으로 소각, 매립 등의 처분을 한다.
③ 폐기물로 인하여 환경오염을 일으킨 자는 오염된 환경을 복원할 책임을 져야 한다.
④ 누구든지 폐기물을 배출하는 경우에는 주변 환경이나 주민의 건강에 위해를 끼치지 아니하도록 사전에 적절한 조치를 하여야 한다.

해설
폐기물관리법 제3조의2(폐기물 관리의 기본원칙)
폐기물은 소각, 매립 등의 처분을 하기보다는 우선적으로 재활용함으로써 자원생산성의 향상에 이바지하도록 하여야 한다.

86 사업장폐기물배출자는 사업장폐기물의 종류와 발생량 등을 환경부령으로 정하는 바에 따라 신고하여야 한다. 이를 위반하여 신고를 하지 아니하거나 거짓으로 신고를 한 자에 대한 과태료 처분 기준은?

① 200만원 이하
② 300만원 이하
③ 500만원 이하
④ 1천만원 이하

해설
폐기물관리법 제68조(과태료)

87 폐기물처리시설(중간처리시설 : 유수분리시설)에 대한 기술관리대행계약에 포함될 점검항목과 가장 거리가 먼 것은?

① 분리수이동설비의 파손 여부
② 회수유저장조의 부식 또는 파손 여부
③ 분리시설 교반장치의 정상가동 여부
④ 이물질제거망의 청소 여부

해설
폐기물관리법 시행규칙 [별표 15] 폐기물처리시설에 대한 기술관리대행계약에 포함될 점검항목
중간처분시설-유수분리시설
• 분리수이동설비의 파손 여부
• 회수유저장조의 부식 또는 파손 여부
• 이물질제거망의 청소 여부
• 폐유투입량 조절장치의 정상가동 여부
• 정기적인 여과포의 교체 또는 세척 여부

88 사후관리 항목 및 방법에 따라 조사한 결과를 토대로 매립시설이 주변환경에 미치는 영향에 대한 종합보고서를 매립시설의 사용종류신고 후 몇 년 마다 작성하여야 하는가?

① 2년마다
② 3년마다
③ 5년마다
④ 10년마다

해설
폐기물관리법 시행규칙 [별표 19] 사후관리기준 및 방법
주변환경영향 종합보고서 작성
사후관리 항목 및 방법에 따라 조사한 결과를 토대로 매립시설이 주변환경에 미치는 영향에 대한 종합보고서를 매립시설의 사용종료신고 후 5년마다 작성하고, 작성일부터 30일 이내에 시·도지사 또는 지방환경관서의 장에게 제출해야 한다.
※ 저자의견 : 문제에서 '사용종료신고'가 아닌 '사용종류신고'로 제시되어 전항정답 처리되었다.

89 주변지역 영향 조사대상 폐기물처리시설 기준으로 ( )에 적절한 것은?

| 매립면적 ( )m² 이상의 사업장 지정폐기물 매립시설 |

① 330   ② 3,300
③ 1만   ④ 3만

해설
폐기물관리법 시행령 제14조(주변지역 영향 조사대상 폐기물처리시설)
• 1일 처분능력이 50ton 이상인 사업장폐기물 소각시설(같은 사업장에 여러 개의 소각시설이 있는 경우에는 각 소각시설의 1일 처분능력의 합계가 50ton 이상인 경우를 말한다)
• 매립면적 1만m² 이상의 사업장 지정폐기물 매립시설
• 매립면적 15만m² 이상의 사업장 일반폐기물 매립시설
• 시멘트 소성로(폐기물을 연료로 사용하는 경우로 한정한다)
• 1일 재활용능력이 50ton 이상인 사업장폐기물 소각열회수시설(같은 사업장에 여러 개의 소각열회수시설이 있는 경우에는 각 소각열회수시설의 1일 재활용능력의 합계가 50ton 이상인 경우를 말한다)

90 한국폐기물협회의 수행 업무에 해당하지 않는 것은?(단, 그 밖의 정관에서 정하는 업무는 제외)

① 폐기물처리 절차 및 이행 업무
② 폐기물 관련 국제협력
③ 폐기물 관련 국제교류
④ 폐기물과 관련된 업무로서 국가나 지방자치단체로부터 위탁받은 업무

해설
폐기물관리법 시행령 제36조의3(한국폐기물협회의 업무 등)

91 폐기물처리시설 중 멸균분쇄시설의 경우 기술관리인을 두어야 하는 기준으로 맞는 것은?(단, 폐기물처리업자가 운영하지 않음)

① 1일 처리능력이 5ton 이상인 시설
② 1일 처리능력이 10ton 이상인 시설
③ 시간당 처리능력이 100kg 이상인 시설
④ 시간당 처리능력이 200kg 이상인 시설

해설
폐기물관리법 시행령 제15조(기술관리인을 두어야 할 폐기물처리시설)
• 매립시설의 경우
  – 지정폐기물을 매립하는 시설로서 면적이 3,300m² 이상인 시설. 다만, 최종처분시설 중 차단형 매립시설에서는 면적이 330m² 이상이거나 매립용적이 1,000m³ 이상인 시설로 한다.
  – 지정폐기물 외의 폐기물을 매립하는 시설로서 면적이 1만m² 이상이거나 매립용적이 3만m³ 이상인 시설
• 소각시설로서 시간당 처분능력이 600kg(의료폐기물을 대상으로 하는 소각시설의 경우에는 200kg) 이상인 시설
• 압축·파쇄·분쇄 또는 절단시설로서 1일 처분능력 또는 재활용능력이 100ton 이상인 시설
• 사료화·퇴비화 또는 연료화시설로서 1일 재활용능력이 5ton 이상인 시설
• 멸균분쇄시설로서 시간당 처분능력이 100kg 이상인 시설
• 시멘트 소성로
• 용해로(폐기물에서 비철금속을 추출하는 경우로 한정한다)로서 시간당 재활용능력이 600kg 이상인 시설
• 소각열회수시설로서 시간당 재활용능력이 600kg 이상인 시설

88 전항정답 89 ③ 90 ① 91 ③

92 폐기물처리시설의 설치기준 중 멸균분쇄시설(기계적 처분시설)에 관한 내용으로 틀린 것은?

① 밀폐형으로 된 자동제어에 의한 처분방식이어야 한다.
② 폐기물은 원형이 파쇄되어 재사용할 수 없도록 분쇄하여야 한다.
③ 수분함량이 30% 이하가 되도록 건조하여야 한다.
④ 폭발사고와 화재 등에 대비하여 안전한 구조이어야 한다.

[해설]
폐기물관리법 시행규칙 [별표 9] 폐기물 처분시설 또는 재활용시설의 설치기준
기계적 처분시설-멸균분쇄시설
악취를 방지할 수 있는 시설과 수분함량이 50% 이하가 되도록 처리할 수 있는 건조장치를 갖추어야 한다.

93 사후관리이행보증금의 사전적립에 관한 설명으로 ( )에 알맞은 것은?

사후관리이행보증금의 사전적립 대상이 되는 폐기물을 매립하는 시설은 면적이 (㉠)인 시설로 한다. 이에 따른 매립시설의 설치자는 그 시설의 사용을 시작한 날부터 (㉡)에 환경부령으로 정하는 바에 따라 사전적립금 적립계획서를 환경부장관에게 제출하여야 한다.

① ㉠ 1만m² 이상   ㉡ 1개월 이내
② ㉠ 1만m² 이상   ㉡ 15일 이내
③ ㉠ 3,300m² 이상 ㉡ 1개월 이내
④ ㉠ 3,300m² 이상 ㉡ 15일 이내

[해설]
폐기물관리법 시행령 제33조(사후관리이행보증금의 사전적립)

94 환경보전협회에서 교육을 받아야 할 자가 아닌 것은?

① 폐기물재활용 신고자
② 폐기물처리시설의 설치·운영자가 고용한 기술담당자
③ 폐기물처리업자(폐기물 수집·운반업자는 제외)가 고용한 기술요원
④ 폐기물 수집·운반업자

[해설]
폐기물관리법 시행규칙 제50조(폐기물 처리 담당자 등에 대한 교육)
※ 해당 법 개정으로 문제의 "환경보전협회"가 "한국환경보전원"으로 변경되었다.

95 토지 이용의 제한기간은 폐기물매립시설의 사용이 종료되거나 그 시설이 폐쇄된 날부터 몇 년 이내로 하는가?

① 15년   ② 20년
③ 25년   ④ 30년

[해설]
폐기물관리법 시행규칙 [별표 19] 사후관리기준 및 방법

96 대통령령이 정하는 폐기물처리시설을 설치·운영하는 자는 그 폐기물처리시설의 설치·운영이 주변 지역에 미치는 영향을 몇 년마다 조사하여야 하는가?

① 10년   ② 5년
③ 3년   ④ 2년

[해설]
폐기물관리법 제31조(폐기물처리시설의 관리)

정답: 92 ③ 93 ③ 94 ① 95 ④ 96 ③

97 폐기물 인계·인수 사항과 폐기물처리현장정보를 전자정보처리프로그램에 입력할 때 이용하는 매체가 아닌 것은?

① 컴퓨터
② 이동형 통신수단
③ 인터넷 통신망
④ 전산처리기구의 ARS

> **해설**
> - 폐기물관리법 시행규칙 제63조의3(전자정보처리프로그램에의 입력방법 등)
> - 폐기물 전자정보처리 프로그램 운영 및 사용 등에 관한 고시 제14조의4(폐기물 인계·인수 내용 등의 대체입력)

98 폐기물처리시설 중 기계적 재활용시설에 해당되는 것은?

① 시멘트 소성로
② 고형화시설
③ 열처리조합시설
④ 연료화시설

> **해설**
> 폐기물관리법 시행령 [별표 3] 폐기물 처리시설의 종류

99 폐기물처리시설 주변지역 영향조사 시 조사횟수 기준으로 (   )에 맞는 것은?

> 각 항목당 계절을 달리하여 (㉠) 이상 측정하되, 악취는 여름(6월부터 8월까지)에 (㉡) 이상 측정해야 한다.

① ㉠ 4회   ㉡ 2회
② ㉠ 4회   ㉡ 1회
③ ㉠ 2회   ㉡ 2회
④ ㉠ 2회   ㉡ 1회

> **해설**
> 폐기물관리법 시행규칙 [별표 13] 폐기물처리시설 주변지역 영향조사 기준

100 주변지역 영향 조사대상 폐기물처리시설에 해당하는 것은?

① 1일 처리능력 30ton인 사업장폐기물 소각시설
② 1일 처리능력 15ton인 사업장폐기물 소각시설이 사업장 부지 내에 3개 있는 경우
③ 매립면적 1만5천m^2인 사업장 지정폐기물 매립시설
④ 매립면적 11만m^2인 사업장 일반폐기물 매립시설

> **해설**
> **폐기물관리법 시행령 제14조(주변지역 영향 조사대상 폐기물처리시설)**
> - 1일 처분능력이 50ton 이상인 사업장폐기물 소각시설(같은 사업장에 여러 개의 소각시설이 있는 경우에는 각 소각시설의 1일 처분능력의 합계가 50ton 이상인 경우를 말한다)
> - 매립면적 1만m^2 이상의 사업장 지정폐기물 매립시설
> - 매립면적 15만m^2 이상의 사업장 일반폐기물 매립시설
> - 시멘트 소성로(폐기물을 연료로 사용하는 경우로 한정한다)
> - 1일 재활용능력이 50ton 이상인 사업장폐기물 소각열회수시설(같은 사업장에 여러 개의 소각열회수시설이 있는 경우에는 각 소각열회수시설의 1일 재활용능력의 합계가 50ton 이상인 경우를 말한다)

정답 97 ③ 98 ④ 99 ④ 100 ③

2022년 제2회 과년도 기출문제

제1과목 폐기물개론

01 혐기성 소화에서 독성을 유발시킬 수 있는 물질의 농도(mg/L)로 가장 적절한 것은?

① Fe : 1,000
② Na : 3,500
③ Ca : 1,500
④ Mg : 800

해설

기 질	독성으로 작용하는 농도(mg/L)
Na	5,000~8,000
Ca	2,000~6,000
Mg	1,200~3,500

02 도시폐기물의 유기성 성분 중 셀룰로스에 해당하는 것은?

① 6탄당의 중합체
② 아미노산 중합체
③ 당, 전분 등
④ 방향환과 메톡실기를 포함한 중합체

03 다음 조건을 가진 지역의 일일 최소 쓰레기 수거횟수(회)는?(단, 발생쓰레기 밀도 = 500kg/m³, 발생량 = 1.5kg/인·일, 수거대상 = 200,000인, 차량대수 = 4(동시 사용), 차량 적재용적 = 50m³, 적재함 이용률 = 80%, 압축비 = 2, 수거인부 = 20명)

① 2
② 4
③ 6
④ 8

해설

- 일일 폐기물 발생량 = 1.5kg/인·일 × 200,000인 = 300,000kg
- 발생 폐기물 부피 = $\frac{300,000kg}{500kg/m^3}$ = 600m³
- 1회 수거 가능 부피 = 50m³/대 × 4대 × 2 × 0.8 = 320m³
- ∴ 일일 최소 쓰레기 수거횟수 = $\frac{600m^3}{320m^3/회}$ = 1.875 → 2회

04 완전히 건조시킨 폐기물 20g을 채취해 회분 함량을 분석하였더니 5g이었다. 폐기물의 함수율이 40%이었다면, 습량기준으로 회분 중량비(%)는? (단, 비중 = 1.0)

① 5
② 10
③ 15
④ 20

해설

함수율이 40%이므로 고형물 함량은 60%이다.
고형물 함량 60%의 무게가 20g이므로, 젖은 폐기물(비율 100%)의 무게(x)는 다음 비례식으로부터 구할 수 있다.
60% : 20g = 100% : x

$x = \frac{20g \times 100\%}{60\%} = 33.3g$

∴ 습량기준 회분 함량 = $\frac{5g}{33.3g} \times 100 = 15.0\%$

정답 1 ① 2 ① 3 ② 4 ③

05 소각방식 중 회전로(Rotary Kiln)에 대한 설명으로 옳지 않은 것은?

① 넓은 범위의 액상, 고상폐기물을 소각할 수 있다.
② 일반적으로 회전속도는 0.3~1.5rpm, 주변속도는 5~25mm/s 정도이다.
③ 예열, 혼합, 파쇄 등 전처리를 거쳐야만 주입이 가능하다.
④ 회전하는 원통형 소각로로서 경사진 구조로 되어 있으며 길이와 직경의 비는 2~10 정도이다.

해설
회전로는 예열, 혼합, 파쇄 등 전처리 없이 주입이 가능하다.

06 전과정평가(LCA)의 구성요소로 가장 거리가 먼 것은?

① 개선평가   ② 영향평가
③ 과정분석   ④ 목록분석

해설
전과정평가의 4단계
목적 및 범위 설정 → 목록분석 → 영향평가 → 개선평가 및 해석

07 분뇨의 함수율이 95%이고 유기물 함량이 고형물 질량의 60%를 차지하고 있다. 소화조를 거친 뒤 유기물량을 조사하였더니 원래의 반으로 줄었다고 한다. 소화된 분뇨의 함수율(%)은?(단, 소화 시 수분의 변화는 없다고 가정한다. 분뇨 비중은 1.0으로 가정함)

① 95.5   ② 96.0
③ 96.5   ④ 97.0

해설
분뇨의 함수율이 95%이므로 고형물 함량은 5%이다.
• 분해된 유기물의 양 = 5% × 0.6 × (1 − 0.5) = 1.5%
• 남은 고형물의 양 = 5 − 1.5 = 3.5%
소화 시 수분의 변화가 없다고 가정하였으므로
∴ 함수율 = $\frac{물\ 무게}{전체\ 무게}$ × 100 = $\frac{95}{95+3.5}$ × 100 = 96.4%

08 폐기물처리 또는 재생방법에 대한 사항의 설명으로 가장 거리가 먼 것은?

① Compaction의 장점은 공기층 배제에 의한 부피 축소이다.
② 소각의 장점은 부피축소 및 질량감소이다.
③ 자력선별장비의 선별효율은 비교적 높다.
④ 스크린의 종류 중 선별효율이 가장 우수한 것은 진동스크린이다.

해설
스크린의 종류 중 선별효율이 가장 우수한 것은 트롬멜 스크린이다.

09 슬러지 처리과정 중 농축(Thickening)의 목적으로 적합하지 않은 것은?

① 소화조의 용적 절감
② 슬러지 가열비 절감
③ 독성물질의 농도 절감
④ 개량에 필요한 화학약품 절감

10 다음의 폐수처리장 슬러지 중 2차 슬러지에 속하지 않는 것은?

① 활성 슬러지
② 소화 슬러지
③ 화학적 슬러지
④ 살수여상 슬러지

해설
화학적 슬러지는 3차 슬러지이다.

11 쓰레기 수거노선 설정 요령으로 가장 거리가 먼 것은?

① 지형이 언덕인 경우는 내려가면서 수거한다.
② U자 회전을 피하여 수거한다.
③ 아주 많은 양의 쓰레기가 발생되는 발생원은 하루 중 가장 나중에 수거한다.
④ 가능한 한 시계방향으로 수거노선을 설정한다.

해설
아주 많은 양의 쓰레기가 발생되는 발생원은 하루 중 가장 먼저 수거한다.

12 1,000세대(세대당 평균 가족수 5인) 아파트에서 배출하는 쓰레기를 3일마다 수거하는 데 적재용량 11.0m³의 트럭 5대(1회 기준)가 소요된다. 쓰레기 단위용적당 중량이 210kg/m³이라면 1인 1일당 쓰레기 배출량(kg/인·일)은?

① 2.31
② 1.38
③ 1.12
④ 0.77

해설
$$\frac{11m^3 \times 5 \times 210kg/m^3}{1{,}000세대 \times 5인/세대 \times 3일} = 0.77 kg/인 \cdot 일$$

13 트롬멜 스크린에 관한 설명으로 옳지 않은 것은?

① 스크린의 경사도가 크면 효율이 떨어지고 부하율도 커진다.
② 최적속도는 경험적으로 임계속도×0.45 정도이다.
③ 스크린 중 유지관리상의 문제가 적고, 선별효율이 좋다.
④ 스크린의 경사도는 대개 20~30° 정도이다.

해설
트롬멜 스크린의 경사도는 2~3° 정도이다.

14 폐기물 발생량이 5백만ton/년인 지역의 수거인부의 하루 작업시간이 10시간이고, 1년의 작업일수는 300일이다. 수거효율(MHT)은 1.8로 운영되고 있다면 필요한 수거인부의 수(명)는?

① 3,000
② 3,100
③ 3,200
④ 3,300

해설
$$\frac{x \times 300일/년 \times 10시간/일}{5{,}000{,}000 ton/년} = 1.8명 \cdot 시간/ton$$
∴ $x = 3{,}000$명

정답 10 ③ 11 ③ 12 ④ 13 ④ 14 ①

15 폐기물 발생량 예측방법 중에서 각 인자들의 효과를 총괄적으로 나타내어 복잡한 시스템의 분석에 유용하게 적용할 수 있는 것은?

① 경향법
② 다중회귀모델
③ 동적모사모델
④ 인자분석모델

16 Pipeline(관로수송)에 의한 폐기물 수송에 대한 설명으로 가장 거리가 먼 것은?

① 단거리 수송에 적합하다.
② 잘못 투입된 물건은 회수하기가 곤란하다.
③ 조대쓰레기에 대한 파쇄, 압축 등의 전처리가 필요하다.
④ 쓰레기 발생밀도가 낮은 곳에서 사용된다.

> **해설**
> 쓰레기 발생밀도가 높은 곳(신도시 택지개발지역, 고층빌딩 등)에서 사용된다.

17 폐기물을 Ultimate Analysis에 의해 분석할 때 분석대상 항목이 아닌 것은?

① 질소(N)   ② 황(S)
③ 인(P)   ④ 산소(O)

> **해설**
> 폐기물 원소분석(Ultimate Analysis)에서는 C, N, O, H, S 등의 원소를 분석한다.

18 쓰레기의 부피를 감소시키는 폐기물 처리조작으로 가장 거리가 먼 것은?

① 압 축
② 매 립
③ 소 각
④ 열분해

19 생활폐기물의 관리와 그 기능적 요소에 포함되지 않는 사항은?

① 폐기물의 발생 및 수거
② 폐기물의 처리 및 처분
③ 원료의 절약과 발생 억제
④ 폐기물의 운반 및 수송

20 재활용 대책으로서 생산·유통구조를 개선하고자 할 때 고려해야 할 사항으로 가장 거리가 먼 것은?

① 재활용이 용이한 제품의 생산 촉진
② 폐자원의 원료사용 확대
③ 발생부산물의 처리방법 강구
④ 제조업종별 생산자 공동협력체계 강화

제2과목 폐기물처리기술

21 매립지 주위의 우수를 배수하기 위한 배수로 단면을 결정하고자 한다. 이때 유속을 계산하기 위해 사용되는 식(Manning 공식)에 포함되지 않는 것은?

① 유출계수
② 조도계수
③ 경 심
④ 강우강도

해설

Manning 공식
$$v = \frac{1}{n} \times R^{2/3} \times I^{1/2}$$
여기서, v : 유속
n : 조도계수
R : 경심
I : 강우강도

22 폐기물이 매립될 때 매립된 유기성 물질의 분해과정으로 옳은 것은?

① 호기성 → 혐기성(메테인 생성 → 산 생성)
② 호기성 → 혐기성(산 생성 → 메테인 생성)
③ 혐기성 → 호기성(메테인 생성 → 산 생성)
④ 혐기성 → 호기성(산 생성 → 메테인 생성)

23 플라스틱을 재활용하는 방법과 가장 거리가 먼 것은?

① 열분해 이용법
② 용융고화재생 이용법
③ 유리화 이용법
④ 파쇄 이용법

24 다음과 같은 조건일 때 혐기성 소화조의 용량(m^3)은?(단, 유기물량의 50%가 액화 및 가스화된다고 한다. 방식은 2조식이다)

- 분뇨투입량 = 1,000kL/day
- 투입 분뇨 함수율 = 95%
- 유기물 농도 = 60%
- 소화일수 = 30일
- 인발 슬러지 함수율 = 90%

① 12,350
② 17,850
③ 20,250
④ 25,500

해설

함수율이 95%이므로, 고형물 함량은 5%이다.
- 소화된 유기물의 양 = 5% × 0.6 × (1 − 0.5) = 1.5%
- 소화 후 남은 고형물의 양 = 5 − 1.5 = 3.5%
- 1,000m^3 슬러지를 소화한 후의 고형물 함량 = 5m^3

인발 슬러지 함수율이 90%이므로

수분함량 $= \dfrac{C-s}{C} \times 100$

여기서, C : 슬러지 케이크의 양, s : 고형물의 양

$90 = \dfrac{C-35}{C} \times 100$

$90C = 100C - 3,500$

$C = 350m^3$

∴ 혐기성 소화조의 용량 $V = \left(\dfrac{Q_1 + Q_2}{2}\right) \times T$

$= \left(\dfrac{1,000 + 350}{2}\right)m^3/일 \times 30일$

$= 20,250m^3$

여기서, Q_1 : 투입량, Q_2 : 소화슬러지의 양, T : 소화일수

정답 20 ③ 21 ① 22 ② 23 ③ 24 ③

25 매립방식 중 Cell방식에 대한 내용으로 가장 거리가 먼 것은?

① 일일복토 및 침출수 처리를 통해 위생적인 매립이 가능하다.
② 쓰레기의 흩날림을 방지하며, 악취 및 해충의 발생을 방지하는 효과가 있다.
③ 일일복토와 Bailing을 통한 폐기물 압축으로 매립부피를 줄일 수 있다.
④ Cell마다 독립된 매립층이 완성되므로 화재 확산 방지에 유리하다.

해설
Bailing은 압축매립공법이다.

26 매일 200ton의 쓰레기를 배출하는 도시가 있다. 매립지의 평균 매립 두께를 5m, 매립밀도를 0.8ton/m³로 가정할 때 1년 동안 쓰레기를 매립하기 위한 최소한의 매립지 면적(m²)은?(단, 기타 조건은 고려하지 않음)

① 12,250
② 15,250
③ 18,250
④ 21,250

해설
$$\frac{200\text{ton/일} \times 365\text{일/년}}{0.8\text{ton/m}^3 \times 5\text{m}} = 18,250\text{m}^2/\text{년}$$

27 토양수분의 물리학적 분류 중 1,000cm 물기둥의 압력으로 결합되어 있는 경우 다음 중 어디에 속하는가?

① 모세관수
② 흡습수
③ 유효수분
④ 결합수

해설
물기둥의 압력 1,000cm = log1,000 = pF 3
pF 2.54~4.5의 범위는 모세관수이다.

28 시멘트 고형화법 중 자가시멘트법에 대한 설명으로 가장 거리가 먼 것은?

① 혼합률이 낮고 중금속 저지에 효과적이다.
② 탈수 등 전처리와 보조에너지가 필요하다.
③ 장치비가 크고 숙련된 기술을 요한다.
④ 고농도 황화물 함유 폐기물에만 적용된다.

해설
탈수 등 전처리가 필요 없다.

29 고형화 처리 중 시멘트 기초법에서 가장 흔히 사용되는 보통 포틀랜드 시멘트의 주성분은?

① CaO, Al_2O_3
② CaO, SiO_2
③ CaO, MgO
④ CaO, Fe_2O_3

25 ③ 26 ③ 27 ① 28 ② 29 ②

30 비배출량(Specific Discharge)이 1.6×10^{-8} m/s 이고 공극률 0.4인 수분포화 상태의 매립지에서의 물의 침투속도(m/s)는?

① 4.0×10^{-8}
② 0.96×10^{-8}
③ 0.64×10^{-8}
④ 0.25×10^{-8}

해설
비배출량은 '인간의 관점'에서 단위면적당 배출되는 유량의 비를 말하며, 물의 침투속도는 '물의 관점'에서의 속도이다. 따라서 침투속도를 계산할 때 실제 물이 흘러갈 수 있는 단면, 즉 단면적에 공극률을 곱해서 얻어진 면적으로 계산하여야 하므로 비배출량을 공극률로 나누어 주어야 한다.

∴ $\dfrac{1.6 \times 10^{-8} \text{m/s}}{0.4} = 4.0 \times 10^{-8}$ m/s

31 파쇄과정에서 폐기물의 입도분포를 측정하여 입도누적곡선상에 나타낼 때 10%에 상당하는 입경(전체 중량의 10%를 통과시켜 체눈의 크기에 상당하는 입경)은?

① 평균입경
② 메디안경
③ 유효입경
④ 중위경

해설
- 유효입경(D_{10}) : 입도분포곡선에서 누적 중량의 10%가 통과하는 입자의 직경(체눈) 크기
- 균등계수(Uniformity Coefficient) : $\dfrac{D_{60}}{D_{10}}$
- 곡률계수(Coefficient of Curvature) : $\dfrac{(D_{30})^2}{D_{10} D_{60}}$

32 1일 폐기물 배출량이 700ton인 도시에서 도랑(Trench)법으로 매립지를 선정하려 한다. 쓰레기의 압축이 30%가 가능하다면 1일 필요한 매립지 면적(m^2)은?(단, 발생된 쓰레기의 밀도는 250kg/m^3, 매립지의 깊이는 2.5m)

① 634
② 784
③ 854
④ 964

해설
$\dfrac{700 \text{ton/일} \times 1{,}000 \text{kg/ton} \times (1-0.3)}{250 \text{kg/}m^3 \times 2.5\text{m}} = 784 m^2/\text{일}$

33 고형물 4.2%를 함유한 슬러지 150,000kg을 농축조로 이송한다. 농축조에서 농축 후 고형물의 손실 없이 농축슬러지를 소화조로 이송할 경우 슬러지의 무게가 70,000kg이라면 농축된 슬러지의 고형물 함유율(%)은?(단, 슬러지 비중은 1.0으로 가정함)

① 6.0
② 7.0
③ 8.0
④ 9.0

해설
고형물의 무게 = 150,000kg × 0.042 = 6,300kg
∴ 농축된 슬러지의 고형물 함유량 = $\dfrac{6{,}300 \text{kg}}{70{,}000 \text{kg}} \times 100 = 9.0\%$

34 토양오염 정화방법 중 Bioventing 공법의 장단점으로 틀린 것은?

① 배출가스 처리의 추가비용이 없다.
② 지상의 활동에 방해 없이 정화작업을 수행할 수 있다.
③ 주로 포화층에 적용한다.
④ 장치가 간단하고 설치가 용이하다.

해설
주로 불포화층에 적용한다. 공기(산소) 공급이 불포화층에서는 쉬우나, 포화층에서는 산소가 물에 녹지 않으므로 적용이 어렵다.

35 도시의 폐기물 중 불연성분 70%, 가연성분 30%이고, 이 지역의 폐기물 발생량은 1.4kg/인·일이다. 인구 50,000명인 이 지역에서 불연성분 60%, 가연성분 70%를 회수하여 이 중 가연성분으로 SRF를 생산한다면 SRF의 일일 생산량(ton)은?

① 약 14.7
② 약 20.2
③ 약 25.6
④ 약 30.1

해설
50,000명 × 1.4kg/인·일 × 0.3 × 0.7 × $\frac{ton}{1,000kg}$ = 14.7ton/일

36 퇴비화 방법 중 뒤집기식 퇴비단공법의 특징이 아닌 것은?

① 일반적으로 설치비용이 적다.
② 공기공급량 제어가 쉽고, 악취 영향반경이 작다.
③ 운영 시 날씨에 많은 영향을 받는다는 문제점이 있다.
④ 일반적으로 부지소요가 크나 운영비용은 낮다.

해설
공기공급량 제어가 어렵고, 악취 영향반경이 크다.

37 호기성 퇴비화 공정의 설계·운영 고려 인자에 관한 내용으로 틀린 것은?

① 공기의 채널링이 원활하게 발생하도록 반응기간 동안 규칙적으로 교반하거나 뒤집어 주어야 한다.
② 퇴비단의 온도는 초기 며칠간은 50~55℃를 유지하여야 하며 활발한 분해를 위해서는 55~60℃가 적당하다.
③ 퇴비화 기간 동안 수분함량은 50~60% 범위에서 유지되어야 한다.
④ 초기 C/N비는 25~50이 적정하다.

해설
공기의 채널링 현상을 방지하기 위하여 반응기간 동안 규칙적으로 교반하거나 뒤집어 주어야 한다.

38 인구가 400,000명인 도시의 쓰레기배출원 단위가 1.2kg/인·day이고, 밀도는 0.45ton/m³으로 측정되었다. 쓰레기를 분쇄하여 그 용적이 2/3로 되었으며, 분쇄된 쓰레기를 다시 압축하면서 또다시 1/3 용적이 축소되었다. 분쇄만 하여 매립할 때와 분쇄, 압축한 후에 매립할 때에 두 경우의 연간 매립소요면적의 차이(m²)는?(단, Trench 깊이는 4m이며 기타 조건은 고려 안함)

① 약 12,820
② 약 16,230
③ 약 21,630
④ 약 28,540

해설
연간 폐기물 발생량 = 400,000명 × 1.2kg/인·day × 365day ÷ 1,000
= 175,200ton/년

㉠ 분쇄 후 소요부피 = $\frac{175,200ton/년 × 2/3}{0.45ton/m^3}$ = 259,555.6m³

㉡ 분쇄, 압축 후 소요부피 = 259,555.6m³ × 2/3 = 173,037.1m³
트렌치의 깊이가 4m이므로

㉠의 매립면적 = $\frac{259,555.6m^3}{4m}$ = 64,888.9m²

∴ ㉠과 ㉡의 매립면적 차이 = 64,888.9m² × 1/3 = 21,630m²

39 토양오염의 특성으로 가장 거리가 먼 것은?

① 오염영향의 국지성
② 피해발현의 급진성
③ 원상복구의 어려움
④ 타 환경인자와 영향관계의 모호성

해설
피해발현이 완만하다.

40 6.3%의 고형물을 함유한 150,000kg의 슬러지를 농축한 후, 소화조로 이송할 경우 농축슬러지의 무게는 70,000kg이다. 이때 소화조로 이송한 농축된 슬러지의 고형물 함유율(%)은?(단, 슬러지의 비중 = 1.0, 상등액의 고형물 함량은 무시)

① 11.5
② 13.5
③ 15.5
④ 17.5

해설
고형물의 무게 = 150,000kg × 0.063 = 9,450kg

∴ 농축된 슬러지의 고형물 함유량 = $\frac{9,450\text{kg}}{70,000\text{kg}} \times 100 = 13.5\%$

제3과목 폐기물소각 및 열회수

41 쓰레기의 발열량을 H, 불완전연소에 의한 열손실을 Q, 태우고 난 후의 재의 열손실을 R이라 할 때 연소효율 η을 구하는 공식 중 옳은 것은?

① $\eta = \dfrac{H-Q-R}{H}$

② $\eta = \dfrac{H+Q+R}{H}$

③ $\eta = \dfrac{H-Q+R}{H}$

④ $\eta = \dfrac{H+Q-R}{H}$

42 완전연소의 경우 고위발열량(kcal/kg)이 가장 큰 것은?

① 메테인　② 에테인
③ 프로페인　④ 뷰테인

해설
고위발열량은 수소의 함량이 많을수록 커진다.

종류	CH_4	C_2H_6	C_3H_8	C_4H_{10}
H질량/분자량	0.25	0.2	0.18	0.17

43 소각로에 폐기물을 연속적으로 주입하기 위해서는 충분한 저장시설을 확보하여야 한다. 연속주입을 위한 폐기물의 일반적인 저장시설 크기로 적당한 것은?

① 24~36시간분　② 2~3일분
③ 7~10일분　④ 15~20일분

44 프로페인(C_3H_8) : 뷰테인(C_4H_{10})이 40vol% : 60vol%로 혼합된 기체 1Sm³가 완전연소될 때 발생되는 CO_2의 부피(Sm³)는?

① 3.2 ② 3.4
③ 3.6 ④ 3.8

해설
연소반응식
- 프로페인 : $C_3H_8 + 5O_2 \rightarrow 3CO_2 + 4H_2O$
- 뷰테인 : $C_4H_{10} + 6.5O_2 \rightarrow 4CO_2 + 5H_2O$
∴ 발생되는 CO_2의 부피 $= 0.4 \times 3 + 0.6 \times 4 = 3.6Sm^3$

45 열교환기 중 과열기에 대한 설명으로 틀린 것은?

① 보일러에서 발생하는 포화증기에 다량의 수분이 함유되어 있으므로 이것을 과열하여 수분을 제거하고 과열도가 높은 증기를 얻기 위해 설치한다.
② 일반적으로 보일러 부하가 높아질수록 대류 과열기에 의한 과열온도는 저하하는 경향이 있다.
③ 과열기는 그 부착 위치에 따라 전열형태가 다르다.
④ 방사형 과열기는 주로 화염의 방사열을 이용한다.

해설
일반적으로 보일러 부하가 높아질수록 대류 과열기에 의한 과열온도가 상승하는 경향이 있다.

46 프로페인(C_3H_8)의 고위발열량이 24,300kcal/Sm³일 때 저위발열량(kcal/Sm³)은?

① 22,380 ② 22,840
③ 23,340 ④ 23,820

해설
$C_3H_8 + 5O_2 \rightarrow 3CO_2 + 4H_2O$
저위발열량 = 고위발열량 $- 480 \times nH_2O$
= $24,300 - 480 \times 4$
= $22,380 kcal/Sm^3$

47 연료는 일반적으로 탄화수소화합물로 구성되어 있는데, 액체연료의 질량조성이 C 75%, H 25%일 때 C/H 물질량(mol)비는?

① 0.25
② 0.50
③ 0.75
④ 0.90

해설
$\dfrac{C}{H} = \dfrac{75/12}{25/1} = 0.25$

48 황화수소 1Sm³의 이론연소공기량(Sm³)은?

① 7.1
② 8.1
③ 9.1
④ 10.1

해설
황화수소에 대하여 연소반응식을 만들면
$H_2S + aO_2 \rightarrow bSO_2 + cH_2O$에서 $c = 1$, $b = 1$이므로 $a = 1.5$가 된다 (산소의 계수를 맨 마지막에 정해준다).
$H_2S + 1.5O_2 \rightarrow SO_2 + H_2O$
1Sm³ 1.5Sm³
(∵ 황화수소가 부피단위가 나와 있으므로, 계수만 고려한 부피를 고려하면 된다)
∴ 이론연소공기량 $= \dfrac{1.5}{0.21} = 7.14Sm^3$

49 소각로에서 열교환기를 이용해 배기가스의 열을 전량 회수하여 급수 예열을 한다고 한다면 급수 입구온도가 20℃일 경우 급수의 출구온도(℃)는?(단, 급수량=1,000kg/h, 물 비열=1.03kcal/kg·℃, 배기가스 유량=1,000kg/h, 배기가스의 입구온도=400℃, 배기가스의 출구온도=100℃, 배기가스 평균 정압비열=0.25kg/kg·℃)

① 79
② 82
③ 87
④ 93

해설
열량 = 질량 × 비열 × 온도차
- 수온 상승에 기여하는 열량
  = 1,000kg/h × 1.03kcal/kg·℃ × (T_o − 20)℃
- 가스의 열교환 열량
  = 1,000kg/h × 0.25kcal/kg·℃ × (400 − 100)℃
  = 75,000kcal/h

1,030kcal/h × (T_o − 20)℃ = 75,000kcal/h
∴ T_o = 92.8℃

50 다단로 방식 소각로의 장단점으로 옳지 않은 것은?

① 유해폐기물의 완전분해를 위한 2차 연소실이 필요 없다.
② 분진 발생량이 많다.
③ 휘발성이 적은 폐기물 연소에 유리하다.
④ 체류시간이 길기 때문에 온도반응이 더디다.

해설
유해폐기물의 완전분해를 위한 2차 연소실이 필요하다.

51 화격자 연소기에 대한 설명으로 옳은 것은?

① 휘발성분이 많고 열분해 하기 쉬운 물질을 소각할 경우 상향식 연소방식을 쓴다.
② 이동식 화격자는 주입폐기물을 잘 운반시키거나 뒤집지는 못하는 문제점이 있다.
③ 수분이 많거나 플라스틱과 같이 열에 쉽게 용해되는 물질에 의한 화격자 막힘의 우려가 없다.
④ 체류시간이 짧고 교반력이 강하여 국부가열이 발생할 우려가 있다.

해설
① 휘발성분이 많고 열분해하기 쉬운 물질을 소각할 경우 하향식 연소방식을 쓴다.
③ 수분이 많거나 플라스틱과 같이 열에 쉽게 용해되는 물질은 화격자가 막힐 우려가 있다.
④ 체류시간이 길고 교반력이 약하여 국부가열이 발생할 우려가 있다.

52 소각공정과 비교할 때 열분해공정의 장점으로 옳지 않은 것은?

① 배기가스량이 적다.
② 황 및 중금속이 회분 속에 고정되는 비율이 낮다.
③ NO_x의 발생량이 적다.
④ 환원성 분위기가 유지되므로 3가크롬이 6가크롬으로 변화되기 어렵다.

해설
황 및 중금속이 회분 속에 고정되는 비율이 높다.

정답 49 ④ 50 ① 51 ② 52 ②

53 화상부하율(연소량/화상면적)에 대한 설명으로 옳지 않은 것은?

① 화상부하율을 크게 하기 위해서는 연소량을 늘리거나 화상면적을 줄인다.
② 화상부하율이 너무 크면 노 내 온도가 저하하기도 한다.
③ 화상부하율이 작아질수록 화상면적이 축소되어 Compact화 된다.
④ 화상부하율이 너무 커지면 불완전연소의 문제가 발생하기도 한다.

해설
화상부하율이 작아질수록 화상면적은 커진다.

54 소각로에 폐기물을 투입하는 1시간 중에 투입작업시간을 40분, 나머지 20분은 정리시간과 휴식시간으로 한다. 크레인 바켓트 용량 4m³, 1회에 투입하는 시간을 120초, 바켓트 용적중량은 최대 0.4ton/m³일 때 폐기물의 1일 최대 공급능력(ton/day)은?(단, 소각로는 24시간 연속가동)

① 524　　② 684
③ 768　　④ 874

해설
$4m^3 \times 0.4ton/m^3 \times \dfrac{40min/h}{120s} \times \dfrac{60s}{min} \times \dfrac{24h}{day} = 768m^3/day$

55 다이옥신을 억제시키는 방법이 아닌 것은?

① 제1차적(사전방지) 방법
② 제2차적(노 내) 방법
③ 제3차적(후처리) 방법
④ 제4차적 전자선 조사법

56 연소시키는 물질의 발화온도, 함수량, 공급공기량, 연소기의 형태에 따라 연소온도가 변화된다. 연소온도에 관한 설명 중 옳지 않은 것은?

① 연소온도가 낮아지면 불완전연소로 HC나 CO 등이 생성되며 냄새가 발생된다.
② 연소온도가 너무 높아지면 NO_x나 SO_x가 생성되며 냉각공기의 주입량이 많아지게 된다.
③ 소각로의 최소온도는 650℃ 정도이지만 스팀으로 에너지를 회수하는 경우에는 연소온도를 870℃ 정도로 높인다.
④ 함수율이 높으면 연소온도가 상승하며, 연소물질의 입자가 커지면 연소시간이 짧아진다.

해설
함수율이 높으면 연소온도가 낮아지며, 연소물질의 입자가 커지면 연소시간이 길어진다.

57 유동층 소각로에 관한 설명으로 가장 거리가 먼 것은?

① 상(床)으로부터 슬러지의 분리가 어렵다.
② 가스의 온도가 낮고 과잉공기량이 낮다.
③ 미연소분 배출로 2차 연소실이 필요하다.
④ 기계적 구동 부분이 적어 고장률이 낮다.

해설
연소효율이 높아 미연소분 배출이 적고, 2차 연소실이 불필요하다.

정답　53 ③　54 ③　55 ④　56 ④　57 ③

58 다음과 같은 조성을 갖는 폐기물을 완전연소시킬 때의 이론공기량(Sm^3/kg)은?

가연성분 조성비(%)
C : 40, H : 5, O : 10, S : 5, 회분 : 40

① 2.7   ② 3.7
③ 4.7   ④ 5.7

해설

$$A_o = \frac{1}{0.21}\left\{\frac{22.4}{12}C + \frac{11.2}{2}\left(H - \frac{O}{8}\right) + \frac{22.4}{32}S\right\}$$
$$= \frac{1}{0.21} \times \left\{\frac{22.4}{12} \times 0.4 + \frac{11.2}{2}\left(0.05 - \frac{0.1}{8}\right) + \frac{22.4}{32} \times 0.05\right\}$$
$$= 4.7 Sm^3/kg$$

59 소각로의 설계기준이 되고 있는 저위발열량에 대한 설명으로 옳은 것은?

① 쓰레기 속의 수분과 연소에 의해 생성된 수분의 응축열을 포함한 열량
② 고위발열량에서 수분의 응축열을 제외한 열량
③ 쓰레기를 연소할 때 발생되는 열량으로 수분의 수증기 열량이 포함된 열량
④ 연소 배출가스 속의 수분에 의한 응축열

60 폐기물 내 유기물을 완전연소시키기 위해서는 3T 라는 조건이 구비되어야 한다. 3T에 해당하지 않는 것은?

① 충분한 온도
② 충분한 연소시간
③ 충분한 연료
④ 충분한 혼합

해설
3T : Time, Temperature, Turbulence

제4과목 폐기물공정시험기준(방법)

61 기체크로마토그래피로 유기인을 분석할 때 시료관리 기준으로 ( )에 옳은 것은?

시료채취 후 추출하기 전까지 (㉠) 보관하고 7일 이내에 추출하고 (㉡) 이내에 분석한다.

① ㉠ 4℃ 냉암소에서   ㉡ 21일
② ㉠ 4℃ 냉암소에서   ㉡ 40일
③ ㉠ pH 4 이하로   ㉡ 21일
④ ㉠ pH 4 이하로   ㉡ 40일

해설
ES 06501.1b 유기인-기체크로마토그래피

62 가스체의 농도는 표준상태로 환산표시한다. 이 조건에 해당되지 않는 것은?

① 상대습도 : 100%
② 온도 : 0℃
③ 기압 : 760mmHg
④ 온도 : 273K

해설
ES 06000.b 총칙
표준상태 : 0℃, 1기압

63 크롬 표준원액(100mg Cr/L) 1,000mL를 만들기 위하여 필요한 다이크롬산칼륨(표준시약)의 양(g)은?(단, K : 39, Cr : 52)

① 0.213
② 0.283
③ 0.353
④ 0.393

해설
$K_2Cr_2O_7$의 분자량 = $39 \times 2 + 52 \times 2 + 16 \times 7 = 294g$
$2 \times Cr : K_2Cr_2O_7 = 100 : x$
$\therefore x = \dfrac{100 \times 294}{2 \times 52} = 282.7mg = 0.283g$

64 유도결합플라스마발광광도 기계의 토치에 흐르는 운반물질, 보조물질, 냉각물질의 종류는 몇 종류의 물질로 구성되는가?

① 2종의 액체와 1종의 기체
② 1종의 액체와 2종의 기체
③ 1종의 액체와 1종의 기체
④ 1종의 기체

해설
ICP의 토치(Torch)는 3중으로 된 석영관이 이용되며 제일 안쪽으로는 시료가 운반가스(아르곤, 0.4~2L/min)와 함께 흐르며, 가운데 관으로는 보조가스(아르곤, 플라스마가스, 0.5~2L/min), 제일 바깥쪽 관에는 냉각가스(아르곤, 10~20L/min)가 도입된다. 즉, 아르곤가스 1종을 사용한다.
※ 출처 : 수질오염공정시험기준(2008.7)

65 원자흡광분석에서 일반적인 간섭에 해당되지 않는 것은?

① 분광학적 간섭
② 물리적 간섭
③ 화학적 간섭
④ 첨가물질의 간섭

해설
원자흡광분석에서 일어나는 간섭은 일반적으로 분광학적 간섭, 물리적 간섭, 화학적 간섭으로 나뉘어진다.
※ 출처 : 수질오염공정시험기준(2008.7)

66 3,000g의 시료에 대하여 원추 4분법을 5회 조작하여 최종 분취된 시료의 양(g)은?

① 약 31.3
② 약 32.5
③ 약 93.8
④ 약 124.2

해설
ES 06130.d 시료의 채취
$3,000 \times \left(\dfrac{1}{2}\right)^5 = 93.75g$

67 유기인 측정(기체크로마토그래피법)에 대한 설명으로 옳지 않은 것은?

① 크로마토그램을 작성하여 각 분석성분 및 내부표준물질의 머무름시간에 해당하는 피크로부터 면적을 측정한다.
② 추출물 10~30μL를 취하여 기체크로마토그래프에 주입하여 분석한다.
③ 시료채취는 유리병을 사용하며 채취 전에 시료로서 세척하지 말아야 한다.
④ 농축장치는 구데르나다니시 농축기를 사용한다.

해설
ES 06501.1b 유기인-기체크로마토그래피
추출물 1~3μL를 취하여 기체크로마토그래프에 주입하여 분석한다.

68 시료의 용출시험방법에 관한 설명으로 ( )에 옳은 것은?(단, 상온, 상압 기준)

> 용출조작은 진탕의 폭이 4~5cm인 왕복진탕기로 (㉠)회/min로 (㉡)시간 동안 연속 진탕한다.

① ㉠ 200　㉡ 6
② ㉠ 200　㉡ 8
③ ㉠ 300　㉡ 6
④ ㉠ 300　㉡ 8

해설
ES 06150.e 시료의 준비

69 기체크로마토그래피를 이용하면 물질의 정량 및 정성분석이 가능하다. 이 중 정량 및 정성분석을 가능하게 하는 측정치는?

① 정량 – 유지시간, 정성 – 피크의 높이
② 정량 – 유지시간, 정성 – 피크의 폭
③ 정량 – 피크의 높이, 정성 – 유지시간
④ 정량 – 피크의 폭, 정성 – 유지시간

70 원자흡수분광광도법에 있어서 간섭이 발생되는 경우가 아닌 것은?

① 불꽃의 온도가 너무 낮아 원자화가 일어나지 않는 경우
② 불안정한 환원물질이 바뀌어 불꽃에서 원자화가 일어나지 않는 경우
③ 염이 많은 시료를 분석하여 버너 헤드 부분에 고체가 생성되는 경우
④ 시료 중에 알칼리금속의 할로겐 화합물을 다량 함유하는 경우

해설
ES 06400.1 금속류–원자흡수분광광도법
안정한 산화물질로 바뀌어 불꽃에서 원자화가 일어나지 않는 경우

71 분석하고자 하는 대상폐기물의 양이 100ton 이상 500 ton 미만인 경우에 채취하는 시료의 최소수(개)는?

① 30
② 36
③ 45
④ 50

해설
ES 06130.d 시료의 채취

대상폐기물의 양(단위 : ton)	시료의 최소수
1 미만	6
1 이상 ~ 5 미만	10
5 이상 ~ 30 미만	14
30 이상 ~ 100 미만	20
100 이상 ~ 500 미만	30
500 이상 ~ 1,000 미만	36
1,000 이상 ~ 5,000 미만	50
5,000 이상	60

72 pH 측정에 관한 설명으로 틀린 것은?

① 수소이온전극의 기전력은 온도에 의하여 변화한다.
② pH 11 이상의 시료는 오차가 크므로 알칼리용액에서 오차가 적은 특수전극을 사용한다.
③ 조제한 pH 표준용액 중 산성 표준용액은 보통 1개월, 염기성 표준용액은 산화칼슘(생석회) 흡수관을 부착하여 3개월 이내에 사용한다.
④ pH 미터는 임의의 한 종류의 pH 표준용액에 대하여 검출부를 정제수로 잘 씻은 다음 5회 되풀이하여 측정했을 때 그 재현성이 ±0.05 이내이어야 한다.

해설
ES 06304.1 수소이온농도–유리전극법
조제한 pH 표준용액은 경질유리병 또는 폴리에틸렌병에 보관하며, 보통 산성 표준용액은 3개월, 염기성 표준용액은 산화칼슘(생석회) 흡수관을 부착하여 1개월 이내에 사용한다.

정답 68 ①　69 ③　70 ②　71 ①　72 ③

73 기체크로마토그래피법의 설치조건에 대한 설명으로 틀린 것은?

① 실온 5~35℃, 상대습도 85% 이하로서 직사일광이 쪼이지 않는 곳으로 한다.
② 전원변동은 지정전압의 35% 이내로 주파수의 변동이 없는 것이어야 한다.
③ 설치장소는 진동이 없고 분석에 사용하는 유해물질을 안전하게 처리할 수 있어야 한다.
④ 부식가스나 먼지가 적은 곳으로 한다.

해설
전원변동은 지정전압의 10% 이내로서 주파수의 변동이 없는 것이어야 한다.
※ 출처 : 수질오염공정시험기준(2008.7)

74 폐기물로부터 유류 추출 시 에멀션을 형성하여 액층이 분리되지 않을 경우, 조작법으로 옳은 것은?

① 염화제이철 용액 4mL를 넣고 pH를 7~9로 하여 자석교반기로 교반한다.
② 메틸오렌지를 넣고 황색이 적색이 될 때까지 (1+1)염산을 넣는다.
③ 노말헥산층에 무수황산나트륨을 넣어 수분간 방치한다.
④ 에멀션층 또는 헥산층에 적당량의 황산암모늄을 넣고 환류냉각관을 부착한 후 80℃ 물중탕에서 가열한다.

해설
ES 06302.1b 기름성분-중량법

75 휘발성 저급염소화 탄화수소류를 기체크로마토그래피법을 이용하여 측정한다. 이때 사용하는 운반가스는?

① 아르곤 ② 아세틸렌
③ 수 소   ④ 질 소

해설
ES 06602.1b 휘발성 저급염소화 탄화수소류-기체크로마토그래피

76 크롬 및 6가크롬의 정량에 관한 내용 중 틀린 것은?

① 크롬을 원자흡수분광광도법으로 시험할 경우 정량한계는 0.01mg/L이다.
② 크롬을 흡광광도법으로 측정하려면 발색시약으로 다이에틸다이티오카르바민산을 사용한다.
③ 6가크롬을 흡광광도법으로 정량 시 시료 중에 잔류염소가 공존하면 발색을 방해한다.
④ 6가크롬을 흡광광도법으로 정량 시 적자색의 착화합물의 흡광도를 측정한다.

해설
ES 06406.3b 크롬-자외선/가시선 분광법
이 시험기준은 폐기물 중에 크롬을 자외선/가시선 분광법으로 측정하는 방법으로 시료 중에 총 크롬을 과망간산칼륨을 사용하여 6가크롬으로 산화시킨 다음 산성에서 다이페닐카바자이드와 반응하여 생성되는 적자색 착화합물의 흡광도를 540nm에서 측정하여 총크롬을 정량하는 방법이다.

77 강열감량 및 유기물 함량(중량법) 측정에 관한 내용으로 ( )에 내용으로 옳은 것은?

> 시료에 질산암모늄 용액(25%)을 넣고 가열하여 (600±25)℃의 전기로 안에서 ( ) 강열하고 데시케이터에서 식힌 후 무게를 달아 증발접시의 무게 차이로부터 강열감량 및 유기물 함량(%)을 구한다.

① 2시간 ② 3시간
③ 4시간 ④ 5시간

해설
ES 06301.1d 강열감량 및 유기물 함량-중량법

78 흡광광도법에서 흡광도 눈금의 보정에 관한 내용으로 ( )에 옳은 것은?

> 중크롬산칼륨을 ( )에 녹여 중크롬산칼륨 용액을 만든다.

① N/10 수산화나트륨 용액
② N/20 수산화나트륨 용액
③ N/10 수산화칼륨 용액
④ N/20 수산화칼륨 용액

해설
※ 출처 : 수질오염공정시험기준(2008.7)

79 총칙에 관한 내용으로 틀린 것은?

① '정밀히 단다'라 함은 규정된 수치의 무게를 0.1mg까지 다는 것을 말한다.
② '정확히 취하여'라 하는 것은 규정한 양의 액체를 홀피펫으로 눈금까지 취하는 것을 말한다.
③ '냄새가 없다'라고 기재한 것은 냄새가 없거나, 또는 거의 없는 것을 표시하는 것이다.
④ '방울수'라 함은 20℃에서 정제수 20방울을 적하할 때, 그 부피가 약 1mL 되는 것을 뜻한다.

해설
ES 06000.b 총칙
• '정밀히 단다'라 함은 규정된 양의 시료를 취하여 화학저울 또는 미량저울로 칭량함을 말한다.
• 무게를 '정확히 단다'라 함은 규정된 수치의 무게를 0.1mg까지 다는 것을 말한다.

80 흡광광도법에 의한 시안(CN)시험에서 측정원리를 바르게 나타낸 것은?

① 피리딘 · 피라졸론법 – 청색
② 다이페닐카르바지드법 – 적자색
③ 디티존법 – 적색
④ 다이에틸다이티오카르바민산은법 – 적자색

해설
ES 06351.1 시안-자외선/가시선 분광법
시료를 pH 2 이하의 산성으로 조절한 후에 에틸렌다이아민테트라아세트산이나트륨을 넣고 가열 증류하여 시안화합물을 시안화수소로 유출시켜 수산화나트륨용액에 포집한 다음 중화하고 클로라민-T와 피리딘 · 피라졸론 혼합액을 넣어 나타나는 청색을 620nm에서 측정하는 방법이다.

정답 77 ② 78 ④ 79 ① 80 ①

제5과목 폐기물관계법규

81 폐기물처리업자에게 영업정지에 갈음하여 부과할 수 있는 과징금에 관한 설명으로 ( )에 옳은 것은?

> 환경부장관이나 시·도지사는 폐기물처리업자에게 영업의 정지를 명령하는 때 그 영업의 정지를 갈음하여 대통령령으로 정하는 ( )을 초과하지 아니하는 범위에서 과징금을 부과할 수 있다.

① 매출액에 1/100을 곱한 금액
② 매출액에 5/100를 곱한 금액
③ 매출액에 10/100을 곱한 금액
④ 매출액에 15/100를 곱한 금액

해설
폐기물관리법 제28조(폐기물처리업자에 대한 과징금 처분)

82 주변지역 영향 조사대상 폐기물처리시설 기준으로 ( )에 적절한 것은?

> 매립면적 ( )m² 이상의 사업장 일반폐기물 매립시설

① 3만 ② 5만
③ 10만 ④ 15만

해설
폐기물관리법 시행령 제14조(주변지역 영향 조사대상 폐기물처리시설)
• 1일 처분능력이 50ton 이상인 사업장폐기물 소각시설(같은 사업장에 여러 개의 소각시설이 있는 경우에는 각 소각시설의 1일 처분능력의 합계가 50ton 이상인 경우를 말한다)
• 매립면적 1만m² 이상의 사업장 지정폐기물 매립시설
• 매립면적 15만m² 이상의 사업장 일반폐기물 매립시설
• 시멘트 소성로(폐기물을 연료로 사용하는 경우로 한정한다)
• 1일 재활용능력이 50ton 이상인 사업장폐기물 소각열회수시설(같은 사업장에 여러 개의 소각열회수시설이 있는 경우에는 각 소각열회수시설의 1일 재활용능력의 합계가 50ton 이상인 경우를 말한다)

83 3년 이하의 징역이나 3천만원 이하의 벌금에 해당하는 벌칙기준에 해당하지 않는 것은?

① 고의로 사실과 다른 내용의 폐기물분석결과서를 발급한 폐기물분석전문기관
② 승인을 받지 아니하고 폐기물처리시설을 설치한 자
③ 다른 사람에게 자기의 성명이나 상호를 사용하여 폐기물을 처리하게 하거나 그 허가증을 다른 사람에게 빌려준 자
④ 폐기물처리시설의 설치 또는 유지·관리가 기준에 맞지 아니하여 지시된 개선명령을 이행하지 아니하거나 사용중지 명령을 위반한 자

해설
폐기물관리법 제65조(벌칙)
2년 이하의 징역이나 2천만원 이하의 벌금(폐기물관리법 제66조)

84 재활용의 에너지 회수기준 등에서 환경부령으로 정하는 활동 중 가연성 고형폐기물로부터 규정된 기준에 맞게 에너지를 회수하는 활동이 아닌 것은?

① 다른 물질과 혼합하지 아니하고 해당 폐기물의 고위발열량이 kg당 5,000kcal 이상일 것
② 에너지의 회수효율(회수에너지 총량을 투입에너지 총량으로 나눈 비율을 말한다)이 75% 이상일 것
③ 회수열을 모두 열원으로 스스로 이용하거나 다른 사람에게 공급할 것
④ 환경부장관이 정하여 고시하는 경우에는 폐기물의 30% 이상을 원료나 재료로 재활용하고 그 나머지 중에서 에너지의 회수에 이용할 것

해설
폐기물관리법 시행규칙 제3조(에너지 회수기준 등)
다른 물질과 혼합하지 아니하고 해당 폐기물의 저위발열량이 kg당 3,000kcal 이상일 것

정답 81 ② 82 ④ 83 ③ 84 ①

85
매립시설의 사후관리기준 및 방법에 관한 내용 중 발생가스 관리방법(유기성 폐기물을 매립한 폐기물매립시설만 해당된다)에 관한 내용이다. ( )에 공통으로 들어갈 내용은?

> 외기온도, 가스온도, 메테인, 이산화탄소, 암모니아, 황화수소 등의 조사항목을 매립 종료 후 ( )까지는 분기 1회 이상, ( )이 지난 후에는 연 1회 이상 조사하여야 한다.

① 1년
② 2년
③ 3년
④ 5년

해설
폐기물관리법 시행규칙 [별표 19] 사후관리항목 및 방법

86
지정폐기물 중 의료폐기물을 수집·운반하는 경우 시설, 장비, 기술능력 기준으로 틀린 것은?(단, 폐기물처리업 중 폐기물수집·운반업의 기준)

① 적재능력 0.45ton 이상의 냉장차량(4℃ 이하인 것을 말한다) 3대 이상
② 소독장비 1식 이상
③ 폐기물처리산업기사, 임상병리사 또는 위생사 중 1명 이상
④ 모든 차량을 주차할 수 있는 규모의 주차장

해설
폐기물관리법 시행규칙 [별표 7] 폐기물처리업의 시설·장비·기술능력의 기준
지정폐기물 중 의료폐기물을 수집·운반하는 경우는 기술능력에 대한 규정이 없다.

87
폐기물처리시설(매립시설인 경우)을 폐쇄하고자 하는 자는 당해 시설의 폐쇄예정일 몇 개월 이전에 폐쇄 신고서를 제출하여야 하는가?

① 1개월
② 2개월
③ 3개월
④ 6개월

해설
폐기물관리법 시행규칙 제69조(폐기물처리시설의 사용종료 및 사후관리 등)

88
폐기물을 매립하는 시설 중 사후관리이행보증금의 사전적립대상인 시설의 면적기준은?

① 3,000m² 이상
② 3,300m² 이상
③ 3,600m² 이상
④ 3,900m² 이상

해설
폐기물관리법 시행령 제33조(사후관리이행보증금의 사전적립)

정답 85 ④ 86 ③ 87 ③ 88 ②

89 폐기물처리시설에서 배출되는 오염물질을 측정하기 위해 환경부령으로 정하는 측정기관이 아닌 것은?(단, 국립환경과학원장이 고시하는 기관은 제외함)

① 한국환경공단
② 보건환경연구원
③ 한국산업기술시험원
④ 수도권매립지관리공사

해설
폐기물관리법 시행규칙 제43조(오염물질의 측정)

90 매립시설의 설치를 마친 자가 환경부령으로 정하는 검사기관으로부터 설치검사를 받고자 하는 경우, 검사를 받고자 하는 날 15일 전까지 검사신청서에 각 서류를 첨부하여 검사기관에 제출하여야 하는데 그 서류에 해당하지 않는 것은?

① 설계도서 및 구조계산서 사본
② 시설운전 및 유지관리계획서
③ 설치 및 장비확보 명세서
④ 시방서 및 재료시험성적서 사본

해설
폐기물관리법 시행규칙 제41조(폐기물처리시설의 사용신고 및 검사)

91 폐기물처리업의 변경허가를 받아야 할 중요사항으로 틀린 것은?(단, 폐기물 수집·운반업에 해당하는 경우)

① 수집·운반대상 폐기물의 변경
② 영업구역의 변경
③ 연락장소 또는 사무실 소재지의 변경
④ 운반차량(임시차량은 제외한다)의 증차

해설
폐기물관리법 시행규칙 제29조(폐기물처리업의 변경허가)
주차장 소재지의 변경(지정폐기물을 대상으로 하는 수집·운반업만 해당한다)

92 폐기물 처분시설 중 관리형 매립시설에서 발생하는 침출수의 배출허용기준 중 '나지역'의 생물화학적 산소요구량의 기준(mg/L 이하)은?

① 60
② 70
③ 80
④ 90

해설
폐기물관리법 시행규칙 [별표 11] 폐기물 처분시설 또는 재활용시설의 관리기준
관리형 매립시설-매립시설 침출수의 생물화학적 산소요구량·화학적 산소요구량·부유물질량의 배출허용기준

구 분	생물화학적 산소요구량 (mg/L)	화학적 산소요구량 (mg/L)	부유물질량 (mg/L)
청정지역	30	200	30
가지역	50	300	50
나지역	70	400	70

정답 89 ③ 90 ② 91 ③ 92 ②

93 폐기물의 재활용을 금지하거나 제한하는 것이 아닌 것은?

① 폐석면
② PCBs
③ VOCs
④ 의료폐기물

해설
폐기물관리법 시행규칙 [별표 4의3] 폐기물의 종류별 재활용 가능 유형

94 지정폐기물의 종류 중 유해물질 함유 폐기물(환경부령으로 정하는 물질을 함유한 것으로 한정한다)에 관한 기준으로 틀린 것은?

① 광재(철광 원석의 사용으로 인한 고로 슬래그는 제외한다)
② 분진(대기오염 방지시설에서 포집된 것으로 한정하되, 소각시설에서 발생되는 것은 제외한다)
③ 폐합성수지
④ 폐내화물 및 재벌구이 전에 유약을 바른 도자기 조각

해설
폐기물관리법 시행령 [별표 1] 지정폐기물의 종류
폐합성수지는 특정시설에서 발생되는 폐기물이다.

95 환경부장관은 폐기물에 관한 시험·분석 업무를 전문적으로 수행하기 위하여 폐기물 시험·분석 전문기관으로 지정할 수 있다. 이에 해당되지 않는 기관은?

① 한국건설기술연구원
② 한국환경공단
③ 수도권매립지관리공사
④ 보건환경연구원

해설
폐기물관리법 시행규칙 제63조(시험·분석기관)

96 기술관리인을 두어야 하는 멸균분쇄시설의 시설기준으로 적절한 것은?

① 시간당 처분능력이 100kg 이상인 시설
② 시간당 처분능력이 125kg 이상인 시설
③ 시간당 처분능력이 200kg 이상인 시설
④ 시간당 처분능력이 300kg 이상인 시설

해설
폐기물관리법 시행령 제15조(기술관리인을 두어야 할 폐기물처리시설)
- 매립시설의 경우
  - 지정폐기물을 매립하는 시설로서 면적이 3,300m² 이상인 시설. 다만, 최종처분시설 중 차단형 매립시설에서는 면적이 330m² 이상이거나 매립용적이 1,000m³ 이상인 시설로 한다.
  - 지정폐기물 외의 폐기물을 매립하는 시설로서 면적이 1만m² 이상이거나 매립용적이 3만m³ 이상인 시설
- 소각시설로서 시간당 처분능력이 600kg(의료폐기물을 대상으로 하는 소각시설의 경우에는 200kg) 이상인 시설
- 압축·파쇄·분쇄 또는 절단시설로서 1일 처분능력 또는 재활용능력이 100ton 이상인 시설
- 사료화·퇴비화 또는 연료화시설로서 1일 재활용능력이 5ton 이상인 시설
- 멸균분쇄시설로서 시간당 처분능력이 100kg 이상인 시설
- 시멘트 소성로
- 용해로(폐기물에서 비철금속을 추출하는 경우로 한정한다)로서 시간당 재활용능력이 600kg 이상인 시설
- 소각열회수시설로서 시간당 재활용능력이 600kg 이상인 시설

정답 93 ③ 94 ③ 95 ① 96 ①

97 폐기물관리의 기본원칙으로 틀린 것은?

① 폐기물은 소각, 매립 등의 처분을 하기보다는 우선적으로 재활용함으로써 자원생산성의 향상에 이바지하도록 하여야 한다.
② 국내에서 발생한 폐기물은 가능하면 국내에서 처리되어야 하고, 폐기물은 수입할 수 없다.
③ 누구든지 폐기물을 배출하는 경우에는 주변 환경이나 주민의 건강에 위해를 끼치지 아니하도록 사전에 적절한 조치를 하여야 한다.
④ 사업자는 제품의 생산방식 등을 개선하여 폐기물의 발생을 최대한 억제하고, 발생한 폐기물을 스스로 재활용함으로써 폐기물의 배출을 최소화하여야 한다.

[해설]
폐기물관리법 제3조의2(폐기물 관리의 기본원칙)
국내에서 발생한 폐기물은 가능하면 국내에서 처리되어야 하고, 폐기물의 수입은 되도록 억제되어야 한다.

98 폐기물처리업자가 폐기물의 발생, 배출, 처리상황 등을 기록한 장부의 보존기간은?(단, 최종 기재일 기준)

① 6개월간
② 1년간
③ 3년간
④ 5년간

[해설]
폐기물관리법 제36조(장부 등의 기록과 보존)

99 폐기물 처리시설 종류의 구분이 틀린 것은?

① 기계적 재활용시설 : 유수분리시설
② 화학적 재활용시설 : 연료화시설
③ 생물학적 재활용시설 : 버섯재배시설
④ 생물학적 재활용시설 : 호기성·혐기성 분해시설

[해설]
폐기물관리법 시행령 [별표 3] 폐기물 처리시설의 종류
연료화시설은 기계적 재활용시설이다.

100 지정폐기물인 부식성 폐기물 기준으로 ( )에 올바른 것은?

> 폐산 : 액체상태의 폐기물로서 수소이온농도지수가 ( ) 이하인 것에 한한다.

① 1.0
② 1.5
③ 2.0
④ 2.5

[해설]
폐기물관리법 시행령 [별표 1] 지정폐기물의 종류
부식성 폐기물
• 폐산(액체상태의 폐기물로서 수소이온농도지수가 2.0 이하인 것으로 한정)
• 폐알칼리(액체상태의 폐기물로서 수소이온농도지수가 12.5 이상인 것으로 한정하며, 수산화칼륨 및 수산화나트륨 포함)

2023년 제1회 과년도 기출복원문제

※ 2023년부터는 CBT(컴퓨터 기반 시험)로 진행되어 수험자의 기억에 의해 문제를 복원하였습니다. 실제 시행문제와 일부 상이할 수 있음을 알려드립니다.

제1과목 폐기물개론

01 함수율이 40%인 쓰레기를 건조시켜 함수율이 15%인 쓰레기를 만들었다면, 쓰레기 ton당 증발되는 수분량은?(단, 비중은 1.0 기준이다)

① 약 185kg ② 약 294kg
③ 약 326kg ④ 약 425kg

해설

$w_1 = 40$, $w_2 = 15$, $V_1 = 1,000$

$$\frac{V_2}{V_1} = \frac{100 - w_1}{100 - w_2} = \frac{V_2}{1,000} = \frac{100 - 40}{100 - 15} = \frac{60}{85}$$

건조 후 무게 $V_2 = 1,000 \times \frac{60}{85} = 706$kg

증발되는 수분량 = 1,000 − 706 = 294kg

02 쓰레기의 성상분석 절차로 가장 옳은 것은?

① 시료 → 전처리 → 물리적 조성 → 밀도측정 → 건조 → 분류
② 시료 → 전처리 → 건조 → 분류 → 물리적 조성 → 밀도측정
③ 시료 → 밀도측정 → 건조 → 분류 → 전처리 → 물리적 조성
④ 시료 → 밀도측정 → 물리적 조성 → 건조 → 분류 → 전처리

해설

현장에서 밀도측정과 물리적 조성을 분석한 후, 시료를 실험실로 가져와서 이후의 분석을 진행한다.

03 다음 중 쓰레기 발생량을 예측하는 방법이 아닌 것은?

① Trend Method
② Material Balance Method
③ Multiple Regression Model
④ Dynamic Simulation Model

해설

물질수지법(Material Balance Method)은 폐기물 발생량 조사방법의 하나이다.

04 함수율이 80%(중량비)인 슬러지 내 고형물은 비중 2.5인 FS 1/3과 비중이 1.0인 VS 2/3로 되어 있다. 이 슬러지의 비중은?(단, 물의 비중은 1.0이다)

① 1.04 ② 1.08
③ 1.12 ④ 1.16

해설

함수율이 80%이므로, 고형물의 무게는 20%이다.

$$\frac{\text{슬러지 무게}}{\text{슬러지 비중}} = \frac{\text{유기성 고형물 무게}}{\text{유기성 고형물 비중}} + \frac{\text{무기성 고형물 무게}}{\text{무기성 고형물 비중}} + \frac{\text{물 무게}}{\text{물 비중}}$$

$$\frac{1}{\text{슬러지 비중}} = \frac{0.2 \times 2/3}{1} + \frac{0.2 \times 1/3}{2.5} + \frac{0.8}{1} = 0.96$$

∴ 슬러지 비중 = $\frac{1}{0.96} = 1.04$

정답 1 ② 2 ④ 3 ② 4 ①

05 트롬멜 스크린에 대한 설명으로 틀린 것은?

① 수평으로 회전하는 직경 3m 정도의 원통 형태이며, 가장 널리 사용되는 스크린의 하나이다.
② 최적회전속도는 임계회전속도의 45% 정도이다.
③ 도시폐기물 처리 시 적정회전속도는 100~180 rpm이다.
④ 경사도는 대개 2~3°를 채택하고 있다.

해설
도시폐기물 처리 시 적정회전속도는 10~18rpm이다.

06 분뇨처리 결과를 나타낸 그래프의 ( ) 안에 들어갈 내용으로 가장 알맞은 것은?(단, S_e : 유출수의 휘발성 고형물질 농도(mg/L), S_o : 유입수의 휘발성 고형물질 농도(mg/L), SRT : 고형물질의 체류시간)

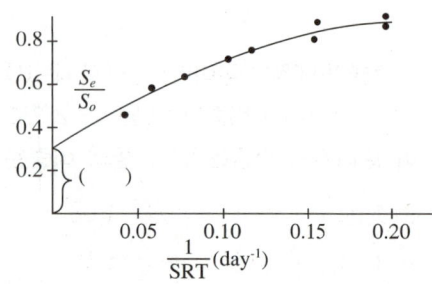

① 생물학적 분해 가능한 유기물질 분율
② 생물학적 분해 불가능한 휘발성 고형물질 분율
③ 생물학적 분해 가능한 무기물질 분율
④ 생물학적 분해 불가능한 유기물질 분율

해설
x축이 SRT의 역수이므로 x값이 0일 때 SRT는 무한대이다. 따라서 ( )의 값은 시간이 무한대인 경우에도 휘발성 고형물질이 생물학적으로 처리되지 않고 남아 있는 비율이다.

07 완전히 건조시킨 폐기물 20g을 취해 회분량을 조사하니 5g이었다. 이 폐기물의 원래 함수율이 40%이었다면, 이 폐기물의 습량기준 회분 중량비(%)는?(단, 비중은 1.0 기준이다)

① 5 ② 10
③ 15 ④ 20

해설
함수율이 40%이므로 고형물 함량은 60%이다.
고형물 함량 60%의 무게가 20g이므로 젖은 폐기물(비율로 100%)의 무게는 다음 비례식으로부터
$60 : 20 = 100 : x$
$x = \dfrac{20 \times 100}{60} = 33.3$

$\therefore$ 습량기준 회분 함량 $= \dfrac{5}{33.3} \times 100 = 15.0$

08 도시폐기물의 물리적 특성 중 하나인 겉보기 밀도의 대푯값이 가장 높은 것은?(단, 비압축상태 기준)

① 재
② 고무류
③ 가죽류
④ 알루미늄 캔

해설
- 비압축상태의 경우 알루미늄캔의 겉보기 밀도는 높지 않다.
- 겉보기 밀도
  - 재 : 480kg/m³
  - 고무류 : 130kg/m³
  - 가죽류 : 160kg/m³
  - 알루미늄 캔 : 160kg/m³

정답 5 ③ 6 ② 7 ③ 8 ①

09 적환장에 대한 설명으로 가장 거리가 먼 것은?

① 적환장의 위치는 주민들의 생활환경을 고려하여 수거 지역의 무게중심과 되도록 멀리 설치하여야 한다.
② 최종처분지와 수거지역의 거리가 먼 경우 적환장을 설치한다.
③ 적은 용량의 차량을 이용하여 폐기물을 수집해야 할 때 필요한 시설이다.
④ 폐기물의 수거와 운반을 분리하는 기능을 한다.

해설
적환장은 수거지역의 무게중심과 가까운 곳에 설치하여야 한다.

10 폐기물의 재활용 기술 중에 RDF(Refuse Derived Fuel)가 있다. RDF를 만들기 위한 조건으로 적당하지 않은 것은?

① 칼로리가 높아야 하므로 고분자 물질인 PVC 함량을 높여야 한다.
② 재의 함량이 적어야 한다.
③ 저장 및 운반이 용이하여야 한다.
④ 대기오염도가 낮아야 한다.

해설
PVC는 연소 시 HCl 등 산성가스를 발생시키고, 다이옥신 생성의 전구물질이 되므로 배제시켜야 한다.

11 다음과 같은 조성의 폐기물의 저위발열량(kcal/kg)을 Dulong식을 이용하여 계산한 값은?(단, 탄소, 수소, 황의 연소발열량은 각각 8,100kcal/kg, 34,000kcal/kg, 2,500kcal/kg으로 한다)

조성(%) : 휘발성 고형물 = 50, 회분 = 50이며, 휘발성 고형물의 원소분석결과는 C=50, H=30, O=10, N=10이다.

① 약 5,200kcal/kg ② 약 5,700kcal/kg
③ 약 6,100kcal/kg ④ 약 6,400kcal/kg

해설
폐기물 중에 황과 수분이 없으므로 이를 고려할 필요가 없다.

$$\text{Dulong식} = 8,100C + 34,000\left(H - \frac{O}{8}\right) - 600 \times 9H$$

$$= 8,100 \times 0.5 \times 0.5 + 34,000 \times \left(0.5 \times 0.3 - \frac{0.5 \times 0.1}{8}\right) - 600 \times 9 \times 0.5 \times 0.3$$

$$= 6,102.5$$

12 인구 15만명, 쓰레기 발생량 1.4kg/인·일, 쓰레기 밀도 400kg/m³, 운반거리 6km, 적재용량 12m³, 1회 운반 소요시간 60분(적재시간, 수송시간 등 포함)일 때 운반에 필요한 일일 소요 차량대수(대)는?(단, 대기차량 포함, 대기차량 3대, 압축비 = 2.0, 일일 운전시간 6시간)

① 6 ② 7
③ 8 ④ 11

해설
폐기물 발생량 = 15만명 × 1.4kg/인·일 = 210,000kg/일
1회 운반하는 데 걸리는 시간 = 60분 = 1시간
일일 운전시간이 6시간이므로 하루에 6회 운반이 가능하다.

$$\frac{210,000\text{kg/일}}{400\text{kg/m}^3 \times 2} = 262.5\text{m}^3/\text{일}$$

$$\frac{262.5\text{m}^3/\text{일}}{12\text{m}^3/\text{대} \times 6/\text{일}} = 3.6\text{대}$$

∴ 3대의 대기차량을 고려하면 필요한 트럭은 7대이다.

13 함수율이 95%인 분뇨의 유기탄소량이 TS의 35%, 총질소량은 TS의 10%이다. 이와 혼합할 함수율 20%인 볏짚의 유기탄소량이 TS의 80%이고, 총질소량이 TS의 4%라면 분뇨와 볏짚을 1 : 1로 혼합했을 때 C/N비는?

① 17.8　　② 28.3
③ 31.3　　④ 41.3

해설
- 분뇨의 고형분 함량 = 5%
  분뇨 중의 C = 5 × 0.35 = 1.75%
  분뇨 중의 N = 5 × 0.1 = 0.5%
- 볏짚의 고형분 함량 = 80%
  볏짚 중의 C = 80 × 0.8 = 64%
  볏짚 중의 N = 80 × 0.04 = 3.2%
∴ 분뇨와 볏짚을 1 : 1 비율로 혼합하면

$$C/N비 = \frac{1.75 + 64}{0.5 + 3.2} = 17.8$$

14 파쇄시설의 에너지 소모량은 평균 크기 비의 상용로그값에 비례한다. 에너지 소모량에 대한 자료가 다음과 같을 때 평균 크기가 10cm인 혼합 도시폐기물을 1cm로 파쇄하는 데 필요한 에너지 소모율(kW · 시간/ton)은?(단, Kick 법칙 적용)

파쇄 전 크기	파쇄 후 크기	에너지 소모량
2cm	1cm	3.0kW · 시간/ton
6cm	2cm	4.8kW · 시간/ton
20cm	4cm	7.0kW · 시간/ton

① 7.82　　② 8.61
③ 9.97　　④ 12.83

해설
$$E = C \ln \frac{L_1}{L_2}$$

여기서, E : 폐기물 파쇄에너지
L_1, L_2 : 파쇄 전 및 파쇄 후 입자 크기
C : 비례상수

- 2cm → 1cm의 경우
  $3.0 = C \ln \frac{2}{1} = 0.693 C \rightarrow C = 4.33$
- 10cm → 1cm의 경우
  $E = 4.33 \ln \frac{10}{1} = 9.97$

15 플라스틱 폐기물 중 할로겐화합물을 함유하는 것은?

① 폴리에틸렌
② 멜라민수지
③ 폴리염화비닐
④ 폴리아크릴로나이트릴

해설
폴리염화비닐(PVC ; Poly Vinyl Chloride)

$$\left[\begin{array}{cc} H & Cl \\ -C-C- \\ H & H \end{array} \right]_n$$

할로겐의 대표적인 원소는 염소이다.

16 폐기물을 Proximate Analysis 분석 대상 성분으로만 짝지은 것은?

① 수분함량, 가연성 물질, 고정산소, 회분
② 고정산소, 고정질소, 고정황, 고정탄소
③ 고정탄소, 회분, 휘발성 고형물, 수분함량
④ 수분함량, 회분, 가연분, 고정원소분

해설
Proximate Analysis는 삼성분(수분, 가연분, 회분)을 보다 세분화하여 가연분을 고정탄소(숯과 같은 성분)와 휘발성 고형물로 구분한 것을 말한다. 따라서 고정산소, 고정황, 고정원소 등은 부적절한 표현이다.

17 전과정평가(LCA)는 4부분으로 구성된다. 그중 상품, 포장, 공정, 물질, 원료 및 활동에 의해 발생하는 에너지 및 천연원료 요구량, 대기, 수질 오염물질 배출, 고형폐기물과 기타 기술적 자료구축 과정에 속하는 것은?

① Scoping Analysis
② Inventory Analysis
③ Impact Analysis
④ Improvement Analysis

해설
목록분석(Inventory Analysis) : 공정도를 작성하고, 단위공정별로 데이터를 수집하는 과정이다.

18 용매추출(Solvent Extraction)공정을 적용하기 어려운 폐기물은?

① 분배계수가 높은 폐기물
② 물에 대한 용해도가 높은 폐기물
③ 끓는점이 낮은 폐기물
④ 물에 대한 밀도가 낮은 폐기물

해설
용매추출은 물에 잘 녹지 않는 기름성분을 추출할 때 사용한다.

19 새로운 쓰레기 수거 시스템인 관거수거방법 중 공기수송에 대한 설명으로 가장 거리가 먼 것은?

① 공기수송은 고층주택 밀집지역에 적합하며 소음방지시설이 필요하다.
② 진공수송은 쓰레기를 받는 쪽에서 흡인하여 수송하는 것으로 진공압력은 최소 $1.5kgf/cm^2$ 이상이다.
③ 진공수송의 경제적인 수집거리는 약 2km 정도이다.
④ 가압수송은 쓰레기를 불어서 수송하는 방법으로 진공수송보다는 수송거리를 더 길게 할 수 있다.

해설
진공은 1,500~2,500mmAq를 걸어 준다. $1kgf/cm^2$이 1기압이므로 진공압력을 1.5 이상 걸 수 없다.

20 밀도가 a인 도시쓰레기를 밀도가 $b(a<b)$인 상태로 압축시킬 경우 부피 감소(%)는?

① $100\left(1-\dfrac{a}{b}\right)$ ② $100\left(1-\dfrac{b}{a}\right)$

③ $100\left(a-\dfrac{a}{b}\right)$ ④ $100\left(b-\dfrac{b}{a}\right)$

해설
밀도 = $\dfrac{질량}{부피}$

압축 전후 질량은 일정하므로,
$a=\dfrac{질량}{V_a}$, $b=\dfrac{질량}{V_b}$에서 $V_a=\dfrac{질량}{a}$, $V_b=\dfrac{질량}{b}$이다.

∴ 부피 감소율 = $\dfrac{감소된\ 부피}{처음\ 부피}\times100 = \dfrac{V_a-V_b}{V_a}\times100$

$= \dfrac{1/a-1/b}{1/a}\times100$

$= \dfrac{b-a}{b}\times100$

$= \left(1-\dfrac{a}{b}\right)\times100$

정답 17 ② 18 ② 19 ② 20 ①

제2과목 폐기물처리기술

21 COD/TOC<2.0, BOD/COD<0.1, COD<500 mg/L인 매립 연한이 10년 이상 된 곳에서 발생된 침출수의 처리공정의 효율성을 잘못 나타낸 것은?

① 활성탄 – 불량
② 이온교환수지 – 보통
③ 화학적침전(석회투여) – 불량
④ 화학적산화 – 보통

해설
BOD/COD비가 낮고, COD 농도도 낮아 난분해성 오염물질의 비중이 높을 것으로 예상되므로 활성탄에 의한 흡착 방법은 효율적이다.

22 플라스틱을 다시 활용하는 방법과 가장 거리가 먼 것은?

① 열분해 이용법
② 용융고화재생 이용법
③ 유리화 이용법
④ 파쇄 이용법

해설
유리화는 중금속 등과 같이 원소상태라 더 이상 분해되지 않는 오염물질을 덩어리 물질로 만들어 오염물질의 용출을 최소화하는 처리방법이다.

23 합성차수막(CSPE)에 관한 설명으로 옳지 않은 것은?

① 미생물에 강하다.
② 강도가 약하다.
③ 접합이 용이하다.
④ 산과 알칼리에 약하다.

해설
합성차수막(CSPE)은 산과 알칼리에 특히 강하다.

24 퇴비화는 도시폐기물 중 음식찌꺼기, 낙엽 또는 하수처리장 찌꺼기와 같은 유기물을 안정한 상태의 부식질(Humus)로 변화시키는 공정이다. 다음 중 부식질의 특징으로 옳지 않은 것은?

① 병원균이 사멸되어 거의 없다.
② C/N비가 높아져 토양개량제로 사용된다.
③ 물 보유력과 양이온교환능력이 좋다.
④ 악취가 없는 안정된 유기물이다.

해설
퇴비화를 하면 부식질의 C/N비가 낮아진다.

25 토양수분장력이 100,000cm의 물기둥 높이의 압력과 같다면 pF(Potential Force)의 값은?

① 4.5
② 5.0
③ 5.5
④ 6.0

해설
$pF = \log H$ (H : 물기둥의 높이(cm)) = $\log 100{,}000 = 5$

정답 21 ① 22 ③ 23 ④ 24 ② 25 ②

26 밀도가 2.0g/cm³인 폐기물 20kg에 고형화 재료를 20kg 첨가하여 고형화한 결과, 밀도가 2.8g/cm³으로 증가하였다면 부피변화율(VCF)은?

① 1.04　　② 1.17
③ 1.27　　④ 1.43

해설

• 부피변화율 = $\dfrac{\text{고화처리 후 폐기물 부피}}{\text{고화처리 전 폐기물 부피}}$

• 고화 전 폐기물 부피 = $\dfrac{\text{폐기물 중량}}{\text{폐기물 밀도}} = \dfrac{20,000g}{2g/cm^3} = 10,000 cm^3$

• 고화 후 고화체 부피 = $\dfrac{40,000g}{2.8g/cm^3} = 14,286 cm^3$

∴ 부피변화율 = $\dfrac{14,286}{10,000} = 1.43$

27 토양오염복원기법 중 Bioventing에 관한 설명으로 옳지 않은 것은?

① 토양 투수성은 공기를 토양 내에 강제 순환시킬 때 매우 중요한 영향인자이다.
② 오염부지 주변의 공기 및 물의 이동에 의한 오염물질 확산의 염려가 있다.
③ 현장 지반구조 및 오염물 분포에 따른 처리기간의 변동이 심하다.
④ 용해도가 큰 오염물질은 많은 양이 토양수분 내에 용해상태로 존재하게 되어 처리효율이 좋아진다.

해설
Bioventing은 불포화토양에 존재하는 용해도가 낮은 유류와 같은 물질을 생물학적으로 분해하여 처리하는 기술이다.

28 다이옥신과 퓨란에 대한 설명으로 틀린 것은?

① PVC 또는 플라스틱 등을 포함하는 합성물질을 연소시킬 때 발생한다.
② 여러 개의 염소원자와 1~2개의 수소원자가 결합된 두 개의 벤젠고리를 포함한다.
③ 다이옥신의 이성체는 75개이고, 퓨란은 135개이다.
④ 2,3,7,8 PCDD의 독성계수가 1이며, 여타 이성체는 1보다 작은 등가계수를 갖는다.

해설
여러 개의 염소원자와 1~2개의 산소원자가 결합된 2개의 벤젠고리를 포함한다.

29 고형 폐기물의 매립 시 10kg의 $C_6H_{12}O_6$가 혐기성 분해를 한다면 이론적 가스발생량(L)은?(단, 밀도 : CH_4 0.7167g/L, CO_2 1.9768g/L)

① 약 7,131　　② 약 7,431
③ 약 8,131　　④ 약 8,831

해설
혐기성 분해 시 발생가스는 메테인과 이산화탄소의 합이 된다.
$C_6H_{12}O_6 \rightarrow 3CH_4 + 3CO_2$
180kg : 6 × 22.4Sm³
10kg　: A_G

$A_G = \dfrac{10 \times 6 \times 22.4}{180} = 7.46 m^3 = 7,460 L$

※ 혐기성 분해 반응식에서 발생가스를 부피로 바로 계산하면 되므로, 메테인과 이산화탄소의 밀도를 이용할 필요가 없다.

30 매립가스 추출에 대한 설명으로 틀린 것은?

① 매립가스에 의한 환경영향을 최소화하기 위해 매립지 운영 및 사용종료 후에도 지속적으로 매립가스를 강제적으로 추출하여야 한다.
② 굴착정의 깊이는 매립깊이의 75% 수준으로 하며, 바닥 차수층이 손상되지 않도록 주의하여야 한다.
③ LFG 추출 시에는 공기 중의 산소가 충분히 유입되도록 일정 깊이(6m)까지는 유공부위를 설치하지 않고 그 아래에 유공부위를 설치한다.
④ 여름철 집중 호우 시 지표면에서 6m 이내에 있는 포집정 주위에는 매립지 내 지하수위가 상승하여 LFG 진공 추출 시 지하수도 함께 빨려 올라올 수 있으므로 주의하여야 한다.

해설
LFG 추출 시에는 공기 중의 산소가 유입되지 않도록 일정 깊이(6m)까지는 유공부위를 설치하지 않고 그 아래에 유공부위를 설치한다.

31 체의 통과 백분율이 10%, 30%, 50%, 60%인 입자의 직경이 각각 0.05mm, 0.15mm, 0.45mm, 0.55mm일 때 곡률계수는?

① 0.82 ② 1.32
③ 2.76 ④ 3.71

해설
곡률계수 $= \dfrac{(D_{30})^2}{D_{10}D_{60}} = \dfrac{0.15^2}{0.05 \times 0.55} = 0.82$

32 고형물 농도가 80,000ppm인 농축 슬러지량 20m³/hr를 탈수하기 위해 개량제[Ca(OH)₂]를 고형물당 10wt% 주입하여 함수율 85wt%인 슬러지 Cake을 얻었다면 예상 슬러지 Cake의 양(m³/hr)은?(단, 비중은 1.0 기준이다)

① 약 7.3 ② 약 9.6
③ 약 11.7 ④ 약 13.2

해설
80,000ppm = 80,000mg/L = 80kg/m³
농축슬러지 내 고형물 양 = 80kg/m³ × 20m³ = 1,600kg
개량제 첨가량은 중량기준 10%이므로 1,600 × 0.1 = 160kg
∴ 고형물의 무게의 합 = 1,600 + 160 = 1,760kg
함수율 85%인 경우 탈수케이크의 무게는

$\dfrac{\text{물 무게}}{\text{Cake 무게}} \times 100 = \dfrac{C - 1,760}{C} \times 100 = 85$

(C는 탈수 Cake의 무게, $C - 1,760$은 물의 무게, 1,760은 고형물의 무게)

→ $100C = 85C + 1,760 \times 100$
→ $C = \dfrac{176,000}{15} = 11,733\text{kg}$
→ $\dfrac{11,733\text{kg}}{1,000\text{kg/m}^3} = 11.7\text{m}^3$

33 소각로에서 발생되는 다이옥신을 저감하기 위한 방법으로 잘못 설명된 것은?

① 쓰레기 조성 및 공급특성을 일정하게 유지하여 정상 소각이 되도록 한다.
② 미국 EPA에서는 다이옥신 제어를 위해 완전혼합 상태에서 평균 980℃ 이상으로 소각하도록 권장하고 있다.
③ 쓰레기 소각로로부터 빠져나가는 이월(Carry-over) 입자의 양을 최대화하도록 한다.
④ 연소기 출구와 굴뚝 사이의 후류온도를 조절하여 다이옥신이 재형성되지 않도록 한다.

해설
쓰레기 소각로로부터 빠져나가는 이월 입자의 양을 최소화한다.

34 1일 폐기물 배출량이 700t인 도시에서 도랑(Trench)법으로 매립지를 선정하려 한다. 쓰레기의 압축이 30%가 가능하다면 1일 필요한 면적은?(단, 발생된 쓰레기의 밀도는 250kg/m³, 매립지의 깊이는 2.5m이다)

① 약 634m²
② 약 784m²
③ 약 854m²
④ 약 964m²

해설
- 압축 후 매립 부피 = $\frac{700,000\text{kg}}{250\text{kg/m}^3} \times (1-0.3) = 1,960\text{m}^3$
- 필요한 면적 = $\frac{1,960\text{m}^3}{2.5\text{m}} = 784\text{m}^2$

35 매립지 주위의 우수를 배수하기 위한 배수관의 결정에서 틀린 사항은?

① 수로의 형상은 장방형 또는 사다리꼴이 좋으며 조도계수 또한 크게 하는 것이 좋다.
② 유수단면적은 토사의 혼입으로 인한 유량증가 및 여유고를 고려하여야 한다.
③ 우수의 배수에 있어서 토수로의 경우는 평균유속이 3m/sec 이하가 좋다.
④ 우수의 배수에 있어서 콘크리트수로의 경우는 평균유속이 8m/sec 이하가 좋다.

해설
조도계수가 크면 통수성이 나빠지므로, 조도계수는 낮은 것이 좋다.

36 쓰레기의 퇴비화 과정에서 총질소 농도의 비율이 증가되는 원인으로 가장 알맞은 것은?

① 퇴비화 과정에서 미생물의 활동으로 질소를 고정시킨다.
② 퇴비화 과정에서 원래의 질소분이 소모되지 않으므로 생긴 결과이다.
③ 질소분의 소모에 비해 탄소분이 급격히 소모되므로 생긴 결과이다.
④ 단백질의 분해로 생긴 결과이다.

37 퇴비화의 영향인자인 C/N비에 관한 내용으로 옳지 않은 것은?

① 질소는 미생물 생장에 필요한 단백질합성에 주로 쓰인다.
② 보통 미생물 세포의 탄질비는 25~50 정도이다.
③ 탄질비가 너무 낮으면 암모니아 가스가 발생한다.
④ 일반적으로 퇴비화 탄소가 많으면 퇴비의 pH를 낮춘다.

해설
미생물 세포의 C/N비는 5~15이다.

38 합성차수막 중 CR의 장단점에 관한 설명으로 가장 거리가 먼 것은?

① 가격이 비싸다.
② 마모 및 기계적 충격에 약하다.
③ 접합이 용이하지 못하다.
④ 대부분의 화학물질에 대한 저항성이 높다.

해설
마모 및 기계적 충격에 강하다.

정답 34 ② 35 ① 36 ③ 37 ② 38 ②

39 시멘트 고형화 방법 중 연소가스 탈황 시 발생된 슬러지처리에 주로 적용되는 것은?

① 시멘트기초법
② 석회기초법
③ 포졸란첨가법
④ 자가시멘트법

해설
배연탈황(FGD) 슬러지 중 일부를 생석회화한 후 여기에 소량의 물과 첨가제를 가하여 폐기물이 스스로 고형화되는 성질을 이용하는 방법은 자가시멘트법이다.

40 인구 600,000명에 1인당 하루 1.3kg의 쓰레기를 배출하는 지역에 면적이 500,000m²의 매립장을 건설하려고 한다. 강우량이 1,350mm/year인 경우 침출수 발생량은?(단, 강우량 중 60%는 증발되고 40%만 침출수로 발생된다고 가정하고, 침출수 비중은 1, 기타 조건은 고려하지 않음)

① 약 140,000ton/년
② 약 180,000ton/년
③ 약 240,000ton/년
④ 약 270,000ton/년

해설
매립지에서의 침출수 발생량은 합리식으로 계산한다.

$Q = \dfrac{1}{1,000} CIA = \dfrac{1}{1,000} \times 0.4 \times 3.7 \times 500,000$

$= 740 m^2/$일$ = 270,000 m^3/$년 $(m^3 = ton)$

여기서, Q : 침출수 발생량(m²/일)
C : 침출계수(0.4, 무차원)
I : 강우강도(1,350/365 = 3.7mm/일)
A : 매립면적(500,000m²)

※ 합리식에서 $\dfrac{1}{1,000}$ 은 단위 환산계수이며, 나머지 값들은 정해진 단위를 반드시 사용하여야 한다.

제3과목 폐기물소각 및 열회수

41 다음 중 표면연소에 대한 설명으로 가장 적합한 것은?

① 코크스나 목탄과 같은 휘발성 성분이 거의 없는 연료의 연소형태를 말한다.
② 휘발유와 같이 끓는점이 낮은 기름의 연소나 왁스가 액화하여 다시 기화되어 연소하는 것을 말한다.
③ 기체연료와 같이 공기의 확산에 의한 연소를 말한다.
④ 나이트로글리세린 등과 같이 공기 중 산소를 필요로 하지 않고 분자 자신 속의 산소에 의해서 연소하는 것을 말한다.

42 소각로에 열교환기를 설치, 배기가스의 열을 회수하여 급수 예열에 사용할 때 급수 출구온도는 몇 ℃인가?(단, 배기가스량 : 100kg/hr, 급수량 : 200kg/hr, 배기가스 열교환기 유입온도 : 500℃, 출구온도 : 200℃, 급수의 입구온도 : 10℃, 배기가스 정압비열 : 0.24kcal/kg·℃)

① 26
② 36
③ 46
④ 56

해설
• 열량 = 질량 × 비열 × 온도차
• 수온상승에 기여하는 열량 = 200kg/hr × 1kcal/kg × (T_o − 10)
• 가스의 열교환 열량 = 100kg/hr × 0.24kcal/kg·℃ × (500 − 200)
= 7,200kcal/hr

$200 \times (T_o - 10) = 7,200$
$T_o = 46℃$

43 플라스틱 폐기물의 소각 및 열분해에 대한 설명으로 옳지 않은 것은?

① 감압증류법은 황의 함량이 낮은 저유황유를 회수할 수 있다.
② 멜라민 수지를 불완전 연소하면 HCN과 NH_3가 생성된다.
③ 열분해에 의해 생성된 모노머는 발화성이 크고, 생성가스의 연소성도 크다.
④ 고온열분해법에서는 타르, Char 및 액체상태의 연료가 많이 생성된다.

> **해설**
> 고온열분해에서는 가스상의 연료가 많이 생성된다.

44 소각로에서 쓰레기의 소각과 동시에 배출되는 가스성분을 분석한 결과 N_2 85%, O_2 6%, CO 1%와 같은 조성을 나타냈다. 이때 이 소각로의 공기비는?(단, 쓰레기에는 질소, 산소 성분이 없다고 가정한다)

① 1.25 ② 1.32
③ 1.81 ④ 2.28

> **해설**
> $$m = \frac{21N_2}{21N_2 - 79(O_2 - 0.5CO)}$$
> $$= \frac{21 \times 85}{21 \times 85 - 79 \times (6 - 0.5 \times 1)} = 1.32$$

45 다단로 소각로방식에 대한 설명으로 틀린 것은?

① 온도제어가 용이하고 동력이 적게 들며 운전비가 저렴하다.
② 수분이 적고 혼합된 슬러지 소각에 적합하다.
③ 가동부분이 많아 고장률이 높다.
④ 24시간 연속운전을 필요로 한다.

> **해설**
> 다량의 수분이 증발되므로 수분함량이 높은 슬러지의 연소가 가능하다.

46 발열량 1,000kcal/kg인 쓰레기의 발생량이 20ton/day인 경우, 소각로 내 열부하가 50,000kcal/m³·hr인 소각로의 용적은?(단, 1일 가동시간은 8hr이다)

① 50m³ ② 60m³
③ 70m³ ④ 80m³

> **해설**
> 연소실 열부하$\left(\frac{kcal/hr}{m^3}\right) = \frac{시간당\ 폐기물\ 소각량 \times 저위발열량}{연소실\ 부피}$
> $$50,000 \frac{kcal/hr}{m^3} = \frac{20,000kg/day \times \frac{1day}{8hr} \times 1,000kcal/kg}{V m^3}$$
> $$V = \frac{20,000 \times 1,000 \div 8}{50,000} = 50m^3$$

47 폐기물을 소각할 때 발생하는 폐열을 회수하여 이용할 수 있는 보일러에 대한 설명으로 틀린 것은?

① 보일러의 배출가스 온도는 대략 100~200℃이다.
② 보일러는 연료의 연소열을 압력용기 속의 물로 전달하여 소요압력의 증기를 발생시키는 장치이다.
③ 보일러의 용량 표시는 정격증발량으로 나타내는 경우와 환산증발량으로 나타내는 경우가 있다.
④ 보일러의 효율은 연료의 연소에 의한 화학에너지가 열에너지로 전달되었는가를 나타내는 것이다.

해설
보일러의 배출가스 온도는 대략 250~300℃이다.

48 메테인 80%, 에테인 11%, 프로페인 6%, 나머지는 뷰테인으로 구성된 기체연료의 고위발열량이 10,000 kcal/Sm³이다. 기체연료의 저위발열량(kcal/Sm³)은?

① 약 8,100 ② 약 8,300
③ 약 8,500 ④ 약 8,900

해설
- $CH_4 + 2O_2 \rightarrow CO_2 + 2H_2O$
- $C_2H_6 + 3.5O_2 \rightarrow 2CO_2 + 3H_2O$
- $C_3H_8 + 5O_2 \rightarrow 3CO_2 + 4H_2O$
- $C_4H_{10} + 6.5O_2 \rightarrow 4CO_2 + 5H_2O$

기체연료의 저위발열량 = 고위발열량 − $nH_2O \times 480$(kcal/Sm³)
∴ $10,000 - 480 \times (0.8 \times 2 + 0.11 \times 3 + 0.06 \times 4 + 0.03 \times 5)$
   = 8,886

49 표준상태(0℃, 1기압)에서 어떤 배기가스 내에 CO_2 농도가 0.05%라면 몇 mg/m³에 해당되는가?

① 832 ② 982
③ 1,124 ④ 1,243

해설
CO_2의 분자량이 44이고, 표준상태에서 기체 1몰의 부피는 22.4L이므로 $\frac{44g}{22.4L} \times \frac{0.05}{100} \times \frac{1,000L}{m^3} \times \frac{1,000mg}{g} = 982\,mg/m^3$

50 도시폐기물 성분 중 수소 5kg이 완전연소되었을 때 필요로 한 이론적 산소요구량(kg)과 연소생성물인 수분의 양(kg)은?(단, 산소(O_2), 수분(H_2O) 순서)

① 25, 30 ② 30, 35
③ 35, 40 ④ 40, 45

해설
$H_2 + \frac{1}{2}O_2 \rightarrow H_2O$
2kg 16kg 18kg

- 산소요구량 → $2 : 16 = 5 : x$에서 $\frac{16 \times 5}{2} = 40\,kg$
- 수분생성량 → $2 : 18 = 5 : x$에서 $\frac{18 \times 5}{2} = 45\,kg$

51 소각로에 발생하는 질소산화물의 발생억제방법으로 옳지 않은 것은?

① 버너 및 연소실의 구조를 개선한다.
② 배기가스를 재순환한다.
③ 예열온도를 높여 연소온도를 상승시킨다.
④ 2단 연소시킨다.

해설
연소온도가 상승하면 NO_x의 생성을 촉진시킨다.

52 폐타이어를 소각 전에 분석한 결과 C 78%, H 6.7%, O 1.9%, S 1.9%, N 1.1%, Fe 9.3%, Zn 1.1%의 조성을 보였다. 공기비(m)가 2.2일 때, 연소 시 발생되는 질소의 양(Sm³/kg)은?

① 약 15.16 ② 약 25.16
③ 약 35.16 ④ 약 45.16

해설

- 이론공기량 A_o
$$= \frac{1}{0.21} \times \left\{ \frac{22.4}{12} \times 0.78 + \frac{11.2}{2} \times \left(0.067 - \frac{0.019}{8}\right) + \frac{22.4}{32} \times 0.019 \right\}$$
$$= 8.72 \, Sm^3/kg$$

- 연소가스 중 질소의 양 $= 0.79 mA_o = 0.79 \times 2.2 \times 8.72$
$$= 15.16 \, Sm^3/kg$$

53 아세틸렌(C₂H₂) 100kg을 완전연소시킬 때 필요한 이론적 산소요구량(kg)은?

① 약 123 ② 약 214
③ 약 308 ④ 약 415

해설

$C_2H_2 + 2.5O_2 \rightarrow 2CO_2 + H_2O$
26kg   80kg
100kg x kg

$$x = \frac{100 \times 80}{26} = 307.7$$

54 화격자 연소기의 장단점에 대한 설명으로 옳지 않은 것은?

① 연속적인 소각과 배출이 가능하다.
② 수분이 많거나 열에 쉽게 용해되는 물질의 소각에 주로 적용된다.
③ 체류시간이 길고 교반력이 약하여 국부가열의 염려가 있다.
④ 고온 중에서 기계적으로 구동하기 때문에 금속부의 마모손실이 심하다.

해설
수분이 많은 것이나 플라스틱과 같이 열에 쉽게 용해되는 물질은 화격자가 막힐 염려가 있다.

55 폐기물의 연소열을 나타내는 발열량에 대한 설명으로 틀린 것은?

① 폐기물의 저위발열량은 가연분, 수분, 회분의 조성비에 의해 추정할 수 있다.
② 고위발열량은 수분의 응축잠열을 뺀 것으로 소각로의 설계기준이 된다.
③ 단열열량계로 폐기물의 발열량을 측정 시 폐기물의 성상은 습량기준이다.
④ 폐기물을 자체 소각처리하기 위해서는 약 1,500 kcal/kg의 자체열량이 있어야 한다.

해설
저위발열량은 고위발열량에서 수분의 응축잠열을 뺀 것으로 소각로의 설계기준이 된다.

정답 52 ① 53 ③ 54 ② 55 ②

56 소각로의 연소온도에 관한 설명으로 가장 거리가 먼 것은?

① 연소온도가 너무 높아지면 NO_x 또는 SO_x가 생성된다.
② 연소온도가 낮게 되면 불완전연소로 HC 또는 CO 등이 생성된다.
③ 연소온도는 600~1,000℃ 정도이다.
④ 연소실에서 굴뚝으로 유입되는 온도는 700~800℃ 정도이다.

해설
연소실과 굴뚝 사이에는 폐열보일러와 대기오염방지장치가 위치하며, 연소실 출구온도는 통상 850℃ 이상이고, 굴뚝의 온도는 SCR을 지나서 300℃ 전후의 온도가 된다.

57 어떤 연료를 분석한 결과, C 83%, H 14%, H_2O 3%였다면 건조연료 1kg의 연소에 필요한 이론공기량은?

① $7.5Sm^3/kg$
② $9.5Sm^3/kg$
③ $11.5Sm^3/kg$
④ $13.5Sm^3/kg$

해설
건조연료 기준인 경우 연료는 C와 H로만 구성되므로
$C = \dfrac{83}{83+14} = 0.856$, $H = \dfrac{14}{83+14} = 0.144$
$A_0 = \dfrac{1}{0.21} \times \left(\dfrac{22.4}{12}C + \dfrac{11.2}{2}H\right)$
$= \dfrac{1}{0.21} \times \left(\dfrac{22.4}{12} \times 0.856 + \dfrac{11.2}{2} \times 0.144\right)$
$= 11.45 Sm^3/kg$

58 증기 터빈의 형식이 잘못 연결된 것은?

① 증기자동방식 – 충동, 반동, 혼합식 터빈
② 증기이용방식 – 배압, 복수, 혼합 터빈
③ 증기유동방향 – 단류, 복류 터빈
④ 케이싱 수 – 1케이싱, 2케이싱 터빈

해설

분류관점	터빈 형식
증기작동방식	충동 터빈, 반동 터빈, 혼합식 터빈
증기이용방식	배압 터빈, 추기배압 터빈, 복수 터빈, 추기 복수 터빈, 혼합 터빈
피구동기	• 발전용 : 직결형 터빈, 감속형 터빈 • 기계구동용 : 급수펌프 구동 터빈, 압축기 구동 터빈
증기유동방향	축류 터빈, 반경류 터빈
흐름수	단류 터빈, 복류 터빈

59 고체연료의 연소 중 표면연소의 설명으로 가장 거리가 먼 것은?

① 목탄, 코크스, Char 등이 연소하는 형식이다.
② 고체를 열분해하여 발생한 휘발분을 연소시킨다.
③ 고체표면에서 연소하는 현상으로 불균일연소라고도 한다.
④ 연소속도는 산소의 연료표면으로의 확산속도와 표면에서의 화학반응속도에 의해 영향을 받는다.

해설
석탄, 목재 또는 고분자의 가연성 고체가 열분해하여 발생한 가연성 가스가 연소하며, 이 열로써 다시 열분해를 일으키는 것은 분해연소이다.

60 공기를 사용하여 C_4H_{10}을 완전 연소시킬 때 건조 연소가스 중의 $(CO_2)_{max}$(%)는?

① 12.4 ② 14.1
③ 16.6 ④ 18.3

해설

$C_4H_{10} + 6.5O_2 \rightarrow 4CO_2 + 5H_2O$

이론공기량 = $\dfrac{1}{0.21} \times 6.5 = 30.95$

CO_2 발생량 = 4

이론 건조가스량 = 이론공기량 중 질소 + 연소가스 중 CO_2

$(CO_2)_{max} = \dfrac{4}{0.79 \times 30.95 + 4} \times 100 = 14.1\%$

제4과목 폐기물공정시험기준(방법)

61 온도의 표시방법으로 옳지 않은 것은?

① 실온은 1~25℃로 한다.
② 찬곳은 따로 규정이 없는 한 0~15℃인 곳을 뜻한다.
③ 온수는 60~70℃를 말한다.
④ 냉수는 15℃ 이하를 말한다.

해설
실온은 1~35℃로 한다.

---

62 크롬함량을 자외선/가시광선 분광법에 의해 정량하고자 할 때 다음 설명 중 옳지 않은 것은?

① 흡광도는 540nm에서 측정한다.
② 발색 시 황산의 최적농도는 0.1M이다.
③ 시료 중 철이 20mg 이하로 공존할 경우에는 다이페닐카바자이드용액을 넣기 전에 피로인산나트륨-10수화물용액(5%) 2mL를 넣어주면 간섭을 줄일 수 있다.
④ 시료의 전처리에서 다량의 황산을 사용하였을 경우에는 시료에 무수황산나트륨 20mg을 넣고 가열하여 황산의 백연을 발생시켜 황산을 제거한 후 황산(1+9) 3mL를 넣고 실험한다.

해설

ES 06406.3b 크롬-자외선/가시선 분광법
시료 중 철이 2.5mg 이하로 공존할 경우에는 다이페닐카바자이드 용액을 넣기 전에 피로인산나트륨-10수화물용액(5%) 2mL를 넣어주면 간섭을 줄일 수 있다.

---

63 다음 pH 표준액 중 pH 값이 가장 높은 것은?(단 0℃ 기준)

① 붕산염 표준액
② 인산염 표준액
③ 프탈산염 표준액
④ 수산염 표준액

해설

ES 06304.1 수소이온농도-유리전극법

표준용액	pH(0℃)
수산염 표준액	1.67
프탈산염 표준액	4.01
인산염 표준액	6.98
붕산염 표준액	9.46
탄산염 표준액	10.32
수산화칼슘 표준액	13.43

정답 60 ② 61 ① 62 ③ 63 ①

64 유리전극법을 이용하여 수소이온농도를 측정할 때 적용 범위 기준으로 옳은 것은?

① pH를 0.01까지 측정한다.
② pH를 0.05까지 측정한다.
③ pH를 0.1까지 측정한다.
④ pH를 0.5까지 측정한다.

65 자외선/가시광선 분광광도계의 광원에 관한 설명으로 (   ) 안에 알맞은 것은?

> 광원부의 광원으로 가시부와 근적외부의 광원으로는 주로 (㉠)를 사용하고 자외부의 광원으로는 주로 (㉡)을 사용한다.

① ㉠ 텅스텐램프   ㉡ 중수소 방전관
② ㉠ 중수소 방전관   ㉡ 텅스텐램프
③ ㉠ 할로겐램프   ㉡ 헬륨 방전관
④ ㉠ 헬륨 방전관   ㉡ 할로겐램프

66 시료의 전처리방법 중 질산-황산에 의한 유기물 분해에 해당되는 항목들로 짝지어진 것은?

> ㉠ 시료를 서서히 가열하여 액체의 부피가 약 15mL가 될 때까지 증발·농축한 후 공기 중에서 식힌다.
> ㉡ 용액의 산 농도는 약 0.8N이다.
> ㉢ 염산(1 + 1) 10mL와 물 15mL를 넣고 약 15분간 가열하여 잔류물을 녹인다.
> ㉣ 분해가 끝나면 공기 중에서 식히고 정제수 50mL를 넣어 끓기 직전까지 서서히 가열하여 침전된 용해성 염들을 녹인다.
> ㉤ 유기물 등을 많이 함유하고 있는 대부분의 시료에 적용된다.

① ㉡, ㉢, ㉣
② ㉢, ㉣, ㉤
③ ㉠, ㉣, ㉤
④ ㉠, ㉢, ㉤

해설
ES 06150.e 시료의 준비
용액의 산 농도는 약 1.5~3.0N이다.

67 용출시험방법의 용출조작기준에 대한 설명으로 옳은 것은?

① 진탕기의 진폭은 5~10cm로 한다.
② 진탕기의 진탕횟수는 매분당 약 100회로 한다.
③ 진탕기를 사용하여 6시간 연속 진탕한 다음 $1.0\mu m$의 유리섬유여지로 여과한다.
④ 시료 : 용매 = 1 : 20(W : V)의 비로 2,000mL 삼각플라스크에 넣어 혼합한다.

해설
ES 06150.e 시료의 준비
① · ② 시료용액의 조제가 끝난 혼합액을 상온, 상압에서 진탕횟수가 매 분당 약 200회, 진탕의 폭이 4~5cm인 왕복진탕기(수평의 것)를 사용하여 6시간 동안 연속 진탕한 다음 $1.0\mu m$의 유리섬유과지로 여과하고 여과액을 적당량 취하여 용출실험용 시료용액으로 한다.
④ 시료 : 용매 = 1 : 10(W : V)의 비로 2,000mL 삼각플라스크에 넣어 혼합한다.

68 총칙에 관한 내용으로 옳은 것은?

① "고상폐기물"이라 함은 고형물의 함량이 5% 이상인 것을 말한다.
② "반고상폐기물"이라 함은 고형물의 함량이 10% 미만인 것을 말한다.
③ "방울수"라 함은 4℃에서 정제수 20방울을 적하할 때 그 부피가 약 1mL 되는 것을 뜻한다.
④ "온수"는 60~70℃를 말한다.

해설
① 고상폐기물 : 고형물의 함량 15% 이상
② 반고상폐기물 : 고형물 함량 5% 이상 15% 미만
③ 방울수 : 20℃에서 정제수 20방울을 적하할 때, 그 부피가 약 1mL 되는 것

69 시료채취 시 대상폐기물의 양이 10ton인 경우 시료의 최소수는?

① 10   ② 14
③ 20   ④ 24

해설
ES 06130.d 시료의 채취

대상폐기물의 양(단위 : ton)	시료의 최소수
1 미만	6
1 이상~5 미만	10
5 이상~30 미만	14
30 이상~100 미만	20
100 이상~500 미만	30
500 이상~1,000 미만	36
1,000 이상~5,000 미만	50
5,000 이상	60

70 금속류-원자흡수분광광도법에 대한 설명으로 옳지 않은 것은?

① 폐기물 중의 구리, 납, 카드뮴 등의 측정방법으로, 질산을 가한 시료 또는 산분해 후 농축시료를 직접 불꽃으로 주입하여 원자화한 후 원자흡수분광광도법으로 분석한다.
② 정확도는 첨가한 표준물질의 농도에 대한 측정 평균값의 상대 백분율로 나타내고, 그 값이 75~125% 이내이어야 한다.
③ 원자흡수분광광도계(AAS)는 일반적으로 광원부, 시료원자화부, 파장선택부 및 측광부로 구성되어 있으며 단광속형과 복광속형으로 구분된다.
④ 원자흡수분광광도계에 불꽃을 만들기 위해 가연성 기체와 조연성 기체를 사용하는데, 일반적으로 조연성 기체로 아세틸렌을 가연성 기체로 공기를 사용한다.

해설
ES 06400.1 금속류-원자흡수분광광도법
일반적으로 가연성 기체로 아세틸렌을, 조연성 기체로 공기를 사용한다.

71 유도결합플라스마-원자발광분광법(ICP)에 의한 중금속 측정 원리에 대한 설명으로 옳은 것은?

① 고온(6,000~8,000K)에서 들뜬 원자가 바닥상태로 이동할 때 방출하는 발광강도를 측정한다.
② 고온(6,000~8,000K)에서 들뜬 원자가 바닥상태로 이동할 때 흡수되는 흡광강도를 측정한다.
③ 바닥상태의 원자가 고온(6,000~8,000K)의 들뜬 상태로 이동할 때 방출되는 발광강도를 측정한다.
④ 바닥상태의 원자가 고온(6,000~8,000K)의 들뜬 상태로 이동할 때 흡수되는 흡광강도를 측정한다.

해설
ES 06400.2 금속류-유도결합플라스마-원자발광분광법

정답 68 ④ 69 ② 70 ④ 71 ①

72 용매추출 후 기체크로마토그래피를 이용하여 휘발성 저급염소화 탄화수소류 분석 시 가장 적합한 물질은?

① Dioxin
② Polychlorinated Biphenyls
③ Trichloroethylene
④ Polyvinylchloride

해설
ES 06602.1b 휘발성 저급염소화 탄화수소류-기체크로마토그래피

73 발색 용액의 흡광도를 20mm 셀을 사용하여 측정한 결과 흡광도는 1.34이었다. 이 액을 10mm의 셀로 측정한다면 흡광도는?

① 0.32   ② 0.67
③ 1.34   ④ 2.68

해설
비어-람베르트 법칙
$I_t = I_o \cdot 10^{-\varepsilon CL}$ 에서
$\log \dfrac{I_o}{I_t} = A = \varepsilon CL$
즉, 흡광도는 셀의 폭에 비례한다.
20mm 셀을 사용한 경우 흡광도가 1.34이므로
10mm 셀을 사용한 경우 흡광도는 $\dfrac{10}{20} \times 1.34 = 0.67$이다.

74 원자흡수분광광도법 분석 시 질산-염산법으로 유기물을 분해해 분석한 결과 폐기물시료량 5g, 최종 여액량 100mL, Pb 농도가 20mg/L였다면, 이 폐기물의 Pb 함유량(mg/kg)은?

① 100   ② 200
③ 300   ④ 400

해설
$\dfrac{20\text{mg}}{\text{L}} \times 100\text{mL} \times \dfrac{\text{L}}{1,000\text{mL}} \times \dfrac{1}{5\text{g}} \times \dfrac{1,000\text{g}}{\text{kg}} = 400\,\text{mg/kg}$

75 '항량으로 될 때까지 건조한다'란 같은 조건에서 1시간 더 건조할 때 전후 무게의 차가 g당 몇 mg 이하일 때를 말하는가?

① 0.01mg   ② 0.03mg
③ 0.1mg   ④ 0.3mg

해설
ES 06000.b 총칙

76 용출시험방법에서 함수율 95%인 시료의 용출시험 결과에 수분함량 보정을 위해 곱해야 하는 값은?

① 1.5   ② 3.0
③ 4.5   ④ 5.0

해설
ES 06150.e 시료의 준비
함수율 85% 이상인 시료에 한하여 $\dfrac{15}{100 - \text{시료의 함수율(\%)}}$을 곱한다.
보정계수 = $\dfrac{15}{100 - 95} = 3$

77 pH가 각각 10과 12인 폐액을 동일 부피로 혼합할 때 pH의 값은?

① 10.3
② 10.7
③ 11.3
④ 11.7

해설
pH 10인 경우 $[OH^-] = 10^{-4}M$, pH 12인 경우 $[OH^-] = 10^{-2}M$ 이므로 동일 부피를 혼합하면
$$\frac{10^{-4} + 10^{-2}}{2} = 0.00505M$$
$pOH = -\log 0.00505 = 2.3$
∴ $pH = 14 - pOH = 14 - 2.3 = 11.7$

78 가스크로마토그래피법의 정량분석에 대한 설명으로 옳지 않은 것은?

① 곡선 면적 또는 피크 높이를 측정하여 분석한다.
② 얻어진 정량값은 중량 %, 부피 %, 몰 %, ppm 등으로 표시한다.
③ 검출한계는 각 분석 방법에서 규정하고 있는 잡음신호(Noise)의 1/2배의 신호로 한다.
④ 동일 시료의 재현성 시험 시 평균값 차이가 허용차를 초과해서는 안 된다.

해설
기기검출한계(IDL ; Instrument Detection Limit) : 시험분석 대상 물질을 기기가 검출할 수 있는 최소한의 농도 또는 양으로서, 일반적으로 S/N비의 2~5배 농도 또는 바탕시료를 반복 측정 분석한 결과의 표준편차에 3배한 값 등을 말한다.

79 총칙에서 규정하고 있는 용기에 대한 설명으로 옳은 것은?

① 기밀용기라 함은 기체 또는 미생물이 침입하지 아니하도록 내용물을 보호하는 용기를 말한다.
② 밀봉용기라 함은 이물이 들어가거나 또는 내용물이 손실되지 아니하도록 보호하는 용기를 말한다.
③ 밀폐용기라 함은 공기 또는 다른 가스가 침입하지 아니하도록 내용물을 보호하는 용기를 말한다.
④ 차광용기라 함은 내용물이 광화학적 변화를 일으키지 아니하도록 방지할 수 있는 용기를 말한다.

해설
용기의 종류

밀폐용기	이물질이 들어가거나 또는 내용물이 손실되지 아니하도록 보호하는 용기
기밀용기	밖으로부터의 공기 또는 다른 가스가 침입하지 아니하도록 내용물을 보호하는 용기
밀봉용기	기체 또는 미생물이 침입하지 아니하도록 내용물을 보호하는 용기
차광용기	광선이 투과하지 않는 용기 또는 투과하지 않게 포장을 한 용기

80 백분율에 대한 내용으로 틀린 것은?

① 용액 100mL 중 성분무게(g), 또는 기체 100mL 중의 성분무게(g)를 표시할 때는 W/V%의 기호를 쓴다.
② 용액 100mL 중 성분용량(mL), 또는 기체 100mL 중 성분용량(mL)을 표시할 때는 V/V%의 기호를 쓴다.
③ 용액 100g 중 성분용량(mL)을 표시할 때는 V/W%의 기호를 쓴다.
④ 용액 100g 중 성분용량(g)을 표시할 때는 W/V%의 기호를 쓴다. 다만, 용액의 농도를 %로만 표시할 때는 W/W%를 뜻한다.

해설
용액 100g 중 성분무게(g)를 표시할 때는 W/W%의 기호를 쓴다. 다만, 용액의 농도를 "%"로만 표시할 때는 W/V%를 뜻한다.

정답 77 ④ 78 ③ 79 ④ 80 ④

제5과목 폐기물관계법규

81 기술관리인을 두어야 할 폐기물처리시설은?

① 지정폐기물외의 폐기물을 매립하는 시설로 면적이 5,000m²인 시설
② 멸균분쇄시설로 시간당 처리능력이 200kg인 시설
③ 지정폐기물 외의 폐기물을 매립하는 시설로 매립용적이 10,000m³인 시설
④ 소각시설로서 감염성폐기물을 시간당 100kg 처리하는 시설

[해설]
폐기물관리법 시행령 제15조(기술관리인을 두어야 할 폐기물처리시설)
- 매립시설의 경우
  - 지정폐기물을 매립하는 시설로서 면적이 3,300m² 이상인 시설. 다만, 최종처분시설 중 차단형 매립시설에서는 면적이 330m² 이상이거나 매립용적이 1,000m³ 이상인 시설로 한다.
  - 지정폐기물 외의 폐기물을 매립하는 시설로서 면적이 10,000m² 이상이거나 매립용적이 30,000m³ 이상인 시설
- 소각시설로서 시간당 처분능력이 600kg(의료폐기물을 대상으로 하는 소각시설의 경우에는 200kg) 이상인 시설
- 압축·파쇄·분쇄 또는 절단시설로서 1일 처분능력 또는 재활용능력이 100ton 이상인 시설
- 사료화·퇴비화 또는 연료화시설로서 1일 재활용능력이 5ton 이상인 시설
- 멸균분쇄시설로서 시간당 처분능력이 100kg 이상인 시설
- 시멘트 소성로
- 용해로(폐기물에서 비철금속을 추출하는 경우로 한정한다)로서 시간당 재활용능력이 600kg 이상인 시설
- 소각열회수시설로서 시간당 재활용능력이 600kg 이상인 시설

82 환경부장관이나 시·도지사가 폐기물처리업자에게 영업정지에 갈음하여 부과할 수 있는 과징금의 최대액수는?

① 1억원 ② 2억원
③ 3억원 ④ 5억원

[해설]
폐기물관리법 제14조의2(생활폐기물 수집·운반 대행자에 대한 과징금 처분)
대통령령으로 정하는 바에 따라 그 영업의 정지를 갈음하여 1억원 이하의 과징금을 부과할 수 있다.

83 주변지역 영향 조사대상 폐기물처리시설 기준으로 틀린 것은?(단, 폐기물처리업자가 설치, 운영)

① 시멘트 소성로(폐기물을 연료로 사용하는 경우로 한정한다)
② 매립면적 150,000m² 이상의 사업장 일반폐기물 매립시설
③ 매립면적 30,000m² 이상의 사업장 지정폐기물 매립시설
④ 1일 처리능력이 50ton 이상인 사업장폐기물 소각시설(같은 사업장에 여러 개의 소각시설이 있는 경우에는 각 소각시설의 1일 처리능력의 합계가 50ton 이상인 경우를 말한다)

[해설]
폐기물관리법 시행령 제14조(주변지역 영향 조사대상 폐기물처리시설)
- 1일 처분능력이 50ton 이상인 사업장폐기물 소각시설(같은 사업장에 여러 개의 소각시설이 있는 경우에는 각 소각시설의 1일 처분능력의 합계가 50ton 이상인 경우를 말한다)
- 매립면적 10,000m² 이상의 사업장 지정폐기물 매립시설
- 매립면적 150,000m² 이상의 사업장 일반폐기물 매립시설
- 시멘트 소성로(폐기물을 연료로 사용하는 경우로 한정한다)
- 1일 재활용능력이 50ton 이상인 사업장폐기물 소각열회수시설(같은 사업장에 여러 개의 소각열회수시설이 있는 경우에는 각 소각열회수시설의 1일 재활용능력의 합계가 50ton 이상인 경우를 말한다)

정답 81 ② 82 ① 83 ③

84 폐기물관리법에서 적용되는 용어의 뜻으로 옳지 않은 것은?

① "지정폐기물"이란 사업장폐기물 중 폐유·폐산 등 주변환경을 오염시킬 수 있거나 의료폐기물 등 인체에 위해를 줄 수 있는 해로운 물질로서 대통령령으로 정하는 폐기물을 말한다.
② "생활폐기물"이란 사업장 폐기물 외의 폐기물을 말한다.
③ "폐기물감량화시설"이란 생산 공정에서 발생하는 폐기물의 양을 줄이고 사업장 내 재활용을 통하여 폐기물배출을 최소화하는 시설로서 대통령령으로 정하는 시설을 말한다.
④ "폐기물처리시설"이라 함은 폐기물의 수집, 운반시설, 폐기물의 중간처리시설, 최종처리시설로서 대통령령이 정하는 시설을 말한다.

해설
폐기물관리법 제2조(정의)
"폐기물처리시설"이란 폐기물의 중간처분시설, 최종처분시설 및 재활용시설로서 대통령령으로 정하는 시설을 말한다.

85 다음은 방치폐기물의 처리이행보증보험에 관한 내용이다. ( ) 안에 옳은 내용은?

> 방치폐기물의 처리이행보증보험의 가입기간은 1년 이상 연 단위로 하며 보증기간은 보험종료일에 ( )을 가산한 기간으로 하여야 한다.

① 15일   ② 30일
③ 60일   ④ 90일

해설
폐기물관리법 시행령 제18조(방치폐기물의 처리이행보증보험)
가입기간은 1년 이상 연 단위로 하되, 보증기간은 보험종료일에 60일을 가산한 기간으로 하여야 한다.

86 특별자치도지사, 시장·군수·구청장이나 공원·도로 등 시설의 관리자가 폐기물의 수집을 위하여 마련한 장소나 설비 외의 장소에 사업장폐기물을 버리거나 매립한 자에게 부과되는 벌칙기준으로 옳은 것은?

① 5년 이하의 징역 또는 5천만원 이하의 벌금
② 7년 이하의 징역 또는 7천만원 이하의 벌금
③ 5년 이하의 징역 또는 7천만원 이하의 벌금
④ 7년 이하의 징역 또는 9천만원 이하의 벌금

해설
폐기물관리법 제63조(벌칙)

87 폐기물 재활용업자가 시·도지사로부터 승인받은 임시보관시설에 태반을 보관하는 경우, 시·도지사가 임시보관시설을 승인할 때 따라야 하는 기준으로 틀린 것은?(단, 폐기물처리사업장 외의 장소에서의 폐기물 보관시설 기준)

① 폐기물 재활용업자는 약사법에 따른 의약품제조업 허가를 받은 자일 것
② 태반의 배출장소와 그 태반 재활용시설이 있는 사업장의 거리가 100km 이상일 것
③ 임시보관시설에서의 태반 보관 허용량은 1ton 미만일 것
④ 임시보관시설에서의 태반 보관기간은 태반이 임시보관시설에 도착한 날부터 5일 이내일 것

해설
폐기물관리법 시행규칙 제11조(폐기물처리사업장 외의 장소에서의 폐기물보관시설 기준)
폐기물 재활용업자가 시·도지사로부터 승인받은 임시보관시설에 태반을 보관하는 경우 시·도지사는 임시보관시설을 승인할 때에 다음의 기준을 따라야 한다.
- 폐기물 재활용업자는 약사법에 따른 의약품제조업 허가를 받은 자일 것
- 태반의 배출장소와 그 태반 재활용시설이 있는 사업장의 거리가 100km 이상일 것
- 임시보관시설에서의 태반 보관 허용량은 5ton 미만일 것
- 임시보관시설에서의 태반 보관기간은 태반이 임시보관시설에 도착한 날부터 5일 이내일 것

정답 84 ④ 85 ③ 86 ② 87 ③

88 환경부장관 또는 시·도지사가 폐기물 처리 공제조합에 처리를 명할 수 있는 방치폐기물의 처리량 기준으로 ( ) 안에 맞는 것은?

> 폐기물처리업자가 방치한 폐기물의 경우 : 그 폐기물 처리업자의 폐기물 허용보관량의 ( ) 이내

① 1.5배 ② 2.0배
③ 2.5배 ④ 3.0배

[해설]
폐기물관리법 시행령 제23조(방치폐기물의 처리량과 처리기간)
폐기물 처리 공제조합에 처리를 명할 수 있는 방치폐기물의 처리량은 다음과 같다.
- 폐기물처리업자가 방치한 폐기물의 경우 : 그 폐기물처리업자의 폐기물 허용보관량의 2배 이내
- 폐기물처리 신고자가 방치한 폐기물의 경우 : 그 폐기물처리 신고자의 폐기물 보관량의 2배 이내

89 매립시설의 사후관리기준 및 방법에 관한 내용 중 발생가스 관리방법(유기성폐기물을 매립한 폐기물매립시설만 해당된다)에 관한 내용이다. ( ) 안에 공통으로 들어갈 내용은?

> 외기온도, 가스온도, 메테인, 이산화탄소, 암모니아, 황화수소 등의 조사항목을 매립 종료 후 ( )까지는 분기 1회 이상, ( )이 지난 후에는 연 1회 이상 조사하여야 한다.

① 1년 ② 2년
③ 3년 ④ 5년

[해설]
폐기물관리법 시행규칙 [별표 19] 사후관리기준 및 방법

90 의료폐기물 전용용기 검사기관으로 옳은 것은?
① 한국의료기기시험연구원
② 환경보전협회
③ 한국건설생활환경시험연구원
④ 한국화학시험원

[해설]
폐기물관리법 시행규칙 제34조의7(전용용기 검사기관)
- 한국환경공단
- 한국화학융합시험연구원
- 한국건설생활환경시험연구원
- 그 밖에 환경부장관이 전용용기에 대한 검사능력이 있다고 인정하여 고시하는 기관

91 폐기물관리법상 국민의 책무가 아닌 것은?
① 자연환경과 생활환경을 청결히 유지
② 폐기물의 자원화 노력
③ 폐기물의 감량화 노력
④ 폐기물의 분리수거 노력

[해설]
폐기물관리법 제7조(국민의 책무)
- 모든 국민은 자연환경과 생활환경을 청결히 유지하고, 폐기물의 감량화와 자원화를 위하여 노력하여야 한다.
- 토지나 건물의 소유자·점유자 또는 관리자는 그가 소유·점유 또는 관리하고 있는 토지나 건물의 청결을 유지하도록 노력하여야 하며, 특별자치시장, 특별자치도지사, 시장·군수·구청장이 정하는 계획에 따라 대청소를 하여야 한다.

정답 88 ② 89 ④ 90 ③ 91 ④

92 설치신고대상 폐기물처리시설 기준으로 알맞지 않은 것은?

① 지정폐기물소각시설로서 1일 처리능력이 10ton 미만인 시설
② 열처리조합시설로서 시간당 처리능력이 100kg 미만인 시설
③ 유수분리시설로서 1일 처리능력이 100ton 미만인 시설
④ 연료화시설로서 1일 처리능력이 100ton 미만인 시설

해설
폐기물관리법 시행규칙 제38조(설치신고대상 폐기물처리시설)
- 일반소각시설로서 1일 처분능력이 100ton(지정폐기물의 경우에는 10ton) 미만인 시설
- 고온소각시설·열분해시설·고온용융시설 또는 열처리조합시설로서 시간당 처분능력이 100kg 미만인 시설
- 기계적 처분시설 또는 재활용시설 중 증발·농축·정제 또는 유수분리시설로서 시간당 처분능력 또는 재활용능력이 125kg 미만인 시설
- 기계적 처분시설 또는 재활용시설 중 압축·압출·성형·주조·파쇄·분쇄·탈피·절단·용융·용해·연료화·소성(시멘트 소성로는 제외한다) 또는 탄화시설로서 1일 처분능력 또는 재활용능력이 100ton 미만인 시설
- 기계적 처분시설 또는 재활용시설 중 탈수·건조시설, 멸균분쇄시설 및 화학적 처분시설 또는 재활용시설
- 생물학적 처분시설 또는 재활용시설로서 1일 처분능력 또는 재활용능력이 100ton 미만인 시설
- 소각열회수시설로서 1일 재활용능력이 100ton 미만인 시설

93 위해의료폐기물 중 조직물류폐기물에 해당되는 것은?

① 폐혈액백
② 혈액투석 시 사용된 폐기물
③ 혈액, 고름 및 혈액생성물(혈청, 혈장, 혈액제제)
④ 폐항암제

해설
폐기물관리법 시행령 [별표 2] 의료폐기물의 종류
위해의료폐기물
- 조직물류폐기물 : 인체 또는 동물의 조직·장기·기관·신체의 일부, 동물의 사체, 혈액·고름 및 혈액생성물(혈청, 혈장, 혈액제제)
- 병리계폐기물 : 시험·검사 등에 사용된 배양액, 배양용기, 보관균주, 폐시험관, 슬라이드, 커버글라스, 폐배지, 폐장갑
- 손상성폐기물 : 주삿바늘, 봉합바늘, 수술용 칼날, 한방침, 치과용침, 파손된 유리재질의 시험기구
- 생물·화학폐기물 : 폐백신, 폐항암제, 폐화학치료제
- 혈액오염폐기물 : 폐혈액백, 혈액투석 시 사용된 폐기물, 그 밖에 혈액이 유출될 정도로 포함되어 있어 특별한 관리가 필요한 폐기물

94 폐기물관리법 벌칙 중에서 5년 이하의 징역이나 5천만원 이하의 벌금에 처할 수 있는 경우가 아닌 자는?

① 허가를 받지 아니하고 폐기물처리업을 한 자
② 승인을 받지 아니하고 폐기물처리시설을 설치한 자
③ 대행계약을 체결하지 아니하고 종량제 봉투 등을 제작·유통한 자
④ 거짓이나 그 밖의 부정한 방법으로 폐기물처리업의 허가를 받은 자

해설
폐기물관리법 제65조(벌칙)
승인을 받지 아니하고 폐기물처리시설을 설치한 자는 3년 이하의 징역이나 3천만원 이하의 벌금에 처한다.

정답 92 ③ 93 ③ 94 ②

95 지정폐기물배출자는 그의 사업장에서 발생되는 지정폐기물 중 폐산, 폐알칼리를 최대 며칠까지 보관할 수 있는가?(단, 보관개시일부터)

① 120일　　② 90일
③ 60일　　④ 45일

해설
폐기물관리법 시행규칙 [별표 5] 폐기물의 처리에 관한 구체적 기준 및 방법
지정폐기물배출자는 그의 사업장에서 발생하는 지정폐기물 중 폐산·폐알칼리·폐유·폐유기용제·폐촉매·폐흡착제·폐흡수제·폐농약, 폴리클로리네이티드비페닐 함유 폐기물, 폐수처리오니 중 유기성 오니는 보관이 시작된 날부터 45일을 초과하여 보관하여서는 아니 되며, 그 밖의 지정폐기물은 60일을 초과하여 보관하여서는 아니 된다.

97 관리형 매립시설에서 발생되는 침출수의 배출량이 1일 2,000m³ 이상인 경우 오염물질 측정주기 기준은?

- 화학적 산소요구량 : ㉠
- 화학적 산소요구량 외의 오염물질 : ㉡

① ㉠ 매일 2회 이상　㉡ 주 1회 이상
② ㉠ 매일 1회 이상　㉡ 주 1회 이상
③ ㉠ 주 2회 이상　㉡ 월 1회 이상
④ ㉠ 주 1회 이상　㉡ 월 1회 이상

해설
폐기물관리법 시행규칙 [별표 12] 측정대상 오염물질의 종류 및 측정주기
- 침출수 배출량이 1일 2,000m³ 이상인 경우
  - 화학적 산소요구량 : 매일 1회 이상
  - 화학적 산소량 외의 오염물질 : 주 1회 이상
- 침출수 배출량이 1일 2,000m³ 미만인 경우 : 월 1회 이상

96 폐기물처리업의 업종 구분과 영업 내용의 범위를 벗어나는 영업을 한 자에 대한 벌칙기준으로 옳은 것은?

① 2년 이하의 징역 또는 2천만원 이하의 벌금
② 3년 이하의 징역 또는 3천만원 이하의 벌금
③ 5년 이하의 징역 또는 5천만원 이하의 벌금
④ 7년 이하의 징역 또는 7천만원 이하의 벌금

해설
폐기물관리법 제66조(벌칙)

98 폐기물처리시설을 설치하고자 하는 자는 폐기물처분시설 또는 재활용시설 설치승인신청서를 누구에게 제출하여야 하는가?

① 환경부장관 또는 지방환경관서의 장
② 시·도지사 또는 지방환경관서의 장
③ 국립환경연구원장 또는 지방자치단체의 장
④ 보건환경연구원장 또는 지방자치단체의 장

해설
폐기물관리법 시행규칙 제39조(폐기물처리시설의 설치 승인 등)

정답　95 ④　96 ③　97 ②　98 ②

99 폐기물처리시설을 사용종료하거나 폐쇄하고자 하는 자는 사용종료, 폐쇄신고서에 폐기물처리시설 사후관리계획서(매립시설에 한함)를 첨부하여 제출하여야 한다. 다음 중 폐기물처리시설사후관리계획서에 포함될 사항과 가장 거리가 먼 것은?

① 지하수 수질조사계획
② 구조물 및 지반 등의 안정도 유지계획
③ 빗물배제계획
④ 사후 환경영향 평가계획

해설
폐기물관리법 시행규칙 제69조(폐기물처리시설의 사용종료 및 사후관리 등)
폐기물매립시설 사후관리계획서에 포함할 내용은 다음과 같다.
• 폐기물매립시설 설치·사용 내용
• 사후관리 추진일정
• 빗물배제계획
• 침출수 관리계획(차단형 매립시설은 제외한다)
• 지하수 수질조사계획
• 발생가스 관리계획(유기성폐기물을 매립하는 시설만 해당한다)
• 구조물과 지반 등의 안정도유지계획

100 폐기물의 수집·운반·보관·처리에 관한 구체적 기준 및 방법에 관한 설명으로 옳지 않은 것은?

① 사업장일반폐기물배출자는 그의 사업장에서 발생하는 폐기물을 보관이 시작되는 날부터 90일을 초과하여 보관하여서는 아니 된다.
② 지정폐기물(의료폐기물 제외) 수집·운반차량의 차체는 노란색으로 색칠하여야 한다.
③ 음식물류 폐기물처리 시 가열에 의한 건조에 의하여 부산물의 수분함량을 50% 미만으로 감량하여야 한다.
④ 폐합성고분자화합물은 소각하여야 하지만, 소각이 곤란한 경우에는 최대지름 15cm 이하의 크기로 파쇄·절단 또는 용융한 후 관리형 매립시설에 매립할 수 있다.

해설
폐기물관리법 시행규칙 [별표 5] 폐기물의 처리에 관한 구체적 기준 및 방법
가열에 의한 건조의 방법으로 부산물의 수분함량을 25% 미만으로 감량하여야 한다.

2023년 제2회 과년도 기출복원문제

제1과목 폐기물개론

01 폐기물 발생량 조사방법에 관한 설명으로 틀린 것은?

① 물질수지법은 일반적인 생활폐기물 발생량을 추산할 때 주로 이용한다.
② 적재차량 계수분석법은 일정기간 동안 특정지역의 폐기물 수거, 운반차량의 대수를 조사하여 이 결과에 밀도를 이용하여 질량으로 환산하는 방법이다.
③ 직접계근법은 비교적 정확한 폐기물 발생량을 파악할 수 있다.
④ 직접계근법은 적재차량 계수분석에 비하여 작업량이 많고 번거롭다는 단점이 있다.

해설
물질수지법은 산업폐기물의 발생량을 추산할 때 주로 이용한다.

02 고형분이 20%인 폐기물 12ton을 건조해 함수율이 40%가 되도록 하였을 때 감량된 무게(ton)는?(단, 비중은 1.0 기준)

① 5   ② 6
③ 7   ④ 8

해설
고형분이 20%이므로 수분은 80%
$w_1 = 80$, $w_2 = 40$, $V_1 = 12\text{ton}$
$$\frac{V_2}{V_1} = \frac{100-w_1}{100-w_2}$$
$$\frac{V_2}{12} = \frac{100-80}{100-40} = \frac{20}{60}$$
$$V_2 = 12 \times \frac{20}{60} = 4\text{ton}$$
∴ 감량된 무게 = 12 − 4 = 8ton

03 혐기성 소화에 대한 설명으로 틀린 것은?

① 가수분해, 산생성, 메테인생성 단계로 구분된다.
② 처리속도가 느리고 고농도 처리에 적합하다.
③ 호기성 처리에 비해 동력비 및 유지관리비가 적게 든다.
④ 유기산의 농도가 높을수록 처리효율이 좋아진다.

해설
유기산 농도가 2,000mg/L를 넘으면 pH가 급격히 저하되어 메테인 생성률이 감소한다.

04 도시폐기물을 X_{90} = 2.5cm로 파쇄하고자 할 때, Rosin-Rammler 모델에 의한 특성입자 크기(X_0)는?(단, n = 1로 가정한다)

① 1.09cm   ② 1.18cm
③ 1.22cm   ④ 1.34cm

해설
$$y = 1 - \exp\left(-\frac{X}{X_0}\right)^n$$
$$0.9 = 1 - \exp\left(-\frac{2.5}{X_0}\right) \rightarrow 0.1 = \exp\left(-\frac{2.5}{X_0}\right)$$
exp를 없애기 위해서 양변에 ln를 취하면
(ln 함수 ↔ exp 함수는 서로 역함수이므로 exp 함수에 ln를 취하면 exp 함수가 소거됨)
$$\ln 0.1 = \left(-\frac{2.5}{X_0}\right) \rightarrow X_0 = -\frac{2.5}{\ln 0.1} = 1.09\text{cm}$$

정답 1 ① 2 ④ 3 ④ 4 ①

05 전과정평가(LCA)를 4단계로 구성할 때 다음 중 가장 거리가 먼 것은?

① 영향평가 ② 목록분석
③ 해석(개선평가) ④ 현황조사

해설
전과정평가 : 목적 및 범위 설정 → 목록분석 → 영향평가 → 결과해석(개선평가)

06 유기물(포도당 $C_6H_{12}O_6$) 2kg을 혐기성분해로 완전히 안정화하는 경우 이론적으로 생성되는 메테인의 체적은?(단, 표준상태 기준)

① 약 $0.25m^3$ ② 약 $0.45m^3$
③ 약 $0.75m^3$ ④ 약 $1.35m^3$

해설
$C_6H_{12}O_6 \rightarrow 3CH_4 + 3CO_2$
180kg : 3 × 22.4Sm³
2kg : CH_4
$CH_4 = \frac{2 \times 3 \times 22.4}{180} = 0.75$

07 파쇄장치 중 전단식 파쇄기에 관한 설명으로 옳지 않은 것은?

① 고정칼이나 왕복칼 또는 회전칼을 이용하여 폐기물을 절단한다.
② 충격파쇄기에 비해 대체적으로 파쇄속도가 빠르다.
③ 충격파쇄기에 비해 이물질의 혼입에 대하여 약하다.
④ 파쇄물의 크기를 고르게 할 수 있다.

08 수거대상 인구가 10,000명인 도시에서 발생되는 폐기물의 밀도는 0.5ton/m³이고, 하루 폐기물 수거를 위해 차량적재 용량이 10m³인 차량 10대가 사용된다면 1일 1인당 폐기물 발생량은?(단, 차량은 1일 1회 운행 기준)

① 2kg/인·일
② 3kg/인·일
③ 4kg/인·일
④ 5kg/인·일

해설
1일 1인당 폐기물 발생량
$= \frac{0.5 \times 1,000kg/ton \times 10m^3 \times 10대}{10,000인} = 5kg/인·일$

09 어느 폐기물의 밀도가 0.32ton/m³이던 것을 압축기로 압축하여 0.8ton/m³로 하였다. 부피 감소율은?

① 40% ② 50%
③ 60% ④ 70%

해설
• 밀도가 0.32ton/m³일 때 1ton의 폐기물 부피
$\frac{1,000kg}{320kg/m^3} = 3.125m^3$
• 밀도가 0.8ton/m³일 때 1ton의 폐기물 부피
$\frac{1,000kg}{800kg/m^3} = 1.25m^3$
• 부피감소율
$\frac{감소된 부피(V_i - V_f)}{압축전 부피(V_i)} \times 100 = \frac{3.125 - 1.25}{3.125} \times 100 = 60\%$

정답 5 ④ 6 ③ 7 ② 8 ④ 9 ③

10 3,000,000ton/연의 쓰레기 수거에 4,000명의 인부가 종사할 때 MHT값은?(단, 수거인부의 1일 작업시간은 8시간이고 1년 작업일수는 300일)

① 2.4　　② 3.2
③ 4.0　　④ 5.6

해설

$$MHT = \frac{수거인원(man) \times 수거시간(time)}{수거량(ton)}$$

$$= \frac{4{,}000명 \times 300일/연 \times 8시간/일}{3{,}000{,}000ton/연} = 3.2$$

11 투입량이 1.0ton/hr이고, 회수량이 600kg/hr(그중 회수대상물질은 550kg/hr)이며 제거량은 400kg/hr(그 중 회수대상물질은 70kg/hr)일 때 선별효율은?(단, Rietema식 적용)

① 87%　　② 84%
③ 79%　　④ 76%

해설

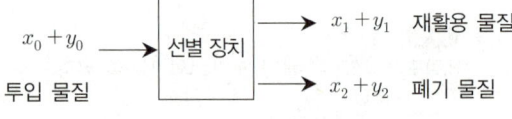

$x_1 + y_1 = 600kg$ (이 중 $x_1 = 550$, $y_1 = 50$)
$x_2 + y_2 = 400kg$ (이 중 $x_2 = 70$, $y_2 = 330$)
$x_0 = x_1 + x_2 = 620$, $y_0 = y_1 + y_2 = 380$

$$\therefore E = \left| \frac{x_1}{x_0} - \frac{y_1}{y_0} \right| \times 100 = \left| \frac{550}{620} - \frac{50}{380} \right| \times 100 = 75.6$$

12 1일 폐기물의 발생량이 2,880m³인 도시에서 3m³ 용적의 차량으로 쓰레기를 매립장까지 운반하고자 한다. 운전시간 16시간, 운반거리 2km, 적재시간 25분, 운송(왕복)시간 25분, 적하시간 10분, 대기차량 2대를 고려하여 소요차량 수(대/일)를 구하면?

① 60　　② 62
③ 64　　④ 66

해설

1회 운반하는 데 걸리는 시간
= 왕복운반시간 + 적재시간 + 적하시간
= 25 + 25 + 10 = 60분 = 1시간
따라서, 하루에 16회 운반 가능하다.

$$\frac{2{,}880ton}{3ton \times 16회/대} = 60대$$

∴ 2대의 대기차량을 고려하면 필요한 트럭 = 62대

13 폐기물의 열분해에 관한 설명으로 틀린 것은?

① 폐기물의 입자 크기가 작을수록 열분해가 조성된다.
② 열분해 장치로는 고정상, 유동상, 부유상태 등의 장치로 구분되어질 수 있다.
③ 연소가 고도의 발열반응임에 비해 열분해는 고도의 흡열반응이다.
④ 폐기물에 충분한 산소를 공급해서 가열하여 가스, 액체 및 고체의 3성분으로 분리하는 방법이다.

해설
열분해는 무산소 혹은 이론공기량보다 적은 공기를 공급한다.

14 비자성이고 전기전도성이 좋은 물질(동, 알루미늄, 아연 등)을 다른 물질로부터 분리하는 데 가장 적절한 선별방식은?

① 와전류선별
② 자기선별
③ 자장선별
④ 정전기선별

15 1년 연속 가동하는 폐기물소각시설의 저장용량을 결정하고자 한다. 폐기물수거인부가 주 5일, 일 8시간 근무할 때 필요한 저장시설의 최소용량은?(단, 토요일 및 일요일을 제외한 공휴일에도 폐기물수거는 시행된다고 가정)

① 1일 소각용량 이하
② 1~2일 소각용량
③ 2~3일 수거용량
④ 3~4일 수거용량

16 쓰레기 파쇄(Shredding)에 대한 설명으로 가장 거리가 먼 것은?

① 압축 시 밀도증가율이 크므로 운반비가 감소된다.
② 조대쓰레기에 의한 소각로의 손상을 방지해 준다.
③ 곱게 파쇄하면 매립 시 복토요구량이 증가된다.
④ 파쇄에 의한 물질별 분리로 고순도의 유가물 회수가 가능하다.

해설
곱게 파쇄하면 매립 시 복토요구량이 감소한다.

17 트롬멜 스크린에 관한 설명으로 틀린 것은?

① 회전속도는 임계속도 이상으로 운전할 때가 최적이다.
② 선별효율이 좋고 유지관리상의 문제가 적다.
③ 경사도가 크면 효율도 떨어지고 부하율도 커지며 대개 2~3° 정도이다.
④ 길이가 길면 효율은 증진되나 동력소모가 많다.

해설
최적속도 = 임계속도 × 0.45

정답 14 ① 15 ③ 16 ③ 17 ①

18 분쇄기들 중 그 분쇄물의 크기가 큰 것에서부터 작아지는 순서로 옳게 나열한 것은?

① Jaw Crusher – Cone Crusher – Ball Mill
② Cone Crusher – Jaw Crusher – Ball Mill
③ Ball Mill – Cone Crusher – Jaw Crusher
④ Cone Crusher – Ball Mill – Jaw Crusher

해설

Jaw Crusher
어금니로 사탕을 깨는 것처럼 암석이나 건설폐재를 파쇄한다.

Cone Crusher
맷돌과 유사하게 틈새를 통과하면서 파쇄된다.

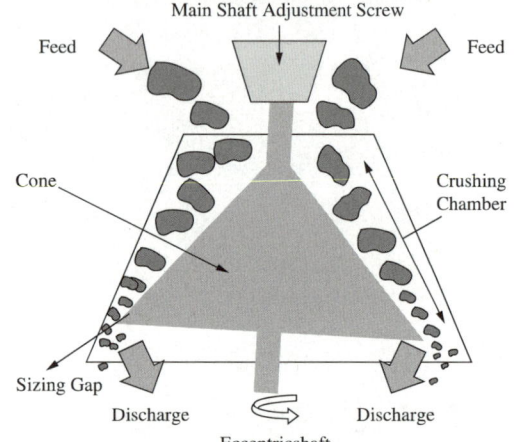

Ball Mill
볼이 회전운전하면서 낙하되는 충격으로 미세분말이 형성된다.

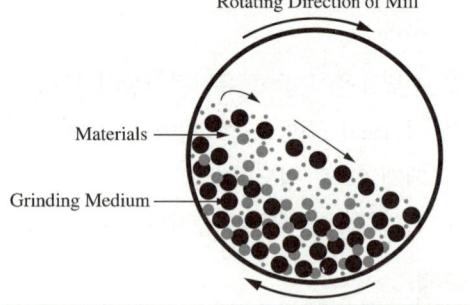

19 폐기물처리와 관련된 설명 중 틀린 것은?

① 지역사회 효과지수(CEI)는 청소상태 평가에 사용되는 지수이다.
② 컨테이너 철도 수송은 광대한 지역에서 효율적으로 적용될 수 있는 방법이다.
③ 폐기물수거 노동력을 비교하는 지표로서는 MHT(man/hour·ton)를 주로 사용한다.
④ 직접저장투하 결합방식에서 일반 부패성 폐기물은 직접 상차 투입구로 보낸다.

해설
$MHT\left(\dfrac{man \cdot hour}{ton}\right)$는 1ton의 폐기물을 수거하는 데 소요되는 수거인원과 수거기간의 곱(man·hour)을 말한다.

20 관거 수거에 대한 설명으로 옳지 않은 것은?

① 캡슐수송은 쓰레기를 충전한 캡슐을 수송관 내에 삽입하여 공기나 물의 흐름을 이용하여 수송하는 방식이다.
② 공기수송은 고층주택 밀집지역에 적합하며 소음방지시설 설치가 필요하다.
③ 공기수송은 공기의 동압에 의해 쓰레기를 수송하는 것으로서 진공수송과 가압수송이 있다.
④ 현탁물 수송은 관의 마모가 크고 동력소모가 많은 것이 단점이다.

해설
현탁물 수송은 관의 마모가 작고, 대체로 동력이 적게 소모된다는 장점이 있다.

제2과목 폐기물처리기술

21 흔히 사용되는 폐기물 고화처리 방법은 보통 포틀랜드 시멘트를 이용한 방법이다. 보통 포틀랜드 시멘트에서 가장 많이 함유한 성분은?

① SiO_2
② Al_2O_3
③ Fe_2O_3
④ CaO

해설
시멘트의 주원료는 석회석이며, 석회석의 주된 성분은 CaO이다.

22 고형물농도 $80kg/m^3$의 농축슬러지를 1시간에 $8m^3$ 탈수시키려 한다. 슬러지 중의 고형물당 소석회 첨가량을 중량기준으로 20% 첨가했을 때 함수율 90%의 탈수 Cake가 얻어졌다. 이 탈수 Cake의 겉보기 비중량을 $1,000kg/m^3$로 할 경우 발생 Cake의 부피(m^3/h)는?

① 약 5.5
② 약 6.6
③ 약 7.7
④ 약 8.8

해설
소석회 첨가 후 고형물의 건조기준 중량은
$80kg/m^3 \times 8m^3/h \times 1.2 = 768kg/h$
탈수케이크의 함수율이 90%이므로 고형물의 비율은 10%이다.
발생케이크의 부피 $= \frac{768kg/h}{0.1} \times \frac{m^3}{1,000kg} = 7.7 m^3/h$

23 인구가 400,000명인 어느 도시의 쓰레기배출 원단위가 1.2kg/인·일이고, 밀도는 $0.45ton/m^3$으로 측정되었다. 이러한 쓰레기를 분쇄하여 그 용적이 2/3로 되었으며, 이 분쇄된 쓰레기를 다시 압축하면서 또다시 1/3 용적이 축소되었다. 분쇄만 하여 대립할 때와 분쇄, 압축한 후에 매립할 때에 양자 간의 연간 매립소요면적의 차이는?(단, Trench 깊이는 4m이며 기타 조건은 고려하지 않는다)

① 약 $12,820m^2$
② 약 $16,230m^2$
③ 약 $21,630m^2$
④ 약 $28,540m^2$

해설
연간 폐기물 발생량
$= 400,000명 \times 1.2kg/인 \cdot 일 \times 365일 \div 1,000 = 175,200 ton/일$

1) 분쇄 후 소요부피 $= \frac{175,200/일 \times 3/2}{0.45 t/m^3} = 259,555.6 m^3$

2) 분쇄/압축 후 소요부피 $= 259,555.6 \times 2/3 = 173,037.1 m^3$
트렌치의 깊이가 4m이므로
1)의 매립면적 $= \frac{259,555.6}{4} = 64,888.9 m^2$

∴ 1)과 2)의 매립면적의 차이 $= 64,888.9 \times 1/3 = 21,630 m^2$

24 오염토의 토양증기추출법 복원기술에 대한 장단점으로 옳은 것은?

① 증기압이 낮은 오염물질의 제거효율이 높다.
② 다른 시약이 필요 없다.
③ 추출된 기체의 대기오염방지를 위한 후처리가 필요 없다.
④ 유지 및 관리비가 많이 소요된다.

해설
① 증기압이 높은 오염물질의 제거효율이 높다.
③ 추출된 기체의 대기오염방지를 위한 후처리가 필요하다.
④ 유지 및 관리비가 적게 소요된다.

정답 21 ④ 22 ③ 23 ③ 24 ②

25 건조된 고형물의 비중이 1.42이고 건조 이전의 슬러지 내 고형물 함량이 40%, 건조중량이 400kg일 때 건조 이전의 슬러지 케이크의 부피는?

① 약 $0.5m^3$ ② 약 $0.7m^3$
③ 약 $0.9m^3$ ④ 약 $1.2m^3$

해설
건조 이전 슬러지의 고형물 함량이 40%이고 건조중량이 400kg이므로, 수분의 무게는 600kg이고, 전체 슬러지 무게는 1,000kg이다.

$$\frac{슬러지\ 무게}{슬러지\ 비중} = \frac{고형물\ 무게}{고형물\ 비중} + \frac{물\ 무게}{물\ 비중} = \frac{1,000}{슬러지\ 비중}$$

$$= \frac{400}{1.42} + \frac{600}{1} = 881.7$$

슬러지 비중 $= \frac{1,000}{881.7} = 1.13$

∴ 슬러지 밀도 $= 1.13 \times 1,000 kg/m^3 = 1,130 kg/m^3$

건조 이전의 슬러지 케이크의 부피 $= \frac{1,000\ kg}{1,130\ kg/m^3} = 0.88m^3$

26 매립지의 표면차수막에 관한 설명으로 옳지 않은 것은?

① 매립지 지반의 투수계수가 큰 경우에 사용한다.
② 지하수 집배수시설이 필요하다.
③ 단위면적당 공사비는 비싸나 총공사비는 싸다.
④ 보수는 매립 전에는 용이하나 매립 후는 어렵다.

해설
단위면적당 공사비는 저가이나 전체적으로 비용이 많이 든다.

27 퇴비생산에 영향을 주는 요소에 대한 설명으로 옳지 않은 것은?

① 수분이 많으면 공극개량제를 이용하여 조절한다.
② 온도는 55~65℃ 이내로 유지시켜야 병원균을 죽일 수 있다.
③ pH는 미생물의 활발한 활동을 위하여 5.5~8.0 범위가 적당하다.
④ C/N비가 너무 크면 퇴비화기간이 짧게 소요된다.

해설
C/N비가 높으면 최적 성장조건이 아니므로 퇴비화 기간이 길어지고, 유기산이 퇴비의 pH를 낮춘다.

28 매립장에서 침출된 침출수가 다음과 같은 점토로 이루어진 90cm의 차수층을 통과하는 데 걸리는 시간은 얼마인가?

- 유효. 공극률 = 0.5
- 점토층 하부의 수두 = 점토층 아랫면과 일치
- 점토층 투수계수 = 10^{-7}cm/sec
- 점토층 위의 침출수 수두 = 40cm

① 약 8년   ② 약 10년
③ 약 12년 ④ 약 14년

해설
$$t = \frac{d^2 n}{K(d+h)} = \frac{90^2 \times 0.5}{10^{-7} \times (90+40)} = 311,538,462초 = 9.9년$$

29 1일 폐기물 배출량이 700ton인 도시에서 도랑(Trench)법으로 매립지를 선정하려 한다. 쓰레기의 압축이 30%가 가능하다면 1일 필요한 면적은? (단, 발생된 쓰레기의 밀도는 250kg/m³, 매립지의 깊이는 2.5m)

① 약 634m²   ② 약 784m²
③ 약 854m²   ④ 약 964m²

해설
- 압축 후 매립 부피 = $\dfrac{700,000\text{kg}}{250\text{kg/m}^3} \times (1-0.3) = 1,960\text{m}^3$
- 필요한 면적 = $\dfrac{1,960\text{m}^3}{2.5\text{m}} = 784\text{m}^2$

30 슬러지개량(Conditioning)에 관한 설명 중 틀린 것은?

① 주로 슬러지의 탈수 성질을 향상시키기 위하여 시행한다.
② 주로 화학약품처리, 열처리를 행하며 수세나 물리적인 세척방법 등도 효과가 있다.
③ 슬러지를 열처리함으로써 슬러지 내의 Colloid와 미세입자 결합을 유도하여 고액분리를 쉽게 한다.
④ 수세는 주로 혐기성 소화된 슬러지를 대상으로 실시하며 소화슬러지의 알칼리도를 낮춘다.

해설
슬러지에 열을 가하면 세포가 파괴되어 세포 내의 수분이 나온다.

31 매립지의 침출수의 특성이 COD/TOC=1.0, BOD/COD=0.03이라면 효율성이 가장 양호한 처리공정은? (단, 매립연한은 15년 정도, COD는 400mg/L)

① 역삼투
② 화학적 침전(석회투여)
③ 화학적 산화
④ 이온교환수지

32 매립지에서 침출된 침출수 농도가 반으로 감소하는 데 약 3년이 걸린다면 이 침출수 농도가 90% 분해되는 데 걸리는 시간(연)은? (단, 일차반응 기준)

① 6년   ② 8년
③ 10년   ④ 12년

해설
- 반감기의 정의에서
$\dfrac{1}{2}C_0 = C_0 e^{-kt_{1/2}} \rightarrow \ln\dfrac{1}{2} = -3k$

$k = -\dfrac{\ln\dfrac{1}{2}}{3} = 0.231$

- 90% 분해되면 C가 $0.1C$ 남아 있으므로
(※ C가 $0.9C$가 아닌 것에 주의할 것)
1차 분해반응식에 앞서 구한 $k=0.231$과 $C=0.1C_0$를 대입한다.
$0.1C_0 = C_0 e^{-0.231 \times t}$
C_0를 소거한 후 양변에 ln를 취하면(e를 없애기 위함)
$\ln 0.1 = -0.231t = \dfrac{\ln 0.1}{-0.231} = 9.97$년

33 퇴비화 과정에서 필수적으로 필요한 공기 공급에 관한 내용 중 알맞지 않은 것은?

① 온도조절 역할을 수행한다.
② 일반적으로 5~15%의 산소가 퇴비물질 공극 내에 잠재하도록 해야 한다.
③ 공기주입률은 일반적으로 5~20L/min·m³ 정도가 적합하다.
④ 수분증발 역할을 수행하며 자연순환 공기공급이 가장 바람직하다.

해설
공기주입률은 대개 50~200L/min·m³ 정도가 적합하다.

34 쓰레기 매립지의 침출수 유량조정조를 설치하기 위해 과거 10년간의 강우조건을 조사한 결과 다음 표와 같다. 매립작업면적은 30,000m²이며, 매립작업 시 강우의 침출계수를 0.3으로 적용할 때 침출수 유량조정조의 적정 용량(m³)은?

1일 강우량 (mm/일)	강우일수(일)	1일 강우량 (mm/일)	강우일수(일)
10	10	30	6
15	17	35	3
20	13	40	2
25	5	45	2

① 945m³ 이상
② 930m³ 이상
③ 915m³ 이상
④ 900m³ 이상

해설
침출수 유량조정조 : 최근 10년간 1일 강우량이 10mm 이상인 강우일수 중 최다빈도의 1일 강우량의 7배 이상에 해당하는 침출수를 저장할 수 있는 규모로 설치

$Q = \dfrac{1}{1,000} CIA = \dfrac{1}{1,000} \times 0.3 \times 15 \times 30,000 \times 7 = 945\,m^3$

35 포졸란(Pozzolan)에 관한 설명으로 알맞지 않은 것은?

① 포졸란의 실질적인 활성에 기여하는 부분은 CaO이다.
② 규소를 함유하는 미분상태의 물질이다.
③ 대표적인 포졸란으로는 분말성이 좋은 Fly Ash가 있다.
④ 포졸란은 석회와 결합하면 불용성 수밀성 화합물을 형성한다.

해설
포졸란의 실질적인 활성에 기여하는 부분은 SiO_2이다.

36 결정도(Crystallinity)에 따른 합성 차수막의 성질에 대한 설명으로 틀린 것은?

① 결정도가 증가할수록 단단해진다.
② 결정도가 증가할수록 충격에 약해진다.
③ 결정도가 증가할수록 화학물질에 대한 저항성이 증가한다.
④ 결정도가 증가할수록 열에 대한 저항성이 감소한다.

해설
결정도가 증가할수록 열에 대한 저항성이 증가한다.

37 매립지 내의 물의 이동을 나타내는 Darcy의 법칙을 기준으로 침출수의 유출을 방지하기 위한 옳은 방법은?

① 투수계수는 감소, 수두차는 증가시킨다.
② 투수계수는 증가, 수두차는 감소시킨다.
③ 투수계수 및 수두차를 증가시킨다.
④ 투수계수 및 수두차를 감소시킨다.

해설
Darcy 법칙에서 유도된 침출수가 점토층을 통과하는 데 걸리는 시간을 구하는 식
$$t = \frac{d^2 n}{K(d+h)}$$
투수계수 K와 점토층 위에 형성된 침출수 수두 h가 작아야 침출수가 매립지 내에 체류하는 시간이 길어짐을 알 수 있다.

38 호기성 소화공법이 혐기성 소화공법에 비하여 갖고 있는 장점이라 할 수 없는 것은?

① 반응시간이 짧아 시설비가 저렴할 수 있다.
② 운전이 용이하고 악취발생이 적다.
③ 생산된 슬러지의 탈수성이 우수하다.
④ 반응조의 가온이 불필요하다.

해설
탈수성은 혐기성 소화한 슬러지가 높다.

39 폐기물 매립 시 사용되는 인공복토재의 조건으로 옳지 않은 것은?

① 연소가 잘되지 않아야 한다.
② 살포가 용이하여야 한다.
③ 투수계수가 높아야 한다.
④ 미관상 좋아야 한다.

해설
투수계수가 높으면 우수배제 기능이 떨어져서 좋지 않다.

40 매립기간에 따른 침출수의 성상변화를 나타낸 다음 그림에서 A에 해당하는 수질인자는?

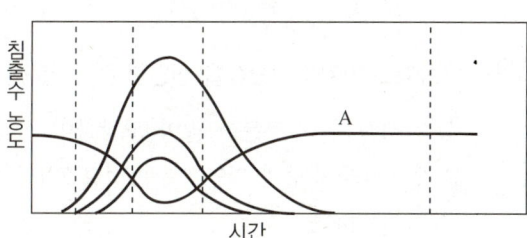

① COD
② NH_4^+
③ pH
④ 휘발성 유기산

해설
유기성 폐기물의 혐기성 분해과정에서 유기산이 생성되면 pH가 낮아진다.

정답 37 ④ 38 ③ 39 ③ 40 ③

제3과목 폐기물소각 및 열회수

41 저위발열량 10,000kcal/Sm³인 기체연료 연소 시 이론습연소가스량이 20Sm³/Sm³이고, 이론연소온도는 2,500℃라고 한다. 연료연소가스의 평균 정압비열(kcal/Sm³·℃)은?(단, 연소용 공기, 연료온도 = 15℃)

① 0.2   ② 0.3
③ 0.4   ④ 0.5

해설

$$정압비열 = \frac{저위발열량}{연소가스량 \times 연소온도} = \frac{10,000}{20 \times 2,500} = 0.2$$

42 SO₂ 100kg의 표준상태에서 부피(m³)는?(단, SO₂는 이상기체이고, 표준상태로 가정)

① 63.3   ② 59.5
③ 44.3   ④ 35.0

해설

SO_2의 분자량이 64이므로
64kg : 22.4m³ = 100kg : x 에서
$x = \frac{22.4 \times 100}{64} = 35 m^3$

43 유동층소각로의 장단점을 설명한 것 중 틀린 것은?

① 기계적 구동 부분이 많아 고장률이 높다.
② 연소효율이 높아 미연소분이 적고 2차 연소실이 불필요하다.
③ 상(床)으로부터 찌꺼기의 분리가 어렵다.
④ 반응시간이 빨라 소각시간이 짧다(노부하율이 높다).

해설

기계적 구동 부분이 적어 고장률이 낮다.

44 폐기물 소각로의 종류 중 회전로식 소각로(Rotary Kiln Incinerator)의 장점이 아닌 것은?

① 소각대상물에 관계없이 소각이 가능하며 또한 연속적으로 재배출이 가능하다.
② 연소실 내 폐기물의 체류시간은 노의 회전속도를 조절함으로써 가능하다.
③ 연소효율이 높으며, 미연소분의 배출이 적고 2차 연소실이 불필요하다.
④ 소각대상물의 전처리 과정이 불필요하다.

해설

③은 유동층 소각로의 장점이다.

45 폐기물 1ton을 소각처리하고자 한다. 폐기물의 조성이 C : 70%, H : 20%, O : 10%일 때 이론공기량(Sm³)은?

① 약 6,200   ② 약 8,200
③ 약 9,200   ④ 약 11,200

해설

$$A_o = \frac{1}{0.21} \times \left\{ \frac{22.4}{12} \times 0.7 + \frac{11.2}{2}\left(0.2 - \frac{0.1}{8}\right) \right\} = 11.2 Sm^3/kg$$

폐기물의 양이 1ton이므로
$11.2 Sm^3/kg \times 1,000 kg = 11,200 Sm^3$

46 옥테인(C_8H_{18}) 1mol을 완전연소시킬 때 공기연료비를 중량비($kg_{공기}/kg_{연료}$)로 적절히 나타낸 것은? (단, 표준상태 기준)

① 8.3 ② 10.5
③ 12.8 ④ 15.1

해설
$C_8H_{18} + aO_2 \rightarrow 8CO_2 + 9H_2O$에서
a는 12.5가 된다.
$C_8H_{18} + 12.5O_2 \rightarrow 8CO_2 + 9H_2O$
단위가 중량 단위이므로, 공기로 환산하는 경우 산소의 무게비인 0.23을 적용한다.
$$AFR = \frac{12.5 \times 32/0.23}{114} = 15.3$$

47 중량비로 탄소 75%, 수소 15%, 황 10%인 액체연료를 연소한 경우 최대탄산가스량 $(CO_2)_{max}(\%)$은?

① 약 28% ② 약 22%
③ 약 18% ④ 약 14%

해설
$(CO_2)_{max}$: 이론공기량으로 완전연소하는 경우 이론건조연소가스 중 CO_2의 백분율
$$(CO_2)_{max} = \frac{CO_2 발생량}{이론건조연소가스량} \times 100$$

• 이론공기량
$$A_0 = \frac{1}{0.21}\left(\frac{22.4}{12} \times 0.75 + \frac{11.2}{2} \times 0.15 + \frac{22.4}{32} \times 0.1\right)$$
$$= 11 Sm^3/kg$$

• 이론건조연소가스량
$$G_0 = \frac{22.4}{12}C + \frac{22.4}{32}S + 0.79A_0$$
$$= \frac{22.4}{12} \times 0.75 + \frac{22.4}{32} \times 0.1 + 0.79 \times 11 = 10.16$$
(H_2O 생성량은 제외한다)

$$\therefore (CO_2)_{max} = \frac{CO_2 발생량}{이론건조연소가스량} \times 100$$
$$= \frac{\frac{22.4}{12} \times 0.75}{10.16} \times 100 = 13.78\%$$

48 다음 중 전기집진기의 특징으로 가장 거리가 먼 것은?

① 회수가치성이 있는 입자 포집이 가능하다.
② 압력손실이 적고 미세입자까지도 제거할 수 있다.
③ 유지관리가 용이하고 유지비가 저렴하다.
④ 전압변동과 같은 조건변동에 적응하기가 용이하다.

해설
분진의 부하변동(전압변동)에 적응하기 곤란하다.

49 폐플라스틱 소각처리 시 발생되는 문제점 중 옳은 것은?

① 플라스틱은 용융점이 높아 화격자나 구동장치 등에 고장을 일으킨다.
② 플라스틱 발열량은 보통 3,000~5,000kcal/kg 범위로 도시폐기물 발열량의 2배 정도이다.
③ 플라스틱 자체의 열전도율이 낮아 온도분포가 불균일하다.
④ PVC를 연소 시 HCN이 다량 발생되어 시설의 부식을 일으킨다.

해설
① 플라스틱은 용융점이 낮다.
② 플라스틱의 발열량은 통상 10,000kcal/kg 범위로 도시폐기물 발열량의 3~4배 정도이다.
④ PVC를 연소하면 HCl이 발생한다.

정답 46 ④ 47 ④ 48 ④ 49 ③

50 고체연료의 연소형태에 대한 설명 중 가장 거리가 먼 것은?

① 증발연소는 비교적 용융점이 높은 고체연료가 용융되어 액체연료와 같은 방식으로 증발되어 연소하는 현상을 말한다.
② 분해연소는 증발온도보다 분해온도가 낮은 경우에, 가열에 의하여 열분해가 일어나고 휘발하기 쉬운 성분이 표면에서 떨어져 나와 연소하는 것을 말한다.
③ 표면연소는 휘발분을 거의 포함하지 않는 목탄이나 코크스 등의 연소로서, 산소나 산화성 가스가 고체 표면이나 내부의 빈 공간에 확산되어 표면반응을 하는 것을 말한다.
④ 열분해로 발생된 휘발분이 점화되지 않고 다량의 발연(發煙)을 수반하며 표면반응을 일으키면서 연소하는 것을 발연연소라 한다.

해설
증발연소는 연료 자체가 증발하여 타는 경우이며, 휘발유와 같이 끓는점이 낮은 기름의 연소나 왁스가 액화하여 다시 기화되어 연소하는 것이 여기에 속한다.

51 C_3H_8 $1Sm^3$를 연소시킬 때 이론건조연소가스량은?

① $17.8Sm^3$ ② $19.8Sm^3$
③ $21.8Sm^3$ ④ $23.8Sm^3$

해설
$C_3H_8 + 5O_2 \rightarrow 3CO_2 + 4H_2O$
$1Sm^3 : 5Sm^3$
$A_0 = \dfrac{5}{0.21} = 23.8Sm^3$
과잉공기계수 $m=1$이므로 연소가스 중에 산소는 없다.
이론건조연소가스량 = 연소 시 생성된 이산화탄소 + 이론공기 중의 질소가스량
(H_2O 생성량은 제외한다)
∴ 이론건조연소가스량(Sm^3) $= 0.79A_0 + x$
$= 0.79 \times 23.8 + 3$
$= 21.8Sm^3$

52 다이옥신의 노 내 제어방법이 맞는 것은?

① 온도는 300~400℃ 유지
② 연소가스는 400℃ 이하에서 연소실 체류시간 2초 이상 유지
③ 2차 공기 공급에 의한 미연분의 완전연소
④ O_2의 농도를 25~30%로 지속 유지

해설
노 내의 온도는 850℃ 이상, 연소가스의 체류시간은 2초 이상 유지하여야 한다. 공기 중의 산소 농도가 21%이므로 산소 농도를 25~30%로 유지할 수는 없다.

53 저위발열량 10,000kcal/kg의 중유를 연소시키는 데 필요한 이론공기량(Sm^3/kg)은?(단, Rosin식 적용)

① 8.5 ② 10.5
③ 12.5 ④ 14.5

해설
Rosin식
$A_o = 0.85 \times \dfrac{H_l}{1,000} + 2 = 0.85 \times \dfrac{10,000}{1,000} + 2 = 10.5(Sm^3/kg)$

54 중유연소에서 보일러의 경우, 배가스 중의 CO_2 농도 범위는?

① 1~3% ② 5~8%
③ 11~14% ④ 16~20%

해설
중유는 탄소수가 20~25개이다.
- C 20인 경우 $C_{20}H_{42} + 30.5O_2 \rightarrow 20CO_2 + 21H_2O$
  배가스 중 CO_2 농도 $= \dfrac{20}{20+21+\dfrac{30.5}{0.21} \times 0.79} \times 100 = 12.8\%$
- C 25인 경우 $C_{25}H_{52} + 38O_2 \rightarrow 25CO_2 + 26H_2O$
  배가스 중 CO_2 농도 $= \dfrac{25}{25+26+\dfrac{38}{0.21} \times 0.79} \times 100 = 12.9\%$

분모는 전체 배가스를 구성하는 성분으로 각각 CO_2, H_2O, N_2 성분의 부피이다.

55 소각공정에서 발생하는 다이옥신에 관한 설명으로 가장 거리가 먼 것은?

① 쓰레기 중 PVC 또는 플라스틱류 등을 포함하고 있는 합성물질을 연소시킬 때 발생한다.
② 다이옥신 재형성 온도구역을 설정하여 재합성을 유도함으로써 제거할 수 있다.
③ 연소 시 발생하는 미연분의 양과 비산재의 양을 줄여 다이옥신을 저감할 수 있다.
④ 활성탄과 백필터를 적용하여 다이옥신을 제거하는 설비가 많이 이용된다.

해설
합성 억제(De Novo 합성) : 배기가스가 연도를 따라서 배출될 때 300℃ 부근에서의 체류시간을 최소화하여야 한다.

56 착화온도에 관한 일반적인 설명으로 가장 거리가 먼 것은?

① 연료의 분자구조가 간단할수록 착화온도는 높다.
② 연료의 화학적 발열량이 클수록 착화온도는 낮다.
③ 연료의 화학결합 활성도가 작을수록 착화온도는 낮다.
④ 연료의 화학반응성이 클수록 착화온도는 낮다.

해설
착화온도(Ignition Temperature) : 가연물이 공기 속에서 가열되어 열이 축적됨으로써 외부로부터 점화되지 않아도 스스로 연소를 개시하는 온도
- 분자구조가 간단할수록 착화온도는 높아진다.
- 화학결합의 활성도가 클수록 착화온도는 낮아진다.
- 화학반응성이 클수록 착화온도는 낮아진다.
- 화학적으로 발열량이 클수록 착화온도는 낮아진다.
- 공기 중의 산소농도 및 압력이 높을수록 착화온도는 낮아진다.
- 비표면적이 클수록 착화온도는 낮아진다.

57 소각 연소가스 중 질소산화물(NO_x)을 제거하는 방법이 아닌 것은?

① 촉매(TiO_2, V_2O_5)를 이용하여 제거하는 방법
② 촉매를 이용하지 않고 암모니아수 또는 요소수를 주입하여 제거하는 방법
③ 연소용 공기의 예열온도를 높여 제거하는 방법
④ 연소가스를 소각로로 재순환시키는 방법

해설
질소산화물은 연소온도가 높을수록 더 많이 발생한다.

58 유동층 소각로의 Bed(층)물질이 갖추어야 하는 조건으로 틀린 것은?

① 비중이 클 것
② 입도분포가 균일할 것
③ 불활성일 것
④ 열충격에 강하고 융점이 높을 것

해설
비중이 작을 것(비중이 크면 유동화하기가 어렵다)

59 황 성분이 2%인 중유 300ton/hr를 연소하는 열설비에서 배기가스 중 SO_2를 $CaCO_3$로 완전 탈황하는 경우 이론상 필요한 $CaCO_3$의 양은?(단, Ca : 40, 중유 중 S는 모두 SO_2로 산화)

① 약 13ton/hr ② 약 19ton/hr
③ 약 24ton/hr ④ 약 27ton/hr

해설
$SO_2 + CaCO_3 \rightarrow CaSO_3 + CO_2$
반응식에서 SO_2와 $CaCO_3$는 1 : 1로 반응한다.
중유 중 황 성분의 양 = 300 × 0.02 = 6
S : $CaCO_3$ = 32 : 100이므로
소요 $CaCO_3 = 6 \times \dfrac{100}{32} = 18.75 \text{ton/hr}$

60 황화수소 1Sm³의 이론연소공기량(Sm³)은?

① 7.1
② 8.1
③ 9.1
④ 10.1

해설
황화수소에 대하여 연소 반응식을 만들면
$H_2S + aO_2 \rightarrow bSO_2 + cH_2O$ 에서
$c = 1$, $b = 1$이므로 $a = 1.5$
(산소의 계수를 맨 마지막에 정해 준다)
$H_2S + 1.5O_2 \rightarrow SO_2 + H_2O$
1Sm³   1.5Sm³
(∵ 황화수소의 부피 단위가 나와 있으므로, 부피를 계수로만 고려하면 된다)
∴ 이론연소공기량 $= \dfrac{1.5}{0.21} = 7.14 Sm^3$

제4과목 폐기물공정시험기준(방법)

61 강열감량 및 유기물 함량을 중량법으로 분석 시 이에 대한 설명으로 옳지 않은 것은?

① 시료에 질산암모늄용액(25%)을 넣고 가열한다.
② 600±25℃의 전기로 안에서 1시간 강열한다.
③ 시료는 24시간 이내에 증발 처리를 하는 것이 원칙이며, 부득이한 경우에는 최대 7일을 넘기지 말아야 한다.
④ 용기 벽에 부착하거나 바닥에 가라앉는 물질이 있는 경우에는 시료를 분취하는 과정에서 오차가 발생할 수 있다.

해설
ES 06301.1d 강열감량 및 유기물 함량-중량법
600±25℃의 전기로 안에서 3시간 강열한다.

62 pH가 2인 용액 2L와 pH가 1인 용액 2L를 혼합하였을 때 pH는?

① 약 1.0
② 약 1.3
③ 약 1.5
④ 약 1.8

해설
수소이온농도 $= \dfrac{2L \times 10^{-1} mol/L + 2L \times 10^{-2} mol/L}{2L + 2L}$
$= 0.055 mol/L$
pH $= -\log 0.055 = 1.3$

63 원자흡수분광광도법으로 수은을 측정하고자 한다. 분석절차(전처리) 과정 중 과잉의 과망간산칼륨을 분해하기 위해 사용하는 용액은?

① 10W/V% 염화하이드록시암모늄용액
② (1 + 4) 암모니아수
③ 10W/V% 이염화주석용액
④ 10W/V% 과황산칼륨

해설
ES 06404.1a 수은-환원기화-원자흡수분광광도법
과황산칼륨(5%) 10mL를 넣고 약 95℃ 물중탕에서 2시간 가열한 다음 실온으로 냉각하고 염화하이드록시암모늄용액(10W/V%)을 한 방울씩 넣어 과잉의 과망간산칼륨을 분해한 다음 정제수를 넣어 250mL로 한다.

64 X선 회절기법으로 석면 측정 시 X선 회절기로 판단할 수 있는 석면의 정량범위는?

① 0.1~100.0wt%
② 1.0~100.0wt%
③ 0.1~10.0wt%
④ 1.0~10.0wt%

해설
ES 06305.2 석면-X선 회절기법
X선 회절기로 판단할 수 있는 석면의 정량범위는 0.1~100.0wt%이다.

정답 60 ① 61 ② 62 ② 63 ① 64 ①

65 자외선/가시선 분광법으로 납을 측정할 때 전처리를 하지 않고 직접 시료를 사용하는 경우 시료 중에 시안화합물이 함유되었을 때 조치사항으로 옳은 것은?

① 염산 산성으로 하여 끓여 시안화물을 완전히 분해 제거한다.
② 사염화탄소로 추출하고 수층을 분리하여 시안화물을 완전히 제거한다.
③ 음이온 계면활성제와 소량의 활성탄을 주입하여 시안화물을 완전히 흡착 제거한다.
④ 질산(1 + 5)와 과산화수소를 가하여 시안화물을 완전히 분해 제거한다.

해설
ES 06402.3 납-자외선/가시선 분광법
전처리를 하지 않고 직접 시료를 사용하는 경우, 시료 중에 시안화합물이 함유되어 있으면 염산 산성으로 하여서 끓여 시안화물을 완전히 분해 제거한 다음 실험한다.

66 다량의 점토질 또는 규산염을 함유한 시료에 적용되는 시료의 전처리 방법으로 가장 옳은 것은?

① 질산-과염소산-불화수소산에 의한 유기물 분해
② 질산-염산에 의한 유기물 분해
③ 질산-과염소산에 의한 유기물 분해
④ 질산-황산에 의한 유기물 분해

해설
ES 06150.e 시료의 준비

67 폐기물공정시험기준에서 시안분석방법으로 맞는 것은?

① 원자흡수분광광도법
② 이온전극법
③ 기체크로마토그래피
④ 유도결합플라스마-원자발광분광법

해설
ES 06351.2 시안-이온전극법
이 시험기준은 폐기물 중 시안을 측정하는 방법으로 액상 폐기물과 고상 폐기물을 pH 12~13의 알칼리성으로 조절한 후 시안 이온전극과 비교전극을 사용하여 전위를 측정하고 그 전위차로부터 시안을 정량하는 방법이다.

68 pH 표준용액 조제에 대한 설명으로 틀린 것은?

① 염기성 표준용액은 산화칼슘(생석회) 흡수관을 부착하여 2개월 이내에 사용한다.
② 조제한 pH 표준용액은 경질유리병에 보관한다.
③ 산성표준용액은 3개월 이내에 사용한다.
④ 조제한 pH 표준용액은 폴리에틸렌병에 보관한다.

해설
ES 06304.1 수소이온농도-유리전극법
염기성 표준용액은 산화칼슘(생석회) 흡수관을 부착하여 1개월 이내에 사용한다.

69 자외선/가시선 분광법에서 시료액의 흡수파장이 약 370nm 이하일 때 어떤 흡수셀을 일반적으로 사용하는가?

① 10mm셀
② 석영흡수셀
③ 경질유리흡수셀
④ 플라스틱셀

정답 65 ① 66 ① 67 ② 68 ① 69 ②

70 비소시험법에서 비화수소 발생장치의 반응용기에 넣는 것은?

① 아연(Zn) 분말
② 알루미늄(Al) 분말
③ 철(Fe) 분말
④ 비스무트(Bi) 분말

71 도시에서 밀도가 0.3ton/m³인 쓰레기가 1,200m³가 발생되어 있다면 폐기물의 성상분석을 위한 최소 시료 수는?

① 20　　② 30
③ 36　　④ 50

해설
폐기물 발생량 = 0.3ton/m³ × 1,200m³ = 360ton이므로, 최소 시료 수는 30개이다.

대상폐기물의 양과 시료의 최소수

대상폐기물의 양(단위 : ton)	시료의 최소수
1 미만	6
1 이상~5 미만	10
5 이상~30 미만	14
30 이상~100 미만	20
100 이상~500 미만	30
500 이상~1,000 미만	36
1,000 이상~5,000 미만	50
5,000 이상	60

72 폐기물 시료에 대해 강열감량과 유기물함량을 조사하기 위해 다음과 같은 실험을 하였다. 다음과 같은 결과를 이용한 강열감량(%)은?

- 600±25℃에서 30분간 강열하고 데시케이터 안에서 방랭 후 접시의 무게(W_1) : 48.256g
- 여기에 시료를 취한 후 접시와 시료의 무게(W_2) : 73.352g
- 여기에 25% 질산암모늄용액을 넣어 시료를 적시고 천천히 가열하여 탄화시킨 다음 600±25℃에서 3시간 강열하고 데시케이터 안에서 방랭 후 무게(W_3) : 52.824g

① 약 74%
② 약 76%
③ 약 82%
④ 약 89%

해설
강열감량(%) = $\dfrac{(W_2 - W_3)}{(W_2 - W_1)} \times 100$

$= \dfrac{(73.352 - 52.824)}{(73.352 - 48.256)} \times 100$

$= 81.8\%$

여기서, W_1 : 도가니 또는 접시의 무게
　　　W_2 : 탄화 전의 도가니 또는 접시와 시료의 무게
　　　W_3 : 탄화 후의 도가니 또는 접시와 시료의 무게

73 다음의 실험 총칙에 관한 내용 중 틀린 것은?

① 연속측정 또는 현장측정의 목적으로 사용하는 측정기기는 공정시험기준에 의한 측정치와의 정확한 보정을 행한 후 사용할 수 있다.
② 분석용 저울은 0.1mg까지 달 수 있는 것이어야 하며 분석용 저울 및 분동은 국가 검정을 필한 것을 사용하여야 한다.
③ 공정시험기준에 각 항목의 분석에 사용되는 표준물질은 특급시약으로 제조하여야 한다.
④ 시험에 사용하는 시약은 따로 규정이 없는 한 1급 이상의 시약 또는 동등한 규격의 시약을 사용하여 각 시험항목별 '시약 및 표준용액'에 따라 조제하여야 한다.

해설
공정시험기준에서 각 항목의 분석에 사용되는 표준물질은 국가표준에 소급성이 인증된 인증표준물질을 사용한다.

74 다음의 폐기물 중 유도결합플라스마 원자발광분광법으로 측정하지 않는 금속류는?

① 납   ② 비소
③ 카드뮴   ④ 수은

해설
수은은 이염화주석을 넣어 금속수은으로 환원시킨 다음 이 용액에 통기하여 발생하는 수은증기를 253.7nm의 파장에서 원자흡수분광광도법으로 정량한다.

75 시안(CN)을 자외선/가시선 분광법에 의한 방법으로 분석할 때에 관한 설명으로 옳지 않은 것은?

① 클로라민-T와 피리딘·피라졸론 혼합액을 넣어 나타나는 청색을 620nm에서 측정한다.
② 정량한계는 0.01mg/L이다.
③ pH 2 이하 산성에서 피리딘·피라졸론을 넣고 가열 증류한다.
④ 유출되는 시안화수소를 수산화나트륨용액으로 포집한다.

해설
시료를 pH 2 이하의 산성으로 조절한 후에 에틸렌다이아민테트라아세트산이나트륨을 넣고 가열 증류한다.

76 총칙의 용어 설명으로 옳지 않은 것은?

① 액상폐기물이라 함은 고형물의 함량이 5% 미만인 것을 말한다.
② 방울수라 함은 20℃에서 정제수 20방울을 적하할 때, 그 부피가 약 0.1mL 되는 것을 뜻한다.
③ 시험조작 중 '즉시'란 30초 이내에 표시된 조작을 하는 것을 뜻한다.
④ 고상폐기물이라 함은 고형물의 함량이 15% 이상인 것을 말한다.

해설
ES 06000.b 총칙
방울수 : 20℃에서 정제수 20방울을 적하할 때 그 부피가 약 1mL 되는 것

정답 73 ③ 74 ④ 75 ③ 76 ②

77 휘발성 저급염소화 탄화수소류를 기체크로마토그래피로 정량분석 시 검출기와 운반기체로 옳게 짝지어진 것은?

① ECD – 질소
② TCD – 질소
③ ECD – 아세틸렌
④ TCD – 헬륨

해설
ES 06602.1b 휘발성 저급염소화 탄화수소류-기체크로마토그래피

78 감염성 미생물의 분석방법으로 가장 거리가 먼 것은?

① 아포균 검사법
② 열멸균 검사법
③ 세균배양 검사법
④ 멸균테이프 검사법

해설
- ES 06701.1a 감염성 미생물-아포균 검사법
- ES 06701.2a 감염성 미생물-세균배양 검사법
- ES 06701.3a 감염성 미생물-멸균테이프 검사법

79 강도 I_o의 단색광이 발색 용액을 통과할 때 그 빛의 30%가 흡수되었다면 흡광도는?

① 0.155   ② 0.181
③ 0.216   ④ 0.283

해설
빛의 30%가 흡수되었으므로 투과도 $t = 0.7$이다.
$$\therefore A = \log\frac{1}{t} = \log\frac{1}{0.7} = 0.155$$

80 마이크로파에 의한 유기물 분해방법으로 옳지 않은 것은?

① 밀폐 용기 내의 최고압력은 약 120~200psi이다.
② 분해가 끝난 후 충분히 용기를 냉각시키고 용기 내 남아 있는 질산 가스를 제거한다. 필요하면 여과하고 거름종이를 정제수로 2~3회 씻는다.
③ 시료는 고체 0.25g 이하 또는 용출액 50mL 이하를 정확하게 취하여 용기에 넣고 수산화나트륨 10~20mL를 넣는다.
④ 마이크로파 전력은 밀폐용기 1~3개는 300W, 4~6개는 600W, 7개 이상은 1,200W로 조정한다.

해설
ES 06150.e 시료의 준비
시료(고체 0.25g 이하 또는 용출액 50mL 이하)를 정확하게 취하여 용기에 넣고 여기에 질산 10~20mL를 넣는다.

77 ①　78 ②　79 ①　80 ③

제5과목 폐기물관계법규

81 폐기물처리업의 업종 구분과 영업 내용을 연결한 것으로 틀린 것은?

① 폐기물 수집·운반업 – 폐기물을 수집하여 재활용 또는 처분 장소로 운반하거나 폐기물을 수출하기 위하여 수집·운반하는 영업
② 폐기물 중간처분업 – 폐기물 중간처분시설 및 최종처분시설을 갖추고 폐기물을 소각·중화·파쇄·고형화 등의 방법에 의하여 중간처분 및 중간가공 폐기물을 만드는 영업
③ 폐기물 최종처분업 – 폐기물 최종처분시설을 갖추고 폐기물을 매립 등(해역 배출은 제외한다)의 방법으로 최종처분하는 영업
④ 폐기물 종합처분업 – 폐기물 중간처분시설 및 최종처분시설을 갖추고 폐기물의 중간처분과 최종처분을 함께 하는 영업

해설
폐기물관리법 제25조(폐기물처리업)
폐기물 중간처분업: 폐기물 중간처분시설을 갖추고 폐기물을 소각 처분, 기계적 처분, 화학적 처분, 생물학적 처분, 그 밖에 환경부장관이 폐기물을 안전하게 중간처분할 수 있다고 인정하여 고시하는 방법으로 중간처분하는 영업

82 해당 폐기물처리 신고자가 보관 중인 폐기물 또는 그 폐기물처리의 이용자가 보관 중인 폐기물의 적체에 따른 환경오염으로 인하여 인근 지역 주민의 건강에 위해가 발생되거나 발생될 우려가 있는 경우, 그 처리금지를 갈음하여 부과할 수 있는 과징금은?

① 2천만원 이하
② 5천만원 이하
③ 1억원 이하
④ 2억원 이하

해설
폐기물관리법 제46조의2(폐기물처리 신고자에 대한 과징금 처분)
시·도지사는 폐기물처리 신고자가 처리금지를 명령하여야 하는 경우 그 처리금지가 다음의 어느 하나에 해당한다고 인정되면 대통령령으로 정하는 바에 따라 그 처리금지를 갈음하여 2천만원 이하의 과징금을 부과할 수 있다.
- 해당 처리금지로 인하여 그 폐기물처리의 이용자가 폐기물을 위탁처리하지 못하여 폐기물이 사업장 안에 적체됨으로써 이용자의 사업활동에 막대한 지장을 줄 우려가 있는 경우
- 해당 폐기물처리 신고자가 보관 중인 폐기물 또는 그 폐기물처리의 이용자가 보관 중인 폐기물의 적체에 따른 환경오염으로 인하여 인근지역 주민의 건강에 위해가 발생되거나 발생될 우려가 있는 경우
- 천재지변이나 그 밖의 부득이한 사유로 해당 폐기물처리를 계속하도록 할 필요가 있다고 인정되는 경우

83 기술관리인을 두어야 할 폐기물처리시설이 아닌 것은?

① 시간당 처분능력이 120kg인 의료폐기물 대상 소각시설
② 면적이 4,000m²인 지정폐기물 매립시설
③ 절단시설로서 1일 처분능력이 200ton인 시설
④ 연료화시설로서 1일 처분능력이 7ton인 시설

해설
폐기물관리법 시행령 제15조(기술관리인을 두어야 할 폐기물처리시설)
- 매립시설의 경우
  - 지정폐기물을 매립하는 시설로서 면적이 3,300m² 이상인 시설. 다만, 최종처분시설 중 차단형 매립시설에서는 면적이 330m² 이상이거나 매립용적이 1,000m³ 이상인 시설로 한다.
  - 지정폐기물 외의 폐기물을 매립하는 시설로서 면적이 10,000m² 이상이거나 매립용적이 30,000m³ 이상인 시설
- 소각시설로서 시간당 처분능력이 600kg(의료폐기물을 대상으로 하는 소각시설의 경우에는 200kg) 이상인 시설
- 압축·파쇄·분쇄 또는 절단시설로서 1일 처분능력 또는 재활용능력이 100ton 이상인 시설
- 사료화·퇴비화 또는 연료화시설로서 1일 재활용능력이 5ton 이상인 시설
- 멸균분쇄시설로서 시간당 처분능력이 100kg 이상인 시설
- 시멘트 소성로
- 용해로(폐기물에서 비철금속을 추출하는 경우로 한정한다)로서 시간당 재활용능력이 600kg 이상인 시설
- 소각열회수시설로서 시간당 재활용능력이 600kg 이상인 시설

84 폐기물처리시설 설치에 있어서 승인을 받았거나 신고한 사항 중 환경부령으로 정하는 중요사항을 변경하려는 경우, 변경승인을 받지 아니하고 승인받은 사항을 변경한 자에 대한 벌칙기준은?

① 5년 이하의 징역 또는 5천만원 이하의 벌금
② 3년 이하의 징역 또는 3천만원 이하의 벌금
③ 2년 이하의 징역 또는 2천만원 이하의 벌금
④ 1년 이하의 징역 또는 1천만원 이하의 벌금

해설
폐기물관리법 제66조(벌칙)

85 폐기물처리시설의 설치·운영을 위탁받을 수 있는 자의 기준 중 소각시설인 경우, 보유하여야 하는 기술인력 기준에 포함되지 않는 것은?

① 폐기물처리기술사 1명
② 폐기물처리기사 또는 대기환경기사 1명
③ 토목기사 1명
④ 시공분야에서 2년 이상 근무한 자 2명(폐기물처분시설의 설치를 위탁받으려는 경우에만 해당한다)

해설
폐기물관리법 시행규칙 [별표 4의4] 폐기물처리시설의 설치·운영을 위탁받을 수 있는 자의 기준
소각시설
- 폐기물처리기술사 1명
- 폐기물처리기사 또는 대기환경기사 1명
- 일반기계기사 1명
- 시공분야에서 2년 이상 근무한 자 2명(폐기물처분시설의 설치를 위탁받으려는 경우에만 해당한다)
- 1일 50ton 이상의 폐기물소각시설에서 천장크레인을 1년 이상 운전한 자 1명과 천장크레인 외의 처분시설의 운전분야에서 2년 이상 근무한 자 2명(폐기물 처분시설의 운영을 위탁받으려는 경우에만 해당한다)

86. 폐기물처리시설의 사후관리에 대한 내용으로 틀린 것은?

① 폐기물을 매립하는 시설을 사용종료하거나 폐쇄하려는 자는 검사기관으로부터 환경부령으로 정하는 검사에서 적합판정을 받아야 한다.
② 매립시설의 사용을 끝내거나 폐쇄하려는 자는 그 시설의 사용종료일 또는 폐쇄예정일 1개월 이전에 사용종료·폐쇄신고서를 시·도지사나 지방환경관서의 장에게 제출하여야 한다.
③ 폐기물매립시설을 사용종료하거나 폐쇄한 자는 그 시설로 인한 주민의 피해를 방지하기 위해 환경부령으로 정하는 침출수 처리시설을 설치·가동하는 등의 사후관리를 하여야 한다.
④ 시·도지사나 지방환경관서의 장이 사후관리 시정명령을 하려면 그 시정에 필요한 조치의 난이도 등을 고려하여 6개월 범위에서 그 이행기간을 정하여야 한다.

[해설]
폐기물관리법 시행규칙 제69조(폐기물처리시설의 사용종료 및 사후관리 등)
폐기물처리시설의 사용을 끝내거나 폐쇄하려는 자(폐쇄절차를 대행하는 자를 포함한다)는 그 시설의 사용종료일(매립면적을 구획하여 단계적으로 매립하는 시설은 구획별 사용종료일) 또는 폐쇄예정일 1개월(매립시설의 경우는 3개월) 이전에 사용종료·폐쇄신고서에 해당 서류(매립시설인 경우만 해당한다)를 첨부하여 시·도지사나 지방환경관서의 장에게 제출하여야 한다.

87. 폐기물의 에너지 회수기준으로 옳지 않은 것은?

① 에너지 회수효율(회수에너지 총량을 투입에너지 총량으로 나눈 비율)이 75% 이상일 것
② 다른 물질과 혼합하지 아니하고 해당 폐기물의 저위발열량이 kg당 3,000kcal 이상일 것
③ 폐기물의 50% 이상을 원료 또는 재료로 재활용하고 나머지를 에너지 회수에 이용할 것
④ 회수열을 모두 열원으로 스스로 이용하거나 다른 사람에게 공급할 것

[해설]
폐기물관리법 시행규칙 제3조(에너지 회수기준 등)
환경부장관이 정하여 고시하는 경우에는 폐기물의 30% 이상을 원료나 재료로 재활용하고 그 나머지 중에서 에너지의 회수에 이용할 것

88. 사용 종료되거나 폐쇄된 매립시설이 소재한 토지의 소유권 또는 소유권 외의 권리를 가지고 있는 자는 그 토지를 이용하려면 토지이용계획서에 환경부령으로 정하는 서류를 첨부하여 환경부장관에게 제출하여야 한다. '환경부령으로 정하는 서류'와 가장 거리가 먼 것은?

① 이용하려는 토지의 도면
② 매립폐기물의 종류·양 및 복토상태를 적은 서류
③ 지적도
④ 매립가스 발생량 및 사용계획서

[해설]
폐기물관리법 시행규칙 제79조(토지이용계획서의 첨부서류)
이용하려는 토지의 도면, 매립폐기물의 종류·양 및 복토상태를 적은 서류, 지적도

정답 86 ② 87 ③ 88 ④

89 방치폐기물의 처리기간에 관한 내용으로 ( ) 안에 알맞은 것은?

> 환경부장관이나 시·도지사는 폐기물처리공제조합에 방치폐기물의 처리를 명하려면 주변환경의 오염 우려 정도와 방치폐기물의 처리량 등을 고려하여 (㉠)의 범위에서 그 처리기간을 정하여야 한다. 다만, 부득이한 사유로 처리기간 내에 방치폐기물을 처리하기 곤란하다고 환경부장관이나 시·도지사가 인정하면 (㉡)의 범위에서 한 차례만 그 기간을 연장할 수 있다.

① ㉠ 1개월　㉡ 1개월
② ㉠ 2개월　㉡ 1개월
③ ㉠ 3개월　㉡ 1개월
④ ㉠ 3개월　㉡ 2개월

해설
폐기물관리법 시행령 제23조(방치폐기물의 처리량과 처리기간)

90 ( ) 안에 알맞은 것은?

> 폐기물처리업자 또는 폐기물처리 신고자가 휴업·폐업 또는 재개업을 한 경우에는 휴업·폐업 또는 재개업을 한 날부터 ( ) 이내에 신고서를 제출하여야 한다.

① 5일　② 7일
③ 10일　④ 20일

해설
폐기물관리법 시행규칙 제59조(휴업·폐업 등의 신고)
폐기물처리업자나 폐기물처리 신고자가 휴업·폐업 또는 재개업을 한 경우에는 휴업·폐업 또는 재개업을 한 날부터 20일 이내에 시·도지사나 지방환경관서의 장에게 제출하여야 한다.

91 사후관리 이행보증금의 사전 적립대상이 되는 폐기물을 매립하는 시설의 면적 기준은?

① $3,300m^2$ 이상　② $5,500m^2$ 이상
③ $10,000m^2$ 이상　④ $30,000m^2$ 이상

해설
폐기물관리법 시행령 제30조(사후관리이행보증금의 산출기준)
사용종료(폐쇄를 포함한다)에 드는 비용 : 사용종료 검사 및 최종복토에 드는 비용을 합산하여 산출한다. 이 경우 예치 대상 시설은 면적이 $3,300m^2$ 이상인 폐기물을 매립하는 시설로 한다.

92 폐기물처리업의 변경허가 사항과 가장 거리가 먼 것은?(단, 폐기물 중간처분업, 폐기물 최종처분업 및 폐기물 종합처분업인 경우)

① 처분대상 폐기물의 변경
② 주차장 소재지의 변경
③ 운반차량(임시차량은 제외한다)의 증차
④ 폐기물 처분시설의 신설

해설
폐기물관리법 시행규칙 제29조(폐기물처리업의 변경허가)
폐기물처리업의 변경허가를 받아야 할 중요사항(폐기물 중간처분업, 폐기물 최종처분업 및 폐기물 종합처분업)
• 처분대상 폐기물의 변경
• 폐기물 처분시설 소재지의 변경
• 운반차량(임시차량은 제외한다)의 증차
• 폐기물 처분시설의 신설
• 폐기물 처분시설의 증설, 개·보수 또는 그 밖의 방법으로 허가 또는 변경허가를 받은 처분용량의 100분의 30 이상의 변경

정답 89 ② 90 ④ 91 ① 92 ②

93 순환경제 기본계획에 포함되어야 하는 사항과 가장 거리가 먼 것은?

① 기본계획의 시행에 드는 비용의 산정 및 재원의 확보계획
② 폐기물 관리 방향 및 향후 전망
③ 순환이용의 활성화와 폐기물의 처분에 관한 사항
④ 자원의 절약과 폐기물의 발생 억제에 관한 사항

해설
순환경제사회 전환 촉진법 제10조(순환경제기본계획의 수립·시행)
기본계획에는 다음의 사항이 포함되어야 한다.
- 순환경제사회로의 전환에 관한 기본방침과 추진목표에 관한 사항
- 자원의 절약과 폐기물의 발생 억제에 관한 사항
- 순환이용의 활성화와 폐기물의 적정 처분에 관한 사항
- 지방자치단체, 사업자 및 국민 등 이해관계자의 역할 분담에 관한 사항
- 기본계획의 시행에 드는 비용의 산정 및 재원의 확보계획
- 그 밖에 순환경제사회로의 전환에 필요한 사항으로서 대통령령으로 정하는 사항

94 폐기물처리업 허가의 결격사유에 해당되지 않는 것은?

① 미성년자
② 파산선고를 받고 복권된 지 2년이 지나지 아니한 자
③ 폐기물관리법을 위반하여 징역 이상의 형의 집행유예의 선고를 받고 그 집행유예기간이 지나지 아니한 자
④ 폐기물처리업의 허가가 취소된 자로서 그 허가가 취소된 날부터 2년이 지나지 아니한 자

해설
폐기물관리법 제26조(결격 사유)
파산선고를 받고 복권되지 아니한 자

95 폐기물관리법을 적용하지 아니하는 물질에 대한 내용으로 옳지 않은 것은?

① 용기에 들어 있지 아니한 기체상태의 물질
② 물환경보전법에 의한 오수·분뇨 및 가축분뇨
③ 하수도법에 따른 하수
④ 원자력안전법에 따른 방사성물질과 이로 인하여 오염된 물질

해설
폐기물관리법 제3조(적용 범위)
- 물환경보전법에 따른 수질 오염 방지시설에 유입되거나 공공수역으로 배출되는 폐수
- 가축분뇨의 관리 및 이용에 관한 법률에 따른 가축분뇨

96 폐기물처리업자는 장부를 갖추어 두고 폐기물의 발생·배출·처리상황 등을 기록하고, 보존하여야 한다. 이 장부는 마지막 기록한 날부터 몇 년간 보존해야 하는가?

① 1년   ② 3년
③ 5년   ④ 7년

해설
폐기물관리법 제36조(장부 등의 기록과 보존)

정답 93 ② 94 ② 95 ② 96 ②

97 폐기물관리법령상 폐기물 중간처분시설의 분류 중 기계적 처분시설에 해당되지 않는 것은?

① 멸균분쇄시설
② 세척시설
③ 유수분리시설
④ 탈수·건조시설

해설
폐기물관리법 시행령 [별표 3] 폐기물처리시설의 종류
기계적 처분시설
- 압축시설(동력 7.5kW 이상인 시설로 한정한다)
- 파쇄·분쇄시설(동력 15kW 이상인 시설로 한정한다)
- 절단시설(동력 7.5kW 이상인 시설로 한정한다)
- 용융시설(동력 7.5kW 이상인 시설로 한정한다)
- 증발·농축시설
- 정제시설(분리·증류·추출·여과 등의 시설을 이용하여 폐기물을 처분하는 단위시설을 포함한다)
- 유수분리시설
- 탈수·건조시설
- 멸균분쇄시설

98 폐기물처리업의 시설·장비·기술능력의 기준 중 폐기물 수집·운반업(지정폐기물 중 의료폐기물을 수집, 운반하는 경우) 장비 기준으로 옳은 것은?(단, 냉장차량은 4℃ 이하인 것을 말한다)

① 적재능력 0.25ton 이상의 냉장차량 5대 이상
② 적재능력 0.25ton 이상의 냉장차량 3대 이상
③ 적재능력 0.45ton 이상의 냉장차량 5대 이상
④ 적재능력 0.45ton 이상의 냉장차량 3대 이상

해설
폐기물관리법 시행규칙 [별표 7] 폐기물처리업의 시설·장비·기술능력의 기준
적재능력 0.45ton 이상의 냉장차량(4℃ 이하인 것을 말한다) 3대 이상

99 다음 중 폐기물 처리시설 검사기관 준수사항으로 틀린 것은?

① 폐기물처리시설 검사는 검사의 효율성 제고를 위해 폐기물처리시설 설치 검사 기관이 다음번의 정기검사를 수행하여야 한다.
② 폐기물처리시설 검사기관은 휴업, 업무의 정지 등 정당한 사유 없이 검사업무를 거부해서는 안 된다.
③ 폐기물처리시설 검사는 폐기물처리시설 검사기관에 등록된 기술인력이 직접 실시해야 한다.
④ 폐기물처리시설 검사기관의 기술인력은 다른 폐기물처리시설 검사기관 또는 폐기물처리시설 검사기관 외의 기관의 기술인력으로 중복하여 등록하지 않아야 한다.

해설
폐기물관리법 시행규칙 [별표 10의3] 폐기물처리시설 검사기관의 준수사항
같은 폐기물처리시설에 대하여 다음 각 목에 따른 검사 중 가목 및 나목 또는 다목 및 라목에 따른 검사를 같은 폐기물처리시설 검사기관이 연속하여 수행해서는 안 된다. 다만, 법 제30조의2제1항에 따라 지정된 검사기관이 둘 이하인 경우에는 그렇지 않다.
가. 법 제30조제1항에 따른 폐기물처리시설 설치 시 검사
나. 법 제30조제2항에 따른 폐기물처리시설 정기검사
다. 법 제50조제1항 후단에 따른 폐기물처리시설 사용종료·폐쇄 시 검사
라. 법 제50조제6항에 따른 폐기물처리시설 사후관리에 관한 정기검사

100 매립시설의 설치검사기준 중 차단형 매립시설에 대한 검사항목으로 틀린 것은?

① 바닥과 외벽의 압축강도·두께
② 내부막의 구획면적, 매립가능 용적, 두께, 압축강도
③ 빗물유입 방지시설 및 덮개설치내역
④ 차수시설의 재질·두께·투수계수

해설
폐기물관리법 시행규칙 [별표 10] 폐기물 처분시설 또는 재활용시설의 검사기준

2024년 제1회 최근 기출복원문제

제1과목 폐기물개론

01 도시폐기물의 물리적 특성 중 하나인 겉보기 밀도의 대푯값이 가장 높은 것은?(단, 비압축상태 기준)

① 재
② 고무류
③ 가죽류
④ 알루미늄캔

해설
- 비압축상태의 경우 알루미늄캔의 겉보기 밀도는 높지 않다.
- 겉보기 밀도
  - 재 : 480kg/m³
  - 고무류 : 130kg/m³
  - 가죽류 : 160kg/m³
  - 알루미늄캔 : 160kg/m³

02 수분함량이 20%인 쓰레기의 수분함량을 10%로 감소시키면 감소 후 쓰레기 중량은 처음 중량의 몇 %가 되겠는가?(단, 쓰레기의 비중 = 1.0)

① 87.6%
② 88.9%
③ 90.3%
④ 92.9%

해설
$w_1 = 20,\ w_2 = 10$

$\dfrac{V_2}{V_1} = \dfrac{100 - w_1}{100 - w_2}$

$\dfrac{V_2}{100} = \dfrac{100 - 20}{100 - 10} = \dfrac{80}{90} = 0.889$

$V_2 = 88.9\%$

03 발열량에 대한 설명으로 옳지 않은 것은?

① 우리나라 소각로의 설계 시 이용하는 열량은 저위발열량이다.
② 수분을 50% 이상 함유하는 쓰레기는 삼성분 조성비를 바탕으로 발열량을 측정하여야 오차가 작다.
③ 폐기물의 가연분, 수분, 회분의 조성비로 저위발열량을 추정할 수 있다.
④ Dulong 공식에 의한 발열량 계산은 화학적 원소 분석을 기초로 한다.

해설
삼성분 조성비로 발열량을 측정하는 것은 근사적인 방법으로, 정확한 발열량을 측정할 수 없다.

04 전과정평가(LCA)에서 작성된 공정도에서 단위공정별로 데이터를 수집하는 단계는 다음 중 어느 것인가?

① 영향평가
② 목록분석
③ 해석(개선평가)
④ 현황조사

해설
② 목록분석 단계에서 현장데이터와 국내외 상용 혹은 공용 데이터베이스를 활용하여 전과정평가에 필요한 데이터를 수집한다.
전과정평가의 절차 : 목적 및 범위 설정 → 목록분석 → 영향평가 → 개선평가 및 해석

정답 1 ① 2 ② 3 ② 4 ②

05 인구 50만명인 도시의 쓰레기 발생량이 연간 165,000ton일 경우 MHT는?(단, 수거인부수 = 148명, 1일 작업시간 8시간, 연간휴가일수 = 90일)

① 1.5   ② 2
③ 2.5   ④ 3

해설
$$MHT = \frac{148명 \times (365-90)일/년 \times 8시간/일}{165,000ton/년} = 2.0$$

06 적환장에 대한 설명으로 틀린 것은?

① 폐기물의 수거와 운반을 분리하는 기능을 한다.
② 적환장에서 재생 가능한 물질의 선별을 고려하도록 한다.
③ 최종처분지와 수거지역의 거리가 먼 경우에 설치·운영한다.
④ 고밀도 거주지역이 존재할 때 설치·운영한다.

해설
④ 저밀도 거주지역이 존재할 때 설치·운영한다.

07 쓰레기에서 타는 성분의 화학적 성상분석 시 사용되는 자동원소분석기에 의해 동시 분석이 가능한 항목을 모두 알맞게 나열한 것은?

① 질소, 수소, 탄소
② 탄소, 황, 수소
③ 탄소, 수소, 산소
④ 질소, 황, 산소

해설
원소분석 시 산소는 분석 후 100 − Σ(분석원소 함량)으로 계산하는 항목으로, 직접 측정하는 항목이 아니다.

08 폐기물의 열분해에 관한 설명으로 틀린 것은?

① 폐기물의 입자 크기가 작을수록 열분해가 조성된다.
② 열분해 장치는 고정상, 유동상, 부유상태 등의 장치로 구분할 수 있다.
③ 연소가 고도의 발열반응임에 비해 열분해는 고도의 흡열반응이다.
④ 폐기물에 충분한 산소를 공급해서 가열하여 가스, 액체 및 고체의 3성분으로 분리하는 방법이다.

해설
열분해는 무산소 혹은 이론공기량보다 적은 공기를 공급한다.

09 분뇨처리 결과를 나타낸 그래프의 (   )에 들어갈 말로 가장 알맞은 것은?(단, S_e : 유출수의 휘발성 고형물질 농도(mg/L), S_o : 유입수의 휘발성 고형물질 농도(mg/L), SRT : 고형물질의 체류시간)

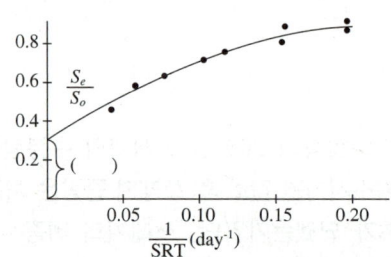

① 생물학적 분해 가능한 유기물질 분율
② 생물학적 분해 불가능한 휘발성 고형물질 분율
③ 생물학적 분해 가능한 무기물질 분율
④ 생물학적 분해 불가능한 유기물질 분율

해설
x축이 SRT의 역수이므로 x값이 0일 때는 SRT가 무한대인 때이다. 따라서, (   )의 값은 시간이 무한대인 경우에도 휘발성 고형물질이 생물학적으로 처리되지 않고 남아 있는 비율을 말한다.

10 입자성 물질의 겉보기 비중을 구할 때 맞지 않는 것은?

① 미리 부피를 알고 있는 용기에 시료를 넣는다.
② 60cm 높이에서 2회 낙하시킨다.
③ 낙하시켜 감소하면 감소된 양만큼 추가하여 반복한다.
④ 단위는 kg/m³ 또는 ton/m³로 나타낸다.

해설
② 30cm 높이에서 3회 낙하시킨다.

11 함수율 95% 분뇨의 유기탄소량이 TS의 35%, 총질소량은 TS의 10%이다. 이와 혼합할 함수율 20%인 볏짚의 유기탄소량이 TS의 80%이고, 총질소량이 TS의 4%라면 분뇨와 볏짚을 1:1로 혼합했을 때 C/N비는?

① 17.8 ② 28.3
③ 31.3 ④ 41.3

해설
- 분뇨의 고형분 함량 = 5%
  분뇨 중의 C = 5 × 0.35 = 1.75%
  분뇨 중의 N = 5 × 0.1 = 0.5%
- 볏짚의 고형분 함량 = 80%
  볏짚 중의 C = 80 × 0.8 = 64%
  볏짚 중의 N = 80 × 0.04 = 3.2%
- ∴ 분뇨와 볏짚을 1:1 비율로 혼합하면
  C/N비 = $\dfrac{1.75+64}{0.5+3.2}$ = 17.8

12 발생 쓰레기 밀도 500kg/m³, 차량적재용량 6m³, 압축비 2.0, 발생량 1.1kg/인·일, 차량적재함 이용률 85%, 차량수 3대, 수거 대상인구 15,000명, 수거인부 5명의 조건에서 차량을 동시 운행할 때, 쓰레기 수거는 일주일에 최소 몇 회 이상하여야 하는가?

① 4   ② 6
③ 8   ④ 10

해설
- 폐기물 발생량 = 7일 × 1.1kg/인·일 × 15,000인 = 115,500kg
- 폐기물 부피 = $\dfrac{115{,}500\text{kg}}{500\text{kg/m}^3 \times 2 \times 6\text{m}^3/\text{대} \times 3\text{대} \times 0.85}$ = 7.5대

13 쓰레기의 발생량 예측방법이 아닌 것은?

① 경향법   ② 물질수지법
③ 동적모사모델 ④ 다중회귀모델

해설
물질수지법은 폐기물 발생량 조사방법이다.

14 어떤 선별 장치로 투입되는 양이 4ton/hr이고 회수량은 2,400kg/hr이다. 이 회수량 중에서 2,000kg/hr가 선별하려는 대상물질이며 제거된 물질 중 300kg/hr이 회수대상물질이었다면 이 선별장치의 선별효율은?(단, Worrell식 적용)

① 62.7% ② 66.5%
③ 75.3% ④ 78.1%

해설
$x_1 + y_1 = 2{,}400$kg(이 중 $x_1 = 2{,}000$, $y_1 = 400$)
$x_2 + y_2 = 1{,}600$kg(이 중 $x_2 = 300$, $y_2 = 1{,}300$)
$x_o = x_1 + x_2 = 2{,}300$, $y_o = y_1 + y_2 = 1{,}700$
∴ $E = \dfrac{x_1}{x_o} \cdot \dfrac{y_2}{y_o} \times 100 = \dfrac{2{,}000}{2{,}300} \cdot \dfrac{1{,}300}{1{,}700} \times 100 = 66.5$

정답 10 ② 11 ① 12 ③ 13 ② 14 ②

15 수거대상 인구가 10,000명인 도시에서 발생되는 폐기물의 밀도는 0.5ton/m³이고, 하루 폐기물 수거를 위해 차량적재 용량이 10m³인 차량 10대가 사용된다면 1일 1인당 폐기물 발생량(kg/인·일)은?(단, 차량은 1일 1회 운행 기준)

① 2　　　② 3
③ 4　　　④ 5

해설
- 1일 폐기물 발생량 = 0.5ton/m³ × 10m³/대 × 10대 = 50ton
- 1일 1인당 폐기물 발생량 = 50ton/일 × 1,000kg/ton ÷ 10,000인 = 5

16 관거를 이용한 공기수송에 관한 설명으로 적절하지 않은 것은?

① 공기의 동압에 의해 쓰레기를 수송한다.
② 고층 주택 밀집지역에 적합하다.
③ 지하 매설로 수송관에서 발생되는 소음에 대한 방지시설이 필요 없다.
④ 가압수송은 송풍기로 쓰레기를 불어서 수송하는 것으로 진공수송보다 수송거리를 길게 할 수 있다.

해설
③ 소음방지시설 설치가 필요하다.

17 플라스틱 폐기물 중 할로겐화합물을 함유하고 있는 것은?

① 폴리에틸렌
② 멜라민수지
③ 폴리염화비닐
④ 폴리아크릴로나이트릴

해설
폴리염화비닐(PVC ; Poly Vinyl Chloride)

$$\left[\begin{array}{cc} H & Cl \\ -C-C- \\ H & H \end{array}\right]_n$$

할로겐의 대표적인 원소는 염소이다.

18 어떤 쓰레기의 가연분의 조성비가 60%이며, 수분의 함유율이 30%라면 이 쓰레기의 저위발열량(kcal/kg)은?(단, 쓰레기 3성분의 조성비 기준의 추정식 적용)

① 약 2,250
② 약 2,340
③ 약 2,520
④ 약 2,680

해설
저위발열량(H_l) = $4,500 \times VS - 600W$(kcal/kg)
$= 4,500 \times \dfrac{60}{100} - 600 \times \dfrac{30}{100} = 2,520$

15 ④　16 ③　17 ③　18 ③

19 도시폐기물의 선별작업에서 사용되는 트롬멜 스크린의 선별효율에 영향을 주는 인자와 가장 거리가 먼 것은?

① 진동속도
② 폐기물 부하
③ 경사도
④ 체의 눈 크기

해설
진동속도는 진동스크린과 관련 있다.

20 직경이 1.0m인 트롬멜 스크린의 최적속도는?

① 약 27rpm
② 약 23rpm
③ 약 19rpm
④ 약 11rpm

해설
- 반경 = 0.5m
- 임계속도 = $\frac{1}{2\pi}\sqrt{\frac{g}{r}} = \frac{1}{2\pi}\sqrt{\frac{9.8}{0.5}} = 0.70$ cycle/sec = 42rpm
- ∴ 최적속도 = 임계속도 × 0.45 = 42 × 0.45 = 18.9rpm

제2과목 폐기물처리기술

21 쓰레기 매립지의 침출수 유량조정조를 설치하기 위해 과거 10년간의 강우조건을 조사한 결과 다음 표와 같다. 매립작업면적은 30,000m²이며, 매립작업 시 강우의 침출계수를 0.3으로 적용할 때 침출수 유량조정조의 적정 용량(m³)은?

1일 강우량 (mm/일)	강우일수(일)	1일 강우량 (mm/일)	강우일수(일)
10	10	30	6
15	17	35	3
20	13	40	2
25	5	45	2

① 945m³ 이상
② 930m³ 이상
③ 915m³ 이상
④ 900m³ 이상

해설
침출수 유량조정조 : 최근 10년간 1일 강우량이 10mm 이상인 강우일수 중 최다빈도의 1일 강우량의 7배 이상에 해당하는 침출수를 저장할 수 있는 규모로 설치

$Q = \frac{1}{1,000}CIA = \frac{1}{1,000} \times 0.3 \times 15 \times 30,000 \times 7 = 945\,m^3$

22 포졸란(Pozzolan)에 관한 설명으로 알맞지 않은 것은?

① 포졸란의 실질적인 활성에 기여하는 부분은 CaO이다.
② 규소를 함유하는 미분상태의 물질이다.
③ 대표적인 포졸란으로는 분말성이 좋은 Fly Ash가 있다.
④ 포졸란은 석회와 결합하면 불용성 수밀성 화합물을 형성한다.

해설
① 포졸란의 실질적인 활성에 기여하는 부분은 SiO_2이다.

23 석면해체 및 제조작업의 조치기준으로 적합하지 않은 것은?

① 건식으로 작업할 것
② 해당 장소를 음압으로 유지시킬 것
③ 해당 장소를 밀폐시킬 것
④ 신체를 감싸는 보호의를 착용할 것

해설
석면 분진이 날리지 아니하도록 충분히 물을 뿌리면서 작업한다.

24 퇴비화 대상 유기물질의 화학식이 $C_{99}H_{148}O_{59}N$이라고 하면, 이 유기물질의 C/N비는?

① 64.9
② 84.9
③ 104.9
④ 124.9

해설
• C = 99 × 12 = 1,188
• N = 14
∴ C/N = $\frac{1,188}{14}$ = 84.9

25 BOD가 15,000mg/L, Cl⁻이 800ppm인 분뇨를 희석하여 활성슬러지법으로 처리한 결과 BOD가 45mg/L, Cl⁻이 40ppm이었다면 활성슬러지법의 처리효율(%)은?(단, 희석수 중에 BOD, Cl⁻은 없음)

① 92
② 94
③ 96
④ 98

해설
활성슬러지법으로 처리한 후 Cl⁻ 농도가 800ppm에서 40ppm이 되었으므로, 20배 희석되었다. 따라서 희석 후 BOD 농도는 $\frac{15,000}{20}$ = 750ppm이다.
∴ BOD 처리효율 = $\frac{750-45}{750} \times 100 = 94\%$

26 함수율이 96%이고, 고형물질 중 휘발분이 50%인 생슬러지 500m³를 혐기성 소화하여 함수율 90%의 소화슬러지가 얻어졌다면 이때 소화슬러지의 발생량은?(단, 소화 전후 슬러지의 비중은 1.0이고, 소화과정에서 생슬러지의 휘발분은 50%가 분해됨)

① 130m³
② 150m³
③ 170m³
④ 190m³

해설
함수율이 96%이므로, 고형물은 4%이다.
• 고형분의 양 = 500m³ × 0.04 = 20ton
• 소화 후 고형물 = 20 × (0.5 + 0.5 × 0.5) = 15ton
소화슬러지의 함수율이 90%이므로,
함수율 = $\frac{물\ 무게}{전체\ 무게} \times 100$
= $\frac{V-15}{V} \times 100 = 90$
∴ V = 150

27 호기성 퇴비화 공정 설계인자에 대한 설명으로 틀린 것은?

① 퇴비화에 적당한 수분함량은 50~60%로 40% 이하가 되면 분해율이 감소한다.
② 온도는 55~60℃로 유지시켜야 하며 70℃를 넘어서면 공기공급량을 증가시켜 온도를 적정하게 조절한다.
③ C/N비가 20 이하이면 질소가 암모니아로 변하여 pH를 증가시켜 악취를 유발시킨다.
④ 산소 요구량은 체적당 20~30%의 산소를 공급하는 것이 좋다.

해설
산소함량은 5~15% 범위에 있어야 하며, 이를 위해 공기주입률은 50~200L/min·m³ 정도가 적합하다.

정답 23 ① 24 ② 25 ② 26 ② 27 ④

28 유기물($C_6H_{12}O_6$) 1kg에서 혐기성 소화 시 생성될 수 있는 최대 메테인의 양(kg) 및 체적(Sm^3)은?

① 0.12kg, 0.31Sm^3
② 0.27kg, 0.37Sm^3
③ 0.34kg, 0.42Sm^3
④ 0.42kg, 0.47Sm^3

해설

$C_6H_{12}O_6 \rightarrow 3CH_4 + 3CO_2$
180kg : 3 × 16kg(혹은 3 × 22.4Sm^3)
1kg : CH_4

$CH_4 = \dfrac{1 \times 3 \times 16}{180} = 0.267\,kg$

$CH_4 = \dfrac{1 \times 3 \times 22.4}{180} = 0.373\,Sm^3$

29 함수율 96%, 고형물 중의 유기물 함유비가 75%의 생슬러지를 소화하여 유기물의 60%가 가스 및 탈리액으로 전환되고 함수율 95%의 소화슬러지가 얻어졌다. 똑같은 슬러지를 같은 조건에서 2,000m^3를 소화한 경우 소화슬러지 발생량은 얼마인가? (단, 소화 전후의 슬러지의 비중은 1.0으로 가정)

① 520m^3 ② 640m^3
③ 760m^3 ④ 880m^3

해설

함수율 96%이므로, 고형물의 함량은 4%이다.
• 소화된 유기물 양 = 4 × 0.75 × 0.6 = 1.8%
• 소화 후 남은 고형물 양 = 4 − 1.8 = 2.2%
2,000m^3 슬러지를 소화한 후의 고형물 함량 = 44m^3

함수율 95%인 경우 : $95 = \dfrac{V-44}{V} \times 100$

$95V = 100V - 4,400$
$5V = 4,400$
∴ $V = 880$

30 매립지에서 침출된 침출수의 농도가 반으로 감소하는 데 약 3.3년이 걸린다면 이 침출수의 농도가 90% 분해하는 데 걸리는 시간은?(단, 1차 반응 기준)

① 약 7년   ② 약 9년
③ 약 11년 ④ 약 13년

해설

• 반감기의 정의에서 $\dfrac{1}{2}C_o = C_o e^{-kt_{1/2}} \rightarrow \ln\dfrac{1}{2} = -3.3k$

$k = -\dfrac{\ln\dfrac{1}{2}}{3.3} = 0.210$

• 90% 분해되면 C가 $0.1C$ 남아있으므로(C가 $0.9C$가 아닌 것에 주의할 것) 1차 분해반응식에 앞서 구한 $k=0.21$과 $C=0.1C_o$를 대입한다.

$0.1C_o = C_o e^{-0.21 \times t}$

C_o를 소거한 후 양변에 ln를 취하면(e를 없애기 위해서)
$\ln 0.1 = -0.21t$

$t = \dfrac{\ln 0.1}{-0.21} = 10.96$년

31 오염토의 토양증기추출법 복원기술에 대한 장단점으로 옳은 것은?

① 증기압이 낮은 오염물질의 제거효율이 높다.
② 다른 시약이 필요 없다.
③ 추출된 기체의 대기오염방지를 위한 후처리가 필요없다.
④ 유지 및 관리비가 많이 소요된다.

해설

토양증기추출법은 물리적 처리법으로 다른 시약이 필요없다. 토양 공기 내에 분포하는 휘발성이 높은 오염물질을 추출하여 지상에서 처리하는 방법이다.

정답 28 ② 29 ④ 30 ③ 31 ②

32 건조된 고형물의 비중이 1.42이고 건조 이전의 슬러지 내 고형물 함량이 40%, 건조중량이 400kg일 때 건조 이전의 슬러지 케이크의 부피는?

① 약 $0.5m^3$ ② 약 $0.7m^3$
③ 약 $0.9m^3$ ④ 약 $1.2m^3$

해설
건조 이전 슬러지의 고형물 함량이 40%이고 건조중량이 400kg 이므로, 수분의 무게는 600kg이고, 전체 슬러지 무게는 1,000kg 이다.

$$\frac{슬러지\ 무게}{슬러지\ 비중} = \frac{고형물\ 무게}{고형물\ 비중} + \frac{물\ 무게}{물\ 비중} = \frac{1,000}{슬러지\ 비중}$$

$$= \frac{400}{1.42} + \frac{600}{1} = 881.7$$

슬러지 비중 $= \frac{1,000}{881.7} = 1.13$

∴ 슬러지 밀도 $= 1.13 \times 1,000 kg/m^3 = 1,130 kg/m^3$

건조 이전의 슬러지 케이크의 부피 $= \frac{1,000\ kg}{1,130\ kg/m^3} = 0.88 m^3$

33 차수설비인 복합차수층에서 일반적으로 합성차수막 바로 상부에 위치하는 것은?

① 점토층
② 침출수 집배수층
③ 차수막지지층
④ 공기층(완충지층)

해설
합성차수막 위에는 침출수가 축적되지 않도록 발생한 침출수를 바로 배제하는 침출수 집배수층이 위치한다. 침출수가 쉽게 배제되도록 침출수 집배수층의 재료는 차수층보다 투수계수가 훨씬 크다.

34 침출수 처리를 위한 Fenton 산화법에 관한 설명으로 옳지 않은 것은?

① 여분의 과산화수소수는 후처리의 미생물 성장에 영향을 줄 수 있다.
② 최적반응을 위해 침출수 pH를 9~10으로 조정한다.
③ Fenton액을 첨가하여 난분해성 유기물질을 산화시킨다.
④ Fenton액은 철염과 과산화수소수를 포함한다.

해설
펜톤(Fenton)의 산화는 pH 3.5 정도에서 가장 효과적인 것으로 알려져 있다.

35 유해성 물질별로 처리가 가능한 기술과 가장 거리가 먼 것은?

① 납 – 응집 ② 비소 – 침전
③ 수은 – 흡착 ④ 시안 – 용매추출

해설
시안(CN^-)은 알칼리염소법으로 N_2 가스로 분해하여 처리한다.

36 유기성폐기물 처리방법 중 퇴비화의 장단점으로 옳지 않은 것은?

① 생산된 퇴비는 비료가치가 낮다.
② 퇴비제품의 품질 표준화가 어렵다.
③ 생산품인 퇴비는 토양의 이화학성질을 개선시키는 토양 개량제로 사용할 수 있다.
④ 퇴비화 과정 중 80% 이상 부피가 크게 감소된다.

해설
④ 부피 감소는 50% 이하이다.

37 유해폐기물의 고형화 방법 중 열가소성 플라스틱법에 관한 설명으로 옳지 않은 것은?

① 높은 온도에서 분해되는 물질에는 사용할 수 없다.
② 용출 손실률이 시멘트 기초법에 비해 상당히 높다.
③ 혼합률(MR)이 비교적 높다.
④ 고화처리된 폐기물성분을 나중에 회수하여 재활용할 수 있다.

해설
플라스틱 내에 유해물질이 Coating된 상태로 보전되므로 시멘트에 비하여 용출이 덜 된다. 시멘트의 경우 자체 물성이 물에 알칼리성분이 용해되어 나옴에 따라 시간이 지나면 고화체 내의 유해물질이 용출될 가능성이 있다.

38 복합퇴비화 시 함수율 85%인 슬러지와 함수율 40%인 톱밥을 1:2로 혼합한 후의 함수율과 퇴비화의 적정성 여부에 관한 설명으로 옳은 것은?

① 혼합 후 함수율은 65%로 퇴비화에 부적절한 함수율이라 판단된다.
② 혼합 후 함수율은 65%로 퇴비화에 적절한 함수율이라 판단된다.
③ 혼합 후 함수율은 55%로 퇴비화에 부적절한 함수율이라 판단된다.
④ 혼합 후 함수율은 55%로 퇴비화에 적절한 함수율이라 판단된다.

해설
$\frac{1 \times 85 + 2 \times 40}{1+2} = 55\%$
퇴비화의 적정 수분함량은 50~60% 범위이다.

39 토양증기추출공정에서 발생되는 2차 오염 배가스 처리를 위한 흡착방법에 대한 설명으로 옳지 않은 것은?

① 배가스의 온도가 높을수록 처리성능은 향상된다.
② 배가스 중의 수분을 전단계에서 최대한 제거해 주어야 한다.
③ 흡착제의 교체주기는 파과지점을 설계하여 정한다.
④ 흡착반응기 내 채널링(Channeling)현상을 최소화하기 위하여 배가스의 선속도를 적정하게 조절한다.

해설
① 배가스의 온도가 높을수록 흡착이 덜 된다.

40 수분함량 95%(무게%)의 슬러지에 응집제를 소량 가해 농축시킨 결과 상등액과 침전슬러지의 용적비가 3:5이었다. 이 침전슬러지의 함수율(%)은? (단, 응집제의 주입량은 소량이므로 무시, 농축 전후 슬러지 비중 = 1)

① 94
② 92
③ 90
④ 88

해설
침전 농축 후의 슬러지 부피는 처음의 5/8이다.
$\frac{V_2}{V_1} = \frac{100-w_1}{100-w_2}$
$\frac{10 \times 5/8}{10} = \frac{100-95}{100-w_2} = \frac{5}{100-w_2}$
$100 - w_2 = 8$
침전슬러지의 함수율 $w_2 = 92\%$

제3과목 폐기물소각 및 열회수

41 폐기물 소각로의 종류 중 회전로식 소각로(Rotary Kiln Incinerator)의 장점이 아닌 것은?

① 소각대상물에 관계없이 소각이 가능하며 또한 연속적으로 재배출이 가능하다.
② 연소실 내 폐기물의 체류시간은 노의 회전속도를 조절함으로써 가능하다.
③ 연소효율이 높으며, 미연소분의 배출이 적고 2차 연소실이 불필요하다.
④ 소각대상물의 전처리 과정이 불필요하다.

해설
③은 유동층 소각로의 장점이다.

42 메테인 80%, 에테인 11%, 프로페인 6%, 나머지는 뷰테인으로 구성된 기체연료의 고위발열량이 10,000 kcal/Sm³이다. 기체연료의 저위발열량(kcal/Sm³)은?

① 약 8,100   ② 약 8,300
③ 약 8,500   ④ 약 8,900

해설
- $CH_4 + 2O_2 \rightarrow CO_2 + 2H_2O$
- $C_2H_6 + 3.5O_2 \rightarrow 2CO_2 + 3H_2O$
- $C_3H_8 + 5O_2 \rightarrow 3CO_2 + 4H_2O$
- $C_4H_{10} + 6.5O_2 \rightarrow 4CO_2 + 5H_2O$

기체연료의 저위발열량 = 고위발열량 $- nH_2O \times 480$(kcal/Sm³)
∴ $10,000 - 480 \times (0.8 \times 2 + 0.11 \times 3 + 0.06 \times 4 + 0.03 \times 5)$
$= 8,886$

43 수분함량이 20%인 폐기물의 발열량을 단열열량계로 분석한 결과가 1,500kcal/kg이라면 저위발열량(kcal/kg)은?

① 1,320   ② 1,380
③ 1,410   ④ 1,500

해설
저위발열량 = 고위발열량 $- 600W$
$= 1,500 - 600 \times \dfrac{20}{100} = 1,380$ kcal/kg

44 도시폐기물 성분 중 수소 5kg이 완전연소되었을 때 필요로 한 이론적 산소요구량(kg)과 연소생성물인 수분의 양(kg)은?[단, 산소(O_2), 수분(H_2O) 순서]

① 25, 30   ② 30, 35
③ 35, 40   ④ 40, 45

해설
$H_2 + \dfrac{1}{2}O_2 \rightarrow H_2O$
2kg   16kg   18kg

- 산소요구량 → $2 : 16 = 5 : x$에서 $\dfrac{16 \times 5}{2} = 40$kg
- 수분생성량 → $2 : 18 = 5 : x$에서 $\dfrac{18 \times 5}{2} = 45$kg

45 폐기물 1ton을 소각처리하고자 한다. 폐기물의 조성이 C : 70%, H : 20%, O : 10%일 때 이론공기량(Sm³)은?

① 약 6,200   ② 약 8,200
③ 약 9,200   ④ 약 11,200

해설
$A_o = \dfrac{1}{0.21} \times \left\{ \dfrac{22.4}{12} \times 0.7 + \dfrac{11.2}{2}\left(0.2 - \dfrac{0.1}{8}\right)\right\} = 11.2$ Sm³/kg

폐기물의 양이 1ton이므로
11.2 Sm³/kg $\times 1,000$ kg $= 11,200$ Sm³

46 고체 및 액체연료의 연소이론산소량을 중량으로 구하는 경우, 산출식으로 옳은 것은?

① 2.67C + 8H + O + S(kg/kg)
② 3.67C + 8H + O + S(kg/kg)
③ 2.67C + 8H − O + S(kg/kg)
④ 3.67C + 8H − O + S(kg/kg)

해설
값이 다른 것은 C, O이므로 이 둘만 확인하면 된다.
- 연료에 O가 있는 만큼 연료 중의 H가 열량 생성에 덜 사용되므로 부호가 (−)가 되어야 한다.
- $C + O_2 \rightarrow CO_2$ 에서 $\frac{32}{12}C = 2.67C$ 가 된다.
  12kg 32kg

47 다단로 소각로방식에 대한 설명으로 옳지 않은 것은?

① 온도제어가 용이하고 동력이 적게 들며 운전비가 저렴하다.
② 수분이 적고 혼합된 슬러지 소각에 적합하다.
③ 가동부분이 많아 고장률이 높다.
④ 24시간 연속운전을 필요로 한다.

해설
다량의 수분이 증발되므로 수분함량이 높은 폐기물도 연소 가능하다.

48 중유에 대한 설명으로 옳지 않은 것은?

① 중유의 탄수소비(C/H)가 증가하면 비열은 감소한다.
② 중유의 유동점은 일정 시험기에서 온도와 유동상태를 관찰하여 측정하며, 고온에서 취급 시 난이도를 표시하는 척도이다.
③ 비중이 큰 중유는 일반적으로 발열량이 낮고 비중이 작을수록 연소성이 양호하다.
④ 잔류탄소가 많은 중유는 일반적으로 점도가 높으며, 일반적으로 중질유일수록 잔류탄소가 많다.

해설
중유의 유동점은 중유가 유동성을 유지할 수 있는 최저 온도를 가리키며, 중유에 있어서 저온 취급 난이성을 판정하기 위한 항목이다.

49 화격자 연소기(Grate or Stoker)에 대한 설명으로 옳은 것은?

① 휘발성분이 많고 열분해하기 쉬운 물질을 소각할 경우 상향식 연소방식을 쓴다.
② 이동식 화격자는 주입폐기물을 잘 운반시키거나 뒤집지 못하는 문제점이 있다.
③ 수분이 많거나 플라스틱과 같이 열에 쉽게 용해되는 물질에 의한 화격자 막힘의 우려가 없다.
④ 체류시간이 짧고 교반력이 강하여 국부가열이 발생할 우려가 있다.

해설
① 휘발성분이 많고 열분해하기 쉬운 물질을 소각할 경우 하향식 연소방식을 쓴다.
③ 수분이 많거나 플라스틱과 같이 열에 쉽게 용해되는 물질은 화격자가 막힐 우려가 있다.
④ 체류시간이 길고 교반력이 약하여 국부가열이 발생할 우려가 있다.

정답 46 ③ 47 ② 48 ② 49 ②

50 폐플라스틱 소각처리 시 발생되는 문제점 중 옳은 것은?

① 플라스틱은 용융점이 높아 화격자나 구동장치 등에 고장을 일으킨다.
② 플라스틱 발열량은 보통 3,000~5,000kcal/kg 범위로 도시폐기물 발열량의 2배 정도이다.
③ 플라스틱 자체의 열전도율이 낮아 온도분포가 불균일하다.
④ PVC를 연소 시 HCN이 다량 발생되어 시설의 부식을 일으킨다.

해설
① 플라스틱은 용융점이 낮다.
② 플라스틱의 발열량은 통상 10,000kcal/kg 범위로 도시폐기물 발열량의 3~4배 정도이다.
④ PVC를 연소하면 HCl이 발생한다.

51 메테인을 공기비 1.1에서 완전 연소시킬 경우 건조 연소가스 중의 CO_{2max}(%, vol)는?

① 약 10.6 ② 약 12.3
③ 약 14.5 ④ 약 15.4

해설
$CH_4 + 2O_2 \rightarrow CO_2 + 2H_2O$

$CO_{2max} = \dfrac{CO_2}{N_2 + O_2 + CO_2} \times 100$

$= \dfrac{1}{\{(2/0.21) \times 0.79 \times 1.1\} + \{2 \times 0.1\} + 1} \times 100$

$= 10.6\%$

52 폐기물의 연소 및 열분해에 관한 설명으로 잘못된 것은?

① 열분해는 무산소 또는 저산소 상태에서 유기성 폐기물을 열분해시키는 방법이다.
② 습식산화는 젖은 폐기물이나 슬러지를 고온, 고압하에서 산화시키는 방법이다.
③ Steam Reforming은 산화 시에 스팀을 주입하여 일산화탄소와 수소를 생성시키는 방법이다.
④ 가스화는 완전연소에 필요한 양보다 과잉 공기 상태에서 산화시키는 방법이다.

해설
④ 가스화는 완전연소에 필요한 양보다 작은 공기비로 산화시키는 방법이다.

53 증기 터빈의 분류 관점에 따른 터빈 형식이 잘못 연결된 것은?

① 증기작동방식 – 충동 터빈, 반동 터빈, 혼합식 터빈
② 흐름수 – 단류 터빈, 복류 터빈
③ 피구동기(발전용) – 직결형 터빈, 감속형 터빈
④ 증기이용방식 – 반경류 터빈, 축류 터빈

해설
증기 터빈 형식

분류관점	터빈 형식
증기작동방식	충동 터빈, 반동 터빈, 혼합식 터빈
증기이용방식	배압 터빈, 추기배압 터빈, 복수 터빈, 추기복수 터빈, 혼합 터빈
피구동기	• 발전용 : 직결형 터빈, 감속형 터빈 • 기계구동용 : 급수펌프 구동터빈, 압축기 구동터빈
증기유동방향	축류 터빈, 반경류 터빈
흐름수	단류 터빈, 복류 터빈

54 황화수소 1Sm³의 이론연소공기량(Sm³)은?

① 7.1
② 8.1
③ 9.1
④ 10.1

해설
황화수소에 대하여 연소반응식을 만들면
$H_2S + aO_2 \rightarrow bSO_2 + cH_2O$에서 $c = 1$, $b = 1$이므로 $a = 1.5$가 된다.
(산소의 계수를 맨 마지막에 정해준다).
$H_2S + 1.5O_2 \rightarrow SO_2 + H_2O$
1Sm³ 1.5Sm³
(∵ 황화수소가 부피단위로 나와 있으므로, 계수만 고려한 부피를 고려하면 된다)

∴ 이론연소공기량 $= \dfrac{1.5}{0.21} ≒ 7.14 Sm^3$

55 연소설비의 열효율에 대한 설명으로 틀린 것은?

① 열효율 $\eta = \dfrac{공급열}{유효열} \times 100(\%)$로 표시한다.
② 공급열은 열수지에서 입열 전부를 취하는 경우와 연료의 연소열만을 취하는 경우가 있다.
③ 유효열은 연소에 의한 생성열을 증발, 건조, 가열에 이용하는 경우 100% 이용은 불가능하다.
④ 유효열은 복사전도에 의한 열손실, 배가스의 현열 손실, 불완전연소에 의한 손실열 등을 공급열에서 뺀 값이다.

해설
열효율 $\eta = \dfrac{유효열}{공급열} \times 100(\%)$

56 폐기물의 소각에 따른 열회수에 대한 설명으로 옳지 않은 것은?

① 회수된 열을 이용하여 전력만 생산할 경우 70~80%의 높은 에너지효율을 얻을 수 있다.
② 온수나 연소공기 예열 및 증기생산 등의 에너지 활용은 단순 에너지 활용으로 소규모 소각방식에 적합하다.
③ 열병합방식을 활용하면 에너지의 활용을 극대화시킬 수 있다.
④ 열회수장치는 고온연소가스와 냉각수나 공기 사이에서 대류, 전도, 복사열 전달현상에 의하여 열을 회수한다.

해설
① 전력만 생산할 경우 37% 정도의 에너지효율을 나타낸다.

57 소각로에서 배출되는 비산재(Fly Ash)에 대한 설명으로 옳지 않은 것은?

① 입자크기가 바닥재보다 미세하다.
② 유해물질을 함유하고 있지 않아 일반폐기물로 취급된다.
③ 폐열보일러 및 연소가스 처리설비 등에서 포집된다.
④ 시멘트 제품 생산을 위한 보조원료로 사용 가능하다.

해설
비산재는 카드뮴, 다이옥신 등 유해물질을 함유하고 있어 지정폐기물로 관리된다.

58 소각 시 발생되는 황산화물(SO_x)의 발생 방지법으로 틀린 것은?

① 저황 함유연료의 사용
② 높은 굴뚝으로의 배출
③ 촉매산화법 이용
④ 입자이월의 최소화

해설
황산화물은 가스상 오염물질로서 입자와는 관계가 없다.
④ 입자이월의 최소화는 다이옥신 제어에 도움이 된다.

59 CO 100kg을 이론적으로 완전연소시킬 때 필요한 O_2 부피(Sm^3)와 생성되는 CO_2 부피(Sm^3)는?

① 20, 40
② 40, 80
③ 60, 120
④ 80, 160

해설
$$CO + \frac{1}{2}O_2 \rightarrow CO_2$$

| 28kg | 11.2Sm^3 | 22.4Sm^3 |
| 100kg | x Sm^3 | y Sm^3 |

· 소요 O_2 부피 = $\frac{11.2 \times 100}{28} = 40 m^3$

· 소요 CO_2 부피 = $\frac{22.4 \times 100}{28} = 80 m^3$

60 질소산화물의 제거 처리를 위한 선택적 촉매환원법(SCR)과 비교한 선택적 비촉매환원법(SNCR)에 대한 설명으로 틀린 것은?

① 운전온도는 850~950℃ 정도로 고온이다.
② 다이옥신의 제거는 매우 어렵다.
③ 설치공간이 적고 설치비도 저렴하다.
④ 암모니아 슬립(Slip)이 적다.

해설
④ 암모니아 슬립이 많다.

제4과목 폐기물공정시험기준(방법)

61 단색광이 임의의 시료용액을 통과할 때 그 빛의 80%가 흡수되었다면 흡광도는?

① 약 0.5
② 약 0.6
③ 약 0.7
④ 약 0.8

해설
빛의 80%가 흡수되었으므로 투과도 $t = 0.2$이다.
∴ 흡광도 $A = \log \frac{1}{t} = \log \frac{1}{0.2} ≒ 0.70$

62 시료의 조제방법에 관한 설명으로 틀린 것은?

① 시료의 축소방법에는 구획법, 교호삽법, 원추4분법이 있다.
② 소각잔재, 슬러지 또는 입자상 물질 중 입경이 5mm 이상인 것은 분쇄하여 체로 걸러서 입경이 0.5~5mm로 한다.
③ 시료의 축소방법 중 구획법은 대시료를 네모꼴로 엷게 균일한 두께로 편 후, 가로 4등분, 세로 5등분 하여 20개의 덩어리로 나누어 20개의 각 부분에서 균등량씩 취해 혼합하여 하나의 시료로 한다.
④ 축소라 함은 폐기물에서 시료를 채취할 경우 혹은 조제된 시료의 양이 많은 경우에 모은 시료의 평균적 성질을 유지하면서 양을 감소시켜 측정용 시료를 만드는 것을 말한다.

해설
ES 06130.d 시료의 채취
소각 잔재, 슬러지 또는 입자상 물질은 그대로 작은 돌멩이 등의 이물질을 제거하고, 이외의 폐기물 중 입경이 5mm 미만인 것은 그대로, 입경이 5mm 이상인 것은 분쇄하여 체로 거른 후 입경이 0.5~5mm로 한다.

정답 58 ④ 59 ② 60 ④ 61 ③ 62 ②

63 회분식 연소방식의 소각재 반출설비에서의 시료채취에 관한 내용으로 ( )에 옳은 내용은?

> 회분식 연소방식의 소각재 반출설비에서 채취하는 경우에는 하루 동안의 운전횟수에 따라 매 운전 시마다 (㉠) 이상 채취하는 것을 원칙으로 하고, 시료의 양은 1회에 (㉡) 이상으로 한다.

① ㉠ 2회, ㉡ 100g ② ㉠ 4회, ㉡ 100g
③ ㉠ 2회, ㉡ 500g ④ ㉠ 4회, ㉡ 500g

해설
ES 06130.d 시료의 채취
회분식 연소방식의 소각재 반출설비에서 채취하는 경우에는 하루 동안의 운전횟수에 따라 매 운전 시마다 2회 이상 채취하는 것을 원칙으로 하고, 시료의 양은 1회에 500g 이상으로 한다.

64 기체크로마토크래피 분석에 사용하는 검출기에 대한 설명으로 틀린 것은?

① 열전도도 검출기(TCD) – 유기할로겐화합물
② 전자포획 검출기(ECD) – 나이트로화합물 및 유기금속화합물
③ 불꽃광도 검출기(FPD) – 유기질소화합물 및 유기인화합물
④ 불꽃열이온 검출기(FTD) – 유기질소화합물 및 유기염소화합물

해설
열전도도 검출기(TCD)는 메테인, 이산화탄소 등 구조가 간단한 가스 분석에 주로 사용된다. 유기할로겐화합물은 전자포획 검출기(ECD)를 이용한다.

65 0.002N NaOH 용액의 pH는?

① 11.3 ② 11.5
③ 11.7 ④ 11.9

해설
$[OH^-]$가 2×10^{-3}M이므로, $pOH = -\log(2 \times 10^{-3}) = 2.7$
∴ $pH = 14 - pOH = 14 - 2.7 = 11.3$

66 폐기물공정시험기준의 총칙에서 규정하고 있는 사항 중 옳은 내용은?

① '약'이라 함은 기재된 양에 대하여 15% 이상의 차가 있어서는 안 된다.
② '정밀히 단다'라 함은 규정된 양의 시료를 취하여 화학저울 또는 미량저울로 칭량함을 말한다.
③ '정확히 취하여'라 하는 것은 규정한 양의 액체를 메스플라스크로 눈금까지 취하는 것을 말한다.
④ '정량적으로 씻는다'라 함은 사용된 용기 등에 남은 대상 성분을 수돗물로 씻어냄을 말한다.

해설
ES 06000.b 총칙
① "약"이라 함은 기재된 양에 대하여 ±10% 이상의 차가 있어서는 안 된다.
③ "정확히 취하여"라 하는 것은 규정한 양의 액체를 홀피펫으로 눈금까지 취하는 것을 말한다.
④ "정량적으로 씻는다"라 함은 어떤 조작으로부터 다음 조작으로 넘어갈 때 사용한 비커, 플라스크 등의 용기 및 여과막 등에 부착한 정량대상 성분을 사용한 용매로 씻어 그 씻어낸 용액을 합하고 먼저 사용한 같은 용매를 채워 일정 용량으로 하는 것을 뜻한다.

67 자외선/가시선 분광법으로 카드뮴을 정량 시 쓰이는 시약과 그 용도가 잘못 짝지어진 것은?

① 발생시약 : 디티존
② 시료의 전처리 : 질산-황산
③ 추출용매 : 사염화탄소
④ 억제제 : 황화나트륨

해설
ES 06405.3 카드뮴-자외선/가시선 분광법
- 시료 중에 카드뮴이온을 시안화칼륨이 존재하는 알칼리성에서 디티존과 반응시켜 생성하는 카드뮴착염을 사염화탄소로 추출하고, 추출한 카드뮴착염을 타타르산용액으로 역추출한 다음 수산화나트륨과 시안화칼륨을 넣어 디티존과 반응하여 생성하는 적색의 카드뮴착염을 사염화탄소로 추출하여 그 흡광도를 520nm에서 측정하는 방법이다.
- 시료 중 다량의 철과 망간을 함유하는 경우 디티존에 의한 카드뮴 추출이 불완전하다. 이 경우에는 중화한 시료 일정량에 염산을 넣어 2N의 염산산성으로 하여 강염기성 음이온교환수지칼럼(R~C1형, 지름 10mm, 길이 220mm)에 3mL/min의 속도로 유출시켜 카드뮴을 흡착하고 염산(1 + 9)으로 씻어 준 다음 새로운 수집기에 질산(1 + 12)을 사용하여 용출하는 카드뮴을 받는다.

68 시료의 전처리 방법과 사용되는 용액의 산 농도 값과 일치하지 않는 것은?

① 질산에 의한 유기물분해 : 약 0.7M
② 질산-염산에 의한 유기물분해 : 약 0.5M
③ 질산-황산에 의한 유기물분해 : 약 0.6N
④ 질산-과염소산에 의한 유기물분해 : 약 0.8M

해설
ES 06150.e 시료의 준비
- 질산-황산에 의한 유기물분해 : 약 1.5~3.0N
- 질산-과염소산-불화수소산 분해법 : 약 0.8M

69 다음은 정량한계에 관한 내용이다. ( )에 들어갈 내용으로 옳은 것은?

> 정량한계란 시험분석 대상을 정량화할 수 있는 측정값으로서, 제시된 정량한계 부근의 농도를 포함하도록 시료를 준비하고 이를 반복 측정하여 얻은 결과의 표준편차(s)에 ( )한 값을 사용한다.

① 3배   ② 3.3배
③ 5배   ④ 10배

해설
ES 06001 정도보증/정도관리

70 트라이클로로에틸렌 정량을 위한 전처리 및 분석방법에 대한 설명으로 틀린 것은?

① 휘발성이 있으므로 마개 있는 시험관이나 삼각플라스크를 사용한다.
② 시료의 전처리 시 진탕기를 이용하여 6시간 연속 교반한다.
③ 시료와 용매의 혼합액이 삼각플라스크의 용량과 비슷한 것을 사용하여 삼각플라스크 상부의 Headspace를 가능한 적게 한다.
④ 유지시간에 해당하는 크로마토그램의 피크 높이 또는 면적을 측정하여 표준액 농도와의 관계선을 작성한다.

해설
상온 상압하에서 자력교반기(마그네틱스터러)로 6시간 연속 교반한 다음 10~30분간 정치한다.

71 기름성분-중량법(노말헥산 추출방법)에 대한 설명 중 옳지 않은 것은?

① 폐기물 중 비교적 휘발되지 않는 탄화수소 및 탄화수소유도체, 그리스 유상물질 등을 측정하기 위한 시험이다.
② 시료 중에 있는 기름성분의 분해방지를 위하여 수산화나트륨(0.1N)을 사용하여 pH 11 이상으로 조정한다.
③ 시료를 노말헥산으로 추출한 후 무수황산나트륨으로 수분을 제거하여야 한다.
④ 노말헥산을 휘산하기 위해 알맞은 온도는 80℃ 정도이다.

해설
ES 06302.1b 기름성분-중량법
시료 적당량을 분별깔때기에 넣고 메틸오렌지용액(0.1%)을 2~3방울 넣고 황색이 적색으로 변할 때까지 염산(1 + 1)을 넣어 pH 4 이하로 조정한다.

73 자외선/가시선 분광법에 의한 수은 측정 시, 전처리된 시료에서 수은의 분리추출을 위하여 사용되는 용액은?

① 과망간산칼륨
② 염산하이드록실아민
③ 염화제일주석
④ 디티존사염화탄소

해설
ES 06404.2 수은-자외선/가시선 분광법
수은을 황산 산성에서 디티존사염화탄소로 일차 추출하고 브로모화칼륨 존재 하에 황산 산성에서 역추출하여 방해성분과 분리한 다음 알칼리성에서 디티존사염화탄소로 수은을 추출하여 490nm에서 흡광도를 측정하는 방법이다.

72 유도결합플라스마발광광도 기계의 토치에 흐르는 운반물질, 보조물질, 냉각물질의 종류는 몇 종류의 물질로 구성되는가?

① 2종의 액체와 1종의 기체
② 1종의 액체와 2종의 기체
③ 1종의 액체와 1종의 기체
④ 1종의 기체

해설
ICP의 토치(Torch)는 3중으로 된 석영관이 이용되며 제일 안쪽으로는 시료가 운반가스(아르곤, 0.4~2L/min)와 함께 흐르며, 가운데 관으로는 보조가스(아르곤, 플라스마가스, 0.5~2L/min), 제일 바깥쪽 관에는 냉각가스(아르곤, 10~20L/min)가 도입된다. 즉, 아르곤가스 1종을 사용한다.
※ 출처 : 수질오염공정시험기준(2008.7)

74 pH가 2인 용액 2L와 pH가 11인 용액 2L를 혼합하였을 때 pH는?

① 약 2.0   ② 약 2.3
③ 약 2.5   ④ 약 2.7

해설
산과 알칼리가 중화되므로 분자에서 산의 몰수에서 알칼리의 몰수를 빼주어야 한다.

$$수소이온농도 = \frac{2L \times 10^{-2}mol/L - 2L \times 10^{-3}mol/L}{2L + 2L}$$

$$= 0.0045 mol/L$$

$$pH = -\log 0.0045 = 2.3$$

75 기체크로마토그래피법을 이용하여 폴리클로리네이티드비페닐(PCBs)을 분석할 때 사용되는 검출기로 가장 적당한 것은?

① ECD
② TCD
③ FPD
④ FID

해설
ES 06502.1b 폴리클로리네이티드비페닐(PCBs)-기체크로마토그래피

76 자외선/가시선 분광법으로 시안을 분석할 때 간섭물질을 제거하는 방법으로 옳지 않은 것은?

① 시안화합물을 측정할 때 방해물질들은 증류하면 대부분 제거된다. 그러나 다량의 지방성분, 잔류염소, 황화합물은 시안화합물을 분석할 때 간섭할 수 있다.
② 황화합물이 함유된 시료는 아세트산아연용액(10W/V%) 2mL를 넣어 제거한다.
③ 다량의 지방성분을 함유한 시료는 아세트산 또는 수산화나트륨용액으로 pH 6~7로 조절한 후 노말헥산 또는 클로로폼을 넣어 추출하여 수층은 버리고 유기물층을 분리하여 사용한다.
④ 잔류염소가 함유된 시료는 잔류염소 20mg당 L-아스코빈산(10W/V%) 0.6mL 또는 이산화비소산나트륨용액(10W/V%) 0.7mL를 넣어 제거한다.

해설
ES 06351.1 시안-자외선/가시선 분광법
다량의 지방성분을 함유한 시료는 아세트산 또는 수산화나트륨용액으로 pH 6~7로 조절한 후 시료의 약 2%에 해당하는 부피의 노말헥산 또는 클로로폼을 넣어 추출하여 유기층은 버리고 수층을 분리하여 사용한다.
※ 지방성분이 노말헥산이나 클로로폼에 용해되므로 이들을 버린다. 시안은 물에 용해되므로 수층을 버리면 안 된다.

77 대상폐기물의 양이 5,400ton인 경우 채취해야 할 시료의 최소수는?

① 20
② 40
③ 60
④ 80

해설
ES 06130.d 시료의 채취
대상폐기물의 양과 시료의 최소수

대상폐기물의 양(단위 : ton)	시료의 최소수
1 미만	6
1 이상~5 미만	10
5 이상~30 미만	14
30 이상~100 미만	20
100 이상~500 미만	30
500 이상~1,000 미만	36
1,000 이상~5,000 미만	50
5,000 이상	60

78 시료의 조제방법으로 옳지 않은 것은?

① 돌멩이 등의 이물질을 제거하고, 입경이 5mm 이상인 것은 분쇄하여 체로 거른 후 입경을 0.5~5mm로 한다.
② 시료의 축소방법으로는 구획법, 교호삽법, 원추 4분법이 있다.
③ 원추 4분법을 3회 시행하면 원래 양의 1/3이 된다.
④ 교호삽법과 원추 4분법은 축소과정에서 공히 원추를 쌓는다.

해설
ES 06130.d 시료의 채취
원추 사분법을 3회 시행하면 원래 양의 $\left(\dfrac{1}{2}\right)^3 = \dfrac{1}{8}$ 이 된다.

79 원자흡수분광광도법으로 크롬 정량 시 공기-아세틸렌 불꽃에서 철, 니켈 등의 공존물질에 의한 방해영향을 최소화하기 위해 첨가하는 물질은?

① 수산화나트륨
② 시안화칼륨
③ 황산나트륨
④ L-아스코빈산

해설
ES 06406.1 크롬-원자흡수분광광도법
공기-아세틸렌 불꽃에서는 철, 니켈 등의 공존물질에 의한 방해영향이 크므로 이때는 황산나트륨을 1% 정도 넣어서 측정한다.

80 총칙에서 규정하고 있는 내용으로 틀린 것은?

① 표준온도는 0℃, 찬 곳은 1~15℃, 열수는 약 100℃, 온수는 50~60℃를 말한다.
② '약'이라 함은 기재된 양에 대하여 ±10% 이상의 차가 있어서는 안 된다.
③ 무게를 '정확히 단다'라 함은 규정된 수치의 무게를 0.1mg까지 다는 것을 말한다.
④ '감압 또는 진공'이라 함은 따로 규정이 없는 한 15mmHg 이하를 뜻한다.

해설
ES 06000.b 총칙
- 표준온도 : 0℃
- 상온 : 15~25℃
- 실온 : 1~35℃
- 찬 곳 : 0~15℃
- 냉수 : 15℃ 이하
- 온수 : 60~70℃
- 열수 : 약 100℃

제5과목 폐기물관계법규

81 폐기물부담금 및 재활용부과금의 용도로 틀린 것은?

① 재활용가능자원의 구입 및 비축
② 재활용을 촉진하기 위한 사업의 지원
③ 폐기물부담금(가산금을 제외한다) 또는 재활용부과금(가산금을 제외한다)의 징수비용 교부
④ 폐기물의 재활용을 위한 사업 및 폐기물처리시설의 설치 지원

해설
자원의 절약과 재활용촉진에 관한 법률 제20조(폐기물부담금과 재활용부과금의 용도)
폐기물부담금(가산금을 포함한다) 또는 재활용부과금(가산금을 포함한다)의 징수비용 교부

82 폐기물의 광역관리를 위해 광역 폐기물처리시설의 설치 또는 운영을 위탁할 수 없는 자는?

① 해당 광역 폐기물처리시설을 발주한 지자체
② 한국환경공단
③ 수도권매립지관리공사
④ 폐기물의 광역처리를 위해 설립된 지방자치단체조합

해설
폐기물관리법 시행규칙 제5조(광역 폐기물처리시설의 설치·운영의 위탁)
- 한국환경공단
- 수도권매립지관리공사
- 지방자치법에 따른 지방자치단체조합으로서 폐기물의 광역처리를 위하여 설립된 조합
- 해당 광역 폐기물처리시설을 시공한 자(그 시설의 운영을 위탁하는 경우에만 해당한다)
- [별표 4의4]의 기준에 맞는 자

정답 79 ③ 80 ① 81 ③ 82 ①

83 폐기물관리법상 대통령령으로 정하는 사업장의 범위에 해당하지 않는 것은?

① 하수도법에 따라 공공하수처리시설을 설치·운영하는 사업장
② 폐기물을 1일 평균 300kg 이상 배출하는 사업장
③ 건설산업법에 따른 건설공사로 폐기물을 3ton(공사를 착공할 때부터 마칠 때까지 발생되는 폐기물의 양을 말한다) 이상 배출하는 사업장
④ 폐기물관리법에 따른 지정폐기물을 배출하는 사업장

해설
폐기물관리법 시행령 제2조(사업장의 범위)
건설산업기본법에 따른 건설공사로 폐기물을 5ton(공사를 착공할 때부터 마칠 때까지 발생되는 폐기물의 양을 말한다) 이상 배출하는 사업장

84 폐기물처리업자 중 폐기물 재활용업자의 준수사항에 관한 내용으로 (　)에 옳은 것은?

> 유기성 오니를 화력발전소에서 연료로 사용하기 위해 가공하는 자는 유기성 오니 연료의 저위발열량, 수분 함유량, 회분 함유량, 황분 함유량, 길이 및 금속 성분을 (　) 이상 측정하여 그 결과를 시·도지사에게 제출하여야 한다.

① 매 년당 1회 ② 매 분기당 1회
③ 매 월당 1회 ④ 매 주당 1회

해설
폐기물관리법 시행규칙 [별표 8] 폐기물처리업자의 준수사항

85 생활폐기물 수집·운반 대행자에 대한 대행실적 평가 실시기준으로 옳은 것은?

① 분기에 1회 이상 ② 반기에 1회 이상
③ 매년 1회 이상   ④ 2년간 1회 이상

해설
폐기물관리법 제14조(생활폐기물의 처리 등)
생활폐기물 수집·운반 대행자에 대한 대행실적 평가기준(주민만족도와 환경미화원의 근로조건을 포함한다)을 해당 지방자치단체의 조례로 정하고, 평가기준에 따라 매년 1회 이상 평가를 실시하여야 한다.

86 광역 폐기물처리시설의 설치·운영을 위탁받은 자가 보유하여야 할 기술인력에 대한 설명으로 틀린 것은?

① 매립시설 : 9,900m² 이상의 지정폐기물 또는 33,000m² 이상의 생활폐기물을 매립하는 시설에서 2년 이상 근무한 자 2명
② 소각시설 : 1일 50ton 이상의 폐기물소각시설에서 폐기물 처분시설의 운영을 위탁받으려고 할 경우 천장크레인을 1년 이상 운전한 자 2명
③ 음식물류 폐기물 처분시설 : 1일 50ton 이상의 음식물류 폐기물 처분시설의 설치를 위탁받으려고 할 경우에는 시공분야에서 2년 이상 근무한 자 2명
④ 음식물류 폐기물 재활용시설 : 1일 50ton 이상의 음식물류 폐기물 재활용시설의 운영을 위탁받으려고 할 경우에는 운전분야에서 2년 이상 근무한 자 2명

해설
폐기물관리법 시행규칙 [별표 4의4] 폐기물처리시설의 설치·운영을 위탁받을 수 있는 자의 기준
소각시설 : 1일 50ton 이상의 폐기물소각시설에서 천장크레인을 1년 이상 운전한 자 1명과 천장크레인 외의 처분시설의 운전분야에서 2년 이상 근무한 자 2명(폐기물 처분시설의 운영을 위탁받으려는 경우에만 해당한다)

87 기술관리인을 두어야 하는 폐기물처리시설이라 볼 수 없는 것은?

① 1일 처리능력이 120ton인 절단시설
② 1일 처리능력이 150ton인 압축시설
③ 1일 처리능력이 10ton인 연료화시설
④ 1일 처리능력이 50ton인 파쇄시설

해설

폐기물관리법 시행령 제15조(기술관리인을 두어야 할 폐기물처리시설)
압축·파쇄·분쇄 또는 절단시설로서 1일 처분능력 또는 재활용능력이 100ton 이상인 시설

88 폐기물처리시설에 대한 기술관리대행계약에 포함될 점검항목으로 틀린 것은?(단, 중간처분시설 중 소각시설 및 고온열분해시설)

① 안전설비의 정상가동 여부
② 배출가스 중의 오염물질의 농도
③ 연도 등의 기밀유지상태
④ 유해가스처리시설의 정상가동 여부

해설

폐기물관리법 시행규칙 [별표 15] 폐기물처리시설에 대한 기술관리대행계약에 포함될 점검항목
소각시설 및 고온열분해시설
• 내화물의 파손 여부
• 연소버너·보조버너의 정상가동 여부
• 안전설비의 정상가동 여부
• 방지시설의 정상가동 여부
• 배출가스 중의 오염물질의 농도
• 연소실 등의 청소실시 여부
• 냉각펌프의 정상가동 여부
• 연도 등의 기밀유지상태
• 정기성능검사 실시 여부
• 시설가동개시 시 적절온도까지 높인 후 폐기물투입 여부 및 시설 가동 중단방법의 적절성 여부
• 온도·압력 등의 적절유지 여부

89 대통령령으로 정하는 폐기물처리시설을 설치·운영하는 자는 그 폐기물처리시설의 설치·운영이 주변지역에 미치는 영향을 3년마다 조사하고, 그 결과를 환경부장관에게 제출하여야 한다. 대통령령으로 정하는 폐기물처리시설과 가장 거리가 먼 것은?

① 1일 처분능력이 50ton 이상인 사업장폐기물 소각시설
② 매립면적 1만m^2 이상의 사업장 지정폐기물 매립시설
③ 매립면적 10만m^2 이상의 사업장 일반폐기물 매립시설
④ 시멘트 소성로(폐기물을 연료로 사용하는 경우로 한정한다)

해설

폐기물관리법 시행령 제14조(주변지역 영향 조사대상 폐기물처리시설)
폐기물처리업자가 설치·운영하는 다음의 시설을 말한다.
• 1일 처분능력이 50ton 이상인 사업장폐기물 소각시설(같은 사업장에 여러 개의 소각시설이 있는 경우에는 각 소각시설의 1일 처분능력의 합계가 50ton 이상인 경우를 말한다)
• 매립면적 1만m^2 이상의 사업장 지정폐기물 매립시설
• 매립면적 15만m^2 이상의 사업장 일반폐기물 매립시설
• 시멘트 소성로(폐기물을 연료로 사용하는 경우로 한정한다)
• 1일 재활용능력이 50ton 이상인 사업장폐기물 소각열회수시설(같은 사업장에 여러 개의 소각열회수시설이 있는 경우에는 각 소각열회수시설의 1일 재활용능력의 합계가 50ton 이상인 경우를 말한다)

90 동물성 잔재물과 의료폐기물 중 조직물류폐기물 등 부패나 변질의 우려가 있는 폐기물인 경우 처리명령 대상이 되는 조업중단 기간은?

① 5일 ② 10일
③ 15일 ④ 30일

해설
폐기물관리법 시행령 제20조(폐기물의 처리명령 대상이 되는 조업중단 기간)
동물성 잔재물(殘滓物)과 의료폐기물 중 조직물류폐기물 등 부패나 변질의 우려가 있는 폐기물인 경우 : 15일

91 폐기물처리시설의 사후관리 업무를 대행할 수 있는 자는?

① 시·도 보건환경연구원
② 국립환경연구원
③ 한국환경공단
④ 지방환경관리청

해설
폐기물관리법 시행령 제25조(사후관리 대행자)
폐기물매립시설의 사후관리 업무를 대행할 수 있는 자는 한국환경공단, 그 밖에 환경부장관이 사후관리를 대행할 능력이 있다고 인정하여 고시하는 자이다.

92 폐기물처리업 중 폐기물 중간처분업, 폐기물 최종처분업 및 폐기물 종합처분업의 변경허가를 받아야 하는 중요사항과 가장 거리가 먼 것은?

① 운반차량(임시차량 제외) 주차장 소재지 변경
② 처분대상 폐기물의 변경
③ 매립시설의 제방의 증·개축
④ 폐기물처분시설의 신설

해설
폐기물관리법 시행규칙 제29조(폐기물처리업의 변경허가)
운반차량(임시차량은 제외한다)의 증차

93 폐기물처리시설을 설치·운영하는 자는 일정한 기간마다 정기검사를 받아야 한다. 소각시설의 경우 최초 정기검사는?

① 사용개시일부터 5년이 되는 날
② 사용개시일부터 3년이 되는 날
③ 사용개시일부터 2년이 되는 날
④ 사용개시일부터 1년이 되는 날

해설
폐기물관리법 시행규칙 제41조(폐기물처리시설의 사용신고 및 검사)
소각시설, 소각열회수시설 및 열분해시설 : 최초 정기검사는 사용개시일부터 3년이 되는 날(측정기기를 설치하고 굴뚝원격감시체계관제센터와 연결하여 정상적으로 운영되는 경우에는 사용개시일부터 5년이 되는 날), 2회 이후의 정기검사는 최종 정기검사일(검사결과서를 발급받은 날을 말한다)부터 3년이 되는 날

90 ③ 91 ③ 92 ① 93 ②

94 폐기물관리법의 제정 목적으로 가장 거리가 먼 것은?

① 폐기물 발생을 최대한 억제
② 발생한 폐기물을 친환경적으로 처리
③ 환경보전과 국민생활의 질적 향상에 이바지
④ 발생 폐기물의 신속한 수거·이송처리

해설
폐기물관리법 제1조(목적)
이 법은 폐기물의 발생을 최대한 억제하고 발생한 폐기물을 친환경적으로 처리함으로써 환경보전과 국민생활의 질적 향상에 이바지하는 것을 목적으로 한다.

95 변경허가를 받지 아니하고 폐기물처리업의 허가사항을 변경한 자에 대한 벌칙기준으로 맞는 것은?

① 3년 이하의 징역 또는 3천만원 이하의 벌금
② 2년 이하의 징역 또는 2천만원 이하의 벌금
③ 1년 이하의 징역 또는 1천만원 이하의 벌금
④ 6월 이하의 징역 또는 600만원 이하의 벌금

해설
폐기물관리법 제65조(벌칙)
변경허가를 받지 아니하고 폐기물처리업의 허가사항을 변경한 자는 3년 이하의 징역이나 3천만원 이하의 벌금에 처한다.

96 에너지 회수기준을 측정하는 기관과 가장 거리가 먼 것은?

① 한국산업기술시험원
② 한국에너지기술연구원
③ 한국기계연구원
④ 한국화학기술연구원

해설
폐기물관리법 시행규칙 제3조(에너지 회수기준 등)

97 주변지역 영향 조사대상 폐기물처리시설에 대한 기준으로 옳은 것은?(단, 폐기물처리업자가 설치, 운영함)

① 매립용량 1만m^3 이상의 사업장 지정폐기물 매립시설
② 매립용량 3만m^3 이상의 사업장 지정폐기물 매립시설
③ 매립면적 1만m^2 이상의 사업장 지정폐기물 매립시설
④ 매립면적 3만m^2 이상의 사업장 지정폐기물 매립시설

해설
폐기물관리법 시행령 제14조(주변지역 영향 조사대상 폐기물처리시설)
• 1일 처분능력이 50ton 이상인 사업장폐기물 소각시설(같은 사업장에 여러 개의 소각시설이 있는 경우에는 각 소각시설의 1일 처분능력의 합계가 50ton 이상인 경우를 말한다)
• 매립면적 1만m^2 이상의 사업장 지정폐기물 매립시설
• 매립면적 15만m^2 이상의 사업장 일반폐기물 매립시설
• 시멘트 소성로(폐기물을 연료로 사용하는 경우로 한정한다)
• 1일 재활용능력이 50ton 이상인 사업장폐기물 소각열회수시설(같은 사업장에 여러 개의 소각열회수시설이 있는 경우에는 각 소각열회수시설의 1일 재활용능력의 합계가 50ton 이상인 경우를 말한다)

정답 94 ④ 95 ① 96 ④ 97 ③

98 위해의료폐기물의 종류에 해당되지 않는 것은?

① 접촉성폐기물
② 손상성폐기물
③ 병리계폐기물
④ 조직물류폐기물

> **해설**
> 폐기물관리법 시행령 [별표 2] 의료폐기물의 종류
> 위해의료폐기물 : 조직물류폐기물, 병리계폐기물, 손상성폐기물, 생물·화학폐기물, 혈액오염폐기물

99 다음 중 3년 이하의 징역이나 3천만원 이하의 벌금에 처하는 경우가 아닌 것은?

① 거짓이나 그 밖의 부정한 방법으로 폐기물분석전문기관으로 지정을 받거나 변경지정을 받은 자
② 다른 자의 명의나 상호를 사용하여 재활용 환경성평가를 하거나 재활용환경성평가기관 지정서를 빌린 자
③ 유해성기준에 적합하지 아니하게 폐기물을 재활용한 제품 또는 물질을 제조하거나 유통한 자
④ 고의로 사실과 다른 내용의 폐기물분석 결과서를 발급한 폐기물분석전문기관

> **해설**
> 폐기물관리법 제68조(과태료)
> 유해성기준에 적합하지 아니하게 폐기물을 재활용한 제품 또는 물질을 제조하거나 유통한 자에게는 1천만원 이하의 과태료를 부과한다.

100 지정폐기물 처리계획서 등을 제출하여야 하는 경우의 폐기물과 양에 대한 기준이 올바르게 연결된 것은?

① 폐농약, 광재, 분진, 폐주물사 – 각각 월 평균 100kg 이상
② 고형화처리물, 폐촉매, 폐흡착제, 폐유 – 각각 월 평균 100kg 이상
③ 폐합성고분자화합물, 폐산, 폐알칼리 – 각각 월 평균 100kg 이상
④ 오니 – 월 평균 300kg 이상

> **해설**
> 폐기물관리법 시행규칙 제18조의2(지정폐기물 처리계획의 확인)
> 환경부령으로 정하는 지정폐기물을 배출하는 사업자
> • 오니를 월 평균 500kg 이상 배출하는 사업자
> • 폐농약, 광재, 분진, 폐주물사, 폐사, 폐내화물, 도자기조각, 소각재, 안정화 또는 고형화처리물, 폐촉매, 폐흡착제, 폐흡수제, 폐유기용제 또는 폐유를 각각 월 평균 50kg 또는 합계 월 평균 130kg 이상 배출하는 사업자
> • 폐합성고분자화합물, 폐산, 폐알칼리, 폐페인트, 폐래커를 각각 월 평균 100kg 또는 합계 월 평균 200kg 이상 배출하는 사업자
> • 폐석면을 월 평균 20kg 이상 배출하는 사업자. 이 경우 축사 등 환경부장관이 정하여 고시하는 시설물을 운영하는 사업자가 5ton 미만의 슬레이트 지붕 철거·제거 작업을 전부 도급한 경우에는 수급인(하수급인은 제외한다)이 사업자를 갈음하여 지정폐기물 처리계획의 확인을 받을 수 있다.
> • 폴리클로리네이티드비페닐 함유폐기물을 배출하는 사업자
> • 폐유독물질을 배출하는 사업자
> • 의료폐기물을 배출하는 사업자

2024년 제2회 최근 기출복원문제

제1과목 폐기물개론

01 혐기성 소화에 대한 설명으로 틀린 것은?

① 가수분해, 산생성, 메테인생성 단계로 구분된다.
② 처리속도가 느리고 고농도 처리에 적합하다.
③ 호기성 처리에 비해 동력비 및 유지관리비가 적게 든다.
④ 유기산의 농도가 높을수록 처리효율이 좋아진다.

해설
유기산 농도가 2,000mg/L를 넘으면 pH가 급격히 저하되어 메테인 생성률이 감소한다.

02 트롬멜 스크린에 대한 설명으로 틀린 것은?

① 수평으로 회전하는 직경 3m 정도의 원통 형태이며, 가장 널리 사용되는 스크린의 하나이다.
② 최적회전속도는 임계회전속도의 45% 정도이다.
③ 도시폐기물 처리 시 적정 회전속도는 100~180 rpm이다.
④ 경사도는 대개 2~3°를 채택하고 있다.

해설
도시폐기물 처리 시 적정 회전속도는 10~18rpm이다.

03 쓰레기의 성상분석 절차로 가장 옳은 것은?

① 시료 → 전처리 → 물리적 조성 분류 → 밀도 측정 → 건조 → 분류
② 시료 → 전처리 → 건조 → 분류 → 물리적 조성 분류 → 밀도 측정
③ 시료 → 밀도 측정 → 건조 → 분류 → 전처리 → 물리적 조성 분류
④ 시료 → 밀도 측정 → 물리적 조성 분류 → 건조 → 분류 → 전처리

해설
밀도 측정과 물리적 조성은 현장에서 이루어지고, 나머지는 이후 실험실에서 이루어진다.

04 고형분이 20%인 폐기물 12ton을 건조시켜 함수율이 40%가 되도록 하였을 때 감량된 무게(ton)는? (단, 비중은 1.0 기준)

① 5　　② 6
③ 7　　④ 8

해설
고형분이 20%이므로 수분은 80%
$w_1 = 80$, $w_2 = 40$, $V_1 = 12$ton

$$\frac{V_2}{V_1} = \frac{100 - w_1}{100 - w_2}$$

$$\frac{V_2}{12} = \frac{100 - 80}{100 - 40} = \frac{20}{60}$$

$$V_2 = 12 \times \frac{20}{60} = 4\text{ton}$$

∴ 감량된 무게 = 12 − 4 = 8ton

정답 1 ④　2 ③　3 ④　4 ④

05 폐기물 연소 시 저위발열량과 고위발열량의 차이를 결정짓는 물질은?

① 물
② 탄 소
③ 소각재의 양
④ 유기물 총량

해설
저위발열량은 고위발열량에서 물의 증발잠열에 해당하는 열량을 빼준 값이다.

06 폐기물의 파쇄에 대한 설명으로 틀린 것은?

① 파쇄하면 부피가 커지는 경우도 있다.
② 파쇄를 통해 조성이 균일해진다.
③ 매립작업 시 고밀도 매립이 가능하다.
④ 압축 시 밀도 증가율이 감소하므로 운반비가 감소된다.

해설
일반적으로 파쇄 후 압축하면 밀도가 증가하므로 운반비가 감소된다.

07 쓰레기 수거계획 수립 시 가장 우선되어야 할 항목은?

① 수거빈도
② 수거노선
③ 차량의 적재량
④ 인부수

08 인구 15만명, 쓰레기 발생량 1.4kg/인·일, 쓰레기 밀도 400kg/m³, 운반거리 6km, 적재용량 12m³, 1회 운반 소요시간 60분(적재시간, 수송시간 등 포함)일 때 운반에 필요한 일일 소요 차량대수(대)는?(단, 대기차량 포함, 대기차량 = 3대, 압축비 = 2.0, 일일 운전시간 6시간)

① 6
② 7
③ 8
④ 11

해설
폐기물 발생량 = 15만명 × 1.4kg/인·일 = 210,000kg/일
1회 운반하는 데 걸리는 시간 = 60분 = 1시간
일일 운전시간이 6시간이므로 하루에 6회 운반이 가능하다.

$\dfrac{210,000\text{kg/일}}{400\text{kg/m}^3 \times 2} = 262.5\text{m}^3/\text{일}$

$\dfrac{262.5\text{m}^3/\text{일}}{12\text{m}^3/\text{대} \times 6/\text{일}} = 3.6$대

∴ 3대의 대기차량을 고려하면 필요한 트럭은 7대이다.

09 도시폐기물을 $x_{90} = 2.5$cm로 파쇄하고자 할 때 Rosin-Rammler 모델에 의한 특성입자 크기(x_o, cm)는?(단, n = 1로 가정)

① 1.09
② 1.18
③ 1.22
④ 1.34

해설
$y = 1 - \exp\left[\left(-\dfrac{x}{x_o}\right)^n\right]$

$0.9 = 1 - \exp\left(-\dfrac{2.5}{x_o}\right) \rightarrow 0.1 = \exp\left(-\dfrac{2.5}{x_o}\right)$

exp를 없애기 위해서 양변에 ln를 취하면(ln 함수 ↔ exp 함수는 서로 역함수이므로 exp 함수에 ln를 취하면 exp 함수가 소거됨)

$\ln 0.1 = \left(-\dfrac{2.5}{x_o}\right) \rightarrow x_o = -\dfrac{2.5}{\ln 0.1} = 1.09$cm

정답 5 ① 6 ④ 7 ② 8 ② 9 ①

10 비자성이고 전기전도성이 좋은 물질(동, 알루미늄, 아연)을 다른 물질로부터 분리하는 데 가장 적절한 선별방식은?

① 와전류선별
② 자기선별
③ 자장선별
④ 정전기선별

> **해설**
> 와전류 선별기(Eddy Current Separator) : 알루미늄과 같은 비철 금속을 제거할 때 사용하는 방법으로 금속의 전기전도도 차이를 이용

11 청소상태의 평가방법에 관한 설명으로 옳지 않은 것은?

① 지역사회 효과지수는 가로 청소상태의 문제점이 관찰되는 경우 각 10점씩 감점한다.
② 지역사회 효과지수에서 가로 청결상태의 Scale은 1~10으로 정하여 각각 10점 범위로 한다.
③ 사용자 만족도지수는 서비스를 받는 사람들의 만족도를 설문 조사하여 계산되며 설문 문항은 6개로 구성되어 있다.
④ 사용자 만족도 설문지 문항의 총점은 100점이다.

> **해설**
> 지역사회 효과지수(CEI)에서 가로의 청결상태는 0~100점으로 정하며, 각각 25점 범위로 한다.

12 파쇄시설의 에너지 소모량은 평균 크기 비의 상용로그값에 비례한다. 에너지 소모량에 대한 자료가 다음과 같을 때 평균 크기가 10cm인 혼합 도시폐기물을 1cm로 파쇄하는 데 필요한 에너지 소모율(kW·시간/ton)은?(단, Kick의 법칙 적용)

파쇄 전 크기	파쇄 후 크기	에너지 소모량
2cm	1cm	3.0kW·시간/ton
6cm	2cm	4.8kW·시간/ton
20cm	4cm	7.0kW·시간/ton

① 7.82
② 8.61
③ 9.97
④ 12.83

> **해설**
> $$E = C \ln \frac{L_1}{L_2}$$
> 여기서, E : 폐기물 파쇄에너지
> L_1, L_2 : 파쇄 전 및 파쇄 후 입자 크기
> C : 비례상수
> • 2cm → 1cm의 경우
> $3.0 = C \ln \frac{2}{1} = 0.693 C \rightarrow C = 4.33$
> • 10cm → 1cm의 경우
> $E = 4.33 \ln \frac{10}{1} = 9.97$

13 파쇄기에 관한 설명으로 옳지 않은 것은?

① 전단파쇄기 : 충격파쇄기에 비해 이물질의 혼입에 약하다.
② 충격파쇄기 : 유리나 목질류 등을 파쇄하는 데 사용한다.
③ 전단파쇄기 : 충격파쇄기에 비해 파쇄속도가 빠르다.
④ 충격파쇄기 : 대개 회전식이다.

> **해설**
> ③ 전단파쇄기는 충격파쇄기에 비해 파쇄속도가 느리다.

14 지정폐기물인 폐석면의 입도를 분석할 결과에 의하면 d_{10} = 3mm, d_{30} = 5mm, d_{60} = 9mm, 그리고 d_{90} = 10mm이었다. 이때 곡률계수는?

① 0.63
② 0.73
③ 0.83
④ 0.93

해설
$D_{10} = 3$, $D_{30} = 5$, $D_{60} = 9$
$$\frac{(D_{30})^2}{D_{10} D_{60}} = \frac{5^2}{3 \times 9} = 0.926$$

15 쓰레기를 압축시키기 전 밀도가 0.38ton/m³이었던 것을 압축기에 넣어 압축시킨 결과 0.75ton/m³으로 증가하였다. 이때 부피의 감소율은?

① 약 50%
② 약 55%
③ 약 60%
④ 약 65%

해설
- 밀도가 0.38t/m³일 때 1ton의 폐기물 부피 $\frac{1t}{0.38t/m^3} = 2.63m^3$
- 밀도가 0.75t/m³일 때 1ton의 폐기물 부피 $\frac{1t}{0.75t/m^3} = 1.33m^3$
- 부피감소율 = $\frac{감소된\ 부피(V_i - V_f)}{압축\ 전\ 부피(V_i)} \times 100$
  $= \frac{2.63 - 1.33}{2.63} \times 100 = 49.4\%$

16 적환장에 관한 설명으로 옳지 않은 것은?

① 공중위생을 위하여 수거지로부터 먼 곳에 설치한다.
② 소형 수거를 대형 수송으로 연결해 주는 장치이다.
③ 적환장에서 재생 가능한 물질의 선별을 고려하도록 한다.
④ 간선도로에 쉽게 연결될 수 있는 곳에 설치한다.

해설
수거해야 할 쓰레기 발생지역의 무게 중심에 가까운 곳이 좋다.

17 슬러지를 처리하기 위하여 생슬러지를 분석한 결과 수분은 90%, 총 고형물 중 휘발성 고형물은 70%, 휘발성 고형물의 비중은 1.1, 무기성 고형물의 비중은 2.2였다. 생슬러지의 비중은?(단, 무기성 고형물 + 휘발성 고형물 = 총 고형물)

① 1.011
② 1.018
③ 1.023
④ 1.028

해설
고형분은 10%이며, 이 중 휘발성 고형분은 10%×0.7 = 7%, 무기성 고형분은 10%×0.3 = 3%이다.

$$\frac{슬러지\ 무게}{슬러지\ 비중} = \frac{유기성\ 고형물\ 무게}{유기성\ 고형물\ 비중} + \frac{무기성\ 고형물\ 무게}{무기성\ 고형물\ 비중} + \frac{물\ 무게}{물\ 비중}$$

$$\frac{1}{슬러지\ 비중} = \frac{0.1 \times 0.7}{1.1} + \frac{0.1 \times 0.3}{2.2} + \frac{0.90}{1} ≒ 0.977$$

∴ 슬러지 비중 = $\frac{1}{0.977} ≒ 1.023$

18 함수율 99%의 슬러지를 소화시킨 후, 탈수 공정을 통하여 함수율 80%로 낮추었다. 탈수 후 슬러지의 부피는 원래 슬러지의 몇 %로 감소하였는가?(단, 소화조의 유기물 제거효율은 전체 고형물의 50%이며, 슬러지 고형물의 비중은 1.0이라고 가정한다)

① 2.5%
② 5.0%
③ 7.5%
④ 10.0%

해설
탈수 전후의 고형물의 양은 일정하다.
탈수 전 전체 무게를 100, 고형물의 양을 1로 보면, 탈수 후 함수율이 80%이고, 고형물의 50%가 소화되어 분해되었으므로

수분함량 = $\frac{수분\ 무게}{전체\ 무게} = \frac{V - 0.5}{V} \times 100 = 80$

(분자의 0.5는 소화 후 고형물의 양임)
$100V - 50 = 80V \rightarrow 20V = 50$
$V = 2.5$ (탈수 후 무게)
따라서 원래 슬러지의 2.5%가 되었다.

19 고형폐기물의 처리방법 중 열분해에 관한 설명으로 틀린 것은?

① 소각처리에 비해 황 및 중금속이 회분 속에 고정되는 비율이 크다.
② 환원성 분위기가 유지되므로 Cr^{3+}이 Cr^{6+}으로 변화되는 일이 없다.
③ 연소가 고도의 발열반응임에 비해 열분해는 고도의 흡열반응이다.
④ 유기물질에 충분한 산소를 공급해서 가열하여 가스, 액체 및 고체의 3성분으로 분리하는 방법이다.

20 폐기물 선별에 관한 설명으로 옳지 않은 것은?

① 와전류식 선별은 전자석유도에 관한 패러데이법칙을 기초로 한다.
② 풍력선별기에 있어 전형적인 폐기물/공기비는 2~7이다.
③ 펄스풍력선별기는 유속의 변화를 이용하는 장치이다.
④ 정전기적 선별을 이용하면 플라스틱에서 종이를 선별할 수 있다.

해설
풍력선별기에 있어 전형적인 공기/폐기물 비는 2~7이다(폐기물에 비하여 불어주는 공기의 양이 많아야 함).

제2과목 폐기물처리기술

21 고형물농도 80kg/m³의 농축슬러지를 1시간에 8m³ 탈수시키려 한다. 슬러지 중의 고형물당 소석회 첨가량을 중량기준으로 20% 첨가했을 때 함수율 90%의 탈수 Cake가 얻어졌다. 이 탈수 Cake의 겉보기 비중량을 1,000kg/m³로 할 경우 발생 Cake의 부피(m³/h)는?

① 약 5.5 ② 약 6.6
③ 약 7.7 ④ 약 8.8

해설
소석회 첨가 후 고형물의 건조기준 중량은
$80 \text{kg/m}^3 \times 8\text{m}^3/\text{h} \times 1.2 = 768 \text{kg/h}$
탈수케이크의 함수율이 90%이므로 고형물의 비율은 10%이다.
발생케이크의 부피 $= \dfrac{768 \text{kg/h}}{0.1} \times \dfrac{\text{m}^3}{1,000 \text{kg}} = 7.7 \text{m}^3/\text{h}$

22 흔히 사용되는 폐기물 고화처리 방법은 보통 포틀랜드 시멘트를 이용한 방법이다. 보통 포틀랜드 시멘트에서 가장 많이 함유한 성분은?

① SiO_2 ② Al_2O_3
③ Fe_2O_3 ④ CaO

해설
시멘트의 주원료는 석회석이며, 석회석의 주된 성분은 CaO이다.

23 매립장에서 침출된 침출수가 다음과 같은 점토로 이루어진 90cm의 차수층을 통과하는 데 걸리는 시간은 얼마인가?

- 유효, 공극률 = 0.5
- 점토층 하부의 수두 = 점토층 아랫면과 일치
- 점토층 투수계수 = 10^{-7} cm/sec
- 점토층 위의 침출수 수두 = 40cm

① 약 8년 ② 약 10년
③ 약 12년 ④ 약 14년

해설
$$t = \frac{d^2 n}{K(d+h)} = \frac{90^2 \times 0.5}{10^{-7} \times (90+40)} = 311,538,462\text{초} = 9.9\text{년}$$

24 점토의 수분함량 지표인 소성지수, 액성한계, 소성한계의 관계로 옳은 것은?

① 소성지수 = 액성한계 − 소성한계
② 소성지수 = 액성한계 + 소성한계
③ 소성지수 = 액성한계 / 소성한계
④ 소성지수 = 소성한계 / 액성한계

해설
소성지수(PI ; Plasticity Index) : 액성한계와 소성한계의 차이
(PI = LL − PL)

25 다이옥신과 퓨란에 대한 설명으로 틀린 것은?

① PVC 또는 플라스틱 등을 포함하는 합성물질을 연소시킬 때 발생한다.
② 여러 개의 염소원자와 1~2개의 수소원자가 결합된 두 개의 벤젠고리를 포함하고 있다.
③ 다이옥신의 이성체는 75개이고, 퓨란은 135개이다.
④ 2,3,7,8 PCDD의 독성계수가 1이며, 여타 이성체는 1보다 작은 등가계수를 갖는다.

해설
② 여러 개의 염소원자와 1~2개의 산소원자가 결합된 두 개의 벤젠고리를 포함하고 있다.

26 소각공정에 비해 열분해 과정의 장점이라 볼 수 없는 것은?

① 배기가스가 적다.
② 보조연료의 소비량이 적다.
③ 크롬의 산화가 억제된다.
④ NO_x의 발생량이 억제된다.

해설
열분해는 흡열반응이므로 소각에 비하여 보조연료의 소비량이 많다.

27 분뇨저장탱크 내의 악취발생 공간 체적이 40m³이고, 이를 시간당 5차례 교환하고자 한다. 발생된 악취공기를 퇴비여과방식을 채택하여 투과속도 20m/h로 처리하고자 할 때 필요한 퇴비여과상의 면적(m²)은?

① 6   ② 8
③ 10   ④ 12

해설
시간당 5차례 교환하므로 처리할 가스량 = 5회/h × 40m³
= 200m³/h
$Q = AV$에서
$200 = A \times 20$
∴ $A = 10m^2$

28 합성차수막 중 CR의 장단점에 관한 설명으로 가장 거리가 먼 것은?

① 가격이 비싸다.
② 마모 및 기계적 충격에 약하다.
③ 접합이 용이하지 못하다.
④ 대부분의 화학물질에 대한 저항성이 높다.

해설
② 마모 및 기계적 충격에 강하다.

29 어느 하수처리장에서 발생한 생슬러지 내 고형물은 유기물(VS) 85%, 무기물(FS) 15%로 구성되어 있으며, 이를 혐기소화조에서 처리하자 소화슬러지 내 고형물은 유기물(VS) 70%, 무기물(FS) 30%로 되었다면 이때 소화율(%)은?

① 45.8   ② 48.8
③ 54.8   ④ 58.8

해설
무기물은 분해되지 않으므로 생슬러지의 무기물 양 15를 소화슬러지 내 무기물 함량 계산에 적용하면
$\frac{15}{VS_d + 15} \times 100 = 30$에서
소화슬러지 내의 유기물 양 $VS_d = 35$
∴ 소화율 $= \frac{85-35}{85} \times 100 = 58.8\%$

30 침출수 중에 함유된 고농도의 질소를 제거하기 위해 적용되는 생물학적 처리방법의 MLE(Modified Ludzack Ettinger)공정에서 내부 반송비가 300%인 경우 이론적인 탈질효율(%)은?(단, 탈질조로 내부반송되는 질소산화물은 전량 탈질된다고 가정한다)

① 50   ② 67
③ 75   ④ 80

해설
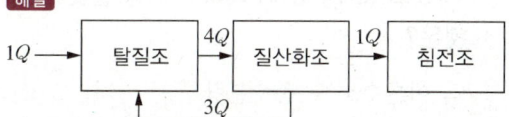
그림에서 $3Q$가 내부반송되면 질산화조로 유입되는 유량은 $4Q$이고, 이 중 반송된 $3Q$는 전량 탈질된다고 가정하면 $\frac{3}{4} \times 100 = 75\%$가 제거된다.

31 함수율 95% 분뇨의 유기탄소량이 TS의 35%, 총 질소량은 TS의 10%이다. 이와 혼합할 함수율 20%인 볏짚의 유기탄소량이 TS의 80%이고 총 질소량이 TS의 4%라면 분뇨와 볏짚을 무게비 2:1로 혼합했을 때 C/N비는?(단, 비중은 1.0, 기타 사항은 고려하지 않음)

① 약 16
② 약 18
③ 약 20
④ 약 22

해설
- 혼합물의 C양
$$\frac{2 \times (5 \times 0.35) + 1 \times (80 \times 0.8)}{2+1} = 22.5\%$$
- 혼합물의 N양
$$\frac{2 \times (5 \times 0.1) + 1 \times (80 \times 0.04)}{2+1} = 1.4\%$$
$$\therefore C/N비 = \frac{22.5}{1.4} ≒ 16.1$$

32 발열량 계산의 대표적인 공식인 Dulong식의 (H - O/8)과 (9H + W)의 의미로 가장 알맞게 짝지어진 것은?

① 이론수소 - 총수분량
② 결합수소 - 증발잠열
③ 과잉수소 - 증발잠열
④ 유효수소 - 총수분량

33 $C_6H_{12}O_6$로 구성된 유기물 3kg이 혐기성 미생물에 의해 완전히 분해되었을 때 메테인의 이론적 발생량은?(단, 표준 상태 기준)

① $1.12Sm^3$
② $1.62Sm^3$
③ $2.34Sm^3$
④ $3.45Sm^3$

해설
$C_6H_{12}O_6 \rightarrow 3CH_4 + 3CO_2$
180kg : $3 \times 22.4Sm^3$
3kg : CH_4
$$\therefore CH_4 = \frac{3 \times 3 \times 22.4}{180} = 1.12$$

34 퇴비화에 사용되는 통기개량제의 종류별 특성으로 옳지 않은 것은?

① 볏짚 : 칼륨분이 높다.
② 톱밥 : 주성분이 분해성 유기물이기 때문에 분해가 빠르다.
③ 파쇄목편 : 폐목재 내에 퇴비화에 영향을 줄 수 있는 유해물질의 함유 가능성이 있다.
④ 왕겨(파쇄) : 발생기간이 한정되어 있기 때문에 저류공간이 필요하다.

해설
톱밥의 주성분은 셀룰로스와 리그닌으로 분해속도가 더딘 편이다.

35 중금속 슬러지를 다음의 조건으로 시멘트 고형화 할 때 부피변화율(VCF)은?

> 조건
> - 고화 처리 전 중금속 슬러지 비중 : 1.3
> - 고화 처리 후 폐기물의 비중 : 1.4
> - 시멘트 첨가량 : 슬러지 무게의 20%

① 0.9   ② 1.1
③ 1.3   ④ 1.5

해설
- 고화 후 고화체의 무게 : 1.2
- 고화 전 중금속 슬러지 부피 = $\frac{폐기물\ 중량}{폐기물\ 밀도} = \frac{1}{1.3} = 0.769$
- 고화 후 고화체 부피 = $\frac{1.2}{1.4} = 0.857$
- ∴ 부피변화율 = $\frac{0.857}{0.769} = 1.11$

36 합성차수막인 CSPE에 관한 설명으로 틀린 것은?

① 미생물에 강하다.
② 강도가 높다.
③ 산과 알칼리에 특히 강하다.
④ 기름, 탄화수소 및 용매류에 약하다.

해설
CSPE(Chlorosulfonated Polyethylene)
- 미생물에 강하다.
- 접합에 용이하다.
- 산과 알칼리에 특히 강하다.
- 기름, 탄화수소, 용매류에 약하다.
- 강도가 낮다.

37 함수율이 98%이고, 고형물질 중 유기물이 50%인 생슬러지 400m³를 혐기성 소화하여 함수율 85%의 소화슬러지가 얻어졌다면 이때 소화슬러지의 발생량은?(단, 슬러지 고형물질은 유기물과 무기물로 나누며, 소화 전후 슬러지의 비중은 1.0이고 소화과정에서 생슬러지의 유기물은 50%가 분해됨)

① 30m³   ② 40m³
③ 50m³   ④ 60m³

해설
- 생슬러지 고형물 양 = 400m³ × 0.02 = 8ton
- 소화 후 고형물 양 = 8 × (0.5 + 0.5 × 0.5) = 6ton
- 농축슬러지의 함수율이 85%이므로
$\frac{V-6}{V} \times 100 = 85$ (분자의 $V-6$은 수분의 양임)
∴ $V = 40$

38 퇴비화 과정의 영향인자에 대한 설명으로 가장 거리가 먼 것은?

① 슬러지 입도가 너무 작으면 공기유통이 나빠져 혐기성 상태가 될 수 있다.
② 슬러지를 퇴비화할 때 Bulking Agent를 혼합하는 주목적은 산소와 접촉면적을 넓히기 위한 것이다.
③ 숙성퇴비를 반송하는 것은 Seeding과 pH 조정이 목적이다.
④ C/N비가 너무 높으면 유기물의 암모니아화로 악취가 발생한다.

해설
④ C/N비가 너무 낮으면 유기물의 암모니아화로 악취가 발생한다.

39 점토차수층과 비교하여 합성수지계 차수막에 관한 설명으로 틀린 것은?

① 경제성 : 재료의 가격이 고가이다.
② 차수성 : Bentonite 첨가 시 차수성이 높아진다.
③ 적용지반 : 어떤 지반에도 가능하나 급경사에는 시공 시 주의가 요구된다.
④ 내구성 : 내구성은 높으나 파손 및 열화위험이 있으므로 주의가 요구된다.

해설
벤토나이트 첨가는 원지반에 혼합하여 점토층을 대신하여 차수성을 높이는 데 사용한다(합성수지계 차수막과는 관련 없음).

40 기계식 반응조 퇴비화 공법에 관한 설명으로 가장 거리가 먼 것은?

① 퇴비화가 밀폐된 반응조 내에서 수행된다.
② 일반적으로 퇴비화 원료물질의 성분에 따라 수직형과 수평형으로 나누어 퇴비화를 수행한다.
③ 수직형 퇴비화 반응조는 반응조 전체에 최적조건을 유지하기 어려워 생산된 퇴비의 질이 떨어질 수 있다.
④ 수평형 퇴비화 반응조는 수직형 퇴비화 반응조와 달리 공기흐름 경로를 짧게 유지할 수 있다.

해설
기계식 반응조 퇴비화 공법에서 수직형과 수평형의 구분은 퇴비화 원료물질의 성분과는 관련이 없다.

제3과목 폐기물소각 및 열회수

41 에틸렌(C_2H_4)의 고위발열량이 15,280kcal/Sm^3이라면 저위발열량(kcal/Sm^3)은?

① 14,920 ② 14,800
③ 14,680 ④ 14,320

해설
$C_2H_4 + 3O_2 \rightarrow 2CO_2 + 2H_2O$이며,
기체연료의 저위발열량 = 고위발열량 $- nH_2O \times 480$(kcal/Sm^3)
∴ $15,280 - 2 \times 480 = 14,320$

42 저위발열량 10,000kcal/Sm^3인 기체연료 연소 시 이론습연소가스량이 20Sm^3/Sm^3이고, 이론연소온도는 2,500℃라고 한다. 연료연소가스의 평균 정압비열(kcal/$Sm^3 \cdot$℃)은?(단, 연소용 공기, 연료온도 = 15℃)

① 0.2 ② 0.3
③ 0.4 ④ 0.5

해설
정압비열 = $\dfrac{\text{저위발열량}}{\text{연소가스량} \times \text{연소온도}} = \dfrac{10,000}{20 \times 2,500} = 0.2$

43 표준상태(0℃, 1기압)에서 어떤 배기가스 내에 CO_2 농도가 0.05%라면 몇 mg/m^3에 해당되는가?

① 832 ② 982
③ 1,124 ④ 1,243

해설
CO_2의 분자량이 44이고, 표준상태에서 기체 1몰의 부피는 22.4L이므로 $\dfrac{44g}{22.4L} \times \dfrac{0.05}{100} \times \dfrac{1,000L}{m^3} \times \dfrac{1,000mg}{g} = 982\,mg/m^3$

44 아세틸렌(C_2H_2) 100kg을 완전연소시킬 때 필요한 이론적 산소요구량(kg)은?

① 약 123
② 약 214
③ 약 308
④ 약 415

해설
$C_2H_2 + 2.5O_2 \rightarrow 2CO_2 + H_2O$
26kg   80kg
100kg x kg
$x = \dfrac{100 \times 80}{26} = 307.7$

45 열분해 방법을 습식산화법, 저온열분해, 고온열분해로 구분할 때 각각의 온도영역을 순서대로 나열한 것은?

① 100~200℃, 300~400℃, 700~800℃
② 200~300℃, 400~600℃, 900~1,000℃
③ 200~300℃, 500~900℃, 1,100~1,500℃
④ 300~500℃, 700~900℃, 1,100~1,500℃

46 소각로에 발생하는 질소산화물의 발생억제방법으로 옳지 않은 것은?

① 버너 및 연소실의 구조를 개선한다.
② 배기가스를 재순환한다.
③ 예열온도를 높여 연소온도를 상승시킨다.
④ 2단 연소시킨다.

해설
연소온도가 상승하면 NO_x의 생성을 촉진시킨다.

47 폐타이어를 소각 전에 분석한 결과 C 78%, H 6.7%, O 1.9%, S 1.9%, N 1.1%, Fe 9.3%, Zn 1.1%의 조성을 보였다. 공기비(m)가 2.2일 때, 연소 시 발생되는 질소의 양(Sm^3/kg)은?

① 약 15.16
② 약 25.16
③ 약 35.16
④ 약 45.16

해설
- 이론공기량 A_o
$= \dfrac{1}{0.21} \times \left\{ \dfrac{22.4}{12} \times 0.78 + \dfrac{11.2}{2} \times \left(0.067 - \dfrac{0.019}{8}\right) \right.$
$\left. + \dfrac{22.4}{32} \times 0.019 \right\}$
$= 8.72\, Sm^3/kg$
- 연소가스 중 질소의 양 $= 0.79 m A_o = 0.79 \times 2.2 \times 8.72$
$= 15.16\, Sm^3/kg$

48 배연탈황법에 대한 설명으로 가장 거리가 먼 것은?

① 석회석 슬러리를 이용한 흡수법은 탈황률의 유지 및 스케일 형성을 방지하기 위해 흡수액의 pH를 6으로 조정한다.
② 활성탄흡착법에서 SO_2는 활성탄 표면에서 산화된 후 수증기와 반응하여 황산으로 고정된다.
③ 수산화나트륨용액 흡수법에서는 탄산나트륨의 생성을 억제하기 위해 흡수액의 pH를 7로 조정한다.
④ 활성산화망간은 상온에서 SO_2 및 O_2와 반응하여 황산망간을 생성한다.

해설
활성산화망간법은 135~150℃의 배기가스와 접촉한다.

49 폐기물을 소각할 때 발생하는 폐열을 회수하여 이용할 수 있는 보일러에 대한 설명으로 틀린 것은?

① 보일러의 배출가스 온도는 대략 100~200℃이다.
② 보일러는 연료의 연소열을 압력용기 속의 물로 전달하여 소요압력의 증기를 발생시키는 장치이다.
③ 보일러의 용량 표시는 정격증발량으로 나타내는 경우와 환산증발량으로 나타내는 경우가 있다.
④ 보일러의 효율은 연료의 연소에 의한 화학에너지가 열에너지로 전달되었는가를 나타내는 것이다.

해설
① 보일러의 배출가스 온도는 대략 250~300℃이다.

50 화상부하율(연소량/화상면적)에 대한 설명으로 옳지 않은 것은?

① 화상부하율을 크게 하기 위해서는 연소량을 늘리거나 화상면적을 줄인다.
② 화상부하율이 너무 크면 노 내 온도가 저하하기도 한다.
③ 화상부하율이 작아질수록 화상면적이 축소되어 Compact화 된다.
④ 화상부하율이 너무 커지면 불완전연소의 문제를 야기시킨다.

해설
③ 화상부하율이 작아질수록 화상면적은 커진다.

51 폐기물 소각, 매립 설계과정에서 중요한 인자로 작용하고 있는 강열감량(Ignition Loss)에 대한 설명으로 틀린 것은?

① 소각로의 운전상태를 파악할 수 있는 중요한 지표
② 소각로의 종류, 처리용량에 따른 화격자의 면적을 선정하는 데 중요 자료
③ 소각잔사 중 가연분을 중량 백분율로 나타낸 수치
④ 폐기물의 매립처분에 있어서 중요한 지표

해설
강열감량은 소각재 잔사 중에 존재하는 미연소 분량을 백분율로 표시한 것이다.

52 CH_4 75%, CO_2 5%, N_2 8%, O_2 12%로 조성된 기체연료 $1Sm^3$을 $10Sm^3$의 공기로 연소한다면 이때 공기비는?

① 1.22
② 1.32
③ 1.42
④ 1.52

해설
$CH_4 + 2O_2 \rightarrow CO_2 + 2H_2O$ 반응식에서
CH_4 $0.75Sm^3$일 때, O_2는 $1.5Sm^3$가 필요하다.
∴ 필요한 산소량 = $1.5 - 0.12 = 1.38Sm^3$ (0.12는 기체연료 안에 들어 있는 O_2의 양)
이론공기량 = $\dfrac{1.38}{0.21} = 6.57Sm^3$
$m = \dfrac{10}{6.57} = 1.52$

53 유동층 소각로(Fluidized Bed Incinerator)의 특성에 대한 설명으로 옳지 않은 것은?

① 미연소분 배출이 많아 2차 연소실이 필요하다.
② 반응시간이 빨라 소각시간이 짧다.
③ 기계적 구동부분이 상대적으로 적어 고장률이 낮다.
④ 소량의 과잉공기량으로도 연소가 가능하다.

해설
① 연소효율이 높아 미연소분이 적고 2차 연소실이 불필요하다.

54 연소실 내 가스와 폐기물의 흐름에 관한 설명으로 가장 거리가 먼 것은?

① 병류식은 폐기물의 발열량이 낮은 경우에 적합한 형식이다.
② 교류식은 향류식과 병류식의 중간적인 형식이다.
③ 교류식은 중간 정도의 발열량을 가지는 폐기물에 적합하다.
④ 역류식은 폐기물의 이송방향과 연소가스의 흐름이 반대로 향하는 형식이다.

해설
연소실 내 가스와 폐기물 흐름에 따른 소각로 형식 구분

종류	형태	특징
역류식	폐기물과 연소가스의 흐름이 반대	수분이 많고 저위발열량이 낮은 폐기물에 적합
병류식	폐기물과 연소가스의 흐름이 같음	저위발열량이 높은 폐기물에 적합
교류식	역류식과 병류식의 중간 형태	-
복류식	2개의 출구를 가지고 있고 댐퍼로 개폐 조절	-

55 착화온도에 대한 설명으로 옳지 않은 것은?

① 화학결합의 활성도가 클수록 착화온도는 낮다.
② 분자구조가 간단할수록 착화온도는 낮다.
③ 화학반응성이 클수록 착화온도는 낮다.
④ 화학적으로 발열량이 클수록 착화온도는 낮다.

해설
② 분자구조가 간단할수록 착화온도는 높아진다.

56 폐기물 처리공정에서 소각공정과 열분해공정을 비교한 설명으로 틀린 것은?

① 소각공정은 산소가 존재하는 조건에서 시행되고, 열분해공정은 산소가 거의 없거나 무산소 상태에서 진행된다.
② 열분해공정은 소각공정에 비하여 배기가스량이 많다.
③ 열분해공정은 소각공정에 비하여 NO_x(질소산화물) 발생량이 적다.
④ 소각공정은 발열반응이나 열분해공정은 흡열반응이다.

해설
소각은 과잉공기를 공급하는데 열분해는 공기공급이 없거나, 이론 공기량보다 낮은 공기를 공급하므로, 배기가스량이 작다.

57 다이옥신(Dioxin)과 퓨란(Furan)의 생성기전에 대한 설명으로 옳지 않은 것은?

① 투입 폐기물 내에 존재하던 PCDD/PCDF가 연소 시 파괴되지 않고 배기가스 중으로 배출
② 전구물질(클로로페놀, 폴리염화바이페닐 등)이 반응을 통하여 PCDD/PCDF로 전환되어 생성
③ 여러 가지 유기물과 염소공여체로부터 생성
④ 약 800℃의 고온 촉매화 반응에 의해 분진으로부터 생성

해설
④ 약 300℃의 고온 촉매화 반응에 의해 분진으로부터 생성된다.

58 프로페인(C_3H_8)의 고위발열량이 24,300kcal/Sm^3 일 때 저위발열량(kcal/Sm^3)은?

① 22,380   ② 22,840
③ 23,340   ④ 23,820

해설
$C_3H_8 + 5O_2 \rightarrow 3CO_2 + 4H_2O$
저위발열량 = 고위발열량 $- 480 \times nH_2O$
= $24,300 - 480 \times 4$
= $22,380 \text{kcal/Sm}^3$

59 소각로 배출가스 중 염소(Cl_2)가스 농도가 0.5%인 배출가스 3,000Sm^3/hr를 수산화칼슘현탁액으로 처리하고자 할 때 이론적으로 필요한 수산화칼슘의 양(kg/hr)은?(단, Ca 원자량 = 40)

① 약 12.4   ② 약 24.8
③ 약 49.6   ④ 약 62.1

해설
염화수소 양 = $3,000Sm^3 \times 0.005 = 15Sm^3$
$Cl_2 + Ca(OH)_2 \rightarrow CaCl_2 + 2OH^-$
$2 \times 22.4Sm^3$ 74kg
15   x
필요한 $Ca(OH)_2$ 양
$x = 15Sm^3 \times \dfrac{74}{2 \times 22.4} = 24.8\text{kg/hr}$

60 소각로의 부식에 대한 설명으로 틀린 것은?

① 150~320℃에서는 부식이 잘 일어나지 않고 노점인 150℃ 이하의 온도에서는 저온부식이 발생한다.
② 320℃ 이상에서는 소각재가 침착된 금속면에서 고온부식이 발생한다.
③ 저온부식은 결로로 생성된 수분에 산성가스 등의 부식성가스가 용해되어 이온으로 해리되면서 금속부와 전기화학적 반응에 의한 금속염으로 부식이 진행된다.
④ 480℃까지는 염화철 또는 알칼리철 황산염 분해에 의한 부식이고, 700℃까지는 염화철 또는 알칼리철 황산염 생성에 의한 부식이 진행된다.

해설
480℃까지는 염화철 또는 알칼리철 황산염 생성에 의한 부식이고, 700℃까지는 염화철 또는 알칼리철 황산염 분해에 의한 부식이 진행된다.

제4과목 폐기물공정시험기준(방법)

61 기체크로마토그래피에 의한 정성분석에 관한 설명으로 틀린 것은?

① 유지치의 표시는 무효부피의 보정 유무를 기록하여야 한다.
② 일반적으로 5~30분 정도에서 측정하는 피크의 머무름 시간은 반복시험을 할 때 ±3% 오차범위 이내여야 한다.
③ 유지시간을 측정할 때는 3회 측정하여 그중 최대치로 정한다.
④ 유지치의 종류로는 유지시간, 유지용량, 비유지용량, 유지비, 유지지표 등이 있다.

해설
머무름시간(Retention Time)을 측정할 때는 3회 측정하여 그 평균값을 구한다.

62 시료의 전처리(산분해법) 방법 중 유기물 등을 많이 함유하고 있는 대부분의 시료에 적용하는 것은?

① 질산-염산 분해법
② 질산-황산 분해법
③ 염산-황산 분해법
④ 염산-과염소산 분해법

해설
질산-황산 분해법
- 유기물 등을 많이 함유하고 있는 대부분의 시료에 적용
- 칼슘, 바륨, 납 등을 다량 함유한 시료는 난용성의 황산염을 생성하여 다른 금속성분을 흡착

63 유도결합플라스마 발광광도법(ICP)에 대한 설명 중 틀린 것은?

① 시료 중의 원소가 여기되는 데 필요한 온도는 6,000~8,000K이다.
② ICP 분석장치에서 에어로졸 상태로 분무된 시료는 가장 안쪽의 관을 통하여 도너츠 모양의 플라스마 중심부에 도달한다.
③ 시료측정에 따른 정량분석은 검량선법, 내부표준법, 표준첨가법을 사용한다.
④ 플라스마는 그 자체가 광원으로 이용되기 때문에 매우 좁은 농도범위의 시료를 측정하는 데 주로 사용된다.

해설
플라스마는 그 자체가 광원으로 이용되기 때문에 매우 넓은 농도범위에서 시료를 측정할 수 있다.

64 기체크로마토그래피를 이용한 유기인 분석에 관한 설명으로 가장 거리가 먼 것은?

① 검출기는 불꽃광도검출기(FPD)를 사용한다.
② 규산 칼럼 또는 실리카겔 칼럼을 사용하여 시료를 농축한다.
③ 칼럼 온도는 40~280°C로 사용한다.
④ 유기인 화합물 중 이피엔, 파라티온, 메틸디메톤, 다이아지논, 펜토에이트의 측정에 적용된다.

해설
ES 06501.1b 유기인-기체크로마토그래피
정제용 칼럼은 실리카겔 칼럼이나 플로리실 칼럼, 활성탄 칼럼 등을 사용한다.

정답 61 ③ 62 ② 63 ④ 64 ②

65 강열감량 측정 실험에서 다음 데이터를 얻었을 때 유기물 함량(%)은?

- 접시무게(W_1) = 30.5238g
- 접시와 시료의 무게(W_2) = 58.2695g
- 항량으로 건조, 방랭 후 무게(W_3) = 57.1253g
- 강열, 방랭 후 무게(W_4) = 43.3767g

① 49.56 ② 51.68
③ 53.68 ④ 95.88

해설

- 강열감량(%) = $\frac{(W_2 - W_4)}{(W_2 - W_1)} \times 100$

  = $\frac{58.2695 - 43.3767}{58.2695 - 30.5238} \times 100 = 53.68\%$

- 수분함량(%) = $\frac{(W_2 - W_3)}{(W_2 - W_1)} \times 100$

  = $\frac{58.2695 - 57.1253}{58.2695 - 30.5238} \times 100 = 4.12\%$

- 휘발성 고형물(%) = 강열감량(%) − 수분(%) = 53.68 − 4.12 = 49.56%
- 고형물 = 100 − 수분함량 = 100 − 4.12 = 95.88%

∴ 유기물 함량(%) = $\frac{휘발성 고형물(\%)}{고형물(\%)} \times 100$

  = $\frac{49.56}{95.88} \times 100 = 51.69\%$

66 함수율이 95%인 시료의 용출시험 결과를 보정하기 위해 곱하여야 하는 값은?

① 1.5 ② 2.0
③ 2.5 ④ 3.0

해설

ES 06150.e 시료의 준비
함수율 85% 이상인 시료에 한하여
$\frac{15}{100 - 시료의 함수율(\%)}$ 을 곱한다.

∴ 보정계수 = $\frac{15}{100 - 95} = 3$

67 중량법에 의한 기름성분 분석방법에 관한 설명으로 옳지 않은 것은?

① 시료를 직접 사용하거나, 시료에 적당한 응집제 또는 흡착제 등을 넣어 노말헥산 추출물질을 포집한 다음 노말헥산으로 추출한다.
② 시험기준의 정량한계는 0.1% 이하로 한다.
③ 폐기물 중의 휘발성이 높은 탄화수소, 탄화수소유도체, 그리스유상물질 중 노말헥산에 용해되는 성분에 적용한다.
④ 눈에 보이는 이물질이 들어 있을 때에는 제거해야 한다.

해설

ES 06302.1b 기름성분-중량법
폐기물 중의 비교적 휘발되지 않는 탄화수소, 탄화수소유도체, 그리스유상물질 중 노말헥산에 용해되는 성분에 적용한다.

68 원자흡수분광광도법에 의한 수은(Hg)의 측정방법으로 틀린 것은?

① 환원기화장치를 사용하여 수은증기를 발생시킨다.
② 시료 중의 수은을 금속수은으로 환원시키려면 이염화주석용액이 필요하다.
③ 황산 산성에서 방해성분과 분리한 다음 알칼리성에서 디티존사염화탄소로 수은을 추출한다.
④ 시료 중 벤젠, 아세톤 등의 휘발성 유기물질도 253.7nm에서 흡광도를 나타내므로 추출분리 후 시험한다.

해설

ES 06404.1a 수은-환원기화-원자흡수분광광도법
이 시험기준은 폐기물 중에 수은의 측정방법으로, 시료 중 수은을 이염화주석을 넣어 금속수은으로 환원시킨 다음 이 용액에 통기하여 발생하는 수은증기를 253.7nm의 파장에서 원자흡수분광광도법에 따라 정량하는 방법이다.

정답 65 ② 66 ④ 67 ③ 68 ③

69 pH 측정(유리전극법)의 내부정도관리 주기 및 목표 기준에 대한 설명으로 옳은 것은?

① 시료를 측정하기 전에 표준용액 2개 이상으로 보정한다.
② 시료를 측정하기 전에 표준용액 3개 이상으로 보정한다.
③ 정도관리 목표(정도관리 항목 : 정밀도)는 ±0.01 이내이다.
④ 정도관리 목표(정도관리 항목 : 정밀도)는 ±0.03 이내이다.

해설
ES 06304.1 수소이온농도-유리전극법
정도관리 목표(정도관리 항목 : 정밀도)는 ±0.05 이내이다.

70 성상에 따른 시료의 채취방법에 대한 설명으로 틀린 것은?

① 콘크리트 고형화물이 소형일 때는 적당한 채취도구를 사용하며, 한 번에 일정량씩을 채취하여야 한다.
② 고상혼합물의 경우, 시료는 적당한 시료채취 도구를 사용하여 한 번에 일정량씩을 채취하여야 한다.
③ 액상혼합물이 용기에 들어 있을 때에는 교란되어 혼합되지 않도록 하여 균일한 상태로 채취한다.
④ 액상혼합물의 경우는 원칙적으로 최종 지점의 낙하구에서 흐르는 도중에 채취한다.

해설
ES 06130.d 시료의 채취
액상 혼합물의 경우에는 원칙적으로 최종 지점의 낙하구에서 흐르는 도중에 채취한다. 용기에 들어 있을 때에는 잘 혼합하여 균일한 상태로 만든 후에 채취한다.

71 소각재 5g의 Pb 함유량을 측정하기 위해 질산-염산 분해법의 전처리 과정을 거친 100mL 용액의 Pb 농도를 원자흡수분광광도계를 이용하여 측정하였더니 10mg/L이었을 때, 소각재의 Pb 함유량(mg/kg)은?

① 100 ② 200
③ 300 ④ 400

해설
$$\frac{10\,\text{mg/L} \times 100\,\text{mL}}{5\,\text{g}} \times \frac{1,000\,\text{g}}{\text{kg}} \times \frac{\text{L}}{1,000\,\text{mL}} = 200\,\text{mg/kg}$$

72 흡광광도법에서 기본원리인 Beer-Lambert 법칙에 관한 설명으로 틀린 것은?

① 흡광도는 광이 통과하는 용액층의 두께에 비례한다.
② 흡광도는 광이 통과하는 용액층의 농도에 비례한다.
③ 흡광도는 용액층의 투광도에 비례한다.
④ 비어-람베르트의 법칙을 식으로 표현하면 $A = \varepsilon CL$이다(단, A : 흡광도, ε : 흡광계수, C : 농도, L : 빛의 투과거리).

해설
비어-람베르트(Beer-Lambert) 법칙
$I_t = I_o \cdot 10^{-\varepsilon CL}$
여기서, I_o : 입사광의 강도
I_t : 투과광의 강도
C : 농도
L : 빛의 투과거리(셀의 폭)
ε : 비례상수로서 흡광계수

흡광도$(A) = \log\frac{1}{t} = \log\frac{I_o}{I_t}$
흡광도는 투과도(t)의 역수를 로그 취한 값에 비례한다.

73 폐기물공정시험기준에서 규정하고 있는 진공에 해당되지 않는 것은?

① 10mmHg
② 13torr
③ 0.03atm
④ 0.18mH_2O

해설
'감압 또는 진공'이라 함은 따로 규정이 없는 한 15mmHg 이하를 뜻한다.
1기압 = 760mmHg = 10mH_2O이므로
15mmHg = 0.02atm = 0.20mH_2O 이하여야 한다.
1torr = 1mmHg이므로, 13torr = 13mmHg

74 자외선/가시선 분광법으로 납을 측정할 때 전처리를 하지 않고 직접 시료를 사용하는 경우 시료 중에 시안화합물이 함유되었을 때 조치사항으로 옳은 것은?

① 염산 산성으로 하여 끓여 시안화물을 완전히 분해 제거한다.
② 사염화탄소로 추출하고 수층을 분리하여 시안화물을 완전히 제거한다.
③ 음이온 계면활성제와 소량의 활성탄을 주입하여 시안화물을 완전히 흡착 제거한다.
④ 질산(1 + 5)과 과산화수소를 가하여 시안화물을 완전히 분해 제거한다.

해설
ES 06402.3 납-자외선/가시선 분광법
전처리를 하지 않고 직접 시료를 사용하는 경우, 시료 중에 시안화합물이 함유되어 있으면 염산 산성으로 하여서 끓여 시안화물을 완전히 분해 제거한 다음 실험한다.

75 폐기물공정시험기준 중 수소이온농도 시험방법에 관한 내용 중 옳지 않은 것은?

① pH는 수소이온농도를 그 역수의 상용대수로서 나타내는 값이다.
② 유리전극을 정제수로 잘 씻고 남아 있는 물을 여과지 등으로 조심하여 닦아낸 다음 측정값이 0.5 이하의 pH 차이를 보일 때까지 반복 측정한다.
③ 산성 표준용액은 3개월, 염기성 표준용액은 산화칼슘 흡수관을 부착하여 1개월 이내에 사용한다.
④ pH미터는 임의의 한 종류의 표준용액에 대하여 검출부를 정제수로 잘 씻은 다음 5회 되풀이하여 측정하였을 때 재현성이 ±0.05 이내의 것을 쓴다.

해설
ES 06304.1 수소이온농도-유리전극법
유리전극을 정제수로 잘 씻고 남아 있는 물을 여과지 등으로 조심하여 닦아낸 다음 시료에 담가 측정값을 읽는다. 이때 온도를 함께 측정한다. 측정값이 0.05 이하의 pH 차이를 보일 때까지 반복 측정한다.

76 용출시험방법의 용출조작기준에 대한 설명으로 옳은 것은?

① 진탕기의 진폭은 5~10cm로 한다.
② 진탕기의 진탕횟수는 매분 당 약 100회로 한다.
③ 진탕기를 사용하여 6시간 연속 진탕한 다음 1.0 μm의 유리섬유여지로 여과한다.
④ 시료 : 용매 = 1 : 20(W : V)의 비로 2,000mL 삼각플라스크에 넣어 혼합한다.

해설
ES 06150.e 시료의 준비
- 시료용액의 조제가 끝난 혼합액을 상온, 상압에서 진탕횟수가 매 분당 약 200회, 진탕의 폭이 4~5cm인 왕복진탕기(수평의 것)를 사용하여 6시간 동안 연속 진탕한 다음 1.0μm의 유리섬유여과지로 여과하고 여과액을 적당량 취하여 용출실험용 시료용액으로 한다.
- 시료 : 용매 = 1 : 10(W : V)의 비로 2,000mL 삼각플라스크에 넣어 혼합한다.

77 휘발성 저급염소화 탄화수소류를 기체크로마토그래피로 정량분석 시 검출기와 운반기체로 옳게 짝지어진 것은?

① ECD – 질소
② TCD – 질소
③ ECD – 아세틸렌
④ TCD – 헬륨

해설
ES 06602.1b 휘발성 저급염소화 탄화수소류–기체크로마토그래피

78 흡광도를 이용한 자외선/가시선 분광법에 대한 내용으로 옳지 않은 것은?

① 흡광도는 투과도의 역수이다.
② 비어–람베르트 법칙에서 흡광도는 농도에 비례한다는 의미이다.
③ 흡광계수가 증가하면 흡광도도 증가한다.
④ 검량선을 얻으면 흡광계수값을 몰라도 농도를 알 수 있다.

해설
① 흡광도는 투과도(t) 역수를 log 취한 값이다.

79 기체크로마토그래피법에 대한 설명으로 옳지 않은 것은?

① 일정 유량으로 유지되는 운반가스는 시료도입부로부터 분리관 내를 흘러서 검출기를 통하여 외부로 방출된다.
② 할로겐화합물을 다량 함유하는 경우에는 분자흡수나 광산란에 의하여 오차가 발생하므로 추출법으로 분리하여 실험한다.
③ 유기인 분석 시 추출용매 안에 함유하고 있는 불순물이 분석을 방해할 수 있으므로 바탕시료나 시약바탕시료를 분석하여 확인할 수 있다.
④ 장치의 기본구성은 압력조절밸브, 유량조절기, 압력계, 유량계, 시료도입부, 분리관, 검출기 등으로 되어 있다.

해설
ES 06601.2 할로겐화 유기물질–기체크로마토그래피
폐기물 중에 할로겐화 유기물질 측정방법으로, 폐유기용제 등의 시료 적당량을 희석용 용매로 희석한 후 기체크로마토그래프에 직접 주입하여 시료 중 할로겐화 유기물질류를 분석하는 방법
※ 추출법으로 분리하면 희석이 아니라 농축된다.
② 원자흡수분광광도법에 대한 설명이다(ES 06400.1 금속류–원자흡수분광광도법).
③ ES 06501.1b 유기인–기체크로마토그래피

80 자외선/가시선 분광법으로 크롬을 정량할 때 $KMnO_4$를 사용하는 목적은?

① 시료 중의 총크롬을 6가크롬으로 하기 위해서다.
② 시료 중의 총크롬을 3가크롬으로 하기 위해서다.
③ 시료 중의 총크롬을 이온화하기 위해서다.
④ 다이페닐카바자이드와 반응을 최적화하기 위해서다.

해설
ES 06406.3b 크롬–자외선/가시선 분광법
시료 중에 총크롬을 과망간산칼륨($KMnO_4$)을 사용하여 6가크롬으로 산화시킨다.

정답 77 ① 78 ④ 79 ② 80 ①

제5과목 폐기물관계법규

81 환경부장관 또는 시·도지사가 폐기물 처리 공제조합에 처리를 명할 수 있는 방치폐기물의 처리량 기준으로 ( )에 맞는 것은?

> 폐기물처리업자가 방치한 폐기물의 경우 : 그 폐기물 처리업자의 폐기물 허용보관량의 ( ) 이내

① 1.5배 ② 2.0배
③ 2.5배 ④ 3.0배

해설
폐기물관리법 시행령 제23조(방치폐기물의 처리량과 처리기간)
폐기물 처리 공제조합에 처리를 명할 수 있는 방치폐기물의 처리량은 다음과 같다.
- 폐기물처리업자가 방치한 폐기물의 경우 : 그 폐기물처리업자의 폐기물 허용보관량의 2배 이내
- 폐기물처리 신고자가 방치한 폐기물의 경우 : 그 폐기물처리 신고자의 폐기물 보관량의 2배 이내

82 폐기물처리시설 주변지역 영향조사 기준 중 조사지점에 관한 사항으로 ( )에 옳은 것은?

> 토양 조사지점은 매립시설에 인접하여 토양오염이 우려되는 ( ) 이상의 일정한 곳으로 한다.

① 2개소 ② 3개소
③ 4개소 ④ 5개소

해설
폐기물관리법 시행규칙 [별표 13] 폐기물처리시설 주변지역 영향조사 기준
토양 조사지점은 4개소 이상으로 하고, 토양환경보전법 시행규칙에 따라 환경부장관이 정하여 고시하는 토양정밀조사의 방법에 따라 폐기물 매립 및 재활용 지역의 시료채취 지점의 표토와 심토에서 각각 시료를 채취해야 하며, 시료채취 지점의 지형 및 하부토양의 특성을 고려하여 시료를 채취해야 한다.

83 한국폐기물협회에 관한 내용으로 틀린 것은?

① 환경부장관의 허가를 받아 한국폐기물협회를 설립할 수 있다.
② 한국폐기물협회는 법인으로 한다.
③ 한국폐기물협회의 업무, 조직, 운영 등에 관한 사항은 환경부령으로 정한다.
④ 폐기물산업의 발전을 위한 지도 및 조사·연구 업무를 수행한다.

해설
폐기물관리법 제58조의2(한국폐기물협회)
협회의 조직·운영, 그 밖에 필요한 사항은 그 설립목적을 달성하기 위하여 필요한 범위에서 대통령령으로 정한다.

84 폐기물처리업자는 장부를 갖추어 두고 폐기물의 발생·배출·처리상황 등을 기록하고, 보존하여야 한다. 장부를 보존해야 할 기간으로 ( )에 맞는 것은?

> 마지막으로 기록한 날부터 ( )간 보존

① 1년 ② 3년
③ 5년 ④ 7년

해설
폐기물관리법 제36조(장부 등의 기록과 보존)
장부를 갖추어 두고 폐기물의 발생·배출·처리상황 등을 기록하고, 마지막으로 기록한 날부터 3년간 보존하여야 한다.

85 폐기물을 매립하는 시설의 사후관리기준 및 방법 중 발생가스 관리방법(유기성폐기물을 매립한 폐기물매립시설만 해당됨)에 관한 내용으로 ( )에 옳은 것은?

> 외기온도, 가스온도, 메테인, 이산화탄소, 암모니아, 황화수소 등의 조사항목을 매립종료 후 5년까지는 (㉠), 5년이 지난 후에는 (㉡) 조사하여야 한다.

① ㉠ 주 1회 이상   ㉡ 월 1회 이상
② ㉠ 월 1회 이상   ㉡ 연 2회 이상
③ ㉠ 분기 1회 이상 ㉡ 연 2회 이상
④ ㉠ 분기 1회 이상 ㉡ 연 1회 이상

해설
폐기물관리법 시행규칙 [별표 19] 사후관리기준 및 방법

86 관리형 매립시설에서 발생하는 침출수의 부유물질 허용기준(mg/L 이하)은?(단, 가지역 기준)

① 20   ② 30
③ 50   ④ 70

해설
폐기물관리법 시행규칙 [별표 11] 폐기물 처분시설 또는 재활용시설의 관리기준

87 에너지 회수기준을 측정하는 기관이 아닌 것은?

① 한국환경공단   ② 한국기계연구원
③ 한국산업기술시험원 ④ 한국시설안전공단

해설
폐기물관리법 시행규칙 제3조(에너지 회수기준 등)
에너지 회수기준을 측정하는 기관은 다음과 같다.
• 한국환경공단
• 한국기계연구원 및 한국에너지기술연구원
• 한국산업기술시험원

88 음식물류 폐기물 발생 억제 계획의 수립주기는?

① 1년   ② 2년
③ 3년   ④ 5년

해설
폐기물관리법 시행규칙 제16조(음식물류 폐기물 발생 억제 계획의 수립주기 및 평가방법 등)
음식물류 폐기물 발생 억제 계획의 수립주기는 5년으로 하되, 그 계획에는 연도별 세부 추진계획을 포함하여야 한다.

89 폐기물처리시설의 종류인 재활용시설 중 기계적 재활용시설이 아닌 것은?

① 연료화시설
② 고형화·고화시설
③ 세척시설(철도용 폐목재 받침목을 재활용하는 경우로 한정한다)
④ 절단시설(동력 7.5kW 이상인 시설로 한정한다)

해설
폐기물관리법 시행령 [별표 3] 폐기물처리시설의 종류
고형화·고화시설은 화학적 재활용시설이다.

정답 85 ④ 86 ③ 87 ④ 88 ④ 89 ②

90 특별자치시장, 특별자치도지사, 시장·군수·구청장이 생활폐기물 수집·운반 대행자에게 영업의 정지를 명하려는 경우, 그 영업정지를 갈음하여 부과할 수 있는 최대 과징금은?

① 2천만원 ② 5천만원
③ 1억원 ④ 2억원

해설
폐기물관리법 제14조의2(생활폐기물 수집·운반 대행자에 대한 과징금 처분)
특별자치시장, 특별자치도지사, 시장·군수·구청장은 생활폐기물 수집·운반 대행자에게 영업의 정지를 명하려는 경우에 그 영업의 정지로 인하여 생활폐기물이 처리되지 아니하고 쌓여 지역주민의 건강에 위해가 발생하거나 발생할 우려가 있으면 대통령령으로 정하는 바에 따라 그 영업의 정지를 갈음하여 1억원 이하의 과징금을 부과할 수 있다.

91 설치승인을 받아 폐기물처리시설을 설치한 자가 그 폐기물처리시설의 사용을 끝내고자 할 때는 환경부장관에게 신고하여야 하는데, 그 신고를 하지 않은 경우 과태료 부과기준은?

① 1천만원 이하 ② 500만원 이하
③ 300만원 이하 ④ 100만원 이하

해설
폐기물관리법 제68조(과태료)

92 생활폐기물이 배출되는 토지나 건물의 소유자·점유자 또는 관리자는 관할 특별자치시·특별자치도, 시·군·구의 조례로 정하는 바에 따라 생활환경 보전상 지장이 없는 방법으로 그 폐기물을 스스로 처리하거나 양을 줄여서 배출하여야 한다. 이를 위반한 자에 대한 과태료 부과기준은?

① 100만원 이하 ② 200만원 이하
③ 300만원 이하 ④ 500만원 이하

해설
폐기물관리법 제68조(과태료)

93 사후관리이행보증금의 사전적립 대상이 되는 폐기물을 매립하는 시설의 규모기준으로 가장 적합한 것은?

① 면적 3천 300m^2 이상인 시설
② 면적 1만m^2 이상인 시설
③ 용적 3천 300m^3 이상인 시설
④ 용적 1만m^3 이상인 시설

해설
폐기물관리법 시행령 제30조(사후관리이행보증금의 산출기준)

90 ③ 91 ④ 92 ① 93 ①

94 폐기물처리 공제조합에 대한 내용으로 틀린 것은?

① 조합은 주된 사무소의 소재지에서 설립등기를 함으로써 성립한다.
② 조합은 법인으로 한다.
③ 조합은 영업지역 내 폐기물을 처리하기 위한 공제사업을 한다.
④ 조합의 조합원은 공제사업을 하는 데 필요한 분담금을 조합에 내야 한다.

해설
폐기물관리법 제42조(조합의 사업)
조합은 조합원의 방치폐기물을 처리하기 위한 공제사업을 한다.

95 폐기물 수집·운반업자가 의료폐기물을 임시보관 장소에 보관할 수 있는 환경조건과 기간은?

① 섭씨 6도 이하의 일반 보관시설에서 8일 이내
② 섭씨 4도 이하의 일반 보관시설에서 5일 이내
③ 섭씨 6도 이하의 전용 보관시설에서 8일 이내
④ 섭씨 4도 이하의 전용 보관시설에서 5일 이내

해설
폐기물관리법 시행규칙 제31조(폐기물처리업자의 폐기물 보관량 및 처리기한)

96 의료폐기물 발생 의료기관 및 시험·검사기관에 대한 기준으로 틀린 것은?

① 의료법에 따라 설치된 기업체의 부속 의료기관으로서 면적이 100m² 이상인 의무시설
② 군통합병원령에 따른 연대급 이상 군부대에 설치된 의무시설
③ 수의사법에 따른 동물병원
④ 노인복지법에 따른 노인요양시설

해설
폐기물관리법 시행규칙 [별표 3] 의료폐기물 발생 의료기관 및 시험·검사기관 등
국군의무사령부령에 따라 사단급 이상 군부대에 설치된 의무시설

97 폐기물처분시설인 멸균분쇄시설의 설치검사 항목으로 틀린 것은?

① 분쇄시설의 작동상태
② 밀폐형으로 된 자동제어에 의한 처리방식인지 여부
③ 악취방지시설·건조장치의 작동상태
④ 계량, 투입시설의 설치여부 및 작동상태

해설
폐기물관리법 시행규칙 [별표 10] 폐기물 처분시설 또는 재활용시설의 검사기준
멸균분쇄시설 - 설치검사
• 멸균능력의 적절성 및 멸균조건의 적절 여부(멸균검사 포함)
• 분쇄시설의 작동상태
• 밀폐형으로 된 자동제어에 의한 처리방식인지 여부
• 자동기록장치의 작동상태
• 폭발사고와 화재 등에 대비한 구조인지 여부
• 자동투입장치와 투입량 자동계측장치의 작동상태
• 악취방지시설·건조장치의 작동상태

정답 94 ③ 95 ④ 96 ② 97 ④

98 기술관리인을 임명하지 아니하고 기술관리 대행 계약을 체결하지 아니한 자에 대한 과태료 처분 기준은?

① 100만원 이하의 과태료
② 300만원 이하의 과태료
③ 500만원 이하의 과태료
④ 1,000만원 이하의 과태료

해설
폐기물관리법 제68조(과태료)

99 폐기물 인계·인수 사항과 폐기물처리현장정보의 입력방법 및 절차로 ( )에 알맞은 것은?

> 사업장폐기물운반자는 배출자로부터 폐기물을 인수받은 날부터 (㉠)에 전달받은 인계번호를 확인하여 전자정보처리프로그램에 입력하여야 한다. 다만, 적재 능력이 작은 차량으로 폐기물을 수집하여 적재능력이 큰 차량으로 옮겨 싣기 위하여 임시보관장소를 경유하여 운반하는 경우에는 처분 또는 재활용하는 자에게 인계한 후 (㉡)에 입력하여야 한다.

① ㉠ 1일 이내, ㉡ 1일 이내
② ㉠ 3일 이내, ㉡ 1일 이내
③ ㉠ 1일 이내, ㉡ 3일 이내
④ ㉠ 2일 이내, ㉡ 2일 이내

해설
폐기물관리법 시행규칙 [별표 6] 폐기물 인계·인수 사항과 폐기물처리현장정보의 입력방법 및 절차

100 폐기물관리법상 지정폐기물의 보관창고에 표지판을 설치할 때 표지판의 색깔은?(단, 감염성폐기물 제외)

① 노란색 바탕에 하얀색 선 및 하얀색 글자
② 빨간색 바탕에 파란색 선 및 파란색 글자
③ 노란색 바탕에 검은색 선 및 검은색 글자
④ 노란색 바탕에 빨간색 선 및 빨간색 글자

해설
폐기물관리법 시행규칙 [별표 5] 폐기물의 처리에 관한 구체적 기준 및 방법

교육은 우리 자신의 무지를 점차 발견해 가는 과정이다.

- 윌 듀란트 -

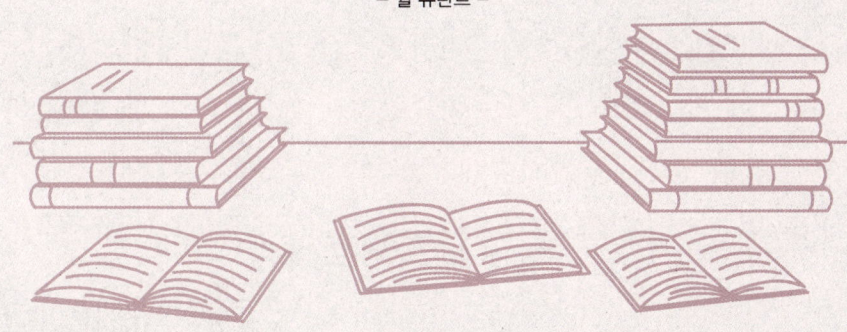

※ 기준 및 법령 관련 문제는 잦은 개정으로 인하여 내용이 도서와 달라질 수 있으며,
가장 최신 기준 및 법령의 내용은 국가법령정보센터(https://www.law.go.kr/)를 통해서 확인이 가능합니다.

2019~2020년	과년도 기출문제	✅ 회독 CHECK 1 2 3
2021~2023년	과년도 기출복원문제	✅ 회독 CHECK 1 2 3
2024년	최근 기출복원문제	✅ 회독 CHECK 1 2 3

CHAPTER 02

폐기물처리산업기사 기출복원문제

2019년 제1회 과년도 기출문제

제1과목 폐기물개론

01 다음 중 수거 분뇨의 성질에 영향을 주는 요소와 거리가 먼 것은?

① 배출지역의 기후
② 분뇨 저장기간
③ 저장탱크의 구조와 크기
④ 종말처리방식

02 적환장의 일반적인 설치 필요조건으로 가장 거리가 먼 것은?

① 작은 용량의 수집차량을 사용할 때
② 슬러지 수송이나 공기수송 방식을 사용할 때
③ 불법 투기와 다량의 어질러진 쓰레기들이 발생할 때
④ 고밀도 거주지역이 존재할 때

[해설] 저밀도 거주지역이 존재할 때

03 유기성 폐기물의 퇴비화 과정에 대한 설명으로 가장 거리가 먼 것은?

① 암모니아 냄새가 유발될 경우 건조된 낙엽과 같은 탄소원을 첨가해야 한다.
② 발효초기 원료의 온도가 40~60℃까지 증가하면 효모나 질산화균이 우점한다.
③ C/N비가 너무 낮으면 질소가 암모니아로 변하여 pH를 증가시킨다.
④ 염분함량이 높은 원료를 퇴비화하여 토양에 시비하면 토양경화의 원인이 된다.

[해설] 퇴비화 과정의 초기에는 주로 중온성 진균과 세균들이 유기물을 분해하며, 퇴비더미의 온도가 40℃ 이상으로 상승할 때 고온성 세균과 방선균 등으로 대체되기 시작한다.

04 압축기에 관한 설명으로 가장 거리가 먼 것은?

① 회전식 압축기는 회전력을 이용하여 압축한다.
② 고정식 압축기는 압축 방법에 따라 수평식과 수직식이 있다.
③ 백(Bag) 압축기는 연속식과 회분식으로 구분할 수 있다.
④ 압축결속기는 압축이 끝난 폐기물을 끈으로 묶는 장치이다.

[해설] 회전식 압축기는 회전하는 8~10개의 백을 갖고 있으며, 종이로 만든 백에 비교적 부피가 작은 폐기물을 넣고 압축피스톤으로 백을 충전시키고, 이후 옆으로 회전한다.

정답 1 ④ 2 ④ 3 ② 4 ①

05 폐기물 파쇄 시 작용하는 힘과 가장 거리가 먼 것은?

① 충격력
② 압축력
③ 인장력
④ 전단력

해설
파쇄기의 종류로는 전단파쇄기, 충격파쇄기, 압축파쇄기 등이 있다.

06 유해물질, 배출원, 그에 따른 인체의 영향으로 옳지 않은 것은?

① 수은 – 온도계 제조시설 – 미나마타병
② 카드뮴 – 도금시설 – 이타이이타이병
③ 납 – 농약 제조시설 – 헤모글로빈 생성 촉진
④ PCB – 트랜스유 제조시설 – 카네미유증

해설
납 – 금속제련과정 – 빈혈, 콩팥기능의 장해, 신경조직의 변화, 심혈관계 영향 등

07 우리나라 폐기물 중 가장 큰 구성비율을 차지하는 것은?

① 생활폐기물
② 사업장폐기물 중 처리시설폐기물
③ 사업장폐기물 중 건설폐기물
④ 사업장폐기물 중 지정폐기물

08 삼성분의 조성비를 이용하여 발열량을 분석할 때 이용되는 추정식에 대한 설명으로 맞는 것은?

$$Q(\text{kcal/kg}) = (4{,}500 \times V/100) - (600 \times W/100)$$

① 600은 물의 포화수증기압을 의미한다.
② V는 쓰레기 가연분의 조성비(%)이다.
③ W는 회분의 조성비(%)이다.
④ 이 식은 고위발열량을 나타낸다.

해설
① 600은 물의 증발잠열이다.
③ W는 폐기물의 수분함량이다.
④ 이 식은 저위발열량을 나타낸다.

09 습량기준 회분율(A, %)을 구하는 식으로 맞는 것은?

① 건조쓰레기 회분(%) × $\dfrac{100 + 수분함량(\%)}{100}$

② 수분함량(%) × $\dfrac{100 - 건조쓰레기 회분(\%)}{100}$

③ 건조쓰레기 회분(%) × $\dfrac{100 - 수분함량(\%)}{100}$

④ 수분함량(%) × $\dfrac{수분함량(\%)}{100}$

10 매립 시 파쇄를 통해 얻는 이점을 설명한 것으로 가장 거리가 먼 것은?

① 압축장비가 없어도 고밀도의 매립이 가능하다.
② 곱게 파쇄하면 매립 시 복토가 필요 없거나 복토 요구량이 절감된다.
③ 폐기물과 잘 섞여서 혐기성 조건을 유지하므로 메테인 등의 재회수가 용이하다.
④ 폐기물 입자의 표면적이 증가되어 미생물작용이 촉진된다.

11 폐기물의 80%를 3cm보다 작게 파쇄하려 할 때 Rosin-Rammler 입자크기 분포모델을 이용한 특성입자의 크기(cm)는?(단, $n=1$)

① 1.36 ② 1.86
③ 2.36 ④ 2.86

해설

$$y = 1 - \exp\left[\left(-\frac{x}{x_o}\right)^n\right]$$

$$0.8 = 1 - \exp\left(-\frac{3}{x_o}\right) \rightarrow 0.2 = \exp\left(-\frac{3}{x_o}\right)$$

exp를 없애기 위해서 양변에 ln를 취하면(ln 함수 ↔ exp 함수는 서로 역함수이므로 exp 함수에 ln를 취하면 exp 함수가 소거됨)

$$\ln 0.2 = \left(-\frac{3}{x_o}\right) \rightarrow x_o = -\frac{3}{\ln 0.2} ≒ 1.86cm$$

12 쓰레기의 발생량 조사방법인 직접계근법에 관한 내용으로 가장 거리가 먼 것은?

① 입구에서 쓰레기가 적재되어 있는 차량과 출구에서 쓰레기를 적하한 공차량을 각각 계근하여 그 차이로 쓰레기량을 산출한다.
② 적재차량 계수분석에 비하여 작업량이 적고 간단하다.
③ 비교적 정확한 쓰레기 발생량을 파악할 수 있다.
④ 일정기간 동안 특정지역의 쓰레기를 수거한 운반차량을 중간적하장이나 중계처리장에서 직접 계근하는 방법이다.

해설
적재차량 계수분석에 비하여 작업량이 많고 번거롭다.

13 채취한 쓰레기 시료 분석 시 가장 먼저 진행하여야 하는 분석절차는?

① 절단 및 분쇄
② 건조
③ 분류(가연성, 불연성)
④ 밀도측정

14 수분이 60%, 수소가 10%인 폐기물의 고위발열량이 4,500kcal/kg이라면 저위발열량(kcal/kg)은?

① 약 4,010
② 약 3,930
③ 약 3,820
④ 약 3,600

해설
저위발열량(H_l) = 고위발열량$(H_h) - 600(9H+W)$
$= 4,500 - 600(9 \times 0.1 + 0.6) = 3,600$

정답 10 ③ 11 ② 12 ② 13 ④ 14 ④

15 종량제에 대한 설명으로 가장 거리가 먼 것은?

① 처리비용을 배출자가 부담하는 원인자 부담원칙을 확대한 제도이다.
② 시장, 군수, 구청장이 수거체제의 관리책임을 가진다.
③ 가전제품, 가구 등 대형폐기물을 우선으로 수거한다.
④ 수수료 부과기준을 현실화하여 폐기물 감량화를 도모하고, 처리재원을 확보한다.

해설
대형폐기물은 배출스티커를 구입한 후 그 스티커를 폐기물에 부착한 후 배출하며, 이러한 절차를 거친 이후에 수거되므로 대형폐기물을 우선으로 수거한다고 할 수 없다.

16 선별방법 중 주로 물렁거리는 가벼운 물질에서부터 딱딱한 물질을 선별하는 데 사용되는 것은?

① Flotation
② Heavy Media Separator
③ Stoners
④ Secators

17 대상가구 3,000세대, 세대당 평균인구수 2.5인, 쓰레기 발생량 1.05kg/인·일, 일주일에 2회 수거하는 지역에서 한 번에 수거되는 쓰레기 양(ton)은?

① 약 25
② 약 28
③ 약 30
④ 약 32

해설
3,000세대 × 2.5인/세대 × 1.05kg/인·일 × 3.5일 × ton/1,000kg ≒ 27.6ton

18 함수율이 80%이며 건조고형물의 비중이 1.42인 슬러지의 비중은?(단, 물의 비중 = 1.0)

① 1.021
② 1.063
③ 1.127
④ 1.174

해설
고형물 비중 계산

$$\frac{슬러지\ 무게}{슬러지\ 비중} = \frac{고형물\ 무게}{고형물\ 비중} + \frac{물\ 무게}{물\ 비중}$$

함수율이 80%이므로 고형물은 20%이다.
물의 비중은 1이며, 슬러지의 무게를 1로 가정하면,

$$\frac{1}{슬러지\ 비중} = \frac{0.2}{1.42} + \frac{0.8}{1} ≒ 0.941$$

∴ 슬러지 비중 = $\frac{1}{0.941}$ ≒ 1.063

19 폐기물발생량 측정방법이 아닌 것은?

① 적재차량 계수분석법
② 직접계근법
③ 물질수지법
④ 물리적 조성법

20 폐기물 재활용 촉진을 위한 정책 중 국내에서 가장 먼저 시행된 제도는?

① 주류공병 보증금 제도
② 합성수지제품 부과금 제도
③ 농약빈병 시상금 제도
④ 고철 보조금 제도

해설
① 주류공병 보증금 제도 : 1985년
② 합성수지제품 부과금 제도 : 1980년
③ 농약빈병 시상금 제도 : 1987년
④ 고철 보조금 제도 : 1981년

제2과목 폐기물처리기술

21 퇴비화 반응의 분해 정도를 판단하기 위해 제안된 방법으로 가장 거리가 먼 것은?

① 온도 감소
② 공기공급량 증가
③ 퇴비의 발열능력 감소
④ 산화·환원전위의 증가

22 합성차수막 중 PVC에 관한 설명으로 틀린 것은?

① 작업이 용이하다.
② 접합이 용이하고 가격이 저렴하다.
③ 자외선, 오존, 기후에 약하다.
④ 대부분의 유기화학물질에 강하다.

해설
대부분의 유기화학물질에 약하다.

23 토양수분장력이 5기압에 해당되는 경우 pF의 값은?(단, log2 = 0.301)

① 약 0.3
② 약 0.7
③ 약 3.7
④ 약 4.0

해설
5기압 = 50m H_2O = 5,000cm H_2O
∴ pF = log$H$ (여기서, H : 물기둥의 높이(cm))
  = log5,000 ≒ 3.7

정답 19 ④ 20 ② 21 ② 22 ④ 23 ③

24 폐산 또는 폐알칼리를 재활용하는 기술을 설명한 것 중 틀린 것은?

① 폐염산, 염화제2철 폐액을 이용한 폐수처리제, 전자회로 부식제 생산
② 폐황산, 폐염산을 이용한 수처리 응집제 생산
③ 구리 에칭액을 이용한 황산구리 생산
④ 폐IPA를 이용한 액체 세제 생산

해설
IPA(Isopropyl Alcohol)은 유기용매로 폐산, 폐알칼리와는 무관하다.

25 폐기물 중간처리기술 중 처리 후 잔류하는 고형물의 양이 적은 것부터 큰 것까지 순서대로 나열된 것은?

| ㉠ 소 각 | ㉡ 용 융 | ㉢ 고 화 |

① ㉠ - ㉡ - ㉢
② ㉢ - ㉡ - ㉠
③ ㉠ - ㉢ - ㉡
④ ㉡ - ㉠ - ㉢

26 분뇨를 혐기성 소화법으로 처리하고 있다. 정상적인 작동 여부를 확인하려고 할 때 조사항목으로 가장 거리가 먼 것은?

① 소화가스량
② 소화가스 중 메테인과 이산화탄소 함량
③ 유기산 농도
④ 투입 분뇨의 비중

27 매립가스의 이동현상에 대한 설명으로 옳지 않은 것은?

① 토양 내에 발생된 가스는 분자확산에 의해 대기로 방출된다.
② 대류에 의한 이동은 가스 발생량이 많은 경우에 주로 나타난다.
③ 매립가스는 수평보다 수직 방향으로의 이동속도가 높다.
④ 미량가스는 확산보다 대류에 의한 이동속도가 높다.

28 8kL/day 용량의 분뇨처리장에서 발생하는 메테인의 양(m^3/day)은?(단, 가스 생산량 = $8m^3$/kL, 가스 중 CH_4 함량 = 75%)

① 22 ② 32
③ 48 ④ 56

해설
8kL/day × $8m^3$/kL × 0.75 = $48m^3$/day

29 다음의 특징을 가진 소각로의 형식은?

> - 전처리가 거의 필요없다.
> - 소각로의 구조는 회전 연속 구동 방식이다.
> - 소각에 방해됨이 없이 연속적인 재배출이 가능하다.
> - 1,400℃ 이상에서 가동할 수 있어서 독성물질의 파괴에 좋다.

① 다단 소각로
② 유동층 소각로
③ 로터리킬른 소각로
④ 건식 소각로

30 PCB와 같은 난연성의 유해폐기물의 소각에 가장 적합한 소각로 방식은?

① 스토커 소각로
② 유동층 소각로
③ 회전식 소각로
④ 다단 소각로

해설
※ 저자의견 : 한국산업인력공단의 확정 답안은 ②로 되어 있으나, 잘못되었다. PCB와 같은 난연성의 유해폐기물 소각에 적합한 소각로는 회전식 소각로이다.

31 생물학적 복원기술의 특징으로 옳지 않은 것은?

① 상온, 상압 상태의 조건에서 이용하기 때문에 많은 에너지가 필요하지 않다.
② 2차 오염 발생률이 높다.
③ 원위치에서도 오염정화가 가능하다.
④ 유해한 중간물질을 만드는 경우가 있어 분해생성물의 유무를 미리 조사하여야 한다.

32 오염된 지하수의 Darcy 속도(유출속도)가 0.15 m/day이고, 유효 공극률이 0.4일 때 오염원으로부터 1,000m 떨어진 지점에 도달하는 데 걸리는 기간(연)은?(단, 유출속도 : 단위시간에 흙의 전체 단면적을 통하여 흐르는 물의 속도)

① 약 6.5
② 약 7.3
③ 약 7.9
④ 약 8.5

해설
$$v_s = \frac{v}{n} = \frac{0.15}{0.4} = 0.375 \, \text{m/day}$$
$$v_s = \frac{l}{t}$$
$$0.375 \, \text{m/day} = \frac{1,000 \, \text{m}}{x \, \text{day}}$$
$$x = \frac{1,000 \, \text{m}}{0.375 \, \text{m/day}} \times \frac{\text{year}}{365 \, \text{day}} ≒ 7.3년$$

33 슬러지 100m³의 함수율이 98%이다. 탈수 후 슬러지의 체적을 1/10로 하면 슬러지 함수율(%)은? (단, 모든 슬러지의 비중 = 1)

① 20
② 40
③ 60
④ 80

해설
$$\frac{V_2}{V_1} = \frac{100-w_1}{100-w_2} \rightarrow \frac{1}{10} = \frac{100-98}{100-w_2}$$
$$\therefore w_2 = 100 - 10 \times 2 = 80\%$$

정답 29 ③ 30 ② 31 ② 32 ② 33 ④

34 다음 설명에 해당하는 분뇨 처리 방법은?

- 부지 소요면적이 작다.
- 고온반응이므로 무균상태로 유출되어 위생적이다.
- 슬러지 탈수성이 좋아서 탈수 후 토양개량제로 이용된다.
- 기액분리 시 기체 발생량이 많아 탈기해야 한다.

① 혐기성소화법
② 호기성소화법
③ 질산화 – 탈질산화법
④ 습식산화법

35 유기물의 산화공법으로 적용되는 Fenton 산화반응에 사용되는 것으로 가장 적절한 것은?

① 아연과 자외선
② 마그네슘과 자외선
③ 철과 과산화수소
④ 아연과 과산화수소

36 회전판에 놓인 종이 백(Bag)에 폐기물을 충전·압축하여 포장하는 소형 압축기는?

① 회전식 압축기(Rotary Compactor)
② 소용돌이식 압축기(Console Compactor)
③ 백 압축기(Bag Compactor)
④ 고정식 압축기(Stationary Compactor)

37 1차 반응속도에서 반감기(농도가 50% 줄어드는 시간)가 10분이다. 초기 농도의 75%가 줄어드는데 걸리는 시간(분)은?

① 30 ② 25
③ 20 ④ 15

해설

1차 분해반응에서 반감기는 $\frac{1}{2}C_o = C_o e^{-kt_{1/2}}$이므로,

$k = \dfrac{\ln 2}{t_{1/2}} = \dfrac{\ln 2}{10} ≒ 0.0693$

초기 농도의 75%가 줄어들면 남은 농도는 25%이므로
$0.25 C_o = C_o e^{-0.0693 \times t}$

$\therefore t = -\dfrac{\ln 0.25}{0.0693} ≒ 20$분

정답 34 ④ 35 ③ 36 ① 37 ③

38 분뇨처리장의 방류수량이 1,000m³/day일 때 15분간 염소소독을 할 경우 소독조의 크기(m³)는?

① 약 16.5
② 약 13.5
③ 약 10.5
④ 약 8.5

해설

$HRT = \dfrac{V}{Q}$

$V = HRT \times Q$

$= 15\min \times \dfrac{\text{day}}{24\text{h}} \times \dfrac{\text{h}}{60\min} \times 1,000\text{m}^3/\text{day} \fallingdotseq 10.4\text{m}^3$

39 소각로에서 NO_x 배출농도가 270ppm, 산소 배출농도가 12%일 때 표준산소(6%)로 환산한 NO_x 농도(ppm)는?

① 120
② 135
③ 162
④ 450

해설

산소농도 12%를 표준산소 6%로 환산하기 위해서는 표준산소 6%의 연소가스(부피를 1로 가정)를 산소농도 21%의 공기(부피를 x로 가정)와 희석하여 산소 배출농도 12%를 맞추고, 이때의 공기희석비율($1+x$)을 농축계수로 곱해주면 된다.

$\dfrac{1 \times 6 + x \times 21}{1+x} = 12$

$x = \dfrac{6}{9} = \dfrac{2}{3}$

6%를 12%로 희석할 때 희석배율이 $1 + \dfrac{2}{3} \fallingdotseq 1.67$이므로 산소농도 12%의 가스를 표준산소 6%로 환산하기 위해서는 1.67(농축계수)을 곱해주면 된다.

∴ $270 \times 1.67 \fallingdotseq 451$ppm

다른 풀이 공식에 의한 계산

보정계수 $m = \dfrac{21 - \text{표준산소농도}}{21 - \text{배출가스산소농도}}$

$= \dfrac{21-6}{21-12} = \dfrac{15}{9} \fallingdotseq 1.67$

∴ $1.67 \times 270 \fallingdotseq 451$ppm

40 매립지 설계 시 침출수 집배수층의 조건으로 옳은 것은?

① 투수계수 : 최대 1cm/s
② 두께 : 최대 30cm
③ 집배수층 재료 입경 : 10~13cm 또는 16~32cm
④ 바닥경사 : 2~4%

해설

① 투수계수 : 10^{-2}cm/s 이상(출처 : 폐기물관리법) 혹은 1cm/s 이상(출처 : 정재춘, 폐기물처리)
② 두께 : 30cm 이상
③ 집배수층 재료 입경 : 10~13mm 또는 16~32mm

제3과목 폐기물공정시험기준(방법)

41 pH가 2인 용액 2L와 pH가 1인 용액 2L를 혼합하였을 때 혼합용액의 pH는?

① 1.0
② 1.3
③ 1.5
④ 2.0

해설

$pH = -\log[H^+]$

$[H^+] = \dfrac{10^{-2}M \times 2L + 10^{-1}M \times 2L}{2L + 2L} = 0.055M$

∴ $pH = -\log 0.055 \fallingdotseq 1.3$

정답 38 ③ 39 ④ 40 ④ 41 ②

42 시험분석 대상물질을 기기가 검출할 수 있는 최소한의 농도 또는 양을 나타내는 기기 검출 한계에 관한 내용으로 ( ) 안에 옳은 것은?

> 바탕시료를 반복 측정 분석한 결과의 표준편차에 ( )한 값

① 2배
② 3배
③ 5배
④ 10배

해설
ES 06001 정도보증/정도관리

43 폐기물의 노말헥산 추출물질의 양을 측정하기 위해 다음과 같은 결과를 얻었을 때 노말헥산 추출물질의 농도(mg/L)는?

> • 시료의 양 : 500mL
> • 시험 전 증발용기의 무게 : 25g
> • 시험 후 증발용기의 무게 : 13g
> • 바탕시험 전 증발용기의 무게 : 5g
> • 바탕시험 후 증발용기의 무게 : 4.8g

① 11,800
② 23,600
③ 32,400
④ 53,800

해설
ES 06302.1b 기름성분-중량법
노말헥산 추출물질의 농도
$= \frac{\{(25-13)-(5-4.8)\}g}{500mL} \times \frac{1,000mg}{g} \times \frac{1,000mL}{L}$
$= 23,600 mg/L$

44 유기물 등을 많이 함유하고 있는 대부분 시료의 전처리에 적용되는 분해방법으로 가장 적절한 것은?

① 질산분해법
② 질산-염산분해법
③ 질산-불화수소산분해법
④ 질산-황산분해법

해설
ES 06150.e 시료의 준비

종류	특징
질산분해법	유기물 함량이 낮은 시료에 적용
질산-염산분해법	유기물 함량이 비교적 높지 않고 금속의 수산화물, 산화물, 인산염 및 황화물을 함유하고 있는 시료에 적용
질산-황산분해법	• 유기물 등을 많이 함유하고 있는 대부분의 시료에 적용 • 칼슘, 바륨, 납 등을 다량 함유한 시료는 난용성의 황산염을 생성하여 다른 금속성분을 흡착하므로 주의
질산-과염소산 분해법	• 유기물을 높은 비율로 함유하고 있으면서 산화분해가 어려운 시료들에 적용 • 과염소산을 넣을 경우 진한 질산이 공존하지 않으면 폭발할 위험이 있으므로 반드시 진한 질산을 먼저 넣어주어야 함
질산-과염소산-불화수소산 분해법	점토질 또는 규산염이 높은 비율로 함유된 시료에 적용

45 1ppm이란 몇 ppb를 말하는가?

① 10ppb
② 100ppb
③ 1,000ppb
④ 10,000ppb

해설
ES 06000.b 총칙
• ppm = 10^{-6}
• ppb = 10^{-9}

46 할로겐화 유기물질(기체크로마토그래피 – 질량분석법)의 정량한계는?

① 0.1mg/kg
② 1.0mg/kg
③ 10mg/kg
④ 100mg/kg

해설
ES 06601.1 할로겐화 유기물질-기체크로마토그래피-질량분석법

47 폐기물 시료 채취에 관한 설명으로 틀린 것은?

① 대상폐기물의 양이 500ton 이상~1,000ton 미만인 경우 시료의 최소 수는 30이다.
② 5ton 미만의 차량에 적재되어 있을 경우에는 적재폐기물을 평면상에서 6등분한 후 각 등분마다 시료를 채취한다.
③ 5ton 이상의 차량에 적재되어 있을 경우에는 적재폐기물을 평면상에서 9등분한 후 각 등분마다 시료를 채취한다.
④ 채취 시료는 수분, 유기물 등 함유성분의 변화가 일어나지 않도록 0~4℃ 이하의 냉암소에 보관하여야 한다.

해설
ES 06130.d 시료의 채취
대상폐기물의 양과 시료의 최소수

대상폐기물의 양(단위 : ton)	시료의 최소수
1 미만	6
1 이상~5 미만	10
5 이상~30 미만	14
30 이상~100 미만	20
100 이상~500 미만	30
500 이상~1,000 미만	36
1,000 이상~5,000 미만	50
5,000 이상	60

48 함수율 83%인 폐기물이 해당되는 것은?

① 유기성폐기물
② 액상폐기물
③ 반고상폐기물
④ 고상폐기물

해설
ES 06000.b 총칙
함수율 83% = 고형물 함량 17%

액상폐기물	고형물 함량 5% 미만
반고상폐기물	고형물 함량 5% 이상 15% 미만
고상폐기물	고형물 함량 15% 이상

49 자외선/가시선 분광법으로 크롬을 정량하기 위해 크롬이온 전체를 6가크롬으로 변화시킬 때 사용하는 시약은?

① 다이페닐카바자이드
② 질산암모늄
③ 과망간산칼륨
④ 염화제일주석

해설
ES 06406.3b 크롬-자외선/가시선 분광법
시료 중에 총크롬을 과망간산칼륨($KMnO_4$)을 사용하여 6가크롬으로 산화시킨다.

50 기체크로마토그래피에서 운반가스로 사용할 수 있는 기체와 가장 거리가 먼 것은?

① 수 소
② 질 소
③ 산 소
④ 헬 륨

해설
※ 출처 : 수질오염공정시험기준(2008.7)

51 시료채취 방법으로 옳은 것은?

① 시료는 일반적으로 폐기물이 생성되는 단위 공정별로 구분하여 채취하여야 한다.
② 시료 채취도구는 녹이 생기는 재질의 것을 사용해도 된다.
③ PCB 시료는 반드시 폴리에틸렌백을 사용하여 시료를 채취한다.
④ 시료가 채취된 병은 코르크 마개를 사용하여 밀봉한다.

해설
ES 06130.d 시료의 채취
② 채취 도구는 시료의 채취 과정 또는 보관 중에 침식되거나 녹이 나는 재질의 것을 사용해서는 안 된다.
③ 노말헥산 추출물질, 유기인, 폴리클로리네이티드비페닐(PCBs) 및 휘발성 저급염소화 탄화수소류 실험을 위한 시료의 채취 시에는 갈색경질의 유리병을 사용하여야 한다.
④ 시료 중에 다른 물질의 혼입이나 성분의 손실을 방지하기 위하여 밀봉할 수 있는 마개를 사용하며 코르크 마개를 사용하여서는 안 된다. 다만, 고무나 코르크 마개에 파라핀지, 유지 또는 셀로판지를 씌워 사용할 수도 있다.

52 천분율 농도를 표시할 때 그 기호로 알맞은 것은?

① mg/L
② mg/kg
③ μg/kg
④ ‰

해설
ES 06000.b 총칙

53 자외선/가시선 분광광도계의 구성으로 옳은 것은?

① 광원부 – 파장선택부 – 측광부 – 시료부
② 광원부 – 가시부 – 측광부 – 시료부
③ 광원부 – 가시부 – 시료부 – 측광부
④ 광원부 – 파장선택부 – 시료부 – 측광부

54 기체크로마토그래피로 측정할 수 없는 항목은?

① 유기인
② PCBs
③ 휘발성 저급염소화 탄화수소류
④ 시안

해설
- ES 06351.1 시안-자외선/가시선 분광법
- ES 06351.2 시안-이온전극법
- ES 06351.3 시안-연속흐름법

55 폐기물공정시험기준의 총칙에 관한 설명으로 틀린 것은?

① '여과한다'란 거름종이 5종 A 또는 이와 동등한 여과지를 사용하여 여과하는 것을 말한다.
② 온도의 영향이 있는 것의 판정은 표준온도를 기준으로 한다.
③ 염산(1+2)이라고 하는 것은 염산 1mL에 물 1mL을 배합 조제하여 전체 2mL가 되는 것을 말한다.
④ 시험에 쓰는 물은 따로 규정이 없는 한 정제수를 말한다.

해설
ES 06000.b 총칙
액체 시약의 농도에 있어서 예를 들어 염산(1+2)이라고 되어 있을 때에는 염산 1mL와 물 2mL를 혼합하여 조제한 것을 말한다.

정답 51 ① 52 ④ 53 ④ 54 ④ 55 ③

56 폐기물공정시험기준의 적용범위에 관한 내용으로 틀린 것은?

① 폐기물관리법에 의한 오염실태 조사 중 폐기물에 대한 것은 따로 규정이 없는 한 공정시험기준의 규정에 의하여 시험한다.
② 공정시험기준에서 규정하지 않은 사항에 대해서는 일반적인 화학적 상식에 따르도록 한다.
③ 공정시험기준에 기재한 방법 중 세부조작은 시험의 본질에 영향을 주지 않는다면 실험자가 일부를 변경할 수 있다.
④ 하나 이상의 공정시험기준으로 시험한 결과가 서로 달라 제반 기준의 적부 판정에 영향을 줄 경우에는 판정을 유보하고 재실험하여야 한다.

해설
ES 06000.b 총칙
하나 이상의 공정시험기준으로 시험한 결과가 서로 달라 제반 기준의 적부 판정에 영향을 줄 경우에는 공정시험기준의 항목별 주시험법에 의한 분석 성적에 의하여 판정한다. 단, 주시험법은 따로 규정이 없는 한 항목별 공정시험기준의 1법으로 한다.

57 원자흡수분광광도법에 의한 비소 정량에 관한 설명으로 틀린 것은?

① 과망간산칼륨으로 6가비소로 산화시킨다.
② 아연을 넣으면 수소화비소가 발생한다.
③ 아르곤-수소 불꽃에 주입하여 분석한다.
④ 정량한계는 0.005mg/L이다.

해설
ES 06403.1a 비소-수소화물생성-원자흡수분광광도법
※ 과망간산칼륨으로 굳이 산화시킬 필요가 없으며, 비소는 3가와 5가로 존재하며, 6가는 없다.

58 PCB 분석 시 기체크로마토그래피법의 다음 항목이 틀리게 연결된 것은?

① 검출기 : 전자포획 검출기(ECD)
② 운반기체 : 부피백분율 99.999% 이상의 질소
③ 칼럼 : 활성탄 칼럼
④ 농축장치 : 구데르나다니시농축기

해설
ES 06502.1b 폴리클로리네이티드비페닐(PCBs)-기체크로마토그래피
정제 칼럼
• 플로리실 칼럼 정제는 헥산 층에 유분이 존재할 경우에 실리카겔 칼럼으로 정제하기 전 유분을 제거하기 위하여 사용한다.
• 실리카겔 칼럼 정제는 산, 염화페놀, 폴리클로로페녹시페놀 등의 극성화합물을 제거하기 위하여 수행하며, 사용 전에 정제하고 활성화시켜야 한다.

59 $K_2Cr_2O_7$을 사용하여 크롬 표준원액(100mg Cr/L) 100mL를 제조할 때 취해야 하는 $K_2Cr_2O_7$의 양(mg)은?(단, 원자량 K = 39, Cr = 52, O = 16)

① 14.1　　② 28.3
③ 35.4　　④ 56.5

해설
$K_2Cr_2O_7$의 분자량 = 294
크롬 표준용액(100mg Cr/L) 100mL를 만들기 위해서는 10mg Cr이 필요하다.
$2 \times 52 : 294 = 10 : x$
$\therefore x = \dfrac{294 \times 10}{2 \times 52} ≒ 28.3\text{mg}$

60 기름성분을 중량법으로 측정하고자 할 때 시험기준의 정량한계는?

① 1% 이하　　② 0.1% 이하
③ 0.01% 이하　　④ 0.001% 이하

해설
ES 06302.1b 기름성분-중량법

제4과목 폐기물관계법규

61 폐기물처리업종별 영업 내용에 대한 설명 중 틀린 것은?

① 폐기물 중간재활용업 : 중간가공 폐기물을 만드는 영업
② 폐기물 종합재활용업 : 중간재활용업과 최종재활용업을 함께 하는 영업
③ 폐기물 최종처분업 : 폐기물 매립(해역 배출도 포함한다) 등의 방법으로 최종처분하는 영업
④ 폐기물 수집·운반업 : 폐기물을 수집하여 재활용 또는 처분 장소로 운반하거나 수출하기 위하여 수집·운반하는 영업

해설
폐기물관리법 제25조(폐기물처리업)
폐기물 최종처분업 : 폐기물 최종처분시설을 갖추고 폐기물을 매립 등(해역 배출은 제외한다)의 방법으로 최종처분하는 영업

62 폐기물처리시설의 종류 중 재활용시설(기계적 재활용시설)의 기준으로 틀린 것은?

① 용융시설(동력 7.5kW 이상인 시설로 한정)
② 응집·침전시설(동력 7.5kW 이상인 시설로 한정)
③ 압축시설(동력 7.5kW 이상인 시설로 한정)
④ 파쇄·분쇄시설(동력 15kW 이상인 시설로 한정)

해설
폐기물관리법 시행령 [별표 3] 폐기물처리시설의 종류
응집·침전 시설은 화학적 재활용시설로서 동력에 대한 규정은 없다.

63 폐기물매립시설의 사후관리 업무를 대행할 수 있는 자는?(단, 환경부장관이 사후관리를 대행할 능력이 있다고 인정하여 고시하는 자는 고려하지 않음)

① 환경보전협회
② 한국환경공단
③ 폐기물처리협회
④ 한국환경자원공사

해설
폐기물관리법 시행령 제25조(사후관리 대행자)

64 폐기물 수집·운반업자가 임시보관장소에 보관할 수 있는 폐기물(의료폐기물 제외)의 허용량 기준은?

① 중량 450ton 이하이고, 용적이 300m^3 이하인 폐기물
② 중량 400ton 이하이고, 용적이 250m^3 이하인 폐기물
③ 중량 350ton 이하이고, 용적이 200m^3 이하인 폐기물
④ 중량 300ton 이하이고, 용적이 150m^3 이하인 폐기물

해설
폐기물관리법 시행규칙 제31조(폐기물처리업자의 폐기물 보관량 및 처리기한)

정답 61 ③ 62 ② 63 ② 64 ①

65 폐기물처리업자(폐기물 재활용업자)의 준수사항에 관한 내용으로 ( ) 안에 알맞은 것은?

> 유기성 오니를 화력발전소에서 연료로 사용하기 위하여 가공하는 자는 유기성 오니 연료의 저위발열량, 수분 함유량, 회분 함유량, 황분 함유량, 길이 및 금속성분을 ( ) 측정하여 그 결과를 시·도지사에게 제출하여야 한다.

① 매 월 1회 이상
② 매 2월 1회 이상
③ 매 분기당 1회 이상
④ 매 반기당 1회 이상

해설
폐기물관리법 시행규칙 [별표 8] 폐기물처리업자의 준수사항

66 100만원 이하의 과태료가 부과되는 경우에 해당되는 것은?

① 폐기물처리 가격의 최저액보다 낮은 가격으로 폐기물처리를 위탁한 자
② 폐기물운반자가 규정에 의한 서류를 지니지 아니하거나 내보이지 아니한 자
③ 장부를 기록 또는 보존하지 아니하거나 거짓으로 기록한 자
④ 처리이행보증보험의 계약을 갱신하지 아니하거나 처리이행보증금의 증액 조정을 신청하지 아니한 자

해설
폐기물관리법 제68조(과태료)

67 다음 용어의 정의로 옳지 않은 것은?

① 재활용이란 폐기물을 재사용·재생이용하거나 재사용·재생이용할 수 있는 상태로 만드는 활동을 말한다.
② 생활폐기물이란 사업장폐기물 외의 폐기물을 말한다.
③ 폐기물감량화시설이란 생산 공정에서 발생하는 폐기물 배출을 최소화(재활용은 제외함)하는 시설로서 환경부령으로 정하는 시설을 말한다.
④ 폐기물처리시설이란 폐기물의 중간처분시설, 최종처분시설 및 재활용시설로서 대통령령으로 정하는 시설을 말한다.

해설
폐기물관리법 제2조(정의)
폐기물감량화시설이란 생산 공정에서 발생하는 폐기물의 양을 줄이고, 사업장 내 재활용을 통하여 폐기물 배출을 최소화하는 시설로서 대통령령으로 정하는 시설을 말한다.

68 폐기물 중간재활용업, 폐기물 최종재활용업 및 폐기물 종합재활용업의 변경허가를 받아야 하는 중요사항으로 옳지 않은 것은?

① 운반차량(임시차량 포함)의 감차
② 폐기물 재활용시설의 신설
③ 허가 또는 변경허가를 받은 재활용 용량의 100분의 30 이상(금속을 회수하는 최종재활용업 또는 종합재활용업의 경우에는 100분의 50 이상)의 변경(허가 또는 변경 허가를 받은 후 변경되는 누계를 말한다)
④ 폐기물 재활용시설 소재지의 변경

해설
폐기물관리법 시행규칙 제29조(폐기물처리업의 변경허가)

정답 65 ③ 66 ③ 67 ③ 68 ①

69 폐기물처분시설 또는 재활용시설 중 음식물류 폐기물을 대상으로 하는 시설의 기술관리인 자격기준으로 틀린 것은?

① 토양환경산업기사
② 수질환경산업기사
③ 대기환경산업기사
④ 토목산업기사

[해설]
폐기물관리법 시행규칙 [별표 14] 기술관리인의 자격기준

70 과징금의 사용용도로 적정치 않은 것은?

① 광역 폐기물처리시설의 확충
② 폐기물로 인하여 예상되는 환경상 위해를 제거하기 위한 처리
③ 폐기물처리시설의 지도·점검에 필요한 시설·장비의 구입 및 운영
④ 폐기물처리기술의 개발 및 장비개선에 소요되는 비용

[해설]
- 폐기물관리법 시행령 제8조의3(과징금의 사용용도)
- 폐기물관리법 시행령 제12조(과징금의 사용용도)

71 주변지역 영향 조사대상 폐기물처리시설 기준으로 옳은 것은?

매립면적 (　)m² 이상의 사업장 일반폐기물 매립시설

① 1만   ② 3만
③ 5만   ④ 15만

[해설]
폐기물관리법 시행령 제14조(주변지역 영향 조사대상 폐기물처리시설)
- 1일 처분능력이 50ton 이상인 사업장폐기물 소각시설(같은 사업장에 여러 개의 소각시설이 있는 경우에는 각 소각시설의 1일 처분능력의 합계가 50ton 이상인 경우를 말한다)
- 매립면적 1만m² 이상의 사업장 지정폐기물 매립시설
- 매립면적 15만m² 이상의 사업장 일반폐기물 매립시설
- 시멘트 소성로(폐기물을 연료로 사용하는 경우로 한정한다)
- 1일 재활용능력이 50ton 이상인 사업장폐기물 소각열회수시설(같은 사업장에 여러 개의 소각열회수시설이 있는 경우에는 각 소각열회수시설의 1일 재활용능력의 합계가 50ton 이상인 경우를 말한다)

72 매립시설 및 소각시설의 주변지역 영향조사 횟수 기준에 관한 내용으로 (　) 안에 옳은 것은?

각 항목당 계절을 달리하여 (㉠) 측정하되, 악취는 여름(6월부터 8월까지)에 (㉡) 측정하여야 한다.

① ㉠ 2회 이상　㉡ 1회 이상
② ㉠ 3회 이상　㉡ 2회 이상
③ ㉠ 1회 이상　㉡ 2회 이상
④ ㉠ 4회 이상　㉡ 3회 이상

[해설]
폐기물관리법 시행규칙 [별표 13] 폐기물처리시설 주변지역 영향 조사 기준

정답 69 ① 70 ④ 71 ④ 72 ①

73 폐기물처리시설의 설치, 운영을 위탁받을 수 있는 자의 기준에 관한 내용 중 소각시설의 경우 보유하여야 하는 기술인력 기준으로 옳지 않은 것은?

① 일반기계기사 1급 1명
② 폐기물처리기술사 1명
③ 시공분야에서 3년 이상 근무한 자 1명
④ 폐기물처리기사 또는 대기환경기사 1명

해설
폐기물관리법 시행규칙 [별표 4의4] 폐기물처리시설의 설치·운영을 위탁받을 수 있는 자의 기준
소각시설
- 폐기물처리기술사 1명
- 폐기물처리기사 또는 대기환경기사 1명
- 일반기계기사 1명
- 시공분야에서 2년 이상 근무한 자 2명(폐기물 처분시설의 설치를 위탁받으려는 경우에만 해당한다)
- 1일 50톤 이상의 폐기물소각시설에서 천정크레인을 1년 이상 운전한 자 1명과 천정크레인 외의 처분시설의 운전분야에서 2년 이상 근무한 자 2명(폐기물 처분시설의 운영을 위탁받으려는 경우에만 해당한다)

74 폐기물처리시설 종류의 구분이 틀린 것은?

① 기계적 재활용시설 : 유수분리시설
② 화학적 재활용시설 : 연료화시설
③ 생물학적 재활용시설 : 버섯재배시설
④ 생물학적 재활용시설 : 호기성·혐기성 분해시설

해설
폐기물관리법 시행령 [별표 3] 폐기물처리시설의 종류
연료화시설은 기계적 재활용시설이다.

75 폐기물처리사업 계획의 적합통보를 받은 자 중 소각시설의 설치가 필요한 경우에는 환경부장관이 요구하는 시설·장비·기술능력을 갖추어 허가를 받아야 한다. 허가신청서에 추가서류를 첨부하여 적합통보를 받은 날부터 언제까지 시·도지사에게 제출하여야 하는가?

① 6개월 이내
② 1년 이내
③ 2년 이내
④ 3년 이내

해설
폐기물관리법 제25조(폐기물처리업)

76 폐기물 관리의 기본원칙으로 틀린 것은?

① 누구든지 폐기물을 배출하는 경우에는 주변 환경이나 주민의 건강에 위해를 끼치지 아니하도록 사전에 적절한 조치를 하여야 한다.
② 환경오염을 일으킨 자는 오염된 환경을 복원하기보다 오염으로 인한 피해의 구제에 드는 비용만 부담하여야 한다.
③ 국내에서 발생한 폐기물은 가능하면 국내에서 처리되어야 하고, 폐기물의 수입은 되도록 억제되어야 한다.
④ 폐기물은 그 처리과정에서 양과 유해성을 줄이도록 하는 등 환경보전과 국민건강 보호에 적합하게 처리되어야 한다.

해설
폐기물관리법 제3조의2(폐기물 관리의 기본원칙)
폐기물로 인하여 환경오염을 일으킨 자는 오염된 환경을 복원할 책임을 지며, 오염으로 인한 피해의 구제에 드는 비용을 부담하여야 한다.

77 휴업·폐업 등의 신고에 관한 설명으로 ( ) 안에 알맞은 것은?

> 폐기물처리업자 또는 폐기물처리 신고자가 휴업·폐업 또는 재개업을 한 경우에는 휴업·폐업 또는 재개업을 한 날부터 ( ) 이내에 시·도지사나 지방환경관서의 장에게 신고서를 제출하여야 한다.

① 5일 ② 10일
③ 20일 ④ 30일

해설
폐기물관리법 시행규칙 제59조(휴업·폐업 등의 신고)

78 매립시설 검사기관으로 틀린 것은?

① 한국매립지관리공단
② 한국환경공단
③ 한국건설기술연구원
④ 한국농어촌공사

해설
폐기물관리법 시행규칙 제41조(폐기물처리시설의 사용신고 및 검사)
※ 해당 법 개정으로 삭제〈2020.11.27〉

79 폐기물처리업자가 방치한 폐기물의 경우, 폐기물처리 공제조합에 처리를 명할 수 있는 방치폐기물의 처리량은 그 폐기물처리업자의 폐기물 허용보관량의 몇 배 이내인가?

① 1.5배 이내
② 2.0배 이내
③ 2.5배 이내
④ 3.0배 이내

해설
폐기물관리법 시행령 제23조(방치폐기물의 처리량과 처리기간)
폐기물 처리 공제조합에 처리를 명할 수 있는 방치폐기물의 처리량은 다음과 같다.
- 폐기물처리업자가 방치한 폐기물의 경우 : 그 폐기물처리업자의 폐기물 허용보관량의 2배 이내
- 폐기물처리 신고자가 방치한 폐기물의 경우 : 그 폐기물처리 신고자의 폐기물 보관량의 2배 이내
※ 저자의견 : 해당 법 개정으로 내용이 변경되어 정답은 ②번이다.

80 에너지 회수기준으로 알맞지 않은 것은?

① 다른 물질과 혼합하지 아니하고 해당 폐기물의 저위발열량이 kg당 3,000kcal 이상일 것
② 환경부장관이 정하여 고시하는 경우에는 폐기물의 30% 이상을 원료나 재료로 재활용하고 그 나머지 중에서 에너지의 회수에 이용할 것
③ 회수열을 50% 이상 열원으로 스스로 이용하거나 다른 사람에게 공급할 것
④ 에너지의 회수효율(회수에너지 총량을 투입에너지 총량으로 나눈 비율을 말한다)이 75% 이상일 것

해설
폐기물관리법 시행규칙 제3조(에너지 회수기준 등)
회수열을 모두 열원, 전기 등의 형태로 스스로 이용하거나 다른 사람에게 공급할 것

정답 77 ③ 78 ① 79 ① 80 ③

2019년 제2회 과년도 기출문제

제1과목 폐기물개론

01 쓰레기 발생원과 발생 쓰레기 종류의 연결로 가장 거리가 먼 것은?

① 주택지역 – 조대폐기물
② 개방지역 – 건축폐기물
③ 농업지역 – 유해폐기물
④ 상업지역 – 합성수지류

해설
- 개방된 지역에서 건축폐기물이 발생할 가능성은 낮다.
※ 조대폐기물이란 크기가 큰 폐기물을 말한다.

02 쓰레기를 압축시켜 용적감소율(Volume Reduction)이 61%인 경우 압축비(Compactor Ratio)는?

① 2.1 ② 2.6
③ 3.1 ④ 3.6

해설
부피감소율 61%일 때
$61 = \dfrac{V_i - V_f}{V_i} \times 100$
$61 V_i = 100 V_i - 100 V_f$
$39 V_i = 100 V_f$
∴ $\dfrac{V_i}{V_f} = CR \fallingdotseq 2.6$

03 함수율이 각각 90%, 70%인 하수슬러지를 무게비 3:1로 혼합하였다면 혼합 하수슬러지의 함수율(%)은?(단, 하수슬러지 비중 = 1.0)

① 81 ② 83
③ 85 ④ 87

해설
$\dfrac{3 \times 90 + 1 \times 70}{3 + 1} = 85\%$

04 물렁거리는 가벼운 물질로부터 딱딱한 물질을 선별하는 데 이용되며, 경사진 컨베이어를 통해 폐기물을 주입시켜 회전하는 드럼 위에 떨어뜨려 분류하는 선별 방식은?

① Stoners ② Jigs
③ Secators ④ Float Separator

05 제품 및 제품에 의해 발생된 폐기물에 대하여 포괄적인 생산자의 책임을 원칙으로 하는 제도는?

① 종량제 ② 부담금 제도
③ EPR 제도 ④ 전표 제도

해설
EPR(Extended Producer Responsibility) : 생산자 책임재활용 제도

정답 1 ② 2 ② 3 ③ 4 ③ 5 ③

06 폐기물의 퇴비화 조건이 아닌 것은?

① 퇴비화하기 쉬운 물질을 선정한다.
② 분뇨, 슬러지 등 수분이 많을 경우 Bulking Agent를 혼합한다.
③ 미생물 식종을 위해 부숙 중인 퇴비의 일부를 반송하여 첨가한다.
④ pH가 5.5 이하인 경우 인위적인 pH 조절을 위해 탄산칼슘을 첨가한다.

해설
미생물 식종은 필수적인 조건이 아니다. 폐기물 자체 내의 미생물로도 충분하다.

07 발열량과 발열량 분석에 관한 설명으로 틀린 것은?

① 발열량은 쓰레기 1kg을 완전연소시킬 때 발생하는 열량(kcal)을 말한다.
② 고위발열량(H_h)은 발열량계에서 측정한 값에서 물의 증발잠열을 뺀 값을 말한다.
③ 발열량 분석은 원소분석 결과를 이용하는 방법으로 고위발열량과 저위발열량을 추정할 수 있다.
④ 저위발열량(H_l, kcal/kg)을 산정하는 방법은 $H_h - 600(9H + W)$을 사용한다.

해설
저위발열량은 발열량계에서 측정한 값에서 물의 증발잠열을 뺀 값을 말한다.

08 쓰레기 수거능을 판별할 수 있는 MHT에 대한 설명으로 가장 적절한 것은?

① 1ton의 쓰레기를 수거하는 데 수거인부 1인이 소요하는 총 시간
② 1ton의 쓰레기를 수거하는 데 소요되는 인부 수
③ 수거인부 1인이 시간당 수거하는 쓰레기 ton 수
④ 수거인부 1인이 수거하는 쓰레기 ton 수

09 쓰레기의 발생량 조사방법이 아닌 것은?

① 경향법
② 적재차량 계수분석법
③ 직접계근법
④ 물질수지법

해설
경향법은 폐기물 발생량 예측방법이다.

10 선별에 관한 설명으로 맞는 것은?

① 회전스크린은 회전자를 이용한 탄도식 선별장치이다.
② 와전류 선별기는 철로부터 알루미늄과 구리의 2가지를 모두 분리할 수 있다.
③ 경사 컨베이어 분리기는 부상선별기의 한 종류이다.
④ Zigzag 공기선별기는 Column의 난류를 줄여 줌으로써 선별 효율을 높일 수 있다.

해설
① 회전스크린(트롬멜스크린) : 경사진 원통에 선별하고자 하는 크기의 구멍이 뚫려 있으며, 원통이 회전할 때 입자가 경사진 원통을 통과하면서 입자 크기에 따라 선별이 이루어진다. 생활폐기물 선별에 많이 이용된다.
③ 경사 컨베이어 분리기 : 경사진 컨베이어 벨트에서 중력과 관성력에 의해 무거운 것과 가벼운 것을 분리한다.
④ Zigzag 공기선별기 : 칼럼의 난류를 높여 줌으로써 선별 효율을 증진시킨다.

정답 6 ③ 7 ② 8 ① 9 ① 10 ②

11 105~110℃에서 4시간 건조된 쓰레기의 회분량은 15%인 것으로 조사되었다. 이 경우 건조 전 수분을 함유한 생쓰레기의 회분량(%)은?(단, 생쓰레기의 함수율 = 25%)

① 16.25　② 13.25
③ 11.25　④ 8.25

해설
회분 + 가연분 + 수분 = 100

건조기준 회분함량 = $\dfrac{\text{회분}}{\text{회분} + \text{가연분}} \times 100 = \dfrac{\text{회분}}{100 - \text{수분}} \times 100$
$= 15\%$

회분 = $(100 - \text{수분}) \times \dfrac{15}{100} = (100 - 25) \times \dfrac{15}{100} = 11.25$

12 쓰레기의 발생량 조사 방법인 물질수지법에 관한 설명으로 옳지 않은 것은?

① 주로 산업폐기물 발생량을 추산할 때 이용된다.
② 비용이 저렴하고 정확한 조사가 가능하여 일반적으로 많이 활용된다.
③ 조사하고자 하는 계의 경계를 정확하게 설정하여야 한다.
④ 물질수지를 세울 수 있는 상세한 데이터가 있는 경우에 가능하다.

해설
비용이 많이 든다.

13 슬러지의 함유수분 중 가장 많은 수분함유도를 유지하고 있는 것은?

① 표면부착수
② 모관결합수
③ 간극수
④ 내부수

14 폐기물관리법의 적용을 받는 폐기물은?

① 방사능 폐기물
② 용기에 들어 있지 않은 기체상 물질
③ 분 뇨
④ 폐유독물

해설
폐기물관리법 제3조(적용 범위)

15 연간 폐기물 발생량이 8,000,000톤인 지역에서 1일 평균 수거인부가 3,000명이 소요되었으며, 1일 작업시간이 평균 8시간일 경우 MHT는?(단, 1년 = 365일로 산정)

① 1.0　② 1.1
③ 1.2　④ 1.3

해설
MHT = $\dfrac{\text{수거인원(man)} \times \text{수거시간(hour)}}{\text{수거량(ton)}}$
$= \dfrac{3,000 \times 8 \times 365}{8,000,000} \fallingdotseq 1.1$

16 적환장에 대한 설명으로 옳지 않은 것은?

① 최종처리장과 수거지역의 거리가 먼 경우 사용하는 것이 바람직하다.
② 저밀도 거주지역이 존재할 때 설치한다.
③ 재사용 가능한 물질의 선별시설 설치가 가능하다.
④ 대용량의 수집차량을 사용할 때 설치한다.

해설
소용량의 수집차량을 사용할 때 설치한다.

17 고형분이 50%인 음식물쓰레기 10ton을 소각하기 위해 수분함량을 20%가 되도록 건조시켰다. 건조된 쓰레기의 최종중량(ton)은?(단, 비중은 1.0 기준)

① 약 3.0　　② 약 4.1
③ 약 5.2　　④ 약 6.3

해설
고형분이 50%이므로 수분함량(w_1)은 50%이다.

$$\frac{V_2}{V_1} = \frac{100-w_1}{100-w_2}$$

$$\therefore V_2 = V_1 \times \frac{100-w_1}{100-w_2} = 10 \times \frac{100-50}{100-20} = 10 \times \frac{50}{80} = 6.25$$

18 LCA(전과정평가, Life Cycle Assessment)의 구성요소에 해당하지 않는 것은?

① 목적 및 범위의 설정
② 분석평가
③ 영향평가
④ 개선평가

해설
분석평가가 아니라 목록분석(Inventory Analysis)이다.

19 생활폐기물의 발생량을 나타내는 발생 원단위로 가장 적합한 것은?

① kg/capita·day
② ppm/capita·day
③ m^3/capita·day
④ L/capita·day

해설
폐기물 발생량 원단위는 하루에 한 사람이 발생시키는 평균 폐기물 무게(kg)를 말한다.
※ capita는 1인을 말한다.

20 폐기물의 열분해(Pyrolysis)에 관한 설명으로 틀린 것은?

① 무산소 또는 저산소 상태에서 반응한다.
② 분해와 응축반응이 일어난다.
③ 발열반응이다.
④ 반응 시 생성되는 Gas는 주로 메테인, 일산화탄소, 수소가스이다.

해설
열분해는 흡열반응이다.

제2과목 폐기물처리기술

21 혐기성 소화의 장단점이라 할 수 없는 것은?

① 동력시설을 거의 필요로 하지 않으므로 운전비용이 저렴하다.
② 소화슬러지의 탈수 및 건조가 어렵다.
③ 반응이 더디고 소화기간이 비교적 오래 걸린다.
④ 소화가스는 냄새가 나며 부식성이 높은 편이다.

해설
슬러지의 탈수 및 건조가 쉽게 된다.

22 함수율이 99%인 잉여슬러지 40m³를 농축하여 96%로 했을 때 잉여슬러지의 부피(m³)는?

① 5
② 10
③ 15
④ 20

해설
$$\frac{V_2}{V_1} = \frac{100-w_1}{100-w_2}$$
$$V_2 = V_1 \times \frac{100-w_1}{100-w_2} = 40 \times \frac{100-99}{100-96} = 40 \times \frac{1}{4} = 10$$

23 사업장폐기물의 퇴비화에 대한 내용으로 틀린 것은?

① 퇴비화 이용이 불가능하다.
② 토양오염에 대한 평가가 필요하다.
③ 독성물질의 함유농도에 따라 결정하여야 한다.
④ 중금속 물질의 전처리가 필요하다.

24 일반폐기물의 소각처리에서 통상적인 폐기물의 원소 분석치를 이용하여 얻을 수 있는 항목으로 가장 거리가 먼 것은?

① 연소용 공기량
② 배기가스량 및 조성
③ 유해가스의 종류 및 양
④ 소각재의 성분

25 해안매립공법에 대한 설명으로 옳지 않은 것은?

① 순차투입방법은 호안측에서부터 순차적으로 쓰레기를 투입하여 육지화하는 방법이다.
② 수심이 깊은 처분장에서는 건설비 과다로 내수를 완전히 배제하기가 곤란한 경우가 많아 순차투입방법을 택하는 경우가 많다.
③ 처분장은 면적이 크고 1일 처분량이 많다.
④ 수중부에 쓰레기를 깔고 압축작업과 복토를 실시하므로 근본적으로 내륙매립과 같다.

21 ② 22 ② 23 ① 24 ④ 25 ④

26 쓰레기 소각로의 열부하가 50,000kcal/m³·h이며 쓰레기의 저위발열량 1,800kcal/kg, 쓰레기중량 20,000kg일 때 소각로의 용량(m³)은?(단, 소각로는 8시간 가동)

① 15 ② 30
③ 60 ④ 90

해설

연소실 열부하 $\left(\dfrac{kcal/h}{m^3}\right)$

$= \dfrac{\text{시간당 폐기물 소각량} \times \text{저위발열량}}{\text{연소실 부피}}$

$= \dfrac{20,000/8 \times 1,800}{V} = 50,000$

$\therefore V = \dfrac{20,000/8 \times 1,800}{50,000} = 90$

27 매립된 쓰레기 양이 1,000ton이고, 유기물함량이 40%이며, 유기물에서 가스로 전환율이 70%이다. 유기물 kg당 0.5m³의 가스가 생성되고 가스 중 메테인함량이 40%일 때 발생되는 총메테인의 부피(m³)는?(단, 표준상태로 가정)

① 46,000
② 56,000
③ 66,000
④ 76,000

해설

$1,000ton \times 0.4 \times 0.7 \times \dfrac{1,000kg}{ton} \times \dfrac{0.5m^3}{kg} \times 0.4$
$= 56,000m^3$

28 폐타이어의 재활용 기술로 가장 거리가 먼 것은?

① 열분해를 이용한 연료 회수
② 분쇄 후 유동층 소각로의 유동매체로 재활용
③ 열병합 발전의 연료로 이용
④ 고무 분말 제조

해설

유동층 소각로의 유동매체로는 모래가 사용된다.

29 오염된 농경지의 정화를 위해 다른 장소로부터 비오염 토양을 운반하여 넣는 정화기술은?

① 객 토
② 반 전
③ 희 석
④ 배 토

30 일반적으로 매립지 내 분해속도가 가장 느린 구성물질은?

① 지 방
② 단백질
③ 탄수화물
④ 섬유질

정답 26 ④ 27 ② 28 ② 29 ① 30 ④

31 매립장 침출수의 차단방법 중 표면차수막에 관한 설명으로 가장 거리가 먼 것은?

① 보수는 매립 전이라면 용이하지만 매립 후는 어렵다.
② 시공 시에는 눈으로 차수성 확인이 가능하지만 매립이 이루어지면 어렵다.
③ 지하수 집배수시설이 필요하지 않다.
④ 차수막의 단위면적당 공사비는 비교적 싸지만 총공사비는 비싸다.

해설
지하수 집배수시설이 필요하다.

32 일반적인 슬러지 처리 계통도가 가장 올바르게 나열된 것은?

① 농축 → 안정화 → 개량 → 탈수 → 소각
② 탈수 → 개량 → 건조 → 안정화 → 소각
③ 개량 → 안정화 → 농축 → 탈수 → 소각
④ 탈수 → 건조 → 안정화 → 개량 → 소각

33 내륙매립공법 중 도량형공법에 대한 설명으로 옳지 않은 것은?

① 전처리로 압축 시 발생되는 수분처리가 필요하다.
② 침출수 수집장치나 차수막 설치가 어렵다.
③ 사전 정비작업이 그다지 필요하지 않으나 매립 용량이 낭비된다.
④ 파낸 흙을 복토재로 이용 가능한 경우에 경제적이다.

34 쓰레기 퇴비장(야적)의 세균 이용법에 해당하는 것은?

① 대장균 이용
② 혐기성 세균의 이용
③ 호기성 세균의 이용
④ 녹조류의 이용

해설
퇴비화는 호기성 미생물을 이용한다.

35 폐기물 고화처리 시 고화재의 종류에 따라 무기적 방법과 유기적 방법으로 나눌 수 있다. 유기적 고형화에 관한 설명으로 틀린 것은?

① 수밀성이 크며 다양한 폐기물에 적용할 수 있다.
② 최종 고화체의 체적 증가가 거의 균일하다.
③ 미생물, 자외선에 대한 안정성이 약하다.
④ 상업화된 처리법의 현장자료가 빈약하다.

해설
유기적 고형화의 경우 고화제의 혼합률이 비교적 높으며, 체적 증가는 고화제 주입률에 따라 달라진다.

36 고형화 처리의 목적에 해당하지 않는 것은?

① 취급이 용이하다.
② 폐기물 내 독성이 감소한다.
③ 폐기물 내 오염물질의 용해도가 감소한다.
④ 폐기물 내 손실성분이 증가한다.

37 매립지에서 흔히 사용되는 합성차수막이 아닌 것은?

① LFG
② HDPE
③ CR
④ PVC

해설
LFG(Landfill Gas) : 매립지 발생가스

38 소화슬러지의 발생량은 투입량(200kL)의 10%이며 함수율이 95%이다. 탈수기에서 함수율을 80%로 낮추면 탈수된 Cake의 부피(m^3)는?(단, 슬러지의 비중 = 1.0)

① 2.0
② 3.0
③ 4.0
④ 5.0

해설
소화슬러지 발생량 = $200 \times 0.1 = 20 m^3$
$\dfrac{V_2}{V_1} = \dfrac{100-w_1}{100-w_2}$
$V_2 = V_1 \times \dfrac{100-w_1}{100-w_2} = 20 \times \dfrac{100-95}{100-80} = 20 \times \dfrac{5}{20} = 5.0$

39 혐기성 분해에 영향을 주는 인자로서 가장 거리가 먼 것은?

① 탄질비
② pH
③ 유기산 농도
④ 온도

40 다양한 종류의 호기성 미생물과 효소를 이용하여 단기간에 유기물을 발효시켜 사료를 생산하는 습식방식에 의한 사료화의 특징이 아닌 것은?

① 처리 후 수분함량이 30% 정도로 감소한다.
② 종균제 투입 후 30~60℃에서 24시간 발효와 350℃에서 고온 멸균처리한다.
③ 비용이 적게 소요된다.
④ 수분함량이 높아 통기성이 나쁘고 변질 우려가 있다.

정답 36 ④ 37 ① 38 ④ 39 ① 40 ①

제3과목 폐기물공정시험기준(방법)

41 다음에 제시된 온도의 최대 범위 중 가장 높은 온도를 나타내는 것은?

① 실 온
② 상 온
③ 온 수
④ 추출된 노말헥산의 증류온도

해설
- ES 06302.1b 기름성분-중량법
- ES 06000.b 총칙
④ 추출된 노말헥산의 증류온도 : 80℃
① 실온 : 1~35℃
② 상온 : 15~25℃
③ 온수 : 60~70℃

42 다음 설명에서 ( ) 안에 알맞은 것은?

어떤 용액에 산 또는 알칼리를 가해도 그 수소이온농도가 변화하기 어려운 경우에, 그 용액을 ( )이라 한다.

① 규정액
② 표준액
③ 완충액
④ 중성액

43 pH 측정의 정밀도에 관한 내용으로 ( ) 안에 옳은 내용은?

임의의 한 종류의 pH 표준용액에 대하여 검출부를 정제수로 잘 씻은 다음 (㉠) 되풀이하여 pH를 측정했을 때 그 재현성이 (㉡) 이내이어야 한다.

① ㉠ 3회   ㉡ ±0.5
② ㉠ 3회   ㉡ ±0.05
③ ㉠ 5회   ㉡ ±0.5
④ ㉠ 5회   ㉡ ±0.05

해설
ES 06304.1 수소이온농도-유리전극법

44 폐기물의 고형물 함량을 측정하였더니 18%로 측정되었다. 고형물 함량으로 분류할 때 해당되는 것은?

① 고상폐기물
② 액상폐기물
③ 반고상폐기물
④ 알 수 없음

해설
ES 06000.b 총칙

액상폐기물	고형물 함량 5% 미만
반고상폐기물	고형물 함량 5% 이상 15% 미만
고상폐기물	고형물 함량 15% 이상

정답 41 ④ 42 ③ 43 ④ 44 ①

45 유도결합플라스마 - 원자발광분광법에 대한 설명으로 틀린 것은?

① 플라스마가스로는 순도 99.99%(V/V%) 이상의 압축아르곤가스가 사용된다.
② 플라스마 상태에서 원자가 여기상태로 올라갈 때 방출하는 발광선으로 정량분석을 수행한다.
③ 플라스마는 그 자체가 광원으로 이용되기 때문에 매우 넓은 농도 범위에서 시료를 측정할 수 있다.
④ 많은 원소를 동시에 분석이 가능하다.

해설
들뜬 원자가 바닥상태로 이동할 때 방출하는 발광선 및 발광강도를 측정하여 원소의 정성 및 정량분석을 수행한다.

46 폐기물 용출조작에 관한 설명으로 틀린 것은?

① 상온, 상압에서 진탕횟수를 매 분당 약 200회로 한다.
② 진폭 6~8cm의 진탕기를 사용한다.
③ 진탕기로 6시간 연속 진탕한다.
④ 여과가 어려운 경우 원심분리기를 사용하여 매 분당 3,000회전 이상으로 20분 이상 원심분리한다.

해설
ES 06150.e 시료의 준비
시료 용액의 조제가 끝난 혼합액을 상온, 상압에서 진탕횟수가 매 분당 약 200회, 진탕의 폭이 4~5cm인 왕복진탕기(수평인 것)를 사용하여 6시간 동안 연속 진탕한 다음 1.0μm의 유리섬유여과지로 여과하고 여과액을 적당량 취하여 용출실험용 시료용액으로 한다. 다만, 여과가 어려운 경우에는 원심분리기를 사용하여 매 분당 3,000회전 이상으로 20분 이상 원심분리한 다음 상등액을 적당량 취하여 용출실험용 시료용액으로 한다.

47 반고상 또는 고상폐기물의 pH 측정법으로 ( ) 안에 옳은 것은?

> 시료 10g을 (㉠) 비커에 취한 다음 정제수 (㉡)를 넣어 잘 교반하여 (㉢) 이상 방치

① ㉠ 100mL ㉡ 50mL ㉢ 10분
② ㉠ 100mL ㉡ 50mL ㉢ 30분
③ ㉠ 50mL   ㉡ 25mL ㉢ 10분
④ ㉠ 50mL   ㉡ 25mL ㉢ 30분

해설
ES 06304.1 수소이온농도-유리전극법

48 함수율이 90%인 슬러지를 용출시험하여 구리의 농도를 측정하니 1.0mg/L로 나타났다. 수분함량을 보정한 용출시험 결과치(mg/L)는?

① 0.6   ② 0.9
③ 1.1   ④ 1.5

해설
ES 06150.e 시료의 준비
보정계수 $= \dfrac{15}{100-90} = 1.5$
보정농도 $= 1.0 \times 1.5 = 1.5\,mg/L$

49 폐기물 중 시안을 측정(이온전극법)할 때 시료채취 및 관리에 관한 내용으로 ( ) 안에 알맞은 것은?

> 시료는 수산화나트륨용액을 가하여 (㉠)으로 조절하여 냉암소에서 보관한다. 최대 보관시간은 (㉡)이며 가능한 한 즉시 실험한다.

① ㉠ pH 10 이상 ㉡ 8시간
② ㉠ pH 10 이상 ㉡ 24시간
③ ㉠ pH 12 이상 ㉡ 8시간
④ ㉠ pH 12 이상 ㉡ 24시간

해설
ES 06351.2 시안-이온전극법

50 pH가 2인 용액 2L와 pH가 1인 용액 2L를 혼합하면 pH는?

① 1.0 ② 1.3
③ 2.0 ④ 2.3

해설
$pH = -\log[H^+]$

$[H^+] = \dfrac{10^{-2}M \times 2L + 10^{-1}M \times 2L}{2L + 2L} = 0.055M$

∴ $pH = -\log 0.055 ≒ 1.3$

51 기체크로마토그래피에 사용되는 분리용 칼럼의 McReynold 상수가 작다는 것이 의미하는 것은?

① 비극성 칼럼이다.
② 이론단수가 작다.
③ 체류시간이 짧다.
④ 분리효율이 떨어진다.

해설
McReynolds Values가 작으면 비극성, 크면 극성 칼럼이다.

52 자외선/가시선 분광법을 이용한 시안 분석을 위해 시료를 증류할 때 증기로 유출되는 시안의 형태는?

① 시안산 ② 시안화수소
③ 염화시안 ④ 시아나이드

해설
ES 06351.1 시안-자외선/가시선 분광법
시료를 pH 2 이하의 산성으로 조절한 후에 에틸렌다이아민테트라아세트산이나트륨을 넣고 가열 증류하여 시안화합물을 시안화수소로 유출시켜 수산화나트륨용액에 포집한 다음 중화하고 클로라민-T와 피리딘·피라졸론 혼합액을 넣어 나타나는 청색을 620nm에서 측정하는 방법이다.
※ $HCN \rightleftharpoons H^+ + CN^-$
 pH에 따라 HCN과 CN^-로 변화하며, 산성상태에서 시안화수소(HCN)의 기체 형태로 유출된다.

53 폐기물 시료채취를 위한 채취도구 및 시료용기에 관한 설명으로 틀린 것은?

① 노말헥산 추출물질 실험을 위한 시료 채취 시는 갈색경질의 유리병을 사용하여야 한다.
② 유기인 실험을 위한 시료 채취 시는 갈색경질의 유리병을 사용하여야 한다.
③ 시료 중에 다른 물질의 혼입이나 성분의 손실을 방지하기 위하여 코르크 마개를 사용하며, 다만 고무마개는 셀로판지를 씌워 사용할 수도 있다.
④ 시료용기에는 폐기물의 명칭, 대상 폐기물의 양, 채취장소, 채취시간 및 일기, 시료번호, 채취 책임자 이름, 시료의 양, 채취방법, 기타 참고자료를 기재한다.

해설
ES 06130.d 시료의 채취
시료 중에 다른 물질의 혼입이나 성분의 손실을 방지하기 위하여 밀봉할 수 있는 마개를 사용하며 코르크 마개를 사용하여서는 안 된다. 다만, 고무나 코르크 마개에 파라핀지, 유지 또는 셀로판지를 씌워 사용할 수도 있다.

54 원자흡수분광광도법(공기 – 아세틸렌 불꽃)으로 크롬을 분석할 때 철, 니켈 등의 공존물질에 의한 방해를 방지하기 위해 넣어 주는 시약은?

① 질산나트륨
② 인산나트륨
③ 황산나트륨
④ 염산나트륨

해설
ES 06406.1 크롬-원자흡수분광광도법

55 시료의 전처리 방법 중 다량의 점토질 또는 규산염을 함유한 시료에 적용하는 것은?

① 질산-과염소산분해법
② 질산-과염소산-불화수소산분해법
③ 질산-과염소산-염화수소산분해법
④ 질산-과염소산-황화수소산분해법

해설
ES 06150.e 시료의 준비

종류	특징
질산분해법	유기물 함량이 낮은 시료에 적용
질산-염산분해법	유기물 함량이 비교적 높지 않고 금속의 수산화물, 산화물, 인산염 및 황화물을 함유하고 있는 시료에 적용
질산-황산분해법	• 유기물 등을 많이 함유하고 있는 대부분의 시료에 적용 • 칼슘, 바륨, 납 등을 다량 함유한 시료는 난용성의 황산염을 생성하여 다른 금속성분을 흡착하므로 주의
질산-과염소산 분해법	• 유기물을 높은 비율로 함유하고 있으면서 산화분해가 어려운 시료들에 적용 • 과염소산을 넣을 경우 진한 질산이 공존하지 않으면 폭발할 위험이 있으므로 반드시 진한 질산을 먼저 넣어주어야 함
질산-과염소산 -불화수소산 분해법	점토질 또는 규산염이 높은 비율로 함유된 시료에 적용

56 시료의 전처리방법에서 유기물을 높은 비율로 함유하고 있으면서 산화 분해가 어려운 시료에 적용되는 방법은?

① 질산 – 황산분해법
② 질산 – 과염소산분해법
③ 질산 – 과염소산 – 불화수소분해법
④ 질산 – 염산분해법

해설
ES 06150.e 시료의 준비

정답 53 ③ 54 ③ 55 ② 56 ②

57 기체크로마토그래피법에서 유기인화합물의 분석에 사용되는 검출기와 가장 거리가 먼 것은?

① 전자포획형 검출기
② 알칼리열이온화 검출기
③ 불꽃광도 검출기
④ 열전도도 검출기

해설
ES 06501.1b 유기인-기체크로마토그래피

58 자외선/가시선 분광법으로 6가크롬을 측정할 때 흡수셀 세척에 사용되는 시약이 아닌 것은?

① 탄산나트륨   ② 질산(1+5)
③ 과망간산칼륨   ④ 에틸알코올

해설
ES 06407.3b 6가크롬-자외선/가시선 분광법
흡수셀이 더러우면 측정값에 오차가 발생하므로 다음과 같이 세척하여 사용한다. 또는 시판용 세척액을 사용하여 세척한다.
- 탄산나트륨용액(2%)에 소량의 음이온 계면활성제를 가한 용액에 흡수셀을 담가 놓고 필요하면 40~50℃로 약 10분간 가열한다.
- 흡수셀을 꺼내 정제수로 씻은 후 질산(1+5)에 소량의 과산화수소를 가한 용액에 약 30분간 담가 놓았다가 꺼내어 정제수로 잘 씻는다. 깨끗한 가제나 흡수지 위에 거꾸로 놓아 물기를 제거하고 실리카겔을 넣은 데시케이터 중에서 건조하여 보존한다.
- 급히 사용하고자 할 때는 물기를 제거한 후 에틸알코올로 씻고 다시 에틸에터로 씻은 다음 드라이어로 건조해서 사용한다.

59 원자흡수분광광도법으로 측정할 수 없는 것은?

① 시안, 유기인
② 구리, 납
③ 비소, 수은
④ 철, 니켈

해설
- ES 06351.1 시안-자외선/가시선 분광법
- ES 06351.2 시안-이온전극법
- ES 06351.3 시안-연속흐름법
- ES 06501.1b 유기인-기체크로마토그래피
- ES 06501.2a 유기인-기체크로마토그래프-질량분석법

※ 원자흡수분광광도법으로 양이온의 금속물질을 분석할 수 있다.

60 편광현미경법으로 석면을 측정할 때 석면의 정량범위는?

① 1~25%   ② 1~50%
③ 1~75%   ④ 1~100%

해설
ES 06305.1 석면-편광현미경법

제4과목 폐기물관계법규

61 환경부령이 정하는 폐기물처리담당자로서 교육기관에서 실시하는 교육을 받아야 하는 자로 알맞은 것은?

① 폐기물재활용신고자
② 폐기물처리시설의 기술관리인
③ 폐기물처리업에 종사하는 기술요원
④ 폐기물분석전문기관의 기술요원

해설
폐기물관리법 제35조(폐기물 처리 담당자 등에 대한 교육)
- 다음의 어느 하나에 해당하는 폐기물 처리 담당자
  - 폐기물처리업에 종사하는 기술요원
  - 폐기물처리시설의 기술관리인
  - 그 밖에 대통령령으로 정하는 사람
- 폐기물분석전문기관의 기술요원
- 재활용환경성평가기관의 기술인력
※ 저자의견 : 확정답안은 ①번으로 발표되었으나 ②, ③, ④번이 정답으로 보이며, 문제가 '~교육을 받아야 하는 자가 아닌 것은?'으로 수정되어야 한다.

62 폐기물처리시설 주변지역 영향조사 기준 중 조사방법(조사지점)에 관한 내용으로 ( ) 안에 옳은 것은?

> 미세먼지와 다이옥신 조사지점은 해당 시설에 인접한 주거지역 중 ( ) 이상 지역의 일정한 곳으로 한다.

① 2개소   ② 3개소
③ 4개소   ④ 5개소

해설
폐기물관리법 시행규칙 [별표 13] 폐기물처리시설 주변지역 영향조사 기준

63 폐기물 처리업자가 폐기물의 발생, 배출, 처리상황 등을 기록한 장부의 보존기간은?(단, 최종 기재일 기준)

① 6개월간   ② 1년간
③ 3년간   ④ 5년간

해설
폐기물관리법 제36조(장부 등의 기록과 보존)

64 의료폐기물의 종류 중 위해의료폐기물의 종류와 가장 거리가 먼 것은?

① 전염성류폐기물
② 병리계폐기물
③ 손상성폐기물
④ 생물·화학폐기물

해설
폐기물관리법 시행령 [별표 2] 의료폐기물의 종류
위해의료폐기물
- 조직물류폐기물 : 인체 또는 동물의 조직·장기·기관·신체의 일부, 동물의 사체, 혈액·고름 및 혈액생성물(혈청, 혈장, 혈액제제)
- 병리계폐기물 : 시험·검사 등에 사용된 배양액, 배양용기, 보관균주, 폐시험관, 슬라이드, 커버글라스, 폐배지, 폐장갑
- 손상성폐기물 : 주삿바늘, 봉합바늘, 수술용 칼날, 한방침, 치과용 침, 파손된 유리재질의 시험기구
- 생물·화학폐기물 : 폐백신, 폐항암제, 폐화학치료제
- 혈액오염폐기물 : 폐혈액백, 혈액투석 시 사용된 폐기물, 그 밖에 혈액이 유출될 정도로 포함되어 있어 특별한 관리가 필요한 폐기물

65 지정폐기물처리시설 중 기술관리인을 두어야 할 차단형 매립시설의 면적규모 기준은?

① 330m² 이상
② 1,000m² 이상
③ 3,300m² 이상
④ 10,000m² 이상

해설
폐기물관리법 시행령 제15조(기술관리인을 두어야 할 폐기물처리시설)
매립시설인 경우
- 지정폐기물을 매립하는 시설로서 면적이 3,300m² 이상인 시설. 다만, 최종처분시설 중 차단형 매립시설에서는 면적이 330m² 이상이거나 매립용적이 1,000m³ 이상인 시설로 한다.
- 지정폐기물 외의 폐기물을 매립하는 시설로서 면적이 10,000m² 이상이거나 매립용적이 30,000m³ 이상인 시설

66 사업장폐기물의 종류별 세부분류번호로 옳은 것은?(단, 사업장일반폐기물의 세부분류 및 분류번호)

① 유기성 오니류 31-01-00
② 유기성 오니류 41-01-00
③ 유기성 오니류 51-01-00
④ 유기성 오니류 61-01-00

해설
폐기물관리법 시행규칙 [별표 4] 폐기물의 종류별 세부분류
사업장일반폐기물은 50번 대의 번호로 시작된다.

67 폐기물처리업의 변경신고를 하여야 할 사항으로 틀린 것은?

① 상호의 변경
② 연락장소나 사무실 소재지의 변경
③ 임시차량의 증차 또는 운반차량의 감차
④ 처리용량 누계의 30% 이상 변경

해설
폐기물관리법 시행규칙 제28조(폐기물처리업의 허가)
폐기물 처분시설의 처분용량(처분용량의 변경으로 다른 법령에 따른 인·허가를 받아야 하는 경우와 처분용량이 100분의 30 이상 증감하는 경우만 해당한다)

68 폐기물처리시설에 대한 환경부령으로 정하는 검사기관이 잘못 연결된 것은?

① 소각시설의 검사기관 : 한국기계연구원
② 음식물류 폐기물처리시설의 검사기관 : 보건환경연구원
③ 멸균분쇄시설의 검사기관 : 한국산업기술시험원
④ 매립시설의 검사기관 : 한국환경공단

해설
폐기물관리법 시행규칙 제41조(폐기물처리시설의 사용신고 및 검사)
※ 해당 법 개정으로 삭제〈2020.11.27〉

69 지정폐기물배출자는 사업장에서 발생되는 지정폐기물인 폐산을 보관개시일부터 최소 며칠을 초과하여 보관하여서는 안 되는가?

① 90일　　② 70일
③ 60일　　④ 45일

> **해설**
> 폐기물관리법 시행규칙 [별표 5] 폐기물의 처리에 관한 구체적 기준 및 방법

70 2년 이하의 징역이나 2천만원 이하의 벌금에 처하는 경우가 아닌 것은?

① 폐기물의 재활용 용도 또는 방법을 위반하여 폐기물을 처리하여 주변 환경을 오염시킨 자
② 폐기물의 수출입 신고 의무를 위반하여 신고를 하지 아니하거나 허위로 신고한 자
③ 폐기물처리업의 업종 구분과 영업내용의 범위를 벗어나는 영업을 한 자
④ 폐기물 회수 조치명령을 이행하지 아니한 자

> **해설**
> ④ 폐기물관리법 제65조(벌칙) : 폐기물 회수 조치명령을 이행하지 아니한 자는 3년 이하의 징역이나 3천만원 이하의 벌금에 처한다.
> ① 폐기물관리법 제66조(벌칙) : 폐기물의 재활용 용도 또는 방법을 위반하여 폐기물을 처리한 자는 2년 이하의 징역이나 2천만원 이하의 벌금에 처한다.
> ※ 법 개정으로 내용 변경
> ② 폐기물의 국가 간 이동 및 그 처리에 관한 법률 제29조의2(벌칙) : 제18조의2(수출입관리폐기물의 수출입 신고 등)제1항을 위반하여 신고를 하지 아니하거나 거짓으로 신고를 한 자는 2년 이하의 징역 또는 2천만원 이하의 벌금에 처한다.

71 폐기물의 수집·운반·보관·처리에 관한 기준 및 방법에 대한 설명으로 틀린 것은?

① 해당 폐기물을 적정하게 처분, 재활용 또는 보관할 수 있는 장소 외의 장소로 운반하지 아니할 것
② 폐기물의 종류와 성질·상태별 재활용 가능성 여부, 가연성이나 불연성 여부 등에 따라 구분하여 수집·운반·보관할 것
③ 폐기물을 처분 또는 재활용하는 자가 폐기물을 보관하는 경우에는 그 폐기물 처분시설 또는 재활용시설과 다른 사업장에 있는 보관시설에 보관할 것
④ 수집·운반·보관의 과정에서 침출수가 생기는 경우에는 환경부령으로 정하는 바에 따라 처리할 것

> **해설**
> 폐기물관리법 시행령 제7조(폐기물의 처리기준 등)
> 폐기물을 처분 또는 재활용하는 자가 폐기물을 보관하는 경우에는 그 폐기물 처분시설 또는 재활용시설과 같은 사업장에 있는 보관시설에 보관할 것

72 폐기물처리업자 또는 폐기물처리 신고자의 휴업·폐업 등의 신고에 관한 내용으로 (　) 안에 옳은 것은?

> 폐기물처리업자나 폐기물처리 신고자가 휴업·폐업 또는 재개업을 한 경우에는 휴업·폐업 또는 재개업을 한 날부터 (　)에 신고서에 해당 서류를 첨부하여 시·도지사나 지방환경관서의 장에게 제출하여야 한다.

① 10일 이내　　② 15일 이내
③ 20일 이내　　④ 30일 이내

> **해설**
> 폐기물관리법 시행규칙 제59조(휴업·폐업 등의 신고)

정답 69 ④ 70 ④ 71 ③ 72 ③

73 폐기물처리시설을 환경부령으로 정하는 기준에 맞게 설치하되, 환경부령으로 정하는 규모 미만의 폐기물 소각시설을 설치, 운영하여서는 아니 된다. 이를 위반하여 설치가 금지되는 폐기물 소각시설을 설치, 운영한 자에 대한 벌칙 기준은?

① 6개월 이하의 징역이나 5백만원 이하의 벌금
② 1년 이하의 징역이나 1천만원 이하의 벌금
③ 2년 이하의 징역이나 2천만원 이하의 벌금
④ 3년 이하의 징역이나 3천만원 이하의 벌금

해설
폐기물관리법 제66조(벌칙)

74 3년 이하의 징역이나 3천만원 이하의 벌금에 처하는 경우가 아닌 것은?

① 거짓이나 그 밖의 부정한 방법으로 폐기물분석전문기관으로 지정을 받거나 변경지정을 받은 자
② 다른 자의 명의나 상호를 사용하여 재활용환경성평가를 하거나 재활용환경성평가기관지정서를 빌린 자
③ 유해성기준에 적합하지 아니하게 폐기물을 재활용한 제품 또는 물질을 제조하거나 유통한 자
④ 고의로 사실과 다른 내용의 폐기물분석결과서를 발급한 폐기물분석전문기관

해설
폐기물관리법 제65조(벌칙)
유해성기준에 적합하지 아니하게 폐기물을 재활용한 제품 또는 물질을 제조하거나 유통한 자 : 폐기물관리법 제68조(과태료) 1천만원 이하의 과태료

75 폐기물처리 신고자의 준수사항 기준으로 ( ) 안에 옳은 것은?

> 정당한 사유 없이 계속하여 ( ) 이상 휴업하여서는 아니 된다.

① 6개월　　② 1년
③ 2년　　　④ 3년

해설
폐기물관리법 시행규칙 [별표 17의2] 폐기물처리 신고자의 준수사항

76 음식물류 폐기물처리시설의 검사기관으로 옳은 것은?

① 한국산업기술시험원
② 한국환경자원공사
③ 시·도 보건환경연구원
④ 수도권매립지관리공사

해설
폐기물관리법 시행규칙 제41조(폐기물처리시설의 사용신고 및 검사)
※ 해당 법 개정으로 삭제〈2020.11.27〉

정답　73 ③　74 ③　75 ②　76 ①

77 폐기물처리담당자에 대한 교육을 실시하는 기관이 아닌 것은?

① 국립환경인력개발원
② 환경관리공단
③ 한국환경자원공사
④ 환경보전협회

해설
폐기물관리법 시행규칙 제50조(폐기물 처리 담당자 등에 대한 교육)
교육을 하는 기관은 다음과 같다.
- 국립환경인력개발원, 한국환경공단 또는 한국폐기물협회
- 한국환경보전원
- 한국환경산업기술원
※ 해당 법 개정으로 ②의 "환경관리공단"이 "한국환경공단"으로, ④의 "환경보전협회"가 "한국환경보전원"으로 변경되었다.

78 폐기물처리시설의 사후관리기준 및 방법에 규정된 사후관리 항목 및 방법에 따라 조사한 결과를 토대로 매립시설이 주변환경에 미치는 영향에 대한 종합보고서를 매립시설의 사용종료신고 후 몇 년 마다 작성하여야 하는가?

① 1년 ② 2년
③ 3년 ④ 5년

해설
폐기물관리법 시행규칙 [별표 19] 사후관리기준 및 방법

79 폐기물 처분시설 또는 재활용시설 중 음식물류 폐기물을 대상으로 하는 시설의 기술관리인 자격기준으로 틀린 것은?

① 산업위생산업기사
② 화공산업기사
③ 토목산업기사
④ 전기기사

해설
폐기물관리법 시행규칙 [별표 14] 기술관리인의 자격기준

80 사후관리 대상인 폐기물 매립시설은 사용이 종료되거나 그 시설이 폐쇄된 날로부터 몇 년 이내로 토지이용을 제한하는가?

① 10년
② 20년
③ 30년
④ 40년

해설
폐기물관리법 시행규칙 [별표 19] 사후관리기준 및 방법

정답 77 ③ 78 ④ 79 ① 80 ③

2019년 제4회 과년도 기출문제

제1과목 폐기물개론

01 지정폐기물과 관련된 설명으로 알맞은 것은?

① 모든 폐유기용제는 지정폐기물이다.
② 폐촉매 중에 코발트가 다량 포함되면 지정폐기물이다.
③ 기름성분(엔진오일, 폐식용유 등)을 5% 이상 함유하면 지정폐기물이다.
④ 6가크롬을 다량 함유하고 고형물함량이 5% 미만인 도금공장 발생 공정오니는 지정폐기물이다.

해설
② 코발트는 지정폐기물에 함유된 유해물질에 포함되어 있지 않다.
③ 폐식용유는 폐유에 포함되지 않는다.
④ 용출시험 결과 기준치를 초과해야 지정폐기물에 해당한다. 따라서, 지정폐기물일 가능성은 높으나 반드시 지정폐기물이라고 확정지을 수는 없다.

02 폐기물 발생량 및 성상예측 시 고려되어야 할 인자가 아닌 것은?

① 소득수준
② 자원회수량
③ 사용연료
④ 지역습도

03 우리나라 쓰레기의 배출특성에 대한 설명으로 가장 거리가 먼 것은?

① 계절적 변동이 심하다.
② 쓰레기의 발열량이 높다.
③ 음식물 쓰레기 조성이 높다.
④ 수분과 회분함량이 많다.

해설
※ 저자의견 : 이 문제는 적절하지 않다.
현재 우리나라는 음식물류 쓰레기가 종량제 봉투에서 분리배출되는 관계로 종량제 봉투 기준으로는 폐기물의 발열량이 높고, 음식물 쓰레기의 조성은 높지 않은 편이다. 또한 수분과 회분함량도 가연분과 비교하면 낮다. 계절적인 변동도 음식물 쓰레기가 분리배출되는 관계로 과거의 같이 여름철의 수박껍질이나 김장철의 김장쓰레기 등이 종량제 봉투로 배출되지는 않아 심하지 않다.

04 자력선별에서 사용하는 자력의 단위는?

① emf
② mV(밀리 볼트)
③ T(테슬라)
④ F(패러데이)

05 채취한 쓰레기 시료에 대한 성상분석 절차는?

① 밀도 측정 → 물리적 조성 → 건조 → 분류
② 밀도 측정 → 물리적 조성 → 분류 → 건조
③ 물리적 조성 → 밀도 측정 → 건조 → 분류
④ 물리적 조성 → 밀도 측정 → 분류 → 건조

정답 1① 2④ 3② 4③ 5①

06 물질회수를 위한 선별방법 중 손선별에 관한 설명으로 옳지 않은 것은?

① 컨베이어벨트를 이용하여 손으로 종이류, 플라스틱류, 금속류, 유리류 등을 분류한다.
② 작업효율은 0.5ton/man·h 정도이다.
③ 컨베이어벨트의 속도는 일반적으로 약 9m/min 이하이다.
④ 정확도가 떨어지고 폭발로 인한 위험에 노출되는 단점이 있다.

해설
정확도가 높고, 폭발가능성이 있는 위험물질을 분류할 수 있다.

07 인구 3,800명인 도시에서 하루동안 발생되는 쓰레기를 수거하기 위하여 용량 $8m^3$인 청소 차량이 5대, 1일 2회 수거, 1일 근무시간이 8시간인 환경미화원이 5명 동원된다. 이 쓰레기의 적재밀도가 $0.3ton/m^3$일 때 MHT 값(man·hour/ton)은?(단, 기타 조건은 고려하지 않음)

① 1.38　② 1.42
③ 1.67　④ 1.83

해설
$$MHT = \frac{수거인원(man) \times 수거시간(hour)}{수거량(ton)}$$
$$= \frac{5인 \times 8시간}{8m^3 \times 0.3ton/m^3 \times 5대 \times 2회} ≒ 1.67$$

08 쓰레기의 수거능을 판별할 수 있는 MHT라는 용어에 대한 가장 적절한 표현은?

① 수거인부 1인이 수거하는 쓰레기 ton수
② 수거인부 1인이 시간당 수거하는 쓰레기 ton수
③ 1ton의 쓰레기를 수거하는 데 소요되는 인부수
④ 1ton의 쓰레기를 수거하는 데 수거인부 1인이 소요하는 총시간

09 파이프라인을 이용한 쓰레기 수송방법에 대한 설명으로 가장 거리가 먼 것은?

① 쓰레기 발생밀도가 낮은 곳에서 현실성이 있다.
② 잘못 투입된 물건을 회수하기가 곤란하다.
③ 조대쓰레기는 파쇄, 압축 등의 전처리가 필요하다.
④ 2.5km 이상의 장거리에서는 이용이 곤란하다.

해설
쓰레기 발생밀도가 높은 인구밀집지역에서 현실성이 있다.

10 분석을 위하여 축소, 분쇄, 균질 등의 목적으로 하는 시료의 축소방법 중 원추4분법이 가장 많이 사용되는 이유로서 가장 적합한 것은?

① 원추를 쌓기 때문이다.
② 축소비율이 일정하기 때문이다.
③ 한 번의 조작으로 시료가 축소되기 때문이다.
④ 타 방법들이 공인되지 않았기 때문이다.

11 쓰레기의 입도를 분석하였더니 입도누적곡선상의 10%(D_{10}), 30%(D_{30}), 60%(D_{60}), 90%(D_{90})의 입경이 각각 2, 6, 15, 25mm이라면 곡률계수는?

① 15
② 7.5
③ 2.0
④ 1.2

해설
곡률계수(Coefficient of Curvature)
$$\frac{(D_{30})^2}{D_{10}D_{60}} = \frac{6^2}{2 \times 15} = 1.2$$

12 폐기물 처리방법 중 에너지 혹은 자원회수 방법으로 가장 비경제적인 것은?

① 퇴비화
② 열 분해
③ 혐기성 소화
④ 호기성 소화

해설
호기성 소화를 위한 공기 공급에 비용이 많이 든다.

13 트롬멜 스크린의 선별효율에 영향을 주는 인자가 아닌 것은?

① 체의 눈 크기
② 트롬멜 무게
③ 경사도
④ 회전속도(rpm)

14 도시의 인구가 50,000명이고 분뇨의 1인 1일당 발생량은 1.1L이다. 수거된 분뇨의 BOD 농도를 측정하였더니 60,000mg/L이었고, 분뇨의 수거율이 30%라고 할 때 수거된 분뇨의 1일 발생 BOD량(kg)은?(단, 분뇨의 비중 =1.0 기준)

① 790
② 890
③ 990
④ 1,190

해설
50,000명 × 1.1L/명 × 10^{-3}m³/L × 60,000mg/L × 0.3 × 10^{-3} = 990
※ 계산과정에서 맨 뒤의 10^{-3}은 '유량(m³/일) × 농도(mg/L) × 10^{-3} = kg/일' 계산과정에서의 환산계수이다.

15 함수율이 25%인 폐기물의 고형물 중의 가연성 함량은 30%이다. 건조 중량기준의 가연성 물질함량(%)은?

① 20%
② 30%
③ 40%
④ 50%

해설
※ 저자의견
함수율이 25%이므로 고형물의 함량은 75%이다.
그런데 제시된 문제의 표현이 모호하다. '폐기물의 고형물 중의 가연성 함량이 30%'라고 되어 있는데 이 30%가 전체 무게기준인지, 건조 중량기준인지 명확하지 않다.
한국산업인력공단의 확정답안은 30%로 되어있는데, 건조 중량기준이라면 이 문제는 문제에 답이 나와 있는 문제가 되므로 문제로서 부적합하다.

정답 11 ④ 12 ④ 13 ② 14 ③ 15 ②

16 우리나라에서 가장 많이 발생하는 사업장 폐기물(지정폐기물)은?

① 분 진
② 폐알칼리
③ 폐유 및 폐유기용제
④ 폐합성 고분자화합물

17 수거효율을 결정하기 위해서 흔히 사용되는 동적 시간조사(Time – Motion Study)를 통한 자료와 가장 거리가 먼 것은?

① 수거차량당 수거인부수
② 수거인부의 시간당 수거 가옥수
③ 수거인부의 시간당 수거ton수
④ 수거ton당 인력 소요시간

18 가연분 함량을 구하는 식으로 옳은 것은?

① 가연분(%) = 100 – 불연성 물질(%) – 가연성 물질(%)
② 가연분(%) = 100 – 시료무게(%) – 회분(%)
③ 가연분(%) = 100 – 수분(%) – 회분(%)
④ 가연분(%) = 100 – 분자량(%) – 회분(%)

19 함수율 80%인 슬러지 500g을 완전건조 시켰을 때 건조된 슬러지의 중량(g)은?(단, 슬러지의 비중 = 1.0)

① 100
② 200
③ 300
④ 400

해설
함수율이 80%이므로 고형물의 함량은 20%이다.
∴ $500g \times 0.2 = 100g$

20 연질플라스틱과 종이류가 혼합된 폐기물을 파쇄하는데 효과적이고, 파쇄속도가 느리고 이물질의 혼입에 대해 취약하지만 파쇄물의 크기를 고르게 절단할 수 있는 파쇄기는?

① 전단파쇄기
② 충격파쇄기
③ 압축파쇄기
④ 해머밀

정답 16 ③ 17 ① 18 ③ 19 ① 20 ①

제2과목 | 폐기물처리기술

21 소각로에서 NO_x 배출농도가 270ppm, 산소 배출 농도가 12%일 때 표준산소(6%)로 환산한 NO_x 농도(ppm)는?

① 120
② 135
③ 162
④ 450

해설
- 공식유도에 의한 계산
  산소농도 12%를 표준산소 6%로 환산하기 위해서는 표준산소 6%의 연소가스(부피를 1로 가정)를 산소농도 21%의 공기(부피를 x로 가정)와 희석하여 산소 배출농도 12%를 맞추고, 이때의 공기희석비율$(1+x)$을 농축계수로 곱해주면 된다.
  $$\frac{1 \times 6 + x \times 21}{1+x} = 12$$
  $$x = \frac{6}{9} = \frac{2}{3}$$
  6%를 12%로 희석할 때 희석배율이 $1 + \frac{2}{3} ≒ 1.67$이므로 산소농도 12%의 가스를 표준산소 6%로 환산하기 위해서는 1.67(농축계수)을 곱해주면 된다.
  ∴ $270 \times 1.67 ≒ 451$ ppm
- 공식에 의한 계산
  보정계수 $m = \dfrac{21 - \text{표준산소농도}}{21 - \text{배출가스 산소농도}}$
  $= \dfrac{21-6}{21-12} = \dfrac{15}{9} ≒ 1.67$
  ∴ $1.67 \times 270 ≒ 451$ ppm

22 매립지의 침출수 수질을 결정하는 가장 큰 요인은?

① 폐기물의 매립량
② 폐기물의 조성
③ 매립방법
④ 강우량

23 오염된 토양의 처리를 위해 고형화 처리 시 토양 $1m^3$당 고형화재의 첨가량(kg)은?

① 100
② 150
③ 200
④ 250

24 분뇨의 악취발생 물질에 들어가지 않는 것은?

① Skatole 및 Indole
② CH_4와 CO_2
③ NH_3와 H_2S
④ R-SH

25 유기물(포도당, $C_6H_{12}O_6$) 1kg을 혐기성 소화시킬 때 이론적으로 발생되는 메테인량(kg)은?

① 약 0.09
② 약 0.27
③ 약 0.73
④ 약 0.93

해설
$C_6H_{12}O_6 \rightarrow 3CH_4 + 3CO_2$
180kg : 3×16kg
1kg : CH_4
∴ $CH_4 = \dfrac{1 \times 3 \times 16}{180} ≒ 0.27$

26 효과적으로 퇴비화를 진행시키기 위한 가장 직접적인 중요인자는?

① 온 도
② 함수율
③ 교반 및 공기공급
④ C/N비

27 폐산의 처리 방법 중 배소법에 관한 설명은?

① 폐염산을 고온로 내로 공급하여 수분의 증발, 염화철의 분해를 이용하여 생성되는 염화수소를 염산으로 회수하는 방법
② 폐산 중에 쇠부스러기를 가해서 반응시켜 황산철로 한 후 냉각시켜 $FeSO_4 \cdot 7H_2O$를 분리하는 방법
③ 농황산을 농축하여 30~97%의 황산을 회수하여 황산철 1수염을 정출 분리하는 방법
④ 폐산을 냉각하여 염을 석출 분리하는 방법

28 분뇨를 혐기성 소화방식으로 처리하기 위하여 직경 10m, 높이 6m의 소화조를 시설하였다. 분뇨주입량을 1일 24m³으로 할 때 소화조 내 체류시간(Day)은?

① 약 10   ② 약 15
③ 약 20   ④ 약 25

해설

체류시간 = $\dfrac{\text{반응조 체적}}{\text{유량}} = \dfrac{6m \times \{\pi \times (10m)^2/4\}}{24m^3/일} ≒ 20일$

29 연직 차수막 공법의 종류와 가장 거리가 먼 것은?

① 강널말뚝
② 어스 라이닝
③ 굴착에 의한 차수시트 매설법
④ 어스 댐 코아

30 유해 폐기물을 고화 처리하는 방법 중 피막형성법에 관한 설명으로 옳지 않은 것은?

① 낮은 혼합률(MR)을 가진다.
② 에너지 소요가 작다.
③ 화재 위험성이 있다.
④ 침출성이 낮다.

정답 26 ④ 27 ① 28 ③ 29 ② 30 ②

31 매립지 위치선정 시 적당한 곳은?

① 홍수범람지역
② 습지대
③ 단층지역
④ 지하수위 낮은 곳

32 함수율 99%의 잉여슬러지 30m³를 농축하여 함수율 95%로 했을 때 슬러지 부피(m³)는?(단, 비중 = 1.0 기준)

① 10
② 8
③ 6
④ 4

해설

$$\frac{V_2}{V_1} = \frac{100-w_1}{100-w_2}$$

$$V_2 = V_1 \times \frac{100-w_1}{100-w_2} = 30 \times \frac{100-99}{100-95} = 30 \times \frac{1}{5} = 6$$

33 다음 중 열회수시설이 아닌 것은?

① 절탄기
② 과열기
③ SCR
④ 공기예열기

해설
SCR은 선택적 촉매환원장치로 질소산화물(NO_x)를 제거하는 장치이다.

34 비정상적으로 작동하는 소화조에 석회를 주입하는 이유는?

① 유기산균을 증가시키기 위해
② 효소의 농도를 증가시키기 위해
③ 칼슘 농도를 증가시키기 위해
④ pH를 높이기 위해

35 처리용량이 20kL/day인 분뇨처리장에 가스 저장탱크를 설계하고자 한다. 가스 저류기간을 3h로 하고 생성가스량을 투입량의 8배로 가정한다면 가스탱크의 용량(m³)은?(단, 비중 = 1.0 기준)

① 20
② 60
③ 80
④ 120

해설

$$저류시간 = \frac{가스탱크\ 용량}{가스\ 생성량}$$

∴ 가스탱크 용량 = 저류시간 × 가스 생성량

$$= 3시간 \times 20m^3/일 \times \frac{일}{24시간} \times 8$$

$$= 20m^3$$

36 슬러지를 최종 처분하기 위한 가장 합리적인 처리 공정 순서는?

A : 최종처분	B : 건 조
C : 개 량	D : 탈 수
E : 농 축	F : 유기물 안정화(소화)

① E - F - D - C - B - A
② E - D - F - C - B - A
③ E - F - C - D - B - A
④ E - D - C - F - B - A

37 매립지의 구분방법으로 옳지 않은 것은?

① 매립구조에 따라 혐기성, 혐기성 위생, 개량 혐기성 위생, 준호기성, 호기성 매립으로 구분한다.
② 매립방법에 따라 불량, 친환경, 안전매립으로 구분한다.
③ 매립위치에 따라 육상, 해안매립으로 구분한다.
④ 위생매립(Cell 공법)은 도랑식, 경사식, 지역식 매립으로 구분한다.

해설
매립방법에 따라 단순매립, 위생매립, 안전매립으로 구분한다.

38 슬러지에서 고액분리 약품이 아닌 것은?

① 알루미늄염
② 염 소
③ 철 염
④ 석회카바이드

39 메탄올(CH_3OH) 8kg을 완전 연소하는 데 필요한 이론공기량(Sm^3)은?(단, 표준상태 기준)

① 35
② 40
③ 45
④ 50

해설
$CH_3OH + 1.5O_2 \rightarrow CO_2 + 2H_2O$
32kg $1.5 \times 22.4 Sm^3$
8kg $x\, Sm^3$

$x = \dfrac{8 \times 1.5 \times 22.4}{32} = 8.4$

$\therefore A_o = \dfrac{1}{0.21} \times 8.4 = 40$

40 매립지에서 최소한의 환기설비 또는 가스대책 설비를 계획하여야 하는 경우와 가장 거리가 먼 것은?

① 발생가스의 축적으로 덮개설비에 손상이 갈 우려가 있는 경우
② 식물 식생의 과다로 지중 가스 축적이 가중되는 경우
③ 유독가스가 방출될 우려가 있는 경우
④ 매립지 위치가 주변개발지역과 인접한 경우

제3과목 폐기물공정시험기준(방법)

41 유도결합플라스마-원자발광분광법에 의한 카드뮴 분석방법에 관한 설명으로 틀린 것은?

① 정량범위는 사용하는 장치 및 측정조건에 따라 다르지만 330nm에서 0.004~0.3mg/L 정도이다.
② 아르곤가스는 액화 또는 압축 아르곤으로서 99.99V/V% 이상의 순도를 갖는 것이어야 한다.
③ 시료용액의 발광강도를 측정하고 미리 작성한 검정곡선으로부터 카드뮴의 양을 구하여 농도를 산출한다.
④ 검정곡선 작성 시 카드뮴 표준용액과 질산, 염산, 정제수가 사용된다.

해설
ES 06400.2 금속류-유도결합플라스마-원자발광분광법
카드뮴은 측정파장이 226.50nm이고, 정량범위는 0.004~50 mg/L이다.

42 기체크로마토그래피법에 사용되고 있는 전자포획형 검출기(ECD)로 선택적으로 검출할 수 있는 물질이 아닌 것은?

① 유기할로겐화합물
② 나이트로화합물
③ 유기금속화합물
④ 유황화합물

43 시안(CN)을 자외선/가시선 분광법으로 분석할 때 시안(CN)이온을 염화시안으로 하기 위해 사용하는 시약은?

① 염산
② 클로라민-T
③ 염화나트륨
④ 염화제2철

해설
ES 06351.1 시안-자외선/가시선 분광법

44 원자흡수분광분석 시 장치나 불꽃의 성질에 기인하여 일어나는 간섭으로 옳은 것은?

① 분광학적 간섭
② 물리적 간섭
③ 화학적 간섭
④ 이온화 간섭

45 원자흡수분광광도법에서 사용되는 불꽃의 용도는?

① 원자의 여기화(Excitation)
② 원자의 증기화(Vaporization)
③ 원자의 이온화(Ionization)
④ 원자화(Atomization)

정답 41 ① 42 ④ 43 ② 44 ① 45 ②

46 다음 설명하는 시료의 분할채취방법은?

- 분쇄한 대시료를 단단하고 깨끗한 평면 위에 원추형으로 쌓는다.
- 원추를 장소를 바꾸어 다시 쌓는다.
- 원추에서 일정량을 취하여 장방형으로 도포하고 계속해서 일정량을 취하여 그 위에 입체로 쌓는다.
- 육면체의 측면을 교대로 돌면서 균등량씩을 취하여 두 개의 원추를 쌓는다.
- 하나의 원추는 버리고 나머지 원추를 앞의 조작을 반복하면서 적당한 크기까지 줄인다.

① 구획법
② 교호삽법
③ 원추 4분법
④ 분할법

해설
ES 06130.d 시료의 채취

47 원자흡수분광광도법으로 크롬을 정량할 때 전처리 조작으로 $KMnO_4$를 사용하는 목적은?

① 철이나 니켈금속 등 방해물질을 제거하기 위하여
② 시료 중의 6가크롬을 3가크롬으로 환원하기 위하여
③ 시료 중의 3가크롬을 6가크롬으로 산화하기 위하여
④ 다이페닐카바자이드와 반응성을 높이기 위하여

해설
$KMnO_4$는 산화제이다.

48 이물질이 들어가거나 또는 내용물이 손실되지 아니하도록 보호하는 용기는?

① 밀폐용기
② 기밀용기
③ 밀봉용기
④ 차광용기

해설
ES 06000.b 총칙

밀폐용기	이물질이 들어가거나 또는 내용물이 손실되지 아니하도록 보호하는 용기
기밀용기	밖으로부터의 공기 또는 다른 가스가 침입하지 아니하도록 내용물을 보호하는 용기
밀봉용기	기체 또는 미생물이 침입하지 아니하도록 내용물을 보호하는 용기
차광용기	광선이 투과하지 않는 용기 또는 투과하지 않게 포장을 한 용기

49 용액 100g 중 성분용량(mL)을 표시하는 것은?

① W/V%
② V/V%
③ V/W%
④ W/W%

해설
ES 06000.b 총칙

50 폐기물 공정시험방법의 총칙에서 규정하고 있는 사항 중 옳지 않은 것은?

① 온도의 영향이 있는 것의 판정은 표준온도를 기준으로 한다.
② 방울수라 함은 20℃에서 정제수 20방울을 적하할 때 그 부피가 약 1mL가 되는 것을 말한다.
③ 액상폐기물이라 함은 고형물의 함량이 10% 미만인 것을 말한다.
④ 약이라 함은 기재된 양에 대하여 ±10% 이상의 차가 있어서는 안 된다.

해설
ES 06000.b 총칙

액상폐기물	고형물 함량 5% 미만
반고상폐기물	고형물 함량 5% 이상 15% 미만
고상폐기물	고형물 함량 15% 이상

51 수은을 원자흡수분광광도법(환원기화법)으로 측정할 때 정밀도(RSD)는?

① ±10% ② ±15%
③ ±20% ④ ±25%

해설
ES 06404.1a 수은-환원기화-원자흡수분광광도법

52 수산화나트륨(NaOH) 10g을 정제수 500mL에 용해시킨 용액의 농도(N)는?(단, 나트륨 원자량 = 23)

① 0.5 ② 0.4
③ 0.3 ④ 0.2

해설
NaOH의 당량 = 40g

$$\frac{10g}{40g/당량} \times \frac{1}{500mL} \times \frac{1,000mL}{L} = 0.5N$$

53 석면(편광현미경법)의 시료 채취 양에 관한 내용으로 ( ) 안에 옳은 것은?

시료의 양은 1회에 최소한 면적단위로는 $1cm^2$, 부피단위로는 $1cm^3$, 무게단위로는 ( ) 이상 채취한다.

① 1g ② 2g
③ 3g ④ 4g

해설
ES 06305.1 석면-편광현미경법
석면 2g 이상

54 총칙에서 규정하고 있는 '함침성 고상폐기물'의 정의로 옳은 것은?

① 종이, 목재 등 수분을 흡수하는 변압기 내부 부재(종이, 나무와 금속이 서로 혼합되어 분리가 어려운 경우를 포함)를 말한다.
② 종이, 목재 등 수분을 흡수하는 변압기 내부 부재(종이, 나무와 금속이 서로 혼합되어 분리가 어려운 경우는 제외)를 말한다.
③ 종이, 목재 등 기름을 흡수하는 변압기 내부 부재(종이, 나무와 금속이 서로 혼합되어 분리가 어려운 경우를 포함)를 말한다.
④ 종이, 목재 등 기름을 흡수하는 변압기 내부 부재(종이, 나무와 금속이 서로 혼합되어 분리가 어려운 경우는 제외)를 말한다.

해설
ES 06000.b 총칙

55 자외부 파장범위에서 일반적으로 사용하는 흡수 셀의 재질은?

① 유 리
② 석 영
③ 플라스틱
④ 백 금

해설
시료액의 흡수파장이 약 370nm 이상(가시선 영역)일 때는 석영 또는 경질유리 흡수 셀을 사용하고 약 370nm 이하(자외선 영역)일 때는 석영 흡수 셀을 사용한다.
※ 출처 : 수질오염공정시험기준(2008.7)

57 4℃의 물 500mL에 순도가 75%인 시약용 납을 5mg을 녹였을 때 용액의 납 농도(ppm)는?

① 2.5   ② 5.0
③ 7.5   ④ 10.0

해설
물 1mL = 1g이므로
$$\frac{5\text{mg} \times 0.75}{500\text{g}} \times \frac{1,000\text{g}}{\text{kg}} = 7.5\,\text{ppm}$$

56 강열감량 시험에서 얻어진 다음 데이터로부터 구한 강열감량(%)은?

- 접시무게(W_1) = 30.5238g
- 접시와 시료의 무게(W_2) = 58.2695g
- 강열, 방랭 후 접시와 시료의 무게(W_3) = 43.3767g

① 43.68   ② 53.68
③ 63.68   ④ 73.68

해설
ES 06301.1d 강열감량 및 유기물 함량-중량법
$$\frac{58.2695 - 43.3767}{58.2695 - 30.5238} \times 100 ≒ 53.68\%$$

58 시료 채취방법에 관한 내용 중 틀린 것은?

① 시료의 양은 1회에 100g 이상 채취한다.
② 채취된 시료는 0~4℃ 이하의 냉암소에서 보관하여야 한다.
③ 폐기물이 적재되어 있는 운반차량에서 현장 시료를 채취할 경우에는 적재 폐기물의 성상이 균일하다고 판단되는 깊이에서 현장 시료를 채취한다.
④ 대형의 콘크리트 고형화물로써 분쇄가 어려운 경우 같은 성분의 물질로 대체할 수 있다.

해설
ES 06130.d 시료의 채취
대형의 고형화물이며 분쇄가 어려울 경우에는 임의의 5개소에서 채취하여 각각 파쇄한 후 100g씩 균등한 양을 혼합하여 채취한다.

59 기체크로마토그래프-질량분석법에 따른 유기인 분석방법을 설명한 것으로 틀린 것은?

① 운반기체는 부피백분율 99.999% 이상의 헬륨을 사용한다.
② 질량분석기는 자기장형, 사중극자형 및 이온 트랩형 등의 성능을 가진 것을 사용한다.
③ 질량분석기의 이온화방식은 전자충격법(EI)을 사용하며 이온화에너지는 35~70eV을 사용한다.
④ 질량분석기의 정량분석에는 매트릭스 검출법을 이용하는 것이 바람직하다.

해설
ES 06501.2a 유기인-기체크로마토그래프-질량분석법
질량분석기의 정량분석에는 선택이온검출법(SIM ; Selected Ion Monitoring)을 이용하는 것이 바람직하다.

60 폐기물공정시험기준 중 성상에 따른 시료 채취방법으로 가장 거리가 먼 것은?

① 폐기물 소각시설 소각재란 연소실 바닥을 통해 배출되는 바닥재와 폐열보일러 및 대기오염 방지시설을 통해 배출되는 비산재를 말한다.
② 공정상 소각재에 물을 분사하는 경우를 제외하고는 가급적 물을 분사한 후에 시료를 채취한다.
③ 비산재 저장조의 경우 낙하구 밑에서 채취하고, 운반차량에 적재된 소각재는 적재차량에서 채취하는 것을 원칙으로 한다.
④ 회분식 연소방식 반출설비에서 채취하는 소각재는 하루 동안의 운전 횟수에 따라 매 운전시마다 2회 이상 채취하는 것을 원칙으로 한다.

해설
ES 06130.d 시료의 채취
공정상 비산방지나 냉각을 목적으로 소각재에 물을 분사하는 경우를 제외하고는 가급적 물을 분사하기 전에 시료를 채취한다.

제4과목 폐기물관계법규

61 다음 용어에 대한 설명으로 틀린 것은?

① '재활용'이란 에너지를 회수하거나 회수할 수 있는 상태로 만들거나 폐기물을 연료로 사용하는 활동으로서 환경부령으로 정하는 활동
② '지정폐기물'이란 사업장폐기물 중 폐유·폐산 등 주변 환경을 오염시킬 수 있거나 의료폐기물 등 인체에 위해를 줄 수 있는 해로운 물질로서 대통령령으로 정하는 폐기물
③ '폐기물처리시설'이란 폐기물의 중간처분시설 및 최종처분시설로서 대통령령으로 정하는 시설
④ '폐기물감량화시설'이란 생산 공정에서 발생하는 폐기물의 양을 줄이고, 사업장 내 재활용을 통하여 폐기물 배출을 최소화하는 시설로서 대통령령으로 정하는 시설

해설
폐기물관리법 제2조(정의)
'폐기물처리시설'이란 폐기물의 중간처분시설, 최종처분시설 및 재활용시설로서 대통령령으로 정하는 시설을 말한다.

62 폐기물처리업자 등이 보존하여야 하는 폐기물 발생, 배출, 처리상황 등에 관한 내용을 기록한 장부의 보존 기간(최종 기재일 기준)으로 옳은 것은?

① 1년 ② 2년
③ 3년 ④ 5년

해설
폐기물관리법 제36조(장부 등의 기록과 보존)

정답 59 ④ 60 ② 61 ③ 62 ③

63 환경부장관이나 시·도지사로부터 과징금 통지를 받은 자는 통지를 받은 날로부터 며칠 이내에 과징금을 부과권자가 정하는 수납기관에 납부하여야 하는가?

① 15일 ② 20일
③ 30일 ④ 60일

해설
폐기물관리법 시행령 제11조의2(과징금의 부과 및 납부)

64 시·도지사가 폐기물처리 신고자에게 처리금지 명령을 하여야 하는 경우, 천재지변이나 그 밖의 부득이한 사유로 해당 폐기물처리를 계속하도록 할 필요가 인정되는 경우에 그 처리금지를 갈음하여 부과할 수 있는 과징금의 최대 액수는?

① 2천만원 ② 5천만원
③ 1억원   ④ 2억원

해설
폐기물관리법 제46조의2(폐기물처리 신고자에 대한 과징금 처분)

65 1회용품의 품목이 아닌 것은?

① 1회용 컵
② 1회용 면도기
③ 1회용 물티슈
④ 1회용 나이프

해설
자원의 절약과 재활용촉진에 관한 법률 시행령 [별표 1] 1회용품

66 폐기물 통계조사 중 폐기물 발생원 등에 관한 조사의 실시 주기는?

① 3년   ② 5년
③ 7년   ④ 10년

해설
순환경제사회 전환 촉진법 시행규칙 제6조(순환경제 통계조사)

67 주변지역 영향 조사대상 폐기물처리시설에 관한 기준으로 옳은 것은?

① 1일 처리능력 30ton 이상인 사업장폐기물 소각시설
② 1일 처리능력 10ton 이상이 사업장폐기물 고온소각시설
③ 매립면적 1만m² 이상의 사업장 지정폐기물 매립시설
④ 매립면적 3만m² 이상의 사업장 일반폐기물 매립시설

해설
폐기물관리법 시행령 제14조(주변지역 영향 조사대상 폐기물처리시설)
- 1일 처분능력이 50ton 이상인 사업장폐기물 소각시설(같은 사업장에 여러 개의 소각시설이 있는 경우에는 각 소각시설의 1일 처분능력의 합계가 50ton 이상인 경우를 말한다)
- 매립면적 1만m² 이상의 사업장 지정폐기물 매립시설
- 매립면적 15만m² 이상의 사업장 일반폐기물 매립시설
- 시멘트 소성로(폐기물을 연료로 사용하는 경우로 한정한다)
- 1일 재활용능력이 50ton 이상인 사업장폐기물 소각열회수시설(같은 사업장에 여러 개의 소각열회수시설이 있는 경우에는 각 소각열회수시설의 1일 재활용능력의 합계가 50ton 이상인 경우를 말한다)

정답 63 ② 64 ① 65 ③ 66 ② 67 ③

68 폐기물의 국가 간 이동 및 그 처리에 관한 법률은 폐기물의 수출·수입 등을 규제함으로써 폐기물의 국가 간 이동으로 인한 환경오염을 방지하고자 제정되었는데, 관련된 국제적인 협약은?

① 기후변화협약
② 바젤협약
③ 몬트리올의정서
④ 비엔나협약

해설
폐기물의 국가 간 이동 및 그 처리에 관한 법률 제1조(목적)

69 폐기물 처리업의 업종 구분과 영업 내용의 범위를 벗어나는 영업을 한 자에 대한 벌칙 기준은?

① 1년 이하의 징역이나 1천만원 이하의 벌금
② 2년 이하의 징역이나 2천만원 이하의 벌금
③ 3년 이하의 징역이나 3천만원 이하의 벌금
④ 5년 이하의 징역이나 5천만원 이하의 벌금

해설
폐기물관리법 제66조(벌칙)

70 폐기물관리법에 적용되지 아니하는 물질에 대한 기준으로 틀린 것은?

① 물환경보전법에 따른 수질 오염 방지시설에 유입되거나 공공 수역으로 배출되는 폐수
② 원자력안전법에 따른 방사성 물질과 이로 인하여 오염된 물질
③ 용기에 들어 있는 기체상태의 물질
④ 하수도법에 따른 하수·분뇨

해설
폐기물관리법 제3조(적용 범위)
용기에 들어 있지 아니한 기체상태의 물질

71 환경부령으로 정하는 매립시설의 검사기관으로 틀린 것은?

① 한국건설기술연구원
② 한국환경공단
③ 한국농어촌공사
④ 한국산업기술시험원

해설
폐기물관리법 시행규칙 제41조(폐기물처리시설의 사용신고 및 검사)
※ 해당 법 개정으로 삭제〈2020.11.27〉

72 방치폐기물의 처리기간에 대한 내용으로 ( ) 안에 옳은 내용은?(단, 연장기간은 고려하지 않음)

> 환경부장관이나 시·도지사는 폐기물 처리 공제조합에 방치폐기물의 처리를 명하려면 주변 환경의 오염 우려 정도와 방치폐기물의 처리량 등을 고려하여 ( ) 범위에서 그 처리기간을 정하여야 한다.

① 3개월
② 2개월
③ 1개월
④ 15일

해설
폐기물관리법 시행령 제23조(방치폐기물의 처리량과 처리기간)

73 폐기물처리업의 변경허가를 받아야 할 중요사항에 관한 내용으로 틀린 것은?

① 매립시설 제방의 증·개축
② 허용보관량의 변경
③ 임시차량의 증차 또는 운반차량의 감차
④ 주차장 소재지의 변경(지정폐기물을 대상으로 하는 수집·운반업만 해당한다)

해설
폐기물관리법 시행규칙 제29조(폐기물처리업의 변경허가)
운반차량(임시차량은 제외한다)의 증차

74 폐기물 처분시설 또는 재활용시설 중 의료폐기물을 대상으로 하는 시설의 기술관리인 자격으로 틀린 것은?

① 위생사
② 임상병리사
③ 산업위생지도사
④ 폐기물처리산업기사

해설
폐기물관리법 시행규칙 [별표 14] 기술관리인의 자격기준

75 변경허가를 받지 아니하고 폐기물처리업의 허가사항을 변경한 자에게 주어지는 벌칙은?

① 2년 이하의 징역 또는 2천만원 이하의 벌금
② 3년 이하의 징역 또는 3천만원 이하의 벌금
③ 5년 이하의 징역 또는 5천만원 이하의 벌금
④ 7년 이하의 징역 또는 7천만원 이하의 벌금

해설
폐기물관리법 제65조(벌칙)

76 지정폐기물(의료폐기물은 제외) 보관창고에 설치해야 하는 지정폐기물의 종류, 보관가능 용량, 취급 시 주의사항 및 관리책임자 등을 기재한 표지판 표지의 규격 기준은?(단, 드럼 등 소형용기에 붙이는 경우 제외)

① 가로 60cm 이상×세로 40cm 이상
② 가로 80cm 이상×세로 60cm 이상
③ 가로 100cm 이상×세로 80cm 이상
④ 가로 120cm 이상×세로 100cm 이상

해설
폐기물관리법 시행규칙 [별표 5] 폐기물의 처리에 관한 구체적 기준 및 방법

77 대통령령으로 정하는 폐기물처리시설을 설치 운영하는 자 중에 기술관리인을 임명하지 아니하고 기술관리 대행 계약을 체결하지 아니한 자에 대한 과태료 처분기준은?

① 1천만원 이하
② 5백만원 이하
③ 3백만원 이하
④ 2백만원 이하

해설
폐기물관리법 제68조(과태료)

78 환경부령으로 정하는 폐기물처리시설의 설치를 마친 자는 환경부령으로 정하는 검사 기관으로부터 검사를 받아야 한다. 음식물류 폐기물처리시설의 검사기관으로 옳은 것은?(단, 그 밖에 환경부장관이 정하여 고시하는 기관 제외)

① 한국산업연구원
② 보건환경연구원
③ 한국농어촌공사
④ 한국환경공단

해설
폐기물관리법 시행규칙 제41조(폐기물처리시설의 사용신고 및 검사)
※ 해당 법 개정으로 삭제〈2020.11.27〉

79 의료폐기물 보관의 경우 보관창고, 보관장소 및 냉장시설에는 보관 중인 의료폐기물의 종류, 양 및 보관기간 등을 확인할 수 있는 의료폐기물 보관 표지판을 설치하여야 한다. 이 표지판 표지의 색깔로 옳은 것은?

① 노란색 바탕에 검은색 선과 검은색 글자
② 노란색 바탕에 녹색 선과 녹색 글자
③ 흰색 바탕에 검은색 선과 검은색 글자
④ 흰색 바탕에 녹색 선과 녹색 글자

해설
폐기물관리법 시행규칙 [별표 5] 폐기물의 처리에 관한 구체적 기준 및 방법

80 사업장폐기물의 발생 억제를 위한 감량지침을 지켜야 할 업종과 규모로 (　) 안에 맞는 것은?

> 최근 (㉠)간의 연평균 배출량을 기준으로 지정폐기물을 (㉡) 이상 배출하는 자

① ㉠ 1년　㉡ 100톤
② ㉠ 3년　㉡ 100톤
③ ㉠ 1년　㉡ 500톤
④ ㉠ 3년　㉡ 500톤

해설
폐기물관리법 시행령 [별표 5] 폐기물 발생 억제 지침 준수의무 대상 배출자의 업종 및 규모
• 최근 3년간의 연평균 배출량을 기준으로 지정폐기물을 100ton 이상 배출하는 자
• 최근 3년간의 연평균 배출량을 기준으로 지정폐기물 외의 폐기물(건설폐기물은 제외한다)을 1,000ton 이상 배출하는 자
※ 해당 법 개정으로 삭제〈2024.8.13.〉

77 ①　78 ④　79 ④　80 ②

2020년 제 1·2회 통합 과년도 기출문제

제1과목 폐기물개론

01 폐기물에 혼합되어 있는 철금속성분의 폐기물을 분류하기 위하여 사용할 수 있는 가장 적합한 방법은?

① 자력선별
② 광학분류기
③ 스크린법
④ Air Separation

02 함수율 40%인 3kg의 쓰레기를 건조시켜 함수율 15%로 하였을 때 건조 쓰레기의 무게(kg)는?(단, 비중 = 1.0 기준)

① 1.12
② 1.41
③ 2.12
④ 2.41

해설
함수율 40%의 3kg 쓰레기의 고형물 무게 = 3 × (1 − 0.4) = 1.8kg
함수율 15%인 경우 $15 = \dfrac{x - 1.8}{x} \times 100$
$15x = 100x - 180$
$85x = 180$
$x = \dfrac{180}{85} ≒ 2.12\text{kg}$

03 직경이 3.5m인 트롬멜 스크린의 최적속도(rpm)는?

① 25
② 20
③ 15
④ 10

해설
직경이 3.5m이므로 반경은 1.75m이다.
임계속도 $= \dfrac{1}{2\pi}\sqrt{\dfrac{g}{r}} = \dfrac{1}{2\pi}\sqrt{\dfrac{9.8}{1.75}} ≒ 0.377\,\text{Cycle/s}$
$≒ 22.6\,\text{rpm}$
∴ 최적속도 = 임계속도 × 0.45 = 22.6 × 0.45 ≒ 10.2rpm

04 퇴비화에 관한 설명 중 맞는 것은?

① 퇴비화과정 중 병원균은 거의 사멸되지 않는다.
② 함수율이 높을 경우 침출수가 발생된다.
③ 호기성보다 혐기성 방법이 퇴비화에 소요되는 시간이 짧다.
④ C/N비가 클수록 퇴비화가 잘 이루어진다.

해설
① 퇴비화과정 중 병원균은 거의 사멸된다.
③ 혐기성보다 호기성 방법이 퇴비화에 소요되는 시간이 짧다.
④ 초기 C/N비는 25~50이 적당하다.

정답 1 ① 2 ③ 3 ④ 4 ②

05 트롬멜 스크린에 대한 설명으로 옳지 않은 것은?

① 원통의 최적 회전속도 = 원통의 임계 회전속도 ×1.45
② 원통의 경사도가 크면 부하율이 커진다.
③ 스크린 중에서 선별효율이 좋고 유지관리상의 문제가 적다.
④ 원통의 경사도가 크며 효율이 저하된다.

해설
최적속도 = 임계속도 × 0.45

06 적환장 설치에 따른 효과로 가장 거리가 먼 것은?

① 수거효율 향상
② 비용 절감
③ 매립장 작업효율 저하
④ 효과적인 인원배치계획이 가능

07 폐기물 성상분석의 절차 중 가장 먼저 시행하는 것은?

① 분류
② 물리적 조성분석
③ 화학적 조성분석
④ 발열량 측정

08 폐기물 중 철금속(Fe)/비철금속(Al, Cu)/유리병의 3종류를 각각 분리할 수 있는 방법으로 가장 적절한 것은?

① 자력선별법
② 정전기선별법
③ 와전류선별법
④ 풍력선별법

09 도시폐기물의 해석에서 Rosin-Rammler Model에 대한 설명으로 가장 거리가 먼 것은?
(단, $Y = 1 - \exp[-(x/x_o)^n]$ 기준)

① 도시폐기물의 입자크기분포에 대한 수식적 모델이다.
② Y는 크기가 x보다 큰 입자의 총누적무게분율이다.
③ x_o는 특성입자크기를 의미한다.
④ 특성입자크기는 입자의 무게기준으로 63.2%가 통과할 수 있는 체의 눈의 크기이다.

해설
Y는 입자크기가 x보다 작은 폐기물의 총누적무게분율이다.

정답 5① 6③ 7② 8③ 9②

10 폐기물에 관한 설명으로 틀린 것은?

① 액상폐기물의 수분함량은 90% 초과한다.
② 반고상폐기물의 고형물 함량은 5% 이상 15% 미만이다.
③ 고상폐기물의 수분함량은 85% 미만이다.
④ 액상폐기물을 직매립할 수는 없다.

해설

액상폐기물	고형물 함량 5% 미만
반고상폐기물	고형물 함량 5% 이상 15% 미만
고상폐기물	고형물 함량 15% 이상

11 소각로 설계에 사용되는 발열량은?

① 저위발열량
② 고위발열량
③ 총발열량
④ 단열열량계로 측정한 열량

12 폐기물의 효과적인 수거를 위한 수거노선을 결정할 때, 유의할 사항과 가장 거리가 먼 것은?

① 기존 정책이나 규정을 참조한다.
② 가능한 한 시계방향으로 수거노선을 정한다.
③ U자형 회전은 가능한 피하도록 한다.
④ 적은 양의 쓰레기가 발생하는 곳부터 먼저 수거한다.

해설
아주 많은 양의 쓰레기가 발생되는 발생원은 하루 중 가장 먼저 수거한다.

13 쓰레기 관리체계에서 가장 비용이 많이 드는 과정은?

① 수거 및 운반
② 처 리
③ 저 장
④ 재활용

14 원통의 체면을 수평보다 조금 경사진 축의 둘레에서 회전시키면서 체로 나누는 방법은?

① Cascade 선별
② Trommel 선별
③ Electrostatic 선별
④ Eddy-Current 선별

15 모든 인자를 시간에 따른 함수로 나타낸 후, 각 인자 간의 상호관계를 수식화하여 쓰레기 발생량을 예측하는 방법은?

① 동적모사모델
② 다중회귀모델
③ 시간인자모델
④ 다중인자모델

16 pH 8과 pH 10인 폐수를 동량의 부피로 혼합하였을 경우 이 용액의 pH는?

① 8.3 ② 9.0
③ 9.7 ④ 10.0

해설
- pH 8 : $[OH^-] = 10^{-6}M$
- pH 10 : $[OH^-] = 10^{-4}M$

혼합 후 $[OH^-] = \dfrac{1 \times 10^{-6} + 1 \times 10^{-4}}{1+1} = 5.05 \times 10^{-5}$

pOH $= -\log(5.05 \times 10^{-5}) ≒ 4.3$

∴ pH $= 14 - pOH = 14 - 4.3 ≒ 9.7$

17 비가연성 성분이 90wt%이고 밀도가 900kg/m³인 쓰레기 20m³에 함유된 가연성 물질의 중량(kg)은?

① 1,600
② 1,700
③ 1,800
④ 1,900

해설
비가연성 성분이 90%이므로 가연성 성분은 10%이다.
$900\,kg/m^3 \times 20\,m^3 \times 0.1 = 1,800\,kg$

18 폐기물의 소각처리에 중요한 연료특성인 발열량에 대한 설명으로 옳은 것은?

① 저위발열량은 연소에 의해 생성된 수분이 응축하였을 경우의 발열량이다.
② 고위발열량은 소각로의 설계기준이 되는 발열량으로 진발열량이라고도 한다.
③ 단열열량계로 측정한 발열량은 고위발열량이다.
④ 발열량은 플라스틱의 혼입이 많으면 증가하지만 계절적 변동과 상관없이 일정하다.

해설
① 저위발열량은 연소에 의해 생성된 수분의 증발잠열을 뺀 발열량이다.
② 저위발열량은 소각로의 설계기준이 되는 발열량이다.
④ 발열량은 플라스틱의 혼입이 많으면 증가하고, 계절적인 변동이 있다.

19 쓰레기 발생량을 조사하는 방법이 아닌 것은?

① 적재차량 계수분석법
② 직접계근법
③ 경향법
④ 물질수지법

해설
경향법은 폐기물 발생량 예측방법이다.

20 폐기물의 파쇄 시 에너지 소모량이 크기 때문에 에너지 소모량을 예측하기 위한 여러 가지 방법들이 제안된다. 이들 가운데 고운 파쇄(2차 파쇄)에 가장 적합한 예측모형은?

① Rosin-Rammler Model
② Kick의 법칙
③ Rittinger의 법칙
④ Bond의 법칙

제2과목 폐기물처리기술

21 펠릿형(Pellet Type) RDF의 주된 특성이 아닌 것은?

① 형태 및 크기는 각각 직경이 10~20mm이고 길이가 30~50mm이다.
② 발열량이 3,300~4,000kcal/kg으로 Fluff형보다 다소 높다.
③ 수분함량이 4% 이하로 반영구적으로 보관이 가능하다.
④ 회분함량이 12~25%로 Powder형보다 다소 높다.

22 부피가 500m³인 소화조에 고형물농도 10%, 고형물 내 VS 함유도 70%인 슬러지가 50m³/d로 유입될 때, 소화조에 주입되는 TS, VS 부하는 각각 몇 kg/m³·d인가?(단, 슬러지의 비중은 1.0으로 가정한다)

① TS : 5.0, VS : 0.35
② TS : 5.0, VS : 0.70
③ TS : 10.0, VS : 3.50
④ TS : 10.0, VS : 7.0

해설
$$TS = \frac{50ton/day \times 1,000kg/ton \times 0.1}{500m^3} = 10kg/m^3 \cdot day$$
$\therefore VS = 10 \times 0.7 = 7kg/m^3 \cdot day$

23 바이오리액터형 매립공법의 장점과 거리가 먼 것은?

① 매립지의 수명연장이 가능하다.
② 침출수 처리비용의 절감이 가능하다.
③ 악취발생이 감소한다.
④ 매립가스 회수율이 증가한다.

해설
미생물에 의한 생분해가 활발해져 악취발생이 증가한다.

24 매립방법에 따른 매립이 아닌 것은?

① 단순매립
② 내륙매립
③ 위생매립
④ 안전매립

25 배연탈황 시 발생된 슬러지 처리에 많이 쓰이는 고형화처리법은?

① 시멘트 기초법
② 석회 기초법
③ 자가 시멘트법
④ 열가소성 플라스틱법

26 다음과 같이 운전되는 Batch Type 소각로의 쓰레기 kg당 전체발열량(저위발열량 + 공기예열에 소모된 열량, kcal/kg)은?(단, 과잉공기비 = 2.4, 이론공기량 = 1.8Sm^3/kg쓰레기, 공기예열온도 = 180℃, 공기정압비열 = 0.32kcal/Sm^3·℃, 쓰레기 저위발열량 = 2,000kcal/kg, 공기온도 = 0℃)

① 약 2,050
② 약 2,250
③ 약 2,450
④ 약 2,650

해설
- 실제공기량 = 과잉공기비 × 이론공기량
  = 2.4 × 1.8
  = 4.32Sm^3/kg
- 공기예열에 소모된 열량 = 4.32Sm^3/kg × 0.32kcal/Sm^3·℃ × 180℃
  ≒ 248.8kcal/kg
∴ 저위발열량 + 공기예열에 소모된 열량 = 2,000 + 248.8
  ≒ 2,248.8kcal/kg

27 석회를 주입하여 슬러지 중의 병원성 미생물을 사멸시키기 위한 pH 유지 농도로 적절한 것은?(단, 온도는 15℃, 4시간 지속시간 기준)

① pH 5 이상
② pH 7 이상
③ pH 9 이상
④ pH 11 이상

28 매립지 일일 복토재 기능으로 잘못된 설명은?

① 복토층 구조
② 최종 투수성
③ 매립사면 안정화
④ 식물 성장층 제공

해설
일일 복토재는 당일 매립된 폐기물을 하루 정도 덮어주는 기능을 하고, 이내 새로운 폐기물이 그 위에 쌓이므로 식물의 성장층 역할을 할 수 없다.

29 슬러지의 탈수특성을 파악하기 위한 여과비저항 실험결과 다음과 같은 결과를 얻었을 때, 여과비저항계수(s^2/g)는?(단, 여과비저항(r)은 $r = \dfrac{2a \cdot PA^2}{\eta \cdot c}$ 이다)

[실험조건 및 결과]
- 고형물량 : 0.065g/mL
- 여과압 : 0.98kg/cm^2
- 점성 : 0.0112g/cm·s
- 여과면적 : 43.5cm^2
- 기울기 : 4.90s/cm^6

① 2.18×10^8
② 2.76×10^9
③ 2.50×10^{10}
④ 2.67×10^{11}

해설
$r = \dfrac{2a \times P \times A^2}{\eta \times c} = \dfrac{2 \times 4.90 \times (0.98 \times 10^3) \times 43.5^2}{0.0112 \times 0.065}$
$\fallingdotseq 2.50 \times 10^{10}$

여기서, 단위를 통일하기 위해서 여과압 0.98kg/cm^{2}을 0.98 × 1,000g/cm^{2}으로 바꾼다.
※ 공식을 모르면 영어 약어로부터 P(압력), A(면적), μ(점성계수) 등을 유추해 볼 수 있다. 남는 단위는 a(기울기)와 c(고형물량)인데, 이 경우 두 값을 모두 대입해서 보기에 있는 답이 나오는 것을 찾는다.

30 퇴비화 과정에서 공급되는 공기의 기능과 가장 거리가 먼 것은?

① 미생물이 호기적 대사를 할 수 있게 한다.
② 온도를 조절한다.
③ 악취를 희석시킨다.
④ 수분과 가스 등을 제거한다.

31 폐기물 처리방법 중 열적 처리방법이 아닌 것은?

① 탈수방법
② 소각방법
③ 열분해방법
④ 건류가스화방법

해설
탈수는 물리적 처리방법이다.

32 응집제로 가장 부적합한 것은?

① 황산나트륨($Na_2SO_4 \cdot 10H_2O$)
② 황산알루미늄($Al_2(SO_4)_3 \cdot 18H_2O$)
③ 염화제이철($FeCl_3 \cdot 6H_2O$)
④ 폴리염화알루미늄(PAC)

해설
응집제는 2가 혹은 3가의 양이온을 내는 물질이 사용된다.

정답 28 ④ 29 ③ 30 ③ 31 ① 32 ①

33 360kL/d 처리장에 투입구의 소요개수는?(단, 수거차량 1.8kL/대, 자동차 1대 투입시간 20min, 자동차 1대 작업시간 8h이고, 안전율은 1.2이다)

① 10개 ② 7개
③ 5개   ④ 3개

해설

$$\frac{360kL/일}{1.8kL/대 \times 1대/20분 \times 60분/시간 \times 8시간/일} ≒ 8.33$$

안전율을 고려하면 $8.33 \times 1.2 ≒ 10$

34 도시폐기물을 위생적인 매립방법으로 매립하였을 경우 매립 초기에 가장 많이 발생하는 가스의 종류는?

① NH_3
② CO_2
③ H_2S
④ CH_4

35 시멘트고형화 처리와 관계없는 반응은?

① 수화반응
② 포졸란반응
③ 탄산화반응
④ 질산화반응

36 분뇨처리에 관한 사항 중 틀린 것은?

① 분뇨의 악취발생은 주로 NH_3와 H_2S이다.
② 분뇨의 혐기성 소화처리 방식은 호기성 소화처리 방식에 비하여 소화속도가 빠르다.
③ 분뇨의 혐기성 소화에서 적정 중온 소화온도는 35±2℃이다.
④ 분뇨의 호기성 처리 시 희석배율은 20~30배가 적당하다.

37 전기집진장치의 장점이 아닌 것은?

① 집진효율이 높다.
② 설치 시 소요 부지면적이 작다.
③ 운전비, 유지비가 적게 소요된다.
④ 압력손실이 작고 대량의 분진함유가스를 처리할 수 있다.

해설
설치 시 소요 부지면적이 크다.

정답 33 ① 34 ② 35 ④ 36 ② 37 ②

38 가연성 쓰레기의 연료화 장점에 해당하지 않는 것은?

① 저장이 용이하다.
② 수송이 용이하다.
③ 일반로에서 연소가 가능하다.
④ 쓰레기로부터 폐열을 회수할 수 있다.

39 쓰레기의 혐기성 소화에 관여하는 미생물은?

① 산(酸)생성 박테리아
② 질산화 박테리아
③ 대장균군
④ 질소고정 박테리아

40 도시의 오염된 지하수의 Darcy 속도(유출속도)가 0.1m/day이고, 유효 공극률이 0.4일 때, 오염원으로부터 600m 떨어진 지점에 도달하는 데 걸리는 시간(년)은?(단, 유출속도 : 단위시간에 흙의 전체 단면적을 통하여 흐르는 물의 속도)

① 약 3.3 ② 약 4.4
③ 약 5.5 ④ 약 6.6

[해설]

$v_p = \dfrac{kI}{n}$, 유속 $= \dfrac{거리}{시간}$

Darcy 속도 $= kI$ 이므로 $\dfrac{L}{t} = \dfrac{kI}{n}$

$\therefore t = \dfrac{L \times n}{kI} = \dfrac{600 \times 0.4}{0.1} = 2,400$일 $= \dfrac{2,400}{365} ≒ 6.6$년

제3과목 폐기물공정시험기준(방법)

41 원자흡수분광광도법(공기-아세틸렌 불꽃)으로 크롬을 분석할 때 철, 니켈 등의 공존물질에 의한 방해 영향이 크다. 이때 어떤 시약을 넣어 측정하는가?

① 인산나트륨
② 황산나트륨
③ 염화나트륨
④ 질산나트륨

[해설]
ES 06406.1 크롬-원자흡수분광광도법

42 폐기물공정시험기준의 온도표시로 옳지 않은 것은?

① 표준온도 : 0℃
② 상온 : 0~15℃
③ 실온 : 1~35℃
④ 온수 : 60~70℃

[해설]
ES 06000.b 총칙
상온 : 15~25℃

43 시료용기를 갈색경질의 유리병을 사용하여야 하는 경우가 아닌 것은?

① 노말헥산 추출물질 분석실험을 위한 시료채취 시
② 시안화물 분석실험을 위한 시료채취 시
③ 유기인 분석실험을 위한 시료채취 시
④ PCBs 및 휘발성 저급염소화 탄화수소류 분석실험을 위한 시료채취 시

해설
ES 06130.d 시료의 채취
시료용기는 무색경질의 유리병 또는 폴리에틸렌병, 폴리에틸렌백을 사용한다. 다만, 노말헥산 추출물질, 유기인, 폴리클로리네이티드비페닐(PCBs) 및 휘발성 저급염소화 탄화수소류 실험을 위한 시료의 채취 시에는 갈색경질의 유리병을 사용하여야 한다.

44 마이크로파 및 마이크로파를 이용한 시료의 전처리(유기물 분해)에 관한 내용으로 틀린 것은?

① 가열속도가 빠르고 재현성이 좋다.
② 마이크로파는 금속과 같은 반사물질과 매질이 없는 진공에서는 투과하지 않는다.
③ 마이크로파는 전자파 에너지의 일종으로 빛의 속도로 이동하는 교류와 자기장으로 구성되어 있다.
④ 마이크로파영역에서 극성분자나 이온이 쌍극자 모멘트와 이온전도를 일으켜 온도가 상승하는 원리를 이용한다.

45 용출시험방법의 범위에 해당되지 않는 것은?

① 고상 또는 액상폐기물에 대하여 적용
② 지정폐기물의 판정
③ 지정폐기물의 중간처리 방법 결정
④ 지정폐기물의 매립방법 결정

해설
ES 06150.e 시료의 준비

46 다음 설명에 해당하는 시료의 분할 채취방법은?

- 모아진 대시료를 네모꼴로 엷게 균일한 두께로 편다.
- 이것을 가로 4등분, 세로 5등분하여 20개의 덩어리로 나눈다.
- 20개의 각 부분에서 균등한 양을 취한 후 혼합하여 하나의 시료로 한다.

① 교호삽법
② 구획법
③ 균등분할법
④ 원추 4분법

해설
ES 06130.d 시료의 채취

정답 43 ② 44 ② 45 ① 46 ②

47 수소이온의 농도가 2.8×10^{-5} mol/L인 수용액의 pH는?

① 2.8　　② 3.4
③ 4.6　　④ 5.8

해설
$-\log(2.8 \times 10^{-5}) ≒ 4.55$

48 유도결합플라스마-원자발광분광법에 의한 금속류 분석방법에 관한 설명으로 옳지 않은 것은?

① 시료를 고주파유도코일에 의하여 형성된 석영 플라스마에 주입하여 1,000~2,000K에서 들뜬 원자가 바닥상태로 이동할 때 방출하는 발광선 및 발광강도를 측정한다.
② 대부분의 간섭물질은 산 분해에 의해 제거된다.
③ 물리적 간섭은 특히 시료 중에 산의 농도가 10V/V% 이상으로 높거나 용존 고형물질이 1,500mg/L 이상으로 높은 반면, 검정용 표준용액의 산의 농도는 5% 이하로 낮을 때에 발생한다.
④ 간섭효과가 의심되면 대부분의 경우가 시료의 매질로 인해 발생하므로 원자흡수분광광도법 또는 유도결합플라스마-질량분석법과 같은 대체 방법과 비교하는 것도 간섭효과를 막는 방법이 될 수 있다.

해설
ES 06400.2 금속류-유도결합플라스마-원자발광분광법
시료를 고주파유도코일에 의하여 형성된 아르곤 플라스마에 주입하여 6,000~8,000K에서 들뜬 원자가 바닥상태로 이동할 때 방출하는 발광선 및 발광강도를 측정하여 원소의 정성 및 정량분석을 수행한다.

49 자외선/가시선 분광법에 의한 카드뮴 분석방법에 관한 설명으로 옳지 않은 것은?

① 황갈색의 카드뮴착염을 사염화탄소로 추출하여 그 흡광도를 480nm에서 측정하는 방법이다.
② 카드뮴의 정량범위는 0.001~0.03mg이고, 정량한계는 0.001mg이다.
③ 시료 중 다량의 철과 망간을 함유하는 경우 디티존에 의한 카드뮴추출이 불완전하다.
④ 시료에 다량의 비스무트(Bi)가 공존하면 시안화칼륨 용액으로 수회 씻어도 무색이 되지 않는다.

해설
ES 06405.3 카드뮴-자외선/가시선 분광법
적색의 카드뮴착염을 사염화탄소로 추출하여 그 흡광도를 520nm에서 측정하는 방법이다.

50 폐기물의 pH(유리전극법) 측정 시 사용되는 표준용액이 아닌 것은?

① 수산염 표준용액
② 수산화칼슘 표준용액
③ 황산염 표준용액
④ 프탈산염 표준용액

해설
ES 06304.1 수소이온농도-유리전극법

51 폐기물공정시험기준에서 규정하고 있는 고상폐기물의 고형물 함량으로 옳은 것은?

① 5% 이상　　② 10% 이상
③ 15% 이상　　④ 20% 이상

해설
ES 06000.b 총칙

52 중량법에 의한 기름성분 분석방법(절차)에 관한 내용으로 틀린 것은?

① 시료 적당량을 분별깔때기에 넣고 메틸오렌지 용액(0.1W/V%)을 2~3방울 넣고 황색이 적색으로 변할 때까지 염산(1 + 1)을 넣어 pH 4 이하로 조절한다.
② 시료가 반고상 또는 고상폐기물인 경우에는 폐기물의 양에 약 2.5배에 해당하는 물을 넣어 잘 혼합한 다음 pH 4 이하로 조절한다.
③ 노말헥산 추출물질의 함량이 5mg/L 이하로 낮은 경우에는 5L 부피 시료병에 시료 4L를 채취하여 염화철(Ⅲ) 용액 4mL를 넣고 자석교반기로 교반하면서 탄산나트륨 용액(20W/V%)을 넣어 pH 7~9로 조절한다.
④ 증발용기 외부의 습기를 깨끗이 닦고 실리카겔 데시케이터에 1시간 이상 수분 제거 후 무게를 단다.

해설
ES 06302.1b 기름성분-중량법
증발용기 외부의 습기를 깨끗이 닦고 80±5℃의 건조기 중에 30분간 건조하고 실리카겔 데시케이터에 넣어 정확히 30분간 식힌 후 무게를 단다.

53 다음 중 농도가 가장 낮은 것은?

① 1mg/L
② 1,000μg/L
③ 100ppb
④ 0.01ppm

해설
① 1mg/L = 10^{-6}
② 1,000μg/L = 10^{-6}
③ 100ppb = 10^{-7}
④ 0.01ppm = 10^{-8}

54 유도결합플라스마-원자발광분광법으로 측정할 수 있는 항목과 가장 거리가 먼 것은?(단, 폐기물공정시험기준 기준)

① 6가크롬
② 수 은
③ 비 소
④ 크 롬

해설
- ES 06404.1a 수은-환원기화-원자흡수분광광도법
- ES 06404.2 수은-자외선/가시선 분광법

55 공정시험기준에서 기체의 농도는 표준상태로 환산한다. 다음 중 표준상태로 알맞은 것은?

① 25℃, 0기압
② 25℃, 1기압
③ 0℃, 0기압
④ 0℃, 1기압

해설
ES 06000.b 총칙

56 금속류의 원자흡수분광광도법에 대한 설명으로 틀린 것은?

① 구리의 측정파장은 324.7nm이고, 정량한계는 0.008mg/L이다.
② 납의 측정파장은 283.3nm이고, 정량한계는 0.04mg/L이다.
③ 카드뮴의 측정파장은 228.8nm이고, 정량한계는 0.002mg/L이다.
④ 수은의 측정파장은 253.7nm이고, 정량한계는 0.05mg/L이다.

해설
ES 06404.1a 수은-환원기화-원자흡수분광광도법
측정파장은 253.7nm이고, 정량한계는 0.0005mg/L이다.

57 수은 표준원액(0.1mgHg/mL) 1L를 조제하기 위해 염화제이수은(순도 : 99.9%) 몇 g을 물에 녹이고 질산(1+1) 10mL와 물에 넣어 정확히 1L로 하여야 하는가?(단, Hg = 200.61, Cl = 35.46)

① 0.135   ② 0.252
③ 0.377   ④ 0.403

해설
- 0.1mgHg/mL × 1,000mL/L = 100mgHg/L
- 염화제2수은(Mercuric Chloride, $HgCl_2$, 분자량 : 271.53)
Hg : $HgCl_2$ = 100 : x = 200.61 : 271.53
∴ $x = \dfrac{100 \times 271.53}{200.61} ≒ 135.4\,mg ≒ 0.135\,g$

58 편광현미경과 입체현미경으로 고체 시료 중 석면의 특성을 관찰하여 정성과 정량분석할 때 입체현미경의 배율범위로 가장 옳은 것은?

① 배율 2~4배 이상
② 배율 4~8배 이상
③ 배율 10~45배 이상
④ 배율 50~200배 이상

해설
ES 06305.1 석면-편광현미경법

59 구리를 자외선/가시선 분광법으로 정량하고자 할 때 설명으로 가장 거리가 먼 것은?

① 시료 중에 시안화합물이 존재 시 황산 산성하에서 끓여 시안화물을 완전히 분해 제거한다.
② 비스무트(Bi)가 구리의 양보다 2배 이상 존재 시 황색을 나타내어 방해한다.
③ 추출용매는 초산부틸 대신 사염화탄소, 클로로폼, 벤젠 등을 사용할 수도 있다.
④ 무수황산나트륨 대신 건조여지를 사용하여 여과하여도 된다.

해설
ES 06401.3 구리-자외선/가시선 분광법
시료 중에 시안화합물이 함유되어 있으면 염산으로 산성 조건을 만든 후 끓여 시안화물을 완전히 분해 제거한 다음 실험한다.

60 원자흡수분광광도법은 원자가 어떤 상태에서 특유 파장의 빛을 흡수하는 원리를 이용하는 것인가?

① 전자상태
② 이온상태
③ 기저상태
④ 분자상태

제4과목 폐기물관계법규

61 폐기물 처분시설인 소각시설의 정기검사 항목에 해당하지 않는 것은?

① 보조연소장치의 작동상태
② 배기가스온도 적절 여부
③ 표지판 부착 여부 및 기재사항
④ 소방장비 설치 및 관리실태

[해설]
폐기물관리법 시행규칙 [별표 10] 폐기물 처분시설 또는 재활용시설의 검사기준

62 폐기물처리시설의 설치기준 중 중간처분시설인 고온용융시설의 개별기준에 해당되지 않은 것은?

① 폐기물투입장치, 고온용융실(가스화실 포함), 열회수장치가 설치되어야 한다.
② 고온용융시설에서 배출되는 잔재물의 강열감량은 1% 이하가 될 수 있는 성능을 갖추어야 한다.
③ 고온용융시설에서 연소가스의 체류시간은 1초 이상이어야 한다.
④ 고온용융시설의 출구온도는 1,200℃ 이상이 되어야 한다.

[해설]
폐기물관리법 시행규칙 [별표 9] 폐기물 처분시설 또는 재활용시설의 설치기준

63 폐기물처리시설을 설치·운영하는 자는 그 처리시설에서 배출되는 오염물질을 측정하거나 환경부령이 정하는 측정기관으로 하여금 측정하게 할 수 있다. 환경부령에서 정하는 측정기관이 아닌 곳은?

① 보건환경연구원
② 한국환경공단
③ 환경기술개발원
④ 수도권매립지관리공사

[해설]
폐기물관리법 시행규칙 제43조(오염물질의 측정)

정답 60 ③ 61 ③ 62 ① 63 ③

64 폐기물처리시설의 중간처분시설인 기계적 처분시설이 아닌 것은?

① 파쇄·분쇄시설(동력 15kW 이상인 시설로 한정한다)
② 소멸화시설(1일 처분능력 100kg 이상인 시설로 한정한다)
③ 용융시설(동력 7.5kW 이상인 시설로 한정한다)
④ 멸균분쇄시설

해설
폐기물관리법 시행령 [별표 3] 폐기물처리시설의 종류
소멸화시설은 생물학적 처분시설이다.

65 지정폐기물의 종류에 대한 설명으로 옳은 것은?

① 액체상태인 폴리클로리네이티드비페닐 함유 폐기물은 용출액 1L당 0.003mg 이상 함유한 것으로 한정한다.
② 오니류는 상수오니, 하수오니, 공정오니, 폐수처리오니를 포함한다.
③ 폐합성 고분자화합물 중 폐합성 수지는 액체상태의 것은 제외한다.
④ 의료폐기물은 환경부령으로 정하는 의료기관이나 시험·검사기관 등에서 발생되는 것으로 한정한다.

해설
폐기물관리법 시행령 [별표 1] 지정폐기물의 종류
• 폴리클로리네이티드비페닐 함유 폐기물
  – 액체상태의 것(1L당 2mg 이상 함유한 것으로 한정한다)
  – 액체상태 외의 것(용출액 1L당 0.003mg 이상 함유한 것으로 한정한다)
• 오니류 : 폐수처리오니, 공정오니
• 폐합성 고분자화합물 : 폐합성수지(고체상태의 것은 제외한다)

66 폐기물 관리의 기본원칙에 해당되는 사항과 가장 거리가 먼 것은?

① 사업자는 폐기물의 발생을 최대한 억제하고 스스로 재활용함으로써 폐기물의 배출을 최소화하여야 한다.
② 폐기물을 배출하는 경우에는 주변 환경이나 주민의 건강에 위해를 끼치지 아니하도록 사전에 적절한 조치를 하여야 한다.
③ 폐기물은 그 처리과정에서 양과 유해성을 줄이도록 하는 등 환경보전과 국민건강보호에 적합하게 처리하여야 한다.
④ 폐기물은 재활용보다는 우선적으로 소각, 매립 등으로 처분하여 보건위생의 향상에 이바지하도록 하여야 한다.

해설
폐기물관리법 제3조의2(폐기물 관리의 기본원칙)
폐기물은 소각, 매립 등의 처분을 하기보다는 우선적으로 재활용함으로써 자원생산성의 향상에 이바지하도록 하여야 한다.

67 환경부장관에 의해 폐기물처리시설의 폐쇄명령을 받았으나 이행하지 아니한 자에 대한 벌칙기준은?

① 5년 이하의 징역이나 5천만원 이하의 벌금
② 3년 이하의 징역이나 3천만원 이하의 벌금
③ 2년 이하의 징역이나 2천만원 이하의 벌금
④ 1천만원 이하의 과태료

해설
폐기물관리법 제64조(벌칙)

정답 64 ② 65 ④ 66 ④ 67 ①

68 허가취소나 6개월 이내의 기간을 정하여 영업의 전부 또는 일부의 정지를 명할 수 있는 경우에 해당되지 않는 것은?

① 영업정지기간 중 영업행위를 하는 경우
② 폐기물 처리업의 업종 구분과 영업 내용의 범위를 벗어나는 영업을 한 경우
③ 폐기물의 처리 기준을 위반하여 폐기물을 처리한 경우
④ 재활용제품 또는 물질에 관한 유해성기준 위반에 따른 조치명령을 이행하지 아니한 경우

해설
폐기물관리법 제27조(허가의 취소 등)
① 바로 허가취소된다.

69 환경부령으로 정하는 폐기물처리시설의 설치를 마친 자는 환경부령으로 정하는 검사기관으로부터 검사를 받아야 한다. 폐기물처리시설이 매립시설인 경우, 검사기관으로 틀린 것은?

① 한국건설기술연구원
② 한국산업기술시험원
③ 한국농어촌공사
④ 한국환경공단

해설
폐기물관리법 시행규칙 제41조(폐기물처리시설의 사용신고 및 검사)
※ 해당 법 개정으로 삭제〈2020.11.27〉

70 다음 중 기술관리인을 두어야 하는 폐기물처리시설은?

① 지정폐기물 외의 폐기물을 매립하는 시설로 면적이 5,000m^2인 시설
② 멸균분쇄시설로 시간당 처분능력이 200kg인 시설
③ 지정폐기물 외의 폐기물을 매립하는 시설로 매립용적이 10,000m^3인 시설
④ 소각시설로서 의료폐기물을 시간당 100kg 처리하는 시설

해설
폐기물관리법 시행령 제15조(기술관리인을 두어야 할 폐기물처리시설)
• 매립시설의 경우
  − 지정폐기물을 매립하는 시설로서 면적이 3,300m^2 이상인 시설. 다만, 최종처분시설 중 차단형 매립시설에서는 면적이 330m^2 이상이거나 매립용적이 1,000m^3 이상인 시설로 한다.
  − 지정폐기물 외의 폐기물을 매립하는 시설로서 면적이 10,000m^2 이상이거나 매립용적이 30,000m^3 이상인 시설
• 소각시설로서 시간당 처분능력이 600kg(의료폐기물을 대상으로 하는 소각시설의 경우에는 200kg) 이상인 시설
• 압축·파쇄·분쇄 또는 절단시설로서 1일 처분능력 또는 재활용능력이 100ton 이상인 시설
• 사료화·퇴비화 또는 연료화시설로서 1일 재활용능력이 5ton 이상인 시설
• 멸균분쇄시설로서 시간당 처분능력이 100kg 이상인 시설
• 시멘트 소성로
• 용해로(폐기물에서 비철금속을 추출하는 경우로 한정한다)로서 시간당 재활용능력이 600kg 이상인 시설
• 소각열회수시설로서 시간당 재활용능력이 600kg 이상인 시설

71 폐기물처리시설의 유지·관리에 관한 기술관리를 대행할 수 있는 자는?

① 한국환경공단
② 국립환경과학원
③ 한국농어촌공사
④ 한국건설기술연구원

해설
폐기물관리법 시행령 제16조(기술관리대행자)

정답 68 ① 69 ② 70 ② 71 ①

72 폐기물 감량화시설의 종류에 해당되지 않는 것은?(단, 환경부장관이 정하여 고시하는 시설 제외)

① 공정 개선시설
② 폐기물 파쇄·선별시설
③ 폐기물 재이용시설
④ 폐기물 재활용시설

[해설]
폐기물관리법 시행령 [별표 4] 폐기물 감량화시설의 종류

73 지정폐기물을 배출하는 사업자가 지정폐기물을 위탁하여 처리하기 전에 환경부장관에게 제출하여 확인을 받아야 하는 서류가 아닌 것은?

① 폐기물처리계획서
② 폐기물분석결과서
③ 폐기물인수인계확인서
④ 수탁처리자의 수탁확인서

[해설]
폐기물관리법 제17조(사업장폐기물배출자의 의무 등)

74 폐기물관리법령상 가연성 고형폐기물의 에너지 회수기준에 대한 설명으로 (　)에 알맞은 것은?

> 에너지 회수효율(회수에너지 총량을 투입에너지 총량으로 나눈 비율을 말한다)이 (　) 이상일 것

① 65%　　② 75%
③ 85%　　④ 95%

[해설]
폐기물관리법 시행규칙 제3조(에너지 회수기준 등)

75 주변지역 영향 조사대상 폐기물처리시설을 설치·운영하는 자는 주변지역에 미치는 영향을 몇 년마다 조사하여 그 결과를 환경부장관에게 제출하여야 하는가?

① 2년
② 3년
③ 5년
④ 10년

[해설]
폐기물관리법 제31조(폐기물처리시설의 관리)

76 설치승인을 얻은 폐기물처리시설이 변경승인을 받아야 할 중요사항이 아닌 것은?

① 대표자의 변경
② 처분시설 또는 재활용시설 소재지의 변경
③ 처분 또는 재활용 대상 폐기물의 변경
④ 매립시설 제방의 증·개축

[해설]
폐기물관리법 시행규칙 제39조(폐기물처리시설의 설치 승인 등)

정답　72 ②　73 ③　74 ②　75 ②　76 ①

77 의료폐기물 전용용기 검사기관(그 밖에 환경부장관이 전용용기에 대한 검사능력이 있다고 인정하여 고시하는 기관은 제외)에 해당되지 않는 것은?

① 한국화학융합시험연구원
② 한국환경공단
③ 한국의료기기시험연구원
④ 한국건설생활환경시험연구원

해설
폐기물관리법 시행규칙 제34조의7(전용용기 검사기관)

78 사후관리이행보증금의 사전 적립대상이 되는 폐기물을 매립하는 시설의 면적기준은?

① 3,300m² 이상
② 5,500m² 이상
③ 10,000m² 이상
④ 30,000m² 이상

해설
폐기물관리법 시행령 제30조(사후관리이행보증금의 산출기준)

79 폐기물관리법에서 사용하는 용어의 정의로 옳지 않은 것은?

① 처리 : 폐기물의 수집, 운반, 보관, 재활용, 처분을 말한다.
② 폐기물처리시설 : 폐기물의 중간처분시설, 최종처분시설 및 재활용시설로서 대통령령으로 정하는 시설을 말한다.
③ 폐기물감량화시설 : 생산 공정에서 발생하는 폐기물의 양을 줄이고, 사업장 내 재활용을 통하여 폐기물 배출을 최소화하는 시설로서 대통령령으로 정하는 시설을 말한다.
④ 지정폐기물 : 인체, 재산, 주변환경에 악영향을 줄 수 있는 해로운 물질을 함유한 폐기물로 환경부령으로 정하는 폐기물을 말한다.

해설
폐기물관리법 제2조(정의)
'지정폐기물'이란 사업장폐기물 중 폐유·폐산 등 주변 환경을 오염시킬 수 있거나 의료폐기물 등 인체에 위해를 줄 수 있는 해로운 물질로서 대통령령으로 정하는 폐기물을 말한다.

80 생활폐기물의 처리대행자에 해당하지 않는 것은?

① 폐기물처리업자
② 한국환경공단
③ 재활용센터를 운영하는 자
④ 폐기물재활용사업자

해설
폐기물관리법 시행령 제8조(생활폐기물의 처리대행자)

정답 77 ③ 78 ① 79 ④ 80 ④

제1과목 폐기물개론

01 폐기물 자원화하는 방법 중 에너지 회수방법에 속하는 것은?

① 물질 회수
② 직접열 회수
③ 추출형 회수
④ 변환형 회수

02 부피 100m³인 폐기물의 부피를 10m³로 압축하는 경우 압축비는?

① 0.1
② 1
③ 10
④ 90

해설

압축비(Compaction Ratio, CR) = $\dfrac{\text{압축 전 부피}(V_i)}{\text{압축 후 부피}(V_f)}$

$= \dfrac{100}{10} = 10$

03 폐기물의 성상분석 절차로 가장 적합한 것은?

① 밀도 측정 - 물리적 조성분석 - 건조 - 분류(타는 물질, 안 타는 물질)
② 밀도 측정 - 건조 - 화학적 조성분석 - 전처리(절단 및 분쇄)
③ 전처리(절단 및 분쇄) - 밀도 측정 - 화학적 조성분석 - 분류(타는 물질, 안 타는 물질)
④ 전처리(절단 및 분쇄) - 건조 - 물리적 조성분석 - 발열량 측정

해설

밀도 측정과 물리적 조성분석은 현장에서 먼저 실시한다.

04 건조된 고형물의 비중이 1.65이고 건조 전 슬러지의 고형분 함량이 35%, 건조중량이 400kg라 할 때 건조 전 슬러지의 비중은?

① 1.02
② 1.16
③ 1.27
④ 1.35

해설

$\dfrac{\text{슬러지 무게}}{\text{슬러지 비중}} = \dfrac{\text{고형물 무게}}{\text{고형물 비중}} + \dfrac{\text{물 무게}}{\text{물 비중}} = \dfrac{100}{\text{슬러지 비중}}$

$= \dfrac{35}{1.65} + \dfrac{65}{1} ≒ 86.2$

슬러지 비중 $= \dfrac{100}{86.2} ≒ 1.16$

정답 1 ② 2 ③ 3 ① 4 ②

05 관거(Pipe)를 이용한 폐기물 수송의 특징과 가장 거리가 먼 것은?
① 10km 이상의 장거리 수송에 적당하다.
② 잘못 투입된 폐기물의 회수는 곤란하다.
③ 조대폐기물은 파쇄, 압축 등의 전처리를 해야 한다.
④ 화재, 폭발 등의 사고 발생 시 시스템 전체가 마비되며 대체 시스템의 전환이 필요하다.

해설
유효 흡입거리는 2.5km 정도이다.

06 함수율 80%인 폐기물 10ton을 건조시켜 함수율 30%로 만들 경우 감소하는 폐기물의 중량(ton)은?(단, 비중 = 1.0)
① 2.6
② 2.9
③ 3.2
④ 3.5

해설
$\dfrac{V_2}{V_1} = \dfrac{100-w_1}{100-w_2}$
여기서, V_1, w_1 : 초기 무게와 함수율
V_2, w_2 : 건조, 탈수 후의 무게와 함수율
$\dfrac{V_2}{10} = \dfrac{100-80}{100-30}$
$V_2 = 10 \times \dfrac{20}{70} ≒ 2.86$

07 적환장에 대한 설명으로 가장 거리가 먼 것은?
① 최종 처리장과 수거지역의 거리가 먼 경우 사용하는 것이 바람직하다.
② 폐기물의 수거와 운반을 분리하는 기능을 한다.
③ 주거지역의 밀도가 낮을 때 적환장을 설치한다.
④ 적환장의 위치는 수거하고자 하는 개별적 고형물 발생지역의 하중중심과 적절한 거리를 유지하여야 한다.

해설
적환장은 수거해야 할 쓰레기 발생지역의 무게중심과 가까운 곳에 설치하여야 한다.

08 쓰레기 재활용 측면에서 가장 효과적인 수거방법은?
① 문전수거
② 타종수거
③ 분리수거
④ 혼합수거

09 도시폐기물 최종 분석 결과를 Dulong공식으로 발열량을 계산하고자 할 때 필요하지 않은 성분은?
① H
② C
③ S
④ Cl

해설
Dulong식
$8,100C + 34,000\left(H - \dfrac{O}{8}\right) + 2,500S - 600(9H+W)$ (kcal/kg)

10 물질회수를 위한 선별방법 중 플라스틱에서 종이를 선별할 수 있는 방법으로 가장 적절한 것은?

① 와전류 선별
② Jig 선별
③ 광학 선별
④ 정전기적 선별

11 쓰레기를 파쇄할 경우 발생하는 이점으로 가장 거리가 먼 것은?

① 일반적으로 압축 시 밀도 증가율이 크다.
② 매립 시 폐기물이 잘 섞여서 혐기성을 유지하므로 메테인 발생량이 많아진다.
③ 조대쓰레기에 의한 소각로의 손상을 방지한다.
④ 고밀도 매립이 가능하다.

12 난분해성 유기화합물의 생물학적 반응이 아닌 것은?

① 탈수소반응(가수분해반응)
② 고리분할
③ 탈알킬화
④ 탈할로겐화

13 파쇄에 필요한 에너지를 구하는 법칙으로 고운 파쇄 또는 2차 분쇄에 잘 적용되는 법칙은?

① 도플러의 법칙
② 킥의 법칙
③ 패러데이의 법칙
④ 케스터너의 법칙

14 폐기물의 관리에 있어서 가장 중점적으로 우선순위를 갖는 요소는?

① 재활용
② 소 각
③ 최종처분
④ 감량화

15 인구가 800,000명인 도시에서 연간 1,000,000 ton의 폐기물이 발생한다면 1인 1일 폐기물의 발생량(kg/cap · day)은?

① 3.12
② 3.22
③ 3.32
④ 3.42

해설

$\dfrac{1,000,000 \text{ton/년} \times 1,000 \text{kg/ton}}{365 \text{일/년} \times 800,000 \text{인}} ≒ 3.42 \text{kg/인·일}$

16 쓰레기를 원추 4분법으로 축분 도중 2번째에서 모포가 걸렸다. 이후 4회 더 축분하였다면 추후 모포의 함유율(%)은?

① 25
② 12.5
③ 6.25
④ 3.13

해설

2회 축분 후 모포가 나오고, 이후 다시 4회 더 축분했으므로
$\left(\dfrac{1}{2}\right)^4 = \dfrac{1}{16} = 0.0625 = 6.25\%$

17 지정폐기물의 종류와 분류물질의 연결이 틀린 것은?

① 폐유독물질 – 폐촉매
② 부식성 – 폐산(pH 2.0 이하)
③ 부식성 – 폐알칼리(pH 12.5 이상)
④ 유해물질함유 – 소각재

해설

폐유독물질 : 화학물질관리법 제2조제2호의 유독물질을 폐기하는 경우로 한정한다(폐기물관리법 시행령 [별표 1]).

18 폐기물발생량의 표시에 가장 많이 이용되는 단위는?

① m³/인·일
② kg/인·일
③ 개/인·일
④ 봉투/인·일

19 물렁거리는 가벼운 물질로부터 딱딱한 물질을 선별하는 데 사용되는 것으로 경사진 Conveyor를 통해 폐기물을 주입시켜 천천히 회전하는 드럼 위에 떨어뜨려서 분류하는 장치는?

① Stoners
② Ballistic Separator
③ Fluidized Bed Separators
④ Secators

20 적환장의 기능으로 적합하지 않은 것은?

① 분리선별
② 비용분석
③ 압축파쇄
④ 수송효율

제2과목 폐기물처리기술

21 소각로에서 PVC 같은 염소를 함유한 물질을 태울 때 발생하며 맹독성을 갖는 것으로 분자구조는 염소가 달린 두 개의 벤젠고리 사이에 한 개의 산소원자가 있고, 135개의 이성체를 갖는 것은?

① THM
② Furan
③ PCB
④ BPHC

22 일반적으로 사용되는 분뇨처리의 혐기성 소화를 기술한 것으로 가장 거리가 먼 것은?

① 혐기성 미생물을 이용하여 유기물질을 제거하는 것이다.
② 다른 방법들보다 장기적인 면에서 볼 때 경제적이며 운영비가 적다는 이점이 있다.
③ 유용한 CH_4가 생성된다.
④ 분뇨량이 많으면 소화조를 70℃ 이상 가열시켜 줄 필요가 있다.

23 분뇨 처리과정 중 고형물 농도 10%, 유기물 함유율 70%인 농축슬러지는 소화과정을 통해 유기물의 100%가 분해되었다. 소화된 슬러지의 고형물 함량이 6%일 때, 전체 슬러지량은 얼마가 감소되는가?(단, 비중＝1.0 가정)

① 1/4
② 1/3
③ 1/2
④ 1/1.5

해설
초기 분뇨의 양을 1이라 가정하면 고형물의 양은 0.1이 된다.
- 소화된 유기물량 ＝ 0.1×0.7 ＝ 0.07
- 소화 후 고형물량 ＝ 0.1×0.3 ＝ 0.03

소화 후 고형물 함량이 6%이므로 수분함량은 94%이며, 수분함량의 정의에 따른 식은 다음과 같다.

$94 = \dfrac{V - 0.03}{V} \times 100$

$94V = 100V - 3$

$6V = 3$

$V = \dfrac{1}{2}$

24 산업폐기물의 처리 시 함유 처리항목과 그 조건이 잘못 짝지어진 것은?

① 특정유해 함유물질 : 수분함량 85% 이하일 경우 고온열분해시킨다.
② 폐합성수지 : 편의 크기를 45cm 이상으로 절단시켜 소각, 용융시킨다.
③ 유기물계통 일반산업폐기물 : 수분함량 85% 이하로 유지시켜 소각시킨다.
④ 폐유 : 수분함량 5ppm 이하일 경우 소각시킨다.

해설
폐합성고분자화합물은 소각하여야 한다. 다만, 소각이 곤란한 경우에는 최대 지름 15cm 이하의 크기로 파쇄·절단 또는 용융한 후 관리형 매립시설에 매립할 수 있다.

25 제1, 2차 활성슬러지공법과 희석방법을 적용하여 분뇨를 처리할 때, 처리 전 수거분뇨의 BOD가 20,000mg/L이며, 제1차 활성슬러지 처리에서의 BOD 제거율은 70%이고, 20배 희석 후의 방류수에서의 BOD가 30mg/L라면 제2차 활성슬러지 처리에서의 BOD 제거율(%)은?

① 60
② 70
③ 80
④ 90

해설
- 1차 처리 후 BOD 농도 = $20,000 \times (1-0.7) = 6,000$ mg/L
- 1차 처리수를 20배 희석한 후 BOD 농도 = 300mg/L
∴ 2차 처리의 BOD 제거율 = $\frac{300-30}{300} \times 100 = 90\%$

26 우리나라 음식물쓰레기를 퇴비로 재활용하는 데 있어서 가장 큰 문제점으로 지적되는 것은?

① 염분함량
② 발열량
③ 유기물함량
④ 밀 도

27 폭 1.0m, 길이 100m인 침출수 집배수시설의 투수계수 1.0×10^{-2}cm/s, 바닥 구배가 2%일 때 연간 집배수량(ton)은?(단, 침출수의 밀도 = 1ton/m³)

① 1,051
② 5,000
③ 6,307
④ 20,000

해설
투수계수 $k = 1.0 \times 10^{-2}$ cm/s $= 1.0 \times 10^{-4}$ m/s
∴ $Q = kiA = 1.0 \times 10^{-4} \times 0.02 \times (1 \times 100) = 2 \times 10^{-4}$ m³/s
≒ 6,307m³/년

28 슬러지를 고형화하는 목적으로 가장 거리가 먼 것은?

① 취급이 용이하며, 운반무게가 감소한다.
② 유해물질의 독성이 감소한다.
③ 오염물질의 용해도를 낮춘다.
④ 슬러지 표면적이 감소한다.

해설
취급이 용이하며, 운반무게가 증가한다.

29 폐기물을 매립한 후 복토를 실시하는 목적으로 가장 거리가 먼 것은?

① 폐기물을 보이지 않게 하여 미관상 좋게 한다.
② 우수를 효과적으로 배제한다.
③ 쥐나 파리 등 해충 및 야생동물의 서식처를 없앤다.
④ CH_4 가스가 내부로 유입되는 것을 방지한다.

정답 25 ④ 26 ① 27 ③ 28 ① 29 ④

30 유동층 소각로의 장단점이라 볼 수 없는 것은?

① 미연소분 배출로 2차 연소실이 필요하다.
② 가스의 온도가 낮고 과잉공기량이 적다.
③ 상(床)으로부터 찌꺼기 분리가 어렵다.
④ 기계적 구동 부분이 적어 고장률이 낮다.

해설
연소효율이 높아 미연소분의 배출이 적고, 2차 연소실이 불필요하다.

31 Rotary Kiln에 관한 설명으로 가장 거리가 먼 것은?

① 모든 폐기물을 소각시킬 수 있다.
② 부유성 물질의 발생이 적다.
③ 연속적으로 재가 방출된다.
④ 1,400℃ 이상의 운전 가능하다.

32 오염된 농경지의 정화를 위해 다른 장소로부터 비오염 토양을 운반하여 혼합하는 정화기술은?

① 객토
② 반전
③ 희석
④ 배토

33 유기성 폐기물 퇴비화의 단점이라 할 수 없는 것은?

① 퇴비화과정 중 외부 가온 필요
② 부지선정의 어려움
③ 악취발생 가능성
④ 낮은 비료가치

해설
유기성 폐기물의 퇴비화 시 자체 열이 발생하므로 가온할 필요가 없다.

34 퇴비화의 메테인발효 조건이 아닌 것은?

① 영양조건
② 혐기조건
③ 호기조건
④ 유기물량

정답 30 ① 31 ② 32 ① 33 ① 34 ③

35 소각 시 다이옥신이 생성될 수 있는 가능성이 가장 큰 물질은?

① 노말헥산
② 에탄올
③ PVC
④ 오존

36 폐기물 고형화 방법 중 유기중합체법의 특징이 아닌 것은?

① 가장 많이 사용되는 방법은 우레아폼(UF) 방법이다.
② 고형성분만 처리 가능하다.
③ 고형화시키는 데 많은 양의 첨가제가 필요하다.
④ 최종처리 시 2차 용기에 넣어 매립해야 한다.

37 고형분 30%인 주방찌꺼기 10ton의 소각을 위하여 함수율이 50% 되게 건조시켰다면 이때의 무게(ton)는?(단, 비중 = 1.0 가정)

① 2
② 3
③ 6
④ 8

해설
고형물 30% = 수분함량 70%

$$\frac{V_2}{V_1} = \frac{100 - w_1}{100 - w_2}$$

여기서, V_1, w_1 : 초기 무게와 함수율
V_2, w_2 : 건조, 탈수 후의 무게와 함수율

$$\frac{V_2}{10} = \frac{100 - 70}{100 - 50}$$

$$V_2 = 10 \times \frac{30}{50} = 6$$

38 알칼리성 폐수의 중화제가 아닌 것은?

① 황산
② 염산
③ 탄산가스
④ 가성소다

해설
가성소다(NaOH)는 산성 폐수의 중화제이다.

정답 35 ③ 36 ③ 37 ③ 38 ④

39 유효 공극률 0.2, 점토층 위의 침출수가 수두 1.5m 인 점토차수층 1.0m를 통과하는 데 10년이 걸렸다면 점토차수층의 투수계수(cm/s)는?

① 2.54×10^{-7}
② 2.54×10^{-8}
③ 5.54×10^{-7}
④ 5.54×10^{-8}

해설

$$t = \frac{d^2 n}{K(d+h)}$$

여기서, t : 침출수의 점토층 통과시간(s)
d : 점토층 두께(cm)
n : 유효 공극률
K : 투수계수(cm/s)
h : 침출수 수두(cm)

$10\text{yr} \times 365\text{day/yr} \times 86,400\text{s/day} = \dfrac{100^2 \times 0.2}{K(100+150)}$

∴ $K = 2.54 \times 10^{-8}$ cm/s

40 매립지 내에서 분해단계(4단계) 중 호기성 단계에 관한 설명으로 적절치 못한 것은?

① N_2의 발생이 급격히 증가한다.
② O_2가 소모된다.
③ 주요 생성기체는 CO_2이다.
④ 매립물의 분해속도에 따라 수일에서 수개월 동안 지속된다.

해설
대기 중에서 공기의 공급이 차단되어 있으므로 CO_2 생성에 따라 N_2의 농도(분율)는 감소한다.

제3과목 폐기물공정시험기준(방법)

41 시료의 분할채취방법 중 구획법에 의해 축소할 때 몇 등분 몇 개의 덩어리로 나누는가?

① 가로 4등분, 세로 4등분, 16개 덩어리
② 가로 4등분, 세로 5등분, 20개 덩어리
③ 가로 5등분, 세로 5등분, 25개 덩어리
④ 가로 5등분, 세로 6등분, 30개 덩어리

해설
ES 06130.d 시료의 채취

42 크롬을 원자흡수분광광도법으로 분석할 때 간섭물질에 관한 내용으로 ( )에 옳은 것은?

> 공기-아세틸렌 불꽃에서는 철, 니켈 등의 공존물질에 의한 방해영향이 크므로 이때는 ( ) 1% 정도 넣어서 측정한다.

① 황산나트륨   ② 시안화칼륨
③ 수산화칼슘   ④ 수산화칼륨

해설
ES 06406.1 크롬-원자흡수분광광도법

43 시료의 전처리방법에서 회화에 의한 유기물 분해 시 증발접시의 재질로 적당하지 않은 것은?

① 백금   ② 실리카
③ 사기제   ④ 알루미늄

해설
ES 06001 정도보증/정도관리

44 감염성 미생물(아포균 검사법) 측정에 적용되는 '지표생물포자'에 관한 설명으로 ( )에 알맞은 것은?

> 감염성 폐기물의 멸균 잔류물에 대한 멸균 여부의 판정은 병원성 미생물보다 열저항성이 (㉠)하고 (㉡)인 아포형성 미생물을 이용하는데 이를 지표생물포자라 한다.

① ㉠ 약 ㉡ 비병원성
② ㉠ 강 ㉡ 비병원성
③ ㉠ 약 ㉡ 병원성
④ ㉠ 강 ㉡ 병원성

해설
ES 06701.1a 감염성 미생물-아포균 검사법

45 검정곡선에 대한 설명으로 틀린 것은?

① 검정곡선은 분석물질의 농도변화에 따른 지시값을 나타낸 것이다.
② 절대검정곡선법이란 시료의 농도와 지시값과의 상관성을 검정곡선식에 대입하여 작성하는 방법이다.
③ 표준물질첨가법이란 시료와 동일한 매질에 일정량의 표준물질을 첨가하여 검정곡선을 작성하는 방법이다.
④ 상대검정곡선법이란 검정곡선 작성용 표준용액과 시료에 서로 다른 양의 내부표준물질을 첨가하여 시험분석 절차, 기기 또는 시스템의 변동으로 발생하는 오차를 보정하기 위해 사용하는 방법이다.

해설
ES 06001 정도보증/정도관리
상대검정곡선법 : 검정곡선 작성용 표준용액과 시료에 동일한 양의 내부표준물질을 첨가하여 시험분석 절차, 기기 또는 시스템의 변동으로 발생하는 오차를 보정하기 위해 사용하는 방법이다.

46 폐기물공정시험기준에서 규정하고 있는 사항 중 올바른 것은?

① 용액의 농도를 단순히 '%'로만 표시할 때는 V/V%를 말한다.
② '정확히 취한다'라 함은 규정된 양의 검체, 시액을 홀피펫으로 눈금의 1/10까지 취하는 것을 말한다.
③ '수욕상에서 가열한다'라 함은 규정이 없는 한 수온 60~70℃에서 가열함을 뜻한다.
④ '약'이라 함은 기재된 양에 대하여 ±10% 이상의 차가 있어서는 안 된다.

해설
ES 06000.b 총칙
① 용액의 농도를 '%'로만 표시할 때는 W/V%를 말한다.
② '정확히 취하여'라 하는 것은 규정한 양의 액체를 홀피펫으로 눈금까지 취하는 것을 말한다.
③ '수욕상 또는 수욕중에서 가열한다'라 함은 따로 규정이 없는 한 수온 100℃에서 가열함을 뜻하고 약 100℃의 증기욕을 쓸 수 있다.

47 흡광광도법에서 Lambert-Beer의 법칙에 관계되는 식은?(단, a = 투사광의 강도, b = 입사광의 강도, c = 농도, d = 빛의 투과거리, E = 흡광계수)

① $a/b = 10^{-cdE}$
② $b/a = 10^{-cdE}$
③ $a/cd = E \times 10^{-b}$
④ $b/cd = E \times 10^{-a}$

정답 44 ② 45 ④ 46 ④ 47 ①

48 기체크로마토그래피법으로 유기물질을 분석하는 기본원리에 대한 설명으로 틀린 것은?

① 칼럼을 통과하는 동안 유기물질이 성분별로 분리된다.
② 검출기는 유기물질을 성분별로 분리 검출한다.
③ 기록계에 나타난 피크의 넓이는 물질의 온도에 비례한다.
④ 기록계에 나타난 머무름시간을 유기물질을 정성 분석할 수 있다.

해설
기록에 나타난 피크의 넓이는 물질의 농도에 비례한다.

49 원자흡수분광광도법으로 수은을 분석할 경우 시료 채취 및 관리에 관한 설명으로 (   )에 알맞은 것은?

시료가 액상폐기물의 경우 질산으로 pH (㉠) 이하로 조절하고 채취 시료는 수분, 유기물 등 함유성분의 변화가 일어나지 않도록 0~4℃ 이하의 냉암소에 보관하여야 하며 가급적 빠른 시간 내에 분석하여야 하나 최대 (㉡)일 안에 분석한다.

① ㉠ 2   ㉡ 14
② ㉠ 3   ㉡ 24
③ ㉠ 2   ㉡ 28
④ ㉠ 3   ㉡ 32

해설
ES 06404.1a 수은-환원기화-원자흡수분광광도법

50 기체크로마토그래피의 전자포획검출기에 관한 설명으로 (   )에 내용으로 옳은 것은?

전자포획검출기는 방사선 동위원소(^{63}Ni, ^{3}H 등)로부터 방출되는 (   )이 운반기체를 전리하여 미소전류를 흘려보낼 때 시료 중의 할로겐이나 산소와 같이 전자포획력이 강한 화합물에 의하여 전자가 포획되어 전류가 감소하는 것을 이용하는 방법이다.

① 알파(α)선
② 베타(β)선
③ 감마(γ)선
④ X선

51 10g의 도가니에 20g의 시료를 취한 후 25% 질산암모늄 용액을 넣어 탄화시킨 다음 600±25℃의 전기로에서 3시간 강열하였다. 데시케이터에서 식힌 후 도가니와 시료의 무게가 25g이었다면 강열감량(%)은?

① 15   ② 20
③ 25   ④ 30

해설
ES 06301.1d 강열감량 및 유기물 함량-중량법
$$\frac{30-25}{30-1} \times 100 = 25\%$$

52 시료 내 수은을 원자흡수분광광도법으로 측정할 때의 내용으로 (   )에 옳은 것은?

> 시료 중 수은을 (   )에 넣어 금속수은으로 환원시킨 다음 이 용액에 통기하여 발생하는 수은 증기를 원자흡수분광광도법에 따라 정량하는 방법이다.

① 시안화칼륨
② 과망간산칼륨
③ 아연분말
④ 이염화주석

해설
ES 06404.1a 수은-환원기화-원자흡수분광광도법

53 온도 표시에 관한 내용으로 옳지 않은 것은?

① 찬 곳은 따로 규정이 없는 한 0~15℃의 곳을 뜻한다.
② 냉수는 4℃ 이하를 말한다.
③ 온수는 60~70℃를 말한다.
④ 상온은 15~25℃를 말한다.

해설
ES 06000.b 총칙
냉수 : 15℃ 이하

54 원자흡수분광광도법에서 중공음극램프선을 흡수하는 것은?

① 기저상태의 원자
② 여기상태의 원자
③ 이온화된 원자
④ 불꽃 중의 원자쌍

55 수분과 고형물의 함량에 따라 폐기물을 구분할 때 다음 중 포함되지 않은 것은?

① 액상폐기물
② 반액상폐기물
③ 반고상폐기물
④ 고상폐기물

해설
ES 06000.b 총칙

56 0.1N 수산화나트륨 용액 20mL를 중화시키려고 할 때 가장 적합한 용액은?

① 0.1M 황산 20mL
② 0.1M 염산 10mL
③ 0.1M 황산 10mL
④ 0.1M 염산 40mL

해설
$N_1 V_1 = N_2 V_2$
황산은 해리되었을 때 수소이온을 2개 내므로, 0.1M 황산 = 0.2N 황산이다.
따라서, 황산의 부피는 10mL이면 된다.

57 유리전극법으로 수소이온농도를 측정할 때 간섭물질에 대한 내용으로 옳지 않은 것은?

① 유리전극은 일반적으로 용액의 색도, 탁도에 의해 간섭을 받지 않는다.
② 유리전극은 산화 및 환원성 물질 그리고 염도에 간섭을 받는다.
③ pH 10 이상에서 나트륨에 의해 오차가 발생할 수 있는데 이는 낮은 나트륨 오차 전극을 사용하여 줄일 수 있다.
④ pH는 온도변화에 따라 영향을 받는다.

해설
ES 06304.1 수소이온농도-유리전극법
유리전극은 일반적으로 용액의 색도, 탁도, 콜로이드성 물질들, 산화 및 환원성 물질들 그리고 염도에 간섭을 받지 않는다.

58 절연유 중에 포함된 폴리클로리네이티드비페닐(PCBs)을 신속하게 분석하는 방법에 대한 설명으로 틀린 것은?

① 절연유를 진탕 알칼리 분해하고 대용량 다층 실리카겔 칼럼을 통과시켜 정제한다.
② 기체크로마토그래프-열전도검출기에 주입하여 크로마토그램에 나타난 피크형태로부터 정량분석한다.
③ 정량한계는 0.5mg/L 이상이다.
④ 기체크로마토그래프의 운반기체는 부피백분율 99.999% 이상의 헬륨 또는 질소를 이용한다.

해설
ES 06502.3b 폴리클로리네이티드비페닐(PCBs)-기체크로마토그래피(절연유분석법)
기체크로마토그래프-전자포획검출기(GC-ECD)에 주입하여 크로마토그램에 나타난 피크 형태에 따라 폴리클로리네이티드비페닐을 확인하고 신속하게 정량하는 방법이다.
※ PCBs에는 염소가 포함되어 있으며 염소를 함유하는 유기물질의 분석에는 전자포획검출기의 감도가 좋다.

59 pH = 1인 폐산과 pH = 5인 폐산의 수소이온농도 차이(배)는?

① 4배
② 400배
③ 10,000배
④ 100,000배

해설
pH 1과 pH 5는 수소이온농도가 $10^{(5-1)} = 10^4 = 10{,}000$배 차이 난다.

60 폐기물공정시험기준상 ppm(parts per million)단위로 틀린 것은?

① mg/m^3
② g/m^3
③ mg/kg
④ mg/L

해설
ES 06000.b 총칙
비중을 1이라고 하면 $1m^3$ = 1ton = 1,000kg
$mg/m^3 = 10^{-6}kg/1{,}000kg = 10^{-9}$ = ppb

정답 57 ② 58 ② 59 ③ 60 ①

제4과목 폐기물관계법규

61 환경상태의 조사·평가에서 국가 및 지방자치단체가 상시 조사·평가하여야 하는 내용이 아닌 것은?

① 환경오염지역의 접근성 실태
② 환경오염 및 환경훼손 실태
③ 자연환경 및 생활환경 현황
④ 환경의 질의 변화

해설
환경정책기본법 제22조(환경상태의 조사·평가 등)

62 환경부장관이나 시·도지사가 폐기물처리업자에게 영업의 정지를 명령하는 때 그 영업의 정지가 천재지변이나 그 밖의 부득이한 사유로 해당 영업을 계속하도록 할 필요가 있다고 인정되는 경우에 그 영업의 정지를 갈음하여 부과할 수 있는 최대 과징금은?(단, 그 폐기물처리업자가 매출액이 없거나 매출액을 산정하기 곤란한 경우로서 대통령령으로 정하는 경우)

① 5천만원
② 1억원
③ 2억원
④ 3억원

해설
폐기물관리법 제28조(폐기물처리업자에 대한 과징금 처분)

63 사업장폐기물을 공동으로 수집, 운반, 재활용 또는 처분하는 공동 운영기구의 대표자가 폐기물의 발생·배출·처리상황 등을 기록한 장부로 보존하여야 하는 기간은?

① 1년
② 3년
③ 5년
④ 7년

해설
폐기물관리법 제36조(장부 등의 기록과 보존)

64 폐기물 처분시설 또는 재활용시설의 검사기준에 관한 내용 중 멸균분쇄시설의 설치검사 항목이 아닌 것은?

① 계량시설의 작동상태
② 분쇄시설의 작동상태
③ 자동기록장치의 작동상태
④ 밀폐형으로 된 자동제어에 의한 처리방식인지 여부

해설
폐기물관리법 시행규칙 [별표 10] 폐기물 처분시설 또는 재활용시설의 검사기준

정답 61 ① 62 ② 63 ② 64 ①

65 폐기물처리시설의 유지·관리에 관한 기술관리를 대행할 수 있는 자와 거리가 먼 것은?

① 엔지니어링산업 진흥법에 따라 신고한 엔지니어링사업자
② 기술사법에 따른 기술사사무소(법에 따른 자격을 가진 기술사가 개설한 사무소로 한정한다)
③ 폐기물관리 및 설치신고에 관한 법률에 따른 한국화학시험연구원
④ 한국환경공단

해설
폐기물관리법 시행령 제16조(기술관리대행자)

66 폐기물 처분시설 중 관리형 매립시설에서 발생하는 침출수의 배출허용기준 중 '나지역'의 생물화학적 산소요구량의 기준은?(단, '나지역'은 물환경보전법 시행규칙에 따른다)

① 60mg/L 이하
② 70mg/L 이하
③ 80mg/L 이하
④ 90mg/L 이하

해설
폐기물관리법 시행규칙 [별표 11] 폐기물 처분시설 또는 재활용시설의 관리기준

67 폐기물 수집·운반증을 부착한 차량으로 운반해야 될 경우가 아닌 것은?

① 사업장폐기물배출자가 그 사업장에서 발생한 폐기물을 사업장 밖으로 운반하는 경우
② 폐기물처리 신고자가 재활용 대상폐기물을 수집·운반하는 경우
③ 폐기물처리업자가 폐기물을 수집·운반하는 경우
④ 광역 폐기물 처분시설의 설치·운영자가 생활폐기물을 수집·운반하는 경우

해설
폐기물관리법 시행규칙 [별표 5] 폐기물의 처리에 관한 구체적 기준 및 방법

68 폐기물 수집·운반업자가 임시보관장소에 의료폐기물을 5일 이내로 냉장 보관할 수 있는 전용보관시설의 온도 기준은?

① 섭씨 2도 이하
② 섭씨 3도 이하
③ 섭씨 4도 이하
④ 섭씨 5도 이하

해설
폐기물관리법 시행규칙 [별표 5] 폐기물의 처리에 관한 구체적 기준 및 방법

정답 65 ③ 66 ② 67 ④ 68 ③

69 폐기물처리 담당자 등에 대한 교육을 실시하는 기관으로 거리가 먼 것은?

① 국립환경연구원
② 환경보전협회
③ 한국환경공단
④ 한국환경산업기술원

해설
폐기물관리법 시행규칙 제50조(폐기물 처리 담당자 등에 대한 교육)
교육을 하는 기관은 다음과 같다.
• 국립환경인력개발원, 한국환경공단 또는 한국폐기물협회
• 한국환경보전원
• 한국환경산업기술원
※ 해당 법 개정으로 ②의 "환경보전협회"가 "한국환경보전원"으로 변경되었다.

70 폐기물처리시설을 설치·운영하는 자는 일정한 기간마다 정기검사를 받아야 한다. 소각시설의 경우 최초 정기검사일 기준은?

① 사용개시일부터 5년이 되는 날
② 사용개시일부터 3년이 되는 날
③ 사용개시일부터 2년이 되는 날
④ 사용개시일부터 1년이 되는 날

해설
폐기물관리법 시행규칙 제41조(폐기물처리시설의 사용신고 및 검사)

71 폐기물관리법에서 사용하는 용어의 뜻으로 틀린 것은?

① 생활폐기물 : 사업장폐기물 외의 폐기물을 말한다.
② 폐기물감량화시설 : 생산 공정에서 발생하는 폐기물의 양을 줄이고, 사업장 내 재활용을 통하여 폐기물 배출을 최소화하는 시설로서 대통령령으로 정하는 시설을 말한다.
③ 처분 : 폐기물의 소각·중화·파쇄·고형화 등의 중간처분과 매립하는 등의 최종처분을 위한 대통령령으로 정하는 활동을 말한다.
④ 폐기물 : 쓰레기, 연소재, 오니, 폐유, 폐산, 폐알칼리 및 동물의 사체 등으로서 사람의 생활이나 사업활동에 필요하지 아니하게 된 물질을 말한다.

해설
폐기물관리법 제2조(정의)
'처분'이란 폐기물의 소각·중화·파쇄·고형화 등의 중간처분과 매립하거나 해역으로 배출하는 등의 최종처분을 말한다.

72 폐기물처리업 중 폐기물 수집·운반업의 변경허가를 받아야 할 중요사항에 관한 내용으로 틀린 것은?

① 수집·운반대상 폐기물의 변경
② 영업구역의 변경
③ 주차장 소재지의 변경(지정폐기물을 대상으로 하는 수집·운반업만 해당한다)
④ 운반차량(임시차량 포함) 증차

해설
폐기물관리법 시행규칙 제29조(폐기물처리업의 변경허가)
운반차량(임시차량은 제외한다)의 증차

73 기술관리인을 두어야 할 대통령령으로 정하는 폐기물처리시설에 해당되지 않는 것은?(단, 폐기물처리업자가 운영하는 폐기물처리시설은 제외)

① 지정폐기물 외의 폐기물을 매립하는 시설로서 면적이 12,000m²인 시설
② 멸균분쇄시설로서 시간당 처분능력이 150kg인 시설
③ 용해로서 시간당 재활용능력이 300kg인 시설
④ 사료화·퇴비화 또는 연료화시설로서 1일 재활용능력이 10ton인 시설

해설
폐기물관리법 시행령 제15조(기술관리인을 두어야 할 폐기물처리시설)
- 매립시설의 경우
  - 지정폐기물을 매립하는 시설로서 면적이 3,300m² 이상인 시설. 다만, 최종처분시설 중 차단형 매립시설에서는 면적이 330m² 이상이거나 매립용적이 1,000m³ 이상인 시설로 한다.
  - 지정폐기물 외의 폐기물을 매립하는 시설로서 면적이 10,000m² 이상이거나 매립용적이 30,000m³ 이상인 시설
- 소각시설로서 시간당 처분능력이 600kg(의료폐기물을 대상으로 하는 소각시설의 경우에는 200kg) 이상인 시설
- 압축·파쇄·분쇄 또는 절단시설로서 1일 처분능력 또는 재활용능력이 100ton 이상인 시설
- 사료화·퇴비화 또는 연료화시설로서 1일 재활용능력이 5ton 이상인 시설
- 멸균분쇄시설로서 시간당 처분능력이 100kg 이상인 시설
- 시멘트 소성로
- 용해로(폐기물에서 비철금속을 추출하는 경우로 한정한다)로서 시간당 재활용능력이 600kg 이상인 시설
- 소각열회수시설로서 시간당 재활용능력이 600kg 이상인 시설

74 환경부장관 또는 시·도지사가 영업 구역을 제한하는 조건을 붙일 수 있는 폐기물처리업 대상은?

① 생활폐기물 수집·운반업
② 폐기물 재생 처리업
③ 지정폐기물 처리업
④ 사업장폐기물 처리업

해설
폐기물관리법 제25조(폐기물처리업)

75 시설의 폐쇄명령을 이행하지 아니한 자에 대한 벌칙기준으로 맞는 것은?

① 1년 이하의 징역이나 1천만원 이하의 벌금
② 2년 이하의 징역이나 2천만원 이하의 벌금
③ 3년 이하의 징역이나 3천만원 이하의 벌금
④ 5년 이하의 징역이나 5천만원 이하의 벌금

해설
폐기물관리법 제64조(벌칙)

76 폐기물 처리 담당자 등에 대한 교육의 대상자(그 밖에 대통령령으로 정하는 사람)에 해당되지 않은 자는?

① 폐기물처리시설의 설치·운영자
② 사업장폐기물을 처리하는 사업자
③ 폐기물처리 신고자
④ 확인을 받아야 하는 지정폐기물을 배출하는 사업자

해설
폐기물관리법 시행령 제17조(교육대상자)

정답 73 ③ 74 ① 75 ④ 76 ②

77 폐기물관리법을 적용하지 아니하는 물질에 대한 설명으로 옳지 않은 것은?

① 용기에 들어 있지 아니한 고체상태의 물질
② 원자력안전법에 따른 방사성 물질과 이로 인하여 오염된 물질
③ 하수도법에 따른 하수·분뇨
④ 물환경보전법에 따른 수질 오염 방지시설에 유입되거나 공공 수역으로 배출되는 폐수

해설
폐기물관리법 제3조(적용 범위)
용기에 들어 있지 아니한 기체상태의 물질

78 폐기물처리시설의 종류 중 기계적 재활용시설에 해당되지 않는 것은?

① 압축·압출·성형·주조시설(동력 7.5kW 이상인 시설로 한정한다)
② 절단시설(동력 7.5kW 이상인 시설로 한정한다)
③ 용융·용해시설(동력 7.5kW 이상인 시설로 한정한다)
④ 고형화·고화시설(동력 15kW 이상인 시설로 한정한다)

해설
폐기물관리법 시행령 [별표 3] 폐기물 처리시설의 종류
고형화·고화시설은 화학적 재활용시설이다.

79 다음 중 지정폐기물이 아닌 것은?

① pH가 12.6인 폐알칼리
② 고체상태의 폐합성 고무
③ 수분함량이 90%인 오니류
④ PCB를 2mg/L 이상 함유한 액상 폐기물

해설
폐기물관리법 시행령 [별표 1] 지정폐기물의 종류
- 폐알칼리(액체상태의 폐기물로서 수소이온농도지수가 12.5 이상인 것
- 폐합성 고무(고체상태의 것은 제외한다)
- 오니류(수분함량이 95% 미만이거나 고형물함량이 5% 이상인 것으로 한정한다)
- 폴리클로리네이티드비페닐 함유 폐기물 : 액체상태의 것(1L당 2mg 이상 함유한 것으로 한정한다)

80 주변지역 영향 조사대상 폐기물처리시설 기준으로 틀린 것은?(단, 폐기물처리업자가 설치·운영하는 시설)

① 시멘트 소성로(폐기물을 연료로 사용하는 경우로 한정한다)
② 매립면적 150,000m² 이상의 사업장 일반폐기물 매립시설
③ 매립면적 30,000m² 이상의 사업장 지정폐기물 매립시설
④ 1일 재활용능력이 50ton 이상인 사업장폐기물 소각열회수시설(같은 사업장에 여러 개의 소각열회수시설이 있는 경우에는 각 소각열회수시설의 1일 재활용능력의 합계가 50ton 이상인 경우를 말한다)

해설
폐기물관리법 시행령 제14조(주변지역 영향 조사대상 폐기물처리시설)
매립면적 10,000m² 이상의 사업장 지정폐기물 매립시설

정답 77 ① 78 ④ 79 ② 80 ③

2021년 제2회 과년도 기출복원문제

※ 2021년부터는 CBT(컴퓨터 기반 시험)로 진행되어 수험자의 기억에 의해 문제를 복원하였습니다. 실제 시행문제와 일부 상이할 수 있음을 알려드립니다.

제1과목 폐기물개론

01 Eddy Current Separator는 물질 특성상 세 종류로 분리한다. 이때 구리전선과 같은 종류로 선별되는 것은?

① 은수저
② 철나사못
③ PVC
④ 희토류 자석

[해설]
Eddy Current Separator(와전류 선별기)는 비철금속을 선별하는 장치이다. 은(Silver)은 비철금속으로 자석에는 붙지 않으나, 전기 전도도가 높은 물질이다.

02 폐기물을 압축시킨 결과 압축비가 4인 경우 부피감소율은 몇 %인가?

① 55%
② 65%
③ 75%
④ 85%

[해설]
압축비(CR ; Compaction Ratio) = $\dfrac{\text{압축 전 부피}(V_i)}{\text{압축 후 부피}(V_f)}$

∴ 부피(용적)감소율(VR ; Volume Reduction)

$= \dfrac{\text{감소된 부피}(V_i - V_f)}{\text{압축 전 부피}(V_i)} \times 100$

$= \left(1 - \dfrac{V_f}{V_i}\right) \times 100 = \left(1 - \dfrac{1}{CR}\right) \times 100$

$= \left(1 - \dfrac{1}{4}\right) \times 100 = 75\%$

03 적환장의 위치선정 시 고려할 점이 아닌 것은?

① 수거지역의 무게중심에 가까운 곳
② 환경 피해가 적은 외곽지역
③ 주요 간선도로에 근접한 곳
④ 설치 및 작업조작이 경제적인 곳

[해설]
적환장을 외곽지역에 설치하면 운반비용이 증가되어 경제성과 효율성이 떨어진다.

04 쓰레기의 성상분석 절차로 가장 옳은 것은?

① 시료 → 전처리 → 물리적 조성 → 밀도 측정 → 건조 → 분류
② 시료 → 전처리 → 건조 → 분류 → 물리적 조성 → 밀도 측정
③ 시료 → 밀도 측정 → 건조 → 분류 → 전처리 → 물리적 조성
④ 시료 → 밀도 측정 → 물리적 조성 → 건조 → 분류 → 전처리

[해설]
밀도 측정과 물리적 조성은 현장조사에서 이루어지고, 건조와 전처리는 실험실에서 이루어지는 작업이다.

정답 1 ① 2 ③ 3 ② 4 ④

05 다음 중 관거를 이용한 쓰레기의 수송에 관한 설명으로 옳지 않은 것은?

① 설치비가 높고, 가설 후에 경로 변경이 곤란하다.
② 조대쓰레기는 파쇄 등의 전처리가 필요하다.
③ 쓰레기의 발생밀도가 높은 인구밀집지역에서 현실성이 있다.
④ 잘못 투입된 물건의 회수가 용이하다.

해설
투입된 물건은 회수하기 어렵다.

06 트롬멜 스크린에 대한 설명으로 옳지 않은 것은?

① 원통회전속도가 어느 정도까지 증가할수록 선별효율이 증가하나 그 이상이 되면 막힘 현상이 일어난다.
② 최적속도는 [임계속도×1.45]로 나타난다.
③ 원통경사도가 크면 선별효율이 떨어진다.
④ 스크린 중에서 선별효율이 우수하며 유지관리상의 문제가 적다.

해설
트롬멜 스크린의 최적속도는 [임계속도×0.45]이다.

07 170kg의 시료에 대하여 원추4분법을 4회 조작하면 시료는 몇 kg이 되는가?

① 5.6
② 10.6
③ 15.6
④ 25.6

해설
원추4분법 1회 조작 시 $\frac{1}{2}$씩 감소하므로 $170 \times \left(\frac{1}{2}\right)^4 ≒ 10.6$ kg이 된다.

08 폐기물 발생량 예측방법 중 하나의 수식으로 쓰레기 발생량에 영향을 주는 각 인자들의 효과를 총괄적으로 나타내어 복잡한 시스템의 분석에 유용하게 사용할 수 있는 것은?

① 상관계수 분석모델
② 다중회귀모델
③ 동적모사모델
④ 경향법모델

해설
여러 인자를 독립변수로 하여 하나의 함수로 수식화하는 방법은 다중회귀모델이다.

09 70%의 함수율을 가진 쓰레기를 건조시킨 후 함수율이 20%가 되었다면 쓰레기 ton당 증발되는 수분의 양은?

① 615kg
② 625kg
③ 635kg
④ 645kg

해설
$w_1 = 70$, $w_2 = 20$, $V_1 = 1\text{ton} = 1{,}000\text{kg}$

$$\frac{V_2}{V_1} = \frac{100 - w_1}{100 - w_2}$$

$$\frac{V_2}{1{,}000} = \frac{100 - 70}{100 - 20} = \frac{30}{80}$$

$$V_2 = 1{,}000 \times \frac{30}{80} = 375\text{kg}$$

∴ 증발된 수분의 양 = $1{,}000 - 375 = 625\text{kg}$

10 어떤 쓰레기의 입도를 분석하였더니 입도누적곡선 상의 10%, 30%, 60%, 90%의 입경이 각각 2, 6, 16, 24mm이었다면 이 쓰레기의 균등계수는?

① 2.0
② 3.0
③ 8.0
④ 13.0

해설
$D_{10} = 2$, $D_{60} = 16$
∴ 균등계수 $= \dfrac{D_{60}}{D_{10}} = \dfrac{16}{2} = 8$

11 쓰레기 발생량 예측방법이 아닌 것은?

① 물질수지법
② 경향법
③ 다중회귀모델
④ 동적모사모델

해설
물질수지법은 폐기물 발생량 조사방법이다.

12 고형연료제품(SRF)의 품질기준과 관련하여 가장 거리가 먼 것은?

① 발열량이 3,500kcal/kg 이상이어야 한다.
② 수분 함유량이 50% 이하여야 한다.
③ 염소 함유량이 2% 이하여야 한다.
④ 회분 함유량이 20% 이하여야 한다.

해설
자원의 절약과 재활용 촉진에 관한 법률 시행규칙 [별표 7] 고형연료제품의 품질기준
수분 함유량(성형 기준)이 15% 이하여야 한다.

13 105~110℃에서 4시간 건조된 쓰레기의 회분량은 15%인 것으로 조사되었다. 이 경우 건조 전 수분을 함유한 생쓰레기의 회분량(%)은?(단, 생쓰레기의 함수율 = 25%)

① 8.25
② 11.25
③ 13.25
④ 16.25

해설
회분 + 가연분 + 수분 = 100
건조기준 회분함량 $= \dfrac{회분}{회분 + 가연분} \times 100$
$= \dfrac{회분}{100 - 수분} \times 100 = 15\%$
∴ 회분 $= (100 - 수분) \times \dfrac{15}{100} = (100 - 25) \times \dfrac{15}{100} = 11.25$

14 폐기물에 관한 설명으로 틀린 것은?

① 반고상폐기물의 고형물 함량은 5% 이상 15% 미만이다.
② 액상폐기물의 수분함량은 90% 초과한다.
③ 고상폐기물의 수분함량은 85% 미만이다.
④ 액상폐기물을 직매립할 수는 없다.

해설

액상폐기물	고형물 함량 5% 미만
반고상폐기물	고형물 함량 5% 이상 15% 미만
고상폐기물	고형물 함량 15% 이상

정답 10 ③ 11 ① 12 ② 13 ② 14 ②

15 용출시험 대상 항목으로 옳지 않은 것은?

① 납(Pb)
② 구리(Cu)
③ 아연(Zn)
④ 카드뮴(Cd)

해설
폐기물관리법 시행규칙 [별표 1] 지정폐기물에 함유된 유해물질
용출시험 대상 항목 : 납, 구리, 비소, 수은, 카드뮴, 6가크롬, 시안화합물, 유기인, 테트라클로로에틸렌, 트라이클로로에틸렌

16 폐기물 발생을 발생원으로부터 감량하기 위한 방법으로 가장 거리가 먼 것은?

① 제품 생산에 재생원료의 함량을 낮춘다.
② 과대포장을 줄인다.
③ 내구성을 증대시킨 제품을 개발한다.
④ 재이용이 가능하도록 한 제품을 개발한다.

해설
제품생산에 재생원료의 함량을 높여야 하며, 이는 감량화 방법이 아닌 재활용 방법이다.

17 발열량 분석방법에 해당되지 않는 것은?

① 단열열량계의 의한 측정법
② 원소분석에 의한 추정법
③ Worrell식에 의한 추정법
④ 3성분식에 의한 추정법

해설
Worrell식은 선별효율 계산과 관련된 식이다.

18 다음 중 우리나라에서 시행되는 폐기물 정책 중 폐기물 감량화 정책과 가장 거리가 먼 것은?

① 폐기물처분부담금제도
② 쓰레기 종량제
③ 생산자 책임재활용제도
④ 제품 포장규제

해설
생산자 책임재활용제도는 폐기물 재활용 정책과 관련된 제도이다.

19 우리나라 생활폐기물 종량제 쓰레기봉투에 들어 있는 성분 중 가장 무게 비중이 큰 성분은?

① 비닐/플라스틱
② 음식물류 폐기물
③ 종이
④ 섬유류

해설
생활폐기물 전체로는 음식물류 폐기물 성분이 가장 많을 수 있으나, 종량제 쓰레기봉투로만 한정하였을 때는 비닐/플라스틱류의 무게 비중이 가장 크다.

20 쓰레기의 발생량 조사방법인 물질수지법에 관한 설명으로 옳지 않은 것은?

① 주로 산업폐기물 발생량을 추산할 때 이용된다.
② 비용이 저렴하고 정확한 조사가 가능하여 일반적으로 많이 활용된다.
③ 조사하고자 하는 계의 경계를 정확하게 설정하여야 한다.
④ 물질수지를 세울 수 있는 상세한 데이터가 있는 경우에 가능하다.

해설
물질수지법은 비용이 많이 든다.

제2과목 폐기물처리기술

21 연소효율식으로 옳은 것은?(단, η(%) : 연소효율, H_i : 저위발열량, L_c : 미연소 손실, L_i : 불완전연소 손실)

① $\eta(\%) = \dfrac{H_i + (L_c - L_i)}{H_i} \times 100$

② $\eta(\%) = \dfrac{H_i - (L_c + L_i)}{H_i} \times 100$

③ $\eta(\%) = \dfrac{(L_c + L_i) - H_i}{H_i} \times 100$

④ $\eta(\%) = \dfrac{(L_c - L_i) + H_i}{H_i} \times 100$

해설
연소효율이란 연소될 수 있는 열량에 대한 연소된 열량의 비율로, 저위발열량에 해당하는 열량에서 미연소되거나(바닥재 중에 강열감량으로 표현되는 경우), 불완전연소된(CO와 같이 가스상으로 배출되는 경우) 열량을 뺀 값이 연소된 열량이다.

22 오염토의 토양증기추출법 복원기술에 대한 장단점으로 옳은 것은?

① 증기압이 낮은 오염물질의 제거효율이 높다.
② 다른 시약이 필요 없다.
③ 추출된 기체의 대기오염방지를 위한 후처리가 필요 없다.
④ 유지 및 관리비가 많이 소요된다.

해설
토양증기추출법은 물리적 처리법으로, 다른 시약이 필요 없다. 토양공기 내에 분포하는 휘발성이 높은 오염물질을 추출하여 지상에서 처리하는 방법이다.

정답 19 ① 20 ② 21 ② 22 ②

23 음식쓰레기 30ton이 있다. 이 쓰레기의 고형분 함량은 30%이고 소각을 위하여 수분함량이 20%가 되도록 건조시켰다. 건조 후 쓰레기의 중량은?(단, 쓰레기의 비중은 1.0)

① 5.3ton ② 7.3ton
③ 9.3ton ④ 11.3ton

해설
건조 전 쓰레기의 고형분 함량이 30%이므로, 수분함량은 70%이다.
$w_1 = 70$, $w_2 = 20$, $V_1 = 30\text{ton}$

$$\frac{V_2}{V_1} = \frac{100 - w_1}{100 - w_2}$$

$$\frac{V_2}{30} = \frac{100 - 70}{100 - 20} = \frac{30}{80}$$

$$V_2 = 30 \times \frac{30}{80} = 11.25\text{ton}$$

24 유동층 소각로의 장단점을 설명한 것 중 틀린 것은?

① 기계적 구동 부분이 많아 고장률이 높다.
② 연소효율이 높아 미연소분이 적고 2차 연소실이 불필요하다.
③ 상으로부터 찌꺼기의 분리가 어렵다.
④ 반응시간이 빨라 소각시간이 짧다(노 부하율이 높다).

해설
유동층 소각로는 기계적 구동 부분이 적어 유지관리가 용이하다.

25 우리나라의 매립지에서 침출수 생성에 가장 큰 영향을 주는 인자는?

① 쓰레기 분해과정에서 발생하는 발생수
② 매립쓰레기 자체 수분
③ 표토를 침투하는 강수
④ 지하수 유입

해설
매립지 내부로 침투하는 강수에 의한 영향이 가장 크며, 다음으로는 음식물 쓰레기와 같이 매립쓰레기 자체가 갖는 수분이 침출수 발생에 영향을 준다.

26 고화처리 방법인 석회기초법의 장단점으로 옳지 않은 것은?

① pH가 낮을 때 폐기물 성분의 용출 가능성이 증가한다.
② 탈수가 필요하다.
③ 석회 가격이 싸고 널리 이용된다.
④ 두 가지 폐기물을 동시에 처리할 수 있다.

해설
고화 시 적정한 수분이 필요하므로 슬러지 내의 수분을 이용하는 경우 탈수할 필요가 없다.

27 수은폐기물 중 수은구성폐기물의 처리방법으로 가장 적합한 것은?

① 소 각
② 시멘트 고형화
③ 원소 황을 이용한 고형화
④ 용매추출

해설
수은은 원소 황을 이용하여 황화수은 형태로 고형화한 후 매립처분하여야 한다.

28 탄소 85%, 수소 13%, 황 2%를 함유하는 중유 10kg 연소에 필요한 이론산소량(Sm^3)은?

① 약 9.8　　② 약 16.7
③ 약 23.3　　④ 약 32.4

해설

$$O_o = \frac{22.4}{12}C + \frac{11.2}{2}H + \frac{22.4}{32}S$$

$$= \frac{22.4}{12} \times 0.85 + \frac{11.2}{2} \times 0.13 + \frac{22.4}{32} \times 0.02$$

$$\fallingdotseq 2.33 Sm^3/kg$$

10kg의 중유에 대해서는 $2.33 Sm^3/kg \times 10kg \fallingdotseq 23.3 Sm^3$의 산소가 필요하다.

29 매립지의 표면차수막에 관한 설명으로 옳지 않은 것은?

① 매립지 지반의 투수계수가 큰 경우에 사용한다.
② 지하수 집배수시설이 필요하다.
③ 단위면적당 공사비는 비싸지만 총공사비는 싸다.
④ 보수는 매립 전에는 용이하지만 매립 후에는 어렵다.

해설
단위면적당 공사비는 저렴하나 총공사비는 많이 든다.

30 $C_6H_{12}O_6$로 구성된 유기물 3kg이 혐기성 미생물에 의해 완전히 분해되었을 때 메테인의 이론적 발생량은?(단, 표준 상태 기준)

① $1.12 Sm^3$　　② $1.62 Sm^3$
③ $2.34 Sm^3$　　④ $3.45 Sm^3$

해설

$C_6H_{12}O_6 \rightarrow 3CH_4 + 3CO_2$
180kg : $3 \times 22.4 Sm^3$
3kg : CH_4

$$\therefore CH_4 = \frac{3 \times 3 \times 22.4}{180} = 1.12$$

31 매립지에서 침출된 침출수의 농도가 반으로 감소하는 데 약 3.3년이 걸린다면 이 침출수의 농도가 90% 분해하는 데 걸리는 시간은?(단, 1차 반응 기준)

① 약 7년　　② 약 9년
③ 약 11년　　④ 약 13년

해설

- 반감기의 정의에서 $\frac{1}{2}C_o = C_o e^{-kt_{1/2}} \rightarrow \ln\frac{1}{2} = -3.3k$

$$k = -\frac{\ln\frac{1}{2}}{3.3} \fallingdotseq 0.21$$

- 90% 분해되면 C가 $0.1C$ 남아 있으므로(C가 $0.9C$가 아닌 것에 주의할 것) 1차 분해반응식에 앞서 구한 $k \fallingdotseq 0.21$과 $C = 0.1 C_o$를 대입한다.

$0.1 C_o = C_o e^{-0.21 \times t}$

C_o를 소거한 후 양변에 ln를 취하면(∵ e를 없애기 위해서)
$\ln 0.1 = -0.21t$

$$t = \frac{\ln 0.1}{-0.21} \fallingdotseq 10.96년$$

32 폐기물의 퇴비화 조건이 아닌 것은?

① 퇴비화하기 쉬운 물질을 선정한다.
② 분뇨, 슬러지 등 수분이 많을 경우 Bulking Agent를 혼합한다.
③ pH가 5.5 이하인 경우 인위적인 pH 조절을 위해 탄산칼슘을 첨가한다.
④ 미생물 식종을 위해 부숙 중인 퇴비의 일부를 반송하여 첨가한다.

해설
미생물 식종은 필수적인 조건이 아니다. 폐기물 자체 내의 미생물로도 충분하다.

33 오염된 농경지의 정화를 위해 다른 장소로부터 비오염 토양을 운반하여 혼합하는 정화기술은?

① 배 토
② 반 전
③ 객 토
④ 복 토

34 도시폐기물 유기성분 중 가장 생분해가 느린 성분은?

① 셀룰로스
② 리그닌
③ 지 방
④ 단백질

35 폐산 또는 폐알칼리를 재활용하는 기술을 설명한 것 중 틀린 것은?

① 폐IPA를 이용한 액체 세제 생산
② 폐염산, 염화제2철 폐액을 이용한 폐수처리제, 전자회로 부식제 생산
③ 폐황산, 폐염산을 이용한 수처리 응집제 생산
④ 구리 에칭액을 이용한 황산구리 생산

해설
IPA(Isopropyl Alcohol)은 유기용매로 폐산, 폐알칼리와는 무관하다.

36 합성차수막의 Crystallinity가 증가하면 나타나는 성질로 가장 거리가 먼 것은?

① 화학물질에 대한 저항성이 커짐
② 열에 대한 저항성이 감소됨
③ 투수계수가 감소됨
④ 충격에 약해짐

37 점토가 차수막으로 적합하기 위한 포괄적 조건으로 가장 거리가 먼 것은?

① 투수계수 : 10^{-7}cm/s 이상
② 점토 및 미사토 함유량 : 20% 이상
③ 소성지수 : 10% 이상 30% 미만
④ 액성한계 : 30% 이상

해설
투수계수 : 10^{-7}cm/s 미만

38 혐기성 소화조의 운영상태를 판단하는 인자로 가장 부적합한 것은?

① SS 농도
② 가스 생성량
③ 휘발성 유기산 농도
④ CO_2 비율

해설
CO_2 비율만으로는 혐기성 소화조의 운영상태를 판단하기 어렵다. CH_4 가스의 비율을 확인하여야 한다.

39 위생매립에서 주로 당일복토 대용품으로 사용되는 인공복토재의 조건으로 부적합한 것은?

① 투수계수가 높아야 한다.
② 매립지 공간을 절약할 수 있어야 한다.
③ 미관상 좋아야 한다.
④ 위생문제를 해결하여야 한다.

해설
투수계수가 높으면 강우 시 우수가 침투하여 침출수 발생량이 증가하므로, 투수계수는 낮아야 한다.

40 다음 탈수기 중에서 다단의 압축롤에 의하여 압축력을 가하면서 수분을 제거하는 방법은?

① 원심분리탈수
② 벨트프레스탈수
③ 가압탈수
④ 진공탈수

제3과목 폐기물공정시험기준(방법)

41 시료의 조제방법으로 옳지 않은 것은?

① 돌멩이 등의 이물질을 제거하고, 입경이 5mm 이상인 것은 분쇄하여 체로 거른 후 입경이 0.5~5mm로 한다.
② 시료의 축소방법으로는 구획법, 교호삽법, 원추4분법이 있다.
③ 원추4분법을 3회 시행하면 원래 양의 1/3이 된다.
④ 시료의 분할채취방법에 따라 시료의 조성을 균일화 한다.

해설
ES 06130.d 시료의 채취
원추4분법을 3회 시행하면 원래 양의 $\left(\frac{1}{2}\right)^3 = \frac{1}{8}$ 이 된다.

42 수소이온농도를 유리전극법으로 측정할 때 적용범위 및 간섭물질에 관한 설명으로 옳지 않은 것은?

① 적용범위 : 시험기준으로 pH를 0.01까지 측정한다.
② pH 10 이상에서 나트륨에 의해 오차가 발생할 수 있는데 이는 '낮은 나트륨 오차 전극'을 사용하여 줄일 수 있다.
③ 유리전극은 일반적으로 용액의 색도, 탁도에 영향을 받지 않는다.
④ 유리전극은 산화 및 환원성 물질이나 염도에는 간섭을 받는다.

해설
ES 06304.1 수소이온농도-유리전극법
유리전극은 산화 및 환원성 물질들 그리고 염도에 의해 간섭을 받지 않는다.

43 시료의 산분해 전처리 방법 중 유기물 등이 많이 함유하고 있는 대부분의 시료에 적용하는 것으로 가장 적합한 것은?

① 질산분해법
② 염산분해법
③ 질산-염산분해법
④ 질산-황산분해법

해설
ES 06150.e 시료의 준비

종류	특징
질산분해법	유기물 함량이 낮은 시료에 적용 - 약 0.7M
질산-염산분해법	유기물 함량이 비교적 높지 않고 금속의 수산화물, 산화물, 인산염 및 황화물을 함유하고 있는 시료에 적용 - 약 0.5M
질산-황산분해법	• 유기물 등을 많이 함유하고 있는 대부분의 시료에 적용 - 약 1.5~3.0N • 칼슘, 바륨, 납 등을 다량 함유한 시료는 난용성의 황산염을 생성하여 다른 금속성분을 흡착하므로 주의
질산-과염소산 분해법	• 유기물을 높은 비율로 함유하고 있으면서 산화분해가 어려운 시료들에 적용 - 약 0.8M • 과염소산을 넣을 경우 진한 질산이 공존하지 않으면 폭발할 위험이 있으므로 반드시 진한 질산을 먼저 넣어주어야 함
질산-과염소산-불화수소산 분해법	점토질 또는 규산염이 높은 비율로 함유된 시료에 적용 - 약 0.8M

44 다음은 정량한계(LOQ)에 관한 내용이다. ( ) 안에 내용으로 옳은 것은?

정량한계란 시험분석 대상을 정량화할 수 있는 측정값으로서 제시된 정량한계 부근의 농도를 포함하도록 시료를 준비하고 이를 반복 측정하여 얻은 결과의 표준편차에 ( )한 값을 사용한다.

① 3배
② 5배
③ 10배
④ 15배

해설
ES 06001 정도보증/정도관리

45 대상폐기물의 양이 600ton인 경우 시료의 최소 수는?

① 14 ② 20
③ 30 ④ 36

해설
ES 06130.d 시료의 채취

대상폐기물의 양(단위 : ton)	시료의 최소수
1 미만	6
1 이상 ~ 5 미만	10
5 이상 ~ 30 미만	14
30 이상 ~ 100 미만	20
100 이상 ~ 500 미만	30
500 이상 ~ 1,000 미만	36
1,000 이상 ~ 5,000 미만	50
5,000 이상	60

46 용출시험방법의 용출조작기준에 대한 설명으로 옳은 것은?

① 진탕기의 진폭은 3~4cm로 한다.
② 진탕기의 진탕횟수는 매 분당 약 100회로 한다.
③ 진탕기를 사용하여 6시간 연속 진탕한 다음 1.0μm의 유리섬유여과지로 여과한다.
④ 여과가 어려운 경우 농축기를 사용하여 20분 이상 농축분리한 다음 상등액을 적당량 취하여 용출시험용 시료용액으로 한다.

해설
ES 06150.e 시료의 준비
시료용액의 조제가 끝난 혼합액을 상온, 상압에서 진탕횟수가 매 분당 약 200회, 진탕의 폭이 4~5cm인 왕복진탕기(수평인 것)를 사용하여 6시간 동안 연속 진탕한 다음 1.0μm의 유리섬유여과지로 여과하고 여과액을 적당량 취하여 용출실험용 시료용액으로 한다. 다만, 여과가 어려운 경우에는 원심분리기를 사용하여 매 분당 3,000회전 이상으로 20분 이상 원심분리한 다음 상등액을 적당량 취하여 용출실험용 시료용액으로 한다.

47 시안(자외선/가시선 분광법 기준) 시험방법에 대한 설명으로 틀린 것은?

① 폐기물 중에 시안의 정량한계는 0.01mg/L이다.
② 시안화합물을 측정할 때 방해물질들은 증류하면 대부분 제거된다.
③ 잔류염소가 함유된 시료는 잔류염소 20mg당 L-아스코빈산(10W/V%) 0.6mL를 넣어 제거한다.
④ 각 시안화합물의 종류를 구분하여 정량할 수 있다.

해설
ES 06351.1 시안-자외선/가시선 분광법
각 시안화합물의 종류를 구분하여 정량할 수 없다.

48 감염성 미생물 검사법과 가장 거리가 먼 것은?

① 아포균 검사법
② 최적확수 검사법
③ 세균배양 검사법
④ 멸균테이프 검사법

해설
- ES 06701.1a 감염성 미생물-아포균 검사법
- ES 06701.2a 감염성 미생물-세균배양 검사법
- ES 06701.3a 감염성 미생물-멸균테이프 검사법

49 석면의 종류 중 백석면의 형태와 색상에 관한 내용으로 가장 거리가 먼 것은?

① 곧은 물결 모양의 섬유
② 다발의 끝은 분산
③ 다색성
④ 가열되면 무색~밝은 갈색

해설
ES 06305.1 석면-편광현미경법
꼬인 물결 모양의 섬유

50 회분식 연소방식의 소각재 반출 설비에서의 시료 채취에 관한 내용으로 옳은 것은?

① 하루 동안의 운전횟수에 따라 매 운전 시마다 2회 이상 채취하는 것을 원칙으로 한다.
② 하루 동안의 운전횟수에 따라 매 운전 시마다 3회 이상 채취하는 것을 원칙으로 한다.
③ 하루 동안의 운전시간에 따라 매 운전 시마다 2회 이상 채취하는 것을 원칙으로 한다.
④ 하루 동안의 운전시간에 따라 매 운전 시마다 3회 이상 채취하는 것을 원칙으로 한다.

해설
ES 06130.d 시료의 채취

51 총칙에 관한 내용으로 옳은 것은?

① '고상폐기물'이라 함은 고형물의 함량이 5% 이상인 것을 말한다.
② '반고상폐기물'이라 함은 고형물의 함량이 10% 미만인 것을 말한다.
③ '방울수'라 함은 4℃에서 정제수 20방울을 적하할 때 그 부피가 약 1mL가 되는 것을 뜻한다.
④ '온수'는 60~70℃를 말한다.

해설
ES 06000.b 총칙
• 고상폐기물 : 고형물의 함량이 15% 이상
• 반고상폐기물 : 고형물의 함량이 5% 이상 15% 미만
• 방울수 : 20℃에서 정제수 20방울을 적하할 때 그 부피가 약 1mL가 되는 것

52 폐기물 시료 20g에 고형물 함량이 1.2g이었다면 다음 중 어떤 폐기물에 속하는가?(단, 폐기물의 비중 = 1.0)

① 액상폐기물
② 반액상폐기물
③ 반고상폐기물
④ 고상폐기물

해설
ES 06000.b 총칙

고형물 함량 $= \dfrac{1.2}{20} \times 100 = 6\%$

액상폐기물	고형물 함량 5% 미만
반고상폐기물	고형물 함량 5% 이상 15% 미만
고상폐기물	고형물 함량 15% 이상

53 다음 중 상향류 투수방식의 유출시험과 관련하여 틀린 내용은?

① 고상 시료의 입자크기가 10mm 이하의 것을 사용한다. 입자크기가 10mm를 초과하는 시료는 파쇄 또는 분쇄하여 입자크기를 10mm 이하로 작게 한 후에 사용한다.
② 최종 설치된 유리관의 포화를 위한 유속은 포화시간(t)을 2시간으로 한다.
③ 포화단계가 끝난 후 유출시험을 위한 유속은 포화시간(t)을 5시간으로 한다.
④ 유출액의 수집량은 액체/고체 비율(L/S)을 2로 정하고, 필요시 비율을 조정할 수 있다.

해설
ES 06151.1 상향류 투수방식의 유출시험
고상 시료의 입자크기가 16mm 이하의 것을 사용한다. 입자크기가 16mm를 초과하는 시료는 파쇄 또는 분쇄하여 입자크기를 16mm 이하로 작게 한 후에 사용한다.

정답 50 ① 51 ④ 52 ③ 53 ①

54 기체크로마토그래피에 의한 폴리클로리네이티드비페닐(PCBs) 분석방법에 관한 설명으로 옳지 않은 것은?

① 용출용액의 경우 각 PCB류의 정량한계는 0.0005 mg/L이며, 액상폐기물의 정량한계는 0.05mg/L이다.
② 비함침성 고상폐기물의 정량한계는 시료채취방법에 따라 표면채취법은 $0.1\mu g/100cm^2$으로 하고, 부재채취법은 0.05mg/kg이다.
③ 알칼리 분해를 하여도 헥산층에 유분이 존재할 경우에는 실리카겔 칼럼으로 정제조작을 하기 전에 플로리실 칼럼을 통과시켜 유분을 분리한다.
④ 시료 중 PCBs을 헥산으로 추출하여 실리카겔 칼럼 등을 통과시켜 정제한 다음 기체크로마토그래프에 주입한다.

해설
ES 06502.1b 폴리클로리네이티드비페닐(PCBs)-기체크로마토그래피
비함침성 고상폐기물의 정량한계는 시료채취방법에 따라 표면채취법은 $0.05\mu g/100cm^2$으로 하고, 부재채취법은 0.005mg/kg이다.

55 ICP 분석에서 시료가 도입되는 플라스마의 온도 범위는?

① 1,000~3,000K
② 3,000~6,000K
③ 6,000~8,000K
④ 15,000~20,000K

56 시료채취 및 보관방법에 관한 내용 중 틀린 것은?

① 채취된 시료는 0~4℃ 이하의 냉암소에서 보관하여야 한다.
② 폐기물이 적재되어 있는 운반차량에서 현장시료를 채취할 경우에는 적재 폐기물의 성상이 균일하다고 판단되는 깊이에서 현장 시료를 채취한다.
③ 대형의 콘크리트 고형화물로써 분쇄가 어려운 경우 같은 성분의 물질로 대체할 수 있다.
④ 시료의 양은 1회에 100g 이상 채취한다.

해설
ES 06130.d 시료의 채취
대형의 고형화물이며 분쇄가 어려울 경우에는 임의의 5개소에서 채취하여 각각 파쇄한 후 100g씩 균등한 양을 혼합하여 채취한다.

57 시료용기에 관한 설명으로 알맞지 않은 것은?

① 시료의 부패를 막기 위해 공기가 통할 수 있는 코르크마개를 사용한다.
② 노말헥산 추출물질, 유기인 실험을 위한 시료채취 시는 갈색경질 유리병을 사용한다.
③ PCBs 및 휘발성 저급염소화 탄화수소류 실험을 위한 시료채취 시는 갈색경질 유리병을 사용한다.
④ 채취용기는 기밀하고 누수나 흡습성이 없어야 한다.

해설
ES 06130.d 시료의 채취
시료 중에 다른 물질의 혼입이나 성분의 손실을 방지하기 위하여 밀봉할 수 있는 마개를 사용하며 코르크 마개를 사용하여서는 안 된다. 다만, 고무나 코르크 마개에 파라핀지, 유지 또는 셀로판지를 씌워 사용할 수도 있다.

58 이온전극법을 활용한 시안 측정에 관한 내용으로 ( )에 옳은 내용은?

> 이 시험기준은 폐기물 중 시안을 측정하는 방법으로 액상 폐기물과 고상 폐기물을 ( )으로 조절한 후 시안 이온전극과 비교전극을 사용하여 전위를 측정하고 그 전위차로부터 시안을 정량하는 방법이다.

① pH 4 이하의 산성
② pH 10의 알칼리성
③ pH 12~13의 알칼리성
④ pH 6~7의 중성

해설
ES 06351.1 시안-자외선/가시선 분광법
※ $HCN \rightleftarrows H^+ + CN^-$로 pH에 따라 HCN 혹은 CN^-로 형태가 변하는데, CN^- 이온 상태가 되기 위해서는 알칼리 상태여야 한다.

59 다음에 제시된 온도의 최대 범위 중 가장 높은 온도를 나타내는 것은?

① 추출된 노말헥산의 증류온도
② 온 수
③ 실 온
④ 상 온

해설
- ES 06302.1b 기름성분-중량법
- ES 06000.b 총칙
① 추출된 노말헥산의 증류온도 : 80℃
② 온수 : 60~70℃
③ 실온 : 1~35℃
④ 상온 : 15~25℃

60 폐기물공정시험기준에서 온도의 영향이 있는 것의 판정기준 온도는?

① 실 온
② 실내온도
③ 상 온
④ 표준온도

해설
ES 06000.b 총칙
각각의 시험은 따로 규정이 없는 한 상온에서 조작하고 조작 직후에 그 결과를 관찰한다. 단, 온도의 영향이 있는 것의 판정은 표준온도를 기준으로 한다.

제4과목 폐기물관계법규

61 폐기물처리 신고를 하고 폐기물을 재활용할 수 있는 자에 관한 기준으로 ( ) 안에 알맞은 것은?

> 유기성 오니나 음식물류 폐기물을 이용하여 지렁이 분변토를 만드는 자 중 재활용 용량이 1일 ( ) 미만인 자

① 1ton
② 3ton
③ 5ton
④ 10ton

해설
폐기물관리법 시행규칙 [별표 16] 폐기물처리 신고를 하고 폐기물을 재활용할 수 있는 자

62 위해의료폐기물인 손상성폐기물로 옳은 것은?

① 시험, 검사 등에 사용된 배양액
② 파손된 유리재질의 시험기구
③ 혈액투석 시 사용된 폐기물
④ 일회용 주사기

해설
폐기물관리법 시행령 [별표 2] 의료폐기물의 종류
위해의료폐기물-손상성폐기물 : 주삿바늘, 봉합바늘, 수술용 칼날, 한방침, 치과용 침, 파손된 유리재질의 시험기구

63 폐기물처리업의 업종 구분과 영업 내용의 범위를 벗어나는 영업을 한 자에 대한 벌칙기준은?

① 1년 이하의 징역이나 5백만원 이하의 벌금
② 1년 이하의 징역이나 1천만원 이하의 벌금
③ 2년 이하의 징역이나 2천만원 이하의 벌금
④ 3년 이하의 징역이나 3천만원 이하의 벌금

해설
폐기물관리법 제66조(벌칙)

64 주변지역 영향 조사대상 폐기물처리시설 기준으로 틀린 것은?(단, 폐기물처리업자가 설치, 운영)

① 시멘트 소성로(폐기물을 연료로 사용하는 경우로 한정한다)
② 매립면적 150,000m^2 이상의 사업장 일반폐기물 매립시설
③ 매립면적 30,000m^2 이상의 사업장 지정폐기물 매립시설
④ 1일 처분능력이 50ton 이상인 사업장폐기물 소각시설(같은 사업장에 여러 개의 소각시설이 있는 경우에는 각 소각시설의 1일 처분능력의 합계가 50ton 이상인 경우를 말한다)

해설
폐기물관리법 시행령 제14조(주변지역 영향 조사대상 폐기물처리시설)
매립면적 1만 제곱미터 이상의 사업장 지정폐기물 매립시설

65 관할 구역의 폐기물의 배출 및 처리상황을 파악하여 폐기물이 적정하게 처리될 수 있도록 폐기물처리시설을 설치·운영하여야 하는 자는?

① 유역환경청장
② 폐기물배출자
③ 환경부장관
④ 특별자치시장, 특별자치도지사, 시장·군수·구청장

해설
폐기물관리법 제4조(국가와 지방자치단체의 책무)

정답 62 ② 63 ③ 64 ③ 65 ④

66 폐기물처리시설(매립시설인 경우)을 폐쇄하고자 하는 자는 해당 시설의 폐쇄예정일 몇 개월 이전에 폐쇄신고서를 제출하여야 하는가?

① 1개월 ② 2개월
③ 3개월 ④ 6개월

해설
폐기물관리법 시행규칙 제69조(폐기물처리시설의 사용종료 및 사후관리 등)
폐기물처리시설의 사용을 끝내거나 폐쇄하려는 자(폐쇄절차를 대행하는 자를 포함한다)는 그 시설의 사용종료일(매립면적을 구획하여 단계적으로 매립하는 시설은 구획별 사용종료일) 또는 폐쇄예정일 1개월(매립시설의 경우는 3개월) 이전에 사용종료·폐쇄신고서에 관련 서류(매립시설인 경우만 해당한다)를 첨부하여 시·도지사나 지방환경관서의 장에게 제출하여야 한다.

67 대통령령으로 정하는 폐기물처리시설을 설치·운영하는 자는 그 처리시설에서 배출되는 오염물질을 측정하거나 환경부령으로 정하는 측정기관으로 하여금 측정하게 하고, 그 결과를 환경부장관에게 제출하여야 하는데, 이때 '환경부령으로 정하는 측정기관'에 해당되지 않는 것은?

① 보건환경연구원
② 국립환경과학원
③ 한국환경공단
④ 수도권매립지관리공사

해설
폐기물관리법 시행규칙 제43조(오염물질의 측정)
- 보건환경연구원
- 한국환경공단
- 환경분야 시험·검사 등에 관한 법률에 따라 수질오염물질 측정대행업의 등록을 한 자
- 수도권매립지관리공사
- 폐기물분석전문기관

68 기술관리인을 두어야 할 폐기물처리시설 기준으로 옳지 않은 것은?(단, 폐기물처리업자가 운영하는 폐기물처리시설은 제외)

① 용해로(폐기물에서 비철금속을 추출하는 경우로 한정한다)로서 시간당 재활용능력이 600kg 이상인 시설
② 멸균분쇄시설로 1일 처분능력 또는 재활용능력이 5ton 이상인 시설
③ 지정폐기물 외의 폐기물을 매립하는 시설로서 면적이 10,000m^2 이상이거나 매립용적이 30,000m^3 이상인 시설
④ 압축, 파쇄, 분쇄, 또는 절단시설로서 1일 처분능력 또는 재활용능력이 100ton 이상인 시설

해설
폐기물관리법 시행령 제15조(기술관리인을 두어야 할 폐기물처리시설)
- 매립시설의 경우
  - 지정폐기물을 매립하는 시설로서 면적이 3,300m^2 이상인 시설. 다만, 최종처분시설 중 차단형 매립시설에서는 면적이 330m^2 이상이거나 매립용적이 1,000m^3 이상인 시설로 한다.
  - 지정폐기물 외의 폐기물을 매립하는 시설로서 면적이 10,000m^2 이상이거나 매립용적이 30,000m^3 이상인 시설
- 소각시설로서 시간당 처분능력이 600kg(의료폐기물을 대상으로 하는 소각시설의 경우에는 200kg) 이상인 시설
- 압축·파쇄·분쇄 또는 절단시설로서 1일 처분능력 또는 재활용능력이 100ton 이상인 시설
- 사료화·퇴비화 또는 연료화시설로서 1일 재활용능력이 5ton 이상인 시설
- 멸균분쇄시설로서 시간당 처분능력이 100kg 이상인 시설
- 시멘트 소성로
- 용해로(폐기물에서 비철금속을 추출하는 경우로 한정한다)로서 시간당 재활용능력이 600kg 이상인 시설
- 소각열회수시설로서 시간당 재활용능력이 600kg 이상인 시설

정답 66 ③ 67 ② 68 ②

69 관리형 매립시설에서 발생하는 침출수의 배출허용 기준(BOD – SS 순서)은?(단, 가지역, 단위 mg/L)

① 30 – 30
② 30 – 50
③ 50 – 50
④ 50 – 70

해설
폐기물관리법 시행규칙 [별표 11] 폐기물 처분시설 또는 재활용시설의 관리기준

매립시설 침출수의 생물화학적 산소요구량·화학적 산소요구량·부유물질량의 배출허용기준

구 분	생물화학적 산소요구량 (mg/L)	화학적 산소요구량 (mg/L)	부유물질량 (mg/L)
청정지역	30	200	30
가지역	50	300	50
나지역	70	400	70

70 폐기물처리시설의 설치 승인 신청 시 환경부장관이 고시하는 사항을 포함한 시설설치의 환경성조사서를 첨부하여야 하는 시설기준은?

① 면적 3,000m² 이상 또는 매립용적 10,000m³ 이상인 매립시설 및 1일 처분능력 100ton 이상(지정폐기물의 경우에는 10ton 이상)인 소각시설
② 면적 3,000m² 이상 또는 매립용적 10,000m³ 이상인 매립시설 및 1일 처분능력 200ton 이상(지정폐기물의 경우에는 20ton 이상)인 소각시설
③ 면적 10,000m² 이상 또는 매립용적 30,000m³ 이상인 매립시설 및 1일 처분능력 100ton 이상(지정폐기물의 경우에는 10ton 이상)인 소각시설
④ 면적 10,000m² 이상 또는 매립용적 30,000m³ 이상인 매립시설 및 1일 처분능력 200ton 이상(지정폐기물의 경우에는 20ton 이상)인 소각시설

해설
폐기물관리법 시행규칙 제39조(폐기물처리시설의 설치 승인 등)

71 폐기물처리시설을 설치·운영하는 자는 환경부령이 정하는 기간마다 정기검사를 받아야 한다. 음식물류 폐기물 처리시설인 경우의 검사기간 기준으로 옳은 것은?

① 최초 정기검사는 사용개시일부터 1년, 2회 이후의 정기검사는 최종 정기검사일부터 2년
② 최초 정기검사는 사용개시일부터 1년, 2회 이후의 정기검사는 최종 정기검사일부터 3년
③ 최초 정기검사는 사용개시일부터 3개월, 2회 이후의 정기검사는 최종 정기검사일부터 3개월
④ 최초 정기검사는 사용개시일부터 1년, 2회 이후의 정기검사는 최종 정기검사일부터 1년

해설
폐기물관리법 시행규칙 제41조(폐기물처리시설의 사용신고 및 검사)

72 방치폐기물의 처리를 폐기물 처리 공제조합에 명할 수 있는 방치폐기물 처리량 기준으로 옳은 것은? (단, 폐기물처리 신고자가 방치한 폐기물의 경우)

① 그 폐기물처리 신고자의 폐기물보관량의 1.5배 이내
② 그 폐기물처리 신고자의 폐기물보관량의 2배 이내
③ 그 폐기물처리 신고자의 폐기물보관량의 2.5배 이내
④ 그 폐기물처리 신고자의 폐기물보관량의 3배 이내

해설
폐기물관리법 시행령 제23조(방치폐기물의 처리량과 처리기간)
• 폐기물처리업자가 방치한 폐기물의 경우 : 그 폐기물처리업자의 폐기물 허용보관량의 2배 이내
• 폐기물처리 신고자가 방치한 폐기물의 경우 : 그 폐기물처리 신고자의 폐기물보관량의 2배 이내
※ 저자의견 : 해당 법 개정(21.06.15)으로 내용이 변경되어 정답은 ②번이다.

정답 69 ③ 70 ③ 71 ④ 72 ①

73 에너지 회수기준으로 옳지 않은 것은?

① 다른 물질과 혼합하지 아니하고 해당 폐기물의 저위발열량이 kg당 3천kcal 이상일 것
② 에너지의 회수효율(회수에너지 총량을 투입에너지 총량으로 나눈 비율을 말한다)이 70% 이상일 것
③ 회수열을 모두 열원, 전기 등의 형태로 스스로 이용하거나 다른 사람에게 공급할 것
④ 환경부장관이 정하여 고시하는 경우에는 폐기물의 30% 이상을 원료나 재료로 재활용하고 그 나머지 중에서 에너지의 회수에 이용할 것

해설
폐기물관리법 시행규칙 제3조(에너지 회수기준 등)
에너지의 회수효율(회수에너지 총량을 투입에너지 총량으로 나눈 비율을 말한다)이 75% 이상일 것

74 폐기물 관리의 기본원칙으로 틀린 것은?

① 누구든지 폐기물을 배출하는 경우에는 주변 환경이나 주민의 건강에 위해를 끼치지 아니하도록 사전에 적절한 조치를 하여야 한다.
② 폐기물 최종 처분 시 매립보다는 소각처분을 우선적으로 고려하여야 한다.
③ 국내에서 발생한 폐기물은 가능하면 국내에서 처리되어야 하고, 폐기물의 수입은 되도록 억제되어야 한다.
④ 폐기물은 그 처리과정에서 양과 유해성을 줄이도록 하는 등 환경보전과 국민건강보호를 적합하게 처리되어야 한다.

해설
폐기물관리법 제3조의2(폐기물 관리의 기본원칙)
폐기물은 소각, 매립 등의 처분을 하기보다는 우선적으로 재활용함으로써 자원생산성의 향상에 이바지하도록 하여야 한다.

75 폐기물처리시설인 재활용시설 중 기계적 재활용시설과 가장 거리가 먼 것은?

① 연료화시설
② 골재가공시설
③ 증발·농축시설
④ 유수분리시설

해설
폐기물관리법 시행령 [별표 3] 폐기물처리시설의 종류
골재가공시설은 그 자체로 별도 분류된다.

76 폐기물처리시설 중 차단형 매립시설의 정기검사 항목이 아닌 것은?

① 소화장비 설치·관리실태
② 축대벽의 안정성
③ 사용종료매립지 밀폐상태
④ 침출수 집배수시설의 기능

해설
폐기물관리법 시행규칙 [별표 10] 폐기물 처분시설 또는 재활용시설의 검사기준

77 폐기물처리업의 업종 구분과 그에 따른 영업 내용으로 틀린 것은?

① 폐기물 중간재활용업 : 폐기물 재활용시설을 갖추고 중간가공 폐기물을 만드는 영업
② 폐기물 최종처분업 : 폐기물 최종처분시설을 갖추고 폐기물을 매립 등(해역 배출은 제외)의 방법으로 최종처분하는 영업
③ 폐기물 수집·운반업 : 폐기물을 수집하여 재활용 또는 처분 장소로 운반하거나 폐기물을 수출하기 위하여 수집·운반하는 영업
④ 폐기물 종합처분업 : 폐기물처분시설을 갖추고 폐기물을 수집·운반하여 폐기물의 중간처리와 최종처리를 종합적으로 하는 영업

해설
폐기물관리법 제25조(폐기물처리업)
폐기물 종합처분업 : 폐기물 중간처분시설 및 최종처분시설을 갖추고 폐기물의 중간처분과 최종처분을 함께하는 영업

78 폐기물처리업의 변경허가를 받아야 하는 중요사항에 관한 내용으로 옳지 않은 것은?

① 운반차량(임시차량 포함)의 증차
② 주차장 소재지의 변경(지정폐기물을 대상으로 하는 수집·운반업만 해당한다)
③ 매립시설 제방의 증·개축
④ 폐기물처리시설 소재지나 영업구역의 변경

해설
폐기물관리법 시행규칙 제29조(폐기물처리업의 변경허가)
운반차량(임시차량은 제외한다)의 증차

79 환경부장관이나 시·도지사가 폐기물처리업자에게 영업의 정지를 명령하고자 할 때 천재지변이나 그 밖의 부득이한 사유로 해당 영업을 계속하도록 할 필요가 있다고 인정되는 경우 영업정지에 갈음하여 부과할 수 있는 과징금의 범위 기준으로 옳은 것은?

매출액에 ( )를 곱한 금액을 초과하지 아니하는 범위

① 100분의 3
② 100분의 5
③ 100분의 7
④ 100분의 9

해설
폐기물관리법 제28조(폐기물처리업자에 대한 과징금 처분)

80 휴업·폐업 등의 신고에 관한 설명으로 ( ) 안에 알맞은 것은?

폐기물처리업자나 폐기물처리 신고자가 휴업·폐업 또는 재개업을 한 경우에는 휴업·폐업 또는 재개업을 한 날부터 ( )에 신고서에 해당 서류를 첨부하여 시·도지사나 지방환경관서의 장에게 제출하여야 한다.

① 10일 이내
② 15일 이내
③ 20일 이내
④ 30일 이내

해설
폐기물관리법 시행규칙 제59조(휴업·폐업 등의 신고)

정답 77 ④ 78 ① 79 ② 80 ③

2022년 제2회 과년도 기출복원문제

제1과목 폐기물개론

01 쓰레기 재활용의 장점에 관한 설명 중 틀린 것은?

① 자원 절약이 가능하다.
② 최종 처분할 쓰레기량이 감소된다.
③ 쓰레기 종류에 관계없이 경제성이 있다.
④ 2차 환경오염을 줄일 수 있다.

02 폐기물 발생량에 영향을 미치는 인자로 가장 거리가 먼 것은?

① 쓰레기통의 크기
② 문화수준
③ 가구당 인원수
④ 처리방법

03 분리수거의 장점으로 적합하지 않은 사항은?

① 쓰레기 처리의 효율성이 증대된다.
② 폐기물의 자원화가 이루어진다.
③ 최종 처분장의 면적이 줄어든다.
④ 지하수 및 토양오염은 불가피하다.

04 유기성 고형 폐기물이 혐기성 분해 시 가장 많이 발생하는 가스는?

① CH_4, SO_2
② CO_2, CH_4
③ CO_2, NH_3
④ CH_4, NH_3

해설
혐기성 분해 시 CH_4(60% 내외), CO_2(40% 내외)가 발생한다.

05 쓰레기 발생량 조사방법 중 물질수지법에 관한 설명으로 옳지 않은 것은?

① 시스템에 유입되는 대표적 물질을 설정하여 발생량을 추산하여야 한다.
② 주로 산업폐기물의 발생량 추산에 이용된다.
③ 물질수지를 세울 수 있는 상세한 데이터가 있는 경우에 가능하다.
④ 우선적으로 조사하고자 하는 계의 경계를 정확하게 설정하여야 한다.

해설
시스템에 유입되는 모든 물질과 유출되는 모든 물질들 간의 물질수지를 세움으로써 폐기물 발생량을 추산한다.

정답 1 ③ 2 ④ 3 ④ 4 ② 5 ①

06 다음 중 특정 물질의 연소계산에 있어 그 값이 가장 적은 값은?

① 이론연소가스량
② 이론산소량
③ 이론공기량
④ 실제공기량

해설
- 이론산소량 = 0.21 × 이론공기량
- 실제공기량 = m × 이론공기량($m \geq 1$)
- 이론연소가스량 = 이론공기량 + 5.6H(연료가 C, H로만 구성된 경우)

07 선별방법이 올바르게 연결되지 않은 경우는?

① 자석 선별 – 금속류
② 광학 선별 – 금속류
③ 체 선별 – 돌, 유리
④ 공기 선별 – 종이

해설
광학 선별은 색깔이 다른 유리병을 선별할 때 사용하는 선별방법이다.

08 가연분 함량을 구하는 식으로 옳은 것은?

① 가연분(%) = 100 – 불연성 물질(%) – 가연성 물질(%)
② 가연분(%) = 100 – 시료무게(%) – 회분(%)
③ 가연분(%) = 100 – 수분(%) – 회분(%)
④ 가연분(%) = 100 – 분자량(%) – 회분(%)

해설
폐기물의 3성분은 수분 함량, 가연분 함량, 회분 함량이며 이들의 합은 100%이다.

09 생활폐기물의 발생량을 나타내는 발생 원단위로 가장 적합한 것은?

① m^3/capita · day
② L/capita · day
③ kg/capita · day
④ ppm/capita · day

해설
폐기물 발생량 원단위는 하루에 한 사람이 발생시키는 평균 폐기물 무게(kg)를 말한다.
※ capita는 1인을 말한다.

10 쓰레기의 성상분석 절차로 가장 옳은 것은?

① 밀도 측정 → 물리적 조성 → 건조 → 분류 → 전처리
② 전처리 → 물리적 조성 → 밀도 측정 → 건조 → 분류
③ 밀도 측정 → 건조 → 분류 → 전처리 → 물리적 조성
④ 전처리 → 건조 → 분류 → 물리적 조성 → 밀도 측정

해설
밀도 측정과 물리적 조성은 현장조사에서 이루어지고, 나머지는 실험실에서 이루어지는 작업이다.

정답 6 ② 7 ② 8 ③ 9 ③ 10 ①

11 고로 슬래그의 입도분석 결과 입도 누적곡선상의 10%, 60% 입경이 각각 0.5mm, 1.0mm이라면 유효입경은?

① 0.1mm
② 0.5mm
③ 1.0mm
④ 2.0mm

해설
- 유효입경(D_{10}) : 입도분포곡선에서 누적 중량의 10%가 통과하는 입자의 직경(체눈) 크기
- 균등계수(Uniformity Coefficient) : $\dfrac{D_{60}}{D_{10}}$
- 곡률계수(Coefficient of Curvature) : $\dfrac{(D_{30})^2}{D_{10}D_{60}}$

12 발열량과 발열량 분석에 관한 설명으로 틀린 것은?

① 발열량은 쓰레기 1kg을 완전연소시킬 때 발생하는 열량(kcal)을 말한다.
② 고위발열량(H_h)은 발열량계에서 측정한 값에서 물의 증발잠열을 뺀 값을 말한다.
③ 발열량 분석은 원소분석 결과를 이용하는 방법으로 고위발열량과 저위발열량을 추정할 수 있다.
④ 저위발열량(H_l, kcal/kg)을 산정하는 방법은 $H_h - 600(9H + W)$을 사용한다.

해설
고위발열량은 발열량계에서 측정한 값이며, 저위발열량은 발열량계에서 측정한 값에서 물의 증발잠열을 뺀 값을 말한다.

13 고형분이 50%인 음식물쓰레기 10ton을 소각하기 위해 수분함량을 20%가 되도록 건조시켰다. 건조된 쓰레기의 최종중량(ton)은?(단, 비중은 1.0 기준)

① 약 3.0 ② 약 4.1
③ 약 5.2 ④ 약 6.3

해설
고형분이 50%이므로 수분함량(w_1)은 50%이다.
$$\dfrac{V_2}{V_1} = \dfrac{100-w_1}{100-w_2}$$
$$\therefore V_2 = V_1 \times \dfrac{100-w_1}{100-w_2} = 10 \times \dfrac{100-50}{100-20} = 10 \times \dfrac{50}{80} = 6.25$$

14 폐기물 파쇄기에 대한 설명으로 틀린 것은?

① 전단파쇄기는 주로 목재류, 플라스틱류 및 종이류를 파쇄하는 데 이용된다.
② 전단파쇄기는 대체로 충격파쇄기에 비해 파쇄속도가 느리고 이물질의 혼입에 대하여 약하다.
③ 충격파쇄기는 기계의 압착력을 이용하는 것으로 주로 왕복식을 적용한다.
④ 압축파쇄기는 파쇄기의 마모가 적고 비용이 적게 소요되는 장점이 있다.

해설
기계의 압착력을 이용하는 것은 압축파쇄기이다.

15 Worrell의 제안식을 적용한 선별결과가 다음과 같을 때, 선별효율(%)은?(단, 투입량 = 10ton/일, 회수량 = 7ton/일(회수대상물질 5ton/일), 제거대상물질 = 3ton/일(회수대상물질 0.5ton/일))

① 약 50
② 약 60
③ 약 70
④ 약 80

해설

```
x_0 + y_0     →  선별 장치  →  x_1 + y_1  재활용 물질
투입 물질                      x_2 + y_2  폐기 물질
```

$x_1 + y_1 = 7$ton(이 중 $x_1 = 5$ton, $y_1 = 2$ton)
$x_2 + y_2 = 3$ton(이 중 $x_2 = 0.5$ton, $y_2 = 2.5$ton)
$x_0 = x_1 + x_2 = 5.5$ton, $y_0 = y_1 + y_2 = 4.5$ton

$\therefore E = \dfrac{x_1}{x_0} \cdot \dfrac{y_2}{y_0} \times 100 = \dfrac{5}{5.5} \cdot \dfrac{2.5}{4.5} \times 100 = 50.5$

16 쓰레기를 압축시켜 용적감소율(VR)이 33%인 경우 압축비(CR)는?

① 1.29   ② 1.31
③ 1.49   ④ 1.57

해설

- 압축비(CR ; Compaction Ratio) = $\dfrac{\text{압축 전 부피}(V_i)}{\text{압축 후 부피}(V_f)}$

- 부피(용적)감소율(VR ; Volume Reduction)
= $\dfrac{\text{감소된 부피}(V_i - V_f)}{\text{압축 전 부피}(V_i)} \times 100$

$VR = \dfrac{V_i - V_f}{V_i} \times 100 = \left(1 - \dfrac{V_f}{V_i}\right) \times 100 = \left(1 - \dfrac{1}{CR}\right) \times 100$

$33 = \left(1 - \dfrac{1}{CR}\right) \times 100$

$\dfrac{1}{CR} = 0.67$

$\therefore CR = \dfrac{1}{0.67} = 1.49$

17 산업폐기물의 종류와 처리방법을 서로 연결한 것 중 가장 부적절한 것은?

① 유해성 슬러지 - 고형화법
② 폐알칼리 - 중화법
③ 폐유류 - 이온교환법
④ 폐용제류 - 증류회수법

해설
폐유는 증발 · 농축, 응집 · 침전, 정제처분(분리 · 증류 · 추출 · 여과 · 열분해), 소각/안정화 방법으로 처분한다.

18 삼성분의 조성비를 이용하여 발열량을 분석할 때 이용되는 추정식에 대한 설명으로 맞는 것은?

$$Q(\text{kcal/kg}) = (4{,}500 \times V/100) - (600 \times W/100)$$

① 600은 물의 포화수증기압을 의미한다.
② V는 쓰레기 가연분의 조성비(%)이다.
③ W는 회분의 조성비(%)이다.
④ 이 식은 고위발열량을 나타낸다.

해설
① 600은 물의 증발잠열이다.
③ W는 폐기물의 수분함량이다.
④ 이 식은 저위발열량을 나타낸다.

19 우리나라 폐기물 중 가장 큰 구성비율을 차지하는 것은?

① 생활폐기물
② 사업장폐기물 중 처리시설폐기물
③ 사업장폐기물 중 건설폐기물
④ 사업장폐기물 중 지정폐기물

20 수분이 60%, 수소가 10%인 폐기물의 고위발열량이 4,500kcal/kg이라면 저위발열량(kcal/kg)은?

① 약 4,010
② 약 3,930
③ 약 3,820
④ 약 3,600

해설
저위발열량(H_l) = 고위발열량(H_h) − 600(9H + W)
= 4,500 − 600(9 × 0.1 + 0.6) = 3,600

제2과목 폐기물처리기술

21 폐기물 소각의 가장 주된 목적은?

① 부피감소
② 고도처리
③ 폐열회수
④ 위생처리

22 폐기물 소각방법 중 다단로상식 소각로의 장점이 아닌 것은?

① 다양한 질의 폐기물에 대하여 혼소가 가능하다.
② 분진발생률이 낮다.
③ 체류시간이 길어서 연소효율이 높다.
④ 다량의 수분이 증발되므로 다습 폐기물의 처리에 유효하다.

해설
분진발생률이 높다.

23 소각로에서 PVC 같은 염소를 함유한 물질을 태울 때 발생하며 맹독성을 갖는 것으로 분자구조는 염소가 달린 두 개의 벤젠고리 사이에 한 개의 산소원자가 있고, 135개의 이성체를 갖는 것은?

① Furan   ② PCB
③ THM   ④ BPHC

해설
② PCB : 폴리클로네이티드비페닐(PolyChlorinated Biphenyls)
③ THM : 트라이할로메테인(TriHaloMethane)

24 폐기물 매립지의 중간복토재로 가장 적당한 것은?

① 사질계 토양
② 점토계 토양
③ 실트계 토양
④ 자갈 섞인 토양

해설
중간복토는 7일 이상 매립작업을 하지 않는 경우에 빗물의 침투를 최소화하고, 매립지의 토질역학적 지지력을 확보하기 위한 목적으로 사용된다. 따라서 투수계수가 너무 크면 침출수 발생량이 많아지고, 투수계수가 너무 작으면 매립지 내 수분함량이 낮아 미생물 분해반응이 저해되므로, 중간복토재로는 실트계 정도의 토양이 적당하다.

25 유해폐기물 고화처리방법인 자가시멘트법에 관한 내용으로 틀린 것은?

① 연소가스 탈황 시 발생된 슬러지 처리에 사용된다.
② 폐기물이 스스로 고형화되는 성질을 이용하여 개발되었다.
③ 중금속 저지에 효과적이며 혼합률이 낮다.
④ 숙련된 기술과 보조에너지가 필요 없다.

해설
배연탈황 슬러지를 생석회화 하기 위해서 보조에너지가 필요하다.

26 슬러지를 낙엽과 혼합하여 퇴비화하려 한다. 퇴비화 대상 혼합물의 C/N비를 30으로 할 때, 낙엽 1kg당 필요한 슬러지의 양(kg)은?(단, 고형물 건조 중량 기준, 비중 = 1.0 기준)

구 분	슬러지	낙 엽
C/N비	9	50
수분함량	80%	40%
질소함량	건조고형물 중 6%	건조고형물 중 1%

① 0.48
② 0.58
③ 0.68
④ 0.78

해설
슬러지의 양을 x라 하면

구 분	슬러지 1kg	낙엽 1kg
고형분	0.2kg	0.6kg
질소함량	0.2 × 0.06 = 0.012kg	0.6 × 0.01 = 0.006kg
탄소함량	0.012 × 9 = 0.108kg	0.006 × 50 = 0.3kg

슬러지 $x$kg과 낙엽 1kg을 혼합했을 때 C/N = 30이 되어야 하므로

$$C/N = \frac{x \times 0.108 + 1 \times 0.3}{x \times 0.012 + 1 \times 0.006} = 30$$

$0.108x + 0.3 = 0.36x + 0.18$

∴ $x = 0.48$

27 일반적인 슬러지 처리 순서로 가장 거리가 먼 것은?

① 농축 - 개량 - 탈수 - 최종처분
② 농축 - 안정화 - 개량 - 건조
③ 농축 - 개량 - 안정화 - 탈수
④ 농축 - 탈수 - 건조 - 최종처분

해설
농축 - 안정화 - 개량 - 탈수

28 CO 10kg을 완전연소시킬 때 필요한 이론적 산소량(Sm^3)은?

① 4   ② 6
③ 8   ④ 10

해설

$CO + \frac{1}{2}O_2 \rightarrow CO_2$

28kg 11.2Sm^3
10kg x

$\therefore x = \dfrac{10kg \times 11.2Sm^3}{28kg} = 4Sm^3$

29 건조된 슬러지 고형분의 비중이 1.28이며, 건조 이전의 슬러지 내 고형분 함량이 35%일 때 건조 전 슬러지의 비중은?

① 약 1.038
② 약 1.083
③ 약 1.118
④ 약 1.127

해설

$\dfrac{\text{슬러지 무게}}{\text{슬러지 비중}} = \dfrac{\text{고형물 무게}}{\text{고형물 비중}} + \dfrac{\text{물 무게}}{\text{물 비중}}$

$\dfrac{100}{\text{슬러지 비중}} = \dfrac{35}{1.28} + \dfrac{65}{1} = 92.3$

∴ 슬러지 비중 = 1.083

30 축분과 톱밥 쓰레기를 혼합한 후 퇴비화하여 함수량 20%의 퇴비를 만들었다면 퇴비량(ton)은?(단, 퇴비화 시 수분 감량만 고려, 비중 = 1.0)

성 분	쓰레기 양(ton)	함수량(%)
축 분	12.0	85.0
톱 밥	2.0	5.0

① 4.63ton
② 5.23ton
③ 6.33ton
④ 7.83ton

해설

- 축분과 톱밥을 혼합하였을 때 무게 = 14ton
- 축분과 톱밥을 혼합한 후의 함수율

$= \dfrac{12 \times 85 + 2 \times 5}{12 + 2} = 73.6\%$

$\dfrac{V_2}{V_1} = \dfrac{100 - w_1}{100 - w_2}$ 이므로

∴ 함수율이 20%로 건조된 무게(V_2) = $V_1 \times \dfrac{100 - w_1}{100 - w_2}$

$= 14 \times \dfrac{100 - 73.6}{100 - 20}$

$= 4.62ton$

31 탄소 5kg을 과잉의 공기로 완전연소시켰을 때 배기가스 내에 존재하는 성분 중 농도가 가장 낮을 것으로 예상되는 기체는?

① 이산화탄소
② 질 소
③ 산 소
④ 수증기

해설

질소는 연소반응에 관여하지 않으나 공기 중에 79%가 존재하므로 배기가스 내에 존재하는 성분 중 가장 농도가 높으며, 과잉의 공기를 넣어 주므로 배기가스 내에 산소도 포함된다. 이산화탄소는 연소반응의 생성물질이다.

$C + O_2 + (N_2) \rightarrow CO_2 + O_2 + (N_2)$

32 3,785m³/day 규모의 하수처리장 유입수의 BOD와 SS 농도가 각각 200mg/L라고 하고 1차 침전에 의하여 SS는 50%, BOD는 30%(SS 제거에 따른 감소)가 제거된다고 할 때 1차 슬러지의 양(kg/day)은?(단, 비중은 1.0, 고형물 기준)

① 378.5　　② 400.1
③ 512.4　　④ 605.6

해설
유량(m³/day) × 농도(mg/L) × 10^{-3} = 1차 슬러지의 양(kg/day)
∴ 3,785m³/day × 200mg/L × (1 − 0.5) × 10^{-3} = 378.5kg/day
여기서, BOD 제거는 SS 제거에 의해 제거되는 부분이므로 따로 고려하지 않는다.

33 밀도 0.5ton/m³인 도시 쓰레기가 400,000kg/일로 발생된다면 매립지 사용일수(day)는?(단, 매립지 용량 = 10^5m³, 다짐에 의한 쓰레기 부피감소율 = 50%)

① 125　　② 250
③ 312　　④ 421

해설
- 1일 폐기물 발생 부피 = $\dfrac{무게}{밀도}$ = $\dfrac{400ton/일}{0.5ton/m^3}$ = 800m³/일
- 다짐으로 부피가 50% 감소되었을 때 부피 = 400m³/일
∴ 매립지 사용일수 = $\dfrac{10^5 m^3}{400 m^3/일}$ = 250일

34 수분함량이 97%인 슬러지의 비중은?(단, 고형물의 비중은 1.35)

① 약 1.062　　② 약 1.042
③ 약 1.028　　④ 약 1.008

해설
$\dfrac{슬러지\ 무게}{슬러지\ 비중} = \dfrac{고형물\ 무게}{고형물\ 비중} + \dfrac{물\ 무게}{물\ 비중}$

$\dfrac{100}{슬러지\ 비중} = \dfrac{3}{1.35} + \dfrac{97}{1} = 99.2$

∴ 슬러지 비중 = 1.008

35 쓰레기 열분해 시 열분해 온도(열공급 속도)가 상승함에 따라 발생량이 감소하는 가스는?

① H_2　　② CH_4
③ CO　　④ CO_2

해설
온도가 상승하면 가연성의 가스 생산량이 증가한다.

36 소각 시 다이옥신이 생성될 수 있는 가능성이 가장 큰 물질은?

① 노말헥산
② 에탄올
③ PVC
④ 오 존

해설
다이옥신류 생성의 전구물질로는 염소치환형의 벤젠핵을 가지고 있는 유기물질(예 PCBs), 벤젠핵을 가지고 있지는 않으나 염소를 가지고 있는 유기화합물(예 PVC) 등이 있다.

정답 32 ①　33 ②　34 ④　35 ④　36 ③

37 호기성 퇴비화 설계 운영 고려 인자인 C/N비에 관한 내용으로 옳은 것은?

① 초기 C/N비 5~10이 적당하다.
② 초기 C/N비 25~50이 적당하다.
③ 초기 C/N비 80~150이 적당하다.
④ 초기 C/N비 200~350이 적당하다.

38 토양의 현장처리기법인 토양세척법과 관련된 주요 인자와 가장 거리가 먼 것은?

① 헨리상수
② 지하수 차단벽의 유무
③ 투수계수
④ 분배계수

[해설]
- 토양세척법은 토양에 부착된 오염물질을 세척제로 녹여내는 방법이다. 따라서 오염물질의 분배계수와 관련이 있다.
- 헨리상수는 기상 및 액상에 대한 오염물질의 분배계수로서 Air Stripping 시 중요한 물리화학적 특성이다.

39 오염된 지하수의 복원방법에 관한 설명 중 옳지 않은 것은?

① 유해폐기물의 펌프-처리 복원방법은 규제기준이 달성되어 펌핑을 멈출 때 탈착현상이 발생한다.
② 토양증기 추출 시 공기는 지하수면 위에 주입되고, 배출정에서 휘발성 화합물질을 수집한다.
③ 토양증기 추출 시 하나의 추출정으로 반지름 10ft 이상의 넓은 영역에 걸쳐 적용 가능하다.
④ 생물학적 복원은 굴착, 드럼으로 폐기 등과 비교하여 낮은 비용으로 적용 가능하다.

[해설]
토양증기 추출 시 하나의 추출정으로 반지름 100ft(30m) 이상의 넓은 영역에 걸쳐 적용 가능하다.
※ 반지름 10ft는 3m에 불과하므로, 영향반경으로는 너무 작다.

40 메테인 $1Sm^3$를 공기과잉계수 1.8로 연소시킬 경우, 실제 습윤연소가스량(Sm^3)은?

① 약 18.1
② 약 19.1
③ 약 20.1
④ 약 21.1

[해설]
$CH_4 + 2O_2 \rightarrow CO_2 + 2H_2O$
연소가스에는 CO_2, H_2O, N_2, O_2가 들어 있다.
- CO_2 생성량 = $1Sm^3$
- H_2O 생성량 = $2Sm^3$
- N_2 양 $= 0.79 mA_o = 0.79 \times 1.8 \times \dfrac{2}{0.21} = 13.5 Sm^3$
- O_2 양 $= 0.21(m-1)A_0 = 0.21 \times (1.8-1) \times \dfrac{2}{0.21} = 1.6 Sm^3$

∴ 습윤연소가스량 = 1 + 2 + 13.5 + 1.6 = $18.1Sm^3$

제3과목 폐기물공정시험기준(방법)

41 폐기물공정시험기준상 ppm 단위로 옳지 않은 것은?

① mg/m^3
② mg/L
③ g/m^3
④ mg/kg

[해설]
ES 06000.b 총칙
비중을 1이라고 하면 $1m^3$ = 1ton = 1,000kg
$mg/m^3 = 10^{-6}kg/1,000kg = 10^{-9}$ = ppb

42 폐기물시료 축소단계에서 원추꼭지를 수직으로 눌러 평평하게 한 후 부채꼴로 4등분하여 일정 부분을 취하고 적당한 크기까지 줄이는 방법은?

① 원추 구획법
② 교호삽법
③ 원추 4분법
④ 사면 축소법

해설
ES 06130.d 시료의 채취

43 용출시험의 결과 산출 시 시료 중의 수분함량 보정에 관한 설명으로 ( )에 알맞은 것은?

> 함수율 85% 이상인 시료에 한하여 ( )을 곱하여 계산된 값으로 한다.

① 15 + {100 − 시료의 함수율(%)}
② 15 − {100 − 시료의 함수율(%)}
③ 15 × {100 − 시료의 함수율(%)}
④ 15 ÷ {100 − 시료의 함수율(%)}

해설
ES 06150.e 시료의 준비

44 폐기물의 노말헥산 추출물질의 양을 측정하기 위해 다음과 같은 결과를 얻었을 때 노말헥산 추출물질의 농도(mg/L)는?

> - 시료의 양 : 500mL
> - 시험 전 증발용기의 무게 : 25g
> - 시험 후 증발용기의 무게 : 13g
> - 바탕시험 전 증발용기의 무게 : 5g
> - 바탕시험 후 증발용기의 무게 : 4.8g

① 11,800
② 23,600
③ 32,400
④ 53,800

해설
ES 06302.1b 기름성분-중량법
노말헥산 추출물질의 농도
$= \dfrac{\{(25-13)-(5-4.8)\}\text{g}}{500\text{mL}} \times \dfrac{1{,}000\text{mg}}{\text{g}} \times \dfrac{1{,}000\text{mL}}{\text{L}}$
$= 23{,}600 \text{mg/L}$

45 기체크로마토그래피에서 운반가스로 사용할 수 있는 기체와 가장 거리가 먼 것은?

① 수 소
② 질 소
③ 헬 륨
④ 산 소

해설
※ 출처 : 수질오염공정시험기준(2008.7)

46 기체크로마토그래피로 측정할 수 없는 항목은?

① 휘발성 저급염소화 탄화수소류
② PCBs
③ 시 안
④ 유기인

해설
- ES 06351.1 시안-자외선/가시선 분광법
- ES 06351.2 시안-이온전극법
- ES 06351.3 시안-연속흐름법

정답 42 ③ 43 ④ 44 ② 45 ④ 46 ③

47 대상폐기물의 양이 7ton인 경우 시료의 최소수는?

① 14 ② 20
③ 30 ④ 36

해설
ES 06130.d 시료의 채취

대상폐기물의 양(단위 : ton)	시료의 최소수
1 미만	6
1 이상 ~ 5 미만	10
5 이상 ~ 30 미만	14
30 이상 ~ 100 미만	20
100 이상 ~ 500 미만	30
500 이상 ~ 1,000 미만	36
1,000 이상 ~ 5,000 미만	50
5,000 이상	60

48 폐기물공정시험기준에서 사용되는 기호와 단위는 한국산업표준(KS)의 어느 부문에 속하는 규정을 따르는가?

① KS D ② KS Q
③ KS M ④ KS A

해설
ES 06000.b 총칙
단위 및 기호는 KS A ISO 80000-1(양 및 단위 - 제1부 : 일반사항)에 대한 규정에 따른다.

49 대상폐기물의 양과 시료의 최소수 기준에 관한 기술 중 틀린 것은?

① 1ton 이상 ~ 5ton 미만 : 10개
② 30ton 이상 ~ 100ton 미만 : 20개
③ 500ton 이상 ~ 1,000ton 미만 : 30개
④ 5,000ton 이상 : 60개

해설
ES 06130.d 시료의 채취

대상폐기물의 양(단위 : ton)	시료의 최소수
1 미만	6
1 이상 ~ 5 미만	10
5 이상 ~ 30 미만	14
30 이상 ~ 100 미만	20
100 이상 ~ 500 미만	30
500 이상 ~ 1,000 미만	36
1,000 이상 ~ 5,000 미만	50
5,000 이상	60

50 원자흡수분광광도법으로 크롬을 정량할 때 전처리 조작으로 $KMnO_4$를 사용하는 목적은?

① 철이나 니켈금속 등 방해물질을 제거하기 위하여
② 시료 중의 6가크롬을 3가크롬으로 환원하기 위하여
③ 시료 중의 3가크롬을 6가크롬으로 산화화기 위하여
④ 다이페닐카바자이드와 반응성을 높이기 위하여

해설
$KMnO_4$는 산화제이다.

47 ① 48 ④ 49 ③ 50 ③

51 강도 I_o의 단색광이 정색액을 통과할 때 그 빛의 80%가 흡수되었다면 흡광도는?

① 0.6   ② 0.7
③ 0.8   ④ 0.9

해설
빛의 80%가 흡수되었으므로 투과도 $t = 0.20$이다.
∴ $A = \log \frac{1}{t} = \log \frac{1}{0.2} = 0.70$

52 시료의 전처리 방법 중 유기물 함량이 비교적 높지 않고 금속의 수산화물, 산화물, 인산염 및 황화물을 함유하고 있는 시료에 적용되는 방법에 사용되는 산은?

① 질산, 아세트산
② 질산, 황산
③ 질산, 염산
④ 질산, 과염소산

해설
ES 06150.e 시료의 준비

종류	특징
질산분해법	유기물 함량이 낮은 시료에 적용
질산-염산분해법	유기물 함량이 비교적 높지 않고 금속의 수산화물, 산화물, 인산염 및 황화물을 함유하고 있는 시료에 적용
질산-황산분해법	• 유기물 등을 많이 함유하고 있는 대부분의 시료에 적용 • 칼슘, 바륨, 납 등을 다량 함유한 시료는 난용성의 황산염을 생성하여 다른 금속성분을 흡착하므로 주의
질산-과염소산 분해법	• 유기물을 높은 비율로 함유하고 있으면서 산화분해가 어려운 시료들에 적용 • 과염소산을 넣을 경우 진한 질산이 공존하지 않으면 폭발할 위험이 있으므로 반드시 진한 질산을 먼저 넣어주어야 함
질산-과염소산 -불화수소산 분해법	점토질 또는 규산염이 높은 비율로 함유된 시료에 적용

53 수소이온농도-유리전극법에 관한 설명으로 틀린 것은?

① 시료의 온도는 pH 표준용액의 온도와 동일한 것이 좋다.
② 반고상폐기물 5g을 100mL 비커에 취한 다음 정제수 50mL를 넣어 30분 이상 교반, 침전 후 사용한다.
③ 고상폐기물 10g을 50mL 비커에 취한 다음 정제수 25mL를 넣어 잘 교반하여 30분 이상 방치한 후 이 현탁액을 시료용액으로 한다.
④ pH 측정기는 전원을 켠 다음 5분 이상 경과한 후에 사용한다.

해설
ES 06304.1 수소이온농도-유리전극법
반고상 또는 고상폐기물 : 시료 10g을 50mL 비커에 취한 다음 정제수 25mL를 넣어 잘 교반하여 30분 이상 방치한 후 이 현탁액을 시료용액으로 하거나 원심분리한 후 상층액을 시료용액으로 사용한다.

54 폐기물 용출시험방법에 관한 설명으로 틀린 것은?

① 진탕횟수는 매 분당 약 200회로 한다.
② 진탕 후 $1.0\mu m$ 유리섬유여과지로 여과한다.
③ 진탕의 폭이 4~5cm의 왕복진탕기로 4시간 연속 진탕한다.
④ 여과가 어려운 경우에는 매 분당 3,000회전 이상으로 20분 이상 원심분리한다.

해설
ES 06150.e 시료의 준비
진탕의 폭이 4~5cm인 왕복진탕기(수평인 것)를 사용하여 6시간 동안 연속 진탕한다.

정답 51 ② 52 ③ 53 ② 54 ③

55 pH 표준액 중 pH 4에 가장 근접한 용액은?

① 수산염 표준액
② 프탈산염 표준액
③ 인산염 표준액
④ 붕산염 표준액

해설
ES 06304.1 수소이온농도-유리전극법

표준용액	pH(0℃)
수산염 표준액	1.67
프탈산염 표준액	4.01
인산염 표준액	6.98
붕산염 표준액	9.46
탄산염 표준액	10.32
수산화칼슘 표준액	13.43

56 폐기물공정시험기준상의 용어로 ( )에 들어갈 수치 중 가장 작은 것은?

① '방울수'는 ( )℃에서 정제수 20방울을 적하시켰을 때 부피가 약 1mL가 된다.
② '냉수'는 ( )℃ 이하를 말한다.
③ '약'이라 함은 기재된 양에 대해서 ±( )% 이상의 차가 있어서는 안 된다.
④ '진공'이라 함은 ( )mmHg 이하의 압력을 말한다.

해설
ES 06000.b 총칙
③ 10
① 20
② · ④ 15

57 수분 40%, 고형물 60%인 쓰레기의 강열감량 및 유기물 함량을 분석한 결과가 다음과 같았다. 이 쓰레기의 유기물 함량(%)은?

- 도가니의 무게(W_1) = 22.5g
- 강열 전의 도가니와 시료의 무게(W_2) = 65.8g
- 강열 후의 도가니와 시료의 무게(W_3) = 38.8g

① 약 27   ② 약 37
③ 약 47   ④ 약 57

해설
ES 06301.1d 강열감량 및 유기물 함량-중량법

- 강열감량(%) $= \dfrac{(W_2 - W_3)}{(W_2 - W_1)} \times 100$

$= \dfrac{(65.8 - 38.8)}{(65.8 - 22.5)} \times 100 = 62.4\%$

여기서, W_1 : 도가니 또는 접시의 무게
W_2 : 강열 전의 도가니 또는 접시와 시료의 무게
W_3 : 강열 후의 도가니 또는 접시와 시료의 무게

- 휘발성 고형물(%) = 강열감량(%) - 수분(%)
  = 62.4 - 40 = 22.4%

∴ 유기물 함량(%) $= \dfrac{\text{휘발성 고형물(\%)}}{\text{고형물(\%)}} \times 100$

$= \dfrac{22.4}{60} \times 100 = 37.3\%$

58 폐기물공정시험기준에 의한 온도의 기준이 틀린 것은?

① 표준온도 : 0℃
② 상온 : 12~25℃
③ 실온 : 25~45℃
④ 찬 곳: 0~15℃의 곳(따로 규정이 없는 경우)

해설
ES 06000.b 총칙
실온 : 1~35℃

59 자외부 파장범위에서 일반적으로 사용하는 흡수 셀의 재질은?

① 유리
② 석영
③ 플라스틱
④ 백금

해설
시료액의 흡수파장이 약 370nm 이상(가시선 영역)일 때는 석영 또는 경질유리 흡수 셀을 사용하고 약 370nm 이하(자외선 영역)일 때는 석영 흡수 셀을 사용한다.
※ 출처 : 수질오염공정시험기준(2008.7)

60 취급 또는 저장하는 동안에 이물질이 들어가거나 또는 내용물이 손실되지 아니하도록 보호하는 용기는?

① 기밀용기
② 밀폐용기
③ 밀봉용기
④ 차광용기

해설
ES 06000.b 총칙
용기의 종류

밀폐용기	이물질이 들어가거나 또는 내용물이 손실되지 아니하도록 보호하는 용기
기밀용기	밖으로부터의 공기 또는 다른 가스가 침입하지 아니하도록 내용물을 보호하는 용기
밀봉용기	기체 또는 미생물이 침입하지 아니하도록 내용물을 보호하는 용기
차광용기	광선이 투과하지 않는 용기 또는 투과하지 않게 포장을 한 용기

제4과목 폐기물관계법규

61 폐기물관리법에 적용되지 아니하는 물질에 대한 기준으로 틀린 것은?

① 원자력안전법에 따른 방사성 물질과 이로 인하여 오염된 물질
② 용기에 들어 있는 기체상태의 물질
③ 물환경보전법에 따른 수질오염 방지시설에 유입되거나 공공 수역으로 배출되는 폐수
④ 하수도법에 따른 하수·분뇨

해설
폐기물관리법 제3조(적용 범위)
용기에 들어 있지 아니한 기체상태의 물질

62 위해의료폐기물 중 생물·화학폐기물이 아닌 것은?

① 폐화학치료제
② 폐항암제
③ 폐혈액제
④ 폐백신

해설
폐기물관리법 시행령 [별표 2] 의료폐기물의 종류
위해의료폐기물
- 조직물류폐기물 : 인체 또는 동물의 조직·장기·기관·신체의 일부, 동물의 사체, 혈액·고름 및 혈액생성물(혈청, 혈장, 혈액제제)
- 병리계폐기물 : 시험·검사 등에 사용된 배양액, 배양용기, 보관균주, 폐시험관, 슬라이드, 커버글라스, 폐배지, 폐장갑
- 손상성폐기물 : 주삿바늘, 봉합바늘, 수술용 칼날, 한방침, 치과용 침, 파손된 유리재질의 시험기구
- 생물·화학폐기물 : 폐백신, 폐항암제, 폐화학치료제
- 혈액오염폐기물 : 폐혈액백, 혈액투석 시 사용된 폐기물, 그 밖에 혈액이 유출될 정도로 포함되어 있어 특별한 관리가 필요한 폐기물

정답 59 ② 60 ② 61 ② 62 ③

63 환경상태의 조사·평가에서 국가 및 지방자치단체가 상시 조사·평가하여야 하는 내용이 아닌 것은?

① 기후변화 등 환경의 질 변화
② 환경오염지역의 접근성 실태
③ 환경오염 및 환경훼손 실태
④ 자연환경 및 생활환경 현황

해설
환경정책기본법 제22조(환경상태의 조사·평가 등)

64 폐기물처리시설인 재활용시설 중 기계적 재활용시설과 가장 거리가 먼 것은?

① 연료화시설
② 유수분리시설
③ 증발·농축시설
④ 골재가공시설

해설
폐기물관리법 시행령 [별표 3] 폐기물처리시설의 종류
골재가공시설은 그 자체로 별도 분류된다.

65 폐기물 처분시설 중 소각시설의 정기검사 항목이 아닌 것은?

① 소방장비 설치 및 관리실태
② 축대벽의 안정성
③ 바닥재 강열감량
④ 연소실 출구가스 온도

해설
폐기물관리법 시행규칙 [별표 10] 폐기물 처분시설 또는 재활용시설의 검사기준
축대벽의 안정성은 매립시설과 관련된 검사 항목이다.

66 환경부장관이나 시·도지사가 폐기물처리업자에게 영업의 정지를 명령하고자 할 때 천재지변이나 그 밖의 부득이한 사유로 해당 영업을 계속하도록 할 필요가 있다고 인정되는 경우 영업정지에 갈음하여 부과할 수 있는 과징금의 범위 기준으로 옳은 것은?

> 매출액에 ( )를 곱한 금액을 초과하지 아니하는 범위

① 100분의 5
② 100분의 7
③ 100분의 9
④ 100분의 10

해설
폐기물관리법 제28조(폐기물처리업자에 대한 과징금 처분)

67 폐기물처리시설의 사후관리 기준 및 방법에 관한 내용 중 수질(해역)환경기준항목의 조사기준으로 옳은 것은?(단, 매립지의 경계선이 해수면과 가까운 매립시설만 해당한다)

① 반기 1회 이상 조사
② 분기 1회 이상 조사
③ 월 1회 이상 조사
④ 연 1회 이상 조사

해설
폐기물관리법 시행규칙 [별표 19] 사후관리기준 및 방법

정답 63 ② 64 ④ 65 ② 66 ① 67 ②

68 지정폐기물 보관 표지판에 기재되는 내용이 아닌 것은?

① 보관방법
② 관리책임자
③ 취급 시 주의사항
④ 운반(처리)예정장소

해설
폐기물관리법 시행규칙 [별표 5] 폐기물의 처리에 관한 구체적 기준 및 방법

69 의료폐기물을 제외한 지정폐기물의 보관에 관한 기준 및 방법으로 틀린 것은?

① 지정폐기물은 지정폐기물 외의 폐기물과 구분하여 보관하여야 한다.
② 폐유는 휘발되지 아니하도록 밀봉된 용기에 보관하여야 한다.
③ 흩날릴 우려가 있는 폐석면은 습도 조절 등의 조치 후 고밀도 내수성 재질의 포대로 2중포장하거나 견고한 용기에 밀봉하여 흩날리지 아니하도록 보관하여야 한다.
④ 지정폐기물은 지정폐기물에 의하여 부식되거나 파손되지 아니하는 재질로 된 보관시설 또는 보관용기를 사용하여 보관하여야 한다.

해설
폐기물관리법 시행규칙 [별표 5] 폐기물의 처리에 관한 구체적 기준 및 방법
폐유기용제는 휘발되지 아니하도록 밀폐된 용기에 보관하여야 한다.

70 대통령령으로 정하는 폐기물처리시설을 설치·운영하는 자가 그 폐기물처리시설의 설치·운영이 주변 지역에 미치는 영향을 조사하여야 하는 기간은?

① 1년마다   ② 3년마다
③ 5년마다   ④ 10년마다

해설
폐기물관리법 제31조(폐기물처리시설의 관리)
대통령령으로 정하는 폐기물처리시설을 설치·운영하는 자는 그 폐기물처리시설의 설치·운영이 주변 지역에 미치는 영향을 3년마다 조사하고, 그 결과를 환경부장관에게 제출하여야 한다.

71 폐기물관리법령상 가연성 고형폐기물의 에너지 회수기준에 대한 설명으로 (   )에 알맞은 것은?

> 에너지 회수효율(회수에너지 총량을 투입에너지 총량으로 나눈 비율을 말한다)이 (   ) 이상일 것

① 65%   ② 75%
③ 85%   ④ 95%

해설
폐기물관리법 시행규칙 제3조(에너지 회수기준 등)

72 폐기물처리시설 주변지역 영향조사 기준 중 조사지점에 관한 기준으로 틀린 것은?

① 미세먼지와 다이옥신 조사지점은 해당 시설에 인접한 주거지역 중 3개소 이상 지역의 일정한 곳으로 한다.
② 악취 조사지점은 매립시설에 가장 인접한 주거지역에서 냄새가 가장 심한 곳으로 한다.
③ 토양 조사지점은 4개소 이상으로 한다.
④ 지하수 조사지점은 매립시설에 설치된 2개소 이상의 지하수 검사정으로 한다.

해설
폐기물관리법 시행규칙 [별표 13] 폐기물처리시설 주변지역 영향조사 기준
지하수 조사지점은 매립시설의 주변에 설치된 3개의 지하수 검사정으로 한다.

정답 68 ① 69 ② 70 ② 71 ② 72 ④

73 폐기물처리업자 또는 폐기물처리 신고자의 휴업·폐업 등의 신고에 관한 내용으로 (   ) 안에 옳은 것은?

> 폐기물처리업자나 폐기물처리 신고자가 휴업·폐업 또는 재개업을 한 경우에는 휴업·폐업 또는 재개업을 한 날부터 (   )에 신고서에 해당 서류를 첨부하여 시·도지사나 지방환경관서의 장에게 제출하여야 한다.

① 10일 이내
② 15일 이내
③ 20일 이내
④ 30일 이내

해설
폐기물관리법 시행규칙 제59조(휴업·폐업 등의 신고)

74 지정폐기물 중 유해물질 함유 폐기물에 속하지 않는 것은?

① 광재(철광 원석의 사용으로 인한 고로 슬래그는 제외한다)
② 분진(대기오염 방지시설에서 포집된 것으로 한정하되, 소각시설에서 발생되는 것은 제외한다)
③ 폐촉매
④ 폐수처리오니(환경부령으로 정하는 물질을 함유한 것으로 환경부장관이 고시한 시설에서 발생되는 것으로 한정한다)

해설
폐기물관리법 시행령 [별표 1] 지정폐기물의 종류
환경부령으로 정하는 물질을 함유한 것으로 한정한다는 면에서는 (즉, 용출시험을 해서 기준치를 초과하는 경우) 같지만, 폐수처리오니는 특정시설에서 발생되는 폐기물에 해당한다.

75 열분해 소각시설의 설치기준에 대한 설명으로 틀린 것은?(단, 시간당 처분능력은 500kg인 경우)

① 열분해가스를 연소시키는 경우, 가스연소실은 가스가 2초 이상 체류할 수 있는 구조이어야 한다.
② 열분해가스를 연소시키는 경우, 가스연소실의 출구온도는 850℃ 이상이어야 한다.
③ 열분해실에서 배출되는 바닥재의 강열감량이 5% 이하가 될 수 있는 성능을 갖추어야 한다.
④ 폐기물투입장치, 열분해실, 가스연소실 및 열회수장치가 설치되어야 한다.

해설
폐기물관리법 시행규칙 [별표 9] 폐기물 처분시설 또는 재활용시설의 설치기준
열분해실(가스화실을 포함한다)에서 배출되는 바닥재의 강열감량이 10% 이하(생활폐기물을 대상으로 도서지역에 설치하는 소각시설로서 시간당 처분능력이 200kg 미만인 시설의 경우에는 15% 이하)가 될 수 있는 성능을 갖추어야 한다. 다만, 열분해 시 발생하는 탄화물을 재활용하는 경우에는 그러하지 아니하다.

76 사용 종료되거나 폐쇄된 매립시설이 소재한 토지의 소유권 또는 소유권 외의 권리를 가지고 있는 자가 그 토지를 이용하기 위해 토지이용계획서에 첨부하여야 하는 서류에 해당하지 않는 것은?

① 주변 지역 환경영향평가서
② 이용하려는 토지의 도면
③ 매립폐기물의 종류·양 및 복토상태를 적은 서류
④ 지적도

해설
폐기물관리법 시행규칙 제79조(토지이용계획서의 첨부서류)

77 환경부령으로 정하는 폐기물처리시설의 설치를 마친 자는 환경부령으로 정하는 검사기관으로부터 검사를 받아야 한다. 검사를 받으려는 자가 검사를 받기 위해 검사기관에 제출하는 검사신청서에 첨부하여야 하는 서류가 아닌 것은?(단, 음식물류 폐기물 처리시설의 경우)

① 설계도면
② 폐기물 성질, 상태, 양, 조성비 내용
③ 재활용제품의 사용 또는 공급계획서(재활용의 경우만 제출한다)
④ 운전 및 유지관리계획서(물질수지도를 포함한다)

해설
폐기물관리법 시행규칙 제41조(폐기물처리시설의 사용신고 및 검사)

78 폐기물처분시설인 매립시설의 기술관리인의 자격기준으로 틀린 것은?

① 수질환경기사
② 건설공사기사
③ 화공기사
④ 일반기계기사

해설
폐기물관리법 시행규칙 [별표 14] 기술관리인의 자격기준

매립시설	폐기물처리기사, 수질환경기사, 토목기사, 일반기계기사, 건설기계설비기사, 화공기사, 토양환경기사 중 1명 이상
소각시설(의료폐기물을 대상으로 하는 소각시설은 제외한다), 시멘트 소성로, 용해로 및 소각열회수시설	폐기물처리기사, 대기환경기사, 토목기사, 일반기계기사, 건설기계설비기사, 화공기사, 전기기사, 전기공사기사, 에너지관리기사 중 1명 이상
의료폐기물을 대상으로 하는 시설	폐기물처리산업기사, 임상병리사, 위생사 중 1명 이상
음식물류 폐기물을 대상으로 하는 시설	폐기물처리산업기사, 수질환경산업기사, 화공산업기사, 토목산업기사, 대기환경산업기사, 일반기계기사, 전기기사 중 1명 이상

79 환경부장관 또는 시·도지사가 영업 구역을 제한하는 조건을 붙일 수 있는 폐기물처리업 대상은?

① 생활폐기물 수집·운반업
② 폐기물 재생 처리업
③ 지정폐기물 처리업
④ 사업장폐기물 처리업

해설
폐기물관리법 제25조(폐기물처리업)
환경부장관 또는 시·도지사는 허가를 할 때에는 주민생활의 편익, 주변 환경보호 및 폐기물처리업의 효율적 관리 등을 위하여 필요한 조건을 붙일 수 있다. 다만, 영업 구역을 제한하는 조건은 생활폐기물의 수집·운반업에 대하여 붙일 수 있으며, 이 경우 시·도지사는 시·군·구 단위 미만으로 제한하여서는 아니 된다.

80 폐기물처리시설의 설치 승인 신청 시 환경부장관이 고시하는 사항을 포함한 시설설치의 환경성조사서를 첨부하여야 하는 시설기준에 대한 설명으로 ( )에 알맞은 것은?

면적이 (㉠) 이상이거나 매립용적이 (㉡) 이상인 매립시설, 1일 처분능력이 (㉢) 이상(지정폐기물의 경우에는 10ton 이상)인 소각시설

① ㉠ 3,000m² ㉡ 10,000m³ ㉢ 100ton
② ㉠ 3,000m² ㉡ 10,000m³ ㉢ 200ton
③ ㉠ 10,000m² ㉡ 30,000m³ ㉢ 100ton
④ ㉠ 10,000m² ㉡ 30,000m³ ㉢ 200ton

해설
폐기물관리법 시행규칙 제39조(폐기물처리시설의 설치 승인 등)

정답 77 ② 78 ② 79 ① 80 ③

2023년 제1회 과년도 기출복원문제

제1과목 폐기물개론

01 쓰레기를 4분법으로 축분 도중 두 번째에서 모포가 걸렸다. 이후 4회 더 축분하였다면 추후 모포의 함유율은?

① 25% ② 12.5%
③ 6.25% ④ 3.13%

해설

1회 조작 시 1/2로 감소되므로 4회 조작 시 $\dfrac{1}{2^4} = \dfrac{1}{16} = 6.25\%$

02 수분이 96%이고 무게 100kg인 폐수슬러지를 탈수시켜 수분이 70%인 폐수슬러지로 만들었다. 탈수된 후 폐수슬러지의 무게(kg)는?(단, 슬러지 비중 = 1.0)

① 11.3 ② 13.3
③ 16.3 ④ 18.3

해설

$\dfrac{V_2}{V_1} = \dfrac{100 - w_1}{100 - w_2}$

$V_2 = V_1 \times \dfrac{100 - w_1}{100 - w_2} = 100 \times \dfrac{100 - 96}{100 - 70} = 13.3\text{kg}$

03 우리나라에서 효율적인 쓰레기의 수거노선을 결정하기 위한 방법으로 적당한 것은?

① 가능한 한 U자형 회전을 하여 수거한다.
② 급경사 지역은 하단에서 상단으로 이동하면서 수거한다.
③ 가능한 한 시계방향으로 수거노선을 정한다.
④ 쓰레기 수거는 소량 발생 지역부터 실시한다.

해설

① 반복운행 또는 U자형 회전을 피하여 수거한다.
② 언덕 지역에서는 언덕의 꼭대기에서부터 시작하여 적재하면서 차량이 아래로 진행하도록 한다.
④ 아주 많은 양의 쓰레기가 발생되는 발생원은 하루 중 가장 먼저 수거한다.

04 쓰레기 발생량 예측방법과 가장 거리가 먼 것은?

① 경향법
② 계수분석모델
③ 다중회귀모델
④ 동적모사모델

정답 1 ③ 2 ② 3 ③ 4 ②

05
다음은 폐기물 수거에 대한 효율을 결정하기 위한 자료이다. A도시의 수거효율은?

구 분	A도시	B도시
폐기물 발생량(ton/일)	1,500	2,000
수거인력(인/일)	300	250
근무시간(시간/일)	8	12

① B도시와 같다.
② B도시보다 높다.
③ B도시보다 낮다.
④ 이 자료로는 알 수 없다.

해설

- $MHT = \dfrac{수거인원(Man) \times 수거시간(Hour)}{수거량(ton)}$
- A 도시 MHT $= \dfrac{300인 \times 8시간/일}{1,500ton/일} = 1.6$
- B 도시 MHT $= \dfrac{250인 \times 12시간/일}{2,000ton/일} = 1.5$

A 도시가 B 도시보다 수거효율이 낮다(MHT이 작을수록 효율이 높다).

06
중금속을 함유한 슬러지를 시멘트 고형화할 때 고형화 전의 슬러지 용적 대비 고형화 후의 슬러지 용적은?(단, 고화처리 전 중금속 슬러지 비중은 1.1, 고화처리 후 폐기물의 비중은 1.2, 시멘트 첨가량은 슬러지 무게의 30%)

① 약 100%   ② 약 110%
③ 약 120%   ④ 약 130%

해설

밀도(비중) $= \dfrac{무게}{부피}$ 이므로

고형화 전 슬러지의 무게를 100으로 가정하면 슬러지 부피
$= \dfrac{100}{1.1} = 90.9$

고형화 후 슬러지의 무게는 130이므로 슬러지 부피
$= \dfrac{130}{1.2} = 108.3$

고형화 전후의 부피 증가율 $= \dfrac{108.3}{90.9} \times 100 = 119.1\%$

07
파쇄에 관한 설명으로 틀린 것은?

① 파쇄를 통해 폐기물의 크기가 보다 균일해진다.
② 파쇄 후 폐기물의 부피는 감소할 수도, 증가할 수도 있다.
③ 파쇄된 입자의 무게기준으로 63.2%가 통과할 수 있는 체의 눈의 크기를 평균특성입자라고 한다.
④ Rosin-Rammler Model은 파쇄된 입자크기 분포에 대한 수식적 모델이다.

해설
중량의 63.2%가 통과할 수 있는 체 눈의 크기를 특성입자 크기라고 한다.

08
쓰레기 성상분석에 대한 올바른 설명은?

① 쓰레기 채취는 신속하게 작업하되 축소작업 개시부터 60분 이내에 완료해야 된다.
② 수집운반차로부터 시료를 채취하되 무작위 채취방식으로 하고 수거차마다 배출지역이 다를 경우 층별채취법은 바람직하지 않다.
③ 1대의 차량으로부터 대표되는 시료를 10kg 이상 채취하고 원시료의 총량을 200kg 이하가 되도록 한다.
④ 쓰레기 성상조사는 적어도 1년에 4회 측정하되 수분의 평균치를 알기 위해서 비오는 날 수집은 피하는 것이 바람직하다.

해설
① 쓰레기 채취는 축소작업 개시부터 30분 이내에 완료하는 것이 바람직하다.
② 수거차마다 배출지역이 다르면 층별채취법이 바람직하다.
③ 원시료의 총량이 200kg 이상되도록 시료를 채취하도록 한다.

09 물질회수를 위한 선별방법 중 플라스틱에서 종이를 선별할 수 있는 방법으로 가장 적절한 것은?

① 와전류선별 ② Jig선별
③ 광학선별 ④ 정전기적선별

10 쓰레기 압축처리 방법 중 포장기(Baler)에 대한 설명으로 가장 거리가 먼 것은?

① 압축 후 삼베나 가죽 또는 철끈으로 묶는다.
② 관리에 용이한 크기나 무게로 포장한다.
③ 완전하게 건조되지 못한 폐기물은 취급하기 곤란하다.
④ 매립지에서는 포장을 해체하여 최종처분한다.

해설
압축 결속한 상태 그대로 매립하여야 매립 시 소요부피가 줄어드는 효과를 기대할 수 있다.

11 쓰레기 수송법 중 관거(Pipeline)방법에 관한 설명으로 가장 거리가 먼 것은?

① 초기 투자비용이 많이 소요된다.
② 쓰레기 발생밀도가 상대적으로 높은 지역에서 사용 가능하다.
③ 장거리 수송이 경제적으로 현실성이 있다.
④ 관거 설치 후에 노선변경이 어렵다.

해설
2km 이내의 단거리 수송에 적합하다.

12 수거 대상 인구가 200,000명인 지역에서 일주일 동안 생활폐기물 수거상태를 조사한 결과 다음과 같다. 이 지역의 1인당 1일 폐기물 발생량(kg/인·일)은?

- 트럭 수 : 50대/회
- 쓰레기 수거횟수 : 7회/주
- 트럭용적 : 8m³/대
- 적재 시 쓰레기 밀도 : 700kg/m³

① 1.4 ② 1.6
③ 1.8 ④ 2.0

해설
$$\frac{50대/회 \times 7회/주 \times 8m^3/대 \times 700kg/m^3}{7일 \times 200,000명} = 1.4$$

13 평균 입경이 20cm인 폐기물을 입경 1cm가 되도록 파쇄할 때 소요되는 에너지는 입경을 4cm로 파쇄할 때 소요되는 에너지의 몇 배인가?(단, Kick의 법칙 적용, $n=1$)

① 1.86배 ② 2.64배
③ 3.72배 ④ 4.12배

해설
Kick의 법칙
$$E = C\ln\frac{L_1}{L_2}$$

- 20cm → 1cm의 경우 : $E_1 = C\ln\frac{20}{1} = 3.00\,C$
- 20cm → 4cm의 경우 : $E_2 = C\ln\frac{20}{4} = 1.61\,C$

$$\frac{E_1}{E_2} = \frac{3.00}{1.61} = 1.86$$

14 폐기물의 입도 분석결과 입도 누적곡선상의 10%, 30%, 60%, 90%의 입경이 각각 1, 5, 10, 20mm였다. 이때 균등계수와 곡률계수는?

① 균등계수 10   곡률계수 1.0
② 균등계수 10   곡률계수 2.5
③ 균등계수 1   곡률계수 1.0
④ 균등계수 1   곡률계수 2.5

해설

- 균등계수 $= \dfrac{D_{60}}{D_{10}} = \dfrac{10}{1} = 10$
- 곡률계수 $= \dfrac{(D_{30})^2}{D_{10}D_{60}} = \dfrac{5^2}{1 \times 10} = 2.5$

15 폐기물 1ton의 초기 겉보기비중이 0.1, 압축 후 겉보기비중이 0.6인 경우 부피감소율(VR, %)과 압축비(CR)는 각각 얼마인가?

① 81.1%, 3   ② 83.3%, 3
③ 81.1%, 6   ④ 83.3%, 6

해설

압축 전 부피 $= \dfrac{1\text{ton}}{0.1} = 10\,\text{m}^3$

압축 후 부피 $= \dfrac{1\text{ton}}{0.6} = 1.67\,\text{m}^3$

압축비 $= \dfrac{\text{압축 전 부피}(V_i)}{\text{압축 후 부피}(V_f)} = \dfrac{10}{1.67} = 5.99$

부피감소율 $= \dfrac{\text{감소된 부피}(V_i - V_f)}{\text{압축 전 부피}(V_i)} \times 100$

$= \dfrac{10 - 1.67}{10} \times 100 = 83.3\%$

16 쓰레기 발생량에 영향을 주는 모든 인자를 시간에 대한 함수로 나타낸 후 시간에 대한 함수로 표현된 각 영향인자들 간의 상관관계를 수식화하는 쓰레기 발생량 예측모델은?

① 시간인지회귀모델
② 다중회귀모델
③ 정적모사모델
④ 동적모사모델

17 다음 중 특정 물질의 연소계산에 있어 그 값이 가장 적은 값은?

① 실제공기량
② 이론연소가스량
③ 이론산소량
④ 이론공기량

해설

- 이론산소량 = 0.21 × 이론공기량
- 실제공기량 = m × 이론공기량 ($m \geq 1$)
- 이론연소가스량 = 이론공기량 + 5.6H (연료가 C, H로만 구성된 경우)

18 중유 1kg을 완전연소시킬 때의 저위발열량(kcal/kg)은?(단, H_h : 12,000kcal/kg, 원소분석에 의한 수소분석비 : 20%, 수분함량 : 20%)

① 10,800   ② 11,988
③ 20,988   ④ 21,988

해설

저위발열량(H_l) = 고위발열량(H_h) − 600(9H + W)
$= 12,000 - 600(9 \times 0.2 + 0.2) = 10,800\,\text{kcal/kg}$

정답   14 ②   15 ④   16 ④   17 ③   18 ①

19 다음 중 지정폐기물인 것은?

① 수소이온(H^+)농도지수가 1.5인 폐산
② 수소이온(H^+)농도지수가 12.0인 폐알칼리
③ 광재로서 철금속이 함유된 제철소 발생 고로슬 래그
④ 폐유로서 튀김 후 폐기되는 폐식용유

해설
- 폐알칼리(액체상태의 폐기물로서 수소이온농도지수가 12.5 이상인 것으로 한정하며, 수산화칼륨 및 수산화나트륨을 포함한다)
- 광재(철광 원석의 사용으로 인한 고로슬래그는 제외한다)

20 적환장에 대한 설명 중 틀린 것은?

① 적환장은 폐기물 처분지가 멀리 위치할수록 필요성이 더 높다.
② 고밀도 거주지역이 존재할수록 적환장의 필요성이 더 높다.
③ 공기를 이용한 관로수송시스템 방식을 이용할수록 적환장의 필요성이 더 높다.
④ 작은 용량의 수집차량을 사용할수록 적환장의 필요성이 더 높다.

해설
저밀도 거주지역이 존재할수록 적환장의 필요성이 더 높다.

제2과목 폐기물처리기술

21 슬러지를 개량(Conditioning)하는 주된 목적은?

① 농축성질을 향상시킨다.
② 탈수성질을 향상시킨다.
③ 소화성질을 향상시킨다.
④ 구성성분 성질을 개선·향상시킨다.

22 폐기물 열분해에 관한 설명으로 틀린 것은?

① 폐기물을 산소의 공급 없이 가열하여 가스, 액체, 고체의 3성분으로 분리한다.
② 고도의 발열반응으로 폐열회수가 가능하다.
③ 고온 열분해에서 1,700℃까지 온도를 올리면 생산되는 모든 재는 Slag로 배출된다.
④ 열분해에서 일반적으로 저온이라 함은 500~900℃, 고온은 1,100~1,500℃를 말한다.

해설
열분해는 흡열반응이다.

23 5%의 고형물을 함유하는 500m³/day의 슬러지를 진공 여과시켜 75%의 수분을 함유하는 슬러지 케이크를 만든다면 하루 생산되는 슬러지 케이크의 양(m³)은?(단, 비중은 1.0을 기준으로 한다)

① 100 ② 90
③ 83   ④ 75

해설
고형물의 양 = 0.05×500 = 25
25ton의 고형물이 수분함량 75%인 슬러지 케이크를 만들기 때문에
$$\frac{C-25}{C} \times 100 = 75$$
$100C - 2,500 = 75C$
$C = 100$

24 슬러지의 퇴비화에 대한 설명으로 틀린 것은?

① 최적 수분함량은 50~60% 가량이다.
② pH는 대체로 5.5~8.0이 좋다.
③ C/N비는 25~35 정도가 좋다.
④ 온도는 70℃ 이상으로 유지시키면 좋다.

해설
최적온도는 55~60℃이다.

25 다음 조건과 같은 매립지 내 침출수가 차수층을 통과하는 데 소요되는 시간(년)은?(단, 점토층 두께 = 1.0m, 유효공극률 = 0.2, 투수계수 = 10^{-7}cm/s, 상부침출수 수두 = 0.4m)

① 약 7.83
② 약 6.53
③ 약 5.33
④ 약 4.53

해설
$$t = \frac{d^2 n}{K(d+h)} = \frac{100^2 \times 0.2}{10^{-7} \times (100+40)} = 142,857,143s = 4.53년$$

26 합성차수막인 PVC의 장단점을 설명한 내용으로 틀린 것은?

① 강도가 높다.
② 접합이 용이하다.
③ 자외선, 오존, 기후에 약하다.
④ 대부분의 유기화학물질에 강하다.

해설
대부분의 유기화학물질(기름 등)에 약하다.

27 처리장으로 유입되는 생분뇨의 BOD가 15,000ppm, 이때의 염소이온 농도가 6,000ppm이었다. 이 생분뇨를 희석한 후 활성슬러지법으로 처리한 처리수의 BOD는 60ppm, 염소이온은 200ppm이었다면 활성슬러지법에서의 BOD 제거율은?

① 73% ② 78%
③ 82% ④ 88%

해설
- 희석비율 = $\frac{6,000}{200}$ = 30 (염소이온 기준)
- 희석 후 BOD 농도 = $\frac{15,000}{30}$ = 500
- ∴ 제거율 = $\frac{500-60}{500} \times 100 = 88\%$

28 쓰레기를 소각할 경우 발생하는 기체로 가장 적절하지 않은 것은?

① NO_X ② CH_4
③ CO_2 ④ CO

해설
CH_4는 혐기성 소화 시 발생한다.

정답 24 ④ 25 ④ 26 ④ 27 ④ 28 ②

29 점토가 차수막으로 적합하기 위한 포괄적 조건으로 가장 거리가 먼 것은?

① 소성지수 : 10% 미만
② 투수계수 : 10^{-7}cm/sec 미만
③ 점토 및 미사토 함유량 : 20% 이상
④ 액성한계 : 30% 이상

해설
- 소성지수 : 10~30%
- 소성지수(Plasticity) : 액성한계와 소성한계의 차이

30 표면차수막과 연직차수막을 비교한 내용으로 틀린 것은?

① 차수성 확인 : 연직차수막은 지하에 매설하기 때문에 확인이 어렵다.
② 경제성 : 표면차수막은 단위면적당 공사비가 고가인 반면 총공사비는 저렴하다.
③ 보수 : 연직차수막은 차수막 보강시공이 가능하다.
④ 지하수집배수시설 : 표면차수막은 필요하다.

해설
표면차수막은 단위면적당 공사비는 저가이나 전체적으로 비용이 많이 든다.

31 도시 분뇨 농도는 TS가 6%이고, TS의 65%가 VS이다. 이 분뇨를 혐기성 소화 처리한다면 분뇨 10m³당 발생하는 CH₄ 가스의 양(m³)은?(단, 비중=1.0, 분뇨의 VS 1kg당 0.4m³의 CH₄ 가스가 발생한다)

① 122
② 131
③ 142
④ 156

해설
$10\text{ton} \times \dfrac{1,000\text{kg}}{\text{ton}} \times 0.06 \times 0.65 \times \dfrac{0.4\,\text{m}^3}{\text{kg}} = 156\,\text{m}^3$

32 매립장의 연평균 강우량이 1,200mm이고, 매립장 면적이 30,000m²이다. 합리식으로 계산하였을 때 일평균 침출수 발생량(m³/일)은?(단, 침출계수(유출계수)는 0.4이다)

① 약 40
② 약 72
③ 약 100
④ 약 144

해설
$Q = \dfrac{1}{1,000}CIA = \dfrac{1}{1,000} \times 0.4 \times \dfrac{1,200}{365} \times 30,000 = 39\,\text{m}^3/\text{일}$

33 소각로에서 NO_x 배출농도가 270ppm, 산소 배출농도가 12%일 때 표준산소(6%)로 환산한 NO_x 농도(ppm)는?

① 120
② 135
③ 162
④ 450

해설
산소농도 6%인 가스(부피는 1로 가정)를 희석공기(산소농도 21%, 부피 x)와 혼합하여 산소농도 12%를 만들 때,
$\dfrac{1 \times 6 + x \times 21}{1 + x} = 12$
$21x + 6 = 12x + 12$
$9x = 6$
$x = 0.67$
산소농도 6%는 산소농도 12%를 1.67배 희석한 셈이므로 환산 NO_x 농도는 1.67배 곱해주어야 한다.
∴ NO_x 농도 = $270 \times 1.67 = 450.9$

34 탄소, 수소 및 황의 중량비가 83%, 14%, 3%인 폐유 3kg/hour을 소각시키는 경우 배기가스의 분석치가 CO_2 12.5%, O_2 3.5%, N_2 84%이었다면 매시 필요한 공기량(Sm^3/hour)은?

① 35　　② 40
③ 45　　④ 50

해설

$$m = \frac{21N_2}{21N_2 - 79O_2} = \frac{21 \times 84}{21 \times 84 - 79 \times 3.5} = 1.19$$

$$A_o = \frac{1}{0.21}\left(\frac{22.4}{12} \times 0.83 + \frac{11.2}{2} \times 0.14 + \frac{22.4}{32} \times 0.03\right)$$
$$= 11.21 Sm^3/kg$$

$$A = mA_o = 1.19 \times 11.21 = 13.3 Sm^3/kg$$

실제공기량 $= 13.3 Sm^3/kg \times 3kg/hour = 39.9 Sm^3/hour$

35 퇴비화 공정의 운영인자 중 C/N비에 관한 설명으로 가장 거리가 먼 것은?

① C는 퇴비화 미생물의 에너지원이며 N은 미생물을 구성하는 인자가 된다.
② C/N이 높을 때(80 이상) 질소과잉현상으로 퇴비화반응이 느려진다.
③ 퇴비화 초기 C/N비는 25~40 정도가 적당하다.
④ C/N이 낮을 때(20 이하) 유기질소가 암모니아화 하여 악취가 발생될 가능성이 높다.

해설
C/N비가 높으면 질소가 부족하며, 유기산이 퇴비의 pH를 낮춘다.

36 프로페인(C_3H_8) $5Sm^3$의 연소에 필요한 이론공기량(Sm^3)은?

① 94　　② 106
③ 119　　④ 124

해설

$C_3H_8 + 5O_2 \rightarrow 3CO_2 + 4H_2O$

$1 : \dfrac{5}{0.21} = 5 : x$

$x = 119$

37 매립지의 침출수 농도가 반으로 감소하는 데 4년이 걸린다면 이 침출수 농도가 90% 분해되는 데 걸리는 시간(년)은?(단, 1차 반응기준)

① 약 11.3　　② 약 13.3
③ 약 15.3　　④ 약 17.3

해설

• 반감기의 정의에서 $\dfrac{1}{2}C_o = C_o e^{-kt_{1/2}} \rightarrow \ln\dfrac{1}{2} = -4k$

$$k = -\frac{\ln\dfrac{1}{2}}{4} = 0.173$$

• 90% 분해되면 C가 $0.1C$ 남아 있으므로(C가 $0.9C$가 아님을 주의) 1차 분해반응식에 $k=0.173$과 $C=0.1C_o$를 대입한다.

$0.1C_o = C_o e^{-0.173 \times t}$

C_o를 소거한 후 양변에 ln를 취하면(∵ e를 없애기 위해서)
$\ln 0.1 = -0.173t$

$t = \dfrac{\ln 0.1}{-0.173} = 13.3$년

정답　34 ②　35 ②　36 ③　37 ②

38 화격자식(Stoker) 소각로에 대한 설명으로 옳지 않은 것은?

① 연속적인 소각과 배출이 가능하다.
② 체류시간이 짧고 교반력이 강하여 국부가열 발생이 적다.
③ 고온 중에서 기계적으로 구동하기 때문에 금속부의 마모손실이 심하다.
④ 플라스틱 등과 같이 열에 쉽게 용해되는 물질은 화격자가 막힐 염려가 있다.

해설
체류시간이 길고 교반력이 약하여 국부가열이 발생할 염려가 있다.

39 유기물(포도당, $C_6H_{12}O_6$) 1kg을 혐기성 소화시킬 때 이론적으로 발생되는 메테인양(kg)은?

① 약 0.09
② 약 0.27
③ 약 0.73
④ 약 0.93

해설
$C_6H_{12}O_6 \rightarrow 3CH_4 + 3CO_2$
180kg : 3×16kg
1kg : CH_4

$CH_4 = \dfrac{1 \times 3 \times 16}{180} = 0.27\,kg$

40 열분해기술에 대한 내용이 아닌 것은?

① 무산소, 저산소 상태로 가열한다.
② 폐기물 중의 가스, 기름 등을 회수할 수 있는 자원화 기술이다.
③ 환원성 분위기가 유지되므로 Cr^{3+}가 Cr^{6+}로 변할 수 있다.
④ 배기 가스량이 적다.

해설
환원성 분위기이므로 Cr^{6+}가 Cr^{3+}로 바뀐다.

제3과목 폐기물공정시험기준(방법)

41 고형물의 함량이 50%, 수분함량이 50%, 강열감량이 85%인 폐기물이 있다. 이때 폐기물의 고형물 중 유기물함량(%)은?

① 50
② 60
③ 70
④ 80

해설
ES 06301.1d 강열감량 및 유기물 함량-중량법
• 휘발성 고형물(%) = 강열감량(%) − 수분(%)
  = 85 − 50 = 35%
• 유기물 함량(%) = $\dfrac{\text{휘발성 고형물(\%)}}{\text{고형물(\%)}} \times 100$
  = $\dfrac{35}{50} \times 100 = 70\%$

42 다음 기구 및 기기 중 기름성분 측정시험(중량법)에 필요한 것들만 나열한 것은?

a. 80℃ 온도조절이 가능한 전기열판 또는 전기맨틀
b. 알루미늄박으로 만든 접시, 비커 또는 증류플라스크로써 용량이 50~250mL인 것
c. ㅏ자형 연결관 및 리비히 냉각관(증류 플라스크를 사용할 경우)
d. 구데르나다니시 농축기
e. 아세틸렌 토치

① a, b, c
② b, c, d
③ c, d, e
④ a, c, e

정답 38 ② 39 ② 40 ③ 41 ③ 42 ①

43 4℃의 물 500mL에 순도가 75%인 시약용 납을 5mg을 녹였다. 이 용액의 납 농도(ppm)는?

① 2.5 ② 5.0
③ 7.5 ④ 10.0

해설
$$\frac{5\,\text{mg} \times 0.75}{500\,\text{mL}} \times \frac{1{,}000\,\text{mL}}{\text{L}} = 7.5\,\text{mg/L}$$

44 중량법에 대한 설명으로 틀린 것은?

① 수분 시험 시 물중탕 후 105~110℃의 건조기 안에서 4시간 건조한다.
② 고형물 시험 시 물중탕 후 105~110℃의 건조기 안에서 4시간 건조한다.
③ 강열감량 시험 시 600±25℃에서 1시간 강열한다.
④ 강열감량 시험 시 25% 질산암모늄 용액을 사용한다.

해설
600±25℃의 전기로 안에서 3시간 강열한다.

45 방울수에 대한 설명으로 ( )에 옳은 것은?

(㉠)에서 정제수 (㉡)을 적하할 때 그 부피가 약 1mL 되는 것을 뜻한다.

① ㉠ 15℃   ㉡ 10방울
② ㉠ 15℃   ㉡ 20방울
③ ㉠ 20℃   ㉡ 10방울
④ ㉠ 20℃   ㉡ 20방울

해설
ES 06000.b 총칙

46 감염성 미생물(멸균테이프 검사법) 분석 시 분석절차에 관한 설명으로 ( ) 안에 옳은 것은?

멸균취약지점을 포함하여 멸균기 안의 정상 운전조건을 대표할 수 있는 적절한 위치에 멸균테이프를 (㉠) 이상 부착한다. 감염성 폐기물을 멸균기의 (㉡) 또는 그 이하를 투입한다.

① ㉠ 3개   ㉡ 최소부하량
② ㉠ 5개   ㉡ 허용부하량
③ ㉠ 7개   ㉡ 최소부하량
④ ㉠ 10개   ㉡ 허용부하량

해설
ES 06701.3a 감염성 미생물-멸균테이프 검사법

47 용출용액 중의 PCBs 분석(기체크로마토그래피법)에 관한 내용으로 틀린 것은?

① 용출용액 중의 PCBs를 헥산으로 추출한다.
② 액상 폐기물의 정량한계는 0.0005mg/L이다.
③ 전자포획 검출기를 사용한다.
④ 검출기의 온도는 270~320℃ 범위이다.

해설
ES 06502.1b 폴리클로리네이티드비페닐(PCBs)-기체크로마토그래피
용출용액의 경우 각 폴리클로리네이티드비페닐(PCBs)의 정량한계는 0.0005mg/L이며, 액상 폐기물의 정량한계는 0.05mg/L이다.

48 총칙에서 규정하고 있는 용어 정의로 틀린 것은?

① 무게를 "정확히 단다."라 함은 규정된 수치의 무게를 0.1mg까지 다는 것을 말한다.
② "정확히 취하여"라 하는 것은 규정한 양의 액체를 홀피펫으로 눈금까지 취하는 것을 말한다.
③ "정밀히 단다."라 함은 규정된 양의 시료를 취하여 화학저울 또는 미량저울로 칭량함을 말한다.
④ "용기"라 함은 물질을 취급 또는 저장하기 위한 것으로 일정 기준 이상의 것으로 한다.

해설
"용기"라 함은 시험용액 또는 시험에 관계된 물질을 보존, 운반 또는 조작하기 위하여 넣어두는 것으로 시험에 지장을 주지 않도록 깨끗한 것을 뜻한다.

49 조제된 pH 표준액 중 가장 높은 pH를 갖는 표준용액은?

① 수산염 표준액
② 프탈산염 표준액
③ 탄산염 표준액
④ 인산염 표준액

해설

표준용액	pH(0℃)
수산염 표준액	1.67
프탈산염 표준액	4.01
인산염 표준액	6.98
붕산염 표준액	9.46
탄산염 표준액	10.32
수산화칼슘 표준액	13.43

50 자외선/가시선 분광법으로 구리를 분석할 때의 간섭물질에 관한 설명으로 ( ) 안에 알맞은 것은?

비스무트(Bi)가 구리의 양보다 2배 이상 존재할 경우에는 ( )을 나타내어 방해한다.

① 적자색
② 황 색
③ 청 색
④ 황갈색

해설
ES 06401.3 구리-자외선/가시선 분광법

51 폐기물의 수소이온농도 측정 시 적용되는 정밀도에 관한 기준으로 옳은 것은?

① 임의의 한 종류의 pH 표준용액에 대해 검출부를 정제수로 잘 씻은 다음 5회 되풀이하여 pH를 측정하였을 때 그 재현성이 ±0.05 이내이어야 한다.
② 임의의 한 종류의 pH 표준용액에 대해 검출부를 정제수로 잘 씻은 다음 5회 되풀이하여 pH를 측정하였을 때 그 재현성이 ±0.1 이내이어야 한다.
③ 임의의 한 종류의 pH 표준용액에 대해 검출부를 정제수로 잘 씻은 다음 10회 되풀이하여 pH를 측정하였을 때 그 재현성이 ±0.05 이내이어야 한다.
④ 임의의 한 종류의 pH 표준용액에 대해 검출부를 정제수로 잘 씻은 다음 10회 되풀이하여 pH를 측정하였을 때 그 재현성이 ±0.1 이내이어야 한다.

52 원자흡수분광광도계에서 불꽃을 만들기 위해 사용되는 가연성 가스와 조연성 가스 중 내화성 산화물을 만들기 쉬운 원소의 분석에 적당한 것은?

① 수소-공기
② 아세틸렌-공기
③ 아세틸렌-일산화이질소
④ 프로페인-공기

53 2N 황산용액을 만들고자 할 때 가장 적절한 방법은?(단, 황산은 95% 이상)

① 물 1L 중에 황산 49mL를 가한다.
② 물에 황산 60mL를 가하고, 최종액량을 1L로 한다.
③ 황산 60mL를 물 1L 중에 섞으면서 천천히 넣어 식힌다.
④ 물에 황산 30mL를 가하고, 최종액량을 1L로 한다.

해설
ES 06171.a 시약 및 용액
- 황산용액(1M) : 황산 60mL를 정제수 1L 중에 섞으면서 천천히 넣어 식힌다(황산 1M은 2N이다).
- 황산의 분자량 98g, 당량 49g, 비중 1.83으로 가정하면, 1L의 2N 황산을 만들기 위해서는 대략 $\frac{98g}{1.83 \times 0.95} = 56.4mL$의 황산이 필요하다.
- 황산 56.4mL를 정확히 주입하기가 어려우므로, 60mL를 주입하면 56.4:(1000-56.4)=60:x 에서 x=1003.8mL이므로 황산 60mL를 넣을 때 물 1003.8mL를 넣어 주어야 하나, 우선 1000mL를 넣고 나중에 표정을 통해 정확한 황산의 농도를 계산하면 된다.

54 순수한 물 500mL에 HCl(비중 1.18) 100mL를 혼합할 때 이 용액의 염산농도(W/W)는?

① 14.24%
② 17.4%
③ 19.1%
④ 23.6%

해설
순수한 물에 염산을 첨가하므로 전체 용액의 무게는 이 둘을 합해야 한다.
$$\frac{100 \times 1.18}{500 \times 1 + 100 \times 1.18} \times 100 = 19.1\%$$

55 강도 I_o의 단색광이 정색액을 통과할 때 그 빛의 80%가 흡수되었다면 흡광도는?

① 0.823
② 0.768
③ 0.699
④ 0.597

해설
빛의 80%가 흡수되었으므로 투과도 t = 0.2이다.
∴ $A = \log \frac{1}{t} = \log \frac{1}{0.2} = 0.699$

56 자외선/가시선 분광법으로 분석되는 '항목-측정방법-측정파장-발색'의 순서대로 연결된 것은?

① 카드뮴-디티존법-460nm-청색
② 시안-다이페닐카바지드법-540nm-적자색
③ 구리-다이에틸다이티오카르바민산법-440nm-황갈색
④ 비소-비화수소증류법-510nm-적자색

해설
① 카드뮴-디티존법-520nm-적색
② 시안-피리딘-피라졸론법-620nm-청색
④ 비소-비화수소를 피리딘용액에 흡수-530nm-적자색

57 유기물 함량이 비교적 높지 않고 금속의 수산화물, 산화물, 인산염 및 황화물을 함유하고 있는 시료에 적용되는 산분해법은?

① 질산-황산 분해법
② 질산-염산 분해법
③ 질산-과염소산 분해법
④ 질산-불화수소산 분해법

해설
ES 06150.e 시료의 준비

종 류	특 징
질산분해법	유기물 함량이 낮은 시료에 적용. 약 0.7M
질산 – 염산 분해법	유기물 함량이 비교적 높지 않고 금속의 수산화물, 산화물, 인산염 및 황화물을 함유하고 있는 시료에 적용. 약 0.5M
질산 – 황산 분해법	• 유기물 등을 많이 함유하고 있는 대부분의 시료에 적용. 약 1.5~3.0N • 칼슘, 바륨, 납 등을 다량 함유한 시료는 난용성의 황산염을 생성하여 다른 금속성분을 흡착하므로 주의
질산 – 과염소산 분해법	• 유기물을 높은 비율로 함유하고 있으면서 산화분해가 어려운 시료들에 적용. 약 0.8M • 과염소산을 넣을 경우 진한 질산이 공존하지 않으면 폭발할 위험이 있으므로 반드시 진한 질산을 먼저 넣어 주어야 함
질산 – 과염소산 – 불화수소산 분해법	점토질 또는 규산염이 높은 비율로 함유된 시료에 적용. 약 0.8M

58 시료채취에 관한 설명으로 옳지 않은 것은?

① 5ton 미만의 차량에 적재되어 있는 폐기물은 평면상에서 9등분한 후 각 등분마다 채취한다.
② 시료의 양은 1회에 100g 이상 채취한다.
③ 액상혼합물의 경우 원칙적으로 최종 지점의 낙하구에서 흐르는 도중에 채취한다.
④ 고상혼합물의 경우 한 번에 일정량씩 채취한다.

해설
ES 06130.d 시료의 채취
폐기물이 적재되어 있는 운반차량에서 시료를 채취할 경우
• 5ton 미만의 차량 : 평면상에서 6등분한 후 각 등분마다 시료 채취
• 5ton 이상의 차량 : 평면상에서 9등분한 후 각 등분마다 시료 채취

59 폐기물의 유분 분석과정에서 추출된 노말헥산층에 무수황산나트륨을 넣은 이유는?

① 분해율 향상
② 추출률 향상
③ 수분 제거
④ 유기물 산화

해설
ES 06302.1b 기름성분-중량법

60 시안을 이온전극으로 측정하고자 할 때 조절하여야 할 시료의 pH 범위는?

① pH 3~4
② pH 6~7
③ pH 10~12
④ pH 12~13

해설
ES 06351.2 시안-이온전극법
※ 시안은 pH에 따라 HCN과 CN^-로 형태가 바뀌는데, HCN은 가스 형태로 물에서 휘발할 수 있으므로 알칼리 상태로 두고 측정하여야 한다.
$HCN + OH^- \leftrightarrows CN^- + H_2O(pK_a = 9.2)$

정답 57 ② 58 ① 59 ③ 60 ④

제4과목 폐기물관계법규

61 방치폐기물의 처리를 폐기물처리 공제조합에 명할 수 있는 방치폐기물의 처리량 기준으로 옳은 것은?(단, 폐기물처리업자가 방치한 폐기물의 경우)

① 그 폐기물처리업자의 폐기물 허용보관량의 1배 이내
② 그 폐기물처리업자의 폐기물 허용보관량의 1.5배 이내
③ 그 폐기물처리업자의 폐기물 허용보관량의 2배 이내
④ 그 폐기물처리업자의 폐기물 허용보관량의 3배 이내

해설
폐기물관리법 시행령 제23조(방치폐기물의 처리량과 처리기간)

62 과징금에 관한 내용으로 (   ) 안에 알맞은 것은?

> 환경부장관이나 시·도지사가 폐기물처리업자에게 영업의 정지를 명령하려는 때 (㉠)으로 정하는 바에 따라 그 영업의 정지를 갈음하여 (㉡) 이하의 과징금을 부과할 수 있다.

① ㉠ 환경부령   ㉡ 1억원
② ㉠ 대통령령   ㉡ 1억원
③ ㉠ 환경부령   ㉡ 2억원
④ ㉠ 대통령령   ㉡ 2억원

해설
폐기물관리법 제28조(폐기물처리업자에 대한 과징금 처분)

63 폐기물처리시설의 유지·관리에 관한 기술관리를 대행할 수 있는 자는?

① 지정폐기물 최종처리업자
② 한국환경보전원
③ 한국환경산업기술원
④ 한국환경공단

해설
폐기물관리법 시행령 제16조(기술관리대행자)

64 관리형 매립시설에서 발생되는 침출수의 생물화학적 산소요구량의 배출허용기준(mg/L)은?(단, 청정지역 기준)

① 10   ② 30
③ 50   ④ 70

해설
폐기물관리법 시행규칙 [별표 11] 폐기물 처분시설 또는 재활용시설의 관리기준
매립시설 침출수의 생물화학적 산소요구량·화학적 산소요구량·부유물질량의 배출허용기준

구 분	생물화학적 산소요구량 (mg/L)	화학적 산소요구량 (mg/L)	부유물질량 (mg/L)
청정지역	30	200	30
가지역	50	300	50
나지역	70	400	70

정답 61 ③ 62 ② 63 ④ 64 ②

65 기술관리인을 두어야 할 폐기물처리시설 기준으로 옳은 것은?(단, 폐기물처리업자가 운영하는 폐기물처리시설은 제외)

① 멸균분쇄시설로서 1일 처리능력이 5ton 이상인 시설
② 사료화, 퇴비화 또는 소멸화시설로서 1일 처리능력이 10ton 이상인 시설
③ 압출, 파쇄, 분쇄 또는 절단시설로서 1일 처리능력이 100ton 이상인 시설
④ 연료화시설로서 1일 처리능력이 50ton 이상인 시설

해설
폐기물관리법 시행령 제15조(기술관리인을 두어야 할 폐기물처리시설)
- 멸균분쇄시설로서 시간당 처분능력이 100kg 이상인 시설
- 사료화·퇴비화 또는 연료화시설로서 1일 재활용능력이 5ton 이상인 시설
- 소각열회수시설로서 시간당 재활용능력이 600kg 이상인 시설

66 폐기물 재활용 시 적용되는 에너지 회수기준에 관한 내용으로 ( ) 안에 알맞은 것은?

> 다른 물질과 혼합하지 아니하고 해당 폐기물의 저위발열량이 kg당 ( ) 이상일 것

① 3,000kcal
② 3,500kcal
③ 4,000kcal
④ 4,500kcal

해설
폐기물관리법 시행규칙 제3조(에너지 회수기준 등)

67 에너지 회수기준을 측정하는 기관으로 가장 거리가 먼 것은?(단, 국가표준기본법에 따라 환경부장관이 지정하는 시험·검사기관은 고려하지 않음)

① 한국화학시험연구원
② 한국에너지기술연구원
③ 한국환경공단
④ 한국산업기술시험원

해설
폐기물관리법 시행규칙 제3조(에너지 회수기준 등)
에너지 회수기준을 측정하는 기관은 다음과 같다.
- 한국환경공단
- 한국기계연구원 및 한국에너지기술연구원
- 한국산업기술시험원
- 국가표준기본법에 따라 인정받은 시험·검사기관 중 환경부장관이 지정하는 기관

68 방치폐기물의 처리기간에 관한 내용으로 ( ) 안에 옳은 것은?(단, 연장기간 제외)

> 환경부장관이나 시·도지사는 폐기물 처리 공제조합에 방치폐기물의 처리를 명하려면 주변환경의 오염 우려 정도와 방치폐기물의 처리량 등을 고려하여 ( )의 범위에서 그 처리기간을 정하여야 한다.

① 1개월
② 2개월
③ 3개월
④ 6개월

해설
폐기물관리법 시행령 제23조(방치폐기물의 처리량과 처리기간)

69 폐기물관리법상 재활용으로 인정되는 에너지 회수 기준으로 적합하지 않은 것은?

① 다른 물질과 혼합하지 아니하고 해당 폐기물의 고위발열량이 kg당 1,000kcal 이상일 것
② 에너지의 회수효율(회수에너지 총량을 투입에너지 총량으로 나눈 비율을 말한다)이 75% 이상일 것
③ 환경부장관이 정하여 고시한 경우에는 폐기물의 30% 이상을 원료나 재료로 재활용하고 그 나머지 중에서 에너지의 회수에 이용할 것
④ 회수열을 모두 열원으로 스스로 이용하거나 다른 사람에게 공급할 것

해설
폐기물관리법 시행규칙 제3조(에너지 회수기준 등)
다른 물질과 혼합하지 아니하고 해당 폐기물의 저위발열량이 kg당 3,000kcal 이상일 것

70 주변지역 영향 조사대상 폐기물처리시설에 해당하는 것은?

① 1일 처리능력 30ton인 사업장폐기물 소각시설
② 1일 처리능력 15ton인 사업장폐기물 소각시설이 사업장 부지 내에 3개 있는 경우
③ 매립면적 15,000m^2인 사업장 지정폐기물 매립시설
④ 매립면적 110,000m^2인 사업장 일반폐기물 매립시설

해설
폐기물관리법 시행령 제14조(주변지역 영향 조사대상 폐기물처리시설)
• 1일 처분능력이 50ton 이상인 사업장폐기물 소각시설(같은 사업장에 여러 개의 소각시설이 있는 경우에는 각 소각시설의 1일 처분능력의 합계가 50ton 이상인 경우를 말한다)
• 매립면적 10,000m^2 이상의 사업장 지정폐기물 매립시설
• 매립면적 150,000m^2 이상의 사업장 일반폐기물 매립시설
• 시멘트 소성로(폐기물을 연료로 사용하는 경우로 한정한다)
• 1일 재활용능력이 50ton 이상인 사업장폐기물 소각열회수시설(같은 사업장에 여러 개의 소각열회수시설이 있는 경우에는 각 소각열회수시설의 1일 재활용능력의 합계가 50ton 이상인 경우를 말한다)

71 폐기물 인계·인수 내용 등의 전산처리에 관한 내용으로 ( ) 안에 알맞은 것은?

> 환경부장관은 전산기록이 입력된 날부터 ( )간 전산기록을 보존하여야 한다.

① 1년 ② 3년
③ 5년 ④ 10년

해설
폐기물관리법 제45조(폐기물 인계·인수 내용 등의 전산처리)

72 폐기물처리시설 중 중간처분시설인 기계적 처분시설에 해당하는 것은?

① 열분해시설(가스화시설을 포함한다)
② 응집·침전시설
③ 용융시설(동력 7.5kW 이상인 시설로 한정한다)
④ 고형화시설

해설
폐기물관리법 시행령 [별표 3] 폐기물처리시설의 종류
중간처분시설-기계적 처분시설
• 압축시설(동력 7.5kW 이상인 시설로 한정한다)
• 파쇄·분쇄시설(동력 15kW 이상인 시설로 한정한다)
• 절단시설(동력 7.5kW 이상인 시설로 한정한다)
• 용융시설(동력 7.5kW 이상인 시설로 한정한다)
• 증발·농축시설
• 정제시설(분리·증류·추출·여과 등의 시설을 이용하여 폐기물을 처분하는 단위시설을 포함한다)
• 유수분리시설
• 탈수·건조시설
• 멸균분쇄시설

정답 69 ① 70 ③ 71 ② 72 ③

73 폐기물처리시설의 설치자는 해당 시설의 사용개시일 며칠 전까지 사용개시신고서를 시·도지사나 지방환경관서의 장에게 제출하여야 하는가?

① 5일 전까지
② 10일 전까지
③ 15일 전까지
④ 20일 전까지

해설
폐기물관리법 시행규칙 제41조(폐기물처리시설의 사용신고 및 검사)

74 폐기물처리시설별 정기검사 시기가 틀린 것은? (단, 최초 정기검사이다)

① 소각시설 : 사용개시일부터 2년
② 매립시설 : 사용개시일부터 1년
③ 멸균분쇄시설 : 사용개시일부터 3개월
④ 음식물류 폐기물처리시설 : 사용개시일부터 1년

해설
폐기물관리법 시행규칙 제41조(폐기물처리시설의 사용신고 및 검사)
소각시설, 소각열회수시설 : 최초 정기검사는 사용개시일부터 3년 (측정기기를 설치하고 굴뚝원격감시체계관제센터와 연결하여 정상적으로 운영되는 경우에는 사용개시일부터 5년), 2회 이후의 정기검사는 최종 정기검사일부터 3년이 되는 날

75 폐기물관리법 벌칙 중 3년 이하의 징역 또는 3천만원 이하의 벌금에 처할 수 있는 경우에 해당하지 않는 것은?

① 사후관리(매립시설)를 적합하게 하도록 한 시정명령을 이행하지 아니한 자
② 영업정지 기간 중에 영업을 한 자
③ 검사를 받지 아니하거나 적합 판정을 받지 아니하고 폐기물처리시설을 사용한 자
④ 업종 구분과 영업 내용의 범위를 벗어나는 영업을 한 자

해설
폐기물관리법 제66조(벌칙)
업종 구분과 영업 내용의 범위를 벗어나는 영업을 한 자는 2년 이하의 징역이나 2천만원 이하의 벌금에 처할 수 있다.

76 생활폐기물 수집·운반 대행자에 대한 대행실적 평가결과가 대행실적평가 기준에 미달한 경우 생활폐기물 수집·운반 대행자에 대한 과징금액 기준은? (단, 영업정지 3개월을 갈음하여 부과할 경우)

① 1천만원
② 2천만원
③ 3천만원
④ 5천만원

해설
폐기물관리법 시행령 [별표 4의4] 생활폐기물 수집·운반 대행자에 대한 과징금의 금액

정답 73 ② 74 ① 75 ④ 76 ④

77 의료폐기물 중 일반의료폐기물이 아닌 것은?

① 일회용 주사기
② 수액세트
③ 혈액·체액·분비물·배설물이 함유되어 있는 탈지면
④ 파손된 유리재질의 시험기구

해설
폐기물관리법 시행령 [별표 2] 의료폐기물의 종류
손상성폐기물 : 주삿바늘, 봉합바늘, 수술용 칼날, 한방침, 치과용 침, 파손된 유리재질의 시험기구

78 폐기물처리시설을 설치·운영하는 자는 환경부령으로 정하는 관리기준에 따라 그 시설을 유지·관리하여야 함에도 불구하고 관리기준에 적합하지 아니하게 폐기물처리시설을 유지·관리하여 주변 환경을 오염시킨 경우에 대한 벌칙기준으로 적합한 것은?

① 3년 이하의 징역 또는 3천만원 이하의 벌금
② 2년 이하의 징역 또는 2천만원 이하의 벌금
③ 1년 이하의 징역 또는 1천만원 이하의 벌금
④ 500만원 이하의 벌금

해설
폐기물관리법 제66조(벌칙)

79 폐기물처리시설은 환경부령으로 정하는 기준에 맞게 설치하되 환경부령으로 정하는 규모 미만의 폐기물소각시설을 설치·운영하여서는 아니 된다. '환경부령으로 정하는 규모 미만의 폐기물소각시설' 기준으로 옳은 것은?

① 시간당 폐기물소각 능력이 15kg 미만인 폐기물 소각시설
② 시간당 폐기물소각 능력이 25kg 미만인 폐기물 소각시설
③ 시간당 폐기물소각 능력이 50kg 미만인 폐기물 소각시설
④ 시간당 폐기물소각 능력이 100kg 미만인 폐기물 소각시설

해설
폐기물관리법 시행규칙 제36조(설치가 금지되는 폐기물소각시설)

80 폐기물처리시설의 설치기준 중 고온용융시설의 개별기준으로 틀린 것은?

① 시설에서 배출되는 잔재물의 강열감량은 5% 이하가 될 수 있는 성능을 갖추어야 한다.
② 연소가스의 체류시간은 1초 이상이어야 하고, 충분하게 혼합될 수 있는 구조이어야 한다.
③ 연소가스의 체류시간은 섭씨 1,200도에서의 부피로 환산한 연소가스의 체적으로 계산한다.
④ 시설의 출구온도는 섭씨 1,200도 이상이 되어야 한다.

해설
폐기물관리법 시행규칙 [별표 9] 폐기물처분시설 또는 재활용시설의 설치기준
고온용융시설에서 배출되는 잔재물의 강열감량은 1% 이하가 될 수 있는 성능을 갖추어야 한다.

정답 77 ④ 78 ② 79 ② 80 ①

2024년 제1회 최근 기출복원문제

제1과목 폐기물개론

01 쓰레기의 입도를 분석하였더니 입도누적 곡선상의 10%, 30%, 60%, 90%의 입경이 각각 2, 5, 10, 20mm일 때 곡률계수는?

① 2.75
② 2.25
③ 1.75
④ 1.25

해설

곡률계수(Coefficient of Curvature) : $\dfrac{(D_{30})^2}{D_{10}D_{60}} = \dfrac{5^2}{2 \times 10} = 1.25$

여기서, D_{30}, D_{60} : 입도분포곡선에서 각각 누적 중량의 30%, 60%가 통과하는 입자의 체눈 크기

02 열분해에 의한 에너지회수법과 소각에 의한 에너지회수법을 비교하였을 때 열분해에 의한 에너지회수법의 장점이 아닌 것은?

① 저장 및 수송이 가능한 연료를 회수할 수 있다.
② NO_x의 발생량이 적다.
③ 감량비가 크며, 잔사가 안정화된다.
④ 발생되는 배출가스량이 적어 가스처리장치가 소형이어도 된다.

해설

열분해가 소각에 비하여 감량비가 작으며, 잔사의 안정화 정도도 낮다.

03 폐기물을 분쇄하거나 파쇄하는 목적이 아닌 것은?

① 겉보기 비중의 감소
② 유가물의 분리
③ 비표면적의 증가
④ 입경분포의 균일화

해설

파쇄하는 경우 겉보기 비중이 증가하는 경향이 있다.

04 수분이 96%이고 무게 100kg인 폐수슬러지를 탈수시켜 수분이 70%인 폐수슬러지로 만들었다. 탈수된 후 폐수슬러지의 무게(kg)는?(단, 슬러지 비중 = 1.0)

① 11.3
② 13.3
③ 16.3
④ 18.3

해설

$\dfrac{V_2}{V_1} = \dfrac{100 - w_1}{100 - w_2}$

$V_2 = V_1 \times \dfrac{100 - w_1}{100 - w_2} = 100 \times \dfrac{100 - 96}{100 - 70} = 13.3\text{kg}$

정답 1 ④ 2 ② 3 ① 4 ②

05 도시의 폐기물 수거량이 2,000,000ton/year이며, 수거인부는 1일 3,255명이고, 수거 대상 인구는 5,000,000명이다. 수거인부의 일 평균작업 시간은 5시간이라고 할 때, MHT는?(단, 1년은 365일 기준)

① 1.83　　② 2.97
③ 3.65　　④ 4.21

해설

$$MHT = \frac{수거인원(인) \times 수거시간(hour)}{수거량(ton)}$$

$$= \frac{3,255명 \times 365일/년 \times 5시간/일}{2,000,000ton/년}$$

$$= 2.97$$

06 발열량과 발열량 분석에 관한 설명으로 틀린 것은?

① 발열량은 쓰레기 1kg을 완전연소시킬 때 발생하는 열량(kcal)을 말한다.
② 고위발열량(H_h)은 발열량계에서 측정한 값에서 물의 증발잠열을 뺀 값을 말한다.
③ 발열량 분석은 원소분석 결과를 이용하는 방법으로 고위발열량과 저위발열량을 추정할 수 있다.
④ 저위발열량(H_l, kcal/kg)을 산정하는 방법은 $H_h - 600(9H + W)$을 사용한다.

해설

고위발열량은 발열량계에서 측정한 값이며, 이 값에서 물의 증발잠열을 뺀 것이 저위발열량이다.

07 밀도가 680kg/m³인 쓰레기 200kg이 압축되어 밀도가 960kg/m³으로 되었다면 압축비는?

① 약 1.1　　② 약 1.4
③ 약 1.7　　④ 약 2.1

해설

- 밀도가 680kg/m³일 때 폐기물 부피는 $\frac{200kg}{680kg/m^3} = 0.29m^3$
- 밀도가 960kg/m³일 때 1ton의 폐기물 부피는 $\frac{200kg}{960kg/m^3} = 0.21m^3$

∴ 압축비 $= \frac{압축\ 전\ 부피(V_i)}{압축\ 후\ 부피(V_f)} = \frac{0.29}{0.21} = 1.4$

08 폐기물의 퇴비화 조건이 아닌 것은?

① 퇴비화하기 쉬운 물질을 선정한다.
② 분뇨, 슬러지 등 수분이 많을 경우 Bulking Agent를 혼합한다.
③ 미생물 식종을 위해 부숙 중인 퇴비의 일부를 반송하여 첨가한다.
④ pH가 5.5 이하인 경우 인위적인 pH 조절을 위해 탄산칼슘을 첨가한다.

해설

미생물 식종은 필수적인 조건이 아니다. 폐기물 자체 내의 미생물로도 충분하다.

09 폐기물 재활용 정책 중 EPR의 의미로 가장 적절한 것은?

① 폐기물 자원화 기술개발 제도
② 생산자 책임재활용 제도
③ 재활용 제품 소비촉진 제도
④ 고부가 자원화 사업지원 제도

해설

EPR(Extended Producer Responsibility) : 생산자 책임재활용 제도

정답 5 ② 6 ② 7 ② 8 ③ 9 ②

10 폐기물 선별법 중 와전류 선별법으로 선별하기 어려운 물질은?

① 구 리
② 철
③ 아 연
④ 알루미늄

해설
와전류 선별법은 비철금속을 제거하는 데 사용되는 방법이다.

11 건설재료로 재이용이 불가능한 폐기물 형태는?

① 슬래그
② 소각재
③ 탈수된 하수슬러지
④ 무기성 슬러지

해설
하수슬러지는 유기성 물질이므로 건설재료로 재이용할 수 없다.

12 난분해성 유기화합물의 생물학적 반응이 아닌 것은?

① 탈수소반응(가수분해반응)
② 고리분할
③ 탈알킬화
④ 탈할로겐화

해설
가수분해반응은 쉽게 분해되는 유기화합물의 생물학적 반응 시 나타난다.

13 쓰레기의 운송기술 중 관거를 이용한 공기수송에 관한 설명으로 틀린 것은?

① 진공수송의 경제적인 수송거리는 약 2km 정도이다.
② 진공수송에 있어서 진공도는 최대 $0.5kg/cm^2$ Vac 정도이다.
③ 가압수송으로 연속수송을 하고자 할 경우에는 크기가 불균일해서 부착되기 쉽고 유동성이 나쁜 쓰레기를 정압으로 연속정량 공급하는 것이 곤란하다.
④ 가압수송은 진공수송에 비하여 경제적이나 수송거리가 약 1km 내외로 짧은 것이 단점이다.

해설
가압수송은 진공수송보다는 수송거리를 더 길게 할 수 있으나(최고 5km가 경제거리임) 연속수송을 하고자 할 경우에는 크기가 불균질해서 부착되기 쉽고 유동성이 나쁜 쓰레기를 정압으로 연속정량 공급하는 것이 곤란하다.

14 폐기물 파쇄기에 대한 설명으로 틀린 것은?

① 전단파쇄기는 주로 목재류, 플라스틱류 및 종이류를 파쇄하는 데 이용된다.
② 전단파쇄기는 대체로 충격파쇄기에 비해 파쇄속도가 느리고 이물질의 혼입에 대하여 약하다.
③ 충격파쇄기는 기계의 압착력을 이용하는 것으로 주로 왕복식을 적용한다.
④ 압축파쇄기는 파쇄기의 마모가 적고 비용이 적게 소요되는 장점이 있다.

해설
③ 기계의 압착력을 이용하는 것은 압축파쇄기이다.

15 Worrell의 제안식을 적용한 선별결과가 다음과 같을 때, 선별효율(%)은?[단, 투입량 = 10ton/일, 회수량 = 7ton/일(회수대상물질 5ton/일), 제거대상물질 = 3ton/일(회수대상물질 0.5ton/일)]

① 약 50 ② 약 60
③ 약 70 ④ 약 80

해설

$x_1 + y_1$ = 7ton(이 중 x_1 = 5ton, y_1 = 2ton)
$x_2 + y_2$ = 3ton(이 중 x_2 = 0.5ton, y_2 = 2.5ton)
$x_0 = x_1 + x_2$ = 5.5ton, $y_0 = y_1 + y_2$ = 4.5ton

∴ $E = \dfrac{x_1}{x_0} \cdot \dfrac{y_2}{y_0} \times 100 = \dfrac{5}{5.5} \cdot \dfrac{2.5}{4.5} \times 100 = 50.5$

16 폐기물 발생량 조사방법 중 물질수지법에 관한 설명으로 가장 거리가 먼 것은?

① 물질수지를 세울 수 있는 상세한 데이터가 있는 경우에 가능하다.
② 주로 생활폐기물의 종류별 발생량 추산에 사용된다.
③ 조사하고자 하는 계(System)의 경계를 명확하게 설정하여야 한다.
④ 계(System)로 유입되는 모든 물질들과 유출되는 물질들 간의 물질수지를 세움으로써 폐기물 발생량을 추정한다.

해설
물질수지법은 산업폐기물의 발생량을 추산할 때 사용된다.

17 폐기물발생량이 2,000m³/일, 밀도 840kg/m³일 때, 5ton 트럭으로 운반하려면 1일 필요한 차량수(대)는?(단, 예비차량 2대 포함, 기타 조건은 고려하지 않음)

① 334 ② 336
③ 338 ④ 340

해설
$2,000\text{m}^3/\text{일} \times 840\text{kg/m}^3 \times \dfrac{1\text{ton}}{1,000\text{kg}} \div \dfrac{5\text{ton}}{\text{대}} = 336$대
336 + 2(예비차량) = 338대

18 국내 폐기물은 1990년대 초와 1990년대 말의 쓰레기 배출을 조사해 보면, 초기의 연탄재에서 말기의 종이류로 질적인 변화가 뚜렷하다. 이에 대한 설명으로 옳지 않은 것은?

① 전체적인 배출량이 감소하였다.
② 발열량이 높아졌다.
③ 쓰레기의 배출밀도가 커졌다.
④ 재활용 가능성이 높아졌다.

해설
종이, 플라스틱류가 많아지면서 쓰레기의 밀도는 감소하였다.

정답 15 ① 16 ② 17 ③ 18 ③

19 도시 쓰레기 성분 및 혼합물 밀도의 대푯값으로 가장 거리가 먼 것은?

① 종이 : 85kg/m³
② 플라스틱 : 150kg/m³
③ 고무 : 130kg/m³
④ 유리 : 195kg/m³

해설
플라스틱은 종이보다 밀도가 작다. 미국 도시폐기물에 대한 조사 자료에 의하면 플라스틱의 밀도는 65kg/m³로 보고되고 있다. 밀도 크기 순서로 나열하면 유리 > 고무 > 종이 > 플라스틱의 순서이다.

20 함수율 80%인 음식쓰레기와 함수율 50%인 퇴비를 3:1의 무게비로 혼합하면 함수율은?(단, 비중은 1.0 기준)

① 66.5% ② 68.5%
③ 72.5% ④ 74.5%

해설
$\dfrac{3 \times 80 + 1 \times 50}{3+1} = 72.5\%$

제2과목 폐기물처리기술

21 쓰레기의 퇴비화를 고려할 때 가장 적당한 탄소와 질소의 비(C/N)는?

① 70~80 ② 35~50
③ 15~25 ④ 10~15

22 퇴비화공정의 운전척도에 대한 설명으로 옳지 않은 것은?

① 수분함량이 너무 크면 퇴비화가 지연되므로 적정 수분함량은 30~40% 정도가 적절하다.
② 온도가 서서히 내려가 40~45℃에서는 퇴비화가 거의 완성된 상태로 간주한다.
③ 퇴비가 되면 진한 회색을 띠며, 약간의 갈색을 나타낸다.
④ pH는 변동이 크지 않다.

해설
퇴비화의 적정 수분함량은 50~60% 정도이다.

23 분뇨정화조(PVC 원형 정화조)의 처리순서가 가장 올바르게 연결된 것은?

① 부패조 – 여과조 – 산화조 – 소독조
② 산화조 – 부패조 – 여과조 – 소독조
③ 부패조 – 산화조 – 소독조 – 여과조
④ 산화조 – 여과조 – 부패조 – 소독조

해설
혐기성으로 운전되는 부패조가 먼저 나오고 이후에 산화조가 위치해야 하며, 소독조의 경우 가장 나중에 위치한다.

24 함수율이 98%인 슬러지를 함수율 80%의 슬러지로 탈수시켰을 때 탈수 후/전의 슬러지 체적비(탈수 후/전)는?(단, 비중 : 1.0 기준)

① 1/9   ② 1/10
③ 1/15   ④ 1/20

해설
$$\frac{V_2}{V_1} = \frac{100-w_1}{100-w_2} = \frac{100-98}{100-80} = \frac{2}{20} = \frac{1}{10}$$

25 혐기성 소화와 호기성 소화를 비교한 내용으로 가장 거리가 먼 것은?

① 호기성 소화 시 상층액의 BOD 농도가 낮다.
② 호기성 소화 시 슬러지 발생량이 많다.
③ 혐기성 소화슬러지 탈수성이 불량하다.
④ 혐기성 소화 운전이 어렵고 반응시간도 길다.

해설
③ 혐기성 소화슬러지 탈수성이 양호하다.

26 탄소 85%, 수소 13%, 황 2%를 함유하는 중유 10kg 연소에 필요한 이론산소량(Sm^3)은?

① 약 9.8   ② 약 16.7
③ 약 23.3   ④ 약 32.4

해설
$$O_o = \frac{22.4}{12}C + \frac{11.2}{2}H + \frac{22.4}{32}S$$
$$= \frac{22.4}{12}\times 0.85 + \frac{11.2}{2}\times 0.13 + \frac{22.4}{32}\times 0.02$$
$$\fallingdotseq 2.33 Sm^3/kg$$

10kg의 중유에 대해서는 $2.33 Sm^3/kg \times 10kg \fallingdotseq 23.3 Sm^3$의 산소가 필요하다.

27 수분함량이 97%인 슬러지의 비중은?(단, 고형물의 비중은 1.35)

① 약 1.062   ② 약 1.042
③ 약 1.028   ④ 약 1.008

해설
$$\frac{슬러지\ 무게}{슬러지\ 비중} = \frac{고형물\ 무게}{고형물\ 비중} + \frac{물\ 무게}{물\ 비중}$$
$$\frac{100}{슬러지\ 비중} = \frac{3}{1.35} + \frac{97}{1} = 99.2$$
∴ 슬러지 비중 = 1.008

28 어느 분뇨 처리장에서 잉여슬러지량은 분뇨 처리량의 30%이며 함수율은 99%이다. 이것을 농축조에서 함수율 98%로 농축하여 탈수기로 탈수시키고자 한다. 탈수기는 일주일 중 6일 운전하고 1일 8시간씩 가동한다면 탈수기의 슬러지 처리능력은?(단, 비중은 1.0, 1일 분뇨 처리량은 200kL이다)

① 1.8m^3/hr
② 2.9m^3/hr
③ 3.6m^3/hr
④ 4.4m^3/hr

해설
잉여슬러지 중 고형물 무게 = $200m^3/일 \times 0.3 \times 0.01 = 0.6m^3/일$
농축슬러지 부피는 함수율이 98%이므로
$$\frac{V-0.6}{V}\times 100 = 98 에서,\ V = 30m^3/day$$
∴ 탈수기 처리능력 = $\frac{30m^3/day \times 7일/주}{6일 \times 8시간/일} = 4.375 m^3/hr$

정답 24 ② 25 ③ 26 ③ 27 ④ 28 ④

29 중량비로 80% 수분을 함유한 폐수에 응집제를 가하여 침전시켰더니 상등액과 침전슬러지의 용적비가 1 : 2로 되었다. 이때의 침전슬러지의 수분은 약 몇 %인가?(단, 응집제의 무게는 무시할 정도로 작으며 상등액의 SS 농도는 무시함)

① 70 ② 75
③ 80 ④ 85

해설
초기 폐수의 양을 100이라 할 때 고형물의 양은 20이다. 응집침전 후에도 고형물의 양은 변화가 없으며, 침전 후 슬러지의 부피는 $100 \times \frac{2}{3} = 66.7$이므로

∴ 침전슬러지의 수분함량 $= \frac{66.7 - 20}{66.7} \times 100 = 70.0\%$

30 다음과 같은 조건의 음식물쓰레기와 톱밥을 혼합한 후 건조시킨 결과, 함수량 25%의 쓰레기가 만들어졌다면 건조된 쓰레기는 몇 ton인가?(단, 비중은 1.0 기준)

성 분	쓰레기 양(ton)	함수량(%)
음식물쓰레기	12.0	85.0
톱 밥	2.0	5.0

① 4.93 ② 5.33
③ 6.32 ④ 7.12

해설
• 혼합폐기물의 중량은 14ton, 함수율 $= \frac{12 \times 85 + 2 \times 5}{12 + 2} = 73.6\%$
• 건조 후 함수량이 25%이므로
$\frac{V_2}{V_1} = \frac{100 - w_1}{100 - w_2}$에서
$\frac{V_2}{14} = \frac{100 - 73.6}{100 - 25} = \frac{26.4}{75}$
∴ $V_2 = 4.93$

31 매립된 지 5년이 넘지 않은 매립지에서 발생되는 침출수를 처리하기 위한 공정으로 가장 효율성이 양호한 것은?(단, 침출수 특성 : COD/TOC > 2.8, BOD/COD > 0.5, COD > 10,000ppm)

① 역삼투
② 화학적 산화
③ 약품처리
④ 생물학적 처리

해설
BOD/COD > 0.5이고, COD > 10,000ppm이면 생물학적 처리가 경제적이다.

32 인공 복토재의 조건과 가장 거리가 먼 것은?

① 투수계수가 높아야 한다.
② 연소가 잘 되지 않아야 한다.
③ 생분해가 가능하여야 한다.
④ 살포가 용이해야 한다.

해설
투수계수가 높으면 강우가 매립지 내부로 침투하여 침출수 발생량이 많아진다.

33 CO 10kg을 완전 연소시킬 때 필요한 이론적 산소량은?

① $4Sm^3$ ② $6Sm^3$
③ $8Sm^3$ ④ $10Sm^3$

해설
$CO + \frac{1}{2}O_2 \rightarrow CO_2$
28kg $11.2Sm^3$
10kg xSm^3
$x = \frac{10 \times 11.2}{28} = 4$

34 유동층 소각로의 장점이라 할 수 없는 것은?

① 기계적 구동 부분이 적어 고장률이 낮다.
② 가스의 온도가 낮고 과잉공기량이 적다.
③ 노 내의 온도의 자동제어와 열회수가 용이하다.
④ 열용량이 커서 파쇄 등 전처리가 필요 없다.

해설
④ 파쇄 등 전처리가 필요하다.

35 전기집진장치의 장점이 아닌 것은?

① 집진효율이 높다.
② 설치 시 소요 부지면적이 적다.
③ 운전비, 유지비가 적게 소요된다.
④ 압력손실이 적고 대량의 분진함유 가스를 처리할 수 있다.

해설
전기집진장치는 설치비용이 많이 소요되고, 설치공간을 많이 차지한다.

36 토양의 현장처리기법인 토양세척법과 관련된 주요 인자와 가장 거리가 먼 것은?

① 헨리상수
② 지하수 차단벽의 유무
③ 투수계수
④ 분배계수

해설
• 토양세척법은 토양에 부착된 오염물질을 세척제로 녹여내는 방법이다. 따라서 오염물질의 분배계수와 관련이 있다.
• 헨리상수는 기상 및 액상에 대한 오염물질의 분배계수로서 Air Stripping 시 중요한 물리화학적 특성이다.

37 7,570m^3/d 유량의 하수처리장에서 유입수 BOD와 SS의 농도는 각각 200mg/L이고, 1차 침전지에 의하여 SS는 50%, BOD는 30%가 제거된다고 할 때 1차 침전지에서의 슬러지 발생량(건조고형물 기준)은?(단, 생물학적 분해는 없으며 BOD 제거는 SS 제거로 인함)

① 약 630kg/d
② 약 760kg/d
③ 약 850kg/d
④ 약 920kg/d

해설
유량(m^3/d) × 농도(mg/L) × 10^{-3} = kg/d이므로(10^{-3}은 환산계수)
7,570m^3/d × 200mg/L × (1 − 0.5) × 10^{-3} = 757kg/d

38 다음 중 열회수시설이 아닌 것은?

① 절탄기   ② 과열기
③ SCR   ④ 공기예열기

해설
SCR은 선택적 촉매환원장치로 질소산화물(NO_x)을 제거하는 장치이다.

39 매시간 10ton의 폐유를 소각하는 소각로에서 황산화물을 탈황하여 부산물인 80% 황산으로 전량 회수한다면 그 부산물량(kg/hr)은?(단, S : 32, 폐유 중 황성분 2%, 탈황률 90%라 가정함)

① 약 590 　　② 약 690
③ 약 790 　　④ 약 890

해설
S → H_2SO_4
32kg　98kg

$10t/hr \times 0.02 \times \dfrac{98}{32} \times 0.9 \times \dfrac{1}{0.8} \times 1,000 kg/t ≒ 689 kg/hr$

40 열교환기 중 과열기에 관한 설명으로 옳지 않은 것은?

① 일반적으로 보일러의 부하가 높아질수록 대류 과열기에 의한 과열 온도가 상승한다.
② 과열기의 재료는 탄소강을 비롯하여 니켈, 몰리브덴, 바나듐 등을 함유한 특수내열 강관을 사용한다.
③ 과열기는 보일러 전열면을 통하여 연소가스의 여열로 보일러 급수를 예열하여 효율을 높이는 장치이다.
④ 과열기는 부착 위치에 따라 전열 형태가 다르다.

해설
절탄기 : 보일러 전열면을 통하여 연소가스의 여열로 보일러 급수를 예열하여 효율을 높이는 장치

제3과목 폐기물공정시험기준(방법)

41 용출시험 시 용출조작방법으로 옳지 않은 것은?

① 상온, 상압에서 진탕기의 진탕회수는 매 분당 약 200회 정도로 한다.
② 진폭이 4~5cm인 진탕기를 사용하여 6시간 연속 진탕한다.
③ 진탕이 끝나면 $1.0\mu m$의 유리섬유여과지로 여과하여 시료용액으로 한다.
④ 여과가 어려운 경우는 원심분리기로 매분당 2,000회전 이상, 30분 이상 원심분리하여 상징액을 시료용액으로 한다.

해설
ES 06150.e 시료의 준비
여과가 어려운 경우에는 원심분리기를 사용하여 매 분당 3,000회전 이상으로 20분 이상 원심분리한 다음 상등액을 적당량 취하여 용출실험용 시료용액으로 한다.

42 자외선/가시선 분광법(흡광광도법)에서 6가크롬을 적자색으로 발색시키는 시약은?

① 다이페닐카바자이드
② 클로라민 T
③ 디티존
④ 다이에틸다이티오카르바민산나트륨

43 고형물의 함량이 50%, 수분함량이 50%, 강열감량이 85%인 폐기물이 있다. 이때 폐기물의 고형물 중 유기물 함량(%)은?

① 50　　② 60
③ 70　　④ 80

해설
ES 06301.1d 강열감량 및 유기물 함량-중량법
- 휘발성 고형물(%) = 강열감량(%) − 수분(%) = 85 − 50 = 35%
- 유기물 함량(%) = $\dfrac{휘발성 고형물(\%)}{고형물(\%)} \times 100$
  = $\dfrac{35}{50} \times 100 = 70\%$

44 다음 중 취급 또는 저장하는 동안에 이물질이 들어가거나 또는 내용물이 손실되지 아니하도록 보호하는 용기로 정의되는 것은?

① 기밀용기　　② 밀폐용기
③ 밀봉용기　　④ 차광용기

해설
ES 06000.b 총칙

밀폐용기	취급 또는 저장하는 동안에 이물질이 들어가거나 또는 내용물이 손실되지 아니하도록 보호하는 용기
기밀용기	취급 또는 저장하는 동안에 밖으로부터의 공기 또는 다른 가스가 침입하지 아니하도록 내용물을 보호하는 용기
밀봉용기	취급 또는 저장하는 동안에 기체 또는 미생물이 침입하지 아니하도록 내용물을 보호하는 용기
차광용기	광선이 투과하지 않는 용기 또는 투과하지 않게 포장을 한 용기이며 취급 또는 저장하는 동안에 내용물이 광화학적 변화를 일으키지 아니하도록 방지할 수 있는 용기

45 자외선/가시선 분광법에 의한 구리 분석방법에 관한 설명으로 옳은 것은?

> 구리이온은 (㉠)에서 다이에틸다이티오카르바민산나트륨과 반응하여 (㉡)의 킬레이트 화합물을 생성한다.

① ㉠ 산성　　㉡ 황갈색
② ㉠ 산성　　㉡ 적자색
③ ㉠ 알칼리성　　㉡ 황갈색
④ ㉠ 알칼리성　　㉡ 적자색

해설
ES 06401.3 구리-자외선/가시선 분광법

46 구리를 정량하기 위해 사용하는 시약과 그 목적이 잘못 연결된 것은?

① 구연산이암모늄용액 - 발색 보조제
② 초산부틸 - 구리의 추출
③ 암모니아수 - pH 조절
④ 다이에틸다이티오카르바민산나트륨 - 구리의 발색

해설
구연산이암모늄용액은 시료 속에 존재할 수 있는 다른 금속과 착염을 형성하여 침전물이 생성되지 않도록 한다.

47 온도의 영향이 없는 고체상태 시료의 시험조작은 어느 상태에서 실시하는가?

① 상 온　　② 실 온
③ 표준온도　　④ 측정온도

해설
ES 06000.b 총칙
각각의 시험은 따로 규정이 없는 한 상온에서 조작하고 조작 직후에 그 결과를 관찰한다. 단, 온도의 영향이 있는 것의 판정은 표준온도를 기준으로 한다.

정답　43 ③　44 ②　45 ③　46 ①　47 ①

48 시안을 자외선/가시선 분광법으로 측정할 때 클로라민-T와 피리딘·피라졸론 혼합액을 넣어 나타내는 색으로 옳은 것은?

① 적 색
② 황갈색
③ 적자색
④ 청 색

해설
ES 06351.1 시안-자외선/가시선 분광법

49 액체시약의 농도에 있어서 황산(1+10)이라고 되어 있을 경우 옳은 것은?

① 물 1mL와 황산 10mL를 혼합하여 조제한 것
② 물 1mL와 황산 9mL를 혼합하여 조제한 것
③ 황산 1mL와 물 9mL를 혼합하여 조제한 것
④ 황산 1mL와 물 10mL를 혼합하여 조제한 것

해설
ES 06000.b 총칙

50 용출시험의 결과 산출 시 시료 중의 수분함량 보정에 관한 설명으로 ( )에 알맞은 것은?

> 함수율 85% 이상인 시료에 한하여 ( )을 곱하여 계산된 값으로 한다.

① 15 × {100 - 시료의 함수율(%)}
② 15 - {100 - 시료의 함수율(%)}
③ 15 / {100 - 시료의 함수율(%)}
④ 15 + {100 - 시료의 함수율(%)}

해설
ES 06150.e 시료의 준비

51 폐기물공정시험방법에서 정의하고 있는 용어의 설명으로 맞는 것은?

① 고상폐기물이라 함은 고형물의 함량이 5% 미만인 것을 말한다.
② 상온은 15~20℃이고, 실온은 4~25℃이다.
③ 감압 또는 진공이라 함은 따로 규정이 없는 한 15mmH$_2$O 이하를 말한다.
④ 항량으로 될 때까지 건조한다라 함은 같은 조건에서 1시간 더 건조할 때 전후 무게의 차가 g당 0.3mg 이하일 때를 말한다.

해설
ES 06000.b 총칙
① 고상폐기물 : 고형물의 함량 15% 이상
② 상온 : 15~25℃, 실온 : 1~35℃
③ 감압 또는 진공 : 15mmHg 이하

52 시료의 채취방법으로 옳은 것은?

① 액상혼합물은 원칙적으로 최종지점의 낙하구에서 흐르는 도중에 채취한다.
② 콘크리트 고형화물의 경우 대형의 고형화물로 분쇄가 어려울 경우에는 임의의 10개소에서 채취하여 각각 파쇄하여 100g씩 균등량 혼합하여 채취한다.
③ 유기인 시험을 위한 시료채취는 폴리에틸렌병을 사용한다.
④ 시료의 양은 1회에 1kg 이상 채취한다.

해설
ES 06130.d 시료의 채취
② 대형의 고형화물이며 분쇄가 어려울 경우에는 임의의 5개소에서 채취하여 각각 파쇄한 후 100g씩 균등한 양을 혼합하여 채취한다.
③ 유기인의 시료채취는 갈색경질의 유리병을 사용하며 채취 전에 시료로서 세척하지 말아야 한다.
④ 시료의 양은 1회에 100g 이상으로 채취한다. 다만, 소각재의 경우에는 1회에 500g 이상으로 채취한다.

정답 48 ④ 49 ④ 50 ③ 51 ④ 52 ①

53 K$_2$Cr$_2$O$_7$을 사용하여 크롬 표준원액(100mg Cr/L) 100mL를 제조할 때 K$_2$Cr$_2$O$_7$은 얼마나 취해야 하는가?(단, 원자량 K = 39, Cr = 52, O = 16)

① 14.1mg ② 28.3mg
③ 35.4mg ④ 56.5mg

해설
K$_2$Cr$_2$O$_7$ 분자량 = 294g
크롬 표준원액(100mg Cr/L) 100mL를 제조할 때는 크롬 10mg이 필요하며, K$_2$Cr$_2$O$_7$에는 Cr이 2개 포함되어 있음에 주의하자.
Cr : K$_2$Cr$_2$O$_7$/2
$52 : \dfrac{294}{2} = 10 : x$
$x = 28.3\text{mg}$

54 원자흡수분광광도법에 의한 카드뮴 정량 시 가장 오차를 크게 유발하는 물질은?

① NaCl ② Pb(OH)$_2$
③ FeSO$_4$ ④ KMnO$_4$

해설
ES 06400.1 금속류-원자흡수분광광도법
시료 중에 알칼리금속의 할로겐 화합물을 다량 함유하는 경우에는 분자 흡수나 광산란에 의하여 오차를 발생하므로 추출법으로 카드뮴을 분리하여 실험한다.

55 Pb(NO$_3$)$_2$를 사용하여 0.5mg/mL의 납표준원액 1,000mL를 제조하려고 한다. Pb(NO$_3$)$_2$를 얼마나 취해야 하는가?(단, Pb의 원자량 : 207.2)

① 약 200mg ② 약 400mg
③ 약 600mg ④ 약 800mg

해설
Pb(NO$_3$)$_2$ 분자량 = 331.2g
0.5mg/mL × 1,000mL/L = 500mg/L
납표준원액(500mg/L) 1,000mL를 제조할 때는 납 500mg이 필요하다.
 Pb   : Pb(NO$_3$)$_2$
207.2 :   331.2
 500   : x
∴ $x = 799.2\text{mg}$

56 폐기물 중 기름성분을 중량법으로 측정할 때 정량한계는?

① 0.1% 이하
② 0.2% 이하
③ 0.3% 이하
④ 0.5% 이하

해설
ES 06302.1b 기름성분-중량법

정답 53 ② 54 ① 55 ④ 56 ①

57 함수율 90%인 하수오니의 폐기물 명칭은?

① 액상폐기물
② 반고상폐기물
③ 고상폐기물
④ 폐기물은 상(相, Phase)을 구분하지 않음

해설
ES 06000.b 총칙

액상폐기물	고형물 함량 5% 미만
반고상폐기물	고형물 함량 5% 이상 15% 미만
고상폐기물	고형물 함량 15% 이상

58 유기인의 기체크로마토그래피 분석 시 간섭물질에 관한 내용으로 틀린 것은?

① 추출 용매 안에 함유되어 있는 불순물이 분석을 방해할 수 있다.
② 고순도의 시약이나 용매를 사용하면 방해물질을 최소화할 수 있다.
③ 매트릭스로부터 추출되어 나오는 방해물질이 있을 수 있는데 이는 시료마다 다르다.
④ 유리기구류는 세정수로만 닦아준 후 깨끗한 곳에서 건조하여 사용한다.

해설
ES 06501.1b 유기인-기체크로마토그래피
유리기구류는 세정제, 수돗물, 정제수 그리고 아세톤으로 차례로 닦아준 후 400℃에서 15~30분 동안 가열한 후 식혀 알루미늄박으로 덮어 깨끗한 곳에 보관하여 사용한다.

59 시료용기에 관한 설명으로 알맞지 않은 것은?

① 노말헥산 추출물질, 유기인 실험을 위한 시료 채취 시는 갈색경질 유리병을 사용한다.
② PCB 및 휘발성 저급염소화탄화수소류 실험을 위한 시료 채취 시는 갈색경질 유리병을 사용한다.
③ 채취용기는 기밀하고 누수나 흡습성이 없어야 한다.
④ 시료의 부패를 막기 위해 공기가 통할 수 있는 코르크 마개를 사용한다.

해설
ES 06130.d 시료의 채취
시료 중에 다른 물질의 혼입이나 성분의 손실을 방지하기 위하여 밀봉할 수 있는 마개를 사용하며 코르크 마개를 사용하여서는 안 된다. 다만, 고무나 코르크 마개에 파라핀지, 유지 또는 셀로판지를 씌워 사용할 수도 있다.

60 황산 산성에서 디티존사염화탄소로 1차 추출하고 브로모화칼륨 존재 하에 황산 산성에서 역추출하여 방해성분과 분리한 다음 알칼리성에서 디티존사염화탄소로 추출하는 중금속 항목은?

① Cd ② Cu
③ Pb ④ Hg

해설
ES 06404.2 수은-자외선/가시선 분광법
수은을 황산 산성에서 디티존사염화탄소로 일차 추출하고 브로모화칼륨 존재 하에 황산 산성에서 역추출하여 방해성분과 분리한 다음 알칼리성에서 디티존사염화탄소로 수은을 추출하여 490nm에서 흡광도를 측정한다.

제4과목 폐기물관계법규

61 매립시설의 사후관리이행보증금의 산출기준 항목으로 틀린 것은?

① 침출수 처리시설의 가동 및 유지·관리에 드는 비용
② 매립시설 제방 등의 유실 방지에 드는 비용
③ 매립시설 주변의 환경오염조사에 드는 비용
④ 매립시설에 대한 민원 처리에 드는 비용

해설
폐기물관리법 시행령 제30조(사후관리이행보증금의 산출기준)

62 폐기물관리법상 사업장 일반폐기물의 종류별 처리기준 및 방법에 대하여 틀리게 연결된 것은?

① 소각재 – 매립, 안정화, 고형화 처리
② 폐지류·폐목재류 및 폐섬유류 – 소각처리
③ 분진 – 매립, 소각, 안정화
④ 폐촉매·폐흡착제 및 폐흡수제 – 소각, 매립

해설
폐기물관리법 시행규칙 [별표 5] 폐기물의 처리에 관한 구체적 기준 및 방법
분진은 다음의 어느 하나에 해당하는 방법으로 처분하여야 한다.
- 폴리에틸렌이나 그 밖에 이와 비슷한 재질의 포대에 담아 관리형 매립시설에 매립하여야 한다.
- 시멘트·합성고분자화합물을 이용하거나 이와 비슷한 방법으로 고형화한 후 관리형 매립시설에 매립하여야 한다.
※ 분진은 대부분 무기성이므로 소각할 필요가 없다.

63 폐기물처리 신고자가 고철을 재활용하는 경우 환경부령으로 정하는 폐기물처리기간은?

① 15일 ② 30일
③ 60일 ④ 90일

해설
폐기물관리법 시행규칙 제12조(폐기물처리 신고자와 광역 폐기물처리시설 설치·운영자의 폐기물처리기간)
"환경부령으로 정하는 기간"이란 30일을 말한다. 다만, 폐기물처리 신고자가 고철을 재활용하는 경우에는 60일을 말한다.

64 폐기물처리 담당자 등에 대한 교육과 관련된 설명 중 틀린 것은?

① 교육기관의 장은 교육과정 종료 후 5일 이내에 교육결과를 교육대상자에게 알려야 한다.
② 환경부장관은 교육계획을 매년 1월 31일까지 시·도지사나 지방환경관서의 장에게 알려야 한다.
③ 교육기관의 장은 매 분기 교육실적을 그 분기가 끝난 후 15일 이내에 환경부장관에게 보고하여야 한다.
④ 시·도지사나 지방환경관서의 장은 교육대상자를 선발하여 해당 교육과정이 시작되기 15일 전까지 교육기관의 장에게 알려야 한다.

해설
폐기물관리법 시행규칙 제53조(교육대상자의 선발 및 등록)
- 환경부장관은 교육계획을 매년 1월 31일까지 시·도지사, 지방환경관서의 장 또는 국립환경과학원장에게 알려야 한다.
- 시·도지사, 지방환경관서의 장 또는 국립환경과학원장은 관할 구역의 교육대상자를 선발하여 그 명단을 해당 교육과정이 시작되기 15일 전까지 교육기관의 장에게 알려야 한다.
- 시·도지사, 지방환경관서의 장 또는 국립환경과학원장은 규정에 따라 교육대상자를 선발하면 그 교육대상자를 고용한 자에게 지체 없이 알려야 한다.
- 교육대상자로 선발된 자는 해당 교육기관에 교육이 시작되기 전까지 등록을 하여야 한다.

폐기물관리법 시행규칙 제54조(교육결과 보고)
교육기관의 장은 교육을 하면 매 분기의 교육실적을 그 분기가 끝난 후 15일 이내에 환경부장관에게 보고하여야 하며, 매 교육과정 종료 후 7일 이내에 교육결과를 교육대상자를 선발하여 통보한 기관의 장에게 알려야 한다.

정답 61 ④ 62 ③ 63 ③ 64 ①

65 폐기물처리시설(매립시설)의 사용을 끝내거나 폐쇄하려할 때 시·도지사나 지방환경관서의 장에게 제출하는 폐기물매립시설 사후관리계획서에 포함되어야 하는 사항과 가장 거리가 먼 것은?

① 빗물배제계획
② 지하수 수질조사계획
③ 구조물과 지반 등의 안정도유지계획
④ 침출수 관리계획(관리형 매립시설은 제외한다)

해설
폐기물관리법 시행규칙 제69조(폐기물처리시설의 사용종료 및 사후관리 등)
침출수 관리계획(차단형 매립시설은 제외한다)

66 환경부장관, 시·도지사 또는 시장·군수·구청장은 관계 공무원에게 사무소나 사업장 등에 출입하여 관계서류나 시설 또는 장비들을 검사할 수 있다. 이를 거부·방해 또는 기피한 자에 대한 벌칙 기준은?

① 2년 이하의 징역이나 2천만원 이하의 벌금
② 3년 이하의 징역이나 3천만원 이하의 벌금
③ 5년 이하의 징역이나 5천만원 이하의 벌금
④ 7년 이하의 징역이나 7천만원 이하의 벌금

해설
폐기물관리법 제66조(벌칙)

67 폐기물처리업의 업종 구분과 영업내용의 범위를 벗어나는 영업을 한 자에 대한 벌칙 기준은?

① 3년 이하의 징역이나 3천만원 이하의 벌금
② 2년 이하의 징역이나 2천만원 이하의 벌금
③ 1년 이하의 징역이나 1천만원 이하의 벌금
④ 6월 이하의 징역이나 5백만원 이하의 벌금

해설
폐기물관리법 제66조(벌칙)

68 지정폐기물 보관 표지판에 기재되는 내용이 아닌 것은?

① 보관방법
② 관리책임자
③ 취급 시 주의사항
④ 운반(처리) 예정장소

해설
폐기물관리법 시행규칙 [별표 5] 폐기물의 처리에 관한 구체적 기준 및 방법
지정폐기물 보관표지 내용 : 폐기물의 종류, 보관가능용량, 관리책임자, 보관기간, 취급 시 주의사항, 운반(처리) 예정장소

정답 65 ④ 66 ① 67 ② 68 ①

69 재활용에 해당되는 활동에는 폐기물로부터 에너지를 회수하거나 회수할 수 있는 상태로 만들거나 폐기물을 연료로 사용하는 환경부령으로 정하는 활동이 있다. 시멘트 소성로 및 환경부장관이 정하여 고시하는 시설에서 연료로 사용하는 폐기물(지정폐기물 제외)과 가장 거리가 먼 것은?(단, 그 밖에 환경부장관이 고시하는 폐기물은 제외한다)

① 폐타이어　　② 폐 유
③ 폐섬유　　　④ 폐합성고무

해설
폐기물관리법 시행규칙 제3조(에너지 회수기준 등)
다음의 어느 하나에 해당하는 폐기물(지정폐기물은 제외한다)을 시멘트 소성로 및 환경부장관이 정하여 고시하는 시설에서 연료로 사용하는 활동
• 폐타이어
• 폐섬유
• 폐목재
• 폐합성수지
• 폐합성고무
• 분진[중유회, 코크스(다공질 고체 탄소 연료) 분진만 해당한다]
※ 폐유는 지정폐기물이다(폐기물관리법 제2조).

70 위해의료폐기물 중 생물·화학폐기물이 아닌 것은?

① 폐백신
② 폐혈액제
③ 폐항암제
④ 폐화학치료제

해설
폐기물관리법 시행령 [별표 2] 의료폐기물의 종류
생물·화학폐기물 : 폐백신, 폐항암제, 폐화학치료제

71 의료폐기물을 제외한 지정폐기물의 보관에 관한 기준 및 방법으로 틀린 것은?

① 지정폐기물은 지정폐기물 외의 폐기물과 구분하여 보관하여야 한다.
② 폐유는 휘발되지 아니하도록 밀봉된 용기에 보관하여야 한다.
③ 흩날릴 우려가 있는 폐석면은 습도 조절 등의 조치 후 고밀도 내수성재질의 포대로 2중포장하거나 견고한 용기에 밀봉하여 흩날리지 아니하도록 보관하여야 한다.
④ 지정폐기물은 지정폐기물에 의하여 부식되거나 파손되지 아니하는 재질로 된 보관시설 또는 보관용기를 사용하여 보관하여야 한다.

해설
폐기물관리법 시행규칙 [별표 5] 폐기물의 처리에 관한 구체적 기준 및 방법
폐유기용제는 휘발되지 아니하도록 밀폐된 용기에 보관하여야 한다.

72 폐기물처리시설의 사후관리기준 및 방법 중 침출수 관리방법으로 매립시설의 차수시설 상부에 모여 있는 침출수의 수위는 시설의 안정 등을 고려하여 얼마로 유지되도록 관리하여야 하는가?

① 0.6m 이하
② 1.0m 이하
③ 1.5m 이하
④ 2.0m 이하

해설
폐기물관리법 시행규칙 [별표 19] 사후관리기준 및 방법
매립시설의 차수시설 상부에 모여 있는 침출수의 수위는 시설의 안정 등을 고려하여 2m 이하로 유지되도록 관리하여야 한다.

73 시장·군수·구청장(지방자치단체인 구의 구청장)의 책무가 아닌 것은?

① 지정폐기물의 적정처리를 위한 조치 강구
② 폐기물처리시설 설치·운영
③ 주민과 사업자의 청소 의식 함양
④ 폐기물의 처리방법의 개선 및 관계인의 자질 향상

해설
폐기물관리법 제4조(국가와 지방자치단체의 책무)
국가는 지정폐기물의 배출 및 처리 상황을 파악하고 지정폐기물이 적정하게 처리되도록 필요한 조치를 마련하여야 한다.

74 대통령령으로 정하는 폐기물처리시설을 설치·운영하는 자가 그 폐기물처리시설의 설치·운영이 주변 지역에 미치는 영향을 조사하여야 하는 기간은?

① 1년마다
② 3년마다
③ 5년마다
④ 10년마다

해설
폐기물관리법 제31조(폐기물처리시설의 관리)
대통령령으로 정하는 폐기물처리시설을 설치·운영하는 자는 그 폐기물처리시설의 설치·운영이 주변 지역에 미치는 영향을 3년마다 조사하고, 그 결과를 환경부장관에게 제출하여야 한다.

75 폐기물관리법상 벌칙기준 중 7년 이하의 징역이나 7천만원 이하의 벌금에 처하는 행위를 한 자는?

① 대행계약을 체결하지 아니하고 종량제 봉투를 제작·유통한 자
② 폐기물처리시설의 사후관리를 제대로 하지 않아 받은 시정명령을 이행하지 않은 자
③ 지정된 장소 외에 사업장폐기물을 매립하거나 소각한 자
④ 거짓이나 그 밖의 부정한 방법으로 폐기물처리업 허가를 받은 자

해설
폐기물관리법 제63조(벌칙)
누구든지 폐기물관리법에 따라 허가 또는 승인을 받거나 신고한 폐기물처리시설이 아닌 곳에서 폐기물을 매립하거나 소각하여서는 아니 되나 이를 위반하여 사업장폐기물을 매립하거나 소각한 자는 7년 이하의 징역이나 7천만원 이하의 벌금에 처한다.

76 폐기물처리 신고자의 준수사항으로 (   )에 옳은 것은?

> 정당한 사유 없이 계속하여 (   ) 이상 휴업하여서는 아니 된다.

① 1년
② 2년
③ 3년
④ 5년

해설
폐기물관리법 시행규칙 [별표 17의2] 폐기물처리 신고자의 준수사항

정답 73 ① 74 ② 75 ③ 76 ①

77 폐기물처리시설 중 중간처분시설인 기계적 처분시설과 그 동력기준으로 옳지 않은 것은?

① 용융시설(동력 7.5kW 이상인 시설로 한정한다)
② 압축시설(동력 7.5kW 이상인 시설로 한정한다)
③ 절단시설(동력 7.5kW 이상인 시설로 한정한다)
④ 응집·침전시설(동력 15kW 이상인 시설로 한정한다)

해설
폐기물관리법 시행령 [별표 3] 폐기물처리시설의 종류
기계적 처분시설
- 압축시설(동력 7.5kW 이상인 시설로 한정한다)
- 파쇄·분쇄시설(동력 15kW 이상인 시설로 한정한다)
- 절단시설(동력 7.5kW 이상인 시설로 한정한다)
- 용융시설(동력 7.5kW 이상인 시설로 한정한다)
※ 응집·침전시설은 화학적 처분시설이며, 동력에 대한 한정이 없다.

78 관리형 매립시설에서 발생되는 침출수의 배출량이 1일 2,000m³ 이상인 경우 오염물질 측정주기 기준은?

- 화학적 산소요구량 : (㉠) 이상
- 화학적 산소요구량 외의 오염물질 : (㉡) 이상

① ㉠ 매일 2회 ㉡ 주 1회
② ㉠ 매일 1회 ㉡ 주 1회
③ ㉠ 주 2회   ㉡ 월 1회
④ ㉠ 주 1회   ㉡ 월 1회

해설
폐기물관리법 시행규칙 [별표 12] 측정대상 오염물질의 종류 및 측정주기
- 침출수 배출량이 1일 2,000m³ 이상인 경우
  - 화학적 산소요구량 : 매일 1회 이상
  - 화학적 산소량 외의 오염물질 : 주 1회 이상
- 침출수 배출량이 1일 2,000m³ 미만인 경우 : 월 1회 이상

79 폐기물처분 또는 재활용시설 관리기준 중 공통기준에 관한 내용으로 ( )에 옳은 것은?

자동계측장비에 사용한 기록지는 ( ) 보존하여야 한다. 다만, 대기환경보전법에 따라 측정기기를 붙이고 같은 법 시행령에 따른 굴뚝 원격감시체계 관제센터와 연결하여 정상적으로 운영하면서 온도 데이터를 저장매체에 기록, 보관하는 경우는 그러하지 아니하다.

① 1년 이상   ② 2년 이상
③ 3년 이상   ④ 5년 이상

해설
폐기물관리법 시행규칙 [별표 11] 폐기물 처분시설 또는 재활용시설의 관리기준
자동계측장비에 사용한 기록지는 3년 이상 보존하여야 한다.

80 폐기물처리시설의 설치자는 해당 시설의 사용개시일 며칠 전까지 사용개시신고서를 시·도지사나 지방환경관서의 장에게 제출하여야 하는가?

① 5일 전까지
② 10일 전까지
③ 15일 전까지
④ 20일 전까지

해설
폐기물관리법 시행규칙 제41조(폐기물처리시설의 사용신고 및 검사)
폐기물처리시설의 설치자는 해당 시설의 사용개시일 10일 전까지 사용개시신고서에 관련 서류를 첨부하여 시·도지사나 지방환경관서의 장에게 제출해야 한다.

정답 77 ④ 78 ② 79 ③ 80 ②

교육이란 사람이 학교에서 배운 것을 잊어버린 후에 남은 것을 말한다.

– 알버트 아인슈타인 –

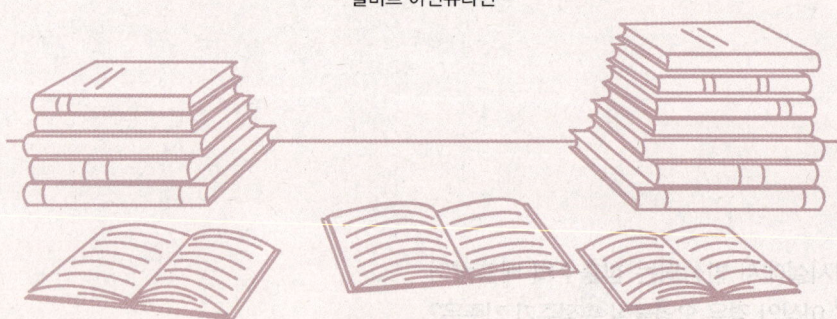

우리 인생의 가장 큰 영광은 결코 넘어지지 않는 데 있는 것이 아니라
넘어질 때마다 일어서는 데 있다.

– 넬슨 만델라 –

참 / 고 / 문 / 헌

- 윤석표(2021). 신폐기물처리 제5판. 동화기술.

- 정재춘 외(2013). 폐기물처리. 동화기술.

- 환경부(2024). 폐기물공정시험기준(방법). 국가법령정보센터.

- 환경부 법령·정책
  http://www.me.go.kr

Win-Q 폐기물처리기사 · 산업기사 필기 단기합격

개정11판1쇄 발행	2025년 04월 10일 (인쇄 2025년 02월 10일)
초 판 발 행	2014년 01월 15일 (인쇄 2013년 10월 30일)
발 행 인	박영일
책 임 편 집	이해욱
편 저	윤석표
편 집 진 행	윤진영 · 김지은
표지디자인	권은경 · 길전홍선
편집디자인	정경일
발 행 처	(주)시대고시기획
출 판 등 록	제10-1521호
주 소	서울시 마포구 큰우물로 75 [도화동 538 성지 B/D] 9F
전 화	1600-3600
팩 스	02-701-8823
홈 페 이 지	www.sdedu.co.kr
I S B N	979-11-383-8766-8(13530)
정 가	32,000원

※ 저자와의 협의에 의해 인지를 생략합니다.
※ 이 책은 저작권법의 보호를 받는 저작물이므로 동영상 제작 및 무단전재와 배포를 금합니다.
※ 잘못된 책은 구입하신 서점에서 바꾸어 드립니다.